普通高等教育电子通信类特色专业系列教材

信号与系统
（第三版）

主　编　杨晓非　李　强　李文娟
副主编　黄　胜　张　刚　刘占军
主　审　王继森

科学出版社
北　京

内 容 简 介

本书根据高等工科学校信号与系统课程教学基本要求编写。全书共7章，主要内容包括信号与系统概论、LTI系统的时域分析法、信号与系统的频域分析、连续信号与系统的复频域分析、离散信号与系统的 z 域分析、状态变量分析法、信号与系统的MATLAB辅助分析，并在最后附有每章的部分习题答案。全书概念准确，重点突出，结构清晰，文字精练，例题丰富，图文并茂，深入浅出，易教易读。

本书可作为通信工程、电子信息工程、光电工程、自动化、计算机科学与技术、生物医学工程等专业的本科生教材，也可供相关专业科技人员阅读参考。

图书在版编目(CIP)数据

信号与系统/杨晓非，李强，李文娟主编．—3版．—北京：科学出版社，2020.11

（普通高等教育电子通信类特色专业系列教材）

ISBN 978-7-03-066581-2

Ⅰ.①信… Ⅱ.①杨…②李…③李… Ⅲ.①信号系统-高等学校-教材 Ⅳ.①TN911.6

中国版本图书馆CIP数据核字（2020）第210259号

责任编辑：潘斯斯 张丽花/责任校对：王 瑞

责任印制：赵 博/封面设计：迷底书装

科学出版社出版

北京东黄城根北街16号

邮政编码：100717

http://www.sciencep.com

天津市新科印刷有限公司印刷

科学出版社发行 各地新华书店经销

*

2008年 2 月第一版 开本：787×1092 1/16

2014年 6 月第二版 印张：27 1/4

2020年 11 月第三版 字数：700 000

2024年7月第二十二次印刷

定价：79.80元

（如有印装质量问题，我社负责调换）

第三版前言

“信号与系统”是高等院校电工电子类一门重要的专业基础课程，相关理论涵盖的专业极其广泛，包括通信工程、电子信息工程、光电信息科学与工程、计算机科学与技术、自动化、生物医学工程以及人工智能等。党的二十大报告指出：“推动战略性新兴产业融合集群发展，构建新一代信息技术、人工智能、生物技术、新能源、新材料、高端装备、绿色环保等一批新的增长引擎。”信号与系统所涉及的理论知识正是信息技术、人工智能等产业的专业基础。随着微电子技术的迅速发展和计算机的广泛应用，“信号与系统”的基本概念和研究方法亦日臻成熟，并同时推动着相关专业理论的发展。

本书是依据教育部高等学校电工电子基础课程教学指导分委员会为“信号与系统”课程制定的最新基本要求组织编写的。其主要任务是研究信号与系统的基本概念、基本理论和基本分析方法。全书共分七章，内容包括信号与系统概论、LTI 系统的时域分析法、信号与系统的频域分析、连续信号与系统的复频域分析法、离散信号与系统的 z 域分析、状态变量分析法以及信号与系统的 MATLAB 辅助分析。

本书初版于 2008 年，2014 年出版了第二版。考虑到最近几年的教学改革的需求，以及广大读者的建议，我们在第二版的基础上修订出版了第三版。

第三版教材主要在第二章“卷积积分”和“卷积和”，第三章“傅里叶变换”，以及第四章“拉普拉斯变换”里做了一些增补和修改，强化概念，简化运算。本书还配有重要内容的视频讲解（共 58 讲），请扫描书中二维码进行观看。

本书由杨晓非、李强和李文娟负责改编，王继森负责审编工作，黄胜、张刚和刘占军负责第六章和第七章的修订工作。重庆邮电大学通信与信息工程学院和重庆邮电大学移通学院从事信号与系统课程教学工作的老师对第三版教材提出了许多有益建议和意见。此外，本书的出版得到重庆邮电大学各级领导的支持，在此一并表示谢意。

限于编者的水平，书中难免有不足之处，恳请读者批评指正。

编　者

2023 年 8 月

目　录

第1章　信号与系统概论

本章导读

本章应用平行相似的手法分别介绍连续信号与离散信号的描述和分类、连续系统与离散系统的特点和分类，以及系统的时域数学模型和时域框图模型。

第1讲

1.1　绪　　言

大千世界，林林总总。然而，无论自然界和人类社会如何变化多端、奥妙无穷，最终却总能被人的意识所感知，信号与系统承担着客观存在与主观意识之间的信息传递任务，通信就是通过信号与系统来实现这种传递的过程。

任何客观存在都有其自身的物理形态，例如，语言以声音表示；图像以光和色彩表示；科研工作或历史事件可用文字记载；经济形势用数据列表等。通常，人们将这些具有某种内容的语言文字、声讯图像及统计数据等称为**消息**，如果这些消息是人们所需要的便叫做**信息**，**信号**是携带消息的随时间变化的物理量，它向人们传递信息。信号是消息的具体表现形式，它的形态根据其具有物理形态的不同而不同。信号分为电信号、声信号、光信号等，不同形态的信号之间可以相互转换，例如，以亮度和色彩变化表示的光信号可以转换成以电压或电流表示的电信号；反之，电信号也可以转换成光信号。本书以讨论电信号为主。

在通信过程中，信号通过系统来传输。著名科学家钱学森先生认为，**系统**是由相互制约又相互作用的个体所组成的具有一定功能的整体。这准确地诠释了系统的概念。例如，电路系统由开关、电阻、电容、电感、导线和半导体集成电路等元器件所组成，在外加电压信号或电流信号的激励下，电路内部各支路的电压和电流将发生变化，这些变化的电压和电流称为电路系统的响应。在某种激励的作用下电路产生了某种响应，便是该电路系统的功能。本课程所研究的对象与先修课程"电路分析"所研究的对象同是电信号与电路系统，但"电路分析"更多地从微观的角度关注构成系统的电路内各支路电信号的变化；而系统分析则是从宏观的角度研究由电路构成的系统的输入激励与输出响应之关系。在某种意义上，电路与系统以及网络的概念是可以通用的。

信号与系统紧密关联，是相互依存的整体。信号由系统产生、发送、传输与接收，在系统中信号按一定的规律运动和变化；系统则是对信号进行加工、变换、处理和传输，没有信号的系统没有存在的意义。因此，在实际应用中，信号与系统需相互协调，才能实现各自的功能，两者共存共荣，共同发展。信号与系统的这种协调一致的现象称为信号与系统的"匹配"。事实上，在我们生活的各个领域，信号与系统的理念随处可见。例如，语言通过声音信号在空气中传播，声音和空气就是最普通的信号与系统。

人类通信的历史，就是信号与系统的发展史。公元前700多年，中国人最先将信号与系统应用于长途通信，我们的先祖用烽火台来传递警报，滚滚狼烟和冲天的火光是外敌来犯的信号，烽火台便是古老的通信系统。但是，这样的通信系统不能传输事先没约定的未知信号，直到18世纪法国人夏普发明了在烽火台上安装巨大的木制手臂，通过两端的木板变化来传递各种信号。19世纪，随着电力学的发展，通信技术发生了质的飞跃。1832年41岁的美国画家莫尔斯，在回美国的轮船上碰见有人展示一种叫“电磁铁”的新器件并讲述电磁原理，他萌生了发明电报的欲望。1837年，在经过反复的试验后他研制出最早的电磁式电报系统，并在1838年创造了点划组合的莫尔斯电码信号，使电报通信进入实用阶段，揭开了人类通信史新的一页。1875年6月2日，美国发明家贝尔在实验中意外地发现，当电流导通和截止时，螺旋形线圈里会发生轻微的沙沙声，他因此想到用电流强度的变化来模拟声波的变化，从而使用电导线来传送语音信号，并随之投身研究。1876年，21岁的贝尔比他人早一个小时向专利局申请专利权并获得了成功。这种将声音信号转变成电信号并经过电话系统传输出去的发明依然是今天在我们身边最流行的现代通信手段之一。

20世纪末，随着高速计算机技术、全球卫星定位技术、数字信号处理技术和以光波为载体，以光纤为传输介质的光纤通信系统的发展，推动了远距离大容量信息传输技术和复杂信号处理技术的发展，最终推动了国际互联网络(Internet，因特网)系统的发展，标志着信号与系统在通信领域的发展进入了崭新的时代。

但是，无论通信技术如何进步，现代通信系统总是可以用图1-1所示的框图模型来表示。框图中，发送端信号源发出的非光电信号经过变换器转变为光信号或电信号进入信道传输，接收端的反变换器将信号还原成非光电信号，最后被信宿接收。

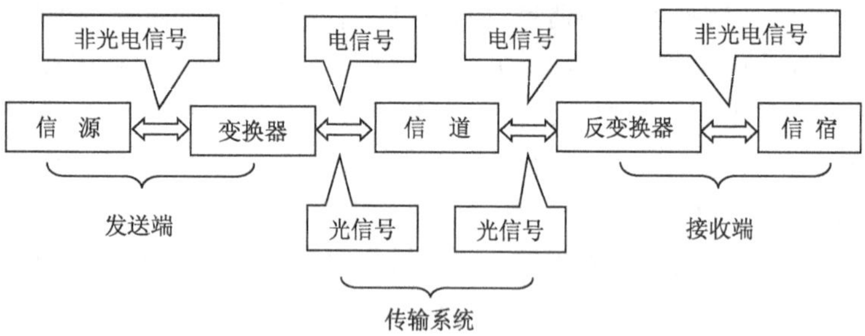

图1-1　通信系统模型

不管系统内部对信号做怎样的转换，系统对施加的信号总会作出响应，产生另外的信号。施加于系统的信号叫做**输入信号或激励**(excite)，可以用 $e(t)$ 或 $f(t)$ 表示，系统产生的信号叫做系统的**输出信号或响应**(response)，可以用 $r(t)$ 或 $y(t)$ 表示，**系统** S(systems)的功能体现为什么样的激励产生什么样的响应。所以，任何信号与系统的问题都可以在去其内涵以后，抽象地用图1-2所示的框图模型来表示。

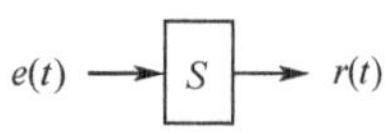

图1-2　系统的框图模型

1.2　信号的描述及分类

1.2.1　信号的描述

信号可以用一个单变量或多变量的函数来表示，因变量可以是各种物理量或数量，所以信号可以代表不同的物理形态或数值。自变量可以是时间、空间、频率或其他形式量纲的变量，信号代表不同物理形态的数学函数或函数的值，也具有不同的量纲。“信号与系统”学科将信号从各种不同的具体物理形态中抽象出来，视为一般的数学函数，探讨其在数学意义上变化的理论与分析方法。因此，“信号”与“函数”两词常常可以通用，只有在接触到具体应用问题时，才将信号的物理形态和量纲考虑进去。信号有一维信号（一个自变量）和多维信号（多个自变量），本课程只讨论一维信号。

以时间 t 为自变量，信号可以表示为 t 的函数，用函数 $f(t)$、$y(t)$ 等表征。信号也可以描绘成随时间变化的波形图，信号在某一时刻的大小、信号持续时间的长短及信号变化的快慢等都可以从波形图上反映出来，信号的这一特性叫做信号的时间特性。例如，单边指数衰减信号的函数表达式为

$$f(t)=\begin{cases}Ae^{-\sigma t}, & t\geqslant 0\\ 0, & t<0\end{cases},\quad \sigma>0$$

其波形图如图 1-3 所示。

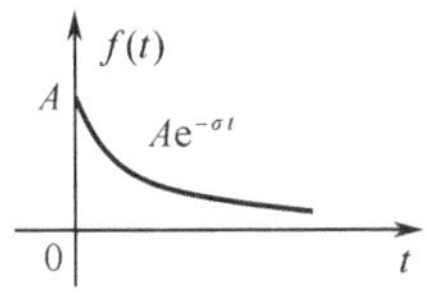

图 1-3　单边指数衰减信号

信号在一定的条件下又可分解为不同频率的正弦分量之和，正弦分量的振幅和初相位与频率之间的关系叫做信号的频率特性，信号的这一特性，可用以频率 f 或角频率 ω 为自变量的数学函数来表征，例如 $F(j\omega)$、$Y(j\omega)$、$\varphi(j\omega)$等。

信号的时间特性和频率特性有着对应关系，但不同的时间特性将导致不同的频率特性，而不同形式的信号这两种特性完全不一样。

1.2.2　信号的分类

从不同的角度，可以将信号分为不同的类型。

1. 确定信号与随机信号

根据信号能否用确切函数来表示，可将信号分为确定信号和随机信号。

如果信号可以写出一个确定的时间函数表达式，对于每一时刻 t 都有确定的函数值与其对应，这样的信号称为**确定信号**，如矩形波信号 $f(t)=Ag_\tau(t)$，如图 1-4(a) 所示。

随机信号不能写出确定的时间函数表达式，只能用概率统计的方法来描述，即只能预测它在某一个时刻是一个值的概率，而在该时刻的值却是未知的，如图 1-4(b) 所示。一般地说，凡是能够用于传递信息的信号都是随机信号。

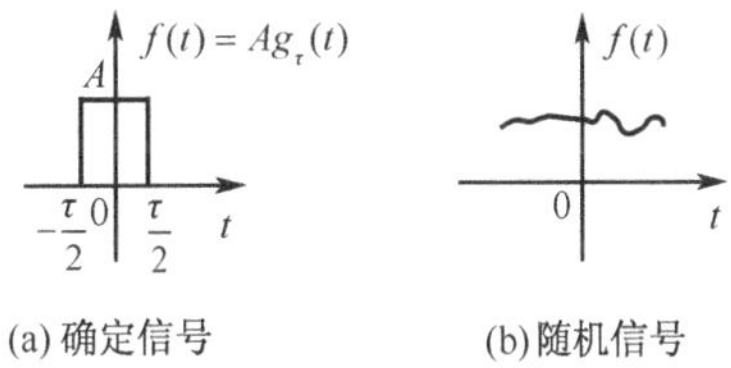

图 1-4　确定信号与随机信号

随机信号在一定的条件下能近似表现为某种确定信号，所以本书仅研究确定信号，为后续课程研究随机信号打下基础。以下是确定信号的分类。

2. 连续信号与离散信号

第 2 讲

按照信号的时间自变量取值是否连续，信号可分为连续时间信号和离散时间信号。除了有限个间断点以外，如果一个信号在任意时刻均有定义值，则称其为**连续信号**。连续是指时间自变量 t 是连续变化的，而函数值可允许个别时刻跳变，如图 1-5(a)所示信号 $f(t)$在 t_0 时刻发生了跳变。如果信号在时间 t 和函数值 $f(t)$皆连续变化，则称为模拟信号，如$f(t)=\sin\omega_0 t$。

那些只在一系列离散的瞬间有确切定义而在其他时刻无定义的信号叫做离散时间信号，

简称**离散信号**，用 $f(t_k)$ 或 $f(kT)$ 或 $f(k)$ 表示。离散信号可以从连续信号等间隔时间 T 取样得到，其自变量是离散时间 kT（k 为整数），而不是连续时间 t。在波形上，除了在定义的时刻以外，离散信号在其他时刻的幅值被当作不确定（或为零、或不研究），如图 1-5(b)所示。

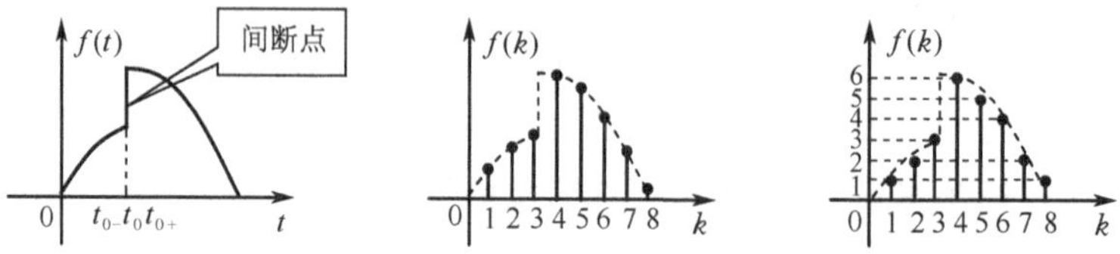

(a) 连续信号　(b) 取样信号　(c) 数字信号

图 1-5　连续信号与离散信号

取样信号是时间离散而函数取值连续的信号，其幅值可能有无限多个值，不便编成数字码。若对其幅值按四舍五入的原则进行分级量化编码便得到一个时间和幅值皆离散的数字信号，图 1-5(c)为一个采用二进制 3 位数码(0,1,2,3,4,5,6)表示的数字信号。本书仅研究连续信号和一般的离散信号（幅值未量化编码）。

3. 时限信号与无时限信号

根据信号时间域的定义范围，信号可分为时限信号和无时限信号。

时限信号　时间域有始有终的信号。例如，$f(t)=\begin{cases} f(t), & t_1\leqslant t\leqslant t_2 \\ 0, & t<t_1, t>t_2 \end{cases}$。

有终信号　时间域无始有终的信号。例如，$f(t)=\begin{cases} f(t), & t\leqslant t_0 \\ 0, & t>t_0 \end{cases}$。

有始信号　时间域有始无终的信号。例如，$f(t)=\begin{cases} f(t), & t\geqslant t_0 \\ 0, & t<t_0 \end{cases}$。

因果信号　如果有始信号在 $t=0$ 时刻起始，则为**因果信号**，即 $f(t)=\begin{cases} f(t), & t\geqslant 0 \\ 0, & t<0 \end{cases}$。

反因果信号　反因果信号是因果信号的反折，定义为 $f(t)=\begin{cases} f(t), & t\leqslant 0 \\ 0, & t>0 \end{cases}$。

无时限信号　时间域无始无终的信号。例如，$f(t)=f(t)(-\infty<t<\infty)$。

4. 周期信号与非周期信号

根据信号的周期性，信号可分为周期信号和非周期信号。

连续**周期信号**是按一定的时间周期 T 周而复始地重复出现并且时间域无始无终的信号。其函数表达式为

$$f_T(t)=f(t-kT),\quad k=0,\pm 1,\pm 2,\cdots,\quad T>0 \tag{1-2-1}$$

式中，T 叫做周期信号的周期。具有周期和定义域无始无终是周期信号的两个特点，如图 1-6(a) 所示。不具备这两个特点的信号便是**非周期信号**，如图 1-6(b) 所示信号尽管具有周期性，但在时间上有始无终，所以不是周期信号，习惯上称之为有始周期信号。两个及两个以上的周期信号的叠加可能是周期信号，也可能是非周期信号，其中，能找到

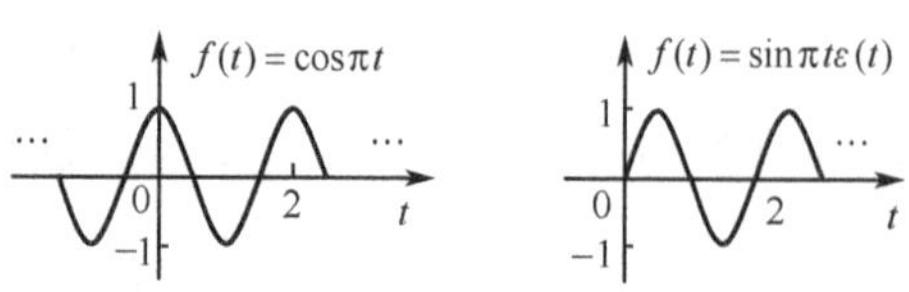

(a) 周期信号　(b) 非周期信号

图 1-6　周期信号与非周期信号

最小公倍周期的为周期信号，否则就是非周期信号。

离散周期信号可表示为

$$f_N(k) = f(k - mN), \quad m = 0, \pm 1, \pm 2, \cdots, \quad N > 0 \tag{1-2-2}$$

式中，N 是正整数，叫做离散周期信号的周期。

5. 能量信号与功率信号

根据是否能量有界或者功率有界，信号可分为能量信号、功率信号和非功非能信号。不存在功率有界能量也有界的信号。

由电路知识可知：在 1Ω 的电阻上消耗的瞬时功率为 $p(t)=u^2(t)$，或 $p(t)=i^2(t)$。若将电压和电流抽象为一般意义上的信号 $f(t)$，则有在 $f(t)$ 的激励下归一化瞬时功率为

$$p(t) = f^2(t) \tag{1-2-3}$$

信号 $f(t)$ 在时间区间 $-\tau < t < \tau$ 的归一化能量为

$$E = \int_{-\tau}^{\tau} p(t)\mathrm{d}t = \int_{-\tau}^{\tau} |f(t)|^2 \mathrm{d}t \tag{1-2-4}$$

归一化平均功率为

$$P = \frac{1}{2\tau}\int_{-\tau}^{\tau} |f(t)|^2 \mathrm{d}t \tag{1-2-5}$$

在全时域$(-\infty, \infty)$的归一化总能量为

$$E_{总} = \lim_{\tau \to \infty}\int_{-\tau}^{\tau} |f(t)|^2 \mathrm{d}t \tag{1-2-6}$$

归一化平均功率为

$$P = \lim_{\tau \to \infty}\frac{1}{2\tau}\int_{-\tau}^{\tau} |f(t)|^2 \mathrm{d}t \tag{1-2-7}$$

若信号 $f(t)$ 的总能量为有限值，即 $E_{总} \leqslant M$，平均功率为零，即 $P=0$，则称其为能量有限信号，简称**能量信号**；若信号 $f(t)$ 的平均功率为有限值，即 $P \leqslant M$，总能量为无穷大，即 $E_{总} = \infty$，则称其为功率有限信号，简称**功率信号**；若信号 $f(t)$ 的平均功率为无穷大，总能量也为无穷大，则为**非功非能信号**。

离散信号 $f(k)$ 的归一化总能量为

$$E_{总} = \lim_{n \to \infty} \sum_{k=-n}^{n} |f(k)|^2 \quad (-n \leqslant k \leqslant n) \tag{1-2-8}$$

归一化平均功率为

$$P = \lim_{n \to \infty} \frac{1}{2n+1} \sum_{k=-n}^{n} |f(k)|^2 \quad (-n \leqslant k \leqslant n) \tag{1-2-9}$$

例 1-1　试判定下列信号是否功率信号或能量信号或非功非能信号。

(1) $f_1(t)=\begin{cases} \mathrm{e}^{-t}, t>0 \\ 0, t \leqslant 0 \end{cases}$　　(2) $f_2(t)=1$

(3) $f_3(t)=\begin{cases} t, t>0 \\ 0, t \leqslant 0 \end{cases}$　　(4) $f_4(k)=\begin{cases} (0.5)^k, k \geqslant 0 \\ 0, k<0 \end{cases}$

解　(1) $E_{总} = \lim\limits_{\tau \to \infty}\int_0^{\tau} |\mathrm{e}^{-t}|^2 \mathrm{d}t = \lim\limits_{\tau \to \infty}\int_0^{\tau} \mathrm{e}^{-2t} \mathrm{d}t = \frac{1}{2}, \quad P = \lim\limits_{\tau \to \infty}\frac{E_{总}}{2\tau} = 0$

所以 $f_1(t)$ 为能量信号。

(2)
$$E_{总} = \lim_{\tau\to\infty}\int_{-\tau}^{\tau} \mathrm{d}t = \lim_{\tau\to\infty} t\Big|_{-\tau}^{\tau} = \infty$$
$$P = \lim_{\tau\to\infty}\frac{E_{总}}{2\tau} = \lim_{\tau\to\infty}\frac{1}{2\tau}\int_{-\tau}^{\tau}\mathrm{d}t = \lim_{\tau\to\infty}\frac{2\tau}{2\tau} = 1$$

所以 $f_2(t)$ 为功率信号。

(3)
$$E_{总} = \lim_{\tau\to\infty}\int_{0}^{\tau} t^2\,\mathrm{d}t = \lim_{\tau\to\infty}\frac{t^3}{3}\Big|_{0}^{\tau} = \infty$$
$$P = \lim_{\tau\to\infty}\frac{1}{2\tau}\int_{0}^{\tau} t^2\,\mathrm{d}t = \lim_{\tau\to\infty}\frac{\tau^3}{6\tau} = \infty$$

所以 $f_3(t)$ 为非功非能信号。

(4)
$$E_{总} = \sum_{k=-\infty}^{\infty}|f(k)|^2 = \sum_{k=0}^{\infty}(0.5)^{2k} = \frac{1}{1-0.25} \approx 1.33$$
$$P = \lim_{n\to\infty}\frac{E_{总}}{2n+1} = \lim_{n\to\infty}\frac{1.33}{2n+1} = 0$$

所以 $f_4(k)$为能量信号。

一般地说，连续的周期信号、直流信号和单位阶跃信号是功率信号，只讨论它们的功率；时限脉冲信号、单边指数衰减信号等是能量信号，只从能量的角度去考察；$t^n(t>0)$及指数增长信号为非功非能信号。离散信号与连续信号平行相似。

1.3 典型信号

典型信号是指那些简单的常用信号，在一定的条件下，复杂信号可以分解成这些典型信号的加权、叠加、微积分或差分与求和的形式。典型信号包括典型的连续信号和典型的离散信号。

1.3.1 典型连续信号

1. 复指数信号

$$f(t)=A\mathrm{e}^{st}=A\mathrm{e}^{(\sigma+\mathrm{j}\omega)t}=A\mathrm{e}^{\sigma t}\mathrm{e}^{\mathrm{j}\omega t}=A\mathrm{e}^{\sigma t}\cos\omega t+\mathrm{j}A\mathrm{e}^{\sigma t}\sin\omega t \tag{1-3-1}$$

第 3 讲

式中，$s=\sigma+\mathrm{j}\omega$ 是复频率；σ 和 ω 为实数；A 为正实数。**复指数信号**是实变量 t 的复函数，一般地说，复函数在 $f(t)$-t 二维平面上是画不出其波形的，通常只讨论它的实部和虚部的波形。当 $\omega=0$ 时，$f(t)=A\mathrm{e}^{\sigma t}$ 是实指数信号；当 $\sigma=0$ 时，$f(t)=A\mathrm{e}^{\mathrm{j}\omega t}$ 是虚指数信号，其实部和虚部是正弦信号。

(1) 实指数信号

$$f(t) = A\mathrm{e}^{\sigma t} \tag{1-3-2}$$

当 $\sigma>0$ 时 $f(t)=A\mathrm{e}^{\sigma t}$ 为**指数增长信号**；当 $\sigma<0$ 时 $f(t)=A\mathrm{e}^{\sigma t}$ 为**指数衰减信号**；当 $\sigma=0$ 时 $f(t)=A\mathrm{e}^{\sigma t}$ 为**直流信号**，波形如图 1-7 所示。

通常把 $|\sigma|$ 的倒数称为指数信号的时间常数，记作 $\tau=\frac{1}{|\sigma|}$，它反映了指数信号变化的速率。τ 越大指数信号增长或衰减越慢。对于常见的**单边衰减指数信号** $f(t)=A\mathrm{e}^{-\frac{t}{\tau}}\ (t\geqslant 0)$（如图 1-8 所示），$t=0$ 时，$f(0)=A$；$t=\tau$ 时，$f(\tau)=0.368A$；$t\to\infty$时，$f(t)\to 0$；工程上，$t=4\tau$ 时，$f(4\tau)=0.0183A$，便可近似地认为信号基本衰减到零。

实指数信号对时间的微分和积分仍然是实指数信号。

(2) 正弦信号

$$f(t)=A\cos(\omega t+\varphi) \tag{1-3-3}$$

式中，A 为振幅；ω 为角频率；φ 为初始相位。**正弦信号**是周期信号，其波形如图1-9所示。其周期 T 与角频率 ω 和频率 f 之间的关系为

$$T=\frac{2\pi}{\omega}=\frac{1}{f} \tag{1-3-4}$$

国际单位制中，时间 t 的单位为秒(s)，则初始相位 φ 的单位为弧度(rad)，角频率 ω 的单位为弧度/秒(rad/s)，频率 f 的单位是赫兹(Hz)。正弦信号的平均功率为$P=\frac{A^2}{2}$，单位为瓦特(W)。

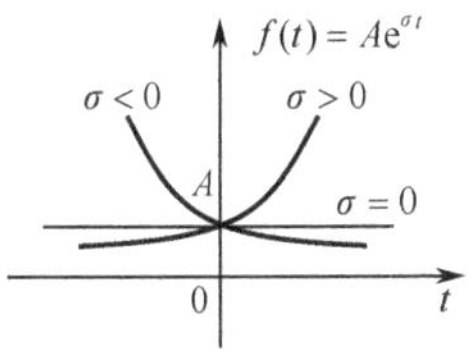

图 1-7　实指数信号

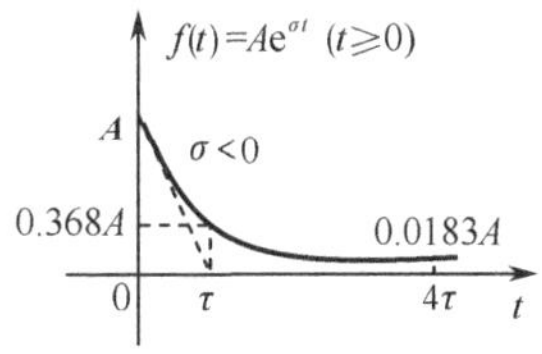

图 1-8　单边指数衰减信号

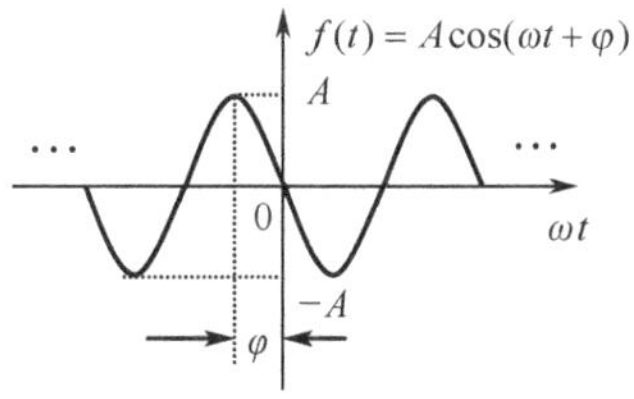

图 1-9　正弦信号

正弦信号是周期信号，但两个频率不相同的正弦信号的叠加却只有在一定的条件下才是周期信号。例如

$$f(t)=\cos\omega_1 t+\cos\omega_2 t$$

式中，若$\frac{\omega_1}{\omega_2}=\frac{T_2}{T_1}=\frac{m}{n}$是最简分式($\frac{m}{n}$为不可约的整数比)，则 $f(t)$是周期信号，其周期为 $T=mT_1=nT_2$(最小公倍周期)；若$\frac{\omega_1}{\omega_2}=\frac{T_2}{T_1}$不是最简分式，如是无理数，则 $f(t)$不是周期信号；当$\frac{\omega_1}{\omega_2}=\frac{T_2}{T_1}$可写成近似最简分式时，则 $f(t)$称为近似周期信号或概周期信号。

例 1-2　$f_1(t)=a\cos t+b\cos 3t$ 和 $f_2(t)=a\cos t+b\cos\sqrt{2}t$，①试问它们是否为周期信号？如果是，周期和频率为多少？②若选 $\sqrt{2}=1.4$ 和 $\sqrt{2}=1.41$ 时，所得近似周期信号 $f_2(t)$的周期分别为多少？

解　① 对 $f_1(t)$，$\frac{\omega_1}{\omega_2}=\frac{T_2}{T_1}=\frac{m}{n}=\frac{1}{3}$，所以 $f_1(t)$是周期信号，其周期为 $T=3T_2=T_1=2\pi(\text{s})$，角频率为 $\omega=\frac{2\pi}{T}=1\text{rad/s}$。

对 $f_2(t)$，$\frac{\omega_1}{\omega_2}=\frac{T_2}{T_1}=\frac{1}{\sqrt{2}}$是无理数，所以 $f_2(t)$不是周期信号。

② 选 $\sqrt{2}=1.4$，则$\frac{T_2}{T_1}\approx\frac{1}{1.4}=\frac{5}{7}$，得周期为 $T=7T_2=7\times\frac{2\pi}{1.4}=10\pi(\text{s})$的近似周期信号；选 $\sqrt{2}=1.41$，则$\frac{T_2}{T_1}\approx\frac{1}{1.41}=\frac{100}{141}$，得周期为 $T=141T_2=200\pi(\text{s})$的近似周期信号。

(3) 变幅正弦振荡信号

$$f(t)=Ae^{\sigma t}\cos\omega t \tag{1-3-5}$$

复指数信号的实部和虚部是**变幅正弦振荡信号**

$$f_r(t) = \mathrm{Re}[A\mathrm{e}^{st}] = A\mathrm{e}^{\sigma t}\cos\omega t$$

和

$$f_i(t) = \mathrm{Im}[A\mathrm{e}^{st}] = A\mathrm{e}^{\sigma t}\sin\omega t$$

若 $\sigma < 0$，则 $f_r(t)$或 $f_i(t)$是振幅按指数规律衰减的正弦振荡信号，如图 1-10(a)所示；若 $\sigma>0$，则 $f_r(t)$或 $f_i(t)$是振幅按指数规律增长的正弦振荡信号，如图 1-10(b)所示。

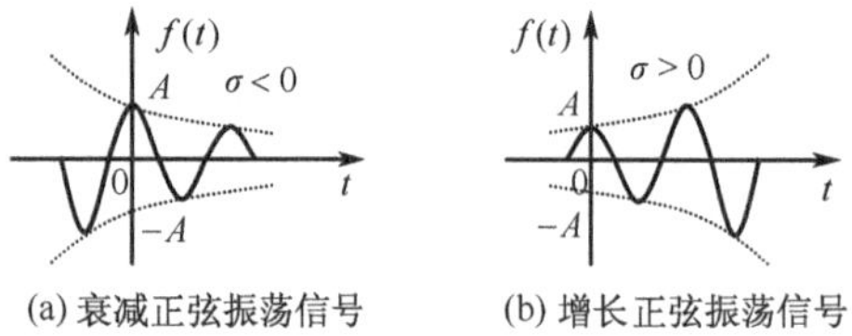

图 1-10　变幅振荡信号

可见，复指数信号是信号分析中最基本的信号之一。

2. 抽样信号

$$f(t) = \frac{\sin t}{t} = \mathrm{Sa}(t) \tag{1-3-6}$$

抽样信号(sampling function)定义为正弦信号 $\sin t$ 与时间 t 的比值，其波形如图 1-11 所示。抽样信号有如下特点：①它是一个偶函数，$\mathrm{Sa}(t)=\mathrm{Sa}(-t)$，其波形关于纵轴对称；②$t=n\pi$ 时(n 为整数)，其函数值为零；③$\lim\limits_{t\to 0}\mathrm{Sa}(t)=1$；④$\int_0^{\infty}\mathrm{Sa}(t)\mathrm{d}t=\frac{\pi}{2}$，$\int_{-\infty}^{\infty}\mathrm{Sa}(t)\mathrm{d}t=\pi$。

3. 高斯脉冲信号(钟形脉冲信号)

$$f(t) = A\mathrm{e}^{-\left(\frac{t}{\tau}\right)^2} \tag{1-3-7}$$

高斯脉冲信号的波形如图 1-12 所示，因为 $f\left(\frac{\tau}{2}\right)=A\mathrm{e}^{-\frac{1}{4}}\approx 0.78A$，所以钟形脉冲的脉冲宽度 τ 定义为当 $f(t)$下降到最大值 A 的 0.78 倍时，所对应的两个截止时刻之间的时间范围。钟形脉冲的频谱函数对于定义有效频带宽度有特殊意义，本书将在第 3 章提及。

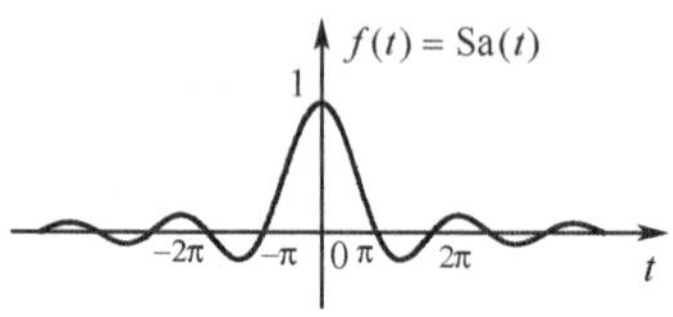

图 1-11　抽样信号

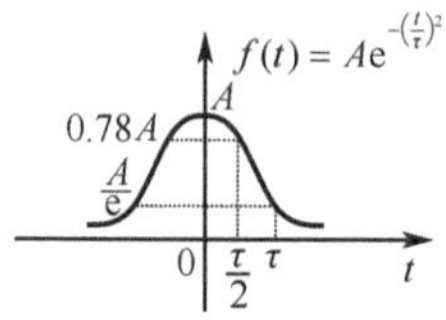

图 1-12　高斯脉冲信号

1.3.2　奇异函数

在信号与系统中，将那些本身或其导数或积分具有不连续点(跃变点)的这一类函数定义为奇异函数(广义函数)或奇异信号①。这里主要介绍单位斜变信号、单位阶跃信号、单位冲激信号和冲激偶信号。

① 1950 年，施瓦兹(L. Schwartz)发表的专著，建立了分配函数(广义函数)理论，为研究奇异函数奠定了基础。一个分配函数 $g(t)$的定义，是赋予测试函数 $\varphi(t)$(普通函数，紧致的，即要求连续、具有各阶导数、在有限时间内 $\varphi(t)\neq 0$)为一个数值的过程。这个数值可能是：$t\neq t_0$时 $\varphi(t)$的值或 $\varphi^{(n)}(t)$值；也可能是 $\varphi(t)$在某时间区间的面积；还可能是与 $\varphi(t)$有关的其他值。所赋的值表为 $N_g[\varphi(t)]=\int_{-\infty}^{\infty}g(t)\varphi(t)\mathrm{d}t$。利用此式，可对奇异函数作出严格的数学定义。读者若需深入了解，可参阅吴大正(1998)2.9 节和郑君里(2000)1.4 节。

1. 单位斜变(斜坡)信号(unit ramp signal)

$$R(t)=t\varepsilon(t)=\begin{cases}t, & t\geqslant 0\\ 0, & t<0\end{cases} \tag{1-3-8}$$

单位斜变信号 $R(t)$的波形如图 1-13(a)所示，如果将时间起始点移至 t_0，则有

$$R(t-t_0)=(t-t_0)\varepsilon(t-t_0)=\begin{cases}t-t_0, & t\geqslant t_0\\ 0, & t<t_0\end{cases} \tag{1-3-9}$$

如图 1-13(b)所示。另外，有的信号可以用斜变信号来表示，如截平斜变信号如图 1-13(c)所示。

$$f_1(t)=R_1(t)=\begin{cases}\dfrac{A}{\tau}R(t), & t<\tau\\ A, & t\geqslant\tau\end{cases}$$

锯齿形脉冲信号，如图 1-13(d)所示。

$$f_2(t)=R_2(t)=\begin{cases}\dfrac{A}{\tau}R(t), & t\leqslant\tau\\ 0, & t>\tau\end{cases}$$

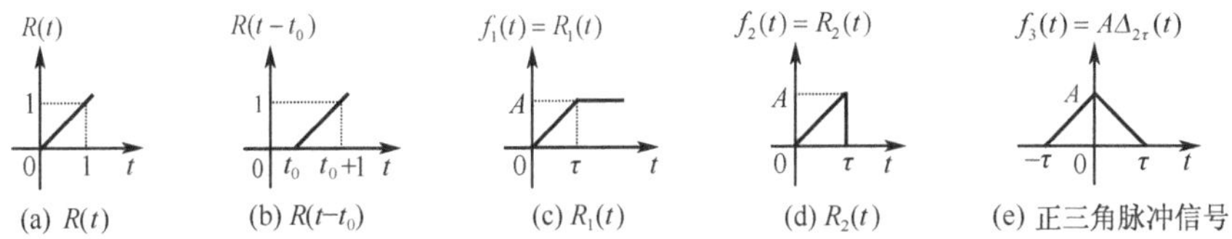

图 1-13　斜变信号

正三角脉冲信号，如图 1-13(e)所示。

$$f_3(t)=A\Delta_{2\tau}(t)=R_1(t+\tau)-R_1(t)=\begin{cases}A\left(1-\dfrac{|t|}{\tau}\right), & |t|\leqslant\tau\\ 0, & |t|>\tau\end{cases} \tag{1-3-10}$$

2. 单位阶跃信号(unit step signal)

$$\varepsilon(t)=\begin{cases}1 & t>0\\ 0, & t<0\end{cases} \tag{1-3-11}$$

单位阶跃信号 $\varepsilon(t)$的定义可理解为：$t<0$ 甚至 $t=0_-$ 时，$\varepsilon(t)=0$；$t>0$ 甚至 $t=0_+$ 时，$\varepsilon(t)=1$；在 $0_-<t<0_+$ 时，$\varepsilon(t)$在 0 和 1 之间处于一种不确定状态。虽然数学取 $\varepsilon(0)=0.5$，但本书取 $\varepsilon(0)$为不予定义。单位阶跃信号的波形如图1-14(a)所示。

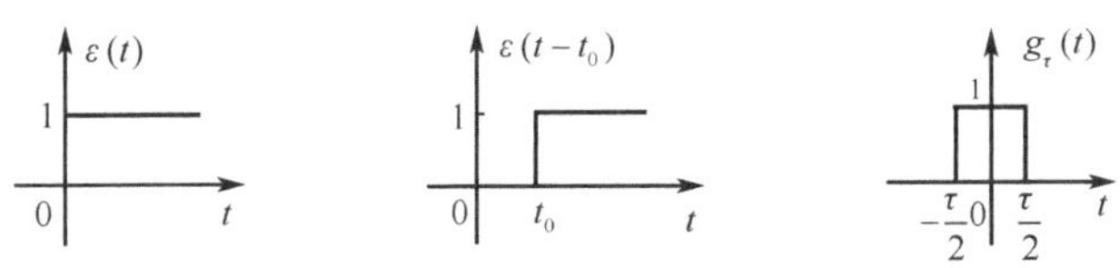

图 1-14　单位阶跃信号及其相关信号

单位阶跃信号的物理解释是在 $t=0$ 时刻接入电路一个单位的直流电源。如果接入电源

的时刻是 $t=t_0$，便得到延迟的阶跃信号

$$\varepsilon(t-t_0)=\begin{cases}1, & t>t_0\\0, & t<t_0\end{cases}\tag{1-3-12}$$

如图 1-14(b)所示。

单位阶跃信号常用来表示时限信号，如**单位门函数**(unit gate function) $f(t)=g_\tau(t)$可表示为

$$g_\tau(t)=\varepsilon\left(t+\frac{\tau}{2}\right)-\varepsilon\left(t-\frac{\tau}{2}\right)\tag{1-3-13}$$

如图 1-14(c)所示。

为了书写方便起见，单位阶跃信号也被用来表示信号的非零值时间定义域。

在 $t>0$ 有定义的因果信号可表示为

$$f_1(t)=f(t)\varepsilon(t)\tag{1-3-14}$$

在 $t<0$ 有定义的反因果信号可表示为

$$f_2(t)=f(t)\varepsilon(-t)\tag{1-3-15}$$

在 $t_1<t<t_2$有定义的时限信号可表示为

$$f_3(t)=f(t)[\varepsilon(t-t_1)-\varepsilon(t-t_2)]\tag{1-3-16}$$

如图 1-15 所示。

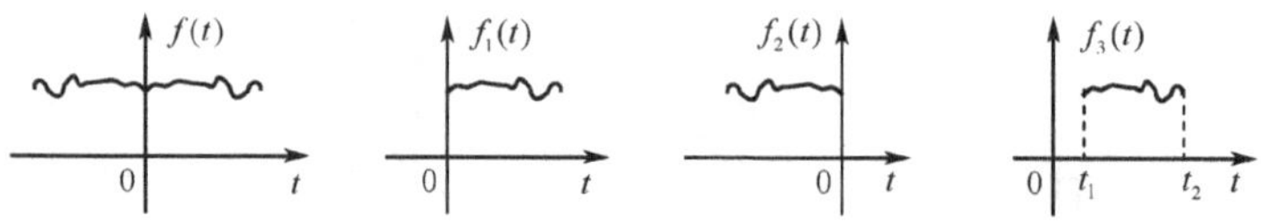

(a) 无时限信号　(b) 因果信号　(c) 反因果信号　(d) 时限信号

图 1-15　不同定义域信号

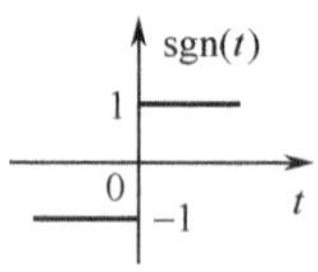

图 1-16　符号函数

符号函数 sgn(t)(signum function)也可用单位阶跃信号来表示。其定义为

$$\operatorname{sgn}(t)=\begin{cases}1, & t>0\\-1, & t<0\end{cases}\tag{1-3-17}$$

$t=0$ 时，sgn(0)不定义，如图 1-16 所示。

用阶跃信号表示为

$$\operatorname{sgn}(t)=2\varepsilon(t)-1=\varepsilon(t)-\varepsilon(-t)\tag{1-3-18}$$

$\varepsilon(t)$与 $R(t)$的关系　单位阶跃信号是单位斜变信号的导数，而单位斜变信号是单位阶跃信号的积分。

第 4 讲

$$\begin{cases}R(t)=\int_{-\infty}^{t}\varepsilon(\tau)\mathrm{d}\tau=\int_{0_-}^{t}\varepsilon(\tau)\mathrm{d}\tau\\ \varepsilon(t)=\dfrac{\mathrm{d}R(t)}{\mathrm{d}t}\end{cases}\tag{1-3-19}$$

3. 单位冲激信号(unit impulse signal)

单位冲激信号 $\delta(t)$又叫做单位冲激函数，它有多种定义，最常见的是狄拉克(Dirac)定义

$$\begin{cases}\delta(t)=\begin{cases}\infty, & t=0\\0, & t\neq 0\end{cases}\\ \int_{-\infty}^{\infty}\delta(t)\mathrm{d}t=1\end{cases}\tag{1-3-20}$$

该定义蕴涵三层含义：

(1) $\delta(t)$仅在 $t=0$ 瞬间有一幅度为无穷大的“冲激”。

(2) $t\neq 0$ 的时间里 $\delta(t)$函数值处处为零。

(3) $\delta(t)$在全时域积分为 1，即它与时间轴构成的面积为 1，该积分称为冲激函数的强度。所谓单位冲激信号就是强度为 1 个单位的冲激函数。因此冲激函数是用强度而不是幅度来表征。单位冲激信号的波形如图 1-17 所示。

$A\delta(t)$表示强度为(A)的冲激信号，$A\delta(t-t_0)$表示在 $t=t_0$ 时出现的强度为(A)的冲激信号，$-A\delta(t-t_0)$表示在 $t=t_0$ 时出现的强度为$(-A)$的冲激信号，如图 1-18(a)～(c)所示。

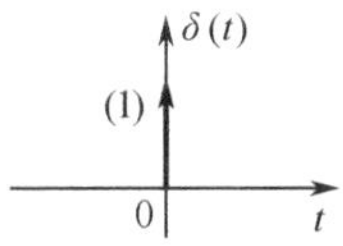

图 1-17　单位冲激信号

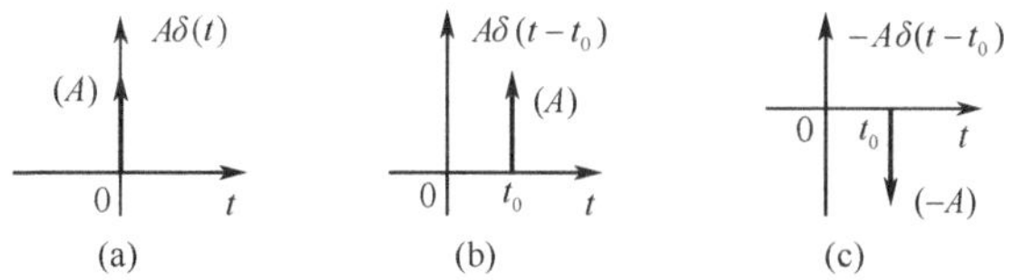

图 1-18　不同强度的出现时刻的冲激信号

某些物理现象具有在极短的时间里出现极大值的特点，因此，可以用冲激函数的数学模型来描述这些现象，如气象学里的闪电、数字通信的祟仰脉冲等。

冲激函数的物理意义可以由图 1-19 所示的 RC 电路的电流响应来理解，当电阻 $R\to 0$ 时，在 $t=0$ 接入的单位直流电压信号的作用下该电路的电流极限便是单位冲激信号。

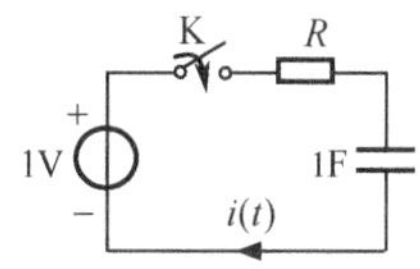

图 1-19　RC 电路

$$\delta(t)=\lim_{R\to 0} i(t)=\lim_{R\to 0}\frac{1}{R}\mathrm{e}^{-\frac{t}{R}},\quad t\geqslant 0$$

$$\lim_{R\to 0}\int_{0_-}^{\infty} i(t)\,\mathrm{d}t=\lim_{R\to 0}\int_{0_-}^{\infty}\frac{1}{R}\mathrm{e}^{-\frac{t}{R}}\,\mathrm{d}t=\lim_{R\to 0}\frac{1}{R}(-R)\mathrm{e}^{-\frac{t}{R}}\Big|_{0_-}^{\infty}=1$$

数学上，冲激函数被定义为一些函数的广义极限①，例如：

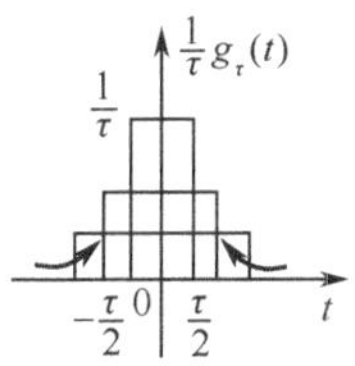

图 1-20　矩形脉冲演变为冲激函数

(1) 门函数的极限

$$\delta(t)=\lim_{\tau\to 0}\frac{1}{\tau}g_{\tau}(t)$$

$$\lim_{\tau\to 0}\int_{-\infty}^{\infty}\frac{1}{\tau}g_{\tau}(t)\,\mathrm{d}t=\lim_{\tau\to 0}\int_{-\frac{\tau}{2}}^{\frac{\tau}{2}}\frac{1}{\tau}\,\mathrm{d}t=1$$

门函数演变为冲激函数的原理如图 1 20 所示。

(2) 三角脉冲的极限

$$\delta(t)=\lim_{\tau\to 0}\frac{1}{\tau}\Delta_{2\tau}(t)$$

---

① 第 8 页注①中给出的赋值公式，是一种泛函数的形式。对于固定的 $\varphi(t)$，把 $g(t)$函数集中的每一个函数 $g_k(t)$，通过公式运算，映射成一个数集。此数集称为 $g(t)$的泛函数，而且是简单的连续泛函数。积分是线性运算。连续性指：若$g(t)$是函数序列 $g_k(t)$当 $k\to\infty$(或 0)时，存在

$$\lim_{k\to\infty}\int_{-\infty}^{\infty} g_k(t)\varphi(t)\,\mathrm{d}t=\int_{-\infty}^{\infty} g(t)\varphi(t)\,\mathrm{d}t$$

则
$$\lim_{k\to\infty} g_k(t)=g(t)$$

上述表明，连续性提供了分配函数定义为某些普通函数取极限的依据。实际上 $g_k(t)$是普通函数，当其参变量 $k\to\infty$(或 0)时，则变成了广义函数，而广义函数的极限简称为广义极限。

$$\lim_{\tau\to 0}\int_{-\infty}^{\infty}\frac{1}{\tau}\Delta_{2\tau}(t)\,\mathrm{d}t=1$$

(3) 抽样函数的极限

$$\delta(t)=\lim_{\alpha\to\infty}\frac{\sin\alpha t}{\pi t},\quad \lim_{\alpha\to\infty}\int_{-\infty}^{\infty}\frac{\sin\alpha t}{\pi t}\mathrm{d}t=1$$

冲激函数具有以下性质。

1) 加权性质

若函数 $f(t)$在 $t=0$ 时连续,则

$$f(t)\delta(t)=f(0)\delta(t) \tag{1-3-21}$$

连续信号 $f(t)$与冲激函数 $\delta(t)$的乘积,在时间 $t=0$ 时等于一个强度为 $f(0)$的冲激函数 $f(0)\delta(t)$,而在 $t\neq 0$ 时为零,如图 1-21 所示。

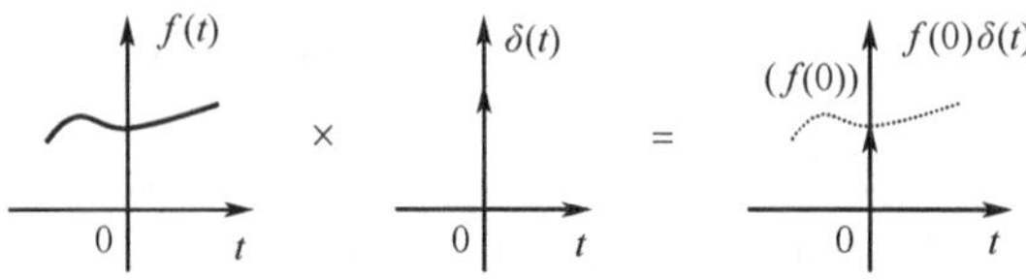

图 1-21 加权性质的图示

2) 取样性质

若函数 $f(t)$在 $t=0$ 时连续,则

$$\int_{-\infty}^{\infty}f(t)\delta(t)\mathrm{d}t=f(0) \tag{1-3-22}$$

证明

$$\int_{-\infty}^{\infty}f(t)\delta(t)\mathrm{d}t=\int_{-\infty}^{\infty}f(0)\delta(t)\mathrm{d}t=f(0)\int_{-\infty}^{\infty}\delta(t)\mathrm{d}t=f(0)$$

冲激函数 $\delta(t)$与一个普通连续信号 $f(t)$乘积的积分,等于在时间 $t=0$ 时,这个普通函数的值 $f(0)$。取样性质给出了冲激函数 $\delta(t)$的严格数学定义。

推论 若函数 $f(t)$在 $t=t_0$ 时连续,则

$$f(t)\delta(t-t_0)=f(t_0)\delta(t-t_0) \tag{1-3-23}$$

$$\int_{-\infty}^{\infty}f(t)\delta(t-t_0)\mathrm{d}t=f(t_0) \tag{1-3-24}$$

3) 偶函数性质

$$\delta(t)=\delta(-t) \tag{1-3-25}$$

例 1-3 求解下列各式的值。

(1) $(2t-2)^2\delta(t-2)$

(2) $\int_{-\infty}^{\infty}\varepsilon(t-8)\delta(t-4)\mathrm{d}t$

(3) $\int_{-2}^{2}t^2\delta(t-10)\mathrm{d}t$

(4) $\int_{-\infty}^{\infty}\varepsilon(t-4)\delta(t-8)\mathrm{d}t$

(5) $\int_{-\infty}^{\infty}\mathrm{e}^{-3t-1}\delta(t)\mathrm{d}t$

(6) $\int_{-\infty}^{\infty}2\delta(t)\frac{\sin 2t}{t}\mathrm{d}t$

解 (1) $(2t-2)^2\delta(t-2)=(2\times 2-2)^2\delta(t-2)=4\delta(t-2)$

(2) $\int_{-\infty}^{\infty}\varepsilon(t-8)\delta(t-4)\mathrm{d}t=\int_{-\infty}^{\infty}0\times\delta(t-4)\mathrm{d}t=0$

(3) $\int_{-2}^{2}t^2\delta(t-10)\mathrm{d}t=0$(在时间区域$(-2,2)$内,$\delta(t-10)=0$)

(4) $\int_{-\infty}^{\infty}\varepsilon(t-4)\delta(t-8)\mathrm{d}t=\int_{-\infty}^{\infty}1\times\delta(t-8)\mathrm{d}t=1$

(5) $\int_{-\infty}^{\infty}\mathrm{e}^{-3t-1}\delta(t)\mathrm{d}t=\int_{-\infty}^{\infty}\mathrm{e}^{-3\times0-1}\delta(t)\mathrm{d}t=\mathrm{e}^{-1}$

(6) $\int_{-\infty}^{\infty}2\delta(t)\dfrac{\sin2t}{t}\mathrm{d}t=\int_{-\infty}^{\infty}4\delta(t)\dfrac{\sin2t}{2t}\mathrm{d}t=\int_{-\infty}^{\infty}4\mathrm{Sa}(2t)\delta(t)\mathrm{d}t$

$$=\int_{-\infty}^{\infty}4\mathrm{Sa}(0)\delta(t)\mathrm{d}t=\int_{-\infty}^{\infty}4\times1\times\delta(t)\mathrm{d}t=4$$

4) 尺度变换性质

$$\delta(at)=\frac{1}{|a|}\delta(t) \tag{1-3-26}$$

证明　左端:设 $a>0$,则 $a=|a|$

$$\int_{-\infty}^{\infty}f(t)\delta(at)\mathrm{d}t\overset{(令x=at)}{=}\int_{-\infty}^{+\infty}f\left(\frac{x}{a}\right)\delta(x)\mathrm{d}\left(\frac{x}{|a|}\right)$$

$$=\frac{1}{|a|}f\left(\frac{x}{a}\right)\bigg|_{x=0}\int_{-\infty}^{+\infty}\delta(x)\mathrm{d}x=\frac{1}{|a|}f(0)$$

设 $a<0$,则 $a=-|a|$。

$$\int_{-\infty}^{\infty}f(t)\delta(at)\mathrm{d}t=\int_{-\infty}^{\infty}f(t)\delta(-|a|t)dt\overset{(令x=-|a|t)}{=}\int_{+\infty}^{-\infty}f\left(-\frac{x}{|a|}\right)\delta(x)\mathrm{d}\left(-\frac{x}{|a|}\right)$$

$$=\int_{-\infty}^{+\infty}\frac{1}{|a|}f\left(+\frac{x}{a}\right)\bigg|_{x=0}\cdot\delta(x)\mathrm{d}x=\frac{1}{|a|}f(0)$$

右端:$\int_{-\infty}^{\infty}f(t)\dfrac{1}{|a|}\delta(t)\mathrm{d}t=\dfrac{1}{|a|}f(0)$,所以左端=右端。

$\delta(at)=\dfrac{1}{|a|}\delta(t)$成立。　　(证毕)

推论　①
$$\delta(at\pm b)=\frac{1}{|a|}\delta\left(t\pm\frac{b}{a}\right) \tag{1-3-27a}$$

② $\delta[f(t)]$形式的冲激信号。$\delta[f(t)]$称为复合函数形式的冲激信号,$f(t)$是时间t的普通函数,若在$t=t_1$时刻$f(t)=0$,则在此时刻$\delta[f(t)]$出现冲激信号。根据数学埋论,在t_1足够小的区域内,$f(t)$可展开为泰勒级数

$$f(t)=f(t_1)+f'(t_1)(t-t_1)+\frac{1}{2}f''(t_1)(t-t_1)^2+\cdots$$

考虑到$f(t_1)=0$,并忽略高次项,则

$$f(t)\approx f'(t_i)(t-t_i)$$

由(1-3-26)得

$$\delta[f(t)]=\delta[f'(t_i)(t-t_i)]=\frac{1}{|f'(t_i)|}\delta[(t-t_i)] \tag{1-3-27b}$$

若$f(t)=0$有n个互不相等的实数单根$t_i\ (i=1,2,\cdots,n)$,即$f'(t_i)\neq0$,则有

$$\delta[f(t)]=\sum_{i=1}^{n}\frac{1}{|f'(t_i)|}\delta[(t-t_i)] \tag{1-3-27c}$$

5) $\delta(t)$与$\varepsilon(t)$的关系

$$\begin{cases}\varepsilon(t)=\int_{-\infty}^{t}\delta(\tau)\mathrm{d}\tau=\int_{0_-}^{t}\delta(\tau)\mathrm{d}\tau\\ \delta(t)=\dfrac{\mathrm{d}\varepsilon(t)}{\mathrm{d}t}=\varepsilon'(t)\end{cases}\tag{1-3-28}$$

单位冲激信号$\delta(t)$是单位阶跃信号$\varepsilon(t)$的一阶导数,单位阶跃信号是单位冲激信号的一次积分。从波形可见,$\varepsilon(t)$在$t=0$处有间断点,对其求导后,跃变点产生冲激信号$\delta(t)$。实际上,任何函数跃变点的导数都是冲激信号,冲激的强度就是跃变值。

例 1-4 试绘出图 1-22(a)所示信号导数的波形。

解 如图 1-22(b)所示。

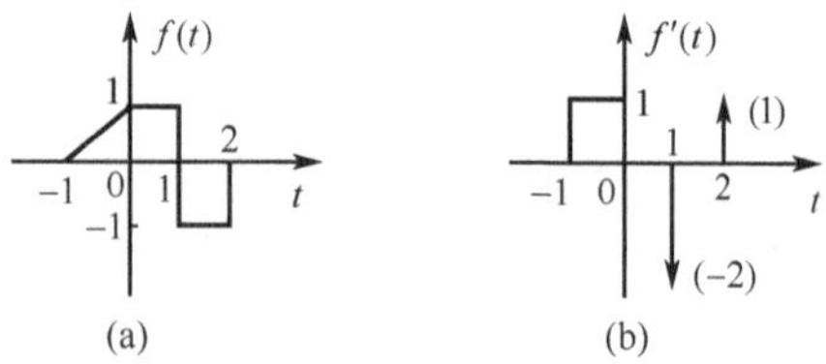

图 1-22 函数的导数在跃变点出现冲激的图示

例 1-5 求解下列积分。

(1) $\int_{-\infty}^{\infty}f(t)\delta(2t-3)\mathrm{d}t$ (2) $\int_{-\infty}^{\infty}\sin t\,\delta(6t-\pi)\mathrm{d}t$ (3) $\int_{-\infty}^{\infty}(t^3+4)\delta(1-t)\mathrm{d}t$

(4) $\int_{-\infty}^{\infty}t\delta(t^2-4)\mathrm{d}t$

解 (1) $\int_{-\infty}^{\infty}f(t)\delta(2t-3)\mathrm{d}t=\int_{-\infty}^{\infty}f(t)\dfrac{1}{|2|}\delta\left(t-\dfrac{3}{2}\right)\mathrm{d}t=\dfrac{1}{|2|}f\left(\dfrac{3}{2}\right)$

(2) $\int_{-\infty}^{\infty}\sin t\,\delta(6t-\pi)\mathrm{d}t=\int_{-\infty}^{\infty}\sin t\dfrac{1}{|6|}\delta\left(t-\dfrac{\pi}{6}\right)\mathrm{d}t=\dfrac{1}{6}\sin\dfrac{\pi}{6}=\dfrac{1}{12}$

(3) $\int_{-\infty}^{\infty}(t^3+4)\delta(1-t)\mathrm{d}t=\int_{-\infty}^{\infty}(t^3+4)\delta(t-1)\mathrm{d}t=\int_{-\infty}^{\infty}(1+4)\delta(t-1)\mathrm{d}t=5$

(4) $\int_{-\infty}^{\infty}t\delta(t^2-4)\mathrm{d}t=\int_{-\infty}^{\infty}\dfrac{t}{4}[\delta(t-2)+\delta(t+2)]\mathrm{d}t=\dfrac{2}{4}-\dfrac{2}{4}=0$

第 5 讲

4. 单位冲激偶信号(unit doublet signal)

$$\delta'(t)=\frac{\mathrm{d}\delta(t)}{\mathrm{d}t}\tag{1-3-29}$$

单位冲激信号(函数)的一阶导数称为**单位冲激偶信号(函数)**,以$\delta'(t)$表示,它是一对强度为无穷大的正、负极性的冲激,其波形如图 1-23(a)所示。为了便于区分$\delta'(t)$和$-\delta'(t)$,也可统一采用冲激函数的波形符号,但在符号旁加注冲激偶,如图 1-23(b)、(c)所示。

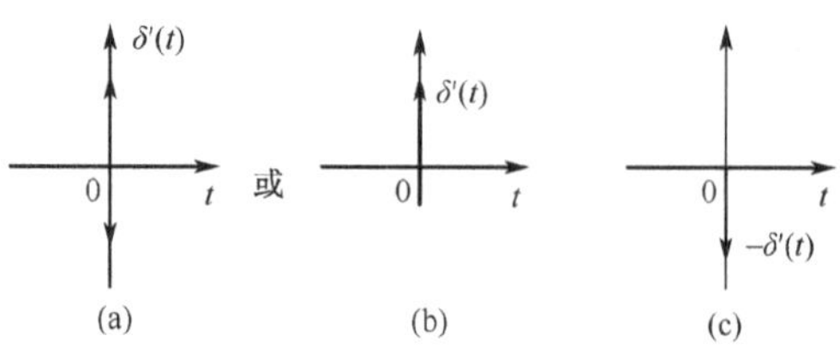

图 1-23 冲激偶信号

冲激偶也可有系数,如$A\delta'(t)$、$2\delta'(t)$等,但这里A和 2 不是强度。

$\delta'(t)$可以利用三角函数$\frac{1}{\tau}\Delta_{2\tau}(t)$的导数当$\tau\to 0$时的极限引出，如图 1-24 所示。

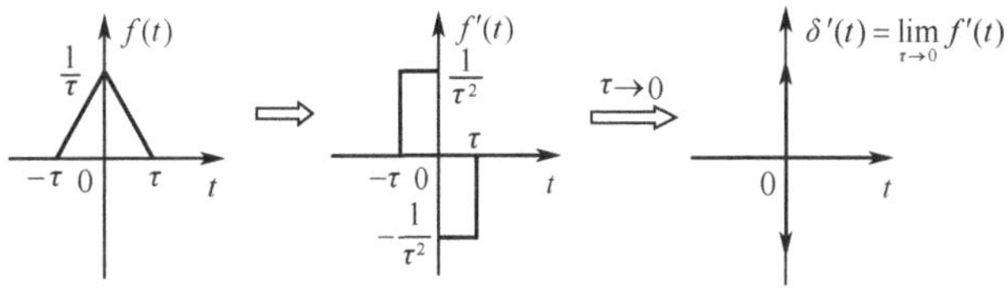

图 1-24　冲激偶的演变

冲激偶信号具有如下性质。

1）加权性质

若函数 $f(t)$和 $f'(t)$在 $t=0$ 时连续，则

$$f(t)\delta'(t)=f(0)\delta'(t)-f'(0)\delta(t) \tag{1-3-30}$$

证明　设普通函数 $\varphi(t)$和 $\varphi'(t)$在 $t=0$ 时连续，则对式(1-3-29)，左端：

$$\begin{aligned}\int_{-\infty}^{\infty}f(t)\delta'(t)\varphi(t)\mathrm{d}t&=\int_{-\infty}^{\infty}[f(t)\varphi(t)]\delta'(t)\mathrm{d}t\\&=[f(t)\varphi(t)]\delta(t)\Big|_{-\infty}^{\infty}-\int_{-\infty}^{\infty}\delta(t)\frac{\mathrm{d}[f(t)\varphi(t)]}{\mathrm{d}t}\mathrm{d}t\\&=0-\int_{-\infty}^{\infty}\delta(t)[f'(t)\varphi(t)+f(t)\varphi'(t)]\mathrm{d}t\\&=-f'(0)\varphi(0)-f(0)\varphi'(0)\end{aligned}$$

右端：

$$\begin{aligned}\int_{-\infty}^{\infty}[f(0)\delta'(t)-f'(0)\delta(t)]\varphi(t)\mathrm{d}t&=\int_{-\infty}^{\infty}f(0)\delta'(t)\varphi(t)\mathrm{d}t-\int_{-\infty}^{\infty}f'(0)\delta(t)\varphi(t)\mathrm{d}t\\&=f(0)\int_{-\infty}^{\infty}\delta'(t)\varphi(t)\mathrm{d}t-f'(0)\int_{-\infty}^{\infty}\delta(t)\varphi(t)\mathrm{d}t\\&=-f(0)\varphi'(0)-f'(0)\varphi(0)\end{aligned}$$

其中

$$\int_{-\infty}^{\infty}\varphi(t)\delta'(t)\mathrm{d}t=-\varphi'(0)$$

即左端=右端，故式(1-3-30)成立。　　（证毕）

2）取样性质

$$\int_{-\infty}^{\infty}f(t)\delta'(t)\mathrm{d}t=-f'(0) \tag{1-3-31}$$

证明　设 $f(t)$和 $f'(t)$在 $t=0$ 连续，则

$$\begin{aligned}\int_{-\infty}^{\infty}f(t)\delta'(t)\mathrm{d}t&=\int_{-\infty}^{\infty}f(t)\mathrm{d}\delta(t)=f(t)\delta(t)\Big|_{-\infty}^{\infty}-\int_{-\infty}^{\infty}\delta(t)\frac{\mathrm{d}f(t)}{\mathrm{d}t}\mathrm{d}t\\&=0-\int_{-\infty}^{\infty}\delta(t)f'(t)\mathrm{d}t=-f'(0)\end{aligned}$$

（证毕）

推论

$$f(t)\delta'(t-t_0)=f(t_0)\delta'(t-t_0)-f'(t_0)\delta(t-t_0) \tag{1-3-32}$$

$$\int_{-\infty}^{\infty}f(t)\delta'(t-t_0)\mathrm{d}t=-f'(t_0) \tag{1-3-33}$$

冲激函数还可以继续求得它的二阶导数 $\delta''(t)$、三阶导数 $\delta^{(3)}(t)$直至 n 阶导数 $\delta^{(n)}(t)$。若 $f(t)$和 $f^{(n)}(t)$在 $t=t_0$ 连续，可以证明 $\delta^{(n)}(t)$的抽样性质为

$$\int_{-\infty}^{\infty} f(t)\delta^{(n)}(t-t_0)\mathrm{d}t = (-1)^n f^{(n)}(t_0) \tag{1-3-34}$$

3）奇函数性质

$$\delta'(t) = -\delta'(-t) \tag{1-3-35}$$

$\delta'(t)$是奇函数，关于原点对称，在全时域对其积分为零，即正、负两个冲激的面积相互抵消。亦即

$$\int_{-\infty}^{\infty} \delta'(t)\mathrm{d}t = 0 \tag{1-3-36}$$

4）尺度变换性质

$$\delta'(at) = \frac{1}{|a|}\frac{1}{a}\delta'(t) \tag{1-3-37}$$

证明　设 $f(t)$及 $f'(t)$在 $t=0$ 连续。

左端：$\displaystyle\int_{-\infty}^{\infty} f(t)\delta'(at)\mathrm{d}t \overset{\text{令}at=x}{=} \int_{-\infty}^{\infty} f\left(\frac{x}{a}\right)\delta'(x)\mathrm{d}\left(\frac{x}{|a|}\right) = \frac{1}{|a|}\left[-\frac{\mathrm{d}}{\mathrm{d}x}f\left(\frac{x}{a}\right)\right]\Bigg|_{x=0}$

$$= -\frac{1}{|a|}\cdot\frac{1}{a}f'(0)$$

右端：$\displaystyle\int_{-\infty}^{\infty} f(t)\frac{1}{|a|}\frac{1}{a}\delta'(t)\mathrm{d}t = \frac{1}{|a|}\cdot\frac{1}{a}\left[-\frac{\mathrm{d}}{\mathrm{d}x}f(t)\right]\Bigg|_{t=0} = -\frac{1}{|a|}\cdot\frac{1}{a}f'(0)$

即左端＝右端，故式(1-3-37)成立。（证毕）

推论

$$\delta'(at-b) = \frac{1}{|a|}\frac{1}{a}\delta'\left(t-\frac{b}{a}\right) \tag{1-3-38}$$

例 1-6　求解下列各式的值。

(1) $\displaystyle\int_{-\infty}^{\infty} t^2\delta'(t+2)\mathrm{d}t$　　(2) $\displaystyle\int_{-\infty}^{t} \mathrm{e}^{-\tau}\delta'(\tau)\mathrm{d}\tau$

(3) $\displaystyle\int_{-1}^{3} \cos\frac{\pi}{4}t\,\delta'(t-2)\mathrm{d}t$　　(4) $\displaystyle\int_{-\infty}^{\infty} \mathrm{e}^{-2t}\delta'(-2t)\mathrm{d}t$

解　(1) $\displaystyle\int_{-\infty}^{\infty} t^2\delta'(t+2)\mathrm{d}t = -(t^2)'\Big|_{t=-2} = 4$

(2) $\displaystyle\int_{-\infty}^{t} \mathrm{e}^{-\tau}\delta'(\tau)\mathrm{d}\tau = \int_{-\infty}^{t}[\delta'(\tau)+\delta(\tau)]\mathrm{d}\tau = \delta(t)+\varepsilon(t)$

其中

$$\mathrm{e}^{-\tau}\delta'(\tau) = \delta'(\tau) - (\mathrm{e}^{-\tau})'\Big|_{t=0}\delta(\tau) = \delta'(\tau)+\delta(\tau)$$

第 6 讲

(3) $\displaystyle\int_{-1}^{3} \cos\frac{\pi}{4}t\,\delta'(t-2)\mathrm{d}t = -\frac{\mathrm{d}}{\mathrm{d}t}\left(\cos\frac{\pi}{4}t\right)\Bigg|_{t=2} = \frac{\pi}{4}$

(4) $\displaystyle\int_{-\infty}^{\infty} \mathrm{e}^{-2t}\delta'(-2t)\mathrm{d}t = \int_{-\infty}^{\infty} \mathrm{e}^{-2t}\left[-\frac{1}{4}\delta'(t)\right]\mathrm{d}t = -\frac{1}{4}\left[-\frac{\mathrm{d}\mathrm{e}^{-2t}}{\mathrm{d}t}\right]\Bigg|_{t=0} = -\frac{1}{2}$

奇异函数之间的乘积没有意义，例如，$\varepsilon(t)\delta(t)$、$\delta(t)\delta(t)$、$\delta(t)\delta^{(2)}(t)$等。

1.3.3 典型离散信号

1. 离散信号的实现

在实际应用中，把连续时间信号 $f(t)$按一定的离散时刻 t_k 进行取样，便可得到离散信号 $f(t_k)$。$f(t_k)$只在 t_k 时刻有定义，而在两个有定义的时刻 t_k 与 t_{k+1}之间没有定义。如果取样

是按一个均匀的等时间间隔 $T(T=t_{k+1}-t_k$ 为一常数)进行，便可得到一个新的函数 $f(kT)$，其中，$k=\pm1,\pm2,\pm3,\cdots$为自然数。$f(kT)$可归一化(令 $T=1$)为 $f(k)$，这是一个抽象的离散函数。其实现过程如下列流程所示：

$$f(t)\xrightarrow{\text{取样}}f(t_k)\xrightarrow{\text{等间隔 }T}f(kT)\xrightarrow{T=1}f(k),\quad k=0,\pm1,\pm2,\cdots$$

由于这里 k 是纯离散整数变量，它既可代表离散的时间，也可代表次序的整数序号，所以 $f(k)$ 具有普遍意义，离散信号 $f(k)$也被称作数值序列。例如，

$$f(t)=A\mathrm{e}^{-\sigma t}\varepsilon(t)\xrightarrow{\text{取样}}f(t_k)=A\mathrm{e}^{-\sigma t_k}\varepsilon(t_k)\xrightarrow{\text{等间隔 }T}f(kT)=A\mathrm{e}^{-\sigma kT}\varepsilon(kT)$$

$$\xrightarrow{T=1}f(k)=A\mathrm{e}^{-\sigma k}\varepsilon(k)$$

如图 1-25 所示。

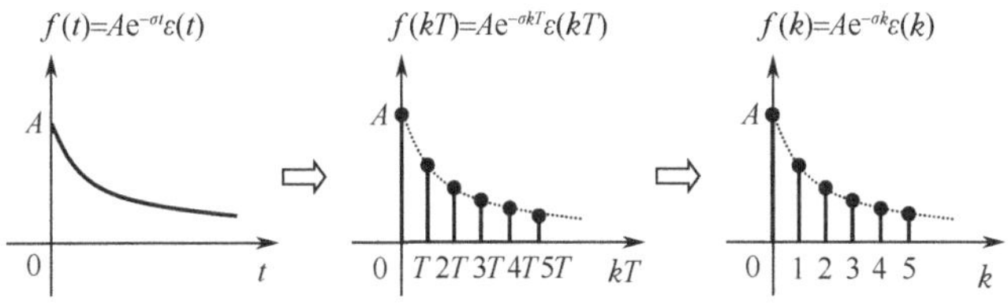

图 1-25　离散信号的实现

必须指出，当 $k=n$ 时，信号 $f(n)$应理解为时间 $t_k=t_n=nT$ 时刻的函数值，因此，在有些书籍和文献中离散信号用 $f(n)$表示。

2. 离散信号的表示法

1) 解析式

就是用数学函数式来表示离散信号，又叫做闭式表示法或解析式表示法，如

$$f(k)=(k+1)(-1)^k\varepsilon(k)$$

2) 数值序列形式

将上述离散信号 $f(k)$按变量 k 先后次序的方式罗列成一个有序的数列，如

$$f(k)=\{\underset{\uparrow}{1},-2,3,-4,\cdots\}$$

序列中的箭头符号↑标记出 $k=0$ 的位置。

3) 图形表示

和连续信号一样，离散信号也可以用图形表示。如图 1-26 所示离散信号与上述解析式和数值序列形式所描述的是同一个离散信号。

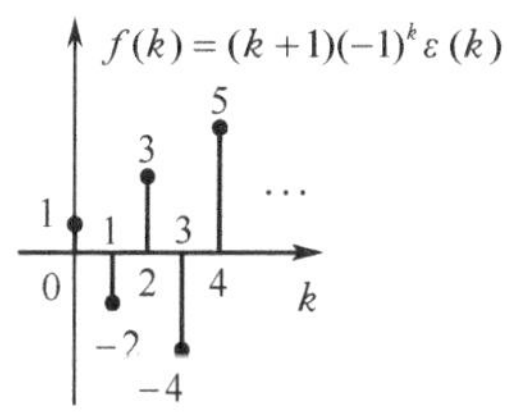

图 1-26　离散信号的图形表示

3. 典型离散信号

1) 单位序列

$$\delta(k)=\begin{cases}1, & k=0\\0, & k\neq0\end{cases}\tag{1-3-39}$$

单位序列 $\delta(k)$又叫做单位函数信号或单位样值序列，在 $k=0$ 处其幅值为 1，如图 1-27 所示。时移 n 位的单位序列 $\delta(k-n)$定义为

$$\delta(k-n)=\begin{cases}1, & k=n\\ 0, & k\neq n\end{cases} \tag{1-3-40}$$

如图 1-28 所示。

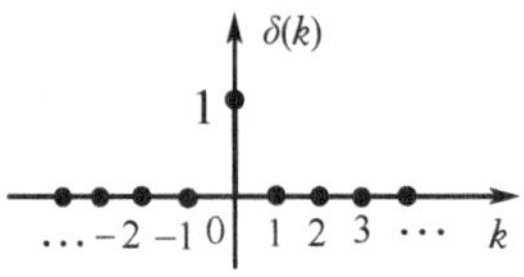

图 1-27　单位序列

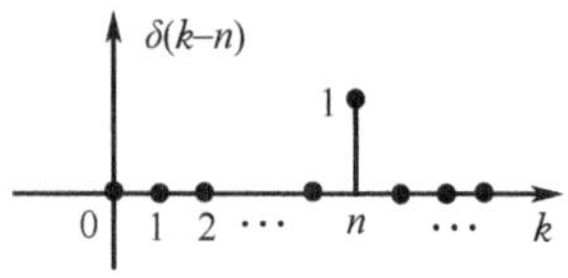

图 1-28　δ(k−n)的图形

单位序列有如下性质：

(1) 加权性质

$$f(k)\delta(k)=f(0)\delta(k) \tag{1-3-41}$$

$$f(k)\delta(k-n)=f(n)\delta(k-n) \tag{1-3-42}$$

(2) 筛选性质

$$\sum_{k=-\infty}^{\infty}f(k)\delta(k)=f(0) \tag{1-3-43}$$

$$\sum_{k=-\infty}^{\infty}f(k)\delta(k-n)=f(n) \tag{1-3-44}$$

2) 单位阶跃序列

$$\varepsilon(k)=\begin{cases}1, & k\geqslant 0\\ 0, & k<0\end{cases} \tag{1-3-45}$$

与连续单位阶跃信号 $\varepsilon(t)$ 不同，**单位阶跃序列** $\varepsilon(k)$ 在 $k=0$ 时有定义且 $\varepsilon(0)=1$，而 $\varepsilon(t)$ 在 $t=0$ 时不定义。$\varepsilon(k)$ 如图 1-29 所示。

右移序 n 位的单位阶跃序列为

$$\varepsilon(k-n)=\begin{cases}1, & k\geqslant n\\ 0, & k<n\end{cases} \tag{1-3-46}$$

如图 1-30 所示。

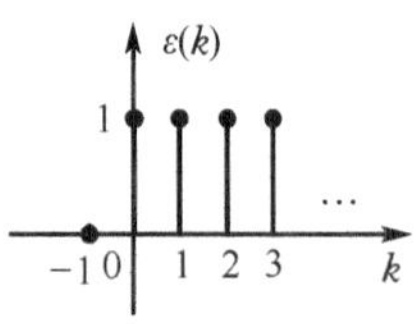

图 1-29　单位阶跃序列

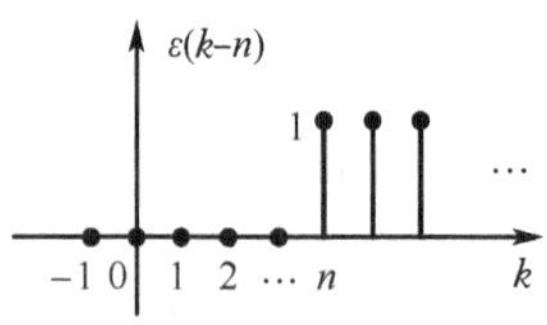

图 1-30　ε(k−n)的图形

$\varepsilon(k)$ 同样具有截取特性，如

$$f(k)\varepsilon(k-n)=\begin{cases}f(k), & k\geqslant n\\ 0, & k<n\end{cases} \tag{1-3-47}$$

$\varepsilon(k)$ 与 $\delta(k)$ 的关系为

$$\delta(k)=\varepsilon(k)-\varepsilon(k-1) \tag{1-3-48}$$

$$\varepsilon(k)=\delta(k)+\delta(k-1)+\delta(k-2)+\cdots=\sum_{n=0}^{\infty}\delta(k-n) \tag{1-3-49}$$

令 $k-n=m$，则 $n=0$ 时 $m=k$；$n\to\infty$ 时 $m\to-\infty$，上式可写成

$$\varepsilon(k)=\sum_{m=-\infty}^{k}\delta(m) \tag{1-3-50}$$

更进一步，任意序列 $f(k)$ 可以认为是位置在 $k=n$ 处大小为 $f(n)$ 的全部时移单位序列之和，即

$$f(k)=\sum_{n=-\infty}^{\infty}f(n)\delta(k-n) \tag{1-3-51}$$

3）矩形序列

$$g_N(k)=\begin{cases}1, & 0\leqslant k\leqslant N-1\\ 0, & k<0, N\leqslant k\end{cases} \tag{1-3-52}$$

矩形序列在 $k=N$ 时函数值为零，$g_N(k)$ 也可以用单位阶跃序列表示为

$$g_N(k)=\varepsilon(k)-\varepsilon(k-N) \tag{1-3-53}$$

波形如图 1-31(a)所示。

4）符号序列

$$\operatorname{sgn}(k)=\varepsilon(k)-\varepsilon(-k)=\begin{cases}1, & 0<k\\ 0, & k=0\\ -1, & k<0\end{cases} \tag{1-3-54}$$

波形如图 1-31(b)所示。

5）单边斜变(斜坡)序列

$$R(k)=k\varepsilon(k) \tag{1-3-55}$$

如图 1-32 所示。

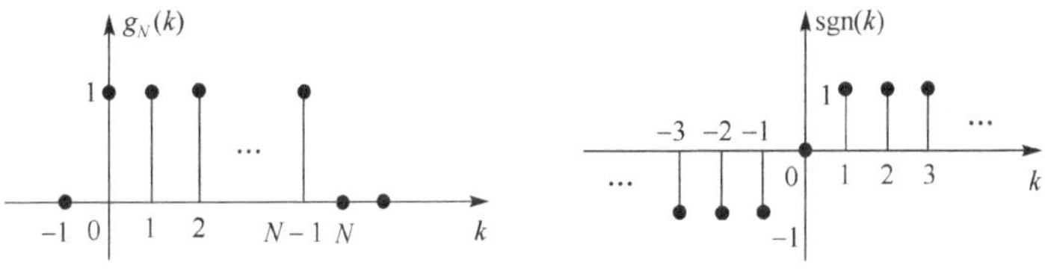

(a) $g_N(k)$的波形图　(b) sgn(k)的波形图

图 1-31　$g_N(k)$和 sgn(k)的波形图

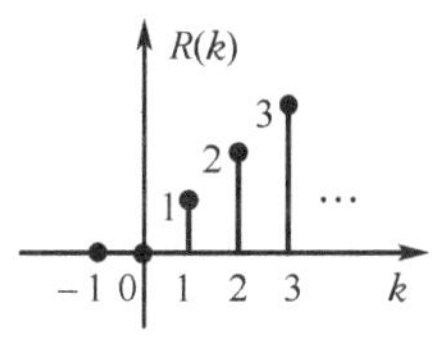

图 1-32　$R(k)$的波形图

6）单边实指数序列

$$f(k)=a^k\varepsilon(k) \tag{1-3-56}$$

其中，a 为常数，其取值范围不同，$a^k\varepsilon(k)$呈现出不同的变化规律，如图 1-33 所示。

7）正弦序列

$$f(k)=A\cos(\Omega k) \tag{1-3-57}$$

式中，Ω 为正弦序列数字角频率，它反映序列值周期性重复的速率。如图 1-34 所示正弦序列的数字角频率为 $\Omega=\frac{2\pi}{N}=\frac{2\pi}{12}$，则序号 k 每隔 $N=12$ 个数重复一次正弦包络的数值。

离散正弦序列 $\cos(\Omega k)$由连续正弦信号$\cos(\omega t)$取样后得出

$$\cos(\omega t)\Big|_{t=kT_s}=\cos(\omega T_s k)\Big|_{\omega T_s=\Omega}=\cos(\Omega k)$$

其中，$\omega T_s=\Omega$ 是取样一次的相位。连续周期信号的角频率 ω 的单位是弧度/秒(rad/s)，周期 $T=\frac{2\pi}{\omega}$；而离散信号数字角频率 Ω 的单位是弧度(rad)，T_s 是取样间隔。

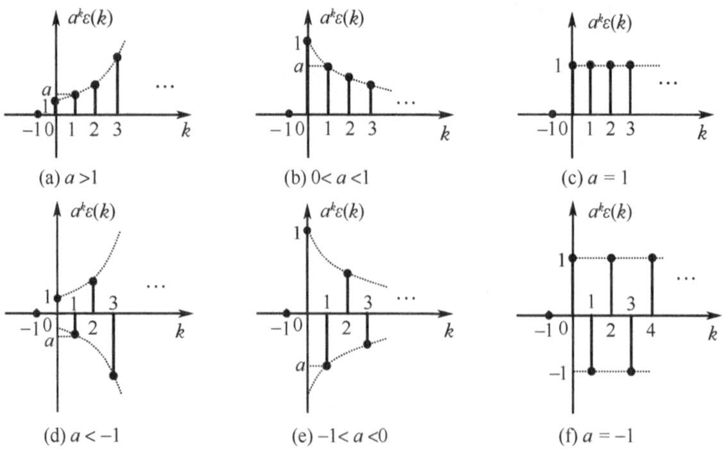

图 1-33　单边实指数序列的波形图

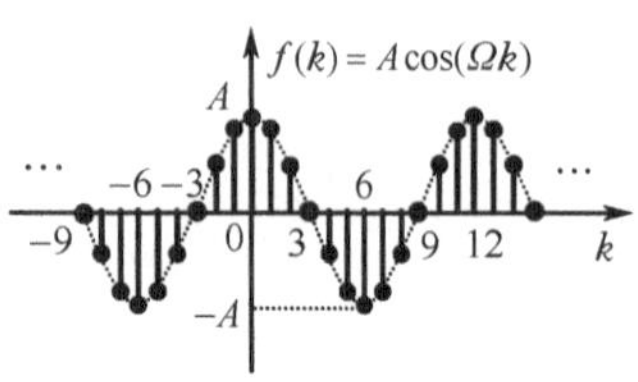

图 1-34　正弦序列

离散化后的正弦序列不一定是周期信号。通常，其周期性依据以下规则来判定：

（1）当$\frac{2\pi}{\Omega}=N$为整数时，正弦序列具有周期性，周期$N=\frac{2\pi}{\Omega}$。

（2）当$\frac{2\pi}{\Omega}=\frac{N}{m}$，$\frac{N}{m}$是有理数且为不可约的整数比时，正弦序列仍具有周期性，周期$N=m\frac{2\pi}{\Omega}$。

（3）当$\frac{2\pi}{\Omega}$是无理数时，正弦序列不具有周期性。

无论正弦序列是否呈周期性，都称Ω为其数字角频率，简称数字频率。

8）复指数序列

$$f(k)=\mathrm{e}^{(\alpha+\mathrm{j}\Omega)k}=a^k\mathrm{e}^{\mathrm{j}\Omega k}=|f(k)|\mathrm{e}^{\mathrm{j}\varphi(k)} \tag{1-3-58}$$

显然，$|f(k)|=\mathrm{e}^{\alpha k}=a^k$，$\varphi(k)=\Omega k$，$\Omega=\frac{2\pi}{N}$。

根据欧拉公式

$$f(k)=a^k\mathrm{e}^{\mathrm{j}\Omega k}=a^k(\cos\Omega k+\mathrm{j}\sin\Omega k)=a^k\cos\Omega k+ja^k\sin\Omega k$$

因此，复指数序列又称为复正弦序列。

因为

$$\mathrm{e}^{\mathrm{j}(\Omega+2n\pi)k}=\mathrm{e}^{\mathrm{j}\Omega k},\quad k=0,\pm1,\pm2,\cdots \tag{1-3-59}$$

可见，数字频率为Ω与数字频率为$(\Omega+2n\pi)$所有复正弦序列都是相同的，因此，在任何2π区间内的$\mathrm{e}^{\mathrm{j}\Omega k}$就包含了所有不同的复正弦序列，也就意味着在研究相关的复正弦序列时，只要在Ω的某个2π区间内分析即可。一般情况下，Ω的取值区间满足$-\pi<\Omega\leqslant\pi$或者$0\leqslant\Omega<\pi$，并称之为数字频率的主值区间。

1.4 信号的基本运算

信号的基本运算包括信号的相加、相乘、平移、反折、尺度变换，以及微分与积分、差分与累加。

1.4.1 信号的相加与相乘

第 7 讲

任意两个信号 $f_1(\cdot)$①和 $f_2(\cdot)$ 在某一瞬间的相加或相乘等于该瞬间这两个信号的函数值相加或相乘，即

$$f(\cdot) = f_1(\cdot) + f_2(\cdot) \tag{1-4-1}$$

$$f(\cdot) = f_1(\cdot) \times f_2(\cdot) \tag{1-4-2}$$

例 1-7 信号 $f_1(t)$和 $f_2(t)$的波形如图 1-35(a)、(b)所示，试绘出 $f_3(t)=f_1(t)+f_2(t)$和 $f_4(t)=f_1(t)-f_2(t)$的波形图。

解 $f_3(t)$和 $f_4(t)$的波形如图 1-35(c)、(d)所示。

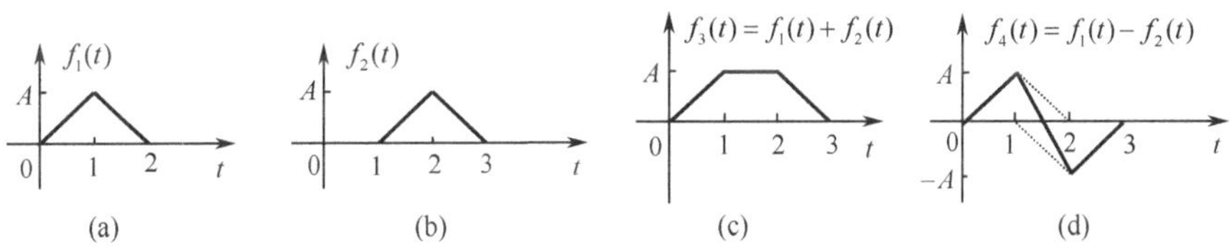

图 1-35 两信号相加减

例 1-8 已知序列 $f_1(k)=\begin{cases}2^k, & k<0\\ k+1, & k\geqslant 0\end{cases}$和 $f_2(k)=\begin{cases}0, & k<-2\\ 2^{-k}, & k\geqslant -2\end{cases}$，试求(1)$f(k)=f_1(k)+f_2(k)$；(2)$f(k)=f_1(k)\times f_2(k)$。

解 (1) $f(k)=f_1(k)+f_2(k)=\begin{cases}2^k, & k<-2\\ 2^k+2^{-k}, & k=-2,-1\\ k+1+2^{-k}, & k\geqslant 0\end{cases}$

(2) $f(k)=f_1(k)\times f_2(k)=\begin{cases}2^k\times 0\\ 2^k\times 2^{-k}\\ (k+1)\times 2^{-k}\end{cases}=\begin{cases}0, & k<-2\\ 1, & k=-2,-1\\ (k+1)2^{-k}, & k\geqslant 0\end{cases}$

1.4.2 信号的反折、平移和压扩

1. 信号的反折

信号 $f(-t)$为信号 $f(t)$的反折，波形上相当于将信号 $f(t)$关于纵轴折转(反折)，如图 1-36(a)所示。同理，序列 $f(-k)$为序列 $f(k)$的反折，如图 1-36(b) 所示。

---

① $f(\cdot)$可以是 $f(t)$也可以是 $f(k)$。

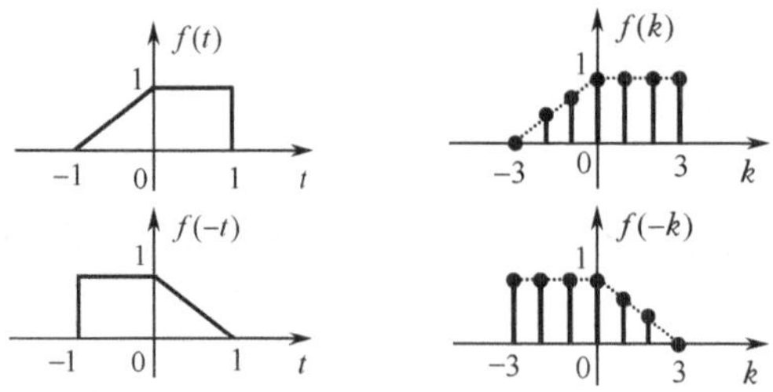

(a) $f(t)$的反折　　(b) $f(k)$的反折

图 1-36　信号的反折

2. 信号的平移

平移又称作移位或时移。若已知 $f(t)$的波形，则当 $t_0>0$ 时，$f(t-t_0)$是 $f(t)$沿时间轴 t 右移(延时)了 t_0 位；$f(t+t_0)$是 $f(t)$沿时间轴 t 左移(提前)了 t_0 位，如图 1-37(a) 所示。同理，已知 $f(k)$的波形，且 $k_0>0$，$f(k-k_0)$和 $f(k+k_0)$的平移波形如图 1-37(b)所示。

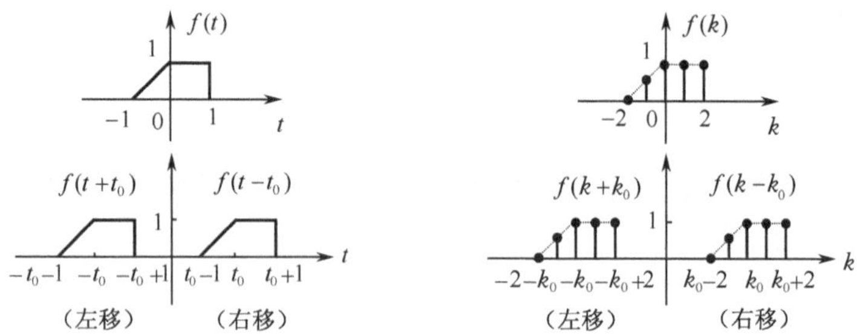

(a) $f(t)$的平移　　(b) $f(k)$的平移

图 1-37　信号的平移

3. 信号的压扩

连续信号的压扩特性又称为时间尺度变换性质。如果已知 $f(t)$的波形，如图 1-38(a)所示，则 $f(at)(a>1)$的波形是 $f(t)$波形沿时间轴 t 以原点为中心压缩了 a 倍；而 $f(t/a)$ 的波形则是 $f(t)$波形沿 t 轴以原点为中心扩展了 a 倍。图 1-38(b)、(c)显示了 $a=2$ 时的压扩波形。

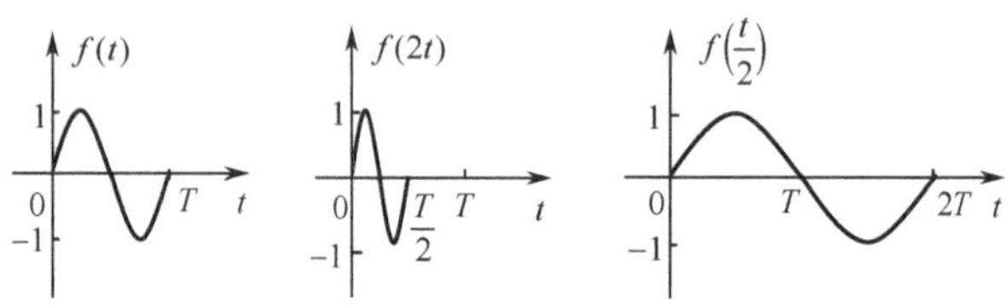

(a)　　(b)　　(c)

图 1-38　连续信号的尺度压扩

离散信号 $f(ak)$只在 ak 是整数的时候才有定义。当 ak 不为整数时，$f(ak)$会丢失原信号 $f(k)$的部分信息，如图 1-39(b)所示的 $f(2k)$波形中，丢失了图 1-39(a)所示 $f(k)$波形在 $k=1$ 和 $k=3$的值 $f(1)=1$ 和 $f(3)=3$。

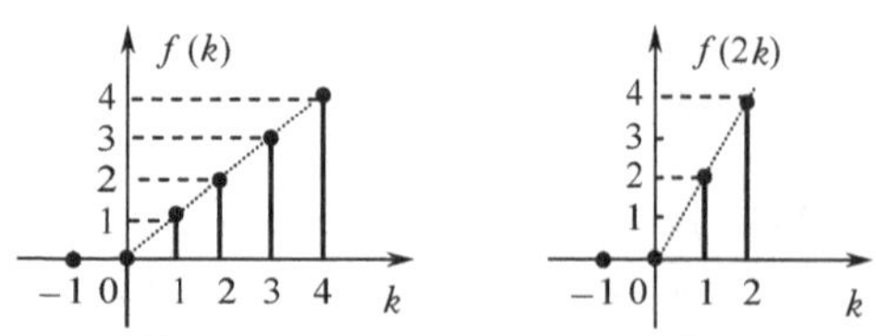

(a)　　(b)

图 1-39　序列的尺度压扩

4. 综合运算

一般综合运算都是由上述单一运算组成的复杂运算，也就是知道了 $f(t)$[或 $f(at-t_0)$]作

$f(at-t_0)$[或$f(t)$](a,t_0 为任意常数)的转换，通常是包含信号的反折、平移和压扩的综合运算。值得注意的是，在同时含有多种运算时，必须每一次只参与一种基本运算，即只对自变量 t 进行一种变换，变换过程与基本运算的先后顺序无关，所以有六条变换路径可供选择。

例 1-9 已知 $f(t)$的波形如图 1-40 所示，试通过两种运算途径求 $f(-2t+2)$的波形：(1)"压扩→平移→反折"；(2)"反折→平移→压扩"。

解 (1)"压扩→平移→反折"，如图 1-40(a)所示。

(2)"反折→平移→压扩"，如图 1-40(b)所示。

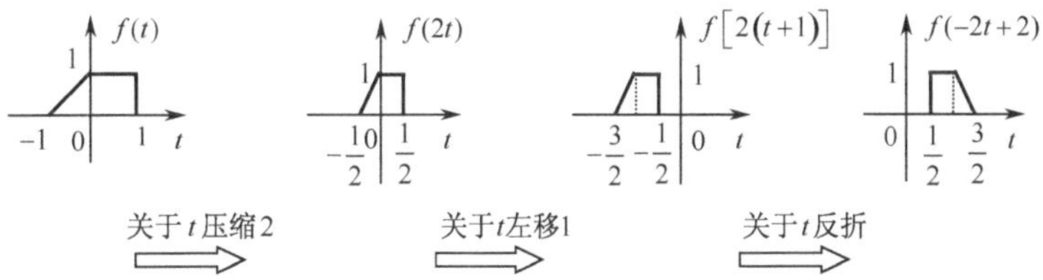

(a)

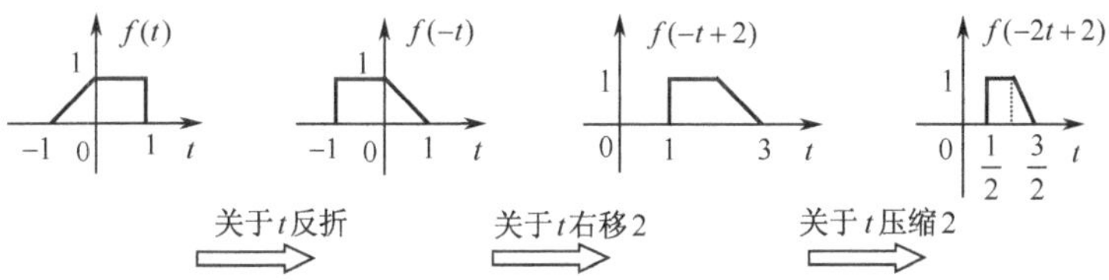

(b)

图 1-40 例 1-9 图

也可以根据数学方法，遵循宗量值(即宗数)不变的原则进行波形变化。所谓宗量对 $f(t)$ 而言就是自变量 t，对 $f(at-t_0)$而言是 $at-t_0$，由于两个信号均按 f 的规律变化，因此宗量取值相同。依照这个原理，可以从 $f(t)$主要转折点的宗量值，求出$f(at-t_0)$的自变量 t 的值，从而绘出后者的波形图。

例 1-10 已知 $f(t)$的波形如图 1-41(a)所示，试遵循宗量值不变的原则，求$f(-2t+2)$的波形。

解 在信号 $f(t)$波形上选 a、b、c 三个转折点，并求出 $f(-2t+2)$相关的 t 值，如表 1-1 所示。

表 1-1 函数的宗量表

	a	b	c
$f(t)$	$t=-1$	$t=0$	$t=1$
$f(-2t+2)$	$-2t+2=-1$ 所以 $t=\frac{3}{2}$	$-2t+2=0$ 所以 $t=1$	$-2t+2=1$ 所以 $t=\frac{1}{2}$

根据表 1-1 绘出 $f(-2t+2)$的波形如图 1-41(b)所示。其中

$$\delta(t+1)\xrightarrow{-2t+2}\delta(-2t+3)=\frac{1}{2}\delta\left(t-\frac{3}{2}\right)$$

$$-\delta'(t-1)\xrightarrow{-2t+2}-\delta'(-2t+1)=\frac{1}{4}\delta'\left(t-\frac{1}{2}\right)$$

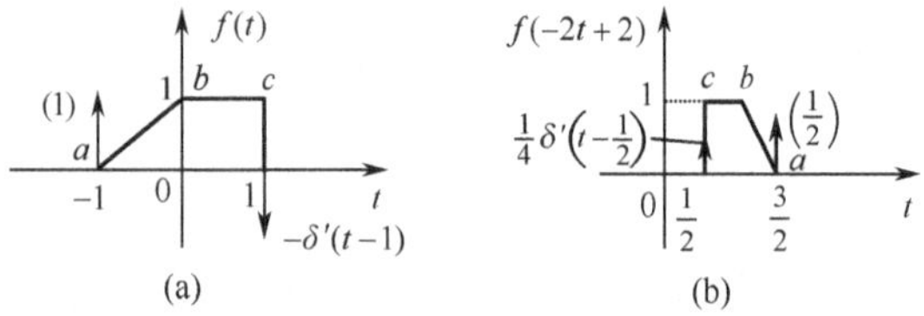

图 1-41　例 1-10 图

值得注意的是，当信号含有冲激和冲激偶时，其冲激强度和冲激偶的系数在综合变换后将发生改变。

1.4.3　连续信号的微分和积分

有关连续信号微分和积分的数学运算不是本书的要点，信号与系统关注的是微积分对连续信号波形变化带来的影响。

1. 连续信号的微分

对 $f(t)$ 关于时间的一阶求导

$$f'(t)=\frac{\mathrm{d}f(t)}{\mathrm{d}t}\tag{1-4-3a}$$

对 $f(t)$ 关于时间的 m 阶求导

$$f^{(m)}(t)=\frac{\mathrm{d}^m f(t)}{\mathrm{d}t^m}\tag{1-4-3b}$$

信号 $f(t)$ 经微分后强化了变化速度，其波形轮廓变得尖锐。当 $f(t)$ 是斜坡信号时，其微分出现阶跃，阶跃信号的幅度就是斜坡信号的斜率；尤其是当 $f(t)$ 有跃变时，微分后会出现冲激，跃变的幅度值就是冲激的强度值；而冲激信号的微分是冲激偶，冲激偶的系数是冲激信号的强度，如图 1-42(a)所示。在图像处理上，一种常用的边缘提取算法就是利用微分算子提取图像的边缘轮廓。

第 8 讲

2. 连续信号的积分

对 $f(t)$ 关于时间作一阶积分

$$f^{(-1)}(t)=\int_{-\infty}^{t} f(\tau)\mathrm{d}\tau\tag{1-4-4a}$$

对 $f(t)$ 关于时间作 $m(m\geqslant 1)$ 阶积分

$$f^{(-m)}(t)=\int_{-\infty}^{t}\int_{-\infty}^{\tau_m}\cdots\int_{-\infty}^{\tau_2} f(\tau_1)\mathrm{d}\tau_1\cdots\mathrm{d}\tau_{m-1}\mathrm{d}\tau_m\tag{1-4-4b}$$

从波形上看，任意信号 $f(t)$ 的积分，是时间域 $(-\infty,t)$ 内 $f(t)$ 与时间轴 t 之间所围图形的面积。与微分相反，积分使信号的轮廓变得平缓，$f(t)$ 如果有冲激偶信号，一阶积分后出现冲激信号，冲激偶的系数是冲激信号的强度；冲激信号的一阶积分出现阶跃信号，冲激的强度值就是跃变的幅度值；而阶跃信号的一阶积分出现斜变信号，阶跃的幅度是斜变的斜率，如图 1-42(b)所示。所以积分运算可以帮助去除声音信号的噪声和做图像信号的平滑处理。

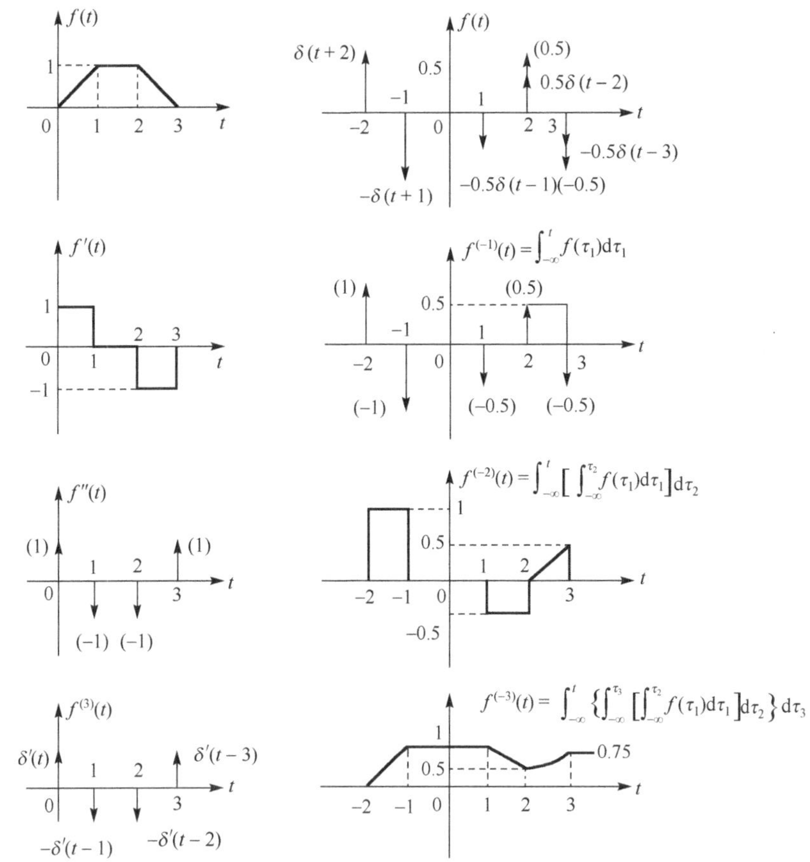

(a) 信号的微分　　　　(b) 信号的积分

图 1-42　信号的微积分

1.4.4　离散信号的差分和累加

1. 离散信号的差分

离散信号的差分与连续信号的微分相对应，由于

$$f'(t)=\lim_{\Delta t\to 0}\frac{f(t+\Delta t)-f(t)}{\Delta t}(\text{左极限})=\lim_{\Delta t\to 0}\frac{f(t)-f(t-\Delta t)}{\Delta t}(\text{右极限})$$

若令 $\Delta t=T$，$t=kT$，且 $T=1$（归一化），则离散信号的一阶差分可定义为

$$\Delta f(k)=f(k+1)-f(k) \tag{1-4-5}$$

及

$$\nabla f(k)=f(k)-f(k-1) \tag{1-4-6}$$

式(1-4-5)称为一阶前向差分，式(1-4-6)称为一阶后向差分。同理，可分别定义二阶和 n 阶差分如下：

二阶前向差分

$$\Delta^2 f(k)=\Delta[\Delta f(k)]=f(k+2)-2f(k+1)+f(k) \tag{1-4-7}$$

二阶后向差分

$$\nabla^2 f(k)=\nabla[\nabla f(k)]=f(k)-2f(k-1)+f(k-2) \tag{1-4-8}$$

n 阶前向差分

$$\Delta^n f(k) = \Delta[\Delta^{n-1} f(k)] = \sum_{i=0}^{n}(-1)^i \frac{n!}{i!(n-i)!} f(k+n-i) \tag{1-4-9}$$

n 阶后向差分

$$\nabla^n f(k) = \nabla[\nabla^{n-1} f(k)] = \sum_{i=0}^{n}(-1)^i \frac{n!}{i!(n-i)!} f(k-i) \tag{1-4-10}$$

可见

$$\Delta^n f(k) = \nabla^n f(k+n) \quad 或 \quad \nabla^n f(k) = \Delta^n f(k-n)$$

显然，单位序列 $\delta(k)$ 是单位阶跃序列 $\varepsilon(k)$ 的一阶后向差分

$$\delta(k) = \nabla\varepsilon(k) = \varepsilon(k) - \varepsilon(k-1) \tag{1-4-11}$$

2. 离散信号的累加

离散信号的累加与连续信号的积分相对应。对 $f(k)$ 关于序号 k 作一次累加

$$y(k) = \sum_{n=-\infty}^{k} f(n) \tag{1-4-12a}$$

对 $f(k)$ 关于序号 k 作 m 次累加

$$y(k) = \underbrace{\sum_{n_m=-\infty}^{k} \sum_{n_{m-1}=-\infty}^{n_m} \cdots \sum_{n_1=-\infty}^{n_2}}_{m次} f(n_1) \tag{1-4-12b}$$

单位阶跃序列 $\varepsilon(k)$ 是单位序列 $\delta(k)$ 的累加

$$\varepsilon(k) = \sum_{n=-\infty}^{k} \delta(n) = \sum_{m=0}^{\infty} \delta(k-m) \tag{1-4-13}$$

1.5 信号的分解

在信号分析中，常常把一些复杂信号分解成简单信号的线性组合形式，这样的过程称为信号的分解，那些简单信号称为复杂信号的分量。常见的信号分解有以下几种情况。

1.5.1 偶分量与奇分量

任何非奇非偶函数 $f(t)$ 都可以分解成偶分量 $f_e(t)$ 与奇分量 $f_o(t)$ 之和的形式

$$f(t) = f_e(t) + f_o(t) \tag{1-5-1}$$

其中，偶分量 $f_e(t)$ 具有偶函数的一切特性，即定义为

$$f_e(t) = f_e(-t) \tag{1-5-2}$$

$f_e(t)$ 的波形关于纵轴对称，在对称区间的定积分为其半个区间积分的 2 倍，即

$$\int_{-\tau}^{\tau} f_e(t)\mathrm{d}t = 2\int_{0}^{\tau} f_e(t)\mathrm{d}t \tag{1-5-3}$$

奇分量 $f_o(t)$ 具有奇函数的一切特性，其定义为

$$f_o(t) = -f_o(-t) \tag{1-5-4}$$

$f_o(t)$ 的波形关于原点对称，在对称区间的定积分为零，即

$$\int_{-\tau}^{\tau} f_o(t)\mathrm{d}t = 0 \tag{1-5-5}$$

由式(1-5-1)、式(1-5-2)和式(1-5-4)可得

$$f(-t)=f_e(-t)+f_o(-t)=f_e(t)-f_o(t) \tag{1-5-6}$$

分别由式(1-5-1)和式(1-5-6)两边相加和相减可得

$$f_e(t)=\frac{f(t)+f(-t)}{2} \tag{1-5-7}$$

$$f_o(t)=\frac{f(t)-f(-t)}{2} \tag{1-5-8}$$

同理,离散序列有

$$f_e(k)=\frac{f(k)+f(-k)}{2} \tag{1-5-9}$$

$$f_o(k)=\frac{f(k)-f(-k)}{2} \tag{1-5-10}$$

例 1-11　试画出图 1-43(a)所示信号 $f(t)$的偶分量和奇分量的波形图。

解

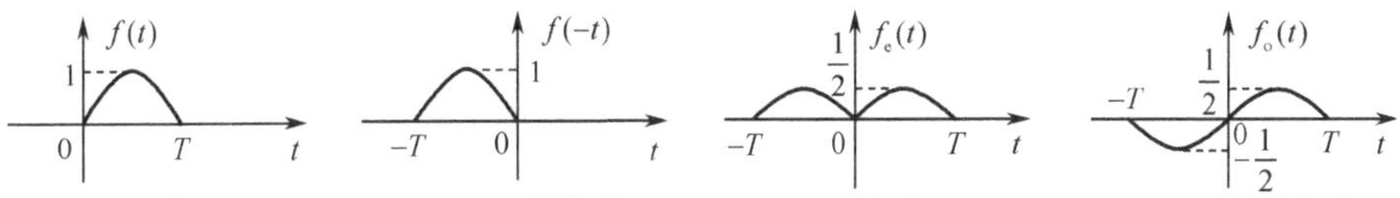

(a) $f(t)$ 的波形　(b) $f(-t)$ 的波形　(c) $f_e(t)$ 的波形　(d) $f_o(t)$ 的波形

图 1-43　信号的偶分量和奇分量

信号可分解为偶分量和奇分量的这一特性,在第 3 章求解周期信号的傅里叶级数系数中可以帮助我们简化求解。

1.5.2　奇谐函数和偶谐函数

若周期函数 $f(t)=f\left(t\pm\frac{T}{2}\right)$,则称 $f(t)$为偶谐函数。其特点是当该函数的波形往前(或往后)移动半个周期时,将与原波形重合,如图 1-44(a)所示;若周期函数 $f(t)=-f\left(t\pm\frac{T}{2}\right)$,则称 $f(t)$为奇谐函数。其特点是当该函数的波形往前(或往后)移动半个周期时,将与原波形关于横轴成镜像对称,故奇谐对称又叫做半波镜像对称,如图 1-44(b)所示。在第 3 章中,若周期信号是奇谐函数或偶谐函数,傅里叶系数的计算将得到简化。

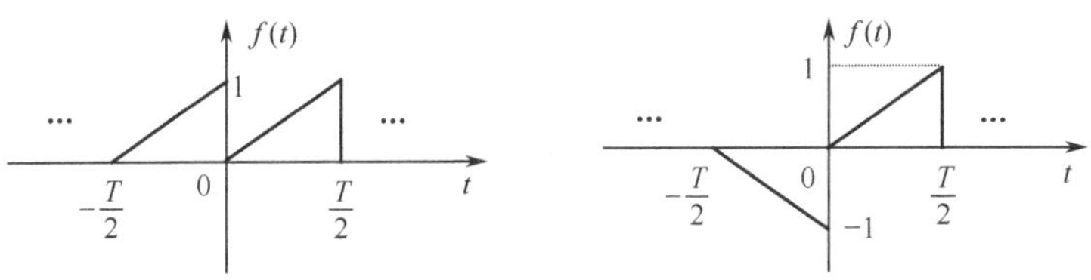

(a) 偶谐函数的波形　(b) 奇谐函数的波形

图 1-44　偶谐函数和奇谐函数

1.5.3　直流分量和交流分量

$$f(t)=f_D(t)+f_A(t) \tag{1-5-11}$$

任意信号 $f(t)$的直流分量 $f_D(t)$就是该信号的几何平均值,是一个与时间无关的常数,即

$$f_{\mathrm{D}}(t)=\lim_{\tau\to\infty}\frac{1}{2\tau}\int_{-\tau}^{\tau}f(t)\mathrm{d}t \tag{1-5-12}$$

以 T 为周期的周期信号的直流分量为

$$f_{\mathrm{D}}(t)=\frac{1}{T}\int_{0}^{T}f(t)\mathrm{d}t \tag{1-5-13}$$

从周期信号中减去它的直流分量即可得到周期信号的交流分量

$$f_{\mathrm{A}}(t)=f(t)-f_{\mathrm{D}}(t)$$

1.5.4 脉冲分量

任意非周期信号 $f(t)$如图 1-45(a) 所示，如果将横坐标分成若干个微小等分…，$\Delta\tau$，$2\Delta\tau$，$3\Delta\tau$，…，便可得到以 $\Delta\tau$ 为宽，$f(k\Delta\tau)$为高的一系列的微小矩形，记作…，$f_0(t)$，$f_1(t)$，$f_2(t)$，…，$f_k(t)$，…，每一个微小矩形都是一个幅度为 $f(k\Delta\tau)$的门函数，即 $f_k(t)=f(k\Delta\tau)g_{\Delta\tau}(t-k\Delta\tau)$，这些门函数的顶部形成一近似于原函数的阶梯状波形，如图 1-45(b) 所示，即

$$f(t)\approx\sum_{k=-\infty}^{\infty}f_k(t)=\sum_{k=-\infty}^{\infty}f(k\Delta\tau)g_{\Delta\tau}(t-k\Delta\tau)$$

它们与原函数相比有明显的误差，$\Delta\tau$ 越小，误差越小。当 $\Delta\tau\to 0$ 时，有 $\Delta\tau\to\mathrm{d}\tau$，$k\Delta\tau\to\tau$，$\lim\limits_{\Delta\tau\to 0}\sum\limits_{k=-\infty}^{\infty}\to\int_{-\infty}^{\infty}$，$\approx\to=$，该等式的极限精确地等于原函数。

$$\begin{aligned}f(t)&=\lim_{\Delta\tau\to 0}\sum_{k=-\infty}^{\infty}f_k(t)=\lim_{\Delta\tau\to 0}\sum_{k=-\infty}^{\infty}f(k\Delta\tau)g_{\Delta\tau}(t-k\Delta\tau)\\&=\lim_{\Delta\tau\to 0}\sum_{k=-\infty}^{\infty}f(k\Delta\tau)\frac{1}{\Delta\tau}g_{\Delta\tau}(t-k\Delta\tau)\Delta\tau\\&=\int_{-\infty}^{\infty}f(\tau)\delta(t-\tau)\mathrm{d}\tau\end{aligned}$$

该积分式定义为任意信号 $f(t)$ 与单位冲激信号 $\delta(t)$ 的卷积积分，记作

$$f(t)=\int_{-\infty}^{\infty}f(\tau)\delta(t-\tau)\mathrm{d}\tau=f(t)*\delta(t) \tag{1-5-14}$$

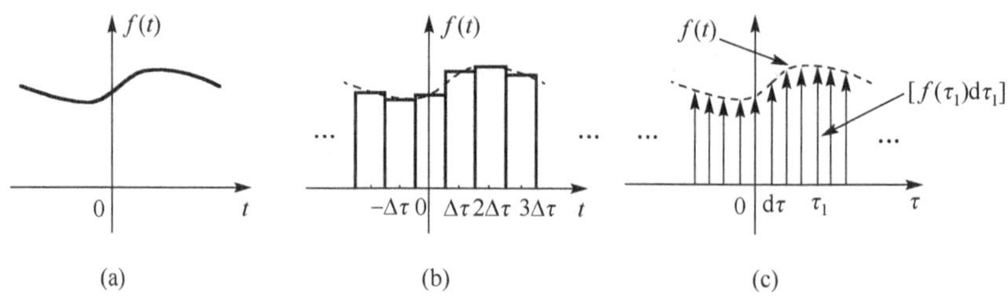

图 1-45 信号分解为冲激元之和

可见，任意非周期信号 $f(t)$不仅可以用门函数系列的和来近似，还可以精确地用冲激函数的积分来表示，也就是说 $f(t)$可以分解为加权冲激信号元之连续和，如图1-45(c) 所示。信号的该分解特性在第 2 章的卷积积分中得到应用。

第 9 讲

1.5.5 实部分量和虚部分量

任何实变量 t 的复函数 $f(t)$都可以分解成实部分量 $f_{\mathrm{r}}(t)$和虚部分量 $f_{\mathrm{i}}(t)$代数和的形式

$$f(t)=f_r(t)+\mathrm{j}f_i(t) \tag{1-5-15}$$

设 $f^*(t)$ 为 $f(t)$ 的共轭复函数，则

$$f^*(t)=f_r(t)-\mathrm{j}f_i(t) \tag{1-5-16}$$

所以

$$f_r(t)=\mathrm{Re}[f(t)]=\frac{f(t)+f^*(t)}{2} \tag{1-5-17}$$

$$f_i(t)=\mathrm{Im}[f(t)]=\frac{f(t)-f^*(t)}{2\mathrm{j}} \tag{1-5-18}$$

1.6 系统的描述及其分类

1.6.1 系统的基本概念

广义地讲，系统是由相互联系的个体所组成的具有一定功能的整体。

事实上，系统的概念广泛地存在于我们日常生活的各个方面：自然界的银河系、太阳系；人类社会的政府管理系统、教育系统；军事领域的导弹防御系统、卫星侦察系统，以及信息科学领域的有线和无线通信系统、Internet 系统等。作为现代通信及信息系统的专业基础学科，我们学习研究的对象侧重于电路系统。

电路系统是由电路元件所组成的具有处理和传输电信号能力的装置。电路系统有时候可以很简单，例如，一个纯电组 R，如图 1-46(a)。如果将流经电阻的电流 $i(t)$ 视为激励信号 $f(t)$，将因此在电阻两端产生的端电压 $u(t)$ 视为响应信号 $y(t)$，去掉电路的内涵，则该电阻便可被抽象为一个简单的电路系统 S 并可用方框表示，如图 1-46(b)所示。系统分析侧重研究输出响应 $y(t)$ 与输入激励 $f(t)$ 之间的关系，根据欧姆定律 $u(t)=Ri(t)$，则 $y(t)=Rf(t)$，该系统 $y(t)$ 与 $f(t)$ 之间呈线性关系。

图 1-46 电阻电路系统

1.6.2 系统模型

系统模型分为系统的数学模型和系统的框图模型。系统物理特性的数学抽象称为系统的数学模型，一般地说，连续系统的数学模型是微分方程，离散系统的数学模型是差分方程。在分析系统的过程中，也可以用方框来表示系统，方框的两端分别是系统的输入端和输出端，箭头的方向代表信号的流向，称为系统的框图模型，如图 1-46(b)所示。

1. 连续系统的模型

图 1-46(b)中的数学式 $y(t)=Rf(t)$ 就是电阻的数学模型，表征去掉了物理内涵的电阻电路系统，可记作

$$y(t)=S[f(t)] \tag{1-6-1}$$

这里 S 既是系统的符号又代表某种运算。基本电路元件电阻 R、电感 L 和电容 C 的输出电压与输入电流的关系可用数学模型表述为

$$u_R(t)=S_1[i_R(t)]=Ri_R(t)$$

$$u_C(t) = S_2[i_C(t)] = \frac{1}{C}\int_{-\infty}^{t} i_C(\tau)\mathrm{d}\tau$$

$$u_L(t) = S_3[i_L(t)] = L\frac{\mathrm{d}i_L(t)}{\mathrm{d}t}$$

这里，S_1、S_2 和 S_3 表示不同的运算关系。

一个由 RLC 串联而成的电路系统，如图 1-47(a)，则可由 S_1、S_2 和 S_3 三个子系统组合而成。

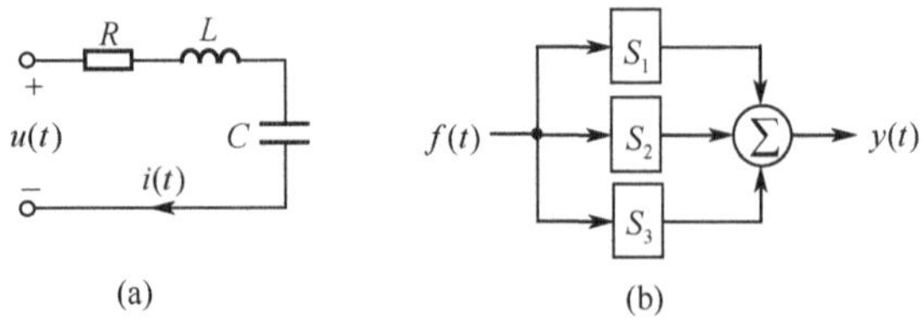

图 1-47　RLC 串联电路系统

$$u(t) = u_R(t) + u_C(t) + u_L(t)$$

$$u(t) = Ri(t) + \frac{1}{C}\int_{-\infty}^{t} i(\tau)\mathrm{d}\tau + L\frac{\mathrm{d}i(t)}{\mathrm{d}t}$$

或写作

$$u(t) = S[i(t)] = S_1[i(t)] + S_2[i(t)] + S_3[i(t)]$$

或抽象为

$$y(t) = S[f(t)] = S_1[f(t)] + S_2[f(t)] + S_3[f(t)] \tag{1-6-2}$$

将系统的数学模型用框图来表示，便得到系统的框图模型。图 1-47(b)是 RLC 串联电路系统的框图模型。

考虑激励 $f(t)$和系统的初始状态 $x(t_0)$的共同作用，系统数学模型可表示为

$$y(t) = S[f(t), x(t_0)] \tag{1-6-3}$$

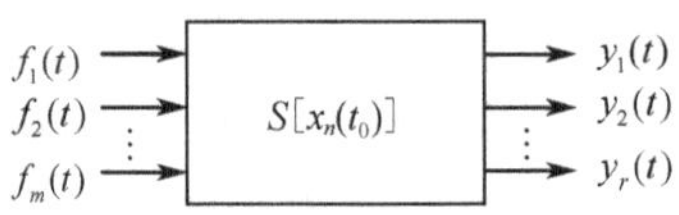

图 1-48　多激励、多输出和多初始状态系统

多激励 $f_m(t)$、多输出 $y_r(t)$和多初始状态 $x_n(t_0)$系统的框图模型如图 1-48 所示。

在单输入-单输出情况下，对线性非时变连续时间系统而言，若以 $f(t)$表示它的输入激励，$y(t)$表示它的输出响应，则描述 $f(t)$和 $y(t)$之间关系的数学模型可以用 n 阶常系数线性微分方程来表示，即

$$\begin{aligned} &y^{(n)}(t) + a_{n-1}y^{(n-1)}(t) + \cdots + a_1 y^{(1)}(t) + a_0 y(t) \\ =&b_m f^{(m)}(t) + b_{m-1}f^{(m-1)}(t) + \cdots + b_1 f^{(1)}(t) + b_0 f(t) \end{aligned}$$

或缩写为

$$\sum_{i=0}^{n} a_i y^{(i)}(t) = \sum_{j=0}^{m} b_j f^{(j)}(t), \quad a_n = 1 \tag{1-6-4}$$

式中，$a_i(i=0,1,2,\cdots,n)$和 $b_j(j=0,1,2,\cdots,m)$为常系数。微分方程可以用卡尔曼模拟框图直接模拟，将在本章的 1.7 节介绍。

2. 离散系统的模型

1) 离散系统的数学模型——差分方程

描述线性非时变连续时间系统的微分方程是由激励和响应信号及其各阶导数线性组合而成。与之平行相似，描述线性非时变离散时间系统的差分方程是由激励和响应信号及其各阶差分线性组合而成。

$$\sum_{i=0}^{n} a_i \Delta^i y(k) = \sum_{j=0}^{m} b_j \Delta^j f(k),\quad a_n = 1 \tag{1-6-5}$$

但是，由于差分本身是 $f(k)$ 和 $y(k)$ 以及它们的移位序列组成，如

$$\Delta f(k) = f(k+1) - f(k)$$
$$\Delta^2 f(k) = f(k+2) - 2f(k+1) + f(k)$$
$$\cdots\cdots$$

所以差分方程实际上是离散信号 $f(k)$ 和 $y(k)$ 与其所得序号增加或减少的位移函数的线性叠加，一般形式为

$$\begin{aligned} & y(k+n) + a_{n-1} y(k+n-1) + \cdots + a_1 y(k+1) + a_0 y(k) \\ = & b_m f(k+m) + b_{m-1} f(k+m-1) + \cdots + b_1 f(k+1) + b_0 f(k) \end{aligned}$$

即

$$\sum_{i=0}^{n} a_i y(k+i) = \sum_{j=0}^{m} b_j f(k+j),\quad a_n = 1 \tag{1-6-6}$$

式(1-6-6)是前向差分形式故称为前向差分方程。同一系统也可以表示为后向差分方程的形式

$$\begin{aligned} & y(k) + a_{n-1} y(k-1) + \cdots + a_1 y(k-n+1) + a_0 y(k-n) \\ = & b_m f(k) + b_{m-1} f(k-1) + \cdots + b_1 f(k-m+1) + b_0 f(k-m) \end{aligned}$$

即

$$\sum_{i=0}^{n} a_{n-i} y(k-i) = \sum_{j=0}^{m} b_{m-j} f(k-j),\quad a_n = 1 \tag{1-6-7}$$

2) 差分方程的建立

差分方程的建立没有固定的规则，通常视具体问题作具体分析，以下举例说明。

例 1-12　19 世纪数学家斐波那契(Fibonacci)建立了一个数学模型：他第一个月买了一对小兔，第三个月开始繁殖，以后每月按表 1-2 所列数据递增，试列出表示兔子对数递增的差分方程。

表 1-2　例 1-12 用表

月	1	2	3	4	5	6	…
兔子/对	1	1	1+1=2	2+1=3	3+2=5	5+3=8	…

解　设第 k 月兔子对的数量为 $y(k)$，则由题意可得

$$y(k+2) = y(k+1) + y(k)$$

即

$$y(k+2) - y(k+1) - y(k) = 0$$

或

$$y(k)-y(k-1)-y(k-2)=0$$

这是一个著名的二阶齐次差分方程。

例 1-13 乒乓球从空中自由落下后，每弹起一次的高度比前一次弹起的高度减少一半，试列出描述乒乓球弹起高度的数学模型。

解 设乒乓球第 k 次弹起的高度为 $y(k)$，则由题意可得

$$y(k+1)=\frac{1}{2}y(k)$$

或

$$y(k+1)-\frac{1}{2}y(k)=0$$

例 1-14 梯形网络如图 1-49(a)所示，每个横支电阻均为 2Ω，每个纵支电阻均为 1Ω，试写出节点电位 $u(k)(k=1,2,3,\cdots,n-1)$的差分方程。

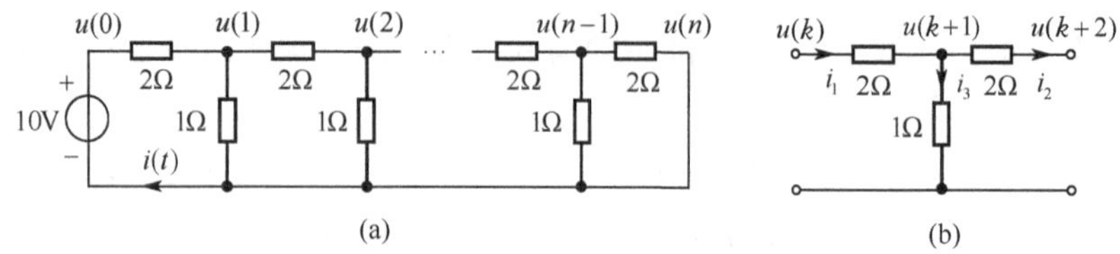

图 1-49　例 1-14 图

解 作第 $k+1$ 个节点的支路电路如图 1-49(b)，由 KCL 有 $i_1=i_2+i_3$，即

$$\frac{u(k)-u(k+1)}{2}=\frac{u(k+1)-u(k+2)}{2}+\frac{u(k+1)}{1}$$

整理得

$$u(k+2)-4u(k+1)+u(k)=0$$

是一个常系数二阶前向齐次差分方程。

例 1-15 RC 低通滤波器如图 1-50 所示，当激励为连续信号 $f(t)=\varepsilon(t)$时，响应为指数信号 $y(t)=(1-\mathrm{e}^{-\frac{t}{RC}})\varepsilon(t)$，求激励为离散信号 $f(k)=\varepsilon(k)$时的响应$y(k)$，且列其差分方程。

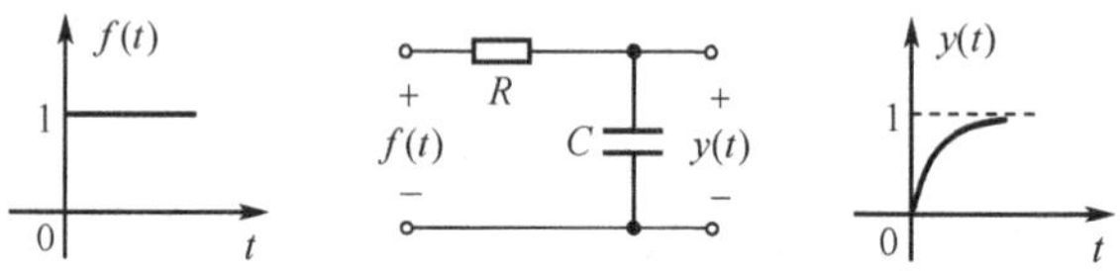

图 1-50　连续 RC 低通滤波器及其响应

解 (1) 对激励函数 $f(t)=\varepsilon(t)$进行抽样，得到 $f(kT)=\varepsilon(kT)$，即 $f(k)=\varepsilon(k)$，由此得到被抽样的响应信号 $y(k)=(1-\mathrm{e}^{-\frac{kT}{RC}})\varepsilon(k)$，如图 1-51 所示。

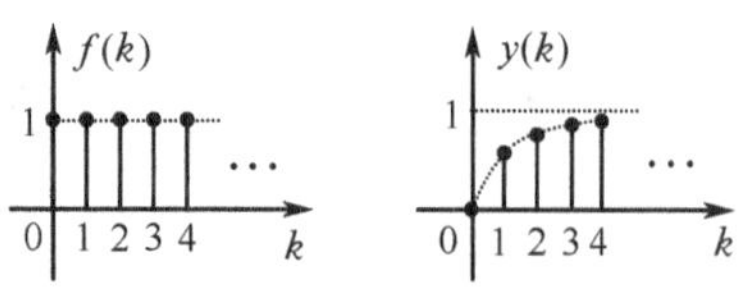

图 1-51　单位阶跃序列激励下 RC 低通滤波器的响应

(2) 连续时间系统的微分方程为

$$RC\frac{\mathrm{d}y(t)}{\mathrm{d}t}+y(t)=f(t)$$

设时间间隔 T 足够小，则当 $t=kT$ 时有

$$\frac{\mathrm{d}y(t)}{\mathrm{d}t}\approx\frac{y[(k+1)T]-y(kT)}{T}\approx\frac{y(k+1)-y(k)}{T}$$

所以由原微分方程可近似地导出对应的离散系统差分方程

$$RC\frac{y(k+1)-y(k)}{T}+y(k)=f(k)$$

整理得

$$RCy(k+1)+(T-RC)y(k)=Tf(k)$$

计算机解微分方程时，就是根据该原理，先把微分方程近似为差分方程后再进行计算。

3) 差分方程与微分方程对比

由例 1-15 可见，差分方程与微分方程之间在形式上有相似之处。其实，在一定的条件下这两个数学模型之间还可以相互转换，通常

$$f(t)\leftrightarrow f(k),\quad y(t)\leftrightarrow y(k)$$

$$f^{(m)}(t)\leftrightarrow \Delta^m f(k)(\text{或}\nabla^m f(k)),\quad y^{(n)}(t)\leftrightarrow \Delta^n y(k)(\text{或}\nabla^n y(k))$$

例如

$$\frac{\mathrm{d}y(t)}{\mathrm{d}t}+a_0 y(t)=b_0 f(t)$$

第 10 讲

设时间间隔 T 足够小，则当 $t=kT$ 时有

$$\frac{\mathrm{d}y(t)}{\mathrm{d}t}\approx\frac{y[(k+1)T]-y(kT)}{T}\approx\frac{y(k+1)-y(k)}{T}$$

总能对应

$$y(k+1)+A_0 y(k)=B_0 f(k)$$

其中

$$A_0=a_0T-1,\quad B_0=b_0T$$

1.6.3　系统的分类

系统根据其数学模型的形式不同分为以下几类。

1. 连续时间系统和离散时间系统

(1) 连续时间系统。如果作用于一个系统的激励 $f(t)$ 和它产生的响应 $y(t)$ 均为连续时间信号，则该系统称为连续时间系统，简称连续系统，用符号 $h(t)$ 表示，如图 1-52 所示。描述连续时间系统的数学模型是微分方程。

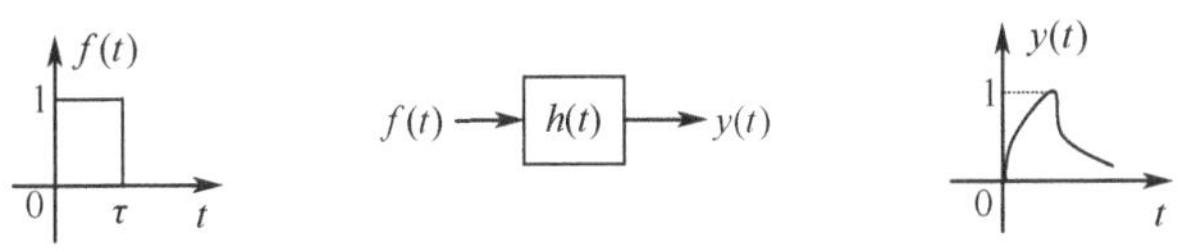

图 1-52　连续时间系统

(2) 离散时间系统。如果作用于一个系统的激励 $f(k)$ 和它产生的响应 $y(k)$ 均为离散时间信号，则该系统称为离散时间系统，简称离散系统，用符号 $h(k)$ 表示，如图 1-53 所示。描述离散时间系统的数学模型是差分方程。

(3) 混合系统。如果一个系统内既出现连续信号又出现离散信号，这种系统称为混合系统。

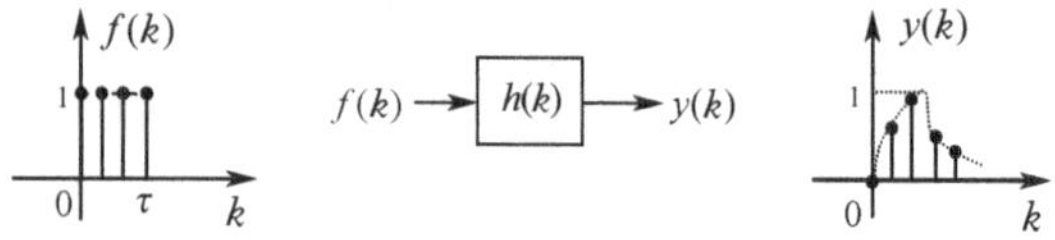

图 1-53　离散时间系统

2. 即时系统与动态系统

(1) 即时系统。如果一个系统在某一时刻的输出响应 $y(t)$ 的值仅取决于激励 $f(t)$ 在该时刻的值，而与此时刻前的激励信号历史无关，这样的系统称为即时系统。即时系统用代数方程来描述，例如，纯电阻系统。此类系统无记忆性。

(2) 动态系统。如果一个系统在某一时刻的输出响应 $y(t)$ 的值不仅与该时刻激励 $f(t)$ 有关，而且与此时刻之前系统的激励历史有关，这样的系统称为动态系统。动态系统用微分方程或差分方程来描述，例如，含有电容和电感的系统。此类系统具有记忆性。

3. 时变系统与非时变(时不变)系统

对于 n 阶连续系统，描述它的 n 阶线性常系数微分方程为

$$a_n y^{(n)}(t) + a_{n-1} y^{(n-1)}(t) + \cdots + a_1 y^{(1)}(t) + a_0 y(t) = f(t) \tag{1-6-8}$$

对于 n 阶离散系统，描述它的 n 阶线性常系数差分方程为

$$a_n y(k+n) + a_{n-1} y(k+n-1) + \cdots + a_1 y(k+1) + a_0 y(k) = f(k) \tag{1-6-9}$$

如果一个系统的系统参数 $a_n, a_{n-1}, \cdots, a_1, a_0$ 随自变量(时间 t 或序号 k)改变，则该系统是时变系统；反之，如果系统参数是与自变量(时间 t 或序号 k)无关的常数，则该系统为非时变系统(又称时不变系统或定常数系统)。

在电路系统中，系统参数通常由组成电路的基本元件电阻、电感和电容的值确定，因此，如果电路元件是时变的，系统也是时变的。

系统非时变特性的另一个显著特征是：只要系统的初始状态不变，系统的输出响应仅取决于系统的输入激励，而与激励的起始时刻无关。据此，引出非时变系统的判定准则。

对于连续系统，若

$$f(t) \to y(t) \quad 且 \quad \{x_i(0_-)\} = \{x_i(t_{0\_})\}, \quad i = 1, 2, \cdots, n$$

则非时变系统有

$$f(t-t_0) \to y(t-t_0) \tag{1-6-10}$$

对于离散系统，若

$$f(k) \to y(k) \quad 且 \quad \{x(M)\} = \{x(N)\}, \quad \begin{cases} M = 0, 1, \cdots, n-1 \\ N = -1, -2, \cdots, -n \end{cases}$$

则非时变系统有

$$f(k-k_0) \to y(k-k_0) \tag{1-6-11}$$

即可通过激励和响应是否作同样大小的时移来判断。

4. 线性系统与非线性系统

线性系统是指满足线性性质的系统，线性性质包括齐次性和叠加性，缺一不可。

1) 齐次性

如果一个系统的激励增加(或减少)A 倍时，其输出响应也随之增加(或减少)A 倍，则称该系统满足齐次性，如图 1-54 所示。即

若 $f(\cdot) \to y(\cdot)$，则

$$Af(\cdot) \to Ay(\cdot) \tag{1-6-12}$$

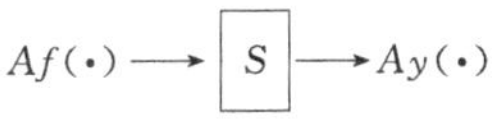

图 1-54 线性系统齐次性

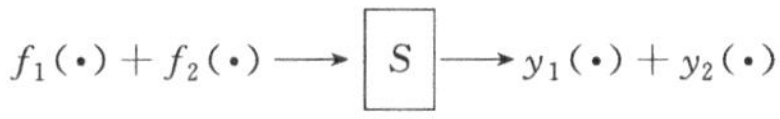

图 1-55 线性系统叠加性

2) 叠加性

如果激励 $f_1(\cdot)$ 和 $f_2(\cdot)$ 共同作用于某系统时所产生的响应 $y(\cdot)$ 是两激励分别作用产生响应的叠加 $y_1(\cdot)+y_2(\cdot)$，则称该系统满足叠加性，如图 1-55 所示。即

若

$$f_1(\cdot) \to y_1(\cdot), \quad f_2(\cdot) \to y_2(\cdot)$$

则

$$f_1(\cdot)+f_2(\cdot) \to y_1(\cdot)+y_2(\cdot) \tag{1-6-13}$$

3) 线性性质

齐次性和叠加性合称为线性性质。可表述为：如果激励 $f_1(\cdot)$ 和 $f_2(\cdot)$ 分别作用于某系统时所产生的响应分别是 $y_1(\cdot)$ 和 $y_2(\cdot)$，而当 $Af_1(\cdot)+Bf_2(\cdot)$ 作用于同一系统时所产生响应是 $Ay_1(\cdot)+By_2(\cdot)$，其中 A、B 为常数，则称该系统满足线性性质。即

若

$$f_1(\cdot) \to y_1(\cdot), \quad f_2(\cdot) \to y_2(\cdot)$$

则

$$Af_1(\cdot)+Bf_2(\cdot) \to Ay_1(\cdot)+By_2(\cdot) \tag{1-6-14}$$

判定一个电路系统是否线性系统首先看其是否满足叠加性，满足叠加性必满足齐次性。但对于非电路的系统，满足叠加性未必满足齐次性或者相反。

例 1-16 判定下列系统是否线性非时变系统。

(1) $y(t)=e^{f(t)}$　　(2) $y(t)=f(t)\sin t$

(3) $y(t)=f^2(t)$　　(4) $y''(t)+3y'(t)+2y(t)-8=f(t)$

(5) $y(k)=a^k f(k-1)$

解 (1) $f_1(t)+f_2(t) \to e^{[f_1(t)+f_2(t)]}=e^{f_1(t)}\ e^{f_2(t)}=y_1(t)y_2(t) \neq y_1(t)+y_2(t)$

故为非线性系统。

$$f(t-t_d) \to e^{f(t-t_d)}=y(t-t_d)$$

所以该系统为非时变系统。

(2) $f_1(t)+f_2(t) \to [f_1(t)+f_2(t)]\sin t=f_1(t)\sin t+f_2(t)\sin t=y_1(t)+y_2(t)$

所以为线性系统。系数 $\sin t$ 随时间改变，所以该系统为时变系统。

(3) $f_1(t)+f_2(t) \to [f_1(t)+f_2(t)]^2 \neq y_1(t)+y_2(t)=f_1^2(t)+f_2^2(t)$

所以为非线性系统。

$$f(t-t_d) \to f^2(t-t_d) = y(t-t_d)$$

所以该系统为非时变系统。

(4) 设 $f_1(t) \to y_1(t)$,则有

$$y_1''(t) + 3y_1'(t) + 2y_1(t) - 8 = f_1(t) \tag{1}$$

又令 $f(t)=K f_1(t)$,则原微分方程为

$$y''(t) + 3y'(t) + 2y(t) - 8 = Kf_1(t) \tag{2}$$

由式(1)×K 得

$$Ky_1''(t) + 3Ky_1'(t) + 2Ky_1(t) - 8K = Kf_1(t) \tag{3}$$

比较式(2)和式(3)可见,除非 $K=1$,否则 $y(t) \neq Ky_1(t)$,该系统不满足齐次性,是非线性系统。此外,微分方程系数为常数,所以为非时变系统。

(5)
$$\begin{aligned} f_1(k)+f_2(k) &\to a^k[f_1(k-1)+f_2(k-1)] \\ &= a^k f_1(k-1)+a^k f_2(k-1)=y_1(k)+y_2(k) \end{aligned}$$

所以为线性系统;差分方程系数 a^k 随 k 改变,所以是时变系统。

4) 微分性和积分性

线性连续系统具有微分性和积分性,即:

若 $f(t) \to y(t)$,则

$$f'(t) \to y'(t) \tag{1-6-15}$$

$$\int_{-\infty}^{t} f(\tau)\mathrm{d}\tau \to \int_{-\infty}^{t} y(\tau)\mathrm{d}\tau \tag{1-6-16}$$

5) 差分性和累加性

线性离散系统具有差分性和累加性,即:

若 $f(k) \to y(k)$,则

$$\Delta f(k) \to \Delta y(k) \tag{1-6-17}$$

$$\sum_{n=-\infty}^{k} f(n) \to \sum_{n=-\infty}^{k} y(n) \tag{1-6-18}$$

6) 线性动态系统的分解性、零输入线性和零状态线性

动态系统的全响应可分解为两部分叠加而成:一部分仅由系统的激励 $f(\cdot)$ 产生,叫做零状态响应(zero state response, ZSR) 用 $y_{ZS}(\cdot)$表示;另一部分仅由系统的初始状态 $x(t_0)$产生,叫做零输入响应(zero input response, ZIR) 用 $y_{ZI}(\cdot)$表示。即

$$y(\cdot) = y_{ZS}(\cdot) + y_{ZI}(\cdot) \tag{1-6-19}$$

一个线性动态系统首先应满足分解性,然后同时满足:

零状态线性 系统的零状态响应与激励之间应满足齐次性和叠加性。

零输入线性 系统的零输入响应与初始状态之间应满足齐次性和叠加性。

既满足线性又满足非时变性的系统,称为线性非时变或线性时不变(linear time invariant, LTI)系统,简称 LTI 系统。

例 1-17 判定下列系统是否线性系统。

(1) $y(t)=x(0)\sin 5t+tf(t)$ (2) $y(t)=x(0)+f(t)\ f'(t)$

解 (1) 由方程可得 $y_{ZI}(t)=x(0)\sin 5t, y_{ZS}(t)=tf(t)$,故该系统满足分解性。

$$ax_1(0)+bx_2(0)\to[ax_1(0)+bx_2(0)]\sin 5t=ax_1(0)\sin 5t+bx_2(0)\sin 5t$$
$$=ay_{ZI_1}(t)+by_{ZI_2}(t)$$

满足零输入线性;

$$af_1(t)+bf_2(t)\to t[af_1(t)+bf_2(t)]=atf_1(t)+btf_2(t)=ay_{ZS_1}(t)+by_{ZS_2}(t)$$

满足零状态线性,所以是线性系统。

(2) 该系统满足分解性。但是,

$$af_1(t)+bf_2(t)\to[af_1(t)+bf_2(t)][af_1'(t)+bf_2'(t)]$$
$$\neq af_1(t)f_1'(t)+bf_2(t)f_2'(t)=ay_{ZS_1}(t)+by_{ZS_2}(t)$$

不满足零状态线性,所以是非线性系统。

例 1-18 一 LTI 连续系统,在相同的初始条件下,激励为 $f(t)$时,全响应为$y_1(t)=2e^{-3t}+2\sin 2t(t\geqslant 0)$;激励为 $2f(t)$时,全响应为 $y_2(t)=e^{-3t}+4\sin 2t(t\geqslant 0)$。试求:(1)激励为 $4f(t)$时,全响应 $y_3(t)$;(2)激励为 $f(t-t_0)$时,全响应 $y_4(t)$;(3)初始条件增大一倍,激励为 $0.5f(t)$时,全响应 $y_5(t)$。

解 由题意得

$$(2e^{-3t}+2\sin 2t)=y_{ZS}(t)+y_{ZI}(t),\quad t\geqslant 0$$
$$(e^{-3t}+4\sin 2t)=2y_{ZS}(t)+y_{ZI}(t),\quad t\geqslant 0$$

联立解之

$$y_{ZS}(t)=(-e^{-3t}+2\sin 2t)\varepsilon(t)$$
$$y_{ZI}(t)=3e^{-3t},\quad t\geqslant 0$$

由线性系统的线性特性和时不变特性可得

(1) $y_3(t)=4y_{ZS}(t)+y_{ZI}(t)=(-4e^{-3t}+8\sin 2t)+3e^{-3t}=-e^{-3t}+8\sin 2t,\quad t\geqslant 0$

(2) $y_4(t)=y_{ZS}(t-t_0)+y_{ZI}(t)=-e^{-3(t-t_0)}+2\sin 2(t-t_0)+3e^{-3t}$①, $\quad t\geqslant t_0$

(3) $y_5(t)=0.5y_{ZS}(t)+2y_{ZI}(t)=-0.5e^{-3t}+\sin 2t+6e^{-3t}=5.5e^{-3t}+\sin 2t,\quad t\geqslant 0$

5. 因果系统与非因果系统

如果一个系统在任意时刻的响应信号值只取决于该时刻和该时刻之前的输入信号值而与将来时刻的输入信号值无关,即响应不出现于激励之前,则称该系统具有因果性,称为因果系统。

在零初始状态下,设系统的激励 $f(t)$或 $f(k)$在现在时刻 t_0或 k_0作用于系统,则 $t<t_0$或 $k<k_0$便是该时刻的过去时刻,而 $t>t_0$或 $k>k_0$便是该时刻的将来时刻。

定义:若对于任何 t 或 k 的值都有

$$y(t)=S\{f(t-\tau\},\tau\geqslant 0\}\quad 或\quad y(k)=S\{f(k-n\},n\geqslant 0\}$$

则该系统是因果系统,否则系统就是非因果系统。

---

① 必须指出,在 LTI 系统中 $y_{ZI}(t)=3e^{-3t}$ 是一时变函数,不满足 $y_{ZI}(0)=y_{ZI}(t_0)$,因此,$t\geqslant 0$ 时之响应是时变的且是非线性的,只有初始状态 $y_{ZI}(0)=0$,即零状态系统,$y(t)=y_{ZS}(t)$ 才是线性非时变的(参阅王继森(1999)P55 例 2-10)。

对于因果系统，如果输入信号 $f(t)=0(t<t_0)$ 或 $f(k)=0(k<k_0)$，则输出信号 $y_{ZS}(t)=0(t<t_0)$ 或 $y_{ZS}(k)=0(k<k_0)$。一切可实现的系统均为因果系统。如果一个系统的响应出现于激励之前，则称为非因果系统，非因果系统是不可实现的，但具有理论研究价值，例如理想低通滤波器，其理论研究的某些结论可用于实际低通滤波器之中。

例 1-19 判定下列系统是否因果系统。

(1) $y(t)=e^{f(t)}$ (2) $y(t)=f(t)\sin t$

(3) $y(t)=f^2(t)$ (4) $y(t)=f(t-1)-f(1-t)$

(5) $y(t)=\int_{-\infty}^{t}f(\tau)d\tau$

解 (1) 如果 $f(t)=0(t<t_0)$，有 $y(t)=e^{f(t)}=e^0=1(t<t_0)$，故是非因果系统。

(2) 如果 $f(t)=0(t<t_0)$，则有 $y(t)=f(t)\sin t=0(t<t_0)$，故是因果系统。

(3) 如果 $f(t)=0(t<t_0)$，则有 $y(t)=f^2(t)=0(t<t_0)$，故是因果系统。

(4) 如果 $f(t)=0(t<t_0)$，则有 $y(t)=f(t-1)-f(1-t)\neq 0(t<t_0)$，故是非因果系统。

(5) 如果 $f(t)=0(t<t_0)$，则有 $y(t)=\int_{-\infty}^{t}f(\tau)d\tau=\int_{-\infty}^{t_0}f(\tau)d\tau=0(t<t_0)$，故是因果系统。

6. 稳定系统与非稳定系统

一个系统，如果对于有界的激励 $f(\cdot)(|f(\cdot)|<\infty)$，其零状态响应 $y_f(\cdot)$ 也是有界的 $(|y_f(\cdot)|<\infty)$，则该系统具有输入有界/输出有界(bounded input/bounded output，BIBO)的稳定特性，称为 BIBO 稳定系统；否则便是非稳定系统。系统的稳定性将在第 4、5 章做详细介绍。

例 1-20 判定系统 $y(t)=\int_0^t f(\tau)d\tau$ 是否是稳定系统。

解 若令 $f(t)=\varepsilon(t)$，显然 $f(t)=\begin{cases}0,t<0\\1,t>0\end{cases}$，该信号有界。

$$y(t)=\int_0^t f(\tau)d\tau=\int_0^t\varepsilon(\tau)d\tau=t\varepsilon(t)$$

$$\lim_{t\to\infty}y(t)=\lim_{t\to\infty}t\varepsilon(t)=\infty\ (\text{无界})$$

但是，若令 $f(t)=e^{-t}\varepsilon(t)$（有界），则 $y(t)=(1-e^{-t})\varepsilon(t)$（有界）。所以当输入为前者时，该系统为非稳定系统；当输入为后者时，该系统为稳定系统。显然，稳定性的这种定义不便操作。实际上，系统稳定性是系统的自身特性，与外加激励无关。积分器从实际应用看是稳定系统。

1.7 系统的时域模拟

如前所述，一个系统可以用两种模型来表示，一种是数学模型，另一种是框图模型。除此之外，系统还可以用一些具有某种数学运算功能的框图器件，通过不同的连接方式组成的框图来表示，系统的这种表示称为系统的模拟，又叫做系统的仿真(simulation)。模拟系统与实际系统仅是数学意义上的等效，而现实中却完全不同。通过对模拟系统的测试可以清楚地观察到实际系统参数和输入激励变化对系统响应的影响，而无需造出实际系统，因此，模拟系统在科学研究中应用广泛。

1.7.1　基本运算器

系统模拟的基本运算器包括连续系统和离散系统共有的加法器和标量乘法器，如图 1-56(a)、(b)所示。连续系统的积分器，如图 1-56(c)所示；离散系统的延迟器，如图 1-56(d)所示；基本运算器的数学运算关系随图一目了然。

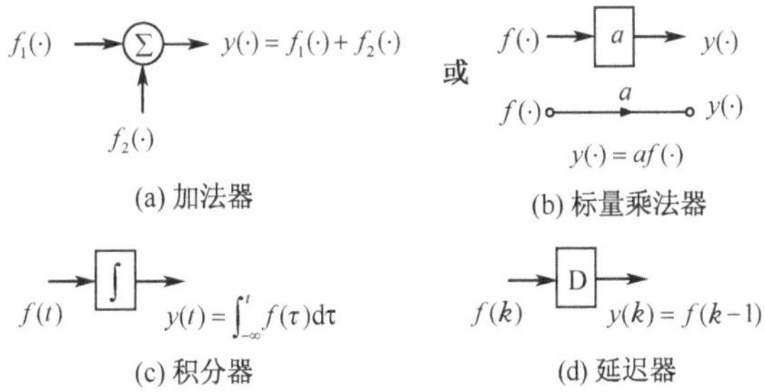

第 11 讲

图 1-56　基本运算器框图

1.7.2　连续系统的模拟框图

由系统的微分方程作系统的时域直接模拟框图。

例 1-21　描述某系统的微分方程为 $y'(t)+a_0y(t)=f(t)$，试绘其模拟框图。

解　采用直接模拟法，原方程可写为

$$y'(t)=f(t)-a_0y(t)$$

由微分方程可知，该系统模拟框图含有一个标量乘法器、一个加法器和一个积分器。加法器的输入端为 $f(t)$ 和 $-a_0y(t)$，输出端为 $y'(t)$；积分器的输入端为 $y'(t)$，输出端为 $y(t)$，如图 1-57 所示。

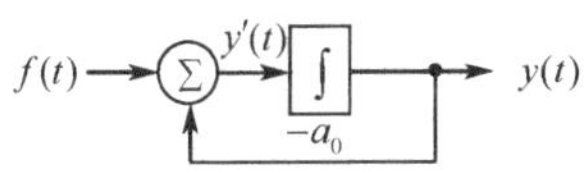

图 1-57　例 1-21 图

例 1-22　描述某 LTI 连续系统的微分方程为 $y''(t)+a_1y'(t)+a_0y(t)=b_1f'(t)+b_0f(t)$，试绘其模拟框图。

解　当微分方程的右端含有激励及其导数的线性组合时，应先引入中间变量 $q(t)$，将方程左边的 $y(t)$ 用 $q(t)$ 代替后，令其等于激励 $f(t)$，即

$$q''(t)+a_1q'(t)+a_0q(t)=f(t) \tag{1}$$

对式(1)求一次导乘上系数 b_1 后和式(1)乘上系数 b_0 一并代入原微分方程右端可得

$$y(t)=b_1q'(t)+b_0q(t) \tag{2}$$

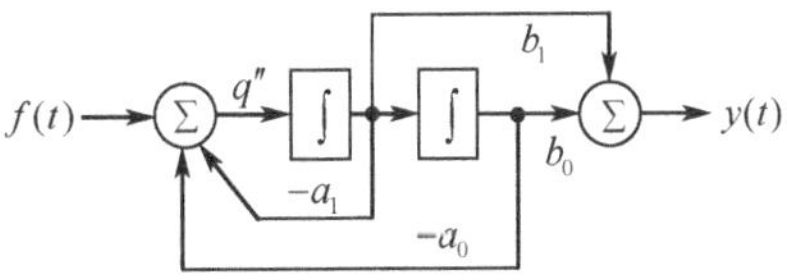

图 1-58　卡尔曼模拟框图

式(2)相当原微分方程右端激励及其导数用中间变量替代后等于响应。式(1)和式(2)一起等效为原微分方程，便于绘出模拟框图。显然，该系统模拟框图含有两个积分器、两个加法器和四个标量乘法器，由此得出该系统模拟框图如图 1-58 所示。根据微分方程直接画出的模拟框图又称为卡尔曼模拟框图。

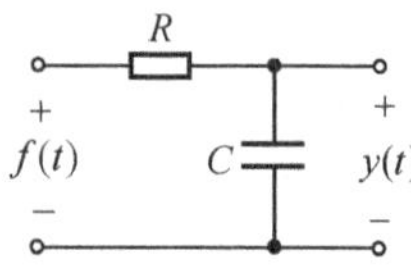

图 1-59　例 1-23 题图

例 1-23　电路如图 1-59 所示，试绘其模拟框图。

解　响应 $y(t)$ 与激励 $f(t)$ 之间的关系，可用微分方程描述为

$$RCy'(t)+y(t)=f(t)\quad 即\quad y'(t)=\frac{1}{RC}f(t)-\frac{1}{RC}y(t)$$

由此得该电路系统模拟框图如图 1-60 所示。

模拟系统理论上可以推论至一般 n 阶连续系统，其框图含有 n 个积分器。例如，n 阶系统 $\sum_{i=0}^{n}a_iy^{(i)}(t)=\sum_{j=0}^{m}b_jf^{(j)}(t)(a_n=1,m=n-1)$，其系统框图如图1-61 所示。

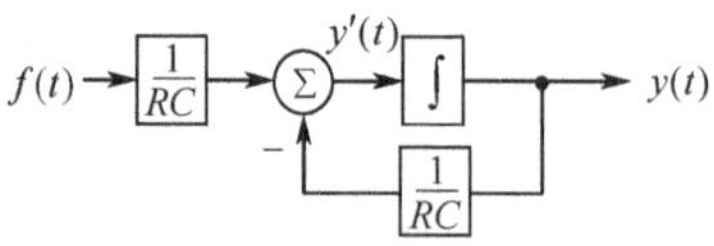

图 1-60　例 1-23 模拟框图

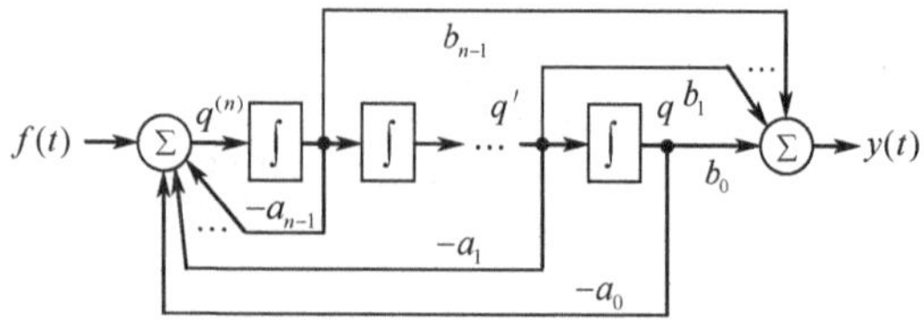

图 1-61　n 阶连续系统模拟框图

1.7.3　离散系统的模拟框图

离散系统的模拟与连续系统的模拟平行相似，只需将离散系统的基本运算单元之一的延迟器代替连续系统的积分器即可，也就是说，离散系统的模拟方法与连续系统的模拟方法相同。

例 1-24　描述某离散系统的差分方程为 $y(k+2)-0.7y(k+1)+0.1y(k)=f(k)$，试绘其模拟框图。

解　直接模拟法，其原理同连续系统的直接模拟法，由原差分方程可得

$$y(k+2)=f(k)+0.7y(k+1)-0.1y(k)$$

由该方程可知，模拟框图含有一个加法器和两个延迟器以及两个标量乘法器。如图 1-62 所示。

例 1-25　已知某 LTI 离散系统的模拟框图如图 1-63 所示。试求其差分方程。

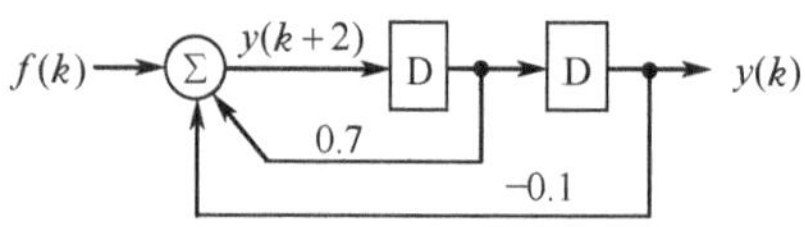

图 1-62　例 1-24 图

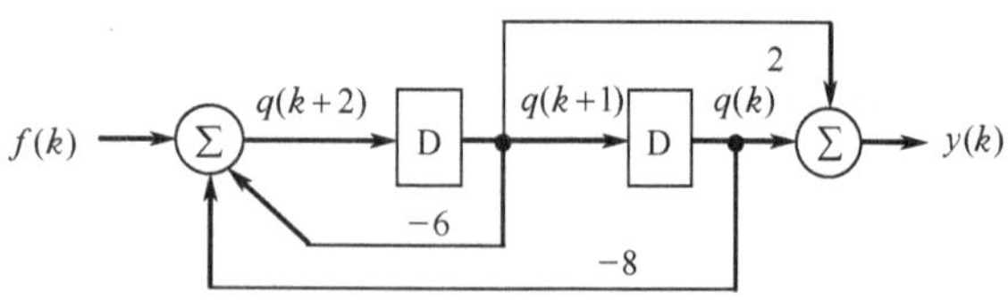

图 1-63　例 1-25 图

解　设中间变量 $q(k)$，其移位 $q(k+1)$、$q(k+2)$ 如图 1-63 所示。

第一个加法器输出为

$$q(k+2)=f(k)-6q(k+1)-8q(k)$$

即

$$q(k+2)+6q(k+1)+8q(k)=f(k)\qquad(1)$$

第二个加法器输出为

$$y(k)=2q(k+1)+q(k)\qquad(2)$$

将式(1)左端的 q 用 y 替代并作为差分方程的左端，式(2)右端的 q 用 f 替代并作为差分方程的右端，便可得到待求的差分方程

$$y(k+2)+6y(k+1)+8y(k)=2f(k+1)+f(k)$$

推导过程如下：

由于待求差分方程左端系数与式(1)左端系数相同，故由式(2)得

$$y(k+2)=2q(k+3)+q(k+2) \tag{3}$$

$$6y(k+1)=6\times[2q(k+2)+q(k+1)] \tag{4}$$

$$8y(k)=8\times[2q(k+1)+q(k)] \tag{5}$$

故式(3)+式(4)+式(5)并考虑式(1)得

$$\begin{aligned}&y(k+2)+6y(k+1)+8y(k)\\&=2q(k+3)+q(k+2)+6\times[2q(k+2)+q(k+1)]+8\times[2q(k+1)+q(k)]\\&=2[q(k+3)+6q(k+2)+8q(k+1)]+[q(k+2)+6q(k+1)+8q(k)]\\&=2f(k+1)+f(k)\end{aligned}$$

1.8 信号与系统分析方法及应用概述

信号与系统分析主要包括信号分析与系统分析两部分内容。

信号分析是把信号分解为组成它的不同形式的分量的概念、理论和方法。其核心是信号分解，即将复杂信号分解为一些基本信号的线性组合，基本信号和组合方式具有多样性，例如，信号的各种线性组合表示法、信号频谱分析和信号的时域分析等。通过研究基本信号的特性和信号的线性组合关系来研究复杂信号的特性。信号处理则指按某种需要或目的，对信号进行特定的加工。信号处理涉及的领域非常广泛，就其功能或目的而言，有信号滤波、信号的调制和解调等。信号的时域分析主要在本书第 1 章讨论。

系统分析的主要任务就是在给定系统的情况下，研究系统对输入信号所产生的响应，并由此获得对系统功能和特性的认识。一般地说，系统分析包括以下三个步骤：首先必须对研究的系统建立合适并便于分析的数学模型，即所谓的系统建模问题。然后，利用数学方法求解系统，即对给定的输入激励信号，确定其输出响应信号。最后还需对求解的结果做出合理的物理解释，并根据它对不同的激励产生的不同响应，提高或深化对系统功能和特性的认识。系统分析是系统综合的基础。系统综合又叫做系统设计或系统实现，指在给定了系统功能或特性的情况下，或者已知系统在什么样的输入时有什么样的输出，设计并实现该系统。

在种类繁多的系统中，LTI 系统的分析具有重要的意义。因为实际应用中的大部分系统属于或可近似的看作是 LTI 系统，而且 LTI 系统的分析方法已有较完整的理论。对于确定信号通过 LTI 系统的分析而言，建立系统的数学模型或系统的描述方法有两种，系统的输入-输出描述法和系统的状态变量描述法。前者侧重于系统的外部特性描述，一般不考虑系统的内部变量，直接表现出系统的输入与输出之间的关系方程，适合于单输入-单输出系统的描述；后者把系统的输入信号和输出信号与系统内部的中间信号(称为状态变量)联系在一起，用它们所满足的方程组来描述，从而建立起系统的另一种数学模型——系统动态方程的矩阵形式，分别描述了状态变量与输入和输出之间的关系。状态变量描述法适用于单输入-单输出和多输入-多输出系统的描述，特别适合于计算机分析。本书从第 2～5 章介绍单输入-单输出系统的端口分析法，第 6 章介绍单(及多)输入-单(及多)输出系统的状态变量分析法。

分析信号与系统的基本方法有两大类:时域分析法和变换域分析法。时域分析法是以时间 t 或 k 为变量,直接求解系统的动态方程式,这种方法的物理概念比较清楚,但计算较为繁琐;变换域分析法是应用数学的映射理论,将时间变量映射为某个变换域的变量,使系统的动态方程式转化为代数方程式,从而极大地简化了计算。本书将以先时域后变换域、连续与离散平行相似的方式来介绍这两大类方法。

随着现代科学技术的迅猛发展,新的信号与系统的分析方法不断涌现。其中计算机辅助分析方法就是近年来较为活跃的方法。这种方法利用计算机进行数值运算,从而免去复杂的人工运算,而且计算结果精确可靠,因而得到广泛的应用和发展。本书第 7 章引入了 MATLAB 软件工具对信号与系统进行辅助分析。

当前,信号与系统理论广泛地应用于现代科技诸多领域,例如,通信工程、自动控制、信号处理及生物医学工程等。

在通信系统中,许多信号不能直接进行传输,需要根据实际情况对信号进行适当的调制以提高信号的传输质量或传输效率。信号的调制有多种形式,如信号的幅度调制、频率调制和相位调制,但都是基于信号与系统的基本理论。

在控制系统中,系统的传输特性和稳定性是描述系统的重要属性。系统分析中的系统函数可以有效地分析和控制连续时间系统与离散时间系统的传输特性和稳定性。一方面通过分析系统的系统函数,可以清楚地确定系统的时域特性、频域特性以及系统的稳定性等;另一方面在使用系统函数分析系统特性的基础上,可以根据实际需要调整系统函数以实现所需的系统特性。系统函数在控制系统的分析与设计中有着重要的应用。

在信号处理领域中,信号与系统的时域分析和变换域分析的理论和方法为信号处理奠定了必要的理论基础。在信号的时域分析中,信号的卷积与解卷积理论可以实现信号恢复和信号去噪。在信号的变换域分析中,信号的傅里叶变换可以实现信号的频谱分析,连续信号的拉普拉斯变换和离散信号的 Z 变换,并可以实现信号的变换域分析等。信号的变换域分析拓展了信号时域分析的范畴,为信号的分析和处理提供了一种新途径。生物医学工程是信息学科与医学学科的交叉,生物医学领域中许多系统描述和信号处理都是基于信号与系统的基本理论和方法。近年来,随着生命科学和信息科学的迅速发展,信号与系统学科与生物医学工程的密切关系也日渐明显。

习　题

1.1　求出下列各信号的总能量和平均功率,并判定它们哪些是能量信号?哪些是功率信号?哪些是非功非能信号?

(1) $\varepsilon(t)$　(2) $\varepsilon(t)-\varepsilon(t-1)$　(3) $6t\varepsilon(t)$

(4) $5e^{j(\omega_0 t+\varphi)}$　(5) $e^{-t}\sin 2t\varepsilon(t)$　(6) $\dfrac{1}{1+t}\varepsilon(t)$

1.2　判断下列各信号是否周期信号,如果是周期信号,试确定其周期。

(1) $f(t)=3\cos(2t)+2\cos(\pi t)$　(2) $f(t)=|\cos(2t)|$

(3) $f(t)=3e^{j(2t+45^\circ)}$　(4) $f(t)=\cos\left(\dfrac{\pi}{2}t\right)+\cos\left(\dfrac{\pi}{3}t\right)+\cos\left(\dfrac{\pi}{5}t\right)$

(5) $f(t)=\left[\sin\left(t-\dfrac{\pi}{6}\right)\right]^2$　(6) $f(k)=\cos\left(\dfrac{8\pi}{7}k-\dfrac{\pi}{8}\right)$

1.3　将下列信号的实部表示成 $Ae^{-\alpha t}\cos(\omega t+\varphi)$ 的形式,A、α 和 ω 须为实数且 $A>0$,$-\pi<\varphi<\pi$。

(1) $f(t)=-6$　　(2) $f(t)=2\sqrt{2}\mathrm{e}^{\mathrm{j}\frac{\pi}{4}}\cos(2t+2\pi)$

(3) $f(t)=3\mathrm{e}^{-t}\sin(3t+\pi)$　　(4) $f(t)=\mathrm{j}\mathrm{e}^{(\mathrm{j}100t-2)}$

1.4　试绘出下列各连续信号的波形，注意它们的区别。

(1) $f(t)=(2-3\mathrm{e}^{-t})\varepsilon(t)$　　(2) $f(t)=\sin\pi t[\varepsilon(t)-\varepsilon(t-1)]$

(3) $f(t)=\varepsilon(\cos t)$　　(4) $f(t)=t\varepsilon(t-1)$

(5) $f(t)=(t-1)\varepsilon(t-1)$　　(6) $f(t)=-t[\varepsilon(t-1)-\varepsilon(t-2)]$

(7) $f(t)=R(t)-2R(t-1)+R(t-2)$　　(8) $f(t)=2\Delta_4(t)$

(9) $f(t)=R(\sin t)$　　(10) $f(t)=R(2t)\varepsilon(2-t)$

(11) $f(t)=g_2(t)$　　(12) $f(t)=2\mathrm{Sa}(t)$

1.5　设 $f(t)=0(t<3)$，试确定下列各信号的零值时间区间。

(1) $f(1-t)$　　(2) $f(1-t)+f(2-t)$　　(3) $f(2t)$

(4) $f(1-t)\ f(2-t)$　　(5) $f(t/2)$

1.6　试写出题 1.6 图所示各连续信号波形的表达式。

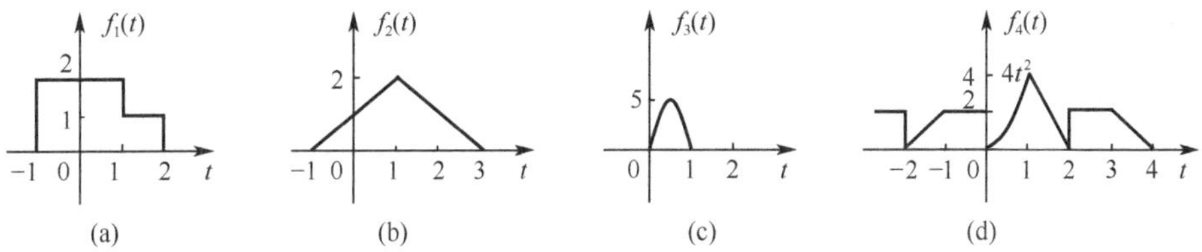

题 1.6 图

1.7　试证明 $\delta(t)=\lim\limits_{\alpha\to0}\dfrac{\alpha}{\pi(\alpha^2+t^2)}$。

1.8　利用冲激函数和冲激偶函数的加权特性化简下列各信号。

(1) $f(t)=\sin(\omega t-\varphi)\delta(t)$　　(2) $f(t)=\sin\pi t\delta\left(t+\dfrac{1}{4}\right)$

(3) $f(t)=\sin(\omega t-\varphi)\delta'(t)$　　(4) $f(t)=\sin\pi t\delta'\left(t+\dfrac{1}{4}\right)$

1.9　利用冲激函数和冲激偶函数的取样性质求解下列积分。

(1) $\int_{-\infty}^{\infty}\sin t\delta\left(t-\dfrac{\pi}{4}\right)\mathrm{d}t$　　(2) $\int_{-\infty}^{\infty}\dfrac{\sin5t}{t}\delta(t)\mathrm{d}t$

(3) $\int_{-\infty}^{\infty}\mathrm{e}^{-2t}[\delta(t)+\delta'(t)]\mathrm{d}t$　　(4) $\int_{-\infty}^{\infty}(t^2+t+1)\delta\left(\dfrac{t}{2}\right)\mathrm{d}t$

(5) $\int_{0}^{3}(t^2+2)\delta(t-5)\mathrm{d}t$　　(6) $\int_{0}^{10}(t^2+2)\delta(t-5)\mathrm{d}t$

(7) $\int_{0}^{t}\sin\tau\delta(\tau-5)\mathrm{d}\tau$　　(8) $\int_{-\infty}^{t}(\tau^2+\tau+1)\delta\left(\dfrac{\tau}{2}\right)\mathrm{d}\tau$

(9) $\int_{-10}^{10}(2t^2+t-5)\delta'\left(t+\dfrac{1}{4}\right)\mathrm{d}t$　　(10) $\int_{-\infty}^{t}(1-\tau)\delta'(\tau)\mathrm{d}\tau$

1.10　试绘出下列各序列的波形。

(1) $f(k)=\begin{cases}2^k, & k<0\\ 2^{-k}, & k\geqslant0\end{cases}$　　(2) $f(k)=\sin\left(\dfrac{k\pi}{4}\right)\varepsilon(k)$

(3) $f(k)=\varepsilon(k)-\varepsilon(k-4)$　　(4) $f(k)=\delta(k)+2\delta(k-1)+3\delta(k-2)$

(5) $f(k)=g_3(k)$　　(6) $f(k)=\delta(k+1)\varepsilon(k)$

1.11　试写出题 1.11 图所示各序列的数学表达式。

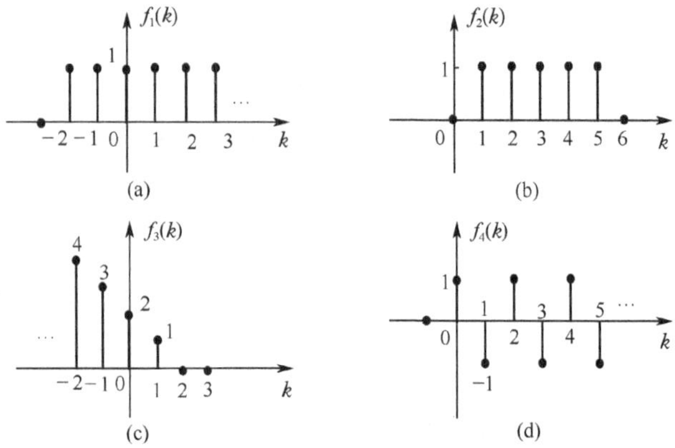

题 1.11 图

1.12　连续信号 $f_1(t)$和 $f_2(t)$的波形如题 1.12 图所示，试绘出 $f_1(t)+f_2(t)$、$f_1(t)-f_2(t)$和 $f_1(t)\times f_2(t)$的波形。

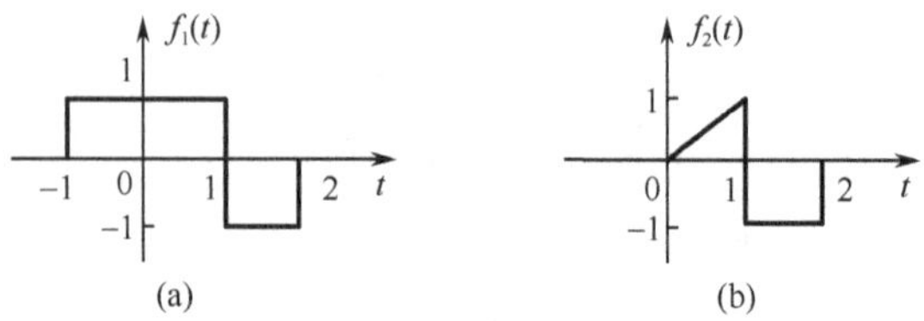

题 1.12 图

1.13　已知序列 $f_1(k)=k\varepsilon(k)$，$f_2(k)=(2)^{k-1}\varepsilon(k-1)$，试分别写出下列各序列的数学表示式，并绘其图形。

(1) $f_1(k)+f_2(k)$　　(2) $f_1(k)-f_2(k)$　　(3) $f_1(k)\times f_2(k)$

(4) $f_1(k-1)+f_2(k+1)$　　(5) $f_1(k-1)\times f_2(k+1)$

1.14　连续信号 $f(t)$ 的波形如题 1.14 图所示，试分别绘出下列各信号的波形。

(1) $f(-t)$　　(2) $f(t-1)$　　(3) $f(-t+1)$

(4) $f(t)+f(-t)$　　(5) $f\left(\frac{t}{2}\right)$　　(6) $f(3-2t)$

(7) $\frac{\mathrm{d}}{\mathrm{d}t}\left[f\left(\frac{t}{2}+1\right)\right]$　　(8) $\int_{-\infty}^{t} f(\tau)\mathrm{d}\tau$

1.15　已知 $f(t)$，试问 $f(3-2t)$应按哪一种转换可得到正确结果？

(1) $f(-2t)$左移 3　　(2) $f(2t)$右移 3

(3) $f(2t)$左移$\frac{3}{2}$　　(4) $f(-2t)$右移$\frac{3}{2}$

1.16　离散序列 $f(k)$和 $x(k)$的波形如题 1.16 图(a)、(b)所示，试绘出下列序列的图形。

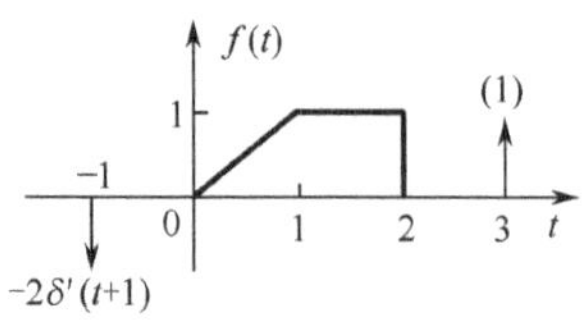

题 1.14 图

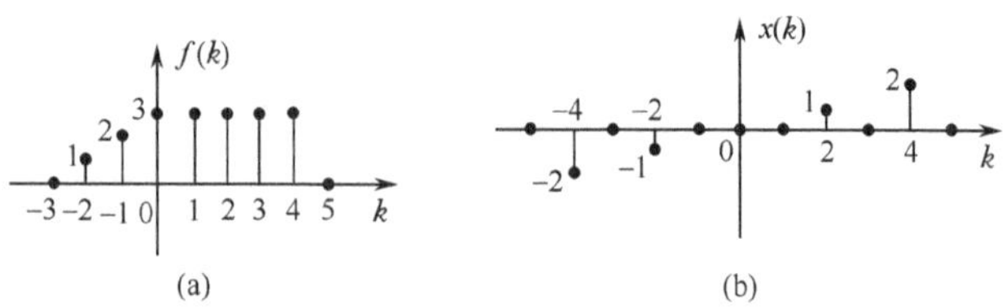

题 1.16 图

(1) $f(k+2)\varepsilon(k)$　　(2) $f(k+2)\varepsilon(2-k)$　　(3) $f(k)+x(k)$

(4) $\Delta f(k)$　　(5) $\nabla f(k)$　　(6) $\sum_{n=-\infty}^{k} f(n)$

1.17　连续信号波形如题 1.17 图(a)、(b)所示，试绘出各信号的偶分量和奇分量的波形。

1.18　已知周期信号 $f(t)$的 1/4 周期的波形如题 1.18 图所示，试绘出一个周期$\left(-\frac{T}{2}\leqslant t\leqslant\frac{T}{2}\right)$时间内符合下列条件的 $f(t)$的波形：

(1) $f(t)$为偶函数，且只含偶次谐波；

(2) $f(t)$为偶函数，且只含奇次谐波；

(3) $f(t)$为偶函数，且含偶次、奇次谐波；

(4) $f(t)$为奇函数，且只含奇次谐波；

(5) $f(t)$为奇函数，且只含偶次谐波；

(6) $f(t)$为奇函数，且含偶次、奇次谐波。

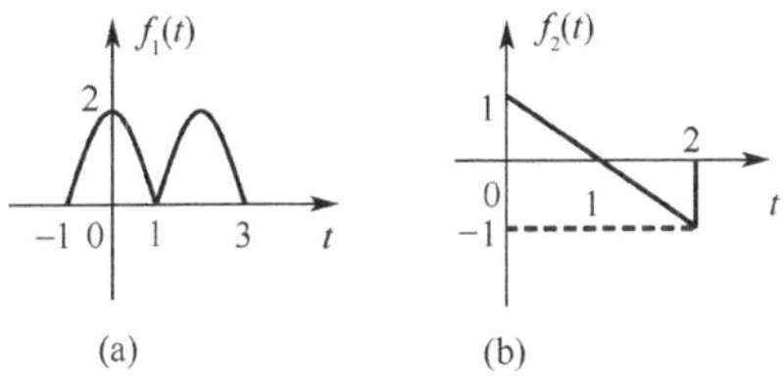

题 1.17 图

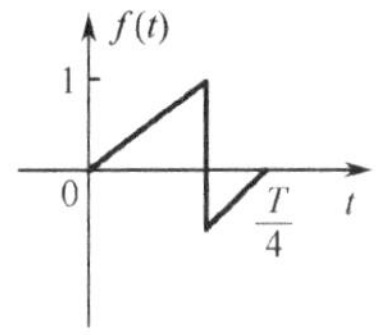

题 1.18 图

1.19　电路系统如题 1.19(a)、(b)图所示，输入激励为 $u_s(t)$，试分别写出以 $i(t)$或$u(t)$为输出响应时描述系统的微分方程。

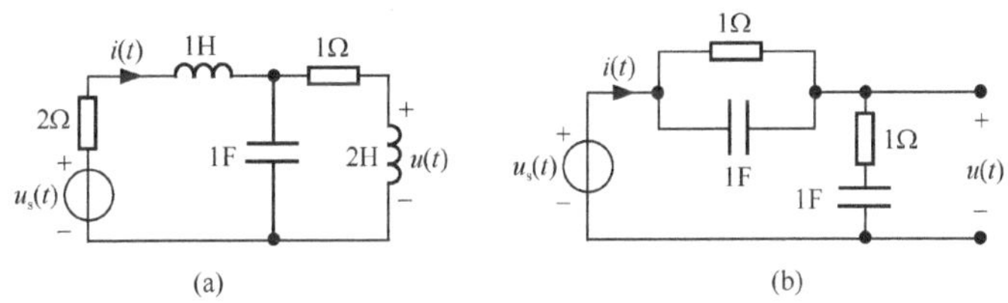

题 1.19 图

1.20　设某地区人口的正常出生率和死亡率分别为 α 和β，第 k 年从外地迁入的人口为$f(k)$。若令该地区第 k 年的人口为 $y(k)$，写出 $y(k)$的差分方程。

1.21　有人在银行存款，在第 k 个月初存入的款数为 $f(k)$，银行的月息利率为 β，每月的利息不取出，试用差分方程列写出第 k 个月初的本利 $y(k)$。

1.22　一个乒乓球从 H_m 高度自由下落至地面，每次弹跳起的最高值是前一次最高值的$\frac{2}{3}$。若以 $y(k)$表示第 k 次跳起的最高值，试列写描述此过程的差分方程式。

1.23　设系统的初始状态为 $x(0)$，激励为 $f(\cdot)$，各系统的全响应 $y(\cdot)$ 与激励和初始状态的关系分别如下述方程所描述，试判断各系统是否为线性系统，并说明理由。

(1) $y(t)=\mathrm{e}^{-t}x(0)+\int_0^t \sin\tau f(\tau)\mathrm{d}\tau$

(2) $y(t)=\sin[x(0)t]+f^2(t)$

(3) $y(t)=f(t)x(0)+\int_0^t f(\tau)\mathrm{d}\tau$

(4) $y(t)=x(0)\lg f(t)$

(5) $y(t)=\lg x(0)+f'(t)$

(6) $y(t)=\sqrt{x(t_0)}+\int_{t_0}^t f(\tau)\mathrm{d}\tau$

(7) $y(k)=\left(\frac{1}{2}\right)^k x(0)+f(k)f(k-2)$

(8) $y(k)=kx(0)+\sum_{n=0}^{k}f(n)$

1.24　试判定下列微分方程或差分方程所描述的系统是否线性系统，是否非时变系统，并说明理由。

(1) $y(t)=\int_{-\infty}^t f(\tau)\mathrm{d}\tau$

(2) $y(t)=\int_0^t f(\tau)\mathrm{d}\tau$

(3) $y(t)=|f(t)|$

(4) $y(t)-\mathrm{e}^{f(t)}$

(5) $y'(t)+2y(t)=f'(t)-2f(t)$

(6) $y'(t)+\sin t\,y(t)=f'(t)$

(7) $[y'(t)]^2+2y(t)=f(t)$

(8) $y'(t)+2y(t)=tf(t)$

(9) $y(k)+(k-1)y(k-1)=f(k)$

(10) $y(k)+y(k-1)y(k-2)=f(k)$

(11) $y(t)=\int_{-\infty}^{2t}f(\tau-1)\mathrm{d}\tau$　　(12) $y(k)=\sum_{n=-\infty}^{k}\left(\frac{1}{2}\right)^{k-n}f(n)$

(13) $y(t)=\int_{-\infty}^{2t}\mathrm{e}^{-(t-\tau)}f(\tau)\mathrm{d}\tau$　　(14) $y(k)=\sum_{n=k-2}^{k+4}f(n)$

1.25　某 LTI 连续系统，已知当 $f_1(t)=\varepsilon(t)$时，其零状态响应 $y_{zs_1}(t)=\mathrm{e}^{-2t}\varepsilon(t)$，试求：

(1)当$f_2(t)=\delta(t)$时，$y_{zs_2}(t)$的值；

(2)当 $f_3(t)=R(t)$时，$y_{zs_3}(t)$的值。

1.26　某 LTI 连续系统的初始状态为 $x_1(0)$和 $x_2(0)$，激励为 $f(t)$，全响应为 $y(t)$。已知：

(1) 当 $x_1(0)=1, x_2(0)=0, f(t)=0$ 时，$y(t)=2\mathrm{e}^{-t}+3\mathrm{e}^{-3t}$；

(2) 当 $x_1(0)=0, x_2(0)=1, f(t)=0$ 时，$y(t)=4\mathrm{e}^{-t}-2\mathrm{e}^{-3t}$；

(3) 当 $x_1(0)=x_2(0)=0, f(t)=\varepsilon(t)$ 时，$y(t)=2+\mathrm{e}^{-t}+2\mathrm{e}^{-3t}$。

试求：当 $x_1(0)=2$，$x_2(0)=5$，$f(t)=3\varepsilon(t)$ 时，$y(t)$的值。

1.27　某 LTI 连续系统，已知当初始状态 $x_1(0)=1, x_2(0)=2$，激励 $f(t)=\varepsilon(t)$时，输出$y(t)=6\mathrm{e}^{-2t}-5\mathrm{e}^{-3t}$；若初始状态不变，$f(t)=3\varepsilon(t)$时，输出 $y(t)=8\mathrm{e}^{-2t}-7\mathrm{e}^{-3t}$。试求：

(1) 当 $x_1(0)=1, x_2(0)=2, f(t)=0$ 时，$y(t)$的值；

(2) 当 $x_1(0)=x_2(0)=0, f(t)=2\varepsilon(t)$ 时，$y(t)$的值。

1.28　某一阶 LTI 离散系统，其初始状态为 $x(0)$。已知当激励为 $f(k)$时，全响应为 $y(k)=\varepsilon(k)$；若初始状态不变，激励为$-f(k)$时，$y(t)=\left[2\left(\frac{1}{2}\right)^k-1\right]\varepsilon(k)$；试求：当初始状态为 $2x(0)$，激励为 $4f(k)$时，系统的全响应 $y(k)$。

1.29　试判定下列系统是否为线性系统，是否为时不变系统，是否为因果系统。

(1) $y'(t)+2y(t)+3=f(t)\ (t>0)$　　(2) $y'(t)=2tf^2(t)+f(t+5)\ (t>0)$

(3) $y_{zs}(t)=|f(t)|$　　(4) $y_{zs}(t)=f(t)\cos(2\pi t)$

(5) $y_{zs}(t)=f(-t)$　　(6) $y_{zs}(k)=(k-2)f(k)$

(7) $y_{zs}(k)=\sum_{n=0}^{k}f(n)$　　(8) $y_{zs}(k)=f(1-k)$

1.30　试画出下列各系统的模拟框图。

(1) $y'''(t)+6y''(t)+12y'(t)+8y(t)=5f''(t)+f(t)$

(2) $y(k+3)-y(k+2)+y(k+1)=f(k+1)+2f(k)$

(3) $y(k)-y(k-2)=3f(k-1)-f(k-2)$

1.31　试列写题 1.31 图所示各系统的数学模型。

1.32　某 LTI 连续系统的模拟框图如题 1.32 图所示，已知该系统的数学模型为

$$y''(t)+a_1y'(t)+a_0y(t)=b_1f'(t)+b_0f(t)$$

试导出微分方程系数 a_1、a_0、b_1、b_0 与模拟框图中的系数 α_1、α_0、β_1、β_0 之间的关系。

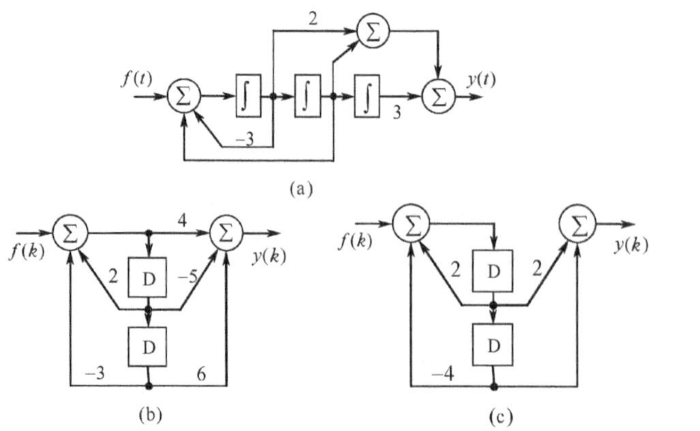

题 1.31 图

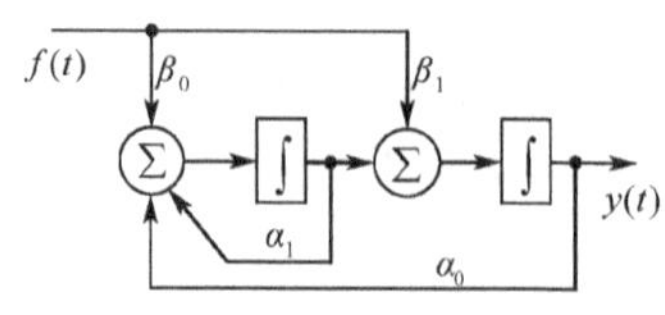

题 1.32 图

第2章　LTI系统的时域分析法

本章导读

时域分析法的特点是由输入激励和表征系统特性的时域数学模型，不经变换，在时域直接求出系统的输出响应。LTI 连续系统的数学模型是常系数线性微分方程；LTI 离散系统的数学模型是常系数线性差分方程。本章将分别讨论微分方程和差分方程的两种时域分析法，即经典求解法和卷积积分（卷积和）分析法。

2.1　LTI连续系统的时域经典分析法

2.1.1　微分方程的经典解

描述 LTI 连续系统的数学模型是常系数线性微分方程，其一般形式为

$$\sum_{i=0}^{n} a_i y^{(i)}(t) = \sum_{j=0}^{m} b_j f^{(j)}(t), \quad a_n = 1 \tag{2-1-1}$$

式中，$a_i(i=0,1,2,\cdots,n)$和 $b_j(j=0,1,2,\cdots,m)$为常系数。该方程的全解 $y(t)$由两部分组成——齐次通解 $y_h(t)$和非齐次特解 $y_p(t)$，即

$$y(t) = y_h(t) + y_p(t) \tag{2-1-2}$$

1. 齐次解 $y_h(t)$

将式(2-1-1)的右端设为零，得齐次微分方程

$$y^{(n)}(t) + a_{n-1} y^{(n-1)}(t) + \cdots + a_1 y^{(1)}(t) + a_0 y(t) = 0 \tag{2-1-3}$$

对应的特征方程为

$$\lambda^n + a_{n-1}\lambda^{n-1} + \cdots + a_1\lambda + a_0 = 0 \tag{2-1-4}$$

特征方程的根 $\lambda_i(i=1,2,\cdots,n)$称为齐次微分方程的特征根，在系统分析中常称之为自然频率或固有频率。齐次解 $y_h(t)$的函数形式根据特征根取值的不同而不同。特征根可能取单根(实数或复数)或重根(实数或复数)。例如，当微分方程有 n 个不重复的实数单根 $\lambda_i(i=1,2,\cdots,n)$时，齐次解的函数形式为

$$y_h(t) = \sum_{i=1}^{n} C_i e^{\lambda_i t} \tag{2-1-5}$$

式中，常数 $C_i(i=1,2,\cdots,n)$是待定系数，由系统的初始条件决定。

如果特征根是重根或共轭复根的情况，微分方程的齐次解的函数形式稍有变化，对应不同特征根的情况，齐次解的形式的变化总结如表 2-1 所示。

表 2-1　不同特征根所对应的齐次解

特征根 λ	齐次解 $y_h(t)$
单实根 λ	$Ce^{\lambda t}$
r 重实根 λ	$C_{r-1}t^{r-1}e^{\lambda t}+C_{r-2}t^{r-2}e^{\lambda t}+\cdots+C_1 te^{\lambda t}+C_0 e^{\lambda t}=\sum_{j=1}^{r}C_{r-j}t^{r-j}e^{\lambda t}$

续表

特征根 λ	齐次解 $y_h(t)$
一对复根(共轭) $\lambda_{1,2}=\alpha\pm j\omega$	$e^{\alpha t}(C_1\cos\omega t+C_2\sin\omega t)$或$Ae^{\alpha t}\cos(\omega t-\theta)$ 其中，$Ae^{j\theta}=A\cos\theta+jA\sin\theta=C_1+jC_2$
一对 r 重复根(共轭) $\lambda_{1,2}=\alpha\pm j\omega$	$A_{r-1}t^{r-1}e^{\alpha t}\cos(\omega t+\theta_{r-1})+A_{r-2}t^{r-2}e^{\alpha t}\cos(\omega t+\theta_{r-2})+\cdots+A_0e^{\alpha t}\cos(\omega t+\theta_0)$

表 2-1 中，C_i 和 A_i 等是由初始条件确定的待定常数。

例 2-1 试求微分方程 $y''(t)+5y'(t)+6y(t)=f(t)$的齐次解，已知 $y_h'(0)=1$，$y_h(0)=1$。

解 特征方程为 $\lambda^2+5\lambda+6=0$，特征根为

$$\lambda_1=-2,\quad \lambda_2=-3$$

齐次解的一般形式为

$$y_h(t)=C_1e^{\lambda_1 t}+C_2e^{\lambda_2 t}=C_1e^{-2t}+C_2e^{-3t}$$

代入初始条件得

$$\begin{cases}y_h(0)=C_1+C_2=1\\ y_h'(0)=-2C_1-3C_2=1\end{cases}$$

解之得

$$\begin{cases}C_1=4\\ C_2=-3\end{cases}$$

故

$$y_h(t)=4e^{-2t}-3e^{-3t}$$

例 2-2 写出下列微分方程齐次解的一般形式。

(1) $y''(t)+6y'(t)+9y(t)=0$　　　　(2) $y''(t)+2y'(t)+5y(t)=0$

解 (1) 特征方程为 $\lambda^2+6\lambda+9=0$，解得二重特征根 $\lambda_{1,2}=-3$，因此该方程齐次解为

$$y_h(t)=C_0e^{-3t}+C_1te^{-3t}$$

(2) 特征方程为 $\lambda^2+2\lambda+5=0$，解得一对共轭复数根 $\lambda_{1,2}=-1\pm j2$，因此该方程齐次解为

$$y_h(t)=e^{-t}(C_1\cos 2t+C_2\sin 2t)$$

2. 特解 $y_p(t)$

特解 $y_p(t)$是 $t>0$ 微分方程的一个解，其函数形式与激励 $f(t)$的函数形式有关，通常与微分方程的右端(称自由项)的形式相同，表 2-2 列出了几种常见激励及其所对应的特解。选定特解后，将它代入到原微分方程，求出各待定系数 P_i，即可得方程的特解。

表 2-2 不同激励所对应的特解

激励 $f(t)$	特解 $y_p(t)$	
A	P	
At^m	$P_mt^m+P_{m-1}t^{m-1}+\cdots+P_1t+P_0$ $t^r(P_mt^m+P_{m-1}t^{m-1}+\cdots+P_1t+P_0)$	所有的特征根均不等于零 有 r 重特征根等于 0
$Ae^{\alpha t}$	$P_0e^{\alpha t}$ $(P_1t+P_0)e^{\alpha t}$ $(P_rt^r+P_{r-1}t^{r-1}+\cdots+P_1t+P_0)e^{\alpha t}$	α 不等于特征根 α 等于特征单根 α 等于 r 重特征根
$Ae^{\alpha t}\cos\omega t$ 或 $Ae^{\alpha t}\sin\omega t$	$e^{\alpha t}(P_1\cos\omega t+P_2\sin\omega t)$ 或 $Pe^{\lambda t}\cos(\omega t-\theta)$，其中 $Pe^{j\theta}=P_1+jP_2$ $te^{\alpha t}(P_1\cos\omega t+P_2\sin\omega t)$	$\alpha\pm j\omega$ 不等于特征根 $\alpha\pm j\omega$ 等于特征单根

例 2-3　已知 $f(t)=t^2\varepsilon(t)$，求微分方程 $y''(t)-4y'(t)+3y(t)=f'(t)+f(t)$ 的特解 $y_p(t)$。

解　该方程无等于零的特征根，由表 2-2 设特解 $y_p(t)=P_2t^2+P_1t+P_0$，则 $y_p'(t)=2P_2t+P_1$ 及 $y_p''(t)=2P_2$。将其代入原微分方程并整理得

$$3P_2t^2+(3P_1-8P_2)t+(3P_0-4P_1+2P_2)=t^2+2t$$

上式两端 t 的各次幂系数对应相等，有

$$\begin{cases}3P_2=1\\3P_1-8P_2=2\\3P_0-4P_1+2P_2=0\end{cases}$$

联立解之得

$$P_0=\frac{50}{27},\qquad P_1=\frac{14}{9},\qquad P_2=\frac{1}{3}$$

故特解

$$y_p(t)=\frac{1}{3}t^2+\frac{14}{9}t+\frac{50}{27}$$

3. 完全解 $y(t)$

第 12 讲

微分方程的完全解 $y(t)$ 是齐次解 $y_h(t)$ 与特解 $y_p(t)$ 之和。若微分方程的特征根均为单实根 $\lambda_i(i=1,2,\cdots,n)$，则其全解为

$$y(t)=y_h(t)+y_p(t)=\sum_{i=1}^{n}C_i\mathrm{e}^{\lambda_i t}+y_p(t)\tag{2-1-6}$$

一般情况下，激励信号 $f(t)$ 是在 $t=0$ 时刻接入的，微分方程的全解也适合于时间区间 $(0,\infty)$。对于 n 阶常系数线性微分方程，利用已知的 n 个初始条件 $y(0_+)$，$y'(0_+)$，…，$y^{(n-1)}(0_+)$ 就可求得全部待定系数 C_i。

例 2-4　已知 $y''(t)+6y'(t)+5y(t)=f(t)$，$f(t)=\mathrm{e}^{-t}\varepsilon(t)$，初始条件 $y'(0)=y(0)=0$，试求完全解 $y(t)$。

解　(1)求齐次通解。由特征方程 $\lambda^2+6\lambda+5=0$ 的根 $\lambda_1=-5$，$\lambda_2=-1$ 决定，有

$$y_h(t)=C_1\mathrm{e}^{-5t}+C_2\mathrm{e}^{-t}$$

(2)求特解。由于激励 $f(t)=\mathrm{e}^{-t}$ 的指数 $\alpha=-1$，与特征根 $\lambda_2=-1$ 相重，由表 2-2 设特解为 $y_p(t)=P_1t\mathrm{e}^{-t}+P_0\mathrm{e}^{-t}$，则 $y_p'(t)=(P_1-P_0)\mathrm{e}^{-t}-P_1t\mathrm{e}^{-t}$ 及 $y_p''(t)=(P_0-2P_1)\mathrm{e}^{-t}+P_1t\mathrm{e}^{-t}$。将其代入原微分方程并整理得

$$(P_1-6P_1+5P_1)t\mathrm{e}^{-t}+(P_0-2P_1+6P_1-6P_0+5P_0)\mathrm{e}^{-t}=\mathrm{e}^{-t}$$

由上式可求得 $P_1=\dfrac{1}{4}$，P_0 无法求得但不一定为 0，需暂时保留，于是特解为

$$y_p(t)=\frac{1}{4}t\mathrm{e}^{-t}+P_0\mathrm{e}^{-t}$$

(3)求完全解。

$$\begin{aligned}y(t)&=y_h(t)+y_p(t)=C_1\mathrm{e}^{-5t}+C_2\mathrm{e}^{-t}+\frac{1}{4}t\mathrm{e}^{-t}+P_0\mathrm{e}^{-t}\\&=C_1\mathrm{e}^{-5t}+(C_2+P_0)\mathrm{e}^{-t}+\frac{1}{4}t\mathrm{e}^{-t}\end{aligned}$$

代入初始条件有

$$\begin{cases}y(0)=C_1+(C_2+P_0)=0\\y'(0)=-5C_1-(C_2+P_0)+0.25=0\end{cases}$$

解得

$$C_1 = \frac{1}{16}, \quad C_2 + P_0 = -\frac{1}{16}$$

因此完全解为

$$y(t) = \frac{1}{16}\mathrm{e}^{-5t} - \frac{1}{16}\mathrm{e}^{-t} + \frac{1}{4}t\mathrm{e}^{-t}, \quad t \geqslant 0$$

由于齐次解 $y_h(t)$的函数形式仅依赖于系统本身的特性，而与激励 $f(t)$的函数形式无关，故称之为系统的自由响应或固有响应。但应注意，齐次解的系数 C_i 的值是与激励 $f(t)$有关的。特解 $y_p(t)$的函数形式仅与激励信号 $f(t)$有关，被称为强迫响应。

2.1.2 初始值的确定

如上所述，若输入 $f(t)$是在 $t=0$ 时刻接入的，那么微分方程的完全解也适用于 $t>0$。确定解的待定系数所需的一组初始条件是指 $t=0_+$ 时刻的值，即初始值 $y^{(j)}(0_+)(j=0,1,2,\cdots,n-1)$。在系统分析中，$t=0_+$ 时，激励已经接入，因而$y^{(j)}(0_+)$已包含输入信号的作用。$t=0_-$ 时，激励尚未接入，因而响应及其各阶导数在 $t=0_-$ 时的值 $y^{(j)}(0_-)$反映了系统过去的历史状况的总效果而与激励无关，它们为求得 $t\geqslant0$ 时的系统响应提供了以往历史的全部信息，称这些值为系统的初始状态。通常给定的是系统的初始状态和激励。这样，在求解微分方程时，就需从已知的初始状态 $y^{(j)}(0_-)$，设法求得初始值 $y^{(j)}(0_+)$。初始值的确定可以分为下面两种情形：

(1) 若给定具体电路，则由电路分析的换路定律来确定 $t=0_+$ 时刻的初始条件，这里不再赘述。

(2) 如果给定的是系统的微分方程和初始状态，则首先根据激励信号的情况，利用微分方程两端各奇异信号相平衡的方法来判断。以下举例说明。

例 2-5 描述某系统的微分方程为

$$y''(t) + 4y'(t) + y(t) = 2f'(t) + f(t)$$

已知 $y'(0_-)=2, y(0_-)=1, f(t)=\varepsilon(t)$，试求 $y'(0_+)$和 $y(0_+)$。

解 将输入 $f(t)$代入到原微分方程得

$$y''(t) + 4y'(t) + y(t) = 2\delta(t) + \varepsilon(t)$$

在 $t=0$ 时，微分方程要达到冲激平衡，必然左边的 $y''(t)$含有冲激函数；于是 $y'(t)$将含有阶跃函数，出现跳变值；$y(t)$将含有斜坡函数而在 $t=0$ 时刻保持连续，$y(0_+)=y(0_-)$。对该微分方程两边从时间域 0_- 到 0_+ 做定积分，即

$$\int_{0_-}^{0_+} y''(t)\mathrm{d}t + \int_{0_-}^{0_+} 4y'(t)\mathrm{d}t + \int_{0_-}^{0_+} y(t)\mathrm{d}t = \int_{0_-}^{0_+} 2\delta(t)\mathrm{d}t + \int_{0_-}^{0_+} \varepsilon(t)\mathrm{d}t$$

其中，$\int_{0_-}^{0_+} y(t)\mathrm{d}t = 0$，$\int_{0_-}^{0_+} \varepsilon(t)\mathrm{d}t = t\Big|_{t=0} = 0$，$\int_{0_-}^{0_+} y'(t)\mathrm{d}t = y(0_+) - y(0_-) = 0$，得

$$y(0_+) = y(0_-) = 1$$

所以，原方程为

$$\int_{0_-}^{0_+} y''(t)\mathrm{d}t = y'(0_+) - y'(0_-) = \int_{0_-}^{0_+} 2\delta(t)\mathrm{d}t = 2$$

即

$$y'(0_+) - y'(0_-) = 2$$

从而得初始值

$$y'(0_+) = 4, \quad y(0_+) = 1$$

可见，当微分方程右端含有冲激函数(及其各阶导数)时，响应 $y(t)$ 及其各阶导数中，有些将发生跃变。这时利用微分方程两端各奇异函数项的系数相平衡的方法来判断，并从 0_- 到 0_+ 积分，即可求得 $t=0_+$ 时刻的初始值。

2.1.3 零输入响应、零状态响应和全响应

LTI 连续系统的完全解 $y(t)$ 不仅仅可以分解成齐次解 $y_h(t)$ 和特解 $y_p(t)$ 的形式，还可以按照分析计算的方便或适应不同要求的物理解释分解成其他形式。一种广泛应用的重要分解形式是将完全响应分解为零输入响应和零状态响应，即

$$y(t)=y_{ZI}(t)+y_{ZS}(t) \tag{2-1-7}$$

1. 零输入响应 $y_{ZI}(t)$

在零输入条件下，式(2-1-1)所示微分方程等号的右端为零，即

$$\sum_{i=0}^{n}a_i y_{ZI}^{(i)}(t)=0,\quad a_n=1 \tag{2-1-8}$$

由于该微分方程是齐次方程，所以零输入响应 $y_{ZI}(t)$ 具有与齐次解 $y_h(t)$ 相同的响应形式，若特征根均为单根 $\lambda_i(i=1,2,\cdots,n)$，则其零输入响应模式为

$$y_{ZI}(t)=\sum_{i=1}^{n}C_{ZI_i}e^{\lambda_i t} \tag{2-1-9}$$

式中，C_{ZI_i} 为待定系数。由于齐次微分方程右端为零，从初始状态到初始值没有跳变的问题，所以待定系数 C_{ZI_i} 直接由给定的 $t=0_-$ 初始状态 $y^{(j)}(0_-)$ 确定。

关于求电路系统零输入响应有一点需要说明，所谓的输入信号为零，是指 $t>0$ 之后的输入信号为零，如果原来系统的微分方程描述的时间范围是整个时间域的话，那么即使是求零输入响应，在 $0_-<t<0_+$ 时刻，微分方程右端也不能简单地视为零，即系统从 0_- 时刻到 0_+ 时刻存在跳变。鉴于这种情况，有些教材干脆给定 $t=0_+$ 时刻的条件来求齐次微分方程描述的系统的零输入响应。但在解决实际电路问题时，即使求零输入响应，有一个步骤也是不能省略的，就是必须求没有独立源的系统在 $t=0_+$ 时刻的初始值，它和 $t=0_-$ 时刻系统的初始状态可能是不一样的。

例 2-6 已知连续系统微分方程和初始条件，求零输入响应。

(1) $y''(t)+3y'(t)+2y(t)=0,\quad y(0_-)=1,\quad y'(0_-)=2$

(2) $y''(t)+4y'(t)+4y(t)=0,\quad y(0_-)=2,\quad y'(0_-)=3$

解 (1) 特征方程为 $\lambda^2+3\lambda+2=0$，特征根为 $\lambda_1=-1,\lambda_2=-2$，所以，零输入响应的一般形式为

$$y_{ZI}(t)=C_{ZI_1}e^{\lambda_1 t}+C_{ZI_2}e^{\lambda_2 t}=C_{ZI_1}e^{-t}+C_{ZI_2}e^{-2t},\quad t\geqslant 0$$

由初始状态求得 $\begin{cases}y_{ZI}(0_-)=y(0_-)=C_{ZI_1}+C_{ZI_2}=1\\ y'_{ZI}(0_-)=y'(0_-)=-C_{ZI_1}-2C_{ZI_2}=2\end{cases}$，解之得 $C_{ZI_1}=4,C_{ZI_2}=-3$，故

$$y_{ZI}(t)=4e^{-t}-3e^{-2t},\quad t\geqslant 0$$

(2) 特征方程为 $\lambda^2+4\lambda+4=0$，特征根为 $\lambda_1=\lambda_2=\lambda=-2$，所以，零输入响应的一般形式为

$$y_{ZI}(t)=(C_{ZI_0}+C_{ZI_1}t)e^{\lambda t}=(C_{ZI_0}+C_{ZI_1}t)e^{-2t}$$

由初始状态求得 $\begin{cases}y_{ZI}(0_-)=C_{ZI_0}=2\\ y'_{ZI}(0_-)=C_{ZI_1}-2C_{ZI_0}=3\end{cases}$，解得 $C_{ZI_1}=7,C_{ZI_0}=2$，故

$$y_{ZI}(t)=(2+7t)e^{-2t},\quad t\geqslant 0$$

可见，零输入响应是齐次微分方程满足初始状态（或零输入响应初值）的解。

2. 零状态响应 $y_{ZS}(t)$

若系统的初始状态为零，这时式(2-1-1)仍是非齐次微分方程

$$\sum_{i=0}^{n}a_iy^{(i)}(t)=\sum_{j=0}^{m}b_jf^{(j)}(t),\quad a_n=1 \tag{2-1-10}$$

若特征根均为单根，则其零状态响应模式为

$$y_{ZS}(t)=\Big[\sum_{i=1}^{n}C_{ZS_i}e^{\lambda_i t}+y_p(t)\Big]\varepsilon(t) \tag{2-1-11}$$

式中，C_{ZS_i} 为待定系数。

零状态响应包含齐次解和特解两部分，求解零状态响应也涉及时间从 0_- 时刻到 0_+ 时刻跳变的问题。由此可见，求解零状态响应的过程与求解全响应的过程比较没有一点简化，那么，完全响应分解为零输入响应和零状态响应还有什么意义呢？一方面，这种分解对理解系统的物理概念很有帮助，特别是第 3 章傅里叶分析法和第 4 章的拉普拉斯变换法中的系统函数的概念都是建立在零状态响应概念基础上的；另一方面，分解后求解零状态响应可以不用经典方法，而采用卷积积分法或拉普拉斯变换法。

例 2-7 已知微分方程为 $y''(t)+4y'(t)+3y(t)=5f''(t)+3f'(t)+2f(t)$，激励信号为 $f(t)=e^{-2t}\varepsilon(t)$，求系统的零状态响应 $y_{ZS}(t)$。

解 (1) 首先确定系统的零状态响应模式。该系统特征方程为 $\lambda^2+4\lambda+3=0$，特征根为 $\lambda_1=-1,\lambda_2=-3$，所以，齐次解

$$y_{ZSh}(t)=C_{ZS_1}e^{-t}+C_{ZS_2}e^{-3t}$$

因为是求 $t>0$ 时系统的响应，所以求特解待定系数 P_i 时，可以不考虑微分方程式中的奇异函数项 $\varepsilon(t)$，且 -2 不是特征根，故设特解为 $y_{ZSp}(t)=Pe^{-2t}$。代入微分方程，有 $4Pe^{-2t}-8Pe^{-2t}+3Pe^{-2t}=16e^{-2t}$，由此求得 $P=-16$。该系统零状态响应的一般形式为

$$y_{ZS}(t)=y_{ZSh}(t)+y_{ZSp}(t)=(C_{ZS_1}e^{-t}+C_{ZS_2}e^{-3t}-16e^{-2t})\varepsilon(t)$$

(2) 应用冲激平衡法求系统零状态响应的初始条件。由于 $f'(t)=\delta(t)-2e^{-2t}\varepsilon(t)$，$f''(t)=\delta'(t)-2\delta(t)+4e^{-2t}\varepsilon(t)$，故原微分方程可写为

$$y''_{ZS}(t)+4y'_{ZS}(t)+3y_{ZS}(t)=5\delta'(t)-7\delta(t)+16e^{-2t}\varepsilon(t) \tag{2-1-12}$$

$5\delta'(t)\rightarrow 5\delta(t)\rightarrow 5\varepsilon(t)$

$5\delta(t)\ \downarrow\ 5\times 4$

$-27\delta(t)\leftarrow 20\delta(t)$

$-27\delta(t)\ \rightarrow\ 27\varepsilon(t)$

上述流程图概括了微分方程实现冲激平衡的全过程：①首先从最高阶冲激开始平衡。微分方程右端有 $5\delta'(t)$，则其左端 $y''_{ZS}(t)$ 中应含 $5\delta'(t)$；考虑高阶对低阶的影响（用符号“→”表示），则 $y'_{ZS}(t)$ 中含 $5\delta(t)$，$y_{ZS}(t)$ 中含 $5\varepsilon(t)$。$y_{ZS}(t)$ 在 $t=0$ 时的跳变值为 5，即 $\Delta y_{ZS}(t)|_{t=0}=y_{ZS}(0_+)-y_{ZS}(0_-)=5$，故 $y_{ZS}(0_+)=5$；再考虑方程系数的影响（用符号“↓”表示），则 $4y'_{ZS}(t)$ 中有 $20\delta(t)$。②然后依次平衡低阶冲激。由于方程右端有 $-7\delta(t)$，左端 $y'_{ZS}(t)$ 中有 $20\delta(t)$，出现冲激不平衡。为此，须有 $-27\delta(t)$ 的冲激返回到 $y''_{ZS}(t)$ 进行补偿（用符号“←”表示）使之方程达到冲激平衡，于是 $y'_{ZS}(t)$ 含有 $-27\varepsilon(t)$，故 $y'_{ZS}(0_+)=-27$。

综上所述，有

$$\begin{cases} y_{ZS}(0_+) = 5 \\ y'_{ZS}(0_+) = -27 \end{cases}$$

(3) 将初始条件代入零状态响应 $y_{ZS}(t) = C_{ZS_1}e^{-t} + C_{ZS_2}e^{-3t} - 16e^{-2t}$，得

$$\begin{cases} y_{ZS}(0_+) = C_{ZS_1} + C_{ZS_2} - 16 = 5 \\ y'_{ZS}(0_+) = -C_{ZS_1} - 3C_{ZS_2} + 32 = -27 \end{cases}$$

求得 $C_{ZS_1}=2, C_{ZS_2}=19$，考虑到系统零状态响应有效时间范围是 $t>0$，最后得系统零状态响应为

$$y_{ZS}(t) = (2e^{-t} + 19e^{-3t} - 16e^{-2t})\varepsilon(t)$$

可见，零状态响应是非齐次微分方程满足零状态响应初值的解。

3. 全响应 $y(t)$

全响应可以在分别求出零输入响应和零状态响应之后，通过求两者之和得到。

例 2-8 电路如图 2-1 所示，已知 $L=2\text{H}, C=0.25\text{F}, R_1=1\Omega, R_2=5\Omega, i_s(t)=\varepsilon(t)\text{A}, i_L(0_-)=1\text{A}, u_C(0_-)=3\text{V}$，求 $i_L(t)$。

解 根据电路的拓扑约束关系和元件约束关系可得该电路系统的微分方程为

$$i''_L(t) + 3i'_L(t) + 2i_L(t) = 0.5i'_s(t) + 2i_s(t)$$

(1) 直接求解全响应，特征方程为 $\lambda^2+3\lambda+2=0$，特征根为 $\lambda_1=-1, \lambda_2=-2$，则全响应为齐次通解与非齐次特解之和，即

$$i_L(t) = C_1e^{-t} + C_2e^{-2t} + i_{Lp}(t)$$

特解具有与激励相同的形式，故 $i_{Lp}(t)=P_0$，代入微分方程有 $2P_0=2$，得 $P_0=1$。所以有

$$i_L(t) = C_1e^{-t} + C_2e^{-2t} + 1$$

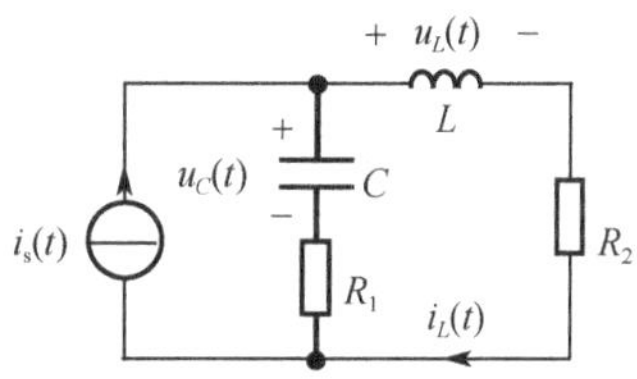

图 2-1 例 2-8 图

根据换路定理有

$$i_L(0_+) = i_L(0_-) = i_L(0) = 1\text{A}, \quad u_C(0_+) = u_C(0_-) = u_C(0) = 3\text{V}$$

又由电感元件的伏安关系可知

$$u_L(t) = L\frac{di_L(t)}{dt}$$

所以

$$\frac{di_L(t)}{dt} = \frac{u_L(t)}{L}$$

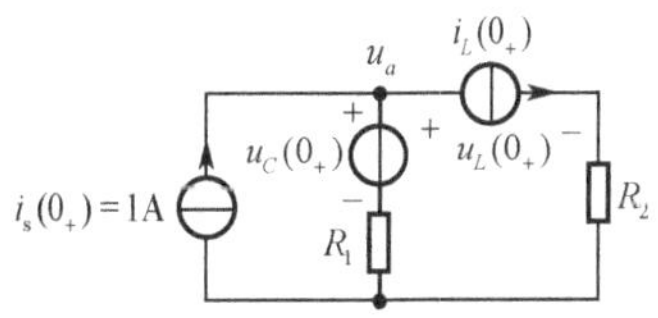

图 2-2 $t=0_+$ 时全响应等效电路

令 $t=0_+$，可得

$$i'_L(0_+) = i'_L(t)\Big|_{t=0_+} = \frac{u_L(t)}{L}\Big|_{t=0_+} = \frac{u_L(0_+)}{L}$$

由图 2-2，$t=0_+$ 时的等效电路，可得

$$u_L(0_+) = u_C(0_+) - i_L(0_+)R_2 = 3 - 1\times 5 = -2\text{V}$$

故

$$i'_L(0_+) = \frac{u_L(0_+)}{L} = -1\text{A}$$

代入全响应的解，得

$$\begin{cases} i_L(0_+) = C_1 + C_2 + 1 = 1 \\ i'_L(0_+) = -C_1 - 2C_2 = -1 \end{cases}$$

解之

$$C_1 = -1, \quad C_2 = 1$$

故

$$i_L(t) = \mathrm{e}^{-2t} - \mathrm{e}^{-t} + 1, \quad t \geqslant 0$$

(2) 亦可根据图 2-3(a)、(b)分别求出 $i_{LZI}(0_+)$,$i'_{LZI}(0_+)$和 $i_{LZS}(0_+)$,$i'_{LZS}(0_+)$,进而求出零输入响应 $i_{LZI}(t)$和零状态响应 $i_{LZS}(t)$,然后叠加得到全响应。

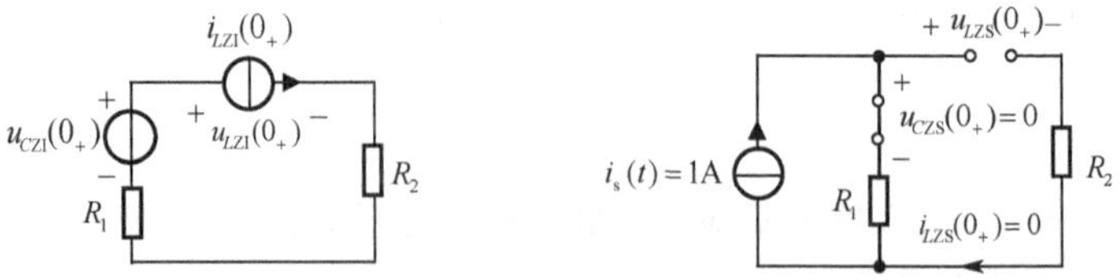

(a) $t=0_+$ 时零输入等效电路　　(b) $t=0_+$ 时零状态等效电路

图 2-3　$t=0_+$ 时的等效电路

其结果为

$$\begin{aligned} i_L(t) &= i_{LZI}(t) + i_{LZS}(t) \\ &= \underbrace{\frac{1}{2}\mathrm{e}^{-t} + \frac{1}{2}\mathrm{e}^{-2t}}_{\text{零输入响应}} \underbrace{- \frac{3}{2}\mathrm{e}^{-t} + \frac{1}{2}\mathrm{e}^{-2t} + 1}_{\text{零状态响应}} = \underbrace{\mathrm{e}^{-2t} - \mathrm{e}^{-t}}_{\text{固有响应}} \underbrace{+1}_{\text{强迫响应}}, \quad t \geqslant 0 \end{aligned}$$

由于

$$y^{(j)}(0_+) = y_{\mathrm{ZI}}^{(j)}(0_+) + y_{\mathrm{ZS}}^{(j)}(0_+)(j=0,1,2,\cdots,n-1)$$

所以可认为:全响应是非齐次微分方程满足全响应初值的解。

2.2　LTI 离散系统的时域经典分析法

第 13 讲

2.2.1　差分方程的经典解

差分方程的经典法与微分方程的经典法具有平行相似性。

一般而言,如果单输入-单输出的 LTI 离散系统的激励为 $f(k)$,全响应为$y(k)$,那么,描述该系统激励 $f(k)$与响应 $y(k)$之间关系的数学模型是 n 阶常系数线性差分方程,即

$$\sum_{i=0}^{n} a_i y(k+i) = \sum_{j=0}^{m} b_j f(k+j), \quad a_n = 1 \tag{2-2-1}$$

或

$$\sum_{i=0}^{n} a_{n-i} y(k-i) = \sum_{j=0}^{m} b_{m-j} f(k-j), \quad a_n = 1 \tag{2-2-2}$$

式中,$a_i(i=0,1,2,\cdots,n)$和 $b_j(j=0,1,2,\cdots,m)$为常系数,该方程的全解 $y(k)$由两部分——齐次解 $y_{\mathrm{h}}(k)$和特解 $y_{\mathrm{p}}(k)$组成,即

$$y(k) = y_{\mathrm{h}}(k) + y_{\mathrm{p}}(k) \tag{2-2-3}$$

1. 齐次解 $y_{\mathrm{h}}(k)$

将式(2-2-1)的右端设为零,得齐次差分方程

$$y_h(k+n)+a_{n-1}y_h(k+n-1)+\cdots+a_1y_h(k+1)+a_0y_h(k)=0 \tag{2-2-4}$$

与求解微分方程相似，求解齐次差分方程也需要首先求解相应的特征方程。齐次差分方程的特征方程可用迭代法确定。

设式(2-2-4)的解为

$$y_h(k)=A\gamma^k \tag{2-2-5}$$

则

$$\begin{aligned} y_h(k+1)&=A\gamma^{k+1}=\gamma A\gamma^k=\gamma\, y_h(k)\\ y_h(k+2)&=A\gamma^{k+2}=\gamma^2A\gamma^k=\gamma^2y_h(k)\\ &\vdots\\ y_h(k+n)&=A\gamma^{k+n}=\gamma^ny_h(k)\end{aligned}$$

代入式(2-2-4)得

$$\gamma^ny_h(k)+a_{n-1}\gamma^{n-1}y_h(k)+\cdots+a_1\gamma y_h(k)+a_0y_h(k)=0$$

即

$$[\gamma^n+a_{n-1}\gamma^{n-1}+\cdots+a_1\gamma+a_0]y_h(k)=0$$

得差分方程的特征方程

$$\gamma^n+a_{n-1}\gamma^{n-1}+\cdots+a_1\gamma+a_0=0 \tag{2-2-6}$$

它的根就是差分方程的特征根，表征了系统的特性。齐次解 $y_h(k)$的函数形式根据特征根取值为单根(实数或复数)或重根(实数或复数)的不同而不同。当差分方程有 n 个不重复的实数单根 $\gamma_i(i=1,2,\cdots,n)$时，齐次解的函数形式为

$$y_h(k)=C_1\gamma_1^k+C_2\gamma_2^k+\cdots+C_n\gamma_n^k=\sum_{i=1}^{n}C_i\gamma_i^k \tag{2-2-7}$$

式中，$C_i(i=1,2,\cdots,n)$为待定系数，它们与系统的初始条件有关。若已知 $y(0),y(1),\cdots,y(n-1)$，代入式(2-2-7)，则有

$$\begin{cases} y(0)=C_1+C_2+\cdots+C_n\\ y(1)=C_1\gamma_1+C_2\gamma_2+\cdots+C_n\gamma_n\\ \qquad\cdots\cdots\\ y(n-1)=C_1\gamma_1^{n-1}+C_2\gamma_2^{n-1}+\cdots+C_n\gamma_n^{n-1}\end{cases} \tag{2-2-8}$$

联立解之可得待定系数 $C_1, C_2,\cdots, C_n$。

一般地说，依照特征根不同的取值，差分方程齐次解的形式如表 2-3 所示，其中，C_i,D_i,A_i,θ_i 等为待定常数。

表 2-3 不同特征根所对应的齐次解

特征根 γ	齐次解 $y_h(k)$
单实根	$C\gamma^k$
r 重实根	$C_{r-1}k^{r-1}\gamma^k+C_{r-2}k^{r-2}\gamma^k+\cdots+C_1k\gamma^k+C_0\gamma^k=\sum_{j=1}^{r}C_{r-j}k^{r-j}\gamma^k$
一对共轭复数根 $\gamma_{1,2}=a\pm \mathrm{j}b=\rho \mathrm{e}^{\pm \mathrm{j}\Omega}$	$\rho^k[C\cos(\Omega k)+D\sin(\Omega k)]$或 $A\rho^k\cos(\Omega k-\theta)$，其中 $A\mathrm{e}^{\mathrm{j}\theta}=C+\mathrm{j}D$
一对 r 重共轭复数根	$A_{r-1}k^{r-1}\rho^k\cos(\Omega k-\theta_{r-1})+A_{r-2}k^{r-2}\rho^k\cos(\Omega k-\theta_{r-2})+\cdots+A_0\rho^k\cos(\Omega k-\theta_0)$

2. 特解 $y_p(k)$

特解 $y_p(k)$的函数形式与激励的函数形式有关，即一般与差分方程自由项模式相同，表 2-4

列出了几种典型的激励 $f(k)$所对应的特解 $y_p(k)$。选定特解后代入原差分方程,就可求出差分方程特解的待定系数。

表 2-4　不同激励所对应的特解

激励 $f(k)$	特解 $y_p(k)$	
k^m	$P_m k^m+P_{m-1}k^{m-1}+\cdots+P_1 k+P_0$ $k^r[P_m k^m+P_{m-1}k^{m-1}+\cdots+P_1 k+P_0]$	所有特征根均不等于 1 时 当有 r 重等于 1 的特征根时
a^k	$P_0 a^k$ $P_1 k a^k+P_0 a^k$ $P_r k^r a^k+P_{r-1}k^{r-1}a^k+\cdots+P_1 k a^k+P_0 a^k$	当 a 不等于特征根时 当 a 是特征单根时 当 a 是 r 重特征根时
$A\cos(\Omega k)$或 $A\sin(\Omega k)$	$P_1\cos(\Omega k)+P_2\sin(\Omega k)$ 或 $P\cos(\Omega k-\theta)$,其中 $Pe^{j\theta}=P_1+jP_2$ $k[P_1\cos(\Omega k)+P_2\sin(\Omega k)]$	当特征根不等于 $e^{\pm j\Omega}$时 当特征根等于 $e^{\pm j\Omega}$时

3. 完全解 $y(k)$

线性非时变差分方程的完全解是其齐次解与特解之和。若特征根为 n 个不重复的实数单根 $\gamma_i(i=1,2,\cdots,n)$时,完全解为

$$y(k)=y_h(k)+y_p(k)=\sum_{i=1}^{n}C_i\gamma_i^k+y_p(k) \tag{2-2-9}$$

若特征根 γ_1 是 r 重根,而其余 $n-r$ 个特征根为单根时,则完全解为

$$y(k)=\sum_{i=1}^{r}C_{r-i}k^{r-i}\gamma_1^k+\sum_{i=m+1}^{n}C_i\gamma_i^k+y_p(k) \tag{2-2-10}$$

式中各系数 C_{r-i}、C_i 由初始条件确定。

例 2-9　已知描述某离散时间系统的差分方程

$$y(k)+3y(k-1)+2y(k-2)=f(k)$$

激励 $f(k)=2^k\varepsilon(k)$,初始条件 $y(0)=0,y(1)=2$,求系统的完全解。

解　(1) 求齐次解。特征方程 $\gamma^2+3\gamma+2=0$,特征根为 $\gamma_1=-1,\gamma_2=-2$,所以,齐次解为

$$y_h(k)=C_1\gamma_1^k+C_2\gamma_2^k=C_1(-1)^k+C_2(-2)^k$$

(2) 求特解。因为激励 2^k 的 2 不是特征根,所以设特解为 $y_p(k)=P_0 2^k$。代入到原差分方程中得

$$P_0 2^k+3P_0 2^{k-1}+2P_0 2^{k-2}=2^k$$

求得 $P_0=\frac{1}{3}$,所以系统的特解为

$$y_p(k)=\frac{1}{3}(2)^k$$

(3) 完全解

$$y(k)=C_1(-1)^k+C_2(-2)^k+\frac{1}{3}(2)^k,\quad k\geqslant 0$$

(4) 求待定系数 C_1、C_2,代入初始条件有

$$\begin{cases}y(0)=C_1+C_2+\dfrac{1}{3}=0\\[2ex] y(1)=-C_1-2C_2+\dfrac{2}{3}=2\end{cases}$$

解之得

$$\begin{cases} C_1 = \dfrac{2}{3} \\ C_2 = -1 \end{cases}$$

所以系统的完全解为

$$y(k) = \frac{2}{3}(-1)^k - (-2)^k + \frac{1}{3}(2)^k, \quad k \geqslant 0$$

2.2.2 零输入响应、零状态响应和全响应

LTI 离散系统的全响应 $y(k)$ 也可以分解为零输入响应 $y_{ZI}(k)$ 和零状态响应 $y_{ZS}(k)$。因此，全响应可表示为零输入响应和零状态响应之和，即

$$y(k) = y_{ZI}(k) + y_{ZS}(k) \tag{2-2-11}$$

1. 零输入响应 $y_{ZI}(k)$

在零输入的条件下，差分方程的右端为零，所以可以用齐次解的经典求解方法求得零输入响应。齐次差分方程：

$$\sum_{i=0}^{n} a_i y_{ZI}(k+i) = 0, \quad a_n = 1 \tag{2-2-12}$$

由于差分方程是齐次方程，所以零输入响应具有与齐次解相同的模式，若特征根均为单根 $\gamma_i(i=1,2,\cdots,n)$，则其零输入响应模式为

$$y_{ZI}(k) = \sum_{i=1}^{n} C_{ZI_i}\gamma_i^k, \quad k \geqslant 0 \tag{2-2-13}$$

式中，C_{ZI_i} 为待定系数，由零输入响应初值 $y_{ZI}(j)(j=0,1,\cdots,n-1)$（或初始状态）决定。

例 2-10 描述某离散系统的差分方程为 $y(k+2)-5y(k+1)+6y(k)=0$，初始条件为 $y_{ZI}(0)=2$，$y_{ZI}(1)=3$，试求其零输入响应。

解 其特征方程为 $\gamma^2-5\gamma+6=0$，可解得特征根 $\gamma_1=2$，$\gamma_2=3$，所以，零输入响应的模式为

$$y_{ZI}(k) = C_{ZI_1}\gamma_1^k + C_{ZI_2}\gamma_2^k = C_{ZI_1}(2)^k + C_{ZI_2}(3)^k, \quad k \geqslant 0$$

由初始条件

$$\begin{cases} y_{ZI}(0) = C_{ZI_1} + C_{ZI_2} = 2 \\ y_{ZI}(1) = 2C_{ZI_1} + 3C_{ZI_2} = 3 \end{cases}$$

解之得

$$C_{ZI_1} = 3, \quad C_{ZI_2} = -1$$

所以该系统零输入响应为

$$y_{ZI}(k) = 3(2)^k - (3)^k, \quad k \geqslant 0$$

可见，零输入响应是齐次差分方程满足零输入响应初值（或初始状态）的解。

2. 零状态响应 $y_{ZS}(k)$

若系统的初始状态为零，这时差分方程仍如式(2-2-1)或式(2-2-2)。若特征根均为单根 $\gamma_i(i=1,2,\cdots,n)$，则其零状态响应为

$$y_{ZS}(k)=\left[\sum_{i=1}^{n}C_{ZS_i}\gamma_i^k+y_p(k)\right]\varepsilon(k) \tag{2-2-14}$$

式中，C_{ZS_i} 为待定系数，由零状态响应初值 $y_{ZS}(j)(j=0,1,\cdots,n-1)$ 决定。

例 2-11 描述某离散系统的差分方程为 $y(k+2)-0.7y(k+1)+0.1y(k)=f(k)$，已知 $f(k)=2^k\varepsilon(k)$，试求其零状态响应。

解 (1) 特征方程为 $\gamma^2-0.7\gamma+0.1=0$，可解得特征根 $\gamma_1=0.5,\gamma_2=0.2$，所以，零状态响应的齐次解为

$$y_{ZSh}(k)=C_{ZS_1}\gamma_1^k+C_{ZS_2}\gamma_2^k=C_{ZS_1}(0.5)^k+C_{ZS_2}(0.2)^k$$

特解具有与激励信号形式 2^k 相同的形式，设 $y_{ZSp}(k)=P_0 2^k$，代入原差分方程得

$$P_0 2^{k+2}-0.7P_0 2^{k+1}+0.1\,P_0 2^k=2^k \quad 即 \quad P_0(4-1.4+0.1)=1$$

解得待定常数为 $P_0=\frac{10}{27}$，故特解为 $y_p(k)=\frac{10}{27}(2)^k$。零状态响应的一般形式为

$$y_{ZS}(k)=y_{ZSh}(k)+y_{ZSp}(k)=\left[C_{ZS_1}(0.5)^k+C_{ZS_2}(0.2)^k+\frac{10}{27}2^k\right]\varepsilon(k)$$

(2) 确定初始条件(常用迭代法)。令 $k=-2$，有

$$y_{ZS}(0)-0.7y_{ZS}(-1)+0.1\,y_{ZS}(-2)=0$$

其中，$y_{ZS}(-1)=0,y_{ZS}(-2)=0$，得 $y_{ZS}(0)=0$。令 $k=-1$，有

$$y_{ZS}(1)-0.7y_{ZS}(0)+0.1y_{ZS}(-1)=0$$

可得

$$y_{ZS}(1)=0$$

(3) 求 $y_{ZS}(k)$。将初值 $y_{ZS}(0)=0$ 和 $y_{ZS}(1)=0$ 代入零状态响应得

$$\begin{cases} y_{ZS}(0)=C_{ZS_1}+C_{ZS_2}+\dfrac{10}{27}=0 \\ y_{ZS}(1)=0.5C_{ZS_1}+0.2C_{ZS_2}+\dfrac{20}{27}=0 \end{cases}$$

解之得

$$C_{ZS_1}=-\frac{60}{27},\quad C_{ZS_2}=\frac{50}{27}$$

零状态响应为

$$y_{ZS}(k)=\left[-\frac{60}{27}(0.5)^k+\frac{50}{27}(0.2)^k+\frac{10}{27}(2)^k\right]\varepsilon(k)$$

应当注意的是：零状态响应是由外加激励引起，因而，对于 $k\geqslant 0$ 激励的因果离散系统，$k<0$ 时，$y_{ZS}(k)=0$，可用迭代法从原差分方程求得零状态响应初值，故零状态响应初值必与激励初值相关。可见，零状态响应是非齐次差分方程满足零状态响应初值的解。

第 14 讲

3. 全响应 $y(k)$

LTI 离散系统的全响应是零输入响应和零状态响应之和，此外，全响应还可以分解为自由响应和强迫响应之和，其关系式为

$$y(k)=\underbrace{\sum_{i=1}^{n}C_i\gamma_i^k}_{自由响应}+\underbrace{y_p(k)}_{强迫响应}=\underbrace{\sum_{i=1}^{n}C_{ZI_i}\gamma_i^k}_{零输入响应}+\underbrace{\sum_{i=1}^{n}C_{ZS_i}\gamma_i^k+y_p(k)}_{零状态响应} \tag{2-2-15}$$

式中

$$\sum_{i=1}^{n}C_i\gamma_i^k=\sum_{i=1}^{n}C_{ZI_i}\gamma_i^k+\sum_{i=1}^{n}C_{ZS_i}\gamma_i^k$$

可见，虽然自由响应与零输入响应都是齐次解的形式，但它们的系数并不相同，C_{ZI_i} 仅由初始状态所决定，C_{ZS_i} 仅由输入激励初值所决定，而 C_i 是由初始状态和激励初值共同决定。

需要说明的是，对式(2-2-1)或式(2-2-2)所描述的 n 阶差分方程，零状态响应用于求待定系数 C_{ZS_i} 时要用到的初始条件为零状态响应的初值 $y_{ZS}(0), y_{ZS}(1), \cdots, y_{ZS}(n-1)$。

由式(2-2-11)可知，在 $k=j$ 时刻有

$$y(j) = y_{ZI}(j) + y_{ZS}(j), \quad j = 0,1,2,\cdots,n-1$$

各初始值 $y(j)$ 中不仅包含零输入响应的初始值 $y_{ZI}(j)$，也包含零状态响应的初始值 $y_{ZS}(j)$。为此，如果激励是在 $k=0$ 时接入的，通常以 $y(-1), y(-2), \cdots, y(-n)$ 描述系统的初始状态。因为在 $k<0$ 时激励尚未接入，显然零状态响应在这些时刻的值为零，即 $y_{ZS}(-1)=y_{ZS}(-2)=\cdots=y_{ZS}(-n)=0$，于是有 $y(-1)=y_{ZI}(-1), y(-2)=y_{ZI}(-2), \cdots, y(-n)=y_{ZI}(-n)$，它们给出了该系统已往历史的全部信息，称其为系统的初始状态。这样，求解时可分别根据 $y_{ZI}(-1), y_{ZI}(-2), \cdots, y_{ZI}(-n)$ 和 $y_{ZS}(-1)=y_{ZS}(-2)=\cdots=y_{ZS}(-n)=0$，并利用该系统所满足的差分方程，先用迭代法分别求得零输入响应(用齐次方程迭代)和零状态响应(用非齐次方程迭代)的初始值 $y_{ZI}(0), y_{ZI}(1), \cdots, y_{ZI}(n-1)$ 和 $y_{ZS}(0), y_{ZS}(1), \cdots, y_{ZS}(n-1)$，再进一步确定系数 C_{ZI_i} 和 C_{ZS_i}。

例 2-12　描述某离散系统的差分方程为 $6y(k)-5y(k-1)+y(k-2)=f(k)$，已知 $y(0)=0$，$y(1)=1$，$f(k)=10\cos\left(\frac{k\pi}{2}\right)\varepsilon(k)$，试求其全响应。

解　(1) 其特征方程为 $6\gamma^2-5\gamma+1=0$，可解得特征根 $\gamma_1=\frac{1}{2}$，$\gamma_2=\frac{1}{3}$，所以，齐次解为

$$y_h(k) = C_1\gamma_1^k + C_2\gamma_2^k = C_1\left(\frac{1}{2}\right)^k + C_2\left(\frac{1}{3}\right)^k$$

特解根据表 2-4 可设为

$$y_p(k) = P_1\cos\left(\frac{k\pi}{2}\right) + P_2\sin\left(\frac{k\pi}{2}\right)$$

$y_p(k)$代入原差分方程并整理得

$$(6P_1+5P_2-P_1)\cos\left(\frac{k\pi}{2}\right) + (6P_2-5P_1-P_2)\sin\left(\frac{k\pi}{2}\right) = 10\cos\left(\frac{k\pi}{2}\right)$$

方程两边比较系数得

$$\begin{cases}6P_1+5P_2-P_1 = 5P_1+5P_2 = 10\\ 6P_2-5P_1-P_2 = -5P_1+5P_2 = 0\end{cases}$$

联立解之得

$$P_1=P_2=1$$

$$y_p(k) = \cos\left(\frac{k\pi}{2}\right) + \sin\left(\frac{k\pi}{2}\right)$$

全响应

$$y(k) = y_h(k) + y_p(k) = C_1\left(\frac{1}{2}\right)^k + C_2\left(\frac{1}{3}\right)^k + \cos\left(\frac{k\pi}{2}\right) + \sin\left(\frac{k\pi}{2}\right), \quad k \geqslant 0$$

代入给定初始条件

$$\begin{cases}y(0) = C_1+C_2+1 = 0\\ y(1) = \frac{1}{2}C_1+\frac{1}{3}C_2+1 = 1\end{cases}$$

解之得

$$\begin{cases} C_1 = 2 \\ C_2 = -3 \end{cases}$$

全响应

$$y(k) = 2\left(\frac{1}{2}\right)^k - 3\left(\frac{1}{3}\right)^k + \cos\left(\frac{k\pi}{2}\right) + \sin\left(\frac{k\pi}{2}\right)$$

$$= \underbrace{2\left(\frac{1}{2}\right)^k - 3\left(\frac{1}{3}\right)^k}_{\substack{\text{(自由响应)}\\ \text{(瞬态响应)}}} + \underbrace{\sqrt{2}\cos\left(\frac{k\pi}{2} - \frac{\pi}{4}\right)}_{\substack{\text{(强迫响应)}\\ \text{(稳态响应)}}}, \quad k \geqslant 0$$

通过本例可见,全响应是非齐次差分方程满足全响应初值 $y(j)(j=0,1,2,\cdots,n-1)$ 的解。

2.3 LTI 连续系统的单位冲激响应

2.3.1 单位冲激响应和单位阶跃响应

零状态系统如图 2-4 所示,在激励 $f(t)$的作用下将产生零状态响应 $y_{ZS}(t)$。如果激励是单位冲激信号 $f(t)=\delta(t)$,则产生的零状态响应便称为单位冲激响应,用 $h(t)$表示;如果激励是单位阶跃信号 $f(t)=\varepsilon(t)$,则产生的零状态响应称为单位阶跃响应,用 $g(t)$表示。可分别写为

$$f(t) = \delta(t) \rightarrow y_{ZS}(t) = h(t) \tag{2-3-1}$$

$$f(t) = \varepsilon(t) \rightarrow y_{ZS}(t) = g(t) \tag{2-3-2}$$

据此,描述一阶连续系统的微分方程

$$y'(t) + a_0 y(t) = b_0 f(t)$$

可改写为

$$h'(t) + a_0 h(t) = b_0 \delta(t) \tag{2-3-3}$$

$$g'(t) + a_0 g(t) = b_0 \varepsilon(t) \tag{2-3-4}$$

一阶微分方程

$$y'(t) + a_0 y(t) = b_1 f'(t) + b_0 f(t)$$

则可改写为

$$h'(t) + a_0 h(t) = b_1 \delta'(t) + b_0 \delta(t) \tag{2-3-5}$$

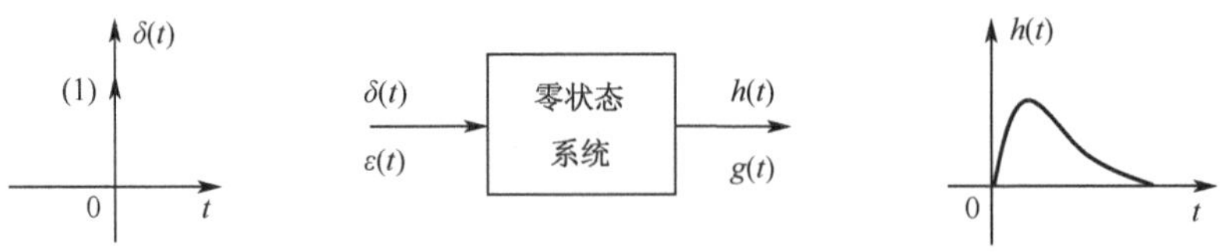

图 2-4 单位冲激响应示意图

2.3.2 单位冲激响应 $h(t)$的求取方法

1. 利用阶跃响应与冲激响应的关系求 $h(t)$

因为

$$f(t) = \varepsilon(t) \rightarrow y_{ZS}(t) = g(t)$$

所以

$$f(t)=\delta(t)=\frac{\mathrm{d}\varepsilon(t)}{\mathrm{d}t}\rightarrow y_{\mathrm{ZS}}(t)=h(t)=\frac{\mathrm{d}g(t)}{\mathrm{d}t} \tag{2-3-6}$$

此方法适用于 LTI 系统。在电路分析中，已学过经典法及一阶电路的三要素法求解电路的阶跃响应，由此可方便地求得电路的 $h(t)$。例如，一阶 RC 串联电路以电流为待求变量的单位阶跃响应 $g_i(t)=\frac{1}{R}\mathrm{e}^{-\frac{1}{RC}t}\varepsilon(t)$，则其单位冲激响应为

$$h_i(t)=\frac{\mathrm{d}g_i(t)}{\mathrm{d}t}=\frac{\mathrm{d}}{\mathrm{d}t}\left[\frac{1}{R}\mathrm{e}^{-\frac{1}{RC}t}\varepsilon(t)\right]=\frac{1}{R}\delta(t)-\frac{1}{R^2C}\mathrm{e}^{-\frac{1}{RC}t}\varepsilon(t)$$

2. 利用微分方程的经典法求 $h(t)$

第 15 讲

以下举例说明。

例 2-13 描述某连续系统的微分方程分别为

(1) $y''(t)+3y'(t)+2y(t)=f(t)$ (2) $y''(t)+3y'(t)+2y(t)=f'(t)+3f(t)$

试求其单位冲激响应 $h(t)$。

解 (1) 若 $f(t)=\delta(t)$，则有

$$h''(t)+3h'(t)+2h(t)=\delta(t) \tag{2-3-7}$$

当 $t<0$ 时，$h(t)=0$；当 $t\geqslant 0_+$ 时，$\delta(t)=0$，原方程变为齐次方程：

$$h''(t)+3h'(t)+2h(t)=0$$

其特征方程为 $\lambda^2+3\lambda+2=0$，特征根为 $\lambda_1=-1,\lambda_2=-2$

冲激响应为齐次解

$$h(t)=(C_1\mathrm{e}^{-t}+C_2\mathrm{e}^{-2t})\varepsilon(t)$$

以上推导表明，冲激响应 $h(t)$ 可按零输入响应求取，但其本身为零状态响应，因而 $t=0$ 时需用冲激平衡方法来确定出其等效初始条件 $h(0_+)$ 和 $h'(0_+)$。由式(2-3-7)，方程右端为 $\delta(t)$，方程左端应含 $\delta(t)$ 与之平衡，通过试探可得：$h''(t)$ 含 $\delta(t)$，于是 $h'(t)$ 含 $\varepsilon(t)$（$t=0$ 时突变），$h(t)$ 含 $t\varepsilon(t)$（$t=0$ 时连续）。在时间区间 $[0_-,0_+]$ 范围内对式(2-3-7)两端作定积分，有

$$\int_{0_-}^{0_+}h''(t)\mathrm{d}t+\int_{0_-}^{0_+}3h'(t)\mathrm{d}t+\int_{0_-}^{0_+}2h(t)\mathrm{d}t=\int_{0_-}^{0_+}\delta(t)\mathrm{d}t$$

即

$$h'(0_+)-h'(0_-)+3[h(0_+)-h(0_-)]+2[h^{(-1)}(0_+)-h^{(-1)}(0_-)]=1$$

因为是因果系统，因而 $h'(0_-)=0,h(0_-)=0,h^{(-1)}(0_-)=0$。又因为 $h(t)$、$h^{(-1)}(t)$ 在 $t=0$ 连续，故 $h(0_+)=0,h^{(-1)}(0_+)=0$；$h'(t)$ 突变，所以得 $h'(0_+)=1$。综上所述得等效初始条件

$$\begin{cases}h'(0_+)=1\\h(0_+)=0\end{cases}$$

将此结果代入齐次解得

$$\begin{cases}h(0_+)=C_1+C_2=0\\h'(0_+)=-C_1-2C_2=1\end{cases}$$

解得

$$\begin{cases}C_1=1\\C_2=-1\end{cases}$$

故

$$h(t) = (e^{-t} - e^{-2t})\varepsilon(t)$$

（2）首先求解出微分方程的右端在仅有 $f(t)$ 时的冲激响应，设之为 $h_0(t)$，即

$$h_0''(t) + 3h_0'(t) + 2h_0(t) = \delta(t)$$

由本例(1)知

$$h_0(t) = (e^{-t} - e^{-2t})\varepsilon(t)$$

然后，根据线性时不变性质得

$$h(t) = h_0'(t) + 3h_0(t) = (-e^{-t} + 2e^{-2t})\varepsilon(t) + 3(e^{-t} - e^{-2t})\varepsilon(t) = (2e^{-t} - e^{-2t})\varepsilon(t)$$

推至一般，若 n 阶微分方程的等号右端只含激励 $f(t)$，即

$$y^{(n)}(t) + a_{n-1}y^{(n-1)}(t) + \cdots + a_1 y'(t) + a_0 y(t) = f(t) \tag{2-3-8}$$

则当 $f(t)=\delta(t)$ 时，其冲激响应 $h(t)$ 满足方程

$$h^{(n)}(t) + a_{n-1}h^{(n-1)}(t) + \cdots + a_1 h'(t) + a_0 h(t) = \delta(t) \tag{2-3-9}$$

用例 2-13 类似的方法，可推得 $t=0_+$ 时初始值为

$$\begin{cases} h^{(n-1)}(0_+) = 1 \\ h^{(j)}(0_+) = 0, \quad j = 0,1,2,\cdots,n-2 \end{cases} \tag{2-3-10}$$

如果式(2-3-9)的微分方程的特征根 $\lambda_i(i=0,1,2,\cdots,n)$ 均为单根，则其冲激响应模式为

$$h(t) = \left(\sum_{i=1}^{n} C_i e^{\lambda_i t}\right)\varepsilon(t) \tag{2-3-11}$$

当式(2-3-9)在 λ_1 处为 r 重根而其余为单根时，其冲激响应模式为

$$h(t) = \sum_{j=1}^{r} C_{1j} t^{j-1} e^{\lambda_1 t}\varepsilon(t) + \sum_{i=r+1}^{n} C_i e^{\lambda_i t}\varepsilon(t) \tag{2-3-12}$$

式中，各常数 C_{1j}，C_i 由式(2-3-10)初始值确定。

当微分方程的右端是由激励 $f(t)$ 及其各阶导数的线性组合时，如式(2-1-1)，有

$$\sum_{i=0}^{n} a_i y^{(i)}(t) = \sum_{j=0}^{m} b_j f^{(j)}(t), \quad a_n = 1$$

应先求出系统微分方程的右端在仅有 $f(t)$ 时的冲激响应，设之为 $h_0(t)$，即

$$h_0^{(n)}(t) + a_{n-1}h_0^{(n-1)}(t) + \cdots + a_1 h_0'(t) + a_0 h_0(t) = \delta(t)$$

然后根据系统的线性时不变特性求得冲激响应

$$h(t) = b_m h_0^{(m)}(t) + b_{m-1}h_0^{(m-1)}(t) + \cdots + b_1 h_0^{(1)}(t) + b_0 h_0(t) \tag{2-3-13}$$

3. 利用微分方程的转移算子求取 $h(t)$

1) 微分算子与积分算子

根据数学知识，微分和积分符号可以用如下算子表示

$$\frac{d}{dt} = p, \quad \frac{d^2}{dt^2} = p^2, \quad \cdots, \quad \frac{d^n}{dt^n} = p^n \tag{2-3-14}$$

$$\int_{-\infty}^{t}(\,)d\tau = p^{-1}, \int_{-\infty}^{t}\int_{-\infty}^{\tau_2}(\,)d\tau_1 d\tau_2 = p^{-2}\cdots, \int_{-\infty}^{t}\int_{-\infty}^{\tau_n}\cdots\int_{-\infty}^{\tau_2}(\,)d\tau_1\cdots d\tau_{n-1}d\tau_n = p^{-n} \tag{2-3-15}$$

式中，p 称为微分算子；p^{-1} 称为微分逆算子或积分算子。

于是，微分方程

$$\sum_{i=0}^{n} a_i y^{(i)}(t) = \sum_{j=0}^{m} b_j f^{(j)}(t) \tag{2-3-16}$$

可简化为

$$\left[\sum_{i=0}^{n} a_i p^i\right] y(t) = \left[\sum_{j=0}^{m} b_j p^j\right] f(t) \tag{2-3-17}$$

其中，$y^{(i)}(t) = p^i y(t)$，$f^{(j)}(t) = p^j f(t)$。

式(2-3-17)中等号两边表达式的含义并不是相乘，而是表达一种运算关系，即分别对函数 $y(t)$ 和 $f(t)$ 进行相应的微分运算。这种含微分算子的方程称为微分算子方程，它是微分方程的一种简化表示。通过微分算子方程可以求解单位冲激响应 $h(t)$，进而在时域中建立与变换域相一致的系统分析方法，为后续的变换域分析打下基础。

微分算子 p 有如下四个运算性质：

(1) p 的正幂多项式，可以像代数多项式那样进行展开和因式分解。例如

$$(p^2 + 3p + 2) f(t) = (p + 1)(p + 2) f(t)$$

(2) 若 $A(p)$ 和 $B(p)$ 是 p 的正幂多项式，则

$$A(p)B(p)f(t) = B(p)A(p)f(t)$$

(3) 微分算子方程等号两边 p 的公因式不能随便消去。例如，$py(t) = pf(t)$ 不能写作 $y(t) = f(t)$ 因为 $y(t) = f(t) + c$。

(4) 若 $A(p)$、$B(p)$ 和 $M(p)$ 是 p 的正幂多项式，则

$$A(p) \cdot \frac{B(p)}{A(p)M(p)} f(t) = \frac{B(p)}{M(p)} f(t)$$

但是

$$\frac{B(p)}{M(p)A(p)} \cdot A(p) f(t) \neq \frac{B(p)}{M(p)} f(t)$$

这是因为

$$p \cdot p^{-1} f(t) = \frac{\mathrm{d}}{\mathrm{d}t} \int_{-\infty}^{t} f(\tau) \mathrm{d}\tau = f(t)$$

而

$$p^{-1} \cdot p f(t) = \int_{-\infty}^{t} \left[\frac{\mathrm{d}}{\mathrm{d}t} f(\tau)\right] \mathrm{d}\tau = f(t) - f(-\infty) \neq f(t)$$

由式(2-3-17)可得

$$y(t) = \frac{\sum_{j=0}^{m} b_j p^j}{\sum_{i=0}^{n} a_i p^i} f(t) \tag{2-3-18}$$

若 $f(t) = \delta(t)$，则

$$h(t) = \frac{\sum_{j=0}^{m} b_j p^j}{\sum_{i=0}^{n} a_i p^i} \delta(t) = \frac{N(p)}{D(p)} \delta(t) = H(p)\delta(t) \tag{2-3-19}$$

其中，$D(p)$ 和 $N(p)$ 是 p 的正幂多项式。

2) 利用转移算子求 $h(t)$

由式(2-3-19)知

$$H(p)=\frac{\sum_{j=0}^{m}b_jp^j}{\sum_{i=0}^{n}a_ip^i}=\frac{N(p)}{D(p)} \tag{2-3-20}$$

$H(p)$称为微分方程的转移因子或转移算子，$D(p)$是微分方程的特征多项式，$D(p)=0$就是其特征方程。求解该方程得到的根就是微分方程的特征根，或称系统的自然频率(也称固有频率)。冲激响应$h(t)$的数学表达式根据特征根的形式不同而不同。

如果$D(p)=0$的根是单实数$\lambda_i(i=1,2,\cdots,n)$，则可将$D(p)$写成因子的形式，进而展开成部分分式

$$H(p)=\frac{\sum_{j=0}^{m}b_jp^j}{\sum_{i=0}^{n}a_ip^i}=\frac{\sum_{j=0}^{m}b_jp^j}{\prod_{i=1}^{n}(p-\lambda_i)}=\frac{C_1}{p-\lambda_1}+\frac{C_2}{p-\lambda_2}+\cdots+\frac{C_n}{p-\lambda_n} \tag{2-3-21}$$

于是，可得

$$h(t)=\sum_{i=1}^{n}\frac{C_i}{p-\lambda_i}\delta(t) \tag{2-3-22}$$

式(3-2-22)中每一部分$h_i(t)=\dfrac{C_i}{p-\lambda_i}\delta(t)$都代表了一个微分方程，对应的时域形式为

$$h'_i(t)-\lambda_ih_i(t)=C_i\delta(t)$$

其经典解为

$$h_i(t)=C_ie^{\lambda_it}\varepsilon(t)$$

可见，转移算子$H(p)$与单位冲激响应$h(t)$之间存在某种变换关系，即

若$H(p)=\dfrac{C_i}{p-\lambda_i}$，则

$$h(t)=\frac{C_i}{p-\lambda_i}\delta(t)=C_i\mathrm{e}^{\lambda_it}\varepsilon(t) \tag{2-3-23}$$

进而可得

$$h(t)=\sum_{i=1}^{n}\frac{C_i}{p-\lambda_i}\delta(t)=\sum_{i=1}^{n}C_i\mathrm{e}^{\lambda_it} \tag{2-3-24}$$

其中，部分分式系数

$$C_i=(p-\lambda_i)H(p)\big|_{p=\lambda_i} \tag{2-3-25}$$

显然，部分分式系数C_i一旦确定，$h(t)$即可得解。这种方法的核心步骤是通过式(2-3-21)做$H(p)$的部分分式分解，将复杂系统通过算子表达式的代数运算分解成一系列简单系统的和。英国工程师奥利弗·海维塞德(Oliver Heaviside)在19世纪80年代率先提出此方法，故又称为海维塞德部分分式分解法。

例 2-14 试用算子法求解例2-13(2)所示微分方程的单位冲激响应$h(t)$。

解 转移算子

$$\begin{aligned}H(p)&=\frac{p+3}{p^2+3p+2}=\frac{p+3}{(p+1)(p+2)}\\&=\frac{C_1}{p+1}+\frac{C_2}{p+2}=\frac{2}{p+1}-\frac{1}{p+2}\end{aligned}$$

由此可得

$$h(t)=(2e^{-t}-e^{-2t})\varepsilon(t)$$

特征根的形式除了为实数单根的情况外，还有如下情况：如果转移算子 $H(p)$ 是 $m \geqslant n$ 的假分式，可用长除法展开为

$$H(p) = C_0 + \sum_{i=1}^{k} C_i p^i + \frac{N_1(p)}{D(p)}$$

其中，$\frac{N_1(p)}{D(p)}$ 为真分式。对于其余部分以 p 为变量的多项式对应的时域冲激响应有

$$h_1(t) = \left[C_0 + \sum_{i=1}^{k} C_i p^i\right]\delta(t) = C_0\delta(t) + \sum_{i=1}^{k} C_i \delta^{(i)}(t) \tag{2-3-26}$$

如果特征根是 λ_1 的 r 重根，即

$$\begin{aligned} H(p) &= \frac{N(p)}{(p-\lambda_1)^r} \\ &= \frac{C_{1r}}{(p-\lambda_1)^r} + \frac{C_{1r-1}}{(p-\lambda_1)^{r-1}} + \cdots + \frac{C_{1q}}{(p-\lambda_1)^q} + \cdots + \frac{C_{11}}{(p-\lambda_1)} \end{aligned} \tag{2-3-27}$$

其中，第 q 项 $\frac{C_{1q}}{(p-\lambda_i)^q}$ 部分分式系数

$$C_{1q} = \frac{1}{(r-q)!}\frac{d^{r-q}}{\mathrm{d}p^{r-q}}(p-\lambda_1)^r H(p)\big|_{p=\lambda_1} \tag{2-3-28}$$

而

$$h(t) = \frac{C_{1q}}{(p-\lambda_1)^q}\delta(t) = \frac{C_{1q}}{(q-1)!}t^{q-1}\mathrm{e}^{\lambda_1 t}\varepsilon(t) \tag{2-3-29}$$

例 2-15 求下列二阶系统的冲激响应 $h(t)$。

$$y''(t) + 2y'(t) + y(t) = f''(t) + 3f'(t) + 3f(t)$$

解

$$H(p) = \frac{N(p)}{D(p)} = \frac{p^2+3p+3}{p^2+2p+1} = \frac{p^2+2p+1+p+2}{(p+1)^2} = 1 + \frac{p+2}{(p+1)^2}$$

令

$$\frac{p+2}{(p+1)^2} = \frac{C_{12}}{(p+1)^2} + \frac{C_{11}}{p+1}$$

解得

$$C_{12} = (p+1)^2\frac{p+2}{(p+1)^2}\bigg|_{p=-1} = 1;\quad C_{11} = \frac{d}{dp}(p+1)^2 H(p)\big|_{p=-1} = 1$$

所以

$$H(p) = 1 + \frac{1}{p+1} + \frac{1}{(p+1)^2}$$

冲激响应

$$h(t) = \delta(t) + e^{-t}\varepsilon(t) + te^{-t}\varepsilon(t)$$

如果特征根是一对共轭复数根 $\lambda_{1,2} = \alpha \pm \mathrm{j}\omega$，则可利用如下公式求解。

若 $H(p) = \frac{p+\alpha}{(p+\alpha)^2+\omega^2}$，则

$$h(t) = \frac{p+\alpha}{(p+\alpha)^2+\omega^2}\delta(t) = \mathrm{e}^{-\alpha t}\cos(\omega t)\varepsilon(t) \tag{2-3-30}$$

若 $H(p) = \frac{\omega}{(p+\alpha)^2+\omega^2}$，则

$$h(t) = \frac{\omega}{(p+\alpha)^2+\omega^2}\delta(t) = \mathrm{e}^{-\alpha t}\sin(\omega t)\varepsilon(t) \tag{2-3-31}$$

例 2-16 求下列二阶系统的冲激响应 $h(t)$。

$$y''(t)+2y'(t)+2y(t)=2f'(t)+3f(t)$$

解

$$H(p)=\frac{N(p)}{D(p)}=\frac{2p+3}{p^2+2p+2}=\frac{2(p+1)+1}{(p+1)^2+1}$$

系统的冲激响应

$$h(t)=2\mathrm{e}^{-t}\cos t\varepsilon(t)+\mathrm{e}^{-t}\sin t\varepsilon(t)$$

与经典法相比较，用算子法求解单位冲激响应 $h(t)$ 更简便。

2.4 LTI 离散系统的单位序列响应

2.4.1 单位序列响应和单位阶跃序列响应

零状态系统如图 2-5 所示，在离散激励信号 $f(k)$ 的作用下将产生零状态响应 $y_{ZS}(k)$。若激励是单位序列 $f(k)=\delta(k)$，则产生的零状态响应叫做单位序列响应，用 $h(k)$ 表示；若激励是单位阶跃序列 $f(k)=\varepsilon(k)$，则产生的零状态响应叫做单位阶跃序列响应，用 $g(k)$ 表示。

第 16 讲

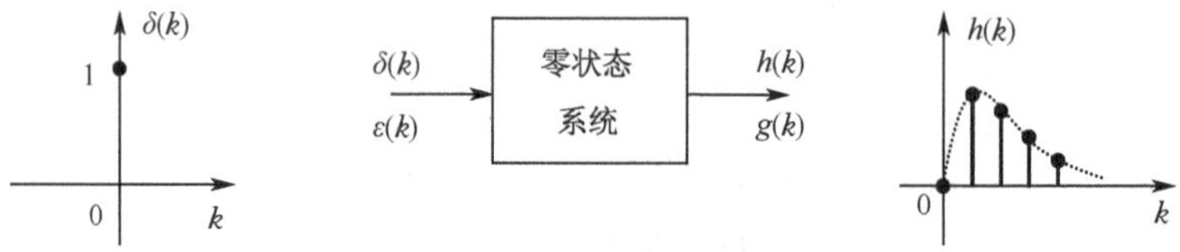

图 2-5 单位序列响应示意图

即

$$f(k)=\delta(k)\rightarrow y_{ZS}(k)=h(k) \tag{2-4-1}$$

$$f(k)=\varepsilon(k)\rightarrow y_{ZS}(k)=g(k) \tag{2-4-2}$$

因此，对差分方程

$$y(k+1)+a_0y(k)=b_1f(k+1)+b_0f(k) \tag{2-4-3}$$

可改写为

$$h(k+1)+a_0h(k)=b_1\delta(k+1)+b_0\delta(k) \tag{2-4-4}$$

$$g(k+1)+a_0g(k)=b_1\varepsilon(k+1)+b_0\varepsilon(k) \tag{2-4-5}$$

2.4.2 单位序列响应 $h(k)$ 的求取方法

1. 利用单位阶跃序列响应与单位序列响应的关系求 $h(k)$

设

$$\varepsilon(k)\rightarrow g(k)$$

因为

$$\delta(k)=\nabla\varepsilon(k)$$

所以，由线性非时变性质有

$$h(k)=\nabla g(k) \tag{2-4-6}$$

因此，只要用经典法求得 $g(k)$，则 $h(k)$ 便可方便地写出。

例如，若离散系统的单位阶跃响应为 $g(k)=2^k\varepsilon(k)$，则其单位序列响应

$$h(k)=\nabla g(k)=2^k\varepsilon(k)-2^{k-1}\varepsilon(k-1)$$

2. 利用差分方程的经典解法求 $h(k)$

以下举例说明。

例 2-17 已知 $y(k+2)-y(k+1)-2y(k)=f(k+2)-f(k)$，求 $h(k)$。

解 (1)设在 $\delta(k)$单独激励下该系统的单位序列响应为 $h_0(k)$，由题意有

$$h_0(k+2)-h_0(k+1)-2h_0(k)=\delta(k) \tag{1}$$

当 $k\geqslant 1$ 时，式(1)变为齐次方程

$$h_0(k+2)-h_0(k+1)-2h_0(k)=0$$

其特征方程为 $\gamma^2-\gamma-2=(\gamma+1)(\gamma-2)=0$，可解得特征根 $\gamma_1=-1,\gamma_2=2$

得方程齐次解

$$h_0(k)=C_1(\gamma_1)^k+C_2(\gamma_2)^k,\quad k\geqslant 1$$

即

$$h_0(k)=[C_1(-1)^k+C_2(2)^k]\varepsilon(k-1)$$

其次，用迭代法确定初始条件。式(1)所示的因果系统有 $h_0(-2)=0,h_0(-1)=0$。

令 $k=-2$，则 $h_0(0)-h_0(-1)-2h_0(-2)=0$，得 $h_0(0)=0$；

令 $k=-1$，则 $h_0(1)-h_0(0)-2h_0(-1)=0$，得 $h_0(1)=0$；

令 $k=0$，则 $h_0(2)-h_0(1)-2h_0(0)=1$，得 $h_0(2)=1$。

代入 $h_0(k)$得

$$\begin{cases}h_0(2)=C_1+4C_2=1\\ h_0(1)=-C_1+2C_2=0\end{cases}$$

解之得

$$C_1=\frac{1}{3},\quad C_2=\frac{1}{6}$$

所以，单位序列响应

$$h_0(k)=\left[\frac{1}{3}(-1)^k+\frac{1}{6}(2)^k\right]\varepsilon(k-1)$$

(2) 求 $h(k)$。

显然，对于本例有

$$h(k+2)-h(k+1)-2h(k)=\delta(k+2)-\delta(k) \tag{2}$$

类似于连续系统求解 $h(t)$的方法，可根据式(2)利用 LTI 特性写出待求的 $h(k)$

$$h(k)=h_0(k+2)-h_0(k)=\left[\frac{1}{3}(-1)^{k+2}+\frac{1}{6}(2)^{k+2}\right]\varepsilon(k+1)-\left[\frac{1}{3}(-1)^k+\frac{1}{6}(2)^k\right]\varepsilon(k-1)$$

$$=\left[\frac{1}{3}(-1)^{k+2}+\frac{1}{6}(2)^{k+2}\right]\varepsilon(k)-\left[\frac{1}{3}(-1)^k+\frac{1}{6}(2)^k\right]\varepsilon(k-1)$$

$$=\delta(k)+2^{k-1}\varepsilon(k-1)$$

值得注意的是，$h(k)$的最后一行等式和倒数第二行等式都可以作为本例的最后结果，可见，同一离散信号，可有多种解析形式。

对于 n 阶离散系统，其数学模型为

$$\sum_{i=0}^{n}a_iy(k+i)=\sum_{j=0}^{m}b_jf(k+j),\quad a_n=1,m\leqslant n \tag{2-4-7}$$

设激励 $f(k)=\delta(k)$时，该系统的单位序列响应为 $h_0(k)$，则

$$\sum_{i=0}^{n}a_ih_0(k+i)=\delta(k),\quad a_n=1,m\leqslant n \tag{2-4-8}$$

当 $k\geqslant1$ 时，上式变为齐次方程

$$\sum_{i=0}^{n}a_ih_0(k+i)=0,\quad a_n=1,m\leqslant n$$

其特征方程为

$$\gamma^n+a_{n-1}\gamma^{n-1}+\cdots+a_1\gamma+a_0=0$$

若特征根为单根 $\gamma_i(i=1,2,\cdots,n)$，方程齐次解的一般形式为

$$h_0(k)=\sum_{i=1}^{n}C_i\gamma_i^k\varepsilon(k-1) \tag{2-4-9}$$

待定常数 $C_i(i=1,2,\cdots,n)$由初始条件确定，而初始条件可由迭代法求得

令 $k=-n$

$$h_0(0)+a_{n-1}h_0(-1)+\cdots+a_1h_0(-n+1)+a_0h_0(-n)=0$$

因为

$$h_0(-n)=h_0(-n+1)=\cdots=h_0(-1)=0$$

故 $h_0(0)=0$，同理可得

$$h_0(1)=h_0(2)=\cdots=h_0(n-1)=0$$

令 $k=0$

$$h_0(n)+a_{n-1}h_0(n-1)+\cdots+a_1h_0(1)+a_0h_0(0)=1$$

得 $h_0(n)=1$。

归纳可得 n 阶离散系统的 n 个等效初始条件为

$$\begin{cases}h_0(n)=1\\h_0(1)=0\cdots h_0(n-1)=0\end{cases} \tag{2-4-10}$$

若特征根在 γ_1处为 r 次重根而其余为单根时，有

$$h_0(k)=\left[\sum_{j=1}^{r}C_{1j}k^{j-1}\gamma_1^k+\sum_{i=r+1}^{n}C_i\gamma_i^k\right]\varepsilon(k-1) \tag{2-4-11}$$

根据式(2-4-10)结合式(2-4-11)写出联立方程组，求出待定常数 C_{1j}，C_i，单位序列响应 $h_0(k)$即可得解。

原差分方程的单位序列响应 $h(k)$满足

$$\sum_{i=0}^{n}a_ih(k+i)=\sum_{j=0}^{m}b_j\delta(k+j),\quad a_n=1,m\leqslant n \tag{2-4-12}$$

利用 LTI 特性写出 $h(k)$为

$$h(k)=\sum_{j=0}^{m}b_jh_0(k+j) \tag{2-4-13}$$

3. 利用差分方程的转移算子求 $h(k)$

1)超前算子和迟后算子

在离散系统分析中，引入超前算子 E 及其幂来表示序列 $f(k)$ 的前移序；引入迟后算子 E^{-1} 来表示序列 $f(k)$ 后移序，即

$$f(k+1)=Ef(k), f(k+2)=E^2 f(k), \cdots, f(k+n)=E^n f(k) \tag{2-4-14}$$

$$f(k-1)=E^{-1} f(k), f(k-2)=E^{-2} f(k) \cdots, f(k-n)=E^{-n} f(k) \tag{2-4-15}$$

于是,n 阶离散系统

$$\sum_{i=0}^{n} a_i y(k+i)=\sum_{j=0}^{m} b_j f(k+j), \quad a_n=1$$

可简化为

$$\left(\sum_{i=0}^{n} a_i E^i\right) y(k)=\left(\sum_{j=0}^{m} b_j E^j\right) f(k), \quad a_n=1 \tag{2-4-16}$$

得

$$y(k)=\frac{\sum_{j=0}^{m} b_j E^j}{\sum_{i=0}^{n} a_i E^i} f(k) \tag{2-4-17}$$

根据差分算子的定义,容易证明

$$E\left[\frac{1}{E} f(k)\right]=\frac{1}{E}[Ef(k)]=f(k)$$

$$E^n\left[\frac{1}{E^m} f(k)\right]=\frac{1}{E^m}[E^n f(k)]=f(k+n-m)$$

可见,对于差分算子分式,分子分母中的算子公因子允许消去。同样,差分算子方程两边的公共因子也允许消去,这与微分算子与积分算子的运算性质是有区别的。

2)利用转移算子求 $h(k)$

对于式(2-4-17),若 $f(k)=\delta(k)$,则

$$h(k)=\frac{\sum_{j=0}^{m} b_j E^j}{\sum_{i=0}^{n} a_i E^i} \delta(k)=\frac{N(E)}{D(E)} \delta(k)=H(E) \delta(k)$$

可得

$$H(E)=\frac{N(E)}{D(E)}=\frac{\sum_{j=0}^{m} b_j E^j}{\sum_{i=0}^{n} a_i E^i} \tag{2-4-18}$$

$H(E)$ 称为差分方程(离散系统)的转移算子,它完整地描述了离散系统的输入输出关系,或者说集中反映了系统对输入序列的传输特性。$D(E)$ 称为差分方程(离散系统)的特征多项式。特征方程 $D(E)=0$ 的解为差分方程(离散系统)的特征根。

如果 $D(E)=0$ 的根是单实数 $\gamma_i(i=1,2,\cdots,n)$,则可将 $D(E)$ 写成因子的形式,进而展开成部分分式

$$H(E)=\frac{\sum_{j=0}^{m} b_j E^j}{\sum_{i=0}^{n} a_i E^i}=\frac{\sum_{j=0}^{m} b_j E^j}{\prod_{i=1}^{n}(E-\gamma_i)}=\sum_{i=1}^{n} \frac{C_i}{E-\gamma_i} \tag{2-4-19}$$

于是

$$h(k)=\sum_{i=1}^{n} \frac{C_i}{E-\gamma_i} \delta(k) \tag{2-4-20}$$

式(2-4-20)中的每一部分 $h_i(k)=\dfrac{C_i}{E-\gamma_i}\delta(k)$ 都代表了一个差分方程，其对应的形式为

$$h_i(k+1)-\gamma_i h_i(k)=C_i\delta(k)$$

其经典解为

$$h_i(k)=C_i\,(\gamma_i)^{k-1}\varepsilon(k-1) \tag{2-4-21}$$

此外，由于

$$\begin{aligned}h_i(k)&=\frac{C_iE}{E-\gamma_i}\delta(k)=C_i\left(1+\frac{\gamma_i}{E-\gamma_i}\right)\delta(k)\\&=C_i\delta(k)+C_i\gamma_i\,(\gamma_i)^{k-1}\varepsilon(k-1)=C_i\,(\gamma_i)^k\varepsilon(k)\end{aligned} \tag{2-4-22}$$

进而可得

$$h(k)=H(E)\delta(k)=\sum_{i=1}^{n}\frac{C_iE}{E-\gamma_i}\delta(k)=\sum_{i=1}^{n}C_i(\gamma_i)^k\varepsilon(k) \tag{2-4-23}$$

其中

$$C_i=(E-\gamma_i)\left.\frac{H(E)}{E}\right|_{E=\gamma_i} \tag{2-4-24}$$

例 2-18 试用算子法求解 LTI 离散系统 $y(k+2)-y(k+1)-2y(k)=f(k+2)-f(k)$ 的单位序列响应 $h(k)$。

解 转移算子

$$H(E)=\frac{E^2-1}{E^2-E-2}=\frac{(E-1)(E+1)}{(E-2)(E+1)}=\frac{E}{E-2}-\frac{1}{E-2}$$

对应的单位序列响应为

$$h(k)=2^k\varepsilon(k)-2^{k-1}\varepsilon(k-1)=\delta(k)+2^{k-1}\varepsilon(k-1)$$

如果特征根为某实数 γ_1 的二重根，即

$$\frac{H(E)}{E}=\frac{N(E)}{(E-\gamma_1)^2}=\frac{C_{12}}{(E-\gamma_1)^2}+\frac{C_{11}}{E-\gamma_1} \tag{2-4-25}$$

其中

$$C_{12}=(E-\gamma_1)^2\left.\frac{H(E)}{E}\right|_{E=\gamma_1},\quad C_{11}=\frac{\mathrm{d}}{\mathrm{d}E}(E-\gamma_1)^2\left.\frac{H(E)}{E}\right|_{E=\gamma_1} \tag{2-4-26}$$

如果特征根为某实数 γ_1 的 r 重根，即

$$\begin{aligned}\frac{H(E)}{E}&=\frac{N(E)}{(E-\gamma_1)^r}\\&=\frac{C_{1r}}{(E-\gamma_1)^r}+\frac{C_{1r-1}}{(E-\gamma_1)^{r-1}}+\cdots+\frac{C_{1q}}{(E-\gamma_1)^q}+\cdots+\frac{C_{11}}{E-\gamma_1}\end{aligned} \tag{2-4-27}$$

其中

$$C_{1q}=\frac{1}{(r-q)!}\frac{\mathrm{d}^{r-q}}{\mathrm{d}E^{r-q}}\left.\left[(E-\gamma_1)^r\frac{H(E)}{E}\right]\right|_{E=\gamma_1} \tag{2-4-28}$$

任意一项 $H(E)=\dfrac{C_{1q}E}{(E-\gamma_1)^q}$，对应的 $h(k)$ 为

$$h(k)=\frac{C_{1q}}{(q-1)!}k(k-1)\cdots(k-q+2)\,(\gamma_1)^{k-q+1}\varepsilon(k) \tag{2-4-29}$$

例 2-19 描述 LTI 离散系统的差分方程分别为

(1) $y(k+2)+4y(k+1)+4y(k)=f(k+2)+3f(k+1)$

(2) $y(k+2)-2y(k+1)+2y(k)=f(k+1)$

试用算子法求其单位序列响应 $h(k)$。

解 (1)转移算子

$$H(E)=\frac{E^2+3E}{E^2+4E+4}=\frac{E^2+3E}{(E+2)^2}$$

则

$$\frac{H(E)}{E}=\frac{E+3}{(E+2)^2}=\frac{C_{12}}{(E+2)^2}+\frac{C_{11}}{E+2}$$

其中

$$C_{12}=(E+2)^2\left.\frac{H(E)}{E}\right|_{E=-2}=(E+3)\,|_{E=-2}=1$$

$$C_{11}=\frac{\mathrm{d}}{\mathrm{d}E}(E+2)^2\left.\frac{H(E)}{E}\right|_{E=-2}=\frac{\mathrm{d}}{\mathrm{d}E}(E+3)\,|_{E=-2}=1$$

所以

$$H(E)=\frac{E}{(E+2)^2}+\frac{E}{E+2}$$

对应的单位序列响应为

$$h(k)=k\,(-2)^{k-1}\varepsilon(k)+(-2)^k\varepsilon(k)$$

(2)如果 $H(E)$的特征根是一对共轭复数，$\gamma_1=\rho \mathrm{e}^{\mathrm{j}\Omega}$，$\gamma_2=\gamma_1^*=\rho \mathrm{e}^{-\mathrm{j}\Omega}$，可将其视为单根求解，再利用欧拉公式作数学变换。

设 $H(E)$ 只有一对共轭复数极点为 $\gamma_1=\rho \mathrm{e}^{\mathrm{j}\Omega}$，$\gamma_2=\gamma_1^*=\rho \mathrm{e}^{-\mathrm{j}\Omega}$，根据式(2-3-23)可得

$$h(k)=C_1\gamma_1^k+C_2\gamma_2^k=[C_1\,(\rho \mathrm{e}^{\mathrm{j}\Omega})^k+C_2\,(\rho \mathrm{e}^{-\mathrm{j}\Omega})^k]\varepsilon(k) \tag{2-4-30}$$

式中，常数 C_1 和 C_2 也是一对共轭复数。

故差分方程(2)的转移算子为

$$H(E)=\frac{E}{E^2-2E+2}=\frac{E}{(E-1)^2+1}=\frac{E}{[E-(1+\mathrm{j})][E-(1-\mathrm{j})]}$$

$$\frac{H(E)}{E}=\frac{1}{[E-(1+\mathrm{j})][E-(1-\mathrm{j})]}=\frac{C}{[E-(1+\mathrm{j})]}+\frac{C^*}{[E-(1+\mathrm{j})]}$$

$$C=[E-(1+\mathrm{j})]\left.\frac{H(E)}{E}\right|_{E=-2}=\left.\frac{1}{[E-(1-\mathrm{j})]}\right|_{E=1+\mathrm{j}}=\frac{1}{2\mathrm{j}}=\frac{1}{2}\mathrm{e}^{-\mathrm{j}\frac{\pi}{2}},\quad C^*=\frac{1}{2}\mathrm{e}^{\mathrm{j}\frac{\pi}{2}}$$

所以

$$\begin{aligned}H(E)&=\frac{1}{2}\times\frac{\mathrm{e}^{-\mathrm{j}\frac{\pi}{2}}E}{E-(1+\mathrm{j})}+\frac{1}{2}\times\frac{\mathrm{e}^{\mathrm{j}\frac{\pi}{2}}E}{E-(1-\mathrm{j})}\\&=\frac{1}{2}\times\frac{\mathrm{e}^{-\mathrm{j}\frac{\pi}{2}}E}{E-\sqrt{2}\,\mathrm{e}^{\mathrm{j}\frac{\pi}{4}}}+\frac{1}{2}\times\frac{\mathrm{e}^{\mathrm{j}\frac{\pi}{2}}E}{E-\sqrt{2}\,\mathrm{e}^{-\mathrm{j}\frac{\pi}{4}}}\end{aligned}$$

第 17 讲

对应的单位序列响应为

$$\begin{aligned}h(k)&=\frac{1}{2}\mathrm{e}^{-\mathrm{j}\frac{\pi}{2}}\,(\sqrt{2}\,\mathrm{e}^{\mathrm{j}\frac{\pi}{4}})^k\varepsilon(k)+\frac{1}{2}\mathrm{e}^{\mathrm{j}\frac{\pi}{2}}\,(\sqrt{2}\,\mathrm{e}^{-\mathrm{j}\frac{\pi}{4}})^k\varepsilon(k)\\&=\left[(\sqrt{2})^k\,\frac{\mathrm{e}^{\mathrm{j}(\frac{\pi}{4}k-\frac{\pi}{2})}+\mathrm{e}^{\mathrm{j}(\frac{\pi}{4}k-\frac{\pi}{2})}}{2}\right]\varepsilon(k)=(\sqrt{2})^k\cos\left(\frac{\pi}{4}k-\frac{\pi}{2}\right)\varepsilon(k)\end{aligned}$$

常见转移算子 $H(E)$的不同形式展开式与单位序列响应 $h(k)$之间的对应关系如表 2-5 所示，以供查阅。

表 2-5　$H(E)$与$h(k)$之间的对应关系

序号	$H(E)$展开式	单位函数响应 $h(k)$
1	$H(E)=\frac{E}{E-1}$	$h(k)=\varepsilon(k)$
2	$H(E)=\frac{E}{(E-1)^2}$	$h(k)=k\varepsilon(k)$
3	$H(E)=\frac{1}{E-1}$	$h(k)=\varepsilon(k-1)$
4	$H(E)=\frac{E}{E-\gamma}$	$h(k)=\gamma^k\varepsilon(k)$
5	$H(E)=\frac{E}{(E-\gamma)^2}$	$h(k)=k\gamma^{k-1}\varepsilon(k)$
6	$H(E)=\frac{E}{(E-\gamma)^n}$	$h(k)=\frac{1}{(n-1)!}k(k-1)\cdots(k-n+2)\gamma^{k-n+1}\varepsilon(k)$
7	$H(E)=\frac{CE}{E-\gamma}+\frac{C^*E}{E-\gamma^*}$ $\gamma=\alpha+\mathrm{j}\beta=\rho\mathrm{e}^{\mathrm{j}\Omega}$ $\gamma^*=\alpha-\mathrm{j}\beta=\rho\mathrm{e}^{-\mathrm{j}\Omega}$ $C=A\mathrm{e}^{\mathrm{j}\varphi},C^*=A\mathrm{e}^{-\mathrm{j}\varphi}$	$h(k)=2A(\rho)^k\cos(\Omega k+\varphi)\varepsilon(k)$ $\rho=\sqrt{\alpha^2+\beta^2},\theta=\arctan\left(\frac{\beta}{\alpha}\right)$
8	$H(E)=\frac{1}{E-\gamma}$	$h(k)=\gamma^{k-1}\varepsilon(k-1)$

因为作为变换域求解差分方程的方法之一，离散系统算子求解方法与第 5 章 Z 变换分析法相似，所以一般式的推导可参考第 5 章 Z 反变换的求解。

2.5　卷积积分

2.5.1　LTI 连续系统的零状态响应表示为卷积积分

1. 卷积积分的定义

由第 1 章式(1-5-14)可知，任意信号 $f(t)$可以精确地用出现时刻不同、强度不同的微量冲激元函数的连续和表示，写成卷积形式为

$$f(t)=\int_{-\infty}^{\infty}f(\tau)\delta(t-\tau)\mathrm{d}\tau\overset{\text{def}}{=}f(t)*\delta(t)\tag{2-5-1}$$

数学上，式(2-5-1)的 $f(t)$被定义为自身与 $\delta(t)$的卷积积分(简称卷积)，如图 2-6 所示。

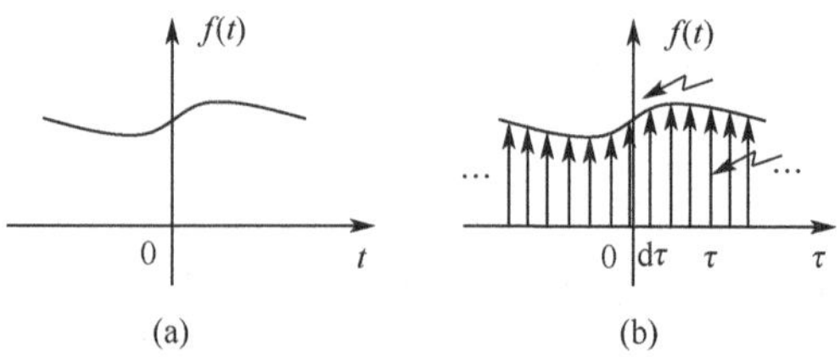

图 2-6　信号分解为冲激元的连续和

LTI 零状态系统，如图 2-7 所示，在激励 $f(t)=\delta(t)$的作用下将产生零状态响应，即冲激响应 $y_{ZS}(t)=h(t)$。根据线性时不变性质，激励和输出之间存在一一对应关系。

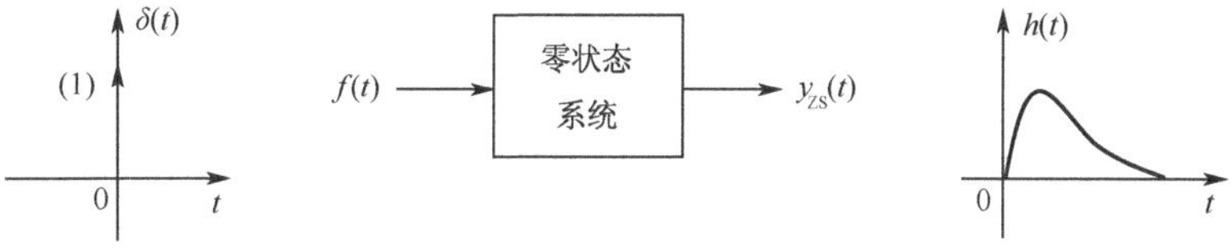

图 2-7 零状态系统示意图

因为

$$f(t)=\delta(t)\rightarrow y_{\mathrm{ZS}}(t)=h(t)$$

由时不变性

$$f(t)=\delta(t-\tau)\rightarrow y_{\mathrm{ZS}}(t)=h(t-\tau)$$

由齐次性

$$f(t)=f(\tau)\delta(t-\tau)\,\mathrm{d}\tau\rightarrow y_{\mathrm{ZS}}(t)=f(\tau)h(t-\tau)\mathrm{d}\tau$$

由叠加性

$$f(t)=\int_{-\infty}^{\infty}f(\tau)\delta(t-\tau)\mathrm{d}\tau\rightarrow y_{\mathrm{ZS}}(t)=\int_{-\infty}^{\infty}f(\tau)h(t-\tau)\mathrm{d}\tau$$

定义

$$y_{\mathrm{ZS}}(t)=\int_{-\infty}^{\infty}f(\tau)h(t-\tau)\mathrm{d}\tau\overset{\mathrm{def}}{=}f(t)*h(t)\tag{2-5-2}$$

为激励 $f(t)$与系统冲激响应 $h(t)$的卷积积分，它表明如果信号 $f(t)$可以表示为冲激信号的积分，则该信号通过一 LTI 连续系统后产生的零状态响应 $y_{\mathrm{ZS}}(t)$就可以表示为这些冲激信号元产生的冲激响应的叠加。

式(2-5-2)表明，LTI 连续系统的零状态响应 $y_{\mathrm{ZS}}(t)$，可以由输入激励 $f(t)$与系统的单位冲激响应 $h(t)$的卷积积分运算得到。单位冲激响应$h(t)$不仅可以计算系统对给定输入产生的零状态响应，同时也是系统时域特性的描述和表征。所以线性时不变零状态系统也可以用图 2-8 表示。

对于因果系统，有 $t-\tau<0$ 时，$h(t-\tau)=0$，则

$$y_{\mathrm{ZS}}(t)=f(t)*h(t)=\int_{-\infty}^{t}f(\tau)h(t-\tau)\mathrm{d}\tau\tag{2-5-3}$$

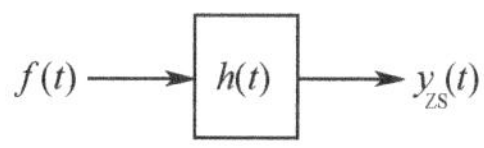

图 2-8 $h(t)$表示 LTI 连续系统

若 $f(t)$亦为因果信号，则

$$y_{\mathrm{ZS}}(t)\overset{\mathrm{def}}{=}f(t)*h(t)=\int_{0}^{t}f(\tau)h(t-\tau)\mathrm{d}\tau\tag{2-5-4}$$

卷积积分提供了求系统零状态响应的另一途径，它有很多优点，比如，卷积便于人们利用计算机进行计算；卷积建立了信号在时域、频域和复频域之间的联系；卷积的概念使得 LTI 连续系统零状态响应分析的时域方法、傅里叶变换方法和拉普拉斯变换方法统一起来。

2. 关于卷积积分的讨论

在信号与系统分析中，卷积积分作为一种数学工具得到广泛应用，有必要对式(2-5-2)所包含的特定含义进行分析，以便深入了解卷积积分的几何意义和零状态响应的物理意义。

(1) 卷积积分的变量 t、τ 和 $t-\tau$ 的含义。

$$y_{\mathrm{ZS}}(t)=f(t)*h(t)=\int_{-\infty}^{\infty}f(\tau)h(t-\tau)\mathrm{d}\tau$$

由图 2-9 可知，零状态响应表示的卷积包含的时间变量 t 为观察响应 $y_{\mathrm{ZS}}(t)$的时刻；τ 为

冲激元信号出现的时刻，亦即冲激响应的起始时刻；$t-\tau$ 是观察响应时刻与各冲激元出现时刻之间的时间差，称为记忆时间，一般 $t-\tau>0$。

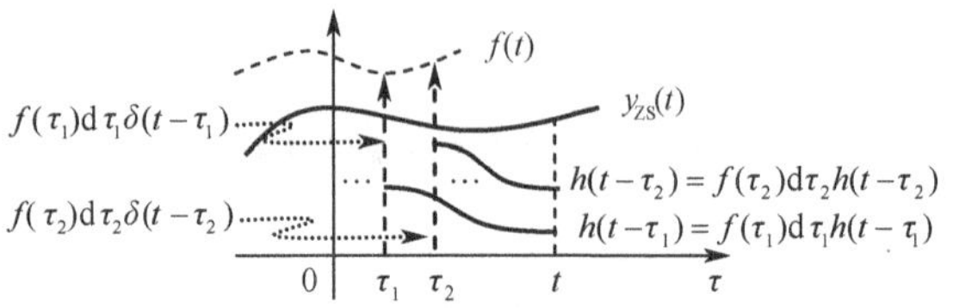

图 2-9　卷积积分变量演示

(2) $y_{ZS}(t)$的物理意义。

激励信号 $f(t)$由无数的冲激元组成，任取其中分别出现在 τ_1 和 τ_2 时刻的两个冲激元激励信号 $f(\tau_1)\mathrm{d}\tau_1\delta(t-\tau_1)$和 $f(\tau_2)\mathrm{d}\tau_2\delta(t-\tau_2)$(如图 2-9 虚线箭头)，当它们分别激励因果系统以后会产生两个冲激响应元 $f(\tau_1)\mathrm{d}\tau_1 h(t-\tau_1)$和 $f(\tau_2)\mathrm{d}\tau_2 h(t-\tau_2)$，其幅度大小是不同的，但均随着时间的推移而衰减，每一个冲激响应元在观察时刻 t 均剩有一定的响应分量，t 之前所有冲激响应元分量在 t 时刻的叠加便是在观察时刻 t 所观察到的总的零状态响应 $y_{ZS}(t)$。显然，观察时刻 t 所剩冲激响应元分量的大小不仅与冲激响应元幅度有关也与记忆时间 $t-\tau$ 的长短有关，记忆时间越长所剩响应元分量 $f(\tau)\mathrm{d}\tau h(t-\tau)$越小；反之，$f(\tau)\mathrm{d}\tau h(t-\tau)$就越大。零状态响应就是 t 之前的全部冲激元在 t 时刻的冲激响应的叠加，这就是卷积求零状态响应的物理意义。

2.5.2　卷积的基本计算方法

卷积积分作为一种数学工具，其基本计算方法分为图解法和解析法(又称函数式计算法)。无论哪种方法，都必须解决卷积计算中积分限的确定和卷积生成函数非零值时间定义域的确定，否则就会出错或结果无效。

1. 图解法

(1) 卷积积分的几何意义。

卷积积分的几何意义可以由图 2-10 所示图形作演示，其中给出了两个函数 $f_1(t)$和 $f_2(t)$波形的卷积。

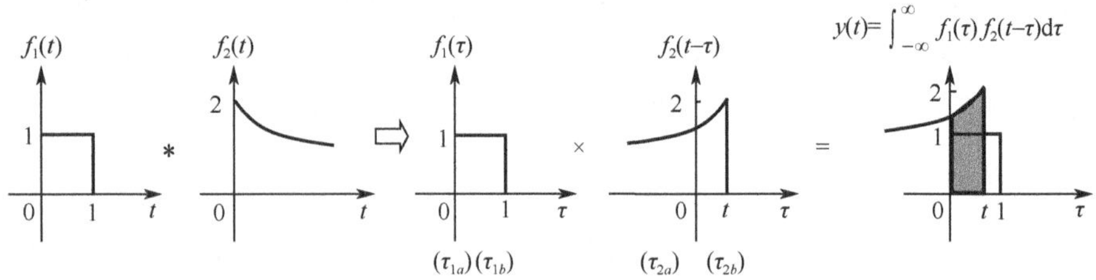

图 2-10　卷积的几何意义演示图

设

$$y(t)=f_1(t)*f_2(t)=\int_{-\infty}^{\infty}f_1(\tau)f_2(t-\tau)\mathrm{d}\tau$$

显然，任意时刻 t 的卷积 $y(t)$，可视为两波形 $f_1(\tau)$ 和 $f_2(t-\tau)$ 相乘以后的波形与横轴 τ 上两波形公共时间域内构成的面积，但这里的 t 是可变的。

(2) 卷积的图解法。

卷积积分的图解法能够直观地显示出卷积积分的整个计算过程，并对确定卷积的积分上下限和卷积生成函数的非零值定义域是一个极有用的辅助手段。卷积积分的图解法的主要步骤如下：

① 变量替换：将自变量由 t 换成 τ，得 $f(\tau)$、$h(\tau)$。

② 反折：画出 $h(\tau)$ 对于纵轴的反折，得 $h(-\tau)$。

③ 移位：把 $h(-\tau)$ 沿 τ 轴移动一个 t 值，得 $h(t-\tau)$。如果 $t>0$，则右移 t 个单位；如果 $t<0$，则左移 t 个单位。

④ 相乘：将移位后的函数 $h(t-\tau)$ 乘以 $f(\tau)$（注：$f(\tau)$ 称为固定函数，$h(t-\tau)$ 称为活动函数）。

⑤ 积分：$h(t-\tau)$ 与 $f(\tau)$ 乘积曲线下的面积即为 t 时刻的卷积值。

⑥ 重复步骤③～⑤，直到步骤③的移位覆盖了整个时间轴 $-\infty<t<\infty$。

例 2-20 试用图解法求图 2-11 所示函数 $f(t)$ 和 $h(t)$ 的卷积积分 $y_{ZS}(t)=f(t)*h(t)$。

解 (1) 改换变量，如图 2-12(a)所示。

(2) 反折 $h(\tau)$ 为 $h(-\tau)$，如图 2-12(b)所示。

(3) 移位 $h(-\tau)$ 为 $h(t-\tau)$，如图2-12(c)所示。

(4) 分段求卷积。

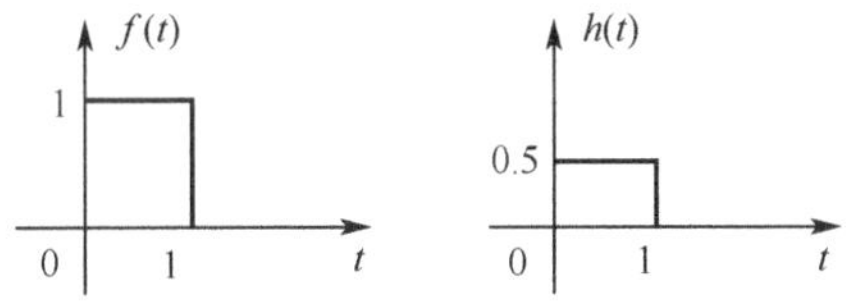

图 2-11 两矩形脉冲的卷积

当 $t<0$ 时，$f(\tau)h(t-\tau)=0$，如图 2-12(d)所示。

$$y_{ZS}(t)=0$$

当 $0\leqslant t<1$ 时，$f(\tau)h(t-\tau)=\frac{1}{2}$，如图 2-12(e)所示。

$$y_{ZS}(t)=\int_0^t \frac{1}{2}\mathrm{d}\tau=\frac{1}{2}\tau\Big|_0^t=\frac{1}{2}t$$

当 $1\leqslant t<2$ 时，$f(\tau)h(t-\tau)=\frac{1}{2}$，如图 2-12(f)所示。

$$y_{ZS}(t)=\int_{-1+t}^1 \frac{1}{2}\mathrm{d}\tau=\frac{1}{2}\tau\Big|_{-1+t}^1=\frac{1}{2}(2-t)$$

当 $2\leqslant t$ 时，$f(\tau)h(t-\tau)=0$，如图 2-12(g)所示。

$$y_{ZS}(t)=0$$

(5) 写出 $y_{ZS}(t)$ 表达式。

$$y_{ZS}(t)=\begin{cases}0, & t<0\\ \frac{1}{2}t, & 0\leqslant t<1\\ \frac{1}{2}(2-t), & 1\leqslant t<2\\ 0, & 2\leqslant t\end{cases}$$

$y_{ZS}(t)$ 的波形如图 2-12(h)所示。

必须强调，图解法实际上是借助波形图求解卷积积分运算，而不仅仅是绘图，卷积积分的结果图是根据卷积积分的数学运算结果绘出的。

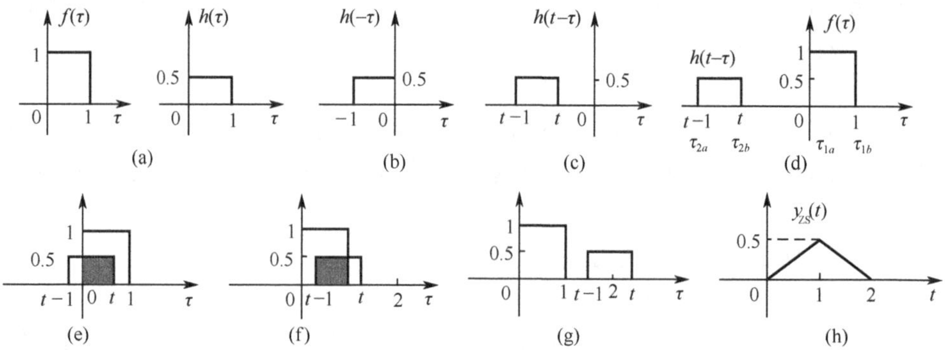

图 2-12 $y_{ZS}(t)$波形图

例 2-21 试用图解法求图 2-13 所示函数 $f(t)$和 $h(t)$的卷积积分 $y_{ZS}(t)=f(t)*h(t)$。

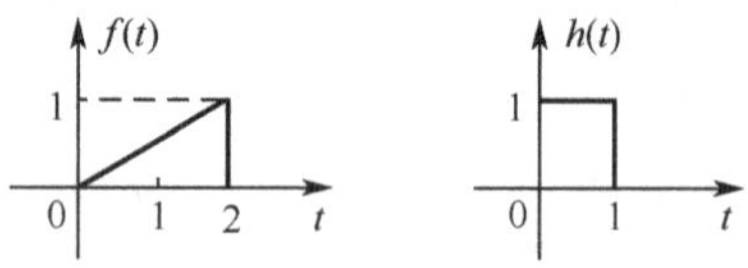

图 2-13 例 2-21 图

解 (1) 图解法求卷积。将 $h(t)$改变变量、反折、平移 t。

当 $t<0$ 时，$f(\tau)h(t-\tau)=0$，如图 2-14(a)所示，$y_{ZS}(t)=0$。

当 $0\leqslant t<1$ 时，$f(\tau)h(t-\tau)=\frac{\tau}{2}$，如图2-14(b)所示，

$$y_{ZS}(t)=\int_0^t \frac{\tau}{2}\mathrm{d}\tau=\frac{1}{2}\times\frac{\tau^2}{2}\bigg|_0^t=\frac{1}{4}t^2$$

当 $1\leqslant t<2$ 时，$f(\tau)h(t-\tau)=\frac{\tau}{2}$，如图 2-14(c)所示，

$$y_{ZS}(t)=\int_{t-1}^t \frac{\tau}{2}\mathrm{d}\tau=\frac{\tau^2}{4}\bigg|_{t-1}^t=\frac{1}{4}(2t-1)$$

当 $2\leqslant t<3$ 时，$f(\tau)h(t-\tau)=\frac{\tau}{2}$，如图 2-14(d)所示，

$$y_{ZS}(t)=\int_{t-1}^2 \frac{\tau}{2}\mathrm{d}\tau=\frac{\tau^2}{4}\bigg|_{t-1}^2=\frac{1}{4}(3+2t-t^2)$$

当 $3\leqslant t$ 时，$f(\tau)h(t-\tau)=0$，如图 2-14(e)所示，$y_{ZS}(t)=0$。

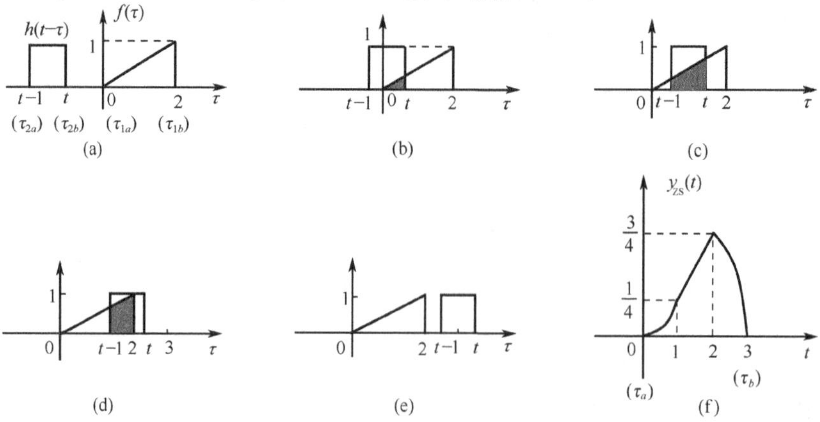

图 2-14 $y_{ZS}(t)$波形图

(2) 写出 $y_{ZS}(t)$分段时间表达式。

$$y_{ZS}(t)=\begin{cases}0, & t<0\\ \dfrac{t^2}{4}, & 0\leqslant t<1 \quad (y_{ZS}(t)\text{ 为抛物线})\\ \dfrac{1}{2}\left(t-\dfrac{1}{2}\right), & 1\leqslant t<2 \quad (y_{ZS}(t)\text{ 为直线})\\ 1-\dfrac{1}{4}(t-1)^2, & 2\leqslant t<3 \quad (y_{ZS}(t)\text{ 为抛物线})\\ 0, & 3\leqslant t\end{cases}$$

$y_{ZS}(t)$的波形如图 2-14(f)所示。

通过以上二例对图解法小结如下：

(1) 图解法求卷积仍要做卷积积分计算。

(2) 图解卷积的分段非零值定义域通常由 $h(t-\tau)$在移位过程中看出，当被积函数 $f(\tau)h(t-\tau)$发生改变或 $f(\tau)h(t-\tau)$不变而积分上下限改变皆要分段。分段卷积积分的积分上下限确定原则：设 $f(\tau)$非零值左右边界时刻是 τ_{1a}、τ_{1b}，$h(t-\tau)$的非零值左右边界时刻是 τ_{2a}，τ_{2b}，则积分下限为 $\max(\tau_{1a},\tau_{2a})$，积分上限为$\min(\tau_{1b},\tau_{2b})$。

$y_{ZS}(t)$的非零值定义域的确定原则：设 $f(t)$非零值左右边界时刻为 τ_{1a}、τ_{1b}，$h(t-\tau)$的非零值左右边界时刻是 τ_{2a}、τ_{2b}，$y_{ZS}(t)$的非零值左右边界时刻是 τ_a、τ_b，则 $y_{ZS}(t)$的 τ_a 为 $\tau_{1a}=\tau_{2b}$解得的 t 值；τ_b为 $\tau_{1b}=\tau_{2a}$解得的 t 值。

2. 卷积的函数式计算法

图解法的优点是求卷积直观，但缺点是作图烦琐，且仍需做卷积积分计算。如果被卷积的两个信号以函数形式(即解析式)给出，则用函数式计算卷积较为方便，关键是要在卷积计算过程中准确地确定出积分的上下限和卷积生成函数的非零值定义域。

以下举例说明。

例 2-22　已知 $f(t)=\varepsilon(t)$，$h(t)=\varepsilon(t)$，求 $y_{ZS}(t)=f(t)*h(t)$。

解　$$y_{ZS}(t)=f(t)*h(t)=\int_{-\infty}^{\infty}f(\tau)h(t-\tau)\mathrm{d}\tau=\int_{-\infty}^{\infty}\varepsilon(\tau)\varepsilon(t-\tau)\mathrm{d}\tau$$

式中，对于 $\varepsilon(\tau)$，当 $\tau>0$ 时为 1；对于 $\varepsilon(t-\tau)$，当 $t-\tau>0$，亦即 $\tau<t$ 时为 1；由此有$0<\tau<t$时 $\varepsilon(\tau)\varepsilon(t-\tau)=1$，故卷积积分下限为 0 上限为 t，而积分结果 $y_{ZS}(t)$的非零值定义域因 $t>0$ 可用阶跃函数定义，阶跃函数的宗量为积分的上限减去积分的下限，即 $\varepsilon(t-0)=\varepsilon(t)$，于是有

$$y_{ZS}(t)=\int_{-\infty}^{\infty}\varepsilon(\tau)\varepsilon(t-\tau)\mathrm{d}\tau=\left(\int_0^t\mathrm{d}\tau\right)\varepsilon(t)=\tau\Big|_0^t\varepsilon(t)=t\varepsilon(t)$$

例 2-23　求 $\mathrm{e}^{-2t}\varepsilon(t)*\mathrm{e}^{-t}\varepsilon(t)$。

解　$$\mathrm{e}^{-2t}\varepsilon(t)*\mathrm{e}^{-t}\varepsilon(t)=\int_{-\infty}^{\infty}\mathrm{e}^{-2\tau}\varepsilon(\tau)\mathrm{e}^{-(t-\tau)}\varepsilon(t-\tau)\mathrm{d}\tau=\int_0^t\mathrm{e}^{-2\tau}\mathrm{e}^{-(t-\tau)}\mathrm{d}\tau\cdot\varepsilon(t)$$

$$=\mathrm{e}^{-t}\int_0^t\mathrm{e}^{-\tau}\mathrm{d}\tau\cdot\varepsilon(t)=-\mathrm{e}^{-t}\mathrm{e}^{-\tau}\Big|_0^t\varepsilon(t)=(\mathrm{e}^{-t}-\mathrm{e}^{-2t})\varepsilon(t)$$

例 2-24　已知 $f(t)=\sin t\left[\varepsilon(t)-\varepsilon\left(t-\dfrac{\pi}{2}\right)\right]$，$h(t)=\mathrm{e}^{-t}\varepsilon(t)$，求 $y_{ZS}(t)=f(t)*h(t)$。

解 $y_{ZS}(t)=f(t)*h(t)=\int_{-\infty}^{\infty}f(\tau)h(t-\tau)\mathrm{d}\tau$

$$=\int_{-\infty}^{\infty}\sin\tau\left[\varepsilon(\tau)-\varepsilon\left(\tau-\frac{\pi}{2}\right)\right]\mathrm{e}^{-(t-\tau)}\varepsilon(t-\tau)\mathrm{d}\tau$$

$$=\int_{-\infty}^{\infty}\sin\tau\varepsilon(\tau)\mathrm{e}^{-(t-\tau)}\varepsilon(t-\tau)\mathrm{d}\tau-\int_{-\infty}^{\infty}\sin\tau\varepsilon\left(\tau-\frac{\pi}{2}\right)\mathrm{e}^{-(t-\tau)}\varepsilon(t-\tau)\mathrm{d}\tau$$

$$=\int_{0}^{t}\sin\tau\mathrm{e}^{-(t-\tau)}\mathrm{d}\tau\varepsilon(t)-\int_{\frac{\pi}{2}}^{t}\sin\tau\mathrm{e}^{-(t-\tau)}\mathrm{d}\tau\varepsilon\left(t-\frac{\pi}{2}\right)$$

$$=\mathrm{e}^{-t}\left[\frac{1}{2}\mathrm{e}^{\tau}(\sin\tau-\cos\tau)\Big|_{0}^{t}\varepsilon(t)-\frac{1}{2}\mathrm{e}^{\tau}(\sin\tau-\cos\tau)\Big|_{\frac{\pi}{2}}^{t}\varepsilon\left(t-\frac{\pi}{2}\right)\right]$$

$$=\frac{1}{2}(\sin t-\cos t+\mathrm{e}^{-t})\varepsilon(t)-\frac{1}{2}[\sin t-\cos t-\mathrm{e}^{-\left(t-\frac{\pi}{2}\right)}]\varepsilon\left(t-\frac{\pi}{2}\right)$$

通过以上举例可总结出卷积的特点是：当两个阶跃函数之积等于 1 的 τ 为有限取值区间时，则可同时决定卷积积分的上下限和生成函数的非零值定义域。此 τ 的有限区间好比一个开关，故函数式计算法又称为开关函数法。

2.5.3 卷积的存在性简介

从数学的角度看，所谓两函数 $f_1(t)$ 和 $f_2(t)$ 的卷积存在是指由卷积定义的积分存在（解析）。

$$y(t)=\int_{-\infty}^{\infty}f_1(\tau)f_2(t-\tau)\mathrm{d}\tau \tag{2-5-5}$$

先假定 $f_1(t)$ 和 $f_2(t)$ 中不包含冲激。在任何有限时刻 t，若 $|y(t)|<\infty$，则式(2-5-5)所示的积分存在，即 $f_1(t)$ 和 $f_2(t)$ 的卷积存在。据此，可推出如下判定准则：

(1) 设两信号分别是因果（或有始）指数信号 $\mathrm{e}^{\alpha t}\varepsilon(t)$ 和反因果（或有终）指数信号 $\mathrm{e}^{\beta t}\varepsilon(-t)$，其中，$\alpha$、$\beta$ 为任意实数，则若 $\alpha<\beta$，两信号的卷积存在；若 $\alpha\geqslant\beta$，两信号的卷积不存在。

例 2-25 求 $\mathrm{e}^{-t}\varepsilon(t)*\mathrm{e}^{-t}\varepsilon(-t)$ 和 $\mathrm{e}^{-t}\varepsilon(t)*\mathrm{e}^{2t}\varepsilon(-t)$。

解 ①在 $\mathrm{e}^{-t}\varepsilon(t)*\mathrm{e}^{-t}\varepsilon(-t)$ 中，$\alpha=\beta=-1$，故卷积不存在；

②在 $\mathrm{e}^{-t}\varepsilon(t)*\mathrm{e}^{2t}\varepsilon(-t)$ 中，$\alpha=-1$，$\beta=2$，$\alpha<\beta$，故卷积存在。

作不同时段 $\mathrm{e}^{-\tau}\varepsilon(\tau)$ 和 $\mathrm{e}^{2(t-\tau)}\varepsilon(\tau-t)$ 的辅助图如图 2-15(a)、(b)所示，

第 18 讲

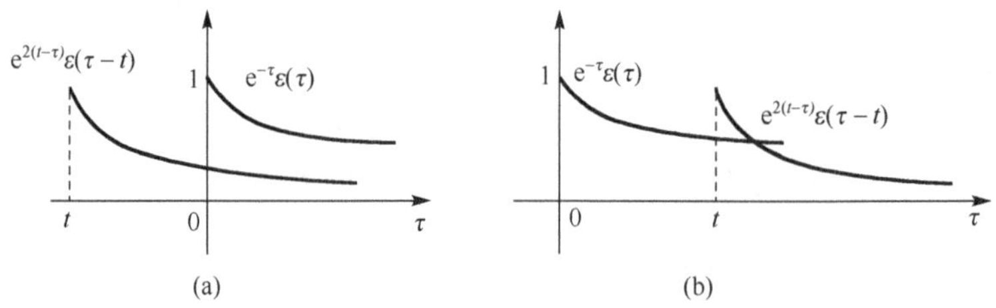

图 2-15 辅助波形图

由图可见，当 $t<0$ 时，时间变量 τ 的积分区间为 $(0,\infty)$，积分和的定义域为 $\varepsilon(-t)$；当 $t>0$ 时，积分区间为 (t,∞)，积分和的定义域为 $\varepsilon(t)$。故

$$\mathrm{e}^{-t}\varepsilon(t)*\mathrm{e}^{2t}\varepsilon(-t)=\int_{-\infty}^{\infty}\mathrm{e}^{-\tau}\varepsilon(\tau)\cdot\mathrm{e}^{2(t-\tau)}\varepsilon(-t+\tau)\mathrm{d}\tau$$

$$=\mathrm{e}^{2t}\int_{0}^{\infty}\mathrm{e}^{-3\tau}\mathrm{d}\tau\cdot\varepsilon(-t)+\mathrm{e}^{2t}\int_{t}^{\infty}\mathrm{e}^{-3\tau}\mathrm{d}\tau\cdot\varepsilon(t)$$

$$= e^{2t}\left(-\frac{1}{3}\right)e^{-3\tau}\Big|_0^{\infty}\varepsilon(-t) + e^{2t}\left(-\frac{1}{3}\right)e^{-3\tau}\Big|_t^{\infty}\varepsilon(t)$$

$$= \frac{1}{3}e^{2t}\varepsilon(-t) + \frac{1}{3}e^{-t}\varepsilon(t)$$

同理可知，$\varepsilon(t) * e^{2t}\varepsilon(-t)$存在，而 $\varepsilon(t) * \varepsilon(-t)$不存在。

(2) 两个有始信号的卷积和两个有终信号的卷积一定存在；若 $f_1(t)$和 $f_2(t)$至少有一个是时限信号，则两者的卷积一定存在。

(3) 若 $f_1(t)$和 $f_2(t)$都是无时限信号，则可将它们分解成有始信号与有终信号之和。例如，

$$f_1(t) = f_1(t)\varepsilon(t) + f_1(t)\varepsilon(-t), \quad f_2(t) = f_2(t)\varepsilon(t) + f_2(t)\varepsilon(-t)$$

$$\begin{aligned} f_1(t) * f_2(t) &= [f_1(t)\varepsilon(t) + f_1(t)\varepsilon(-t)] * [f_2(t)\varepsilon(t) + f_2(t)\varepsilon(-t)] \\ &= f_1(t)\varepsilon(t) * f_2(t)\varepsilon(t) + f_1(t)\varepsilon(-t) * f_2(t)\varepsilon(-t) \\ &\quad + f_1(t)\varepsilon(t) * f_2(t)\varepsilon(-t) + f_1(t)\varepsilon(-t) * f_2(t)\varepsilon(t) \end{aligned}$$

上式右端的前两项可由准则(2)判断卷积一定存在；后两项可由准则(1)作判断。只有每一项卷积都存在时，$f_1(t) * f_2(t)$才存在方可作计算；否则，$f_1(t) * f_2(t)$不存在，不必作计算。

例 2-26 判断 $e^{-2|t|} * e^{-|t|}$、$K * e^{2t}\varepsilon(-t)$和 $K * \varepsilon(t)$是否存在。

解 ① $e^{-2|t|} * e^{-|t|} = [e^{-2t}\varepsilon(t) + e^{2t}\varepsilon(-t)] * [e^{-t}\varepsilon(t) + e^{t}\varepsilon(-t)]$

$$= e^{-2t}\varepsilon(t) * e^{-t}\varepsilon(t) + e^{-2t}\varepsilon(t) * e^{t}\varepsilon(-t)$$

$$+ e^{2t}\varepsilon(-t) * e^{-t}\varepsilon(t) + e^{2t}\varepsilon(-t) * e^{t}\varepsilon(-t)$$

式中，等式右端每一项卷积都存在，所以 $e^{-2|t|} * e^{-|t|}$存在。

② $$K * e^{2t}\varepsilon(-t) = K\varepsilon(t) * e^{2t}\varepsilon(-t) + K\varepsilon(-t) * e^{2t}\varepsilon(-t)$$

因为 $K\varepsilon(t) * e^{2t}\varepsilon(-t)$和 $K\varepsilon(-t) * e^{2t}\varepsilon(-t)$存在，所以 $K * e^{2t}\varepsilon(-t)$存在。

③ $K * \varepsilon(t) = K\varepsilon(t) * \varepsilon(t) + K\varepsilon(-t) * \varepsilon(t)$

因为，$K\varepsilon(-t) * \varepsilon(t)$不存在，所以，不能计算卷积。

(4) 若 $f_1(t)$和 $f_2(t)$含有冲激及其导数，可将它们先分离出来，然后单独处理。

以后，当涉及卷积积分时，除非另加说明，均视为卷积存在。

2.5.4 卷积的性质

1. 卷积的代数性质

1) 交换律

$$f(t) * h(t) = h(t) * f(t) \tag{2-5-6}$$

证明

$$f(t) * h(t) = \int_{-\infty}^{\infty} f(\tau)h(t-\tau)\mathrm{d}\tau \overset{(令\lambda=t-\tau)}{=} \int_{\infty}^{-\infty} f(t-\lambda)h(\lambda)\mathrm{d}(-\lambda)$$

$$= \int_{-\infty}^{\infty} h(\lambda)f(t-\lambda)\mathrm{d}\lambda = h(t) * f(t)$$

2) 分配律

$$f(t) * [h_1(t) + h_2(t)] = f(t) * h_1(t) + f(t) * h_2(t) \tag{2-5-7}$$

当任意二函数卷积存在时，卷积满足分配律。

证明

$$\begin{aligned}f(t)*[h_1(t)+h_2(t)]&=\int_{-\infty}^{\infty}f(\tau)[h_1(t-\tau)+h_2(t-\tau)]\mathrm{d}\tau\\&=\int_{-\infty}^{\infty}f(\tau)h_1(t-\tau)\mathrm{d}\tau+\int_{-\infty}^{\infty}f(\tau)h_2(t-\tau)\mathrm{d}\tau\\&=f(t)*h_1(t)+f(t)*h_2(t)\end{aligned}$$

式(2-5-7)可用图 2-16 说明,并由此可得出并联系统性质的重要结论:两个 LTI 子系统并联构成的系统可以等效为一个单系统,该系统的单位冲激响应为两个子系统单位冲激响应的和。该结论可推广到 n 个子系统的并联。

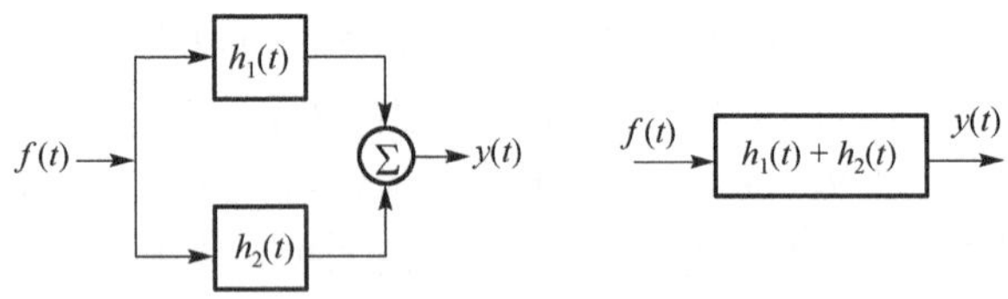

图 2-16　系统的并联性质

3) 结合律

$$\begin{aligned}f(t)*h_1(t)*h_2(t)&=f(t)*[h_1(t)*h_2(t)]\\&=[f(t)*h_1(t)]*h_2(t)\\&=[f(t)*h_2(t)]*h_1(t)\end{aligned}\tag{2-5-8}$$

当任意二函数卷积存在时,卷积满足结合律。

证明

$$\begin{aligned}[f(t)*h_1(t)]*h_2(t)&=\left[\int_{-\infty}^{\infty}f(\tau)h_1(t-\tau)\mathrm{d}\tau\right]*h_2(t)\\&=\int_{-\infty}^{\infty}\left[\int_{-\infty}^{\infty}f(\tau)h_1(\lambda-\tau)\mathrm{d}\tau\right]h_2(t-\lambda)\mathrm{d}\lambda\\&=\int_{-\infty}^{\infty}f(\tau)\left[\int_{-\infty}^{\infty}h_1(\lambda-\tau)h_2(t-\lambda)\mathrm{d}\lambda\right]\mathrm{d}\tau\\&\overset{\xi=\lambda-\tau}{=}\int_{-\infty}^{\infty}f(\tau)\left\{\int_{-\infty}^{\infty}h_1(\xi)h_2[(t-\tau)-\xi]\mathrm{d}\xi\right\}\mathrm{d}\tau\\&=\int_{-\infty}^{\infty}f(\tau)[h_1(t-\tau)*h_2(t-\tau)]\mathrm{d}\tau\\&=f(t)*[h_1(t)*h_2(t)]\end{aligned}$$

式(2-5-8)可用图 2-17 说明,并由此可得出级联系统性质的重要结论:级联系统的单位冲激响应等于两个子系统单位冲激响应的卷积,且与两个子系统连接的顺序无关。该结论可推广到 n 个 LTI 系统的级联情况。

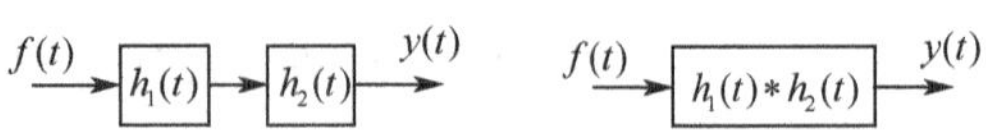

图 2-17　系统的级联性质

2. 卷积的时移性质

若

$$y_{ZS}(t)=f(t)*h(t)=h(t)*f(t)$$

则

$$y_{ZS}(t)=f(t)*h(t)=f(t-t_0)*h(t+t_0) \tag{2-5-9}$$

$$y_{ZS}(t-t_0)=f(t-t_0)*h(t)=f(t)*h(t-t_0) \tag{2-5-10}$$

式(2-5-9)表明,两个信号卷积,将其中一个信号左移,另一个信号右移相同的时间单位,卷积结果不变。在卷积积分的图解法中,利用该性质将其中一个信号通过时移变成因果信号,将会简化卷积积分区间的确定。式(2-5-10)表明,将被卷积函数中的一个进行时移,将使得卷积结果作同样的时移。

如果知道两个信号 $f(t)$和 $h(t)$的非零值时间区间分别为$[t_1, t_2]$和$[t_3, t_4]$,则卷积 $y_{ZS}(t)=f(t)*h(t)=h(t)*f(t)$的非零值时间区间为$[t_1+t_3, t_2+t_4]$。

3. 卷积的微积分运算性质

1) 卷积的微分性质

设 $y_{ZS}(t)=f(t)*h(t)$,则

(1)
$$y'_{ZS}(t)=f'(t)*h(t)=f(t)*h'(t) \tag{2-5-11}$$

证明
$$\frac{\mathrm{d}}{\mathrm{d}t}y_{ZS}(t)=\int_{-\infty}^{\infty}f(\tau)\frac{\mathrm{d}}{\mathrm{d}t}h(t-\tau)\mathrm{d}\tau=f(t)*h'(t)=f'(t)*h(t)$$

(2)
$$y''_{ZS}(t)=f''(t)*h(t)=f(t)*h''(t)=f'(t)*h'(t) \tag{2-5-12}$$

2) 卷积的积分性质

设 $y^{(-1)}(t)=\int_{-\infty}^{t}y(\tau)\mathrm{d}\tau$,对于起始于 t_0 的有始信号有

$$y_{ZS}^{(-1)}(t)=\int_{t_0}^{t}y_{ZS}(\tau)\mathrm{d}\tau$$

则

$$y_{ZS}^{(-1)}(t)=f^{(-1)}(t)*h(t)=f(t)*h^{(-1)}(t) \tag{2-5-13}$$

证明
$$\begin{aligned}y_{ZS}^{(-1)}(t)&=\int_{-\infty}^{t}\left[\int_{-\infty}^{\infty}f(\tau)h(\lambda-\tau)\mathrm{d}\tau\right]\mathrm{d}\lambda\\&=\int_{-\infty}^{\infty}f(\tau)\left[\int_{-\infty}^{t}h(\lambda-\tau)\mathrm{d}\lambda\right]\mathrm{d}\tau=f(\tau)*h^{(-1)}(t)\end{aligned}$$

应用积分性质对两信号是有条件的:①连续;②只有有限的间断点;③两信号必须分别是可积的。

3) 卷积的微积分性质

(1) 微积分性质。

若 $y_{ZS}(t)=f(t)*h(t)$,

$$\int_{-\infty}^{t}\frac{\mathrm{d}f(\tau)}{\mathrm{d}\tau}\mathrm{d}\tau=f(t) \quad 及 \quad \int_{-\infty}^{t}\frac{\mathrm{d}h(\tau)}{\mathrm{d}\tau}\mathrm{d}\tau=h(t)$$

即

$$\lim_{t\to-\infty}f(t)=f(-\infty)=0 \quad 及 \quad \lim_{t\to-\infty}h(t)=h(-\infty)=0$$

亦即 $f(t)$、$h(t)$皆为有始信号,则

$$y_{zs}(t) = f'(t) * h^{(-1)}(t) = f^{(-1)}(t) * h'(t) \tag{2-5-14}$$

(2) 杜哈密尔积分。

因为 $g(t) = h^{(-1)}(t)$，所以

$$\begin{aligned} y_{zs}(t) &= f(t) * h(t) = f'(t) * h^{(-1)}(t) = f'(t) * g(t) \\ &= \int_{-\infty}^{\infty} f'(\tau) g(t-\tau) \mathrm{d}\tau \end{aligned} \tag{2-5-15}$$

式中，$g(t)$为系统的单位阶跃响应。

如果 $f(t)$ 和 $h(t)$在 $t < 0$ 时均为零，则式(2-5-15)可具体表示为

$$y_{zs}(t) = f(0_+) g(t) + \int_{0_+}^{t} f'(\tau) g(t-\tau) \mathrm{d}\tau \tag{2-5-16}$$

卷积积分的物理意义是把任意激励信号分解为连续的冲激信号之和，分别求其响应然后再叠加；式(2-5-15)称为杜哈密尔积分(Duhamel integral)，其物理意义则是把任意激励信号分解为连续的阶跃信号之和，分别求其响应然后再叠加。

(3) 推论。

若 $y_{zs}(t) = f(t) * h(t)$，且 $f(t)$、$h(t)$为有始信号，则

$$y_{zs}^{(i+j)}(t) = f^{(i)}(t) * h^{(j)}(t) \tag{2-5-17}$$

这里，i 和 j 是既可为正也可为负的整数，为正代表求导次数，为负代表求积分次数。

4. 含有冲激函数的卷积性质

(1) 任意信号 $f(t)$与冲激函数 $\delta(t)$的卷积是原信号本身，如图 2-18 所示。

$$f(t) * \delta(t) = f(t) \tag{2-5-18}$$

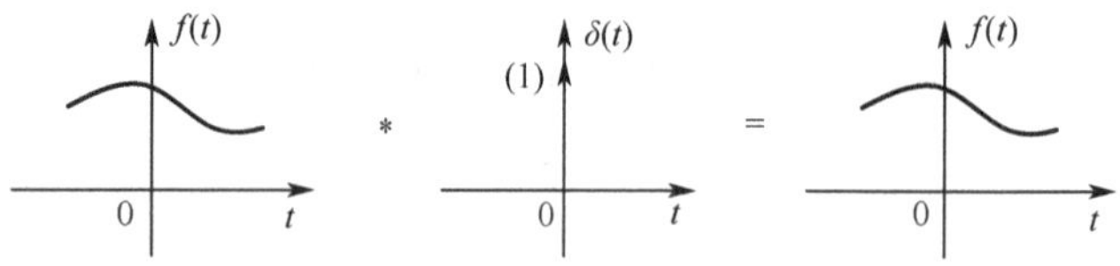

图 2-18　含有 $\delta(t)$的卷积

(2) 任意信号 $f(t)$与有时移的冲激函数 $\delta(t-t_0)$的卷积是将这个信号做同样的时移，如图 2-19 所示。

$$f(t) * \delta(t-t_0) = f(t-t_0) \tag{2-5-19}$$

证明　$$\begin{aligned} f(t) * \delta(t-t_0) &= \int_{-\infty}^{\infty} f(\tau)\delta(t-t_0-\tau)\mathrm{d}\tau \\ &\overset{令 t-t_0-\tau=\lambda}{=} \int_{-\infty}^{\infty} f(t-t_0-\lambda)\delta(\lambda)\mathrm{d}\lambda \\ &= \delta(t) * f(t-t_0) = f(t-t_0) \end{aligned}$$

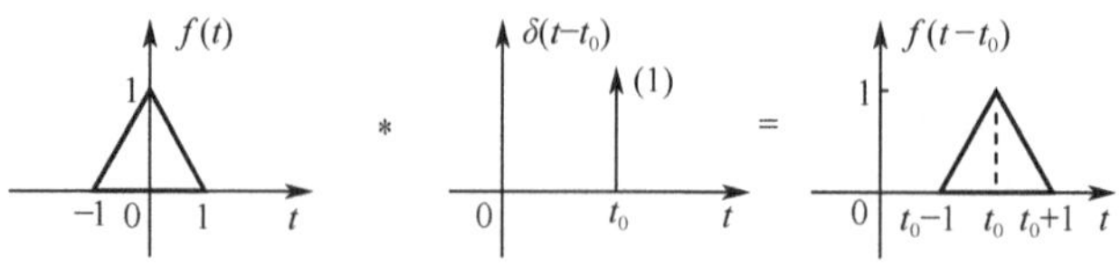

图 2-19　含有 $\delta(t-t_0)$的卷积

(3) 时移冲激函数与时移信号的卷积是原信号的再时移。

$$f(t-t_1)*\delta(t-t_2)=f(t-t_2)*\delta(t-t_1)=f(t-t_1-t_2) \tag{2-5-20}$$

证明 $f(t-t_1)*\delta(t-t_2)=f(t)*\delta(t-t_1)*\delta(t-t_2)$

$=f(t)*\delta(t-t_1-t_2)=f(t-t_1-t_2)$

推论 若 $y(t)=f_1(t)*f_2(t)$，则

$$y(t-t_1-t_2)=f_1(t-t_1)*f_2(t-t_2)=f_2(t-t_1)*f_1(t-t_2) \tag{2-5-21}$$

证明

$$f_1(t-t_1)*f_2(t-t_2)=f_1(t)*f_2(t)*\delta(t-t_1-t_2)=y(t-t_1-t_2)$$

利用这个性质，可求得图 2-20 所示信号 $y_{ZS}(t-t_1-t_2)$的波形。

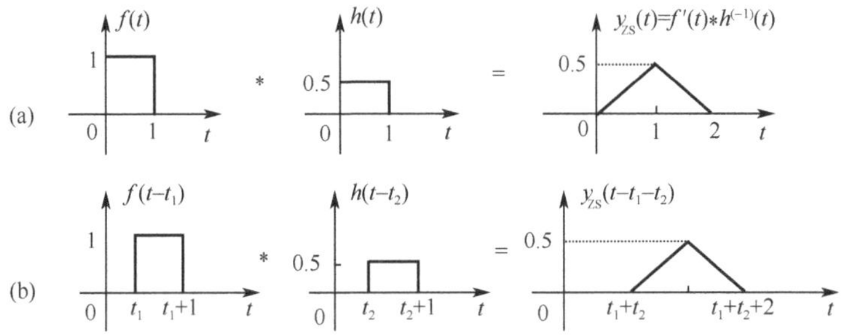

图 2-20 $y_{ZS}(t-t_1-t_2)$的波形图

(4) $$f(t)*\delta'(t)=f'(t) \tag{2-5-22}$$

(5) $$f(t)*\delta^{(-1)}(t)=f^{(-1)}(t) \tag{2-5-23}$$

即

$$f(t)*\varepsilon(t)=f^{(-1)}(t)=\int_{-\infty}^{t}f(\tau)\mathrm{d}\tau$$

推论 $$f(t)*\delta^{(i)}(t)=f^{(i)}(t) \tag{2-5-24}$$

$$f(t)*\delta^{(i)}(t-t_0)=f^{(i)}(t-t_0) \tag{2-5-25}$$

这里，i 为正整数时表示求导的阶数；i 为负整数时表示积分的次数。

例 2-27 利用卷积性质求图 2-21(a) 所示函数 $f(t)$和 $h(t)$的卷积积分 $y_{ZS}(t)=f(t)*h(t)$。

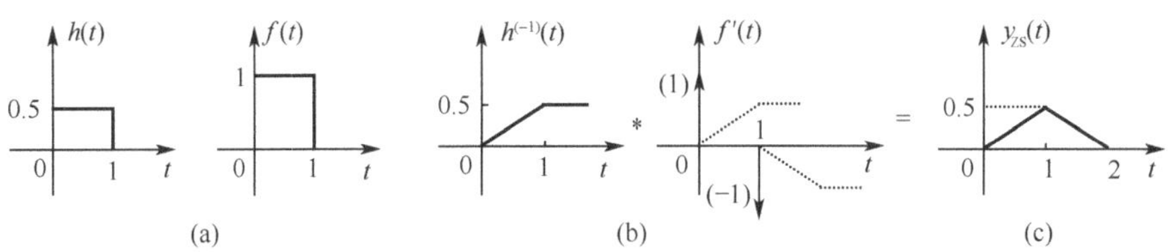

第 19 讲

图 2-21 例 2-27 图

解 分别对 $f(t)$求一次导，对 $h(t)$求一次积分得图 2-21(b)，根据卷积微积分性质和含冲激的卷积性质有 $y_{Z3}(t)=f(t)*h(t)=f'(t)*h^{(-1)}(t)$，其中，图 2-21(b)中两条虚线所表示的波形分别为 $f'(t)$所包含的 $\delta(t)$和 $-\delta(t-1)$与 $h^{(-1)}(t)$卷积的结果，它们的和即为 $y_{ZS}(t)$，如图 2-21(c)所示。

例 2-28 系统如图 2-22(a) 所示，激励 $f(t)$ 如图 2-22(b) 所示，求响应 $y_{zs}(t)$。

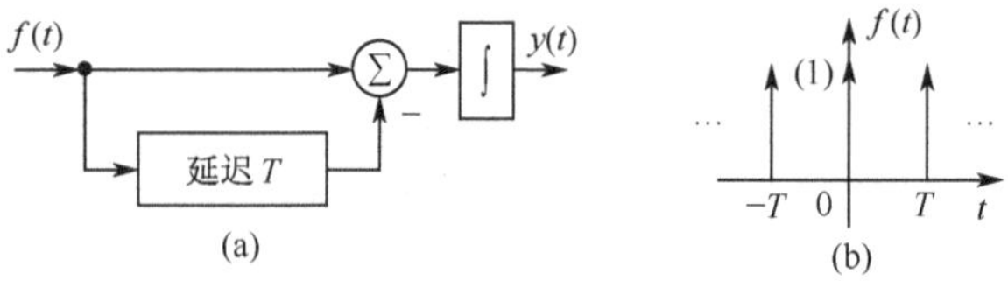

图 2-22 例 2-28 图

解 由框图得

$$h(t)=\int_{-\infty}^{t}[\delta(\tau)-\delta(\tau-T)]\mathrm{d}\tau=\varepsilon(t)-\varepsilon(t-T)$$

$$f(t)=\sum_{k=-\infty}^{\infty}\delta(t-kT),\quad k=0,\pm1,\pm2,\cdots$$

$$y_{zs}(t)=f(t)*h(t)=\sum_{k=-\infty}^{\infty}\delta(t-kT)*[\varepsilon(t)-\varepsilon(t-T)]=\sum_{k=-\infty}^{\infty}h(t-kT)=1$$

波形如图 2-23 所示。

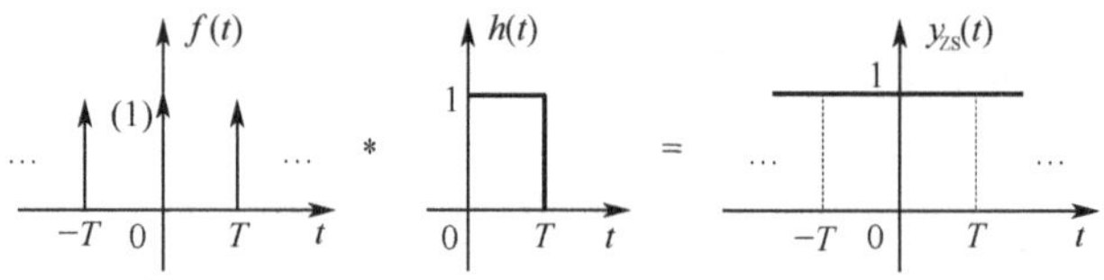

图 2-23 $y_{zs}(t)$的波形图

例 2-29 已知 $f(t)=t[\varepsilon(t)-\varepsilon(t-1)]$，$h(t)=\mathrm{e}^{-t}\varepsilon(t)$，试求 $y_{zs}(t)=f(t)*h(t)$。

解 $f(t)$的波形如图 2-24 所示，连续两次求导有

$$f''(t)=\delta(t)-\delta(t-1)-\delta'(t-1)$$

$$h^{(-1)}(t)=\int_{0}^{t}\mathrm{e}^{-t}\mathrm{d}t\varepsilon(t)=(1-\mathrm{e}^{-t})\varepsilon(t)$$

$$h^{(-2)}(t)=\int_{0}^{t}(1-\mathrm{e}^{-\tau})\mathrm{d}\tau\varepsilon(t)=(t-1)\varepsilon(t)+\mathrm{e}^{-t}\varepsilon(t)$$

$$\begin{aligned}y_{zs}(t)&=f(t)*h(t)=f''(t)*h^{(-2)}(t)\\&=[\delta(t)-\delta(t-1)-\delta'(t-1)]*[(t-1)\varepsilon(t)+\mathrm{e}^{-t}\varepsilon(t)]\\&=(t-1)\varepsilon(t)+\mathrm{e}^{-t}\varepsilon(t)-(t-2)\varepsilon(t-1)\\&\quad-\mathrm{e}^{-(t-1)}\varepsilon(t-1)-\varepsilon(t-1)+\mathrm{e}^{-(t-1)}\varepsilon(t-1)\\&=(t-1)[\varepsilon(t)-\varepsilon(t-1)]+\mathrm{e}^{-t}\varepsilon(t)\end{aligned}$$

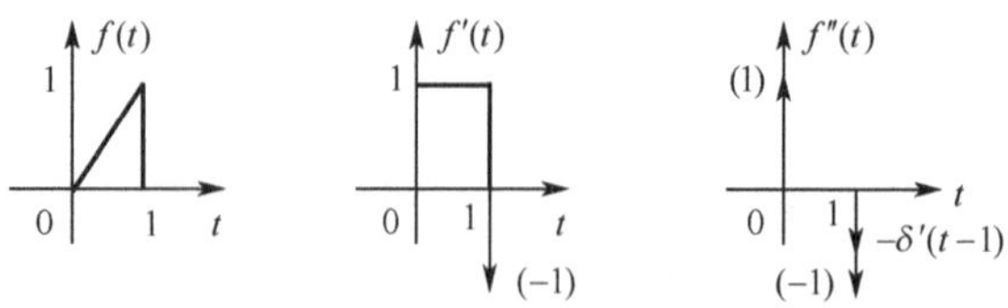

图 2-24 例 2-29 图

其中

$$\delta'(t-1)*[(t-1)\varepsilon(t)+\mathrm{e}^{-t}\varepsilon(t)]=\frac{\mathrm{d}}{\mathrm{d}t}[(t-1)\varepsilon(t)+\mathrm{e}^{-t}\varepsilon(t)]\Big|_{t-1}$$
$$=[\varepsilon(t)-\mathrm{e}^{-t}\varepsilon(t)+(t-1)\delta(t)+\mathrm{e}^{-t}\delta(t)]\Big|_{t-1}$$
$$=\varepsilon(t-1)-\mathrm{e}^{-(t-1)}\varepsilon(t-1)$$

2.5.5 利用卷积求零状态响应

为了在求取零状态响应时能够更加快捷地进行卷积积分运算，将常用信号的卷积积分公式列出，如表 2-6 所示。

表 2-6　常用信号的卷积公式

序号	$f_1(t)$	$f_2(t)$	$f_1(t)*f_2(t)$
1	K(常数)	$f(t)$	$K\int_{-\infty}^{\infty}f(t-\tau)\mathrm{d}\tau$
2	$\delta'(t)$	$f(t)$	$f'(t)$
3	$\delta(t)$	$f(t)$	$f(t)$
4	$\varepsilon(t)=\delta^{(-1)}(t)$	$f(t)$	$f^{(-1)}(t)=\int_{-\infty}^{t}f(\tau)\mathrm{d}\tau$
5	$\varepsilon(t)$	$\varepsilon(t)$	$t\varepsilon(t)$
6	$\varepsilon(t)$	$t\varepsilon(t)$	$\frac{1}{2}t^2\varepsilon(t)$
7	$\varepsilon(t)$	$\mathrm{e}^{-\alpha t}\varepsilon(t)$	$\frac{1}{\alpha}(1-\mathrm{e}^{-\alpha t})\varepsilon(t)$
8	$\mathrm{e}^{-\alpha t}\varepsilon(t)$	$\mathrm{e}^{-\alpha t}\varepsilon(t)$	$t\mathrm{e}^{-\alpha t}\varepsilon(t)$
9	$\mathrm{e}^{-\alpha t}\varepsilon(t)$	$t\mathrm{e}^{-\alpha t}\varepsilon(t)$	$\frac{1}{2}t^2\mathrm{e}^{-\alpha t}\varepsilon(t)$
10	$\mathrm{e}^{-\alpha_1 t}\varepsilon(t)$	$\mathrm{e}^{-\alpha_2 t}\varepsilon(t)$	$\frac{1}{\alpha_2-\alpha_1}(\mathrm{e}^{-\alpha_1 t}-\mathrm{e}^{-\alpha_2 t})\varepsilon(t)$，$(\alpha_1\neq\alpha_2)$
11	$\delta_T(t)=\sum_{n=-\infty}^{\infty}\delta(t-nT)$	$f(t)$	$\sum_{n=-\infty}^{\infty}f(t-nT)$

以下通过举例来说明怎样利用卷积积分求取 LTI 连续系统的零状态响应。

例 2-30　系统模拟框图如图 2-25 所示，已知激励 $f(t)=\mathrm{e}^{-t}\varepsilon(t)$，试用卷积分析法求零状态响应。

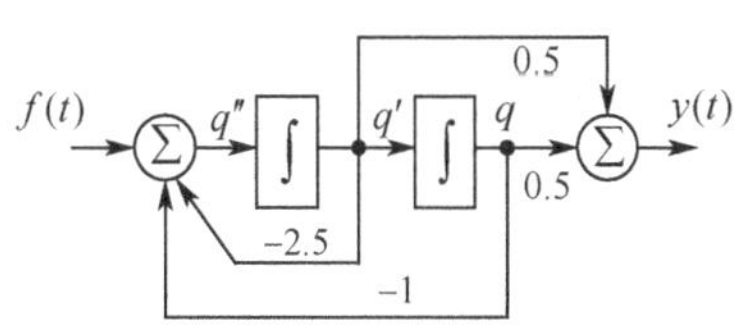

图 2-25　例 2-30 图

解　由框图得

$$q''(t)=f(t)-2.5q'(t)-q(t)$$
$$y(t)=0.5q'(t)+0.5q(t)$$

故

$$y''(t)+2.5y'(t)+y(t)=0.5f'(t)+0.5f(t)$$

其转移算子为

$$H(p)=\frac{0.5p+0.5}{p^2+2.5p+1}=\frac{0.5p+0.5}{(p+0.5)(p+2)}=\frac{C_1}{p+0.5}+\frac{C_2}{p+2}$$

其中

$$C_1=(p+0.5)H(p)\big|_{p=-0.5}=\frac{0.5p+0.5}{p+2}\Big|_{p=-0.5}=\frac{1}{6}$$

$$C_2 = (p+2)H(p)\big|_{p=-2} = \frac{0.5p+0.5}{p+0.5}\bigg|_{p=-2} = \frac{1}{3}$$

故

$$H(p) = \frac{1}{6}\times\frac{1}{p+0.5} + \frac{1}{1}\times\frac{1}{p+2}$$

得

$$h(t) = \frac{1}{6}e^{-0.5t}\varepsilon(t) + \frac{1}{3}e^{-2t}\varepsilon(t)$$

$$\begin{aligned} y_{zs}(t) &= h(t) * f(t) = \left[\frac{1}{6}e^{-0.5t}\varepsilon(t) + \frac{1}{3}e^{-2t}\varepsilon(t)\right] * e^{-t}\varepsilon(t) \\ &= \frac{1}{6}e^{-0.5t}\varepsilon(t) * e^{-t}\varepsilon(t) + \frac{1}{3}e^{-2t}\varepsilon(t) * e^{-t}\varepsilon(t) \\ &= \frac{1}{6}\times\frac{1}{1-0.5}[e^{-0.5t} - e^{-t}]\varepsilon(t) + \frac{1}{3}\times\frac{1}{1-2}[e^{-2t} - e^{-t}]\varepsilon(t) \qquad \text{(查表 2-6 得)} \\ &= \left(\frac{1}{3}e^{-0.5t} - \frac{1}{3}e^{-2t}\right)\varepsilon(t) \end{aligned}$$

例 2-31　电路如图 2-26(a)所示，激励如图 2-26(b) 所示，求 $u_R(t)$。

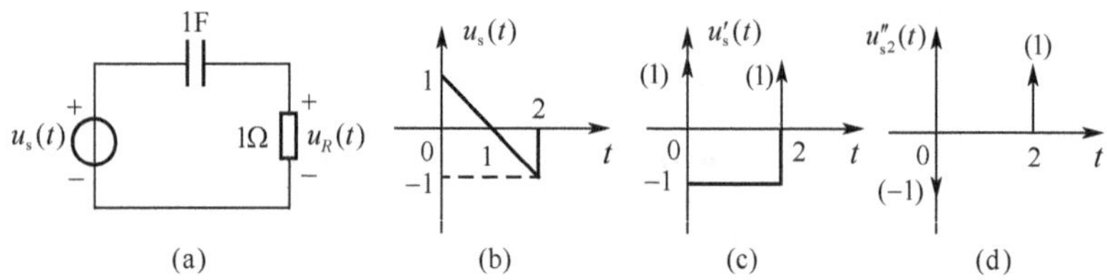

图 2-26　例 2-31 图

解　对激励 $u_s(t)$求一次导，得 $u_s'(t)$的波形如图 2-26(c) 所示，$u_s'(t)$可分解为冲激 $u_{s1}'(t)$和矩形脉冲 $u_{s2}'(t)$两部分，其中矩形脉冲再求一次导得冲激 $u_{s2}''(t)$，如图 2-26(d) 所示。

$$u_s'(t) = -g_2(t-1) + \delta(t) + \delta(t-2) = u_{s1}'(t) + u_{s2}'(t)$$

其中

$$u_{s1}'(t) = \delta(t) + \delta(t-2), \quad u_{s2}'(t) = -g_2(t-1)$$

$$u_{s2}''(t) = -\delta(t) + \delta(t-2)$$

对本题电路而言，$u_R(t)$的阶跃响应 $g(t)=h^{(-1)}(t)=e^{-t}\varepsilon(t)$，故 $h^{(-2)}(t)=g^{(-1)}(t)=(1-e^{-t})\varepsilon(t)$。在 $u_s(t)$的激励下

$$\begin{aligned} u_R(t) &= u_s(t) * h(t) = u_s'(t) * h^{(-1)}(t) = u_{s1}'(t) * h^{(-1)}(t) + u_{s2}'(t) * h^{(-1)}(t) \\ &= u_{s1}'(t) * h^{(-1)}(t) + u_{s2}''(t) * h^{(-2)}(t) \\ &= [\delta(t) + \delta(t-2)] * e^{-t}\varepsilon(t) + [-\delta(t) + \delta(t-2)] * (1-e^{-t})\varepsilon(t) \\ &= e^{-t}\varepsilon(t) + e^{-(t-2)}\varepsilon(t-2) - (1-e^{-t})\varepsilon(t) + [1-e^{-(t-2)}]\varepsilon(t-2) \\ &= (2e^{-t} - 1)\varepsilon(t) + \varepsilon(t-2) \end{aligned}$$

例 2-32　图 2-27(a)所示的复合系统由三个子系统构成，已知各子系统的冲激响应$h_a(t)$、$h_b(t)$如图 2-27(b)所示。

(1) 求复合系统的冲激响应 $h(t)$，画出它的波形；

(2) 用基本运算器构成子系统 $h_a(t)$ 和 $h_b(t)$ 的模拟框图。

解　连续系统模拟用的基本运算单元(加法器、标量乘法器、积分器)见第 1 章图 1-58,本例子系统 $h_a(t)$ 和 $h_b(t)$ 需要用延时器作模拟单元,如图 2-28 所示。

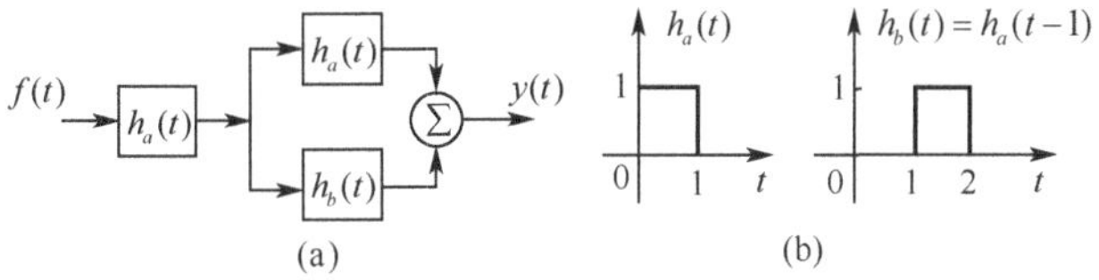

图 2-27　例 2-32 图

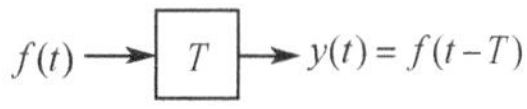

图 2-28　延时器 $h(t)=\delta(t-T)$

(1) 求 $h(t)$。当 $f(t)=\delta(t)$ 时,系统的零状态响应为 $h(t)$,由图 2-27(a)可知,复合系统的冲激响应

$$h(t) = h_a(t) * h_a(t) + h_a(t) * h_b(t) = h_a(t) * [h_a(t) + h_b(t)]$$

其波形如图 2-29(a)所示。

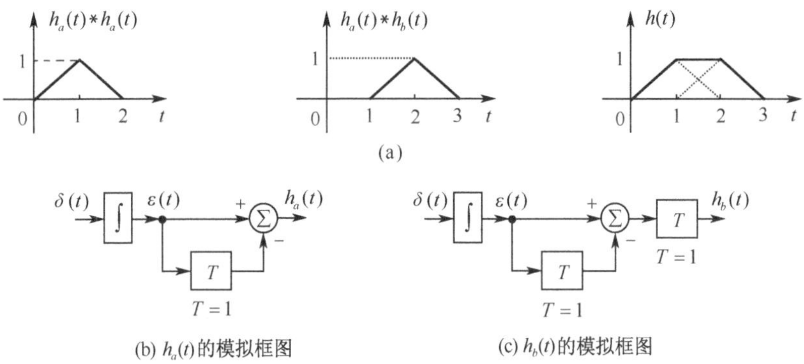

图 2-29　例 2-32 的解

(2) 绘子系统的模拟框图。由于

$$h_a(t)=\varepsilon(t)-\varepsilon(t-1)=\varepsilon(t) * [\delta(t)-\delta(t-1)]$$

利用图 1-56(c)及图 2-28 的基本运算器可构成 $h_a(t)$ 的模拟框图,如图 2-29(b)所示。子系统冲激响应 $h_b(t)=h_a(t-1)$,故 $h_b(t)$ 的模拟框图如图 2-29(c)所示。读者不难进一步画出总系统的模拟框图。

2.6　卷　积　和

第 20 讲

2.6.1　LTI 离散系统的零状态响应表示为卷积和

1. 任意离散信号的分解

任意离散信号 $f(k)(k=0,\pm1,\pm2,\cdots)$ 可以表示为单位序列和的形式,即

$$f(k)=\cdots+f(-1)\delta(k+1)+f(0)\delta(k)+f(1)\delta(k-1)+\cdots$$
$$=\sum_{n=-\infty}^{\infty} f(n)\delta(k-n) \overset{\text{def}}{=} f(k) * \delta(k) \tag{2-6-1}$$

式(2-6-1)表明,任意序列 $f(k)$ 可以分解为一系列出现序号不同的单位序列元信号的叠加,并

定义 $f(k)$ 为其本身与单位序列的离散卷积和(简称卷和)。若 $f(k)$ 是因果信号,则

$$f(k) \overset{\text{def}}{=} f(k) * \delta(k) = \sum_{n=0}^{k} f(n)\delta(k-n) \tag{2-6-2}$$

2. 零状态响应表示为卷积和

在 $f(k)$ 作用下,零状态 LTI 离散系统产生的响应为 $y_{ZS}(k)$,如图 2-30 所示。

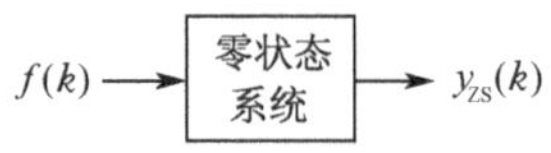

图 2-30 零状态系统示意图

因为

$$\delta(k) \to h(k)$$

所以,由时不变性和齐次性得

$$f(n)\delta(k-n) \to f(n)h(k-n)$$

由叠加性得

$$f(k) = \sum_{n=-\infty}^{\infty} f(n)\delta(k-n) \to y_{ZS}(k) = \sum_{n=-\infty}^{\infty} f(n)h(k-n)$$

定义

$$y_{ZS}(k) = \sum_{n=-\infty}^{\infty} f(n)h(k-n) \overset{\text{def}}{=} f(k) * h(k) \tag{2-6-3}$$

为激励 $f(k)$ 与系统单位序列响应 $h(k)$ 的卷积和,它表明,如果任意激励 $f(k)$ 可以表示为单位序列元叠加,那么该序列通过 LTI 离散系统后所产生的零状态响应 $y_{ZS}(k)$ 可以表示为这些单位序列元产生的单位序列响应元的叠加。对于因果信号激励的因果系统,有

$$y_{ZS}(k) = \sum_{n=0}^{k} f(n)h(k-n) \overset{\text{def}}{=} f(k) * h(k) \tag{2-6-4}$$

2.6.2 卷积和的求取方法

1. 图解法

若两个序列以图的形式给出,其卷积和可采用图解法。

图解法求 $y_{ZS}(k)=f(k) * h(k)$ 的主要步骤包括:

① 将自变量由 k 变换成 n; ② 将 $h(n)$ 反折变为 $h(-n)$;

③ $h(-n)$ 平移 k 变为 $h(k-n)$; ④ $h(k-n)$ 与 $f(n)$ 相乘得 $f(n)h(k-n)$;

⑤ 求各乘积之和。

例 2-33 两个序列如图 2-31 所示,试用图解法求其卷积和。

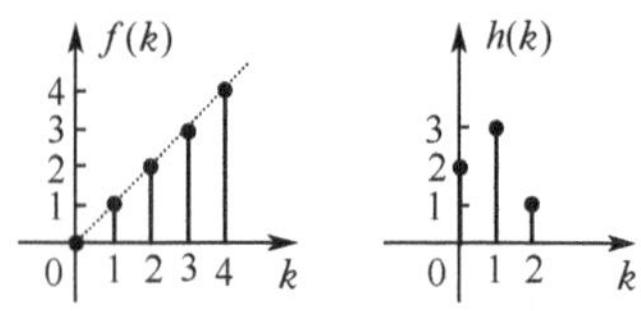

图 2-31 例 2-33 图

解 (1) 改换变量得 $f(n)$、$h(n)$ 并反折得 $h(-n)$,如图 2-32(a)所示。

(2) 平移 k 得 $h(k-n)$,如图 2-32(b)所示。

(3) 固定 $f(n)$,移动 $h(k-n)$ 后相乘求和。

$k<0$ 时,两信号无重合

$$y_{ZS}(k) = f(k) * h(k) = 0$$

$k=0$ 时 $y_{ZS}(k)=f(k) * h(k)=2\times0=0$

$k=1$ 时 $y_{ZS}(k)=f(k) * h(k)=1\times2+0\times3=2$

同理,在 $2\leqslant k\leqslant6$ 序号范围内有

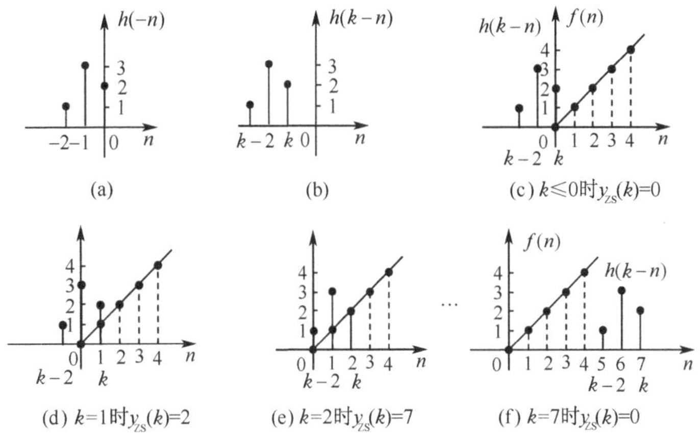

图 2-32 图解法示意图

$k=2$ 时 $\quad y_{zs}(k)=2\times2+3\times1+0\times1=4+3=7$

$k=3$ 时 $\quad y_{zs}(k)=3\times2+2\times3+1\times1=6+6+1=13$

$k=4$ 时 $\quad y_{zs}(k)=4\times2+3\times3+2\times1=8+9+2=19$

$k=5$ 时 $\quad y_{zs}(k)=0\times2+4\times3+3\times1=12+3=15$

$k=6$ 时 $\quad y_{zs}(k)=0\times2+0\times3+4\times1=4$

$k\geqslant7$ 时 $\quad y_{zs}(k)=0$

故 $y_{zs}(k)=\{\underset{\uparrow}{0},2,7,13,19,15,4\}$。

2. 数值法

数值法求卷积和的原理与图解法相同，只是省去了烦琐的绘图过程。

例 2-34 已知 $f(k)=\{\underset{\uparrow}{0},1,2,3,4\}$，$h(k)=\{\underset{\uparrow}{2},3,1\}$，试用数值法求其卷积和。

解 固定 $f(n)$，反折移位 $h(n)$ 为 $h(k-n)$，作如下运算：

```
               0, 1, 2, 3, 4
k=0      1, 3, 2
-------------------------------
yzs(k)         0

               0, 1, 2, 3, 4
k=1         1, 3, 2
-------------------------------
yzs(k)         0+2=2

         0, 1, 2, 3, 4
k=2      1, 3, 2
-------------------------------
yzs(k)   0+3+4=7

         0, 1, 2, 3, 4
k=3         1, 3, 2
-------------------------------
yzs(k)      1+6+6=13

         0, 1, 2, 3, 4
k=4            1, 3, 2
-------------------------------
yzs(k)         2+9+8=19

         0, 1, 2, 3, 4
k=5               1, 3, 2
-------------------------------
yzs(k)            3+12=15

         0, 1, 2, 3, 4
k=6                  1, 3, 2
-------------------------------
yzs(k)               4

         0, 1, 2, 3, 4
k=7                  0, 1, 3, 2
-------------------------------
yzs(k)               0
```

所以

$$y_{zs}(k)=\{\underset{\uparrow}{0},2,7,13,19,15,4\}$$

此方法表明，活动序列 $h(k-n)$ 在移动过程中，每一位均要与固定序列 $f(n)$ 的每一位相乘并求和，和值无论是否超过 10 皆只占一位。它启示我们可用不进位乘法求解卷积和。

3. 不进位乘法

这种方法采用与两个整数竖式乘法一样的步骤与格式进行，各个样点值要分别进行乘与加但逢十不进位。显然，不进位乘法只适用于两个有限长序列的卷积和计算。不进位乘法求卷积和计算特别简便，是求卷积和常用的方法。

例 2-35 已知 $f(k)=\{\underset{\uparrow}{0},1,2,3,4\}$，$h(k)=\{\underset{\uparrow}{2},3,1\}$，试用不进位乘法求其卷积和。

解 用不进位乘法有

$$
\begin{array}{rrrrrrrrl}
 & & & \{\underset{\uparrow}{0}, & 1, & 2, & 3, & 4\} & f(k) \\
\times) & & & & & \{\underset{\uparrow}{2}, & 3, & 1\} & h(k) \\
\hline
 & & & 0, & 1, & 2, & 3, & 4 & \\
 & & 0, & 3, & 6, & 9, & 12 & & \\
+) & \underset{\uparrow}{0}, & 2, & 4, & 6, & 8 & & & \\
\hline
y_{ZS}(k)=\{ & \underset{\uparrow}{0}, & 2, & 7, & 13, & 19, & 15, & 4\} &
\end{array}
$$

不进位乘法与数值乘法比较，无须作反折移位，直接在 k 域作两序列的算术乘法运算，但逢十不进位。不进位乘法所得卷积和结果 $y_{ZS}(k)$ 符合如下规律：① 序列 $y_{ZS}(k)$ 的 $k=0$ 位置确定原则是：$y_{ZS}(k)$ 的 $k=0$ 右(左)边的位数等于 $f(k)$ 与 $h(k)$ 的 $k=0$ 右(左)边的位数之和。② 设 $y_{ZS}(k)$ 的有效非零值位数为 n，$f(k)$ 的有效非零值位数为 n_1，$h(k)$ 的有效非零值位数为 n_2，则 $n=n_1+n_2-1$。③ $y_{ZS}(k)$ 的和值等于 $[f(k)$ 的和值$]\times[h(k)$ 的和值$]$，如本例有 $60=10\times6$。

4. 函数式计算法

以上三种方法中，图解法最为烦琐，对两个时限序列卷积和计算而言，不进位乘法最为简便。函数式计算卷积和是通常采用的方法，此法涉及等比级数和等差级数求和公式等数学知识，现将等比级数求和公式列出如下：

$$
\sum_{n=n_1}^{n_2} a^n = \begin{cases} \dfrac{a^{n_1}-a^{n_2+1}}{1-a}, & a \neq 1 \\ n_2-n_1+1, & a=1 \end{cases} \tag{2-6-5}
$$

卷积和的函数式计算法与卷积积分的函数式计算法平行相似，只需要把卷积的积分运算改为求和运算即可。

例 2-36 求下列卷积和：

(1) $k\varepsilon(k)*\varepsilon(k+2)$　　(2) $\varepsilon(-k)*\varepsilon(-k)$　　(3) $4^{-|k|}*2^k\varepsilon(-k)$

解 (1)
$$
\begin{aligned}
k\varepsilon(k)*\varepsilon(k+2) &= \sum_{n=-\infty}^{\infty} n\varepsilon(n)\varepsilon(k-n+2), \quad 0\leqslant n\leqslant k+2 \\
&= \left[\sum_{n=0}^{k+2} n\right]\varepsilon(k+2) = \frac{(k+2)(k+3)}{2}\varepsilon(k+2)
\end{aligned}
$$

(2)
$$
\begin{aligned}
\varepsilon(-k)*\varepsilon(-k) &= \sum_{n=-\infty}^{\infty} \varepsilon(-n)\varepsilon(-k+n), \quad k\leqslant n\leqslant 0 \\
&= \left[\sum_{n=k}^{0} 1\right]\varepsilon(-k)
\end{aligned}
$$

$$\overset{\text{令}i=-n}{=}\left[\sum_{i=0}^{-k}1\right]\varepsilon(-k)$$

$$=\frac{(1+1)(-k+1)}{2}\varepsilon(-k)=(-k+1)\varepsilon(-k)$$

(3) $4^{-|k|}*2^k\varepsilon(-k)=[4^k\varepsilon(-k)+4^{-k}\varepsilon(k-1)]*2^k\varepsilon(-k)$

$$=4^k\varepsilon(-k)*2^k\varepsilon(-k)+4^{-k}\varepsilon(k-1)*2^k\varepsilon(-k)$$

作辅助图如图 2-33 所示。

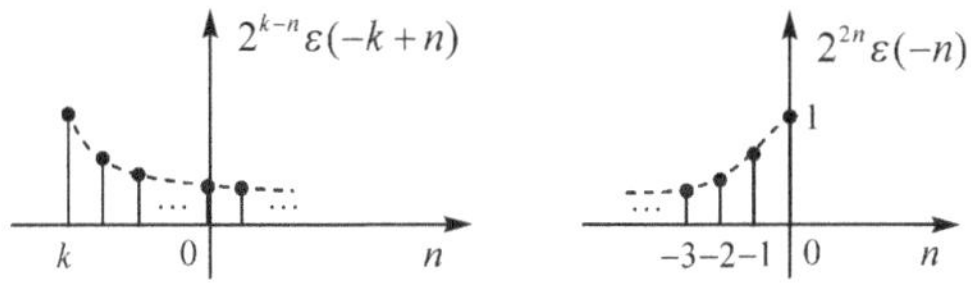

图 2-33 辅助图

由图可见，当 $k<0$ 时，n 求和的取值范围为 $(k,0)$，故有

$$4^k\varepsilon(-k)*2^k\varepsilon(-k)=\sum_{n=-\infty}^{\infty}2^{2n}\varepsilon(-n)2^{k-n}\varepsilon(-k+n)$$

$$=\left[2^k\sum_{n=k}^{0}2^n\right]\varepsilon(-k)\overset{n=-i}{=}\left[2^k\sum_{i=0}^{-k}2^{-i}\right]\varepsilon(-k)$$

$$=2^k\frac{1-(2^{-1})^{-k+1}}{1-2^{-1}}\varepsilon(-k)=(2^{k+1}-2^{2k})\varepsilon(-k)$$

$$4^{-k}\varepsilon(k-1)*2^k\varepsilon(-k)=\left[2^k\sum_{n=1}^{\infty}2^{-3n}\right]\varepsilon(-k)+\left[2^k\sum_{n=k}^{\infty}2^{-3n}\right]\varepsilon(k-1)$$

$$=2^k\frac{2^{-3}}{1-2^{-3}}\varepsilon(-k)+2^k\frac{2^{-3k}}{1-2^{-3}}\varepsilon(k-1)$$

$$=\frac{1}{7}(2)^k\varepsilon(-k)+\frac{8}{7}(2)^{-2k}\varepsilon(k-1)$$

故

$$4^{-|k|}*2^k\varepsilon(-k)=(2^{k+1}-2^{2k})\varepsilon(-k)+\frac{1}{7}(2)^k\varepsilon(-k)+\frac{8}{7}(2)^{-2k}\varepsilon(k-1)$$

$$=\left[\frac{15}{7}(2)^k-(2)^{2k}\right]\varepsilon(-k)+\frac{8}{7}(2)^{-2k}\varepsilon(k-1)$$

可见，函数式计算法求解卷积和涉及卷积和上下限的确定与卷积和结果非零值定义域的确定，其处理方法与卷积积分相似。

2.6.3 卷积和的性质

1）交换律

$$f_1(k)*f_2(k)=f_2(k)*f_1(k) \tag{2-6-6}$$

2）分配律

$$f_1(k)*[f_2(k)+f_3(k)]=f_1(k)*f_2(k)+f_1(k)*f_3(k) \tag{2-6-7}$$

对离散并联系统而言，卷积和分配律可用图 2-34(a)表示。

3）结合律

$$f_1(k)*[f_2(k)*f_3(k)]=[f_1(k)*f_2(k)]*f_3(k)$$
$$=[f_1(k)*f_3(k)]*f_2(k) \tag{2-6-8}$$

对离散级联系统而言，卷积和结合律可用图 2-34(b)表示。

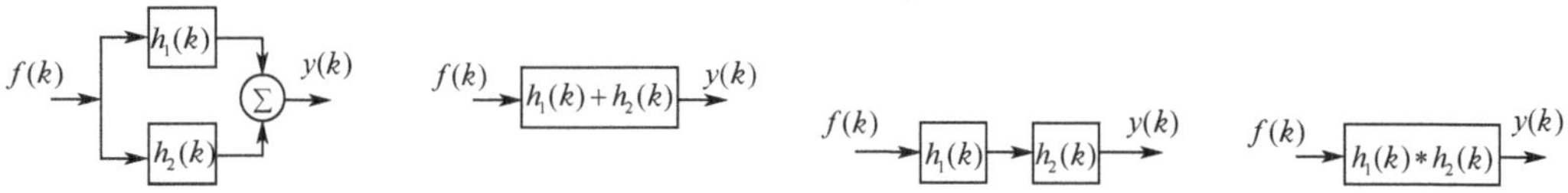

(a)系统的并联　　　　(b)系统的级联

图 2-34　离散系统的串联和级联

4）含单位序列的卷积和

如果两序列之一是单位序列，由于 $\delta(k)$ 仅当 $k=0$ 时等于 1，$k\neq 0$ 时全为零，因而有

$$f(k)*\delta(k)=\delta(k)*f(k)=\sum_{n=-\infty}^{\infty}\delta(n)f(k-n)=f(k) \tag{2-6-9}$$

即序列 $f(k)$ 与单位序列 $\delta(k)$ 的卷积和就是序列 $f(k)$ 本身。

将式(2-6-9)推广，$f(k)$ 与移位单位序列 $\delta(k-k_1)$ 的卷积和

$$f(k)*\delta(k-k_1)=\delta(k-k_1)*f(k)=f(k-k_1) \tag{2-6-10}$$

同理

$$f(k-k_1)*\delta(k-k_2)=f(k-k_2)*\delta(k-k_1)=f(k-k_1-k_2) \tag{2-6-11}$$

若

$$y(k)=f_1(k)*f_2(k)$$

则

$$f_1(k-k_1)*f_2(k-k_2)=f_1(k-k_2)*f_2(k-k_1)=f_1(k)*f_2(k)*\delta(k-k_1)*\delta(k-k_2)$$
$$=y(k)*\delta(k-k_1-k_2)=y(k-k_1-k_2) \tag{2-6-12}$$

其中，各式的 k_1 和 k_2 均为整常数。

利用卷积和运算性质可化简卷积和运算。

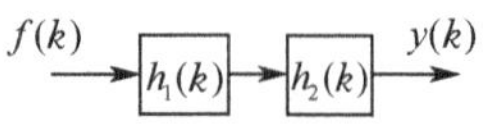

图 2-35　例 2-37 图

例 2-37　系统框图如图 2-35 所示，试求 $h(k)$，已知 $h_1(k)=a^k\varepsilon(k)$，$h_2(k)=b^k\varepsilon(k)$（a,b 为常数）。

解　由框图知

$$h(k)=h_1(k)*h_2(k)=\sum_{n=-\infty}^{\infty}a^n\varepsilon(n)b^{k-n}\varepsilon(k-n)$$

当 $a\neq b$ 时

$$h(k)=\sum_{n=0}^{k}a^nb^{k-n}\varepsilon(k)=b^k\sum_{n=0}^{k}\left(\frac{a}{b}\right)^n\varepsilon(k)$$
$$=b^k\frac{1-\left(\dfrac{a}{b}\right)^{k+1}}{1-\dfrac{a}{b}}\varepsilon(k)=\frac{b^{k+1}-a^{k+1}}{b-a}\varepsilon(k)$$

当 $a=b\neq 1$ 时

$$h(k)=b^k\sum_{n=0}^{k}(1)^n\varepsilon(k)=(k+1)b^k\varepsilon(k)$$

当 $a=b=1$ 时

$$h(k)=\varepsilon(k)*\varepsilon(k)=(k+1)\varepsilon(k)$$

故

$$h(k)=\begin{cases}\dfrac{b^{k+1}-a^{k+1}}{b-a}\varepsilon(k), & a\neq b\\(k+1)b^k\varepsilon(k), & a=b\neq 1\\(k+1)\varepsilon(k), & a=b=1\end{cases}$$

2.6.4　利用卷积和求零状态响应

为使利用卷积和求取零状态响应更加快捷方便，特将常用因果序列的卷积和公式列出，如表 2-7 所示。

表 2-7　常用因果序列的卷积和公式

序号	$f_1(k), k\geqslant 0$	$f_2(k), k\geqslant 0$	$f_1(k)*f_2(k), k\geqslant 0$
1	$\delta(k)$	$f(k)$	$f(k)$
2	$\varepsilon(k)$	$f(k)$	$\sum\limits_{n=0}^{k}f(n)$
3	$\varepsilon(k)$	$\varepsilon(k)$	$(k+1)\varepsilon(k)$
	$a^k\varepsilon(k)$	$a^k\varepsilon(k)$	$(k+1)a^k\varepsilon(k)$
4	$a_1^k\varepsilon(k)$	$a_2^k\varepsilon(k)$	$\dfrac{a_1^{k+1}-a_2^{k+1}}{a_1-a_2}\varepsilon(k),\quad (a_1\neq a_2)$
	$\varepsilon(k)$	$a^k\varepsilon(k)$	$\dfrac{1-a^{k+1}}{1-a}\varepsilon(k),\quad (a\neq 1)$
5	$\varepsilon(k)$	$k\varepsilon(k)$	$\dfrac{1}{2}k(k+1)\varepsilon(k)$
	$k\varepsilon(k)$	$k\varepsilon(k)$	$\dfrac{1}{6}(k-1)k(k+1)\varepsilon(k)$
6	$k\varepsilon(k)$	$a^k\varepsilon(k)$	$\left[\dfrac{k}{1-a}+\dfrac{a(a^k-1)}{(1-a)^2}\right]\varepsilon(k)$

由初始状态和输入激励共同作用的 LTI 离散系统所产生的响应就是离散系统的全响应，它是零输入响应与零状态响应之和，即

$$y(k)=y_{ZI}(k)+y_{ZS}(k)$$

其中，$y_{ZI}(k)$的求解采用经典法；$y_{ZS}(k)$的求解采用卷积和求解法。以下举例说明。

例 2-38　描述系统的差分方程为 $y(k+2)-0.7y(k+1)+0.1y(k)=7f(k+2)-2f(k+1)$，已知 $y_{ZI}(0)=2, y_{ZI}(1)=4, f(k)=\varepsilon(k)$，试求其全响应。

解　(1) 求 $y_{ZI}(k)$。卷积和不能用于求解 $y_{ZI}(k)$，所以只能用经典法求解。对于齐次差分方程 $y(k+2)-0.7y(k+1)+0.1y(k)=0$，有特征方程 $\gamma^2-0.7\gamma+0.1=0$，特征根 $\gamma_1=0.5, \gamma_2=0.2$，故有

$$y_{ZI}(k)=C_{ZI_1}(0.5)^k+C_{ZI_2}(0.2)^k,\quad k\geqslant 0$$

代入初始条件

$$\begin{cases}y_{ZI}(0)=C_{ZI_1}+C_{ZI_2}=2\\y_{ZI}(1)=0.5C_{ZI_1}+0.2C_{ZI_2}=4\end{cases}$$

解之得

$$\begin{cases} C_{ZI_1} = 12 \\ C_{ZI_2} = -10 \end{cases}$$

故

$$y_{ZI}(k) = 12(0.5)^k - 10(0.2)^k, \quad k \geqslant 0$$

(2)求 $h(k)$，差分方程的转移因子为

$$H(E) = \frac{7E^2 - 2E}{E^2 - 0.7E + 0.1} = \frac{7E^2 - 2E}{(E-0.5)(E-0.2)} = \frac{C_1 E}{E-0.5} + \frac{C_2 E}{E-0.2}$$

其中

$$C_1 = (E-0.5)\frac{H(E)}{E}\bigg|_{E=0.5} = \frac{7E-2}{E-0.2}\bigg|_{E=0.5} = 5$$

$$C_2 = (E-0.2)\frac{H(E)}{E}\bigg|_{E=0.2} = \frac{7E-2}{E-0.5}\bigg|_{E=0.2} = 2$$

故

$$H(E) = \frac{5E}{E-0.5} + \frac{2E}{E-0.2}$$

故得

$$h(k) = [5\,(0.5)^k + 2\,(0.2)^k]\varepsilon(k)$$

(3) 利用卷积和求 $y_{ZS}(k)$。

$$\begin{aligned} y_{ZS}(k) &= f(k) * h(k) = \varepsilon(k) * [5(0.5)^k + 2(0.2)^k]\varepsilon(k) \\ &= \varepsilon(k) * 5(0.5)^k\varepsilon(k) + \varepsilon(k) * 2(0.2)^k\varepsilon(k) \\ &= 5 \times \frac{1-(0.5)^{k+1}}{1-0.5}\varepsilon(k) + 2 \times \frac{1-(0.2)^{k+1}}{1-0.2}\varepsilon(k) \qquad \text{(查表 2-7 得)} \\ &= 10[1-(0.5)^{k+1}]\varepsilon(k) + 2.5[1-(0.2)^{k+1}]\varepsilon(k) \\ &= [12.5 - 5\,(0.5)^k - 0.5\,(0.2)^k]\varepsilon(k) \end{aligned}$$

(4) 求全响应 $y(k)$

$$\begin{aligned} y(k) &= y_{ZI}(k) + y_{ZS}(k) \\ &= 12(0.5)^k - 10(0.2)^k + 12.5 - 5(0.5)^k - 0.5(0.2)^k \\ &= 12.5 + 7(0.5)^k - 10.5(0.2)^k, \quad k \geqslant 0 \end{aligned}$$

令 $k=0$ 和 $k=1$ 可得全响应初始条件 $y(0)=9$，$y(1)=13.9$，显然与零输入初始条件 $y_{ZI}(0)=2$，$y_{ZI}(1)=4$ 不同。一般地说，在没有特别说明的情况下，初始状态指的就是零输入响应初值。

例 2-39 已知 $y(k)-y(k-1)-2y(k-2)=f(k)$，试求单位阶跃序列响应$g(k)$。

解 (1) 求 $h(k)$，此系统转移算子为

$$H(E) = \frac{E^2}{E^2 - E - 2} = \frac{E^2}{(E-2)(E+1)} = \frac{C_1 E}{E-2} + \frac{C_2 E}{E+1}$$

其中

$$C_1 = (E-2)\frac{H(E)}{E}\bigg|_{E=2} = \frac{E}{E+1}\bigg|_{E=2} = \frac{2}{3}$$

$$C_2 = (E+1)\frac{H(E)}{E}\bigg|_{E=-1} = \frac{E}{E-2}\bigg|_{E=-1} = \frac{1}{3}$$

故

$$H(E) = \frac{2}{3} \times \frac{E}{E-2} + \frac{1}{3} \times \frac{E}{E+1}$$

得

$$h(k)=\left[\frac{2}{3}(2)^k+\frac{1}{3}(-1)^k\right]\varepsilon(k)$$

(2) 求 $g(k)$。

$$\begin{aligned}g(k)&=\varepsilon(k)*h(k)=\varepsilon(k)*\left[\frac{2}{3}(2)^k\varepsilon(k)+\frac{1}{3}(-1)^k\varepsilon(k)\right]\\&=\frac{2}{3}\times\frac{1-(2)^{k+1}}{1-2}\varepsilon(k)+\frac{1}{3}\times\frac{1-(-1)^{k+1}}{1-(-1)}\varepsilon(k)\qquad(\text{查表 2-7 得})\\&=\left[\frac{4}{3}(2)^k+\frac{1}{6}(-1)^k-\frac{1}{2}\right]\varepsilon(k)\end{aligned}$$

习　题

2.1　试用经典法求解下列齐次微分方程。

(1) $y''(t)+5y'(t)+6y(t)=0, y'(0_-)=-1, y(0_-)=1$

(2) $y''(t)+y(t)=0, y'(0_-)=0, y(0_-)=2$

2.2　已知描述 LTI 连续系统的微分方程和初始状态如下，试求 $t=0_+$ 时的初始值 $y(0_+)$ 和 $y'(0_+)$。

(1) $y''(t)+3y'(t)+2y(t)=f(t), y'(0_-)=1, y(0_-)=0, f(t)=\varepsilon(t)$

(2) $y''(t)+6y'(t)+8y(t)=f'(t), y'(0_-)=1, y(0_-)=0, f(t)=\varepsilon(t)$

(3) $y''(t)+4y'(t)+3y(t)=f'(t)+f(t), y'(0_-)=1, y(0_-)=0, f(t)=\varepsilon(t)$

(4) $y''(t)+4y'(t)+5y(t)=f'(t), y'(0_-)=2, y(0_-)=1, f(t)=e^{-2t}\varepsilon(t)$

2.3　已知描述系统的微分方程和初始状态如下，试用经典法求其零输入响应 $y_{ZI}(t)$、零状态响应 $y_{ZS}(t)$ 和全响应 $y(t)$。

(1) $y''(t)+4y'(t)+3y(t)=f(t), y'(0_-)=y(0_-)=1, f(t)=\varepsilon(t)$

(2) $y''(t)+4y'(t)+4y(t)=f'(t)+3f(t), y'(0_-)=2, y(0_-)=1, f(t)=e^{-t}\varepsilon(t)$

(3) $y''(t)+2y'(t)+2y(t)=f'(t), y'(0_-)=1, y(0_-)=0, f(t)=\varepsilon(t)$

2.4　试用经典法求解下列齐次差分方程。

(1) $y(k+2)+3y(k+1)+2y(k)=0, y_{ZI}(0)=2, y_{ZI}(1)=1$

(2) $y(k+2)+2y(k+1)+2y(k)=0, y_{ZI}(0)=0, y_{ZI}(1)=1$

(3) $y(k+2)+2y(k+1)+y(k)=0, y_{ZI}(0)=y_{ZI}(1)=1$

(4) $y(k)-2y(k-1)=0, y_{ZI}(0)=2$

(5) $y(k)+2y(k-1)+4y(k-2)=0, y_{ZI}(0)=0, y_{ZI}(1)=2$

(6) $y(k)-7y(k-1)+16y(k-2)-12y(k-3)=0, y_h(0)=0, y_h(1)=-1, y_h(2)=-3$

2.5　试用经典法求解下列差分方程的零输入响应 $y_{ZI}(k)$。

(1) $y(k)+3y(k-1)+2y(k-2)=f(k), y(-1)=0, y(-2)=1$

(2) $y(k)+2y(k-1)+y(k-2)=f(k)-f(k-1), y(-1)=1, y(-2)=-3$

(3) $y(k)+y(k-2)=f(k-2), y(-1)=-2, y(-2)=-1$

2.6　试用经典法求解下列差分方程的零输入响应 $y_{ZI}(k)$、零状态响应 $y_{ZS}(k)$ 和全响应 $y(k)$。

(1) $y(k)-2y(k-1)=f(k), y(-1)=-1, f(k)=2\varepsilon(k)$

(2) $y(k)+3y(k-1)+2y(k-2)=f(k), y(-1)=1, y(-2)=0, f(k)=\varepsilon(k)$

2.7　电路如题 2.7 图所示，试分别求以 $i(t)$ 和 $u(t)$ 为输出时的单位冲激响应。

2.8　已知描述系统的微分方程如下，试分别求其单位冲激响应 $h(t)$ 和单位阶跃响应 $g(t)$。

(1) $y'(t)+2y(t)=f'(t)-f(t)$　　(2) $y'(t)+2y(t)=f''(t)$

2.9　描述系统的微分方程如下，试用经典法求其单位冲激响应 $h(t)$。

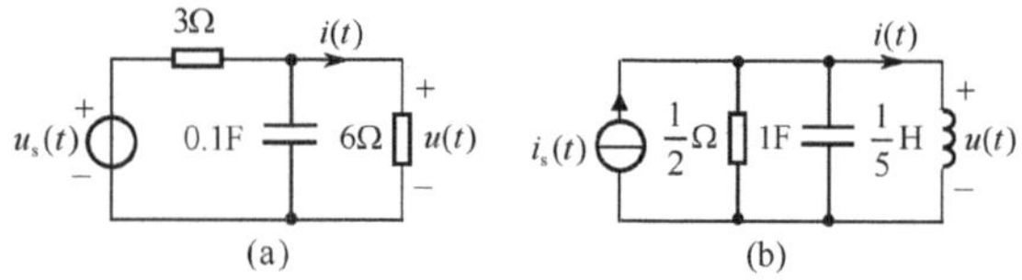

题 2.7 图

(1) $2y''(t)+8y(t)=f(t)$　　(2) $y''(t)+y'(t)+y(t)=f'(t)+f(t)$

(3) $y''(t)+2y'(t)+y(t)=f'(t)+2f(t)$　　(4) $y'''(t)+6y''(t)+11y'(t)+6y(t)=f'(t)+2f(t)$

2.10　试求下列差分方程所描述的离散系统的单位序列响应 $h(k)$。

(1) $y(k)+2y(k-1)=f(k-1)$　　(2) $y(k+2)+3y(k+1)+2y(k)=f(k+1)+f(k)$

(3) $y(k)+y(k-1)+\frac{1}{4}y(k-2)=f(k)$　　(4) $y(k)-4y(k-1)+8y(k-2)=f(k)$

(5) $y(k+2)+2y(k+1)+2y(k)=f(k+1)+2f(k)$

2.11　离散系统模拟框图如题 2.11 图所示，试求其单位序列响应 $h(k)$。

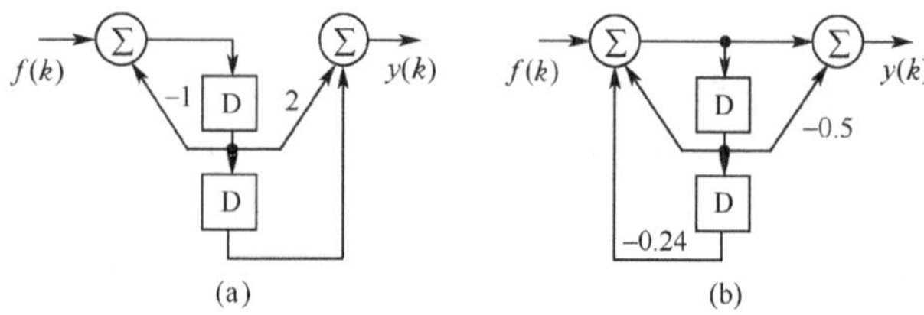

题 2.11 图

2.12　描述离散系统的差分方程如下，试求单位序列响应 $h(k)$。

(1) $y(k+2)-5y(k+1)+6y(k)=f(k+1)$

(2) $y(k+2)-0.7y(k+1)+0.1y(k)=f(k+1)$

2.13　函数波形如题 2.13 图所示，试用图解法求各组函数的卷积 $f(t)=f_1(t)*f_2(t)$。

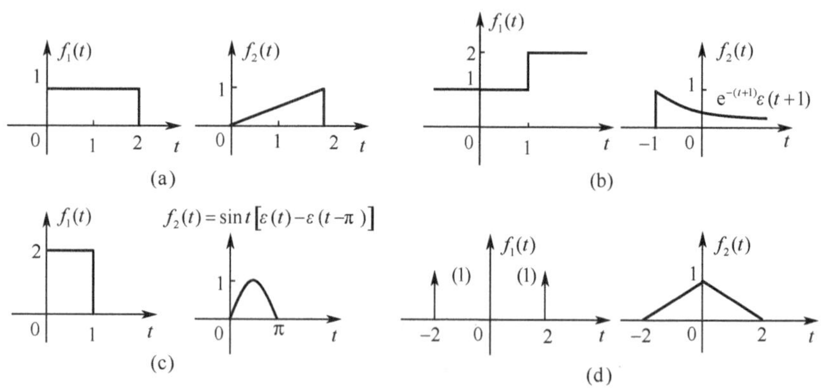

题 2.13 图

2.14　LTI 连续系统的激励 $f(t)$ 和单位冲激响应 $h(t)$ 分别如题 2.14 图(a)、(b)所示，其零状态响应 $y_{zs}(t)=f(t)*h(t)$，试求 $y_{zs}(4)$ 之值。

2.15　试证明，若 $f(t)$ 在区间 (a_1,b_1) 外为零，$h(t)$ 在区间 (a_2,b_2) 外为零，则 $y_{zs}(t)=f(t)*h(t)$ 在区间 (a_1+a_2,b_1+b_2) 外为零。

2.16　试计算下列卷积：

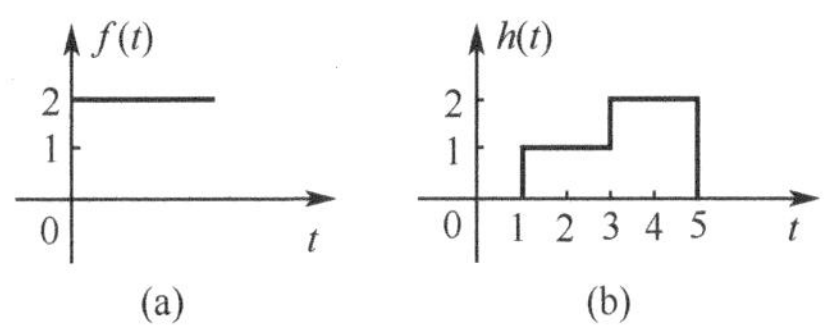

题 2.14 图

(1) $\varepsilon(t) * \varepsilon(t)$　　(2) $e^{-2t}\varepsilon(t) * \varepsilon(t)$

(3) $e^{-t}\varepsilon(t) * e^{-2t}\varepsilon(t)$　　(4) $t\varepsilon(t) * e^{-2t}\varepsilon(t)$

(5) $e^{-t}\varepsilon(t) * \cos t\varepsilon(t)$　　(6) $t\varepsilon(t) * [\varepsilon(t)-\varepsilon(t-2)]$

(7) $e^{-2t}\varepsilon(t+1) * \varepsilon(t-3)$　　(8) $e^{-t} * e^{-2t}\varepsilon(t)$

(9) $\varepsilon(t-1) * e^{t}\varepsilon(2-t)$　　(10) $e^{-2|t|} * \varepsilon(t-2)$

(11) $|\sin(\pi t)|[\varepsilon(t)-\varepsilon(t-2)] * [\varepsilon(t)-\varepsilon(t-2)]$　(12) $e^{-|t|}\operatorname{sgn}(t) * [\varepsilon(t)-\varepsilon(t-2)]$

2.17　已知 $f_1(t)=\Delta_4(t)$，$f_2(t)=\delta(t+2)+\delta(t-2)$，$f_3(t)=\delta(t+1)+\delta(t-1)$，$f_4(t)=\delta(t-2)-\delta(t-3)+\delta(t-4)$，试求下列卷积并绘出波形。

(1) $f_1(t) * f_2(t)$　　(2) $f_1(t) * f_3(t)$　　(3) $f_1(t) * f_4(t)$

(4) $f_1(t) * f_2(t) * f_2(t)$　　(5) $f_1(t) * [2f_4(t)-f_3(t-3)]$

2.18　已知 $f(t)$的波形如题 2.18 图(a)所示，用 $f(t)$与门函数 $g_\tau(t)$及周期性冲激序列 $\delta_T(t)=\sum_{n=-\infty}^{\infty}\delta(t-nT)$ 进行卷积和相乘运算可构成题 2.18 图(b)、(c)所示函数 $y_1(t)$和 $y_2(t)$的波形，试列出运算等式。

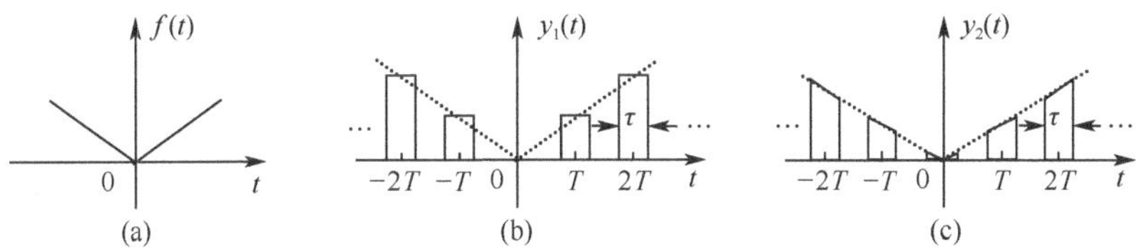

题 2.18 图

2.19　计算下列卷积：

(1) $f(t)=t^2 * \delta(t)$　　(2) $f(t)=e^{-2t}\varepsilon(t) * \delta(3t-2)$

(3) $f(t)=\sin\pi t[\varepsilon(t)-\varepsilon(t-1)] * [\delta(t)+\delta(t-1)]$

(4) $f(t)=e^{-t}\varepsilon(t) * \delta'(t) * \varepsilon(t)$　　(5) $f(t)=e^{-2t}\varepsilon(t) * \delta''(t) * t\varepsilon(t)$

2.20　某 LTI 因果连续系统激励 $f(t)$和零状态响应 $y_{ZS}(t)$关系为

$$y_{ZS}(t)=\int_{-\infty}^{t} e^{-(t-\tau)} f(\tau-2)\,d\tau$$

试求：(1) 该系统的冲激响应 $h(t)$；

(2) 当激励 $f(t)$为如题 2.20 图所示信号时该系统的零状态响应 $y_{ZS}(t)$。

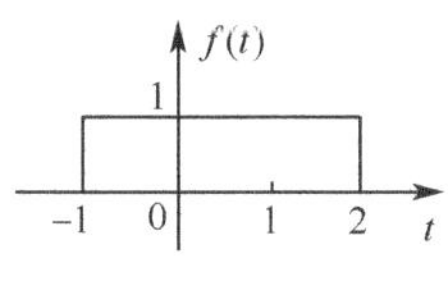

题 2.20 图

2.21　某 LTI 连续系统，当激励 $f(t)$为题 2.21 图(a)所示波形时，零状态响应 $y_{ZS}(t)$的波形如题 2.21 图(b)所示，试求其冲激响应 $h(t)$及当激励为 $f_2(t)=f(2t)$时的零状态响应 $y_{ZS_2}(t)$。

2.22　某 LTI 连续系统，当激励 $f(t)$为题 2.22 图(a)所示波形时，零状态响应$y_{ZS}(t)$的波形如题图 2-22(b)所示。

(1) 试求其冲激响应 $h(t)$；

(2) 试用积分器、加法器、标量乘法器和延时器($T=1$s)构成该系统。

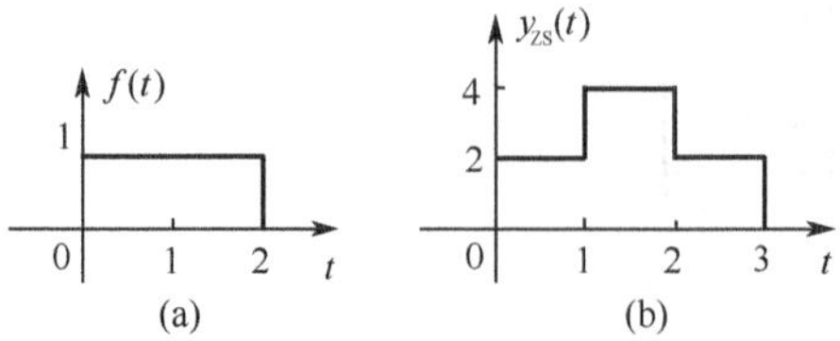

题 2.21 图

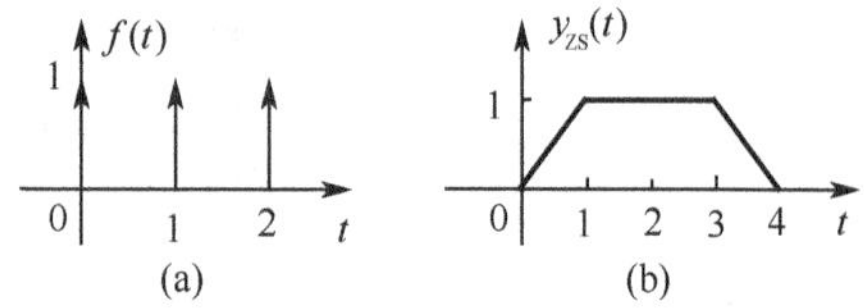

题 2.22 图

2.23　已知微分方程 $y''(t)+3y'(t)+2y(t)=f'(t)+3f(t)$，当激励分别为(1) $f(t)=\varepsilon(t)$；(2) $f(t)=e^{-3t}\varepsilon(t)$时，试用卷积分析法求解零状态响应 $y_{ZS}(t)$。

2.24　如题 2.24 图所示系统，试求当激励 $f(t)=\varepsilon(t)$时，该系统的零状态响应 $y_{ZS}(t)$。

2.25　由几个子系统构成的复合系统如题 2.25 图所示，各子系统的冲激响应分别为 $h_1(t)=\varepsilon(t)$(积分器)；$h_2(t)=\delta(t-1)$(单位延时器)；$h_3(t)=-\delta(t)$(倒相器)。试求该系统的冲激响应 $h(t)$。

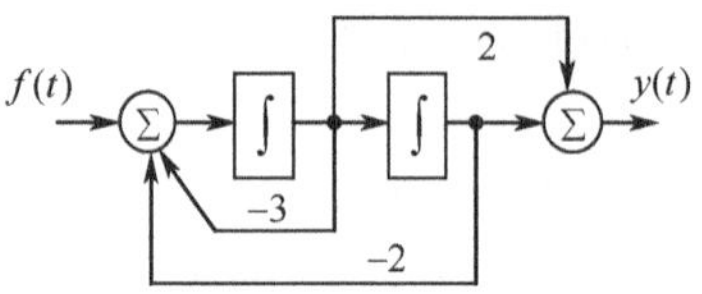

题 2.24 图

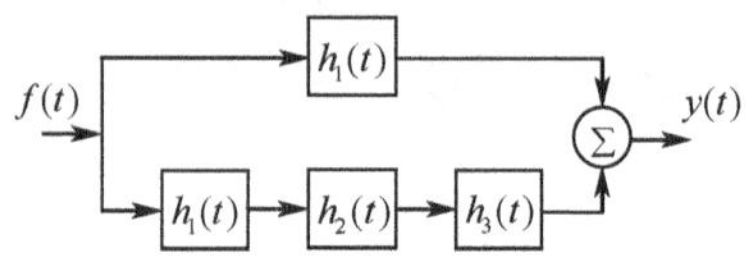

题 2.25 图

2.26　由几个子系统构成的复合系统如题 2.26 图所示，各子系统的冲激响应分别为 $h_1(t)=\delta(t-1)$，$h_2(t)=\varepsilon(t)-\varepsilon(t-3)$，试求该系统的冲激响应 $h(t)$。

2.27　某 LTI 连续系统的单位阶跃响应为

$$g(t)=\frac{A}{T}[t\varepsilon(t)-2(t-T)\varepsilon(t-T)+(t-2T)\varepsilon(t-2T)]$$

试用杜哈密尔积分求以下激励作用时，该系统的零状态响应：

(1) $f(t)=\varepsilon(t)-\varepsilon(t-T)$　　(2) $f(t)=t\varepsilon(t)-t\varepsilon(t-T)$

2.28　电路如题 2.28 图所示，其中题 2.28 图(a)以电流 $i(t)$为响应，题2.28图(b)以电压$u(t)$为响应，试分别求其单位冲激响应和单位阶跃响应。

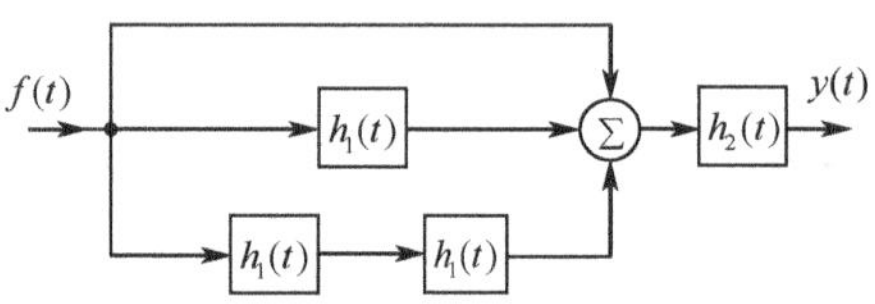

题 2.26 图

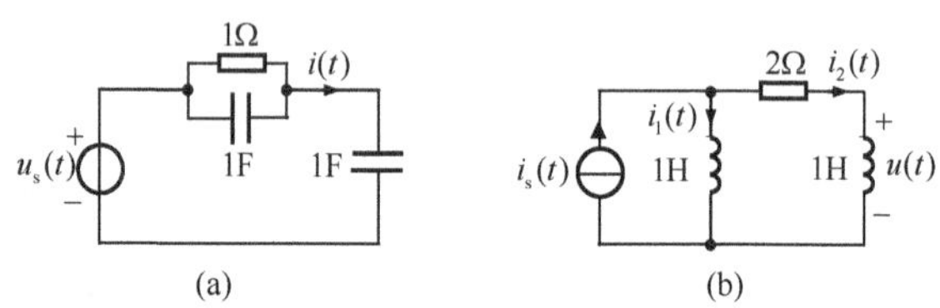

题 2.28 图

2.29　各序列的图形如题 2.29 图所示，试求下列卷积和。

(1) $f_1(k)*f_2(k)$　　(2) $f_2(k)*f_3(k)$

(3) $f_3(k)*f_4(k)$　　(4) $[f_2(k)-f_1(k)]*f_3(k)$

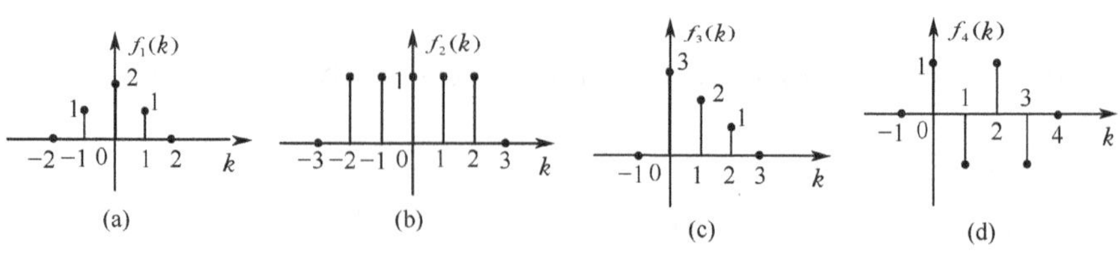

题 2.29 图

2.30　试求下列序列的卷积和 $f(k)=f_1(k)*f_2(k)$。

(1) $f_1(k)=\{\underset{\uparrow}{0}, 1, 1\}$，$f_2(k)=\{\underset{\uparrow}{0}, 1, 2, 3\}$

(2) $f_1(k)=\{\underset{\uparrow}{1}, 1, 2\}$，$f_2(k)=\{\underset{\uparrow}{1}, 1, -1\}$

2.31　试求下列序列的卷积和。

(1) $\varepsilon(k)*\varepsilon(k)$　　(2) $k\varepsilon(k)*k\varepsilon(k)$

(3) $a^k\varepsilon(k)*a^k\varepsilon(k)$　　(4) $a^k\varepsilon(k)*b^k\varepsilon(k)$，　$a\neq b$

(5) $(0.5)^k\varepsilon(k)*[\varepsilon(k)-\varepsilon(k-5)]$

2.32　求解下列差分方程的零输入响应 $y_{ZI}(k)$、零状态响应 $y_{ZS}(k)$ 和全响应 $y(k)$ 并绘其模拟框图。

(1) $y(k+2)+y(k+1)+y(k)=f(k)$，$f(k)=\varepsilon(k)$，$y(0)=1$，$y(1)=2$

(2) $y(k)+2y(k-1)+y(k-2)=f(k)$，$f(k)=3\left(\frac{1}{2}\right)^k\varepsilon(k)$，$y(-1)=3$，$y(-2)=-5$

2.33　已知某 LTI 离散系统的单位阶跃序列响应为 $g(k)=\left(\frac{1}{2}\right)^k\varepsilon(k)$，试求其单位序列响应 $h(k)$。

2.34　离散系统模拟框图如题 2.34 图所示，当激励 $f(k)=2^k\varepsilon(k)$ 时，试求其零状态响应 $y_{ZS}(k)$。

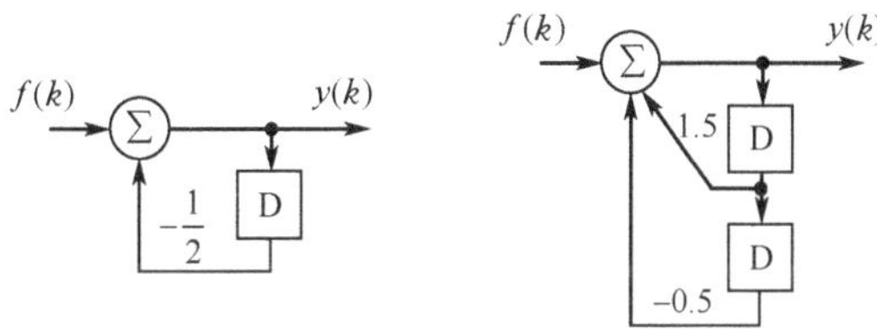

(a)　　(b)

题 2.34 图

2.35　有人在银行存款，在第 k 个月初存入的款数为 $f(k)$ 元，银行的月息利率为 β，每月的利息不取出。(1)试用差分方程列写出第 k 个月初的本利 $y(k)$。(2)若 $f(k)=10\varepsilon(k)$ 元，$\beta=0.003$，$y(0)=20$ 元，求第 12 个月初此人在银行里的总存款是多少？

2.36　有 k 条直线，两两相交，且没有三条以上的直线交于一点的情况，试问满足这一条件的 k 条直线能把平面分成多少块？

2.37　由 3 个子系统构成的复合系统如题 2.37 图所示，各子系统的单位序列响应分别为 $h_1(k)=\delta(k)$，$h_2(k)=\delta(k-N)$（N 为常数），$h_3(k)=\varepsilon(k)$，试求该系统的单位序列响应 $h(k)$。

2.38　由 3 个子系统构成的复合系统如题 2.38 图所示，各子系统的单位序列响应分别 $h_1(k)=\varepsilon(k)$，$h_2(k)=\delta(k-3)$，$h_3(k)=(0.8)^k\varepsilon(k)$，试求该系统的单位序列响应 $h(k)$。

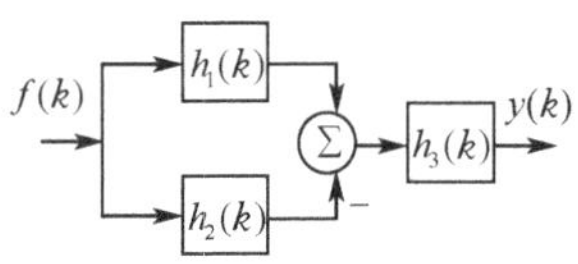

题 2.37 图

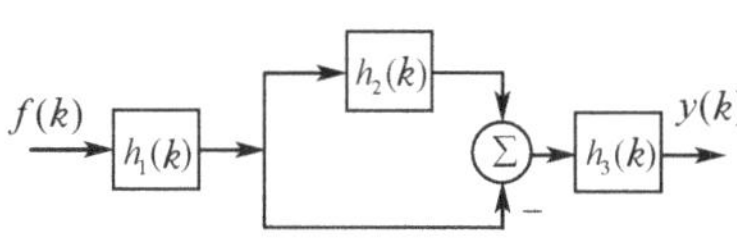

题 2.38 图

第 3 章　信号与系统的频域分析

本章导读

由第 2 章的讨论可知，应用卷积积分(卷积和)可以将任意连续(离散)信号表示为加权的冲激函数(单位序列)为基本信号的线性组合。其实，连续信号还可以表示为一系列相互正交的不同频率的虚指数函数 $e^{j\omega t}$ 的线性组合，这就是傅里叶变换。信号的这种分解有着明显的物理意义，而且在工程技术中具有广泛的应用。

本章首先介绍连续信号的傅里叶变换，然后讨论连续系统的傅里叶变换分析法，研究信号与系统的频率特性，并通过无失真传输、理想低通滤波器的响应及多路复用等内容说明傅里叶变换的应用，最后简要介绍离散信号的傅里叶变换。

第 21 讲

3.1　信号分解为正交函数

3.1.1　矢量表示为正交矢量集

如果两个矢量 $\boldsymbol{V}_1$ 和 $\boldsymbol{V}_2$ 的点乘为零，即

$$\boldsymbol{V}_1 \cdot \boldsymbol{V}_2 = |\boldsymbol{V}_1| \cdot |\boldsymbol{V}_2| \cos\theta = 0$$

则称矢量 $\boldsymbol{V}_1$ 和 $\boldsymbol{V}_2$ 彼此正交，如图 3-1 所示，这时 $\boldsymbol{V}_1$ 沿着 $\boldsymbol{V}_2$ 没有分量；反之亦然。

如果在由两个彼此正交的矢量 $\boldsymbol{V}_1$ 和 $\boldsymbol{V}_2$ 构成的二维矢量集$\{\boldsymbol{V}_1, \boldsymbol{V}_2\}$里，再也找不到第三个矢量 $\boldsymbol{V}_3$ 与矢量 $\boldsymbol{V}_1$ 和 $\boldsymbol{V}_2$ 正交，即没有 $\boldsymbol{V}_3 \cdot \boldsymbol{V}_1=0$ 和 $\boldsymbol{V}_3 \cdot \boldsymbol{V}_2=0$ 存在，则称矢量集$\{\boldsymbol{V}_1, \boldsymbol{V}_2\}$是正交完备的。这时，该二维矢量平面里存在的任一矢量 $\boldsymbol{V}$ 都可以精确地用矢量 $\boldsymbol{V}_1$ 和 $\boldsymbol{V}_2$ 的线性组合来表示，如图 3-2 所示，有

$$\boldsymbol{V} = C_1\boldsymbol{V}_1 + C_2\boldsymbol{V}_2 \tag{3-1-1}$$

图 3-1　正交矢量

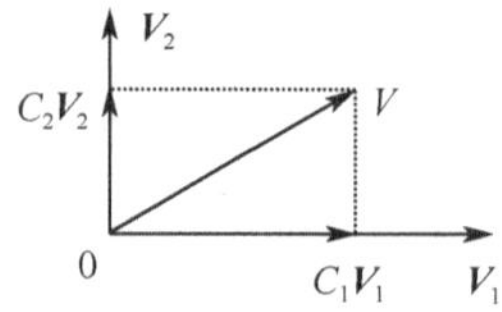

图 3-2　矢量分解

对于式(3-1-1)两边同时右点乘矢量 $\boldsymbol{V}_1$ 得

$$\boldsymbol{V} \cdot \boldsymbol{V}_1 = [C_1\boldsymbol{V}_1 + C_2\boldsymbol{V}_2] \cdot \boldsymbol{V}_1 = C_1\boldsymbol{V}_1 \cdot \boldsymbol{V}_1 + C_2\boldsymbol{V}_2 \cdot \boldsymbol{V}_1 = C_1 |\boldsymbol{V}_1|^2 = C_1 V_1^2$$

得标量系数

$$C_1 = \frac{\boldsymbol{V} \cdot \boldsymbol{V}_1}{V_1^2} \tag{3-1-2}$$

同理可得

$$C_2 = \frac{\boldsymbol{V} \cdot \boldsymbol{V}_2}{V_2^2} \tag{3-1-3}$$

正交矢量分解的概念可以推广到设想的 n 维矢量空间。如果 n 维矢量集$\{\boldsymbol{V}_1, \boldsymbol{V}_2, \cdots, \boldsymbol{V}_n\}$是正交完备的，则该矢量空间的任一矢量 $\boldsymbol{V}$ 都可以精确地用 n 个正交分矢量的线性组合来表示，即

$$\boldsymbol{V} = C_1\boldsymbol{V}_1 + C_2\boldsymbol{V}_2 + \cdots + C_n\boldsymbol{V}_n = \sum_{i=1}^{n} C_i\boldsymbol{V}_i \tag{3-1-4}$$

其中，标量系数

$$C_i = \frac{\boldsymbol{V} \cdot \boldsymbol{V}_i}{V_i^2} \tag{3-1-5}$$

如果矢量空间是不完备的，例如，二维矢量空间如果只有矢量 $\boldsymbol{V}_1$，则只能近似地用 $\boldsymbol{V}_1$ 来表示该空间的任一线矢量 $\boldsymbol{V}$，即 $\boldsymbol{V} \approx C_{1i}\boldsymbol{V}_1$，如图 3-3 所示，原矢量 $\boldsymbol{V}$ 与 $C_{1i}\boldsymbol{V}_1$ 之间存在许多误差 $\boldsymbol{\varepsilon}_i = \boldsymbol{V} - C_{1i}\boldsymbol{V}_1$。显然，当误差矢量 $\varepsilon_i = \varepsilon_2$ 与分矢量垂直的时候，误差矢量 ε_i 最小，这时，标量系数

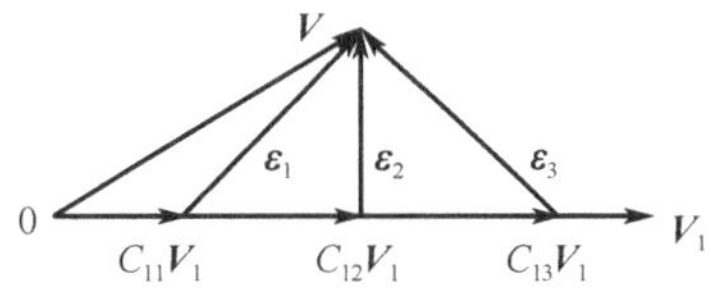

图 3-3 误差矢量

$$C_{12} = C_1 = \frac{\boldsymbol{V} \cdot \boldsymbol{V}_1}{V_1^2}$$

二维矢量空间的误差原理，也可以扩大到 n 维矢量空间。

3.1.2 正交函数集

空间矢量正交分解的概念可以类比地推广到正交函数（信号）空间的分解，在函数中可以找到若干个相互正交的函数为基本函数，可以使该正交函数空间内的任一函数表示成它们的线性组合。

如果两个实函数 $\varphi_1(t)$和 $\varphi_2(t)$在定义时间区间(t_1, t_2)内满足条件

$$\int_{t_1}^{t_2} \varphi_1(t)\varphi_2(t)\mathrm{d}t = 0$$

则称函数 $\varphi_1(t)$和 $\varphi_2(t)$在区间(t_1, t_2)内正交。

设有 n 个实函数 $\varphi_1(t), \varphi_2(t), \cdots, \varphi_n(t)$构成一函数集$\{\cdots, \varphi_i(t), \cdots\}$$(i=1,2,\cdots,n)$，若这些函数在区间$(t_1, t_2)$内满足

$$\int_{t_1}^{t_2} \varphi_i(t)\varphi_j(t)\mathrm{d}t = \begin{cases} 0, & i \neq j \\ K_i \neq 0, & i = j \end{cases} \tag{3-1-6}$$

（式中 K_i 为常数），则称此函数集$\{\cdots, \varphi_i(t), \cdots\}$$(i=1,2,\cdots,n)$为区间$(t_1, t_2)$内的正交函数集，在区间$(t_1, t_2)$内相互正交的 n 个函数构成 n 维正交函数空间。若$K_i=1$，则该函数集称为归一化正交函数集。

如果在正交实函数集$\{\cdots, \varphi_i(t), \cdots\}$$(i=1,2,\cdots,n)$之外，不存在函数 $\psi(t)$，满足

$$\begin{cases} 0 < \displaystyle\int_{t_1}^{t_2} |\psi^2(t)| \mathrm{d}t < \infty \\ \displaystyle\int_{t_1}^{t_2} \psi(t)\varphi_i(t)\mathrm{d}t = 0, \quad i = 1,2,\cdots,n \end{cases} \tag{3-1-7}$$

则称此函数集为正交完备函数集。也就是说，如果能找到一个函数 $\psi(t)$，使得式(3-1-7)成立，即 $\psi(t)$与函数集$\{\cdots, \varphi_i(t), \cdots\}$$(i=1,2,\cdots,n)$的每个函数都正交，那么它本身就应属于此函数集，这时不包含 $\psi(t)$的函数集将是不完备的。

如果 $\varphi_i(t)$为实变量 t 的复函数，在区间(t_1, t_2)内正交的定义为

$$\int_{t_1}^{t_2}\varphi_i(t)\varphi_j^*(t)\mathrm{d}t=\begin{cases}0, & i\neq j\\ K_i\neq 0, & i=j\end{cases} \tag{3-1-8}$$

则称此复函数集为正交函数集。式中，$\varphi_j^*(t)$为函数 $\varphi_j(t)$的共轭复函数。

3.1.3 信号分解为正交函数

如果 n 维实函数集$\{\cdots,\varphi_i(t),\cdots\}(i=1,2,\cdots,n)$在区间$(t_1,\ t_2)$内是正交完备的，则该函数空间里的任意函数 $f(t)$可以精确地用这些函数的线性组合来表示，即

$$f(t)=C_1\varphi_1(t)+C_2\varphi_2(t)+\cdots+C_n\varphi_n(t)=\sum_{i=1}^{n}C_i\varphi_i(t) \tag{3-1-9}$$

式中，各分量的相关系数为

$$C_i=\frac{\int_{t_1}^{t_2}f(t)\varphi_i(t)\mathrm{d}t}{\int_{t_1}^{t_2}\varphi_i^2(t)\mathrm{d}t}=\frac{\int_{t_1}^{t_2}f(t)\varphi_i(t)\mathrm{d}t}{K_i},\quad i=1,2,\cdots,n \tag{3-1-10}$$

若 $\varphi_i(t)$为实变量 t 的复函数，则各分量的相关系数为

$$C_i=\frac{\int_{t_1}^{t_2}f(t)\varphi_i^*(t)\mathrm{d}t}{\int_{t_1}^{t_2}\varphi_i(t)\varphi_i^*(t)\mathrm{d}t} \tag{3-1-11}$$

如果正交实函数集$\{\cdots,\varphi_i(t),\cdots\}(i=1,2,\cdots,n)$在区间$(t_1,\ t_2)$内不完备，则该函数空间的任意函数 $f(t)$在时间区间(t_1,t_2)内，只能近似地用这些函数的线性组合来表示，即

$$f(t)\approx C_1\varphi_1(t)+C_2\varphi_2(t)+\cdots+C_n\varphi_n(t)=\sum_{i=1}^{n}C_i\varphi_i(t) \tag{3-1-12}$$

显然，原函数 $f(t)$与近似函数 $\sum\limits_{i=1}^{n}C_i\varphi_i(t)$ 之间存在误差函数

$$f_{\mathrm{e}}(t)=f(t)-\sum_{i=1}^{n}C_i\varphi_i(t) \tag{3-1-13}$$

关键的问题是，如何选择 C_i 才能使误差函数 $f_{\mathrm{e}}(t)$在区间(t_1,t_2)内为最小。这里"误差最小"不是指平均误差最小，因为在平均误差很小甚至等于零的情况下，也可能有较大的正误差和负误差在平均过程中相互抵消，以致不能正确反映两函数的近似程度。通常选择误差的方均值(或称均方值)最小，这时，可以认为已经得到了最佳近似。误差的方均值也称为方均误差，用符号$\overline{\varepsilon^2}$表示为

$$\overline{\varepsilon^2}=\frac{1}{t_2-t_1}\int_{t_1}^{t_2}f_{\mathrm{e}}^2(t)\mathrm{d}t=\frac{1}{t_2-t_1}\int_{t_1}^{t_2}\left[f(t)-\sum_{i=1}^{n}C_i\varphi_i(t)\right]^2\mathrm{d}t \tag{3-1-14}$$

式(3-1-14)表明，由于误差函数平方后再积分，$\overline{\varepsilon^2}$不可能为负，因而恒有$\overline{\varepsilon^2}\geqslant 0$。为使方均误差最小，第 i 个系数 C_i 必须满足$\frac{\partial\overline{\varepsilon^2}}{\partial C_i}=0$，即

$$\frac{\partial}{\partial C_i}\left\{\frac{1}{t_2-t_1}\int_{t_1}^{t_2}\left[f(t)-\sum_{i=1}^{n}C_i\varphi_i(t)\right]^2\mathrm{d}t\right\}=0$$

展开上式的被积函数，注意到由序号不同的正交函数相乘的各项，其积分均为零，而且所有不包含 C_i 的各项对 C_i 求导也等于零。这样，上式中只有两项不为零，它可以写为

$$\frac{\partial}{\partial C_i}\int_{t_1}^{t_2}[-2f(t)C_i\varphi_i(t)+C_i^2\varphi_i^2(t)]\mathrm{d}t=0$$

两边求偏导后移项，得

$$C_i\int_{t_1}^{t_2}\varphi_i^2(t)\mathrm{d}t=\int_{t_1}^{t_2}f(t)\varphi_i(t)\mathrm{d}t$$

于是，有

$$C_i=\frac{\int_{t_1}^{t_2}f(t)\varphi_i(t)\mathrm{d}t}{\int_{t_1}^{t_2}\varphi_i^2(t)\mathrm{d}t}=\frac{\int_{t_1}^{t_2}f(t)\varphi_i(t)\mathrm{d}t}{K_i} \tag{3-1-15}$$

这就是满足最小方均误差的条件下，式(3-1-12)中各系数 C_i 的表示式。此时，函数 $f(t)$能获得最佳近似。由此可知，在最佳近似条件下的方均误差为

$$\begin{aligned}\overline{\varepsilon^2}&=\frac{1}{t_2-t_1}\int_{t_1}^{t_2}\left[f(t)-\sum_{i=1}^{n}C_i\varphi_i(t)\right]^2\mathrm{d}t\\&=\frac{1}{t_2-t_1}\left[\int_{t_1}^{t_2}f^2(t)\mathrm{d}t+\sum_{i=1}^{n}C_i^2\int_{t_1}^{t_2}\varphi_i^2(t)\mathrm{d}t-2\sum_{i=1}^{n}C_i\int_{t_1}^{t_2}f(t)\varphi_i(t)\mathrm{d}t\right]\\&=\frac{1}{t_2-t_1}\left[\int_{t_1}^{t_2}f^2(t)\mathrm{d}t-\sum_{i=1}^{n}C_i^2K_i\right]\end{aligned} \tag{3-1-16}$$

其中，$\int_{t_1}^{t_2}\varphi_i^2(t)\mathrm{d}t=K_i$，$\int_{t_1}^{t_2}f(t)\varphi_i(t)\mathrm{d}t=C_iK_i$。利用式(3-1-16)可直接求得在给定项数 n 的条件下的最小方均误差。

此外，由式(3-1-16)亦可见，在用正交函数去近似(或逼近)$f(t)$时，所取的项数越多，即 n 越大，则方均误差越小。当 $n\to\infty$时，$\overline{\varepsilon^2}=0$，说明完备正交函数集必须由无穷多个正交函数组成。这时式(3-1-16)可以写作

$$\int_{t_1}^{t_2}f^2(t)\mathrm{d}t=\lim_{n\to\infty}\sum_{i=1}^{n}C_i^2K_i \tag{3-1-17}$$

式(3-1-17)称为帕塞瓦尔(Parseval)方程。

如果 $f(t)$是电压信号或电流信号，那么，式(3-1-17)等号左端就是 $f(t)$在区间(t_1,t_2)内的归一化能量，等号右端是在区间(t_1,t_2)内信号在完备正交函数集中各正交分量的能量之总和。与此相反，如果$f(t)$在正交函数集中各正交分量的能量总和小于信号本身的能量，这时式(3-1-17)不成立，该正交函数集就是不完备的，$f(t)$用有限项正变函数集来表示必然出现方均误差。

例 3-1 矩形脉冲信号 $f(t)=\begin{cases}1, & 0<t<0.5\\-1, & 0.5<t<1\end{cases}$，如图 3-4(a) 所示，试在时间区间(0,1)内用正弦信号 $g_1(t)=\sin(2\pi t)$近似表示 $f(t)$，并求出其方均误差$\overline{\varepsilon^2}$。

解 使 $f(t)\approx C_1g_1(t)=C_1\sin(2\pi t)$，则

$$C_1=\frac{\int_0^1 f(t)\sin2\pi t\mathrm{d}t}{\int_0^1\sin^2 2\pi t\mathrm{d}t}=2\left[\int_0^{0.5}\sin2\pi t\mathrm{d}t-\int_{0.5}^1\sin2\pi t\mathrm{d}t\right]=\frac{4}{\pi}$$

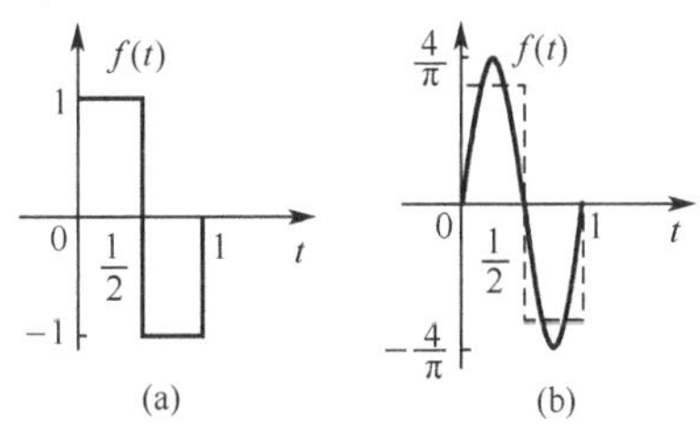

图 3-4 例 3-1 图

得

$$f(t) \approx \frac{4}{\pi}\sin 2\pi t, \quad 0 < t < 1$$

波形如图 3-4(b) 所示。由式(3-1-16)可求得方均误差$\overline{\varepsilon^2}=1-\frac{8}{\pi^2}\doteq 0.19$。

通过 MATLAB 编程可显示前 n 次谐波级数和与矩形方波的对比，例 7-22 分别选取了 $n=1$ 到 $n=51$ 六个等效波形。可见，叠加的正弦谐波越多，等效信号与原信号之间的误差越小。

3.2 连续周期信号的傅里叶级数

3.2.1 三角函数型傅里叶级数

以 T 为周期的连续周期信号 $f_T(t)$，如果满足狄利克雷(Dirichlet)条件：

第 22 讲

(1) 在一个周期内只有有限个间断点；

(2) 在一个周期内有有限个极值点；

(3) 在一个周期内函数绝对可积，即

$$\int_{t_0}^{t_0+T} |f_T(t)|\,\mathrm{d}t < \infty \tag{3-2-1}$$

则可展开成完备的正交三角函数集$\{\cdots,\cos(n\omega_0 t),\cdots,\sin(n\omega_0 t)\cdots\}$($n=0,1,2,\cdots$)的线性组合

$$f_T(t) = \frac{a_0}{2} + \sum_{n=1}^{\infty}(a_n\cos n\omega_0 t + b_n \sin n\omega_0 t), \quad n = 0,1,2,\cdots \tag{3-2-2}$$

式(3-2-2)称为正弦余弦形式的三角型傅里叶级数(Fourier series, FS)。其中，$\omega_0=\frac{2\pi}{T}$是基波角频率，a_0、a_n、b_n 是傅里叶系数。根据正弦余弦函数的正交条件，可得

$$a_n = \frac{2}{T}\int_{t_0}^{t_0+T} f_T(t)\cos(n\omega_0 t)\,\mathrm{d}t, \quad n = 0,1,2,\cdots \tag{3-2-3}$$

$$b_n = \frac{2}{T}\int_{t_0}^{t_0+T} f_T(t)\sin(n\omega_0 t)\,\mathrm{d}t, \quad n = 1,2,\cdots \tag{3-2-4}$$

显然，傅里叶系数 a_n 和 b_n 都是 $n\omega_0$ 的函数，a_n 是 n(或 $n\omega_0$)的偶函数，b_n 是 n(或 $n\omega_0$)的奇函数。傅里叶系数一旦确定，傅里叶级数便得以确定，所以求取傅里叶系数是确定傅里叶级数的关键。利用信号的对称性可以简化傅里叶系数的求取。

(1) 偶函数 $f_e(t)$的傅里叶级数只含直流分量和余弦分量

$$a_0 = \frac{4}{T}\int_0^{\frac{T}{2}} f_e(t)\,\mathrm{d}t, \quad a_n = \frac{4}{T}\int_0^{\frac{T}{2}} f_e(t)\cos(n\omega_0 t)\,\mathrm{d}t, \quad b_n = 0$$

(2) 奇函数 $f_o(t)$的傅里叶级数只含正弦分量

$$a_0 = 0, \quad a_n = 0, \quad b_n = \frac{4}{T}\int_0^{\frac{T}{2}} f_o(t)\sin(n\omega_0 t)\,\mathrm{d}t$$

(3) 奇半波对称信号只含奇次谐波，故又称奇谐函数。

(4) 偶半波对称信号只含偶次谐波，故又称偶谐函数。

将式(3-2-2)中同频率项合并，即

$$a_n\cos(n\omega_0 t) + b_n\sin(n\omega_0 t) = A_n\cos(n\omega_0 t + \varphi_n)$$

可得到单一余弦形式的三角型傅里叶级数

$$f_T(t)=\frac{A_0}{2}+\sum_{n=1}^{\infty}A_n\cos(n\omega_0 t+\varphi_n) \tag{3-2-5}$$

其中

$$\begin{cases}A_0=a_0, & n=0\\ A_n=\sqrt{a_n^2+b_n^2}, & n=1,2,\cdots\\ \varphi_n=\arctan\left(\dfrac{-b_n}{a_n}\right), & n=1,2,\cdots\end{cases} \tag{3-2-6}$$

也可由式(3-2-5)推导出式(3-2-2)，它们之间系数的关系为

$$\begin{cases}a_0=A_0, & n=0\\ a_n=A_n\cos\varphi_n, & n=1,2,\cdots\\ b_n=-A_n\sin\varphi_n, & n=1,2,\cdots\end{cases} \tag{3-2-7}$$

由式(3-2-6)可见，A_n 是 n(或 $n\omega_0$)的偶函数，而 φ_n 是 n(或 $n\omega_0$)的奇函数。

式(3-2-5)所示的余弦形式傅里叶级数表明，任何在区间$(t_0,\ t_0+T)$内满足狄利克雷条件的周期信号 $f(t)$，均可分解为直流和许多含初相角的余弦(或正弦)分量。其中第一项$\frac{A_0}{2}$是常数项，它是周期信号所包含的直流分量，即零频率分量；第二项 $A_1\cos(\omega_0 t+\varphi_1)$称为基波分量或一次谐波分量，它的角频率与原周期信号的角频率相同，A_1 是基波振幅，φ_1 是基波初相角；式中第三项 $A_2\cos(2\omega_0 t+\varphi_2)$称为二次谐波分量，它的频率是基波频率的二倍，$A_2$ 是二次谐波振幅，φ_2 是其初相角。以此类推，还有三次、四次、……谐波分量。一般而言，$A_n\cos(n\omega_0 t+\varphi_n)$称为 n 次谐波，A_n 是 n 次谐波的振幅，φ_n 是其初相角。也就是说，周期信号可以分解为各次谐波分量的代数和。此外，n 次谐波正弦分量 $A_n\cos(n\omega_0 t+\varphi_n)$的两个重要元素，振幅 A_n 和初相 φ_n，都包含在振幅相量 $\dot{A}_n=A_n e^{j\varphi_n}$ 内，其极坐标形式为 $\dot{A}_n=A_n\angle\varphi_n$。

例 3-2 周期性矩形脉冲信号 $f_T(t)$如图 3-5 所示，试求其两种三角形式的傅里叶级数。

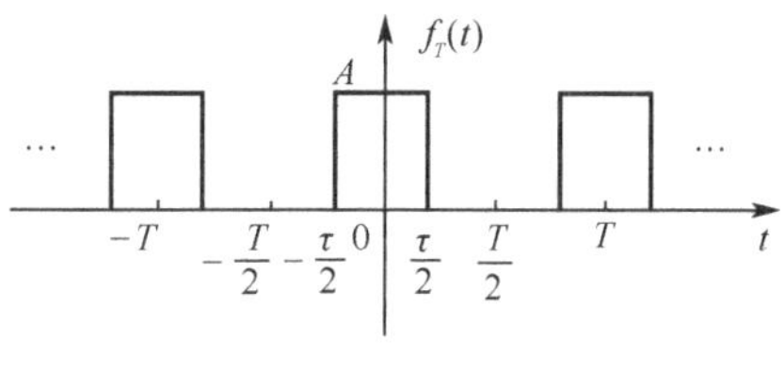

图 3-5 例 3-2 图

解 (1) 设在第一个周期时间$\left(-\frac{T}{2},\ \frac{T}{2}\right)$内 $f_T(t)=f_1(t)$，则

$$f_1(t)=Ag_\tau(t)$$

(2) 求傅里叶系数，因为 $f_T(t)$是偶函数，所以有

$$b_n=0,\quad \frac{a_0}{2}=\frac{2}{T}\int_0^{\frac{T}{2}}f_1(t)\,dt=\frac{2}{T}\int_0^{\frac{\tau}{2}}A\,dt=\frac{2A}{T}t\Big|_0^{\frac{\tau}{2}}=\frac{A\tau}{T}$$

$$\begin{aligned}a_n&=\frac{4}{T}\int_0^{\frac{T}{2}}f_1(t)\cos(n\omega_0 t)\,dt=\frac{4}{T}\int_0^{\frac{\tau}{2}}A\cos(n\omega_0 t)\,dt\\&=\frac{4A}{T}\times\frac{\sin(n\,\omega_0 t)}{n\,\omega_0}\Big|_0^{\frac{\tau}{2}}=\frac{2A\tau}{T}\times\frac{\sin\left(\dfrac{n\omega_0\tau}{2}\right)}{\dfrac{n\omega_0\tau}{2}}=\frac{2A\tau}{T}\mathrm{Sa}\left(\frac{n\omega_0\tau}{2}\right)\end{aligned}$$

故

$$f_T(t)=\frac{A\tau}{T}+\sum_{n=1}^{\infty}\frac{2A\tau}{T}\mathrm{Sa}\left(\frac{n\omega_0\tau}{2}\right)\cos(n\,\omega_0 t)$$

因为不存在正弦分量，所以该信号两种三角形式傅里叶级数相同。

3.2.2 指数型傅里叶级数

三角型傅里叶级数，物理含义明确，但运算不便，因而常用指数型的傅里叶级数。

以 T 为周期的周期信号 $f_T(t)$ 的指数型傅里叶级数定义为

$$f_T(t) \overset{\text{def}}{=} \sum_{n=-\infty}^{\infty} F_n \mathrm{e}^{\mathrm{j}n\omega_0 t}, \quad \omega_0 = \frac{2\pi}{T} \tag{3-2-8}$$

其中

$$F_n \overset{\text{def}}{=} \frac{1}{T}\int_{-\frac{T}{2}}^{\frac{T}{2}} f_T(t)\mathrm{e}^{-\mathrm{j}n\omega_0 t}\mathrm{d}t, \quad n = 0, \pm 1, \pm 2, \cdots \tag{3-2-9}$$

称为指数型傅里叶级数的系数，又称为傅里叶复系数。

式(3-2-9)和式(3-2-8)构成一对周期信号傅里叶级数变换(Fourier series transform, FST)，记为 $f_T(t) \leftrightarrow F_n$。其中，式(3-2-9)是由已知 $f_T(t)$ 求 F_n，称为傅里叶级数正变换(FST)；式(3-2-8)是已知 F_n 求 $f_T(t)$，称为傅里叶级数反变换(IFST)。

在指数型的傅里叶系数 F_n 中，下标变量 n 的有效范围是 $-\infty < n < \infty$。$F_n\mathrm{e}^{\mathrm{j}n\omega_0 t}$ 分量的频率为 $n\omega_0$，而 $F_{-n}\mathrm{e}^{-\mathrm{j}n\omega_0 t}$ 分量的频率为 $-n\omega_0$，除了直流分量是 F_0 外，单独一个分量 $F_n\mathrm{e}^{\mathrm{j}n\omega_0 t}$ 不能构成物理上的一个谐波分量，必须是成对的两个分量 $F_n\mathrm{e}^{\mathrm{j}n\omega_0 t}$ 和 $F_{-n}\mathrm{e}^{-\mathrm{j}n\omega_0 t}$ 才能构成一个实际存在的谐波分量。负频率的出现仅仅是数学形式，实际并不存在。$F_{-n}=F_n^*$ 是 F_n 的共轭复数，它们总是成对出现。若 $F_n=|F_n|\mathrm{e}^{\mathrm{j}\varphi_n}$，则 $F_{-n}=|F_{-n}|\mathrm{e}^{\mathrm{j}\varphi_{-n}}=|F_n|\mathrm{e}^{-\mathrm{j}\varphi_n}$，故 $|F_n|=|F_{-n}|$ 是 n(或 $n\omega_0$)的偶函数，$\varphi_n=-\varphi_{-n}$ 是 n(或 $n\omega_0$)的奇函数。也可写作 $F_n=F(n\omega_0)$，$F_{-n}=F(-n\omega_0)$。

三角型傅里叶级数物理含义明确；指数型傅里叶级数数学处理方便，而且很容易与后续内容——非周期信号的傅里叶变换统一起来。

傅里叶复系数 F_n 可以根据定义，由式(3-2-9)求得，也可以根据三角型傅里叶系数导出。根据欧拉公式，有

$$\cos(n\omega_0 t) = \frac{\mathrm{e}^{\mathrm{j}n\omega_0 t} + \mathrm{e}^{-\mathrm{j}n\omega_0 t}}{2}, \quad \sin(n\omega_0 t) = \frac{\mathrm{e}^{\mathrm{j}n\omega_0 t} - \mathrm{e}^{-\mathrm{j}n\omega_0 t}}{2\mathrm{j}} \tag{3-2-10}$$

代入式(3-2-2)，得

$$\begin{aligned}
f_T(t) &= \frac{a_0}{2} + \sum_{n=1}^{\infty} a_n \frac{\mathrm{e}^{\mathrm{j}n\omega_0 t} + \mathrm{e}^{-\mathrm{j}n\omega_0 t}}{2} + \sum_{n=1}^{\infty} b_n \frac{\mathrm{e}^{\mathrm{j}n\omega_0 t} - \mathrm{e}^{-\mathrm{j}n\omega_0 t}}{2\mathrm{j}} \\
&= \frac{a_0}{2} + \sum_{n=1}^{\infty} \frac{a_n - \mathrm{j}b_n}{2}\mathrm{e}^{\mathrm{j}n\omega_0 t} + \sum_{n=1}^{\infty} \frac{a_n + \mathrm{j}b_n}{2}\mathrm{e}^{-\mathrm{j}n\omega_0 t} \\
&= \frac{a_0}{2} + \sum_{n=1}^{\infty} F_n\mathrm{e}^{\mathrm{j}n\omega_0 t} + \sum_{n=1}^{\infty} F_{-n}\mathrm{e}^{-\mathrm{j}n\omega_0 t} \\
&= F_0 + \sum_{n=1}^{\infty} F_n\mathrm{e}^{\mathrm{j}n\omega_0 t} + \sum_{n=-\infty}^{-1} F_n\mathrm{e}^{\mathrm{j}n\omega_0 t} = \sum_{n=-\infty}^{\infty} F_n\mathrm{e}^{\mathrm{j}n\omega_0 t}
\end{aligned}$$

即

$$f_T(t) = \sum_{n=-\infty}^{\infty} F_n\mathrm{e}^{\mathrm{j}n\omega_0 t}$$

其中

$$\begin{cases}
F_0 = \dfrac{a_0}{2} = \dfrac{A_0}{2} \\
F_n = \dfrac{a_n - \mathrm{j}b_n}{2} = \dfrac{A_n}{2}\mathrm{e}^{\mathrm{j}\varphi_n} \\
F_{-n} = F_n^* = \dfrac{a_n + \mathrm{j}b_n}{2}
\end{cases} \tag{3-2-11}$$

由式(3-2-11)也可以推导出三角型傅里叶系数与傅里叶复系数之间的关系。总之，指数型傅里叶级数表示式比三角型傅里叶级数表示式更紧凑，应用更广泛。

表 3-1 综合了各种形式的傅里叶级数及其系数之间的关系。

表 3-1 傅里叶级数及其系数之间的关系

傅里叶级数形式	定义式	傅里叶系数之间的关系 $n=0,\pm1,\pm2,\cdots$	
正弦余弦形式	$f_T(t)=\frac{a_0}{2}+\sum_{n=1}^{\infty}(a_n\cos n\omega_0 t+b_n\sin n\omega_0 t)$	$\frac{a_0}{2}=\frac{A_0}{2}$ $a_n=A_n\cos\varphi_n$ $b_n=-A_n\sin\varphi_n$	$\frac{a_0}{2}=F_0$ $a_n=F_n+F_{-n}$ $b_n=\mathrm{j}(F_n-F_{-n})$
余弦形式	$f_T(t)=\frac{A_0}{2}+\sum_{n=1}^{\infty}A_n\cos(n\omega_0 t+\varphi_n)$	$\frac{A_0}{2}=\frac{a_0}{2}$ $A_n=\sqrt{a_n^2+b_n^2}$ $\varphi_n=\arctan\left(\frac{-b_n}{a_n}\right)$	$\frac{A_0}{2}=F_0$ $A_n=2\mid F_n\mid=2\mid F_{-n}\mid$ $\varphi_n=\varphi_n$
指数形式	$f_T(t)=\sum_{n=-\infty}^{\infty}F_n\mathrm{e}^{\mathrm{j}n\omega_0 t}$	$F_0=\frac{a_0}{2}$ $F_n=\frac{a_n-\mathrm{j}b_n}{2}$ $F_{-n}=F_n^*=\frac{a_n+\mathrm{j}b_n}{2}$	$F_n=\frac{A_n}{2}\mathrm{e}^{\mathrm{j}\varphi_n}$ $\mid F_n\mid=\frac{A_n}{2}$ $\varphi_n=\varphi_n$

例 3-3 续例 3-2，试求如图 3-5 所示周期性矩形脉冲信号 $f_T(t)$的指数型傅里叶级数。

解 (1) 求傅里叶复系数，根据系数关系

$$F_n=\frac{a_n-\mathrm{j}b_n}{2}=\frac{1}{2}\times\frac{2A}{n\pi}\times\sin\frac{n\omega_0\tau}{2}=\frac{A}{n\pi}\sin\left(\frac{n\omega_0\tau}{2}\right)=\frac{A\tau}{T}\frac{\sin\frac{n\omega_0\tau}{2}}{\frac{n\omega_0\tau}{2}}$$

上式可写成取样函数形式

$$F_n=\frac{A\tau}{T}\mathrm{Sa}\left(\frac{n\omega_0\tau}{2}\right)\tag{3-2-12}$$

(2) 写出傅里叶级数

$$f_T(t)=\sum_{n=-\infty}^{\infty}\frac{A\tau}{T}\mathrm{Sa}\left(\frac{n\omega_0\tau}{2}\right)\mathrm{e}^{\mathrm{j}n\omega_0 t}$$

3.2.3 微分冲激法求取傅里叶系数

微分冲激法是一种求取傅里叶系数的简便方法。

1. 时移性对傅里叶系数的影响

若信号 $f_T(t)$的傅里叶复系数为 F_n，则 $f_T(t\pm t_0)$的傅里叶复系数为 $F_n\mathrm{e}^{\pm\mathrm{j}n\omega_0 t_0}$。即

若 $f_T(t)\leftrightarrow F_n$，则

$$f_T(t\pm t_0)\leftrightarrow F_n\mathrm{e}^{\pm\mathrm{j}n\omega_0 t_0}\tag{3-2-13}$$

式(3-2-13)表明了 FST 的一个重要性质，即时间函数的时移，傅里叶复系数作对应的相移。

证明 设 $f_{T1}(t)=f_T(t\pm t_0)\leftrightarrow F_{1n},\quad n=0,\pm1,\pm2,\cdots$

则

$$F_{1n} = \frac{1}{T}\int_{-\frac{T}{2}}^{\frac{T}{2}} f_T(t \pm t_0)\mathrm{e}^{-\mathrm{j}n\omega_0 t}\mathrm{d}t$$

$$\overset{令 x=t\pm t_0}{=} \frac{1}{T}\int_{-\frac{T}{2}\pm t_0}^{\frac{T}{2}\pm t_0} f_T(x)\mathrm{e}^{-\mathrm{j}n\omega_0(x\mp t_0)}\mathrm{d}x$$

$$= \frac{1}{T}\int_{-\frac{T}{2}\pm t_0}^{\frac{T}{2}\pm t_0} f_T(x)\mathrm{e}^{-\mathrm{j}n\omega_0 x}\mathrm{d}x\mathrm{e}^{\pm\mathrm{j}n\omega_0 t_0} = F_n\mathrm{e}^{\pm\mathrm{j}n\omega_0 t_0} \quad (证毕)$$

可以证明

$$\left.\begin{aligned} a_{1n} &= a_n\cos n\omega_0 t_0 \pm b_n\sin n\omega_0 t_0 \\ b_{1n} &= b_n\cos n\omega_0 t_0 \mp a_n\sin n\omega_0 t_0 \end{aligned}\right\} \tag{3-2-14}$$

若 $t_0=\frac{T}{2}$，则

$$\begin{cases} F_{1n} = (-1)^n F_n \\ a_{1n} = (-1)^n a_n \\ b_{1n} = (-1)^n b_n \end{cases}$$

2. 时域微分性对傅里叶系数的影响

若信号 $f_T(t)$ 的傅里叶复系数为 F_n，则 $f_T'(t)=\frac{\mathrm{d}f_T(t)}{\mathrm{d}t}$ 的傅里叶复系数为 $(\mathrm{j}n\omega_0)F_n$，即若 $f_T(t)\leftrightarrow F_n$，则

$$f_T'(t) = \frac{\mathrm{d}f_T(t)}{\mathrm{d}t}\leftrightarrow(\mathrm{j}n\,\omega_0)F_n \tag{3-2-15}$$

证明 设 $f_{T2}(t) = f'(t)\leftrightarrow F_{2n}$，则

$$F_{2n} = \frac{1}{T}\int_{-\frac{T}{2}}^{\frac{T}{2}} \frac{\mathrm{d}f_T(t)}{\mathrm{d}t}\mathrm{e}^{-\mathrm{j}n\omega_0 t}\mathrm{d}t = \frac{1}{T}\left[f_T(t)\mathrm{e}^{-\mathrm{j}n\omega_0 t}\Big|_{-\frac{T}{2}}^{\frac{T}{2}}\right] - \frac{1}{T}\int_{-\frac{T}{2}}^{\frac{T}{2}} f_T(t)(-\mathrm{j}n\omega_0)\mathrm{e}^{-\mathrm{j}n\omega_0 t}\mathrm{d}t$$

因为是周期信号，所以

$$f_T\left(\frac{T}{2}\right)=f_T\left(-\frac{T}{2}\right)$$

$$F_{2n}= \left(-\frac{2\mathrm{j}}{T}\right)f_T\left(\frac{T}{2}\right)\left[\frac{\mathrm{e}^{\mathrm{j}\frac{n\omega_0 T}{2}} - \mathrm{e}^{-\mathrm{j}\frac{n\omega_0 T}{2}}}{2\mathrm{j}}\right] - (-\mathrm{j}n\omega_0)F_n$$

$$= \left(-\frac{2\mathrm{j}}{T}\right)f_T\left(\frac{T}{2}\right)\sin\frac{2n\pi T}{2T} - (-\mathrm{j}n\omega_0)F_n = (\mathrm{j}n\omega_0)F_n$$

同理可证

$$f''_T(t)\leftrightarrow(\mathrm{j}n\,\omega_0)^2F_n$$

$$f_T^{(n)}(t)\leftrightarrow(\mathrm{j}n\omega_0)^nF_n \tag{3-2-16}$$

式(3-2-16)表明了 FST 的另一个重要性质，即时间函数的作微分，傅里叶复系数的幅度和相位作对应的改变，其中 $j = \mathrm{e}^{\mathrm{j}\frac{\pi}{2}}$ 。

3. 周期性冲激序列 $\delta_T(t)$ 的傅里叶复系数

周期性冲激序列 $f_3(t) = \delta_T(t) = \sum_{n=-\infty}^{\infty}\delta(t-nT)$ 的傅里叶复系数可由定义求得

$$F_{3n} = \frac{1}{T}\int_{0_-}^{T_-}\delta(t)\mathrm{e}^{-\mathrm{j}n\omega_0 t}\mathrm{d}t = \frac{1}{T}\int_{0_-}^{T_-}\delta(t)\mathrm{d}t = \frac{1}{T}$$

4. 微分冲激法

根据微分特性，若已知

$$f_T^{(k)}(t) \leftrightarrow F_{kn}=(\mathrm{j}n\,\omega_0)^k F_n$$

则

$$f_T(t) \leftrightarrow F_n=\frac{F_{kn}}{(\mathrm{j}n\,\omega_0)^k},\quad n\neq 0 \tag{3-2-17}$$

由于求 F_n 是在一个周期内按定义式作积分，因此，微分冲激法是取 $f_T(t)$ 在 $t=0$ 附近的一个周期波形微分 k 次，使 $f_T^{(k)}(t)$ 中含冲激及其导数，再利用冲激的取样性质求得 F_{kn}，从而利用式(3-2-17)得到 F_n。

例 3-4　试用微分冲激法求图 3-6(a)所示周期信号 $f_T(t)$ 的傅里叶级数。

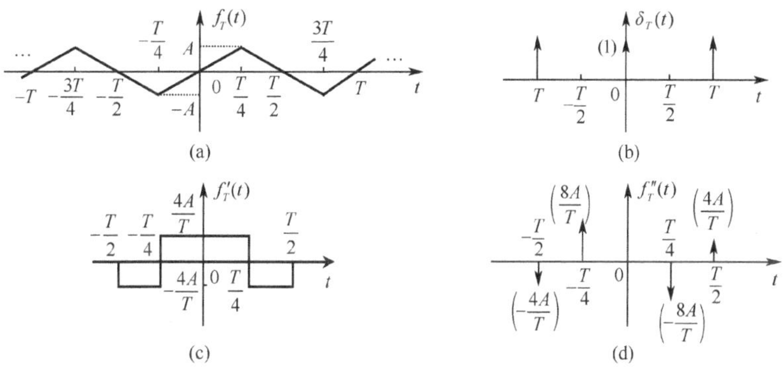

图 3-6　例 3-4 图

解　(1) 求周期性冲激序列 $\delta_T(t)$(如图 3-6(b)所示)的傅里叶复系数 F_n。时间区间 $\left[-\frac{T}{2},\frac{T}{2}\right]$内 $\delta_T(t)=\delta(t)$，故

$$F_n=\frac{1}{T}\int_{-\frac{T}{2}}^{\frac{T}{2}}\delta(t)\mathrm{e}^{-\mathrm{j}n\omega_0 t}\mathrm{d}t=\frac{1}{T}\int_{-\frac{T}{2}}^{\frac{T}{2}}\delta(t)\mathrm{d}t=\frac{1}{T}$$

(2) 求图 3-6(a)所示周期信号 $f_T(t)$ 的傅里叶级数，在同样的时间区间内，两次微分后的冲激函数 $f''(t)$ 如图 3-6(d) 所示

$$f''_T(t)=\frac{8A}{T}\delta\left(t+\frac{T}{4}\right)-\frac{8A}{T}\delta\left(t-\frac{T}{4}\right)-\frac{4A}{T}\delta\left(t+\frac{T}{2}\right)+\frac{4A}{T}\delta\left(t-\frac{T}{2}\right)$$

等式两边取 FST，根据 $\delta_T(t)$ 的 F_n 并应用时移性得

$$\begin{aligned}(\mathrm{j}n\omega_0)^2F_n&=\frac{8A}{T}\times\frac{1}{T}\mathrm{e}^{\frac{\mathrm{j}n\omega_0 T}{4}}-\frac{8A}{T}\times\frac{1}{T}\mathrm{e}^{-\frac{\mathrm{j}n\omega_0 T}{4}}-\frac{4A}{T}\times\frac{1}{T}\mathrm{e}^{\frac{\mathrm{j}n\omega_0 T}{2}}+\frac{4A}{T}\times\frac{1}{T}\mathrm{e}^{-\frac{\mathrm{j}n\omega_0 T}{2}}\\&=\frac{1}{T}\left[\frac{8A}{T}\left(\mathrm{e}^{\frac{\mathrm{j}n\omega_0 T}{4}}-\mathrm{e}^{-\frac{\mathrm{j}n\omega_0 T}{4}}\right)-\frac{4A}{T}\left(\mathrm{e}^{\frac{\mathrm{j}n\omega_0 T}{2}}-\mathrm{e}^{-\frac{\mathrm{j}n\omega_0 T}{2}}\right)\right]\\&=\frac{\mathrm{j}16A}{T^2}\sin\left(\frac{n\,\omega_0 T}{4}\right)-\frac{\mathrm{j}8A}{T^2}\sin\left(\frac{n\omega_0 T}{2}\right)\end{aligned}$$

故

$$\begin{aligned}F_n&=\frac{1}{(\mathrm{j}n\,\omega_0)^2}\times\left[\frac{\mathrm{j}16A}{T^2}\sin\left(\frac{n\,\omega_0 T}{4}\right)-\frac{\mathrm{j}8A}{T^2}\sin\left(\frac{n\,\omega_0 T}{2}\right)\right]\\&=-\mathrm{j}\,\frac{4A}{n^2\pi^2}\sin\left(\frac{n\pi}{2}\right)\left(1-\cos\frac{n\pi}{2}\right),\quad n\neq 0;\quad F_0=0(\text{由波形可看出})\end{aligned}$$

得

$$f_T(t)=\sum_{n=-\infty}^{\infty}\left[-\mathrm{j}\frac{4A}{n^2\pi^2}\sin\left(\frac{n\pi}{2}\right)\left(1-\cos\frac{n\pi}{2}\right)\right]\mathrm{e}^{\mathrm{j}n\omega_0 t},\quad n\neq 0$$

必须指出，$f_T(t)$是奇函数且是奇谐函数，故 $F_n=-\mathrm{j}\,\frac{b_n}{2}$，$n=1,3,5,\cdots$。

例 3-5 试用微分冲激法求图 3-7(a)所示的半波整流信号 $f_T(t)$的傅里叶级数。

解 在一个周期的时间区间$[0,T]$内，对 $f_T(t)$求两次导得 $f''_T(t)$波形如图 3-7(c)所示

$$f''_T(t)=-\omega_0^2 f(t)+A\omega_0\left[\delta(t)+\delta\left(t-\frac{T}{2}\right)\right]$$

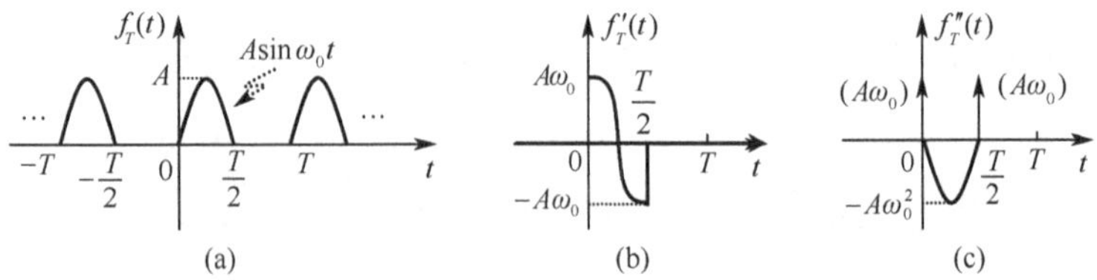

图 3-7 例 3-5 图

等式两边同时求 FST，有

$$(\mathrm{j}n\omega_0)^2F_n=-\omega_0^2F_n+A\omega_0\left[\frac{1}{T}+\frac{1}{T}\mathrm{e}^{-\mathrm{j}n\omega_0\frac{T}{2}}\right]$$

得方程

$$(\mathrm{j}n\,\omega_0)^2F_n+\omega_0^2F_n=A\omega_0\left[\frac{1}{T}+\frac{1}{T}\mathrm{e}^{-\mathrm{j}n\omega_0\frac{T}{2}}\right]$$

整理得

$$F_n=\frac{A(1+\mathrm{e}^{-\mathrm{j}n\pi})}{2\pi(1-n^2)}=\frac{A(1+\cos n\pi-\mathrm{j}\sin n\pi)}{2\pi(1-n^2)}$$

$$=\begin{cases}\dfrac{A}{\pi(1-n^2)}, & n=0,\pm2,\pm4,\cdots\\ 0, & n=\pm3,\pm5,\cdots\\ \mp\mathrm{j}\,\dfrac{A}{4}, & n=\pm1\end{cases}$$

其中

$$F_1=\frac{0}{0}=\frac{A(-\mathrm{j}\pi)\mathrm{e}^{-\mathrm{j}n\pi}}{2\pi(-2n)}\bigg|_{n=1}=-\mathrm{j}\,\frac{A}{4},\quad F_{-1}=\mathrm{j}\,\frac{A}{4}$$

得傅里叶级数

$$f_T(t)=\sum_{n=-\infty}^{\infty}\frac{A(1+\mathrm{e}^{-\mathrm{j}n\pi})}{2\pi(1-n^2)}\mathrm{e}^{\mathrm{j}n\omega_0 t}=\frac{A}{\pi}+\frac{A}{2}\sin\omega_0 t-\sum_{n\text{为偶数}}\frac{2A}{\pi}\,\frac{1}{(n^2-1)}\cos n\omega_0 t$$

3.3 连续周期信号的频谱和功率谱

第 23 讲

3.3.1 周期信号的频谱

通过 3.2 节的讨论可知，周期信号是一系列相互正交的正弦分量 $A_n\cos(n\omega_0 t+\varphi_n)$或复指数分量 $F_n\mathrm{e}^{\mathrm{j}n\omega_0 t}=|F_n|\,\mathrm{e}^{\mathrm{j}\varphi_n}\mathrm{e}^{\mathrm{j}n\omega_0 t}$的线性组合。对实信号而言，复指数信号分量 $F_n\mathrm{e}^{\mathrm{j}n\omega_0 t}$与 $F_{-n}\mathrm{e}^{-\mathrm{j}n\omega_0 t}$

是成对出现的。从傅里叶级数展开的角度看，各种周期信号的区别在于它们各个分量的数目、角频率 $n\omega_0$、幅度 $|F_n|$ 或 A_n、相位 φ_n 不同。傅里叶系数的幅度 $|F_n|$ 或 A_n 随角频率 $n\omega_0$ 变化的规律称为信号的幅度频谱，简称幅度谱；傅里叶系数的相位 φ_n 随角频率 $n\omega_0$ 变化的规律称为信号的相位频谱，简称相位谱；幅度谱和相位谱总称为信号的幅相谱。

由此可见，周期信号的频谱实际上就是它的直流、基波以及各个谐波分量的幅度和相位随频率的分布情况，或者说是它的各种频率分量的分布情况。知道了信号的频谱，也就知道了信号 $f_T(t)$ 本身。信号的频谱是信号的另一种表示，它提供了从频域角度来观察和分析信号的途径。为了把周期信号具有的分量以及各分量的频域特征形象地表示出来，可以采用图示的办法，即在 F_n-$n\omega_0$（A_n-$n\omega_0$）和 φ_n-$n\omega_0$ 的直角坐标平面上清晰地用一系列不同高度的线段来表示出振幅或相位的数值随角频率 $n\omega_0$ 的分布状况，这些相应的高低起伏地排列出来的谱线状图形称为周期信号的幅度频谱图和相位频谱图。

1. 三角频谱（单边频谱）

所谓三角频谱是指余弦形式的傅里叶级数的振幅 A_n 随角频率 $n\omega_0$ 变化的规律，称为振幅频谱；余弦形式傅里叶级数的初相 φ_n 随角频率 $n\omega_0$ 变化的规律，称为相位频谱。由于三角型傅里叶级数总有 $n\geqslant 0$，谱线只出现 A_n-$n\omega_0$ 或 φ_n-$n\omega_0$ 平面上的右半平面，故称作单边频谱。例如

$$f_T(t)=\frac{A_0}{2}+A_1\cos(\omega_0 t+\varphi_1)+A_2\cos(2\omega_0 t+\varphi_2)$$

由此可绘出其三角频谱如图 3-8(a)、(b)所示。

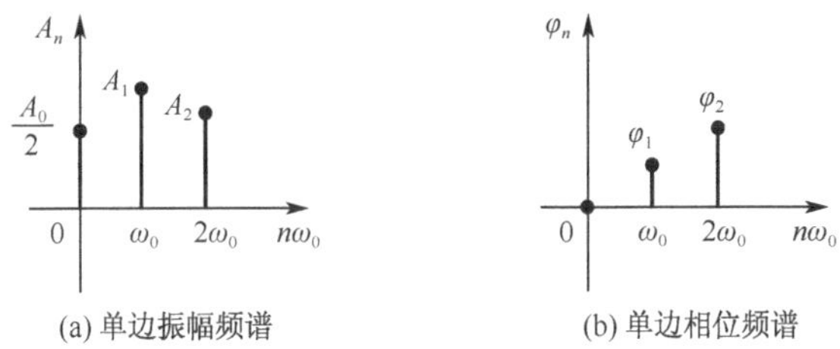

图 3-8 单边频谱图

2. 指数频谱（双边频谱）

所谓指数频谱是指傅里叶复系数 F_n 的幅度（模）$|F_n|$ 随角频率 $n\omega_0$ 变化的规律，以及它的相位 φ_n 随角频率 $n\omega_0$ 变化的规律，前者称为振幅频谱，后者称为相位频谱。由于指数型傅里叶级数总有 $-\infty<n<\infty$，所以 $n\omega_0$ 的取值是正负整数倍基波角频率，故称作双边频谱。例如

$$\begin{aligned}f_T(t)&=F_{-2}\mathrm{e}^{-\mathrm{j}2\omega_0 t}+F_{-1}\mathrm{e}^{-\mathrm{j}\omega_0 t}+F_0+F_1\mathrm{e}^{\mathrm{j}\omega_0 t}+F_2\mathrm{e}^{\mathrm{j}2\omega_0 t}\\&=|F_{-2}|\mathrm{e}^{-\mathrm{j}\varphi_2}\mathrm{e}^{-\mathrm{j}2\omega_0 t}+|F_{-1}|\mathrm{e}^{-\mathrm{j}\varphi_1}\mathrm{e}^{-\mathrm{j}\omega_0 t}+F_0+|F_1|\mathrm{e}^{\mathrm{j}\varphi_1}\mathrm{e}^{\mathrm{j}\omega_0 t}+|F_2|\mathrm{e}^{\mathrm{j}\varphi_2}\mathrm{e}^{\mathrm{j}2\omega_0 t}\end{aligned}$$

由此可绘出其指数频谱如图 3-9(a)、(b)所示。

比较图 3-8 和图 3-9 可见，$|F_0|=\dfrac{A_0}{2}$，$|F_n|=\dfrac{A_n}{2}$ 及 $\varphi_n=\varphi_n$。

对实信号而言，$|F_n|$ 是角频率 $n\omega_0$ 的偶函数，φ_n 是角频率 $n\omega_0$ 的奇函数，所以在双边频

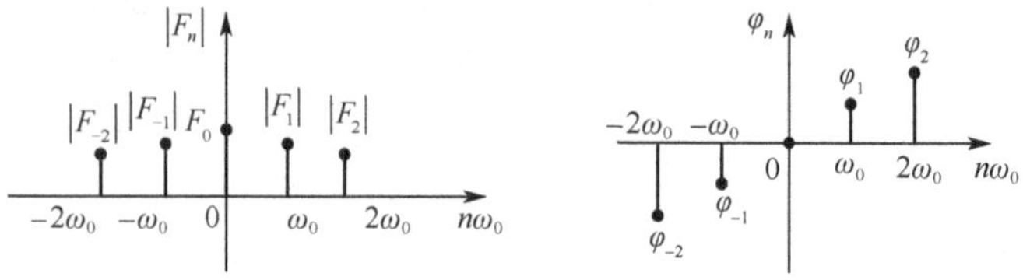

(a) 双边振幅频谱　　(b) 双边相位频谱

图 3-9　双边频谱图

谱图中，幅度谱呈偶对称而相位谱呈奇对称。信号的频谱是一个非常重要的概念，对系统而言还引申出了频率响应的概念，并由此发展了信号与系统分析的另一种非常重要的方法，即频域分析方法。

3. 周期性矩形脉冲的频谱

设有一幅度为 A，脉冲宽度为 τ，周期为 T 的周期性矩形脉冲

$$f_T(t)=\sum_{n=-\infty}^{\infty}Ag_{\tau}(t-nT)$$

其波形如图 3-5 所示。根据式(3-2-12)可写出其傅里叶复系数和振幅相量

$$F_n=\frac{A\tau}{T}\mathrm{Sa}\left(\frac{n\omega_0\tau}{2}\right)\quad 和\quad \dot{A}_n=2F_n=\frac{2A\tau}{T}\mathrm{Sa}\left(\frac{n\omega_0\tau}{2}\right)$$

一般情况下，F_n 和 $\dot{A}_n$ 是复变量，复变量随自变量变化的规律无法用波形图表示，但是，周期性矩形脉冲信号的 F_n 和 $\dot{A}_n$ 均为实变量，它们随自变量 $n\omega_0$ 的变化规律可以在以 $n\omega_0$ 为横轴以 F_n 和 $\dot{A}_n$ 为纵轴的二维平面上用波形图描绘出来，并且其中隐含了振幅和相位，这就是完全频谱(幅相频谱)。周期性矩形脉冲信号的双边完全频谱和单边完全频谱如图 3-10(a)、(d)所示。

在 $n\omega_0>0$ 内，上式的幅度与相位是

$$\left.\begin{aligned}|F_n|&=\frac{A\tau}{T}\left|\mathrm{Sa}\left(\frac{n\omega_0\tau}{2}\right)\right|\\ \varphi_n&=\begin{cases}\pi, & F_n<0\\ 0, & F_n\geqslant 0\end{cases}\end{aligned}\right\}\quad 和\quad \left.\begin{aligned}A_n&=\frac{2A\tau}{T}\left|\mathrm{Sa}\left(\frac{n\omega_0\tau}{2}\right)\right|\\ \varphi_n&=\begin{cases}\pi, & \dot{A}_n<0\\ 0, & \dot{A}_n\geqslant 0\end{cases}\end{aligned}\right\}$$

由此可以绘出在 $n\omega_0>0$ 内，该信号的幅度频谱和相位频谱，单边振幅频谱和相位频谱如图 3-10(e)、(f)所示。根据对称性，幅度 $|F_n|$ 是偶函数关于纵轴对称；相位 φ_n 是奇函数关于原点对称，于是可以绘出在 $-\infty<n\omega_0<\infty$ 内的双边频谱，如图 3-10(b)和图 3-10(c)所示。

关于完全频谱 F_n 与振幅频谱 $|F_n|$ 和相位频谱 φ_n 的关系可作如下说明，从图 3-10(c)可知，周期性矩形脉冲信号各分量的相位为 0 或 $\pm\pi$。若把相位为零的分量的幅度看作正值，而把相位为 $\pm\pi$ 的分量的幅度看作负值，那么图 3-10(b)与图 3-10(c)即可合二为一得完全频谱，如图 3-10(a)所示。一般情况下，在二维平面中是无法将幅度谱和相位谱用一个图同时表示出来的，对周期矩形脉冲信号而言，因为相位谱只有 0 或 $\pm\pi$，所以可以合并到一个图中。

图 3-10 显示了周期性矩形脉冲信号 $f_T(t)$ 频谱的一些规律，实际上也反映了周期信号频谱的普遍规律。一般地说，周期信号频谱有如下特点：

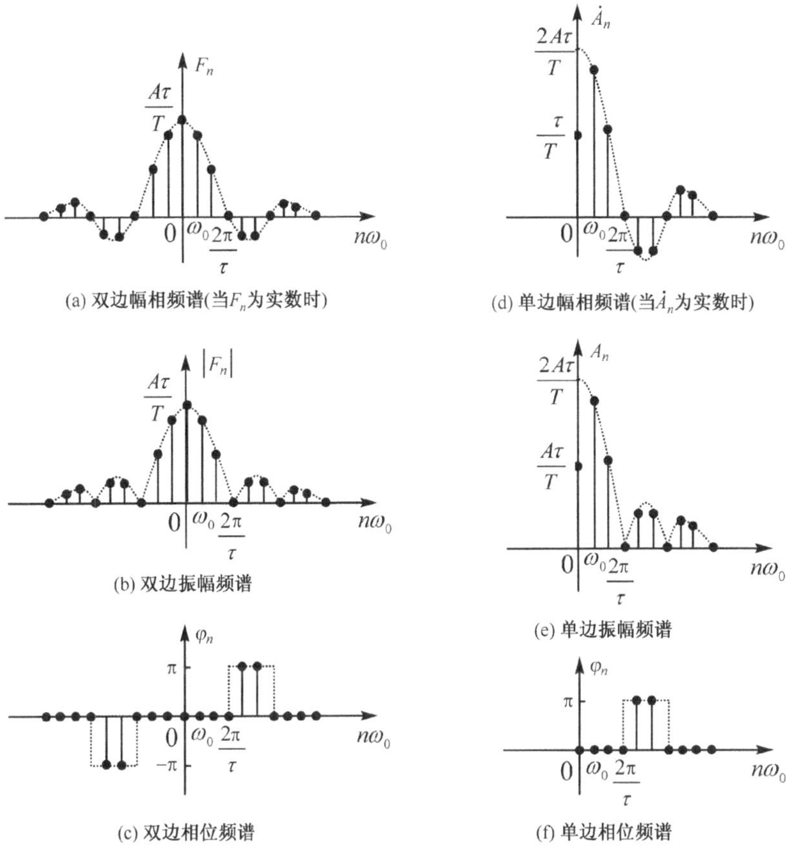

图 3-10　周期矩形脉冲的频谱

(1) 离散性：谱线在离散的频率上才存在，因此称为离散频谱。单边谱中一条谱线代表了一个谐波分量，而双边谱中左右对称的两条谱线代表了一个谐波分量。

(2) 谐波性：谱线所在的位置是基波频率 ω_0 的整数倍频率上。

(3) 收敛性：幅度 $|F_n|$（或 A_n）谱线总趋势是随 $n\to\infty$ 而衰减到零。

第 24 讲

在图 3-10(a)中，各条谱线顶点的连线称为谱线包络线，它是按抽样函数 Sa(x)规律变化的，最大值 $F_0=\dfrac{A\tau}{T}$，与横轴 $n\omega_0$ 的第一对零值交汇点为 $\pm\dfrac{2\pi}{\tau}$，把 $0\leqslant n\omega_0\leqslant\dfrac{2\pi}{\tau}$ 这段频率范围定义为周期性矩形脉冲信号的有效频带宽度简称有效带宽，记作

$$B_\omega=\Delta\omega=\frac{2\pi}{\tau}\quad(\text{rad/s})\quad 或\quad B_f=\frac{1}{\tau}\quad(\text{Hz})\tag{3-3-1}$$

画频谱时必须由已知条件找到在 B_ω 频率范围内的谱线间隔数 $k=\dfrac{B_\omega}{\omega_0}=\dfrac{T}{\tau}$，该范围内的谱线数 $m=k-1$。显然，F_0、B_ω 和 m 一旦确定，便可定性地绘出周期性矩形脉冲信号的频谱。

周期性矩形脉冲的脉冲宽度 τ 和周期 T 的变化对其频谱结构有重要影响。图 3-11 画出了在脉冲幅度不变 $A=1$，周期不变 $T=4s$，而脉宽 τ 不断减小，分别为 $\tau_1=\dfrac{T}{2}=2s$、$\tau_2=\dfrac{T}{4}=1s$ 和 $\tau_3=\dfrac{T}{8}=0.5s$ 时的频谱变化情况。显然，随着 τ 减小，$F_0=\dfrac{A\tau}{T}$ 减小，各条谱线高度也

相应地减小；第一个零交点 $\frac{2\pi}{\tau}$ 增大，也就是有效带宽 $B_\omega=\frac{2\pi}{\tau}$ 增大，各条谱线间隔 ω_0 不变即谱线疏密不变，B_ω 内包含的谱线数目增多。

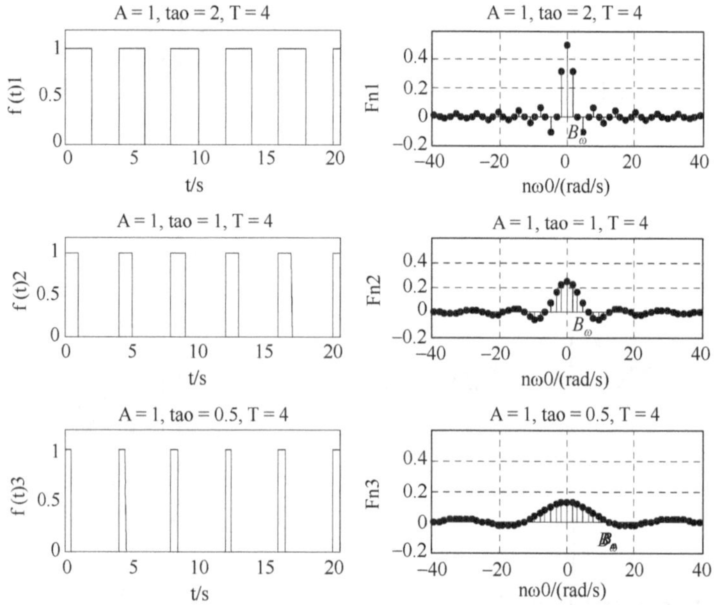

图 3-11 脉冲宽度与频谱的关系

上述表明，脉冲宽度 τ 与有效带宽 B_ω 成反比。这个结论不仅仅是周期性矩形脉冲信号所独有，而具有一般意义，是一个十分重要的关系。

当 τ 增大到 $\tau=T$ 时，则 $F_n=A\mathrm{Sa}(n\pi)$，只有 $F_0=A$，也就是说只有一条谱线在 $n\omega_0=0$ 处，其高度为 A，其余谱线因高度为零而消失。这是因为当 $\tau=T$ 时，周期矩形脉冲信号已转化为直流信号，其频谱必然只含有直流分量。

图 3-12 画出了周期矩形脉冲信号的脉冲幅度保持不变，周期不断增大时，频谱变化的情况。设 $A=1$ 和脉冲宽度 $\tau=1s$，周期分别为 $T_1=2\tau=2s$、$T_2=4\tau=4s$、$T_3=8\tau=8s$。从图中可以看出，随着 T 增大，$F_0=\frac{A\tau}{T}$ 减小，各条谱线高度也相应地减小；第一个零交点 $\frac{2\pi}{\tau}$ 不变，即 B_ω 宽度不变；各条谱线间隔 $\omega_0=\frac{2\pi}{T}$ 减小，谱线变密，B_ω 内谱线数目增多。当 $T\to\infty$ 时，则 $F_0\to 0$，各条谱线绝对高度也趋于零（但确有相对高度），谱线间隔也趋于零（$\omega_0\to 0$），这时周期信号已转化为非周期信号，离散线谱变为连续面谱。

3.3.2 周期信号的平均功率和功率谱

从第 1 章知道，一般情况下，周期信号属于功率信号，其归一化平均功率为

$$P=\frac{1}{T}\int_T p(t)\,\mathrm{d}t=\frac{1}{T}\int_T f_T^2(t)\,\mathrm{d}t \tag{3-3-2}$$

式中，T 为周期信号的周期。

根据式(3-2-8)，指数型傅里叶级数为

$$f_T(t)=\sum_{n=-\infty}^{\infty}F_n\mathrm{e}^{\mathrm{j}n\omega_0 t}$$

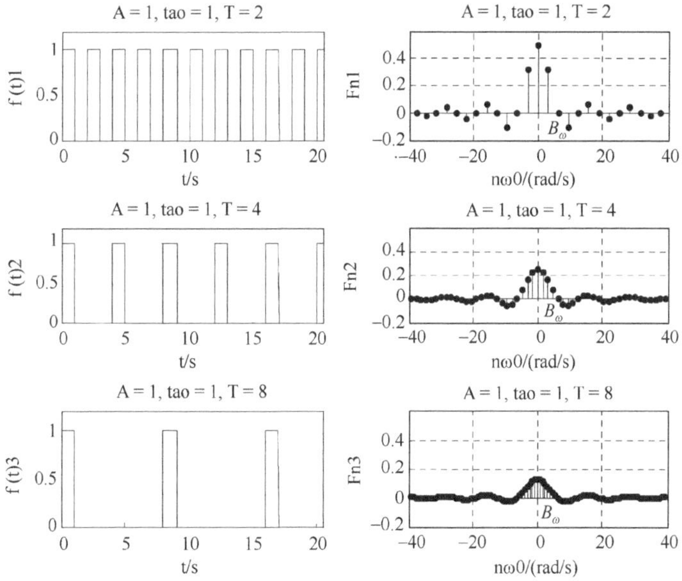

图 3-12 周期与频谱的关系

因此，式(3-3-2)可写成

$$P=\frac{1}{T}\int_{T}f_T(t)\sum_{n=-\infty}^{\infty}F_n e^{jn\omega_0 t}dt=\sum_{n=-\infty}^{\infty}F_n\frac{1}{T}\int_{T}f_T(t)e^{jn\omega_0 t}dt$$

$$=\sum_{n=-\infty}^{\infty}F_n\frac{1}{T}\int_{T}f_T(t)e^{-j(-n\omega_0)t}dt=\sum_{n=-\infty}^{\infty}F_nF_{-n}=\sum_{n=-\infty}^{\infty}|F_n|^2$$

即

$$P=\frac{1}{T}\int_{T}f_T^2(t)dt=\sum_{n=-\infty}^{\infty}|F_n|^2 \qquad (3\text{-}3\text{-}3)$$

由表 3-1 可知，当 $n=0$ 时，$\frac{A_0}{2}=F_0$；当 $n\geqslant1$ 时，$|A_n|=2|F_n|$。因此，式(3-3-3)可变为

$$P=\frac{1}{T}\int_{T}f_T^2(t)dt=\left(\frac{A_0}{2}\right)^2+\sum_{n=1}^{\infty}\frac{A_n^2}{2}=P_0+\sum_{n=1}^{\infty}P_n \qquad (3\text{-}3\text{-}4)$$

由式(3-3-3)和式(3-3-4)可见，频域功率只与幅度谱有关而与相位谱无关。

式(3-3-3)和式(3-3-4)称为周期信号的帕塞瓦尔定理，它表明周期信号的时域平均功率等于频域中各频率成分的平均功率之和。$|F_n|^2$ 与$n\omega_0$$(-\infty<n<\infty)$的关系，即 P_n-$n\omega_0$$(n\geqslant0)$的关系，称为周期信号的功率谱(分双边功率谱和单边功率谱)。显然，周期信号的功率谱也是离散谱。从周期信号的功率谱中可以直观地看出频域中各平均功率分量随频率的分布情况，并可确定在周期信号的有效频带宽度内谐波分量的平均功率 P_{B_ω} 占整个周期信号的平均功率 P 之百分比 P_{B_ω}/P。

例 3-6 已知周期性矩形脉冲信号 $A=1$，$\tau=\frac{1}{20}$s，$T=\frac{1}{4}$s，试绘其功率谱图，并求 P_{B_ω}/P 之值。

解 由题意知，$\omega_0=\frac{2\pi}{T}=8\pi$，$F_0=\frac{A\tau}{T}=\frac{1}{5}$，$B_\omega=\frac{2\pi}{\tau}=40\pi$，$B_\omega$ 内的谱线间隔数 $k=\frac{T}{\tau}=5$，谱线数 $m=k-1=4$，其双边频谱如图 3-13(a)所示，功率谱如图3-13(b)所示。

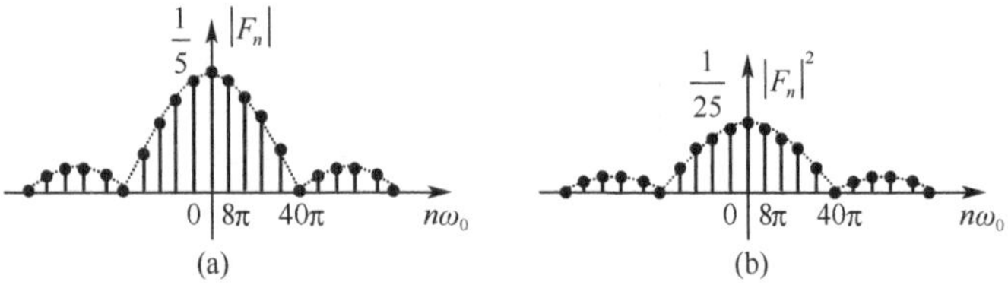

图 3-13　例 3-6 图

平均功率

$$P=\frac{1}{T}\int_{T}f_{T}^{2}(t)\mathrm{d}t=4\int_{-\frac{1}{40}}^{\frac{1}{40}}1^{2}\mathrm{d}t=0.2$$

有效带宽内的功率

$$\begin{aligned}P_{B_{\omega}}&=|F_0|^2+2|F_1|^2+2|F_2|^2+2|F_3|^2+2|F_4|^2\\&=\left(\frac{1}{5}\right)^2+2\left(\frac{1}{5}\right)^2\left[\mathrm{Sa}^2\left(\frac{\pi}{5}\right)+\mathrm{Sa}^2\left(\frac{2\pi}{5}\right)+\mathrm{Sa}^2\left(\frac{3\pi}{5}\right)+\mathrm{Sa}^2\left(\frac{4\pi}{5}\right)\right]\\&=\frac{1}{25}+\frac{2}{25}(0.875+0.573+0.255+0.055)=0.1806\end{aligned}$$

故

$$\frac{P_{B_{\omega}}}{P}=\frac{0.1806}{0.2}=0.903=90.3\%$$

上式说明，在有效带宽 B_{ω} 内各谐波分量的平均功率占该周期信号平均功率的 90.3%。可见，信号功率主要集中在 B_{ω} 频率范围内所包含的直流、基波、二次谐波、三次谐波和四次谐波等低频分量上，有效带宽由此得名，而只有 9.7%的功率分配在高频分量上，高频分量功率因此可以被忽略，所以，工程上常用低频分量近似脉冲信号。

根据定义，周期信号的有效值(方均根值)为

$$F=\sqrt{\frac{1}{T}\int_{T}f_{T}^{2}(t)\mathrm{d}t}=\sqrt{\left(\frac{A_0}{2}\right)^2+\sum_{n=1}^{\infty}\frac{A_n^2}{2}}\tag{3-3-5}$$

可见，周期信号的有效值等于其各次谐波有效值平方的代数和开方。

第 25 讲

3.4　连续非周期信号的频谱——傅里叶变换

傅里叶变换(Fourier transform，FT)揭示了连续非周期信号时域特性和频域特性之间的内在联系。信号傅里叶变换分析法是一种极其重要的信号分析方法，可以说，现代信号处理发展了各种各样的信号分析方法，但还没有一种方法能够取代傅里叶变换分析方法的地位，而且在大部分应用中，傅里叶变换法还是最主要的分析手段。

3.4.1　从傅里叶级数到傅里叶变换

通过 3.3 节图 3-12 的讨论得知，当周期 T 趋于无穷大时，周期信号 $f_T(t)$ 变为非周期信号 $f(t)$，如图 3-14(a) 所示。

从频谱分析的观点来看，当 T 增加时，基波频率 ω_0 变小，离散谱线变密，频谱幅度变小，但频谱包络线的形状保持不变。在极限的情况下，当周期 T 趋于无穷大时，其谱线间隔与幅度将会趋于无穷小，原来由许多谱线组成的周期信号的离散频谱就会连成一片，成为面频谱，并且从 $|F_n|$-

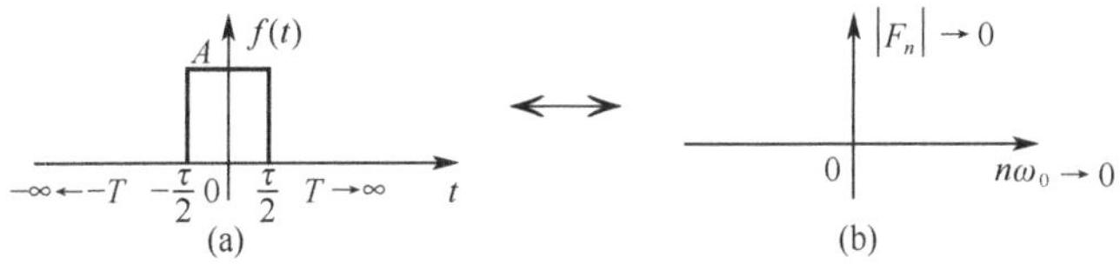

图 3-14 从周期信号到非周期信号

$n\omega_0$ 平面消失，如图 3-14(b)所示。这时，非周期信号的 $|F_n|$ 成为无限小量而存在却再也看不见，傅里叶级数在此已经没有意义。为了描述非周期信号的频谱特性，引入频谱密度函数。

分析图 3-14 可知，当周期 T 趋近于无限大时，虽然相邻谱线的间隔 ω_0 趋于无穷小而成为微变量 $\Delta\omega$，但各频率分量的幅度 $|F_n|$ 也都趋于无穷小，这些无穷小量之间仍保持一定的比例关系。这给人以启示，可否利用相对频谱的概念来描述非周期信号的频谱特性呢？回答是肯定的，这就是频谱密度的概念。

定义

$$F(\mathrm{j}\omega)\overset{\text{def}}{=}\lim_{\Delta f\to 0}\frac{F_n}{\Delta f}=\lim_{T\to\infty}TF_n \tag{3-4-1}$$

为频谱密度函数。从式(3-4-1)可以看出，$F(\mathrm{j}\omega)$ 表示了单位频带 Δf 上的复振幅 F_n 分布状况，类似于物理学中质量线密度 $\rho_l=\lim\limits_{\Delta l\to 0}\dfrac{\Delta m}{\Delta l}$，$F(\mathrm{j}\omega)$ 可理解为一种频谱密度，它表达了非周期信号在任意频率 ω 处的频谱密度函数。

根据周期信号傅里叶级数的定义式，有

$$TF_n=\int_{-\frac{T}{2}}^{\frac{T}{2}}f_T(t)\mathrm{e}^{-\mathrm{j}n\omega_0 t}\mathrm{d}t \tag{3-4-2}$$

$$f_T(t)=\sum_{n=-\infty}^{\infty}F_n\mathrm{e}^{\mathrm{j}n\omega_0 t} \tag{3-4-3}$$

考虑到当周期 T 趋近于无限大时，上式中的各变量将作如下变化：$\omega_0=\dfrac{2\pi}{T}$ 趋于无穷小，$\omega_0\to\Delta\omega\to\mathrm{d}\omega$，取其为 $\mathrm{d}\omega$；离散变量 $n\omega_0$ 则变为连续变量 ω；F_n 变为 $\dfrac{\mathrm{d}\omega}{2\pi}F(\mathrm{j}\omega)$；离散和变为连续和(积分)。于是式(3-4-2)成为

$$F(\mathrm{j}\omega)=\lim_{T\to\infty}TF_n=\lim_{T\to\infty}\frac{T}{T}\int_{-\frac{T}{2}}^{\frac{T}{2}}f_T(t)\mathrm{e}^{-\mathrm{j}n\omega_0 t}\mathrm{d}t=\int_{-\infty}^{\infty}f(t)\mathrm{e}^{-\mathrm{j}\omega t}\mathrm{d}t$$

式(3-4-3)成为

$$\begin{aligned}f(t)&=\lim_{T\to\infty}f_T(t)=\lim_{T\to\infty}\sum_{n=-\infty}^{\infty}F_n\mathrm{e}^{\mathrm{j}n\omega_0 t}\\&=\lim_{T\to\infty}\sum_{n=-\infty}^{\infty}\frac{1}{2\pi}F(\mathrm{j}\omega)\mathrm{e}^{\mathrm{j}n\omega_0 t}\Delta\omega=\frac{1}{2\pi}\int_{-\infty}^{\infty}F(\mathrm{j}\omega)\mathrm{e}^{\mathrm{j}\omega t}\mathrm{d}\omega\end{aligned}$$

即

$$F(\mathrm{j}\omega)\overset{\text{def}}{=}\int_{\infty}^{\infty}f(t)\mathrm{e}^{-\mathrm{j}\omega t}\mathrm{d}t \tag{3-4-4}$$

$$f(t)\overset{\text{def}}{=}\frac{1}{2\pi}\int_{-\infty}^{\infty}F(\mathrm{j}\omega)\mathrm{e}^{\mathrm{j}\omega t}\mathrm{d}\omega \tag{3-4-5}$$

式(3-4-4)和式(3-4-5)称为傅里叶变换对，其中式(3-4-4)称为傅里叶正变换(FT)，简称

为傅里叶变换；而式(3-4-5)称为傅里叶反变换(IFT)。$F(\mathrm{j}\omega)$是 $f(t)$的频谱密度函数即频谱函数，而 $f(t)$是 $F(\mathrm{j}\omega)$的原函数。并用下列符号记作：

$$F(\mathrm{j}\omega)=\mathscr{F}[f(t)]\leftrightarrow f(t)=\mathscr{F}^{-1}[F(\mathrm{j}\omega)] \tag{3-4-6}$$

$F(\mathrm{j}\omega)$一般为复函数，可写为 $F(\mathrm{j}\omega)=|F(\mathrm{j}\omega)|\mathrm{e}^{\mathrm{j}\varphi(\omega)}$。$F(\mathrm{j}\omega)$随 ω 变化的规律就是非周期信号的频谱，把$|F(\mathrm{j}\omega)|$-ω 关系曲线与 $\varphi(\omega)$-ω 关系曲线分别称为非周期信号的幅度频谱与相位频谱，它们都是频率 ω 的连续函数。频谱图实际是面频谱，为了方便起见取其包络线，在形状上与相应的周期信号频谱包络线相似，但用连续线表示。实际上，非周期的单个脉冲 $f(t)$的 $F(\mathrm{j}\omega)$与由此构成的以 T 为周期的周期信号 $f_T(t)$的 F_n 之间具有以下关系：

$$F_n=\frac{1}{T}F(\mathrm{j}\omega)\Big|_{\omega=n\omega_0} \tag{3-4-7}$$

$$F(\mathrm{j}\omega)=TF_n\Big|_{n\omega_0=\omega} \tag{3-4-8}$$

例 3-7 矩形脉冲信号如图 3-15(a) 所示，试求其傅里叶变换 $F(\mathrm{j}\omega)$并绘频谱图。

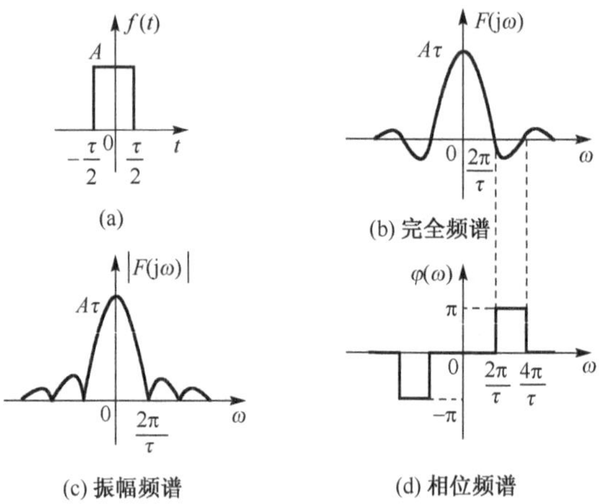

图 3-15 例 3-7 图

解 在例 3-3 中已求得周期性矩形脉冲信号的傅里叶复系数为 $F_n=\frac{A\tau}{T}\mathrm{Sa}\left(\frac{n\omega_0\tau}{2}\right)$，由式(3-4-8)得

$$F(\mathrm{j}\omega)=TF_n\Big|_{n\omega_0=\omega}=T\times\frac{A\tau}{T}\mathrm{Sa}\left(\frac{n\,\omega_0\tau}{2}\right)\Big|_{n\omega_0=\omega}=A\tau\mathrm{Sa}\left(\frac{\omega\tau}{2}\right)$$

故有

$$f(t)=Ag_\tau(t)\leftrightarrow F(\mathrm{j}\omega)=A\tau\mathrm{Sa}\left(\frac{\omega\tau}{2}\right)$$

第 26 讲

其频谱如图 3-15(b)、(c)、(d) 所示。

非周期信号的频谱有三个主要特点：①是连续谱而非离散谱和非谐波性；②幅度谱具有收敛性，$\lim\limits_{|\omega|\to\infty}|F(\mathrm{j}\omega)|=0$；③幅度频谱是 ω 的偶函数，相位频谱是 ω 的奇函数。

3.4.2 非周期信号频谱的物理意义及其特性

$F(\mathrm{j}\omega)$是复函数，可以写为

$$\begin{aligned}F(\mathrm{j}\omega)&=\int_{-\infty}^{\infty}f(t)\mathrm{e}^{-\mathrm{j}\omega t}\mathrm{d}t=\int_{-\infty}^{\infty}f(t)\cos\omega t\,\mathrm{d}t-\mathrm{j}\int_{-\infty}^{\infty}f(t)\sin\omega t\,\mathrm{d}t\\&=R(\omega)+\mathrm{j}X(\omega)\end{aligned} \tag{3-4-9}$$

$R(\omega)$和 $X(\omega)$分别是 $F(j\omega)$的实部和虚部。因此,式(3-4-5)也可写成

$$f(t)=\frac{1}{2\pi}\int_{-\infty}^{\infty}F(j\omega)e^{j\omega t}d\omega=\frac{1}{2\pi}\int_{-\infty}^{\infty}|F(j\omega)|e^{j[\omega t+\varphi(\omega)]}d\omega$$

$$=\frac{1}{2\pi}\int_{-\infty}^{\infty}|F(j\omega)|\cos[\omega t+\varphi(\omega)]d\omega+j\frac{1}{2\pi}\int_{-\infty}^{\infty}|F(j\omega)|\sin[\omega t+\varphi(\omega)]d\omega$$

由于上式第二个积分中的被积函数是 ω 的奇函数,故积分值为零;而第一个积分中的被积函数是 ω 的偶函数,故有

$$f(t)=\frac{1}{\pi}\int_{0}^{\infty}|F(j\omega)|\cos[\omega t+\varphi(\omega)]d\omega \tag{3-4-10}$$

式(3-4-10)表明,非周期信号可看作是由不同频率的余弦"分量"所组成,它包含了频率从零到无限大的所有频率"分量"。式中

$$\frac{|F(j\omega)|}{\pi}d\omega=2|F(j\omega)|df$$

是无穷小量(这里 df 是微元频率),相当于各余弦"分量"的振幅,而每一个微元分量$\frac{|F(j\omega)|}{\pi}d\omega\cos[\omega t+\varphi(\omega)]$相当于一个以$\frac{|F(j\omega)|}{\pi}d\omega$ 为幅度放大后的等幅正弦振荡信号,如图 3-16 所示,信号 $f(t)$是它们在全频域的不同频率正弦分量叠加(连续和)。非周期信号的频谱不能再用复幅度 F_n 表示,而改用密度函数来表示。

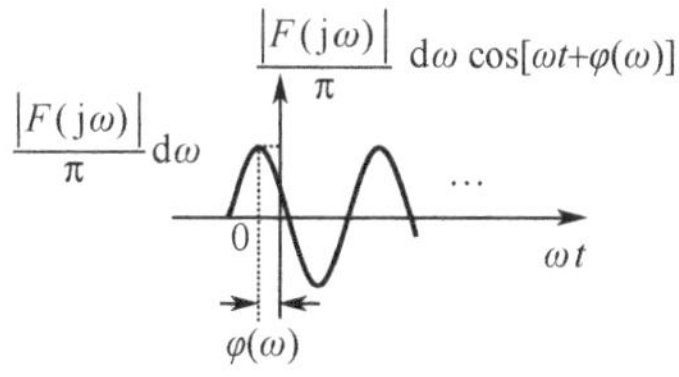

图 3-16　微元等幅振荡分量

另外,根据定义,有

$$F(-j\omega)=\int_{-\infty}^{\infty}f(t)e^{j\omega t}dt=\int_{-\infty}^{\infty}f(t)\cos\omega t\,dt+j\int_{-\infty}^{\infty}f(t)\sin\omega t\,dt$$

$$=R(\omega)-jX(\omega)=F^*(j\omega) \tag{3-4-11}$$

由此看出,若 $f(t)$为非奇非偶的实信号,则频谱函数 $F(j\omega)$亦具有共轭性,即

$$F(j\omega)=F^*(-j\omega) \tag{3-4-12}$$

这时,$|F(j\omega)|$与 $R(\omega)$是 ω 的偶函数;$\varphi(\omega)$与 $X(\omega)$是 ω 的奇函数。反之,若 $F(j\omega)=F^*(-j\omega)$,$f(t)$一定是 t 的非奇非偶的实信号。也就是说,将任意的非奇非偶实函数 $f(t)$分解为奇函数和偶函数两部分,即

$$f(t)=f_e(t)+f_o(t)$$

若

$$f(t)=f_e(t)+f_o(t)\leftrightarrow F(j\omega)=R(\omega)+jX(\omega)$$

又

$$f(-t)=f_e(t)-f_o(t)\leftrightarrow F(-j\omega)=R(\omega)-jX(\omega)$$

则

$$\begin{cases}f_e(t)=\dfrac{f(t)+f(-t)}{2}\leftrightarrow R(j\omega)\\ f_o(t)=\dfrac{f(t)-f(-t)}{2}\leftrightarrow jX(j\omega)\end{cases} \tag{3-4-13}$$

若 $f(t)$为实偶函数,则 $F(j\omega)=2\int_{0}^{\infty}f(t)\cos\omega t\,dt=R(\omega)$,$F(j\omega)$ 为实偶函数。

若 $f(t)$为实奇函数,则 $F(j\omega)=-2j\int_{0}^{\infty}f(t)\sin\omega t\,dt=jX(\omega)$,$F(j\omega)$ 为虚奇函数。

根据式(3-4-13)，可导出因果信号 $f(t)$与其 $F(\mathrm{j}\omega)$的实部或虚部的关系。由于因果信号具有 $f(t)=0(t<0)$ 的性质，因而，当 $f(t)$在 $t=0$ 处无冲激时，由信号分解为偶部和奇部的公式有

$$f(t)=2f_{\mathrm{e}}(t)=2f_{\mathrm{o}}(t),\quad t>0 \tag{3-4-14}$$

由式(3-4-14)可知，一个因果信号可以用其频谱函数的实部或虚部唯一地确定。即

$$\begin{aligned} f(t) &= \{2\mathscr{F}^{-1}[R(\omega)]\}\varepsilon(t) \\ f(t) &= \{2\mathscr{F}^{-1}[\mathrm{j}X(\omega)]\}\varepsilon(t) \end{aligned} \tag{3-4-15}$$

3.4.3 傅里叶变换的存在性

与傅里叶级数是否存在应满足的狄利克雷条件一样，傅里叶变换也应该满足一定的条件才能存在。信号 $f(t)$的傅里叶变换 $F(\mathrm{j}\omega)$存在的条件为 $f(t)$在无限时间区间$(-\infty,\infty)$内绝对可积，即

$$\int_{-\infty}^{\infty}|f(t)|\,\mathrm{d}t\leqslant M<\infty \tag{3-4-16}$$

证明 由式(3-4-4)，可得

$$|F(\mathrm{j}\omega)|=\left|\int_{-\infty}^{\infty}f(t)\mathrm{e}^{-\mathrm{j}\omega t}\,\mathrm{d}t\right|\leqslant\int_{-\infty}^{\infty}|f(t)|\,\mathrm{d}t$$

若 $f(t)$满足条件(3-4-16)，则 $F(\mathrm{j}\omega)$肯定有界；若 $f(t)$在任何有限时间区间$(t_1,\ t_2)$的变差有界，则 $F(\mathrm{j}\omega)$必是一个确定的复函数，即 $F(\mathrm{j}\omega)$存在。 (证毕)

以上条件称为傅里叶变换 $F(\mathrm{j}\omega)$存在的狄利克雷条件，它是一个充分而非必要条件。也就是说，满足绝对可积条件的能量信号 $f(t)$，其 $F(\mathrm{j}\omega)$必然存在；但是，对于并不满足绝对可积条件的功率信号，甚至某些非功非能信号，在频域引入冲激函数后，其 $F(\mathrm{j}\omega)$也存在，并且有确定的表达式。这给信号与系统的频域分析带来极大的方便。但必须指出，这种情况的信号，$F(\mathrm{j}\omega)$不能用式(3-4-4)按定义求取，而必须用别的方法，例如，用取极限的方法或者根据傅里叶变换性质求取。

3.4.4 能量谱和功率谱

信号的频谱只是频域中描述信号特征的方法之一，此外，还可以用能量谱或功率谱来描述信号。

1. 能量谱

我们知道，非周期能量信号 $f(t)$的能量是有限的，而平均功率等于零，所以它只有能量频谱而无功率频谱。根据能量的定义和傅里叶反变换的定义，其总能量为

$$\begin{aligned} E &= \int_{-\infty}^{\infty}f^2(t)\,\mathrm{d}t=\int_{-\infty}^{\infty}f(t)\left[\frac{1}{2\pi}\int_{-\infty}^{\infty}F(\mathrm{j}\omega)\mathrm{e}^{\mathrm{j}\omega t}\,\mathrm{d}\omega\right]\mathrm{d}t \\ &= \frac{1}{2\pi}\int_{-\infty}^{\infty}F(\mathrm{j}\omega)\left[\int_{-\infty}^{\infty}f(t)\mathrm{e}^{\mathrm{j}\omega t}\,\mathrm{d}t\right]\mathrm{d}\omega \\ &= \frac{1}{2\pi}\int_{-\infty}^{\infty}F(\mathrm{j}\omega)F^*(\mathrm{j}\omega)\,\mathrm{d}\omega=\frac{1}{2\pi}\int_{-\infty}^{\infty}|F(\mathrm{j}\omega)|^2\,\mathrm{d}\omega \end{aligned}$$

即

$$E=\frac{1}{2\pi}\int_{-\infty}^{\infty}|F(\mathrm{j}\omega)|^2\,\mathrm{d}\omega \tag{3-4-17}$$

式(3-4-17) 称为非周期信号的能量公式或帕塞瓦尔公式，它说明信号的总能量 E 又是函数 $|F(\mathrm{j}\omega)|^2$ 在频率轴上的积分，在时域中求得的信号能量和在频域中求得的信号能量相等。但是，有限的能量 E 在无限宽的频率上分布不便表示，故引出能量密度 $E_f(\omega)$ 概念。

定义

$$E_f(\omega) \overset{\text{def}}{=} \frac{\mathrm{d}E}{\mathrm{d}f} = \frac{2\pi\mathrm{d}E}{\mathrm{d}\omega}$$

为能量密度函数，简称能量频谱或能量谱。总能量 E 与能量密度函数 $E_f(\omega)$ 的关系为

$$E = \frac{1}{2\pi}\int_{-\infty}^{\infty} E_f(\omega)\mathrm{d}\omega \tag{3-4-18}$$

比较式(3-4-17)与式(3-4-18)有

$$E_f(\omega) = |F(\mathrm{j}\omega)|^2 \tag{3-4-19}$$

能量谱 $E_f(\omega)$ 反映了信号的能量在频域的分布情况，它只与信号振幅频谱的平方有关而与相位频谱无关。

例 3-8 续上例，求图 3-15(a) 所示信号 $f(t)=Ag_\tau(t)$ 的能量密度函数，并画出能量谱。

解 因为

$$f(t) = Ag_\tau(t) \leftrightarrow F(\mathrm{j}\omega) = A\tau\mathrm{Sa}\left(\frac{\omega\tau}{2}\right)$$

所以

$$E_f(\omega) = |F(\mathrm{j}\omega)|^2 = A^2\tau^2\mathrm{Sa}^2\left(\frac{\omega\tau}{2}\right)$$

该信号的能量谱如图 3-17(b)所示。

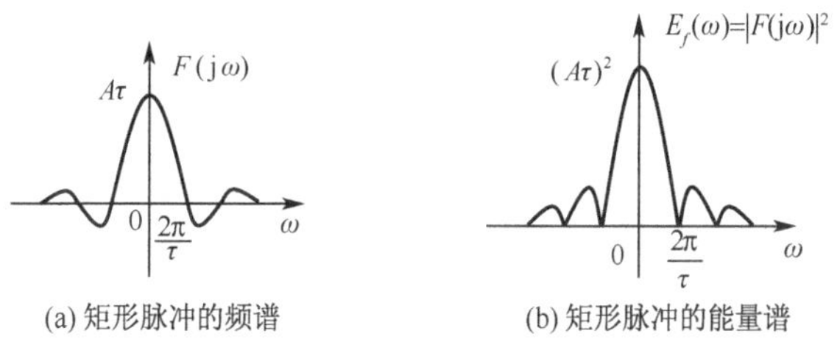

图 3-17 例 3-8 图

2. 功率谱

功率信号平均功率是有限值，而能量为无穷大。若任意功率信号 $f(t)$ 是实函数，如图 3-18 所示，将其在区间 $\left(-\frac{\tau}{2}, \frac{\tau}{2}\right)$ 内截断，可得到截断的能量信号

$$f_\tau(t) = \begin{cases} f(t), & |t| \leqslant \frac{\tau}{2} \\ 0, & |t| > \frac{\tau}{2} \end{cases}$$

显然，$f_\tau(t)$ 是时限信号，其能量为

$$E_\tau = \int_{-\frac{\tau}{2}}^{\frac{\tau}{2}} f_\tau^2(t)\mathrm{d}t = \frac{1}{2\pi}\int_{-\infty}^{\infty} |F_\tau(\mathrm{j}\omega)|^2\mathrm{d}\omega \tag{3-4-20}$$

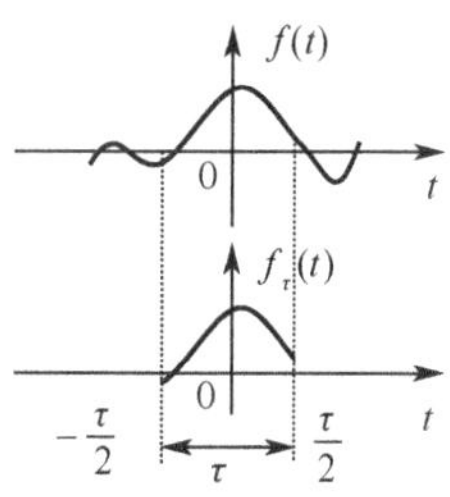

图 3-18 $f(t)$ 示意图

而 $f(t)$ 的平均功率为

$$P=\lim_{\tau\to\infty}\frac{1}{\tau}\int_{-\frac{\tau}{2}}^{\frac{\tau}{2}}f_\tau^2(t)\mathrm{d}t \tag{3-4-21}$$

综合式(3-4-20)和式(3-4-21)，设 $f_\tau(t)\leftrightarrow F_\tau(\mathrm{j}\omega)$，可得

$$P=\frac{1}{2\pi}\int_{-\infty}^{\infty}\lim_{\tau\to\infty}\frac{|F_\tau(\mathrm{j}\omega)|^2}{\tau}\mathrm{d}\omega \tag{3-4-22}$$

定义

$$P_f(\omega)\overset{\text{def}}{=}\frac{\mathrm{d}P}{\mathrm{d}f}=\frac{2\pi\mathrm{d}P}{\mathrm{d}\omega} \tag{3-4-23}$$

为功率密度函数，简称功率频谱或功率谱。平均功率 P 与功率谱密度 $P_f(\omega)$ 的关系为

$$P=\frac{1}{2\pi}\int_{-\infty}^{\infty}P_f(\omega)\mathrm{d}\omega \tag{3-4-24}$$

比较(3-4-22)和式(3-4-24)，可得

$$P_f(\omega)=\lim_{\tau\to\infty}\frac{|F_\tau(\mathrm{j}\omega)|^2}{\tau} \tag{3-4-25}$$

功率谱 $P_f(\omega)$ 反映了信号的平均功率在频域的分布情况，与相位频谱无关。

例如，单位直流信号 $f(t)=1=\lim\limits_{\tau\to\infty}g_\tau(t)$，则其功率密度谱可由门函数的频谱导出

$$P_f(\omega)=\lim_{\tau\to\infty}\frac{|F_\tau(\mathrm{j}\omega)|^2}{\tau}=\lim_{\tau\to\infty}\frac{\tau^2\mathrm{Sa}^2\left(\frac{\omega\tau}{2}\right)}{\tau}\overset{k=\frac{\tau}{2}}{=}\lim_{k\to\infty}2\pi\frac{k}{\pi}\mathrm{Sa}^2(k\omega)=2\pi\delta(\omega)$$

其中

$$\delta(\omega)=\lim_{k\to\infty}\frac{k}{\pi}\mathrm{Sa}^2(k\omega)$$

所以

$$P=\frac{1}{2\pi}\int_{-\infty}^{\infty}P_f(\omega)\mathrm{d}\omega=1$$

如果功率信号 $f(t)$ 是周期信号，其平均功率为

$$P=\sum_{n=-\infty}^{\infty}|F_n|^2$$

由冲激信号的取样特性，上式可写为

$$\begin{aligned}P&=\sum_{n=-\infty}^{\infty}|F_n|^2=\sum_{n=-\infty}^{\infty}|F_n|^2\int_{-\infty}^{\infty}\delta(\omega-n\omega_0)\mathrm{d}\omega\\&=\int_{-\infty}^{\infty}\sum_{n=-\infty}^{\infty}|F_n|^2\delta(\omega-n\omega_0)\mathrm{d}\omega\end{aligned} \tag{3-4-26}$$

比较式(3-4-24)和式(3-4-26)可得

$$P_f(\omega)=2\pi\sum_{n=-\infty}^{\infty}|F_n|^2\delta(\omega-n\omega_0) \tag{3-4-27}$$

式(3-4-27)叫做周期信号的功率密度函数(功率密度谱)，其中，$\omega_0=\frac{2\pi}{T}$。

可见，周期信号的功率密度谱由位于谐波频率 $n\omega_0$ 处的冲激组成，冲激的强度为 $2\pi|F_n|^2$，周期信号的功率谱和功率密度谱之间的关系类似于频谱与频谱密度之间的关系。无论能量谱密度、功率谱还是功率谱密度，都是 ω 的偶函数，并且只与幅度频谱有关，而与相位频谱无关。功率密度 $P_f(\omega)$ 的单位是瓦·秒(W·s)。

例如，图 3-19(a)所示周期性矩形脉冲信号的功率密度

$$P_f(\omega) = 2\pi\sum_{n=-\infty}^{\infty}|F_n|^2\delta(\omega-n\omega_0) = 2\pi\sum_{n=-\infty}^{\infty}\left[\frac{A\tau}{T}\mathrm{Sa}\left(\frac{n\,\omega_0\tau}{2}\right)\right]^2\delta(\omega-n\omega_0)$$

$$=\frac{2\pi A^2\tau^2}{T^2}\sum_{n=-\infty}^{\infty}\mathrm{Sa}^2\left(\frac{n\omega_0\tau}{2}\right)\delta(\omega-n\omega_0) = \frac{\omega_0(A\tau)^2}{T}\sum_{n=-\infty}^{\infty}\mathrm{Sa}^2\left(\frac{n\omega_0\tau}{2}\right)\delta(\omega-n\omega_0)$$

功率频谱如图 3-19(b)所示。

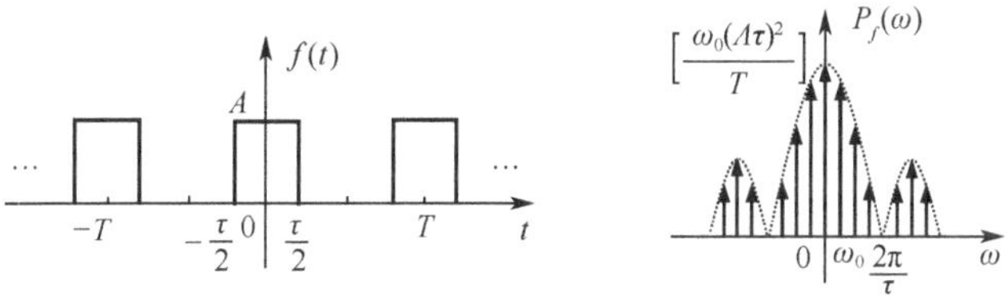

(a) 周期矩形脉冲　　(b) 功率谱密度

图 3-19　周期矩形脉冲的功率谱

3.4.5　典型信号的傅里叶变换

第 27 讲

典型信号是组成复杂信号的基础。复杂信号的傅里叶变换问题要从两个方面来学习和掌握：一方面是根据理论作数学上的推导运算；另一方面是从物理意义、信号频谱分析的角度作深入理解。因此，理解并熟记典型信号的傅里叶变换对是很有必要的。

下面介绍几种典型信号的傅里叶变换。

1. 矩形脉冲信号

矩形脉冲信号 $f(t)=Ag_\tau(t)$ 的傅里叶变换为

$$F(\mathrm{j}\omega) = A\tau\mathrm{Sa}\left(\frac{\omega\tau}{2}\right) \tag{3-4-28}$$

幅度频谱和相位频谱为

$$|F(\mathrm{j}\omega)| = A\tau\left|\mathrm{Sa}\left(\frac{\omega\tau}{2}\right)\right|,\quad \varphi(\omega)=\begin{cases}\pi, & \mathrm{Sa}\left(\frac{\omega\tau}{2}\right)\leqslant 0\\ 0, & \mathrm{Sa}\left(\frac{\omega\tau}{2}\right)>0\end{cases}$$

$F(\mathrm{j}\omega)$的推导及频谱图参见例 3-7。

2. 正三角脉冲信号

正三角脉冲信号 $f(t)=A\Delta_{2\tau}(t)$，如图 3-20(a) 所示，其傅里叶变换为

$$F(\mathrm{j}\omega) = A\tau\mathrm{Sa}^2\left(\frac{\omega\tau}{2}\right) \tag{3-4-29}$$

详细推导见例 3-16，其频谱如图 3-20(b) 所示，相位频谱 $\varphi(\omega)=0$。

3. 单边实指数信号

单边实指数信号 $f(t)=\mathrm{e}^{-\alpha t}\varepsilon(t)(\alpha>0)$，如图 3-21(a) 所示，其傅里叶变换为

$$F(\mathrm{j}\omega) = \int_0^{\infty}\mathrm{e}^{-\alpha t}\mathrm{e}^{-\mathrm{j}\omega t}\mathrm{d}t = \int_0^{\infty}\mathrm{e}^{-(\alpha+\mathrm{j}\omega)t}\mathrm{d}t = -\frac{\mathrm{e}^{-(\alpha+\mathrm{j}\omega)t}}{\alpha+\mathrm{j}\omega}\Bigg|_0^{\infty} = \frac{1}{\alpha+\mathrm{j}\omega},\quad \alpha>0$$

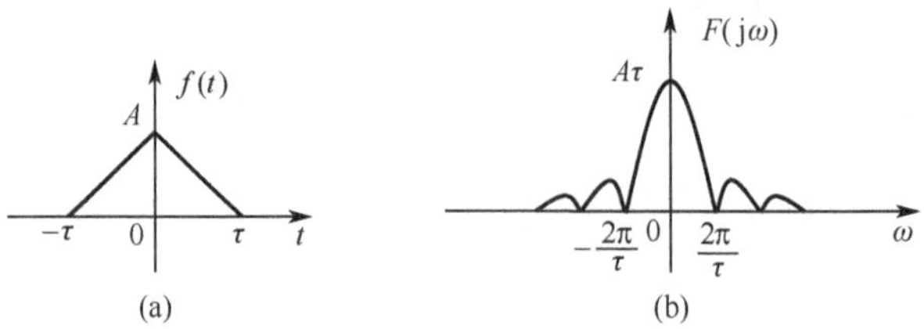

图 3-20 正三角脉冲的波形和频谱

即

$$F(\mathrm{j}\omega)=\frac{1}{\alpha+\mathrm{j}\omega},\quad \alpha>0 \tag{3-4-30}$$

幅度频谱和相位频谱为

$$\begin{cases}|F(\mathrm{j}\omega)|=\dfrac{1}{\sqrt{\alpha^2+\omega^2}}\\ \varphi(\omega)=-\arctan\left(\dfrac{\omega}{\alpha}\right)\end{cases}$$

其频谱如图 3-21(b)、(c)所示。单边实指数增长信号 $\mathrm{e}^{\alpha t}\varepsilon(t)(\alpha>0)$的傅里叶变换不存在。

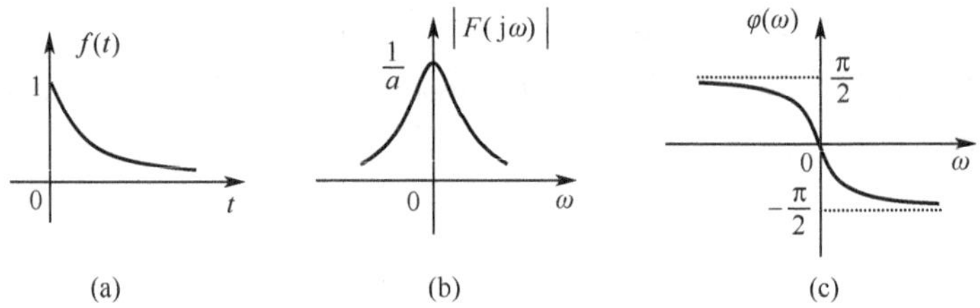

图 3-21 单边实指数信号的波形和频谱

4. 双边实指数信号

双边实指数信号 $f(t)=\mathrm{e}^{-\alpha|t|}=\begin{cases}\mathrm{e}^{-\alpha t}, & t>0\\ \mathrm{e}^{\alpha t}, & t<0\end{cases}$ $(\alpha>0)$，如图 3-22(a) 所示，其傅里叶变换为

$$F(\mathrm{j}\omega)=\int_{-\infty}^{0}\mathrm{e}^{\alpha t}\mathrm{e}^{-\mathrm{j}\omega t}\mathrm{d}t+\int_{0}^{\infty}\mathrm{e}^{-\alpha t}\mathrm{e}^{-\mathrm{j}\omega t}\mathrm{d}t=\frac{1}{\alpha-\mathrm{j}\omega}+\frac{1}{\alpha+\mathrm{j}\omega}=\frac{2\alpha}{\alpha^2+\omega^2}$$

即

$$F(\mathrm{j}\omega)=\frac{2\alpha}{\alpha^2+\omega^2} \tag{3-4-31}$$

幅度频谱和相位频谱为 $|F(\mathrm{j}\omega)|=\frac{2\alpha}{\alpha^2+\omega^2}$，$\varphi(\omega)=0$。

双边实指数信号的频谱如图 3-22(b)所示。

例 3-9 信号 $f(t)=\begin{cases}-\mathrm{e}^{2t}, & t<0\\ \mathrm{e}^{-2t}, & t>0\end{cases}$ 的波形如图 3-23(a)所示，试求其频谱。

解 $F(\mathrm{j}\omega)=-\int_{-\infty}^{0}\mathrm{e}^{2t}\mathrm{e}^{-\mathrm{j}\omega t}\mathrm{d}t+\int_{0}^{\infty}\mathrm{e}^{-2t}\mathrm{e}^{-\mathrm{j}\omega t}\mathrm{d}t=-\frac{1}{2-\mathrm{j}\omega}+\frac{1}{2+\mathrm{j}\omega}=-\mathrm{j}\frac{2\omega}{2^2+\omega^2}$

其频谱如图 3-23(b)、(c)所示。

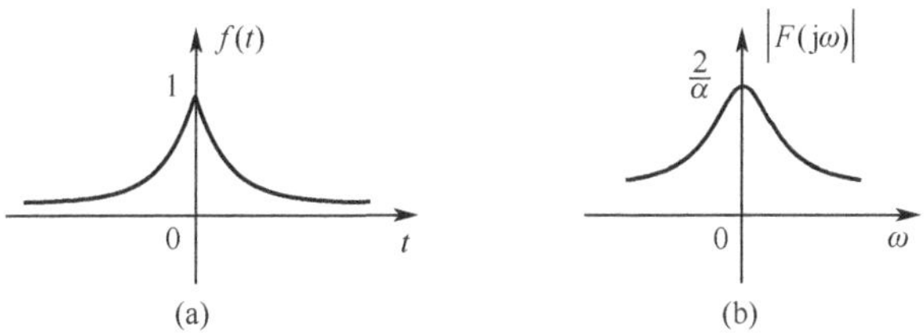

图 3-22　双边实指数信号的波形和频谱

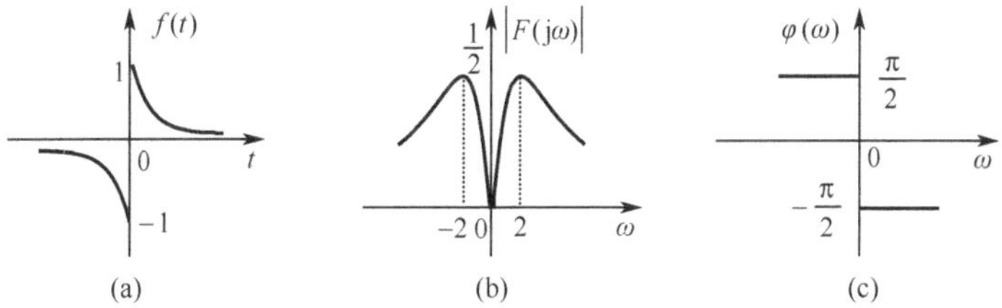

图 3-23　例 3-9 图

5. 符号函数

符号函数 $f(t)=\mathrm{sgn}(t)$ 的波形如图 3-24(a)所示。符号函数不满足绝对可积条件，但它却存在傅里叶变换。我们可以借助于符号函数与双边指数函数相乘，先求得此乘积信号 $f_1(t)$ 的频谱，然后取极限，从而得出符号函数 $f(t)$ 的频谱。即

令

$$f_1(t)=\mathrm{e}^{-\alpha|t|}\mathrm{sgn}(t)=-\mathrm{e}^{\alpha t}\varepsilon(-t)+\mathrm{e}^{-\alpha t}\varepsilon(t),\quad \alpha>0 \tag{3-4-32}$$

则

$$\begin{aligned}F_1(\omega)&=\int_{-\infty}^{\infty}f_1(t)\mathrm{e}^{-\mathrm{j}\omega t}\mathrm{d}t=-\int_{-\infty}^{0}\mathrm{e}^{\alpha t}\mathrm{e}^{-\mathrm{j}\omega t}\mathrm{d}t+\int_{0}^{\infty}\mathrm{e}^{-\alpha t}\mathrm{e}^{-\mathrm{j}\omega t}\mathrm{d}t\\&=-\frac{\mathrm{e}^{(\alpha-\mathrm{j}\omega)t}}{\alpha-\mathrm{j}\omega}\bigg|_{-\infty}^{0}+\frac{\mathrm{e}^{-(\alpha+\mathrm{j}\omega)t}}{\alpha+\mathrm{j}\omega}\bigg|_{0}^{\infty}=\frac{-2\mathrm{j}\omega}{\alpha^2+\omega^2}\end{aligned}$$

因为

$$f(t)=\mathrm{sgn}(t)=\lim_{\alpha\to 0}f_1(t)$$

故

$$F(\mathrm{j}\omega)=\lim_{\alpha\to 0}F_1(\mathrm{j}\omega)=\lim_{\alpha\to 0}\frac{-2\mathrm{j}\omega}{\alpha^2+\omega^2}=\frac{2}{\mathrm{j}\omega} \tag{3-4-33}$$

符号函数的频谱如图 3-24(b)、(c) 所示。由于 $\mathrm{sgn}(t)$是 t 的实奇函数，故其频谱 $F(\mathrm{j}\omega)$必是 ω 的虚奇函数。

6. 单位冲激信号

考虑单位冲激信号 $f(t)=\delta(t)$[见图 3-25(a)]的取样性质，可得其频谱

$$F(\mathrm{j}\omega)=\int_{-\infty}^{\infty}\delta(t)\mathrm{e}^{-\mathrm{j}\omega t}\mathrm{d}t=\int_{-\infty}^{\infty}\delta(t)\mathrm{d}t=1 \tag{3-4-34}$$

上述结果也可由矩形脉冲取极限得到：当脉宽 τ 逐渐变窄时，其频谱带宽必然展宽。若 $\tau\to 0$，这时矩形脉冲就变成了 $\delta(t)$，其对应频谱必为常数 1，即

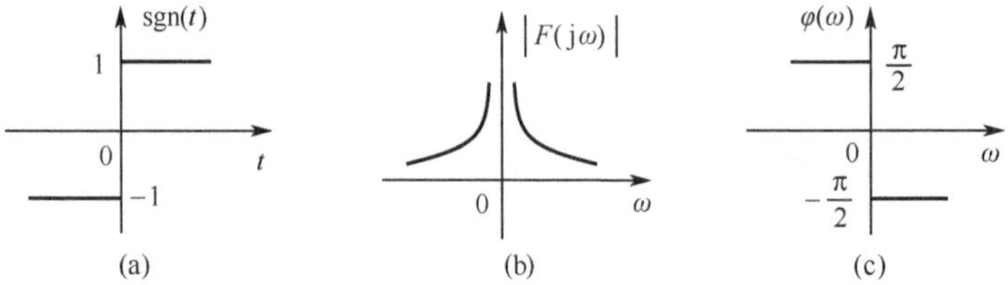

图 3-24　符号函数的波形和频谱

$$\delta(t)=\lim_{\tau\to 0}\frac{1}{\tau}g_{\tau}(t)\leftrightarrow F(\mathrm{j}\omega)=\lim_{\tau\to 0}\mathrm{Sa}\left(\frac{\omega\tau}{2}\right)=1$$

因此，单位冲激函数的频谱在整个频率范围内均为1，这种频谱常常被称为均匀谱或白色谱，如图 3-25(b)所示。单位冲激信号的频谱结构也说明信号的脉宽和频带宽度的反比关系是普遍存在的规律。

7. 单位直流信号

单位直流信号 $f(t)=1$，如图 3-26(a)所示。

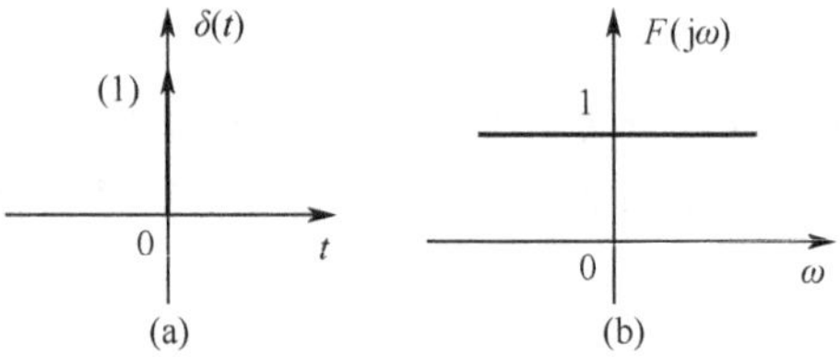

图 3-25　单位冲激信号及其频谱

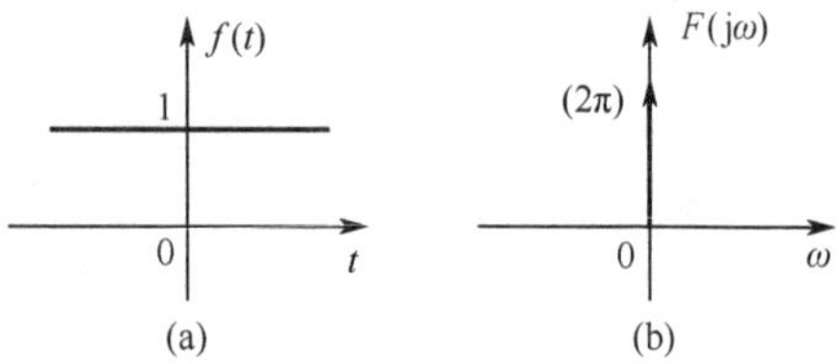

图 3-26　单位直流信号及其频谱

单位直流信号不满足绝对可积的条件，也可采用取极限的方法导出其傅里叶变换。双边实指数信号 $f(t)=\mathrm{e}^{-\alpha|t|}$，当 $\alpha\to 0$ 时趋于直流信号，因此单位直流信号的傅里叶变换为 $f(t)=\mathrm{e}^{-\alpha|t|}$ 的傅里叶变换在 $\alpha\to 0$ 时的极限。

因为

$$\begin{aligned}f(t)=1=\lim_{\alpha\to 0}\mathrm{e}^{-\alpha|t|}\leftrightarrow F(\mathrm{j}\omega)&=\lim_{\alpha\to 0}\mathscr{F}\left[\mathrm{e}^{-\alpha|t|}\right]\\&=\lim_{\alpha\to 0}\frac{2\alpha}{\alpha^2+\omega^2}=\begin{cases}0, & \omega\neq 0\\ \infty, & \omega=0\end{cases}=A\delta(\omega)\end{aligned}$$

而

$$A=\int_{-\infty}^{\infty}\frac{2\alpha}{\alpha^2+\omega^2}\mathrm{d}\omega=\int_{-\infty}^{\infty}\frac{2}{1+\left(\frac{\omega}{\alpha}\right)^2}\mathrm{d}\left(\frac{\omega}{\alpha}\right)=2\arctan\left(\frac{\omega}{\alpha}\right)\Big|_{-\infty}^{\infty}=2\pi$$

所以

$$f(t)=1\leftrightarrow F(\mathrm{j}\omega)=2\pi\delta(\omega)\tag{3-4-35}$$

图 3-26(b)画出了单位直流信号的频谱。

从频谱的角度看，$2\pi\delta(\omega)$是 $\omega=0$ 的冲激函数。因为直流信号只包含 $\omega=0$ 的频率成分，而不含其他频率成分，又因为傅里叶变换得到的频谱是一种谱密度，所以直流信号在 $\omega=0$ 处的谱密度是无穷大。

8. 单位阶跃信号

单位阶跃信号 $f(t)=\varepsilon(t)$，如图 3-27(a)所示，可视为 $e^{-\alpha t}\varepsilon(t)$ 当 $\alpha\to 0$ 的极限，即

$$\varepsilon(t)=\lim_{\alpha\to 0}e^{-\alpha t}\varepsilon(t)\leftrightarrow\lim_{\alpha\to 0}\mathscr{F}[e^{-\alpha t}\varepsilon(t)]=\lim_{\alpha\to 0}\frac{1}{\alpha+j\omega}$$

$$=\lim_{\alpha\to 0}\left(\frac{\alpha}{\alpha^2+\omega^2}-\frac{j\omega}{\alpha^2+\omega^2}\right)=\pi\delta(\omega)+\frac{1}{j\omega}$$

其中，利用了 $\lim\limits_{\alpha\to 0}\frac{\alpha}{\alpha^2+\omega^2}=\pi\delta(\omega)$ 和 $\lim\limits_{\alpha\to 0}\frac{-j\omega}{\alpha^2+\omega^2}=\frac{1}{j\omega}$，故有

$$f(t)=\varepsilon(t)\leftrightarrow F(j\omega)=\pi\delta(\omega)+\frac{1}{j\omega}\tag{3-4-36}$$

其振幅频谱和相位频谱如图 3-27(b)、(c)所示。

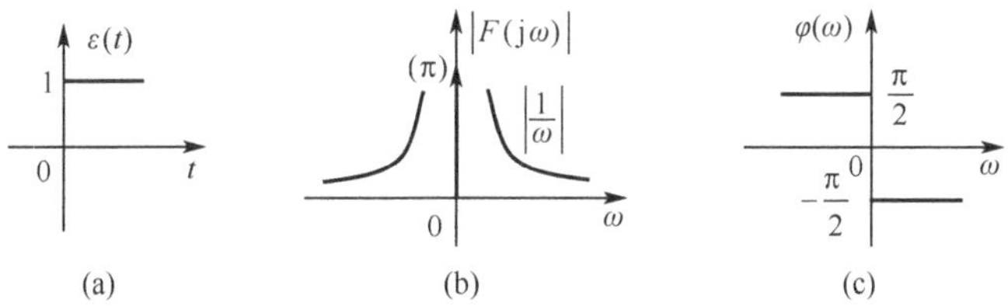

图 3-27 单位阶跃信号的波形和频谱

9. 高斯脉冲信号

高斯脉冲 $f(t)=Ae^{-\left(\frac{t}{\tau}\right)^2}$，如图 3-28(a)所示，其傅里叶变换为

$$F(j\omega)=\sqrt{\pi}A\tau e^{-\left(\frac{\omega\tau}{2}\right)^2}\tag{3-4-37}$$

其相位频谱为零，频谱图如图 3-28(b) 所示。可见，高斯脉冲的时域波形和频谱具有相同的形状，均为钟形脉冲。

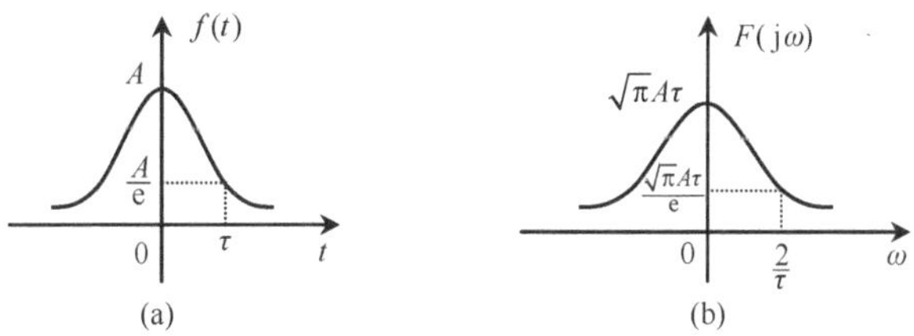

图 3-28 高斯脉冲信号的波形和频谱

当 $A=1,\tau=\frac{1}{\sqrt{\pi}}$ 时，$f(t)=e^{-\pi t^2}$，$F(j\omega)=e^{-\left(\frac{\omega}{2\sqrt{\pi}}\right)^2}$，即

$$f(t)=e^{-\pi t^2}\leftrightarrow F(f)=e^{-\pi f^2}\tag{3-4-38}$$

这时，高斯脉冲在时域波形和频谱图完全相同。顺便指出，高斯脉冲在信号传输上具有理论指导意义，但因该信号产生困难并且不常用，故不对其傅里叶变换作推导。

3.5 傅里叶变换的性质

利用傅里叶变换的性质求傅里叶正变换和傅里叶反变换可以使运算简化。傅里叶变换的性质有两重含义:一是这些性质包含有丰富的物理内涵;二是这些性质揭示了信号时域与频域的一种对应关系与变化规律。所以学习傅里叶变换性质时也要从这两个角度去掌握数学运算关系并理解这些性质的物理意义。

3.5.1 线性性质

线性性质包括:

(1) 齐次性。若 $f(t)\leftrightarrow F(\mathrm{j}\omega)$,则

$$af(t)\leftrightarrow aF(\mathrm{j}\omega)$$

(2) 叠加性。若 $f_1(t)\leftrightarrow F_1(\mathrm{j}\omega)$, $f_2(t)\leftrightarrow F_2(\mathrm{j}\omega)$, 则

$$f_1(t)+f_2(t)\leftrightarrow F_1(\mathrm{j}\omega)+F_2(\mathrm{j}\omega)$$

(3) 线性性质。若 $f_1(t)\leftrightarrow F_1(\mathrm{j}\omega)$, $f_2(t)\leftrightarrow F_2(\mathrm{j}\omega)$, 则对任意常数 a 和 b,有

$$af_1(t)+bf_2(t)\leftrightarrow aF_1(\mathrm{j}\omega)+bF_2(\mathrm{j}\omega) \tag{3-5-1}$$

上式说明信号时域线性组合的频谱是它们各自频谱作相同的线性组合。线性性质可以推广到任意多个信号的线性组合情况,比如含有无穷多项的傅里叶级数的傅里叶变换可以由每项的傅里叶变换线性组合得到。

3.5.2 对称性

若 $f(t)\leftrightarrow F(\mathrm{j}\omega)$, 则

$$F(\mathrm{j}t)\leftrightarrow 2\pi f(-\omega) \tag{3-5-2}$$

证明 由傅里叶反变换

$$f(t)=\frac{1}{2\pi}\int_{-\infty}^{\infty}F(\mathrm{j}\omega)\mathrm{e}^{\mathrm{j}\omega t}\mathrm{d}\omega$$

得到

$$2\pi f(t)=\int_{-\infty}^{\infty}F(\mathrm{j}\omega)\mathrm{e}^{\mathrm{j}\omega t}\mathrm{d}\omega$$

所以

$$2\pi f(-t)=\int_{-\infty}^{\infty}F(\mathrm{j}\omega)\mathrm{e}^{-\mathrm{j}\omega t}\mathrm{d}\omega$$

将上式中的 t 与 ω 互换

$$2\pi f(-\omega)=\int_{-\infty}^{\infty}F(\mathrm{j}t)\mathrm{e}^{-\mathrm{j}\omega t}\mathrm{d}t$$

即

$$F(\mathrm{j}t)\leftrightarrow 2\pi f(-\omega)$$

(证毕)

若 $f(t)$是实偶函数,则

$$F(\mathrm{j}t)=F(t)\leftrightarrow 2\pi f(\omega) \tag{3-5-3}$$

例如,若

$$f(t)=\delta(t)\leftrightarrow F(\mathrm{j}\omega)=F(\omega)=1$$

则

$$F(t)=1\leftrightarrow 2\pi f(\omega)=2\pi\delta(\omega)$$

利用对称性可使信号傅里叶变换的求取范围扩大一倍。

例 3-10 求函数$\frac{1}{t}$的傅里叶变换。

解 因为

$$\mathrm{sgn}(t)\leftrightarrow\frac{2}{\mathrm{j}\omega}\quad 即\quad \frac{\mathrm{jsgn}(t)}{2}\leftrightarrow\frac{1}{\omega}$$

第 28 讲

所以，由对称性有

$$\frac{1}{t}\leftrightarrow 2\pi\frac{\mathrm{jsgn}(-\omega)}{2}=-\mathrm{j}\pi\mathrm{sgn}(\omega)$$

例 3-11 求 $f(t)=\mathrm{Sa}(t)$的傅里叶变换。

解 因为 $g_2(t)\leftrightarrow 2\mathrm{Sa}(\omega)$，即$\frac{1}{2}g_2(t)\leftrightarrow\mathrm{Sa}(\omega)$波形及频谱见图 3-29(a)、(b)。

所以，由对称性有

$$\mathrm{Sa}(t)\leftrightarrow 2\pi\times\frac{1}{2}g_2(\omega)=\pi g_2(\omega)$$

波形及频谱见图 3-29(c)、(d)。

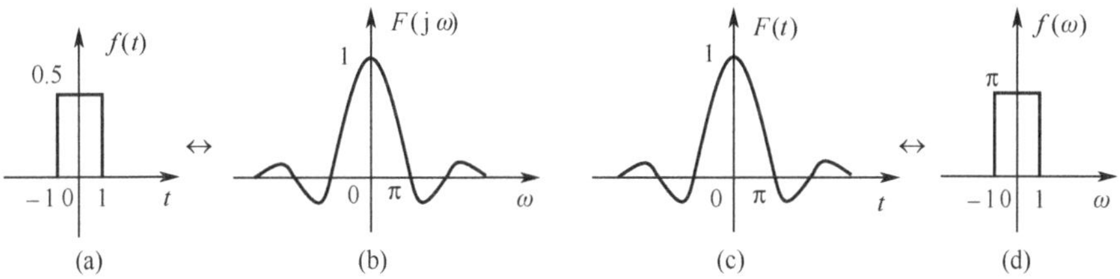

图 3-29 例 3-11 图

3.5.3 尺度压扩性质(反比特性)

若 $f(t)\leftrightarrow F(\mathrm{j}\omega)$ 且 $a\neq 0$，则

$$f(at)\leftrightarrow\frac{1}{|a|}F\left(\mathrm{j}\,\frac{\omega}{a}\right)\tag{3-5-4}$$

$$f\left(\frac{t}{a}\right)\leftrightarrow|a|F(\mathrm{j}a\omega)\tag{3-5-5}$$

证明 若 $a>0$，有 $a=|a|$

$$\mathscr{F}[f(at)]=\int_{-\infty}^{\infty}f(at)\mathrm{e}^{-\mathrm{j}\omega t}\mathrm{d}t\overset{令x=at}{=}\int_{-\infty}^{\infty}f(x)\mathrm{e}^{-\mathrm{j}\frac{\omega}{a}x}\mathrm{d}\,\frac{x}{|a|}$$

$$=\frac{1}{|a|}F\left(\mathrm{j}\,\frac{\omega}{a}\right)$$

若 $a<0$，有 $a=-|a|$

$$\mathscr{F}[f(at)]=\int_{-\infty}^{\infty}f(-|a|t)\mathrm{e}^{-\mathrm{j}\omega t}\mathrm{d}t\overset{令x=-|a|t}{=}\int_{\infty}^{-\infty}f(x)\mathrm{e}^{\mathrm{j}\frac{\omega}{|a|}x}\mathrm{d}\left(-\frac{x}{|a|}\right)$$

$$=\frac{1}{|a|}\int_{-\infty}^{\infty}f(x)\mathrm{e}^{-\mathrm{j}\frac{\omega}{a}x}\mathrm{d}x=\frac{1}{|a|}F\left(\mathrm{j}\,\frac{\omega}{a}\right)$$

当 $a=-1$ 时，有

$$f(-t)\leftrightarrow F(-\mathrm{j}\omega) \tag{3-5-6}$$

当 $a>1$ 时，$f(at)$ 表示函数 $f(t)$ 的波形沿时间轴压缩了 a 倍，$\frac{1}{|a|}F\left(\mathrm{j}\frac{\omega}{a}\right)$ 则表示 $F(\mathrm{j}\omega)$ 沿频率轴扩展了 a 倍且幅度减为 $F(\mathrm{j}\omega)$ 的 $\frac{1}{a}$。反之，当 $0<a<1$ 时，$f(at)$ 表示信号 $f(t)$ 波形在时域中展宽，对应的频谱则是压缩且幅度增大。如果 $a<0$，则在上面的变化基础上还要对信号进行反折，而对应的频谱也要进行相应的反折。

例如，矩形脉冲 $f(t)=g_\tau(t)\leftrightarrow F(\mathrm{j}\omega)=\tau\mathrm{Sa}\left(\frac{\omega\tau}{2}\right)$，其波形和频谱如图 3-30(a)、(b)所示，脉冲宽度为 τ，对应的频谱为 $F(\mathrm{j}\omega)$。函数 $f\left(\frac{t}{2}\right)=g_{2\tau}(t)$ 是 $f(t)$ 沿时间轴扩展 2 倍，其脉冲宽度增大为 2τ，对应的频谱 $2F(\mathrm{j}2\omega)$ 却是 $F(\mathrm{j}\omega)$ 沿频率轴压缩 2 倍，有效带宽 B_ω 由 $\frac{2\pi}{\tau}$ 减小为 $\frac{\pi}{\tau}$；相反，$f(2t)=g_{\frac{\tau}{2}}(t)$ 是 $f(t)$ 沿时间轴压缩 2 倍，其脉冲宽度减小为 $\frac{\tau}{2}$，而对应的频谱 $\frac{1}{2}F\left(\mathrm{j}\frac{\omega}{2}\right)$ 却是 $F(\mathrm{j}\omega)$ 沿频率轴扩展 2 倍，有效带宽 B_ω 由 $\frac{2\pi}{\tau}$ 增大为 $\frac{4\pi}{\tau}$。由此得出结论：脉冲的有效带宽 B_ω 与脉冲宽度 τ 成反比，如图 3-30(c)、(d)、(e)、(f)所示。

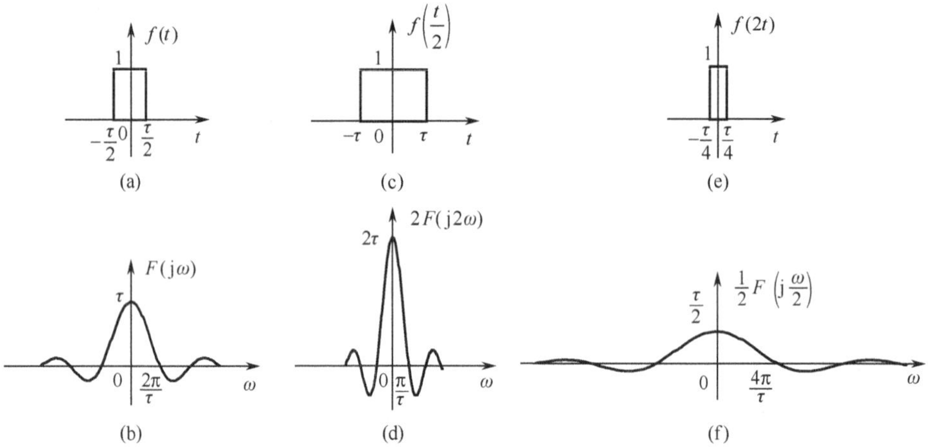

图 3-30 傅里叶变换的尺度变换性质

尺度变换特性从理论上揭示了信号的脉冲宽度与频带宽度的反比特性。在时分复用通信中，随着通信设备容量的扩大，就得压缩信号的脉冲宽度，在频域内必然以频带加宽为代价，从而导致设备成本的提高，两者是矛盾的。为此，选择脉宽和带宽均较小的信号运载信息是通信技术发展中的一个重要课题。

3.5.4 时移性质

若 $f(t)\leftrightarrow F(\mathrm{j}\omega)$ 且 t_0 为常数，则

$$f(t\pm t_0)\leftrightarrow \mathrm{e}^{\pm\mathrm{j}\omega t_0}F(\mathrm{j}\omega) \tag{3-5-7}$$

证明 设 $f(t-t_0)\leftrightarrow F_1(\mathrm{j}\omega)$

有

$$F_1(\mathrm{j}\omega)=\int_{-\infty}^{\infty}f(t-t_0)\mathrm{e}^{-\mathrm{j}\omega t}\mathrm{d}t$$
$$\overset{令x=t-t_0}{=}\int_{-\infty}^{\infty}f(x)\mathrm{e}^{-\mathrm{j}\omega(x+t_0)}\mathrm{d}x$$
$$=\mathrm{e}^{-\mathrm{j}\omega t_0}\int_{-\infty}^{\infty}f(x)\mathrm{e}^{-\mathrm{j}\omega x}\mathrm{d}x=\mathrm{e}^{-\mathrm{j}\omega t_0}F(\mathrm{j}\omega)$$

同理可证

$$f(t+t_0)\leftrightarrow F(\mathrm{j}\omega)\mathrm{e}^{+\mathrm{j}\omega t_0}$$ （证毕）

时移性表明，函数 $f(t-t_0)$ 是函数 $f(t)$ 在时域中延迟了 t_0，对应的频谱 $F(\mathrm{j}\omega)\mathrm{e}^{-\mathrm{j}\omega t_0}$ 是 $F(\mathrm{j}\omega)$ 在频域中产生了附加相移，相位频谱增加变化量为 $-\omega t_0$，而幅度频谱却保持不变。从信号频谱的物理含义看，信号延时了，即所有频率分量都延时了同一个时间，频率高的分量相移自然比频率低的分量相移要大，而所有频率分量的幅度关系不会改变。

如果是尺度变换和时移同时发生，则有下面性质：

若 $f(t)\leftrightarrow F(\mathrm{j}\omega)$，且 a 和 t_0 为非零常数，则

$$f(at\pm t_0)\leftrightarrow\frac{1}{|a|}F\left(\mathrm{j}\frac{\omega}{a}\right)\mathrm{e}^{\pm\mathrm{j}\omega\frac{t_0}{a}} \tag{3-5-8}$$

可以从下面两种途径推导该性质：

$$\begin{cases}f(t)\xrightarrow{t\pm t_0}f(t\pm t_0)\xrightarrow{at}f(at\pm t_0)\\ F(\mathrm{j}\omega)\rightarrow F(\mathrm{j}\omega)\mathrm{e}^{\pm\mathrm{j}\omega t_0}\rightarrow\dfrac{1}{|a|}F\left(\mathrm{j}\dfrac{\omega}{a}\right)\mathrm{e}^{\pm\mathrm{j}\omega\frac{t_0}{a}}\end{cases}$$

或者

$$\begin{cases}f(t)\xrightarrow{at}f(at)\xrightarrow{t\pm t_0/a}f\left[a\left(t\pm\dfrac{t_0}{a}\right)\right]=f(at\pm t_0)\\ F(\mathrm{j}\omega)\rightarrow\dfrac{1}{|a|}F\left(\mathrm{j}\dfrac{\omega}{a}\right)\rightarrow\dfrac{1}{|a|}F\left(\mathrm{j}\dfrac{\omega}{a}\right)\mathrm{e}^{\pm\mathrm{j}\omega\frac{t_0}{a}}\end{cases}$$

两种结果相同，它表明：信号作综合变换，与各种变换的先后次序无关。

例 3-12 信号 $f(t)$ 如图 3-31(a) 所示，试求其频谱 $F(\omega)$。

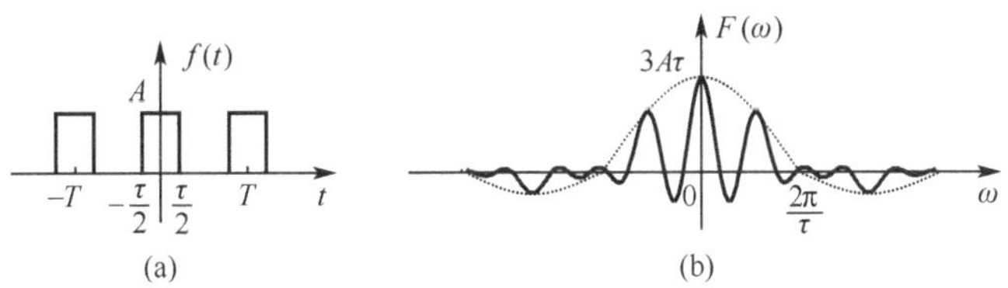

图 3-31 例 3-12 图

解 令 $f_0(t)=Ag_\tau(t)$，则

$$f(t)=f_0(t+T)+f_0(t)+f_0(t-T)$$

因为

$$f_0(t)=Ag_\tau(t)\leftrightarrow F_0(\mathrm{j}\omega)=A\tau\mathrm{Sa}\left(\frac{\omega\tau}{2}\right)$$

所以

$$F(\mathrm{j}\omega)=F_0(\mathrm{j}\omega)\mathrm{e}^{\mathrm{j}\omega T}+F_0(\mathrm{j}\omega)+F_0(\mathrm{j}\omega)\mathrm{e}^{-\mathrm{j}\omega T}$$

$$= F_0(\mathrm{j}\omega)[\mathrm{e}^{\mathrm{j}\omega T}+1+\mathrm{e}^{-\mathrm{j}\omega T}] = F_0(\mathrm{j}\omega)\left[1+2\times\frac{\mathrm{e}^{\mathrm{j}\omega T}+\mathrm{e}^{-\mathrm{j}\omega T}}{2}\right]$$

$$= A\tau\mathrm{Sa}\left(\frac{\omega\tau}{2}\right)[1+2\cos\omega T]$$

频谱如图 3-31(b) 所示，其中包络虚线为单个矩形脉冲信号频谱的变化规律。当脉冲的数目 m 增加时，信号的能量将向 $\omega=\frac{2m\pi}{T}$ 处集中，在这些频率处频谱幅度增大，而在其他频率处幅度较小。当脉冲个数无限增多时，这时就成为周期信号，除 $\omega=\frac{2m\pi}{T}$ 的各冲激谱线外，其余频率分量均等于零，从而变成离散谱。这是非周期信号周期化时频谱演变的实例。

3.5.5 频移性质

1. 频移性质

若 $f(t)\leftrightarrow F(\mathrm{j}\omega)$，则

$$f(t)\mathrm{e}^{\pm\mathrm{j}\omega_0 t}\leftrightarrow F[\mathrm{j}(\omega\mp\omega_0)] \tag{3-5-9}$$

证明 根据傅里叶变换的定义，有

$$\mathscr{F}[f(t)\mathrm{e}^{\mathrm{j}\omega_0 t}]=\int_{-\infty}^{\infty}f(t)\mathrm{e}^{\mathrm{j}\omega_0 t}\mathrm{e}^{-\mathrm{j}\omega t}\mathrm{d}t$$

$$=\int_{-\infty}^{\infty}f(t)\mathrm{e}^{-\mathrm{j}(\omega-\omega_0)t}\mathrm{d}t = F[\mathrm{j}(\omega-\omega_0)]$$

同理可证

$$f(t)\mathrm{e}^{-\mathrm{j}\omega_0 t}\leftrightarrow F[\mathrm{j}(\omega+\omega_0)]$$ （证毕）

该性质表明，$f(t)$在时域中乘以 $\mathrm{e}^{\mathrm{j}\omega_0 t}$，对应于 $F(\mathrm{j}\omega)$ 在频域中右移 ω_0。傅里叶变换可认为是信号以 $\mathrm{e}^{\mathrm{j}\omega t}$ 为基本信号的一种分解过程，而分量 $\mathrm{e}^{\mathrm{j}\omega t}$ 对应频率 ω，所以 $f(t)$乘以分量 $\mathrm{e}^{\mathrm{j}\omega_0 t}$ 在物理上的解释，就是 $f(t)$的各频率分量均乘以频率为 ω_0 的相移因子 $\mathrm{e}^{\mathrm{j}\omega_0 t}$，从而使原函数的频谱 $F(\mathrm{j}\omega)$将搬移到以 ω_0 为中心的位置。

例 3-13 试求虚指数信号 $\mathrm{e}^{\pm\mathrm{j}\omega_0 t}$，余弦信号 $\cos(\omega_0 t)$和正弦信号 $\sin(\omega_0 t)$的频谱。

解 (1) 虚指数信号 $\mathrm{e}^{\pm\mathrm{j}\omega_0 t}$。因为

$$1\leftrightarrow 2\pi\delta(\omega) \quad 且 \quad \mathrm{e}^{\pm\mathrm{j}\omega_0 t}=1\times\mathrm{e}^{\pm\mathrm{j}\omega_0 t}$$

所以

$$\mathrm{e}^{\pm\mathrm{j}\omega_0 t}\leftrightarrow 2\pi\delta(\omega\mp\omega_0) \quad (频移性质)$$

频谱如图 3-32 所示。

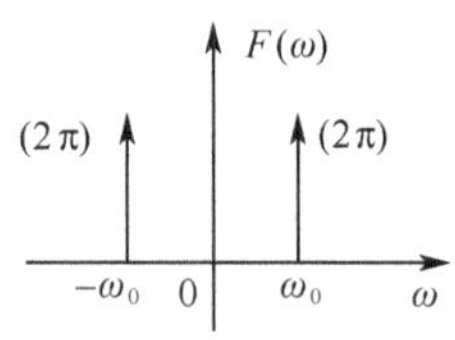

图 3-32 例 3-13 图(一)

(2) 余弦信号 $\cos(\omega_0 t)$和正弦信号 $\sin(\omega_0 t)$。因为

$$\cos(\omega_0 t)=\frac{1}{2}(\mathrm{e}^{\mathrm{j}\omega_0 t}+\mathrm{e}^{-\mathrm{j}\omega_0 t})\leftrightarrow\frac{1}{2}\times[2\pi\delta(\omega-\omega_0)+2\pi\delta(\omega+\omega_0)] \quad (频移性质)$$

所以

$$\cos(\omega_0 t)\leftrightarrow\pi[\delta(\omega+\omega_0)+\delta(\omega-\omega_0)] \tag{3-5-10}$$

同理可得

$$\sin(\omega_0 t)\leftrightarrow\mathrm{j}\pi[\delta(\omega+\omega_0)-\delta(\omega-\omega_0)] \tag{3-5-11}$$

频谱如图 3-33 所示。

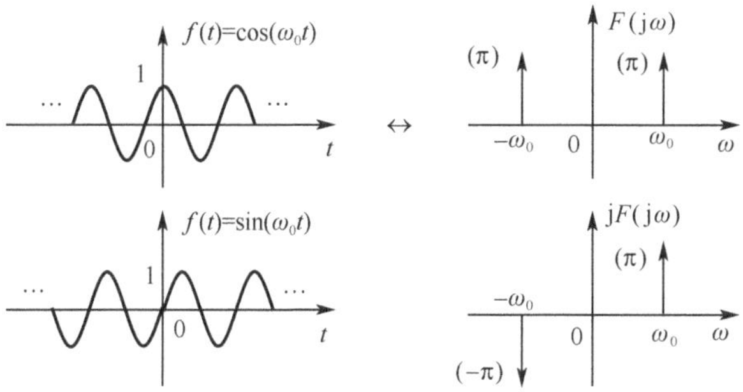

图 3-33　例 3-13 图(二)

2. 调制原理

频移性质在通信技术中得到广泛应用，诸如调幅、同步解调、变频等技术都是在频谱搬移的基础上完成的，其中最典型的应用就是所谓频分复用多路通信技术。实现频谱搬移的过程如图 3-34 所示，其原理是将信号 $f(t)$ 乘以被称为载波信号的 $\cos(\omega_0 t)$ 或 $\sin(\omega_0 t)$。下面分析这种频谱搬移。

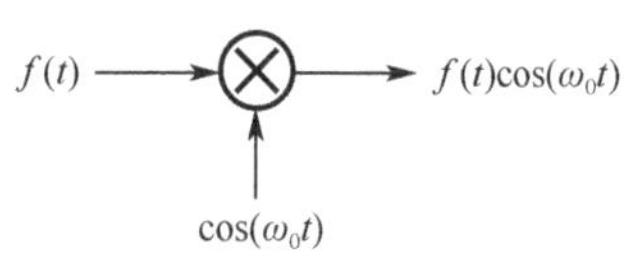

图 3-34　频谱搬移的实现

因为 $f(t)\cos(\omega_0 t)=\dfrac{1}{2}[f(t)e^{j\omega_0 t}+f(t)e^{-j\omega_0 t}]$

故

$$\frac{1}{2}[f(t)e^{j\omega_0 t}+f(t)e^{-j\omega_0 t}]\leftrightarrow\frac{1}{2}\{F[j(\omega-\omega_0)]+F[j(\omega+\omega_0)]\}$$

即

$$f(t)\cos(\omega_0 t)\leftrightarrow\frac{1}{2}\{F[j(\omega-\omega_0)]+F[j(\omega+\omega_0)]\} \tag{3-5-12}$$

同理

$$f(t)\sin(\omega_0 t)\leftrightarrow\frac{1}{2j}\{F[j(\omega-\omega_0)]-F[j(\omega+\omega_0)]\} \tag{3-5-13}$$

式(3-5-12)和式(3-5-13)说明，若 $f(t)$ 乘以 $\cos(\omega_0 t)$ 或 $\sin(\omega_0 t)$，等效于 $f(t)$ 的频谱 $F(j\omega)$ 一分为二，沿频率轴向左和向右各平移 ω_0。由于载波的幅度随调制信号作线性变化，这个过程称为幅度调制或振幅调制，频移性质又称为**调制原理**或**调制定理**。

例 3-14　正三角脉冲 $f(t)=A\Delta_{2\tau}(t)$ 及其频谱 $F(j\omega)=A\tau\mathrm{Sa}^2\left(\dfrac{\omega\tau}{2}\right)$ 如图 3-35(a)、(b)所示，试求图 3-35(c)所示已调制信号 $f(t)\cos(\omega_0 t)$ 的频谱。

解　已调制信号 $f(t)\cos(\omega_0 t)$ 的频谱为

$$f(t)\cos(\omega_0 t)=A\Delta_{2\tau}(t)\cos(\omega_0 t)\leftrightarrow\frac{A\tau}{2}\mathrm{Sa}^2\left[\frac{\tau}{2}(\omega+\omega_0)\right]+\frac{A\tau}{2}\mathrm{Sa}^2\left[\frac{\tau}{2}(\omega-\omega_0)\right]$$

正三角脉冲调幅信号的频谱如图 3-35(d)所示。可见，已调制信号的频谱是将正三角脉冲的频谱分为两部分，幅度缩小了一半，沿横轴关于原点 $\omega=0$ 各向左、右移动 ω_0，在搬移中正三角脉冲频谱的形状没有改变。

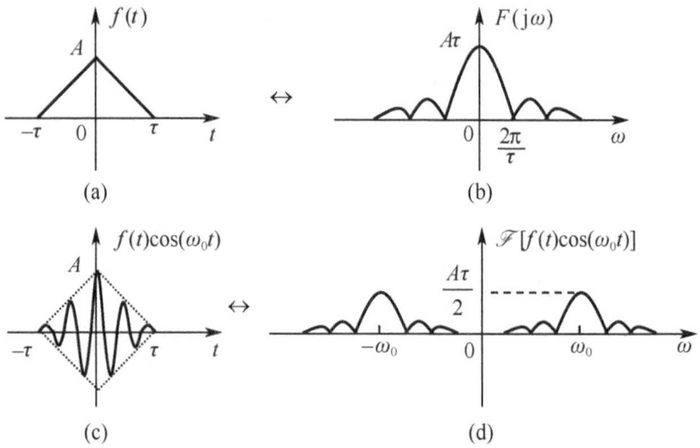

图 3-35　正矩形波幅度调制信号及其频谱

根据调制原理，将需传送的若干低频信号频谱，分别搬到不同的载波频率为中心的频率范围上，并使它们互不重叠，从而实现在同一信道内的频分复用多路通信。

3. 周期信号的傅里叶变换

周期信号可表述为傅里叶级数

$$f_T(t) = \sum_{n=-\infty}^{\infty} F_n e^{jn\omega_0 t}, \quad \omega_0 = \frac{2\pi}{T}$$

上式的傅里叶变换为

$$F_T(j\omega) = \mathscr{F}[f_T(t)] = \mathscr{F}\left[\sum_{n=-\infty}^{\infty} F_n e^{jn\omega_0 t}\right] = \sum_{n=-\infty}^{\infty} F_n \mathscr{F}[e^{jn\omega_0 t}]$$

其中

$$\mathscr{F}[e^{jn\omega_0 t}] = 2\pi\delta(\omega - n\omega_0) \qquad \text{（频移性质）}$$

故

$$F_T(j\omega) = 2\pi \sum_{n=-\infty}^{\infty} F_n \delta(\omega - n\omega_0) \tag{3-5-14}$$

式(3-5-14)表明，周期信号的傅里叶变换由无穷多个出现在谐波频率 $n\omega_0$ 上的冲激函数组成，每一冲激的强度为傅里叶复系数 F_n 乘以 2π。

例 3-15　已知单位冲激序列 $\delta_T(t)$ 函数可表示为 $\delta_T(t) = \sum_{n=-\infty}^{\infty} \delta(t - nT)$，$T$ 为周期，基波角频率 $\omega_0 = \frac{2\pi}{T}$，波形如图 3-36(a) 所示，试求其傅里叶变换。

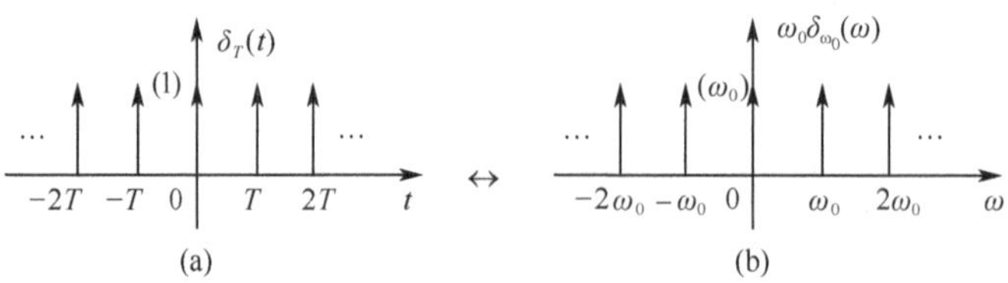

图 3-36　$\delta_T(t)$及其频谱

解 因为$\delta_T(t)$是周期信号，由例3-4知$f(t)=\delta_T(t)\leftrightarrow F_n=\dfrac{1}{T}$，由式(3-5-14)可得

$$\mathscr{F}[\delta_T(t)]=2\pi\sum_{n=-\infty}^{\infty}F_n\delta(\omega-n\omega_0)=\frac{2\pi}{T}\sum_{n=-\infty}^{\infty}\delta(\omega-n\omega_0)$$

$$=\omega_0\sum_{n=-\infty}^{\infty}\delta(\omega-n\omega_0)=\omega_0\delta_{\omega_0}(\omega)$$

亦即

$$\delta_T(t)=\sum_{n=-\infty}^{\infty}\delta(t-nT)=\frac{1}{T}\sum_{n=-\infty}^{\infty}\mathrm{e}^{\mathrm{j}n\omega_0 t}\leftrightarrow\omega_0\sum_{n=-\infty}^{\infty}\delta(\omega-n\,\omega_0)=\omega_0\delta_{\omega_0}(\omega)\tag{3-5-15}$$

式(3-5-15)表明，以T为周期的单位冲激序列可分解为幅值相同的不同谐波频率的虚指数序列，其频谱也是一个以频率ω_0为周期的冲激序列，其冲激强度也为ω_0，如图3-36(b)所示。

3.5.6 卷积定理

第29讲

卷积定理阐述了当两个函数在时域(或频域)中作卷积积分时，对应于频域(或时域)里的傅里叶变换(或反变换)应具有的关系。因此，这个定理在信号和系统分析中占有重要地位。卷积定理包含以下两个部分：

1. 时域卷积定理

若

$$f_1(t)\leftrightarrow F_1(\mathrm{j}\omega),\quad f_2(t)\leftrightarrow F_2(\mathrm{j}\omega)$$

则

$$f_1(t)*f_2(t)\leftrightarrow F_1(\mathrm{j}\omega)F_2(\mathrm{j}\omega)\tag{3-5-16}$$

式(3-5-16)表明，时域中两个信号的卷积积分对应于频域中两个频谱的乘积。

证明 根据时域卷积积分和傅里叶变换的定义，有

$$\mathscr{F}[f_1(t)*f_2(t)]=\int_{-\infty}^{\infty}\left[\int_{-\infty}^{\infty}f_1(\tau)f_2(t-\tau)\mathrm{d}\tau\right]\mathrm{e}^{-\mathrm{j}\omega t}\mathrm{d}t$$

$$=\int_{-\infty}^{\infty}f_1(\tau)\left[\int_{-\infty}^{\infty}f_2(t-\tau)\mathrm{e}^{-\mathrm{j}\omega t}\mathrm{d}t\right]\mathrm{d}\tau$$

$$\overset{令x=t-\tau,\mathrm{d}x=\mathrm{d}t}{=}\int_{-\infty}^{\infty}f_1(\tau)\left[\int_{-\infty}^{\infty}f_2(x)\mathrm{e}^{-\mathrm{j}\omega(x+\tau)}\mathrm{d}x\right]\mathrm{d}\tau$$

$$=\int_{-\infty}^{\infty}f_1(\tau)\mathrm{e}^{-\mathrm{j}\omega\tau}\mathrm{d}\tau\int_{-\infty}^{\infty}f_2(x)\mathrm{e}^{-\mathrm{j}\omega x}\mathrm{d}x$$

$$=F_1(\mathrm{j}\omega)F_2(\mathrm{j}\omega)$$

(证毕)

时域卷积定理是LTI连续系统频域分析方法的理论基础。从第2章知道，系统的零状态响应是激励信号与系统的单位冲激响应的卷积。假设$h(t)\leftrightarrow H(\mathrm{j}\omega)$，$f(t)\leftrightarrow F(\mathrm{j}\omega)$则根据傅里叶变换的时域卷积定理，系统零状态响应的频谱函数$Y_{ZS}(\mathrm{j}\omega)$为

$$y_{ZS}(t)=f(t)*h(t)\leftrightarrow Y_{ZS}(\mathrm{j}\omega)=F(\mathrm{j}\omega)H(\mathrm{j}\omega)\tag{3-5-17}$$

式(3-5-17)是系统傅里叶分析方法的核心，其中$H(\mathrm{j}\omega)$称为系统的频域系统函数，也叫做系统的频率响应，3.7节将作详细介绍。

例 3-16 试求图 3-37 所示正三角形脉冲 $f(t)=A\Delta_{2\tau}(t)$ 的傅里叶变换。

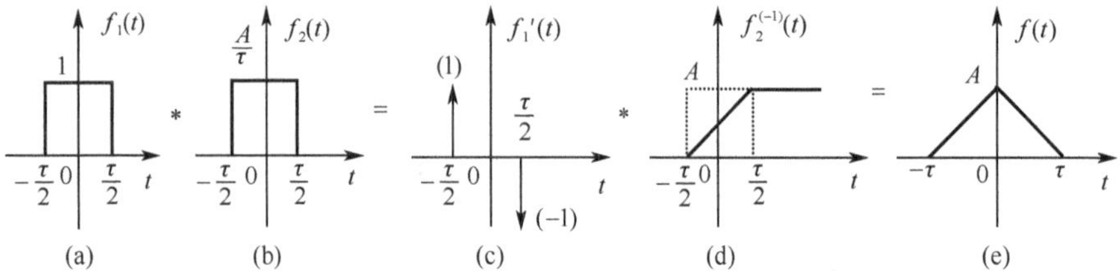

图 3-37 例 3-16 图

解 (1) 首先求证

$$f(t)=A\Delta_{2\tau}(t)=\frac{A}{\tau}g_\tau(t)*g_\tau(t)$$

由图 3-37 很容易证得上式。必须指出,通常把一个信号看成另外两个信号的卷积并非易事,因此,时域卷积定理的理论意义更重要。

(2) 求频谱,由时域卷积定理

$$f(t)=\frac{A}{\tau}g_\tau(t)*g_\tau(t)\leftrightarrow F(\mathrm{j}\omega)=\frac{A}{\tau}\tau\mathrm{Sa}\left(\frac{\omega\tau}{2}\right)\tau\mathrm{Sa}\left(\frac{\omega\tau}{2}\right)=A\tau\mathrm{Sa}^2\left(\frac{\omega\tau}{2}\right)$$

2. 频域卷积定理

若

$$f_1(t)\leftrightarrow F_1(\mathrm{j}\omega),\quad f_2(t)\leftrightarrow F_2(\mathrm{j}\omega)$$

则

$$f_1(t)f_2(t)\leftrightarrow\frac{1}{2\pi}F_1(\mathrm{j}\omega)*F_2(\mathrm{j}\omega)\tag{3-5-18}$$

证明

$$\begin{aligned}\mathscr{F}^{-1}\left[\frac{1}{2\pi}F_1(\mathrm{j}\omega)*F_2(\mathrm{j}\omega)\right]&=\left(\frac{1}{2\pi}\right)^2\int_{-\infty}^{\infty}\left\{\int_{-\infty}^{\infty}F_1(\mathrm{j}u)F_2[\mathrm{j}(\omega-u)]\mathrm{d}u\right\}\mathrm{e}^{\mathrm{j}\omega t}\mathrm{d}\omega\\&=\left(\frac{1}{2\pi}\right)^2\int_{-\infty}^{\infty}F_1(\mathrm{j}u)\left\{\int_{-\infty}^{\infty}F_2[\mathrm{j}(\omega-u)]\mathrm{e}^{\mathrm{j}\omega t}\mathrm{d}\omega\right\}\mathrm{d}u\\&\overset{令 v=\omega-u,\ \mathrm{d}v=\mathrm{d}\omega}{=}\left(\frac{1}{2\pi}\right)^2\int_{-\infty}^{\infty}F_1(\mathrm{j}u)\left[\int_{-\infty}^{\infty}F_2(\mathrm{j}v)\mathrm{e}^{\mathrm{j}(v+u)t}\mathrm{d}v\right]\mathrm{d}u\\&=\frac{1}{2\pi}\int_{-\infty}^{\infty}F_1(\mathrm{j}u)\mathrm{e}^{\mathrm{j}ut}\mathrm{d}u\,\frac{1}{2\pi}\int_{-\infty}^{\infty}F_2(\mathrm{j}v)\mathrm{e}^{\mathrm{j}vt}\mathrm{d}v\\&=f_1(t)f_2(t)\end{aligned}$$

(证毕)

频域卷积定理可以理解为用一个信号去调制另一信号,因此也称为调制定理。该定理在频域分析法中用途广泛,是研究调制、解调和信号时域取样等技术的理论基础。

例 3-17 若 $f(t)\leftrightarrow F(\mathrm{j}\omega)$,试用频域卷积定理求:(1) $f(t)\cos(\omega_0 t)$;(2) $f(t)\cos^2(\omega_0 t)$的傅里叶变换。

解 (1) 由频域卷积定理

$$\begin{aligned}f(t)\cos\omega_0 t&\leftrightarrow\frac{1}{2\pi}F(\mathrm{j}\omega)*\pi[\delta(\omega+\omega_0)+\delta(\omega-\omega_0)]\\&=\frac{1}{2}\{F[\mathrm{j}(\omega-\omega_0)]+F[\mathrm{j}(\omega+\omega_0)]\}\end{aligned}$$

(2) $$f(t)\cos^2\omega_0 t=f(t)\frac{1+\cos 2\omega_0 t}{2}=\frac{1}{2}f(t)+\frac{1}{2}f(t)\cos 2\omega_0 t$$

由线性性质和调制原理可得

$$f(t)\cos^2\omega_0 t\leftrightarrow \frac{1}{2}F(\mathrm{j}\omega)+\frac{1}{4}\{F[\mathrm{j}(\omega+2\omega_0)]+F[\mathrm{j}(\omega-2\omega_0)]\}$$

由于 $f(t)\cos^2(\omega_0 t)=f(t)\cos(\omega_0 t)\cos(\omega_0 t)$使信号 $f(t)$调制后再次调制获得解调，再通过一低通滤波器便可还原 $f(t)$。

第 30 讲

3.5.7 时域微分性质

若 $f(t)\leftrightarrow F(\mathrm{j}\omega)$，则

$$f'(t)=\frac{\mathrm{d}f(t)}{\mathrm{d}t}\leftrightarrow \mathrm{j}\omega F(\mathrm{j}\omega) \tag{3-5-19}$$

证明 因为

$$f'(t)=\frac{\mathrm{d}f(t)}{\mathrm{d}t}=\frac{1}{2\pi}\frac{\mathrm{d}}{\mathrm{d}t}\left[\int_{-\infty}^{\infty}F(\mathrm{j}\omega)\mathrm{e}^{\mathrm{j}\omega t}\,\mathrm{d}\omega\right]=\frac{1}{2\pi}\int_{-\infty}^{\infty}\mathrm{j}\omega F(\mathrm{j}\omega)\mathrm{e}^{\mathrm{j}\omega t}\,\mathrm{d}\omega$$

所以

$$f'(t)\leftrightarrow \mathrm{j}\omega F(\mathrm{j}\omega)$$ （证毕）

该性质表明，函数 $f(t)$在时域中的微分对应于其频谱 $F(\mathrm{j}\omega)$在频域中乘以 $\mathrm{j}\omega$。这一结果可以推广到时域求 n 阶导数的情况，有

$$f^{(n)}(t)=\frac{\mathrm{d}^n f(t)}{\mathrm{d}t^n}\leftrightarrow (\mathrm{j}\omega)^n F(\mathrm{j}\omega) \tag{3-5-20}$$

3.5.8 时域积分性质

若 $f(t)\leftrightarrow F(\mathrm{j}\omega)$，则

$$f^{(-1)}(t)=\int_{-\infty}^{t}f(\lambda)\mathrm{d}\lambda\leftrightarrow \pi F(0)\delta(\omega)+\frac{F(\mathrm{j}\omega)}{\mathrm{j}\omega} \tag{3-5-21}$$

证明 因为 $f(t)=f(t)*\delta(t)$，所以，由卷积的积分性质有

$$f^{(-1)}(t)=f(t)*\delta^{(-1)}(t)=f(t)*\varepsilon(t)$$

由时域卷积定理

$$f(t)*\varepsilon(t)\leftrightarrow F(\mathrm{j}\omega)\mathscr{F}[\varepsilon(t)]=F(\mathrm{j}\omega)\left[\pi\delta(\omega)+\frac{1}{\mathrm{j}\omega}\right]=\pi F(0)\delta(\omega)+\frac{F(\mathrm{j}\omega)}{\mathrm{j}\omega}$$

故有

$$f^{(-1)}(t)=\int_{-\infty}^{t}f(\lambda)\mathrm{d}\lambda\leftrightarrow \pi F(0)\delta(\omega)+\frac{F(\mathrm{j}\omega)}{\mathrm{j}\omega}$$ （证毕）

式中

$$F(0)=F(\mathrm{j}\omega)\Big|_{\omega=0}=\left[\int_{-\infty}^{\infty}f(t)\mathrm{e}^{-\mathrm{j}\omega t}\,\mathrm{d}t\right]\Big|_{\omega=0}$$

$$=\int_{-\infty}^{\infty}f(t)\,\mathrm{d}t=f^{(-1)}(\infty)-f^{(-1)}(-\infty)$$

运用时域积分性质求信号频谱时需注意以下几点：

(1) 将信号 $f(t)$微分 k 次直至得到冲激，利用冲激的取样性质容易得到 $F_k(\mathrm{j}\omega)$，即

$$f^{(k)}(t) \leftrightarrow F_k(\mathrm{j}\omega)$$

(2) 再积分 k 次获得 $F(\mathrm{j}\omega)$，有

$$F(\mathrm{j}\omega) = \pi[f(\infty) + f(-\infty)]\delta(\omega) + \frac{F_k(\mathrm{j}\omega)}{(\mathrm{j}\omega)^k} \tag{3-5-22a}$$

当 $k=1$ 时，有

$$F(\mathrm{j}\omega)=\pi[f(\infty)+f(-\infty)]\delta(\omega)+\frac{F_1(\mathrm{j}\omega)}{\mathrm{j}\omega} \tag{3-5-22b}$$

证明

$$\int_{-\infty}^{t} f'(\lambda)\mathrm{d}\lambda = f(t) - f(-\infty)$$

对上式取 FT，用时域积分性质且考虑

$$F_1(0) = \int_{-\infty}^{\infty} f'(t)\mathrm{e}^{-\mathrm{j}\omega t}\mathrm{d}t\bigg|_{\omega=0} = f(\infty) - f(-\infty)$$

有

$$\pi[f(\infty) - f(-\infty)]\delta(\omega) + \frac{F_1(\mathrm{j}\omega)}{\mathrm{j}\omega} = F(\mathrm{j}\omega) - 2\pi f(-\infty)\delta(\omega)$$

即

$$F(\mathrm{j}\omega)=\pi[f(\infty)+f(-\infty)]\delta(\omega)+\frac{F_1(\mathrm{j}\omega)}{\mathrm{j}\omega}$$ （证毕）

① 当 $f(t)$ 为能量信号时，$f(\infty)=f(-\infty)=0$（不含直流成分），则

$$F(\mathrm{j}\omega) = \frac{F_k(\mathrm{j}\omega)}{(\mathrm{j}\omega)^k} \tag{3-5-22c}$$

② 当 $f(t)$ 为功率信号时，$f(\infty)\neq 0$ 及 $f(-\infty)\neq 0$（均为常数或其中之一为零），$F(\mathrm{j}\omega)$ 如式(3-5-22a)。

③ 当 $f(t)$ 为非功非能信号时，式(3-5-22)不能使用。这时可用频域微分性质解决。

例 3-18 利用时域积分性质，求正三角形脉冲 $f(t)=\Delta_{2\tau}(t)$ 的傅里叶变换。

解 显然，对能量信号 $f(t)$ 有 $f(\infty)=f(-\infty)=0$，可引用式(3-5-22c)，由图 3-38 有

$$f''(t) = \frac{1}{\tau}[\delta(t+\tau) - 2\delta(t) + \delta(t-\tau)]$$

两边取 FT

$$(\mathrm{j}\omega)^2 F(\mathrm{j}\omega)=\frac{1}{\tau}[\mathrm{e}^{\mathrm{j}\omega\tau}-2+\mathrm{e}^{-\mathrm{j}\omega\tau}]$$

故

$$F(\mathrm{j}\omega)=\frac{1}{(\mathrm{j}\omega)^2}\times\frac{2}{\tau}[\cos\omega\tau-1]=\tau\mathrm{Sa}^2\left(\frac{\omega\tau}{2}\right)$$

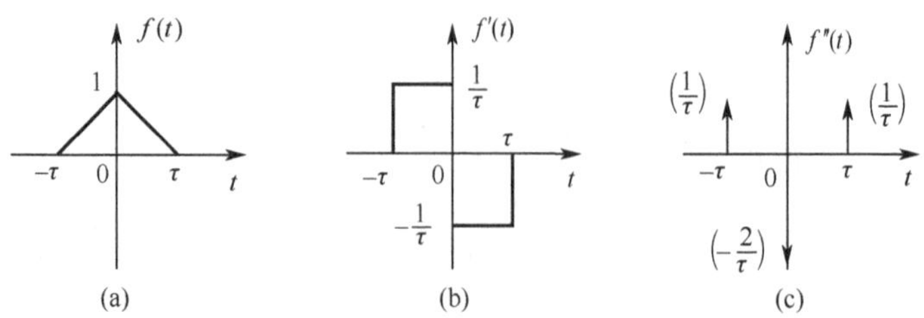

图 3-38 例 3-18 图

例 3-19 信号如图 3-39(a)、(b)、(c)所示，试求 $f_1(t)$、$f_2(t)$和 $f_3(t)$的傅里叶变换。

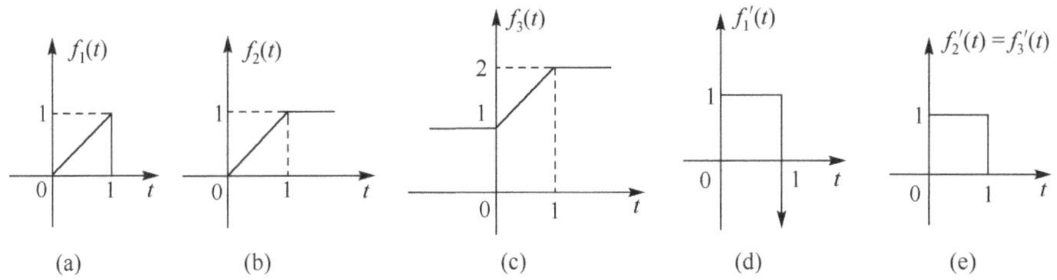

图 3-39 例 3-19 图

解 (1) 由图 3-39(d)得

$$f'_1(t)=g_1\left(t-\frac{1}{2}\right)-\delta(t-1)$$

两边取 FT

$$(\mathrm{j}\omega)F_1(\mathrm{j}\omega)=\mathrm{Sa}\left(\frac{\omega}{2}\right)\mathrm{e}^{-\mathrm{j}\frac{\omega}{2}}-\mathrm{e}^{-\mathrm{j}\omega}$$

得

$$F_1(\mathrm{j}\omega)=\frac{1}{\mathrm{j}\omega}\left[\mathrm{Sa}\left(\frac{\omega}{2}\right)\mathrm{e}^{-\mathrm{j}\frac{\omega}{2}}-\mathrm{e}^{-\mathrm{j}\omega}\right],\quad F_1(0)=\frac{1}{2}$$

(2) 由图 3-39(e)得

$$f'_2(t)=f'_3(t)=g_1\left(t-\frac{1}{2}\right)\leftrightarrow\mathrm{Sa}\left(\frac{\omega}{2}\right)\mathrm{e}^{-\mathrm{j}\frac{\omega}{2}}=A(\mathrm{j}\omega)$$

故由式(3-5-22b)可得

$$F_2(\mathrm{j}\omega)=\pi f_2(\infty)\delta(\omega)+\frac{A(\mathrm{j}\omega)}{\mathrm{j}\omega}=\pi\delta(\omega)+\frac{1}{\mathrm{j}\omega}\mathrm{Sa}\left(\frac{\omega}{2}\right)\mathrm{e}^{-\mathrm{j}\frac{\omega}{2}}$$

(3) 同理，可得

$$F_3(\mathrm{j}\omega)=\pi[f_3(\infty)+f_3(-\infty)]\delta(\omega)+\frac{A(\mathrm{j}\omega)}{\mathrm{j}\omega}=3\pi\delta(\omega)+\frac{1}{\mathrm{j}\omega}\mathrm{Sa}\left(\frac{\omega}{2}\right)\mathrm{e}^{-\mathrm{j}\frac{\omega}{2}}$$

例 3-20 试利用时域积分性质，求符号函数的频谱。

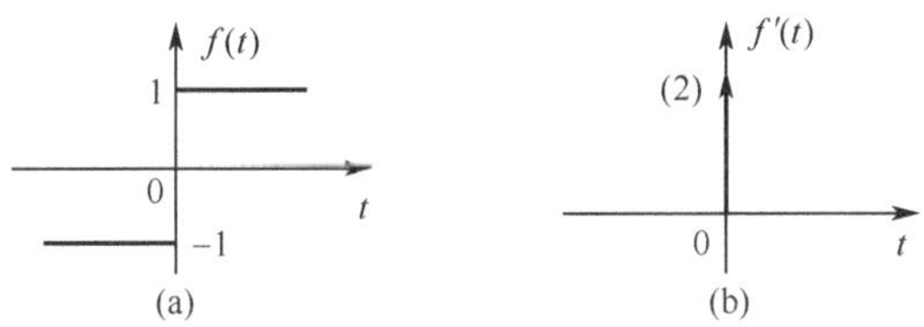

图 3-40 例 3-20 图

解 $$f'(t)=2\delta(t)\leftrightarrow F_1(\mathrm{j}\omega)=2$$

由图 3-40(a) 可知，$f(-\infty)=-1$ 及 $f(\infty)=1$，故 $f(\infty)+f(-\infty)=0$。由式(3-5-22b)可得

$$F(\mathrm{j}\omega)=\pi[f(\infty)+f(-\infty)]\delta(\omega)+\frac{F_1(\mathrm{j}\omega)}{\mathrm{j}\omega}=0+\frac{2}{\mathrm{j}\omega}=\frac{2}{\mathrm{j}\omega}$$

对非周期信号 $f(t)$进行一次或几次微分后出现冲激，可方便地求出 $F_k(\mathrm{j}\omega)$，再利用时域积分性质求 $F(\mathrm{j}\omega)$，求解过程变得简单，这种方法称为求解 $F(\mathrm{j}\omega)$的微分冲激法。

3.5.9 频域微分性质

若 $f(t)\leftrightarrow F(\mathrm{j}\omega)$，则

$$(-\mathrm{j}t)^n f(t)\leftrightarrow \frac{\mathrm{d}^n F(\mathrm{j}\omega)}{\mathrm{d}\omega^n} \tag{3-5-23}$$

当 $n=1$ 时

$$(-\mathrm{j}t)f(t)\leftrightarrow \frac{\mathrm{d}F(\mathrm{j}\omega)}{\mathrm{d}\omega} \tag{3-5-24}$$

证明 对傅里叶变换定义式 $F(\mathrm{j}\omega)=\int_{-\infty}^{\infty} f(t)\mathrm{e}^{-\mathrm{j}\omega t}\mathrm{d}t$ 两边关于 ω 求导，得

$$\frac{\mathrm{d}F(\mathrm{j}\omega)}{\mathrm{d}\omega}=\frac{\mathrm{d}}{\mathrm{d}\omega}\left[\int_{-\infty}^{\infty} f(t)\mathrm{e}^{-\mathrm{j}\omega t}\mathrm{d}t\right]=\int_{-\infty}^{\infty}(-\mathrm{j}t)f(t)\mathrm{e}^{-\mathrm{j}\omega t}\mathrm{d}t$$

即

$$(-\mathrm{j}t)f(t)\leftrightarrow \frac{\mathrm{d}F(\mathrm{j}\omega)}{\mathrm{d}\omega} \qquad \text{（证毕）}$$

利用频域微分性质可以求得一些在通常意义下不易求得的变换关系。例如，由 $1\leftrightarrow 2\pi\delta(\omega)$ 可得 $-\mathrm{j}t\leftrightarrow 2\pi\delta'(\omega)$；由 $\varepsilon(t)\leftrightarrow\pi\delta(\omega)+\frac{1}{\mathrm{j}\omega}$ 可得 $t\varepsilon(t)\leftrightarrow \mathrm{j}\pi\delta'(\omega)-\frac{1}{\omega^2}$。这些函数的傅里叶变换用其他方法求取很麻烦，但利用频域微分性质求取却很方便。

例 3-21 (1)已知 $f(t)\leftrightarrow F(\mathrm{j}\omega)$，试求 $t\frac{\mathrm{d}f(-2t+1)}{\mathrm{d}t}$ 的傅里叶变换。(2)试证明下列傅里叶变换对成立：① $t^n\leftrightarrow 2\pi\mathrm{j}^n\delta^{(n)}(\omega)$，② $t^n\varepsilon(t)\leftrightarrow\frac{n!}{(\mathrm{j}\omega)^{n+1}}+\pi\mathrm{j}^n\delta^{(n)}(\omega)$。

解 (1)因为

$$f(-2t+1)\leftrightarrow \frac{1}{2}F\left(-\mathrm{j}\frac{\omega}{2}\right)\mathrm{e}^{-\mathrm{j}\frac{\omega}{2}}$$

且

$$\frac{\mathrm{d}f(-2t+1)}{\mathrm{d}t}\leftrightarrow \mathrm{j}\omega\left[\frac{1}{2}F\left(-\mathrm{j}\frac{\omega}{2}\right)\mathrm{e}^{-\mathrm{j}\frac{\omega}{2}}\right]=\frac{\mathrm{j}\omega}{2}F\left(-\mathrm{j}\frac{\omega}{2}\right)\mathrm{e}^{-\mathrm{j}\frac{\omega}{2}}$$

故

$$\begin{aligned}t\frac{\mathrm{d}f(-2t+1)}{\mathrm{d}t}&\leftrightarrow \mathrm{j}\frac{\mathrm{d}}{\mathrm{d}\omega}\left[\frac{\mathrm{j}\omega}{2}F\left(-\mathrm{j}\frac{\omega}{2}\right)\mathrm{e}^{-\mathrm{j}\frac{\omega}{2}}\right]\\&=\frac{\mathrm{j}\omega}{4}F\left(-\mathrm{j}\frac{\omega}{2}\right)\mathrm{e}^{-\mathrm{j}\frac{\omega}{2}}-\frac{1}{2}F\left(-\mathrm{j}\frac{\omega}{2}\right)\mathrm{e}^{-\mathrm{j}\frac{\omega}{2}}-\frac{\omega}{2}\left[\frac{\mathrm{d}}{\mathrm{d}\omega}F\left(-\mathrm{j}\frac{\omega}{2}\right)\right]\mathrm{e}^{-\mathrm{j}\frac{\omega}{2}}\end{aligned}$$

(2)证明 ①因为

$$1\leftrightarrow 2\pi\delta(\omega)$$

所以由频域微分性质

$$(-\mathrm{j}t)^n\times 1\leftrightarrow 2\pi\delta^{(n)}(\omega)$$

上式 $\times\mathrm{j}^n$ 得

$$t^n\leftrightarrow 2\pi\mathrm{j}^n\delta^{(n)}(\omega)$$

② 因为

$$\varepsilon(t)\leftrightarrow\pi\delta(\omega)+\frac{1}{\mathrm{j}\omega};\quad t^n\leftrightarrow 2\pi\mathrm{j}^n\delta^{(n)}(\omega)$$

3.5.10 频域积分性质

若

$$f(t)\leftrightarrow F(\mathrm{j}\omega)$$

则

$$\pi f(0)\delta(t)+\frac{f(t)}{(-\mathrm{j}t)}\leftrightarrow F^{(-1)}(\omega)=\int_{-\infty}^{\omega}F(\mathrm{j}\Omega)\mathrm{d}\Omega \tag{3-5-25}$$

式中，$f(0)=\frac{1}{2\pi}\int_{-\infty}^{\infty}F(\mathrm{j}\omega)\mathrm{d}\omega$，若 $f(0)=0$，则

$$\frac{f(t)}{(-\mathrm{j}t)}\leftrightarrow\int_{-\infty}^{\omega}F(\mathrm{j}\Omega)\mathrm{d}\Omega \tag{3-5-26}$$

证明 因为

$$\int_{-\infty}^{\omega}F(\mathrm{j}\Omega)\mathrm{d}\Omega=F(\mathrm{j}\omega)*\varepsilon(\omega)$$

又因为

$$\varepsilon(t)\leftrightarrow\pi\delta(\omega)+\frac{1}{\mathrm{j}\omega}$$

所以由对称性有

$$\pi\delta(t)+\frac{1}{\mathrm{j}t}\leftrightarrow 2\pi\varepsilon(-\omega)$$

即

$$\frac{1}{2}\delta(t)-\frac{1}{\mathrm{j}2\pi t}\leftrightarrow\varepsilon(\omega)$$

根据频域卷积定理

$$F(\mathrm{j}\omega)*\varepsilon(\omega)\leftrightarrow 2\pi f(t)\mathscr{F}^{-1}[\varepsilon(\omega)]$$

$$F(\mathrm{j}\omega)*\varepsilon(\omega)\leftrightarrow 2\pi f(t)\left[\frac{1}{2}\delta(t)+\frac{\mathrm{j}}{2\pi t}\right]$$

即

$$\int_{-\infty}^{\omega}F(\mathrm{j}\Omega)\mathrm{d}\Omega\leftrightarrow\pi f(0)\delta(t)+\frac{f(t)}{-\mathrm{j}t}$$ （证毕）

为了方便查阅，表 3-2 列出了常见傅里叶变换的性质。

表 3-2 傅里叶变换的性质

名称	时域 $f(t)\leftrightarrow$频域 $F(\mathrm{j}\omega)$
定义	$f(t)=\frac{1}{2\pi}\int_{-\infty}^{\infty}F(\mathrm{j}\omega)\mathrm{e}^{\mathrm{j}\omega t}\mathrm{d}\omega\leftrightarrow F(\mathrm{j}\omega)=\int_{-\infty}^{\infty}f(t)\mathrm{e}^{-\mathrm{j}\omega t}\mathrm{d}t$
线性性质	$af_1(t)+bf_2(t)\leftrightarrow aF_1(\mathrm{j}\omega)+bF_2(\mathrm{j}\omega)$
对称性	$F(\mathrm{j}t)\leftrightarrow 2\pi f(-\omega)$
尺度变换	$f(at)\leftrightarrow\frac{1}{\|a\|}F\left(\mathrm{j}\frac{\omega}{a}\right)$， $a\neq 0$
时移性质	$f(t\pm t_0)\leftrightarrow\mathrm{e}^{\pm\mathrm{j}\omega t_0}F(\mathrm{j}\omega)$，$f(at\pm t_0)\leftrightarrow\frac{1}{\|a\|}F\left(\mathrm{j}\frac{\omega}{a}\right)\mathrm{e}^{\pm\mathrm{j}\omega\frac{t_0}{a}}$， $a\neq 0$
频移性质	$f(t)\mathrm{e}^{\pm\mathrm{j}\omega_0 t}\leftrightarrow F[\mathrm{j}(\omega\mp\omega_0)]$ $f(t)\cos\omega_0 t\leftrightarrow\frac{1}{2}[F(\omega+\omega_0)+F(\omega-\omega_0)]$ $f(t)\sin\omega_0 t\leftrightarrow\frac{\mathrm{j}}{2}[F(\omega+\omega_0)-F(\omega-\omega_0)]$
频域积分	$\pi f(0)\delta(t)+\frac{f(t)}{(-\mathrm{j}t)}\leftrightarrow F^{(-1)}(\omega)=\int_{-\infty}^{\omega}F(\mathrm{j}\Omega)\mathrm{d}\Omega$

续表

名　　称	时域 $f(t)\leftrightarrow$频域 $F(\mathrm{j}\omega)$
时域卷积	$f_1(t)*f_2(t)\leftrightarrow F_1(\mathrm{j}\omega)F_2(\mathrm{j}\omega)$
频域卷积	$f_1(t)\cdot f_2(t)\leftrightarrow \dfrac{1}{2\pi}F_1(\mathrm{j}\omega)*F_2(\mathrm{j}\omega)$
时域微分	$f'(t)=\dfrac{\mathrm{d}f(t)}{\mathrm{d}t}\leftrightarrow \mathrm{j}\omega F(\mathrm{j}\omega)$
时域积分	$f^{(-1)}(t)=\int_{-\infty}^{t}f(\lambda)\mathrm{d}\lambda\leftrightarrow\pi F(0)\delta(\omega)+\dfrac{F(\mathrm{j}\omega)}{\mathrm{j}\omega}$
频域微分	$(-\mathrm{j}t)f(t)\leftrightarrow\dfrac{\mathrm{d}F(\mathrm{j}\omega)}{\mathrm{d}\omega}$
频域积分	$\pi f(0)\delta(t)+\dfrac{f(t)}{(-\mathrm{j}t)}\leftrightarrow F^{-1}(\mathrm{j}\omega)=\int_{-\infty}^{\omega}F(\mathrm{j}\Omega)\mathrm{d}\Omega$
时域取样	$\sum\limits_{n=-\infty}^{\infty}f(nT_s)\delta(t-nT_s)\leftrightarrow\dfrac{1}{T_s}\sum\limits_{n=-\infty}^{\infty}F\left[\mathrm{j}\left(\omega-\dfrac{2n\pi}{T_s}\right)\right]$
频域取样	$\dfrac{1}{\omega_s}\sum\limits_{n=-\infty}^{\infty}f\left(t-\dfrac{2n\pi}{\omega_s}\right)\leftrightarrow\sum\limits_{n=-\infty}^{\infty}F(\mathrm{j}n\omega_s)\delta(\omega-n\omega_s)$

另将常用信号的傅里叶变换对附于此，如表 3-3 所示。

表 3-3　常用信号的傅里叶变换对

序号	$f(t)$	$F(\mathrm{j}\omega)$
1	$\delta(t)$	1
2	1	$2\pi\delta(\omega)$
3	$\varepsilon(t)$	$\pi\delta(\omega)+\dfrac{1}{\mathrm{j}\omega}$
4	$Ag_\tau(t)$	$A\tau\mathrm{Sa}\left(\dfrac{\omega\tau}{2}\right)$
5	$\mathrm{Sa}(t)$	$\pi g_2(\omega)$
6	$A\Delta_{2\tau}(t)$	$A\tau\mathrm{Sa}^2\left(\dfrac{\omega\tau}{2}\right)$
7	$\mathrm{Sa}^2(t)$	$\pi\Delta_4(\omega)$
8	$\mathrm{e}^{-\alpha\|t\|}\varepsilon(t),\quad\alpha>0$	$\dfrac{2\alpha}{\alpha^2+\omega^2}$
9	$\mathrm{e}^{-\alpha t}\varepsilon(t),\quad\alpha>0$	$\dfrac{1}{\alpha+\mathrm{j}\omega}$
10	$t\mathrm{e}^{-\alpha t}\varepsilon(t),\quad\alpha>0$	$\dfrac{1}{(\alpha+\mathrm{j}\omega)^2}$
11	$\dfrac{1}{(n-1)!}t^{n-1}\mathrm{e}^{-\alpha t}\varepsilon(t),\quad\alpha>0$	$\dfrac{1}{(\alpha+\mathrm{j}\omega)^n}$
12	$\delta(t-t_0)$	$\mathrm{e}^{-\mathrm{j}\omega t_0}$
13	$\mathrm{Sgn}(t)$	$\dfrac{2}{\mathrm{j}\omega},\quad F(0)=0$
14	$\dfrac{1}{t}$	$-\mathrm{j}\pi\mathrm{Sgn}(\omega)$
15	$\mathrm{e}^{\pm\mathrm{j}\omega_0 t}$	$2\pi\delta(\omega\mp\omega_0)$
16	$\cos(\omega_0 t)$	$\pi[\delta(\omega+\omega_0)+\delta(\omega-\omega_0)]$
17	$\sin(\omega_0 t)$	$\mathrm{j}\pi[\delta(\omega+\omega_0)-\delta(\omega-\omega_0)]$

续表

序号	$f(t)$	$F(\mathrm{j}\omega)$
18	$\delta_T(t)=\sum_{n=-\infty}^{\infty}\delta(t-nT)$	$\omega_0\delta_{\omega_0}(\omega)=\omega_0\sum_{n=-\infty}^{\infty}\delta(\omega-n\omega_0)$
19	$f_T(t)=\sum_{n=-\infty}^{\infty}F_n\mathrm{e}^{\mathrm{j}n\omega_0 t}$	$F_T(\mathrm{j}\omega)=2\pi\sum_{n=-\infty}^{\infty}F_n\delta(\omega-n\omega_0)$
20	$A\mathrm{e}^{-\left(\frac{t}{\tau}\right)^2}$	$\sqrt{\pi}A\tau\mathrm{e}^{-\left(\frac{\omega\tau}{2}\right)^2}$

3.6 LTI连续系统的频域分析

用傅里叶级数变换和傅里叶变换来求解LTI连续系统的零状态响应的方法，在系统分析中被称为傅里叶变换分析法。由于分析过程主要在频域进行，所以又称为频域分析法。该方法是基于频谱分析的概念，讨论信号作用于连续系统时在频域中求解其零状态响应的方法。

傅里叶变换分析法主要用于：分析系统的频率响应特性；已知系统输入频谱的条件下分析输出信号的频谱；求解在周期信号作用下系统的稳态响应；在任意激励信号作用下系统的零状态响应。但如果作为一种计算法，傅里叶变换分析法远不如第四章的拉普拉斯变换分析法方便。

3.6.1 基本信号激励下连续系统的频域分析

1. 冲激信号$\delta(t)$激励下的零状态响应

当系统的激励为冲激信号$\delta(t)$时，系统的零状态响应为冲激响应$h(t)$，即

$$f(t)=\delta(t)\rightarrow y_{\mathrm{ZS}}(t)=h(t)$$

根据时域卷积定理

$$F(\mathrm{j}\omega)=1\rightarrow Y_{\mathrm{ZS}}(\mathrm{j}\omega)=H(\mathrm{j}\omega)$$

其中，$H(\mathrm{j}\omega)$称为频域系统函数(一般为ω的复函数，见式(3-7-4))，由此可得

$$h(t)\leftrightarrow H(\mathrm{j}\omega) \tag{3-6-1}$$

式(3-6-1)表明，系统函数$H(\mathrm{j}\omega)$与系统冲激响应$h(t)$为傅里叶变换对。

2. 虚指数信号$\mathrm{e}^{\mathrm{j}\omega t}$激励下的零状态响应

当系统的激励为虚指数信号$f(t)=\mathrm{e}^{\mathrm{j}\omega t}(-\infty<t<\infty)$时，零状态响应可由卷积积分求得

$$\begin{aligned}y_{\mathrm{ZS}}(t)&=\mathrm{e}^{\mathrm{j}\omega t}*h(t)=\int_{-\infty}^{\infty}h(\tau)\mathrm{e}^{\mathrm{j}\omega(t-\tau)}\mathrm{d}\tau\\&=\mathrm{e}^{\mathrm{j}\omega t}\int_{-\infty}^{\infty}h(\tau)\mathrm{e}^{-\mathrm{j}\omega\tau}\mathrm{d}\tau=\mathrm{e}^{\mathrm{j}\omega t}H(\mathrm{j}\omega)\end{aligned} \tag{3-6-2}$$

可见，当虚指数信号$f(t)=\mathrm{e}^{\mathrm{j}\omega t}$作用于LTI连续系统时，其响应仍为同频率的虚指数信号，但响应比激励加权了一个同频率复数$H(\mathrm{j}\omega)$。式(3-6-2)正是系统频域分析法的物理基础。

3. 正弦信号$\cos\omega t$激励下的稳态响应

当系统的激励为正弦信号$f(t)=F_m\cos(\omega t+\varphi)(-\infty<t<\infty)$时，根据欧拉公式

$$F_m\cos(\omega t+\varphi)=\frac{F_m}{2}(\mathrm{e}^{\mathrm{j}\varphi}\mathrm{e}^{\mathrm{j}\omega t}+\mathrm{e}^{-\mathrm{j}\varphi}\mathrm{e}^{-\mathrm{j}\omega t})$$

由式(3-6-2)可求得系统零状态响应为

$$\begin{aligned}y_{ZS}(t)&=\frac{F_m}{2}[\mathrm{e}^{\mathrm{j}\varphi}\mathrm{e}^{\mathrm{j}\omega t}H(\mathrm{j}\omega)+\mathrm{e}^{-\mathrm{j}\varphi}\mathrm{e}^{-\mathrm{j}\omega t}H(-\mathrm{j}\omega)]\\&=\frac{F_m}{2}[\,|H(\mathrm{j}\omega)|\,\mathrm{e}^{\mathrm{j}\varphi}\mathrm{e}^{\mathrm{j}\omega t}\mathrm{e}^{\mathrm{j}\theta(\omega)}+|H(\mathrm{j}\omega)|\,\mathrm{e}^{-\mathrm{j}\varphi}\mathrm{e}^{-\mathrm{j}\omega t}\mathrm{e}^{-\mathrm{j}\theta(\omega)}]\\&=F_m\,|H(\mathrm{j}\omega)|\left[\frac{\mathrm{e}^{\mathrm{j}[\omega t+\varphi+\theta(\omega)]}+\mathrm{e}^{-\mathrm{j}[\omega t+\varphi+\theta(\omega)]}}{2}\right]\\&=F_m\,|H(\mathrm{j}\omega)|\cos[\omega t+\varphi+\theta(\omega)]\end{aligned}\tag{3-6-3}$$

式(3-6-3)更清楚地表明了系统频率响应的物理含义。如果系统输入信号是正弦信号，那么系统的零状态响应 $y_{ZS}(t)$就是同频率的正弦稳态响应 $y_s(t)$，与激励正弦信号比较只是响应信号的幅度和相位有了变化。正弦稳态响应信号与正弦输入信号幅度的比值随频率的变化就是系统的幅频响应；正弦稳态响应信号与正弦输入信号相位之差随频率的变化就是系统的相频响应。两者合起来就是系统的频率响应。因此，正弦信号激励下，LTI 连续系统的正弦稳态响应，可以在傅里叶变换的基础上结合相量分析法求得。

从式(3-6-3)还可看出，当某一频率点上 $H(\mathrm{j}\omega)=0$ 时，这个频率的输入信号在输出端是不会有对应频率成份的输出，因此系统频率响应描述了系统对不同频率的一种选择作用。

第 31 讲

3.6.2 周期信号激励下连续系统的频域分析

周期信号 $f_T(t)$作为激励的起始作用时刻是 $t=-\infty$，所以系统的零状态响应只有稳态响应部分 $y_s(t)$(暂态响应为零)。求解方法是：首先将周期信号展开为傅里叶级数，然后求系统在各个谐波分量单独作用下系统的稳态响应，再由系统的时域线性性质得到系统的响应为各个分响应的线性叠加。

若

$$f_T(t)=\sum_{n=-\infty}^{\infty}F_n\mathrm{e}^{\mathrm{j}n\omega_0 t}$$

而每一个分量 $F_n\mathrm{e}^{\mathrm{j}n\omega_0 t}$作用引起的稳态响应为

$$F_n\mathrm{e}^{\mathrm{j}n\omega_0 t}H(\mathrm{j}n\omega_0)=F_n\,|H(\mathrm{j}n\,\omega_0)|\,\mathrm{e}^{\mathrm{j}[n\omega_0 t+\theta(n\omega_0)]}$$

所以系统的稳态响应为

$$y_s(t)=\sum_{n=-\infty}^{\infty}F_n\mathrm{e}^{\mathrm{j}n\omega_0 t}H(\mathrm{j}n\,\omega_0)=\sum_{n=-\infty}^{\infty}|F_n|\,|H(n\,\omega_0)|\,\mathrm{e}^{\mathrm{j}[n\omega_0 t+\varphi_n+\theta(n\omega_0)]}\tag{3-6-4}$$

若

$$f_T(t)=\frac{A_0}{2}+\sum_{n=1}^{\infty}A_n\cos(n\,\omega_0 t+\varphi_n)$$

则系统的稳态响应还可表示为

$$y_s(t)=\frac{A_0}{2}H(0)+\sum_{n=1}^{\infty}A_n\,|H(\mathrm{j}n\,\omega_0)|\cos[n\,\omega_0 t+\varphi_n+\theta(n\omega_0)]\tag{3-6-5}$$

式中，$|H(\mathrm{j}n\,\omega_0)|$为连续频率响应$H(\mathrm{j}\omega)$在频率 $\omega=n\omega_0$ 点上的幅度值。$\theta(n\omega_0)$为 $H(\mathrm{j}\omega)$在频率 $\omega=n\omega_0$ 点上的相位值，即相频特性值。

例 3-22　LTI 系统的频响特性 $H(\mathrm{j}\omega)$ 如图 3-41 所示，若输入为 $f(t)=1+\cos t+2\cos 2t$，试求该系统的稳态响应 $y_s(t)$。

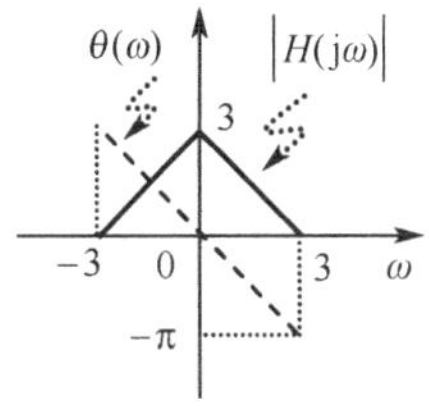

图 3-41　例 3-22 图

解　由 $f(t)$ 知，输入信号的频率分别为 $\omega=0\mathrm{rad/s}$，$\omega=\omega_0=1\mathrm{rad/s}$ 和 $\omega=2\omega_0=2\mathrm{rad/s}$；由图 3-41 有

$$H(0)=3\underline{/0^\circ},\ H(\mathrm{j}1)=2\underline{/-60^\circ}$$

$$H(\mathrm{j}2)=1\underline{/-120^\circ}$$

所以

$$\begin{aligned}y_s(t)&=\frac{A_0}{2}H(0)+\sum_{n=1}^{2}A_n\,|H(\mathrm{j}n\,\omega_0)|\cos[n\omega_0 t+\varphi_n+\theta(n\omega_0)]\\&=1\times(3)+1\times(2)\cos(t-60^\circ)+2\times(1)\cos(2t-120^\circ)\\&=3+2\cos(t-60^\circ)+2\cos(2t-120^\circ)\end{aligned}$$

例 3-23　电路如图 3-42(a)所示，已知 $R=1\Omega$，$C=1\mathrm{F}$，$u_s(t)$ 为周期性矩形脉冲，如图 3-42(b)所示，其中，$A=2\pi$，$\tau=\dfrac{T}{2}$，$\omega_0=\dfrac{2\pi}{T}=0.5\mathrm{rad/s}$，试求输出电压 $u_o(t)$ 至 3 次谐波为止。

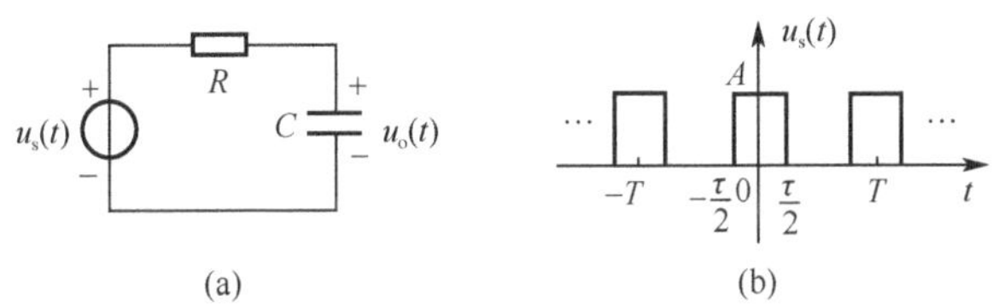

图 3-42　例 3-23 图

解　$u_s(t)$ 至 3 次谐波为止的傅里叶级数为

$$u_s(t)=\pi+4\cos\omega_0 t-\frac{4}{3}\cos 3\omega_0 t+\cdots$$

$$=\pi+4\cos\omega_0 t+\frac{4}{3}\cos(3\omega_0 t+180^\circ)+\cdots$$

根据电路模型可得系统函数

$$H(\mathrm{j}\omega)=\frac{U_o(\mathrm{j}\omega)}{U_s(\mathrm{j}\omega)}=\frac{\dfrac{1}{\mathrm{j}\omega C}}{R+\dfrac{1}{\mathrm{j}\omega C}}=\frac{1}{1+\mathrm{j}\omega RC}$$

分别令 $\omega=0$，$\omega=\omega_0$ 和 $\omega=3\omega_0$ 得

$$H(0)=1,\ H(\mathrm{j}\omega_0)=\frac{1}{1+\mathrm{j}0.5}=0.89\underline{/-26.57^\circ}$$

$$H(\mathrm{j}3\omega_0)=\frac{1}{1+\mathrm{j}1.5}=0.56\underline{/-56.31^\circ}$$

所以，稳态响应为

$$\begin{aligned}u_o(t)&=\frac{A_0}{2}H(0)+\sum_{n=1}^{\infty}A_n\,|H(n\,\omega_0)|\cos[n\omega_0 t+\varphi_n+\theta(n\omega_0)]\\&=\pi\times1+4\times0.89\cos(\omega_0 t-26.57^\circ)\\&\quad+1.33\times0.56\cos(3\omega_0 t+180^\circ-56.31^\circ)+\cdots\\&=\pi+3.56\cos(\omega_0 t-26.57^\circ)+0.74\cos(3\omega_0 t+123.7^\circ)+\cdots\end{aligned}$$

3.6.3 非周期信号激励下连续系统的频域分析

当激励为非周期信号 $f(t)$时，由傅里叶反变换定义有

$$f(t)=\frac{1}{2\pi}\int_{-\infty}^{\infty}F(\mathrm{j}\omega)\mathrm{e}^{\mathrm{j}\omega t}\mathrm{d}\omega=\int_{-\infty}^{\infty}\frac{F(\mathrm{j}\omega)\mathrm{d}\omega}{2\pi}\mathrm{e}^{\mathrm{j}\omega t}$$

即信号 $f(t)$被分解为无穷多不同频率的加权虚指数分量 $\mathrm{e}^{\mathrm{j}\omega t}$ 的连续和，其中频率为 ω 的分量为 $\frac{F(\mathrm{j}\omega)\mathrm{d}\omega}{2\pi}\mathrm{e}^{\mathrm{j}\omega t}$。由式(3-6-2)，对应于该分量的响应为 $\frac{F(\mathrm{j}\omega)\mathrm{d}\omega}{2\pi}\mathrm{e}^{\mathrm{j}\omega t}H(\mathrm{j}\omega)$，将所有这些响应分量求连续和(积分)便可得系统的零状态响应。其推导过程如下：

因为 $\mathrm{e}^{\mathrm{j}\omega t}\rightarrow H(\mathrm{j}\omega)\mathrm{e}^{\mathrm{j}\omega t}$，所以由齐次性有

$$\frac{1}{2\pi}F(\mathrm{j}\omega)\mathrm{e}^{\mathrm{j}\omega t}\mathrm{d}\omega\rightarrow\frac{1}{2\pi}F(\mathrm{j}\omega)H(\mathrm{j}\omega)\mathrm{e}^{\mathrm{j}\omega t}\mathrm{d}\omega$$

由叠加性有

$$f(t)=\frac{1}{2\pi}\int_{-\infty}^{\infty}F(\mathrm{j}\omega)\mathrm{e}^{\mathrm{j}\omega t}\mathrm{d}\omega\rightarrow y_{\mathrm{ZS}}(t)=\frac{1}{2\pi}\int_{-\infty}^{\infty}F(\mathrm{j}\omega)H(\mathrm{j}\omega)\mathrm{e}^{\mathrm{j}\omega t}\mathrm{d}\omega$$

即

$$y_{\mathrm{ZS}}(t)=\int_{-\infty}^{\infty}\frac{F(\mathrm{j}\omega)\mathrm{d}\omega}{2\pi}\mathrm{e}^{\mathrm{j}\omega t}H(\mathrm{j}\omega)=\frac{1}{2\pi}\int_{-\infty}^{\infty}F(\mathrm{j}\omega)H(\mathrm{j}\omega)\mathrm{e}^{\mathrm{j}\omega t}\mathrm{d}\omega$$

若令 $y_{\mathrm{ZS}}(t)\leftrightarrow Y_{\mathrm{ZS}}(\mathrm{j}\omega)$，则由上式得

$$Y_{\mathrm{ZS}}(\mathrm{j}\omega)=F(\mathrm{j}\omega)H(\mathrm{j}\omega)\tag{3-6-6}$$

可见，知道了激励 $f(t)$的傅里叶变换 $F(\mathrm{j}\omega)$和系统函数 $H(\mathrm{j}\omega)$，由式(3-6-6)即可求出系统零状态响应的傅里叶变换，再通过傅里叶反变换求出系统的时域响应 $y_{\mathrm{ZS}}(t)$，这就是傅里叶变换分析法。因为主要运算都在频域里进行，故又叫做频域分析法。

用频域分析法求解系统零状态响应的步骤为：

(1) 求取激励信号的傅里叶变换，即 $f(t)\leftrightarrow F(\mathrm{j}\omega)$；

(2) 确定系统的频率响应 $H(\mathrm{j}\omega)$；

(3) 求系统零状态响应 $y_{\mathrm{ZS}}(t)$的傅里叶变换，即 $Y_{\mathrm{ZS}}(\mathrm{j}\omega)=F(\mathrm{j}\omega)H(\mathrm{j}\omega)$；

(4) 通过傅里叶反变换求系统的时域响应，即 $y_{\mathrm{ZS}}(t)\leftrightarrow Y_{\mathrm{ZS}}(\mathrm{j}\omega)$。

例 3-24 RL 低通滤波器如图 3-43(a)所示，已知 $R=100\Omega$，$L=1\mathrm{H}$，求单位阶跃信号 $u_{\mathrm{s}}(t)=\varepsilon(t)\mathrm{V}$ 作用下电流 $i(t)$的零状态响应，并用频谱图对结果作出物理解释。

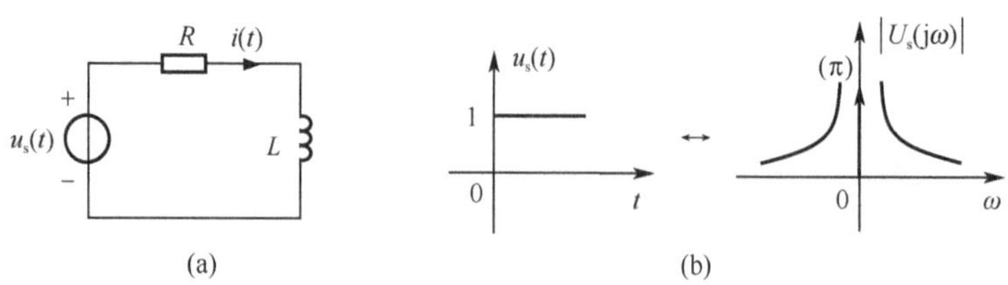

图 3-43 例 3-24 图

解 单位阶跃信号的频谱为

$$u_{\mathrm{s}}(t)=\varepsilon(t)\leftrightarrow U_{\mathrm{s}}(\mathrm{j}\omega)=\pi\delta(\omega)+\frac{1}{\mathrm{j}\omega}$$

滤波器的频率响应为

$$H(\mathrm{j}\omega)=\frac{I(\mathrm{j}\omega)}{U_{\mathrm{s}}(\mathrm{j}\omega)}=\frac{1}{R+\mathrm{j}\omega L}=\frac{1}{100+\mathrm{j}\omega}$$

输出信号频谱为

$$I(\mathrm{j}\omega)=H(\mathrm{j}\omega)U_{\mathrm{s}}(\mathrm{j}\omega)=\frac{1}{100+\mathrm{j}\omega}\left[\pi\delta(\omega)+\frac{1}{\mathrm{j}\omega}\right]$$

$$=\frac{1}{100}\left[\pi\delta(\omega)+\frac{1}{\mathrm{j}\omega}\right]-\frac{1}{100}\times\frac{1}{100+\mathrm{j}\omega}$$

所以

$$i(t)=\frac{1}{100}\varepsilon(t)-\frac{1}{100}\mathrm{e}^{-100t}\varepsilon(t)=\frac{1}{100}(1-\mathrm{e}^{-100t})\varepsilon(t)\ \mathrm{A}$$

图 3-44(b) 画出了 RL 低通滤波器输出信号 $i(t)$的波形和幅度频谱。由图可见，阶跃信号 $u_{\mathrm{s}}(t)$通过该低通系统后，高频分量受到较大的衰减，但低频分量衰减较小，且包含有冲激。频域 $\omega=0$ 处有冲激表明在时域中含有平均值，因而当 $t\to\infty$时，仍有一定数值；而频域中高频分量失去较多表明时域波形不能像 $\varepsilon(t)$那样在 $t=0$ 处发生急剧变化，因此输出波形只能逐渐地上升到稳定值。系统的频域分析法从频谱变化的观点去解释输入与输出波形的差异，具有物理概念明确的显著优点。

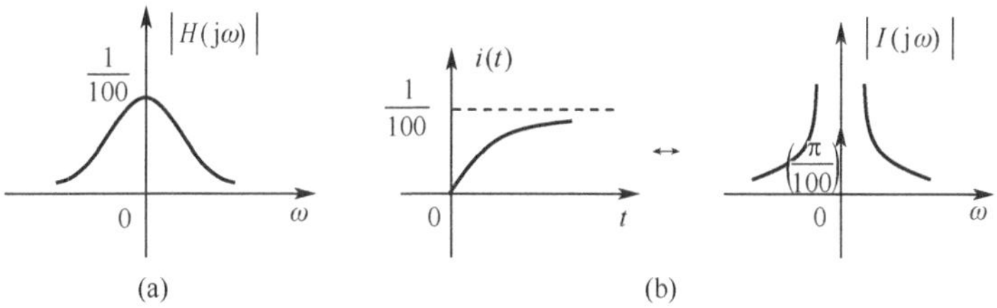

图 3-44　例 3-24 的结果

从上面的讨论可知，对于 LTI 连续系统的频域分析，如果激励信号是在 $t=0$ 时刻加入系统的，那么，对应的系统响应指的是系统的零状态响应；而如果系统激励加入的是虚指数信号 $f(t)=\mathrm{e}^{\mathrm{j}\omega t}(-\infty<t<\infty)$或正弦信号 $f(t)=\cos(\omega t+\varphi)(-\infty<t<\infty)$，那么，系统响应则指的是系统的正弦稳态响应。所以系统频率响应只是包含了系统零状态响应或正弦稳态响应的信息，而系统初始状态对系统作用产生的零输入响应不能从系统频率响应中求得。

3.6.4　微分方程的频域解

微分方程的频域分析主要过程为：通过激励的傅里叶变换 $F(\mathrm{j}\omega)$ 和由微分方程求得的系统函数 $H(\mathrm{j}\omega)$，根据 $Y_{\mathrm{ZS}}(\mathrm{j}\omega)=H(\mathrm{j}\omega)F(\mathrm{j}\omega)$ 求出零状态响应的傅里叶变换。再通过傅里叶反变换求出时域零状态响应 $y_{\mathrm{ZS}}(t)$。以下举例说明。

例 3-25　已知描述系统的微分方程为 $y''(t)+5y'(t)+6y(t)=f(t)$，激励$f(t)=\mathrm{e}^{-t}\varepsilon(t)$，试求其零状态响应。

解
$$f(t)=\mathrm{e}^{-t}\varepsilon(t)\leftrightarrow F(\mathrm{j}\omega)=\frac{1}{\mathrm{j}\omega+1}$$

对微分方程两边求傅里叶变换

$$\mathscr{F}[y''_{\mathrm{ZS}}(t)+5y'_{\mathrm{ZS}}(t)+6\,y_{\mathrm{ZS}}(t)]=\mathscr{F}[f(t)]$$

由时域微分性质可得

$$[(\mathrm{j}\omega)^2+5\mathrm{j}\omega+6]Y_{\mathrm{ZS}}(\mathrm{j}\omega)=F(\mathrm{j}\omega)$$

整理得

$$H(\mathrm{j}\omega)=\frac{Y_{\mathrm{ZS}}(\mathrm{j}\omega)}{F(\mathrm{j}\omega)}=\frac{1}{(\mathrm{j}\omega)^2+5\mathrm{j}\omega+6}=\frac{1}{(\mathrm{j}\omega+2)(\mathrm{j}\omega+3)}$$

$$\begin{aligned}Y_{\mathrm{ZS}}(\mathrm{j}\omega)=H(\mathrm{j}\omega)F(\mathrm{j}\omega)&=\frac{1}{(\mathrm{j}\omega+1)(\mathrm{j}\omega+2)(\mathrm{j}\omega+3)}\\&=\frac{1}{2}\times\frac{1}{\mathrm{j}\omega+1}-\frac{1}{\mathrm{j}\omega+2}+\frac{1}{2}\times\frac{1}{\mathrm{j}\omega+3}\end{aligned}$$

其傅里叶反变换为

$$y_{\mathrm{ZS}}(t)=\left(\frac{1}{2}\mathrm{e}^{-t}-\mathrm{e}^{-2t}+\frac{1}{2}\mathrm{e}^{-3t}\right)\varepsilon(t)$$

根据本节的上述讨论，可归纳出频域分析法的如下特点：

(1) 频域分析法是从频谱变化的观点分析系统的一种方法，它清楚地解释了输入激励信号 $f(t)$ 与输出响应信号 $y_{\mathrm{ZS}}(t)$ 的波形差异。

(2) 系统分析的傅里叶变换分析法存在一些天生的弱点：①有的信号的傅里叶变换不存在，比如指数增长信号 $\mathrm{e}^{\alpha t}\varepsilon(t)$ 当 $\alpha>0$ 的傅里叶变换不存在，故此法无效；②求反变换有时较为困难；③求系统的响应不完备，只能求 $y_{\mathrm{ZS}}(t)$，不能求 $y_{\mathrm{ZI}}(t)$ 和 $y(t)$。

因此，连续系统的傅里叶变换分析法常作为分析方法使用，而第 4 章将讨论的拉普拉斯变换分析法则多作为计算方法使用。

第 32 讲

3.7 LTI 连续系统的频率响应 $H(\mathrm{j}\omega)$

3.7.1 LTI 连续系统频率响应 $H(\mathrm{j}\omega)$ 的定义

n 阶零状态连续系统，可用 n 阶常系数线性微分方程描述，即

$$\sum_{i=0}^{n}a_i y_{\mathrm{ZS}}^{(i)}(t)=\sum_{j=0}^{m}b_j f^{(j)}(t),\quad a_n=1$$

对微分方程两边取傅里叶变换，并由傅里叶变换的微分性质得

$$\left[\sum_{i=0}^{n}a_i(\mathrm{j}\omega)^i\right]Y_{\mathrm{ZS}}(\mathrm{j}\omega)=\left[\sum_{j=0}^{m}b_j(\mathrm{j}\omega)^j\right]F(\mathrm{j}\omega)\tag{3-7-1}$$

整理得

$$Y_{\mathrm{ZS}}(\mathrm{j}\omega)=\frac{\sum\limits_{j=0}^{m}b_j(\mathrm{j}\omega)^j}{\sum\limits_{i=0}^{n}a_i(\mathrm{j}\omega)^i}F(\mathrm{j}\omega)=H(\mathrm{j}\omega)F(\mathrm{j}\omega)\tag{3-7-2}$$

定义

$$\begin{aligned}H(\mathrm{j}\omega)&\overset{\mathrm{def}}{=}\frac{Y_{\mathrm{ZS}}(\mathrm{j}\omega)}{F(\mathrm{j}\omega)}=\frac{\sum\limits_{j=0}^{m}b_j(\mathrm{j}\omega)^j}{\sum\limits_{i=0}^{n}a_i(\mathrm{j}\omega)^i}\\&=\frac{b_m(\mathrm{j}\omega)^m+b_{m-1}(\mathrm{j}\omega)^{m-1}+\cdots+b_1(\mathrm{j}\omega)+b_0}{(\mathrm{j}\omega)^n+a_{n-1}(\mathrm{j}\omega)^{n-1}+\cdots+a_1(\mathrm{j}\omega)+a_0}\end{aligned}\tag{3-7-3}$$

为系统的频域系统函数，也叫做系统的频率响应特性，简称系统的频率响应或频率特性。它是系统零状态响应的傅里叶变换 $Y_{ZS}(j\omega)$ 与激励的傅里叶变换 $F(j\omega)$ 之比。式(3-7-3)表明，$H(j\omega)$ 是两个以 $j\omega$ 为变量的多项式之比，分母是式(3-7-1)左端 $Y_{ZS}(j\omega)$ 的多项式系数，分子是式(3-7-1)右端 $F(j\omega)$ 的多项式系数。$H(j\omega)$ 是 ω 的复函数，可以表示为

$$H(j\omega) = |H(j\omega)| e^{j\theta(\omega)} \tag{3-7-4}$$

其中，$|H(j\omega)|$ 称为系统的幅频特性，它是 ω 的偶函数；$\theta(\omega)$ 称为系统的相频特性，是 ω 的奇函数。系统函数描述了系统输出与激励的关系，仅与微分方程的系数有关，即仅与线性系统内部的参数、连接方式、系统的接口有关，而与激励无关，因此它是频域表征系统特性的一个重要参数。

3.7.2 频率响应 $H(j\omega)$ 的性质简介*

频率响应 $H(j\omega)$ 有如下几个重要性质：

1）存在性

只有稳定的系统才存在频率响应。LTI 连续系统稳定的充要条件是

$$\int_{-\infty}^{\infty} |h(t)| dt < \infty \tag{3-7-5}$$

这正是频率响应 $H(j\omega)$ 存在的狄氏条件中的绝对可积条件。因此，稳定性是存在性的前提条件。

2）有理性

常系数线性微分方程表征的系统，其频率响应 $H(j\omega)$ 分子与分母多项式系数与线性常系数微分方程两边的系数有一一对应的关系。因此，$H(j\omega)$ 是以 $j\omega$ 为变量的实系数有理函数。

3）共轭对称性

频率响应具有共轭对称性，即

$$H(-j\omega) = H^*(j\omega) \tag{3-7-6}$$

4）物理可实现性

一个具有有理函数频率响应的因果系统是一个物理可实现系统。

在时域中，一个物理可实现系统的冲激响应 $h(t)$ 在 $t<0$ 时必须为零。或者说冲激响应波形不能在冲激函数作用之前就产生响应，这一特性又称为系统的因果性。可见，系统的因果性与物理可实现性是紧密相关的。

佩利(Paley)和维纳(Weiner)从频域特性角度证明了物理可实现系统的幅频特性 $|H(j\omega)|$ 必须满足平方可积，即

$$\int_{-\infty}^{\infty} |H(j\omega)|^2 d\omega < \infty \tag{3-7-7}$$

而且，满足

$$\int_{-\infty}^{\infty} \frac{|\ln|H(j\omega)||}{1+\omega^2} d\omega < \infty \tag{3-7-8}$$

式(3-7-8)称为佩利-维纳准则。不满足该准则的系统，对应的冲激响应就是非因果的，即响应先于激励之前出现，因而物理上是不可实现的。

不难想象，如果系统的幅频特性在某一频带内为零，则在该频带内不满足佩利-维纳准则，这样的系统便是不可物理实现的，如后面介绍的理想低通滤波器；但该准则允许个别孤立的频

率点上 $|H(j\omega)|=0$，这时系统仍然是物理可实现的，如后面例 3-27 中的 RC 高通滤波器，当 $\omega=0$ 时，$|H(j\omega)|=0$。该准则对相频特性未作要求。

5）希尔伯特(Hilbert)变换

对于一个因果系统，其频率响应的实部和虚部具有某种相互制约的特性，即希尔伯特变换。

对于因果系统，其冲激响应 $h(t)$ 可表示为 $h(t)=h(t)\varepsilon(t)$，利用傅里叶变换的频域卷积性质，可得

$$
\begin{aligned}
H(j\omega) &= \frac{1}{2\pi}\left\{H(j\omega) * \left[\frac{1}{j\omega}+\pi\delta(\omega)\right]\right\} = \frac{1}{2\pi}\left\{[H_R(\omega)+jH_I(\omega)] * \left[\frac{1}{j\omega}+\pi\delta(\omega)\right]\right\} \\
&= \frac{1}{2\pi}\left[\pi H_R(\omega)+H_I(\omega) * \frac{1}{\omega}\right]+\frac{j}{2\pi}\left[\pi H_I(\omega)-H_R(\omega) * \frac{1}{\omega}\right] \\
&= \left[\frac{H_R(\omega)}{2}+\frac{1}{2\pi}\int_{-\infty}^{\infty}\frac{H_I(\eta)}{\omega-\eta}d\eta\right]+j\left[\frac{H_I(\omega)}{2}-\frac{1}{2\pi}\int_{-\infty}^{\infty}\frac{H_R(\eta)}{\omega-\eta}d\eta\right]
\end{aligned} \tag{3-7-9}
$$

式中

$$H(j\omega)=H_R(\omega)+jH_I(\omega) \tag{3-7-10}$$

$H_R(\omega)$ 和 $H_I(\omega)$ 分别为 $H(j\omega)$ 的实部与虚部，综合式(3-7-9)和式(3-7-10)，可得

$$H_R(\omega) = \frac{1}{\pi}\int_{-\infty}^{\infty}\frac{H_I(\eta)}{\omega-\eta}d\eta \tag{3-7-11}$$

$$H_I(\omega) = -\frac{1}{\pi}\int_{-\infty}^{\infty}\frac{H_R(\eta)}{\omega-\eta}d\eta \tag{3-7-12}$$

式(3-7-11)与式(3-7-12)称为希尔伯特变换对。它说明了具有因果性的系统 $H(j\omega)$ 的一个重要特性：实部 $H_R(\omega)$ 被已知的虚部 $H_I(\omega)$ 唯一地确定，反之亦然。

可见，对因果信号 $f(t)=f(t)\varepsilon(t)$，对应的傅里叶变换为

$$F(j\omega) = F_R(\omega)+jF_I(\omega) \tag{3-7-13}$$

则 $F_R(\omega)$ 与 $F_I(\omega)$ 之间也构成希尔伯特变换对。

3.7.3 频率响应 $H(j\omega)$ 的求取

系统函数表征了系统的频域特性，系统函数的求取在频域分析中至关重要。系统函数可归纳出以下几种求取方法：

(1) 若已知系统微分方程，则对微分方程取其傅里叶变换，再根据式(3-7-3)直接求得。

(2) 若已知系统的冲激响应，则对 $h(t)$ 求傅里叶变换可得。

(3) 若已知具体电路，系统函数可以由电路的频域等效电路模型按 $H(j\omega)=\dfrac{Y_{ZS}(j\omega)}{F(j\omega)}$ 求得，而无需列写电路的微分方程。这时，$H(j\omega)$ 又称为网络函数。

例 3-26 已知描述系统的微分方程为 $y''(t)+3y'(t)+2y(t)=f'(t)+3f(t)$，试求其系统函数 $H(j\omega)$。

解 (1) 根据式(3-7-3)可直接求得

$$H(j\omega) = \frac{j\omega+3}{(j\omega)^2+3j\omega+2}$$

(2) 用第 2 章方法，先求得系统的冲激响应，再求其傅里叶变换，即

$$h(t)=(2e^{-t}-e^{-2t})\varepsilon(t)\leftrightarrow H(j\omega)=\frac{2}{j\omega+1}-\frac{1}{j\omega+2}=\frac{j\omega+3}{(j\omega)^2+3j\omega+2}$$

两种方法求得的 $H(j\omega)$是一样的。

例 3-27　电路如图 3-45(a)所示，试求该电路系统的频率响应。

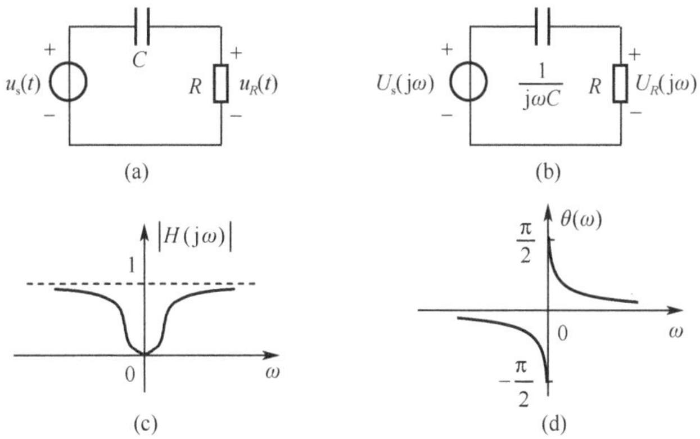

图 3-45　例 3-27 图

解　对于电路系统图 3-45(a)，求它的频率响应，用电路分析中的相量法，把元件 R,L,C 认为是阻抗分别为 $R,j\omega L,\frac{1}{j\omega C}$的元件，绘出电路的相量模型(实质是对时域电路取 FT)，如图 3-45(b)所示。然后用求网络函数的方法求输出信号频谱与输入信号频谱之比。对于该系统，很容易由分压原理得

$$H(j\omega)=\frac{U_R(j\omega)}{U_s(j\omega)}=\frac{R}{R+\frac{1}{j\omega C}}=\frac{j\omega}{j\omega+\frac{1}{RC}}$$

从而得幅频特性为

$$|H(j\omega)|=\frac{\omega}{\sqrt{\omega^2+\left(\frac{1}{RC}\right)^2}}$$

相频特性为

$$\theta(\omega)=\frac{\pi}{2}-\arctan(\omega RC)$$

幅频特性和相频特性分别如图 3-45(c)与图 3-45(d)所示。

在工程上，一般只讨论 $\omega\geqslant 0$ 部分的幅频特性和相频特性，至于 $\omega<0$ 部分的频谱，根据奇偶对称性即可确定。

3.7.4　信号的无失真传输和理想低通滤波器的响应(频域分析法的应用)

1. 信号的失真传输

比较例 3-24 的输出响应信号和输入激励信号的波形可见，输出电流 $i(t)$不再是单位阶跃信号。一般地说，系统的响应信号与激励信号不会完全相同，这就意味着信号通过系统传输或处理后出现失真。

从频谱分析的观点来看，失真的原因有两个：一个是幅度失真，另一个是相位失真。幅度失真是由于系统对信号中不同频率分量的幅度衰减或放大不一致，使各频率分量的幅度相对比例发生了变化，从而引起失真；相位失真是由于不同频率分量产生的相移与频率不成比例关系，使各频率分量信号在时间轴上的相对位置发生了变化。

设正弦信号 $f_1(t)=2\sin\left(\frac{\pi}{3}t\right)\varepsilon(t)$，$f_2(t)=2\sin\left(\frac{2\pi}{3}t\right)\varepsilon(t)$ 输入系统，如图 3-46(a)所示。系统的输出为 $y(t)=f_1(t)+f_2(t)$ 波形如图 3-46(b)所示，系统没有失真；如果系统的输出使第一个信号的幅度衰减一半，即 $y(t)=\sin\left(\frac{\pi}{3}t\right)\varepsilon(t)+f_2(t)$，如图 3-46(c)所示，由于 $f_1(t)$ 和 $f_2(t)$ 幅度衰减不成正比，系统出现幅度失真，如图 3-46(d)所示；如果第二个信号出现初相 $\varphi=\pi$ 的相移，而第一个信号不变，如图 3-46(e)所示，系统输出 $y(t)=f_1(t)+\sin\left(\frac{2\pi}{3}t-\pi\right)\varepsilon(t)$，由于 $f_1(t)$ 和 $f_2(t)$ 的相位变化不同步，系统出现相位失真，如图 3-46(f)所示。

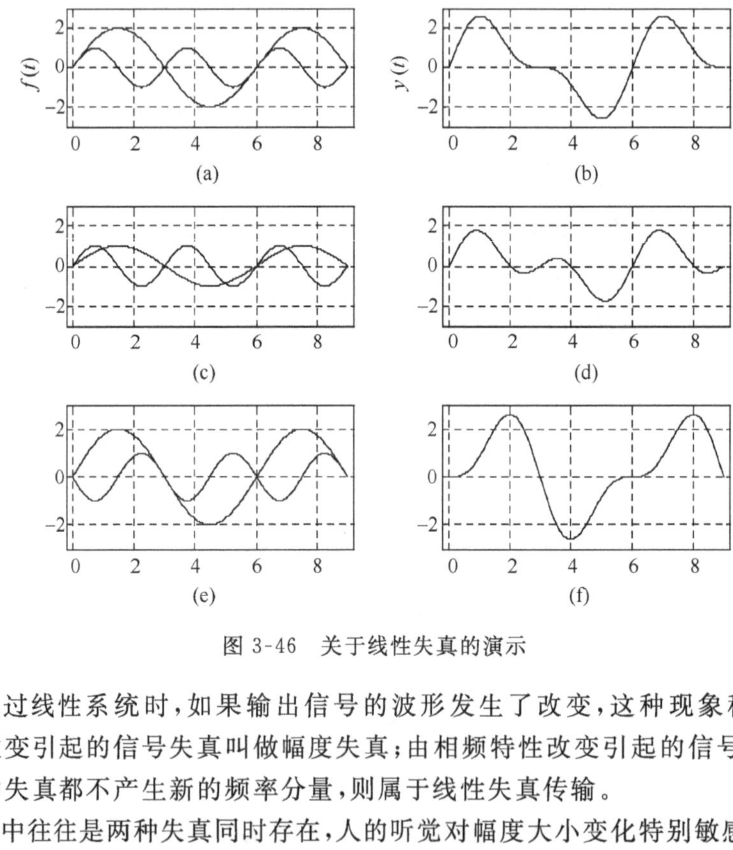

图 3-46　关于线性失真的演示

当信号通过线性系统时，如果输出信号的波形发生了改变，这种现象称为信号失真。由幅频特性改变引起的信号失真叫做幅度失真；由相频特性改变引起的信号失真叫做相位失真。若两种失真都不产生新的频率分量，则属于线性失真传输。

现实生活中往往是两种失真同时存在，人的听觉对幅度大小变化特别敏感而对相位变化反应较弱；人的视觉反应则相反。所以，通信技术中对声音信号的传输应尽量减少幅度失真，而图像信号的传输应努力减少相位失真。实际上，人们总是希望无失真传输。

2. 无失真传输系统的条件

所谓系统的无失真传输，是指信号经过系统传输之后，得到的响应信号 $y(t)$ 与激励信号 $f(t)$ 相比较，只是幅度的大小和时间的先后发生了变化，而没有波形的不同。也就是说，两者

之间的关系应为

$$y(t) = Kf(t-t_d) \tag{3-7-14}$$

式中，K 是一个与时间 t 无关的常数；t_d 是信号通过系统后的延迟时间。无失真传输的时域特性如图 3-47 所示。

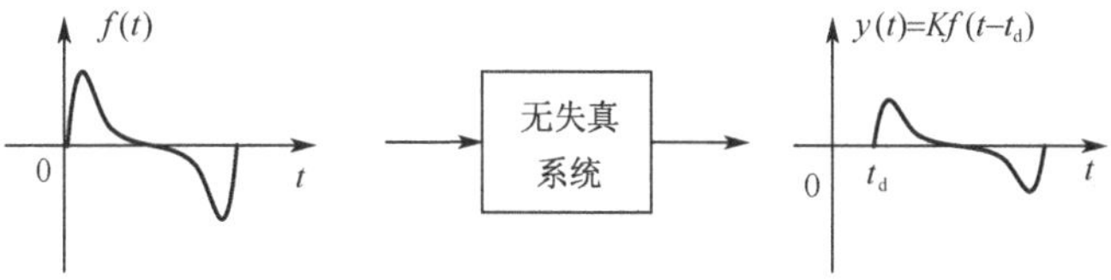

图 3-47 无失真传输的时域描述

设

$$f(t)\leftrightarrow F(j\omega), \quad y(t)\leftrightarrow Y(j\omega)$$

对式(3-7-14)两边作傅里叶变换，有

$$Y(j\omega) = KF(j\omega)e^{-j\omega t_d} \tag{3-7-15}$$

系统函数为

$$H(j\omega) = |H(j\omega)|e^{j\theta(\omega)} = \frac{Y(j\omega)}{F(j\omega)} = Ke^{-j\omega t_d} \tag{3-7-16a}$$

其幅频特性和相频特性分别为

$$\begin{cases} |H(j\omega)| = K \\ \theta(\omega) = -\omega t_d \end{cases} \tag{3-7-16b}$$

式(3-7-16b)为无失真传输系统应满足的频域条件：① $|H(j\omega)| = K$ 叫做幅度条件($|H(j\omega)|$为一常数)，它保证了在全频域内对信号各频率分量的振幅一致对待，不会出现信号的幅度失真；② $\theta(\omega) = -\omega t_d$ 叫做相位条件，系统的相频特性是斜率为负的通过原点的直线，使信号一切频率分量的相移均与角频率 ω 成正比，避免了各频率分量信号在时间轴上的相对位置发生变化，从而没有相位失真发生。无失真传输的幅频特性和相频特性如图 3-48 所示。

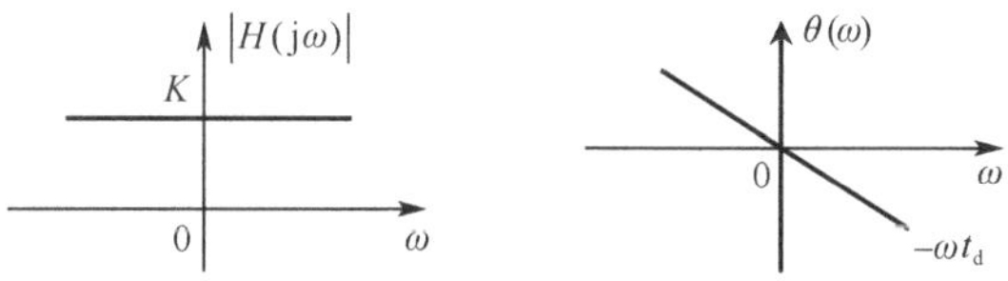

图 3-48 无失真传输系统的幅频特性和相频特性

对 $H(j\omega)=Ke^{-j\omega t_d}$ 取傅里叶反变换有

$$h(t) = \mathscr{F}^{-1}[Ke^{-j\omega t_d}] = K\delta(t-t_d) \tag{3-7-17}$$

上式表明，无失真传输系统的冲激响应也应是冲激信号，只是它是输入冲激信号的 K 倍并延时了时间 t_d。

实际上，通频带为无限宽根本无法实现，所以式(3-7-16)是无失真传输系统的理想条件。对实际传输系统而言，以上条件可以适当放宽，例如，在传输有限带宽的信号时，只要系统在信号频带范围内满足无失真的幅频、相频条件(系统的 B_ω 略大于信号的 B_ω)即可，这就是理想低通滤波器。

3. 理想低通滤波器的响应

理想低通滤波器是一种有限带宽的系统，它的幅频特性和相频特性在其有限通频带$(-\omega_c,\omega_c)$范围内满足信号的无失真传输条件，在通频带以外为零。即

$$H(j\omega)=|H(j\omega)|e^{j\theta(\omega)}=Kg_{2\omega_c}(\omega)e^{-j\omega t_d}=\begin{cases}Ke^{-j\omega t_d}, & |\omega|<\omega_c\\ 0, & |\omega|>\omega_c\end{cases} \tag{3-7-18}$$

理想低通滤波器的幅频特性和相频特性如图 3-49 所示，其中 ω_c 称为截止角频率。

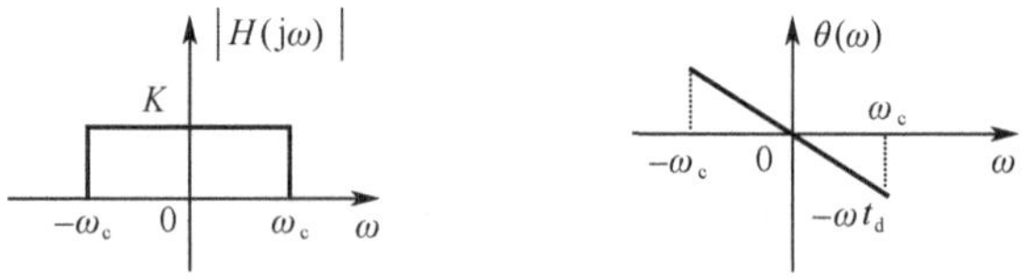

图 3-49 理想低通滤波器的幅频特性和相频特性

1) 单位冲激响应

为了方便起见，令 $K=1$。根据傅里叶变换的对称性，由 $g_{2\omega_c}(t)\leftrightarrow 2\omega_c\mathrm{Sa}(\omega_c\omega)$得

$$2\omega_c\mathrm{Sa}(\omega_c t)\leftrightarrow 2\pi g_{2\omega_c}(\omega)$$

即

$$g_{2\omega_c}(\omega)\leftrightarrow\frac{\omega_c}{\pi}\mathrm{Sa}(\omega_c t)$$

波形如图 3-50(a)所示。

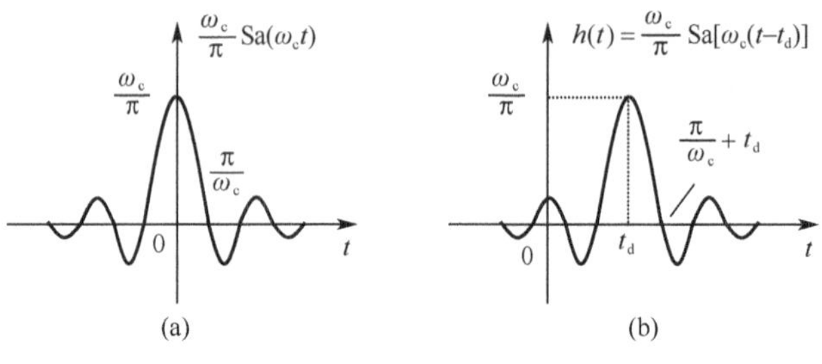

图 3-50 理想低通滤波器的冲激响应

根据时移性质可得

$$h(t)=\mathscr{F}^{-1}[g_{2\omega_c}(\omega)e^{-j\omega t_d}]=\frac{\omega_c}{\pi}\mathrm{Sa}[\omega_c(t-t_d)] \tag{3-7-19}$$

$h(t)$的波形如图 3-50(b)所示。

从图 3-50(a) 可知，无相移的理想低通滤波器的输入信号 $\delta(t)$ 与输出信号$\frac{\omega_c}{\pi}\mathrm{Sa}(\omega_c t)$相比，输出信号波形产生了很大的失真，这是因为理想低通滤波器是一带限系统，损失了激励信号 $\delta(t)$的高频分量。图 3-50(b)显示的冲激响应 $h(t)$是图 3-50(a)的波形延迟了 t_d，这是因为线性相移理想低通滤波器对输入信号引起一个时延 t_d。另外，当 $t<0$ 时，冲激响应 $h(t)\neq 0$，这说明理想低通滤波器是一个非因果系统，是物理不可实现的系统。尽管如此，由于在实际滤

波器的设计中，常以理想滤波器特性作为追求目标，各项指标尽量向它的指标逼近，理想滤波器因此而存在研究价值。

2）单位阶跃响应

设

$$f(t)=\varepsilon(t)\rightarrow y_{ZS}(t)=g(t)\leftrightarrow G(\mathrm{j}\omega)$$

则

$$\begin{aligned}G(\mathrm{j}\omega)&=H(\mathrm{j}\omega)F(\mathrm{j}\omega)\\&=g_{2\omega_c}(\omega)\mathrm{e}^{-\mathrm{j}\omega t_d}\left[\pi\delta(\omega)+\frac{1}{\mathrm{j}\omega}\right]=\pi\delta(\omega)+\frac{g_{2\omega_c}(\omega)\mathrm{e}^{-\mathrm{j}\omega t_d}}{\mathrm{j}\omega}\end{aligned}\tag{3-7-20}$$

所以

$$g(t)=\mathscr{F}^{-1}[G(\mathrm{j}\omega)]=\frac{1}{2\pi}\int_{-\infty}^{\infty}G(\mathrm{j}\omega)\mathrm{e}^{\mathrm{j}\omega t}\mathrm{d}\omega=\frac{1}{2}+\frac{1}{2\pi}\int_{-\omega_c}^{\omega_c}\frac{\mathrm{e}^{\mathrm{j}\omega(t-t_d)}}{\mathrm{j}\omega}\mathrm{d}\omega$$

上式令 $x=\omega(t-t_d)$，$x_c=\omega_c(t-t_d)$，有

$$\begin{aligned}g(t)&=\frac{1}{2}+\frac{1}{2\pi}\int_{-x_c}^{x_c}\frac{\mathrm{e}^{\mathrm{j}x}}{\mathrm{j}x}\mathrm{d}x=\frac{1}{2}+\frac{1}{2\pi}\int_{-x_c}^{0}\frac{\mathrm{e}^{\mathrm{j}x}}{\mathrm{j}x}\mathrm{d}x+\frac{1}{2\pi}\int_{0}^{x_c}\frac{\mathrm{e}^{\mathrm{j}x}}{\mathrm{j}x}\mathrm{d}x\\&=\frac{1}{2}+\frac{1}{\pi}\int_{0}^{x_c}\frac{\sin x}{x}\mathrm{d}x=\frac{1}{2}+\frac{1}{\pi}\int_{0}^{x_c}\mathrm{Sa}(x)\mathrm{d}x=\frac{1}{2}+\frac{1}{\pi}\mathrm{Si}(x_c)\\&=\frac{1}{2}+\frac{1}{\pi}\mathrm{Si}[\omega_c(t-t_d)]\end{aligned}\tag{3-7-21}$$

其中，$\mathrm{Si}(x_c)$ 在数学上被定义为正弦积分，即

$$\mathrm{Si}(x_c)\overset{\text{def}}{=}\int_0^{x_c}\mathrm{Sa}(x)\mathrm{d}x\tag{3-7-22}$$

正弦积分的波形及其函数值可由正弦积分表查得，如图 3-51(a)所示。据此可画出 $\frac{1}{2}+\frac{1}{\pi}\mathrm{Si}(x_c)$ 的波形，如图 3-51(b)所示；进一步可画出单位阶跃响应 $g(t)$ 的波形，如图 3-51(c)所示。

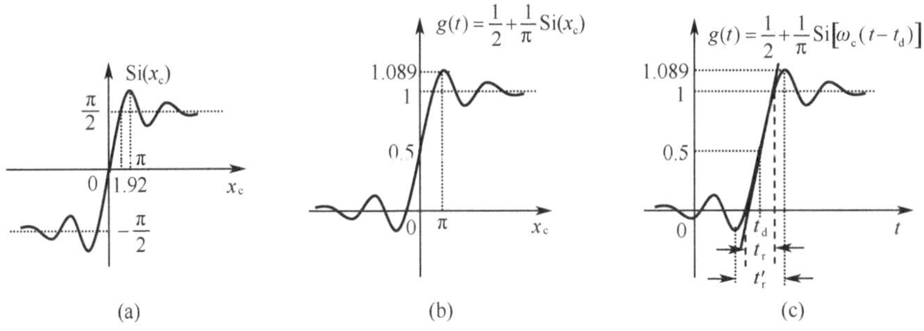

图 3-51 正弦积分及理想低通滤波器的阶跃响应

从图 3-51(c)可见，在 $g(t)=0$ 和 $g(t)=1$ 附近出现的幅度波动称为吉布斯(Gibbs)现象，其波动角频率为 ω_c，此现象永远不会消除。理想低通滤波器的阶跃响应 $g(t)$ 在 $t<0$ 时便已经出现，这也说明理想低通滤波器是一个非因果系统；在$t=t_d$处，它的冲激响应 $h(t)=g'(t)$ 将出现最大值$\frac{\omega_c}{\pi}$，是所有极值中最大的，此处$g(t)$上升速率最大，其上升时间的长短标志着 $g(t)$

失真的大小。如果定义上升时间[①]（或称建立时间）t_r 为 $g(t)$ 在 $t=t_d$ 处斜率的倒数，则上升时间

$$t_r=\frac{\pi}{\omega_c}=\frac{0.5}{f_c}=\frac{0.5}{B_f} \tag{3-7-23}$$

式中，ω_c 为理想低通滤波器的截止角频率，B_f 为滤波器的通频带宽度，$B_f=f_c$(Hz)。可见，滤波器的通带越宽，即截止频率越高，其阶跃响应的上升时间越短，波形越陡直，阶跃响应的上升（或建立）时间 t_r 与系统的通带宽度 B_f 成反比。

3）矩形脉冲响应

矩形脉冲响应可根据系统的 $g(t)$ 及线性时不变特性导出，如图 3-52 所示。

观察图 3-52(a)、(b)所示各阶跃响应波形，根据线性性质，容易得出以下结论：理想低通滤波器在单位门函数 $f(t)=\varepsilon(t)-\varepsilon(t-\tau)$ 激励下的矩形脉冲响应为

$$\begin{aligned}y_{ZS}(t)&=g(t)-g(t-\tau)\\&=\frac{1}{2}+\frac{1}{\pi}\mathrm{Si}[\omega_c(t-t_d)]-\left\{\frac{1}{2}+\frac{1}{\pi}\mathrm{Si}[\omega_c(t-t_d-\tau)]\right\}\\&=\frac{1}{\pi}\mathrm{Si}[\omega_c(t-t_d)]-\frac{1}{\pi}\mathrm{Si}[\omega_c(t-t_d-\tau)]\end{aligned} \tag{3-7-24}$$

其波形如图 3-52(c)所示。

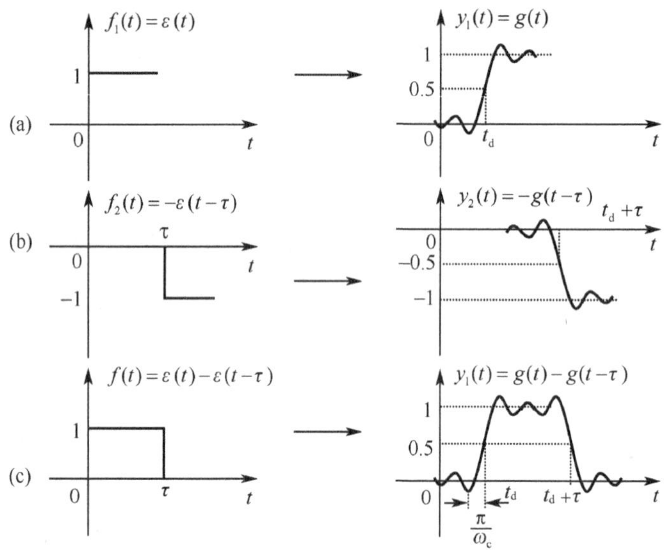

图 3-52　理想低通滤波器的矩形脉冲响应

关于矩形脉冲响应作如下几点说明：

(1) 矩形脉冲响应 $y_{ZS}(t)$ 实际是一个失真的门函数，失真是由理想低通滤波器的截止频率 ω_c 引起的，门宽 τ 与截止频率 ω_c 之间存在反比关系。当 $\tau>2t_r=\frac{2\pi}{\omega_c}$ 时，$y_{ZS}(t)$ 的波形失真

---

① 也有其他文献定义 $g(t)$ 的上升时间为从 0 上升到 1 所需的时间，即 $t_r=\frac{3.84}{\omega_c}$；也有定义从最小值上升到最大值所需的时间，即 $t_r'=\frac{2\pi}{\omega_c}=\frac{1}{B_f}$，本书依据式(3-7-23)作出定义。

较大；当 $\tau<2t_r=\dfrac{2\pi}{\omega_c}$时，$y_{ZS}(t)$的失真较小。因此，$\tau$ 过大或 ω_c 过小都将导致上升时间和下降时间相混叠，引起巨大失真，响应信号的波形完全失去激励信号波形的模样。

(2) 理想低通滤波器的通频带宽度 ω_c 与矩形脉冲的带宽 B_ω 应相适应，一般地说，$\omega_c>B_\omega$ 时失真较小；$\omega_c\leqslant B_\omega$ 时失真较大，常取 ω_c 约大于 B_ω。其误差比较如图 3-53 所示。

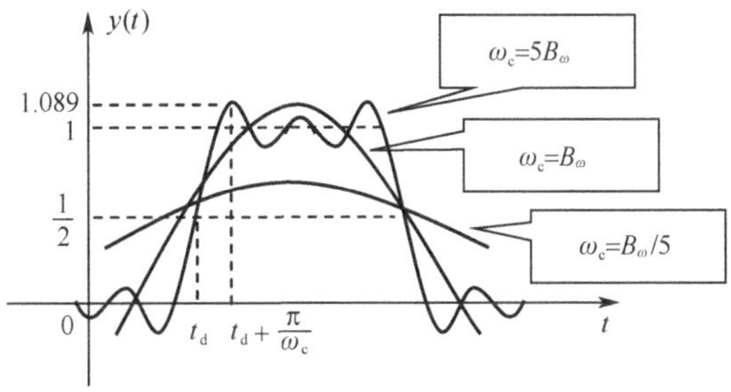

图 3-53 通频带 ω_c 与矩形脉冲带宽 B_ω 应相适应

(3) 当从某信号的傅里叶变换恢复或逼近原信号时，如果原信号包含间断点，在各间断点附近的恢复信号将出现过冲，如图 3-53 所示，矩形脉冲响应 $y_{ZS}(t)$在$t=t_d+\dfrac{\pi}{\omega_c}$时，出现第一个峰值点，其值为 $g_m=\dfrac{1}{2}+\dfrac{1}{\pi}\mathrm{Si}(\pi)=1.0895$，$y_{ZS}(t)$从函数值 1 到极大值之间的差值就是过冲值，它总是 0.089。

图 3-51(c)中的阶跃响应是用 $\varepsilon(t)$的频谱在频带$|f|<f_c$ 的有限部分恢复信号，而滤除了$|f|>f_c$ 的部分。人们曾经以为，如果在恢复过程中使其包含足够多的频谱分量，过冲现象将会减弱或消失。但实际上，它与理想低通滤波器的通带宽度 ω_c 无关，因此，吉布斯现象无法消失。

理想低通滤波器不满足佩利-维纳准则，因此是不可物理实现系统。但是，可以找到传输特性接近于理想特性的实际滤波电路，例如图 3-54(a)所示的二阶低通滤波器。

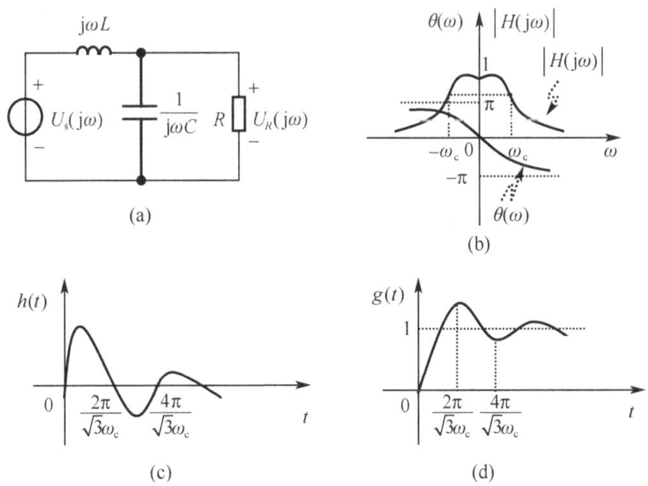

图 3-54 二阶低通滤波器及其特性

其系统函数为

$$H(\mathrm{j}\omega)=\frac{U_R(\mathrm{j}\omega)}{U_s(\mathrm{j}\omega)}=\frac{\dfrac{1}{\dfrac{1}{R}+\mathrm{j}\omega C}}{\mathrm{j}\omega L+\dfrac{1}{\dfrac{1}{R}+\mathrm{j}\omega C}}=\frac{1}{LC(\mathrm{j}\omega)^2+\mathrm{j}\omega\dfrac{L}{R}+1}$$

取 $R=\sqrt{\dfrac{L}{C}}$，令截止角频率 $\omega_c=\dfrac{1}{\sqrt{LC}}$，上式可写为

$$H(\mathrm{j}\omega)=\frac{\omega_c^2}{(\mathrm{j}\omega)^2+\mathrm{j}\omega\omega_c+\omega_c^2}=\frac{2\omega_c}{\sqrt{3}}\frac{\dfrac{\sqrt{3}\omega_c}{2}}{\left(\mathrm{j}\omega+\dfrac{\omega_c}{2}\right)^2+\left(\dfrac{\sqrt{3}}{2}\omega_c\right)^2}$$

将上式与第 4 章将介绍的拉普拉斯反变换的部分分式展开法类比，可得该低通滤波器的冲激响应为

$$h(t)=\frac{2\omega_c}{\sqrt{3}}\mathrm{e}^{-\frac{\omega_c}{2}t}\sin\left(\frac{\sqrt{3}}{2}\omega_c t\right)\varepsilon(t)$$

阶跃响应为

$$g(t)=\int_0^t h(\tau)\mathrm{d}\tau=\left[1-\frac{2}{\sqrt{3}}\mathrm{e}^{-\frac{\omega_c}{2}t}\sin\left(\frac{\sqrt{3}}{2}\omega_c t+\frac{\pi}{3}\right)\right]\varepsilon(t)$$

冲激响应和阶跃响应的波形如图 3-54(c)、(d)所示。

由图可见，二阶低通滤波器的特性与理想特性近似。不过，它们都是从 $t=0$ 起始的；在 $t<0$ 时，$h(t)=0$，$g(t)=0$。因此，二阶低通滤波器是因果系统，是物理可实现的。

第 33 讲

3.8 信号的取样及取样定理

3.8.1 信号的取样

所谓信号取样，也称为抽样，就是利用取样脉冲序列 $s(t)$ 从连续信号 $f(t)$ 中抽取一系列离散的样本函数值的过程，通过取样得到的离散样值信号称为取样信号，用 $f_s(t)$ 表示。

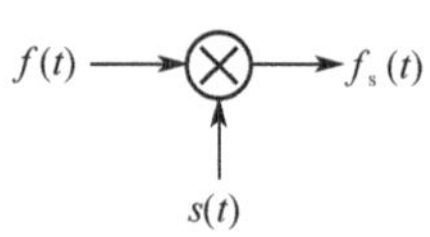

图 3-55 取样系统原理图

从数学上讲，取样过程就是取样脉冲序列 $s(t)$ 与原函数 $f(t)$ 相乘，可以用乘法器来模拟，如图 3-55 所示。一般而言，连续信号经取样后变成取样信号，往往还需要再经分层量化、编码等步骤变成数字信号。这种数字信号经传输、处理等步骤后，再经过上述过程的逆过程就可恢复原连续信号。基于这种原理所构成的数字通信系统在很多性能上都要比模拟通信系统优越。随着数字技术与计算机技术的迅速发展，这种通信方式已经得到了广泛的应用。本节先研究信号经取样后取样信号及其频谱变化规律，然后讨论取样定理。

由图 3-55 可得

$$f_s(t)=f(t)s(t) \tag{3-8-1}$$

取样脉冲 $s(t)$ 也叫开关函数，如果 $s(t)$ 是周期函数，便是均匀取样。T_s 为取样周期，其倒数 $f_s=\dfrac{1}{T_s}$ 为取样频率，取样角频率为 $\omega_s=2\pi f_s=\dfrac{2\pi}{T_s}$。

若令 $f(t) \leftrightarrow F(\mathrm{j}\omega)$，周期性取样脉冲的频谱为

$$s(t)=\sum_{-\infty}^{\infty} S_n \mathrm{e}^{\mathrm{j}n\omega_s t} \leftrightarrow S(\mathrm{j}\omega)=2\pi \sum_{n=-\infty}^{\infty} S_n \delta(\omega-n\omega_s)$$

则由频域卷积定理，取样信号的频谱为

$$\begin{aligned} f_s(t)= f(t)s(t) \leftrightarrow F_s(\mathrm{j}\omega) &= \frac{1}{2\pi}F(\mathrm{j}\omega) * S(\mathrm{j}\omega) \\ &= \frac{1}{2\pi}F(\mathrm{j}\omega) * 2\pi \sum_{n=-\infty}^{\infty} S_n \delta(\omega-n\omega_s) \\ &= \sum_{n=-\infty}^{\infty} F(\mathrm{j}\omega) * S_n \delta(\omega-n\omega_s) \end{aligned}$$

即

$$F_s(\mathrm{j}\omega)=\sum_{n=-\infty}^{\infty} S_n F[\mathrm{j}(\omega-n\,\omega_s)] \tag{3-8-2}$$

式(3-8-2)表明，信号在时域被取样后，其频谱是原连续信号的频谱 $F(\mathrm{j}\omega)$ 以取样角频率 ω_s 为间隔(频率周期)作周期化频移，即信号 $f_s(t)$ 在时域离散化，其频谱 $F_s(\mathrm{j}\omega)$ 在频域周期化。但是，在频谱的周期化过程中，频谱幅度将受开关函数的傅里叶复系数 S_n 加权，因此，取样信号的频谱由于 S_n 的不同并非一定是等幅周期性频谱。下面分析两种典型的时域取样及其频谱。

1. 理想取样

若取样脉冲是单位冲激序列

$$s(t)=\delta_{T_s}(t) \leftrightarrow S(\mathrm{j}\omega)=\omega_s \delta_{\omega_s}(\omega) \quad [\text{见式(3-5-15)}]$$

则这种取样称为冲激取样或理想取样。这时，取样信号为

$$f_s(t)=f(t)s(t)=\sum_{n=-\infty}^{\infty} f(t)\delta(t-nT_s)=\sum_{n=-\infty}^{\infty} f(nT_s)\delta(t-nT_s) \tag{3-8-3}$$

在这种情况下，取样信号是由一系列冲激信号构成，每个冲激信号的间隔为 T_s，而强度等于连续信号的取样值 $f(nT_s)$，如图 3-56(a)所示。

若

$$f(t) \leftrightarrow F(\mathrm{j}\omega), \quad s(t) \leftrightarrow S_n=\frac{1}{T_s}$$

则

$$F_s(\mathrm{j}\omega)=\frac{1}{2\pi}F(\mathrm{j}\omega) * S(\mathrm{j}\omega)=\sum_{n=-\infty}^{\infty} S_n F[\mathrm{j}(\omega-n\omega_s)]=\frac{1}{T_s}\sum_{n=-\infty}^{\infty} F[\mathrm{j}(\omega-n\omega_s)]$$

即理想取样信号的频谱为

$$F_s(\mathrm{j}\omega)=\frac{1}{T_s}\sum_{n=-\infty}^{\infty} F[\mathrm{j}(\omega-n\omega_s)] \tag{3-8-4}$$

式(3-8-4)表明，由于系数 $\frac{1}{T_s}$ 为常数，所以理想取样信号的频谱 $F_s(\mathrm{j}\omega)$ 是以 ω_s 为频率周期的周期性频谱，如图 3-56(b)所示。

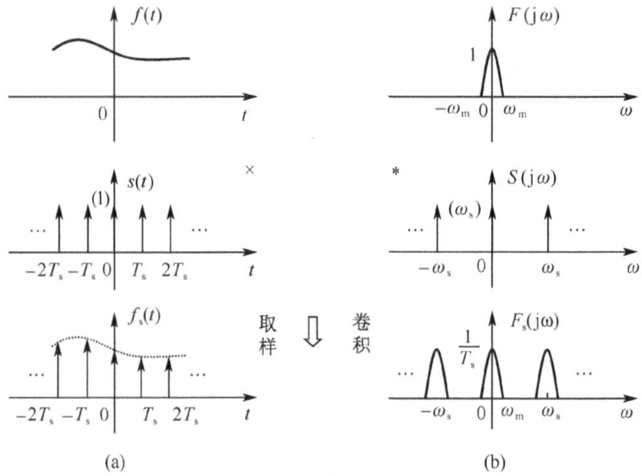

图 3-56　理想取样信号及其频谱

2. 自然取样

若取样脉冲是周期性矩形脉冲

$$s(t)=\sum_{n=-\infty}^{\infty}g_{\tau}(t-nT_s)\leftrightarrow S(\mathrm{j}\omega)=2\pi\sum_{n=-\infty}^{\infty}\frac{\tau}{T_s}\mathrm{Sa}\left(\frac{n\,\omega_s\tau}{2}\right)\delta(\omega-n\omega_s)$$

则这种取样称为自然取样，又叫做矩形脉冲取样，如图 3-57(a)所示。

这时，取样信号为

$$f_s(t)=f(t)s(t)=\sum_{n=-\infty}^{\infty}f(t)g_{\tau}(t-nT_s)\tag{3-8-5}$$

这种取样信号是由一系列宽度为 τ、高度为 $f(t)$ 的自然值的脉冲信号构成。

若

$$f(t)\leftrightarrow F(\mathrm{j}\omega),\quad s(t)\leftrightarrow S_n=\frac{\tau}{T_s}\mathrm{Sa}\left(\frac{n\,\omega_s\tau}{2}\right)$$

则

$$\begin{aligned}F_s(\mathrm{j}\omega)&=\frac{1}{2\pi}F(\mathrm{j}\omega)*S(\mathrm{j}\omega)=\sum_{n=-\infty}^{\infty}S_nF[\mathrm{j}(\omega-n\,\omega_s)]\\&=\frac{\tau}{T_s}\sum_{n=-\infty}^{\infty}\mathrm{Sa}\left(\frac{n\,\omega_s\tau}{2}\right)F[\mathrm{j}(\omega-n\omega_s)]\end{aligned}$$

即自然取样信号的频谱为

$$F_s(\mathrm{j}\omega)=\frac{\tau}{T_s}\sum_{n=-\infty}^{\infty}\mathrm{Sa}\left(\frac{n\,\omega_s\tau}{2}\right)F[\mathrm{j}(\omega-n\omega_s)]\tag{3-8-6}$$

式(3-8-6)表明，在自然取样情况下，取样信号频谱以等间隔频率 ω_s 出现，但在取样过程中，幅度将受到周期性矩形脉冲信号的傅里叶复系数 $S_n=\frac{\tau}{T_s}\mathrm{Sa}\left(\frac{n\,\omega_s\tau}{2}\right)$ 的加权，因此，自然取样信号的频谱 $F_s(\mathrm{j}\omega)$ 不具周期性，如图 3-57(b)所示。

理想取样和自然取样是两种典型的取样，工程中常采用自然取样，理论分析采用理想取样，当脉宽较窄时，自然取样往往可近似作为理想取样看待。从频谱可见，无论哪一种取样，取样信号的频谱 $F_s(\mathrm{j}\omega)$ 都完整地保留了原信号频谱 $F(\mathrm{j}\omega)$ 的形状，只是幅度有所不同，这说明取样信号 $f_s(t)$ 保留了原信号 $f(t)$ 的全部信息。

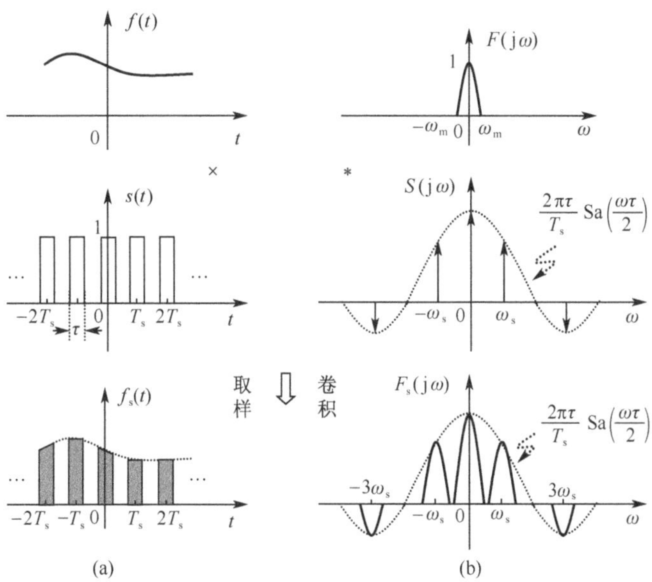

图 3-57　自然取样信号及其频谱

在通信技术中，自然取样由取样器来实现，取样器是一个电子开关，取样过程如图 3-58 所示。电子开关 S 每间隔一个时间 T_s 周期性地在 a 端和 b 端转接，当电子开关 S 接至 a 端时，输出信号 $f_s(t)$就是 $f(t)$；当 S 接至 b 端时，输出为零，即 $f_s(t)=0$。T_s 是电子开关 S 转换的周期，τ 是 S 接至 a 端与输入信号 $f(t)$接通的持续时间。由此得到的输出信号 $f_s(t)$就是取样信号。

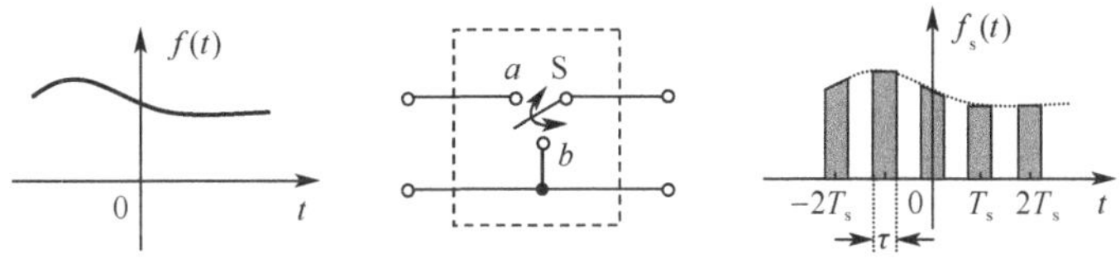

图 3-58　自然取样的实现

取样信号有这样两个特点：第一，虽然是离散值，但在一定的条件下能够以微小失真甚至无失真地恢复原信号；第二，由于 $T_s \gg \tau$，所以在一个周期 T_s 内可以容纳多路取样脉冲而互不混叠，从而实现在同一信道中同时传递多路信号的时分复用多路通信。

至此，我们已经知道了什么是取样以及取样是怎样实现的。接下来需要关注的问题是：在什么样的条件下，采用何种手段可从取样信号 $f_s(t)$中恢复出原信号$f(t)$？

3.8.2　取样定理

取样定理(又称抽样定理)在通信、信息传输、数字信号处理等领域占有十分重要的地位。该定理在连续信号与系统、离散信号与系统和数字信号与系统之间架起了一座桥梁，从理论上回答了为什么可用数字信号处理手段解决连续信号与系统在实际应用中遇到的难题。

1. 时域取样定理

由理想取样信号 $f_s(t)$的频谱 $F_s(j\omega)$可以看出，如果 $\omega_s \geqslant 2\omega_m$ $\left(\text{即 } f_s \geqslant 2f_m \text{ 或 } T_s \leqslant \frac{1}{2f_m}\right)$，

那么频移后各相邻频谱之间就不会发生互相混叠，如图 3-59(a)所示，这时利用低通滤波器能从取样信号的频谱 $F_s(j\omega)$ 中得到原信号的频谱 $F(j\omega)$，即从取样信号 $f_s(t)$ 中恢复原信号 $f(t)$。如果 $\omega_s<2\omega_m$，那么 $F_s(j\omega)$ 中各相邻频谱将相互混叠，如图 3-59(b)所示，这时就无法将它们分离开来，因而也不能再恢复原信号。

由此可见，要实现无失真恢复原信号，必须满足两个条件：第一，原信号 $f(t)$ 的频谱 $F(j\omega)$ 应具有有限的带宽，设其最高角频率为 ω_m；第二，取样频率必须足够大，应符合下列条件式：

$$\omega_s \geqslant \omega_{smin} = 2\omega_m \quad \text{或} \quad f_s \geqslant f_{smin} = 2f_m \tag{3-8-7}$$

称最低取样频率 $f_{smin}=2f_m$（或 $\omega_{smin}=2\omega_m$）为奈奎斯特(Nyquist)取样率；称最大取样周期 $T_{smax}=\dfrac{1}{2f_m}$ 为奈奎斯特取样间隔。

一般说来，$f_s = f_{smin}$ 为临界取样，如图 3-59 中 $f_{s1}(t)$ 所示；$f_s > f_{smin}$ 为过取样，如图 3-59 中 $f_{s2}(t)$ 所示；而 $f_s < f_{smin}$ 为欠取样，欠取样将引起混叠失真，如图 3-59 中 $f_{s3}(t)$ 所示。

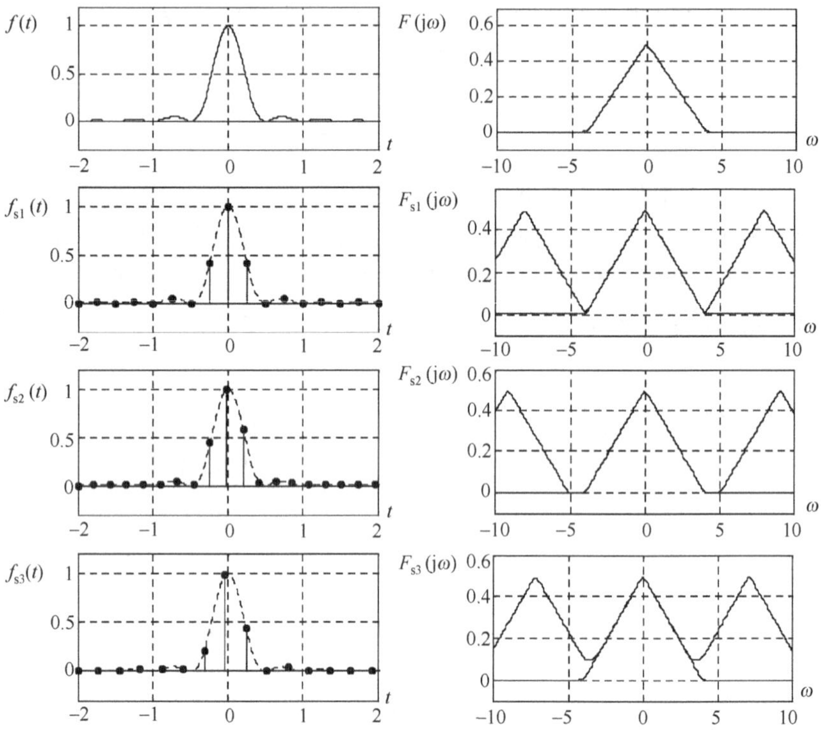

图 3-59　临界取样、过取样和欠取样示意图

时域取样定理：一个最高频率为 f_m（或 ω_m）的限带信号 $f(t)$，可由样距 $T_s\leqslant\dfrac{1}{2f_m}$ 的时间间隔作均匀取样的样值 $f(nT_s)$ 唯一确定。

为了从 $F_s(j\omega)$ 中无失真地恢复 $F(j\omega)$，选择一个理想低通滤波器，其频率响应 $H(j\omega)$ 的幅度为 T_s，截止角频率为 ω_c（$\omega_m\leqslant\omega_c\leqslant\omega_s-\omega_m$），如图 3-60(a)所示。

因为

$$H(j\omega) = T_s g_{2\omega_c}(\omega) \leftrightarrow h(t) = T_s \frac{\omega_c}{\pi}\mathrm{Sa}(\omega_c t)$$

为方便起见，选 $\omega_c=\omega_m=\dfrac{\omega_s}{2}$，则 $T_s=\dfrac{2\pi}{\omega_s}=\dfrac{\pi}{\omega_c}=\dfrac{\pi}{\omega_m}$，得

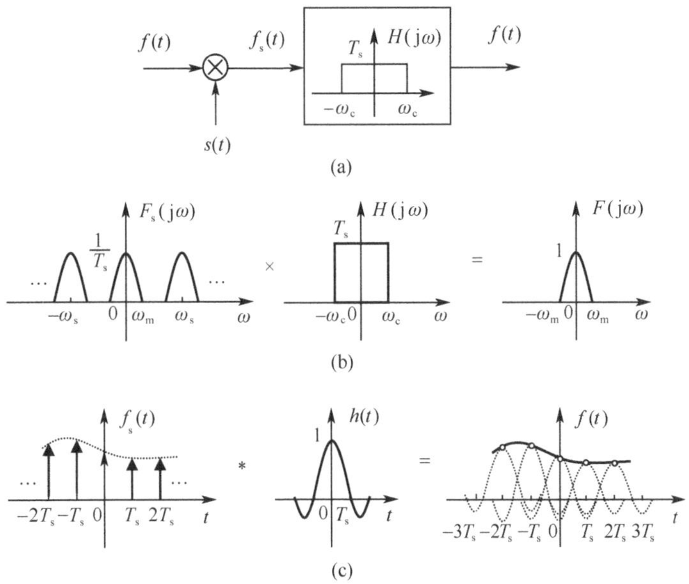

图 3-60 理想低通滤波器的响应

$$h(t)=\mathrm{Sa}\left(\frac{\omega_s t}{2}\right)=\mathrm{Sa}(\omega_m t)=\mathrm{Sa}(\pi f_s t) \tag{3-8-8}$$

由式(3-8-3)知，理想取样信号为

$$f_s(t)=\sum_{n=-\infty}^{\infty} f(nT_s)\delta(t-nT_s)$$

所以，低通滤波器的零状态响应

$$\begin{aligned} f(t) &= f_s(t) * h(t)=\sum_{n=-\infty}^{\infty} f(nT_s)\delta(t-nT_s) * \mathrm{Sa}(\omega_m t) \\ &= \sum_{n=-\infty}^{\infty} f(nT_s)\mathrm{Sa}[\omega_m(t-nT_s)] \end{aligned} \tag{3-8-9}$$

式(3-8-9)表明，连续信号可以展开成抽样函数的无穷级数，该级数的系数等于取样值。也就是说，若在取样信号的每个样点处，插入一个峰值为 $f(nT_s)$ 的取样函数 $\mathrm{Sa}[\omega_m(t-nT_s)]$，那么其合成信号就是原连续信号，如图 3 60(c)的 $f(t)$ 所示。因此，只要已知各取样值，就能唯一地确定出原信号。

尽管从无失真的角度看，发生混叠的"欠取样"是不希望的，但对于频带有限的周期信号 $f(t)$（设其频谱函数为 $F(\mathrm{j}\omega)$，周期为 T），适当选取取样周期 $T_s(T<T_s)$，则经过滤波能从混叠的取样信号频谱 $F_s(\mathrm{j}\omega)$ 中选得原信号的压缩频谱 $F\left(\mathrm{j}\,\frac{\omega}{a}\right)(0<a<1)$，从而得到与原信号波形相同但时域展宽的信号 $f(at)$。所以，在某些场合可利用欠取样的效果来解决实际问题，如图 3-61 中信号 $f(t)$（实线）的周期为 T，取样周期 $T_s=\frac{5}{4}T$，经取样后，可得到时域展宽的信号 $y(t)=f\left(\frac{t}{5}\right)$（虚线）。取样示波器就是利用这一原理把不便于显示的高频信号展宽为容易显示的低频信号。

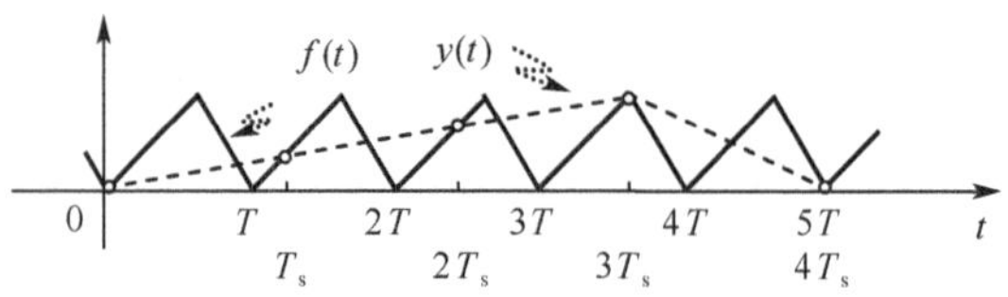

图 3-61 利用频谱混叠展宽信号的示意图

2. 频域取样定理

类似于时域信号取样，在频域也可以对信号的频谱进行取样，这里只讨论频域理想取样。设连续时限信号的频谱函数为 $F(\mathrm{j}\omega)$，开关频谱为 $S(\mathrm{j}\omega)$，取样频谱函数为 $F_s(\mathrm{j}\omega)$，则可导出它们对应的时间函数。

若 $F(\mathrm{j}\omega)\leftrightarrow f(t)$，又由式(3-5-15)知

$$S(\mathrm{j}\omega)=\delta_{\omega_s}(\omega)=\sum_{n=-\infty}^{\infty}\delta(\omega-n\omega_s)\leftrightarrow S(t)=\frac{1}{\omega_s}\delta_{T_s}(t)$$

则

$$\begin{aligned}F_s(\mathrm{j}\omega)&=F(\mathrm{j}\omega)S(\mathrm{j}\omega)=F(\mathrm{j}\omega)\delta_{\omega_s}(\omega)\\&=\sum_{n=-\infty}^{\infty}F(\mathrm{j}n\omega_s)\delta(\omega-n\omega_s)\end{aligned}\tag{3-8-10}$$

对应的时间函数为

$$f_s(t)=f(t)*\frac{1}{\omega_s}\delta_{T_s}(t)=f(t)*\frac{1}{\omega_s}\sum_{n=-\infty}^{\infty}\delta(t-nT_s)=\frac{1}{\omega_s}\sum_{n=-\infty}^{\infty}f(t-nT_s)$$

即

$$f_s(t)=\frac{1}{\omega_s}\sum_{n=-\infty}^{\infty}f(t-nT_s)\tag{3-8-11}$$

式中，$T_s=\dfrac{2\pi}{\omega_s}$。式(3-8-11)表明，信号在频域取样(离散化)等效于在时域周期化。

频域理想取样过程如图 3-62 所示。由图可知，若选 $T_s\geqslant 2t_m$，则 $f_s(t)$的波形就不会产生混叠，用一个门信号 $\omega_s g_\tau(t)(2t_m\leqslant\tau\leqslant 2(T_s-t_m))$ 便可无失真地恢复原信号。因此，根据时域与频域的对偶性，可得到下述频域取样定理。

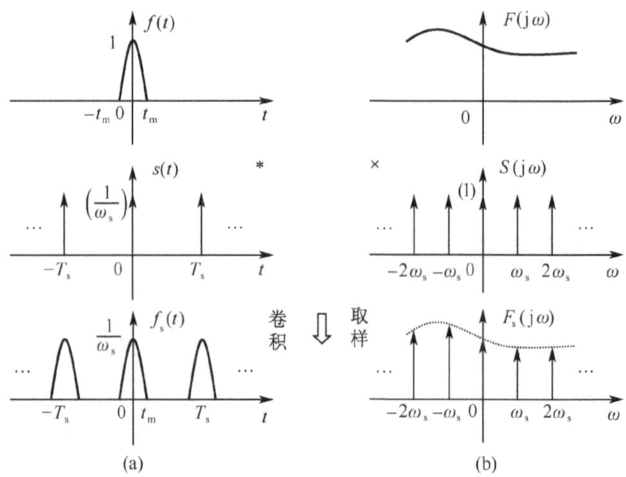

图 3-62 频域理想取样

频域取样定理：一个当 $t>|t_m|$ 时为零的时限信号 $f(t)$ 的频谱 $F(j\omega)$，可由样距不大于 $\frac{1}{2t_m}$ 的频域间隔 f_s（或 ω_s）作均匀取样的样值 $F(jn\omega_s)$ 唯一确定。

若取 $T_s=2t_m=\frac{2\pi}{\omega_s}$，则类似于式(3-8-9)有

$$F(j\omega)=\sum_{n=-\infty}^{\infty}F(jn\omega_s)\mathrm{Sa}[t_m(\omega-n\omega_s)] \tag{3-8-12}$$

关于频域取样的进一步讨论，有兴趣的读者可参阅有关书籍。

3.9　调制与多路复用

3.9.1　调制与解调

在通信工程中，调制与解调的概念起着十分重要的作用，并有广泛的应用。许多课程都包含有"调制与解调"相关的内容，但是不同的课程侧重点不同："信号与系统"侧重应用傅里叶变换的性质说明搬移信号频谱的原理；"通信原理" 侧重研究不同的调制方式对系统性能的影响；"通信电子电路"侧重调制与解调电路的分析。本书用信号与系统的理论和方法，简要介绍幅度调制和解调的基本原理。

所谓调制就是用一个信号去控制另一个信号的某个参数，产生已调信号。其中控制信号称为调制信号，一般是携带有信息的信号，被控制信号称为载波，二者之积称已调信号。解调则是相反的过程，即从已调信号中恢复出原调制信号。调制和解调是通信技术中最重要的技术之一，在几乎所有实际通信系统中，信号从发送端经过信道到接收端，为实现信号有效、可靠和远距离的传输，都需要调制和解调。

幅度调制是傅里叶变换的频域卷积性质或频移性质的直接应用。连续时间信号幅度调制的基本模型如图 3-63 所示。$f(t)$ 为调制信号，$\cos\omega_0 t$ 为载波信号，两者相乘的输出 $y(t)=f(t)\cos\omega_0 t$ 为已调信号。因为载波信号是正弦信号，称为正弦幅度调制。

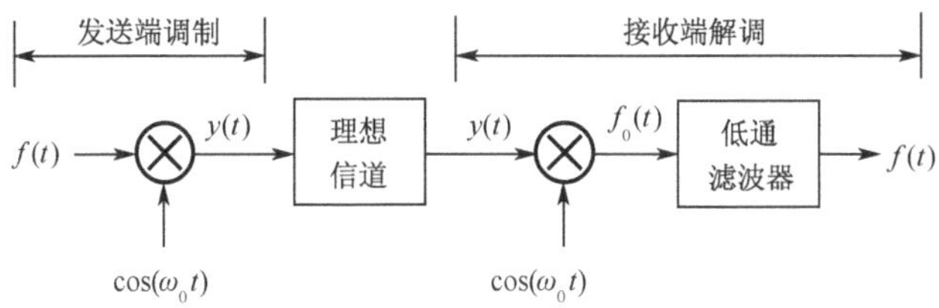

图 3-63　正弦幅度调制与解调框图

1. 正弦幅度调制与同步解调

正弦幅度调制的框图见图 3-63，乘法器的输出为

$$y(t)=f(t)\cos\omega_0 t$$

它的频谱可利用傅里叶变换的频域卷积性质或频移性质写出，即

$$Y(j\omega)=\frac{1}{2}\{F[j(\omega+\omega_0)]+F[j(\omega-\omega_0)]\}$$

在发送端，假设 $f(t)$ 是带限实信号，即 $F(j\omega)=0(|\omega|>\omega_m)$。

图 3-64 画出了正弦幅度调制信号及其频谱图。由图可知，用正弦载波 $\cos\omega_0 t$ 进行幅度

调制，就是把调制信号频谱 $F(\mathrm{j}\omega)$ 对称幅度减半地分别搬移到 $\pm\omega_0$ 处，所以正弦幅度调制过程就是频谱搬移过程。只要 $\omega_0>2\omega_m$，$Y(\mathrm{j}\omega)$ 就是一个带通频谱。假若传输信道是理想信道，就可以无失真地传输已调信号 $y(t)=f(t)\cos\omega_0 t$。

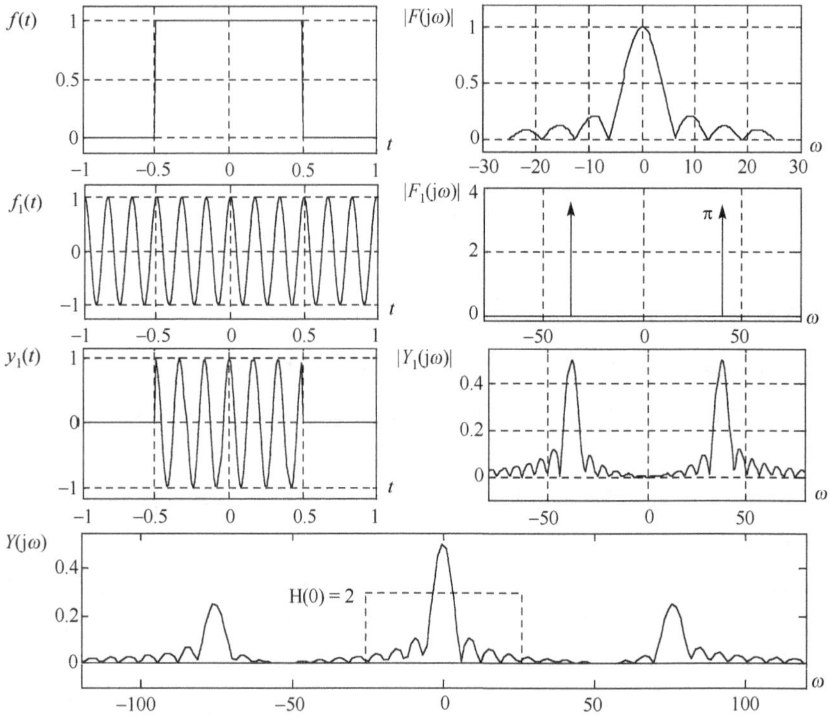

图 3-64　幅度调制及其频谱

在接收端，解调的任务就是从已调信号 $y(t)$ 中恢复原信号 $f(t)$，其原理是用相同频率 ω_0 的载波信号再调制一次，图 3-63 中 $f_0(t)=y(t)\cos\omega_0 t=f(t)\cos^2\omega_0 t$ 的频谱为

$$F_0(\mathrm{j}\omega)=\frac{1}{2}F(\mathrm{j}\omega)+\frac{1}{4}\{F[\mathrm{j}(\omega+2\omega_0)]+F[\mathrm{j}(\omega-2\omega_0)]\}$$

如图 3-64 所示。不难想象，若 $F_0(\mathrm{j}\omega)$ 通过一个截止频率为 ω_c 的理想低通滤波器 $H(\mathrm{j}\omega)=2g_{2\omega_c}(\omega)$，只要其截止频率 ω_c 满足条件（$\omega_m\leqslant\omega_c\leqslant2\omega_0-\omega_m$），就可完全恢复原信号 $f(t)$。

应该指出，在实际的调制系统中，往往满足 $\omega_0\gg\omega_m$，故接收端并不需要采用理想低通滤波器，一般普通的低通滤波器即可满足工程要求。

通常把图 3-64 所示的调制和解调称为“同步调制和解调”，或称“相干调制和解调”。这种解调方式需要在接收端产生与发送端频率相同的本地载波，这在一定程度上增加接收机的复杂性，AM 调制与非同步解调使问题得到简化。

2. AM 调制与非同步解调

在发送已调信号 $f(t)\cos\omega_0 t$ 的同时，把载波信号 $\cos\omega_0 t$ 也传送到接收端，就可以替代在接收端产生本地载波的方案。人们熟悉的调幅（AM）广播采用的正是这一方案，调幅传输系统的系统框图如图 3-65 所示。

由图可以看出，此时已调信号为

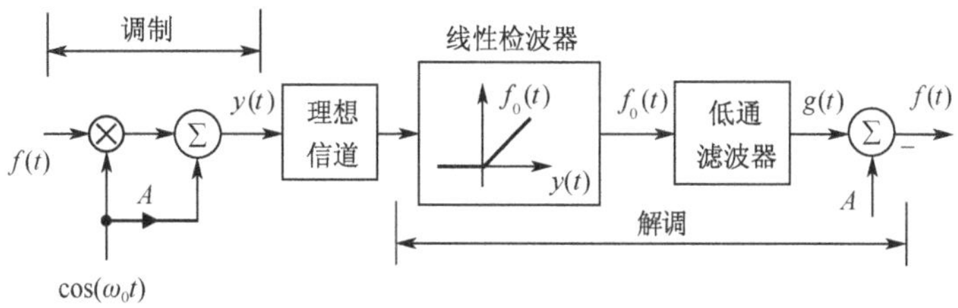

图 3-65 调幅传输系统框图

$$y(t)=[A+f(t)]\cos\omega_0 t=A\cos\omega_0 t+f(t)\cos\omega_0 t$$

式中，$f(t)$为带限信号;A 为标量乘法器,应满足 $A\geqslant\max\limits_{-\infty<t<\infty}|f(t)|$。

调制波的频谱为

$$Y(\mathrm{j}\omega)=A\pi[\delta(\omega+\omega_0)+\delta(\omega-\omega_0)]+\frac{1}{2}\{F[\mathrm{j}(\omega+\omega_0)]+F[\mathrm{j}(\omega-\omega_0)]\}$$

AM 调制与解调时信号的波形和频谱如图 3-66 所示。由图可见,此时已调波的包络 $f_0(t)$完全与调制信号一致。图中,A 为载波振幅,$A_{\max}$和 $A_{\min}$分别为已调信号的最大振幅和最小振幅。解调过程很简单,只要调制信号的变化速率比载波频率低得多,就可用一个称为包络检波器的简单电路在接收端采用包络检波的方法,足够好地把包络信号提取出来。

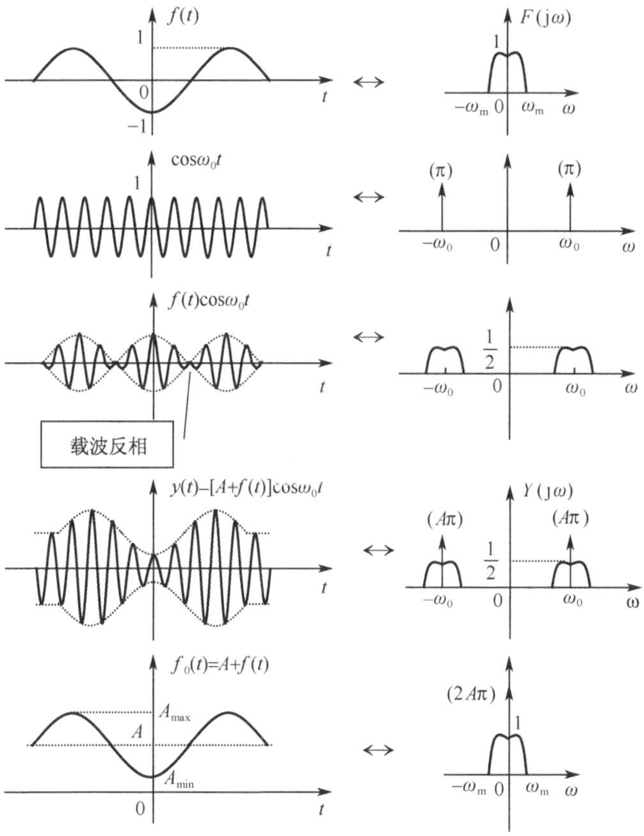

图 3-66 AM 调制与非同步解调

图 3-67 给出了简单的二极管包络检波器，将一个电容器并接在输出端的整流电路上，二极管 D 在载波信号的负值期间阻断，在载波信号正值期间导通，并使电容 C 迅速充电，接着电容 C 慢慢向电阻 R 放电。因为充电快而放电慢，使电容两端近似保持了包络的形状，将调制信号恢复出来。由于 $\omega_0 \gg \omega_m$，二极管包络检波器的输出和包络信号的差别，只是前者包含有一些频率为 ω_0 或 $2\omega_0$ 的正弦信号，可以通过后接一个普通低通滤波器滤除它们。最后剩下的直流分量 A，用一个隔直电路就可将其去掉。这种解调过程无需本地提供与发送端同步的正弦载波，且包络检波器本身是一个非线性系统，故把这种解调称为非同步（或非相干）解调。

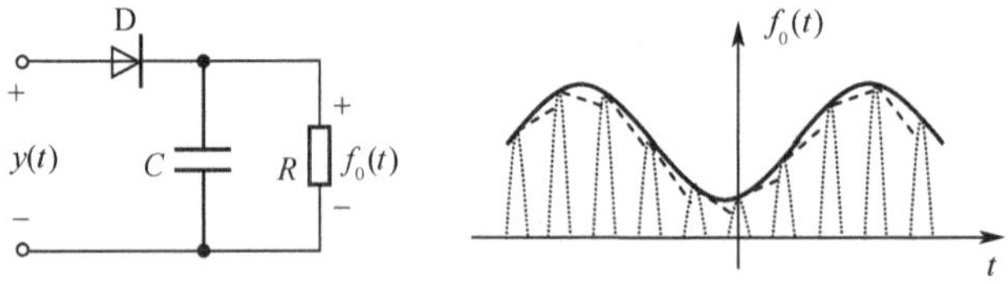

图 3-67 二极管检波器及工作波形

实现非同步解调比实现同步解调简单，但已调信号多了一个载波信号，尽管伴随发送这个载波信号并不要求额外的传输频带，但它使发射机发送这种已调信号的发射功率增加一倍以上。这种调制方式正是以牺牲功率为代价换取了解调的简单，因而它广泛地应用于诸如广播和电视这类一点对多点的广播式通信场合。在另外一些应用中，例如，卫星通信系统中，发射机的功率非常宝贵，就有必要采用一个复杂的同步接收机。

3.9.2 多路复用

为节省通信系统的费用，提高通信系统的工作效率，人们希望一路传输介质能同时传输多路信息，即一条线路多个信道。多路复用就是在数据通信系统中，允许两个或多个数据源共享同一个传输介质，就像每个数据源都有自己的信道一样。其基本方法是在发送端将若干个彼此无关的信号合并为一个能在一个共用信道上传输的复合信号，在信号的接收端还能将复合信号分离出原来的若干个彼此无关的信号来。多路复用的原理如图 3-68 所示，由多路复用器合并 N 个输入通道的信号（N 取决于所用传输介质的限制因素）组成一路复合信号，经传输速率较高的线路传输后，由多路译码器将复合信号按通道号再分离出来，然后把它们送到相应的输出端。不论一个多路复用系统中输入或输出端的数量是多少，都只需要一条传输线路。

图 3-68 多路复用原理图

配置多路复用线路有许多种不同方法，多路复用器的类型也各异，常用的多路复用技术有频分多路复用（FDM）、时分多路复用（TDM）、统计时分多路复用（STDM）和波分多路复用（WDM）等。以下简要介绍频分多路复用和时分多路复用。

1. 频分多路复用

频分多路复用(frequency division multiplexing,FDM)系统是按照频率区分信号的方法,把传输频带分成若干个较窄的频带,每个窄频带构成一个子通道,每个子通道独立地传输一路信息。其发送端的原理框图及信号频谱如图 3-69 所示。

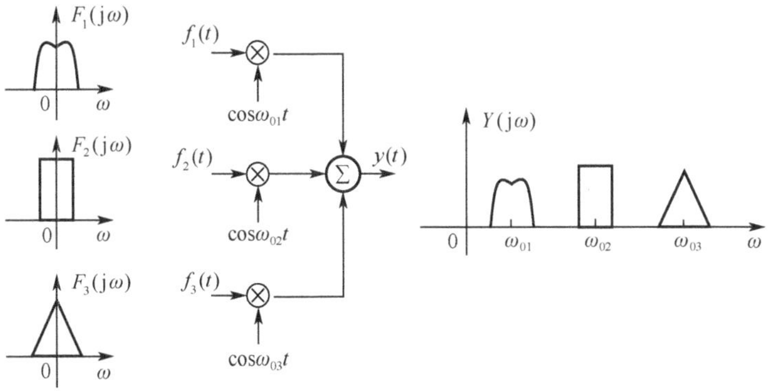

图 3-69 频分复用发送端系统框图及信号频谱

在发送端将各路信号的频谱搬移到各不相同的频率范围,使它们互不混叠,搬移过程中可以用各种调制技术,比如 3.8 节介绍的正弦幅度调制。这样就可用一条信道传输多路信号,达到了信道复用的目的。频分复用系统接收端的原理框图如图 3-70 所示。在接收端利用各个带通滤波器将各路信号分离,再经同步解调即可还原各路原始信号,解调过程中信号的频谱同前面介绍的同步解调过程一样。

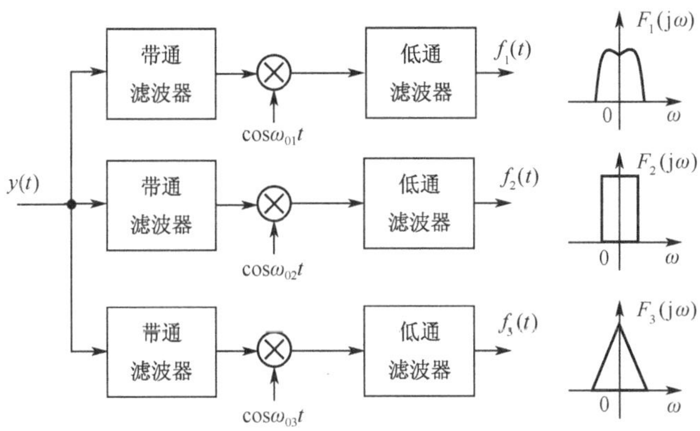

图 3-70 频分复用接收端系统框图及信号频谱

频分多路复用技术适用于模拟信号传输。例如,将 FDM 用在电话系统中,传输的每一路语音信号的频谱一般在 300～3400Hz,仅占用一条传输线的可用总带宽的一部分,通常双绞电缆的可用带宽是 100kHz,因此,在同一对双绞电线上可采用频分复用技术传输多达 24 路电话信号。

2. 时分多路复用

时分多路复用(time division multiplexing,TDM)是将物理信道按时间分成时间片,轮流分配给多个信源来使用公共线路。由前述的取样理论可知,取样的一个重要作用是将时间上连续的信号变成时间上离散的信号，其在信道上占用时间的有限性，为多路信号沿同一信道传输提供了条件。具体说，就是把时间分成一些均匀的时间间隙，将各路信号的传输时间分配在不同的时间间隙上，以达到互相分开，互不干扰的目的。图 3-71 所示波形为以两路取样信号为例有序地排列经同一信道传输的情况。

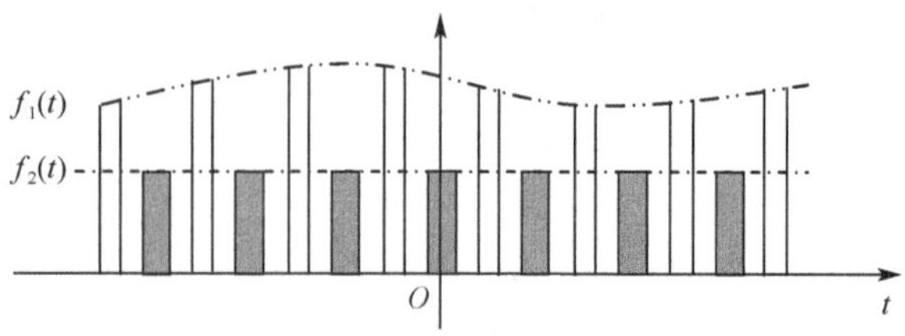

图 3-71　两路信号时分复用示意图

图 3-72 为时分多路复用示意图，各路话音信号经低通滤波器将频带限制在 3400Hz 以下，然后加到快速电子旋转开关 K_1（称分配器），K_1 不断重复地做匀速旋转，每旋转一周的时间等于一个取样周期 T，这样就做到对每一路信号每隔周期 T 时间取样一次。由此可见，发端分配器（又称合路门）不仅起到取样的作用，同时还起到复用合路的作用。合路后的取样信号送到 PCM 编码器进行量化和编码，然后将数字信码送往信道。在收端将这些从发送端送来的各路信码依次解码，从解码器还原后的 PAM 信号，由收端分配器旋转开关 K_2 依次接通每一路信号，再经低通平滑，重建成话音信号。由此可见收端的分配器起到时分复用的分路作用，所以收端分配器又叫分路门。

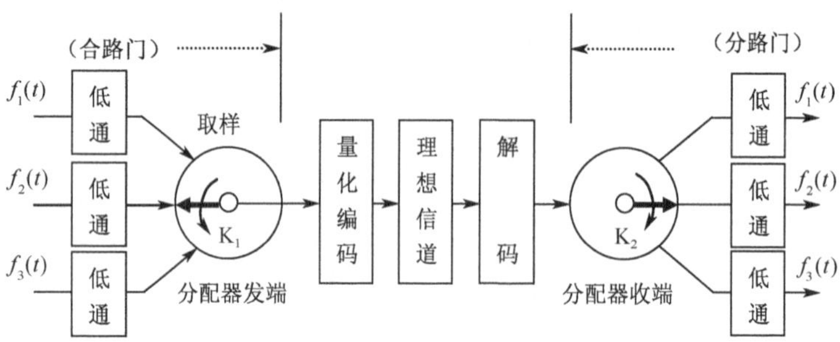

图 3-72　时分多路复用示意图

要注意的是：为保证正常通信，收、发端旋转开关 K_1，K_2 必须同频同相。同频是指 K_1，K_2 的旋转速度要完全相同；同相指的是发端旋转开关 K_1 连接第一路信号时，收端旋转开关 K_2 也必须连接第一路，否则收端将收不到本路信号，为此要求收、发双方必须保持严格的同步。

从本质上讲，频分多路复用保留了信号频域的个性，而时分多路复用保留了信号时域的个性。由于信号不仅有其频域特性而且有其时域特性，因此，总可以在相应的领域应用适当的技术将复用信号分离出来。

在理想情况下，采用单边带调制的频分多路复用传送 n 路信号所需带宽是 $n\omega_m$，采用脉冲幅度调制时分多路复用传送 n 路信号所需带宽也是 $n\omega_m$。所以，在给定频率范围内能够用频分复用和时分复用所传输的带限信号的数目是一样的。

从实际上看，时分复用优于频分复用。这是因为频分复用中每一路占据不同的频带，因此需要产生不同频率的载波和设计不同通带的带通滤波器；抗干扰能力较弱。而时分复用中，每路所采用的电路都是一样的，而且是由比较简单的同步开关和门电路组成的；在检测过程中所使用的也只是低通滤波器，且每路也都一样；此外，时分复用对部件的要求较低，路际抗干扰能力也较强。所以，在时分复用系统中，如果再把取样信号进行量化编码，成为数字信号，例如，构成脉冲编码调制(PCM)通信系统，就会具有更强的抗干扰能力。

3.10 离散信号的频域分析

3.10.1 周期序列的离散时间傅里叶级数(DTFS)

1. DTFS 的定义

周期性的离散信号可表示为 $f_N(k)$，下标 N 表示周期，即

$$f_N(k)=f(k-mN),\quad m\text{ 为任意整数}\tag{3-10-1}$$

例如，图 3-73 所示脉宽为 $2M+1$、周期为 N 的周期性矩形脉冲序列。

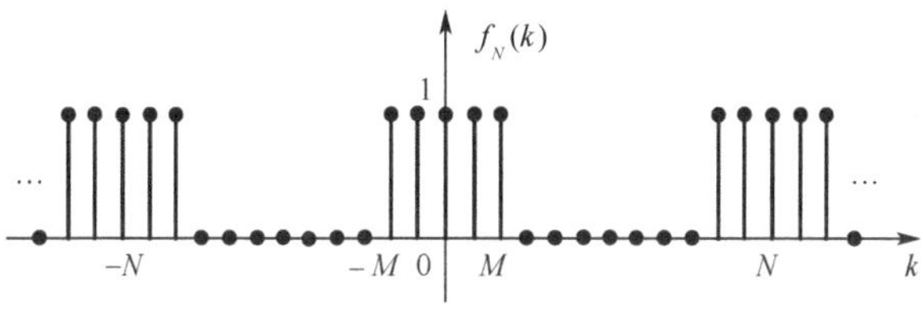

图 3-73 周期矩形脉冲序列

与连续周期信号可展开为由虚指数函数集 $\{e^{jn\omega_0 t}\}(n=0,\pm1,\pm2,\cdots)$ 构成的线性组合相似，以 N 为周期的离散周期信号 $f_N(k)$ 在一定的条件下，也可展开为由正交完备的虚指数序列集 $\{e^{jn\Omega_0 k}\}(n=0,1,\cdots,N-1)$ 构成的线性组合，其中，$\Omega_0=\dfrac{2\pi}{N}$ 为基波数字角频率。即

$$f_N(k)=\sum_{n=0}^{N-1}F_n e^{jn\Omega_0 k}=\sum_{n=0}^{N-1}F_n e^{jn\frac{2\pi}{N}k}$$

或

$$f_N(k)\overset{\text{def}}{=}\sum_{n=\langle N\rangle}F_n e^{jn\Omega_0 k}\tag{3-10-2}$$

式(3-10-2)称为周期序列的离散时间傅里叶级数(discrete time Fourier series，DTFS)，其中，虚指数序列满足关系 $e^{jn\Omega_0 k}=e^{jn\frac{2\pi}{N}k}=e^{j(n+mN)\frac{2\pi}{N}k}$，它们也是周期为 N 的周期序列。$k=\langle N\rangle$ 表示 k 只要从某一个整数开始，取足 N 个相继的整数值即可，F_n 为相关系数。

将式(3-10-2)两端同乘以 $e^{-jm\Omega_0 k}$ 并在一个周期内对 k 求和(并且右端交换求和次序)，则有

$$\sum_{k=0}^{N-1}f_N(k)e^{-jm\Omega_0 k}=\sum_{k=0}^{N-1}e^{-jm\Omega_0 k}\left[\sum_{n=0}^{N-1}F_n e^{jn\Omega_0 k}\right]=\sum_{n=0}^{N-1}F_n\left[\sum_{k=0}^{N-1}e^{j(n-m)\Omega_0 k}\right]$$

上式右瑞对 k 求和时，仅当 $n=m$ 时为非零且等于 N，故上式可写为

$$\sum_{k=0}^{N-1}f_N(k)e^{-jm\Omega_0 k}=F_m N$$

得

$$F_m=\frac{1}{N}\sum_{k=0}^{N-1}f_N(k)\mathrm{e}^{-\mathrm{j}m\Omega_0 k}$$

即

$$F_n\overset{\text{def}}{=}\frac{1}{N}\sum_{k=\langle N\rangle}f_N(k)\mathrm{e}^{-\mathrm{j}n\Omega_0 k} \tag{3-10-3}$$

式(3-10-3)称为离散傅里叶系数或 DTFS 正变换，记作 DTFS$[f_N(k)]$；式(3-10-2)称为 DTFS 反变换，记作 IDTFS$[F_n]$，两者构成 DTFS 变换对。若令$W=\mathrm{e}^{-\mathrm{j}\Omega_0}=\mathrm{e}^{-\mathrm{j}\frac{2\pi}{N}}$，两式可分别写为

$$\mathrm{DTFS}[f_N(k)]=F_n=\frac{1}{N}\sum_{k=\langle N\rangle}f_N(k)W^{nk} \tag{3-10-4}$$

$$\mathrm{IDTFS}[F_n]=f_N(k)=\sum_{n=\langle N\rangle}F_nW^{-nk} \tag{3-10-5}$$

DTFS 和 IDTFS 均便于用计算机求取。由于 W^{nk} 也是周期为 N 的离散信号，因而离散周期序列 $f_N(k)$ 只有 N 个独立的谐波分量，即离散序列直流分量，基波分量 $\mathrm{e}^{\mathrm{j}\Omega_0 k}$，二次谐波分量 $\mathrm{e}^{\mathrm{j}2\Omega_0 k}$，……，$N-1$ 次谐波分量 $\mathrm{e}^{\mathrm{j}(N-1)\Omega_0 k}$。

2. DTFS 的频谱

根据 DTFS 的定义可知，一个离散周期序列 $f_N(k)$可以由若干离散复指数序列 $F_n\mathrm{e}^{\mathrm{j}n\Omega_0 k}$ 的线性组合来表示，其系数 F_n 又称为 $f_N(k)$的频谱系数。与连续信号的傅里叶复系数 F_n 相似，定义 F_n 随 $n\Omega_0$ 分布的规律为 $f_N(k)$的频谱。可以证明，若 $f_N(k)$是实函数序列，其 DTFS 的系数满足 $F_{-n}^*=F_n$，由此推得 F_n 的实部是 n 的偶函数，它的虚部是 n 的奇函数；F_n 的模是 n 的偶函数，F_n 的相角是 n 的奇函数。

下面我们以典型的周期性矩形脉冲序列为例来分析其频谱。

例 3-28 周期性矩形脉冲序列如图 3-73 所示，试求其 DTFS 系数 F_n 并绘出其实部频谱图。

解 由图 3-73 知，序列周期为 N，矩形序列长度为 $2M+1$，$N\geqslant 2M+1$。选 $k=\langle N\rangle$为关于 $k=0$ 对称的周期，则实际求和范围取 $k=-M$ 到 $k=+M$，故该序列的 DTFS 系数为

$$F_n=\frac{1}{N}\sum_{k=\langle N\rangle}f_N(k)W^{nk}=\frac{1}{N}\sum_{k=-M}^{M}1\times\mathrm{e}^{-\mathrm{j}n\frac{2\pi}{N}k}$$

利用等比级数的求和公式有

$$F_n=\frac{1}{N}\frac{\mathrm{e}^{\mathrm{j}\frac{2\pi}{N}nM}-\mathrm{e}^{-\mathrm{j}\frac{2\pi}{N}n(M+1)}}{1-\mathrm{e}^{-\mathrm{j}\frac{2\pi}{N}n}}=\begin{cases}\dfrac{1}{N}\dfrac{\sin\left[\dfrac{n\pi}{N}(2M+1)\right]}{\sin\left(\dfrac{n\pi}{N}\right)}, & n\neq 0,\pm N,\pm 2N,\cdots\\[2ex] \dfrac{2M+1}{N}, & n=0,\pm N,\pm 2N,\cdots\end{cases} \tag{3-10-6}$$

借助计算机辅助分析很容易得到 $N=30$，$M_1=2$，$M_2=12$ 时 F_n 的实部频谱，如图 3-74 和图 3-75 所示。

由图 3-74 和图 3-75 可知，周期 N 保持不变，M 越小，高频分量越大。

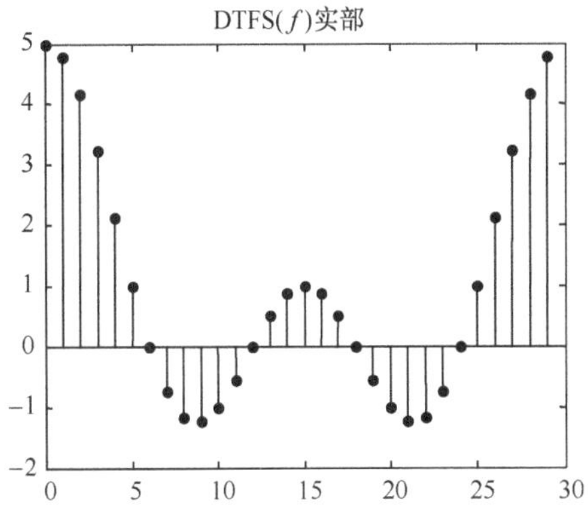

图 3-74　$N=30, M_1=2$ 的 DTFS(f)

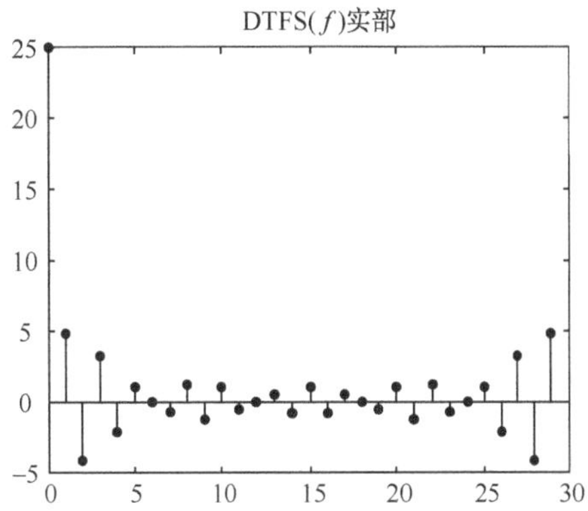

图 3-75　$N=30, M_2=12$ 的 DTFS(f)

3.10.2　非周期序列的离散时间傅里叶变换(DTFT)

1. DTFT 的定义和频谱

与连续时间信号类似，周期序列 $f_N(k)$ 在周期 $N\to\infty$ 时，将变为非周期序列 $f(k)$，即

$$f(k)=\lim_{N\to\infty} f_N(k)$$

此时 F_n 的谱线间隔 $\left(\Omega_0=\dfrac{2\pi}{N}\right)$ 趋于无穷小，成为连续谱。而 $n\Omega_0\to\Omega$ 趋于连续变量(数字角频率，单位 rad)，而 $f_N(k)$ 的求和区间由 $k=\langle N\rangle$ 拓展为 $-\infty<k<\infty$。即有

$$NF_n=\sum_{k=-\infty}^{\infty} f(k)\mathrm{e}^{-\mathrm{j}\Omega k} \tag{3-10-7}$$

定义 NF_n 的包络函数

$$F(\mathrm{e}^{\mathrm{j}\Omega})\overset{\text{def}}{=}\sum_{k=-\infty}^{\infty} f(k)\mathrm{e}^{-\mathrm{j}\Omega k} \tag{3-10-8}$$

为非周期序列 $f(k)$ 的离散时间傅里叶变换(discrete time Fourier transform, DTFT)，而周期序列的 F_n 等于 $F(\mathrm{e}^{\mathrm{j}\Omega})$ 的取样值，即

$$F_n=\frac{1}{N}F(\mathrm{e}^{\mathrm{j}\Omega})\Big|_{\Omega=n\Omega_0} \tag{3-10-9}$$

于是

$$f(k)=\lim_{N\to\infty} f_N(k)=\lim_{N\to\infty}\sum_{n=-N/2}^{N/2} F_n\mathrm{e}^{\mathrm{j}n\Omega_0 k}=\lim_{N\to\infty}\sum_{n=-N/2}^{N/2}\frac{1}{N\Omega_0}F(\mathrm{e}^{\mathrm{j}\Omega})\mathrm{e}^{\mathrm{j}n\Omega_0 k}\Omega_0$$

当 $N\to\infty$ 时，有 $\Omega_0\to\mathrm{d}\Omega$，$N\Omega_0=2\pi$，而 $\lim\limits_{N\to\infty}\sum\limits_{n=\langle N\rangle}\to\int_{2\pi}$，于是，上式变为

$$f(k)\overset{\text{def}}{=}\frac{1}{2\pi}\int_{2\pi} F(\mathrm{e}^{\mathrm{j}\Omega})\mathrm{e}^{\mathrm{j}\Omega k}\,\mathrm{d}\Omega \tag{3-10-10}$$

式(3-10-10)叫做非周期序列的离散时间傅里叶反变换(IDTFT)。$f(k)$ 与 $F(\mathrm{e}^{\mathrm{j}\Omega})$ 互为 DTFT 变换对，两者的关系可表示为

$$\mathrm{DTFT}[f(k)]\leftrightarrow\mathrm{IDTFT}[F(\mathrm{e}^{\mathrm{j}\Omega})]$$

DTFT 存在的充分条件是 $f(k)$ 满足绝对可和，即

$$\sum_{k=-\infty}^{\infty}|f(k)|<\infty \tag{3-10-11}$$

$F(e^{j\Omega})$也简记为$F(\Omega)$，它是复函数，$F(\Omega)$随Ω分布的规律称为非周期序列的频谱，又称为频率特性，其中，$|F(\Omega)|$称为幅频特性，是Ω的偶函数；$\varphi(\Omega)$称为相频特性，是Ω的奇函数。

例 3-29 矩形脉冲序列 $f(k)=g_{2M+1}(k)=\begin{cases}1, & |k|\leqslant M\\ 0, & |k|>M\end{cases}$，如图 3-76(a)所示，试求其频谱。

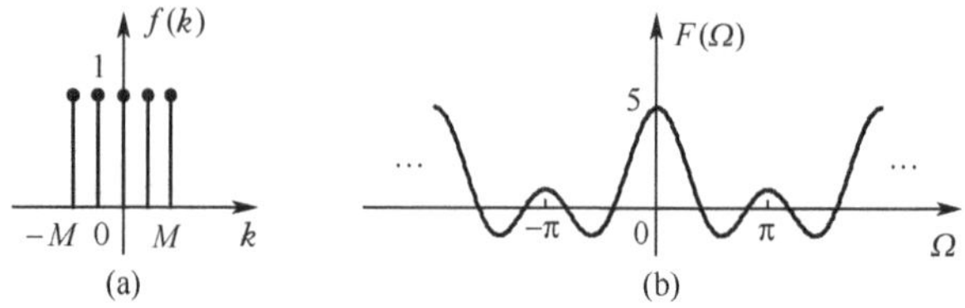

图 3-76 矩形脉冲序列及其 DTFT 频谱

解

$$F(\Omega)=\sum_{k=-M}^{M}1\times e^{-j\Omega k}=\frac{\sin\left(M+\frac{1}{2}\right)\Omega}{\sin\left(\frac{\Omega}{2}\right)}$$

显然，当$M=2$时，其频谱如图 3-76(b)所示。可见，离散序列的 DTFT 频谱具有两个特点：①具有周期性；②是连续频谱。

有趣的是，离散周期序列的 DTFT 在形式上与连续周期信号的傅里叶变换几乎完全相同，有

$$\text{DTFT}[f_N(k)]=2\pi\sum_{n=-\infty}^{\infty}F_n\delta(\Omega-n\Omega_0) \tag{3-10-12}$$

它是以Ω_0为周期的周期性频域冲激序列。

例 3-30 试求周期性取样序列函数 $f_N(k)=\delta_N(k)=\sum_{m=-\infty}^{\infty}\delta(k-mN)$ 的DTFT。

解

$$\delta(k)\leftrightarrow\frac{1}{N}=F_n$$

由式(3-10-12)可得

$$\text{DTFT}[\delta_N(k)]=\frac{2\pi}{N}\sum_{n=-\infty}^{\infty}\delta(\Omega-n\Omega_0)=\Omega_0\delta_{\Omega_0}(\Omega) \tag{3-10-13}$$

这和$\mathscr{F}[\delta_T(t)]=\omega_0\delta_{\omega_0}(\omega)$几乎一模一样。所以，通过平行相似的方法将连续信号的频域分析与离散序列的频域分析联系起来，可以加快、加深对后者的认识和理解。

2. DTFT 的基本性质

DTFT 的一些重要性质如表 3-3 所示。

表 3-3 DTFT 的性质

序号	性质名称	$f(k)\leftrightarrow F(\Omega)$
1	线性性质	$af_1(k)+bf_2(k)\leftrightarrow aF_1(\Omega)+bF_2(\Omega)$
2	对称性	$f(k)\leftrightarrow F(\Omega)=F^*(-\Omega)$ $f(-k)\leftrightarrow F(-\Omega)$
3	尺度变换性质	$f\left(\frac{k}{N}\right)\leftrightarrow F(N\Omega)$

续表

序号	性质名称	$f(k)\leftrightarrow F(\Omega)$
4	时移性质	$f(k-k_0)\leftrightarrow \mathrm{e}^{-\mathrm{j}\Omega k_0}F(\Omega)$
5	频移性质	$f(k)\mathrm{e}^{\mathrm{j}\Omega_0 k}\leftrightarrow F(\Omega-\Omega_0)$
6	频域微分	$kf(k)\leftrightarrow \mathrm{j}\dfrac{\mathrm{d}F(\Omega)}{\mathrm{d}\Omega}$
7	差分	$\nabla f(k)\leftrightarrow(1-\mathrm{e}^{-\mathrm{j}\Omega})F(\Omega)$
8	累加	$\sum_{n=-\infty}^{\infty}f(n)\leftrightarrow\dfrac{F(\Omega)}{1-\mathrm{e}^{-\mathrm{j}\Omega}}+\pi F(0)\sum_{m=-\infty}^{\infty}\delta(\Omega-2\pi m)$
9	时域卷和	$f_1(k)*f_2(k)\leftrightarrow F_1(\Omega)F_2(\Omega)$
10	频域卷和	$f_1(k)\cdot f_2(k)\leftrightarrow\dfrac{1}{2\pi}F_1(\Omega)*F_2(\Omega)$
11	帕塞瓦尔定理	$\sum_{k=-\infty}^{\infty}\lvert f(k)\rvert^2=\dfrac{1}{2\pi}\int_{-\pi}^{\pi}\lvert F(\Omega)\rvert^2\mathrm{d}\Omega$

3.10.3　离散傅里叶变换(DFT)

1. DFT 的引入

现代计算机只能对有限长的数字信号进行处理，显然，它不能应用于分析DTFT的频谱，因为 DTFT 是周期性的模拟函数。但是，实际工作中所研究的离散信号都是有限长序列，如果假设有限序列的长度为 N，并以 N 为取样周期分别从时域和频域对研究的信号进行取样，便可得到时域和频域均周期化了的一对离散序列如图 3-77 所示。

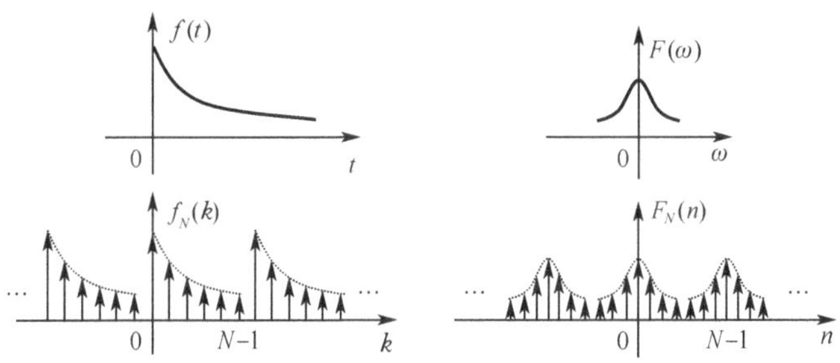

图 3-77　时域和频域均周期化了的一对离散序列

对于周期序列 $f_N(k)$，其第一个周期 $k=0$ 到 $k=N-1$ 的范围定义为“主值区间”，故 $f(k)$ 可以看成 $f_N(k)$的主值区间序列。周期序列的离散时间傅里叶级数变换对(DTFS)的两个求和公式都只限于“主值区间”$k=\langle N\rangle$内，这又给人们一个启示：如果我们只对第一个周期$[0,N-1]$内的序列进行频域分析，就可以满足计算机分析频谱所要求的信号——有限长的离散信号，从而可以应用计算机对离散序列进行频谱分析。为此，引入离散傅里叶变换(discrete Fourier transform，DFT)。

设 $f(k)$是一个有限长序列，其长度为 N，即在区间 $0\leqslant k\leqslant N-1$ 以外，$f(k)$为零。将$f(k)$以周期为 N 延拓而成的周期序列记为 $f_N(k)$，则有

$$f_N(k)=\sum_{m=-\infty}^{\infty}f_1(k-mN),\quad m\text{ 为整数}\tag{3-10-14}$$

其中

$$f_1(k)=f(k)g_N(k) \tag{3-10-15}$$

根据式(3-10-2)和式(3-10-3)所表示的DTFS的定义，周期序列 $f_N(k)$ 的离散时间傅里叶级数表示式为

$$F_n=\frac{1}{N}\sum_{k=\langle N\rangle}f_N(k)\mathrm{e}^{-\mathrm{j}n\Omega_0 k} \tag{3-10-16}$$

$$f_N(k)=\sum_{n=\langle N\rangle}F_n\mathrm{e}^{\mathrm{j}n\Omega_0 k} \tag{3-10-17}$$

如果将 NF_n 表示成 $F(n)$，且在 $[0,N-1]$ 内 $f(k)=f_N(k)$ 并令 $W=\mathrm{e}^{-\mathrm{j}\Omega_0}=\mathrm{e}^{-\mathrm{j}\frac{2\pi}{N}}$，则上两式可改写为

$$F(n)\overset{\mathrm{def}}{=}\sum_{k=0}^{N-1}f(k)W^{nk} \tag{3-10-18}$$

$$f(k)\overset{\mathrm{def}}{=}\frac{1}{N}\sum_{n=0}^{N-1}F(n)W^{-nk} \tag{3-10-19}$$

式(3-10-18)和式(3-10-19)所定义的变换关系称为离散傅里叶变换(DFT)。$F(n)$ 为离散傅里叶正变换，记作 $F(n)=\mathrm{DFT}[f(k)]$；$f(k)$ 为离散傅里叶反变换，记作 $f(k)=\mathrm{IDFT}[F(n)]$。两者之间的关系可表示为

$$F(n)=\mathrm{DFT}[f(k)]\leftrightarrow f(k)=\mathrm{IDFT}[F(n)]$$

DFT表明，时域的 N 点有限长序列 $f(k)$ 可以变换为频域的 N 点有限长序列 $F(n)$。

式(3-10-18)和式(3-10-19)写为矩阵形式，有

$$\begin{bmatrix}F(0)\\F(1)\\\vdots\\F(N-1)\end{bmatrix}=\begin{bmatrix}W^0 & W^0 & W^0 & \cdots & W^0\\W^0 & W^{1\times1} & W^{2\times1} & \cdots & W^{(N-1)\times1}\\\vdots & \vdots & \vdots & & \vdots\\W^0 & W^{1\times(N-1)} & W^{2\times(N-1)} & \cdots & W^{(N-1)\times(N-1)}\end{bmatrix}\begin{bmatrix}f(0)\\f(1)\\\vdots\\f(N-1)\end{bmatrix} \tag{3-10-20}$$

$$\begin{bmatrix}f(0)\\f(1)\\\vdots\\f(N-1)\end{bmatrix}=\frac{1}{N}\begin{bmatrix}W^0 & W^0 & W^0 & \cdots & W^0\\W^0 & W^{-1\times1} & W^{-2\times1} & \cdots & W^{-(N-1)\times1}\\\vdots & \vdots & \vdots & & \vdots\\W^0 & W^{-1\times(N-1)} & W^{-2\times(N-1)} & \cdots & W^{-(N-1)\times(N-1)}\end{bmatrix}\begin{bmatrix}F(0)\\F(1)\\\vdots\\F(N-1)\end{bmatrix} \tag{3-10-21}$$

简记为

$$\boldsymbol{F}(n)=\boldsymbol{W}^{kn}\boldsymbol{f}(k) \tag{3-10-22}$$

$$\boldsymbol{f}(k)=\frac{1}{N}\boldsymbol{W}^{-kn}\boldsymbol{F}(n) \tag{3-10-23}$$

其中，$\boldsymbol{W}^{kn}$ 和 $\boldsymbol{W}^{-kn}$ 都是 $N\times N$ 阶对称矩阵，可记为

$$\boldsymbol{W}^{kn}=[\boldsymbol{W}^{kn}]^{\mathrm{T}} \tag{3-10-24}$$

$$\boldsymbol{W}^{-kn}=[\boldsymbol{W}^{-kn}]^{\mathrm{T}} \tag{3-10-25}$$

离散傅里叶变换DFT与离散时间傅里叶变换DTFT之间，在序列区间 $k\in[0,N-1]$ 内满足关系式

$$F(n)=F(\Omega)\Big|_{\Omega=n\Omega_0} \tag{3-10-26}$$

式(3-10-26)表明,$F(n)$是对 $F(\Omega)$离散化的结果。$F(\Omega)$是周期为 2π 的连续函数,$F(n)$是 $F(\Omega)$在 2π 的周期内进行 N 次均匀取样的样值。显然,$F(n)$完全可以用计算机对其进行分析和处理。

例 3-31 已知 $f(k)=\{\underset{\uparrow}{1},1,1,1\}$,设 $N=10$,试求其 DFT。

解

$$F(n)=\sum_{k=0}^{3}W^{nk}=\sum_{k=0}^{3}\left(e^{-j\frac{\pi}{5}n}\right)^k=\frac{1-e^{-j\frac{4\pi}{5}n}}{1-e^{-j\frac{\pi}{5}n}}$$

$$=\frac{e^{-j\frac{2\pi}{5}n}\left(e^{j\frac{2\pi}{5}n}-e^{-j\frac{2\pi}{5}n}\right)}{e^{-j\frac{\pi}{10}n}\left(e^{j\frac{\pi}{10}n}-e^{-j\frac{\pi}{10}n}\right)}=e^{-j\frac{3\pi}{10}n}\frac{\sin\left(\frac{2\pi}{5}n\right)}{\sin\left(\frac{\pi}{10}n\right)}$$

很明显,$F(n)$是对 $F(\Omega)$以 $N=10$ 进行取样的样值。

2. DFT 的性质

DFT 的主要性质将在表 3-4 中列出,这里,先介绍几个 DFT 的特殊性质。

1) 时移特性(循环移位)

有限长序列 $f(k)$的时移序列 $f(k-m)$,从一般意义上讲,是将序列 $f(k)$向右移动 m 位,即将区间 $0\leqslant k\leqslant N-1$ 的序列 $f(k)$移到区间 $m\leqslant k\leqslant N+m-1$。由于 DFT 的求和区间是 0 到 $N-1$,这就给位移序列的 DFT 分析带来困难。为此,采用循环位移(又称圆周位移)来解决这一问题。所谓循环位移,实质上是先将有限长序列 $f(k)$周期延拓构成周期序列 $f_N(k)$,然后向右移动 m 位得到 $f_N(k-m)$,最后取 $f_N(k-m)$之主值,这样就得到所谓有限长序列 $f(k)$的循环位移序列,一般可记为

$$f((k-m))_N g_N(k)$$

循环位移过程如图 3-78 所示。

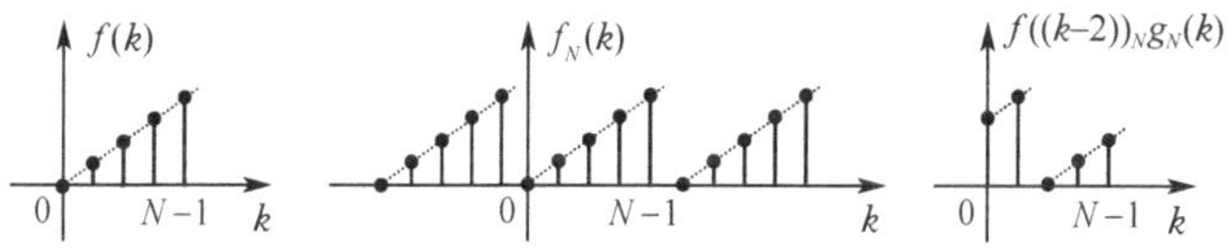

图 3-78 有限长序列循环位移

DFT 的**时移特性**:

若 $f(k)\leftrightarrow F(n)$,则

$$f((k-m))_N g_N(k)\leftrightarrow W^{mn}F(n) \tag{3-10-27}$$

2) 频移特性

若 $f(k)\leftrightarrow F(n)$,则

$$f(k)W^{-lk}g_N(k)\leftrightarrow F((n-l))_N g_N(n) \tag{3-10-28}$$

频移特性表明,若时间序列乘以指数项 W^{-lk},则其离散傅里叶变换就向右圆周移位 l 单位。与连续时间信号类似,可以看作调制信号的频谱搬移,因而也称为“调制定理”。

3) 时域循环卷积和定理(圆卷积和定理)

由第 2 章得知,长度为 N 的有限长序列 $f_1(k)$和长度为 M 的有限长序列 $f_2(k)$的卷积和为一长度为 $L=N+M-1$ 的有限长序列 $f(k)$,即

$$f_1(k) * f_2(k) = \sum_{n=-\infty}^{\infty} f_1(n) f_2(k-n), \quad k = 0,1,2,\cdots, N+M-2$$

这就是所谓的线卷积和。而这里所讨论的是循环卷积和，也称圆卷积和。循环卷积和的含义为：两长度为 N 的有限长序列 $f_1(k)$ 和 $f_2(k)$，其循环卷积和结果仍为一长度为 N 的序列 $f(k)$，循环卷积和的计算过程与线卷积和相似，只不过求和式中的位移项 $f(k-m)$ 应按循环位移处理。因而，有限长序列 $f_1(k)$ 和 $f_2(k)$ 的循环卷积和可记为

$$\begin{aligned} f_1(k) \circledast f_2(k) &\overset{\text{def}}{=} \sum_{m=0}^{N-1} f_1(m) f_2((k-m))_N g_N(k) \\ &= \sum_{m=0}^{N-1} f_2(m) f_1((k-m))_N g_N(k) \end{aligned} \tag{3-10-29}$$

与线卷积和的图解法相似，圆卷积和的图解步骤也可按反折、循环位移、相乘、求和的步骤进行。如果两序列长度不等，可将长度较短的序列补一些零值点，构成两个长度相等的序列再作循环卷积和。

例 3-32 已知 $f_1(k)=\{\underset{\uparrow}{1}, 1, 1\}$，$f_2(k)=\{\underset{\uparrow}{0}, 1, 2, 3\}$，试求 $f(k)=f_1(k)\circledast f_2(k)$。

解 由于 $f_1(k)$ 的长度 $N=3$，$f_2(k)$ 的长度 $M=4$，故将 $f_1(k)$ 补一个零点，使 $f_1(k)$ 与 $f_2(k)$ 的长度均为 4。这时，$f_1(k)=\{\underset{\uparrow}{1}, 1, 1, 0\}$。

$k=0$ 时

$$f_1(m)=\{\underset{\uparrow}{1},1,1,0\}, \quad f_2((0-m))_N g_N(0)=\{\underset{\uparrow}{0},3,2,1\}$$

$$\begin{aligned} f(0) &= \sum_{m=0}^{4} f_1(m) f_2((-m))_4 g_4(0) \\ &= f_1(0)f_2((0)) + f_1(1)f_2((-1)) + f_1(2)f_2((-2)) + f_1(3)f_2((-3)) \\ &= 0+3+2+0 = 5 \end{aligned}$$

$k=1$ 时

$$f_1(m) = \{\underset{\uparrow}{1},1,1,0\}, \quad f_2((1-m))_N g_N(1) = \{\underset{\uparrow}{1},0,3,2\}$$

$$f(1) = \sum_{m=0}^{4} f_1(m) f_2((1-m))_4 g_4(1) = 1+0+3+0 = 4$$

$$\cdots\cdots$$

$$f(k) = f_1(k) \circledast f_2(k) = \{\underset{\uparrow}{5},4,3,6\}$$

而线卷积和

$$f(k)=f_1(k) * f_2(k)=\{\underset{\uparrow}{0},1,3,6,5,3\}$$

可见，循环卷积和的结果与线卷积和是不同的。这是因为在线卷积和的过程中，序列经反折再向右平移，在左端将依次留出空位，而在循环卷积和过程中，序列经反折作循环移位，从右端移去的样值又从左端循环出现，造成两种卷积和的结果截然不同。要使循环卷积和的结果与线卷积和的结果相同，可以采用补零的方法，使 $f_1(k)$ 与 $f_2(k)$ 的长度均为 $L\geqslant N+M-1$，这样使得做循环卷积和时，向右端移出去的是零值，从而使左端循环出现的也是零值，保证了循环卷积和与线卷积和的情况相同，如上例 $L\geqslant 3+4-1=6$，使 $f_1(k)=\{\underset{\uparrow}{1},1,1,0,0,0\}$，$f_2(k)=\{\underset{\uparrow}{0},1,2,3,0,0\}$，则 $f(k)=f_1(k)\circledast f_2(k)=\{\underset{\uparrow}{0},1,3,6,5,3\}$，与线卷积和完全相同。

时域循环卷积和定理 若

$$f_1(k)\leftrightarrow F_1(n), \quad f_2(k)\leftrightarrow F_2(n)$$

则

$$f_1(k) \circledast f_2(k) \leftrightarrow F_1(n)F_2(n) \tag{3-10-30}$$

4) 频域循环卷积和定理(频域圆卷积和定理)

若

$$f_1(k) \leftrightarrow F_1(n),\quad f_2(k) \leftrightarrow F_2(n)$$

则

$$f_1(k)f_2(k) \leftrightarrow \frac{1}{N}F_1(n) \circledast F_2(n) \tag{3-10-31}$$

式中

$$\begin{aligned} F_1(n) \circledast F_2(n) &= \sum_{l=0}^{N-1} F_1(l)F_2((n-l))_N g_N(n) \\ &= \sum_{l=0}^{N-1} F_2(l)F_1((n-l))_N g_N(n) \end{aligned} \tag{3-10-32}$$

DFT 的一些重要性质如表 3-4 所示。

表 3-4　DFT 的性质

序号	性质名称	$f(k) \leftrightarrow F(n)$
1	线性性质	$af_1(k)+bf_2(k) \leftrightarrow aF_1(n)+bF_2(n)$
2	对偶性	$\frac{1}{N}F(k) \leftrightarrow f(-n)$
3	时移性质	$f((k-m))_N g_N(k) \leftrightarrow W^{mn}F(n)$
4	频移性质	$f(k)W^{-lk}g_N(k) \leftrightarrow F((n-l))_N g_N(n)$
5	时域圆卷积和	$f_1(k) \circledast f_2(k) \leftrightarrow F_1(n) \cdot F_2(n)$
6	频域圆卷积和	$f_1(k)f_2(k) \leftrightarrow \frac{1}{N}F_1(n) \circledast F_2(n)$
7	帕塞瓦尔定理	$\sum_{k=0}^{N-1} \lvert f(k) \rvert^2 = \frac{1}{N}\sum_{n=0}^{N-1} \lvert F(n) \rvert^2$

DFT 是信号分析与处理中的一种重要变换，它的引出为应用计算机进行频谱分析提供了理论依据。但是，计算一个 N 点的 DFT，一般需要 N^2 次复数乘法和 $N(N-1)$ 次复数加法运算，因此，当 N 较大或在要求对信号进行实时处理的情况下，即便是使用数字计算机也往往难以实现所需的运算速度。所以，在快速傅里叶变换(fast Fourier transform，FFT)出现以前，直接用 DFT 算法进行频谱分析和信号的实时处理是不切实际的。直到 1965 年，库利与图基(J. W. Cooley 和 J. W. Tukey)提出了 FFT，情况才发生了根本的变化。

FFT 是一种快速、通用的 DFT 计算方法，其实质是利用加权函数 W^{kn} 的对称性和周期性，把 N 点 DFT 进行一系列分解和组合，使整个 DFT 的计算过程变成一系列迭代运算过程。例如，对于 $N=2^l$ 的 FFT 算法，就是把一个 $N\times N$ 的矩阵分解成 l 个矩阵，使被分解的每一个矩阵具有复数乘法和复数加法次数最少的特性。这样，当 N 很大时，可能成百倍甚至成千倍地减少计算量。理论分析可知，当 $N=2^{10}=1024$ 时，利用 FFT 可节省 99%的计算量，从而使离散系统的 DFT 分析成为现实。FFT 算法的种类很多，将在本课的后续课程——“数字信号处理”中做详细介绍。

习　题

3.1　函数集$\{\cos t,\cos(2t),\cdots,\cos(nt),\cdots\}$($n$ 为正整数)，(1) 在时间区间$(0,2\pi)$是否为正交完备的函数集？(2) 在时间区间$(0,\pi)$呢？

3.2　周期性矩形脉冲信号如题 3.2 图所示，试根据定义求其傅里叶级数(三种形式)并绘其频谱图。

3.3　根据上题的 F_n 写出题 3.3 图所示周期信号 $f_1(t)$和 $f_2(t)$的指数型傅里叶级数。

3.4　周期信号如题 3.4 图所示，试求其傅里叶复系数中的 F_0。

3.5　根据信号的对称性，判断题 3.5 图所示各周期信号的傅里叶级数中所含的频率分量。

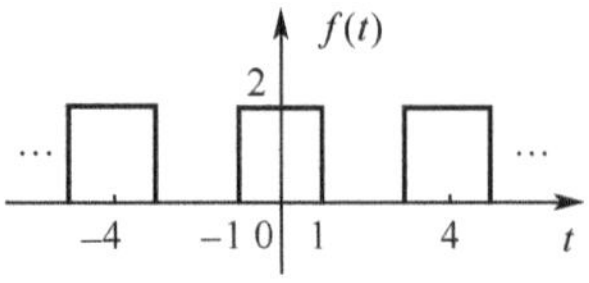

题 3.2 图

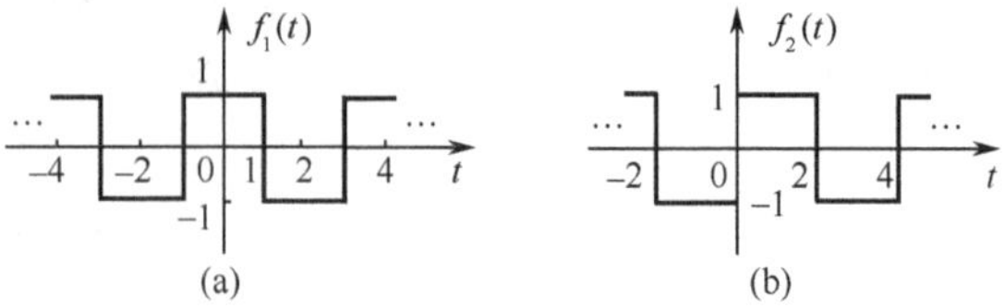

题 3.3 图

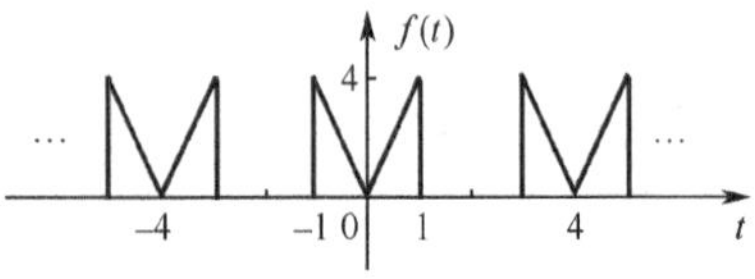

题 3.4 图

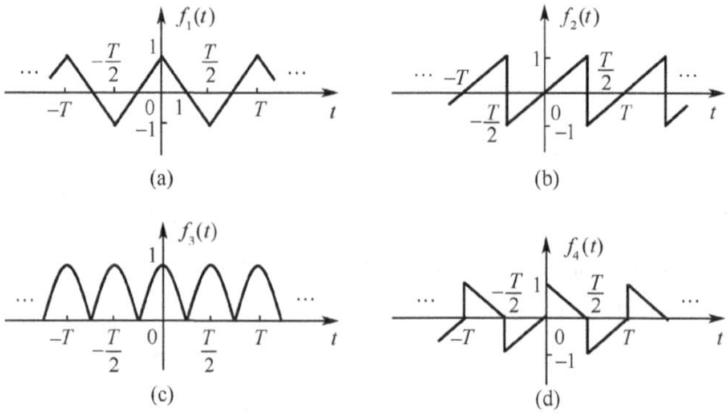

题 3.5 图

3.6　试绘出下列周期信号 $f(t)$ 的振幅频谱图和相位频谱图。

(1) $f(t)=\dfrac{4}{\pi}\left(\cos\omega_0 t-\dfrac{1}{3}\cos3\omega_0 t+\dfrac{1}{5}\cos5\omega_0 t-\dfrac{1}{7}\cos7\omega_0 t+\cdots\right)$

(2) $f(t)=\dfrac{1}{2}-\dfrac{2}{\pi}\left(\sin2\pi t+\dfrac{1}{2}\sin4\pi t+\dfrac{1}{3}\sin6\pi t+\cdots\right)$

3.7　周期性三角脉冲信号如题 3.7 图所示，试求其傅里叶复系数并绘其频谱图和功率频谱图。

3.8　应用微分冲激法求解题 3.8 图所示周期信号的傅里叶复系数。

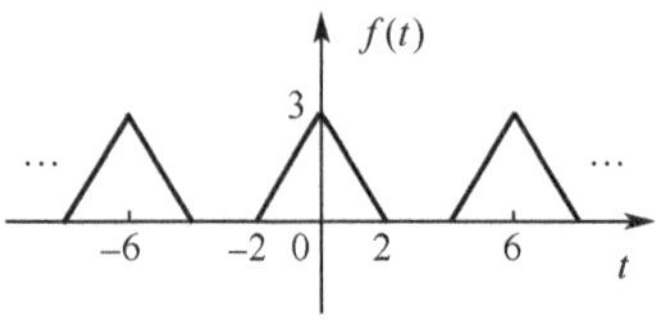

题 3.7 图

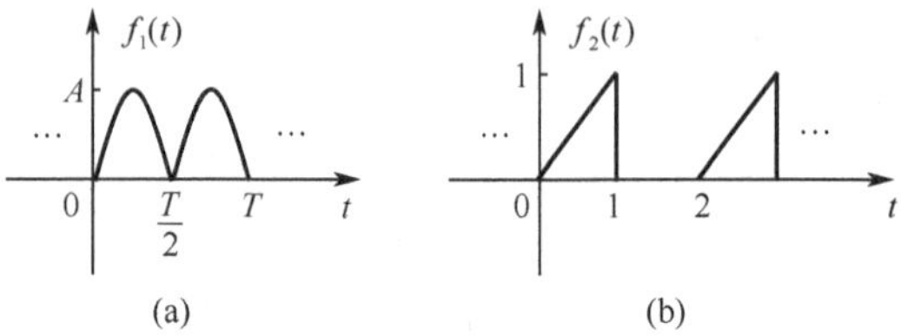

题 3.8 图

3.9　以 T 为周期的周期信号 $f(t)$，已知其傅里叶复系数为 F_n，试求下列周期信号的傅里叶复系数。

(1) $f_1(t)=f(t-t_0)$　　(2) $f_2(t)=f(-t)$　　(3) $f_3(t)=\dfrac{df(t)}{dt}$

3.10　已知周期信号 $f(t)$ 的双边频谱如题 3.10 图所示。

(1) 写出信号 $f(t)$ 的指数型傅里叶级数；

(2) 根据 $f(t)$ 的双边频谱，画出 $f(t)$ 的单边频谱；

(3) 根据(2)画出的单边频谱，写出 $f(t)$ 的三角型傅里叶级数；

(4) 画出 $f(t)$ 的功率谱。

3.11　试求题 3.11 图所示冲激序列的三角型傅里叶级数展开式。

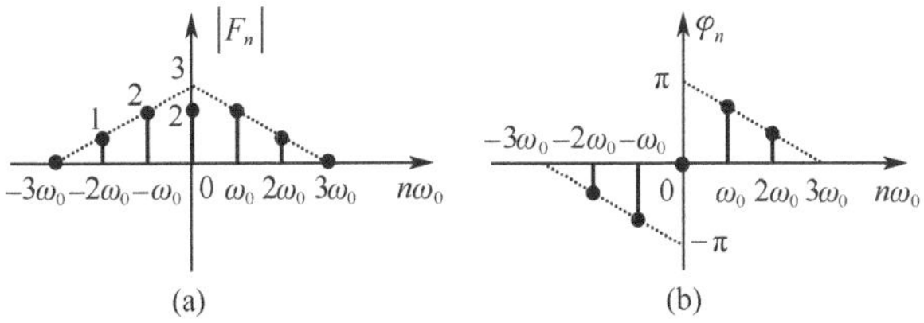

题 3.10 图

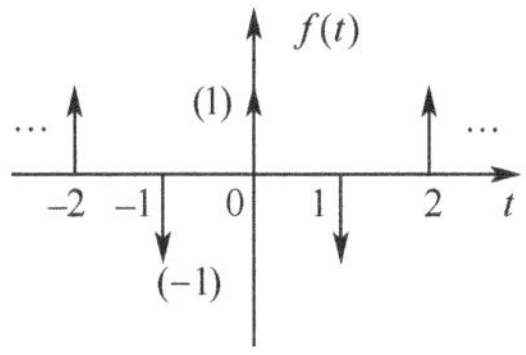

题 3.11 图

3.12　思考并简答下列问题：

(1) 周期信号的直流分量属于傅里叶级数的哪一项？

(2) 偶函数、奇函数、偶谐函数和奇谐函数分别含有三角型傅里叶级数（系数为 a_0、a_n 和 b_n）的哪些分量？

(3) 若信号 $f(t)$ 的有效频带宽度为 B_ω（且可认为当 $|\omega| > B_\omega$ 时，$F(j\omega)=0$），则信号 $f(2t)$、$f\left(\dfrac{t}{2}\right)$ 和 $f(t-2)$ 的有效带宽为多少？

(4) 信号的有效带宽 B_ω 与脉冲宽度 τ 之间有何关系？

3.13　根据傅里叶变换定义求题 3.13 图所示波形的傅里叶变换。

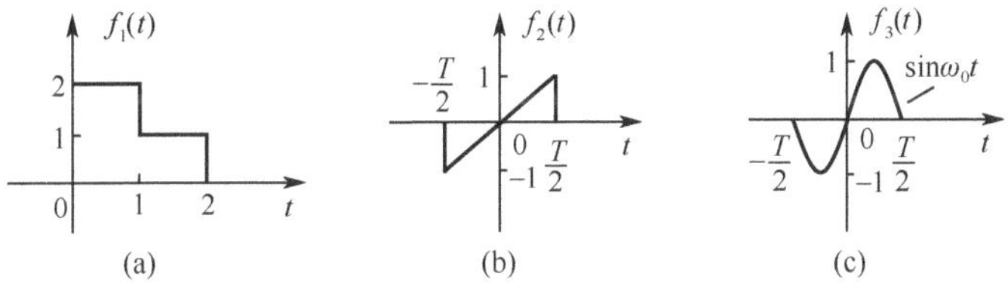

题 3.13 图

3.14　利用能量等式 $\int_{-\infty}^{\infty} f^2(t)\mathrm{d}t = \dfrac{1}{2\pi}\int_{-\infty}^{\infty} |F(j\omega)|^2 \mathrm{d}\omega$，计算下列积分的值。

(1) $\int_{-\infty}^{\infty}\left[\dfrac{\sin t}{t}\right]^2 \mathrm{d}t$　　(2) $\int_{-\infty}^{\infty}\dfrac{1}{(1+t^2)^2}\mathrm{d}t$

3.15　设 $f(t)\leftrightarrow F(j\omega)$，试证：

(1) $F(0)=\int_{-\infty}^{\infty} f(t)\mathrm{d}t$　　(2) $f(0)=\dfrac{1}{2\pi}\int_{-\infty}^{\infty} F(\omega)\mathrm{d}\omega$

3.16　信号 $f(t)$ 如题 3.16 图所示，设 $f(t)\leftrightarrow F(j\omega)$，若不计算 $F(j\omega)$，试求：

(1) $F(j\omega)$ 的相位函数；　　(2) $F(0)$；

(3) $\int_{-\infty}^{\infty} F(j\omega)\mathrm{d}\omega$；　　(4) $\int_{-\infty}^{\infty} F(j\omega)\mathrm{Sa}(\omega)e^{j2\omega}\mathrm{d}\omega$；

(5) $\int_{-\infty}^{\infty} |F(j\omega)|^2\mathrm{d}\omega$。

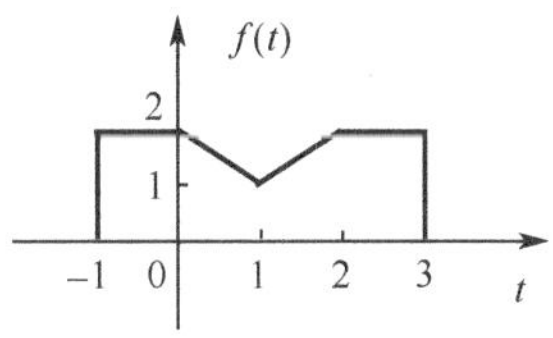

题 3.16 图

3.17　试求下列信号的傅里叶变换。

(1) $f(t)=5g_6(t)$　　(2) $f(t)=e^{-5t}\varepsilon(t)$　　(3) $f(t)=e^{-2|t|}$

(4) $f(t)=2\Delta_4(t)$　　(5) $f(t)=e^{2t}\varepsilon(-t)$　　(6) $f(t)=\delta(t-2)$

3.18　求下列频谱的傅里叶反变换。

(1) $F(j\omega)=\dfrac{1}{(6+j\omega)^2}$　　(2) $F(j\omega)=12\mathrm{Sa}(3\omega)$

(3) $F(j\omega)=\dfrac{8}{4+\omega^2}$　　(4) $F(j\omega)=-\dfrac{2}{\omega^2}$

(5) $F(\omega)=4\text{Sa}(2\omega)-\text{j}\dfrac{6}{\omega}$　　(6) $F(\text{j}\omega)=\dfrac{7+\text{j}\omega}{(2+\text{j}\omega)^2+25}$

3.19　利用对称性求下列信号的傅里叶变换。

(1) $f(t)=\text{Sa}(5t)$　　(2) $f(t)=\dfrac{2}{1+t^2}$　　(3) $f(t)=\dfrac{1}{\text{j}t+2}$　　(4) $f(t)=\left[\dfrac{\sin(\pi t)}{\pi t}\right]^2$

3.20　利用对称性，求下列频谱的傅里叶反变换 $f(t)$。

(1) $F(\text{j}\omega)=\text{sgn}(\omega)$　　(2) $F(\text{j}\omega)=\cos(2\omega)$　　(3) $F(\text{j}\omega)=\Delta_4(\omega)$

3.21　若 $f(t)$为 t 的复函数可表示为 $f(t)=f_r(t)+\text{j}f_i(t)$，且 $f(t)\leftrightarrow F(\text{j}\omega)$，式中，$f_r(t)$和 $f_i(t)$均为实函数，试证明：

(1) $\mathscr{F}[f^*(t)]=F^*(-\text{j}\omega)$

(2) $\mathscr{F}[f_r(t)]=\dfrac{1}{2}[F(\text{j}\omega)+F^*(-\text{j}\omega)]$，$\mathscr{F}[f_i(t)]=\dfrac{1}{2}[F(\text{j}\omega)-F^*(-\text{j}\omega)]$

3.22　求题 3.22 图所示信号的傅里叶反变换。

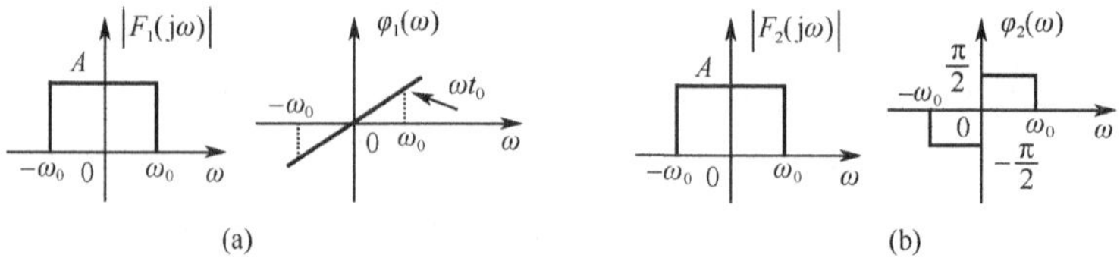

题 3.22 图

3.23　求下列信号的傅里叶变换。

(1) $f(t)=3g_2(4-2t)$　　(2) $f(t)=\text{e}^{-t+1}[\varepsilon(t)-\varepsilon(t-1)]$

(3) $f(t)=2\text{Sa}[2\pi(t-1)]$　　(4) $f(t)=g_\tau(t)*[\delta(t+t_0)+\delta(t-t_0)]$

(5) $f(t)=\text{e}^{-3(t-1)}\delta'(t-1)$　　(6) $f(t)=\text{sgn}(t^2-9)$

(7) $f(t)=\text{e}^{-\text{j}2t}\varepsilon(t)$　　(8) $f(t)=\text{e}^{-(3+\text{j}2)t}\varepsilon(t)$

3.24　$f(t)$的波形如题 3.24 图所示。

(1) 试求 $f(t)$的傅里叶变换；

(2) 试利用傅里叶变换的性质，求 $f_1(t)=f\left(\dfrac{t}{2}-1\right)$和 $f_2(t)=f(2t-1)$的傅里叶变换。

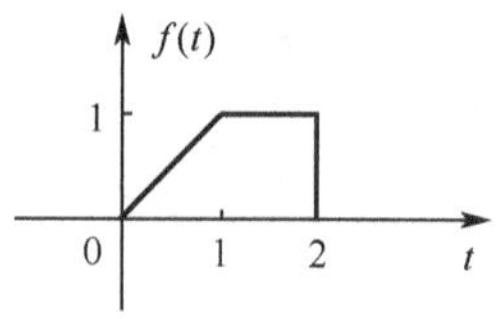

题 3.24 图

3.25　利用调制原理求下列信号的傅里叶变换。

(1) $f(t)=\text{e}^{-t}\varepsilon(t)\cos\pi t$　　(2) $f(t)=\dfrac{1}{2}(1+\cos\pi t)g_2(t)$

(3) $f(t)=(1+\text{e}^{-|t|})\cos\pi t$　　(4) $f(t)=(1+2\cos\omega_m t)\cos\omega_0 t$

3.26　利用典型信号的傅里叶变换和傅里叶变换的性质求题 3.26 图所示信号的傅里叶变换。

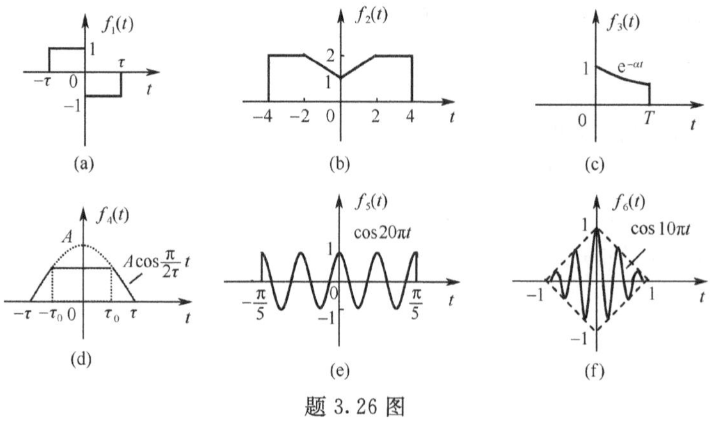

题 3.26 图

3.27 某 LTI 连续系统的激励 $f(t)$ 和单位冲激响应 $h(t)$ 分别如题 3.27 图所示，试求其零状态响应 $y_{ZS}(t)=f(t)*h(t)$ 的傅里叶变换 $Y_{ZS}(j\omega)$。

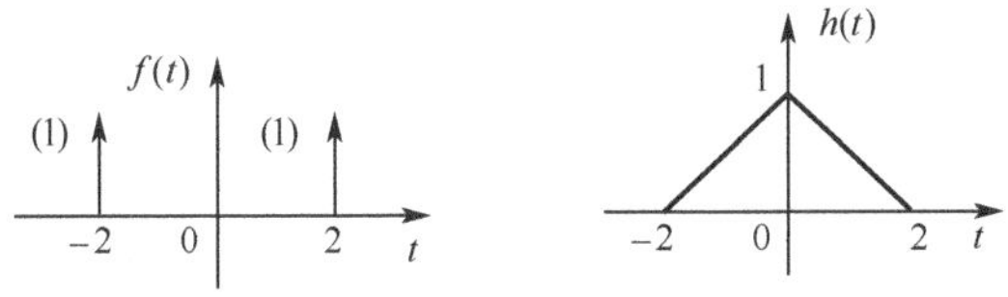

题 3.27 图

3.28 利用频域卷积定理求下列信号的傅里叶变换。

(1) $f(t)=\mathrm{Sa}(2t)\cos 3t$　　(2) $f(t)=g_2(t)\cos 3t$

3.29 信号的频谱图如题 3.29 图所示，试绘出信号 $f^2(t)$ 的频谱图。

3.30 利用时域微分性质求题 3.30 图所示信号的傅里叶变换。

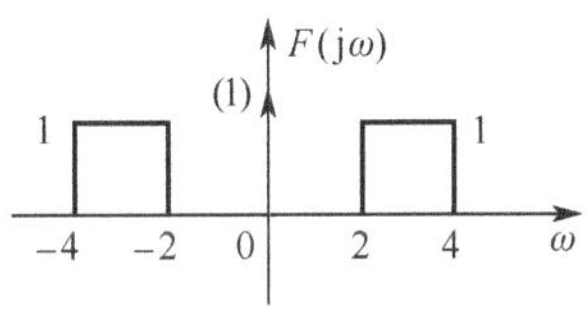

题 3.29 图

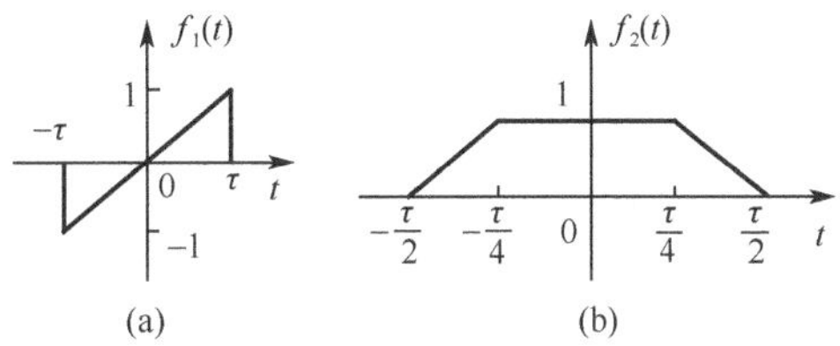

题 3.30 图

3.31 应用微分冲激法求题 3.31 图所示信号的傅里叶变换。

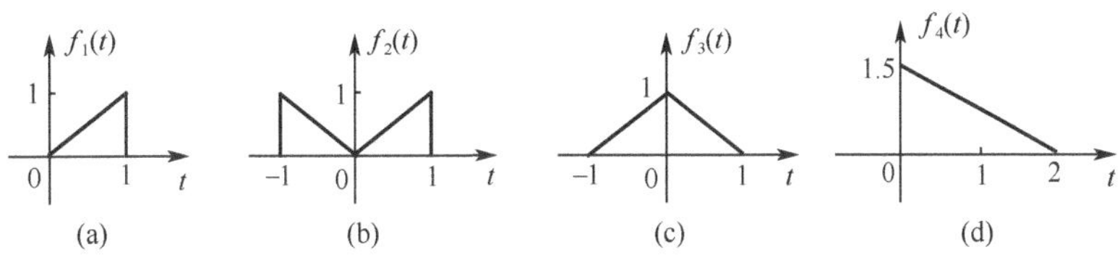

题 3.31 图

3.32 利用时域积分性质求题 3.32 图所示信号的傅里叶变换。

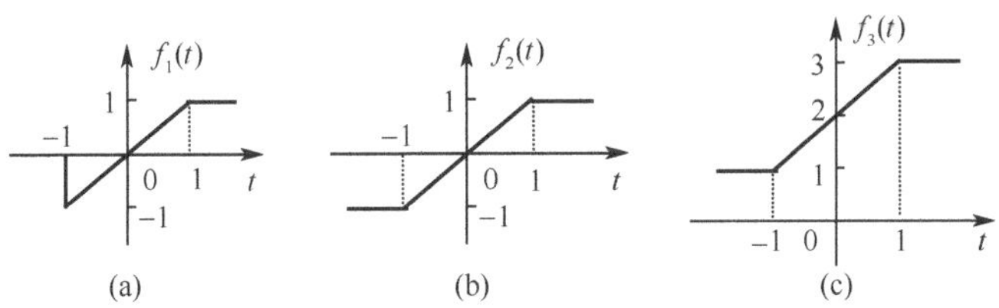

题 3.32 图

3.33 已知 $f(t)\leftrightarrow F(j\omega)$，$a,b\ni\mathbf{R}$(实数)，试用 $F(j\omega)$ 表示下列信号的傅里叶变换。

(1) $(t-2)f(2t)$　　(2) $f(4-2t)$　　(3) $\int_{-\infty}^{t}\tau f(\tau)\mathrm{d}\tau$

(4) $(2-t)\,f(2-t)$　　(5) $(2-t)f(-2t)$　　(6) $(2-t)f\left(\frac{t}{2}\right)$

(7) $t\dfrac{\mathrm{d}f(t)}{\mathrm{d}t}$　　(8) $\dfrac{\mathrm{d}f(t)}{\mathrm{d}t}\mathrm{e}^{-\mathrm{j}\omega_0 t}$　　(9) $\dfrac{\mathrm{d}f(t)}{\mathrm{d}t}*\dfrac{1}{\pi t}$　　(10) $\int_{-\infty}^{1+\frac{1}{2}t}f(\tau)\mathrm{d}\tau$

(11) $(at+b)f(at+b)$　　(12) $\int_{-\infty}^{t}f(a\tau+b)\mathrm{d}\tau$

3.34　试求下列信号的傅里叶变换。

(1) $f(t)=\cos\omega_1 t*[\delta_T(t)g_1(t)]$　　(2) $f(t)=\delta_T(t)*[g_1(t)\cos\omega_1 t]$

(3) $f(t)=[\delta_T(t)*g_1(t)]\cos\omega_1 t$　　(4) $f(t)=[g_1(t)*\cos\omega_1 t]\delta_T(t)$

3.35　周期信号如题 3.35 图(a)、(b)所示，试求其傅里叶变换，并画出频谱图。

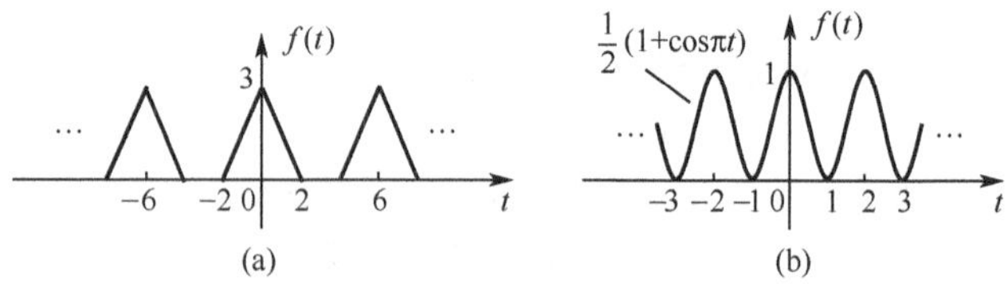

题 3.35 图

3.36　求下列微分方程所描述系统的频率响应 $H(\mathrm{j}\omega)$。

(1) $y''(t)+3y'(t)+2y(t)=f'(t)$　　(2) $y''(t)+5y'(t)+6y(t)=f'(t)+2f(t)$

3.37　试求题 3.37 图所示各电路的系统函数 $H(\mathrm{j}\omega)$，并画出幅频特性曲线和相频特性曲线。

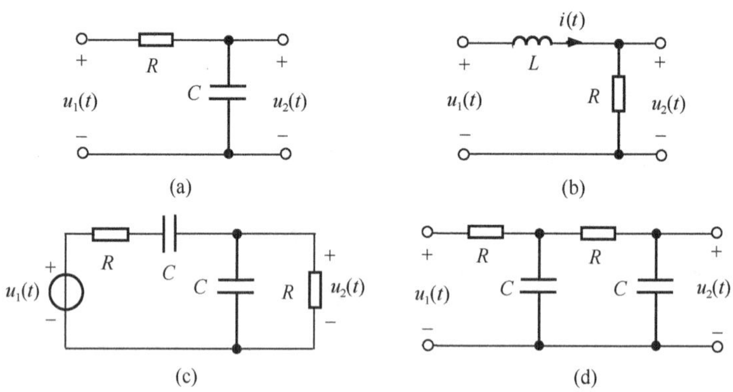

题 3.37 图

3.38　某 LTI 连续系统，输入激励为 $f(t)$ 时，输出零状态响应为 $y_{\mathrm{ZS}}(t)=\dfrac{1}{a}\int_{-\infty}^{\infty}s\left(\dfrac{\tau-t}{a}\right)f(\tau-2)\mathrm{d}\tau$，其中，$a>0$ 为常数，且已知 $s(t)\leftrightarrow S(\mathrm{j}\omega)$，试求该系统的频率响应 $H(\mathrm{j}\omega)$。

3.39　广泛应用于取样控制系统的零阶保持器框图如题 3.39 图所示。

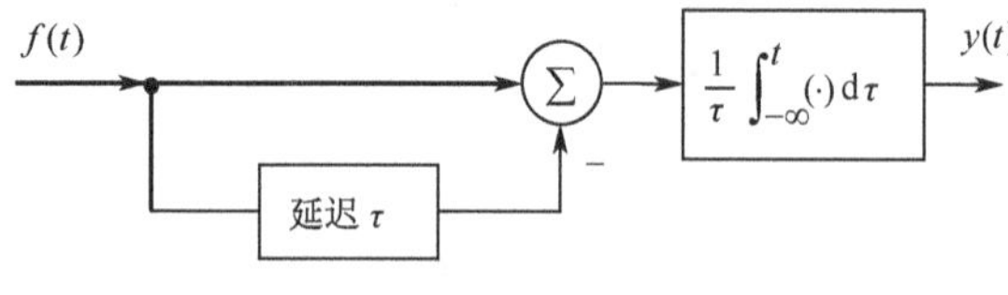

题 3.39 图

(1) 试求其系统函数 $H(\mathrm{j}\omega)=\dfrac{Y(\mathrm{j}\omega)}{F(\mathrm{j}\omega)}$；

(2) 若激励 $f(t)=a_1\delta(t)+a_2\delta(t-\tau)+a_3\delta(t-2\tau)$，求输出 $y(t)$。

3.40　已知系统的微分方程和激励如下，试求其稳态响应 $y_s(t)$。

(1) $y'(t)+1.5y(t)=f'(t)$，　$f(t)=\cos 2t$

(2) $y''(t)+2y'(t)+3y(t)=-f'(t)+2f(t)$，　$f(t)=3+\cos 2t+\cos 5t$

3.41　某 LTI 连续系统的系统函数如题 3.41 图所示，若输入激励为 $f(t)=\sum_{n=0}^{\infty}\cos nt$，试求其零状态响应 $y_{ZS}(t)$。

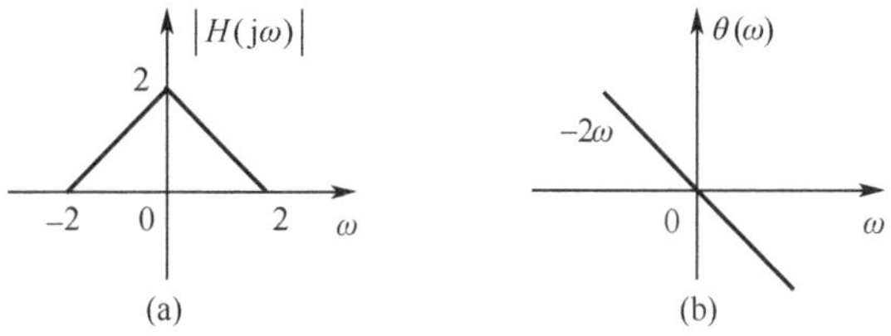

题 3.41 图

3.42　某 LTI 连续系统的频率响应为

$$H(j\omega)=\begin{cases}e^{j\frac{\pi}{2}}, & -6\text{rad/s}<\omega<0\\ e^{-j\frac{\pi}{2}}, & 0<\omega<6\text{rad/s}\\ 0, & \text{其余}\end{cases}$$

当激励 $f(t)=3\mathrm{Sa}(3t)\cos 5t$，试求其零状态响应 $y_{ZS}(t)$。

3.43　LTI 连续系统的冲激响应 $h(t)=e^{-t}\varepsilon(t)$，激励 $f(t)=\sum_{n=-3}^{3}F_n e^{j2\pi nt}$，其中，$F_0=1$，$F_{\pm1}=\frac{1}{4}$，$F_{\pm2}=\frac{1}{2}$，$F_{\pm3}=\frac{1}{3}$，试求其稳态响应 $y_s(t)$。

3.44　某 LTI 因果连续系统的系统函数 $H(j\omega)=-2j\omega$，试求下列激励信号的响应 $y_{ZS}(t)$。

(1) $f(t)=e^{jt}$　　(2) $f(t)=\sin\omega_0 t\varepsilon(t)$　　(3) $F(j\omega)=\dfrac{1}{j\omega(j\omega+6)}$

3.45　某 LTI 连续系统，系统函数 $H(j\omega)=\dfrac{j\omega+3}{-\omega^2+3j\omega+2}$，试求系统对下列激励信号 $f(t)$ 的零状态响应 $y_{ZS}(t)$。

(1) $f(t)=\varepsilon(t)$　　(2) $f(t)=e^{t}\varepsilon(-t)$　　(3) $f(t)=e^{-2t}\varepsilon(t)$　　(4) $f(t)=e^{-3t}\varepsilon(t)$

3.46　电路如题 3.46 图所示，其频率响应为 $H(j\omega)=\dfrac{U_2(j\omega)}{I_s(j\omega)}$，为了能无失真传输，试确定电阻 R_1 和 R_2 之值。

3.47　分压器电路如题 3.47 图所示，频率响应 $H(j\omega)=\dfrac{U_2(j\omega)}{U_1(j\omega)}$，为了能无失真传输，构成该系统的电阻和电容应满足何种关系？

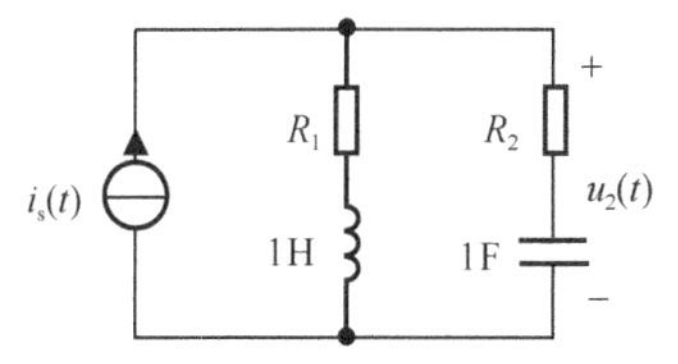

题 3.46 图

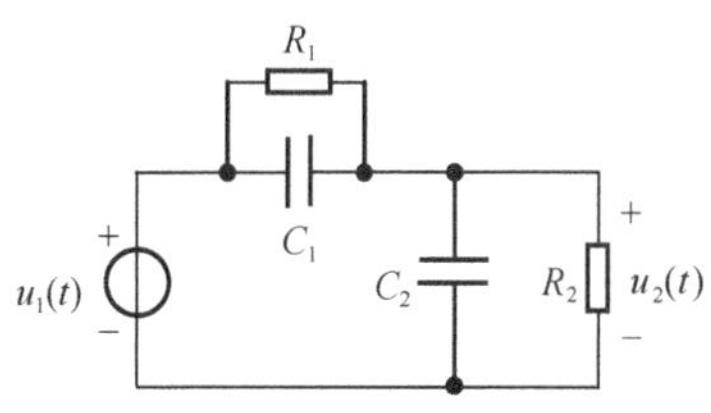

题 3.47 图

3.48　已知低通滤波器的系统函数 $H(j\omega)=\dfrac{K}{1+j\dfrac{\omega}{W}}$，式中，$K$ 和 W 均为正值常数，试求该系统对于延时冲激信号 $\delta(t-t_0)$ 的响应。

3.49 一理想低通滤波器的幅频响应如题3.49图所示，相频相应$\theta(\omega)=0$，试绘出激励为下列函数时的输出响应频谱。

(1) $f(t)=\mathrm{Sa}(\pi t)$

(2) $f(t)=\begin{cases}1, & |t|<1\\ 0, & |t|>1\end{cases}$

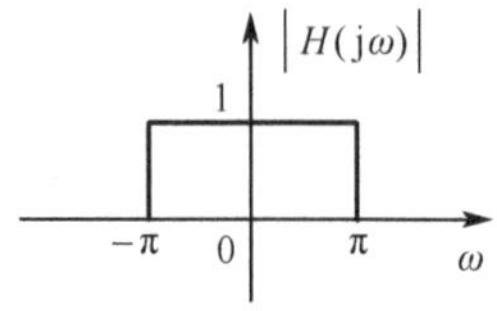

题3.49图

3.50 一理想低通滤波器的幅频响应如题3.50图(a)所示，相频相应$\theta(\omega)=0$。试求：

(1) 当激励为题3.50图(b)所示函数时的输出响应$y(t)$；

(2) 当激励为$f(t)=4\mathrm{Sa}(4\pi t)$时的输出响应$y(t)$。

3.51 某LTI连续系统如题3.51图所示，已知$f(t)=\dfrac{\sin 2t}{\pi t}$，$H(\mathrm{j}\omega)=\mathrm{j}\,\mathrm{sgn}(\omega)$，试求系统的输出$y(t)$。

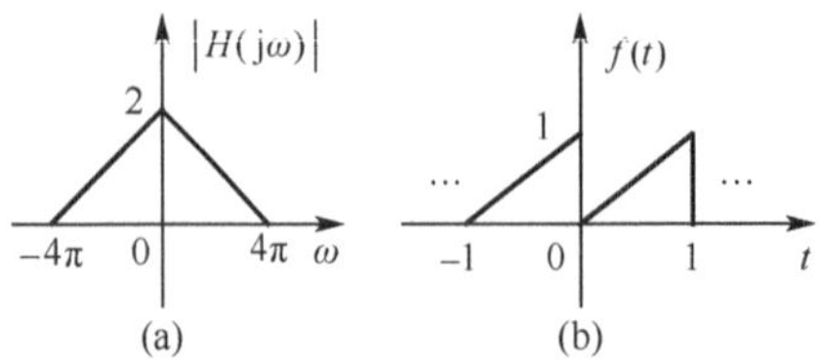

题3.50图

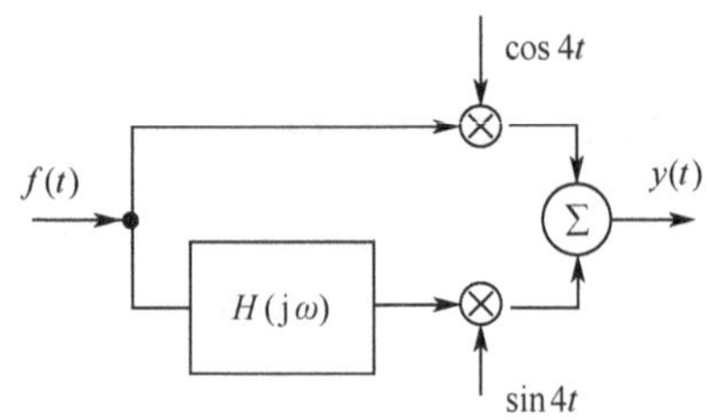

题3.51图

3.52 某LTI连续系统如题3.52图(a)所示。

(1) 带通滤波器的幅频特性如题3.52图(b)所示，相频特性$\theta(\omega)=0$，若输入$f_1(t)=\dfrac{\sin 2\pi t}{\pi t}$，$f_2(t)=\cos(1000t)$，求输出信号$y(t)$；

(2) 带通滤波器的幅频特性如题3.52图(c)所示，相频特性$\theta(\omega)=0$，若输入$f_1(t)=\cos t$，$f_2(t)=\cos 10t$，求输出信号$y(t)$。

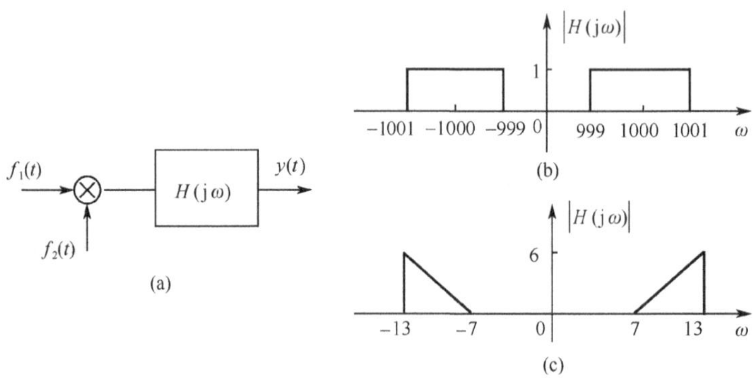

题3.52图

3.53 通信工程中为了保密，常用倒频系统将语音信号在传输前进行倒频，在接收端收到倒频信号以后，再设法恢复原信号。一倒频系统如题3.53图(a)所示，激励限带信号$f(t)$的频谱如题3.53图(b)所示，试绘出当$f(t)$通过该系统时，系统中A、B、C、D点的频谱，并求输出响应$y(t)$。其中，$\omega_c\gg\omega_1$，且高通滤波器

$$H_1(\mathrm{j}\omega)=\begin{cases}K, & |\omega|>\omega_c\\ 0, & |\omega|<\omega_c\end{cases}$$

低通滤波器

$$H_2(\mathrm{j}\omega)=\begin{cases}K, & |\omega|<\omega_c\\ 0, & |\omega|>\omega_c\end{cases}$$

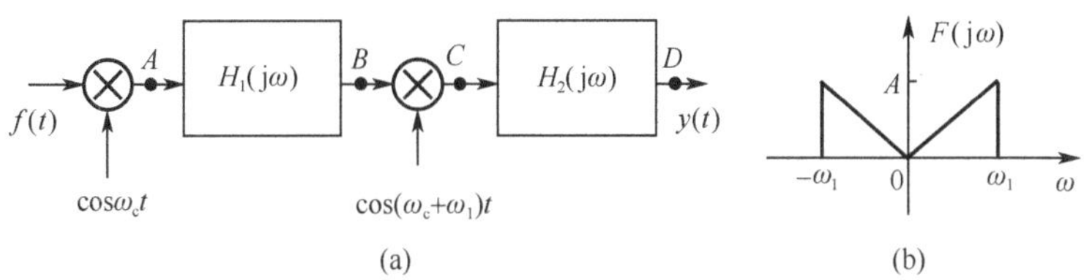

题 3.53 图

3.54 某 LTI 连续系统如题 3.54 图(a) 所示，$H_1(j\omega)$、$H_2(j\omega)$ 的频谱图均包含在图中，$F(j\omega)$ 如题 3.54 图(b) 所示，试绘出响应的频谱 $Y(j\omega)$，并求输出响应 $y(t)$。

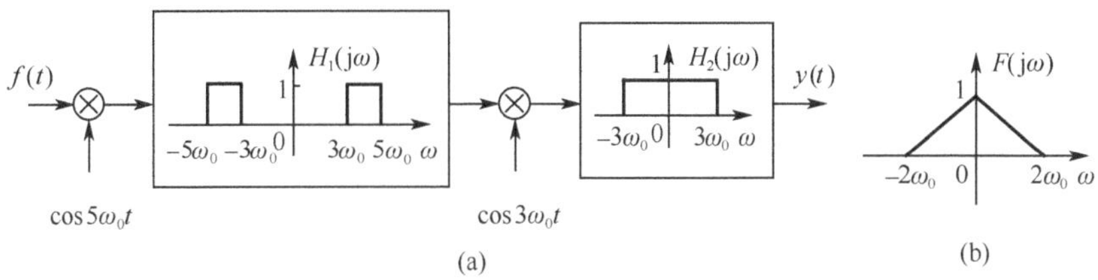

题 3.54 图

3.55 限带信号 $f(t)$ 的最高频率为 100Hz，若对下列信号进行时域取样，求奈奎斯特取样率。

(1) $f(2t)$ (2) $f^2(t)$ (3) $f(t) * f(2t)$ (4) $f(t) + f^2(t)$

3.56 信号 $f_1(t)$ 和 $f_2(t)$ 的频谱 $F_1(j\omega)$ 和 $F_2(j\omega)$ 如题 3.56 图(a)、(b) 所示，求信号 $f_1(t)$、$f_2(t)$、$f_2^2(t)$ 和 $f_1(t) \times f_2(t)$ 的奈奎斯特取样率。

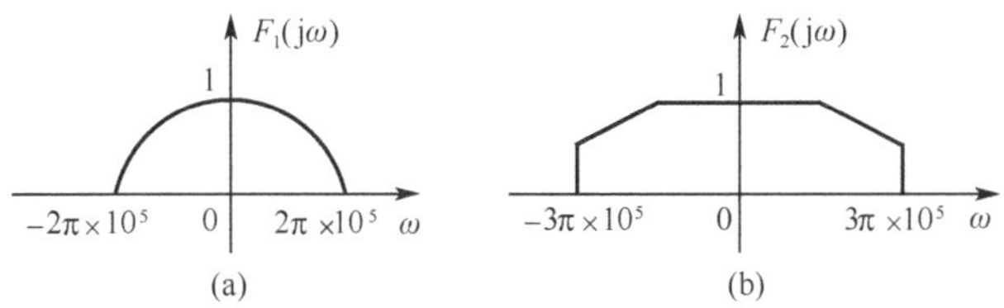

题 3.56 图

3.57 试确定下列信号的奈奎斯特取样率。

(1) $\mathrm{Sa}(100t)$ (2) $\mathrm{Sa}^2(100t)$

(3) $\mathrm{Sa}(100t) + \mathrm{Sa}(50t)$ (4) $\mathrm{Sa}(100t) + \mathrm{Sa}^2(60t)$

(5) $\mathrm{Sa}(100t) + \mathrm{Sa}^{10}(60t)$ (6) $[\mathrm{Sa}(100t) + \mathrm{Sa}^2(40t)]^5$

3.58 有限频带信号 $f(t) = 5 + 2\cos(2\pi f_1 t) + \cos(4\pi f_1 t)$，其中 $f_1 = 1\text{kHz}$，用 $f_s3 = 5kHz$ 的冲激函数序列 $\delta_{T_s}(t)$ 进行取样。

(1) 画出 $f(t)$ 及取样信号 $f_s(t)$ 在频率区间(−10kHz,10kHz) 的频谱图；

(2) 若由 $f_s(t)$ 恢复原信号，理想低通滤波器的截止频率 f_c 应如何选择？

3.59 有限频带信号 $f(t) = 5 + 2\cos(2\pi f_1 t) + \cos(4\pi f_1 t)$，其中 $f_1 = 1\text{kHz}$，用 $f_s = 800\text{Hz}$ 的冲激函数序列 $\delta_{T_s}(t)$ 进行取样(请注意 $f_s < f_1$)。

(1) 画出 $f(t)$ 的频谱图及取样信号 $f_s(t)$ 在频率区间(−2kHz,2kHz) 的频谱图；

(2) 若将取样信号 $f_s(t)$ 输入到截止频率 $f_c = 500\text{Hz}$、幅度为 T_s 的理想低通滤波器 $H(j\omega)$，即

$$H(j\omega) = H(j2\pi f) = \begin{cases} T_s, & |f| \leqslant 500\text{Hz} \\ 0, & |f| > 500\text{Hz} \end{cases}$$

试绘出滤波器的输出信号的频谱，并求输出信号 $y(t)$。

3.60 某 LTI 连续系统如题 3.60 图所示，输入信号为

$$f_1(t)=\varepsilon(t+5\times10^{-5})-\varepsilon(t-5\times10^{-5}),\quad f_2(t)=\delta(t)$$

低通滤波器

$$H_1(\mathrm{j}\omega)=\begin{cases}1, & |\omega|<2\pi\times10^4\\ 0, & |\omega|>2\pi\times10^4\end{cases},\quad H_2(\mathrm{j}\omega)=\begin{cases}1, & |\omega|<\pi\times10^4\\ 0, & |\omega|>\pi\times10^4\end{cases}$$

(1) 画出 $F_1(\mathrm{j}\omega)$和 $F_2(\mathrm{j}\omega)$的频谱；

(2) 画出 $H_1(\mathrm{j}\omega)$与 $H_2(\mathrm{j}\omega)$和的频谱；

(3) 画出 $Y_1(\mathrm{j}\omega)$和 $Y_2(\mathrm{j}\omega)$的频谱；

(4) 求 $y_1(t)$、$y_2(t)$和 $y(t)$的奈奎斯特取样率。

3.61 若对题 3.61 图(a)、(b)所示三角脉冲和升余弦脉冲用 $\delta_{T_s}(t)$进行时域理想取样(取样周期为 T_s)，试分别求取样信号的频谱 $F_s(\mathrm{j}\omega)$。

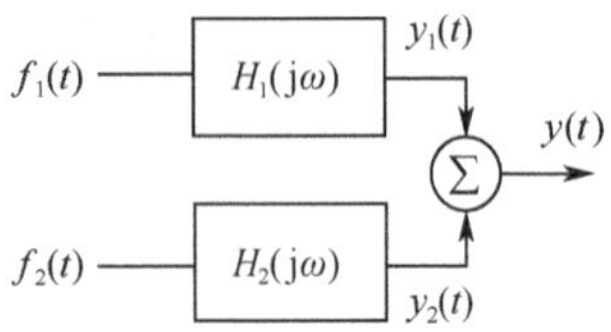

题 3.60 图

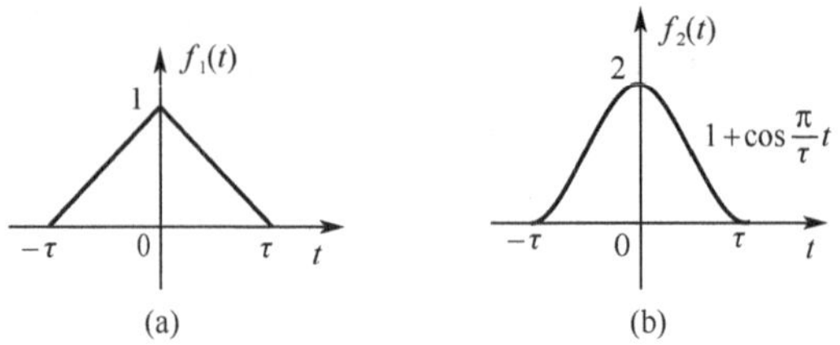

题 3.61 图

3.62 正交幅度调制系统框图如题 3.62 图所示，该系统可以实现正交多路复用。已知$H(\mathrm{j}\omega)=2g_{2\omega_m}(\omega)$，两路载波信号的载频 ω_c 相同，但相位相差$\frac{\pi}{2}$。两路调制信号 $f_1(t)$和 $f_2(t)$都为限带信号，且最高频率为 ω_m，若 $\omega_c>\omega_m$，试证明：$y_1(t)=f_1(t)$，$y_2(t)=f_2(t)$。

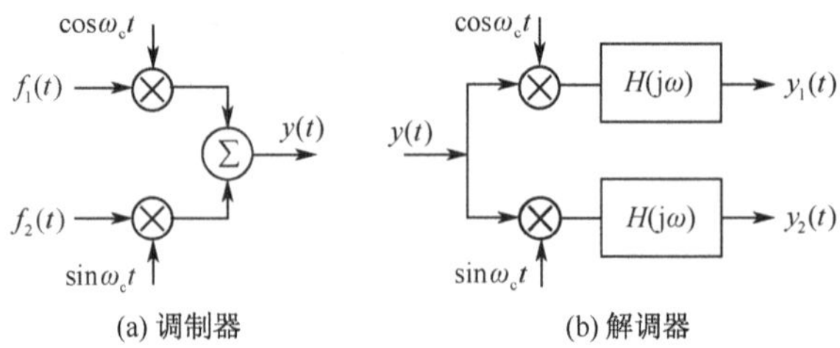

题 3.62 图

第4章　连续信号与系统的复频域分析

本章导读

傅里叶变换分析法以虚指数函数 $e^{j\omega t}$ 为基本信号，将任意连续信号 $f(t)$ 分解为众多不同频率的虚指数分量，而LTI连续系统的零状态响应是输入信号各分量所引起响应的叠加。这种方法在信号分析和处理等方面是十分有效的。不过它也有局限性：① 某些信号，如指数增长信号 $e^{\alpha t}(\alpha>0)$，不存在傅里叶变换，因而无法利用频域分析法；② 系统频域分析法只能求解系统的零状态响应，系统的零输入响应仍按经典法求解；③ 频域分析法中，傅里叶反变换一般较为复杂。为此引出一种更加有效而计算简便的方法，这便是拉普拉斯变换分析法。

拉普拉斯变换以复指数函数 e^{st} 为基本信号，将任意连续信号 $f(t)$ 分解为众多不同复频率的复指数分量，而LTI连续系统的零状态响应是输入信号各分量引起响应的叠加，而且在对系统取拉普拉斯变换时，系统相应的初始状态自动计入，因此系统的零输入响应也可同时求得，从而得到系统的全响应。

本章首先从傅里叶变换导出拉普拉斯变换，把频域扩展到复频域，并对信号拉普拉斯变换的收敛域、典型信号的拉普拉斯变换及拉普拉斯变换的性质加以阐述，然后讨论拉普拉斯反变换的计算。系统分析将重点讨论拉普拉斯变换分析法，并应用系统函数的零极点来分析系统的时域特性、频域响应特性和稳定性。最后介绍系统框图和信号流图的建立，并利用梅森公式求系统函数。

4.1　拉普拉斯变换

第34讲

4.1.1　拉普拉斯变换的定义

1. 从傅里叶变换到拉普拉斯变换

在信号的频域分析中，信号 $f(t)$ 若满足狄利克雷条件，便可由定义式求其傅里叶变换。但许多实际信号，如阶跃信号 $\varepsilon(t)$、单边正弦信号 $\sin\omega_0 t\varepsilon(t)$ 等，不满足绝对可积条件，因而不能由定义式直接得到它们的傅里叶变换，虽然借助于广义函数其傅里叶变换仍可求出，但变换式中往往要出现冲激函数，增加了分析难度；另外还有一些常见信号，例如，指数增长信号 $e^{\alpha t}(\alpha>0)$，由于不满足绝对可积条件而不存在傅里叶变换。若引入收敛因子 $e^{-\sigma t}$（σ 为任意实数），使信号 $f_1(t)=f(t)e^{-\sigma t}$ 满足绝对可积条件，则 $f_1(t)$ 便能利用定义式求其傅里叶变换，有

$$F_1(j\omega)=\mathscr{F}[f(t)e^{-\sigma t}]=\int_{-\infty}^{\infty}f(t)e^{-\sigma t}e^{-j\omega t}dt=\int_{-\infty}^{\infty}f(t)e^{-(\sigma+j\omega)t}dt$$

显然，$F_1(j\omega)$ 同时又是复变量 $\sigma+j\omega$ 的函数：$F_1(j\omega)=F(\sigma+j\omega)$，即

$$F(\sigma+j\omega)=\int_{-\infty}^{\infty}f(t)e^{-(\sigma+j\omega)t}dt \qquad (4\text{-}1\text{-}1)$$

$F(\sigma+j\omega)$ 的傅里叶反变换也可按定义式求出

$$f(t)\mathrm{e}^{-\sigma t}=\mathscr{F}^{-1}[F(\sigma+\mathrm{j}\omega)]=\frac{1}{2\pi}\int_{-\infty}^{\infty}F(\sigma+\mathrm{j}\omega)\mathrm{e}^{\mathrm{j}\omega t}\,\mathrm{d}\omega \tag{4-1-2}$$

将式(4-1-2)两边同乘以 $\mathrm{e}^{\sigma t}$，得

$$f(t)=\frac{1}{2\pi}\int_{-\infty}^{\infty}F(\sigma+\mathrm{j}\omega)\mathrm{e}^{(\sigma+\mathrm{j}\omega)t}\,\mathrm{d}\omega \tag{4-1-3}$$

令 $s=\sigma+\mathrm{j}\omega$，可得 $\mathrm{d}s=\mathrm{j}\mathrm{d}\omega$，当 $\omega\to\pm\infty$ 时，$s\to\sigma\pm\mathrm{j}\infty$，于是式(4-1-1)和式(4-1-3)可改写为

$$F(s)\overset{\text{def}}{=}\int_{-\infty}^{\infty}f(t)\mathrm{e}^{-st}\,\mathrm{d}t \tag{4-1-4}$$

$$f(t)\overset{\text{def}}{=}\frac{1}{2\pi\mathrm{j}}\int_{\sigma-\mathrm{j}\infty}^{\sigma+\mathrm{j}\infty}F(s)\mathrm{e}^{st}\,\mathrm{d}s \tag{4-1-5}$$

因为式(4-1-4)的积分时间域为$(-\infty,\infty)$，故该式中 $F(s)$ 被称为信号 $f(t)$ 的双边拉普拉斯变换(Laplace transform，LT)，它是复频率 $s=\sigma+\mathrm{j}\omega$($\sigma,\omega$ 是实变数)的函数，记作 $\mathscr{L}[f(t)]$；而式(4-1-5)中 $f(t)$ 称为 $F(s)$ 的拉普拉斯反变换(ILT)，它是时间 t 的函数，记作 $\mathscr{L}^{-1}[F(s)]$。式(4-1-4)与式(4-1-5)又被称作拉普拉斯变换对公式，$F(s)$ 是 $f(t)$ 的像函数，$f(t)$ 是 $F(s)$ 的原函数。两者之间的对应关系也可用双向箭头符号简记为

$$f(t)\leftrightarrow F(s) \tag{4-1-6}$$

从上述傅里叶变换导出拉普拉斯变换的过程可以看出，信号 $f(t)$ 的拉普拉斯变换 $F(s)$ 是信号 $f(t)\mathrm{e}^{-\sigma t}$ 的傅里叶变换，换句话说，拉普拉斯变换是广义的傅里叶变换。所谓广义是指 $f(t)$ 乘以衰减因子 $\mathrm{e}^{-\sigma t}$ 之后再进行傅里叶变换，因而 $f(t)\mathrm{e}^{-\sigma t}$ 容易满足绝对可积条件。这样许多原来不存在傅里叶变换的信号，都存在拉普拉斯变换，因此，拉普拉斯变换的引出扩大了信号变换的应用范围。拉普拉斯变换式中的变量 s 为复数变量，是频率 ω 的拓展，故 s 称为复频率；在 s 平面上，使 $f(t)$ 在傅里叶反变换式中沿虚轴 $\mathrm{j}\omega$ 的积分拓展到拉普拉斯反变换式中在收敛域内沿平行虚轴的积分。因此，可以说拉普拉斯变换是傅里叶变换的推广。

2. 双边拉普拉斯变换的收敛域(ROC)

拉普拉斯变换是一种积分运算，当信号 $f(t)\mathrm{e}^{-\sigma t}$ 满足绝对可积条件时，即

$$\int_{-\infty}^{\infty}|f(t)\mathrm{e}^{-\sigma t}|\,\mathrm{d}t<\infty$$

信号 $f(t)$ 的拉普拉斯变换才存在。显然，若拉普拉斯变换存在，σ 的取值范围便有一定的限制，使 $f(t)\mathrm{e}^{-\sigma t}$ 满足绝对可积条件的 σ 取值范围，称为拉普拉斯变换的**收敛域**(region of convergence，ROC)。而满足绝对可积的条件就意味着 $f(t)\mathrm{e}^{-\sigma t}$ 应收敛，即

$$\lim_{|t|\to\infty}f(t)\mathrm{e}^{-\sigma t}=0 \tag{4-1-7}$$

因此，可根据式(4-1-7)来判定 σ 的取值范围。

以下通过举例分别研究因果信号(在 $t<0$ 区间 $f(t)=0$)和反因果信号(在 $t>0$ 区间 $f(t)=0$)两种情形的收敛域。

例 4-1 (1) 设因果信号

$$f_1(t)=\mathrm{e}^{\alpha t}\varepsilon(t)=\begin{cases}0, & t<0\\ \mathrm{e}^{\alpha t}, & t>0,\quad \alpha\text{ 为实数}\end{cases}$$

(2) 设反因果信号

$$f_2(t)=\mathrm{e}^{\beta t}\varepsilon(-t)=\begin{cases}\mathrm{e}^{\beta t}, & t<0\\ 0, & t>0,\quad \beta\text{ 为实数}\end{cases}$$

(3) 设双边函数 $f_3(t)=f_1(t)+f_2(t)=e^{\alpha t}\varepsilon(t)+e^{\beta t}\varepsilon(-t)$。

试求其拉普拉斯变换，并确定其收敛域。

解 (1) 根据定义式有

$$F_1(s)=\int_0^{\infty}e^{\alpha t}e^{-st}dt=\frac{e^{-(s-\alpha)t}}{-(s-\alpha)}\Bigg|_0^{\infty}=\frac{1}{s-\alpha}[1-\lim_{t\to\infty}e^{-(\sigma-\alpha)t}e^{-j\omega t}]$$

$$=\begin{cases}\dfrac{1}{s-\alpha}, & \text{Re}[s]=\sigma>\alpha\\ \text{无界}, & \sigma\leqslant\alpha\quad(\sigma=\alpha\text{ 时},F_1(s)\text{ 不定})\end{cases}$$

可见，只有$\lim\limits_{t\to\infty}e^{-(\sigma-\alpha)t}e^{-j\omega t}=0$，即$\lim\limits_{t\to\infty}f(t)e^{-\sigma t}=0$ 时 $F_1(s)$存在，由此得出收敛域为 $\text{Re}[s]=\sigma>\alpha$，如图 4-1(a)所示。

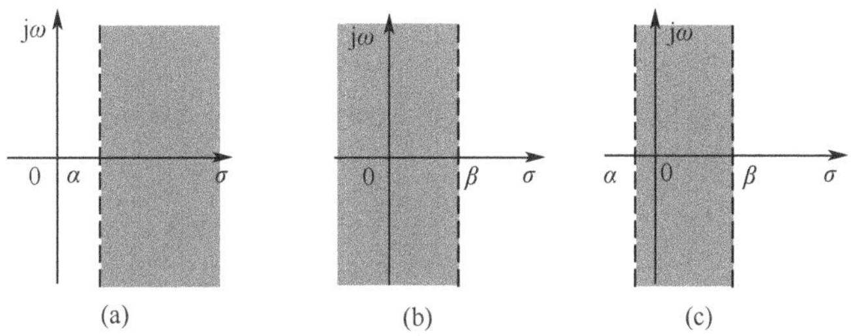

图 4-1 拉普拉斯变换的收敛域

对于因果信号，仅当 $\text{Re}[s]=\sigma>\alpha$ 时，其拉普拉斯变换存在且解析。在以 σ 为横轴，$j\omega$ 为纵轴的 s 平面(复平面)上，用过 $\sigma=\sigma_0=\alpha$ 的值(又称为收敛坐标)作平行于虚轴的虚线(又称为收敛边界)，使 s 平面分为两个区域，分别叫做收敛域($\sigma>\alpha$)和发散域($\sigma\leqslant\alpha$)，因此收敛域不包括收敛边界。

(2) 根据定义式有

$$F_2(s)=\int_{-\infty}^{0}e^{\beta t}e^{-st}dt=\frac{e^{-(s-\beta)t}}{-(s-\beta)}\Bigg|_{-\infty}^{0}=\begin{cases}\text{无界}, & \sigma\geqslant\beta(\sigma=\beta\text{ 时},F_2(s)\text{ 不定})\\ -\dfrac{1}{s-\beta}, & \sigma<\beta\end{cases}$$

可见，对于反因果信号，收敛坐标 $\sigma_0=\beta$，仅当 $\text{Re}[s]=\sigma<\beta$ 时，其拉普拉斯变换存在且解析，收敛域如图 4-1(b)所示。

(3) 双边拉普拉斯变换 $F_3(s)=F_1(s)+F_2(s)$，其收敛域 $\alpha<\text{Re}[s]<\beta$ 是一个带状区域，如图 4-1(c)所示。就是说，当 $\beta>\alpha$ 时，其拉普拉斯变换 $F_3(s)$存在($\alpha<\text{Re}[s]<\beta$)；如果 $\alpha\geqslant\beta$，$F_1(s)$与 $F_2(s)$没有共同的收敛域，因而 $F_3(s)$不存在。例如，周期信号是无时限的，可从 $t=0$ 分解为因果信号和反因果信号，但两个信号的收敛区只在收敛边界重叠，无公共收敛域，故拉普拉斯变换不存在。显然，双边拉普拉斯变换有两个收敛边界。

3. 单边拉普拉斯变换及其收敛域

在实际问题中，常用信号都是因果信号，这时 $f(t)=f(t)\varepsilon(t)$，式(4-1-4)可写为

$$F(s)\overset{\text{def}}{=}\int_{0_-}^{\infty}f(t)e^{-st}dt \tag{4-1-8}$$

式(4-1-8)称为信号 $f(t)$的单边拉普拉斯变换。式中积分下限选 0_-，目的是把$f(t)$在 $t=0$ 时

出现的冲激及其各阶导数包含到积分中去。对单边拉普拉斯变换，式(4-1-5)的拉普拉斯反变换式不用改变，但应注明所得到的 $f(t)$适用 $t\geqslant 0$。

对于因果信号 $f(t)=f(t)\varepsilon(t)$而言，其单边拉普拉斯变换与其双边拉普拉斯变换相同；对于无时限信号而言，单边拉普拉斯变换与双边拉普拉斯变换是不同的，因为在 $t<0$ 的部分对求单边拉普拉斯变换无贡献，但对于双边拉普拉斯变换则有贡献。因此，双边拉普拉斯变换与单边拉普拉斯变换分别是两种独立的拉普拉斯变换。如果信号 $f(t)$在原点 $t=0$ 没有冲激信号及其各阶导数，那么式(4-1-8)的积分下限可以取为 $t=0$，即

$$F(s)=\int_0^{\infty} f(t)\mathrm{e}^{-st}\mathrm{d}t$$

一般地说，单边拉普拉斯变换的收敛域有如下规律：

(1) 时限的脉冲能量信号的拉普拉斯变换一定存在，其收敛域是整个 s 平面，即 $\mathrm{Re}[s]\in(-\infty,\infty)$。

(2) 因果功率信号和一些非功非能信号，如 $\varepsilon(t)$、$t^n\varepsilon(t)$等，收敛边界是 $\mathrm{j}\omega$ 虚轴，收敛域为整个 s 平面的右半开面，即 $\mathrm{Re}[s]>0$。

(3) 单边指数增长信号 $\mathrm{e}^{\alpha t}\varepsilon(t)$，收敛域为 $\mathrm{Re}[s]>\alpha$（$\alpha>0$，则 $\sigma_0>0$；$\alpha<0$，则$\sigma_0<0$）。

(4) 一些比指数增长信号增长更快的信号，如 $\mathrm{e}^{t^2}\varepsilon(t)$、$t^t\varepsilon(t)$等找不到收敛坐标，故其拉普拉斯变换不存在。

在引入像函数 $F(s)$零极点①的概念后可知，$F(s)$的收敛域内是不允许含极点的，因此，单边拉普拉斯变换的收敛域是最靠右边的极点作为收敛边界的 s 平面的右半开面。一般情况下，单边拉普拉斯变换的收敛边界只有一个，比较简单，故单边拉普拉斯变换的收敛域不用另外说明。

单边拉普拉斯变换运算简便，用途广泛，是研究双边拉普拉斯变换的基础。本书主要讨论单边拉普拉斯变换，单边拉普拉斯变换简称拉普拉斯变换。

4.1.2 拉普拉斯变换的物理意义

根据拉普拉斯反变换的定义，有

$$\begin{aligned}
f(t)&=\frac{1}{2\pi\mathrm{j}}\int_{\sigma-\mathrm{j}\infty}^{\sigma+\mathrm{j}\infty}F(s)\mathrm{e}^{st}\mathrm{d}s=\frac{1}{2\pi}\int_{-\infty}^{\infty}|F_1(\mathrm{j}\omega)|\mathrm{e}^{\mathrm{j}\varphi_1(\omega)}\mathrm{e}^{\sigma t}\mathrm{e}^{\mathrm{j}\omega t}\mathrm{d}\omega\\
&=\frac{1}{2\pi}\int_{-\infty}^{0}|F_1(\mathrm{j}\omega)|\mathrm{e}^{\mathrm{j}\varphi_1(\omega)}\mathrm{e}^{\sigma t}\mathrm{e}^{\mathrm{j}\omega t}\mathrm{d}\omega+\frac{1}{2\pi}\int_{0}^{\infty}|F_1(\mathrm{j}\omega)|\mathrm{e}^{\mathrm{j}\varphi_1(\omega)}\mathrm{e}^{\sigma t}\mathrm{e}^{\mathrm{j}\omega t}\mathrm{d}\omega\\
(\text{令第一项 }\omega=-\omega)\quad&=\frac{1}{2\pi}\left[\int_{0}^{\infty}|F_1(\mathrm{j}\omega)|\mathrm{e}^{-\mathrm{j}\varphi_1(\omega)}\mathrm{e}^{\sigma t}\mathrm{e}^{-\mathrm{j}\omega t}\mathrm{d}\omega+\int_{0}^{\infty}|F_1(\mathrm{j}\omega)|\mathrm{e}^{\mathrm{j}\varphi_1(\omega)}\mathrm{e}^{\sigma t}\mathrm{e}^{\mathrm{j}\omega t}\mathrm{d}\omega\right]\\
&=\frac{1}{\pi}\int_{0}^{\infty}|F_1(\mathrm{j}\omega)|\mathrm{e}^{\sigma t}\mathrm{d}\omega\,\frac{\mathrm{e}^{\mathrm{j}[\omega t+\varphi_1(\omega)]}+\mathrm{e}^{-\mathrm{j}[\omega t+\varphi_1(\omega)]}}{2}\\
&=\int_{0}^{\infty}\frac{|F_1(\mathrm{j}\omega)|\mathrm{e}^{\sigma t}\mathrm{d}\omega}{\pi}\cos[\omega t+\varphi_1(\omega)]
\end{aligned}$$

可见，拉普拉斯变换将任意非周期信号 $f(t)$分解为无限多个不同频率的微元变幅正弦振

---

① $F(s)$零点、极点的概念：设 $F(s)=\dfrac{E(s)}{D(s)}$，$E(s)=0$ 的根称为 $F(s)$的零点；$D(s)=0$ 的根称为 $F(s)$的极点。

荡信号$\frac{|F_1(\mathrm{j}\omega)|\mathrm{e}^{\sigma t}\mathrm{d}\omega}{\pi}\times\cos[\omega t+\varphi_1(\omega)]$(如图 4-2 所示)的连续和。

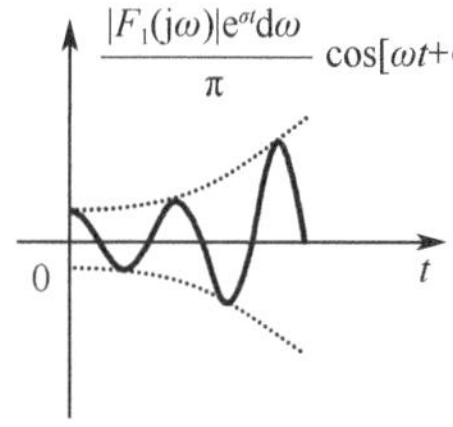

图 4-2 $\sigma>0$ 时微元变幅正弦振荡分量

第 35 讲

4.1.3 典型信号的拉普拉斯变换

1. 奇异类信号

1) 单位冲激偶信号

$$f(t)=\delta'(t)\leftrightarrow F(s)=s \tag{4-1-9}$$

证明 $\mathscr{L}[\delta'(t)]=\int_{0_-}^{\infty}\delta'(t)\mathrm{e}^{-st}\mathrm{d}t=-\frac{\mathrm{d}}{\mathrm{d}t}\mathrm{e}^{-st}\Big|_{t=0}=s$

2) 单位冲激信号

$$f(t)=\delta(t)\leftrightarrow F(s)=1 \tag{4-1-10}$$

证明 根据定义

$$\mathscr{L}[\delta(t)]=\int_{0_-}^{\infty}\delta(t)\mathrm{e}^{-st}\mathrm{d}t=\int_{0_-}^{\infty}\delta(t)\mathrm{d}t=1$$

3)单位阶跃信号

$$f(t)=\varepsilon(t)\leftrightarrow F(s)=\frac{1}{s} \tag{4-1-11}$$

证明 根据定义

$$\mathscr{L}[\varepsilon(t)]=\int_{0}^{\infty}\varepsilon(t)\mathrm{e}^{-st}\mathrm{d}t=\left(-\frac{1}{s}\right)\mathrm{e}^{-st}\Big|_{0}^{\infty}=0-\left(-\frac{1}{s}\right)=\frac{1}{s}$$

对单边拉普拉斯变换而言,**单位直流信号**与单位阶跃信号的拉普拉斯变换完全相同,即

$$f(t)=1\leftrightarrow F(s)=\frac{1}{s}$$

4)单边 t 的正幂信号

$$f(t)=t^n\varepsilon(t)\leftrightarrow F(s)=\frac{n!}{s^{n+1}} \tag{4-1-12}$$

证明

$$\mathscr{L}[t^n\varepsilon(t)]=\int_{0}^{\infty}t^n\mathrm{e}^{-st}\mathrm{d}t=\int_{0}^{\infty}t^n\left(-\frac{1}{s}\right)\mathrm{d}\mathrm{e}^{-st}=-\frac{t^n}{s\mathrm{e}^{st}}\Big|_{0}^{\infty}+\frac{n}{s}\int_{0}^{\infty}\mathrm{e}^{-st}t^{n-1}\mathrm{d}t$$

$$=\underbrace{\frac{n}{s}\mathscr{L}[t^{n-1}\varepsilon(t)]=\frac{n}{s}\frac{n-1}{s}\mathscr{L}[t^{n-2}\varepsilon(t)]=\cdots=\frac{n!}{s^n}\mathscr{L}[\varepsilon(t)]}_{n次}=\frac{n!}{s^{n+1}}\quad(证毕)$$

当 $n=1$ 时,**斜坡信号**

$$f(t)=R(t)=t\,\varepsilon(t)\leftrightarrow F(s)=\frac{1}{s^2} \tag{4-1-13}$$

2. 单边指数类信号

$$f(t)=\mathrm{e}^{\alpha t}\varepsilon(t)\leftrightarrow F(s)=\frac{1}{s-\alpha} \tag{4-1-14}$$

证明

$$\mathscr{L}[\mathrm{e}^{\alpha t}\varepsilon(t)]=\int_{0_-}^{\infty}\mathrm{e}^{\alpha t}\mathrm{e}^{-st}\mathrm{d}t=\int_{0_-}^{\infty}\mathrm{e}^{-(s-\alpha)t}\mathrm{d}t=-\frac{\mathrm{e}^{-(s-\alpha)t}}{s-\alpha}\Big|_{0_-}^{\infty}=\frac{1}{s-\alpha}$$

同理

$$f(t)=\mathrm{e}^{-\alpha t}\varepsilon(t)\leftrightarrow F(s)=\frac{1}{s+\alpha}$$

若 $\alpha=\pm\mathrm{j}\omega_0$,则有**虚指数信号**

$$f(t)=\mathrm{e}^{\pm\mathrm{j}\omega_0 t}\varepsilon(t)\leftrightarrow F(s)=\frac{1}{s\mp\mathrm{j}\omega_0}\tag{4-1-15}$$

双曲函数

$$f(t)=\mathrm{ch}\beta t\varepsilon(t)\leftrightarrow F(s)=\frac{s}{s^2-\beta^2}\tag{4-1-16}$$

证明

$$F(s)=\mathscr{L}[\mathrm{ch}\beta t\varepsilon(t)]=\mathscr{L}\left[\frac{\mathrm{e}^{\beta t}+\mathrm{e}^{-\beta t}}{2}\right]=\frac{1}{2}\left[\frac{1}{s-\beta}+\frac{1}{s+\beta}\right]=\frac{s}{s^2-\beta^2}$$

同理

$$f(t)=\mathrm{sh}\beta t\varepsilon(t)\leftrightarrow F(s)=\frac{\beta}{s^2-\beta^2}\tag{4-1-17}$$

3. 单边正弦类信号

$$f(t)=\cos\omega_0 t\varepsilon(t)\leftrightarrow F(s)=\frac{s}{s^2+\omega_0^2}\tag{4-1-18}$$

证明

$$F(s)=\mathscr{L}[\cos\omega_0 t\varepsilon(t)]=\mathscr{L}\left[\frac{\mathrm{e}^{\mathrm{j}\omega_0 t}+\mathrm{e}^{-\mathrm{j}\omega_0 t}}{2}\right]=\frac{1}{2}\left[\frac{1}{s-\mathrm{j}\omega_0}+\frac{1}{s+\mathrm{j}\omega_0}\right]=\frac{s}{s^2+\omega_0^2}$$

同理

$$f(t)=\sin\omega_0 t\varepsilon(t)\leftrightarrow F(s)=\frac{\omega_0}{s^2+\omega_0^2}\tag{4-1-19}$$

表 4-1 列出了典型信号及其拉普拉斯变换，以供查阅。

表 4-1　典型信号的单边拉普拉斯变换

序　号	$f(t)$	$F(s)$	ROC
1	$\delta^{(n)}(t)$	s^n，n 是正整数	$\sigma>-\infty$
2	$\delta'(t)$	s	$\sigma>-\infty$
3	$\delta(t)$	1	$\sigma>-\infty$
4	$\varepsilon(t)$	$\frac{1}{s}$	$\sigma>0$
5	$t\varepsilon(t)$	$\frac{1}{s^2}$	$\sigma>0$
6	$t^n\varepsilon(t)$	$\frac{n!}{s^{n+1}}$，n 是正整数	$\sigma>0$
7	$\frac{1}{(n-1)!}t^{n-1}\varepsilon(t)$	$\frac{1}{s^n}$，n 是正整数	$\sigma>0$
8	$\mathrm{e}^{\pm\alpha t}\varepsilon(t)$	$\frac{1}{s\mp\alpha}$	$\sigma>\pm\alpha$
9	$t\mathrm{e}^{\pm\alpha t}\varepsilon(t)$	$\frac{1}{(s\mp\alpha)^2}$	$\sigma>\pm\alpha$
10	$\frac{1}{(n-1)!}t^{n-1}\mathrm{e}^{\pm\alpha t}\varepsilon(t)$	$\frac{1}{(s\mp\alpha)^n}$	$\sigma>\pm\alpha$
11	$\mathrm{e}^{\pm\mathrm{j}\omega_0 t}\varepsilon(t)$	$\frac{1}{s\mp j\omega_0}$	$\sigma>0$
12	$\cos(\omega_0 t)\varepsilon(t)$	$\frac{s}{s^2+\omega_0^2}$	$\sigma>0$
13	$\mathrm{e}^{\mp\alpha t}\cos(\omega_0 t)\varepsilon(t)$	$\frac{s+\alpha}{(s\pm\alpha)^2+\omega_0^2}$	$\sigma>\pm\alpha$

续表

序 号	$f(t)$	$F(s)$	ROC
14	$\sin(\omega_0 t)\varepsilon(t)$	$\dfrac{\omega_0}{s^2+\omega_0^2}$	$\sigma>0$
15	$e^{\mp\alpha t}\sin(\omega_0 t)\varepsilon(t)$	$\dfrac{\omega_0}{(s\pm\alpha)^2+\omega_0^2}$	$\sigma>\pm\alpha$
16	$\cosh(\beta t)\varepsilon(t)$	$\dfrac{s}{s^2-\beta^2}$	$\sigma>\beta$
17	$e^{\mp\alpha t}\cosh(\beta t)\varepsilon(t)$	$\dfrac{s+\alpha}{(s\pm\alpha)^2-\beta^2}$	$\sigma>\pm\alpha+\beta$
18	$\sinh(\beta t)\varepsilon(t)$	$\dfrac{\beta}{s^2-\beta^2}$	$\sigma>\beta$
19	$e^{\mp\alpha t}\sinh(\beta t)$	$\dfrac{\beta}{(s\pm\alpha)^2-\beta^2}$	$\sigma>\pm\alpha+\beta$
20	$\delta_T(t)=\sum\limits_{n=-\infty}^{\infty}\delta(t-nT)$	$\dfrac{1}{1-e^{-sT}}$	$\sigma>0$
21	$f_T(t)=\sum\limits_{n=-\infty}^{\infty}f_1(t-nT)$	$\dfrac{F_1(s)}{1-e^{-sT}}$	$\sigma>0$

4.2 拉普拉斯变换的性质

类似于傅里叶变换的性质，单边拉普拉斯变换也有许多性质和定理。不过，从物理意义上说，由于拉普拉斯变换中复频率的物理概念不如傅里叶变换的频率概念那么清晰，所以拉普拉斯变换性质所对应的物理含义有些不如傅里叶变换性质那么直接。但是，两种性质的定义和证明都极为相似，大多数性质甚至只是用复频率 s 替代频率 $j\omega$ 即可，不同在于拉普拉斯变换是单边的而傅里叶变换是双边的，所以学习拉普拉斯变换性质时有似曾相识的感觉。

掌握拉普拉斯变换的性质和定理可以使求解一些较复杂信号的拉普拉斯变换变得方便简捷，并且也有助于求拉普拉斯反变换。因此，在实际应用中，人们常常利用性质而不是利用定义式来做拉普拉斯变换的计算。与傅里叶变换性质类似的部分性质不再做证明。

4.2.1 线性性质

若

$$f_1(t)\leftrightarrow F_1(s),\quad f_2(t)\leftrightarrow F_2(s)$$

则

$$af_1(t)+bf_2(t)\leftrightarrow aF_1(s)+bF_2(s) \tag{4-2-1}$$

式中，a 和 b 为任意常数。

4.2.2 尺度压扩性质(比例性)

若

$$f(t)\leftrightarrow F(s)$$

则

$$f(at)\leftrightarrow \frac{1}{a}F\left(\frac{s}{a}\right),\quad a>0 \tag{4-2-2}$$

尺度变换性质必须满足 $a>0$。如果 $a<0$，信号 $f(t)$ 和 $f(at)$ 还有反折关系，因而 $f(at)$ 反折到 $t<0$ 的部分单边拉普拉斯变换将为零，使信息丢失。

4.2.3 时延性质

若

$$f(t)\leftrightarrow F(s)$$

则

$$f(t-t_0)\varepsilon(t-t_0)\leftrightarrow F(s)\mathrm{e}^{-st_0},\quad t_0>0 \tag{4-2-3}$$

证明

$$\mathscr{L}[f(t-t_0)\varepsilon(t-t_0)]=\int_{0_-}^{\infty}f(t-t_0)\varepsilon(t-t_0)\mathrm{e}^{-st}\mathrm{d}t=\int_{t_{0_-}}^{\infty}f(t-t_0)\mathrm{e}^{-st}\mathrm{d}t$$

$$(\text{令 } x=t-t_0)=\int_{0_-}^{\infty}f(x)\mathrm{e}^{-sx}\mathrm{e}^{-st_0}\mathrm{d}x=\mathrm{e}^{-st_0}\int_{0_-}^{\infty}f(x)\mathrm{e}^{-sx}\mathrm{d}x=\mathrm{e}^{-st_0}F(s)$$

说明 (1) $t_0>0$ 十分重要，因为如果 $t_0<0$，信号的波形左移可能越过原点而无拉普拉斯变换。

(2) 因果信号 $f(t)\varepsilon(t)$ 延时后得到的信号 $f(t-t_0)\varepsilon(t-t_0)$ 可应用该性质，但 $f(t-t_0)\varepsilon(t)$ 和 $f(t)\varepsilon(t-t_0)$ 不能直接应用该性质。

例 4-2 求下列波形的拉普拉斯变换，如图 4-3 所示。

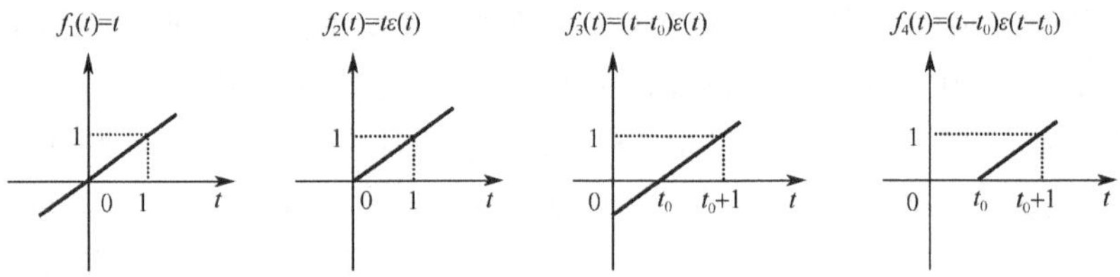

图 4-3 例 4-2 图

解 (1) $f_1(t)=t\leftrightarrow F_1(s)=\dfrac{1}{s^2}$

(2) $f_2(t)=t\varepsilon(t)\leftrightarrow F_2(s)=\dfrac{1}{s^2}$

(3) $f_3(t)=(t-t_0)\varepsilon(t)=t\varepsilon(t)-t_0\varepsilon(t)\leftrightarrow F_3(s)=\dfrac{1}{s^2}-\dfrac{t_0}{s}$

(4) $f_4(t)=(t-t_0)\varepsilon(t-t_0)\leftrightarrow F_4(s)=\dfrac{1}{s^2}\mathrm{e}^{-st_0}$

可见，只有 $F_4(s)$ 是根据 $F_2(s)$ 应用时延性质直接求出。

例 4-3 试求图 4-4 所示锯齿波脉冲信号的拉普拉斯变换。

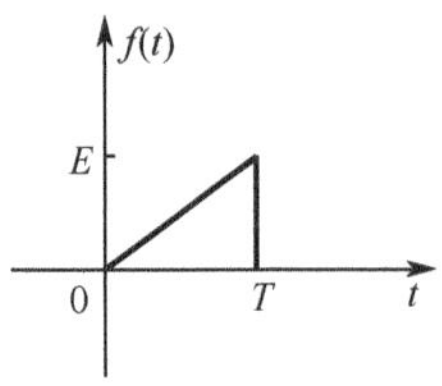

图 4-4 例 4-3 图

解 锯齿波可分解为下列典型信号的和：

$$f(t)=\frac{E}{T}t[\varepsilon(t)-\varepsilon(t-T)]=\frac{E}{T}[t\varepsilon(t)-t\varepsilon(t-T)]$$

$$=\frac{E}{T}[t\varepsilon(t)-(t-T)\varepsilon(t-T)-T\varepsilon(t-T)]$$

应用时延性质可得

$$F(s)=\frac{E}{T}\left[\frac{1}{s^2}-\frac{1}{s^2}\mathrm{e}^{-sT}-\frac{T}{s}\mathrm{e}^{-sT}\right]$$

例 4-4　求图 4-5(a)所示因果半波整流信号的拉普拉斯变换。

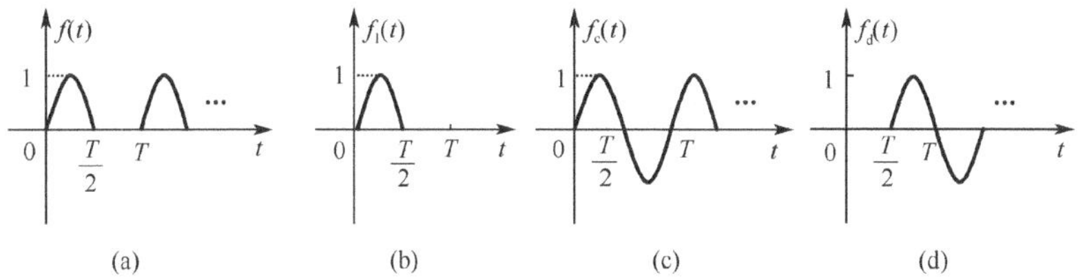

图 4-5　例 4-4 图

解　根据因果周期信号的定义

$$f(t)=\sum_{n=0}^{\infty}f_1(t-nT)$$

其中，$f_1(t)$如图 4-5(b)所示，它是图 4-5(c)和(d)所示波形的叠加，故

$$f_1(t)=f_c(t)+f_d(t)=\sin\omega_0 t\varepsilon(t)+\sin\omega_0\left(t-\frac{T}{2}\right)\varepsilon\left(t-\frac{T}{2}\right),\quad \omega_0=\frac{2\pi}{T}$$

对应的拉普拉斯变换为

$$F_1(s)=\frac{\omega_0}{s^2+\omega_0^2}+\frac{\omega_0}{s^2+\omega_0^2}\mathrm{e}^{-s\frac{T}{2}}=\frac{\omega_0}{s^2+\omega_0^2}(1+\mathrm{e}^{-s\frac{T}{2}})$$

所以

$$F(s)=\sum_{n=0}^{\infty}F_1(s)\mathrm{e}^{-nTs}=\frac{\omega_0}{s^2+\omega_0^2}\sum_{n=0}^{\infty}\mathrm{e}^{-nTs}(1+\mathrm{e}^{-s\frac{T}{2}})=\frac{\omega_0}{s^2+\omega_0^2}(1+\mathrm{e}^{-s\frac{T}{2}})\sum_{n=0}^{\infty}\mathrm{e}^{-nTs}$$

$$=\frac{\omega_0}{s^2+\omega_0^2}(1+\mathrm{e}^{-s\frac{T}{2}})\frac{1}{1-\mathrm{e}^{-sT}}=F_1(s)\frac{1}{1-\mathrm{e}^{-sT}}=\frac{\omega_0}{(s^2+\omega_0^2)(1-\mathrm{e}^{-\frac{sT}{2}})}$$

其中，$\sum\limits_{n=0}^{\infty}\mathrm{e}^{-nTs}=\dfrac{1}{1-\mathrm{e}^{-sT}}$。

据此，引出周期信号单边拉普拉斯变换的一般式

$$f_T(t)=\sum_{n=0}^{\infty}f_1(t-nT)\leftrightarrow F_T(s)=\frac{F_1(s)}{1-\mathrm{e}^{-sT}}\qquad(4\text{-}2\text{-}4)$$

其中，$F_1(s)$是第一个周期内信号的拉普拉斯变换。

如果同时有延时和尺度变换，则有

$$f(at-t_0)\varepsilon(at-t_0)\leftrightarrow\frac{1}{a}F\left(\frac{s}{a}\right)\mathrm{e}^{-\frac{t_0}{a}s},\quad a>0,\quad t_0>0\qquad(4\text{-}2\text{-}5)$$

式(4-2-5)同时包含了尺度变换性质和延时性质，它可以通过先延时后尺度变换或先尺度变换后延时导出。

4.2.4　复频移性质

若

$$f(t)\leftrightarrow F(s)$$

则

$$f(t)\mathrm{e}^{\pm s_a t}\leftrightarrow F(s\mp s_a)\qquad(4\text{-}2\text{-}6)$$

证明

$$\mathscr{L}[f(t)e^{\pm s_a t}]=\int_{0_-}^{\infty}f(t)e^{\pm s_a t}e^{-st}dt=\int_{0_-}^{\infty}f(t)e^{-(s\mp s_a)t}dt=F(s\mp s_a)$$

该性质表明，时域 $f(t)$乘以 $e^{\pm s_a t}$，相当于复频域里 $F(s)$发生了$\mp s_a$ 的复频率移动。

例 4-5 已知 $f(t)\leftrightarrow F(s)$，求信号 $f(t)\cos\omega_0 t$ 和 $f(t)\sin\omega_0 t$ 的拉普拉斯变换。

解

$$\mathscr{L}[f(t)\cos\omega_0 t]=\frac{1}{2}\mathscr{L}[f(t)e^{j\omega_0 t}+f(t)e^{-j\omega_0 t}]=\frac{1}{2}[F(s-j\omega_0)+F(s+j\omega_0)]$$

所以

$$f(t)\cos\omega_0 t\leftrightarrow\frac{1}{2}[F(s-j\omega_0)+F(s+j\omega_0)]$$

同理

$$f(t)\sin\omega_0 t\leftrightarrow\frac{1}{2j}[F(s-j\omega_0)-F(s+j\omega_0)]$$

例 4-6 已知 $f(t)\leftrightarrow F(s)$，求信号 $e^{-\alpha t}\mathrm{sh}(\beta t)\varepsilon(t)$和 $e^{-\alpha t}\mathrm{ch}(\beta t)\varepsilon(t)$的拉普拉斯变换。

解 因为

$$\mathrm{sh}(\beta t)\varepsilon(t)\leftrightarrow\frac{\beta}{s^2-\beta^2},\quad \mathrm{ch}(\beta t)\varepsilon(t)\leftrightarrow\frac{s}{s^2-\beta^2}$$

第 36 讲

所以，由复频移性质得

$$e^{-\alpha t}\mathrm{sh}(\beta t)\varepsilon(t)\leftrightarrow\frac{\beta}{(s+\alpha)^2-\beta^2},\quad e^{-\alpha t}\mathrm{ch}(\beta t)\varepsilon(t)\leftrightarrow\frac{(s+\alpha)}{(s+\alpha)^2-\beta^2}$$

4.2.5 时域微分性质

若

$$f(t)\leftrightarrow F(s)$$

则

$$f'(t)=\frac{df(t)}{dt}\leftrightarrow sF(s)-f(0_-) \tag{4-2-7}$$

证明

$$\mathscr{L}\left[\frac{df(t)}{dt}\right]=\int_{0_-}^{\infty}\frac{df(t)}{dt}e^{-st}dt$$

$$=f(t)e^{-st}\Big|_{0_-}^{\infty}-\int_{0_-}^{\infty}(-s)f(t)e^{-st}dt=sF(s)-f(0_-)$$

推论

$$\mathscr{L}\left[\frac{d^2f(t)}{dt^2}\right]=\int_{0_-}^{\infty}\frac{d^2f(t)}{dt^2}e^{-st}dt=s\mathscr{L}\left[\frac{df}{dt}\right]-\frac{df}{dt}\Big|_{t=0_-}$$

$$=s[sF(s)-f(0_-)]-f'(0_-)=s^2F(s)-sf(0_-)-f'(0_-)$$

即

$$f''(t)=\frac{d^2f(t)}{dt^2}\leftrightarrow s^2F(s)-sf(0_-)-f'(0_-)$$

$$\vdots$$

$$f^{(n)}(t)=\frac{d^nf(t)}{dt^n}\leftrightarrow s^nF(s)-s^{n-1}f(0_-)-s^{n-2}f'(0_-)-\cdots-f^{(n-1)}(0_-)$$

$$= s^n F(s) - \sum_{q=0}^{n-1} s^{n-1-q} f^{(q)}(0_-) \tag{4-2-8}$$

如果 $f(t)$为因果信号，有 $f(0_-)=f'(0_-)=\cdots=f^{(n-1)}(0_-)=0$，则

$$\frac{\mathrm{d}^n f(t)}{\mathrm{d}t^n} \leftrightarrow s^n F(s) \tag{4-2-9}$$

或

$$\frac{\mathrm{d}^n [f(t)\varepsilon(t)]}{\mathrm{d}t^n} \leftrightarrow s^n F(s) \tag{4-2-10}$$

时域微分性质与后面将介绍的时域积分性质是因果信号激励因果系统复频域分析法的理论基础，因为能使响应信号的初始状态自动计入，因而，应用它可分别求得零输入响应、零状态响应和全响应。

应当注意，对单边拉氏变换而言，$f(t)$与 $f(t)\varepsilon(t)$的单边拉普拉斯变换相同，但$\frac{\mathrm{d}}{\mathrm{d}t}f(t)$与$\frac{\mathrm{d}}{\mathrm{d}t}[f(t)\varepsilon(t)]$的单边拉普拉斯变换却常常不相同，这与 $f^{(k)}(0_-)(k=0,1,\cdots,n-1)$是否为零有关(常易忽略)。因此，若 $f(t)$含有 $\varepsilon(t)$、$\delta(t)$等奇异函数，则 $\mathscr{L}\left[\frac{\mathrm{d}}{\mathrm{d}t}f(t)\right]$应按奇异函数求导后再取单边拉普拉斯变换更为简便而不用性质。

例 4-7 (1) 信号 $f_1(t)$和 $f_2(t)$如图 4-6(a)所示，试求信号 $f_1'(t)$和 $f_2'(t)$的拉普拉斯变换。

(2) 信号 $f_3(t)$和 $f_4(t)$如图 4-6(b)所示，试求信号 $f_3'(t)$和 $f_4'(t)$的拉普拉斯变换。

(3)已知单边拉普拉斯变换 $f(t)\leftrightarrow F(s)$，试求 $y(t)=\mathrm{e}^{-3t}\frac{\mathrm{d}}{\mathrm{d}t}[f(2t-1)\varepsilon(2t-1)]$的单边拉普拉斯变换。

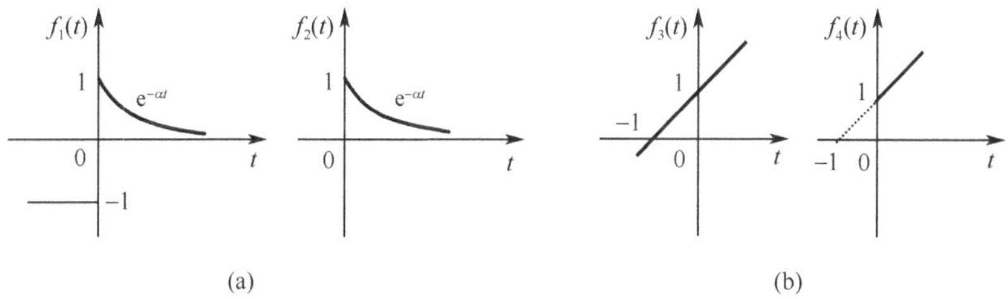

图 4-6 例 4-7 图

解 (1) $f_1(t)$和 $f_2(t)$的波形如图 4-6(a)所示，显然，$f_1(0_-)=-1$，$f_2(0_-)=0$。

解法一 求导后取拉普拉斯变换

$$F_1(s)=\mathscr{L}[f_1'(t)]=\mathscr{L}[2\delta(t)-\alpha\mathrm{e}^{-\alpha t}\varepsilon(t)]=2-\frac{\alpha}{s+\alpha}=\frac{2s+\alpha}{s+\alpha} \quad (简便)$$

$$F_2(s)=\mathscr{L}[f_2'(t)]=\mathscr{L}[\delta(t)-\alpha\mathrm{e}^{-\alpha t}\varepsilon(t)]=1-\frac{\alpha}{s+\alpha}=\frac{s}{s+\alpha} \quad (简便)$$

解法二 用时域微分性质

尽管 $F_1(s)=F_2(s)=\frac{1}{s+\alpha}$，但 $f_1(0_-)=-1$，$f_2(0_-)=0$，所以

$$f_1'(t)\leftrightarrow sF_1(s)-f_1(0_-)=\frac{s}{s+\alpha}+1=\frac{2s+\alpha}{s+\alpha} \quad (考虑 0_- 的值)$$

$$f_2'(t) \leftrightarrow sF_2(s) - f_2(0_-) = \frac{s}{s+\alpha} \quad (\text{考虑 } 0_- \text{ 的值})$$

(2) $f_3(t)$和 $f_4(t)$的波形如图 4-6(b)所示，显然，$\mathscr{L}[f_3(t)] = \mathscr{L}[f_4(t)]$，但是

$$\mathscr{L}[f_3'(t)] = \mathscr{L}[\varepsilon(t)] = \frac{1}{s} \quad (\text{简便})$$

或

$$\mathscr{L}[f_3'(t)] = sF_3(s) - f_3(0_-) = s\left(\frac{1}{s^2} + \frac{1}{s}\right) - 1 = \frac{1}{s} \quad (\text{考虑 } 0_- \text{ 的值})$$

而

$$\mathscr{L}[f_4'(t)] = \mathscr{L}\left\{\frac{\mathrm{d}}{\mathrm{d}t}[t\varepsilon(t) + \varepsilon(t)]\right\} = \mathscr{L}[\varepsilon(t) + \delta(t)] = \frac{1}{s} + 1 \quad (\text{简便})$$

或

$$\mathscr{L}[f_4'(t)] = sF_4(s) - f_4(0_-) = s\left(\frac{1}{s^2} + \frac{1}{s}\right) - 0 = \frac{1}{s} + 1 \quad (\text{考虑 } 0_- \text{ 的值})$$

(3) 设

$$g(t) = f(2t-1)\varepsilon(2t-1) \leftrightarrow G(s) = \frac{1}{2}F\left(\frac{s}{2}\right)\mathrm{e}^{-\frac{s}{2}}$$

则

$$g'(t) = \frac{\mathrm{d}}{\mathrm{d}t}[f(2t-1)\varepsilon(2t-1)] \leftrightarrow sG(s) - g(0_-) = sG(s) - f(-1) = \frac{s}{2}F\left(\frac{s}{2}\right)\mathrm{e}^{-\frac{s}{2}}$$

故

$$y(t) = \mathrm{e}^{-3t}\frac{\mathrm{d}}{\mathrm{d}t}[f(2t-1)\varepsilon(2t-1)] \leftrightarrow Y(s) = \frac{s+3}{2}F\left(\frac{s+3}{2}\right)\mathrm{e}^{-\frac{s+3}{2}}$$

4.2.6 时域积分性质

若 $f(t) \leftrightarrow F(s)$，则

$$g(t) = \int_{-\infty}^{t} f(\tau)\mathrm{d}\tau \leftrightarrow G(s) = \frac{F(s)}{s} + \frac{f^{(-1)}(0_-)}{s} \tag{4-2-11}$$

式中，$f^{(-1)}(0_-) = \int_{-\infty}^{t} f(\tau)\mathrm{d}\tau \big|_{t=0_-}$ 是函数 $f(t)$ 的积分在 $t=0_-$ 的取值。

证明

$$\int_{-\infty}^{t} f(\tau)\mathrm{d}\tau = \int_{-\infty}^{0_-} f(\tau)\mathrm{d}\tau + \int_{0_-}^{t} f(\tau)\mathrm{d}\tau$$

其中

$$\int_{-\infty}^{0_-} f(\tau)\mathrm{d}\tau \leftrightarrow \frac{f^{(-1)}(0_-)}{s} \tag{4-2-12}$$

用分部积分法可得

$$\mathscr{L}\left[\int_{0_-}^{t} f(\tau)\mathrm{d}\tau\right] = \int_{0_-}^{\infty}\left[\int_{0_-}^{t} f(\tau)\mathrm{d}\tau\right]\mathrm{e}^{-st}\mathrm{d}t = -\frac{\mathrm{e}^{-st}}{s}\int_{0_-}^{t} f(\tau)\mathrm{d}\tau\Big|_{0_-}^{\infty} + \frac{1}{s}\int_{0_-}^{\infty} f(t)\mathrm{e}^{-st}\mathrm{d}t$$

等式右端第一项等于零，故

$$\int_{0_-}^{t} f(\tau)\mathrm{d}\tau \leftrightarrow \frac{F(s)}{s} \tag{4-2-13}$$

结合式(4-2-12)和式(4-2-13)可得

$$g(t) = \int_{-\infty}^{t} f(\tau)\mathrm{d}\tau \leftrightarrow G(s) = \frac{F(s)}{s} + \frac{f^{(-1)}(0_-)}{s} \quad (\text{证毕})$$

对于因果信号 $f^{(-1)}(0_-) = 0$，所以式(4-2-13)适用于因果信号。

对于因果信号而言，$f(t)=\left(\int_{0_-}^{t}\right)^k f^{(k)}(\tau)\mathrm{d}\tau$，设 $f^{(k)}(t)\leftrightarrow F_k(s)$，则 $F(s)=\dfrac{F_k(s)}{s^k}$，故仍可用微分冲激法。

例 4-8　求图 4-7(a)所示信号的拉普拉斯变换。

解　关于图 4-7(a)所示三角波脉冲信号 $f(t)$求一次导可得 $f'(t)$的波形如图 4-7(b)所示，其函数表达式为

$$f'(t)=\varepsilon(t)-2\varepsilon(t-1)+\varepsilon(t-2)$$

根据单位阶跃信号的拉普拉斯变换和时延性质，得

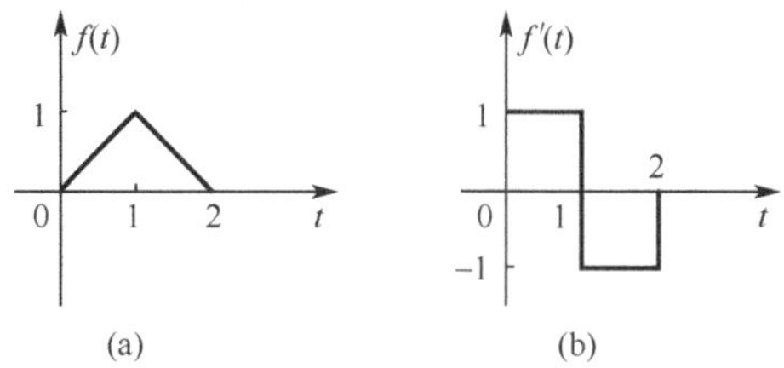

图 4-7　例 4-8 图

$$f'(t)\leftrightarrow F_1(s)=\frac{1}{s}-2\,\frac{1}{s}\mathrm{e}^{-s}+\frac{1}{s}\mathrm{e}^{-2s}=\frac{1}{s}(1-\mathrm{e}^{-s})^2$$

因为 $f'(t)$ 是因果信号，所以可利用式(4-2-13)求 $f(t)$ 的拉普拉斯变换

$$F(s)=\frac{1}{s}F_1(s)=\frac{1}{s^2}(1-\mathrm{e}^{-s})^2$$

4.2.7　复频域微分性质

若 $f(t)\leftrightarrow F(s)$，则

$$(-t)f(t)\leftrightarrow\frac{\mathrm{d}F(s)}{\mathrm{d}s}\tag{4-2-14}$$

证明　对拉普拉斯变换的定义式求一次导得

$$\frac{\mathrm{d}F(s)}{\mathrm{d}s}=\frac{\mathrm{d}}{\mathrm{d}s}\left[\int_{0_-}^{\infty}f(t)\mathrm{e}^{-st}\mathrm{d}t\right]=\int_{0_-}^{\infty}f(t)\left[\frac{\mathrm{d}}{\mathrm{d}s}\mathrm{e}^{-st}\right]\mathrm{d}t=\int_{0_-}^{\infty}[(-t)f(t)]\mathrm{e}^{-st}\mathrm{d}t$$

所以，$(-t)f(t)\leftrightarrow\dfrac{\mathrm{d}F(s)}{\mathrm{d}s}$ 成立。　　（证毕）

推论

$$(-t)^n f(t)\leftrightarrow\frac{\mathrm{d}^nF(s)}{\mathrm{d}s^n}\tag{4-2-15}$$

例 4-9　(1) 已知单边拉普拉斯变换 $f(t)\leftrightarrow F(s)$，试求 $y(t)=(3t-5)f(3t-5)\varepsilon(3t-5)$ 的单边拉普拉斯变换。(2)求信号 $f_1(t)=t\varepsilon(t)$和 $f_2(t)=t^2\varepsilon(t-1)$的拉普拉斯变换。

解　(1) 由式(4-2-5)知

$$f(3t-5)\varepsilon(3t-5)\leftrightarrow\frac{1}{3}F\left(\frac{s}{3}\right)\mathrm{e}^{-\frac{5}{3}s}$$

由式(4-2-14)知

$$\begin{aligned}y(t)&=(3t-5)f(3t-5)\varepsilon(3t-5)=3tf(3t-5)\varepsilon(3t-5)-5f(3t-5)\varepsilon(3t-5)\\ \leftrightarrow Y(s)&=(-3)\frac{\mathrm{d}}{\mathrm{d}s}\left[\frac{1}{3}F\left(\frac{s}{3}\right)\mathrm{e}^{-\frac{5}{3}s}\right]-\frac{5}{3}F\left(\frac{s}{3}\right)\mathrm{e}^{-\frac{5}{3}s}\\ &=-\left[\frac{\mathrm{d}}{\mathrm{d}s}F\left(\frac{s}{3}\right)\right]\mathrm{e}^{-\frac{5}{3}s}+\frac{5}{3}F\left(\frac{s}{3}\right)\mathrm{e}^{-\frac{5}{3}s}-\frac{5}{3}F\left(\frac{s}{3}\right)\mathrm{e}^{-\frac{5}{3}s}=-\left[\frac{\mathrm{d}}{\mathrm{d}s}F\left(\frac{s}{3}\right)\right]\mathrm{e}^{-\frac{5}{3}s}\end{aligned}$$

或者

$$y(t)=3\left(t-\frac{5}{3}\right)f\left[3\left(t-\frac{5}{3}\right)\right]\varepsilon\left[3\left(t-\frac{5}{3}\right)\right]$$

$$\leftrightarrow Y(s)=(-3)\frac{1}{3}\frac{\mathrm{d}}{\mathrm{d}s}\left[F\left(\frac{s}{3}\right)\right]\mathrm{e}^{-\frac{5}{3}s}=-\left[\frac{\mathrm{d}}{\mathrm{d}s}F\left(\frac{s}{3}\right)\right]\mathrm{e}^{-\frac{5}{3}s}$$

(2) 因为 $\varepsilon(t)\leftrightarrow\frac{1}{s}$，$\varepsilon(t-1)\leftrightarrow\frac{1}{s}\mathrm{e}^{-s}$，所以由复频域微分性有

$$f_1(t)=t\varepsilon(t)\leftrightarrow F_1(s)=-\frac{\mathrm{d}}{\mathrm{d}s}\left(\frac{1}{s}\right)=\frac{1}{s^2}$$

$$f_2(t)=(-t)^2\varepsilon(t-1)\leftrightarrow F_2(s)=\frac{\mathrm{d}^2}{\mathrm{d}s^2}\left(\frac{1}{s}\mathrm{e}^{-s}\right)=\left(\frac{2}{s^3}+\frac{2}{s^2}+\frac{1}{s}\right)\mathrm{e}^{-s}$$

另外

$$\begin{aligned}f_2(t)&=t^2\varepsilon(t-1)=(t-1+1)^2\varepsilon(t-1)\\&=(t-1)^2\varepsilon(t-1)+2(t-1)\varepsilon(t-1)+\varepsilon(t-1)\end{aligned}$$

应用时延性质也可得

$$F_2(s)=\left(\frac{2}{s^3}+\frac{2}{s^2}+\frac{1}{s}\right)\mathrm{e}^{-s}$$

4.2.8 复频域积分性质

若 $f(t)\leftrightarrow F(s)$ 且 $\lim\limits_{t\to 0}f(t)=0$，则

$$\frac{f(t)}{t}\leftrightarrow\int_s^{\infty}F(\eta)\mathrm{d}\eta \tag{4-2-16}$$

证明

$$\begin{aligned}\int_s^{\infty}F(\eta)\mathrm{d}\eta&=\int_s^{\infty}\left[\int_{0_-}^{\infty}f(t)\mathrm{e}^{-\eta t}\mathrm{d}t\right]\mathrm{d}\eta=\int_{0_-}^{\infty}f(t)\left[\int_s^{\infty}\mathrm{e}^{-\eta t}\mathrm{d}\eta\right]\mathrm{d}t\\&=\int_{0_-}^{\infty}f(t)\frac{\mathrm{e}^{-\eta t}}{(-t)}\bigg|_{\eta=s}^{\infty}\mathrm{d}t=\int_{0_-}^{\infty}\left[\frac{f(t)}{t}\right]\mathrm{e}^{-st}\mathrm{d}t=\mathscr{L}\left[\frac{f(t)}{t}\right]\end{aligned}$$ （证毕）

例 4-10 求信号 $\mathrm{Sa}(t)\varepsilon(t)$ 的拉普拉斯变换。

解 因为 $\sin t\varepsilon(t)\leftrightarrow\frac{1}{s^2+1}$，且 $\lim\limits_{t\to 0}\sin t\varepsilon(t)=0$，所以

$$\mathrm{Sa}(t)\varepsilon(t)=\frac{\sin t}{t}\varepsilon(t)\leftrightarrow\int_s^{\infty}\frac{1}{\eta^2+1}\mathrm{d}\eta=\arctan\eta\bigg|_{\eta=s}^{\infty}=\arctan\frac{1}{s}$$

4.2.9 卷积定理

1. 时域卷积定理

若

$$f_1(t)\leftrightarrow F_1(s),\mathrm{Re}(s)>\sigma_1;\quad f_2(t)\leftrightarrow F_2(s),\mathrm{Re}(s)>\sigma_2$$

则

$$f_1(t)*f_2(t)\leftrightarrow F_1(s)F_2(s),\quad \mathrm{Re}(s)>\max(\sigma_1,\sigma_2) \tag{4-2-17}$$

证明

$$\begin{aligned}\mathscr{L}[f_1(t)*f_2(t)]&=\int_{0_-}^{\infty}[f_1(t)*f_2(t)]\mathrm{e}^{-st}\mathrm{d}t=\int_{0_-}^{\infty}\left[\int_{-\infty}^{\infty}f_1(\tau)f_2(t-\tau)\mathrm{d}\tau\right]\mathrm{e}^{-st}\mathrm{d}t\\&=\int_{0_-}^{\infty}\left[\int_{0_-}^{\infty}f_1(\tau)f_2(t-\tau)\mathrm{d}\tau\right]\mathrm{e}^{-st}\mathrm{d}t\end{aligned}$$

$$= \int_{0_-}^{\infty} f_1(\tau)\left[\int_{0_-}^{\infty} f_2(t-\tau)e^{-st}d\tau\right]d\tau$$

$$\overset{令x=t-\tau}{=} \int_{0_-}^{\infty} f_1(\tau)d\tau\left[\int_{0_-}^{\infty} f_2(x)e^{-s(x+\tau)}dx\right]$$

$$= \int_{0_-}^{\infty} f_1(\tau)e^{-s\tau}d\tau\left[\int_{0_-}^{\infty} f_2(x)e^{-sx}dx\right] = F_1(s)F_2(s) \quad （证毕）$$

拉普拉斯变换的卷积性质将时域信号的卷积积分运算转化为复频域中的代数乘积运算，该性质在系统的复频域分析和时域分析之间架起了一座桥梁。零状态响应是激励与冲激响应的卷积，所以可以用拉普拉斯变换方法来求取系统的零状态响应。

例 4-11 已知某 LTI 连续系统的冲激响应 $h(t)=e^{-t}\varepsilon(t)$，试求输入激励为 $f(t)=\varepsilon(t)$ 时的零状态响应 $y_{ZS}(t)$。

解 因为

$$y_{ZS}(t) = f(t) * h(t) \leftrightarrow Y_{ZS}(s) = F(s)H(s)$$

而

$$f(t) = \varepsilon(t) \leftrightarrow F(s) = \frac{1}{s}, \quad h(t) = e^{-t}\varepsilon(t) \leftrightarrow H(s) = \frac{1}{s+1}$$

所以

$$Y_{ZS}(s) = F(s)H(s) = \frac{1}{s} \times \frac{1}{s+1} = \frac{1}{s} - \frac{1}{s+1}$$

求拉普拉斯反变换得

$$y_{ZS}(t) = \mathscr{L}^{-1}\left[\frac{1}{s} - \frac{1}{s+1}\right] = \varepsilon(t) - e^{-t}\varepsilon(t) = (1-e^{-t})\varepsilon(t)$$

2. 复频域卷积定理

若

$$f_1(t) \leftrightarrow F_1(s), \mathrm{Re}(s) > \sigma_1; \quad f_2(t) \leftrightarrow F_2(s), \mathrm{Re}(s) > \sigma_2$$

则

$$f_1(t)f_2(t) \leftrightarrow \frac{1}{2\pi j}F_1(s) * F_2(s) \tag{4-2-18}$$

式(4-2-18)也可记为

$$f_1(t)f_2(t) \leftrightarrow \frac{1}{2\pi j}\int_{c-j\infty}^{c+j\infty} F_1(\eta)F_2(s-\eta)d\eta$$

收敛域为

$$\mathrm{Re}(s) > \sigma_1 + \sigma_2, \quad \sigma_1 < c < \mathrm{Re}(s) - \sigma_2$$

这里，积分路线 c 是一条在 $F_1(\eta)$ 和 $F_2(s-\eta)$ 的公共收敛域内平行于虚轴的直线。由于对积分路径的限制较严，积分复杂，因此该定理应用较少。

4.2.10 初值定理

若 $f(t) \leftrightarrow F(s)$，则

$$f(0_+) = \lim_{t\to 0_+} f(t) = \lim_{s\to\infty} sF(s) \tag{4-2-19}$$

证明 利用时域微分性质

$$\mathscr{L}\left[\frac{df(t)}{dt}\right] = \int_{0_-}^{\infty} \frac{df(t)}{dt}e^{-st}dt = sF(s) - f(0_-)$$

(1) 假定 $f(t)$在 $t=0$ 连续，于是 $f(0_+)=f(0_-)$，则 $\frac{\mathrm{d}f(t)}{\mathrm{d}t}$ 在 $t=0$ 处不包含冲激，$\lim\limits_{s\to\infty}\int_{0_-}^{\infty}\frac{\mathrm{d}f(t)}{\mathrm{d}t}\mathrm{e}^{-st}\mathrm{d}t=0$，所以有 $\lim\limits_{s\to\infty}[sF(s)-f(0_-)]=0$，即

$$f(0_+)=f(0_-)=\lim_{s\to\infty}sF(s)$$

(2) 假定 $f(t)$在 $t=0$ 有阶跃，则 $\frac{\mathrm{d}f(t)}{\mathrm{d}t}$ 在 $t=0$ 处包含冲激，于是

$$\frac{\mathrm{d}f(t)}{\mathrm{d}t}=f_1(t)+[f(0_+)-f(0_-)]\delta(t)$$

其中，$f_1(t)$在 $t=0$ 为有限值，故

$$\begin{aligned}\lim_{s\to\infty}\mathscr{L}\left[\frac{\mathrm{d}f(t)}{\mathrm{d}t}\right]&=\lim_{s\to\infty}\left\{\int_{0_-}^{\infty}f_1(t)\mathrm{e}^{-st}\mathrm{d}t+\int_{0_-}^{\infty}[f(0_+)-f(0_-)]\delta(t)\mathrm{e}^{-st}\mathrm{d}t\right\}\\&=0+[f(0_+)-f(0_-)]\end{aligned}$$

即

$$\lim_{s\to\infty}[sF(s)-f(0_-)]=f(0_+)-f(0_-)$$

所以

$$f(0_+)=\lim_{s\to\infty}sF(s) \qquad \text{（证毕）}$$

值得注意的是，应用初值定理的条件是 $F(s)$为真分式，这意味着 $f(t)$在时域不含冲激及其导数。事实上，若 $F(s)$不是真分式，也就是 $f(t)$在 $t=0$ 时刻含有冲激及其导数，应将 $F(s)$先化为 s 多项式与真分式之和，将时域的冲激及其导数对应的 s 多项式去掉后再求初始值，因为初始值位于 $t=0_+$ 时刻，而不是冲激及其导数出现的 $t=0$ 时刻，冲激及其导数对 $f(0_+)$的求取没有贡献。

例 4-12 已知 $F(s)=\frac{-s}{s+1}$，试求初始值 $f(0_+)$。

解 因为

$$F(s)=\frac{1}{s+1}-1\leftrightarrow f(t)=\mathrm{e}^{-t}\varepsilon(t)-\delta(t)$$

若直接应用初值定理便有 $\lim\limits_{s\to\infty}sF(s)=\lim\limits_{s\to\infty}\left(\frac{s}{s+1}-s\right)=-\infty$，显然，结果不正确。但若去掉 $F(s)$ 中的 -1，就意味着去掉时域信号 $f(t)$中的冲激信号$-\delta(t)$，故有

$$f(0_+)=\lim_{s\to\infty}s\frac{1}{s+1}=1$$

4.2.11 终值定理

若

$$f(t)\leftrightarrow F(s)\text{ 且 }f(\infty)\text{ 存在（}|f(\infty)|<\infty\text{ 的定值）}$$

则

$$f(\infty)=\lim_{t\to\infty}f(t)=\lim_{s\to0}sF(s) \tag{4-2-20}$$

证明 同样利用时域微分性质

$$\mathscr{L}\left[\frac{\mathrm{d}f(t)}{\mathrm{d}t}\right]=\int_{0_-}^{\infty}\frac{\mathrm{d}f(t)}{\mathrm{d}t}\mathrm{e}^{-st}\mathrm{d}t=sF(s)-f(0_-) \tag{4-2-21}$$

式(4-2-21)两端取 $s\to0$ 的极限，得

$$左端 =\lim_{s\to 0}\int_{0_-}^{\infty}\frac{\mathrm{d}f(t)}{\mathrm{d}t}\mathrm{e}^{-st}\mathrm{d}t=\int_{0_-}^{\infty}\frac{\mathrm{d}f(t)}{\mathrm{d}t}\mathrm{d}t=\lim_{t\to\infty}\int_{0_-}^{t}\frac{\mathrm{d}f(t)}{\mathrm{d}t}\mathrm{d}t$$

$$=\lim_{t\to\infty}[f(t)-f(0_-)]$$

$$右端 =\lim_{s\to 0}[sF(s)-f(0_-)]$$

有

$$\lim_{t\to\infty}[f(t)-f(0_-)]=\lim_{s\to 0}[sF(s)-f(0_-)]$$

故

$$f(\infty)=\lim_{s\to 0}sF(s) \qquad \text{（证毕）}$$

终值定理的应用是有条件的，要先根据信号 $f(t)$ 对应的拉普拉斯变换 $F(s)$ 的极点分布，从复频域判定信号 $f(\infty)$ 是否存在。只有当 $F(s)$ 的极点位于 s 平面的左半开面和原点上只有单极点时，如图 4-8 所示（图中 × 为极点），才能应用终值定理。

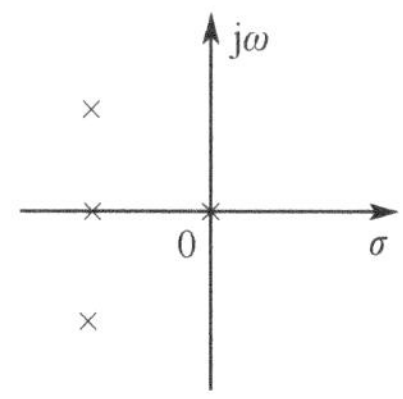

图 4-8　$F(s)$ 极点分布图

例 4-13　利用初值定理和终值定理，确定下列单边拉普拉斯变换所对应的时域信号的初值和终值。

(1) $F_1(s)=\dfrac{s+3}{(s+1)^2(s+2)}$　　(2) $F_2(s)=\dfrac{s^2(1-\mathrm{e}^{-2s})}{s+1}$

(3) $F_3(s)=\dfrac{8}{s^2+10s+169}$　　(4) $F_4(s)=\dfrac{2s^3+10}{s^3(s+1)}$

解　(1)

$$f_1(0_+)=\lim_{s\to\infty}sF_1(s)=\lim_{s\to\infty}\frac{s(s+3)}{(s+1)^2(s+2)}=0$$

$F_1(s)$ 有三个极点，分别是 $s_1=s_2=-1, s_3=-2$，符合终值存在的条件。故

$$f_1(\infty)=\lim_{s\to 0}sF_1(s)=\lim_{s\to 0}\frac{s(s+3)}{(s+1)^2(s+2)}=0$$

(2)

$$F_2(s)=\frac{s^2(1-\mathrm{e}^{-2s})}{s+1}=\left(s-1+\frac{1}{s+1}\right)(1-\mathrm{e}^{-2s})$$

去掉 $s-1$，设

$$G(s)=\frac{1-\mathrm{e}^{-2s}}{s+1}\leftrightarrow g(t)$$

则

$$f_2(0_+)=g(0_+)=\lim_{s\to\infty}s\,G(s)=\lim_{s\to\infty}\frac{s(1-\mathrm{e}^{-2s})}{s+1}=1$$

$F_2(s)$ 的极点为 $s=-1$，符合终值存在的条件，故

$$f_2(\infty)=\lim_{s\to 0}sF_2(s)=\lim_{s\to 0}\frac{s^3(1-\mathrm{e}^{-2s})}{s+1}=0$$

(3)

$$f_3(0_+)=\lim_{s\to\infty}sF_3(s)=\lim_{s\to\infty}\frac{8s}{s^2+10s+169}=0$$

$F_3(s)$ 的极点为 $s_{1,2}=-5\pm \mathrm{j}12$，符合终值存在的条件，所以

$$f_3(\infty)=\lim_{s\to 0}sF_3(s)=\lim_{s\to 0}\frac{8s}{s^2+10s+169}=0$$

(4)

$$f_4(0_+)=\lim_{s\to\infty}sF_4(s)=\lim_{s\to\infty}\frac{s(2s^3+10)}{s^3(s+1)}=2$$

$F_4(s)$在 $s=0$ 具有三重极点，不符合终值存在的条件，不能用终值定理。事实上，$f_4(\infty)$不存在。

表 4-2 列出了单边拉普拉斯变换的性质，以供查阅。

表 4-2 单边拉普拉斯变换的性质

序号	名 称	时 域	复 频 域
1	线性性质	$af_1(t)+bf_2(t)$	$aF_1(s)+bF_2(s)\quad \mathrm{Re}(s)>\max(\sigma_1,\sigma_2)$
2	尺度压扩	$f(at),\quad a>0$	$\frac{1}{a}F\left(\frac{s}{a}\right),\quad a>0\quad \mathrm{Re}(s)>a\sigma_0$
3	时延性质	$f(t-t_0)\varepsilon(t-t_0),\quad t_0>0$	$F(s)\mathrm{e}^{-st_0}\quad \mathrm{Re}(s)>\sigma_0$
4	复频移性质	$f(t)\mathrm{e}^{\pm s_a t}$	$F(s\mp s_a)\quad \mathrm{Re}(s)>\sigma_0\pm\sigma_a$
5	时域微分性质	$\frac{\mathrm{d}^n f(t)}{\mathrm{d}t^n}$	$s^nF(s)-\sum_{q=0}^{n-1}s^{n-1-q}f^{(q)}(0_-)\quad \mathrm{Re}(s)>\sigma_0$
6	时域积分性质	$\int_{-\infty}^{t}f(\tau)\mathrm{d}\tau$	$\frac{F(s)}{s}+\frac{f^{(-1)}(0_-)}{s}\quad \mathrm{Re}(s)>\max(\sigma_0,0)$
7	s 域微分性质	$(-t)f(t)$	$\frac{\mathrm{d}F(s)}{\mathrm{d}s}\quad \mathrm{Re}(s)>\sigma_0$
		$(-t)^nf(t)$	$\frac{\mathrm{d}^nF(s)}{\mathrm{d}s^n}\quad \mathrm{Re}(s)>\sigma_0$
8	s 域积分性质	$\frac{f(t)}{t},\quad \lim_{t\to 0}f(t)=0$	$\int_s^{\infty}F(\eta)\mathrm{d}\eta\quad \mathrm{Re}(s)>\sigma_0$
9	时域卷积定理	$f_1(t)*f_2(t)$	$F_1(s)F_2(s)\quad \mathrm{Re}(s)>\max(\sigma_1,\sigma_2)$
10	s 域卷积定理	$f_1(t)\cdot f_2(t)$	$\frac{1}{2\pi\mathrm{j}}F_1(s)*F_2(s)\quad \mathrm{Re}(s)>\sigma_1+\sigma_2\quad \mathrm{Re}(s)-\sigma_2>c>\sigma_1$
11	初值定理	$f(0_+)=\lim_{t\to 0_+}f(t)=\lim_{s\to\infty}sF(s)$	
12	终值定理	$f(\infty)=\lim_{t\to\infty}f(t)=\lim_{s\to 0}sF(s)$	

第 37 讲

4.3 拉普拉斯反变换

应用拉普拉斯变换法分析系统时，要求在得到响应 $y(t)$拉普拉斯变换像函数 $Y(s)$的情况下求原函数 $y(t)$，即进行拉普拉斯反变换。求拉普拉斯反变换的方法除了用拉普拉斯变换性质得到的拉普拉斯变换表的查表法外，主要有部分分式展开法和留数法。本节将分别介绍这两种方法。

4.3.1 部分分式展开法

信号 $f(t)$的拉普拉斯变换 $F(s)$通常具有有理分式的形式，表示为两个 s 的正幂多项式之比，即

$$F(s)=\frac{E(s)}{D(s)}=\frac{e_m s^m+e_{m-1}s^{m-1}+\cdots+e_1 s+e_0}{d_n s^n+d_{n-1}s^{n-1}+\cdots+d_1 s+d_0}\tag{4-3-1}$$

式中，系数 $d_n,d_{n-1},\cdots,d_0$ 和 $e_m,e_{m-1},\cdots,e_0$ 为实数；n 和 m 都是正整数。根据 n 和 m 的大小不同，$F(s)$呈有理假分式和有理真分式。

1) 当 $n\leqslant m$ 时，$F(s)$是有理假分式

须用长除法化成 s 的多项式加有理真分式的形式

$$F(s)=\frac{E(s)}{D(s)}=B_{m-n}s^{m-n}+\cdots+B_1s+B_0+\frac{E_1(s)}{D(s)} \tag{4-3-2}$$

其中，$B_{m-n}s^{m-n}+\cdots+B_1s+B_0$ 为 s 的多项式，$\frac{E_1(s)}{D(s)}$ 为有理真分式。s 的多项式易于获得对应的原信号，即

$$B_{m-n}s^{m-n}+\cdots+B_1s+B_0\leftrightarrow B_{m-n}\delta^{(m-n)}(t)+\cdots+B_1\delta'(t)+B_0\delta(t)$$

因此，这种情况可归结为真分式拉普拉斯反变换的求取。

2）当 $n>m$ 时，$F(s)=\frac{E(s)}{D(s)}$ 是有理真分式

由数学中的赫维赛德(Heaviside)展开定理可知，$F(s)$可展开为一系列部分分式之和。部分分式的形式根据 $D(s)=0$ 的根不同分为单根(含单实数根和共轭复单根)与重根(含实重根和复重根)两种情况讨论。

(1) 若 $D(s)=0$ 的根为单根，或者说 $F(s)$具有单极点。

设 $p_k(k=1,2,\cdots,n)$为 $D(s)=0$ 的 n 个互不相同的单根，则 $F(s)$可作如下部分分式展开：

$$\begin{aligned}F(s)&=\frac{E(s)}{D(s)}=\frac{E(s)}{(s-p_1)(s-p_2)\cdots(s-p_n)}\\&=\left[\frac{K_1}{s-p_1}+\frac{K_2}{s-p_2}+\cdots+\frac{K_k}{s-p_k}+\cdots+\frac{K_n}{s-p_n}\right]=\sum_{k=1}^{n}\frac{K_k}{s-p_k}\end{aligned} \tag{4-3-3}$$

式中，$K_k(k=1,2,\cdots,n)$称为部分分式系数，可用两种方法求取：

方法一　对式(4-3-3)两端乘 $s-p_k$ 且令 $s=p_k$ 得

$$K_k=(s-p_k)F(s)\big|_{s=p_k}=(s-p_k)\frac{E(s)}{D(s)}\bigg|_{s=p_k} \tag{4-3-4}$$

方法二　由式(4-3-4)知，$K_k=(s-p_k)\frac{E(s)}{D(s)}\bigg|_{s=p_k}=\frac{0}{0}$，为不定型。应用洛必达法则可得

$$K_k=\frac{E(s)}{D'(s)}\bigg|_{s=p_k} \tag{4-3-5}$$

部分分式系数确定后，由典型信号的拉普拉斯变换和拉普拉斯变换的线性性质得

$$f(t)=\mathscr{L}^{-1}[F(s)]=\mathscr{L}^{-1}\left[\sum_{k=1}^{n}\frac{K_k}{s-p_k}\right]=\sum_{k=1}^{n}K_k\mathrm{e}^{p_kt}\varepsilon(t) \tag{4-3-6}$$

例 4-14　已知拉普拉斯变换式 $F(s)=\frac{2s^3+9s^2+14s+10}{2s^2+5s+3}$，试求 $f(t)$。

解

$$F(s)=\frac{2s^3+9s^2+14s+10}{2s^2+5s+3}=s+2+\frac{s+4}{2s^2+5s+3}=s+2+F_1(s)$$

其中，

$$F_1(s)=\frac{s+4}{2s^2+5s+3}=\frac{s+4}{2(s+1)\left(s+\frac{3}{2}\right)}=\frac{K_1}{s+1}+\frac{K_2}{s+\frac{3}{2}}$$

$$K_1=(s+1)F_1(s)\big|_{s=-1}=(s+1)\times\frac{(s+4)}{2(s+1)\left(s+\frac{3}{2}\right)}\Bigg|_{s=-1}=3$$

$$K_2=\left(s+\frac{3}{2}\right)F_1(s)\Big|_{s=-\frac{3}{2}}=\left(s+\frac{3}{2}\right)\times\frac{(s+4)}{2(s+1)\left(s+\frac{3}{2}\right)}\Bigg|_{s=-\frac{3}{2}}=-\frac{5}{2}$$

故

$$F(s)=s+2+\frac{3}{s+1}-\frac{5}{2}\times\frac{1}{s+\frac{3}{2}}$$

反变换为

$$f(t)=\delta'(t)+2\delta(t)+\left(3\mathrm{e}^{-t}-\frac{5}{2}\mathrm{e}^{-\frac{3}{2}t}\right)\varepsilon(t)$$

例 4-15 已知拉普拉斯变换式 $F(s)=\dfrac{s}{s^2+2s+5}$，试求 $f(t)$。

解 解法一 由 $s^2+2s+5=0$ 得

$$s_{1,2}=-1\pm\mathrm{j}2$$

$$F(s)=\frac{K_1}{s+1-\mathrm{j}2}+\frac{K_2}{s+1+\mathrm{j}2}=\frac{\frac{1}{2}+\mathrm{j}\frac{1}{4}}{s+1-\mathrm{j}2}+\frac{\frac{1}{2}-\mathrm{j}\frac{1}{4}}{s+1+\mathrm{j}2}$$

其中，部分分式系数按式(4-3-5)有

$$K_1=\frac{E(s)}{D'(s)}\Big|_{s=p_1}=\frac{s}{2s+2}\Big|_{s=-1+\mathrm{j}2}=\frac{1}{2}+\mathrm{j}\frac{1}{4}$$

$$K_2=\frac{s}{2s+2}\Big|_{s=-1-\mathrm{j}2}=\frac{1}{2}-\mathrm{j}\frac{1}{4}$$

可见，$F(s)$具有共轭复单根时，其部分分式系数亦为共轭复数。此法求 $f(t)$化简烦琐，不再作演算。

解法二 $$F(s)=\frac{s}{s^2+2s+5}=\frac{s+1}{(s+1)^2+2^2}-\frac{1}{2}\frac{2}{(s+1)^2+2^2}$$

$$f(t)=\mathscr{L}^{-1}\left[\frac{s+1}{(s+1)^2+2^2}-\frac{1}{2}\frac{2}{(s+1)^2+2^2}\right]=\left(\mathrm{e}^{-t}\cos 2t-\frac{1}{2}\mathrm{e}^{-t}\sin 2t\right)\varepsilon(t)$$

此方法在实际应用中又叫分母配方法，即把分母常数看作两个常数的叠加(5=1+4)，其中一个常数1与 s^2+2s 构成完全平方。其优点是避开了求系数时复数运算的麻烦。该方法的实质是把分母的一个二次三项式作为整体看待。

若 $D(s)=0$ 的根既有实数根，又有共轭复数根，$F(s)$作部分分式展开时可将分母含共轭复根的 s 二次式看作一个部分分式(为真分式)，设定其待求系数并通过比较系数法来求得。

例 4-16 已知拉普拉斯变换式 $F(s)=\dfrac{s+3}{s^3+3s^2+6s+4}$，试求 $f(t)$。

解 用比较系数法有

$$F(s)=\frac{s+3}{s^3+3s^2+6s+4}=\frac{s+3}{(s+1)(s^2+2s+4)}=\frac{A}{s+1}+\frac{Bs+C}{s^2+2s+4}\tag{4-3-7}$$

先求

$$A=(s+1)F(s)\Big|_{s=-1}=\frac{(s+1)(s+3)}{(s+1)(s^2+2s+4)}\Bigg|_{s=-1}=\frac{2}{3}$$

故

$$F(s)=\frac{2}{3}\times\frac{1}{s+1}+\frac{Bs+C}{s^2+2s+4}=\frac{\left(\frac{2}{3}s^2+\frac{4}{3}s+\frac{8}{3}\right)+(s+1)(Bs+C)}{(s+1)(s^2+2s+4)}$$

即

$$F(s)=\frac{\left(\frac{2}{3}+B\right)s^2+\left(\frac{4}{3}+B+C\right)s+\left(\frac{8}{3}+C\right)}{(s+1)(s^2+2s+4)}=\frac{s+3}{(s+1)(s^2+2s+4)}$$

$F(s)$ 的两个分子 s 多项式应该相等，因此，比较 s^2 的系数有 $\frac{2}{3}+B=0$，得 $B=-\frac{2}{3}$；比较常数项有 $\frac{8}{3}+C=3$，得 $C=\frac{1}{3}$。所以

$$F(s)=\frac{2}{3}\times\frac{1}{s+1}+\frac{-\frac{2}{3}s+\frac{1}{3}}{s^2+2s+4}=\frac{2}{3}\times\frac{1}{s+1}+\frac{-\frac{2}{3}(s+1)+1}{(s+1)^2+3}$$

拉普拉斯反变换为

$$\begin{aligned}f(t)&=\left(\frac{2}{3}\mathrm{e}^{-t}-\frac{2}{3}\mathrm{e}^{-t}\cos\sqrt{3}t+\frac{1}{\sqrt{3}}\mathrm{e}^{-t}\sin\sqrt{3}t\right)\varepsilon(t)\\&=\left[\frac{2}{3}\mathrm{e}^{-t}-0.882\mathrm{e}^{-t}\cos(\sqrt{3}t-45.44^\circ)\right]\varepsilon(t)\end{aligned}$$

(2) $D(s)=0$ 含重根，或 $F(s)$ 具有重极点。

设 $s=p_1$ 是 $F(s)$ 的 r 重极点而其余为单极点，则

$$\begin{aligned}F(s)&=\frac{E(s)}{D(s)}=\frac{E(s)}{D_1(s)(s-p_1)^r}\\&=\frac{K_{1r}}{(s-p_1)^r}+\frac{K_{1(r-1)}}{(s-p_1)^{r-1}}+\cdots+\frac{K_{11}}{(s-p_1)}+\frac{E_1(s)}{D_1(s)}\\&=\sum_{k=1}^{r}\frac{K_{1k}}{(s-p_1)^k}+\sum_{k=r+1}^{n}\frac{K_k}{s-p_k}\end{aligned}\tag{4-3-8}$$

其中，$\frac{E_1(s)}{D_1(s)}$ 是与重极点 p_1 无关的 $F(s)$ 的其他部分，其部分分式系数可由式(4-3-4)及式(4-3-7)求得。关键是求重极点部分的部分分式系数，因此，将式(4-3-8)乘以 $(s-p_1)^r$ 得

$$(s-p_1)^rF(s)=K_{1r}+(s-p_1)K_{1(r-1)}+\cdots+(s-p_1)^{r-1}K_{11}+\frac{(s-p_1)^rE_1(s)}{D_1(s)}\tag{4-3-9}$$

令式(4-3-9)中 $s=p_1$，得

$$K_{1r}=(s-p_1)^rF(s)\big|_{s=p_1}$$

对式(4-3-9)关于 s 求一次导且令 $s=p_1$，得

$$K_{1(r-1)}=\frac{\mathrm{d}}{\mathrm{d}s}(s-p_1)^rF(s)\bigg|_{s=p_1}$$

对式(4-3-9)关于 s 求二次导且令 $s=p_1$，得

$$K_{1(r-2)}=\frac{1}{2!}\frac{\mathrm{d}^2}{\mathrm{d}s^2}(s-p_1)^rF(s)\bigg|_{s=p_1}$$

对式(4-3-9)关于 s 求 k 次导且令 $s=p_1$ 可得

$$K_{1(r-k)}=\frac{1}{k!}\frac{\mathrm{d}^k}{\mathrm{d}s^k}(s-p_1)^rF(s)\bigg|_{s=p_1}\tag{4-3-10a}$$

将 k 与 $r-k$ 互换

$$K_{1k}=\frac{1}{(r-k)!}\frac{\mathrm{d}^{r-k}}{\mathrm{d}s^{r-k}}(s-p_1)^rF(s)\bigg|_{s=p_1}\tag{4-3-10b}$$

当 $k=1$ 时

$$K_{11}=\frac{1}{(r-1)!}\frac{\mathrm{d}^{r-1}}{\mathrm{d}s^{r-1}}[(s-p_1)^r F(s)]\bigg|_{s=p_1}$$

全部重极点的部分分式系数确定以后，可利用下式求其拉普拉斯反变换(利用典型信号的拉普拉斯变换以及拉普拉斯变换的复频移性质和线性性质)：

$$\mathscr{L}^{-1}\left[\frac{K_{1k}}{(s-p_1)^k}\right]=\frac{K_{1k}}{(k-1)!}t^{k-1}\mathrm{e}^{p_1 t}\varepsilon(t) \tag{4-3-11}$$

例 4-17 已知拉普拉斯变换式 $F(s)=\dfrac{10s}{(s+2)^3(s+8)}$，试求 $f(t)$。

解

$$F(s)=\frac{K_{13}}{(s+2)^3}+\frac{K_{12}}{(s+2)^2}+\frac{K_{11}}{s+2}+\frac{K_4}{s+8}$$

其中，$K_4=(s+8)F(s)\big|_{s=-8}=\dfrac{10s}{(s+2)^3}\bigg|_{s=-8}=\dfrac{10}{27}$

$$K_{13}=(s+2)^3F(s)\big|_{s=-2}=\frac{10s}{s+8}\bigg|_{s=-2}=-\frac{10}{3}$$

$$K_{12}=\frac{\mathrm{d}}{\mathrm{d}s}[(s+2)^3F(s)]\bigg|_{s=-2}=\frac{\mathrm{d}}{\mathrm{d}s}\left[\frac{10s}{s+8}\right]\bigg|_{s=-2}=\left[\frac{80}{(s+8)^2}\right]\bigg|_{s=-2}=\frac{20}{9}$$

$$K_{11}=\frac{1}{2!}\frac{\mathrm{d}^2}{\mathrm{d}s^2}[(s+2)^3F(s)]\bigg|_{s=-2}=\frac{1}{2}\frac{\mathrm{d}}{\mathrm{d}s}\left[\frac{80}{(s+8)^2}\right]\bigg|_{s=-2}$$

$$=\frac{1}{2}\left[-\frac{160}{(s+8)^3}\right]\bigg|_{s=-2}=-\frac{10}{27}$$

故

$$F(s)=-\frac{10}{3}\frac{1}{(s+2)^3}+\frac{20}{9}\frac{1}{(s+2)^2}-\frac{10}{27}\frac{1}{s+2}+\frac{10}{27}\frac{1}{s+8}$$

取反变换得

$$f(t)=\left(\frac{10}{27}\mathrm{e}^{-8t}-\frac{5}{3}t^2\mathrm{e}^{-2t}+\frac{20}{9}t\mathrm{e}^{-2t}-\frac{10}{27}\mathrm{e}^{-2t}\right)\varepsilon(t)$$

例 4-18 已知拉普拉斯变换式 $F(s)=\dfrac{1}{3s^2(s^2+4)}$，试求 $f(t)$。

解 部分分式展开为

$$F(s)=\frac{K_{12}}{s^2}+\frac{K_{11}}{s}+\frac{Bs+C}{s^2+4}$$

其中

$$K_{12}=s^2F(s)\big|_{s=0}=\frac{s^2}{3s^2(s^2+4)}\bigg|_{s=0}=\frac{1}{12}$$

$$K_{11}=\frac{\mathrm{d}}{\mathrm{d}s}[s^2F(s)]\bigg|_{s=0}=\frac{\mathrm{d}}{\mathrm{d}s}\left[\frac{1}{3(s^2+4)}\right]\bigg|_{s=0}=0$$

故

$$F(s)=\frac{1}{12}\frac{1}{s^2}+\frac{Bs+C}{s^2+4}=\frac{1}{3s^2(s^2+4)}$$

用比较系数法可得

$$B=0,\quad C=-\frac{1}{12},\quad F(s)=\frac{1}{12}\frac{1}{s^2}-\frac{1}{12}\frac{1}{s^2+4}$$

取拉普拉斯反变换得

$$f(t)=\left[\frac{1}{12}t-\frac{1}{24}\sin 2t\right]\varepsilon(t)$$

4.3.2 留数法(围线积分法)

第 38 讲

1. 留数法

由单边拉普拉斯反变换式

$$f(t)=\frac{1}{2\pi j}\int_{\sigma-j\infty}^{\sigma+j\infty}F(s)e^{st}ds,\quad t\geqslant 0$$

可知,该积分实际上是一个复变函数的线积分,积分路径是在 s 平面上 $F(s)$的收敛域内沿平行于虚轴的直线 $AB(s=\sigma+j\omega,\sigma>\sigma_0,-\infty<\omega<\infty)$,如图 4-9(a)所示。

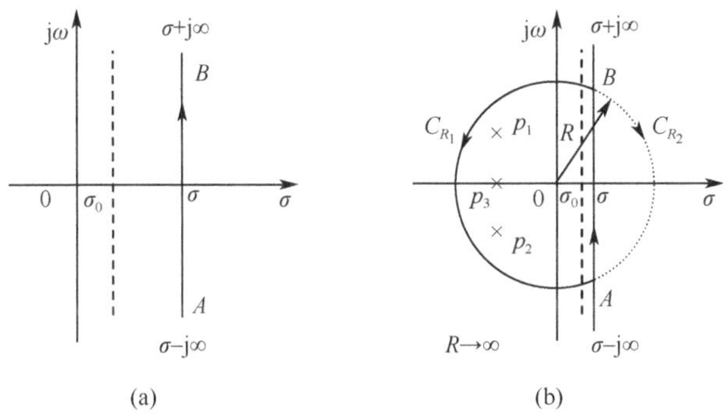

图 4-9 围线积分路径

为了应用复变函数的留数定理,须作一辅助曲线 C(半径 $|s|=R\to\infty$ 圆,称布洛维奇围道)。根据约当(Jordan)引理:当 $R\to\infty$时,若$|F(s)|\to 0$,且 $\sigma_0 t>ct(\sigma=c)$,则 $\int_C F(s)e^{st}ds=0$。对单边拉普拉斯变换而言,当 $t>0$ 时,有 $\sigma_0>c$,故 C 取圆的左半圆 C_{R_1},有 $\int_{C_{R_1}}F(s)e^{st}ds=0$。于是,$ABC_{R_1}A$ 围线包围了 $F(s)$的全部极点 p_k,如图 4-9(b)所示。由约当引理和留数定理可得

$$\begin{aligned}f(t)&=\frac{1}{2\pi j}\int_{\sigma-j\infty}^{\sigma+j\infty}F(s)e^{st}ds=\frac{1}{2\pi j}\int_{\sigma-j\infty}^{\sigma+j\infty}F(s)e^{st}ds+\frac{1}{2\pi j}\int_{C_{R_1}}F(s)e^{st}ds\\&=\frac{1}{2\pi j}\oint_{ABC_{R_1}A}F(s)e^{st}ds=\sum_k \mathrm{Res}[F(s)e^{st}]\big|_{s=p_k},\quad t>0\end{aligned}\tag{4-3-12}$$

当 $t<0$ 时,有 $\sigma_0<C$,故 C 取圆的右半圆 C_{R_2}、有 $\int_{C_{R_2}}F(s)e^{st}ds=0$。而围线 $ABC_{R_2}A$ 未包含 $F(s)$ 的极点,故 $f(t)=0(t<0)$。

2. 留数的计算

当 $F(s)$为有理函数时,(1) 若 p_k 是 $F(s)$的单极点,则其留数为

$$\mathrm{Res}[F(s)e^{st}]_{s=p_k}=[(s-p_k)F(s)e^{st}]\big|_{s=p_k}\tag{4-3-13}$$

(2) 若 p_1 是 $F(s)$的 r 重极点,则其留数为

$$\mathrm{Res}[F(s)e^{st}]_{s=p_1}=\frac{1}{(r-1)!}\frac{d^{r-1}}{ds^{r-1}}[(s-p_1)^r F(s)e^{st}]\bigg|_{s=p_1}\tag{4-3-14}$$

例 4-19 已知拉普拉斯变换式 $F(s)=\dfrac{s+2}{s(s+3)(s+1)^2}$，试用留数法求 $f(t)$。

解 $F(s)$有一个二重极点 $p_1=-1$ 和两个单极点 $p_2=0,p_3=-3$。它们的留数分别为

$$\mathrm{Res}[p_1]=\mathrm{Res}[F(s)\mathrm{e}^{st}]|_{s=p_1}=\frac{1}{(2-1)!}\frac{\mathrm{d}}{\mathrm{d}s}[(s+1)^2F(s)\mathrm{e}^{st}]\Big|_{s=-1}$$

$$=\frac{\mathrm{d}}{\mathrm{d}s}\left[\frac{(s+2)\mathrm{e}^{st}}{s(s+3)}\right]\Big|_{s=-1}=-\frac{1}{2}t\mathrm{e}^{-t}-\frac{3}{4}\mathrm{e}^{-t}=-\frac{1}{2}\left[t+\frac{3}{2}\right]\mathrm{e}^{-t}$$

$$\mathrm{Res}[p_2]=\mathrm{Res}[F(s)\mathrm{e}^{st}]|_{s=p_2}=sF(s)\mathrm{e}^{st}|_{s=0}=\frac{(s+2)\mathrm{e}^{st}}{(s+3)(s+1)^2}\Big|_{s=0}=\frac{2}{3}$$

$$\mathrm{Res}[p_3]=\mathrm{Res}[F(s)\mathrm{e}^{st}]|_{s=p_3}=(s+3)F(s)\mathrm{e}^{st}|_{s=-3}=\frac{(s+2)\mathrm{e}^{st}}{s(s+1)^2}\Big|_{s=-3}=\frac{1}{12}\mathrm{e}^{-3t}$$

$$f(t)=\mathrm{Res}_1+\mathrm{Res}_2+\mathrm{Res}_3=\left[\frac{2}{3}+\frac{1}{12}\mathrm{e}^{-3t}-\frac{1}{2}\left(t+\frac{3}{2}\right)\mathrm{e}^{-t}\right]\varepsilon(t)$$

例 4-20 已知拉普拉斯变换式 $F(s)=\dfrac{1}{(s^2+1)^2}$，试用留数法求 $f(t)$。

解 $F(s)$有一对二重极点 $p_{1,2}=\pm\mathrm{j}$。极点 $p_1=\mathrm{j}$ 的留数为

$$\mathrm{Res}[F(s)\mathrm{e}^{st}]_{s=\mathrm{j}}=\frac{1}{(2-1)!}\frac{\mathrm{d}}{\mathrm{d}s}[(s-\mathrm{j})^2F(s)\mathrm{e}^{st}]\Big|_{s=\mathrm{j}}=\frac{\mathrm{d}}{\mathrm{d}s}\left[\frac{\mathrm{e}^{st}}{(s+\mathrm{j})^2}\right]\Big|_{s=\mathrm{j}}$$

$$=\left[\frac{t\mathrm{e}^{st}}{(s+\mathrm{j})^2}-\frac{2\mathrm{e}^{st}}{(s+\mathrm{j})^3}\right]\Big|_{s=\mathrm{j}}=\left(-\frac{1}{4}t\mathrm{e}^{\mathrm{j}t}-\frac{1}{4}\mathrm{j}\mathrm{e}^{\mathrm{j}t}\right)\varepsilon(t)$$

极点 $p_2=-\mathrm{j}$ 的留数为极点 $p_1=\mathrm{j}$ 留数的共轭复数，所以

$$\mathrm{Res}[F(s)\mathrm{e}^{st}]_{s=-\mathrm{j}}=\left(-\frac{1}{4}t\mathrm{e}^{-\mathrm{j}t}+\frac{1}{4}\mathrm{j}\mathrm{e}^{-\mathrm{j}t}\right)\varepsilon(t)$$

$$f(t)=\sum_{k=1}^{2}\mathrm{Res}[F(s)\mathrm{e}^{st}]|_{s=s_k}=\left(-\frac{1}{4}t\mathrm{e}^{\mathrm{j}t}-\frac{1}{4}\mathrm{j}\mathrm{e}^{\mathrm{j}t}-\frac{1}{4}t\mathrm{e}^{-\mathrm{j}t}+\frac{1}{4}\mathrm{j}\mathrm{e}^{-\mathrm{j}t}\right)\varepsilon(t)$$

$$=\left(-\frac{1}{2}t\frac{\mathrm{e}^{\mathrm{j}t}+\mathrm{e}^{-\mathrm{j}t}}{2}+\frac{1}{2}\frac{\mathrm{e}^{\mathrm{j}t}-\mathrm{e}^{-\mathrm{j}t}}{2\mathrm{j}}\right)\varepsilon(t)=\left(-\frac{1}{2}t\cos t+\frac{1}{2}\sin t\right)\varepsilon(t)$$

显然，用留数法求取 $F(s)$具有重极点的拉普拉斯反变换比用部分分式展开法更简便。

4.4 拉普拉斯变换与傅里叶变换的关系

在本章的 4.1 节，我们将信号 $f(t)$乘以一个衰减因子以后，由傅里叶变换导出了拉普拉斯变换。现在，在全面认识了单边拉普拉斯变换以后，可否利用拉普拉斯变换导出傅里叶变换呢？回答是，因果信号在一定的条件下可以从拉普拉斯变换导出傅里叶变换。根据收敛坐标 σ_0 取值的不同可分为以下三种情况讨论。

(1) 若 $F(s)$的收敛坐标 $\sigma_0>0$，如图 4-10(a)所示，则傅里叶变换不存在。比如指数增长信号 $f(t)=\mathrm{e}^{\alpha t}\varepsilon(t)(\alpha>0)$，收敛边界位于 s 平面的右半开面($\sigma_0=\alpha>0$)，$F(\mathrm{j}\omega)$不存在。

(2) 若 $F(s)$的收敛坐标 $\sigma_0<0$，如图 4-10(b)所示，则傅里叶变换存在，且

$$F(\mathrm{j}\omega)=F(s)|_{s=\mathrm{j}\omega} \tag{4-4-1}$$

比如，指数衰减信号 $f(t)=\mathrm{e}^{-\alpha t}\varepsilon(t)(\alpha>0)$，收敛边界位于 s 平面的左半开面($\sigma_0=-\alpha<0$)，则

$$F(\mathrm{j}\omega)=F(s)|_{s=\mathrm{j}\omega}=\frac{1}{s+\alpha}\Big|_{s=\mathrm{j}\omega}=\frac{1}{\mathrm{j}\omega+\alpha}$$

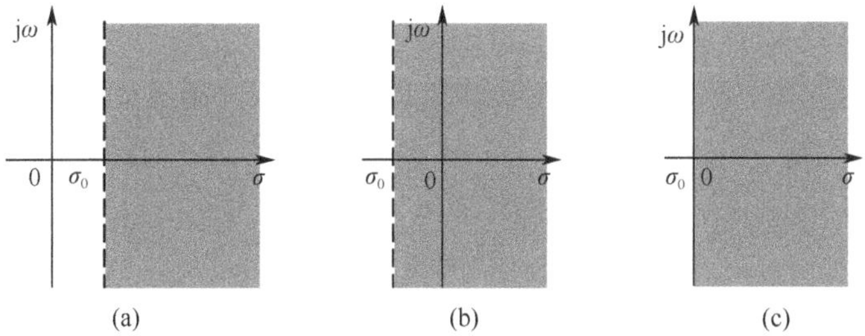

图 4-10　收敛坐标 σ_0 在复平面的位置

这时，有始信号 $f(t)$ 拉普拉斯变换收敛边界 σ_0 在虚轴以左，因而虚轴 $s=\mathrm{j}\omega$ 在 $F(s)$ 的收敛域内，如图 4-10(b)所示。

(3) 若 $F(s)$ 的收敛坐标 $\sigma_0=0$，如图 4-10(c)所示，则其拉普拉斯变换由两部分组成：$F(s)=F_a(s)+F_b(s)$，其中，$F_a(s)$ 为极点位于 s 平面的左半开面对应的部分分式；$F_b(s)$ 为极点位于 $\mathrm{j}\omega$ 轴上对应的部分分式。相应的傅里叶变换也由两部分组成 $F(\mathrm{j}\omega)=F_a(\mathrm{j}\omega)+F_b(\mathrm{j}\omega)$，$F_a(\mathrm{j}\omega)=F_a(s)|_{s=\mathrm{j}\omega}$，而 $F_b(\mathrm{j}\omega)$ 由极点的阶数决定。

① 当 $F_b(s)$ 在 $\mathrm{j}\omega$ 轴上有 N 个单极点 $\mathrm{j}\omega_k(k=1,2,\cdots,N)$ 时

$$F_b(s)=\sum_{k=1}^{N}\frac{B_k}{s-\mathrm{j}\omega_k}\leftrightarrow f_b(t)=\sum_{k=1}^{N}B_k\mathrm{e}^{\mathrm{j}\omega_k t}\varepsilon(t)$$

上式取 $\varepsilon(t)$ 的傅里叶变换并用频移性质有

$$\begin{aligned}f_b(t)=\sum_{k=1}^{N}B_k\mathrm{e}^{\mathrm{j}\omega_k t}\varepsilon(t)\leftrightarrow F_b(\mathrm{j}\omega)&=\sum_{k=1}^{N}B_k\left[\pi\delta(\omega-\omega_k)+\frac{1}{\mathrm{j}\omega-\mathrm{j}\omega_k}\right]\\&=\sum_{k=1}^{N}\frac{B_k}{s-\mathrm{j}\omega_k}\bigg|_{s=\mathrm{j}\omega}+\sum_{k=1}^{N}B_k\pi\delta(\omega-\omega_k)\\&=F_b(s)|_{s=\mathrm{j}\omega}+\sum_{k=1}^{N}B_k\pi\delta(\omega-\omega_k)\end{aligned}$$

故

$$\begin{aligned}F(\mathrm{j}\omega)&=F_a(\mathrm{j}\omega)+F_b(\mathrm{j}\omega)\\&=F_a(s)\Big|_{s=\mathrm{j}\omega}+F_b(s)\Big|_{s=\mathrm{j}\omega}+\sum_{k=1}^{N}B_k\pi\delta(\omega-\omega_k)\\&=F(s)\Big|_{s=\mathrm{j}\omega}+\sum_{k=1}^{N}B_k\pi\delta(\omega-\omega_k)\end{aligned}$$

即

$$F(\mathrm{j}\omega)=F(s)|_{s=\mathrm{j}\omega}+\sum_{k=1}^{N}B_k\pi\delta(\omega-\omega_k)\tag{4-4-2}$$

式(4-4-2)表明，傅里叶变换等于 $F(s)|_{s=\mathrm{j}\omega}$ 再加上虚轴上每一单极点所对应的冲激(强度为 $B_k\pi$，其中，B_k 是虚轴上极点对应的部分分式系数)。

② 假设 $F_b(s)$ 在 $\mathrm{j}\omega$ 轴上的 $\mathrm{j}\omega_1$ 处有一个 n_1 重极点时。

对 $F_b(s)$ 作部分分式展开有

$$F_b(s)=\frac{B_{1n_1}}{(s-\mathrm{j}\omega_1)^{n_1}}+\frac{B_{1(n_1-1)}}{(s-\mathrm{j}\omega_1)^{n_1-1}}+\cdots+\frac{B_{11}}{(s-\mathrm{j}\omega_1)}=\sum_{i=1}^{n_1}\frac{B_{1i}}{(s-\mathrm{j}\omega_1)^i}$$

其中

$$\mathscr{L}^{-1}\left[\frac{B_{1i}}{(s-\mathrm{j}\omega_1)^i}\right]=\frac{B_{1i}t^{i-1}}{(i-1)!}\mathrm{e}^{\mathrm{j}\omega_1 t}\varepsilon(t)$$

对上式取傅里叶变换(用 $\varepsilon(t)$ 的傅里叶变换和用频移性质以及频域微分性质)有

$$\mathscr{F}\left[\frac{B_{1i}t^{i-1}}{(i-1)!}\mathrm{e}^{\mathrm{j}\omega t}\varepsilon(t)\right]=\frac{B_{1i}}{(\mathrm{j}\omega-\mathrm{j}\omega_1)^i}+\frac{B_{1i}\pi(\mathrm{j})^{i-1}}{(i-1)!}\delta^{(i-1)}(\omega-\omega_1)$$

所以

$$F(\mathrm{j}\omega)=F(s)\big|_{s=\mathrm{j}\omega}+\sum_{i=1}^{n_1}\frac{B_{1i}\pi(\mathrm{j})^{i-1}}{(i-1)!}\delta^{(i-1)}(\omega-\omega_1) \tag{4-4-3}$$

③ 当 $F_b(s)$ 在 $\mathrm{j}\omega$ 轴上有 N 个分别是 n_k 重极点 $\mathrm{j}\omega_k(k=1,2,\cdots,N)$ 时

$$F(\mathrm{j}\omega)=F(s)\big|_{s=\mathrm{j}\omega}+\sum_{k=1}^{N}\sum_{i=1}^{n_k}\frac{B_{ki}\pi(\mathrm{j})^{i-1}}{(i-1)!}\delta^{(i-1)}(\omega-\omega_k) \tag{4-4-4}$$

式(4-4-4)表明,傅里叶变换等于 $F(s)\big|_{s=\mathrm{j}\omega}$ 再加上虚轴上每一重极点所对应的一系列冲激及其导数。应当指出,除原点以外,虚轴上的重极点必共轭存在,其部分分式系数亦必共轭。

例 4-21 已知 $F_1(s)=\dfrac{s}{s^2+\omega_0^2}$,$F_2(s)=\dfrac{1}{s^2(s+1)}$,$F_3(s)=\dfrac{s}{(s^2+4)^2}$,试求其傅里叶变换。

解 (1) $F_1(s)=\dfrac{1}{2}\times\dfrac{1}{s-\mathrm{j}\omega_0}+\dfrac{1}{2}\times\dfrac{1}{s+\mathrm{j}\omega_0}$ $\left(其中,B_1=B_2=\dfrac{1}{2}\right)$

由式(4-4-2)得

$$\begin{aligned}F_1(\mathrm{j}\omega)&=F_1(s)\big|_{s=\mathrm{j}\omega}+\sum_{k=1}^{2}B_k\pi\delta(\omega-\omega_k)\\&=\frac{\mathrm{j}\omega}{\omega_0^2-\omega^2}+\frac{\pi}{2}\delta(\omega-\omega_0)+\frac{\pi}{2}\delta(\omega+\omega_0),\quad \omega_1=\omega_0,\quad \omega_2=-\omega_0\end{aligned}$$

(2)
$$F_2(s)=\frac{B_{12}}{s^2}+\frac{B_{11}}{s}+\frac{B_2}{s+1}=\frac{1}{s^2}+\frac{(-1)}{s}+\frac{1}{s+1}$$

由式(4-4-3)得

$$\begin{aligned}F_2(\mathrm{j}\omega)&=F_2(s)\big|_{s=\mathrm{j}\omega}+\mathrm{j}\pi\delta'(\omega)-\pi\delta(\omega)\\&=\frac{1}{(\mathrm{j}\omega)^2(\mathrm{j}\omega+1)}+\mathrm{j}\pi\delta'(\omega)-\pi\delta(\omega),\quad \omega_1=0\end{aligned}$$

(3)
$$\begin{aligned}F_3(s)&=\frac{s}{(s^2+4)^2}=\frac{B_{12}}{(s-\mathrm{j}2)^2}+\frac{B_{11}}{s-\mathrm{j}2}+\frac{B_{22}}{(s+\mathrm{j}2)^2}+\frac{B_{21}}{s+\mathrm{j}2}\\&=\frac{\mathrm{j}}{8}\times\frac{1}{(s+\mathrm{j}2)^2}-\frac{\mathrm{j}}{8}\times\frac{1}{(s-\mathrm{j}2)^2}\quad (其中,B_{11}=B_{21}=0)\end{aligned}$$

由式(4-4-4)得

$$\begin{aligned}F_3(\mathrm{j}\omega)&=F_3(s)\big|_{s=\mathrm{j}\omega}-\frac{\mathrm{j}}{8}\mathrm{j}\pi\delta'(\omega-2)+\frac{\mathrm{j}}{8}\mathrm{j}\pi\delta'(\omega+2)\\&=\frac{\mathrm{j}\omega}{(4-\omega^2)^2}+\frac{\pi}{8}\delta'(\omega-2)-\frac{\pi}{8}\delta'(\omega+2),\quad \omega_1=2,\quad \omega_2=-2\end{aligned}$$

4.5 LTI 连续系统的复频域分析法

拉普拉斯变换分析法是求解 LTI 连续系统响应的方法之一,它首先对描述系统的时域微

分方程或时域微积分方程进行拉普拉斯变换，使之成为复频域里以复频率 s 为变量的代数方程；随后，在复频域内通过代数运算得到响应的复频域解；最后，将此解通过拉普拉斯反变换变为时域响应。由于该方法的主要步骤在复频域内进行，故又称为复频域分析法。

4.5.1 基本复指数信号 e^{st} 激励下的零状态响应

若 LTI 连续系统的输入为复指数信号 $f(t)=e^{st}$，零状态响应为 $y_{ZS}(t)$，冲激响应为 $h(t)$，由连续系统的时域分析可知

$$y_{ZS}(t) = f(t) * h(t) = e^{st} * h(t) = \int_{-\infty}^{\infty} h(\tau)e^{s(t-\tau)}\,d\tau = e^{st}\int_{-\infty}^{\infty} h(\tau)e^{-s\tau}\,d\tau$$

如果系统是因果的，则 $h(t)$ 为因果信号，有

$$y_{ZS}(t) = h(t) * f(t) = e^{st}\int_{0_-}^{\infty} h(\tau)e^{-s\tau}\,d\tau = e^{st}H(s) \tag{4-5-1}$$

式中，$H(s)$ 称为 LTI 因果连续系统的复频域系统函数，它是冲激响应 $h(t)$ 的单边拉普拉斯变换。e^{st} 称为系统的特征函数。

式(4-5-1)表明，连续系统对系统特征函数 e^{st} 的零状态响应 $y_{ZS}(t)$ 等于加权了系统函数 $H(s)$ 的特征函数，即

$$f(t) = e^{st} \rightarrow y_{ZS}(t) = H(s)e^{st}$$

4.5.2 任意信号 $f(t)$ 激励下的零状态响应

若 LTI 连续系统的输入 $f(t)$ 是因果信号，并且 $f(t)$ 的单边拉普拉斯变换存在，则

$$f(t) = \frac{1}{2\pi j}\int_{\sigma-j\infty}^{\sigma+j\infty} F(s)e^{st}\,ds, \quad t \geqslant 0$$

如果从复频域 $\sigma-j\infty$ 到 $\sigma+j\infty$ 区间内任选一 s，信号 e^{st} 产生的零状态响应为 $H(s)e^{st}$，那么根据线性系统的齐次性和叠加性，便有

$$\frac{1}{2\pi j}F(s)ds e^{st} \rightarrow \frac{1}{2\pi j}F(s)ds \cdot H(s)e^{st}$$

$$\begin{aligned} f(t) = \frac{1}{2\pi j}\int_{\sigma-j\infty}^{\sigma+j\infty} F(s)e^{st}\,ds, \quad t \geqslant 0 \rightarrow y_{ZS}(t) &= \frac{1}{2\pi j}\int_{\sigma-j\infty}^{\sigma+j\infty} F(s)H(s)e^{st}\,ds \\ &= \frac{1}{2\pi j}\int_{\sigma-j\infty}^{\sigma+j\infty} Y_{ZS}(s)e^{st}\,ds, \quad t \geqslant 0 \end{aligned} \tag{4-5-2}$$

所以

$$Y_{ZS}(s) = F(s)H(s) \tag{4-5-3}$$

由式(4-5-3)知，系统函数 $H(s)$ 又可定义为

$$H(s) \stackrel{\text{def}}{=} \frac{Y_{ZS}(s)}{F(s)} \tag{4-5-4}$$

上述讨论说明，系统的零状态响应可按以下步骤求解：

(1) 求系统输入 $f(t)$ 的单边拉普拉斯变换 $F(s)$；

(2) 求系统函数 $H(s)$；

(3) 求零状态响应的单边拉普拉斯变换 $Y_{ZS}(s)$；

(4) 求 $Y_{ZS}(s)$ 的单边拉普拉斯逆变换 $y_{ZS}(t)$。

例 4-22 当线性连续系统的输入 $f_1(t)=\mathrm{e}^{-t}\varepsilon(t)$时，零状态响应$y_{\mathrm{zs}_1}(t)=(\mathrm{e}^{-t}-\mathrm{e}^{-2t})\varepsilon(t)$。若输入为 $f_2(t)=\cos t\varepsilon(t)$，求系统的零状态响应$y_{\mathrm{zs}_2}(t)$。

解 $f_1(t)$、$y_{\mathrm{zs}_1}(t)$和 $f_2(t)$的单边拉普拉斯变换分别为

$$F_1(s)=\frac{1}{s+1},\quad Y_{\mathrm{zs}_1}(s)=\frac{1}{s+1}-\frac{1}{s+2}=\frac{1}{(s+1)(s+2)},\quad F_2(s)=\frac{s}{s^2+1}$$

由式(4-5-4)得

$$H(s)=\frac{Y_{\mathrm{zs}_1}(s)}{F_1(s)}=\frac{1}{s+2}$$

所以

$$Y_{\mathrm{zs}_2}(s)=F_2(s)H(s)=\frac{1}{s+2}\times\frac{s}{s^2+1}=\frac{A}{s+2}+\frac{Bs+C}{s^2+1}$$

$$A=(s+2)Y_{\mathrm{zs}_2}(s)\Big|_{s=-2}=\frac{s}{s^2+1}\Bigg|_{s=-2}=-\frac{2}{5}$$

又

$$\frac{1}{s+2}\times\frac{s}{s^2+1}=\frac{\left(-\frac{2}{5}\right)}{s+2}+\frac{Bs+C}{s^2+1}=\frac{\left(B-\frac{2}{5}\right)s^2+(2B+C)s+\left(2C-\frac{2}{5}\right)}{(s+2)(s^2+1)}$$

比较 s^2 系数可得 $B=\frac{2}{5}$；比较 s^0 系数可得 $C=\frac{1}{5}$。故有

$$Y_{\mathrm{zs}_2}(s)=\left(-\frac{2}{5}\right)\times\frac{1}{s+2}+\frac{2}{5}\times\frac{s}{s^2+1}+\frac{1}{5}\times\frac{1}{s^2+1}$$

于是得

$$y_{\mathrm{zs}_2}(t)=\left(-\frac{2}{5}\mathrm{e}^{-2t}+\frac{2}{5}\cos t+\frac{1}{5}\sin t\right)\varepsilon(t)$$

4.5.3 微分方程的复频域解

1. 给定微分方程求解

n 阶线性时不变连续系统，通常用 n 阶常系数线性微分方程来描述，即

$$\sum_{i=0}^{n}a_i y^{(i)}(t)=\sum_{j=0}^{m}b_j f^{(j)}(t),\quad a_n=1 \tag{4-5-5}$$

式中，系数 $a_i(i=0,1,2,\cdots,n)$，$b_j(j=0,1,2,\cdots,m)$均为实数，设系统的初始状态为$y(0_-)$，$y'(0_-)$，…，$y^{(n-1)}(0_-)$。根据拉普拉斯变换的时域微分性质有

$$\mathscr{L}[f^{(j)}(t)]=s^jF(s)-\sum_{m=0}^{j-1}s^{j-1-m}f^{(m)}(0_-)$$

设激励 $f(t)$为因果信号，$t=0_-$时有 $f(0_-)=f'(0_-)=\cdots=f^{(m)}(0_-)=0$，则

$$\mathscr{L}[f^{(j)}(t)]=s^jF(s)$$

对式(4-5-5)两边取拉普拉斯变换，得

$$\sum_{i=0}^{n}a_i\left[s^iY(s)-\sum_{q=0}^{i-1}s^{i-1-q}y^{(q)}(0_-)\right]=\sum_{j=0}^{m}b_js^jF(s),\quad a_n=1$$

即

$$\sum_{i=0}^{n}a_is^iY(s)-\sum_{i=0}^{n}a_i\left[\sum_{q=0}^{i-1}s^{i-1-q}y^{(q)}(0_-)\right]=\sum_{j=0}^{m}b_js^jF(s),\quad a_n=1$$

移项整理得

$$Y(s)=\underbrace{\frac{\sum_{j=0}^{m}b_js^j}{\sum_{i=0}^{n}a_is^i}F(s)}_{Y_{ZS}(s)}+\underbrace{\frac{\sum_{i=0}^{n}a_i\left[\sum_{q=0}^{i-1}s^{i-1-q}y^{(q)}(0_-)\right]}{\sum_{i=0}^{n}a_is^i}}_{Y_{ZI}(s)},\quad a_n=1^{①} \tag{4-5-6}$$

式(4-5-6)表明，全响应拉普拉斯变换 $Y(s)$ 的第一项仅与激励相关，是零状态响应的拉普拉斯变换 $Y_{ZS}(s)$；第二项仅与初始状态相关，是零输入响应的拉普拉斯变换 $Y_{ZI}(s)$；全响应的拉普拉斯变换 $Y(s)$ 是二者之和。

可见，若给定系统微分方程，可在零状态下取拉普拉斯变换，并按定义式(4-5-4)可求得系统函数

$$H(s)=\frac{Y_{ZS}(s)}{F(s)}=\frac{B(s)}{A(s)}=\frac{b_ms^m+b_{m-1}s^{m-1}+\cdots+b_1s+b_0}{s^n+a_{n-1}s^{n-1}+\cdots+a_1s+a_0} \tag{4-5-7}$$

式中，$B(s)$ 和 $A(s)$ 为 $H(s)$ 的分子 s 多项式和分母 s 多项式。若令 $Y_{ZI}(s)$ 的分子 s 多项式为 $T(s)$，则

$$Y(s)=\frac{B(s)}{A(s)}F(s)+\frac{T(s)}{A(s)}=H(s)F(s)+\frac{T(s)}{A(s)}=Y_{ZS}(s)+Y_{ZI}(s) \tag{4-5-8}$$

即

$$Y_{ZS}(s)=\frac{B(s)}{A(s)}F(s),\quad Y_{ZI}(s)=\frac{T(s)}{A(s)}$$

取其拉普拉斯反变换可得

$$y_{ZS}(t)=\mathscr{L}^{-1}[Y_{ZS}(s)]=\mathscr{L}^{-1}\left[\frac{B(s)}{A(s)}F(s)\right] \tag{4-5-9}$$

$$y_{ZI}(t)=\mathscr{L}^{-1}[Y_{ZI}(s)]=\mathscr{L}^{-1}\left[\frac{T(s)}{A(s)}\right] \tag{4-5-10}$$

应当指出，由于 $H(s)$ 的分母与 $Y_{ZI}(s)$ 分母相同，因此，由 $H(s)$ 的极点来决定 $y_{ZI}(t)$ 的模式更为简便，代入给定初始状态即可确定 $y_{ZI}(t)$。全响应为

$$\begin{aligned}y(t)&=\mathscr{L}^{-1}[Y(s)]=\mathscr{L}^{-1}[Y_{ZS}(s)]+\mathscr{L}^{-1}[Y_{ZI}(s)]\\&=y_{ZS}(t)+y_{ZI}(t)\end{aligned} \tag{4-5-11}$$

例 4-23 某二阶连续系统的微分方程为 $y''(t)+5y'(t)+6y(t)=2f'(t)+8f(t)$，已知 $f(t)=e^{-t}\varepsilon(t)$，$y(0_-)=3$，$y'(0_-)=2$，试分别求零输入响应 $y_{ZI}(t)$、零状态响应 $y_{ZS}(t)$ 和全响应 $y(t)$。

解 对微分方程两边取拉普拉斯变换，并根据时域微分性质，有

$$[s^2Y(s)-sy(0_-)-y'(0_-)]+5[sY(s)-y(0_-)]+6Y(s)=2sF(s)+8F(s)$$

整理得

$$(s^2+5s+6)Y(s)-(s+5)y(0_-)-y'(0_-)=(2s+8)F(s)$$

移项得

$$Y(s)=\underbrace{\frac{2s+8}{s^2+5s+6}F(s)}_{Y_{ZS}(s)}+\underbrace{\frac{(s+5)y(0_-)+y'(0_-)}{s^2+5s+6}}_{Y_{ZI}(s)}$$

① $y^{(q)}(0_-)=y_{ZI}^{(q)}(0_-)=y_{ZI}^{(q)}(0_+)$

$$H(s)=\frac{Y_{\rm ZS}(s)}{F(s)}=\frac{B(s)}{A(s)}=\frac{2s+8}{s^2+5s+6}$$

$$Y_{\rm ZS}(s)=\frac{2s+8}{s^2+5s+6}\times\frac{1}{s+1}=\frac{3}{s+1}-\frac{4}{s+2}+\frac{1}{s+3}$$

$$Y_{\rm ZI}(s)=\frac{3(s+5)+2}{s^2+5s+6}=\frac{3s+17}{s^2+5s+6}=\frac{11}{s+2}-\frac{8}{s+3}$$

取拉普拉斯反变换，得

$$y_{\rm ZS}(t)=(3{\rm e}^{-t}-4{\rm e}^{-2t}+{\rm e}^{-3t})\varepsilon(t)$$

$$y_{\rm ZI}(t)=11{\rm e}^{-2t}-8{\rm e}^{-3t},\quad t\geqslant 0$$

或设 $y_{\rm ZI}(t)=C_{{\rm ZI}_1}{\rm e}^{-2t}+C_{{\rm ZI}_2}{\rm e}^{-3t}(t\geqslant 0)$，代入初始状态有

$$\begin{cases}C_{{\rm ZI}_1}+C_{{\rm ZI}_2}=3\\-2C_{{\rm ZI}_1}-3C_{{\rm ZI}_2}=2\end{cases}\rightarrow\begin{cases}C_{{\rm ZI}_1}=11\\C_{{\rm ZI}_2}=-8\end{cases}$$

故

$$y_{\rm ZI}(t)=11{\rm e}^{-2t}-8{\rm e}^{-3t},\quad t\geqslant 0$$

全响应

$$y(t)=y_{\rm ZS}(t)+y_{\rm ZI}(t)=3{\rm e}^{-t}+7{\rm e}^{-2t}-7{\rm e}^{-3t},\quad t\geqslant 0$$

需要指出，通常零状态响应 $y_{\rm ZS}(t)$的时间域用后缀 $\varepsilon(t)$标示，表明在 $t<0$ 时$y_{\rm ZS}(t)=0$；零输入响应 $y_{\rm ZI}(t)$和全响应 $y(t)$的时间域用 $t\geqslant 0$ 标示，表明在 $t<0$ 时的 $y_{\rm ZI}(t)$和 $y(t)$不予讨论。

2. 给定框图和电路求解

这里的求解须先根据给定的框图和电路列写微分方程，然后求解微分方程。

例 4-24 试由图 4-11 所示框图列微分方程。

解

$$y(t)=\frac{1}{\tau}\int_0^t[f(\xi)-f(\xi-\tau)]{\rm d}\xi$$

该式两边求导

$$y'(t)=\frac{1}{\tau}[f(t)-f(t-\tau)]$$

例 4-25 电路如图 4-12 所示，开关 K 闭合之前电路已处于稳态，$t=0$ 时开关由 1 端投向 2 端；源电压 $u_{\rm s1}(t)=6{\rm V}$，$u_{\rm s2}(t)=10\varepsilon(t){\rm V}$，$R=6\Omega$，$L=1{\rm H}$，$C=0.2{\rm F}$，求 $t>0$ 的电流 $i(t)$。

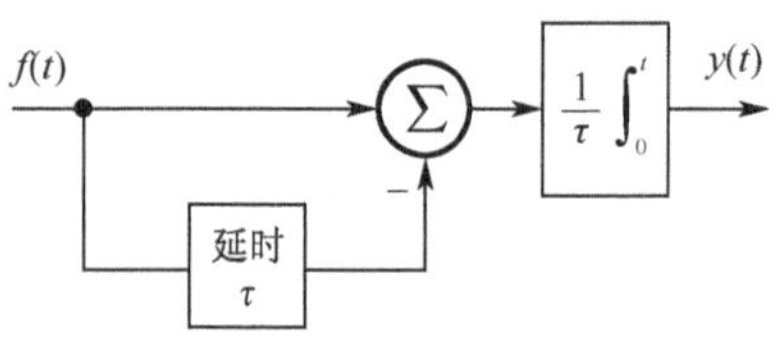

图 4-11 例 4-24 图

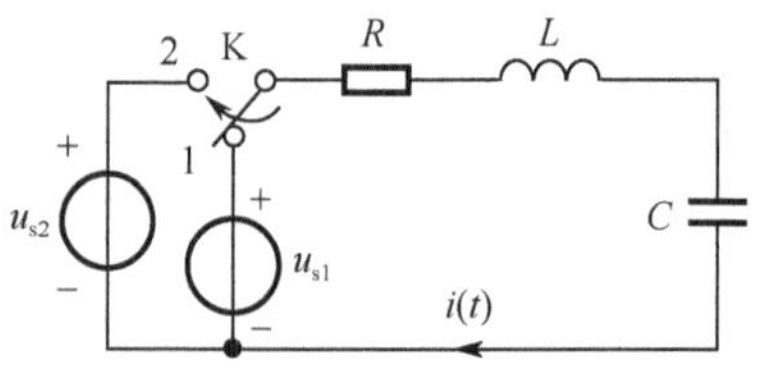

图 4-12 例 4-25 图

解 (1)确定初始条件。$t<0$ 时，电路处于稳态，C 相当于开路，L 相当于短路，故

$$i(0_-)=i_L(0_-)=0,\quad u_C(0_-)=u_{\rm s1}=6{\rm V}$$

(2) 列微分方程。$t>0$ 时，开关 K 由 1 端投向 2 端，此时回路的 KVL 为

$$u_R+u_C+u_L=u_{\rm s2}$$

根据元件的伏安关系可得

$$Ri(t)+L\frac{\mathrm{d}i(t)}{\mathrm{d}t}+\frac{1}{C}\int_{-\infty}^{t}i(\tau)\mathrm{d}\tau=10\varepsilon(t)$$

(3) 应用拉普拉斯变换分析法求解。对方程两边求拉普拉斯变换得

$$RI(s)+L[sI(s)-i(0_-)]+\frac{1}{C}\left[\frac{I(s)}{s}+\frac{i^{(-1)}(0_-)}{s}\right]=\frac{10}{s}$$

其中

$$i^{(-1)}(0_-)=q_C(0_-),\quad \frac{q_C(0_-)}{C}=u_C(0_-)$$

故

$$\left(R+Ls+\frac{1}{sC}\right)I(s)-Li(0_-)+\frac{u_C(0_-)}{s}=\frac{10}{s}$$

$$I(s)=\frac{\left[\frac{10}{s}+Li(0_-)-\frac{u_C(0_-)}{s}\right]}{R+Ls+\frac{1}{sC}}$$

代入元件值及初始状态 $i_L(0_-)$、$u_C(0_-)$之值，得

$$I(s)=\frac{\left[\frac{10}{s}+0-\frac{6}{s}\right]}{s+6+\frac{5}{s}}=\frac{4}{s^2+6s+5}=\frac{1}{s+1}-\frac{1}{s+5}$$

求拉普拉斯反变换得

$$i(t)=\mathscr{L}^{-1}[I(s)]=\mathscr{L}^{-1}\left[\frac{1}{s+1}-\frac{1}{s+5}\right]=\mathrm{e}^{-t}-\mathrm{e}^{-5t}(\mathrm{A}),\quad t\geqslant 0$$

通过本例可见，用系统的拉普拉斯变换分析法求解电路是十分烦琐的，主要是高阶电路列写微分方程较复杂。因此，有必要提出电路的复频域分析法，它的优点是避开了列写微分方程。

4.5.4 电路的复频域分析

第 39 讲

首先将电路的时域模型转换为 s 域模型，然后应用电路理论的相关定律、定理和计算方法分析 s 域模型，并经过简单的代数运算，得到输出响应的拉普拉斯变换，进而通过拉普拉斯反变换求得所需的响应。比较动态电路的时域经典方法求解，复频域分析法将电路时域模型变为 s 域模型以后，只需根据直流电路理论列写电路的代数方程并求解，所以该分析方法更方便。

1. 复频域电路模型

1) 元件的 s 域模型

电阻元件 R 的时域模型如图 4-13(a)所示。根据欧姆定律，其时域伏安关系为

$$u_R(t)=Ri(t)$$

等式两边取拉普拉斯变换得

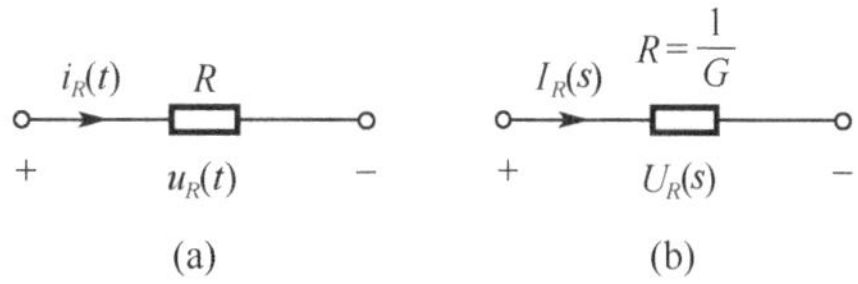

图 4-13　电阻的时域和 s 域模型

$$U_R(s)=R\,I_R(s)\tag{4-5-12}$$

据此，可画出电阻元件的 s 域模型如图4-13(b)所示。

电感元件 L 的时域模型如图 4-14(a)所示。其时域伏安关系为

$$u_L(t)=L\frac{\mathrm{d}i_L(t)}{\mathrm{d}t}$$

等式两边取拉普拉斯变换得

$$U_L(s)=sLI_L(s)-Li_L(0_-) \tag{4-5-13}$$

或

$$I_L(s)=\frac{U_L(s)}{sL}+\frac{i_L(0_-)}{s} \tag{4-5-14}$$

据此，可画出电感元件 L 的 s 域模型如图 4-14(b)和(c)所示。

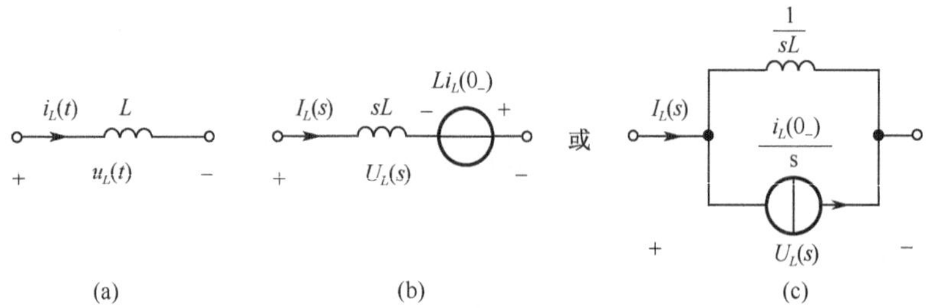

图 4-14　电感的 s 域模型

对于图 4-14(b)而言，电感的 s 域模型呈现复频域电感运算阻抗 $Z_L(s)=sL$ 与一个源电压为 $Li_L(0_-)$（与原时域 $u_L(t)$ 极性相反）的恒压源相串联；而图 4-14(c)呈现复频域电感运算导纳 $Y_L(s)=\dfrac{1}{sL}$ 与一个源电流为 $\dfrac{i_L(0_-)}{s}$（与原时域 $i_L(t)$ 方向相同）的恒流源相并联。源电压 $Li_L(0_-)$ 及源电流 $\dfrac{i_L(0_-)}{s}$ 都是代表电路内电感储能的电流 $i_L(0_-)$ 所引起，故均称为电感内电源。

同理，可根据电容元件的 s 域伏安关系$\left(由\ i_C(t)=C\dfrac{\mathrm{d}u_C(t)}{\mathrm{d}t}\ 取拉氏变换\right)$

$$I_C(s)=sCU_C(s)-Cu_C(0_-) \tag{4-5-15}$$

或

$$U_C(s)=\frac{I_C(s)}{sC}+\frac{u_C(0_-)}{s} \tag{4-5-16}$$

得电容元件的 s 域模型如图 4-15 所示。

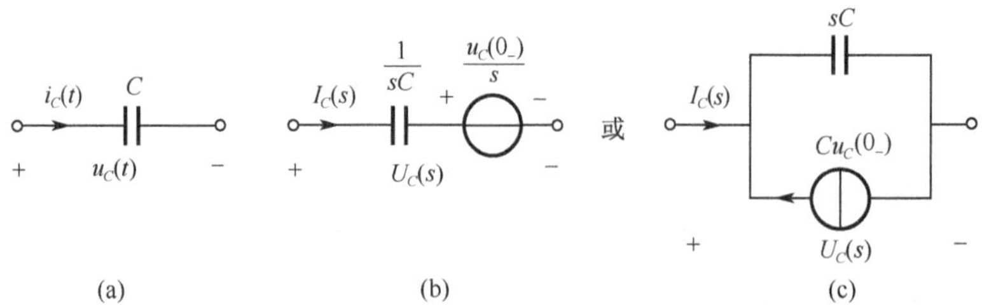

图 4-15　电容的时域和 s 域模型

源电压 $\dfrac{u_C(0_-)}{s}$ 及源电流 $Cu_C(0_-)$ 均称为电容内电源。

电感元件和电容元件的 s 域模型都有串联和并联两种形式，两种形式的模型各有所用，串联模型多用于电路的回路分析法；并联模型多用于电路的节点分析法。

如果动态元件的初始储能为零，那么电路的 s 域模型就是将 R、L、C 元件分别看成具有 s 域阻抗 $Z_R=R, Z_L=sL, Z_C=\dfrac{1}{sC}$ $\left(\text{或 } s \text{ 域导纳 } Y_G=G=\dfrac{1}{R}, Y_L=\dfrac{1}{sL}, Y_C=sC\right)$的电路，如图 4-16 所示。

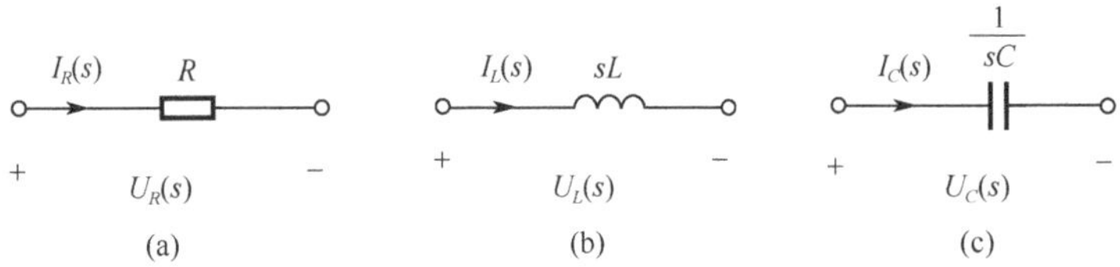

图 4-16 初始储能为零时元件的 s 域模型

2) s 域 KCL 和 KVL

约束电路规律除了元件的伏安关系外，还有基尔霍夫的电流定律(KCL)和电压定律(KVL)。时域 KCL 指出，任意时刻对电路的任一节点，汇集于该节点的所有支路电流的代数和为零，即 $\sum_{k=1}^{n} i_k(t)=0$，对该式取拉普拉斯变换，得 s 域 KCL

$$\sum_{k=1}^{n} I_k(s)=0 \tag{4-5-17}$$

式(4-5-17)叫做 s 域 KCL 定理。同理，可得 s 域的 KVL 定理

$$\sum_{k=1}^{n} U_k(s)=0 \tag{4-5-18}$$

式(4-5-17)和式(4-5-18)表明，电路的 s 域结构(即连接方式)和时域的相同。

2. 电路的复频域分析法

利用拉普拉斯变换法分析电路，首先由已知条件求出电路的初始状态。接着画出 s 域电路图，其中，根据前面介绍的方法将各个元件转换为 s 域模型；初始状态转化为内电源；同时把电路中的独立源、各支路电压、电流等变量用拉普拉斯变换像函数表达，从而得到 s 域电路模型。再用一切电阻电路的分析方法求解待求变量的拉普拉斯变换。最后求其拉普拉斯反变换即时域解。求解电路时，可以分别求电路的零输入响应和零状态响应，也可以一次求得完全响应，它们各自均应有 s 域电路模型。

下面举例说明电路复频域分析的方法步骤。

例 4-26 电路如图 4-17(a)所示，开关 K 闭合之前电路已处于稳态，$t=0$ 时 K 由 1 端投向 2 端；已知源电压 $u_{s1}(t)=1\text{V}, u_{s2}(t)=1\text{V}, R=1\Omega, C_1=C_2=1\text{F}$，求$t\geqslant 0$时的电压 $u_2(t)$。

解 (1)作 $t=0_-$ 时等效电路如图 4-17(b)所示，根据该电路可求得初始状态 $u_{C_1}(0_-)=0\text{V}, u_{C_2}(0_-)=1\text{V}$。

(2) 绘出换路后的 s 域等效电路如图 4-17(c)所示。图中，$\dfrac{1}{sC_1}=\dfrac{1}{sC_2}=\dfrac{1}{s}\Omega$，$\dfrac{u_{C_2}(0_-)}{s}=\dfrac{1}{s}\text{V}$ (内电源)。

(3) 用节点分析法求解待求变量的像函数。由图 4-17(c)得节点方程

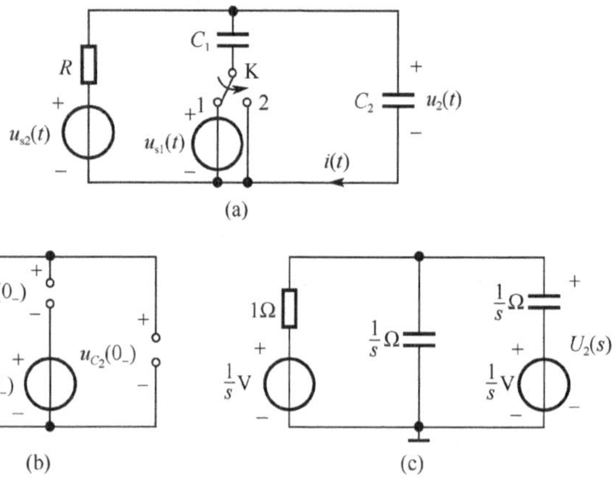

图 4-17 例 4-26 图

$$(1+s+s)U_2(s)=\frac{1}{s}+1$$

得

$$U_2(s)=\frac{\frac{1}{s}+1}{2s+1}=\frac{s+1}{s(2s+1)}=\frac{1}{2}\,\frac{s+1}{s\left(s+\frac{1}{2}\right)}=\frac{1}{s}+\frac{-\frac{1}{2}}{s+\frac{1}{2}}$$

(4) 求拉普拉斯反变换得

$$u_2(t)=1-\frac{1}{2}e^{-\frac{t}{2}}\text{V},\quad t\geqslant 0$$

本例从图 4-17(c)中还可以分别求得在内电源 $\frac{1}{s}$ 单独作用下的零输入响应像函数 $U_{2ZI}(s)$ 和在外加激励 $U_{s2}(s)$ 单独作用下的零状态响应像函数 $U_{2ZS}(s)$，从而获得零输入响应 $u_{2ZI}(t)$ 和零状态响应 $u_{2ZS}(t)$，留给读者自行练习。

例 4-27 电路如图 4-18(a)所示，已知 $L_1=5\text{H}$，$L_2=1.2\text{H}$，$M=1\text{H}$，$R=10\Omega$，初级电压 $u_1(t)=10\cos 10t\text{V}$，求次级零状态输出电压 $u_2(t)$。

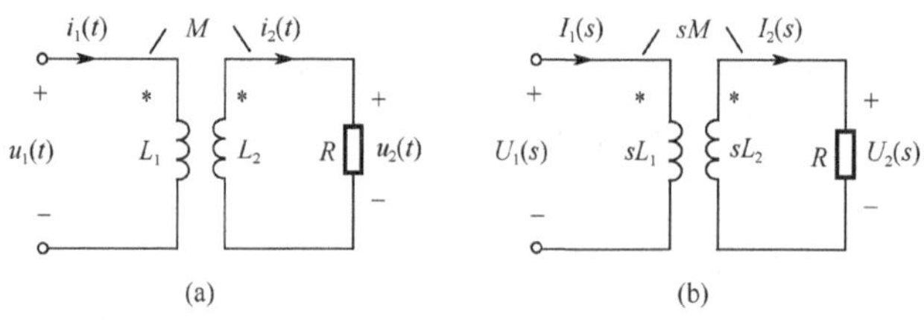

图 4-18 例 4-27 图

解 (1) 绘出 s 域电路模型如图 4-18(b)所示。

(2) 求激励的拉普拉斯变换

$$u_1(t)=10\cos 10t\leftrightarrow U_1(s)=\frac{10s}{s^2+100}$$

(3) 根据 s 域电路模型列回路方程并求解

$$\begin{cases}sL_1I_1(s)-sMI_2(s)=U_1(s)\\-sMI_1(s)+(sL_2+R)I_2(s)=0\end{cases}\quad 即\quad\begin{cases}5sI_1(s)-sI_2(s)=\dfrac{10s}{s^2+100}\\-sI_1(s)+(1.2s+10)I_2(s)=0\end{cases}$$

所以

$$I_2(s)=\frac{\begin{vmatrix}5s & \frac{10s}{s^2+100}\\ -s & 0\end{vmatrix}}{\begin{vmatrix}5s & -s\\ -s & 1.2s+10\end{vmatrix}}=\frac{\frac{10s^2}{s^2+100}}{6s^2+50s-s^2}=\frac{2s}{(s+10)(s^2+100)}$$

$$U_2(s)=RI_2(s)=\frac{20s}{(s+10)(s^2+100)}=\frac{A}{s+10}+\frac{Bs+C}{s^2+100}$$

其中

$$A=(s+10)U_2(s)\big|_{s=-10}=\frac{20s}{s^2+100}\bigg|_{s=-10}=-1$$

故

$$\begin{aligned}U_2(s)&=\frac{20s}{(s+10)(s^2+100)}=\frac{-1}{s+10}+\frac{Bs+C}{s^2+100}\\&=\frac{(B-1)s^2+(10B+C)s+(10C-100)}{(s+10)(s^2+100)}\end{aligned}$$

比较系数得

$$B=1,\quad C=10$$

即

$$U_2(s)=\frac{s}{s^2+100}+\frac{10}{s^2+100}-\frac{1}{s+10}$$

求其拉普拉斯反变换得

$$u_2(t)=\mathscr{L}^{-1}\left(\frac{s}{s^2+100}+\frac{10}{s^2+100}-\frac{1}{s+10}\right)=(\cos10t+\sin10t-\mathrm{e}^{-10t})\varepsilon(t)\quad \mathrm{V}$$

例 4-28　零状态电路如图 4-19(a)所示，已知 $C=0.5\mathrm{F}$，$R=1\Omega$，输入端电压 $u_1(t)$ 如图 4-19(b)所示，求输出电压 $u_2(t)$。

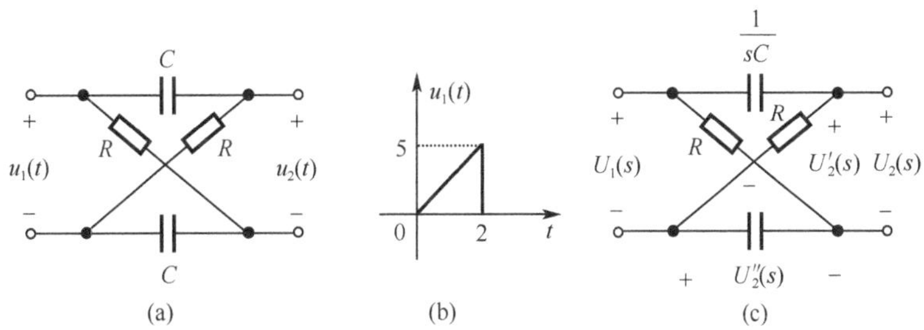

图 4-19　例 4-28 图

解　(1)写出 $u_1(t)$ 的时域和复频域表达式。

$$u_1(t)=\frac{5}{2}t\varepsilon(t)-\frac{5}{2}(t-2)\varepsilon(t-2)-5\varepsilon(t-2)$$

$$\leftrightarrow U_1(s)=\frac{5}{2}\times\frac{1}{s^2}-\frac{5}{2}\times\frac{1}{s^2}\mathrm{e}^{-2s}-\frac{5}{s}\mathrm{e}^{-2s}$$

(2) 绘出 s 域电路模型如图 4-19(c)所示。

(3) 由图 4-19(c)有

$$U_2(s)=U_2'(s)+U''_2(s),\quad U_2'(s)=U_1(s)\frac{R}{R+\frac{1}{sC}},\quad U''_2(s)=-U_1(s)\frac{\frac{1}{sC}}{R+\frac{1}{sC}}$$

$$U_2(s)=U_1(s)\left(\frac{R}{R+\frac{1}{sC}}-\frac{\frac{1}{sC}}{R+\frac{1}{sC}}\right)=\frac{s-2}{s+2}\left(\frac{5}{2}\times\frac{1}{s^2}-\frac{5}{2}\times\frac{1}{s^2}e^{-2s}-\frac{5}{s}\times e^{-2s}\right)$$

$$=\frac{5}{2}\left[\frac{s-2}{s^2(s+2)}-\frac{s-2}{s^2(s+2)}e^{-2s}-\frac{2(s-2)}{s(s+2)}e^{-2s}\right]$$

式中

$$\frac{s-2}{s^2(s+2)}=-\frac{1}{s^2}+\frac{1}{s}-\frac{1}{s+2},\quad \frac{s-2}{s(s+2)}=-\frac{1}{s}+\frac{2}{s+2}$$

故

$$U_2(s)=\frac{5}{2}\left[\left(-\frac{1}{s^2}+\frac{1}{s}-\frac{1}{s+2}\right)-\left(-\frac{1}{s^2}+\frac{1}{s}-\frac{1}{s+2}\right)e^{-2s}-2\left(\frac{2}{s+2}-\frac{1}{s}\right)e^{-2s}\right]$$

(4)求拉氏反变换

$$u_2(t)=\mathscr{L}^{-1}\left\{\frac{5}{2}\left[\left(-\frac{1}{s^2}+\frac{1}{s}-\frac{1}{s+2}\right)-\left(-\frac{1}{s^2}+\frac{1}{s}-\frac{1}{s+2}\right)e^{-2s}-2\left(\frac{2}{s+2}-\frac{1}{s}\right)e^{-2s}\right]\right\}$$

$$=\frac{5}{2}\{[(-t+1-e^{-2t})\varepsilon(t)]-[-(t-2)+1-e^{-2(t-2)}]\varepsilon(t-2)$$

$$-2[2e^{-2(t-2)}-1]\varepsilon(t-2)\}$$

$$=\frac{5}{2}\{[-(t-1)-e^{-2t}]\varepsilon(t)+[(t-1)-3e^{-2(t-2)}]\varepsilon(t-2)\}\mathrm{V}$$

例 4-29 RC 微分电路如图 4-20(a)所示,周期性矩形脉冲激励信号 $u_s(t)$ 如图 4-20(b)所示,已知 $R=1\ \Omega$,$C=1\mathrm{F}$,$u_C(0_-)=0$,$A=1$,$\tau=1$,$T=2$,试求(1)零状态输出响应电压 $u_o(t)$。(2)$u_o(t)$ 的稳态响应分量 $u_{os}(t)$。

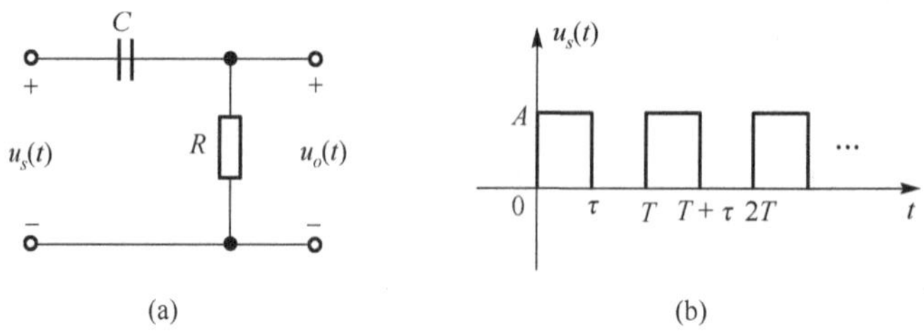

图 4-20 例 4-29 图

解 (1)第一个周期内的激励信号 $u_{s1}(t)=\varepsilon(t)-\varepsilon(t-\tau)$,则有

$$u_s(t)=u_{s1}(t)*\delta_T(t)=A[\varepsilon(t)-\varepsilon(t-\tau)]*\sum_{n=0}^{\infty}\delta(t-nT),\quad T=2$$

其拉普拉斯变换 $U_s(s)$

$$U_s(s)=\mathscr{L}[u_{s1}(t)]\mathscr{L}[\delta_T(t)]=\frac{A}{s}(1-e^{-s\tau})\frac{1}{1-e^{-sT}}$$

根据电路模型可得系统函数

$$H(s)=\frac{U_o(s)}{U_S(s)}=\frac{R}{R+\frac{1}{sC}}=\frac{s}{s+1}$$

故

$$U_o(s)=U_S(s)H(s)=\frac{s}{s+1}\times\frac{A(1-e^{-s\tau})}{s(1-e^{-sT})}=\frac{A(1-e^{-s\tau})}{s+1}\times\frac{1}{1-e^{-sT}}$$

$$u_o(t)=\mathscr{L}^{-1}\left[\frac{A(1-e^{-s\tau})}{s+1}\right]*\mathscr{L}^{-1}\left[\frac{1}{(1-e^{-sT})}\right]$$

$$=A[e^{-t}\varepsilon(t)-e^{-(t-\tau)}\varepsilon(t-\tau)]*\sum_{n=0}^{\infty}\delta(t-nT)$$

$$=\sum_{n=0}^{\infty}A[e^{-(t-nT)}\varepsilon(t-nT)-e^{-(t-nT-1)}\varepsilon(t-nT-1)]$$

$$=\sum_{n=0}^{\infty}[e^{-(t-2n)}\varepsilon(t-2n)-e^{-(t-2n-1)}\varepsilon(t-2n-1)]$$

(2)求稳态响应 $u_{os}(t)$。第一个周期内的零状态响应

$$u_{o1}(t)=A[e^{-t}\varepsilon(t)-e^{-(t-\tau)}\varepsilon(t-\tau)]=e^{-t}\varepsilon(t)-e^{-(t-1)}\varepsilon(t-1)$$

$u_{o1}(t)$ 的波形如图 4-21 所示，可见，它不是时限信号，将其用等时间间隔 $T=2$ 重复以后得到的零状态响应 $u_o(t)$ 并不是周期信号。$u_{o1}(t)$ 由第一周期内的稳态响应分量 $u_{os1}(t)$ 和自由响应分量(瞬态分量) $u_{ot}(t)$ 相加而成，自由响应分量 $u_{ot}(t)$ 的拉普拉斯变换 $U_{ot}(s)$ 由系统函数 $H(s)$的极点决定，设 $U_{ot}(s)$ 为

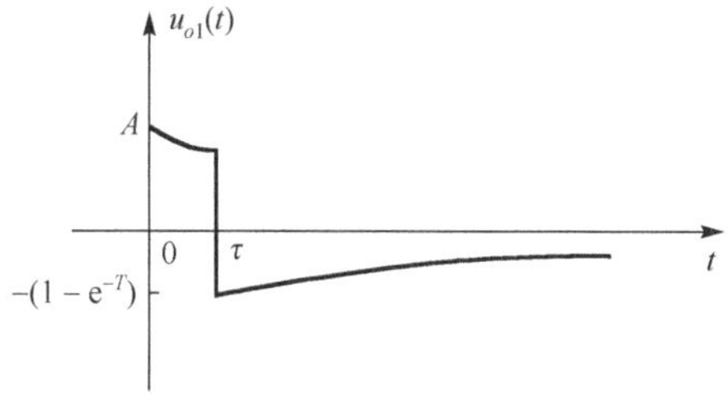

图 4-21 $u_{o1}(t)$ 的波形

$$U_{ot}(s)=\frac{K}{s+1}$$

其中，K 为待定系数，$U_{ot}(s)$ 与 $U_o(s)$ 极点相同，由 $s=-1$ 有

$$U_{ot}(s)\big|_{s=-1}=\frac{K}{s+1}\bigg|_{s=-1}=U_o(s)\big|_{s=-1}=\frac{A(1-e^{-s\tau})}{s+1}\times\frac{1}{1-e^{-sT}}\bigg|_{s=-1}$$

则

$$K=\frac{A(1-e^{\tau})}{1-e^{T}}$$

因而，自由响应分量为

$$U_{ot}(s)=\frac{A(1-e^{\tau})}{(1-e^{T})(s+1)}\leftrightarrow u_{ot}(t)=\frac{A(1-e^{\tau})}{1-e^{T}}e^{-t}\varepsilon(t)$$

第一个周期内的零状态响应 $u_{o1}(t)$ 的稳态稳态响应分量 $u_{os1}(t)$ 为

$$u_{os1}(t)=u_{o1}(t)-u_{ot}(t)$$

$$=A[e^{-t}\varepsilon(t)-e^{-(t-\tau)}\varepsilon(t-\tau)]-\frac{A(1-e^{\tau})}{1-e^{T}}e^{-t}\varepsilon(t)$$

$$=\frac{A(e^{\tau}-e^{T})}{1-e^{T}}e^{-t}\varepsilon(t)-Ae^{-(t-\tau)}\varepsilon(t-\tau)$$

$$=\frac{A[1-e^{-(T-\tau)}]}{1-e^{-T}}e^{-t}\varepsilon(t)-Ae^{-(t-\tau)}\varepsilon(t-\tau)$$

$$=\frac{1-e^{-1}}{1-e^{-2}}e^{-t}\varepsilon(t)-e^{-(t-1)}\varepsilon(t-1)$$

其波形如图 4-22(a)所示，在周期信号激励下全时域的稳态响应也是周期信号，可由 $u_{os1}(t)$ 与周期性的冲激序列 $\delta_T(t)$ 卷积积分得到，即

$$u_{os}(t)=u_{os1}(t)*\delta_T(t)=u_{os1}(t)*\sum_{n=-\infty}^{\infty}\delta(t-nT)$$

$$= \left\{ \frac{A[1-e^{-(T-\tau)}]}{1-e^{-T}} e^{-t}\varepsilon(t) - Ae^{-(t-\tau)}\varepsilon(t-\tau) \right\} * \sum_{n=-\infty}^{\infty} \delta(t-nT)$$

$$= \sum_{n=-\infty}^{\infty} \left\{ \frac{A[1-e^{-(T-\tau)}]}{1-e^{-T}} e^{-(t-nT)}\varepsilon(t-nT) - Ae^{-(t-nT-\tau)}\varepsilon(t-nT-\tau) \right\}$$

$$= \sum_{n=-\infty}^{\infty} \left[\frac{1-e^{-1}}{1-e^{-2}} e^{-(t-2n)}\varepsilon(t-2n) - e^{-(t-2n-1)}\varepsilon(t-2n-1) \right]$$

其波形如图 4-22(b)所示。

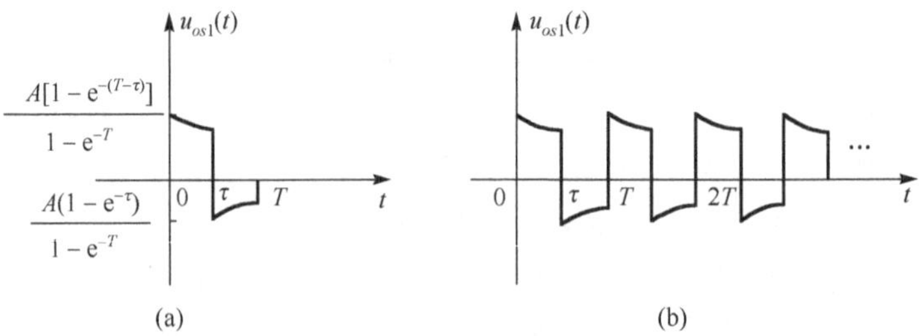

图 4-22 稳态响应分量

通过以上举例可知,用拉普拉斯变换分析法求解电路,完全是代数运算,避开了列写电路微分方程的麻烦。所以,复频域分析法无论是求解微分方程还是求解电路都十分方便。

4.6 LTI连续系统的复频域系统函数 $H(s)$

4.6.1 系统函数 $H(s)$的求法

第 40 讲

如 4.5 节所述,根据式(4-5-4)对系统函数的定义,若给定系统微分方程,则在零状态下对其取拉普拉斯变换并按定义可求得 $H(s)$。

$$H(s) = \frac{Y_{ZS}(s)}{F(s)} = \frac{B(s)}{A(s)} = \frac{b_m s^m + b_{m-1}s^{m-1} + \cdots + b_1 s + b_0}{s^n + a_{n-1}s^{n-1} + \cdots + a_1 s + a_0}$$

其中,$a_i(i=0,1,\cdots,n)$、$b_j(j=0,1,\cdots,m)$仅与系统的结构、参数有关。因此,系统函数 $H(s)$代表了在 s 域系统自身的固有特性,与系统的激励无关。

$H(s)$与系统冲激响应 $h(t)$是一对拉普拉斯变换

$$h(t) \leftrightarrow H(s) \tag{4-6-1}$$

若给定系统单位冲激响应 $h(t)$,则系统函数 $H(s)$可由 $h(t)$取拉普拉斯变换求得;反之,若给定系统函数 $H(s)$,则取其拉普拉斯反变换即得单位冲激响应 $h(t)$。显然,用时域分析法求解微分方程得到系统的冲激响应 $h(t)$较烦琐,利用式(4-6-1)求 $h(t)$就简单得多。

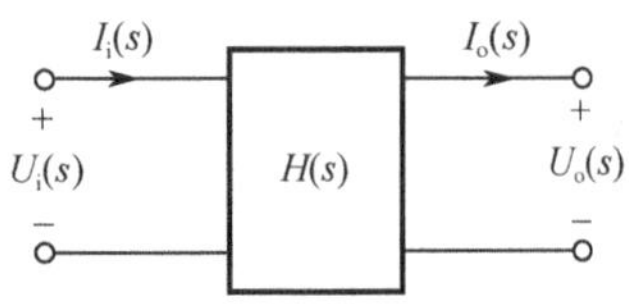

图 4-23 双口网络

系统函数在电路理论和网络理论中又称为网络函数或传输函数,网络系统常用双口网络表示电路或网络,如图 4-23 所示。根据激励和响应是否为电压、电流以及激励和响应是否在同一端口,$H(s)$还有不同的名称(如表 4-3 所示)。在信号与系统分析中,对于这些不同名称往往不加区分,统称为系统函数。

表 4-3 系统函数的名称

激励与响应的位置	激　励	响　应	系统函数名称
在同一端口（策动点函数）	$I_i(s)$	$U_i(s)$	策动点阻抗 $H(s)=Z_i(s)=\dfrac{U_i(s)}{I_i(s)}$
	$U_i(s)$	$I_i(s)$	策动点导纳 $H(s)=Y_i(s)=\dfrac{I_i(s)}{U_i(s)}$
分别在不同端口（转移函数）	$I_i(s)$	$U_o(s)$	转移阻抗 $H(s)=Z_T(s)=\dfrac{U_o(s)}{I_i(s)}$
	$U_i(s)$	$I_o(s)$	转移导纳 $H(s)=Y_T(s)=\dfrac{I_o(s)}{U_i(s)}$
	$U_i(s)$	$U_o(s)$	转移电压比 $H(s)=K_u=\dfrac{U_o(s)}{U_i(s)}$
	$I_i(s)$	$I_o(s)$	转移电流比 $H(s)=K_i=\dfrac{I_o(s)}{I_i(s)}$

例 4-30 已知 $y''(t)+5y'(t)+6y(t)=2f'(t)+8f(t)$，求 $H(s)$。

解 对微分方程在零状态下取拉普拉斯变换得

$$s^2Y_{ZS}(s)+5sY_{ZS}(s)+6Y_{ZS}(s)=2sF(s)+8F(s)$$

整理得

$$H(s)=\frac{Y_{ZS}(s)}{F(s)}=\frac{2s+8}{s^2+5s+6}$$

例 4-31 电路如图 4-24(a)所示，已知激励为 $u_1(t)$，响应为 $u_2(t)$，$R=5\Omega$，$L=1\text{H}$，$C=\frac{1}{6}\text{F}$，试求该电路系统的系统函数 $H(s)$和单位冲激响应 $h(t)$。

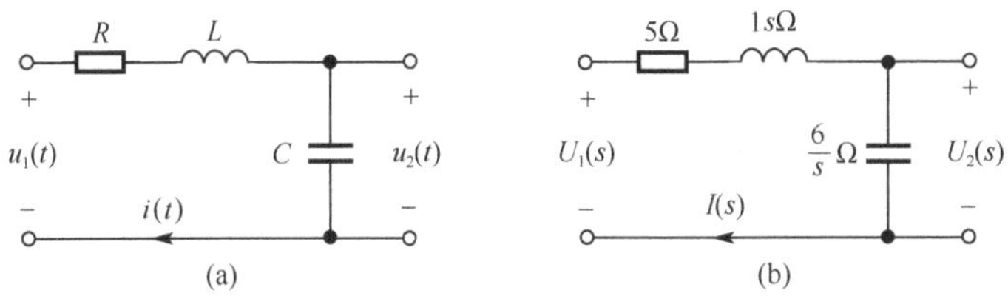

图 4-24 例 4-31 图

解 绘出 s 域电路模型如图 4-24(b)所示。根据该电路模型可得

$$H(s)=\frac{U_2(s)}{U_1(s)}=\frac{\frac{6}{s}}{5+s+\frac{6}{s}}=\frac{6}{s^2+5s+6}=\frac{6}{(s+2)(s+3)}=\frac{6}{s+2}-\frac{6}{s+3}$$

$$h(t)=\mathscr{L}^{-1}[H(s)]=\mathscr{L}^{-1}\left[\frac{6}{s+2}-\frac{6}{s+3}\right]=6(\mathrm{e}^{-2t}-\mathrm{e}^{-3t})\varepsilon(t)$$

例 4-32 电路如图 4-25(a)所示，已知 $R=1\Omega$，$C_1=C_2=1\text{F}$，$L=2\text{H}$，激励为$i(t)$，响应为 $u_2(t)$，试求该电路系统的系统函数 $H(s)$。

解 绘出 s 域电路模型并代入元件值，如图 4-25(b)所示，可用节点分析法。

根据图 4-25(b)所示的电路 s 域模型，其节点方程为

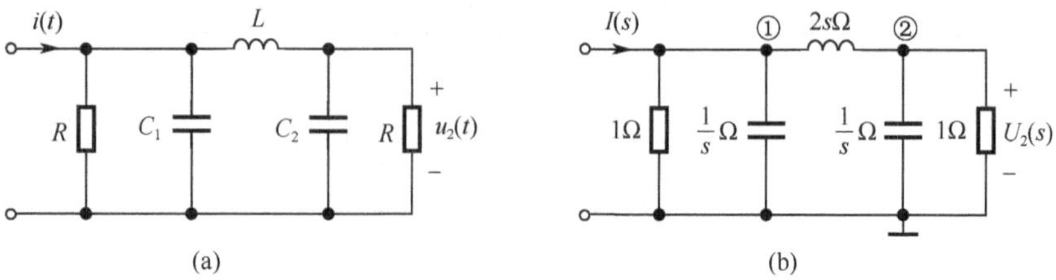

图 4-25　例 4-32 图

$$\left.\begin{aligned}\left(1+s+\frac{1}{2s}\right)U_1(s)-\frac{1}{2s}U_2(s)&=I(s)\\-\frac{1}{2s}U_1(s)+\left(1+s+\frac{1}{2s}\right)U_2(s)&=0\end{aligned}\right\}$$

解之得

$$U_2(s)=\frac{\begin{vmatrix}1+s+\dfrac{1}{2s} & I(s)\\ -\dfrac{1}{2s} & 0\end{vmatrix}}{\begin{vmatrix}1+s+\dfrac{1}{2s} & -\dfrac{1}{2s}\\ -\dfrac{1}{2s} & 1+s+\dfrac{1}{2s}\end{vmatrix}}=\frac{\dfrac{1}{2s}I(s)}{\left(1+s+\dfrac{1}{2s}\right)^2-\left(\dfrac{1}{2s}\right)^2}$$

故

$$H(s)=\frac{U_2(s)}{I(s)}=\frac{\dfrac{1}{2s}}{s^2+2s+2+\dfrac{1}{s}}=\frac{1}{2s^3+4s^2+4s+2}$$

例 4-33　含理想运算放大器的有源 RC 低通滤波器电路如图 4-26(a)所示，试求其转移电压比 $H(s)=\dfrac{U_o(s)}{U_i(s)}$。

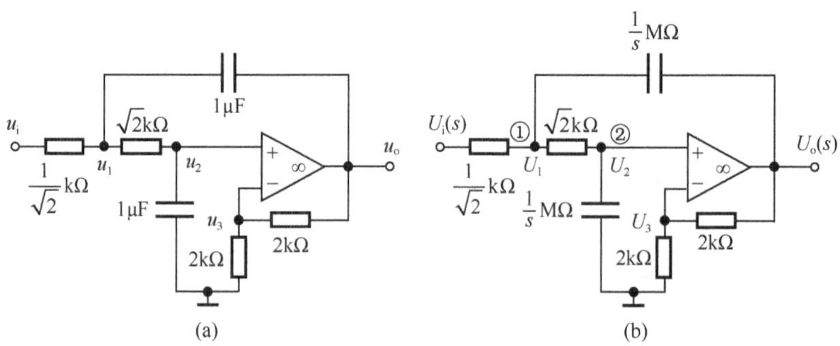

图 4-26　例 4-33 图

解　绘 s 域电路模型如图 4-26(b)所示，结合理想运算放大器特性应用节点分析法求解。由于运放的输入电压可认为等于零，故有 $U_2(s)=U_3(s)$；又因为运放的输入电流可认为等于零，流过两个 2kΩ 电阻电流相同，故 $U_o(s)=2U_3(s)$，即 $U_o(s)=2U_2(s)$。考虑该式并对 s 域电路模型列节点①和节点②的节点方程，有

$$\begin{cases}\left(\sqrt{2}\times10^{-3}+\dfrac{1}{\sqrt{2}}\times10^{-3}+10^{-6}s\right)U_1(s)-\dfrac{1}{\sqrt{2}}\times10^{-3}U_2(s)-10^{-6}sU_0(s)\\ \qquad\qquad=\sqrt{2}\times10^{-3}U_i(s)\\ -\dfrac{1}{\sqrt{2}}\times10^{-3}U_1(s)+\left(\dfrac{1}{\sqrt{2}}\times10^{-3}+10^{-6}s\right)U_2(s)=0\\ U_2(s)=\dfrac{1}{2}U_0(s)\end{cases}$$

整理可得

$$H(s)=\frac{U_o(s)}{U_i(s)}=\frac{2}{10^{-6}s^2+\sqrt{2}\times10^{-3}s+1}$$

如果给定的是系统框图或信号流图，可通过化简求得 $H(s)$，将在 4.8 节介绍。

4.6.2　系统函数 $H(s)$ 的零点和极点分布对系统特性的影响

1. 零点、极点与零极图

如 4.6.1 节所述，系统函数可表示成两个复变量 s 的正幂多项式之比

$$H(s)=\frac{B(s)}{A(s)}=\frac{b_ms^m+b_{m-1}s^{m-1}+b_{m-2}s^{m-2}+\cdots+b_1s+b_0}{s^n+a_{n-1}s^{n-1}+a_{n-2}s^{n-2}+\cdots+a_1s+a_0}$$

通过因式分解，上式可转化为因子之积形式

$$H(s)=\frac{B(s)}{A(s)}=\frac{b_m(s-\xi_1)(s-\xi_2)\cdots(s-\xi_m)}{(s-p_1)(s-p_2)\cdots(s-p_n)}=H_0\frac{\prod\limits_{j=1}^{m}(s-\xi_j)}{\prod\limits_{i=1}^{n}(s-p_i)}\tag{4-6-2}$$

这里，$\xi_1,\xi_2,\cdots,\xi_m$ 是使系统函数 $H(s)$ 为零的 s 值，称为系统函数的零点；而 $p_1,p_2,\cdots,p_n$ 是使 $H(s)$ 为无穷大的 s 值，称为系统函数的极点。在 s 平面上，零点用“o”表示，极点用“×”表示。若遇重零点或重极点，则在符号旁边用带括弧的数字注明阶数。将零极点值在复平面上用“o”和“×”符号标示出来的图叫做系统函数 $H(s)$ 的零点极点分布图，简称系统的零极图或极零图。图 4-27 画出了系统的零极图。

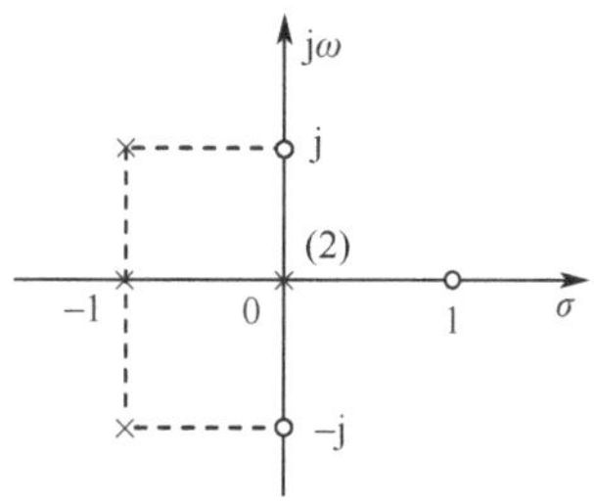

图 4-27　系统的零极图

$$H(s)=\frac{(s-1)(s^2+1)}{s^2(s+1)[(s+1)^2+1]}\quad（其中 H_0=1）$$

有时也考虑无穷远处的零极点，如果 $n\geqslant m$，则有 $n-m$ 个零点在无穷远，否则，有 $m-n$ 个极点在无穷远，但一般情况下都不考虑无穷远处的零极点。零点、极点也可以这样定义：$H(s)$ 的分子多项式方程 $B(s)=0$ 的根为 $H(s)$ 的零点，分母多项式方程 $A(s)=0$ 的根为 $H(s)$ 的极点。

认识系统的零极图可以帮助我们了解系统的时域特性、频率特性和稳定性。

2. 系统函数 $H(s)$ 的极点分布与单位冲激响应 $h(t)$ 模式的关系

所谓冲激响应的模式是指 $h(t)$ 随时间 t 的变化规律特性，而不是指 $h(t)$ 的具体大小。由于系统函数 $H(s)$ 与冲激响应 $h(t)$ 是一对拉普拉斯变换，所以根据 $H(s)$ 极点分布状况决定的部分分式项可以确定出系统的冲激响应模式。

1）单极点

系统函数 $H(s)$ 极点 $p_i=\alpha_i \pm j\omega_i$ 对时域响应特性有这样的影响：极点的实部 α_i 对应 $h(t)$ 的指数因子 $e^{\alpha_i t}$，$|\alpha_i|$ 的大小决定了 $h(t)$ 包络按指数衰减（$\alpha_i<0$）或增长（$\alpha_i>0$）的快慢；极点的虚部 ω_i 对应 $h(t)$ 的正弦振荡 $\cos\omega_i t$，ω_i 的大小决定了振荡的快慢。图 4-28 显示了 $h(t)$ 如下几种情况的波形：

①若 $H(s)$ 的极点位于 s 平面的正实轴，如 $H(s)=\dfrac{1}{s-\alpha}(\alpha>0)$，则 $h(t)=e^{\alpha t}\varepsilon(t)$，$h(t)$ 模式为指数增长形式。②若 $H(s)$ 的极点位于 s 平面的原点，如 $H(s)=\dfrac{1}{s}$，则 $h(t)=\varepsilon(t)$，$h(t)$ 模式为阶跃函数形式。③若 $H(s)$ 的极点位于 s 平面的负实轴，如 $H(s)=\dfrac{1}{s+\alpha}(\alpha>0)$，则 $h(t)=e^{-\alpha t}\varepsilon(t)$，$h(t)$ 模式为指数衰减形式。④若 $H(s)$ 的极点是位于 s 平面的右半开面的共轭极点，如 $H(s)=\dfrac{\omega_0}{(s-\alpha)^2+\omega_0^2}$，则 $h(t)=e^{\alpha t}\sin\omega_0 t\varepsilon(t)$，$h(t)$ 模式为包络线按指数增长的正弦振荡形式。⑤若 $H(s)$ 的极点位于 s 平面的虚轴，如 $H(s)=\dfrac{\omega_0}{s^2+\omega_0^2}$，则 $h(t)=\sin\omega_0 t\varepsilon(t)$，冲激响应模式为等幅正弦振荡形式。⑥若 $H(s)$ 的极点是位于 s 平面的左半开面的共轭极点，如 $H(s)=\dfrac{\omega_0}{(s+\alpha)^2+\omega_0^2}$，则 $h(t)=e^{-\alpha t}\sin\omega_0 t\varepsilon(t)$，$h(t)$ 模式为包络线按指数衰减的正弦振荡形式。

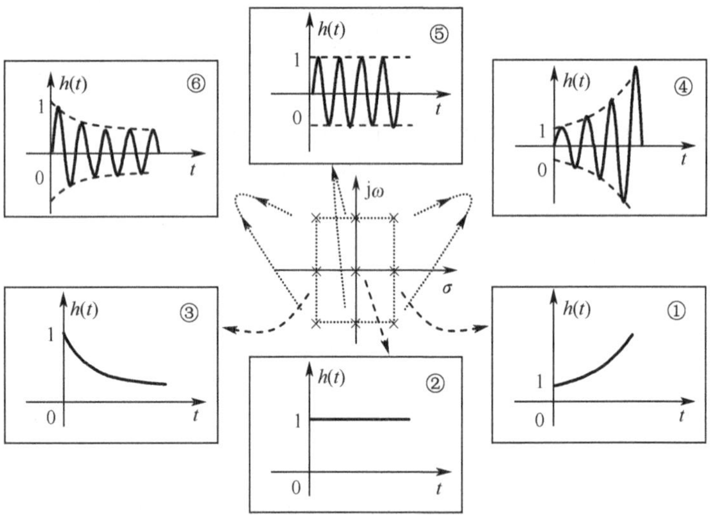

图 4-28　$H(s)$ 单极点分布与 $h(t)$ 模式的关系

2）重极点

如果 $H(s)$ 具有一个 n 重极点，那么系统 $h(t)$ 基本变化规律与单极点情况比较，其表达式中多了 t^{n-1} 因子相乘。例如：① $H(s)=\dfrac{1}{s^2}$ 在原点处有二重极点，对应 $h(t)=t\varepsilon(t)$ 为斜坡函数；② $H(s)=\dfrac{2\omega_0 s}{(s^2+\omega_0^2)^2}$ 在虚轴上有二重共轭极点，对应 $h(t)=t\sin\omega_0 t\varepsilon(t)$ 为线性包络增长

振荡；③ $H(s)=\dfrac{1}{(s-\alpha)^2}(\alpha>0)$ 对应 $h(t)=te^{\alpha t}\varepsilon(t)$；④ $H(s)=\dfrac{1}{(s+\alpha)^2}(\alpha>0)$ 对应 $h(t)=te^{-\alpha t}\varepsilon(t)$。图 4-29 画出了这几种 $H(s)$ 二重极点的 $h(t)$ 模式波形。

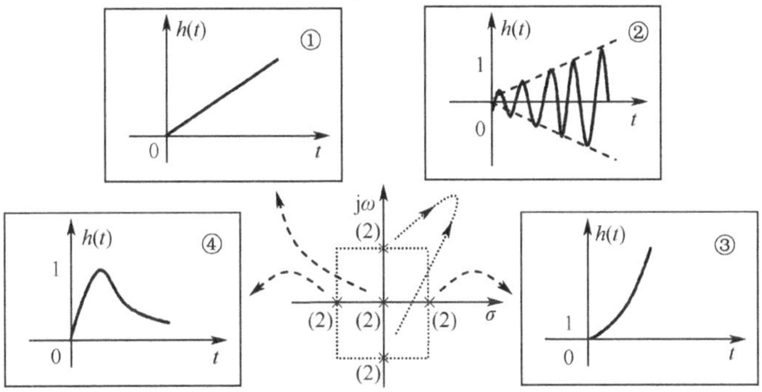

第 41 讲

图 4-29　$H(s)$二重极点分布与$h(t)$模式的关系

仔细观察图 4-28 和图 4-29 可知，当系统函数 $H(s)$ 的极点位于 s 平面左半开面时，系统 $h(t)$ 的模式是收敛的，即 $h(t)$ 变化总趋势随时间 t 的增大而衰减，最终趋于零，系统稳定；当 $H(s)$ 的极点为原点的单极点或虚轴上一对共轭单极点时，$h(t)$ 的模式为有限常数或等幅振荡，系统呈临界稳定；当 $H(s)$ 的极点为虚轴上的重极点或位于 s 平面右半开面时，系统 $h(t)$ 的模式是发散的，即 $h(t)$ 变化总趋势随时间 t 的增大而增大，系统不稳定。

顺便指出，$H(s)$ 的零点不影响 $h(t)$ 的模式，但要影响 $h(t)$ 的大小（包括幅度和初相）。

例 4-34　已知系统函数分别为：(1) $H_1(s)=\dfrac{s+3}{(s+3)^2+2^2}$；(2) $H_2(s)=\dfrac{s+1}{(s+3)^2+2^2}$；(3) $H_3(s)=\dfrac{(s+3)^2}{(s+3)^2+2^2}$。试求它们的冲激响应。

解　(1) $H_1(s)=\dfrac{s+3}{(s+3)^2+2^2}\leftrightarrow h_1(t)=e^{-3t}\cos 2t\varepsilon(t)$

(2) $H_2(s)=\dfrac{s+1}{(s+3)^2+2^2}=\dfrac{s+3}{(s+3)^2+2^2}-\dfrac{2}{(s+3)^2+2^2}$

$$\leftrightarrow h_2(t)=e^{-3t}\cos 2t\varepsilon(t)-e^{-3t}\sin 2t\varepsilon(t)=\sqrt{2}e^{-3t}\cos(2t+45^\circ)\varepsilon(t)$$

(3) $H_3(s)=\dfrac{(s+3)^2}{(s+3)^2+2^2}=1-\dfrac{4}{(s+3)^2+2^2}\leftrightarrow h_3(t)=\delta(t)-2e^{-3t}\sin 2tc(t)$

三种冲激响应分别如图 4-30(a)、(b)、(c)所示。

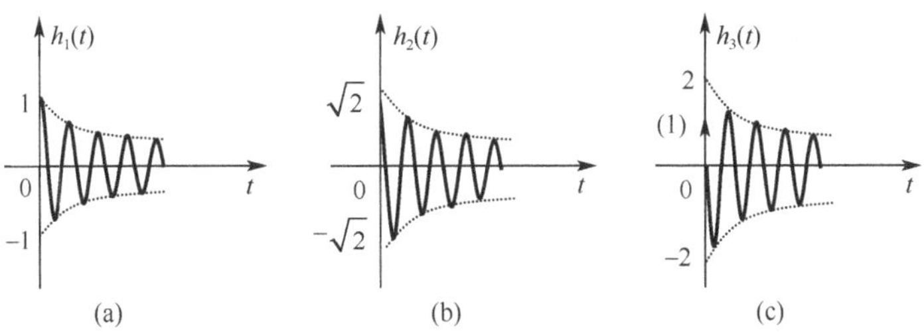

图 4-30　例 4-34 图

比较三个系统的 $h(t)$ 模式可见，它们的极点都相同，故衰减振荡的模式相同，但是它们的零点不同，因此振幅和初相是不一样的。

3. 系统函数 $H(s)$ 的零极点分布与系统响应模式的关系

从复频域分析的观点看,系统全响应的拉普拉斯变换 $Y(s)$ 可以分解为零状态响应的拉普拉斯变换 $Y_{ZS}(s)$ 和零输入响应的拉普拉斯变换 $Y_{ZI}(s)$,将式(4-5-8)重写如下:

$$Y(s)=\frac{B(s)}{A(s)}F(s)+\frac{T(s)}{A(s)}=H(s)F(s)+\frac{T(s)}{A(s)}=Y_{ZS}(s)+Y_{ZI}(s)$$

1) $H(s)$ 的零极点分布与零状态响应模式的关系

零状态响应拉普拉斯变换

$$Y_{ZS}(s)=H(s)F(s)=\frac{B(s)}{A(s)}F(s) \tag{4-6-3}$$

系统函数

$$H(s)=H_0\frac{\prod_{j=1}^{m}(s-\xi_j)}{\prod_{i=1}^{n}(s-p_i)} \tag{4-6-4}$$

激励拉普拉斯变换

$$F(s)=F_0\frac{\prod_{l=1}^{u}(s-\xi_l)}{\prod_{k=1}^{v}(s-p_k)} \tag{4-6-5}$$

式中,p_i 表示 $H(s)$ 的第 i 个极点,极点数目为 n 个;p_k 表示 $F(s)$ 的第 k 个极点,极点数目为 v 个。若 $Y_{ZS}(s)$ 函数中不含有重极点,则可展成部分分式

$$Y_{ZS}(s)=\sum_{i=1}^{n}\frac{C_{ZSi}}{s-p_i}+\sum_{k=1}^{v}\frac{C_{ZSk}}{s-p_k} \tag{4-6-6}$$

取拉普拉斯反变换,得到零状态响应

$$y_{ZS}(t)=\mathscr{L}^{-1}\left[\sum_{i=1}^{n}\frac{C_{ZSi}}{s-p_i}+\sum_{k=1}^{v}\frac{C_{ZSk}}{s-p_k}\right]=\sum_{i=1}^{n}C_{ZSi}e^{p_it}+\sum_{k=1}^{v}C_{ZSk}e^{p_kt} \tag{4-6-7}$$

式中,第一项模式由系统函数 $H(s)$ 的极点 p_i 决定,叫做自由响应,其波形的形状与 $H(s)$ 极点有关,但系数 C_{ZSi} 的大小与 $F(s)$ 和 $H(s)$ 的零极点有关;第二项模式由激励 $F(s)$ 的极点 p_k 决定,称为强制响应,其波形的形状与激励 $F(s)$ 极点有关,但系数 C_{ZSk} 的大小与 $F(s)$ 和 $H(s)$ 的零极点有关。

当 $H(s)$ 的极点与 $F(s)$ 的零点出现相消时,就会使被抵消的 $H(s)$ 极点所对应的那部分自由响应模式消失,这时的系统就是不可观测型系统;当 $H(s)$ 的零点与 $F(s)$ 的极点出现相消时,也会使被抵消的 $F(s)$ 极点所对应的那部分强制响应模式消失,这时的系统就是不可控制型系统。详细介绍见 6.5 节。

例 4-35 已知系统函数 $H(s)=\dfrac{s}{s+1}$,激励 $F(s)=\dfrac{s+1}{(s+1)^2+1}$,求零状态响应。

解

$$Y_{ZS}(s)=H(s)F(s)=\frac{s}{s+1}\times\frac{s+1}{(s+1)^2+1}=\frac{s}{(s+1)^2+1}$$
$$=\frac{s+1}{(s+1)^2+1}-\frac{1}{(s+1)^2+1}$$
$$y_{ZS}(t)=\mathscr{L}^{-1}\left[\frac{s+1}{(s+1)^2+1}-\frac{1}{(s+1)^2+1}\right]=e^{-t}(\cos t-\sin t)\varepsilon(t)$$
$$=\sqrt{2}e^{-t}\cos(t+45^\circ)\varepsilon(t)$$

由此例可见,由于 $Y_{ZS}(s)$ 中消去了 $H(s)$ 的极点 $p_1=-1$,所以 $y_{ZS}(t)$ 中只有 $F(s)$ 的极点

所对应的强制响应模式 $\sqrt{2}\mathrm{e}^{-t}\cos(t+45°)\varepsilon(t)$，而失去了 $H(s)$的极点所对应的自由响应模式 $C_{ZS1}\mathrm{e}^{-t}\varepsilon(t)$。

2) H(s)的零极点分布与零输入响应模式的关系

系统的零输入响应

$$y_{ZI}(t)=\mathscr{L}^{-1}[Y_{ZI}(s)]=\mathscr{L}^{-1}\left[\frac{T(s)}{A(s)}\right]$$

$H(s)$的分母多项式方程 $A(s)=0$ 称为系统的特征方程，其根称为特征根或系统的固有频率。显然，零输入响应(自然响应)的模式由系统的全部固有频率确定。如果 $H(s)$ 没有零、极点相消，则固有频率就是 $H(s)$的全部极点，零输入响应的模式由 $H(s)$ 的全部极点确定，因此，确定零输入响应模式时，不允许 $H(s)$的零极点自行相消。但是，$H(s)$ 的零极点是否相消，并不影响零状态响应的计算，这是因为零状态响应的模式和大小是由 $H(s)$ 和 $F(s)$ 的零极点共同决定的，$H(s)$的零极点相消与不相消比较，相消的模式消失，不相消的大小为零，故应当相消后计算零状态响应。

3) H(s)的零极点分布与全响应模式的关系

系统的完全响应

$$y(t)=\mathscr{L}^{-1}[Y(s)]=\mathscr{L}^{-1}\left[H(s)F(s)+\frac{T(s)}{A(s)}\right]$$

全响应模式与零状态响应模式基本相同，由 $H(s)$与 $F(s)$的全部极点共同决定，但由于初始条件不同导致它们的大小不同。

4. 系统函数 $H(s)$的零极点分布与系统频响特性 $H(\mathrm{j}\omega)$的关系

对于稳定系统，系统的频响特性 $H(\mathrm{j}\omega)$就是系统的正弦稳态响应特性。这时，s 域系统函数 $H(s)$的极点位于 s 平面的左半开面，频响特性 $H(\mathrm{j}\omega)$可由 $H(s)$ 直接得到，即

$$H(\mathrm{j}\omega)=H(s)\big|_{s=\mathrm{j}\omega} \tag{4-6-8}$$

若

$$H(s)=H_0\frac{\prod_{j=1}^{m}(s-\xi_j)}{\prod_{i=1}^{n}(s-p_i)}$$

则

$$H(\mathrm{j}\omega)=H(s)\big|_{s=\mathrm{j}\omega}=H_0\frac{\prod_{j=1}^{m}(\mathrm{j}\omega-\xi_j)}{\prod_{i=1}^{n}(\mathrm{j}\omega-p_i)} \tag{4-6-9}$$

可见，$H(\mathrm{j}\omega)$将复频率 s 的变化范围限制在虚轴上。由此可得到系统的幅频特性

$$|H(\mathrm{j}\omega)|=H_0\frac{\prod_{j=1}^{m}|(\mathrm{j}\omega-\xi_j)|}{\prod_{i=1}^{n}|(\mathrm{j}\omega-p_i)|} \tag{4-6-10}$$

和相频特性

$$\theta(\omega)=\sum_{j=1}^{m}\arg(\mathrm{j}\omega-\xi_j)-\sum_{i=1}^{n}\arg(\mathrm{j}\omega-p_i)^{①} \tag{4-6-11}$$

① arg 矢量的辐角。

复平面上任意一个点 p_1 可表示为从原点向该点所作的一个矢量 $\boldsymbol{p}_1$，两个点 p_2 和 p_1 之间的差便是矢量差，例如，$\boldsymbol{p}_2-\boldsymbol{p}_1$，如图 4-31(a)所示。因此，$H(\mathrm{j}\omega)$ 中的任一极点因子 $\mathrm{j}\omega-p_i$ 相当于由极点 p_i 向虚轴上某变化点 $\mathrm{j}\omega$ 作矢量，称为极点矢量，如图 4-31(b)所示；同理，$H(\mathrm{j}\omega)$中的任一零点因子 $\mathrm{j}\omega-\xi_j$ 相当于由零点 ξ_j 向虚轴上某变化点 $\mathrm{j}\omega$ 作矢量，称为零点矢量。为了分析方便，将零点矢量和极点矢量分别写成极坐标形式，即

$$\boldsymbol{N}_j=\mathrm{j}\omega-\xi_j=N_j\mathrm{e}^{\mathrm{j}\beta_j} \tag{4-6-12}$$

$$\boldsymbol{M}_i=\mathrm{j}\omega-p_i=M_i\mathrm{e}^{\mathrm{j}\alpha_i} \tag{4-6-13}$$

式中，模 $M_i=|\mathrm{j}\omega-p_i|$ 为极点矢量$\boldsymbol{M}_i$ 的长度，辐角 $\alpha_i=\arg(\mathrm{j}\omega-p_i)$ 为极点矢量 $\boldsymbol{M}_i$ 与正实轴的夹角；模 $N_j=|\mathrm{j}\omega-\xi_j|$ 为零点矢量 $\boldsymbol{N}_j$ 的长度，辐角 $\beta_j=\arg(\mathrm{j}\omega-\xi_j)$ 为零点矢量 $\boldsymbol{N}_j$ 与正实轴的夹角，如图 4-31(c)所示。因此，$H(\mathrm{j}\omega)$可写为

$$H(\mathrm{j}\omega)=H_0\frac{N_1\mathrm{e}^{\mathrm{j}\beta_1}N_2\mathrm{e}^{\mathrm{j}\beta_2}\cdots N_m\mathrm{e}^{\mathrm{j}\beta_m}}{M_1\mathrm{e}^{\mathrm{j}\alpha_1}M_2\mathrm{e}^{\mathrm{j}\alpha_2}\cdots M_n\mathrm{e}^{\mathrm{j}\alpha_n}}=H_0\frac{\prod\limits_{j=1}^{m}N_j\mathrm{e}^{\mathrm{j}\sum\limits_{j=1}^{m}\beta_j}}{\prod\limits_{i=1}^{n}M_i\mathrm{e}^{\mathrm{j}\sum\limits_{i=1}^{n}\alpha_i}} \tag{4-6-14}$$

于是，幅频特性和相频特性分别为

$$|H(\mathrm{j}\omega)|=H_0\frac{\prod\limits_{j=1}^{m}N_j}{\prod\limits_{i=1}^{n}M_i} \tag{4-6-15}$$

$$\theta(\omega)=\sum_{j=1}^{m}\beta_j-\sum_{i=1}^{n}\alpha_i \tag{4-6-16}$$

第 42 讲

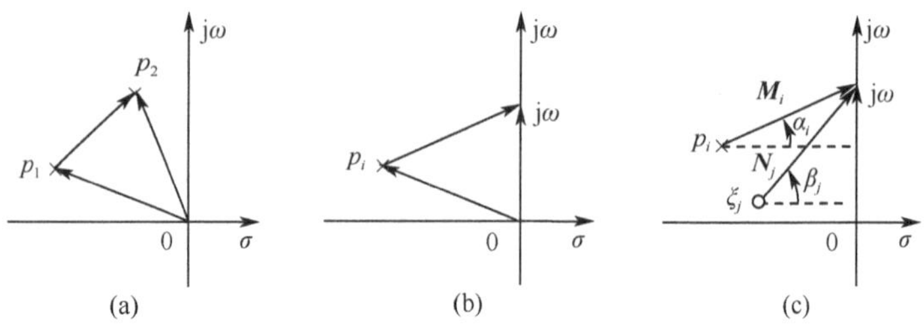

图 4-31　极点矢量和零点矢量

当角频率 ω 从零逐渐增大并最后趋于无穷大时，对应点 $\mathrm{j}\omega$ 自原点沿虚轴向上移动直到无限远。在此过程中各个矢量的模和辐角也随之改变，因而可由零极图用图解的方法，逐点地画出$|H(\mathrm{j}\omega)|$和 $\theta(\omega)$随 ω 变化的特性曲线。如果定性地画滤波系统的幅频特性和相频特性曲线，则只找三点（$\omega=0$，截止频率或靠近零极点的虚部频率，$\omega\to\infty$）即可，再根据$|H(\mathrm{j}\omega)|$是 ω 的偶函数，$\theta(\omega)$是 ω 的奇函数，补上负频率曲线。对于信息技术工作者，定性画系统频响特性曲线是非常有用的。下面举例说明：

例 4-36　一阶 RC 高通滤波器电路如图 4-32(a)所示，试定性画出频响特性曲线。

解　根据该电路的 s 域模型可求得其系统函数为

$$H(s)=\frac{U_2(s)}{U_1(s)}=\frac{R}{R+\frac{1}{sC}}=\frac{s}{s+\frac{1}{RC}}$$

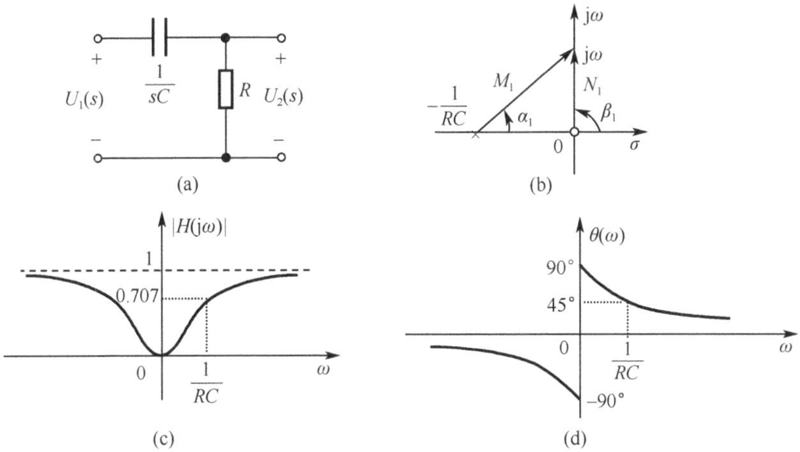

图 4-32　例 4-36 图

频响特性

$$H(\mathrm{j}\omega)=H(s)\big|_{s=\mathrm{j}\omega}=\frac{\mathrm{j}\omega}{\mathrm{j}\omega+\dfrac{1}{RC}}$$

$H(s)$有一个零点 $\xi_1=0$ 和一个极点 $p_1=-\dfrac{1}{RC}$。在复平面上，零点矢量 $N_1\underline{/\beta_1}$ 就是虚轴上的矢量 $\mathrm{j}\omega=\omega\underline{/90^\circ}$，极点矢量 $M_1\underline{/\alpha_1}$ 就是极点向虚轴上 $\mathrm{j}\omega$ 点所作的矢量，如图 4-31(b)所示。由此可知

$$H(\mathrm{j}\omega)=\frac{N_1\underline{/\beta_1}}{M_1\underline{/\alpha_1}}=|H(\mathrm{j}\omega)|\mathrm{e}^{\mathrm{j}\theta(\omega)}$$

其中，$|H(\mathrm{j}\omega)|=\dfrac{N_1}{M_1}$；$\theta(\omega)=\beta_1-\alpha_1$；当角频率 ω 从零起逐渐增大并最后趋于无穷大时，各矢量及幅频特性和相频特性的变化规律由表 4-4 列出。

表 4-4　例 4-36 用表

ω	N_1	β_1	M_1	α_1	$\lvert H(\omega)\rvert$	$\theta(\omega)$
0	0	90°	$1/RC$	0°	0	90°
$\dfrac{1}{RC}$	$\dfrac{1}{RC}$	90°	$\dfrac{\sqrt{2}}{RC}$	45°	$\dfrac{1}{\sqrt{2}}$	$90^\circ-45^\circ=45^\circ$
$\to\infty$	$N_1\to\infty$	90°	$M_1=N_1\to\infty$	$\to 90^\circ$	$\to 1$	$\to 0^\circ$

根据表 4-4 可定性地绘出该系统的幅频特性曲线和相频特性曲线，如图 4-32(c)、(d)所示。

例 4-37　RLC 并联电路如图 4-33(a)所示，试求其阻抗频率特性。

解　该电路的 s 域模型如图 4-33(a)所示，由此可求得其系统函数为

$$H(s)=Z(s)=\frac{U(s)}{I_s(s)}=\frac{1}{\dfrac{1}{R}+\dfrac{1}{sL}+sC}=\frac{1}{C}\times\frac{s}{s^2+\dfrac{1}{RC}s+\dfrac{1}{LC}}=H_0\frac{s}{(s-p_1)(s-p_2)}$$

式中，$H_0=\dfrac{1}{C}$，$p_{1,2}=-\dfrac{1}{2RC}\pm\mathrm{j}\sqrt{\dfrac{1}{LC}-\left(\dfrac{1}{2RC}\right)^2}=-\alpha\pm\mathrm{j}\sqrt{\omega_0^2-\alpha^2}=-\alpha\pm\mathrm{j}\omega_\mathrm{d}$，$\alpha=\dfrac{1}{2RC}$，

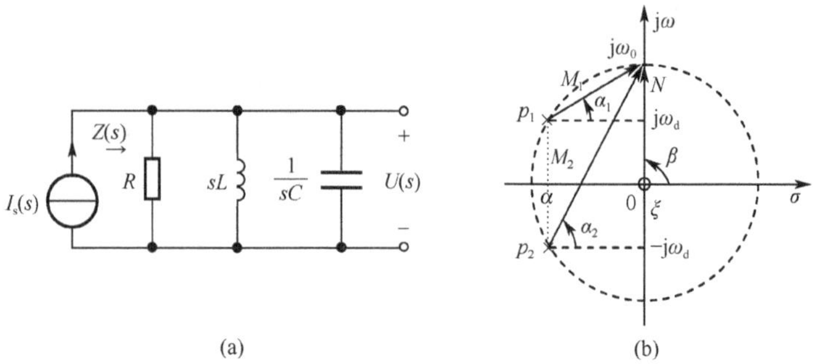

图 4-33　例 4-37 图

$$\omega_0=\frac{1}{\sqrt{LC}},\quad \omega_d=\sqrt{\omega_0^2-\alpha^2}=\sqrt{\frac{1}{LC}-\left(\frac{1}{2RC}\right)^2},\frac{1}{LC}-\left(\frac{1}{2RC}\right)^2>0。$$

其零极图如图 4-33(b)所示。

阻抗频响特性

$$H(j\omega)=H(s)\big|_{s=j\omega}=Z(j\omega)=H_0\frac{j\omega}{(j\omega-p_1)(j\omega-p_2)}=H_0\frac{Ne^{j\beta}}{M_1e^{j\alpha_1}M_2e^{j\alpha_2}}$$

由零极图可知,零点矢量为 $Ne^{j\beta}=j\omega=\omega e^{j90^\circ}$,极点矢量为

$$M_1e^{j\alpha_1}=\sqrt{\alpha^2+(\omega-\omega_d)^2}\,e^{j\arctan\left(\frac{\omega-\omega_d}{\alpha}\right)}$$

$$M_2e^{j\alpha_2}=\sqrt{\alpha^2+(\omega+\omega_d)^2}\,e^{j\arctan\left(\frac{\omega+\omega_d}{\alpha}\right)}$$

由此可知 $H(j\omega)=H_0\dfrac{N}{M_1M_2}e^{j[90^\circ-(\alpha_1+\alpha_2)]}=|H(j\omega)|e^{j\theta(\omega)}$,其中,$|H(j\omega)|=\dfrac{H_0N}{M_1M_2}$,$\theta(\omega)=90^\circ-(\alpha_1+\alpha_2)$,当角频率 ω 从零逐渐增大并最后趋于无穷大时,各矢量以及幅频特性和相频特性将随之变化,变化过程如图 4-34 所示,变化的大致规律可由表 4-5 列出。

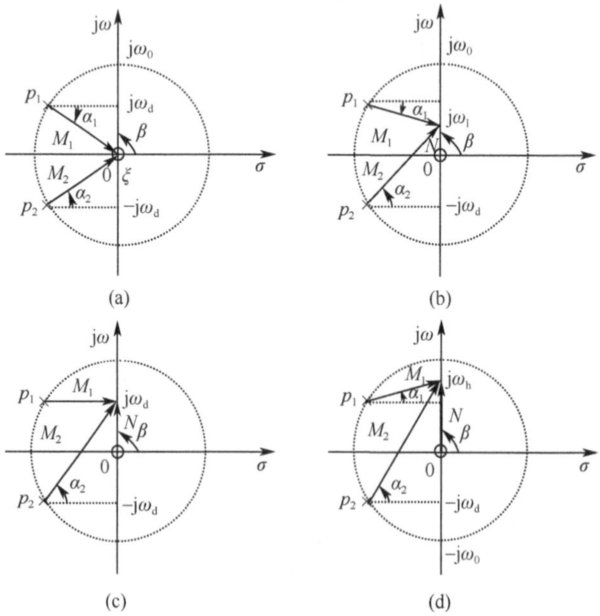

图 4-34　例 4-37 图

表 4-5 例 4-37 用表

ω	N	β	M_1M_2	$\alpha_1+\alpha_2$	$\lvert H(j\omega)\rvert$	$\theta(\omega)$
0	0	90°	$M_1=M_2=\omega_0$	0°	0	90°
$0<\omega<\omega_d$，$\omega\uparrow\to N\uparrow;M_1\downarrow;M_2\uparrow\to\lvert H(j\omega)\rvert=\dfrac{N}{M_1M_2}\uparrow$；$\theta(\omega)=90°-(\alpha_1+\alpha_2)\downarrow(>0°)$						
ω_1					$\dfrac{H_m}{\sqrt{2}}$	
ω_d		90°		$=\alpha_2<90°$	$H_m<R$	>0°
$\omega_d<\omega<\omega_0$，$\omega\uparrow\to N\uparrow;M_1\uparrow;M_2\uparrow\to\lvert H(j\omega)\rvert=\dfrac{N}{M_1M_2}\downarrow$；$\theta(\omega)=90°-(\alpha_1+\alpha_2)\downarrow(\leqslant 0°)$						
ω_h					$\dfrac{H_m}{\sqrt{2}}=R$	<0°
$\to\infty$	$\to\infty$	90°	$\to\infty$	$\to 180°$	$\to 0°$	$\to -90°$

根据该表可定性地绘出该系统幅频特性曲线和相频特性曲线如图 4-35(a)、(b)所示，其中 ω_z 称为电路的谐振角频率。由频谱图可见，该电路具有带通特性。对于品质因数 Q 高的电路，ω_0 与 ω_d 几乎重合，近似认为 $\lvert H(j\omega)\rvert$ 的极大值出现在 $\omega_d=\omega_z=\omega_0$。

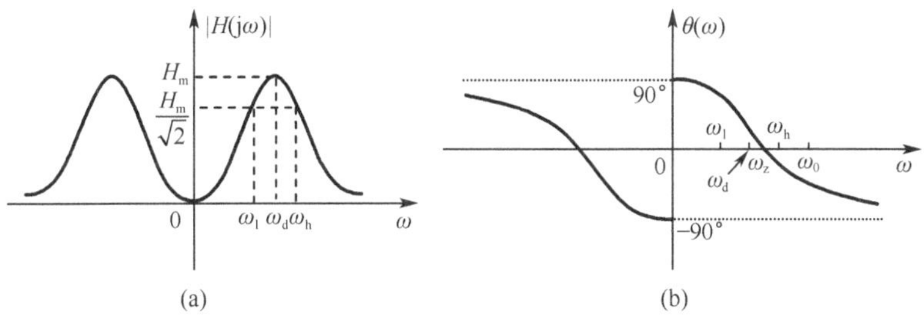

图 4-35 带通滤波器的幅频特性和相频特性

一般地说，根据 $H(s)$ 的零极图定性地描绘系统的幅频和相频特性曲线遵循如下规律：

(1) 如果在原点 $j\omega=0$ 处有零点，则 $\lvert H(0)\rvert=0$。

(2) 当频率 ω 变化时，如果 ω 离极点越来越近，则 $\lvert H(j\omega)\rvert$ 越来越大，幅频特性曲线上升，当频率变化到靠近极点的虚部频率附近时，幅频特性出现峰值，相位减少最快；如果 ω 离零点越来越近，则 $\lvert H(j\omega)\rvert$ 越来越小，幅频特性曲线下降，当频率变化到靠近零点的虚部频率附近时，幅频特性出现谷值，相位增长最快。当频率 ω 远离极点或零点的虚数值频率时，幅相特性相对有所增减。

(3) 当点 $\omega\to\infty$ 时，要根据零点和极点的个数作判断，若零点比极点多，则 $\lvert H(\infty)\rvert\to\infty$；若极点比零点多，则 $\lvert H(\infty)\rvert\to 0$；若零点和极点一样多，则 $\lvert H(\infty)\rvert$ 为某一非零有限值。

5. 系统函数的零极点因子与波特图的关系

系统的频响特性曲线直观地表达了系统在正弦信号的激励下稳态响应的振幅和相位随频率变化的规律。但是，仔细分析你会发现，从低通到高通滤波器，涉及的频率取值范围极广，从几赫兹到几百兆赫兹。若以毫米为单位，仅仅 10Hz～30kHz 的坐标横轴便需要数米的长度，缩短横轴，分辨率就会降低。同样，纵轴 $\lvert H(j\omega)\rvert$ 也从几倍变到几万倍，用放大倍数作为纵轴也很难表示如此宽的范围。1930 年贝尔实验室的荷兰裔科学家亨德里克·韦德·波特(Hendrik Wade Bode)发明了一种新的频谱图,他用半对数座标表示横轴的频率,纵轴采用等分刻度,有效地解决了上述矛盾,这就是波特图。

波特图(Bode plot)是线性非时变系统的频域系统函数 $H(j\omega)$ 对频率的半对数坐标频谱图,其横轴频率以对数尺度表示。波特图一般包括两张频谱图,一张是幅频特性波特图,表示系统幅频特性的分贝值随频率的变化;另一张是相频特性波特图表示相频特性随频率的变化。对数频率对于频率的优势如图 4-36 所示。

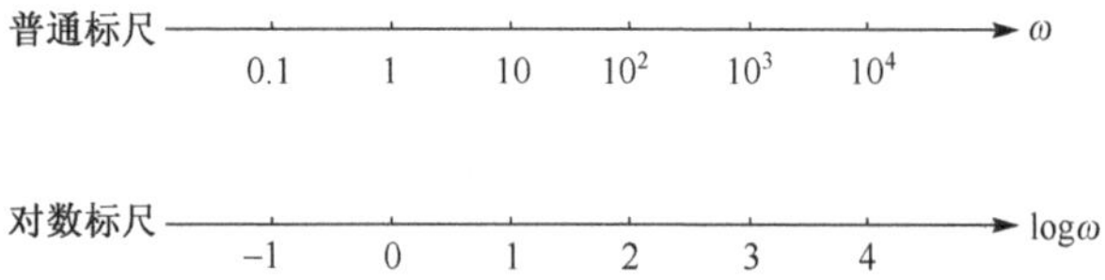

图 4-36 对数频率坐标

1) 对数频率特性

由式(4-6-9)得

$$H(j\omega)=|H(j\omega)|e^{j\theta(\omega)}=H_0\frac{\prod_{j=1}^{m}(j\omega-\xi_j)}{\prod_{i=1}^{n}(j\omega-p_i)}=H_0\frac{\prod_{j=1}^{m}|j\omega-\xi_j|e^{j\beta_j}}{\prod_{i=1}^{n}|j\omega-p_i|e^{j\alpha_i}}\tag{4-6-17}$$

对式(4-6-17)两边取自然对数,得

$$\begin{aligned}\ln[H(j\omega)]&=\ln|H(j\omega)|+j\theta(\omega)\\&=\ln H_0+\sum_{j=1}^{m}\ln|j\omega-\xi_j|-\sum_{i=1}^{n}\ln|j\omega-p_i|+j\left[\sum_{j=1}^{m}\beta_j-\sum_{i=1}^{n}\alpha_i\right]\end{aligned}$$

其中

$$\ln|H(j\omega)|=\ln H_0+\sum_{j=1}^{m}\ln|j\omega-\xi_j|-\sum_{i=1}^{n}\ln|j\omega-p_i|\tag{4-6-18}$$

$$\theta(\omega)=\sum_{j=1}^{m}\beta_j-\sum_{i=1}^{n}\alpha_i\tag{4-6-19}$$

$\ln|H(j\omega)|$ 称为系统的对数幅频特性,单位为奈培(Neper),记作 Np; $\theta(\omega)$ 是相频特性,单位为幅度或度。在国际单位制中,对数幅频特性的单位更多地采用分贝(deciBel),记作 dB。分贝与奈培的换算关系为

$$1\text{Np}=8.686\text{dB},\quad 1\text{dB}=0.115\text{Np}$$

分贝是以电话发明人亚历山大·格雷厄姆·贝尔(Alwxander Grahan Bell)的名字命名的,因为贝尔单位太大,因此前面加了“分”字,代表十分之一。分贝定义为两功率 P_2 与 P_1 比值的常用对数乘以 10,即

$$1\text{dB}=10\log\frac{P_2}{P_1}$$

对于电功率,有

$$1\text{dB}=10\log\frac{P_2}{P_1}=10\log\frac{I_2^2}{I_1^2}=10\log\frac{U_2^2}{U_1^2}$$

即

$$1\text{dB}=20\log\frac{I_2}{I_1}=20\log\frac{U_2}{U_1}$$

若令 $H=\dfrac{I_2}{I_1}$ 或 $H=\dfrac{U_2}{U_1}$，则 H 每增加 10 倍，$\log H$ 增加 1 倍，而 $20\log H$ 增加 20 倍。$20\mathrm{Log}H$ 可推而广之，代表一切系统函数模量比对数，而不仅限于电流比和电压比。事实上，$20\mathrm{Log}H=20\mathrm{dB}$ 时，$H=10$，模量比变化 10 倍；而 $20\mathrm{Log}H=6\mathrm{dB}$ 时，$H=1$，模量比变化 1 倍。传统上把频率增高一倍称为一个"倍频程"(octave)，所以，上述关系又记作 6dB/倍频程或 6dB/octave。

对式(4-6-17)两边取常用对数乘以 20，可得对数幅频特性

$$20\log|H(\mathrm{j}\omega)|=\log H_0+\sum_{j=1}^{m}20\log|\mathrm{j}\omega-\xi_j|-\sum_{i=1}^{n}20\log|\mathrm{j}\omega-p_i| \tag{4-6-20}$$

和对数相频特性

$$\theta(\omega)=\sum_{j=1}^{m}\beta_j-\sum_{i=1}^{n}\alpha_i \tag{4-6-21}$$

由式(4-6-20)可见，一个复杂系统的对数幅频特性 $20\log|H(\mathrm{j}\omega)|$，可由其系统函数 H(s)的各个零点 ξ_j 和极点 p_i 所对应的一次复数因子的对数频幅频特性 $20\log|\mathrm{j}\omega-\xi_j|$ 或 $20\log|\mathrm{j}\omega-p_i|$ 线性叠加得到。因此，讨论一次因子波特图是研究复杂系统波特图的基础。

2) 一阶因子波特图

设某系统系统函数 $H(s)$具有一阶零点 ξ_1，相应的一次零点因子为 $(\mathrm{j}\omega-\xi_1)$，若令 $-\xi_1=\dfrac{1}{|T_1|}$，则其对数幅频特性和对数相频特性分别为

$$\begin{aligned}G&=20\log|\mathrm{j}\omega-\xi_1|=20\log\left|\mathrm{j}\omega+\frac{1}{|T_1|}\right|=20\log\frac{1}{|T_1|}|1+\mathrm{j}\omega|T_1||\\&=20\log\frac{1}{|T_1|}+20\log|(1+\mathrm{j}\omega|T_1|)|\\&=20\log\frac{1}{|T_1|}+20\log\sqrt{1+\omega^2|T_1|^2}\end{aligned} \tag{4-6-22}$$

$$\theta(\omega)=\arctan\left(-\frac{\omega}{\xi_1}\right)=\arctan(\omega|T_1|) \tag{4-6-23}$$

式(4-6-22)中，第一项 $20\log\dfrac{1}{|T_1|}$ 是直流分量，可与式(4-6-20)直流分量 $\log H_0$ 合并。令非直流分量为 G_1，则

$$G_1=10\log(1+\omega^2|T_1|^2) \tag{4-6-24}$$

在低频范围内，$\omega\ll\dfrac{1}{|T_1|}$，则 $G_1\approx10\log1=0$，这时对数幅频特性的低频渐进线在以 $\log\omega$ 为横轴，G_1 为纵轴的直角坐标上与横轴重叠；在高频范围内，$\omega\gg\dfrac{1}{|T_1|}$，则

$$G_1\approx10\log(\omega^2|T_1|^2)=20\log\omega+20\log|T_1|=20\log\omega-20\log\frac{1}{|T_1|}\mathrm{dB}$$

这是对数幅频特性的高频渐进线方程，在坐标平面上代表一条直线。两条渐近线的交点满足条件 $20\log\omega_1-20\log\dfrac{1}{|T_1|}=0$，即

$$\omega_1=\frac{1}{|T_1|}$$

ω_1 称为折断频率。

在坐标平面上将两段渐近线合并，可得到该系统的近似幅频特性波特图，如图 4-37(a)中折线部分所示。该系统实际幅频特性在折断频率 ω_1 处为 $G_1|_{\omega=\omega_1}=20\log|1+\mathrm{j}|=20\log2=$

3dB，与近似值之间有 3dB 的误差。而在 $\omega=0.5\omega_1$ 和 $\omega=2\omega_1$ 处，两者之间的误差都是 1dB。据此，可画出实际幅频特性波特图，如图 4-37(a)中曲线部分所示。

由式(4-6-23)，该一次零点因子相关的相频特性为

$$\theta_1(\omega)=\arctan(\omega\mid T_1\mid)=\arctan\left(\frac{\omega}{\omega_1}\right) \tag{4-6-25}$$

在低频范围内，$\omega\ll\omega_1$，$\theta_1(\omega)\approx 0$，因此，通常选 $\omega\leqslant\omega_1$ 时近似地作一段与横轴重叠的直线；在高频范围内，$\omega\gg\omega_1$，$\theta_1(\omega)\approx 90°$，通常选 $\omega\gg 10\omega_1$ 时近似地作一段 $\theta_1(\omega)=90°$ 的水平直线；当 $\omega=\omega_1$ 时，$\theta_1(\omega)=45°$，通常过这一点作一段斜率为 45°/10dB 的直线。因此，相频特性可用这三段渐进线近似，如图 4-37(b)中折线部分所示。在 $0.1\omega_1\leqslant\omega\leqslant 10\omega_1$ 范围内，误差不超过 6°。此外，一般来说，在 $\omega=0.5\omega_1$ 时，实际相角 $\theta_1(\omega)=26.6°$；在 $\omega=2\omega_1$ 时，实际相角 $\theta_1(\omega)=63.4°$，据此特点将近似波特图予以修正，便可得到与实际波特图接近的相频特性曲线，如图如图 4-37(b)中曲线部分所示。

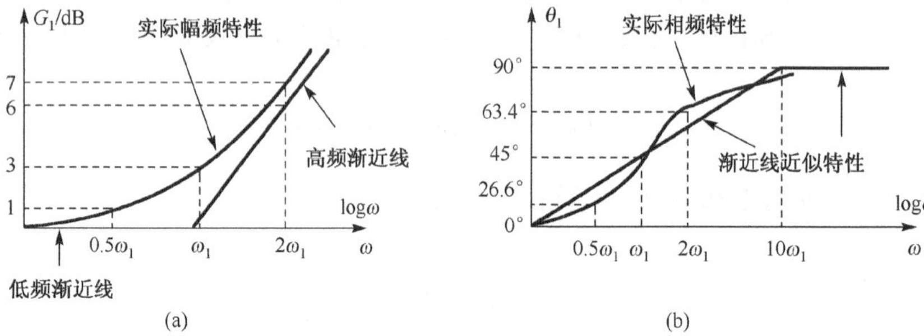

图 4-37　一阶因子波特图

3）二阶因子波特图

设某系统系统函数 $H(s)$ 具有二阶共轭零点 $\xi_{1,2}=-\alpha\pm j\omega_d$，其中 $\omega_d=\sqrt{\omega_0^2-\alpha^2}$，由式(4-6-17)可得其二次零点因子对数频率特性为

$$\begin{aligned}20\log H(j\omega)&=20\log(j\omega-\xi_1)(j\omega-\xi_2)=20\log[j\omega-(-\alpha+j\omega_d)][j\omega-(-\alpha+j\omega_d)]\\&=20\log[(\alpha^2+\omega_d^2)-\omega^2-2\alpha j\omega]=20\log[\omega_0^2-\omega^2-j2\alpha\omega]\\&=20\log\left[\omega_0^2\left(1-\frac{\omega^2}{\omega_0^2}-j2\alpha\frac{\omega}{\omega_0^2}\right)\right]\end{aligned} \tag{4-6-26}$$

令 $\zeta=\dfrac{\alpha}{\omega_0}$ 为阻尼比，$\omega_0=\sqrt{\omega_d^2+\alpha^2}=\dfrac{1}{T_2}$ 为折断频率，则

$$\begin{aligned}20\log\mid H(j\omega)\mid&=20\log\left[\omega_0^2\left|1-\frac{\omega^2}{\omega_0^2}-j2\zeta\frac{\omega}{\omega_0}\right|\right]\\&=40\log\omega_0+20\log\sqrt{\left[1-\left(\frac{\omega}{\omega_0}\right)^2\right]^2+\left(2\zeta\frac{\omega}{\omega_0}\right)^2}\end{aligned} \tag{4-6-27}$$

其中，$40\log\omega_0$ 为直流分量，可与式(4-6-20)中的 $20\log H_0$ 合并。设

$$G_2=10\log\left[\left(1-\frac{\omega^2}{\omega_0^2}\right)^2+\left(2\zeta\frac{\omega}{\omega_0}\right)^2\right]=10\log[(1-\omega^2T_2^2)^2+(2\zeta\omega T_2)^2] \tag{4-6-28}$$

可见，在低频的范围内，$\omega\ll\omega_0$，$G_2\approx 10\log 1=0$。在高频范围内，$\omega\gg\omega_0$，$G_2\approx 10\log\left(\dfrac{\omega^2}{\omega_0^2}\right)^2=40\log\omega-40\log\omega_0$，此方程表示一段斜率为 12dB/倍频程的直线，它与低频渐近线相交于 ω

$=\omega_0$ 。给定不同的阻尼比 ζ，可根据式(4-6-28)计算得到一组实际的幅频特性波特图，它们围绕着渐近线因 ζ 值不同而变化，如图 4-38 幅频特性波特图所示。

由式(4-6-26)可得

$$\theta_2(\omega)=\arctan\frac{\frac{2\zeta\omega}{\omega_0}}{1-\frac{\omega^2}{\omega_0^2}}=\arctan\frac{2\zeta\omega T_2}{1-\omega^2T_2^2} \tag{4-6-29}$$

在低频的范围内，$\theta_2(\omega)\approx 0$；在高频范围内，$\theta_2(\omega)\approx 180°$；在折断频率 ω_0 处，$\theta_2(\omega)=90°$。实际相频特性波特曲线围绕此渐近线变化，阻尼比 ζ 越小，变化越快，如图 4-38 相频特性波特图所示。

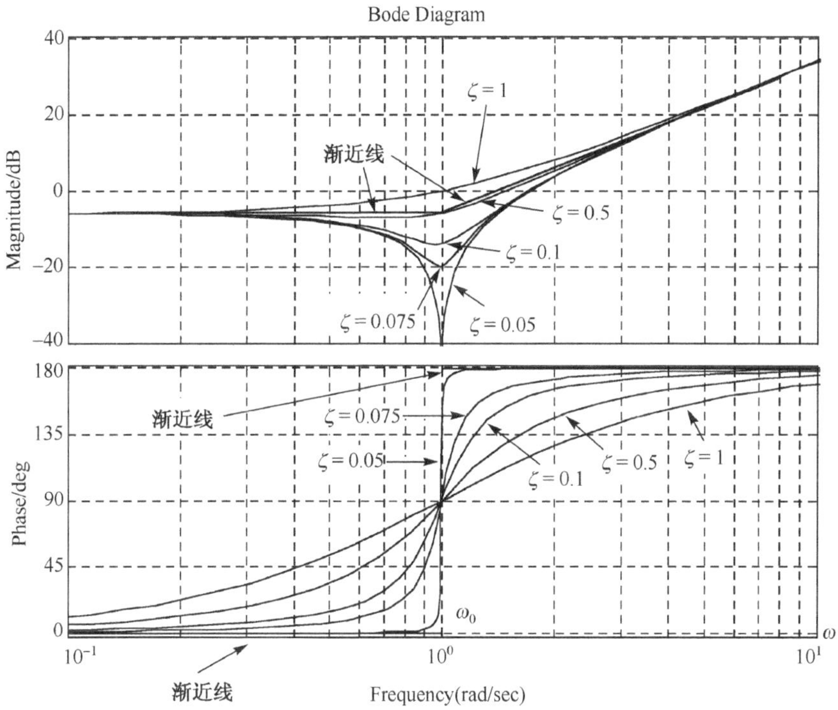

图 4-38　二阶因子波特图

若阻尼比 $\zeta=1$，则式(4-6-28)变成为

$$G_2=20\log(1+\omega^2T_2^2) \tag{4-6-30}$$

此时，G_2 正好是式(4-6-24)所示一阶零点因子幅频特性 G_1 的两倍，即 $G_2=2G_1$ 。可见，二次因子的高频幅频特性渐近线与一次因子的相比，通过同一折断频率，但是斜度为后者的两倍。同样，前者的相频特性也是后者的两倍。至于更高次的零极点因子的频率特性，可顺理类推。

必须指出，随着计算机技术的飞速发展，尤其是 MATLAB 在本课程辅助分析中的广泛应用，如今，人们可以轻易地借用 MATLAB 工具得到各种复杂系统的波特图(参阅第 7 章例 7-39)，人工绘制频率特性曲线的工作已逐渐离我们远去。但是，系统地学习和掌握系统函数的零极点因子与波特图的关系可以使我们从根本上了解波特图的原理，既知其然又知其所以然，为后续专业课程的学习打下牢固的理论基础。

4.7 LTI 连续系统的稳定性

4.7.1 关于系统稳定性的概念

系统稳定性是一个很重要的概念，实际的应用系统都必须是稳定的。系统稳定性定义为任何有界的输入将引起有界的输出，简称 BIBO(bounded input/bounded output)稳定。这种定义在理论上不便直接用于判定系统是否稳定，因为系统稳定性是系统自身的特性，与输入信号无关。直观地看，一个实际的稳定系统当受到某种干扰信号作用时，所引起的响应在干扰信号消失后会自动最终消失，即系统仍能回到干扰作用前的工作状态。

为了工程上的需要，这里只讨论因果系统的稳定性，并且激励也是因果信号。但是，系统的因果性和稳定性是两个完全不同的概念。连续系统为因果系统的充要条件是系统的冲激响应满足

$$h(t)=0,\quad t<0 \tag{4-7-1}$$

式(4-7-1)符合第 1 章中对系统因果性的定义。系统的因果性，也可根据系统函数 $H(s)$ 作出判定，凡是 $H(s)$ 的收敛域满足 $\mathrm{Re}(s)>\sigma_0$ 的系统，即在 s 平面上，收敛域位于收敛轴 $\sigma=\sigma_0$ 右半平面的系统均为因果系统。

LTI 因果连续系统稳定的充要条件是冲激响应 $h(t)$ 绝对可积，即

$$\int_0^\infty |h(t)|\mathrm{d}t<\infty \tag{4-7-2}$$

上述条件很容易验证：设激励 $f(t)$ 有界，即 $|f(t)|\leqslant M$(大正数)，则系统的输出信号也有界

$$|y_{zs}(t)|=\left|\int_0^\infty h(\tau)f(t-\tau)\mathrm{d}\tau\right|\leqslant\int_0^\infty |h(\tau)||f(t-\tau)|\mathrm{d}\tau\leqslant M\int_0^\infty |h(t)|\mathrm{d}t<\infty$$

即

$$\int_0^\infty |h(t)|\mathrm{d}t<\infty$$

满足式(4-7-2)必有

$$\lim_{t\to\infty}h(t)=0 \tag{4-7-3}$$

从时域的角度看，有

$$\lim_{t\to\infty}h(t)=\begin{cases}0, & \text{稳定}\\ \text{有限值}, & \text{临界稳定}\\ \to\infty, & \text{不稳定}\end{cases} \tag{4-7-4}$$

也可以从复频域的角度来判断系统的稳定性。对于 LTI 因果连续系统，系统函数 $H(s)$ 的极点分布与系统稳定性之间有如下关系：

(1) 当 $H(s)$的极点全部位于 s 平面的左半开面(不包含虚轴)时，则系统是稳定的。

(2) 当 $H(s)$在 s 平面虚轴上有一阶极点和其余极点位于 s 平面的左半开面时，则系统是临界稳定的。

(3) 当 $H(s)$含有 s 平面右半开面的极点或(和)虚轴上有二阶或二阶以上的重极点时，系统是不稳定的。

例 4-38 试判定下列系统是否稳定。

(1) $H_1(s)=\dfrac{s^2+3s+2}{s^3+4s^2-7s+2}$

(2) $H_2(s)=\dfrac{s^2+3s+2}{s^3+3s^2+6s+8}$

解　(1) 特征方程

$$A_1(s)=s^3+4s^2-7s+2=(s-1)(s^2+5s-2)=0$$

极点 $p_1=1$，$p_2=\dfrac{-5-\sqrt{33}}{2}$，$p_3=\dfrac{-5+\sqrt{33}}{2}$，显然，$p_1$ 和 p_3 位于 s 平面右半开面，该系统不稳定。

(2) 特征方程

$$A_2(s)=s^3+3s^2+6s+8=(s+2)(s^2+s+4)=0$$

极点 $p_1=-2$，$p_2=\dfrac{-1-\mathrm{j}\sqrt{5}}{2}$，$p_3=\dfrac{-1+\mathrm{j}\sqrt{5}}{2}$，均位于 s 平面左半开面，该系统稳定。

4.7.2　LTI 因果连续系统稳定性的一般判别方法

对于 $n\geqslant3$ 的高阶系统以及特征多项式 $A(s)$ 含有未定参数的系统，难于确定系统函数的极点，为此，必须借助于其他更一般的判定系统稳定性的方法。典型的 LTI 因果连续系统稳定的依据是满足劳斯-霍尔维茨准则(Routh-Hurwitz criterion)，简称 R-H 准则。

劳斯-霍尔维茨准则指出，若系统的特征方程为

$$A(s)=a_ns^n+a_{n-1}s^{n-1}+a_{n-2}s^{n-2}+\cdots+a_1s+a_0=0 \tag{4-7-5}$$

则其特征根(即 $H(s)$ 的极点)全部位于 s 平面左半开面(系统稳定)的条件是：①必要条件：特征多项式 $A(s)$ 的全部系数 $a_n,a_{n-1},\cdots,a_1,a_0$ 皆为正值且不为零(对一、二阶系统又是充分条件)。②充分条件：将特征多项式系数按下列规则排列出劳斯表(即劳斯阵列)，其第一列元素皆为正值。

行					
1	s^n	a_n	a_{n-2}	a_{n-4}	$\cdots$
2	s^{n-1}	a_{n-1}	a_{n-3}	a_{n-5}	$\cdots$
3	s^{n-2}	c_{n-1}	c_{n-3}	c_{n-5}	$\cdots$
4	s^{n-3}	d_{n-1}	d_{n-3}	d_{n-5}	$\cdots$
	$\vdots$	$\vdots$	$\vdots$	$\vdots$	$\vdots$
$n+1$	s^0	$\cdots$			

劳斯表中，第 3 行及以下各行的元素按下列规则计算：

$$c_{n-1}=-\frac{1}{a_{n-1}}\begin{vmatrix}a_n & a_{n-2}\\ a_{n-1} & a_{n-3}\end{vmatrix},\quad c_{n-3}=-\frac{1}{a_{n-1}}\begin{vmatrix}a_n & a_{n-4}\\ a_{n-1} & a_{n-5}\end{vmatrix},\quad\cdots$$

$$d_{n-1}=-\frac{1}{c_{n-1}}\begin{vmatrix}a_{n-1} & a_{n-3}\\ c_{n-1} & c_{n-3}\end{vmatrix},\quad d_{n-3}=-\frac{1}{c_{n-1}}\begin{vmatrix}a_{n-1} & a_{n-5}\\ c_{n-1} & c_{n-5}\end{vmatrix},\quad\cdots$$

以此类推，直到第 $n+1$ 行只有一个元素为止。

上述准则首先由霍尔维茨提出，为了纪念他，满足稳定充要条件的特征多项式 $A(s)$ 又称

为霍尔维茨多项式，但霍氏准则中的充分条件操作麻烦①。劳斯提出了便于操作的劳斯表，故有劳斯-霍尔维茨准则。

利用该准则判定系统是否稳定的可操作步骤如下：

(1) 准则中的必要条件是第一位的，如果特征多项式缺项或其系数符号有正有负，则系统一定是不稳定的；如果特征多项式的系数皆为非零的正值，其系统也未必稳定，必须列出劳斯表按充分条件检查。

(2) 列劳斯表对两种特殊情况须作特殊处理：

劳斯表第三行及以下各行要进行计算后再排列。在此过程中，将会遇到如下两种特殊情况而不能继续排表，必须提出处理办法才可继续排表。

① 某行第一个元素为零而其余元素不为零。处理办法：一是用任意小的一正数 ε 代替零并继续排表；二是将特征多项式系数颠倒排列，因为这样做并未增加特征多项式幂次，但在劳斯表某行第一个元素则不为零。两种方法同样有效。

② 某行全部元素为零，它发生在该行的上两行对应元素值成比例的时候。实质是全零行的上一行系数构成的 s 偶次多项式 $A_1(s)$ 是 $A(s)$ 的一个因子（它也是劳斯表中第一、二行元素构成的偶次多项式与奇次多项式的公因子），$A_1(s)=0$ 的根（亦即 $A(s)=0$ 的根）对称原点（即在 s 平面呈上下左右对称）分布。处理办法是将 $\frac{\mathrm{d}}{\mathrm{d}s}A_1(s)$ 的系数代替全零行继续排表，因为 $A_1(s)+\frac{\mathrm{d}A_1(s)}{\mathrm{d}s}=0$ 并没有比 $A_1(s)=0$ 增加 s 平面右半闭面根的数目，所以，这时的系统可能是临界稳定或不稳定的。

(3) 如果劳斯表的第一列元素符号全为正，则系统是稳定的；如果第一列元素的符号不完全相同，那么符号改变的次数就是 $A(s)=0$ 在 s 平面右半开面根的数目。

例 4-39 已知下列系统的特征多项式，试判断系统的稳定性。

(1) $A(s)=2s^4+s^3+3s^2+5s+10$ (2) $A(s)=s^5+s^4+4s^3+4s^2+2s+1$

(3) $A(s)=s^5+4s^4+8s^3+8s^2+7s+4$ (4) $H(s)=\dfrac{s+2}{s^2+5s+6+K}$

解 (1) 显然，$A(s)$ 的全部系数为正值且不为零。列劳斯表如下：

$$
\begin{array}{c|ccc}
s^4 & 2 & 3 & 10 \\
s^3 & 1 & 5 & 0 \\
s^2 & -\frac{1}{1}\begin{vmatrix}2 & 3\\1 & 5\end{vmatrix}=-7 & -\frac{1}{1}\begin{vmatrix}2 & 10\\1 & 0\end{vmatrix}=10 & 0 \\
s^1 & -\frac{1}{(-7)}\begin{vmatrix}1 & 5\\-7 & 10\end{vmatrix}=\frac{45}{7} & -\frac{1}{(-7)}\begin{vmatrix}1 & 0\\-7 & 0\end{vmatrix}=0 & \\
s^0 & -\frac{1}{\frac{45}{7}}\begin{vmatrix}-7 & 10\\\frac{45}{7} & 0\end{vmatrix}=10 & &
\end{array}
$$

① 霍氏准则的充分条件是：$A(s)$ 中偶次项式 $A_e(s)$ 与奇次项式 $A_o(s)$ 辗转相除所得商的系数 $q_i(i=1,2,\cdots,n)$ 全为正值，即 $\frac{A_e(s)}{A_o(s)}\left[\frac{A_o(s)}{A_e(s)}\right]=\frac{1}{\{q_1(s)+1/[q_2(s)+1/(\cdots1/q_n(s))]\}}$，$q_i$ 与劳斯表第一列系数关系为：$q_1=\frac{a_n}{a_{n-1}}$，$q_2=\frac{a_{n-1}}{c_{n-1}}$，…

从劳斯表可见，第一列的元素出现两次符号改变（箭头所指），因此方程 $A(s)=0$ 有两个根位于 s 平面的右半开面，该系统不稳定。

（2）方法一 列劳斯表如下：

s^5	1	4	2
s^4	1	4	1
s^3	$\left(-\frac{1}{1}\begin{vmatrix}1 & 4\\ 1 & 4\end{vmatrix}=0\right)\varepsilon$	$-\frac{1}{1}\begin{vmatrix}1 & 2\\ 1 & 1\end{vmatrix}=1$	0
s^2	$-\frac{1}{\varepsilon}\begin{vmatrix}1 & 4\\ \varepsilon & 1\end{vmatrix}=\frac{4\varepsilon-1}{\varepsilon}\approx-\frac{1}{\varepsilon}<0$	$-\frac{1}{\varepsilon}\begin{vmatrix}1 & 1\\ \varepsilon & 0\end{vmatrix}=1$	0
s^1	$-\frac{1}{\frac{4\varepsilon-1}{\varepsilon}}\begin{vmatrix}\varepsilon & 1\\ \frac{4\varepsilon-1}{\varepsilon} & 1\end{vmatrix}=\frac{-\varepsilon^2+4\varepsilon-1}{4\varepsilon-1}\approx1>0$	$-\frac{1}{\frac{4\varepsilon-1}{\varepsilon}}\begin{vmatrix}\varepsilon & 0\\ \frac{4\varepsilon-1}{\varepsilon} & 0\end{vmatrix}=0$	
s^0	1		

该劳斯表的第三行第一个元素出现 0，用 ε 代之，继续列表。

劳斯表第一列元素值出现两次符号改变，$A(s)=0$ 有两个根在 s 平面的右半开面，该系统不稳定。

方法二 将特征多项式系数颠倒排列，即设

$$B(s)=s^5+2s^4+4s^3+4s^2+s+1$$

则可列出如右侧所示的劳斯表。

s^5	1	4	1
s^4	2	4	1
s^3	2	$\frac{1}{2}$	0
s^2	$\frac{7}{2}$	1	0
s^1	$-\frac{1}{14}$	0	
s^0	1		

显然，第一列元素符号改变两次，$B(s)=0$ 的根有两个分布在 s 平面的右半开面，该系统不稳定。

（3）列劳斯表如下：

s^5	1	8	7
s^4	4	8	4
s^3	6	6	0
s^2	4	4	0
s^1	**0**	**0**	**0**（不能继续排表）
s^0			

s^5	1	8	7
s^4	4	8	4
s^3	6	6	0
s^2	4	4	0
s^1	**8**	**0**	**0**
s^0	4		

全劳斯表

显然，第 s^1 行元素全为 0，不能继续排表。应以第 s^2 行的系数作依据，令 $A_1(s)=4s^2+4$ 为辅助多项式（偶次多项式），则 $\frac{\mathrm{d}}{\mathrm{d}s}A_1(s)=\frac{\mathrm{d}}{\mathrm{d}s}(4s^2+4)=8s$，其系数代替第 s^1 行的系数，继续排出全劳斯表。

排劳斯表时出现某一行元素全为零，它一定出现在上两行对应元素成比例$\frac{3}{2}$时，说明上一行元素构成的 s 多项式$A_1(s)=4s^2+4$ 是 $A(s)$的因子，即特征方程$A(s)=(s^2+1)(s^3+4s^2+7s+4)=0$，有一对特征根 $s_{1,2}=\pm\mathrm{j}$ 为共轭虚根，并且劳斯表第一列元素皆为正值，$A(s)=0$ 无根分布在 s 平面的右半开面，故该系统为临界稳定。

(4) 该系统特征方程为 $A(s)=s^2+5s+6+K=0$，根据 R-H 准则可知，当$6+K>0$，亦即 $K>-6$ 时，该系统稳定；否则，系统不稳定($K<-6$)或临界稳定($K=-6$)。

4.8 LTI 连续系统复频域框图和信号流图

4.8.1 LTI 连续系统复频域的基本图示法

1. 基本运算器的复频域模型

模拟框图是系统的表达方式之一，表 4-6 列出了模拟基本运算器的 s 域模型与时域模型，利用这些运算器的 s 域模型可以作出系统的 s 域模拟框图。

表 4-6 基本运算器的 s 域模型

元件名	时域	复频域
加法器	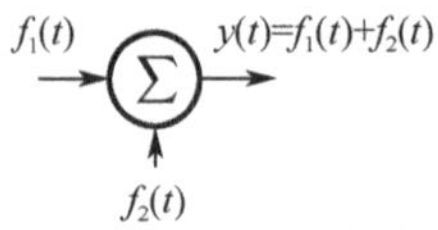	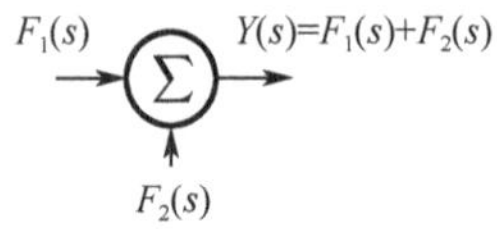
标量乘法器	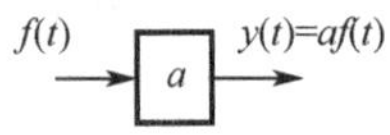	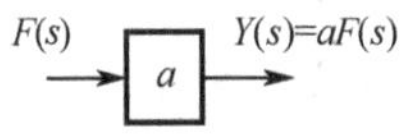
积分器	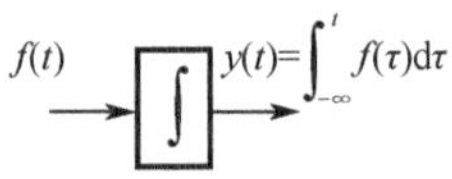	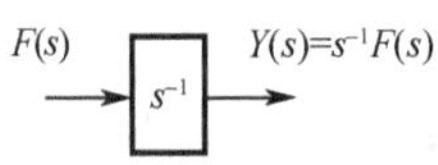

第 43 讲

2. LTI 连续系统的复频域框图表示法

第 1～3 章都曾提到系统可以用框图来表示。在零状态条件下，时域、频域和复频域的系统特性可以分别用 $h(t)$、$H(\mathrm{j}\omega)$和 $H(s)$来表征。在复频域，如果系统的激励为 $F(s)$，输出零状态响应为 $Y_{\mathrm{ZS}}(s)$，则框图本身就是 $H(s)$，如图 4-39 所示。

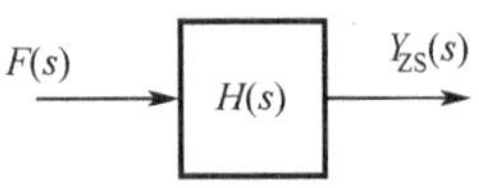

图 4-39 系统 s 域框图

该框图不仅代表数学式 $Y_{\mathrm{ZS}}(s)=F(s)H(s)$，而且图 4-39 中的箭头方向代表系统传输信号的方向。

3. LTI 连续系统的信号流图表示法

连续系统还可以用信号流图(简称信流图)来表示。信号流图由美国麻省理工学院的梅森(Samuel J. Mason)教授于 20 世纪 50 年代提出，他同时给出了梅森公式。对于一个系统，用 s 域框图和信号流图表示没有原则区别。信号流图是用点和有向线段来描述线性方程组变量间因果关系的一种图示，是系统框图的简洁表示。用它来描述 LTI 系统，不但比框图更为简便，而且还通过梅森公式将系统函数与相应的信号流图联系起来，使信号流图简明地沟通了系统的方程、系统函数以及框图之间的联系。因此，采用信号流图不仅有利于系统分析，也便于系统模拟。

如图 4-40(a)所示的系统框图，变成信号流图形式就是一有向线段，在箭头旁注明系统函数 $H(s)$，线段端点代表信号，称为节点，如图 4-40(b)所示。有向线段表示信号传输的路径和方向，一般称为支路，每一条支路的系统函数相当于一个乘法器。

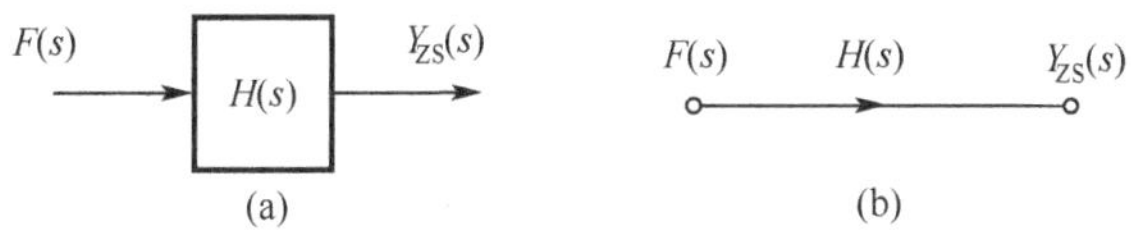

图 4-40　系统信号流图和框图比较

加法器、积分器和标量乘法器用信号流图表示如图 4-41(a)、(b)所示。

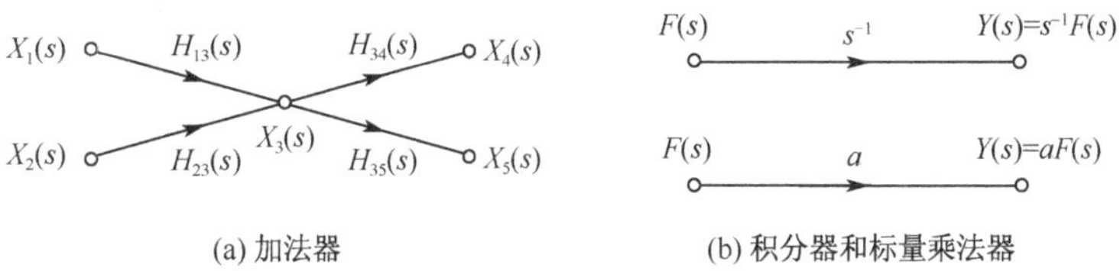

图 4-41　基本运算器信号流图

图 4-41(a)中，加法器的节点 $X_3(s)$代表了多路信号输入，它们是相加的关系，而且也可以有不同方向输出。例如，图 4-41(a)所示加法器，有两个输入节点$X_1(s)$和 $X_2(s)$，两个输出节点 $X_4(s)$和 $X_5(s)$，则按信号流图构成原则有下述节点方程：$X_3(s)=X_1(s)H_{13}(s)+X_2(s)H_{23}(s)$；$X_4(s)=X_3(s)H_{34}(s)$；$X_5(s)=X_3(s)H_{35}(s)$。因此，信号流图中作为加法器的点(又称和点)，相当于框图中的加法器，与紧跟其后的分点结合在一起。如果需要相减，应将负号放在支路系统函数$H_{13}(s)$或$H_{23}(s)$之前，如$-H_{13}(s)$或$-H_{23}(s)$。

4. 系统信号流图和 s 域框图的基本连接方式

一个实际系统可以由许多子系统通过适当的连接组成，因此，了解系统基本的连接方式显得十分必要。三种基本连接方式——级联、并联和反馈可分别以框图和信号流图表示，如图 4-42～图 4-44 所示。

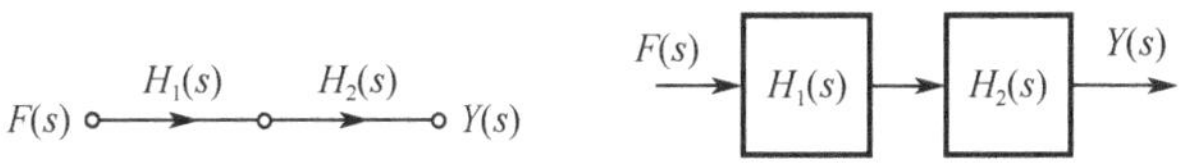

图 4-42　级联信号流图与框图

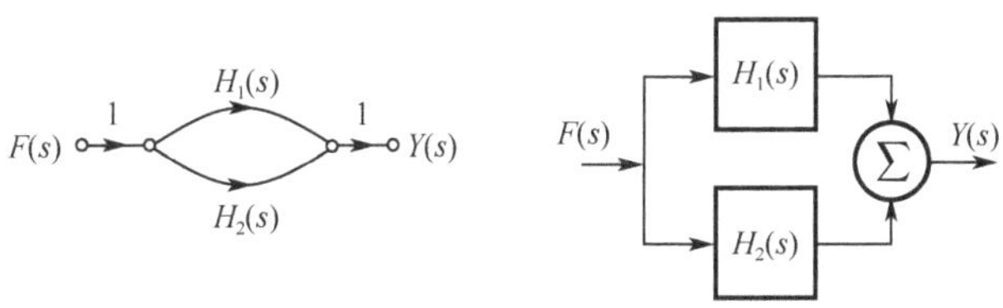

图 4-43　并联信号流图与框图

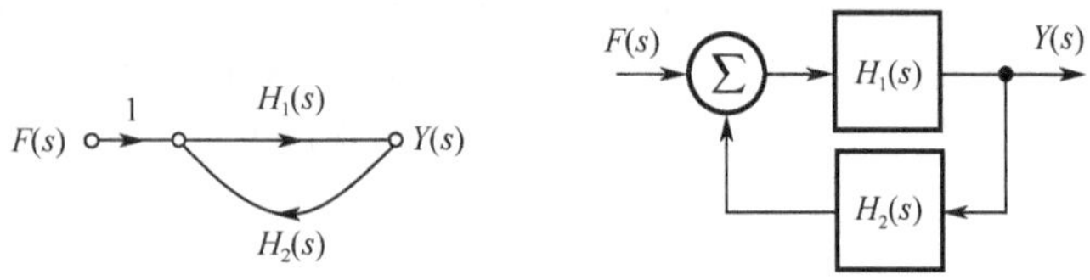

(a) 正反馈

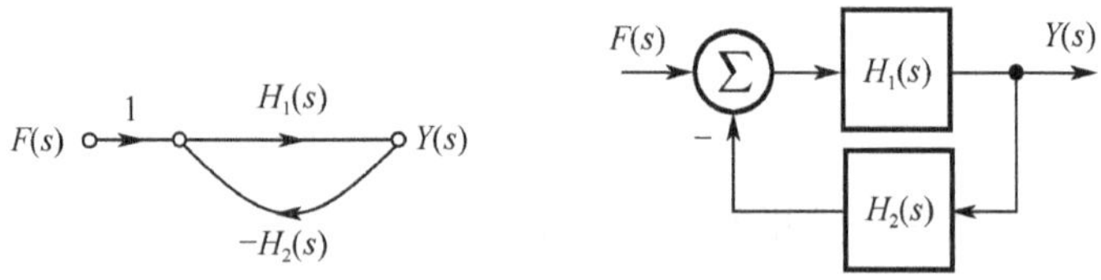

(b) 负反馈

图 4-44　反馈连接信号流图与框图

(1) 级联　　$H(s)=H_1(s)H_2(s)$

注意:级联时 $H_2(s)$不能是 $H_1(s)$的负载,因此,工程上往往要加隔离器。

(2) 并联　　$H(s)=H_1(s)+H_2(s)$

(3) 正反馈　　$H(s)=\dfrac{H_1(s)}{1-H_1(s)H_2(s)}$

负反馈　　$H(s)=\dfrac{H_1(s)}{1+H_1(s)H_2(s)}$

4.8.2 LTI 连续系统的复频域模拟

系统函数 $H(s)$表征了系统的输出输入特性,而且它是有理分式,运算较为简便,因而 s 域连续系统的模拟常通过系统函数来进行实现。对于同一系统函数,通过不同的运算,可以得到多种形式的模拟实现方案。常用的模拟实现有直接形式(又称卡尔曼形式)、级联形式和并联形式。以下举例说明。

例 4-40　某连续系统的系统函数为 $H(s)=\dfrac{2s+4}{s^3+3s^2+5s+3}$,试分别用直接形式、级联形式和并联形式模拟该系统。

解　(1) 直接实现。上式分子、分母同乘以 s^{-3},得

$$H(s)=\frac{2s^{-2}+4s^{-3}}{1+3s^{-1}+5s^{-2}+3s^{-3}}=\frac{2s^{-2}+4s^{-3}}{1-(-3s^{-1}-5s^{-2}-3s^{-3})}$$

$H(s)$含有 s^{-3},因此该系统具有三个积分器,从分母知该系统分别从三个积分器的输出乘以标量后引出三个负反馈支路;从分子可知输出 $Y(s)$是从第二级和第三级积分器输出乘以标量后的叠加。该系统的直接模拟信号流图和框图如图 4-45 所示。实际上,s 域的直接模拟就是时域模拟取了拉普拉斯变换。

(2) 级联实现。

$$H(s)=\frac{2s+4}{s^3+3s^2+5s+3}=\frac{2}{(s+1)}\times\frac{(s+2)}{(s^2+2s+3)}=H_1(s)H_2(s)$$

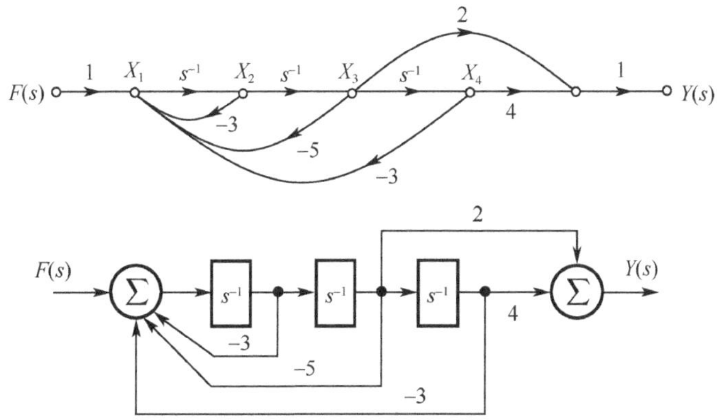

图 4-45　直接实现

其中选[1]：

$$H_1(s)=\frac{2}{s+1}=\frac{2s^{-1}}{1+s^{-1}},\quad H_2(s)=\frac{s+2}{s^2+2s+3}=\frac{s^{-1}+2s^{-2}}{1+2s^{-1}+3s^{-2}}\text{[2]}$$

由此可得级联形式的模拟信号流图和模拟框图如图 4-46 所示。

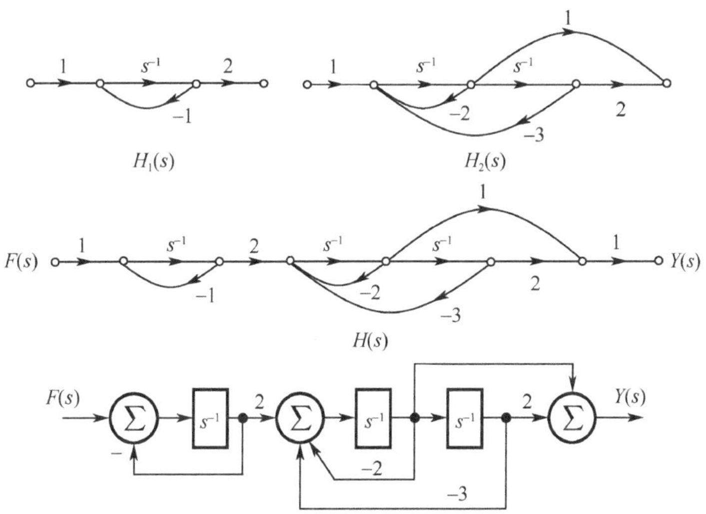

图 4-46　级联实现

(3) 并联实现。

$$H(s)=\frac{2s+4}{s^3+3s^2+5s+3}=\frac{1}{s+1}+\frac{-s+1}{s^2+2s+3}$$

$$=\frac{s^{-1}}{1+s^{-1}}+\frac{-s^{-1}+s^{-2}}{1+2s^{-1}+3s^{-2}}=H_1(s)+H_2(s)$$

由此可得并联形式的模拟信号流图和模拟框图如图 4-47 所示。

① 级联模拟选择子系统函数有多种方案。

② 对于具有共轭复极点的二阶系统当作一个模拟整体较为方便。

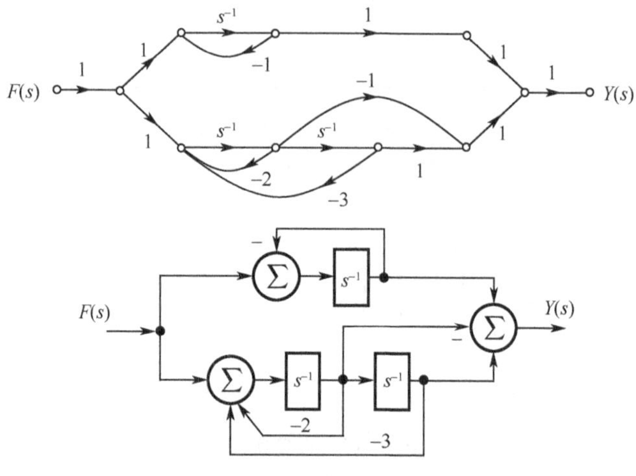

图 4-47　并联实现

4.8.3　梅森公式及应用

1950 年，梅森利用一套瞬时代数方程的克拉默(Cramer)方法证明了一种算法，并用于求解信号流图或系统框图输入点与输出点之间的系统函数。这个算法后来被称为梅森公式，它广泛地用在连续系统的 s 域和离散系统的 z 域作系统的模拟和系统函数的化简。

1. 关于信号流图的专门术语

(1) 节点——表示系统中信号的点的总称，其中有：

① 源点(输入节点)——仅有输出支路的节点，又称独立节点，代表系统的输入信号，如图 4-48 中所示的 $F(s)$。

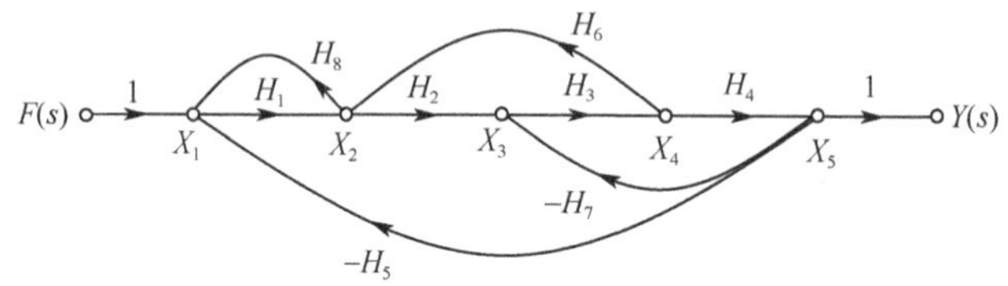

图 4-48　系统信号流图

② 阱点(输出节点)——仅有输入支路的节点。属非独立节点，代表系统的输出信号，如图 4-48 中所示的 $Y(s)$。

③ 混合节点——既有输入支路又有输出支路的节点。属非独立节点，代表该点输入信号之和，如图 4-48 中所示的 X_1、X_2、X_3、X_4、X_5。

(2) 支路——两节点间的有向连线，在方向箭头旁标出支路的系统函数。

(3) 通路——同方向的支路序列。通路的转移函数等于各支路转移函数(又称增益)之积。其中分为：

① 开通路(前向通路)——从输入节点到任一非独立节点的不闭合通路。前向通路中通过的任何节点不多于一次，如图 4-48 中从 F 到 Y 只有一条开通路 $F \to X_1 \to H_1 \to X_2 \to H_2 \to X_3 \to H_3 \to X_4 \to H_4 \to X_5 \to Y$。

② 闭通路(回路或环)——闭通路除首尾节点重合外,其余节点只出现一次。图 4-48 中共有四个环。

③ 不接触通路——无公共节点的通路,包括不接触开通路、不接触环路以及开通路与环路的不接触。图 4-48 中不存在不接触开通路;但有一对两两不接触环路:环路 $X_1\to H_1\to X_2\to H_8\to X_1$ 与环路 $X_3\to H_3\to X_4\to H_4\to X_5\to(-H_7)\to X_3$;不存在三个互不相接触的环路。若以节点 X_2 作输出,则存在开通路 $F\to X_1\to H_1\to X_2$ 与环路 $X_3\to H_3\to X_4\to H_4\to X_5\to(-H_7)\to X_3$ 不接触。

2. 梅森公式

系统信号流图中从独立节点到任一非独立节点的转移函数可由如下梅森公式求得:

第 44 讲

$$H_{YF}(s)=\frac{Y(s)}{F(s)}=\frac{1}{\Delta(s)}\sum_{i=1}^{n}P_i(s)\Delta_i(s) \tag{4-8-1}$$

式(4-8-1)中,$P_i(s)$为第 i 条前向通路增益,在图 4-48 中,若以节点 X_2 为输出,则 $P_1(s)=H_1$。

$\Delta(s)$为信号流图的特征行列式,有

$$\Delta(s)=1-\sum_a L_a+\sum_{b,c}L_bL_c-\sum_{d,e,f}L_dL_eL_f+\cdots \tag{4-8-2}$$

其中,$\sum\limits_a L_a$ 为所有环路的增益之和,对于图 4-48 有

$$\sum_a L_a=L_1+L_2+L_3+L_4=H_1H_8+H_2H_3H_6-H_3H_4H_7-H_1H_2H_3H_4H_5$$

$\sum\limits_{b,c}L_bL_c$ 为所有两两不相接触环路对的增益乘积之和。对于图 4-48 有

$$\sum_{b,c}L_bL_c=-H_1H_3H_4H_7H_8$$

$\sum\limits_{d,e,f}L_dL_eL_f$ 为所有三个互不相接触环路组的增益乘积之和,图 4-48 不存在这样的情况。

$\Delta_i(s)$为与第 i 条开通路不相接触的子图特征行列式。这个子图是第 i 条开通路移去后剩下的信号流图。图 4-48 中,若以节点 X_2 为输出,则 $\Delta_1(s)=1+H_3H_4H_7$。这时,由梅森公式得到转移函数为

$$\begin{aligned}H_{X_2F}(s)&=\frac{X_2(s)}{F(s)}=\frac{P_1(s)\Delta_1(s)}{\Delta(s)}\\&=\frac{H_1(1+H_3H_4H_7)}{1-(H_1H_8+H_2H_3H_6-H_3H_4H_7-H_1H_2H_3H_4H_5)+(-H_1H_3H_4H_7H_8)}\\&=\frac{H_1+H_1H_3H_4H_7}{1-H_1H_8-H_2H_3H_6+H_3H_4H_7+H_1H_2H_3H_4H_5-H_1H_3H_4H_7H_8}\end{aligned}$$

运用相同的方法还可求得

$$H_{X_1F}(s)、H_{X_3F}(s)、H_{X_4F}(s)、H_{X_5F}(s)=H_{YF}(s)$$

利用梅森公式可直接化简求得系统函数,无需对信号流图作繁琐的逐步简化。利用梅森公式作系统模拟时也会带来简化:作直接模拟时,因各环路均接触,故用 $\Delta(s)=1-\sum\limits_a L_a$ 即可;作级联和并联模拟时,只需把系统函数分成为一阶和(或)二阶(把共轭复极点作为一个整体)的子系统即可(见例 4-40)。

例 4-41 某系统框图如图 4-49(a)所示，试用梅森公式求其系统函数 $H(s)=\dfrac{Y(s)}{F(s)}$。

解 (1)将系统框图转换为信号流图，如图 4-49(b)所示。

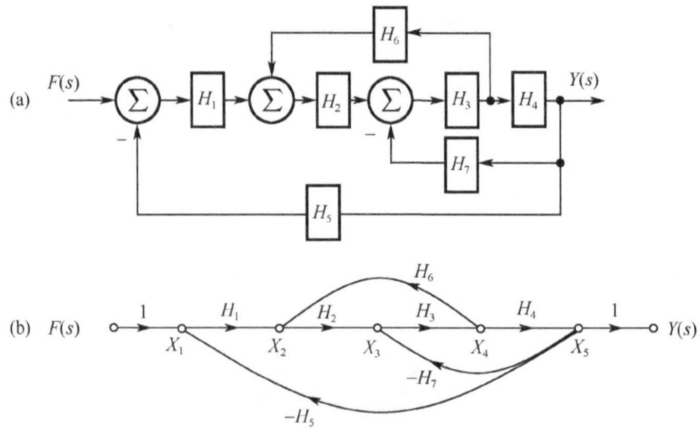

图 4-49 例 4-41 图

(2)根据信号流图可知，前向通路增益为

$$P_1(s)=H_1H_2H_3H_4$$

特征行列式

$$\begin{aligned}\Delta(s)&=1-\sum_a L_a=1-(L_1+L_2+L_3)\\&=1-H_2H_3H_6+H_3H_4H_7+H_1H_2H_3H_4H_5\end{aligned}$$

没有与前向通路不接触的子图，所以其特征行列式 $\Delta_1(s)=1-0=1$。

由梅森公式得

$$\begin{aligned}H(s)&=\frac{1}{\Delta(s)}\sum_{i=1}^{n}P_i(s)\Delta_i(s)=\frac{P_1(s)\Delta_1(s)}{\Delta(s)}\\&=\frac{H_1H_2H_3H_4}{1-H_2H_3H_6+H_3H_4H_7+H_1H_2H_3H_4H_5}\end{aligned}$$

例 4-42 某系统信号流图如图 4-50 所示，试用梅森公式求其系统函数 $H(s)=\dfrac{Y(s)}{F(s)}$。

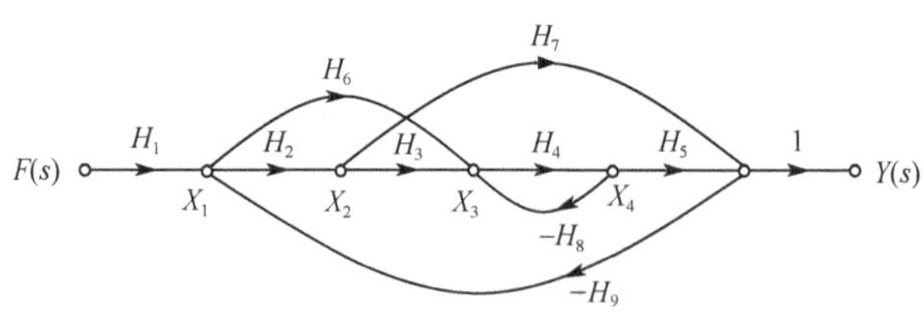

图 4-50 例 4-42 图

解 根据信号流图可知，前向通路增益和与前向通路不接触的子图特征行列式为

$$P_1(s)=H_1H_2H_3H_4H_5,\ \Delta_1(s)=1$$

$$P_2(s)=H_1H_2H_7,\ \Delta_2(s)=1-L_4=1+H_4H_8$$

$$P_3(s)=H_1H_4H_5H_6,\ \Delta_3(s)=1$$

环增益为

$$L_1=-H_2H_3H_4H_5H_9,\quad L_2=-H_2H_7H_9$$

$$L_3 = -H_4H_5H_6H_9,\quad L_4 = -H_4H_8$$

两两不接触环增益为

$$L_2L_4 = H_2H_4H_7H_8H_9$$

特征行列式为

$$\Delta(s) = 1 - \sum_a L_a + \sum_{b,c} L_bL_c = 1 - (L_1 + L_2 + L_3 + L_4) + L_2L_4$$

$$= 1 + H_2H_3H_4H_5H_9 + H_2H_7H_9 + H_4H_5H_6H_9 + H_4H_8 + H_2H_4H_7H_8H_9$$

由梅森公式得

$$H(s) = \frac{1}{\Delta}\sum_{i=1}^{n} P_i\Delta_i = \frac{P_1\Delta_1 + P_2\Delta_2 + P_3\Delta_3}{\Delta}$$

$$= \frac{H_1H_2H_3H_4H_5 + H_1H_2H_7(1 + H_4H_8) + H_1H_4H_5H_6}{1 + H_2H_3H_4H_5H_9 + H_4H_5H_6H_9 + H_2H_7H_9 + H_4H_8 + H_2H_4H_7H_8H_9}$$

例 4-43　RC 网络如图 4-51(a)所示，试求其转移电压比 $H(s) = \dfrac{U_4(s)}{U_1(s)}$。

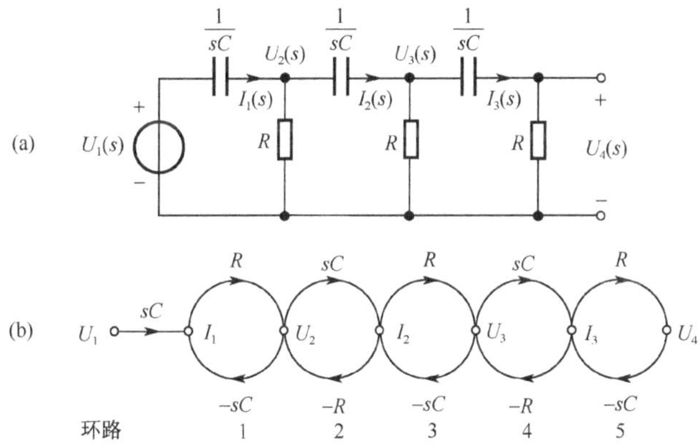

图 4-51　例 4-43 图

解　(1)根据电路图由相关的电路定律可得

$$I_1(s) = sC[U_1(s) - U_2(s)] = sCU_1(s) - sCU_2(s)$$

$$U_2(s) = R[I_1(s) - I_2(s)] = RI_1(s) - RI_2(s)$$

$$I_2(s) = sC[U_2(s) \quad U_3(s)] = sCU_2(s) - sCU_3(s)$$

$$U_3(s) = R[I_2(s) - I_3(s)] = RI_2(s) - RI_3(s)$$

$$I_3(s) = sC[U_3(s) - U_4(s)] = sCU_3(s) - sCU_4(s)$$

$$U_4(s) = RI_3(s)$$

根据以上各式可画出信号流图如图 4-51(b)所示。

(2) 根据信号流图应用梅森公式

$$H(s) = \frac{1}{\Delta}\sum_{i=1}^{n} P_i\Delta_i$$

其中，1 条前向通路，其增益为

$$P_1 = (sC) \times R \times (sC) \times R \times (sC) \times R = (sCR)^3$$

5 个环路，其增益均为

$$L_1 = L_2 = L_3 = L_4 = L_5 = -sCR$$

所以

$$-\sum_{j} L_j = 5sCR$$

6 个两两不相接触的环路，分别是环路 1-3、1-4、1-5、2-4、2-5 和 3-5，其增益均为

$$L_1L_3 = L_1L_4 = L_1L_5 = L_2L_4 = L_2L_5 = L_3L_5 = (sCR)^2$$

所以

$$\sum_{m,n} L_mL_n = 6(sCR)^2$$

一组三个互不接触的环路 1-3-5，其增益为

$$-\sum_{p,q,r} L_pL_qL_r = -(-sCR)^3 = (sCR)^3$$

故得特征行列式

$$\begin{aligned}\Delta &= 1-\sum_{j} L_j + \sum_{m,n} L_mL_n - \sum_{p,q,r} L_pL_qL_r \\ &= 1+5sCR+6(sCR)^2+(sCR)^3\end{aligned}$$

没有与前向通路不接触的子图，所以其特征行列式 $\Delta_1(s)=1-0=1$。故

$$\begin{aligned}H(s) &= \frac{U_4(s)}{U_1(s)} = \frac{1}{\Delta}\sum_{i=1}^{n} P_i\Delta_i = \frac{P_1\Delta_1}{\Delta} \\ &= \frac{(sCR)^3}{1+5sCR+6(sCR)^2+(sCR)^3}\end{aligned}$$

例 4-44 已知某系统的系统函数 $H(s)=\dfrac{s+4}{(s+1)^3(s+2)(s+3)}$，试画其模拟信号流图。

解 对于既含单极点又含重极点的系统，常只作并联形式的模拟图，并把重极点的部分当作一个整体对待。就本例而言，有

$$\begin{aligned}H(s) &= \frac{3}{2}\times\frac{1}{(s+1)^3}+\left(-\frac{7}{4}\right)\times\frac{1}{(s+1)^2}+\frac{15}{8}\times\frac{1}{s+1} \\ &\quad +(-2)\times\frac{1}{s+2}+\frac{1}{8}\times\frac{1}{s+3} \\ &= \frac{\frac{3}{2}s^{-3}-\frac{7}{4}s^{-2}(1+s^{-1})+\frac{15}{8}s^{-1}(1+s^{-1})^2}{(1+s^{-1})^3}+\frac{-2s^{-1}}{1+2s^{-1}}+\frac{\frac{1}{8}s^{-1}}{1+3s^{-1}}\end{aligned}$$

根据梅森公式，从上式的分母看，重极点部分可用三个相同的子系统 $\dfrac{1}{1+s^{-1}}$ 的级联作基本框架，然后去实现梅森公式的分子，由此可得如图 4-52 所示的模拟信号流图。

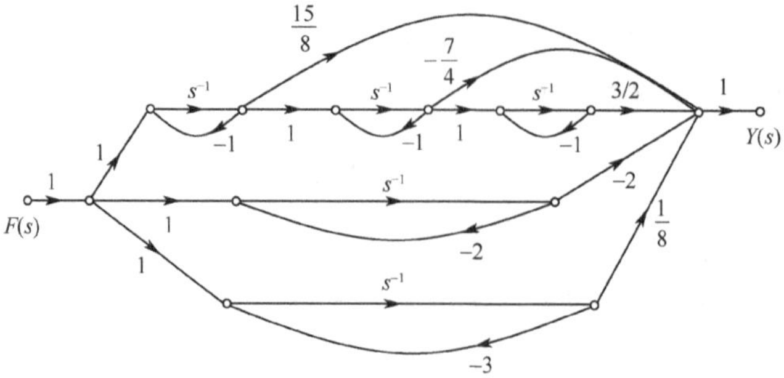

图 4-52 例 4-44 图

习　　题

4.1　试用单边拉普拉斯变换的定义式求下列函数的拉普拉斯变换，并注明收敛域。

(1) $1-e^{-t}$　　(2) $e^{2t}-e^{-t}$　　(3) $\varepsilon(t)-\varepsilon(t-1)$

(4) te^{-t}　　(5) $3\sin t+2\cos t$　　(6) $t\cos(t)\varepsilon(t)$

(7) $\cos(\omega_1 t)\cos(\omega_2 t)$　　(8) $\mathrm{ch}(\beta t)\varepsilon(t)$　　(9) $e^{-2t}\cos(5t+\theta)\varepsilon(t)$

4.2　求题 4.2 图所示各信号波形的单边拉普拉斯变换。

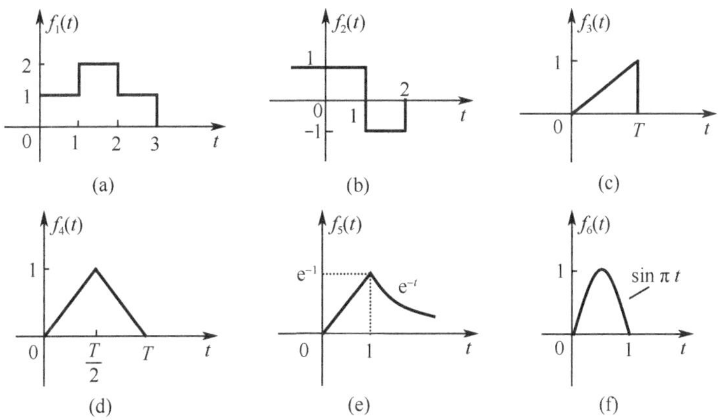

题 4.2 图

4.3　利用时延性质和尺度压扩性质求下列函数的单边拉普拉斯变换。

(1) $f(t)=\varepsilon(2t-2)$　　(2) $f(t)=e^{-t}[\varepsilon(t)-\varepsilon(t-2)]$

(3) $f(t)=e^{-(t-2)}[\varepsilon(t)-\varepsilon(t-2)]$　　(4) $f(t)=\sin(t)[\varepsilon(t)-\varepsilon(t-\pi)]$

(5) $f(t)=\sin(\pi t)\varepsilon(t)-\sin\pi(t-1)\varepsilon(t-1)$

(6) $f(t)=\delta(4t-2)$　　(7) $f(t)=\cos(3t-45^\circ)\varepsilon(t)$

(8) $f(t)=\cos(3t-2)\varepsilon(3t-2)$

4.4　$f(t)$ 的波形如题 4.4 图所示，试利用拉普拉斯变换的性质，求 $f\left(\frac{t}{2}-1\right)$ 和 $f(2t-1)$ 的拉普拉斯变换。

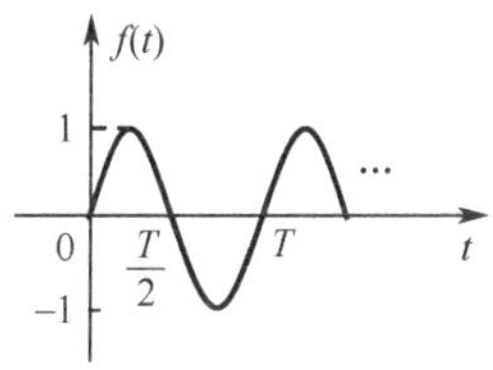

题 4.4 图

4.5　试求题 4.5 图所示周期信号的单边拉普拉斯变换。

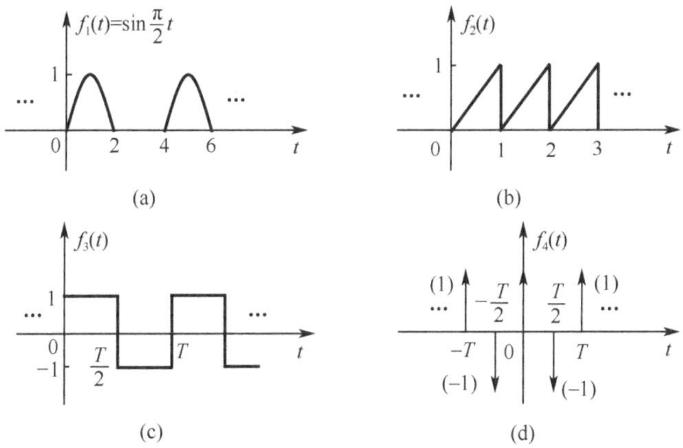

题 4.5 图

4.6 下列 $F(s)$ 的原函数 $f(t)$ 是在 $t=0$ 时接入的有始周期信号，试求其在第一个周期 $(0,T)$ 内的时间函数表达式 $f_1(t)$，并确定周期 T 的值。

(1) $F(s)=\dfrac{1}{1+e^{-s}}$　　(2) $F(s)=\dfrac{1}{s(1+e^{-2s})}$

(3) $F(s)=\dfrac{\pi(1+e^{-s})}{(s^2+\pi^2)(1-e^{-2s})}$　　(4) $F(s)=\dfrac{\pi(1+e^{-s})}{(s^2+\pi^2)(1-e^{-s})}$

4.7 设 $f(t)\leftrightarrow F(s)$，利用拉普拉斯变换的性质求下列函数的拉普拉斯变换。

(1) $e^{-\frac{t}{a}}f\left(\dfrac{t}{a}\right)$　　(2) $e^{-at}f\left(\dfrac{t}{a}\right)$　　(3) $e^{-\frac{t}{a}}f(at)$

(4) $e^{-at}f(at)$　　(5) $f(at-b)\varepsilon(at-b)$　　(6) $\dfrac{1}{a}e^{-\frac{b}{a}t}f\left(\dfrac{t}{a}\right)\varepsilon(t)$

4.8 利用拉普拉斯变换的性质求下列函数的拉普拉斯变换。

(1) $f(t)=e^{-t}\cos(t-2)\varepsilon(t-2)$　　(2) $f(t)=\int_0^t\sin\pi\tau\mathrm{d}\tau$

(3) $f(t)=\int_0^t\left[\int_0^x\sin\pi\tau\mathrm{d}\tau\right]\mathrm{d}x$　　(4) $f(t)=\dfrac{\mathrm{d}}{\mathrm{d}t}[e^{-t}\cos3t\varepsilon(t)]$

(5) $f(t)=\dfrac{\mathrm{d}^2}{\mathrm{d}t^2}[\sin\pi t\varepsilon(t)]$　　(6) $f(t)=\dfrac{\mathrm{d}^2\sin(\pi t)}{\mathrm{d}t^2}\varepsilon(t)$

(7) $f(t)=te^{-(t-3)}\varepsilon(t-1)$　　(8) $f(t)=t^2e^{-t}\varepsilon(t)$

(9) $f(t)=te^{-at}\cos(\omega_0t)\varepsilon(t)$　　(10) $f(t)=(t-1)e^{-at}\mathrm{sh}(\beta t)\varepsilon(t)$

4.9 已知因果信号 $f(t)$ 的像函数为 $F(s)=\dfrac{1}{s^2-s+1}$，试求下列信号的像函数。

(1) $e^{-t}f\left(\dfrac{t}{2}\right)$　(2) $e^{-3t}f(2t-1)$　(3) $te^{-2t}f(3t)$　(4) $tf(2t-1)$

4.10 利用拉普拉斯变换的性质，求下列拉普拉斯变换 $F(s)$ 的原函数 $f(t)$。

(1) $F(s)=\dfrac{s^2-a^2}{(s^2+a^2)^2}$　　(2) $F(s)=\dfrac{e^{-sT}}{(s+1)^2}$

(3) $F(s)=\dfrac{s}{(s^2-a^2)^2}$　　(4) $F(s)=\dfrac{2}{(s+a)^3}$

4.11 利用拉普拉斯变换的时域卷积定理求下列函数的卷积。

(1) $f_1(t)=t\varepsilon(t),f_2(t)=e^{-2t}\varepsilon(t)$　　(2) $f_1(t)=\sin(2t)\varepsilon(t),f_2(t)=5e^{-t}\varepsilon(t)$

4.12 试求下列拉普拉斯变换 $F(s)$ 的原函数之初值 $f(0_+)$。

(1) $F(s)=\dfrac{1}{s+a}$　　(2) $F(s)=\dfrac{3s+1}{s(s+1)}$

(3) $F(s)=\dfrac{s^2+s}{3s^2+2s+1}$　　(4) $F(s)=\dfrac{s^3+2}{s^2+4}$

(5) $F(s)=\dfrac{s^2(1-e^{-2s})}{s+1}$　　(6) $F(s)=\dfrac{1}{s(1-e^{-s})}$

(7) $F(s)=\dfrac{A}{sK(s)}$

4.13 试求下列拉普拉斯变换 $F(s)$ 的原函数之终值 $f(\infty)$。

(1) $F(s)=\dfrac{3s}{s^2+5s+6}$　　(2) $F(s)=\dfrac{2s+3}{(s+1)^2}$

(3) $F(s)=\dfrac{s}{s^2+5}$　　(4) $F(s)=\dfrac{3s^2+1}{(s+1)(s^2-3s+2)}$

(5) $F(s)=\dfrac{s^2(1-e^{-2s})}{s+1}$　　(6) $F(s)=8$

(7) $F(s)=\dfrac{1}{s(1-e^{-s})}$　　(8) $F(s)=\dfrac{A}{sK(s)}$

4.14　试由下列信号的拉普拉斯变换 $F(s)$ 求其对应的傅里叶变换 $F(\mathrm{j}\omega)$。

(1) $F(s)=\dfrac{s}{(s+4)^2}$　　(2) $F(s)=\dfrac{2}{s^2+1}$

(3) $F(s)=\dfrac{s^2+9}{s(s^2+4s+3)}$　　(4) $F(s)=\dfrac{1}{s(s^2+9)}$

4.15　试用部分分式展开法，求下列 $F(s)$ 的拉普拉斯反变换。

(1) $F(s)=\dfrac{1}{s^2+6s+8}$　　(2) $F(s)=\dfrac{s}{s^2+6s+8}$

(3) $F(s)=\dfrac{s^2+4s+5}{s^2+3s+2}$　　(4) $F(s)=\dfrac{2s+4}{s^2(s+1)}$

(5) $F(s)=\dfrac{\mathrm{e}^{-s}}{4s(s^2+1)}$　　(6) $F(s)=\dfrac{2s+3}{s^2+2s+10}$

(7) $F(s)=\dfrac{1}{s^3+2s^2+2s+1}$　　(8) $F(s)=\dfrac{5}{s^3+s^2+4s+4}$

(9) $F(s)=\dfrac{s}{(s+\alpha)[(s+\alpha)^2+\beta^2]}$　　(10) $F(s)=\dfrac{100(s+50)}{s^2+201s+200}$

4.16　试用留数法，求下列各像函数的拉普拉斯反变换。

(1) $F(s)=\dfrac{(2s+5)\mathrm{e}^{-2s}}{s^2+5s+6}$　　(2) $F(s)=\dfrac{1}{(s+3)^3}$

(3) $F(s)=\dfrac{2}{s^2(s+1)}$　　(4) $F(s)=\dfrac{\mathrm{e}^{-(s-1)}+3}{s^2-2s+5}$

4.17　某 LTI 连续系统，激励信号 $f(t)=\mathrm{e}^{-t}\varepsilon(t)$，单位冲激响应 $h(t)=\mathrm{e}^{-2t}\varepsilon(t)$。

(1) 试用拉普拉斯变换分析法求其零状态响应 $y_{\mathrm{ZS}}(t)$；

(2) 试用卷积分析法验证(1)的结果。

4.18　某 LTI 连续系统，在激励信号 $f(t)=\mathrm{e}^{-t}\varepsilon(t)$ 时，零状态响应 $y_{\mathrm{ZS}}(t)=(\mathrm{e}^{-t}-2\mathrm{e}^{-2t}+3\mathrm{e}^{-3t})\varepsilon(t)$，试求系统的单位冲激响应 $h(t)$ 和单位阶跃响应 $g(t)$。

4.19　某 LTI 连续系统，单位阶跃响应 $g(t)=\mathrm{e}^{-3t}\varepsilon(t)$，当激励信号 $f(t)=t\varepsilon(t)$ 时，试用拉普拉斯变换分析法求其零状态响应 $y_{\mathrm{ZS}}(t)$。

4.20　系统函数为 $H(s)=\dfrac{1}{s+2}$，试求下列信号激励时该系统的零状态响应 $y_{\mathrm{ZS}}(t)$。

(1) $f(t)=3\mathrm{e}^{t}$　　(2) $f(t)=3\mathrm{e}^{-t}$

(3) $f(t)=3\mathrm{e}^{\mathrm{j}3t}$　　(4) $f(t)=3\mathrm{e}^{(-3+\mathrm{j})t}$

4.21　试用拉普拉斯变换分析法求解下列微分方程。

(1) $y''(t)+5y'(t)+6y(t)=3f(t)$，$f(t)=\mathrm{e}^{-t}\varepsilon(t)$，$y(0_-)=0$，$y'(0_-)=1$

(2) $y'(t)+2y(t)=f(t)$，$f(t)=\sin 2t\varepsilon(t)$，$y(0_-)=0$

(3) $y''(t)+4y'(t)+4y(t)=f'(t)+f(t)$，$f(t)=\mathrm{e}^{-t}\varepsilon(t)$，$y(0_-)=2$，$y'(0_-)=1$

(4) $y''(t)+6y'(t)+25y(t)=f'(t)+2f(t)$，$f(t)=25\varepsilon(t)$

$y(0_-)=y'(0_-)=1$

4.22　描述某 LTI 连续系统的微分方程为

$$y''(t)+2y'(t)+y(t)=8f'(t)+f(t)$$

若激励 $f(t)=\mathrm{e}^{-2t}\varepsilon(t)$，$y(0_-)=0$，$y'(0_-)=1$，试用拉普拉斯变换分析法求零状态响应 $y_{\mathrm{ZS}}(t)$、零输入响应 $y_{\mathrm{ZI}}(t)$ 和全响应 $y(t)$。

4.23　*RLC* 串联电路如题 4.23 图所示，已知初始状态 $i_L(0_-)=1\mathrm{A}$，$u_C(0_-)=1\mathrm{V}$，试求零输入响应 $u_C(t)$。

4.24　电路如题 4.24 图所示，当 $t=0$ 时开关 K 闭合，已知 $C_1=1\mathrm{F}$，$C_2=2\mathrm{F}$，$R=1\Omega$，C_1 上的初始电压 $u_{C_1}(0_-)=6\mathrm{V}$，C_2 上的初始电压 $u_{C_2}(0_-)=0$，试求 $t\geqslant 0$ 时 $i(t)$ 和 $u_R(t)$。

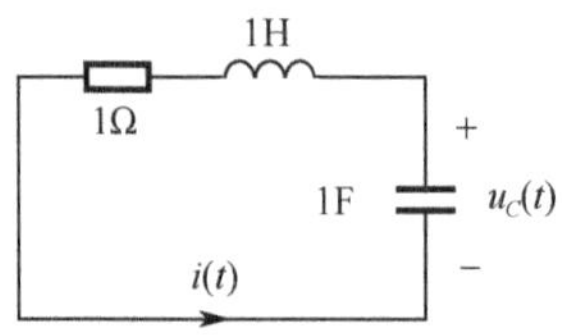

题 4.23 图

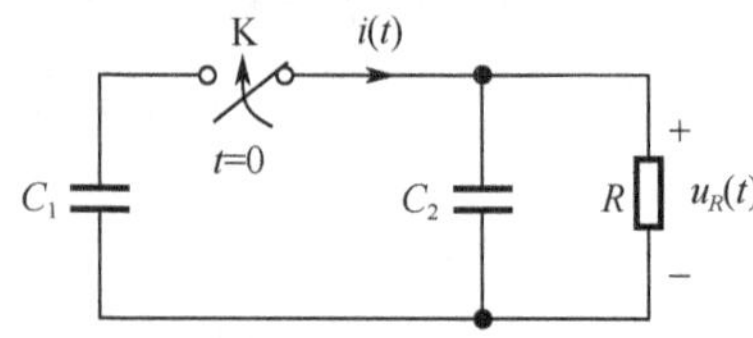

题 4.24 图

4.25 并联谐振电路如题 4.25 图所示，试求在下列输入激励时，该系统的零状态响应$i(t)$。

(1) $u_s(t)=2\cos 2t\varepsilon(t)$ (2) $u_s(t)=2\sin 2t\varepsilon(t)$

4.26 如题 4.26 图所示的 RLC 串联电路原处于稳态，当 $t=0$ 时开关 K 断开，试求 $t\geqslant 0$ 时响应电流 $i(t)$。

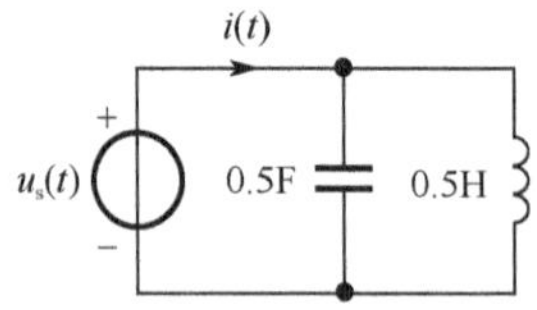

题 4.25 图

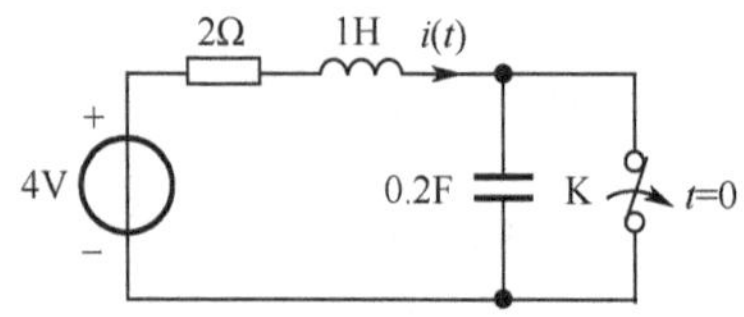

题 4.26 图

4.27 电路如题 4.27 图所示，设 $k=2$，若以 $u_1(t)$为激励，$u_2(t)$为响应，试求其单位冲激响应 $h(t)$。

4.28 互感耦合电路如题 4.28 图所示，若以 $u_s(t)$为激励，$u(t)$为响应，试求下列情况下的单位冲激响应 $h(t)$和单位阶跃响应 $g(t)$。

(1) $R=0.5\Omega$ (2) $R=1\Omega$

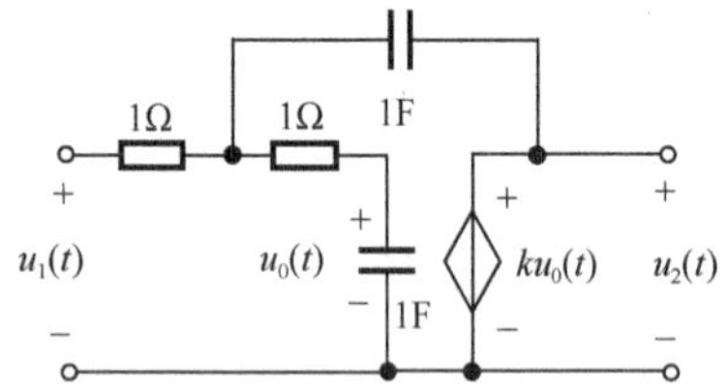

题 4.27 图

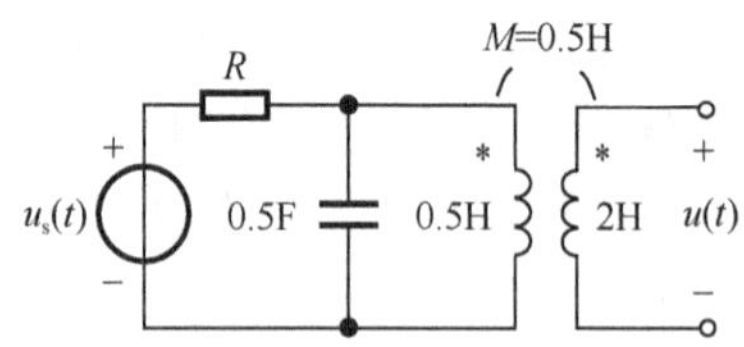

题 4.28 图

4.29 RL 电路如题 4.29 图所示，已知 $L_1=3\text{H}$，$L_2=6\text{H}$，$R=9\Omega$，若以 $i_s(t)$为激励，$u(t)$为响应，试求其单位冲激响应 $h(t)$和单位阶跃响应 $g(t)$。

4.30 RC 电路如题 4.30 图所示，(1) 若 $R_1=6\Omega$，$R_2=3\Omega$，$C_1=C_2=1\text{F}$，求电压 $u_2(t)$的单位冲激响应 $h(t)$和单位阶跃响应 $g(t)$；(2) 若 $R_1C_1=R_2C_2$，求电压$u_2(t)$的 $h(t)$和 $g(t)$。

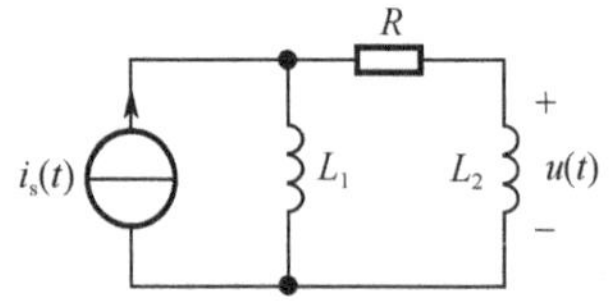

题 4.29 图

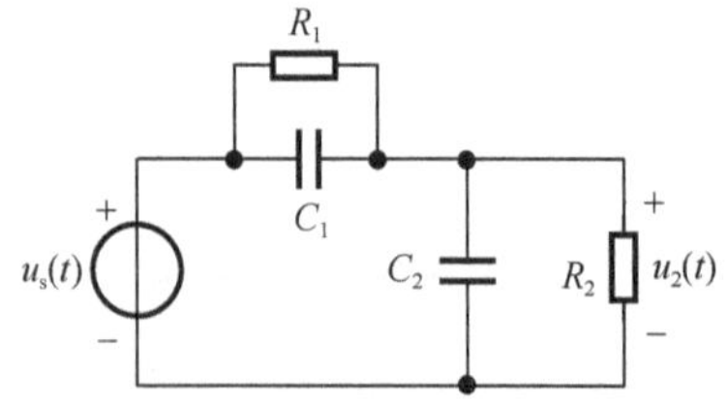

题 4.30 图

4.31 RC 桥式电路如题 4.31 图(a)所示，已知 $C=0.5\text{F}$，$R=1\Omega$，若以 $u_1(t)$ 为激励，$u_2(t)$为响应，试求：(1) 系统函数 $H(s)=\dfrac{U_2(s)}{U_1(s)}$；(2) 单位冲激响应 $h(t)$和单位阶跃响应 $g(t)$；(3) 激励 $u_1(t)$为如题 4.31 图(b)所示的锯齿波脉冲信号时的零状态响应 $u_2(t)$。

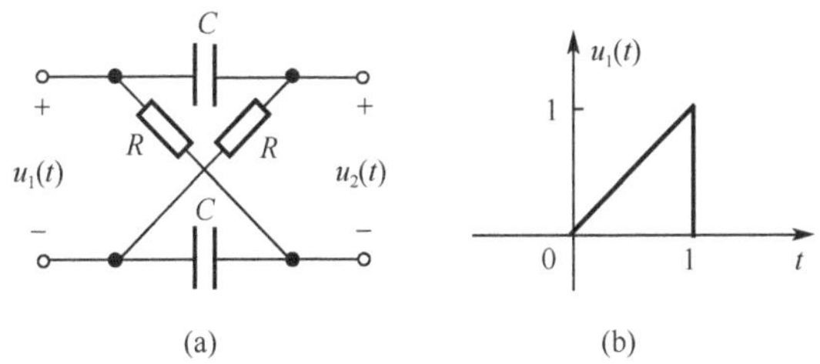

题 4.31 图

4.32 描述各系统的微分方程如下，试求其系统函数并绘出零极图。

(1) $y''(t)+5y'(t)+4y(t)=f'(t)+2f(t)$

(2) $y''(t)+2y'(t)+2y(t)=f'(t)$

4.33 电路如题 4.33 图所示，试求其系统函数 $H(s)=\dfrac{U_2(s)}{U_1(s)}$，并绘出其零极图。

4.34 电路如题 4.34 图所示，试求其系统函数 $H(s)=\dfrac{U_2(s)}{U_1(s)}$，并绘出其零极图。

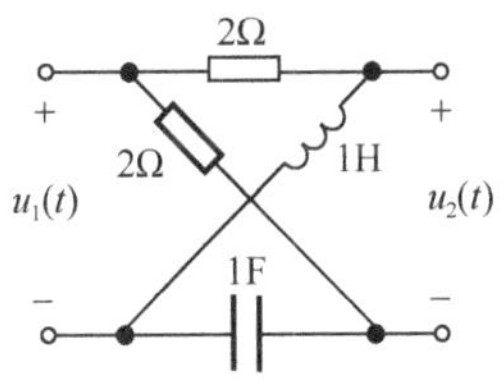

题 4.33 图

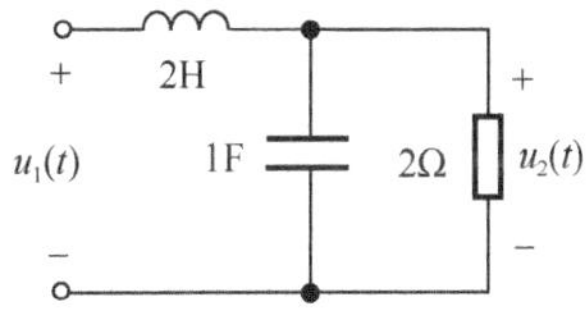

题 4.34 图

4.35 系统的零极点分布图如题 4.35 图所示，且知 $h(0_+)=1$，试求 $H(s)$。

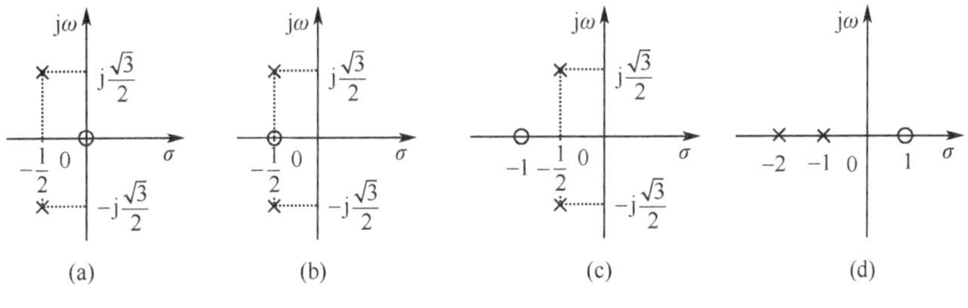

题 4.35 图

4.36 电路如题 4.36 图所示，输入阻抗 $Z(s)=\dfrac{U_1(s)}{I_1(s)}$ 的零点为 $\xi_1=-2$，极点为 $p_{1,2}=-1\pm\mathrm{j}\sqrt{3}$，且 $Z(0)=\dfrac{1}{2}$，试求 R、L、C。

4.37 系统的零极点分布图如题 4.37 图所示。

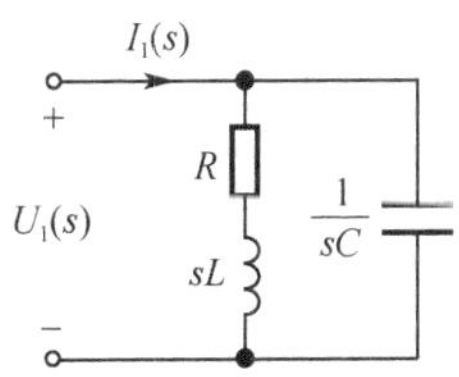

题 4.36 图

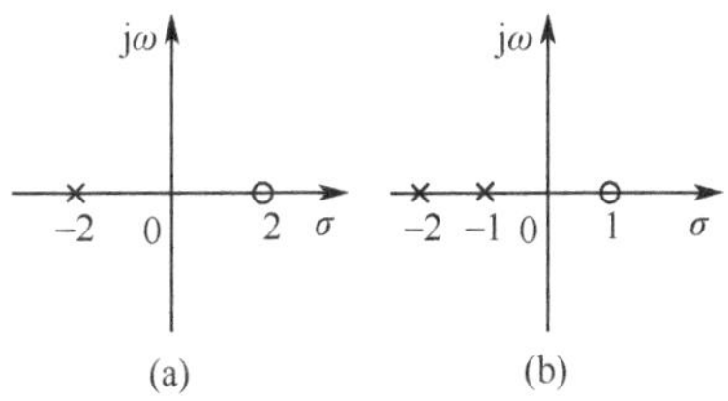

题 4.37 图

(1) 对于题 4.37 图(a),已知 $H(\infty)=1$,试求 $H(s)$;

(2) 对于题 4.37 图(b),已知 $h(0_+)=1$,试求 $H(s)$并定性地绘出该系统的幅频特性曲线和相频特性曲线。

4.38 系统的零极点分布如下,试求其系统函数 $H(s)$。

(1) 零点 $\xi_1=0,\xi_{2,3}=-2\pm\mathrm{j}$,极点 $p_1=-3,p_{2,3}=-1\pm\mathrm{j}3$,且 $H(-2)=-1$;

(2) 零点 $\xi_1=0,\xi_{2,3}=\pm\mathrm{j}3$,极点 $p_{1,2}=\pm\mathrm{j}2,p_{3,4}=\pm\mathrm{j}4$,且 $H(\mathrm{j})=\mathrm{j}\dfrac{8}{15}$;

(3) 极点 $p_1=-1,p_{2,3}=\mathrm{e}^{\pm\mathrm{j}120^\circ}$,且 $H(0)=1$。

4.39 某 LTI 连续系统的系统函数为 $H(s)=\dfrac{s}{s^2+3s+2}$。

(1) 若激励 $f(t)=10\varepsilon(t)$,试求系统的响应,并指出其自然响应与强制响应;

(2) 激励 $f(t)=10\sin t\varepsilon(t)$,试求系统的响应,并指出其自然响应与强制响应。

4.40 电路如题 4.40 图所示,已知激励电压 $u_1(t)=40\sin t\varepsilon(t)$,试求零状态响应 $u_2(t)$,并指出其中的自然响应与强制响应,瞬态响应与稳态响应。

4.41 零状态电路如题 4.41 图所示,已知 $u_1(t)=\cos(2t)\varepsilon(t)$,为使 $u_2(t)$中不出现正弦分量,试求 LC 之积。

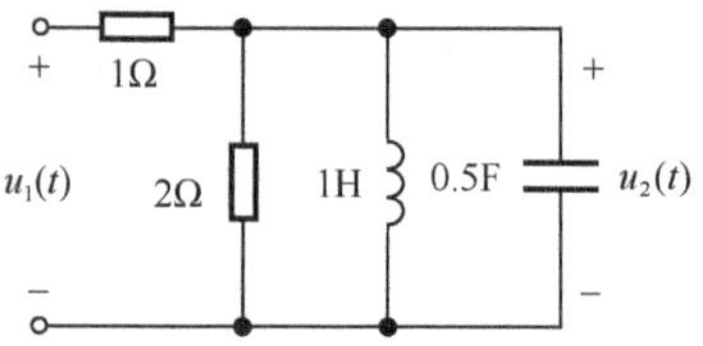

题 4.40 图

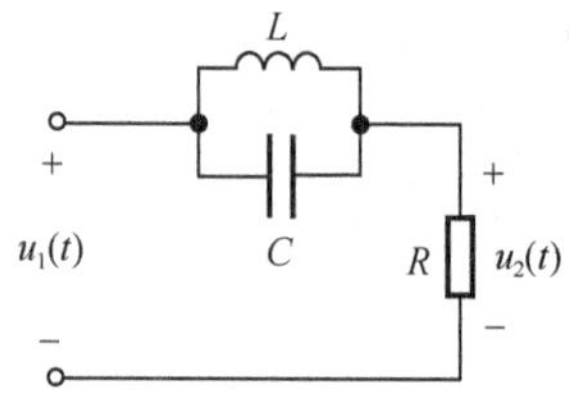

题 4.41 图

4.42 连续系统 $H(s)$的零极图如题 4.42 图所示,已知 $H(0)=1$。

(1) 求出 $H(s)$和 $H(\mathrm{j}\omega)$的表达式;

(2) 定性地绘出其幅频特性和相频特性曲线。

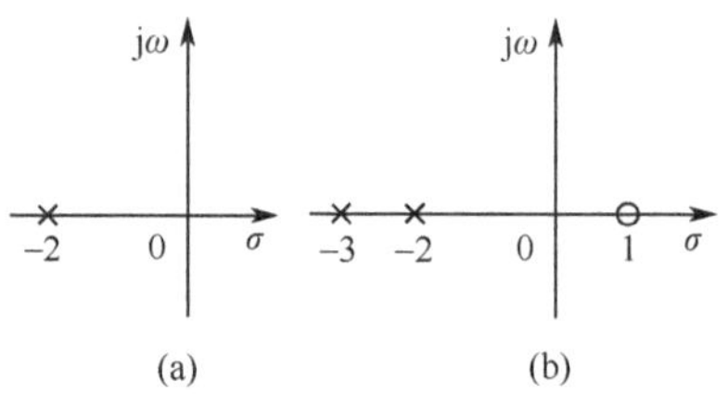

题 4.42 图

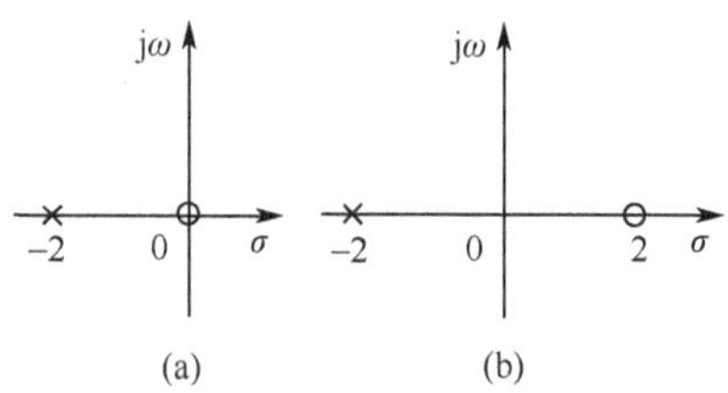

题 4.43 图

4.43 连续系统 $H(s)$ 的零极图如题 4.43 图所示,已知 $H(\infty)=1$。

(1) 求出 $H(s)$和 $H(\mathrm{j}\omega)$的表达式;

(2) 定性地绘出其幅频特性和相频特性曲线。

4.44 已知 $H(s)$的零极点分布如题 4.44 图所示,试定性地绘出其幅频特性和相频特性曲线,并讨论它们属于哪一种滤波器(高通、低通、带通、带阻、全通)。

4.45 系统函数的零极图如题 4.44 图(a)、(b)、(c)所示,且其幅频特性的最大值为 1,试绘其系统函数的波特图。

4.46 低通滤波器如题 4.46 图所示,其中放大器是理想的,为使该系统稳定,试确定 K 应满足的条件。

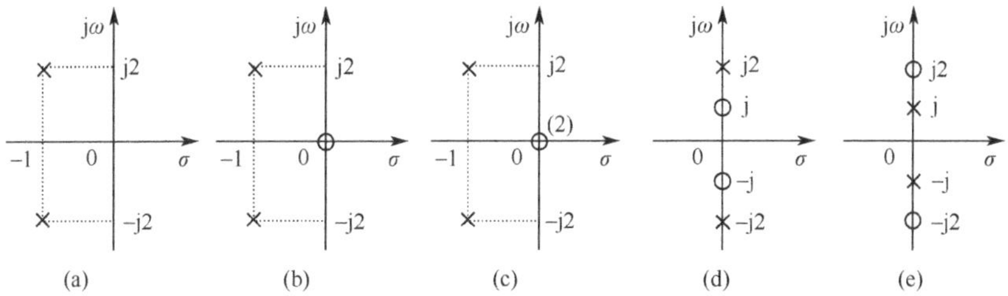

题 4.44 图

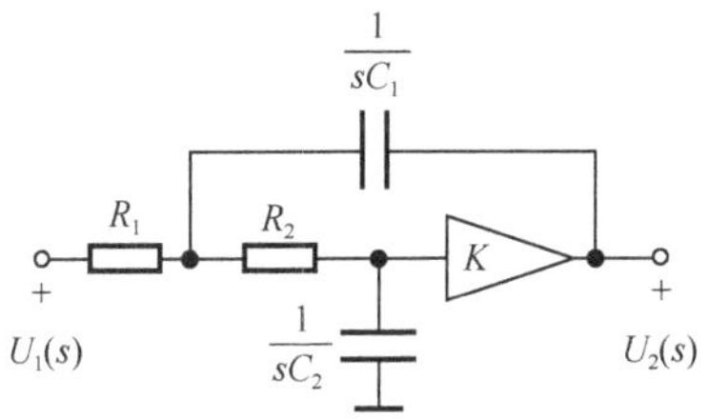

题 4.46 图

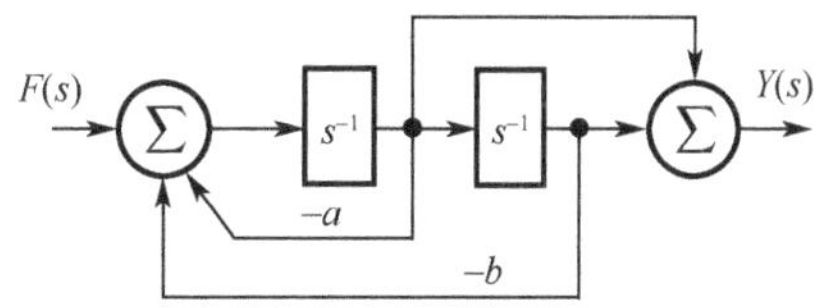

题 4.47 图

4.47 某 LTI 连续系统模拟框图如题 4.47 图所示，为使该系统稳定，试确定 a 和 b 的取值范围。

4.48 LTI 连续系统的框图和信号流图分别如题 4.48 图(a)、(b)所示，已知 $H_1(s)=\dfrac{s}{s^2+4s+4}$、$H_2(s)=\dfrac{s+1}{s}$、$H_3(s)=\dfrac{10}{s(s+1)}$，试求系统稳定的 K 值范围。

(a) (b)

题 4.48 图

4.49 已知系统函数的特征多项式如下，为使各系统稳定工作，试确定 K 的取值范围。

(1) $A(s)=s^3+4s^2+4s+K$ (2) $A(s)=s^3+5s^2+(K+8)s+10$

(3) $A(s)=9s^3+20s^2+Ks+K$

4.50 检验以下多项式是否为霍尔维茨多项式。

(1) $A(s)=s^3+s^2+s+6$ (2) $A(s)=s^3+3s^2+4s+2$

(3) $A(s)=3s^3+5s^2+4s+6$ (4) $A(s)=s^5+4s^4+8s^3+9s^2+6s+2$

(5) $A(s)=s^4+3s^3+4s^2+6s+4$ (6) $A(s)=s^5+2s^4+2s^3+4s^2+11s+10$

4.51 已知系统函数的特征多项式如下，试用劳斯-霍尔维茨准则确定各系统是否稳定。

(1) $A(s)=s^2+3s+2$ (2) $A(s)=s^4+3s^3+2s^2+s+1$

(3) $A(s)=s^4+2s^2+3s+2$ (4) $A(s)=s^6+s^5+s^4+s^3+s^2+s+1$

(5) $A(s)=s^5+s^4+2s^3+2s^2+1$ (6) $A(s)=s^6+2s^5+3s^4+4s^3+5s^2+6s+7$

4.52 连续系统的系统函数如下，试分别用直接形式、级联形式和并联形式模拟系统，并绘其模拟框图和信号流图。

(1) $H(s)=\dfrac{s+2}{(s+1)(s+3)}$ (2) $H(s)=\dfrac{s^2+s+2}{(s+2)(s^2+2s+2)}$

(3) $H(s)=\dfrac{s-1}{(s+1)(s+2)(s+3)}$

4.53　绘出题 4.53 图所示系统的信号流图，并求系统函数 $H(s)$。

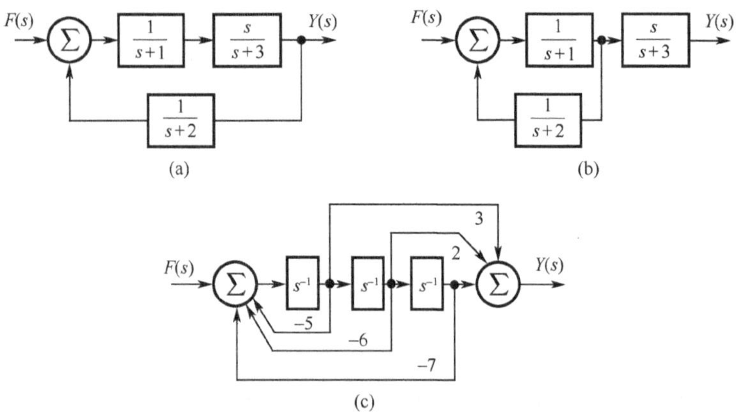

题 4.53 图

4.54　试绘出题 4.54 图所示系统的信号流图，并应用梅森公式求其系统函数 $H(s)$。

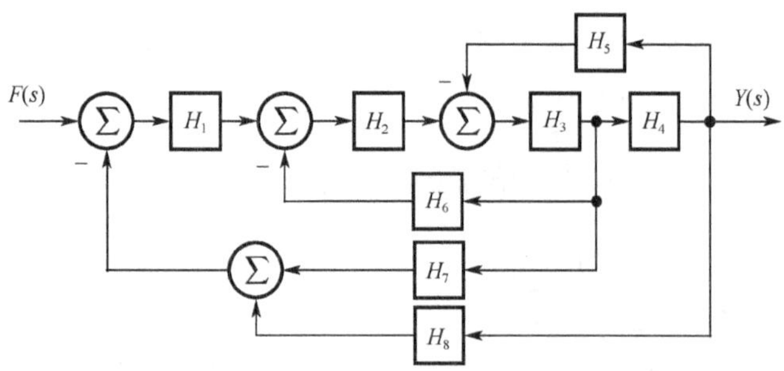

题 4.54 图

4.55　LTI 连续系统的信号流图如题 4.55 图所示，试求系统函数 $H(s)$。

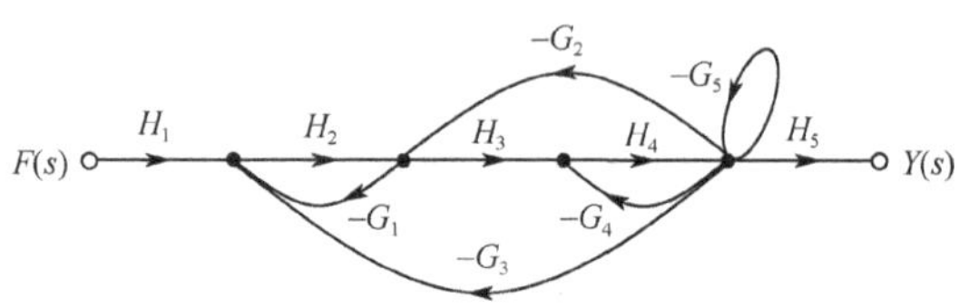

题 4.55 图

4.56　试求题 4.56 图所示信号流图的增益 $G=\dfrac{Y}{F}$。

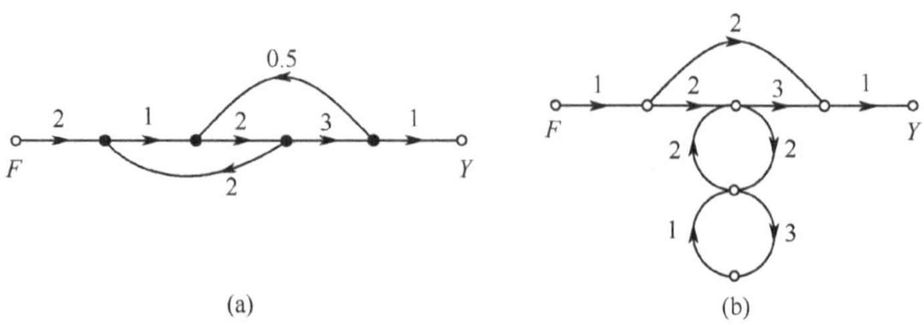

题 4.56 图

4.57　试求题 4.57 图所示系统的系统函数 $H(s)$。

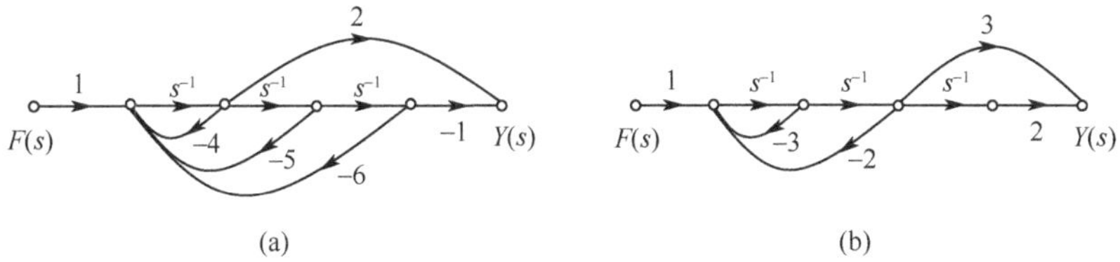

题 4.57 图

第5章　离散信号与系统的 z 域分析

本章导读

类比连续信号与系统的分析,离散信号与系统也可用变换法进行分析。在离散信号与系统的分析中,Z 变换与连续信号与系统分析中的拉普拉斯变换相似。通过将离散时间系统的数学模型——差分方程转化为简单的以 z 为变量的代数方程,使求解过程大为简化。由于代数方程中包括了系统的初始状态,所以经 Z 变换后不仅能求得系统的零状态响应,也能求得系统的零输入响应和全响应。这里用于分析的独立变量是复变量 z,故称为离散信号与系统的 z 域分析。

本章介绍离散时间信号与系统 z 域分析法的一些基本理论,其主要内容包括离散时间信号的 Z 变换、LTI 离散系统的 z 域分析。具体内容展开与第 4 章相对应。

第 45 讲

5.1　Z　变　换

5.1.1　从拉普拉斯变换到 Z 变换

首先回顾取样信号的拉普拉斯变换。一个任意的连续时间信号 $f(t)$经过以均匀间隔时间 T 为周期的理想冲激序列 $\delta_T(t)$取样后,得到的取样信号 $f_s(t)$可表示为

$$f_s(t) = f(t)\delta_T(t) = \sum_{k=-\infty}^{\infty} f(t)\delta(t-kT) = \sum_{k=-\infty}^{\infty} f(kT)\delta(t-kT)$$

上式的拉普拉斯变换为

$$F_s(s) = \sum_{k=-\infty}^{\infty} f(kT)\mathscr{L}[\delta(t-kT)] = \sum_{k=-\infty}^{\infty} f(kT)\mathrm{e}^{-skT}$$

即

$$F_s(s) = \sum_{k=-\infty}^{\infty} f(kT)\mathrm{e}^{-skT} \tag{5-1-1}$$

引入一新的复变量 z,令 $z=\mathrm{e}^{sT}$,则式(5-1-1)转变成 z 的函数式

$$F(z) = \sum_{k=-\infty}^{\infty} f(kT)z^{-k} \tag{5-1-2}$$

式(5-1-2)称为序列 $f(kT)$的双边 Z 变换。其推导过程表明:取样信号 $f_s(t)$的拉普拉斯变换就是其样值序列 $f(kT)$的 Z 变换。

复变量 z 与 s 的关系是

$$z=\mathrm{e}^{sT} \quad 或 \quad s=\frac{1}{T}\ln z \tag{5-1-3}$$

式(5-1-3)表示了连续时间信号的 s 域与离散时间信号的 z 域之间的映射关系,这是一个十分重要的关系式。

5.1.2　Z 变换

将 $f(kT)$抽象(或归一化 $T=1$)为 $f(k)$,则式(5-1-2)可写作

$$F(z) \overset{\text{def}}{=} \sum_{k=-\infty}^{\infty} f(k) z^{-k} \tag{5-1-4}$$

式(5-1-4)称为序列 $f(k)$ 的双边 Z 变换(Z transform, ZT)，k 的取值范围是($-\infty<k<\infty$)，记作

$$F(z) = \mathscr{Z}[f(k)] \tag{5-1-5}$$

与拉普拉斯反演积分公式相对应，Z 反变换公式可根据复变函数理论的柯西积分公式推导得

$$f(k) \overset{\text{def}}{=} \frac{1}{2\pi j}\oint_c F(z) z^{k-1} dz \text{①} \tag{5-1-6}$$

式(5-1-6)称为 $F(z)$ 的 Z 反变换(IZT)，记作

$$f(k) = \mathscr{Z}^{-1}[F(z)] \tag{5-1-7}$$

$f(k)$ 和 $F(z)$ 构成 Z 变换对，两者之间的关系表示为

$$F(z) = \mathscr{Z}[f(k)] \leftrightarrow f(k) = \mathscr{Z}^{-1}[F(z)] \tag{5-1-8}$$

如果离散信号为因果序列，k 的取值从零开始($0\leqslant k<\infty$)，则有

$$\begin{cases} F(z) \overset{\text{def}}{=} \displaystyle\sum_{k=0}^{\infty} f(k) z^{-k} \\ f(k) \overset{\text{def}}{=} \dfrac{1}{2\pi j}\displaystyle\oint_c F(z) z^{k-1} dz \quad k \geqslant 0 \end{cases} \tag{5-1-9}$$

式(5-1-9)称为单边 Z 变换对。本书以单边 Z 变换为主，仅含少量涉及双边 Z 变换的知识。

例 5-1　求 $f(k) = \{\underset{\uparrow}{1}, 2, 3\}$ 的 Z 变换。

解　$$F(z) = f(0)z^0 + f(1)z^{-1} + f(2)z^{-2} = 1 + 2z^{-1} + 3z^{-2}$$

5.1.3　Z 变换的收敛域(ROC)

与连续信号的拉普拉斯变换的情况类似，离散信号的 Z 变换也存在收敛域问题。根据定义，离散信号 $f(k)$ 的 Z 变换是变量 z^{-1} 的幂级数，只有当该幂级数收敛，即

$$\sum_{k=-\infty}^{\infty} |f(k) z^{-k}| < \infty \tag{5-1-10}$$

时，$f(k)$ 的 Z 变换才有意义(z 变换在收敛域内处处解析)。式(5-1-10)称为序列 $f(k)$ 的绝对可和条件，它是离散信号 $f(k)$ 的 Z 变换存在的必要且充分的条件。满足该条件的 $|z|$ 的取值范围称为 Z 变换的收敛域(ROC)。

由于式(5-1-10)的左端是一个正项级数，通常有两种方法来判别其收敛性，就是比值判定法和根值判定法。

1. 比值判定法

若有正项级数 $\sum_{k=-\infty}^{\infty} |a_k|$，令它的后项与前项比值的极限等于 ρ，即令 $\lim_{|k|\to\infty} \left|\frac{a_{k+1}}{a_k}\right| = \rho$，则当 $\rho<1$ 时该级数收敛；当 $\rho>1$ 时该级数发散；$\rho=1$ 不确定。

2. 根值判定法

若有正项级数 $\sum_{k=-\infty}^{\infty} |a_k|$，令它的一般项的 k 次根的极限等于 ρ，即令 $\lim_{|k|\to\infty} \sqrt[k]{|a_k|} = \rho$，则当 $\rho<1$ 时该级数收敛；当 $\rho>1$ 时该级数发散；$\rho=1$ 不确定。

---

① 推导见 5.3.3 节。

两种判定法的结果是一致的，因此任选一种即可。

例 5-2 (1) 因果序列 $f_1(k)=a^k\varepsilon(k)=\begin{cases}a^k, & k\geqslant 0\\ 0, & k<0\end{cases}$；

(2) 反因果序列 $f_2(k)=b^k\varepsilon(-k-1)=\begin{cases}0, & k\geqslant 0\\ b^k, & k<0\end{cases}$；

(3) 双边序列 $f_3(k)=a^k\varepsilon(k)+b^k\varepsilon(-k-1)=f_1(k)+f_2(k)$，$a$、$b$ 为实数，试分别求其收敛域。

第 46 讲

解 (1) $F_1(z)=\sum\limits_{k=0}^{\infty}f(k)z^{-k}=\sum\limits_{k=0}^{\infty}a^kz^{-k}=\sum\limits_{k=0}^{\infty}(az^{-1})^k$

欲使 $\rho=\lim\limits_{|k|\to\infty}\sqrt[k]{|a_k|}=\lim\limits_{|k|\to\infty}\sqrt[k]{|(az^{-1})^k|}=|az^{-1}|<1$，或 $\rho=\lim\limits_{k\to\infty}\left|\dfrac{a^{k+1}z^{-(k+1)}}{a^kz^{-k}}\right|=|az^{-1}|<1$ 必有 $|z|>|a|$，这就是序列 $f_1(k)$的 Z 变换收敛域。在 z 平面上，$|z|>|a|$是一个半径为$|a|$的圆外区域，如图 5-1(a)所示。

(2) $F_2(z)=\sum\limits_{k=-\infty}^{-1}b^kz^{-k}$，令 $m=-k$，有 $F_2(z)=\sum\limits_{m=1}^{\infty}b^{-m}z^m$，欲使 $\rho=\lim\limits_{m\to\infty}\sqrt[m]{|b^{-m}z^m|}<1$，须满足 $|b^{-1}z|<1$，也就是$|z|<|b|$，这就是该序列 Z 变换的收敛域。在 z 平面上，$|z|<|b|$是一个半径为$|b|$的圆内区域，如图 5-1(b)所示。

(3) 结合 $f_1(k)$和 $f_2(k)$的 z 变换可得 $f_3(k)$的 Z 变换收敛域：$|a|<|z|<|b|$，这是一个环状区域，只有$|a|<|b|$该收敛域才成立，如图 5-1(c)所示。显然，当$|a|\geqslant|b|$时，$\mathscr{Z}[f_1(k)]$与$\mathscr{Z}[f_2(k)]$无公共收敛域，因而 $F_3(z)$不存在。

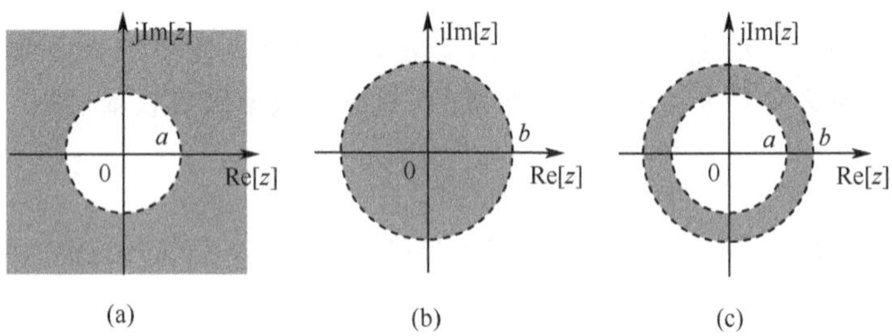

图 5-1 Z 变换的收敛域

另外，$f_3(k)$的 Z 变换为

$$F_3(z)=\sum_{k=-\infty}^{\infty}f_3(k)z^{-k}=\sum_{k=0}^{\infty}a^kz^{-k}+\sum_{k=-\infty}^{-1}b^kz^{-k}$$

$$=\frac{z}{z-a}+\frac{-z}{z-b}=F_1(z)+F_2(z)$$

$F_3(z)$的零点为 $z=0$，两个极点分别 $z=a$ 和 $z=b$。在 z 平面上，收敛域为$|a|<|z|<|b|$，可见，收敛域本身不包含收敛边界并且收敛域内不能有极点，极点只能在收敛边界及发散域中。

由此，关于离散信号 $f(k)$的 Z 变换的收敛域，有以下定理和推论：

如离散信号 $f(k)$在有限区间 $M\leqslant k\leqslant N$(M,N 为整数)内有界，且对于正实数 a、b 满足以下指数阶条件：

$$\lim_{k\to-\infty}|f(k)|b^k=0 \tag{5-1-11}$$

$$\lim_{k\to\infty}|f(k)|a^{-k}=0 \tag{5-1-12}$$

则在环状区域 $|a|<|z|<|b|$ 内序列 $f(k)$ 的双边 Z 变换式(5-1-4)绝对且一致收敛，$F(z)$ 存在。因此对于式(5-1-4)的级数可逐项对 z 求导、积分，可以任意改变各项的排列次序。

对于有限长序列 $f(k)$，其双边 Z 变换在整个 z 平面收敛(可能除 $z=0$ 或(和) $z=\infty$ 外)。

对于因果序列 $f(k)$，其 Z 变换的收敛域为 $|z|>\rho_0=a$ 的圆外区域，$|z|=\rho_0=a$ 的圆称为收敛圆，该圆上和圆内允许有极点。

对于反因果序列 $f(k)$，其 $F(z)$ 的收敛域为 $|z|<\rho_0=b$ 的圆内区域，$|z|=\rho_0=b$ 的圆也称为收敛圆，该圆上和圆外允许有极点。

双边 Z 变换必须标明其收敛域，否则对应的序列将不是唯一的。对于单边 Z 变换，收敛域是最大极点为半径的圆外区域，收敛条件比较简单，如无特殊需要，一般不加注明。本书以讨论单边 Z 变换为主。

5.1.4　典型离散信号的 Z 变换

1. 单位序列

$$f(k)=\delta(k)\leftrightarrow F(z)=1 \tag{5-1-13}$$

证明
$$\mathscr{Z}[\delta(k)]=\sum_{k=0}^{\infty}\delta(k)z^{-k}=1,\quad |z|\geqslant 0$$

显然，其收敛域为整个 z 平面。

推论
$$\delta(k+1)\leftrightarrow z,\qquad 0\leqslant|z|<\infty\quad(\text{双边 } Z \text{ 变换})$$
$$\delta(k-1)\leftrightarrow z^{-1},\quad 0<|z|\leqslant\infty$$

2. 单位阶跃序列

$$f(k)=\varepsilon(k)\leftrightarrow F(z)=\frac{z}{z-1},\quad |z|>1 \tag{5-1-14}$$

证明

$$\mathscr{Z}[\varepsilon(k)]=\sum_{k=0}^{\infty}\varepsilon(k)z^{-k}=\sum_{k=0}^{\infty}1\times z^{-k}=\frac{1}{1-z^{-1}}=\frac{z}{z-1},\quad |z|>1$$

3. 单边指数序列

$$f(k)=a^k\varepsilon(k)\leftrightarrow F(z)=\frac{z}{z-a},\quad |z|>|a| \tag{5-1-15}$$

证明
$$\mathscr{Z}[a^k\varepsilon(k)]=\sum_{k=0}^{\infty}a^kz^{-k}=\frac{1}{1-az^{-1}}=\frac{z}{z-a},\quad |z|>|a|$$

4. 单边虚指数序列

$$f(k)=\mathrm{e}^{\pm\mathrm{j}\omega Tk}\varepsilon(k)\leftrightarrow F(z)=\frac{z}{z-\mathrm{e}^{\pm\mathrm{j}\omega T}}\quad |z|>1 \tag{5-1-16}$$

5. 正弦序列

$$f(k)=\cos(\omega Tk)\varepsilon(k)\leftrightarrow F(z)=\frac{z^2-z\cos\omega T}{z^2-2z\cos\omega T+1} \tag{5-1-17}$$

证明

$$f(k)=\cos(\omega Tk)\varepsilon(k)=\frac{1}{2}[\mathrm{e}^{\mathrm{j}\omega Tk}\varepsilon(k)+\mathrm{e}^{-\mathrm{j}\omega Tk}\varepsilon(k)]$$

$$\leftrightarrow F(z)=\frac{1}{2}\left[\frac{z}{z-\mathrm{e}^{\mathrm{j}\omega T}}+\frac{z}{z-\mathrm{e}^{-\mathrm{j}\omega T}}\right]=\frac{z^2-z\cos\omega T}{z^2-2z\cos\omega T+1}$$

同理

$$f(k)=\sin(\omega Tk)\varepsilon(k)\leftrightarrow F(z)=\frac{z\sin\omega T}{z^2-2z\cos\omega T+1} \tag{5-1-18}$$

由此可得

$$f(k)=\cos\left(\frac{\pi}{2}k\right)\varepsilon(k)\leftrightarrow F(z)=\frac{z^2}{z^2+1} \tag{5-1-19}$$

$$f(k)=\sin\left(\frac{\pi}{2}k\right)\varepsilon(k)\leftrightarrow F(z)=\frac{z}{z^2+1} \tag{5-1-20}$$

表 5-1 列出了一些常见序列的 Z 变换。

表 5-1 常见序列的 Z 变换

序号	$f(k)$	$F(z)$	ROC
1	$\delta(k)$	1	$\lvert z\rvert\geqslant 0$
2	$\varepsilon(k)$	$\frac{z}{z-1}$	$\lvert z\rvert>1$
3	$\varepsilon(k-1)$	$\frac{1}{z-1}$	$\lvert z\rvert>1$
4	$k\varepsilon(k)$	$\frac{z}{(z-1)^2}$	$\lvert z\rvert>1$
5	$k^2\varepsilon(k)$	$\frac{z(z+1)}{(z-1)^3}$	$\lvert z\rvert>1$
6	$\frac{k(k-1)}{2}\varepsilon(k)$	$\frac{z}{(z-1)^3}$	$\lvert z\rvert>1$
7	$\frac{(k+1)k}{2}\varepsilon(k)$	$\frac{z^2}{(z-1)^3}$	$\lvert z\rvert>1$
8	$a^k\varepsilon(k)$	$\frac{z}{z-a}$	$\lvert z\rvert>\lvert a\rvert$
9	$a^{k-1}\varepsilon(k-1)$	$\frac{1}{z-a}$	$\lvert z\rvert>\lvert a\rvert$
10	$-a^k\varepsilon(-k-1)$	$\frac{z}{z-a}$	$\lvert z\rvert<\lvert a\rvert$
11	$ka^k\varepsilon(k)$	$\frac{az}{(z-a)^2}$	$\lvert z\rvert>\lvert a\rvert$
12	$(k+1)a^k\varepsilon(k)$	$\frac{z^2}{(z-a)^2}$	$\lvert z\rvert>\lvert a\rvert$
13	$k^2a^k\varepsilon(k)$	$\frac{az(z+a)}{(z-a)^3}$	$\lvert z\rvert>\lvert a\rvert$
14	$\mathrm{e}^{\mathrm{j}\omega Tk}\varepsilon(k)$	$\frac{z}{z-\mathrm{e}^{\mathrm{j}\omega T}}$	$\lvert z\rvert>1$
15	$\cos(\omega Tk)\varepsilon(k)$	$\frac{z(z-\cos\omega T)}{z^2-2z\cos\omega T+1}$	$\lvert z\rvert>1$
16	$\sin(\omega Tk)\varepsilon(k)$	$\frac{z\sin\omega T}{z^2-2z\cos\omega T+1}$	$\lvert z\rvert>1$
17	$\cos\left(\frac{\pi}{2}k\right)\varepsilon(k)$	$\frac{z^2}{z^2+1}$	$\lvert z\rvert>1$

续表

序号	$f(k)$	$F(z)$	ROC
18	$\sin\left(\frac{\pi}{2}k\right)\varepsilon(k)$	$\frac{z}{z^2+1}$	$\|z\|>1$
19	$\text{ch}\beta k\varepsilon(k)$	$\frac{z(z-\text{ch}\beta)}{z^2-2z\text{ch}\beta+1}$	$\|z\|>e^{\beta}$
20	$\text{sh}\beta k\varepsilon(k)$	$\frac{z\text{sh}\beta}{z^2-2z\text{ch}\beta+1}$	$\|z\|>e^{\beta}$
21	$\frac{1}{(n-1)!}k(k-1)\cdots(k-n+2)a^{k-n+1}\varepsilon(k)$	$\frac{z}{(z-a)^n}$	$\|z\|>\|a\|$

5.2　Z 变换的性质

认识 Z 变换的性质，可以帮助我们由一些典型序列的 Z 变换导出复杂序列的 Z 变换，从而简化 Z 变换及 Z 反变换的运算。Z 变换的不少性质与拉普拉斯变换的性质相似，所以可类比地通过已经熟悉的拉普拉斯变换性质来理解 Z 变换的性质。

5.2.1　线性性质

若

$$f_1(k)\leftrightarrow F_1(z),\quad f_2(k)\leftrightarrow F_2(z)$$

则

$$af_1(k)+bf_2(k)\leftrightarrow aF_1(z)+bF_2(z) \tag{5-2-1}$$

式中，a、b 为常数。

5.2.2　时域乘 a^k（z 域尺度变换）

若

$$f(k)\leftrightarrow F(z)$$

则

$$a^kf(k)\leftrightarrow F\left(\frac{z}{a}\right) \tag{5-2-2}$$

证明　$$\mathscr{Z}[a^kf(k)]=\sum_{k=0}^{\infty}a^kf(k)z^{-k}=\sum_{k=0}^{\infty}f(k)\left(\frac{z}{a}\right)^{-k}=F\left(\frac{z}{a}\right)$$

该性质表明，时域序列 $f(k)$ 乘 a^k 对应于 z 域中尺度除 a，所以该性质又叫做序列指数加权性质或 z 域尺度变换性质。

例 5-3　试求 $ka^k\varepsilon(k)$ 和 $2^k\cos\left(\frac{\pi}{2}k\right)\varepsilon(k)$ 的 Z 变换。

解　由表 5-1 知　$k\varepsilon(k)\leftrightarrow\frac{z}{(z-1)^2}$，　$\cos\left(\frac{\pi}{2}k\right)\varepsilon(k)\leftrightarrow\frac{z^2}{z^2+1}$

根据 z 域尺度变换性质

$$\mathscr{Z}[ka^k\varepsilon(k)]=\frac{\frac{z}{a}}{\left(\frac{z}{a}-1\right)^2}=\frac{az}{(z-a)^2}$$

$$\mathscr{Z}\left[2^k\cos\left(\frac{\pi}{2}k\right)\varepsilon(k)\right]=\frac{\left(\frac{z}{2}\right)^2}{\left(\frac{z}{2}\right)^2+1}=\frac{z^2}{z^2+4}$$

5.2.3 移序性质

若

$$f(k)\leftrightarrow F(z)$$

则

$$f(k+n)\leftrightarrow z^{n}\left[F(z)-\sum_{k=0}^{n-1}f(k)z^{-k}\right] \tag{5-2-3}$$

$$f(k-n)\leftrightarrow z^{-n}\left[F(z)+\sum_{k=1}^{n}f(-k)z^{k}\right]=z^{-n}\left[F(z)+\sum_{k=-n}^{-1}f(k)z^{-k}\right] \tag{5-2-4}$$

其中，$f(0)=f(k)|_{k=0}$。

证明

$$\mathscr{Z}[f(k)]=F(z)=f(0)z^{0}+f(1)z^{-1}+f(2)z^{-2}+\cdots \tag{1}$$

$$\mathscr{Z}[f(k+1)]=f(1)+f(2)z^{-1}+f(3)z^{-2}+\cdots \tag{2}$$

由式(1)×z得

$$zF(z)=f(0)z+f(1)+f(2)z^{-1}+\cdots \tag{3}$$

由式(3)移项得

$$zF(z)-f(0)z=f(1)+f(2)z^{-1}+\cdots \tag{4}$$

将式(4)与式(2)比较得

$$\mathscr{Z}[f(k+1)]=zF(z)-zf(0)$$

类推

$$\begin{aligned}\mathscr{Z}[f(k+2)]=\mathscr{Z}[f(k+1+1)]&=z[zF(z)-zf(0)]-zf(1)\\&=z^{2}F(z)-z^{2}f(0)-zf(1)\end{aligned}$$

……

$$\mathscr{Z}[f(k+n)]=z^{n}\left[F(z)-\sum_{k=0}^{n-1}f(k)z^{-k}\right]$$

当 $f(0)=f(1)=f(2)=\cdots=f(n-1)=0$ 时，有

$$\mathscr{Z}[f(k+n)]=z^{n}F(z) \tag{5-2-5}$$

这一性质又称为左移序性质，对应拉普拉斯变换的时域微分性质。

同理有

$$\mathscr{Z}[f(k-1)]=z^{-1}F(z)+f(-1)$$

$$\mathscr{Z}[f(k-2)]=z^{-2}F(z)+z^{-1}f(-1)+f(-2)$$

……

$$\mathscr{Z}[f(k-n)]=z^{-n}\left[F(z)+\sum_{k=1}^{n}f(-k)z^{k}\right]=z^{-n}\left[F(z)+\sum_{k=-n}^{-1}f(k)z^{-k}\right]$$

当 $f(-1)=f(-2)=\cdots=f(-n)=0$ 时，有

$$\mathscr{Z}[f(k-n)]=z^{-n}F(z) \tag{5-2-6}$$

这一性质又称为右移序性质，对应拉普拉斯变换的时域积分性质。移序性质是 LTI 离散系统 z 域分析法的理论基础。

例 5-4 已知 $a^{k}\leftrightarrow F(z)=\dfrac{z}{z-a}$，$a$ 为整数，求 a^{k+1}、a^{k-2}、$a^{k-1}\varepsilon(k)$ 和 $a^{k-1}\varepsilon(k-1)$ 的单边 Z 变换。

解 $\mathscr{Z}[a^{k+1}]=zF(z)-zf(0)=z\times\dfrac{z}{z-a}-z\times a^0=\dfrac{z^2}{z-a}-z=\dfrac{az}{z-a}$

或

$$\mathscr{Z}[a^{k+1}]=\mathscr{Z}[aa^k]=\frac{az}{z-a}$$

$$\begin{aligned}\mathscr{Z}[a^{k-2}]&=z^{-2}F(z)+z^{-1}f(-1)+f(-2)=z^{-2}\frac{z}{z-a}+z^{-1}a^{-1}+a^{-2}\\&=\frac{1}{z(z-a)}+z^{-1}a^{-1}+a^{-2}=\frac{z}{a^2(z-a)}\end{aligned}$$

或

$$\mathscr{Z}[a^{k-2}]=\mathscr{Z}[a^{-2}a^k]=\frac{z}{a^2(z-a)}$$

$$\mathscr{Z}[a^{k-1}\varepsilon(k)]=\mathscr{Z}[a^{-1}a^k\varepsilon(k)]=\frac{z}{a(z-a)}$$

对于单边 Z 变换
$$\sum_{k=-n}^{-1}f(k)z^{-k}=0$$

所以

$$\mathscr{Z}[a^{k-1}\varepsilon(k-1)]=z^{-1}\mathscr{Z}[a^k\varepsilon(k)]=z^{-1}\frac{z}{z-a}=\frac{1}{z-a}$$

例 5-5 已知 $f(k)=\delta(k)\leftrightarrow F(z)=1$，求 $\delta(k+1)$ 和 $\delta(k-1)$ 的 Z 变换。

解 因为 $k=-1$ 时，单边 Z 变换不存在，所以

$$\mathscr{Z}[\delta(k+1)]=0$$

根据移序性质

$$\mathscr{Z}[\delta(k-1)]=z^{-1}F(z)+f(-1)=z^{-1}\quad(\text{其中 } f(-1)=\delta(-1)=0)$$

例 5-6 已知有始周期序列 $f(k)=\sum\limits_{m=0}^{\infty}f_1(k-mN)$，$m$，$N$ 为正整数，N 为因果序列的周期，且 $f_1(k)\leftrightarrow F_1(z)$，求序列 $f(k)$ 的 Z 变换 $F(z)$。

解 设第一个周期所代表的序列为 $f_1(k)\varepsilon(k)$，$f(k)$ 可表示为

$$f(k)=f_1(k)\varepsilon(k)+f_1(k-N)\varepsilon(k-N)+f_1(k-2N)\varepsilon(k-2N)+\cdots$$

由式(5-2-6)，可得

$$\begin{aligned}\mathscr{Z}[f(k)]&=\mathscr{Z}[f_1(k)\varepsilon(k)+f_1(k-N)\varepsilon(k-N)+f_1(k-2N)\varepsilon(k-2N)+\cdots]\\&=F_1(z)[1+z^{-N}+z^{-2N}+\cdots]=F_1(z)\sum_{m=0}^{\infty}z^{-mN}\end{aligned}\tag{5-2-7}$$

若 $|z^{-N}|<1$，则

$$F(z)=\mathscr{Z}[f(k)]=F_1(z)\sum_{m=0}^{\infty}z^{-mN}=F_1(z)\frac{1}{1-z^{-N}}=F_1(z)\frac{z^N}{z^N-1}\tag{5-2-8}$$

5.2.4 卷积和定理

第 47 讲

若

$$f_1(k)\leftrightarrow F_1(z),\ |z|>|a_1|;\quad f_2(k)\leftrightarrow F_2(z),\ |z|>|a_2|$$

则

$$f_1(k)*f_2(k)\leftrightarrow F_1(z)F_2(z)\quad |z|>\max(|a_1|,|a_2|)\tag{5-2-9}$$

证明 根据卷积和的定义和 Z 变换的定义

$$\mathscr{Z}[f_1(k)*f_2(k)]=\sum_{k=0}^{\infty}\left[\sum_{n=0}^{\infty}f_1(n)f_2(k-n)\right]z^{-k}$$
$$=\sum_{n=0}^{\infty}f_1(n)\left[\sum_{k=0}^{\infty}f_2(k-n)z^{-k}\right]$$

其中

$$\sum_{k=0}^{\infty}f_2(k-n)z^{-k}=z^{-n}F_2(z)+z^{-n+1}f_2(-1)+z^{-n+2}f_2(-2)+\cdots+f_2(-n)$$

因为因果信号有

$$f_2(-1)=f_2(-2)=f_2(-3)=\cdots=f_2(-n)=0$$

所以

$$\mathscr{Z}[f_1(k)*f_2(k)]=\sum_{n=0}^{\infty}f_1(n)z^{-n}F_2(z)=F_1(z)F_2(z) \qquad \text{(证毕)}$$

时域卷积和定理表明，两序列卷积和的 Z 变换是它们对应 Z 变换的乘积。因此，Z 变换将时域的卷积和运算变成了 z 域的乘法运算，可使运算得到简化；卷积和定理也是 z 域求解系统零状态响应的理论基础。

一般地说，卷积和后序列的 Z 变换收敛域是原来两个序列的 Z 变换收敛域的公共部分 $|z|>\max(|a_1|,|a_2|)$，在有零极点相抵消的情况下，收敛域可能会扩大。

例 5-7 已知 $f_1(k)=k\varepsilon(k)$，$f_2(k)=(-1)^{k-1}\varepsilon(k-1)$，试求 $f(k)=f_1(k)*f_2(k)$。

解

$$f_1(k)=k\varepsilon(k)\leftrightarrow F_1(z)=\frac{z}{(z-1)^2}$$

$$f_2(k)=(-1)^{k-1}\varepsilon(k-1)\leftrightarrow F_2(z)=\frac{1}{z+1}$$

$$F(z)=F_1(z)F_2(z)=\frac{z}{(z-1)^2}\times\frac{1}{z+1}$$
$$=\frac{1}{4}\times\frac{z}{z+1}+\frac{1}{2}\times\frac{z}{(z-1)^2}-\frac{1}{4}\times\frac{z}{z-1}$$

其 Z 反变换为

$$f(k)=f_1(k)*f_2(k)=\left[\frac{1}{4}(-1)^k+\frac{k}{2}-\frac{1}{4}\right]\varepsilon(k)$$

5.2.5 z 域微分性质(时域乘 k)

若 $f(k)\leftrightarrow F(z)$，则

$$k^n f(k)\leftrightarrow\left[(-z)\frac{\mathrm{d}}{\mathrm{d}z}\right]^n F(z) \qquad (5\text{-}2\text{-}10)$$

其中，$\left[(-z)\frac{\mathrm{d}}{\mathrm{d}z}\right]^n$ 为 $\underbrace{(-z)\frac{\mathrm{d}}{\mathrm{d}z}\left\{(-z)\frac{\mathrm{d}}{\mathrm{d}z}\cdots\left[(-z)\frac{\mathrm{d}}{\mathrm{d}z}\right]\right\}}_{n次}$。式(5-2-10)右端表示对 $F(z)$ 共进行了 n 次关于 z 求一阶导数后乘以 $(-z)$ 的运算。

证明 由定义

$$F(z)=\sum_{k=0}^{\infty}f(k)z^{-k}$$

将上式两边关于 z 求一次导得

$$\frac{\mathrm{d}F(z)}{\mathrm{d}z}=\frac{\mathrm{d}}{\mathrm{d}z}\sum_{k=0}^{\infty}f(k)z^{-k}=\sum_{k=0}^{\infty}f(k)\frac{\mathrm{d}}{\mathrm{d}z}(z^{-k})$$

$$=(-z^{-1})\sum_{k=0}^{\infty}kf(k)z^{-k}=(-z^{-1})\mathscr{Z}[kf(k)]$$

即

$$kf(k)\leftrightarrow(-z)\frac{\mathrm{d}}{\mathrm{d}z}F(z)$$

类推

$$k^2f(k)\leftrightarrow\mathscr{Z}[k\cdot kf(k)]=(-z)\frac{\mathrm{d}}{\mathrm{d}z}\{\mathscr{Z}[kf(k)]\}$$

$$=(-z)\frac{\mathrm{d}}{\mathrm{d}z}\left[(-z)\frac{\mathrm{d}}{\mathrm{d}z}F(z)\right]=\left[(-z)\frac{\mathrm{d}}{\mathrm{d}z}\right]^2F(z)$$

$$k^3f(k)\leftrightarrow(-z)\frac{\mathrm{d}}{\mathrm{d}z}\left\{(-z)\frac{\mathrm{d}}{\mathrm{d}z}\left[(-z)\frac{\mathrm{d}}{\mathrm{d}z}F(z)\right]\right\}=\left[(-z)\frac{\mathrm{d}}{\mathrm{d}z}\right]^3F(z)$$

……

$$k^nf(k)\leftrightarrow\underbrace{(-z)\frac{\mathrm{d}}{\mathrm{d}z}\left\{(-z)\frac{\mathrm{d}}{\mathrm{d}z}\cdots\left[(-z)\frac{\mathrm{d}}{\mathrm{d}z}F(z)\right]\right\}}_{n次}=\left[(-z)\frac{\mathrm{d}}{\mathrm{d}z}\right]^nF(z)\quad（证毕）$$

例 5-8　已知 $\varepsilon(k)\leftrightarrow\dfrac{z}{z-1}$，试求 $\mathscr{Z}[k\varepsilon(k)]$，$\mathscr{Z}[k^2\varepsilon(k)]$。

解　$\mathscr{Z}[k\varepsilon(k)]=(-z)\dfrac{\mathrm{d}}{\mathrm{d}z}F(z)=(-z)\dfrac{\mathrm{d}}{\mathrm{d}z}\dfrac{z}{z-1}=\dfrac{z}{(z-1)^2}$

$\mathscr{Z}[k^2\varepsilon(k)]=(-z)\dfrac{\mathrm{d}}{\mathrm{d}z}\mathscr{Z}[k\varepsilon(k)]=(-z)\dfrac{\mathrm{d}}{\mathrm{d}z}\dfrac{z}{(z-1)^2}=\dfrac{z(z+1)}{(z-1)^3}$

5.2.6　z 域积分性质（时域除 k）

若 $f(k)\leftrightarrow F(z)$ 且 $k>0$，则

$$\frac{f(k)}{k}\leftrightarrow\int_z^{\infty}F(\eta)\eta^{-1}\mathrm{d}\eta\tag{5-2-11}$$

证明　由

$$\int_z^{\infty}F(\eta)\eta^{-1}\mathrm{d}\eta=\int_z^{\infty}\frac{1}{\eta}\left[\sum_{k=0}^{\infty}f(k)\eta^{-k}\right]\mathrm{d}\eta=\sum_{k=0}^{\infty}f(k)\int_z^{\infty}\eta^{-(k+1)}\mathrm{d}\eta$$

$$=\sum_{k=0}^{\infty}f(k)\left(\frac{\eta^{-k}}{-k}\right)\Bigg|_z^{\infty}=\sum_{k=0}^{\infty}\frac{1}{k}f(k)z^{-k},\quad k>0\ 时\quad（证毕）$$

同理有

$$\frac{f(k)}{k+m}\leftrightarrow z^m\int_z^{\infty}\frac{F(\eta)}{\eta^{m+1}}\mathrm{d}\eta,\quad k+m>0\tag{5-2-12}$$

例 5-9　已知 $f(k)=\dfrac{1}{k+1}\varepsilon(k)$，试求 $F(z)$。

解　因为

$$\varepsilon(k)\leftrightarrow\frac{z}{z-1}$$

所以

$$f(k)=\frac{1}{k+1}\varepsilon(k)\leftrightarrow F(z)=z^{1}\int_{z}^{\infty}\frac{\eta}{\eta-1}\frac{1}{\eta^{2}}\mathrm{d}\eta=z\int_{z}^{\infty}\frac{1}{\eta-1}\times\frac{1}{\eta}\mathrm{d}\eta$$
$$=z\int_{z}^{\infty}\left[\frac{1}{\eta-1}-\frac{1}{\eta}\right]\mathrm{d}\eta=z[\ln(\eta-1)-\ln\eta]\Big|_{z}^{\infty}$$
$$=z\ln\frac{z}{z-1}$$

5.2.7 序列部分和的 Z 变换

若 $f(k)\leftrightarrow F(z)$，则

$$g(k)=\sum_{n=0}^{k}f(n)\leftrightarrow G(z)=\frac{z}{z-1}F(z) \tag{5-2-13}$$

证明 $$f(k)*\varepsilon(k)=\sum_{n=0}^{\infty}f(n)\varepsilon(k-n)=\sum_{n=0}^{k}f(n)$$

故由时域卷积和定理有

$$\mathscr{Z}\left[\sum_{n=0}^{k}f(n)\right]=\mathscr{Z}[f(k)*\varepsilon(k)]=\mathscr{Z}[f(k)]\mathscr{Z}[\varepsilon(k)]=\frac{z}{z-1}F(z)$$

例 5-10 已知 $k^{2}\leftrightarrow\dfrac{z(z+1)}{(z-1)^{3}}$，试求 $\mathscr{Z}\left[\sum\limits_{n=0}^{k}n^{2}\right]$。

解 $$\mathscr{Z}\left[\sum_{n=0}^{k}n^{2}\right]=\frac{z}{z-1}\mathscr{Z}[k^{2}]=\frac{z}{z-1}\times\frac{z(z+1)}{(z-1)^{3}}=\frac{z^{2}(z+1)}{(z-1)^{4}}$$

5.2.8 初值定理

若 $f(k)\leftrightarrow F(z)$，则

$$f(0)=f(k)\big|_{k=0}=\lim_{z\to\infty}F(z) \tag{5-2-14}$$

证明 由 Z 变换定义

$$F(z)=f(0)+f(1)z^{-1}+f(2)z^{-2}+\cdots$$
$$\lim_{z\to\infty}F(z)=\lim_{z\to\infty}[f(0)+f(1)z^{-1}+f(2)z^{-2}+\cdots]$$
$$=f(0)+\lim_{z\to\infty}f(1)z^{-1}+\lim_{z\to\infty}f(2)z^{-2}+\cdots=f(0)$$ （证毕）

另外，由 Z 变换定义减去 $f(0)$ 并乘以 z，有

$$z[F(z)-f(0)]=f(1)+f(2)z^{-1}+f(3)z^{-2}+\cdots$$

可得

$$f(1)=\lim_{z\to\infty}z[F(z)-f(0)]$$

类推，有

$$f(2)=\lim_{z\to\infty}z^{2}[F(z)-f(0)-f(1)z^{-1}]$$

……

故

$$f(n)=\lim_{z\to\infty}z^{n}\left[F(z)-\sum_{k=0}^{n-1}f(k)z^{-k}\right],\quad n\geqslant 1 \tag{5-2-15}$$

例 5-11 已知 $F(z)=\dfrac{2z^{2}+3z+12}{(z-1)^{4}}$，试求 $f(0),f(1),f(2),f(3)$。

解 $$f(0)=\lim_{z\to\infty}F(z)=\lim_{z\to\infty}\frac{2z^{2}+3z+12}{(z-1)^{4}}=0$$

$$f(1)=\lim_{z\to\infty}z[F(z)-f(0)]=\lim_{z\to\infty}\frac{z(2z^2+3z+12)}{(z-1)^4}=0$$

$$f(2)=\lim_{z\to\infty}z^2[F(z)-f(0)-f(1)z^{-1}]$$

$$=\lim_{z\to\infty}\frac{2z^4+3z^3+12z^2}{(z-1)^4}=\lim_{z\to\infty}\frac{2+3z^{-1}+12z^{-2}}{(1-z^{-1})^4}=2$$

$$f(3)=\lim_{z\to\infty}z^3[F(z)-f(0)-f(1)z^{-1}-f(2)z^{-2}]$$

$$=\lim_{z\to\infty}z^3\left[\frac{2z^2+3z+12}{(z-1)^4}-2z^{-2}\right]=\lim_{z\to\infty}\frac{11z^4+8z^2-2z}{(z-1)^4}=11$$

5.2.9　终值定理

若 $f(k)\leftrightarrow F(z)$，且 $f(\infty)$ 存在，则

$$f(\infty)=\lim_{k\to\infty}f(k)=\lim_{z\to 1}(z-1)F(z) \tag{5-2-16}$$

证明　根据 Z 变换的线性性质和移序性质

$$\mathscr{Z}[f(k+1)-f(k)]=zF(z)-zf(0)-F(z)=(z-1)F(z)-zf(0)$$

另外，由 Z 变换的定义

$$\mathscr{Z}[f(k+1)-f(k)]=\lim_{n\to\infty}\sum_{k=0}^{n}[f(k+1)-f(k)]z^{-k}$$

所以

$$(z-1)F(z)-zf(0)=\lim_{n\to\infty}\sum_{k=0}^{n}[f(k+1)-f(k)]z^{-k}$$

令 $z\to 1$，则

$$\lim_{z\to 1}(z-1)F(z)-f(0)$$

$$=\lim_{n\to\infty}[f(1)-f(0)+f(2)-f(1)+\cdots+f(n+1)-f(n)]$$

$$=\lim_{n\to\infty}[f(n+1)-f(0)]=\lim_{n\to\infty}f(n+1)-f(0)=f(\infty)-f(0)$$

即

$$\lim_{z\to 1}(z-1)F(z)-f(0)=f(\infty)-f(0)$$

所以

$$f(\infty)=\lim_{k\to\infty}f(k)=\lim_{z\to 1}(z-1)F(z) \qquad \text{（证毕）}$$

为了保证 $f(\infty)$ 的存在，$(z-1)F(z)$ 的极点必须限制在单位圆以内，即 $F(z)$ 的极点必须在单位圆内和单位圆上 $z=1$ 为单极点，否则 $f(\infty)$ 不存在，便不能应用终值定理。

例 5-12　已知 $F_1(z)=\dfrac{z}{(z-1)^2}$，$F_2(z)=\dfrac{z}{(z-a)(z-1)}$，试求 $f_1(\infty)$，$f_2(\infty)$。

解　(1) $F_1(z)$ 的极点是单位圆上 $z=1$ 的二重极点，$f(\infty)$ 不存在，不能应用终值定理。

(2)
$$f_2(\infty)=\lim_{z\to 1}(z-1)F(z)=\lim_{z\to 1}\frac{(z-1)z}{(z-a)(z-1)}=\frac{1}{1-a}$$

条件是 $|a|<1$，否则 $F(z)$ 的极点在单位圆的外部，或单位圆上有二重极点，终值不存在。

例 5-13　已知因果序列 $f(k)=a^k\varepsilon(k)\quad(|a|<1)$，试求序列的无限和 $\sum\limits_{i=0}^{\infty}f(i)$ 的终值。

解　设 $g(k)=\sum\limits_{i=0}^{k}f(i)\leftrightarrow G(z)=\dfrac{z}{z-1}F(z)$，而

$$\sum_{i=0}^{\infty} f(i) = \lim_{k\to\infty} g(k)$$

故

$$g(\infty) = \lim_{k\to\infty} g(k) = \lim_{z\to1}(z-1)\frac{z}{z-1}F(z)$$

$$= \lim_{z\to1}(z-1)\frac{z}{z-1}\frac{z}{z-a} = \frac{1}{1-a}, \quad |a|<1$$

表 5-2 列出了常用的单边 Z 变换性质。

表 5-2　单边 Z 变换性质

序号	名　称	k 域	z 域
1	线性性质	$af_1(k)+bf_2(k)$	$aF_1(z)+bF_2(z) \quad \|z\|>\max(\|\alpha_1\|,\|\alpha_2\|)$
2	尺度变换性质	$a^k f(k)$	$F\left(\frac{z}{a}\right) \quad \|z\|>a\|\alpha\|$
3	移序性质	$f(k+n) \quad n>0$	$z^n\left[F(z)-\sum_{k=0}^{n-1}f(k)z^{-k}\right] \quad \|z\|>\|\alpha\|$
		$f(k-n) \quad n>0$	$z^{-n}\left[F(z)+\sum_{k=1}^{n}f(-k)z^{k}\right] \quad \|z\|>\|\alpha\|$
		$f(k-n)\varepsilon(k-n) \quad n>0$	$z^{-n}F(z) \quad \|z\|>\|\alpha\|$
4	卷积和定理	$f_1(k)*f_2(k)$	$F_1(z)F_2(z) \quad \|z\|>\max(\|\alpha_1\|,\|\alpha_2\|)$
5	z 域微分	$k^n f(k)$	$\left[(-z)\frac{\mathrm{d}}{\mathrm{d}z}\right]^n F(z) \quad \|z\|>\|\alpha\|$
6	z 域积分	$\frac{f(k)}{k} \quad k>0$	$\int_z^{\infty} F(\eta)\eta^{-1}\mathrm{d}\eta \quad \|z\|>\|\alpha\|$
		$\frac{f(k)}{k+m} \quad k+m>0$	$z^m\int_z^{\infty}\frac{F(\eta)}{\eta^{m+1}}\mathrm{d}\eta \quad \|z\|>\|\alpha\|$
7	序列部分和	$\sum_{n=0}^{k} f(n)$	$\frac{z}{z-1}F(z) \quad \|z\|>\max(\|\alpha\|,1)$
8	初值定理	$f(0)=f(k)\|_{k=0}=\lim_{z\to\infty}F(z)$ $f(n)=\lim_{z\to\infty}z^n\left[F(z)-\sum_{k=0}^{n-1}f(k)z^{-k}\right]$	
9	终值定理	$f(\infty)=\lim_{k\to\infty}f(k)=\lim_{z\to1}(z-1)F(z)$	

第 48 讲

5.3　Z 反 变 换

Z 反变换又称 Z 逆变换，就是知道了 $F(z)$ 求 $f(k)$，记作

$$f(k) = \mathscr{Z}^{-1}[F(z)] \tag{5-3-1}$$

$F(z)$ 与 $f(k)$ 构成一个 Z 变换对。

求解 Z 反变换的常用方法有三种：幂级数展开法、部分分式展开法和围线积分法（留数法）。

5.3.1　幂级数展开法

幂级数展开法根据 Z 变换的定义式将 $F(z)$ 展开成下面形式的 $z^{\pm1}$ 幂级数：

$$F(z) = \sum_{k=-\infty}^{\infty} f(k)z^{-k} = \cdots + f(-1)z^1 + f(0)z^0 + f(1)z^{-1} + \cdots \tag{5-3-2}$$

那么序列 $f(k)$ 就是 $z^{\pm k}$ 的系数。

$$f(k)=\{\cdots,f(-2),f(-1),\underset{\uparrow}{f(0)},f(1),f(2),f(3),\cdots\} \tag{5-3-3}$$

例 5-14　已知 $F(z)=\dfrac{1}{z}+\dfrac{1}{z^5}$，试求 $f(k)$。

解

$$F(z)=\frac{1}{z}+\frac{1}{z^5}\leftrightarrow f(k)=\{\underset{\uparrow}{0},1,0,0,0,1\}$$

对双边 Z 变换而言，将 $F(z)$展开成幂级数时是和 Z 变换的收敛域有关的。在 $F(z)$是有理函数的情况下，可用长除法将 $F(z)$展开成幂级数。使用长除法之前，须根据收敛域确定对应的 $f(k)$是右边序列还是左边序列，若为右边序列，则将 $F(z)$展开成 z 的负幂级数；若为左边序列，则将 $F(z)$展开成 z 的正幂级数。

例 5-15　已知 $F(z)=\dfrac{2z^2-0.5z}{z^2-0.5z-0.5}(|z|>1)$，试求 $f(k)$。

解　长除法

$$\begin{array}{r|l}
 & 2+0.5z^{-1}+1.25z^{-2}+0.875z^{-3}+\cdots \\
\hline
z^2-0.5z-0.5 & 2z^2-0.5z \\
 & \underline{2z^2-z-1} \\
 & \quad 0.5z+1 \\
 & \quad \underline{0.5z-0.25-0.25z^{-1}} \\
 & \qquad 1.25+0.25z^{-1} \\
 & \qquad \underline{1.25-0.625z^{-1}-0.625z^{-2}} \\
 & \qquad\quad 0.875z^{-1}+0.625z^{-2} \\
 & \qquad\qquad \cdots\cdots
\end{array}$$

由此可得

$$f(k)=\{\underset{\uparrow}{2},0.5,1.25,0.875,\cdots\}$$

例 5-16　已知 $F(z)=\dfrac{1+2z^{-1}}{1-2z^{-1}+z^{-2}}(|z|<1)$，试求 $f(k)$。

解　长除法

$$\begin{array}{r|l}
 & 2z+5z^2+8z^3+\cdots \\
\hline
z^{-2}-2z^{-1}+1 & 2z^{-1}+1 \\
 & \underline{2z^{-1}-4+2z} \\
 & \quad 5-2z \\
 & \quad \underline{5-10z+5z^2} \\
 & \qquad 8z-5z^2 \\
 & \qquad \underline{8z-16z^2+8z^3} \\
 & \qquad\quad 11z^2-8z^3 \\
 & \qquad\qquad \cdots\cdots
\end{array}$$

由此可得

$$f(k)=\{\cdots,8,5,\underset{k=-1}{2}\}$$

显然，这是一个反因果序列，属双边 Z 反变换。

本书更多地关注单边 Z 反变换（即因果序列的 Z 反变换）的求解，双边 Z 反变换仅限于了解。

幂级数展开法简单方便，得到一数值序列，适合计算机求解。但是在一般情况下，此方法难以将 $f(k)$归纳成数学解析式。

5.3.2　部分分式展开法

在离散信号分析中，一般像函数 $F(z)$可以写为 z 的有理分式

$$F(z)=\frac{e_mz^m+e_{m-1}z^{m-1}+\cdots+e_1z+e_0}{z^n+d_{n-1}z^{n-1}+\cdots+d_1z+d_0}=\frac{E(z)}{D(z)} \tag{5-3-4}$$

式中，为保证 $f(k)$是因果序列，必有 $n\geqslant m$。$D(z)$和 $E(z)$分别为 $F(z)$的 z 变量分母多项式和分子多项式。

根据代数学，只有真分式(即 $n>m$)才能展开为部分分式，为此，当 $n=m$ 时 $\frac{F(z)}{z}$ 便是真分式。为了规范化，均展开 $\frac{F(z)}{z}$，然后再乘以 z 得 $F(z)$ 的部分分式展开式。

$$\frac{F(z)}{z}=\frac{E(z)}{zD(z)}=\frac{e_mz^m+e_{m-1}z^{m-1}+\cdots+e_1z+e_0}{z(z^n+d_{n-1}z^{n-1}+\cdots+d_1z+d_0)} \tag{5-3-5}$$

展开 $\frac{F(z)}{z}$ 为部分分式的方法与第 4 章中 $F(s)$ 展开部分分式的方法相同。之所以不直接展开 $F(z)$，除为了保证 $\frac{F(z)}{z}$ 是真分式以外，还因为 $\frac{F(z)}{z}$ 的展开能确保 $F(z)$的展开式的分子里含有 z，从而与一般典型信号的 Z 变换保持一致。例如，若 $\frac{F(z)}{z}=\frac{1}{z-a}$，则 $F(z)=\frac{z}{z-a}\leftrightarrow f(k)=a^k\varepsilon(k)$，而 $F(z)=\frac{1}{z-a}\leftrightarrow f(k)=a^{k-1}\varepsilon(k-1)$。

根据 $F(z)$的特征方程 $D(z)=0$ 的根是单根、重根的不同，$F(z)$的部分分式有不同的形式，对应的 z 反变换也有不同的形式。

(1) $D(z)=0$ 的根是单根 $\gamma_i(i=1,2,\cdots,n)$。

$$\frac{F(z)}{z}=\frac{K_0}{z}+\frac{K_1}{z-\gamma_1}+\frac{K_2}{z-\gamma_2}+\cdots+\frac{K_n}{z-\gamma_n}=\sum_{i=0}^{n}\frac{K_i}{z-\gamma_i} \tag{5-3-6}$$

式中，$\gamma_0=0$，部分分式系数

$$K_i=(z-\gamma_i)\frac{F(z)}{z}\bigg|_{z=\gamma_i} \tag{5-3-7}$$

这时

$$F(z)=K_0+\frac{K_1z}{z-\gamma_1}+\frac{K_2z}{z-\gamma_2}+\cdots+\frac{K_nz}{z-\gamma_n}=K_0+\sum_{i=1}^{n}\frac{K_iz}{z-\gamma_i} \tag{5-3-8}$$

根据典型信号的 Z 变换 $\delta(k)\leftrightarrow 1$ 和 $\gamma^k\varepsilon(k)\leftrightarrow\frac{z}{z-\gamma}$，可得

$$f(k)=K_0\delta(k)+\sum_{i=1}^{n}K_i(\gamma_i)^k\varepsilon(k) \tag{5-3-9}$$

例 5-17 已知 $F(z)=\frac{2z^2-1.5z}{z^2-1.5z+0.5}(|z|>1)$，试求 $f(k)$。

解

$$\frac{F(z)}{z}=\frac{2z-1.5}{z^2-1.5z+0.5}=\frac{2z-1.5}{(z-0.5)(z-1)}=\frac{K_1}{z-0.5}+\frac{K_2}{z-1}$$

$$K_1=(z-0.5)\frac{F(z)}{z}\bigg|_{z=0.5}=(z-0.5)\frac{(2z-1.5)}{(z-0.5)(z-1)}\bigg|_{z=0.5}=1$$

$$K_2=(z-1)\frac{F(z)}{z}\bigg|_{z=1}=(z-1)\frac{(2z-1.5)}{(z-0.5)(z-1)}\bigg|_{z=1}=1$$

$$F(z)=\frac{z}{z-0.5}+\frac{z}{z-1}$$

$$f(k)=[1+(0.5)^k]\varepsilon(k)$$

如果上式中 γ_i 为共轭复数单根，仍可与实单根一样应用上述方法，不过部分分式系数必共轭。也可以将一对共轭复根构成之 z 的二次三项式当作一个部分分式，用比较系数法求得其部分分式系数。

(2) $D(z)=0$ 的根在 $z=\gamma_1$ 处是 r 重根而其余是单根。

$$\frac{F(z)}{z}=\frac{K_{1r}}{(z-\gamma_1)^r}+\frac{K_{1(r-1)}}{(z-\gamma_1)^{r-1}}+\cdots+\frac{K_{11}}{z-\gamma_1}+\frac{K_0}{z}+\sum_{i=r+1}^{n}\frac{K_i}{z-\gamma_i} \tag{5-3-10}$$

单根部分 K_i 的计算方法如式(5-3-7)，重根部分分式系数为

$$K_{1i}=\frac{1}{(r-i)!}\frac{\mathrm{d}^{r-i}}{\mathrm{d}z^{r-i}}\left[(z-\gamma_1)^r\frac{F(z)}{z}\right]\bigg|_{z=\gamma_1} \tag{5-3-11}$$

$$F(z)=\sum_{i=1}^{r}\frac{K_{1i}z}{(z-\gamma_1)^i}+K_0+\sum_{i=r+1}^{n}\frac{K_iz}{z-\gamma_i} \tag{5-3-12}$$

其中

$$\frac{K_{1i}z}{(z-\gamma_1)^i}\leftrightarrow\frac{K_{1i}}{(i-1)!}k(k-1)\cdots(k-i+2)\gamma_1^{k-i+1}\varepsilon(k) \tag{5-3-13}$$

例 5-18 已知 $F(z)=\dfrac{z^3+z^2}{(z-1)^3}(|z|>1)$，试求 $f(k)$。

解

$$\frac{F(z)}{z}=\frac{z^2+z}{(z-1)^3}=\frac{K_{13}}{(z-1)^3}+\frac{K_{12}}{(z-1)^2}+\frac{K_{11}}{(z-1)}$$

$$K_{13}=(z-1)^3\frac{F(z)}{z}\bigg|_{z=1}=2,\quad K_{12}=\frac{\mathrm{d}}{\mathrm{d}z}\left[(z-1)^3\frac{F(z)}{z}\right]\bigg|_{z=1}=3,$$

$$K_{11}=\frac{1}{2}\frac{\mathrm{d}^2}{\mathrm{d}z^2}\left[(z-1)^3\frac{F(z)}{z}\right]\bigg|_{z=1}=1$$

$$F(z)=\frac{2z}{(z-1)^3}+\frac{3z}{(z-1)^2}+\frac{z}{z-1}$$

$$f(k)=\left[\frac{2}{2!}k(k-1)+3k+1\right]\varepsilon(k)=(k+1)^2\varepsilon(k)$$

如果式(5-3-6)中 γ_1 为共轭复数重根，其部分分式系数亦必共轭。

5.3.3 围线积分法(留数法)

第 49 讲

序列 $f(k)$的 Z 变换为

$$F(z)=\sum_{k=0}^{\infty}f(k)z^{-k}$$

在 z 平面上，单边 Z 变换 $F(z)$的收敛域是以 $|z|=R$ 为半径的圆以外区域。在这个区域里选一条包含原点的逆时针方向旋转的围线 c，如图 5-2 所示。将上式两边同乘以 z^{n-1}，然后在围线 c 上沿逆时针方向作围线积分，可得

$$\oint_c F(z)z^{n-1}\mathrm{d}z=\oint_c\sum_{k=0}^{\infty}f(k)z^{n-k-1}\mathrm{d}z \tag{5-3-14}$$

上式右端交换积分与求和次序，有

$$\oint_c F(z)z^{n-1}\mathrm{d}z=\sum_{k=0}^{\infty}f(k)\oint_c z^{n-k-1}\mathrm{d}z \tag{5-3-15}$$

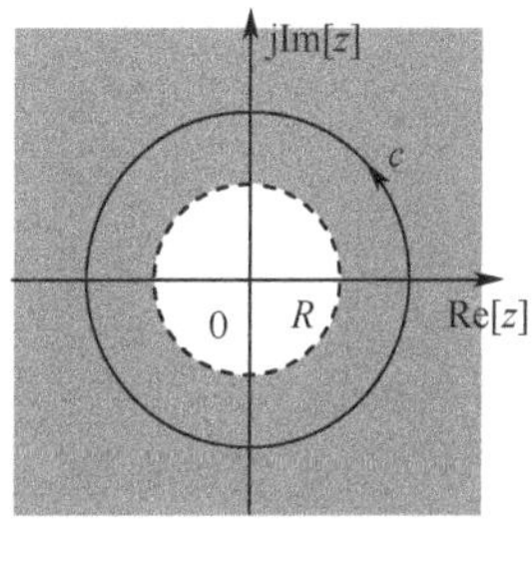

图 5-2 围线积分

根据复变函数中的柯西定理

$$\oint_c z^{m-1}\mathrm{d}z = \begin{cases} 2\pi\mathrm{j}, & m = 0 \\ 0, & m \neq 0 \end{cases} \tag{5-3-16}$$

式(5-3-15)的右端，除了 $m=n-k=0$ 即 $n=k$ 项以外，其余各项均为零，而其左端 $z^{n-1}=z^{k-1}$，所以该式可写成

$$\oint_c F(z)z^{k-1}\mathrm{d}z = 2\pi\mathrm{j}f(k)$$

即

$$f(k) = \frac{1}{2\pi\mathrm{j}}\oint_c F(z)z^{k-1}\mathrm{d}z, \quad k \geqslant 0 \tag{5-3-17}$$

这就是像函数 $F(z)$ 的 Z 反变换的围线积分表达式。

留数定理 积分 $f(k)=\frac{1}{2\pi\mathrm{j}}\oint_c F(z)z^{k-1}\mathrm{d}z$ 为 z 平面上围线 c 内所包含的 $F(z)z^{k-1}$ 的各极点留数之和，即

$$f(k) = \frac{1}{2\pi\mathrm{j}}\oint_c F(z)z^{k-1}\mathrm{d}z = \left\{\sum_{i=1}^{n}\mathrm{Res}[F(z)z^{k-1}]\big|_{z=\gamma_i}\right\}\varepsilon(k) \tag{5-3-18}$$

根据 $F(z)z^{k-1}$ 的极点是单极点、重极点的不同，留数的形式亦不相同。

(1) $F(z)z^{k-1}$ 具有单极点 $\gamma_i(i=1,2,\cdots,n)$。

$$f(k) = \sum_{i=1}^{n}\mathrm{Res}[F(z)z^{k-1}]\big|_{z=\gamma_i} = \sum_{i=1}^{n}(z-\gamma_i)F(z)z^{k-1}\Big|_{z=\gamma_i} \tag{5-3-19}$$

例 5-19 如例 5-17 的 $F(z)$，试用留数法求 $f(k)$。

解

$$F(z) = \frac{(2z-1.5)z}{z^2-1.5z+0.5} = \frac{(2z-1.5)z}{(z-0.5)(z-1)}$$

$$\begin{aligned} f(k) &= F(z)z^{k-1}(z-0.5)\big|_{z=0.5} + F(z)z^{k-1}(z-1)\big|_{z=1} \\ &= \frac{(z-0.5)(2z^2-1.5z)z^{k-1}}{(z-0.5)(z-1)}\Bigg|_{z=0.5} + \frac{(z-1)(2z^2-1.5z)z^{k-1}}{(z-0.5)(z-1)}\Bigg|_{z=1} \\ &= \frac{(2z^2-1.5z)z^{k-1}}{(z-1)}\Bigg|_{z=0.5} + \frac{(2z^2-1.5z)z^{k-1}}{(z-0.5)}\Bigg|_{z=1} = [1+0.5^k]\varepsilon(k) \end{aligned}$$

故

$$f(k) = [1+0.5^k]\varepsilon(k)$$

值得注意的是，由于 k 的取值不同，$z=0$ 可能是 $F(z)z^{k-1}$ 的极点且有不同阶数，不得遗漏。若 $F(z)z^{k-1}$ 含有 $z=0$ 的 m 重极点，则 $k\geqslant m$ 时，其他极点的 Z 反变换可用留数法求出，而由初值定理确定 $f(0),f(1),\cdots,f(m-1)$ 的值，这时

$$f(k) = \sum_{i=0}^{m-1}f(i)\delta(k-i) + \sum\mathrm{Res}[F(z)z^{k-1}]\big|_{F(z)\text{的非原点极点}} \tag{5-3-20}$$

例 5-20 已知 $F(z)=\frac{2z^2+1}{z^2-1.5z+0.5}$，试用留数法求 $f(k)$。

解 $k=0$ 时，$F(z)z^{k-1}$ 含有 $z=0$，$z=1$ 和 $z=0.5$ 三个单极点，用留数法求 $f(0)$ 比较烦琐，而用初值定理较简便。$k\geqslant 1$ 时，含 $\gamma_1=1$ 和 $\gamma_2=0.5$ 的单极点，其留数为

$$\mathrm{Res}_1 + \mathrm{Res}_2 = \left[\frac{(2z^2+1)(z-1)}{(z-0.5)(z-1)}z^{k-1}\right]\Bigg|_{z_1=1} + \left[\frac{(z-0.5)(2z^2+1)}{(z-0.5)(z-1)}z^{k-1}\right]\Bigg|_{z_2=0.5}$$

$$=\left[\frac{2z^2+1}{(z-0.5)}z^{k-1}\right]\bigg|_{z_1=1}+\left[\frac{2z^2+1}{(z-1)}z^{k-1}\right]\bigg|_{z_2=0.5}$$

$$=6\varepsilon(k-1)-6(0.5)^k\varepsilon(k-1)$$

$f(0)$由初值定理得

$$f(0)=\lim_{z\to\infty}F(z)=\lim_{z\to\infty}\frac{2z^2+1}{z^2-1.5z+0.5}=2$$

故

$$f(k)=f(0)\delta(k)+\mathrm{Res}_1+\mathrm{Res}_2=2\delta(k)+6\varepsilon(k-1)-6(0.5)^k\varepsilon(k-1)$$

(2) $F(z)z^{k-1}$在 $z=\gamma_1$ 处具有 r 重极点。

重极点的留数为

$$\mathrm{Res}[F(z)z^{k-1}]\big|_{z=\gamma_1}=\frac{1}{(r-1)!}\frac{\mathrm{d}^{r-1}}{\mathrm{d}z^{r-1}}[(z-\gamma_1)^rF(z)z^{k-1}]\bigg|_{z=\gamma_1} \tag{5-3-21}$$

例 5-21 已知 $F(z)=\dfrac{z(z+1)}{(z-3)(z-1)^2}$，试用留数法求 $f(k)$。

解

$$\mathrm{Res}_1=(z-3)F(z)z^{k-1}\big|_{z=3}=\frac{(z-3)z(z+1)z^{k-1}}{(z-3)(z-1)^2}\bigg|_{z=3}$$

$$=\frac{(3+1)3^k}{(3-1)^2}=3^k\varepsilon(k)$$

$$\mathrm{Res}_2=\mathrm{Res}[F(z)z^{k-1}]\big|_{z=1}=\frac{\mathrm{d}}{\mathrm{d}z}[(z-1)^2F(z)z^{k-1}]\bigg|_{z=1}$$

$$=\frac{\mathrm{d}}{\mathrm{d}z}\left[\frac{(z-1)^2z(z+1)z^{k-1}}{(z-3)(z-1)^2}\right]\bigg|_{z=1}=\frac{\mathrm{d}}{\mathrm{d}z}\left[\frac{(z+1)z^k}{(z-3)}\right]\bigg|_{z=1}$$

$$=\left[\frac{k(z+1)z^{k-1}}{z-3}-\frac{(z+1)z^k}{(z-3)^2}+\frac{z^k}{z-3}\right]\bigg|_{z=1}$$

$$=\frac{k(1+1)1^{k-1}}{1-3}-\frac{(1+1)1^k}{(1-3)^2}+\frac{1^k}{1-3}=(-k-1)\varepsilon(k)$$

$$f(k)=\mathrm{Res}_1+\mathrm{Res}_2=3^k\varepsilon(k)+(-k-1)\varepsilon(k)=(3^k-k-1)\varepsilon(k)$$

显然，应用留数法求解含重极点的 Z 反变换比用部分分式展开法更简便。对于 $F(z)z^{k-1}$ 在 $z=0$ 具有极点，仍按前面所述方法处理。

5.3.4 单边 Z 变换与拉普拉斯变换的关系

通过 Z 变换定义的学习得知，对任意连续信号 $f(t)$进行取样，得到取样信号 $f_s(t)$，然后再对其拉普拉斯变换 $F_s(s)$中的变量做 $z=\mathrm{e}^{sT}$ 的替代，即可得到离散样值序列 $f(kT)$的 Z 变换 $F(z)$。所以，有理由相信，与因果连续信号 $f(t)$同规律的因果离散序列 $f(k)$，在 s 域中的 $F(s)$与 z 域中的$F(z)$间也应具有对应关系，从而找到因果离散样值序列 $f(kT)$求 Z 变换的一条途径。

设

$$f(t)\leftrightarrow F(s),\quad \sigma>\sigma_0$$

$$f(t)=\frac{1}{2\pi\mathrm{j}}\int_{\sigma-\mathrm{j}\infty}^{\sigma+\mathrm{j}\infty}F(s)\mathrm{e}^{st}\mathrm{d}s,\quad t\geqslant 0$$

则取样后的样值序列及其 Z 变换为

$$f(kT)=\frac{1}{2\pi j}\int_{\sigma-j\infty}^{\sigma+j\infty}F(s)e^{skT}ds\leftrightarrow F(z)=\sum_{k=0}^{\infty}f(kT)z^{-k}$$

$$F(z)=\sum_{k=0}^{\infty}\left[\frac{1}{2\pi j}\int_{\sigma-j\infty}^{\sigma+j\infty}F(s)e^{skT}ds\right]z^{-k}=\frac{1}{2\pi j}\int_{\sigma-j\infty}^{\sigma+j\infty}F(s)\sum_{k=0}^{\infty}(e^{sT}z^{-1})^{k}ds$$

$$=\frac{1}{2\pi j}\int_{\sigma-j\infty}^{\sigma+j\infty}\frac{F(s)}{1-e^{sT}z^{-1}}ds=\frac{1}{2\pi j}\int_{\sigma-j\infty}^{\sigma+j\infty}\frac{zF(s)}{z-e^{sT}}ds$$

即

$$F(z)=\frac{1}{2\pi j}\int_{\sigma-j\infty}^{\sigma+j\infty}\frac{zF(s)}{z-e^{sT}}ds \tag{5-3-22}$$

根据式(5-3-22),可以直接由连续信号 $f(t)$ 的拉普拉斯变换 $F(s)$ 求出相应的离散信号 $f(kT)$ 的 Z 变换 $F(z)$。该式所描述的积分也可表达为留数形式,即

$$F(z)=\sum_{i}\mathrm{Res}\left[\frac{zF(s)}{z-e^{sT}}\right]\Bigg|_{s=p_i} \tag{5-3-23}$$

式中,p_i 是 $F(s)$ 的极点,将 $F(s)$ 的极点 p_i 代入式(5-3-23)中,可得到 $F(z)$ 的极点 $z_i=e^{p_iT}$,显然,$F(s)$ 在 s 平面上的极点 p_i 与 $F(z)$ 在 z 平面上的极点 $z_i=e^{p_iT}$ 满足两个平面的映射关系。下面讨论这种映射关系。

由式(5-1-3),s 变量与 z 变量之间的关系为

$$\begin{cases}z=e^{sT}\\ s=\dfrac{1}{T}\ln z\end{cases}$$

若令 $s=\sigma+j\omega$,则 $z=e^{sT}=e^{\sigma T}e^{j\omega T}=\rho e^{j\Omega}$,故有以下的映射关系:

$$\begin{cases}\rho=e^{\sigma T}\\ \Omega=\omega T\end{cases} \tag{5-3-24}$$

由式(5-3-24)可知,当 $\sigma=0$ 时,有 $|z|=\rho=1$,即 s 平面的虚轴 $j\omega$ 映射到 z 平面的单位圆;当 $\sigma<0$ 时,有 $|z|=\rho<1$,即 s 平面的左半开面映射到 z 平面中的单位圆内;当 $\sigma>0$ 时,有 $|z|=\rho>1$,即 s 平面的右半开面映射到 z 平面的单位圆外,如图 5-3 所示。

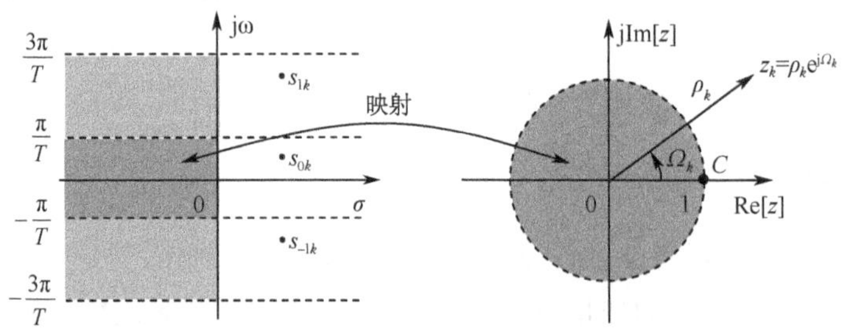

图 5-3　s 域与 z 域的映射关系

此外,s 平面上的实轴 $\omega=0$ 映射为 z 平面的正实轴 $\Omega=0$。其中,s 平面上点($\sigma=-\infty$,$\omega=0$)映射到 z 平面的原点;s 平面的原点($\sigma=0$,$\omega=0$)映射到 z 平面的 C 点($\rho=1$,$\Omega=0$);s 平面上的点($\sigma=+\infty$,$\omega=0$)映射到 z 平面的点($\rho=\infty$,$\Omega=0$);s 平面上任一点 s_{0k} 映射到 z 平面的点为 $z_k=e^{s_{0k}T}=\rho_k e^{j\Omega_k}$。

当 $\omega=-\dfrac{\pi}{T}$ 时,有 $\Omega=-\pi$;当 $\omega=0$ 时,有 $\Omega=0$;当 $\omega=\dfrac{\pi}{T}$ 时,有 $\Omega=\pi$。也就是说,s 域

角频率 ω 从 $-\frac{\pi}{T}$ 变化到 $\frac{\pi}{T}$ 的水平带，映射到 z 域的辐角 Ω 从 $-\pi$ 变化到 π，即辐角反时针旋转了一周的整个 z 平面；当 ω 再增(减) $\frac{2\pi}{T}$ 时，则 Ω 相应地也增(减) 2π，即辐角再反(顺)时针旋转一周。由于 s 平面可被分成无限多条宽度为 $\frac{2\pi}{T}$ 的水平带，均被映射到无限多个同一 z 平面，因此这种映射是多点对单点的映射，z 平面上的一点 z_k 除映射到 s 平面的点 s_{0k} 外，还映射到 s 平面上的无穷多点 s_{mk}，即

$$s_{mk}=\frac{1}{T}\ln z_k=\frac{1}{T}\left(\ln|\rho_k|+\mathrm{j}\frac{\Omega_k+2m\pi}{T}\right),\quad m=\pm1,\pm2,\cdots \tag{5-3-25}$$

如图 5-3 所示。

例 5-22 已知 $F(s)=\frac{a}{s+a}$，试求相应的 $F(z)$。

解 $F(z)=\mathrm{Res}\left[\frac{zF(s)}{z-\mathrm{e}^{sT}}\right]\Big|_{s=-a}=\frac{z}{z-\mathrm{e}^{sT}}\times\frac{a}{s+a}\times(s+a)\big|_{s=-a}=\frac{az}{z-\mathrm{e}^{-aT}}$

例 5-23 已知 $f(t)=\sin\omega_0 t\varepsilon(t)$，求相应的离散信号 $f(kT)=\sin(\omega_0 kT)\varepsilon(k)$ 的 Z 变换。

解
$$f(t)=\sin\omega_0 t\varepsilon(t)\leftrightarrow F(s)=\frac{\omega_0}{s^2+\omega_0^2}$$

$$F(z)=\sum\mathrm{Res}\left[\frac{zF(s)}{z-\mathrm{e}^{sT}}\right]\Big|_{s=\pm\mathrm{j}\omega_0}=\left[\frac{z}{z-\mathrm{e}^{sT}}\times\frac{\omega_0}{s+\mathrm{j}\omega_0}\right]\Big|_{s=\mathrm{j}\omega_0}+\left[\frac{z}{z-\mathrm{e}^{sT}}\times\frac{\omega_0}{s-\mathrm{j}\omega_0}\right]\Big|_{s=-\mathrm{j}\omega_0}$$

$$=\frac{1}{2\mathrm{j}}\times\frac{z}{z-\mathrm{e}^{\mathrm{j}\omega_0 T}}-\frac{1}{2\mathrm{j}}\times\frac{z}{z-\mathrm{e}^{-\mathrm{j}\omega_0 T}}=\frac{z}{2\mathrm{j}}\times\frac{\mathrm{e}^{\mathrm{j}\omega_0 T}-\mathrm{e}^{-\mathrm{j}\omega_0 T}}{(z-\mathrm{e}^{\mathrm{j}\omega_0 T})(z-\mathrm{e}^{-\mathrm{j}\omega_0 T})}$$

$$=\frac{z}{2\mathrm{j}}\times\frac{\mathrm{e}^{\mathrm{j}\omega_0 T}-\mathrm{e}^{-\mathrm{j}\omega_0 T}}{z^2-z(\mathrm{e}^{\mathrm{j}\omega_0 T}+\mathrm{e}^{-\mathrm{j}\omega_0 T})+1}=\frac{z\sin\omega_0 T}{z^2-2z\cos\omega_0 T+1}$$

5.3.5 *Z* 变换与 DTFT 的关系

根据 DTFT 的定义，有

$$F(\mathrm{e}^{\mathrm{j}\Omega})=\mathrm{DTFT}[f(k)]=\sum_{k=-\infty}^{\infty}f(k)\mathrm{e}^{-\mathrm{j}\Omega k} \tag{5-3-26}$$

$$f(k)=\mathrm{IDTFT}[F(\mathrm{e}^{\mathrm{j}\Omega})]=\frac{1}{2\pi}\int_{-\pi}^{\pi}F(\mathrm{e}^{\mathrm{j}\Omega})\mathrm{e}^{\mathrm{j}\Omega k}\,\mathrm{d}\Omega \tag{5-3-27}$$

比较 Z 变换的定义式(5-1-4)与 DTFT 的定义式(5-3-26)可见，若将式(5-1-4)中的 z 换成 $\mathrm{e}^{\mathrm{j}\Omega}$ 即可得到式(5-3-26)。因为 $|\mathrm{e}^{\mathrm{j}\Omega}|=1$ 是 z 平面上的单位圆，也就是说，$\mathrm{e}^{\mathrm{j}\Omega}$ 表明复变量 z 被限制在 z 平面的单位圆上变化。因此，如果 $F(z)$ 的收敛域包含单位圆 $|z|=1$，则序列 $f(k)$ 的离散时间傅里叶变换(DTFT) $F(\mathrm{e}^{\mathrm{j}\Omega})$ 就是在 z 平面单位圆上的 Z 变换。这时

$$F(\mathrm{e}^{\mathrm{j}\Omega})=F(z)\big|_{z=\mathrm{e}^{\mathrm{j}\Omega}} \tag{5-3-28}$$

可以说，若序列 $f(k)$ 的 $F(\mathrm{e}^{\mathrm{j}\Omega})$ 存在，则其双边 Z 变换一定存在，有

$$F(z)=F(\mathrm{e}^{\mathrm{j}\Omega})\big|_{\mathrm{e}^{\mathrm{j}\Omega}=z} \tag{5-3-29}$$

反之却不然，因此，只有当 $F(z)$ 的收敛域包含单位圆 $|z|=1$ 时，式(5-3-28)才成立。对于因果序列 $f(k)$，当 $F(z)$ 的极点全部分布在单位圆内时才有 DTFT，且 $F(\mathrm{e}^{\mathrm{j}\Omega})=F(z)\big|_{z=\mathrm{e}^{\mathrm{j}\Omega}}$。

第 50 讲

5.4 LTI 离散系统的 Z 变换分析法

LTI 离散系统 z 域分析的基本思路与连续系统 s 域分析相似，即系统的输入 $f(k)$ 分解为基本信号 z^k 之加权和，系统对 $f(k)$ 的零状态响应等于基本信号的加权响应之和。本章讨论 LTI 因果离散系统，系统的输入为因果离散信号，因此，系统分析用单边 Z 变换和 Z 反变换。在后面的讨论中，若不特别说明，离散系统均指 LTI 因果离散系统。本节讨论求系统响应的 Z 变换分析方法。

5.4.1 基本信号 z^k 激励下的零状态响应

若 LTI 离散系统的输入为 $f(k)=z^k$，零状态响应为 $y_{ZS}(k)$，单位序列响应为 $h(k)$，由时域分析可知

$$y_{ZS}(k) = f(k) * h(k) = \sum_{n=-\infty}^{\infty} h(n) z^{k-n} = z^k \sum_{n=-\infty}^{\infty} h(n) z^{-n}$$

如果系统是因果的，则 $h(k)$ 为因果序列，有

$$y_{ZS}(k) = z^k \sum_{n=0}^{\infty} h(n) z^{-n} = z^k H(z) \tag{5-4-1}$$

式中，$H(z)$ 称为 LTI 因果离散系统的 z 域系统函数，z^k 称为系统的特征函数。

式(5-4-1)表明，离散系统对基本信号 z^k 的零状态响应等于 z^k 与系统函数 $H(z)$ 的乘积，即

$$f(k) = z^k \rightarrow y_{ZS}(k) = z^k H(z)$$

5.4.2 一般因果序列 $f(k)$ 激励下的零状态响应

若 LTI 离散系统的输入为因果序列 $f(k)$，且其单边 Z 变换为 $F(z)$，则 $f(k)$ 可以分解为基本信号 z^k 之加权和

$$f(k) = \frac{1}{2\pi \mathrm{j}} \oint_c F(z) z^{k-1} \mathrm{d}z = \oint_c \frac{1}{2\pi \mathrm{j}} F(z) z^{k-1} \mathrm{d}z, \quad k \geqslant 0$$

如果对于 z 平面收敛域内的围线 c 上选任一 z，信号 z^k 产生的零状态响应为 $H(z)z^k$，根据线性系统的齐次性和叠加性，便有

$$\frac{1}{2\pi \mathrm{j}} F(z) z^{k-1} \rightarrow \frac{1}{2\pi \mathrm{j}} F(z) H(z) z^{k-1}$$

$$f(k) = \oint_c \frac{1}{2\pi \mathrm{j}} F(z) z^{k-1} \mathrm{d}z \rightarrow y_{ZS}(k) = \oint_c \frac{1}{2\pi \mathrm{j}} F(z) H(z) z^{k-1} \mathrm{d}z, \quad k \geqslant 0$$

即

$$y_{ZS}(k) = \frac{1}{2\pi \mathrm{j}} \oint_c F(z) H(z) z^{k-1} \mathrm{d}z = \frac{1}{2\pi \mathrm{j}} \oint_c Y_{ZS}(z) z^{k-1} \mathrm{d}z \tag{5-4-2}$$

于是

$$y_{ZS}(k) = f(k) * h(k) \leftrightarrow Y_{ZS}(z) = F(z) H(z) \tag{5-4-3}$$

定义

$$H(z) \overset{\text{def}}{=} \frac{Y_{ZS}(z)}{F(z)} \tag{5-4-4}$$

为离散系统函数，它是系统零状态响应的 Z 变换 $Y_{ZS}(z)$ 与激励的 Z 变换 $F(z)$ 之比，可通过差分方程在零状态下取 Z 变换求得。

藉此，可归纳出应用 z 域分析法求解零状态响应的四个步骤：

(1) 求激励 $f(k)$ 的 Z 变换 $F(z)$ 有

$$f(k)\leftrightarrow F(z)$$

(2) 求离散系统函数 $H(z)$，常用方法有三种：

① 若给定差分方程，可在零状态下取 Z 变换，并按式(5-4-4)求得；

② 若给定 $h(k)$，可根据 $H(z)=\mathscr{Z}[h(k)]$求得；

③ 若给定系统框图或信号流图，则由梅森公式可得。

(3) 求零状态响应的 Z 变换

$$Y_{ZS}(z)=F(z)H(z)$$

(4) 求 $Y_{ZS}(z)$的 Z 反变换

$$y_{ZS}(k)=\mathscr{Z}^{-1}[Y_{ZS}(z)]$$

例 5-24　已知离散系统输入为 $f_1(k)=\varepsilon(k)$时，零状态响应 $y_{ZS_1}(k)=3^k\varepsilon(k)$。求输入为 $f_2(k)=(k+1)\varepsilon(k)$时系统的零状态响应 $y_{ZS_2}(k)$。

解　求 $F_1(z)$、$F_2(z)$和 $Y_{ZS_1}(z)$，有

$$F_1(z)=\frac{z}{z-1},\quad F_2(z)=\frac{z^2}{(z-1)^2},\quad Y_{ZS_1}(z)=\frac{z}{z-3}$$

系统函数为

$$H(z)=\frac{Y_{ZS_1}(z)}{F_1(z)}=\frac{z}{z-3}\Big/\frac{z}{z-1}=\frac{z-1}{z-3}$$

所以

$$Y_{ZS_2}(z)=F_2(z)H(z)=\frac{z^2}{(z-1)^2}\times\frac{z-1}{z-3}=\frac{z^2}{(z-1)(z-3)}$$

由留数法(或部分分式展开法)求得其 Z 反变换为

$$y_{ZS_2}(k)=\mathscr{Z}^{-1}[Y_{ZS_2}(z)]=\left.\frac{z^{k+1}}{z-1}\right|_{z=3}+\left.\frac{z^{k+1}}{z-3}\right|_{z=1}=\frac{1}{2}[(3)^{k+1}-1]\varepsilon(k)$$

5.4.3　差分方程的 z 域求解

用 Z 变换求解差分方程，就是将描述离散系统的差分方程取 Z 变换变为 z 域代数方程，以便于运算和求解。单边 Z 变换将系统的初始状态自然地计入响应像函数中，因此，既可利用 Z 变换分别求得零输入响应、零状态响应，也可直接求得系统的全响应。这种求解思路和方法与微分方程的 s 域求解平行相似，下面举例说明。

例 5-25　已知描述某离散系统的差分方程为

$$y(k+2)-0.7y(k+1)+0.1y(k)=7f(k+2)-2f(k+1)$$

激励 $f(k)=\varepsilon(k)$，初始条件 $y_{ZI}(0)=2$，$y_{ZI}(1)=4$，试求该系统的零输入响应$y_{ZI}(k)$、零状态响应 $y_{ZS}(k)$和全响应 $y(k)$。

解　(1) 求零状态响应 $y_{ZS}(k)$。此时系统的初始状态为零，对差分方程两边取 Z 变换有

$$\begin{aligned}&[z^2Y_{ZS}(z)-z^2y_{ZS}(0)-zy_{ZS}(1)]-0.7[zY_{ZS}(z)-zy_{ZS}(0)]+0.1Y_{ZS}(z)\\&\qquad=7[z^2F(z)-z^2f(0)-zf(1)]-2[zF(z)-zf(0)]\end{aligned}$$

由差分方程使用迭代法可知，激励的初值将产生零状态响应的初值（本例中 $y_{ZS}(0)=7f(0)=7$，$y_{ZS}(1)=0.7y_{ZS}(0)+7f(1)-2f(0)=9.9$）。因此，$Z$ 变换后上式中出现的初值项左右抵消而无须计入，故有

$$[z^2-0.7z+0.1]Y_{ZS}(z)=(7z^2-2z)F(z)$$

整理得

$$Y_{ZS}(z)=\frac{7z^2-2z}{z^2-0.7z+0.1}F(z)=\frac{B(z)}{A(z)}F(z)=H(z)F(z)$$

其中

$$H(z)=\frac{Y_{ZS}(z)}{F(z)}=\frac{B(z)}{A(z)}=\frac{7z^2-2z}{z^2-0.7z+0.1}$$

激励 $f(k)$ 的 Z 变换为

$$f(k)=\varepsilon(k)\leftrightarrow F(z)=\frac{z}{z-1}$$

所以

$$\begin{aligned}Y_{ZS}(z)=F(z)H(z)&=\frac{z}{z-1}\times\frac{7z^2-2z}{(z-0.5)(z-0.2)}\\&=\frac{12.5z}{z-1}-\frac{5z}{z-0.5}-\frac{0.5z}{z-0.2}\end{aligned}$$

求其 Z 反变换得

$$y_{ZS}(k)=12.5\varepsilon(k)-5(0.5)^k\varepsilon(k)-0.5(0.2)^k\varepsilon(k)$$

(2) 求零输入响应 $y_{ZI}(k)$。当系统无外激励作用时，可得齐次差分方程为

$$y_{ZI}(k+2)-0.7y_{ZI}(k+1)+0.1y_{ZI}(k)=0$$

对其进行 Z 变换可得

$$[z^2Y_{ZI}(z)-z^2y_{ZI}(0)-zy_{ZI}(1)]-0.7[zY_{ZI}(z)-zy_{ZI}(0)]+0.1Y_{ZI}(z)=0$$

移项整理得

$$[z^2-0.7z+0.1]Y_{ZI}(z)=z^2y_{ZI}(0)+z[y_{ZI}(1)-0.7y_{ZI}(0)]$$

即

$$Y_{ZI}(z)=\frac{y_{ZI}(0)z^2+[y_{ZI}(1)-0.7y_{ZI}(0)]z}{z^2-0.7z+0.1}=\frac{T(z)}{A(z)}$$

其中，$T(z)$是仅与零输入响应初值（即初始状态）有关的 Z 的多项式，代入初始条件得

$$Y_{ZI}(z)=\frac{2z^2+2.6z}{z^2-0.7z+0.1}=\frac{2z^2+2.6z}{(z-0.5)(z-0.2)}=\frac{12z}{z-0.5}-\frac{10z}{z-0.2}$$

求其 Z 反变换得

$$y_{ZI}(k)=12(0.5)^k-10(0.2)^k,\quad k\geqslant 0$$

值得注意的是，零输入响应的 Z 变换 $Y_{ZI}(z)$的分母 $A(z)$与系统函数的分母相同，$A(z)=0$ 是系统特征方程，其特征根便可决定零输入响应 $y_{ZI}(k)$的模式，代入初始状态即可求得 $y_{ZI}(k)$定解，所以，通常由 $H(z)$的极点写出零输入响应的时域模式，代入初始状态就能求得 $y_{ZI}(k)$。可见，在求 $y_{ZI}(k)$时，Z 变换法与写模式代入初始状态方法相比较，后者更具优越性。

(3) 求全响应 $y(k)$。求差分方程的全响应有两种方法：①$y(k)=y_{ZI}(k)+y_{ZS}(k)$；② 对差分方程进行 Z 变换，直接求 $y(k)$。就本例而言，有

$$\begin{aligned}y(k)&=y_{ZI}(k)+y_{ZS}(k)\\&=12(0.5)^k-10(0.2)^k+[12.5-5(0.5)^k-0.5(0.2)^k]\varepsilon(k)\\&=12.5+7(0.5)^k-10.5(0.2)^k,\quad k\geqslant 0\end{aligned}$$

注意 全响应初始条件 $y(0)=9$,$y(1)=13.9$ 与零输入响应初始条件 $y_{ZI}(0)=2$,$y_{ZI}(1)=4$ 是不同的,但对 n 阶系统总满足 $y(N)=y_{ZI}(N)+y_{ZS}(N)(N=0,1,2,\cdots,n-1)$。因此,当差分方程用 Z 变换法直接求解全响应时,除激励的初值和零状态响应的初值不必计入以外,只需计入纯初始状态 $y_{ZI}(N)$即可。当已知全响应初始条件时,则 $y_{ZI}(N)=y(N)-y_{ZS}(N)$,其中 $y_{ZS}(N)$可用迭代法由差分方程求得。

若 LTI 离散系统的激励为 $f(k)$,响应为 $y(k)$,则描述 n 阶系统的前向差分方程的一般形式可写为

$$\sum_{i=0}^{n}a_i y(k+i)=\sum_{j=0}^{m}b_j f(k+j),\quad a_n=1,\quad n\geqslant m \tag{5-4-5}$$

式中,$a_i(i=0,1,\cdots,n)$,$b_j(j=0,1,\cdots,m)$均为实数,设 $f(k)$是在 $k=0$ 时接入的,系统的初始状态为 $y_{ZI}(0)$,$y_{ZI}(1)$,$\cdots$,$y_{ZI}(n-1)$。

取式(5-4-5)的 Z 变换得

$$\sum_{i=0}^{n}a_i z^i\Big[Y(z)-\sum_{k=0}^{i-1}y_{ZI}(k)z^{-k}\Big]=\Big(\sum_{j=0}^{m}b_j z^j\Big)F(z),\quad 0\leqslant k\leqslant i-1$$

即

$$\sum_{i=0}^{n}a_i z^i Y(z)-\sum_{i=0}^{n}a_i\Big[z^i\sum_{k=0}^{i-1}y_{ZI}(k)z^{-k}\Big]=\sum_{j=0}^{m}b_j z^j F(z)$$

由上式可解得

$$Y(z)=\frac{B(z)}{A(z)}F(z)+\frac{T(z)}{A(z)}=\underbrace{H(z)F(z)}_{Y_{ZS}(z)}+\underbrace{\frac{T(z)}{A(z)}}_{Y_{ZI}(z)} \tag{5-4-6}$$

式中

$$T(z)=\sum_{i=0}^{n}a_i\Big[z^i\sum_{k=0}^{i-1}y_{ZI}(k)z^{-k}\Big],\quad A(z)=\sum_{i=0}^{n}a_i z^i,\quad B(z)=\sum_{j=0}^{m}b_j z^j \tag{5-4-7}$$

$A(z)$与 $B(z)$是 z 的多项式,它们的系数分别是差分方程的系数 $a_i(i=0,1,\cdots,n)$和 $b_i(j=0,1,\cdots,m)$。$T(z)$也是 z 的多项式,其系数仅与 a_i 和响应的各初始状态 $y_{ZI}(0)$,$y_{ZI}(1)$,$\cdots$,$y_{ZI}(n-1)$有关而与激励无关。

例 5-26 已知描述某离散系统的差分方程为

$$y(k+2)-5y(k+1)+6y(k)=f(k)$$

激励 $f(k)=\varepsilon(k)$,全响应初始条件 $y(0)=2$,$y(1)=1$,试求该系统的全响应 $y(k)$。

解 对差分方程两边取 Z 变换(注意:可用迭代法确定 $y_{ZS}(0)=0$,$y_{ZS}(1)=0$,故 $y(0)=y_{ZI}(0)$,$y(1)=y_{ZI}(1)$。)

$$[z^2Y(z)-z^2y(0)-zy(1)]-5[zY(z)-zy(0)]+6Y(z)=\frac{z}{z-1}$$

移项得

$$[z^2-5z+6]Y(z)=\frac{z}{z-1}+z^2y(0)+[y(1)-5y(0)]z$$

代入初始条件

$$[z^2-5z+6]Y(z)=\frac{z}{z-1}+2z^2+[1-5\times 2]z$$

得

$$Y(z)=\frac{\frac{z}{z-1}+2z^2-9z}{z^2-5z+6}=\frac{2z^3-11z^2+10z}{(z-1)(z-2)(z-3)}$$
$$=\frac{1}{2}\times\frac{z}{z-1}+\frac{4z}{z-2}-\frac{5}{2}\times\frac{z}{z-3}$$

取其 Z 反变换得全响应

$$y(k)=\frac{1}{2}+4(2)^k-\frac{5}{2}(3)^k,\quad k\geqslant 0$$

对于后向差分方程，可根据 Z 变换的右移序性质作推导。此时，需要的初始状态为 $y_{ZI}(N)=y(N)(N=-1,-2,\cdots,-n)$。

例 5-27 描述离散系统的差分方程为 $6y(k)-5y(k-1)+y(k-2)=f(k)$，激励 $f(k)=10\cos\left(\frac{k\pi}{2}\right)\varepsilon(k)$，全响应初始条件 $y(-1)=-6, y(-2)=-20$，试求其全响应 $y(k)$。

解 对差分方程两边取 Z 变换，可得

$$6Y(z)-5[z^{-1}Y(z)+y(-1)]+[z^{-2}Y(z)+z^{-1}y(-1)+y(-2)]=F(z)$$

整理得

$$Y(z)=\frac{[5y(-1)-y(-2)]-y(-1)z^{-1}}{6-5z^{-1}+z^{-2}}+\frac{1}{6-5z^{-1}+z^{-2}}\times F(z)$$

分子、分母同乘以 z^2，并将初始状态和 $F(z)=\frac{10z^2}{z^2+1}$ 代入，得

$$Y(z)=\frac{-10z^2+6z}{6z^2-5z+1}+\frac{z^2}{6z^2-5z+1}\times\frac{10z^2}{z^2+1}$$
$$=\frac{-10z^2+6z}{6\left(z-\frac{1}{2}\right)\left(z-\frac{1}{3}\right)}+\frac{10z^4}{6\left(z-\frac{1}{2}\right)\left(z-\frac{1}{3}\right)(z^2+1)}$$

第 51 讲

将上式展开成部分分式

$$Y(z)=\frac{z}{z-\frac{1}{2}}-\frac{8}{3}\frac{z}{z-\frac{1}{3}}+\frac{z}{z-\frac{1}{2}}-\frac{1}{3}\frac{z}{z-\frac{1}{3}}+\frac{z^2+z}{z^2+1}$$

$$=\underbrace{\frac{2z}{z-\frac{1}{2}}-\frac{3z}{z-\frac{1}{3}}}_{\text{自由响应}}+\underbrace{\frac{z^2+z}{z^2+1}}_{\text{强制响应}},\qquad \left[\begin{array}{l}\cos\frac{\pi}{2}k\varepsilon(k)\leftrightarrow\frac{z^2}{z^2+1}\\ \sin\frac{\pi}{2}k\varepsilon(k)\leftrightarrow\frac{z}{z^2+1}\end{array}\right]$$

取 Z 反变换，得

$$y(k)=\underbrace{2\left(\frac{1}{2}\right)^k-3\left(\frac{1}{3}\right)^k}_{\text{自由响应}}+\underbrace{\sqrt{2}\cos\left(\frac{k\pi}{2}-\frac{\pi}{4}\right)}_{\text{强迫响应}},\quad k\geqslant 0$$

可见，自由响应 $y_{自由}(k)$ 的像函数 $Y_{自由}(z)$ 是 $Y(z)$ 中由特征方程的根所形成的分式组成，而强迫响应 $y_{强迫}(k)$ 的像函数 $Y_{强迫}(z)$ 是 $Y(z)$ 中由 $F(z)$ 的极点所形成的分式组成。本例中自由响应就等于瞬态响应，强迫响应就等于稳态响应。如果自由响应中有随 k 增大而增长的项(如 $a^k, a>1$)，系统的响应仍可分为自由、强迫响应，但不便分为瞬态、稳态响应。

5.5　离散系统函数 $H(z)$ 与系统特性

第 52 讲

5.5.1　系统函数 $H(z)$ 及其零极图

由前述知，离散系统函数 $H(z)$ 是离散系统的零状态响应的 Z 变换 $Y_{ZS}(z)$ 与激励的 Z 变换 $F(z)$ 之比。记作

$$H(z)=\frac{Y_{ZS}(z)}{F(z)}=\frac{B(z)}{A(z)} \tag{5-5-1}$$

它表征了离散时间系统本身的特性，是单位序列响应 $h(k)$ 的 Z 变换，与激励无关。

$$H(z)=\mathscr{Z}[h(k)]\leftrightarrow h(k)=\mathscr{Z}^{-1}[H(z)] \tag{5-5-2}$$

对于 n 阶 LTI 因果离散系统

$$H(z)=\frac{B(z)}{A(z)}=\frac{b_m z^m+b_{m-1}z^{m-1}+\cdots+b_1 z+b_0}{z^n+a_{n-1}z^{n-1}+\cdots+a_1 z+a_0}=\frac{\sum_{j=0}^{m}b_j z^j}{\sum_{i=0}^{n}a_i z^i},\quad a_n=1,\quad n\geqslant m \tag{5-5-3}$$

该式可因式分解为

$$H(z)=\frac{\sum_{j=0}^{m}b_j z^j}{\sum_{i=0}^{n}a_i z^i}=\frac{b_m\prod_{j=1}^{m}(z-\zeta_j)}{\prod_{i=1}^{n}(z-\gamma_i)}=\frac{b_m(z-\zeta_1)(z-\zeta_2)\cdots(z-\zeta_m)}{(z-\gamma_1)(z-\gamma_2)\cdots(z-\gamma_n)} \tag{5-5-4}$$

式中，$\zeta_j(j=1,2,\cdots,m)$ 是系统函数 $H(z)$ 的零点；$\gamma_i(i=1,2,\cdots,n)$ 是系统函数 $H(z)$ 的极点。分母多项式等于零的方程 $A(z)=0$ 称为系统的特征方程，即

$$A(z)=\sum_{i=0}^{n}a_i z^i=\prod_{i=1}^{n}(z-\gamma_i)=0 \tag{5-5-5}$$

其特征根 $\gamma_i(i=1,2,\cdots,n)$。显然，特征根就是 $H(z)$ 的极点。在 z 平面上零极点的分布图就是离散系统的零极图或极零图。

5.5.2　因果系统 $H(z)$ 的极点分布与单位序列响应 $h(k)$ 模式的关系

由于 $H(z)$ 与 $h(k)$ 是一对 Z 变换，所以可从 $H(z)$ 极点的分布情况确定 $h(k)$ 的模式及系统的时间特性。$H(z)$ 的每一个极点决定一项对应的时域序列，对于具有 n 个单极点的系统函数，其

$$h(k)=\mathscr{Z}^{-1}[H(z)]=\mathscr{Z}^{-1}\left[\frac{b_m\prod_{j=1}^{m}(z-\zeta_j)}{\prod_{i=1}^{n}(z-\gamma_i)}\right]=\mathscr{Z}^{-1}\left[\sum_{i=0}^{n}\frac{A_i z}{z-\gamma_i}\right]$$

$$=\mathscr{Z}^{-1}\left[A_0+\sum_{i=1}^{n}\frac{A_i z}{z-\gamma_i}\right]=A_0\delta(k)+\sum_{i=1}^{n}A_i(\gamma_i)^k\varepsilon(k) \tag{5-5-6}$$

极点 γ_i 可以是实数，也可以是成对的共轭复数，相应的 $h(k)$ 是指数信号模式或振荡信号模式；零点只对 $h(k)$ 的大小产生影响，对其模式没有影响。

根据 z 平面与 s 平面的映射关系，对照连续系统函数的极点分布对 $h(t)$ 模式的影响，可以很容易地得到以下几种情况：

(1) 当 $H(z)$ 的极点是实轴上的单极点时，$h(k)=A\gamma^k\varepsilon(k)$，如图 5-4 所示。其中，当 $\text{Re}[z]>0$ 时，$h(k)$ 呈正向单调变化；当 $\text{Re}[z]<0$ 时，$h(k)$ 上下交替变化，此时，$h(k)$ 振荡包络角频率 $\omega=\dfrac{\pi}{T}$（为最大）。

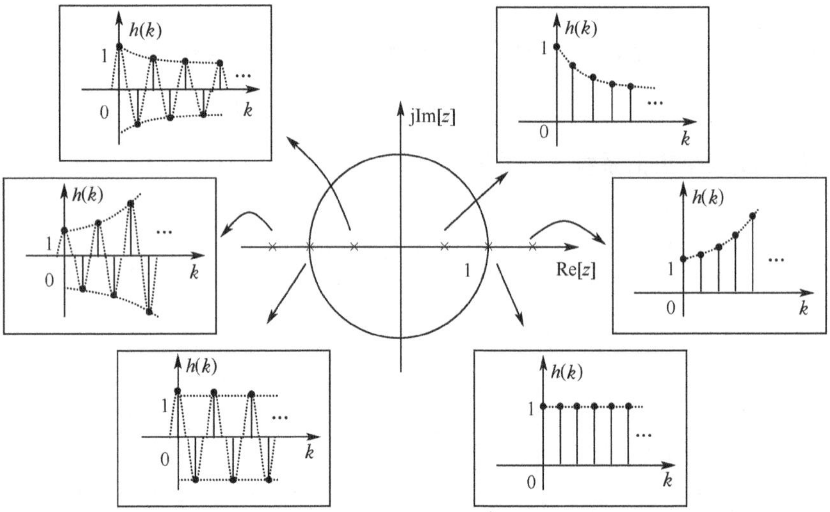

图 5-4　$H(z)$ 的实极点分布与 $h(k)$ 模式的关系

(2) 当 $H(z)$ 的极点是 z 平面上的一对共轭复极点 $\gamma_1=|\gamma|e^{j\Omega}=|\gamma|e^{j\omega T}$（$\Omega$ 为数字频率，ω 为振荡角频率）和 $\gamma_2=|\gamma|e^{-j\Omega}$ 时，其 $H(z)$ 的部分分式系数亦必共轭，设 $A_1=|A|e^{j\theta}$，$A_2=|A|e^{-j\theta}$，则 $h(k)=2|A||\gamma|^k\cos(\Omega k+\theta)\varepsilon(k)$，是一个包络按指数规律 $2|A||\gamma|^k$ 变幅的余弦函数的振荡序列。

特征根的模 $|\gamma|$ 决定 $h(k)$ 的余弦振荡包络幅度的增减快慢，特征根相位 $\Omega=\omega T$，则决定 $h(k)$ 的余弦振荡角频率 $\omega=\dfrac{\Omega}{T}$。此时，$\omega\left(0<\omega<\dfrac{\pi}{T}\right)$是变化的，如图 5-5 所示（设 $\theta=0$，$|A|=\dfrac{1}{2}$）。

① 当 $|\gamma|<1$ 时，极点 γ_1 和 γ_2 在单位圆内，$h(k)$ 为衰减的正弦序列，图示的角频率 $0<\omega<\dfrac{\pi}{2T}$，系统稳定。

② 当 $|\gamma|=1$ 时，极点 γ_1 和 γ_2 在单位圆上，$h(k)$ 为等幅的正弦序列，图示的角频率 $\omega=\dfrac{\pi}{2T}$，系统处于临界稳定。

③ 当 $|\gamma|>1$ 时，极点 γ_1 和 γ_2 在单位圆外，$h(k)$ 为增幅的正弦序列，图示的角频率 $\dfrac{\pi}{2T}<\omega<\dfrac{\pi}{T}$，系统不稳定。

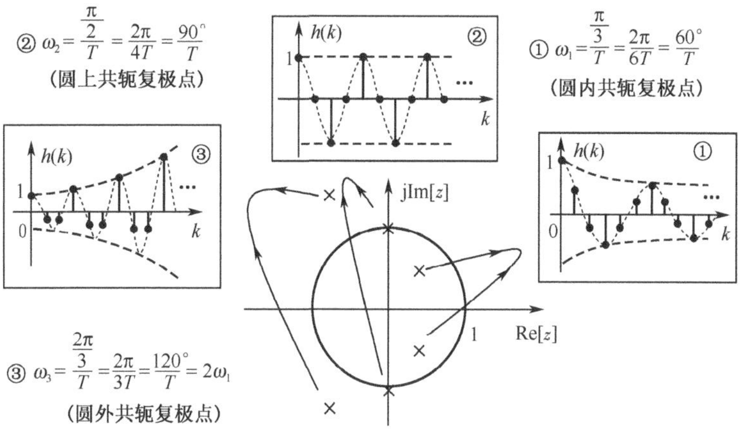

图 5-5 $H(z)$的共轭极点分布与 $h(k)$模式的关系

5.5.3 $H(z)$的零极点分布对系统频率特性 $H(e^{j\Omega})$的影响

1. LTI 离散系统的频率特性 $H(e^{j\Omega})$

类似于LTI连续系统，对LTI因果离散系统而言，如果系统函数 $H(z)$的极点位于 z 平面的单位圆以内，那么，它在单位圆上($|z|=1$)收敛，则由式(5-3-28)，$h(k)$在单位圆上的 Z 变换 $H(e^{j\Omega})$就是系统的频率响应特性，记作

$$H(e^{j\Omega}) = |H(e^{j\Omega})| e^{j\theta(\Omega)} = H(z)|_{z=e^{j\Omega}} \tag{5-5-7}$$

其中，$|H(e^{j\Omega})|$称为幅频特性，$\theta(\Omega)$称为相频特性。

设系统激励为离散复指数序列 $f(k)=\dot{F}_m e^{jk\Omega}$，则系统的零状态响应 $y_{ZS}(k)$ 可写为

$$\begin{aligned} y_{ZS}(k) &= h(k) * f(k) = \sum_{n=0}^{\infty} h(n) f(k-n) \\ &= \sum_{n=0}^{\infty} h(n)\dot{F}_m e^{j(k-n)\Omega} = \sum_{n=0}^{\infty} h(n)(e^{j\Omega})^{-n}\dot{F}_m e^{jk\Omega} \end{aligned}$$

其中

$$h(k) \leftrightarrow H(e^{j\Omega}) = \sum_{n=0}^{\infty} h(n)(e^{j\Omega})^{-n} \tag{5-5-8}$$

故

$$y_{ZS}(k) = y_s(k) = H(e^{j\Omega})\dot{F}_m e^{jk\Omega} = H(e^{j\Omega}) f(k) \tag{5-5-9}$$

可见，当离散系统的输入是复指数离散序列(或正弦序列)时，系统的零状态响应即稳态响应也是与输入频率相同的复指数离散序列(或正弦序列)。

设系统激励正弦序列 $f(k)=F_m\cos(k\Omega+\varphi)=\mathrm{Re}[\dot{F}_m e^{jk\Omega}]=\mathrm{Re}[|\dot{F}_m| e^{j\varphi} e^{jk\Omega}]$，则离散系统的稳态响应

$$y_s(k) = \mathrm{Re}[H(e^{j\Omega})\dot{F}_m e^{jk\Omega}] = |\dot{F}_m| |H(e^{j\Omega})| \cos(k\Omega+\varphi+\theta) \tag{5-5-10}$$

$H(e^{j\Omega})$是以 Ω 为变量、周期为 2π 的周期函数。对 ω_s 而言，$H(e^{j\Omega})$是以 $\omega_s=\frac{2\pi}{T_s}$(取样频率)为周期的周期函数。离散系统频响特性的周期性，是区别于连续系统频响特性的非周期性的重

要特性，由此只画出一个周期内的幅频特性和相频特性曲线即可。与连续系统频率响应相似，这里幅频特性 $|H(e^{j\Omega})|$ 是 $\Omega\left(或\ \omega=\dfrac{\Omega}{T_s}\right)$的偶函数，相频响应 $\theta(\Omega)$ 是 $\Omega\left(或\ \omega=\dfrac{\Omega}{T_s}\right)$的奇函数。

例 5-28 已知离散系统的系统函数为 $H(z)=\dfrac{1}{z+0.5}$，系统的输入为 $f(k)=6+6\cos\left(\dfrac{k\pi}{2}\right)$，求系统的稳态响应 $y_s(k)$。

解 因为 $H(z)$的收敛域为$|z|>0.5$，所以 $H(z)$在单位圆上收敛。

系统函数可写为

$$H(z)=\frac{2}{2z+1}$$

系统的频率响应为

$$H(e^{j\Omega})=H(z)\big|_{z=e^{j\Omega}}=\frac{2}{2e^{j\Omega}+1}$$

分别求系统对 $f(k)$的各分量的正弦稳态响应：

(1) 系统对分量 $f_0(k)=6$ 的稳态响应。$f_0(k)=6$ 可以看成 $\Omega=0$，初相位 $\varphi_0=0$ 的正弦序列。当 $\Omega=0$ 时，系统的频率响应以及幅频特性和相频特性分别为

$$H(e^{j\Omega})=\frac{2}{2e^{j\Omega}+1}\bigg|_{\Omega=0}=\frac{2}{3},\quad |H(e^{j\Omega})|=\frac{2}{3},\quad \theta(\Omega)=0$$

设系统对 $f_0(k)=6$ 的稳态响应为 $y_{s0}(k)$，由式(5-5-10)得

$$y_{s0}(k)=f_0(k)\times H(e^{j\Omega})\big|_{\Omega=0}=6\times\frac{2}{3}=4$$

(2) 系统对分量 $f_1(k)=6\cos\left(\dfrac{k\pi}{2}\right)$ 的稳态响应。$f_1(k)$ 的 $\Omega=\dfrac{\pi}{2}$，初相位 $\varphi_1=0$。当 $\Omega=\dfrac{\pi}{2}$ 时系统的频率响应为

$$H(e^{j\Omega})=H(e^{j\frac{\pi}{2}})=\frac{2}{2e^{j\Omega}+1}\bigg|_{\Omega=\frac{\pi}{2}}=\frac{2}{1+j2},\quad |H(e^{j\frac{\pi}{2}})|=\frac{2}{\sqrt{5}}\approx 0.89$$

$$\theta\left(\frac{\pi}{2}\right)=-\arctan 2=-63.4^\circ$$

设系统对 $f_1(k)=6\cos\left(\dfrac{k\pi}{2}\right)$ 的稳态响应为 $y_{s1}(k)$，由式(5-5-10)得

$$y_{s1}(k)=6|H(e^{j\frac{\pi}{2}})|\cos\left(\frac{k\pi}{2}-63.4^\circ\right)=5.37\cos\left(\frac{k\pi}{2}-63.4^\circ\right)$$

(3) 设系统对 $f(k)$的正弦稳态响应为 $y_s(k)$，则

$$y_s(k)=y_{s0}(k)+y_{s1}(k)=4+5.37\cos\left(\frac{k\pi}{2}-63.4^\circ\right)$$

例 5-29 已知某离散系统的系统函数为 $H(z)=\dfrac{2z}{2z-1}$，试求该系统的频响特性。

解

$$H(z)=\frac{2z}{2z-1}=\frac{z}{z-\frac{1}{2}}$$

可见上式的收敛域为$|z|>0.5$，故在单位圆$|z|=1$上收敛。其频响特性为

$$H(e^{j\Omega})=H(z)\big|_{z=e^{j\Omega}}=\frac{2e^{j\Omega}}{2e^{j\Omega}-1}=\frac{2e^{j\Omega}}{e^{j\frac{\Omega}{2}}\left[2e^{j\frac{\Omega}{2}}-e^{-j\frac{\Omega}{2}}\right]}$$

$$=\frac{2\left(\cos\frac{\Omega}{2}+j\sin\frac{\Omega}{2}\right)}{\left[\cos\frac{\Omega}{2}+j3\sin\frac{\Omega}{2}\right]}=\frac{2\left(1+j\tan\frac{\Omega}{2}\right)}{1+j3\tan\frac{\Omega}{2}}$$

系统的幅频特性和相频特性分别为

$$|H(e^{j\Omega})|=2\sqrt{\frac{1+\left(\tan\frac{\Omega}{2}\right)^2}{1+9\left(\tan\frac{\Omega}{2}\right)^2}}$$

$$\theta(\Omega)=+\arctan\left(\tan\frac{\Omega}{2}\right)-\arctan\left(3\tan\frac{\Omega}{2}\right)=+\frac{\Omega}{2}-\arctan\left(3\tan\frac{\Omega}{2}\right)$$

幅频特性曲线和相频特性曲线如图 5-6 所示。

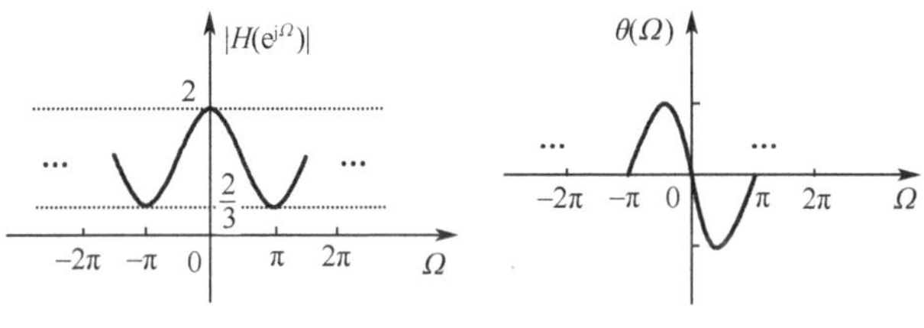

图 5-6　例 5-29 频谱图

类似于模拟滤波器，数字滤波器也按其幅度频率特性分为低通、高通、带通、带阻和全通等类型。由于离散系统频率特性 $H(e^{j\Omega})$ 具有周期性，滤波器的类型区分只能在 $-\frac{\Omega_s}{2}=-\pi\leqslant\Omega\leqslant\frac{\Omega_s}{2}=\pi$ 的频率范围内，理想化数字滤波器的幅度频谱如图 5-7 所示。

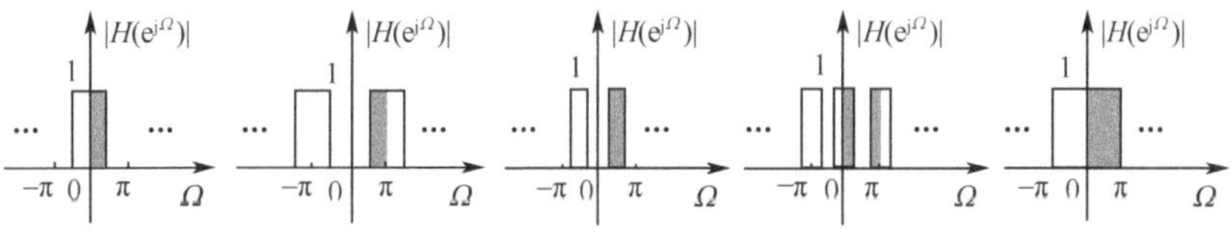

图 5-7　数字滤波器频谱图

2. $H(z)$ 的零极点分布定性确定离散系统的频率特性 $H(e^{j\Omega})$

类似于连续时间系统，也可以用系统函数 $H(z)$ 在 z 平面上的零极点分布，通过几何方法简便而直观地求出离散系统的频率响应，并常用于定性绘出频响特性曲线。

如果系统函数 $H(z)=\frac{b_m\prod_{j=1}^{m}(z-\zeta_j)}{\prod_{i=1}^{n}(z-\gamma_i)}$ 的极点 γ_i 均在单位圆内，零点 ζ_j 不受限制，则该离

散系统的频率响应函数为

$$H(e^{j\Omega}) = H(z)\big|_{z=e^{j\Omega}} = \frac{b_m \prod_{j=1}^{m}(e^{j\Omega}-\zeta_j)}{\prod_{i=1}^{n}(e^{j\Omega}-\gamma_i)} \tag{5-5-11}$$

在 z 平面上，复数可用矢量表示，令

$$\begin{cases} e^{j\Omega}-\zeta_j = N_j e^{j\beta_j} \\ e^{j\Omega}-\gamma_i = M_i e^{j\alpha_i} \end{cases} \tag{5-5-12}$$

式中，M_i 和 α_i 分别代表 z 平面上极点 γ_i 到单位圆上的某一旋转点 $e^{j\Omega}$ 的极点矢量 $e^{j\Omega}-\gamma_i$ 的模和幅角；N_j 和 β_j 分别代表 z 平面上某一零点 ζ_j 到该旋转点的零点矢量 $e^{j\Omega}-\zeta_j$ 的模和幅角，如图 5-8 所示。于是，离散系统的频率响应函数可表示为

$$H(e^{j\Omega}) = |H(e^{j\Omega})|e^{j\theta(\Omega)} = \frac{b_m N_1 N_2 \cdots N_m e^{j(\beta_1+\beta_2+\cdots+\beta_m)}}{M_1 M_2 \cdots M_n e^{j(\alpha_1+\alpha_2+\cdots+\alpha_n)}} \tag{5-5-13}$$

因此离散系统的幅频特性为

$$|H(e^{j\Omega})| = \frac{b_m N_1 N_2 \cdots N_m}{M_1 M_2 \cdots M_n} \tag{5-5-14}$$

相频特性为

$$\theta(\Omega) = (\beta_1+\beta_2+\cdots+\beta_m)-(\alpha_1+\alpha_2+\cdots+\alpha_n) = \sum_{j=1}^{m}\beta_j - \sum_{i=1}^{n}\alpha_i \tag{5-5-15}$$

当 ω 从 0 变化到 $\frac{\pi}{T_s}$ 时，$\Omega=\omega T_s$ 从 0 变化到 π，复变量 $z=e^{j\Omega}$ 从 $z=1$ 沿单位圆逆时针方向旋转半周，这时，各零极点矢量的模和辐角也将随之变化。根据幅频特性 $|H(e^{j\Omega})|$ 是 Ω 的偶函数，相频响应 $\theta(\Omega)$ 是 Ω 的奇函数的对称特点，即可由零极图上零点矢量和极点矢量的变化，定性地绘出系统在 $-\pi\leqslant\Omega\leqslant\pi$ 内的幅频特性曲线和相频特性曲线。

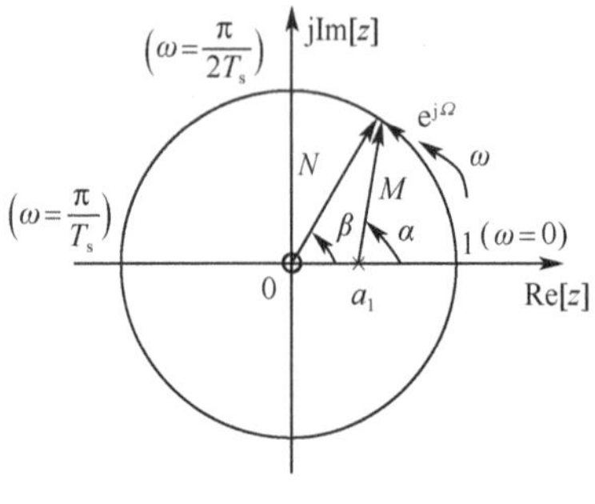

图 5-8　例 5-30 图

例 5-30　已知某离散系统 $H(z)=\frac{z}{z-a_1}$（$0<a_1<1$ 的实数），试分析其零极点对频响特性的影响。

解　其零极图如图 5-8 所示。

根据频响特性 $H(e^{j\Omega})$ 的周期性以及相频特性和幅频特性的对称性，只需要在半个周期内展开讨论即可。当 Ω 从 0 变化到 π 时，零点矢量与极点矢量的模和辐角都要随之变化，因而幅频特性和相频特性也将随之变化，其变化规律如表 5-3 所示。

表 5-3　例 5-30 表

Ω	M	N	$\|H(e^{j\Omega})\|=\frac{N}{M}$	α	β	$\theta=\beta-\alpha$
0	$1-a_1$	1	$\frac{1}{1-a_1}$	0	0	0°
$\frac{\Omega_s}{4}=\frac{\pi}{2}$	$\sqrt{1+a_1^2}$	1	$\frac{1}{\sqrt{1+a_1^2}}$	$\pi-\arctan\frac{1}{a_1}$	$\frac{\pi}{2}$	$-\frac{\pi}{2}+\arctan\frac{1}{a_1}$
$\frac{\Omega_s}{2}=\pi$	$1+a_1$	1	$\frac{1}{1+a_1}$	π	π	0°

由表 5-3，可定性地绘出系统的幅频特性曲线和相频特性曲线，如图 5-9 所示。

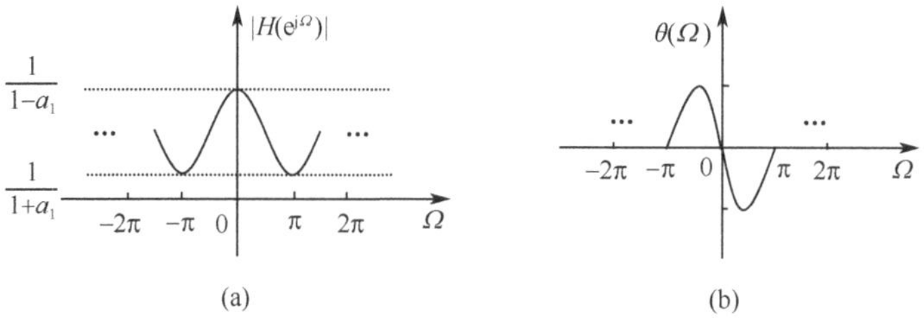

图 5-9　例 5-30 频谱图

仔细观察例 5-30，可发现如下特点：

(1) 由于 $e^{j\Omega}$ 在以角速度 ω 旋转的过程中，极点矢量的模 M 及幅角 α 和零点矢量的模 N 及幅角 β 会随之变化，由它们决定的幅频特性和相频特性也会随之变化，因此，可在零极图上分别算出三点 $\omega=0(\Omega=0)$，$\omega=\dfrac{\pi}{2T_s}\left(\Omega=\dfrac{\pi}{2}\right)$ 和 $\omega=\dfrac{\pi}{T_s}(\Omega=\pi)$ 对应的零点矢量及极点矢量的模和幅角，便可定性地绘出离散系统的幅频特性 $|H(e^{j\Omega})|=\dfrac{N}{M}$ 和相频特性 $\theta(\Omega)=\beta-\alpha$ 的光滑曲线。

(2) 很明显，在 $z=0$ 处的极点矢量模或零点矢量模均为 1，都不随 $e^{j\Omega}$ 的旋转而改变，只有辐角的改变，所以在 $z=0$ 处加入或除去零极点都不会影响幅频特性而只影响相频特性。

(3) 当 $e^{j\Omega}$ 旋转到极点附近时，极点矢量模的长度 M 最短，幅频特性 $|H(e^{j\Omega})|$ 出现峰值（M 越短在峰值附近的幅频特性曲线越尖锐，如果极点在单位圆上，则 $M=0$，幅频特性峰值为无穷大)，其相频特性曲线将减小最快；当 $e^{j\Omega}$ 旋转到零点附近时，幅频特性曲线 $|H(e^{j\Omega})|$ 出现谷值（N 越短，幅频特性曲线越尖锐，如果零点在单位圆上，则 $N=0$，幅频特性谷值为零)，相频特性曲线增大最快。

例 5-31　离散系统框图如图 5-10(a)所示，试求其频率响应并判定该系统的特性。

第 53 讲

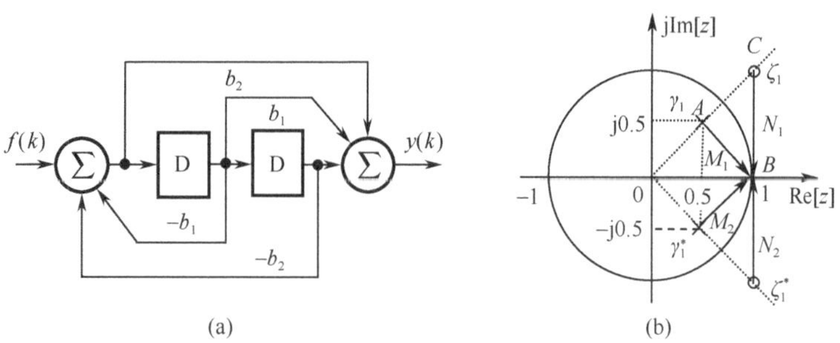

图 5-10　例 5-31 图

解　根据框图可得差分方程

$$y(k+2)+b_1y(k+1)+b_2y(k)=b_2f(k+2)+b_1f(k+1)+f(k)$$

由此得系统函数

$$H(z)=\frac{Y_{zs}(z)}{F(z)}=\frac{b_2z^2+b_1z+1}{z^2+b_1z+b_2}=\frac{b_2(z-\zeta_1)(z-\zeta_1^*)}{(z-\gamma_1)(z-\gamma_1^*)}$$

其零极点分别为

$$\zeta_{1,2}=\frac{-b_1\pm\sqrt{b_1^2-4b_2}}{2b_2},\quad \gamma_{1,2}=\frac{-b_1\pm\sqrt{b_1^2-4b_2}}{2}$$

若 b_1 和 b_2 为实系数且 $b_1{}^2-4\,b_2<0$ 时，例如，$b_1=-1$，$b_2=0.5$，则 $H(z)$有一对共轭零点 $\zeta_1=1+\mathrm{j}$ 与 $\zeta_2=\zeta_1^*=1-\mathrm{j}$ 和一对共轭极点 $\gamma_1=0.5+\mathrm{j}0.5$ 与 $\gamma_2=\gamma_1^*=0.5-\mathrm{j}0.5$，零极图如图 5-10(b)所示。

$$H(z)=\frac{Y_{\mathrm{ZS}}(z)}{F(z)}=\frac{0.5z^2-z+1}{z^2-z+0.5}=0.5\times\frac{(z-\zeta_1)(z-\zeta_2)}{(z-\gamma_1)(z-\gamma_2)}$$

$$H(\mathrm{e}^{\mathrm{j}\Omega})=H(z)\big|_{z=\mathrm{e}^{\mathrm{j}\Omega}}=\frac{b_2\mathrm{e}^{\mathrm{j}\Omega}+b_1+\mathrm{e}^{-\mathrm{j}\Omega}}{\mathrm{e}^{\mathrm{j}\Omega}+b_1+b_2\mathrm{e}^{-\mathrm{j}\Omega}}$$

$$=\frac{(b_1+\cos\Omega+b_2\cos\Omega)+\mathrm{j}(b_2\sin\Omega-\sin\Omega)}{(b_1+\cos\Omega+b_2\cos\Omega)-\mathrm{j}(b_2\sin\Omega-\sin\Omega)}$$

$$|H(\mathrm{e}^{\mathrm{j}\Omega})|=\frac{\sqrt{(b_1+\cos\Omega+b_2\cos\Omega)^2+(b_2\sin\Omega-\sin\Omega)^2}}{\sqrt{(b_1+\cos\Omega+b_2\cos\Omega)^2+(b_2\sin\Omega-\sin\Omega)^2}}=1$$

$$\theta(\Omega)=2\arctan\left[\frac{(b_2-1)\sin\Omega}{b_1+(b_2+1)\cos\Omega}\right]=2\arctan\left(\frac{-0.5\sin\Omega}{-1+1.5\cos\Omega}\right)$$

该系统为全通数字滤波器。由系统的零极图也可作几何判定：在 $0\leqslant\Omega\leqslant\pi$ 的范围内，无论 $\mathrm{e}^{\mathrm{j}\Omega}$旋转到哪里，以 M_1 为边的小三角形 $\triangle OAB$ 形总是相似于以 N_1 为边的大三角形 $\triangle OCB$，所以有 $\dfrac{N_1}{M_1}=k_1$（常数）$\geqslant1$；同理，总有 $\dfrac{N_2}{M_2}=k_2$（常数）$\geqslant1$，故有 $|H(\mathrm{e}^{\mathrm{j}\Omega})|=H_0\dfrac{N_1N_2}{M_1M_2}=H_0k_1k_2=1$，$k_1k_2>1$。

5.5.4 系统函数 $H(z)$与 LTI 因果离散系统的稳定性

1. LTI 因果离散系统

第 54 讲

LTI 离散系统满足因果性的充分和必要条件是：单位序列响应 $h(k)=0(k<0)$，或者系统函数 $H(z)$的收敛域为 $|z|>\rho_0$，其收敛域为半径等于 ρ_0 的圆外区域。换言之，$H(z)$的极点都在收敛圆 $|z|=\rho_0$ 内部及圆上。

2. LTI 因果离散系统的稳定性

和连续系统相似，如果离散系统对有界的激励产生有界的响应，则称该系统为稳定系统(BIBO)。因果离散系统稳定的时域充要条件是

$$\begin{cases}\lim\limits_{k\to\infty}h(k)=0\\ \sum\limits_{k=0}^{\infty}|h(k)|<\infty\end{cases}\tag{5-5-16}$$

3. LTI 因果离散系统稳定性的极点判别法

假设系统函数为 $H(z)=\dfrac{B(z)}{A(z)}$ 的离散系统，当其特征方程 $A(z)=0$ 的根，也就是其系统函数 $H(z)$的极点在单位圆内时，系统稳定；当极点是单位圆上的单极点时，系统临界稳定；当极点是单位圆上的重极点或在单位圆外时，系统不稳定。用此准则判定一、二阶系统的稳定性较方便，但对三阶及其以上的系统，因求极点困难而不便使用。

4. 朱利判定法

朱利(E. I. Jury)首先提出了一种通过对系统函数 $H(z)$的特征多项式 $A(z)$为基础并作简单计算，然后列朱利表的方法来判定离散系统是否稳定。因此该判定法也称为朱利准则(判据)，它是判定离散系统稳定性的一般准则。对特征多项式

$$A(z)=a_n z^n+a_{n-1}z^{n-1}+\cdots+a_1 z+a_0 \tag{5-5-17}$$

朱利根据 $A(z)$的系数排列并作计算排列出朱利表如表 5-4 所示。

表 5-4

行	Jury 表						
1	a_n	a_{n-1}	a_{n-2}	$\cdots$	a_2	a_1	a_0
2	a_0	a_1	a_2	$\cdots$	a_{n-2}	a_{n-1}	a_n
3	b_{n-1}	b_{n-2}	b_{n-3}	$\cdots$	b_1	b_0	
4	b_0	b_1	b_2	$\cdots$	b_{n-2}	b_{n-1}	
5	c_{n-2}	c_{n-3}	c_{n-4}	$\cdots$	c_0		
6	c_0	c_1	c_2	$\cdots$	c_{n-2}		
$\vdots$	$\vdots$	$\vdots$	$\vdots$	$\vdots$			
$2n-3$	r_2	r_1	r_0				

表 5-4 中第 1 行列出 $A(z)$的系数按顺序排列，第 2 行列出 $A(z)$的系数按反序排列。第 3 行元素由第 1,2 两行元素按下列规则求出为

$$b_{n-1}=\begin{vmatrix} a_n & a_0 \\ a_0 & a_n \end{vmatrix},\quad b_{n-2}=\begin{vmatrix} a_n & a_1 \\ a_0 & a_{n-1} \end{vmatrix},\quad b_{n-3}=\begin{vmatrix} a_n & a_2 \\ a_0 & a_{n-2} \end{vmatrix},\quad \cdots \tag{5-5-18}$$

第 4 行将第 3 行的各元素按反序排列。根据第 3、4 两行的元素再用上述规则求得第 5 行的元素为

$$c_{n-2}=\begin{vmatrix} b_{n-1} & b_0 \\ b_0 & b_{n-1} \end{vmatrix},\quad c_{n-3}=\begin{vmatrix} b_{n-1} & b_1 \\ b_0 & b_{n-2} \end{vmatrix},\quad c_{n-4}=\begin{vmatrix} b_{n-1} & b_2 \\ b_0 & b_{n-3} \end{vmatrix},\quad \cdots \tag{5-5-19}$$

以此类推，一直排到第 $2n-3$ 行为止。

朱利准则　系统函数 $H(z)$的所有极点都在单位圆内的充要条件是

$$\begin{cases} A(1)>0 \\ (-1)^n A(-1)>0 \end{cases} \tag{5-5-20}$$

以及朱利表中所有奇数行的第一个元素值大于最后一个元素的绝对值，即

$$\begin{cases} a_n>|a_0| \\ b_{n-1}>|b_0| \\ c_{n-2}>|c_0| \\ \quad\vdots \\ r_2>|r_0| \end{cases} \tag{5-5-21}$$

满足式(5-5-20)及式(5-5-21)全部条件，则系统稳定；否则为不稳定。对于二阶系统，$A(z)=a_2 z^2+a_1 z+a_0$，容易导出系统函数 $H(z)$的极点都在单位圆内的条件是

$$\begin{cases} A(1)>0 \\ A(-1)>0 \\ a_2>|a_0| \end{cases} \tag{5-5-22}$$

例 5-32 某离散系统 $H(z)=\dfrac{z^2+z}{z^2+0.2z-0.24}$，试判定其稳定性。

解 根据特征多项式 $A(z)=z^2+0.2z-0.24$，得

$$A(1)=1+0.2-0.24=0.96>0$$

$$(-1)^2A(-1)=1-0.2-0.24=0.56>0,\quad a_2=1>|a_0|=0.24$$

所以该系统是稳定的。对于一阶系统和二阶系统，容易用求极点的方法来验证朱利准则的正确性。

例 5-33 某离散系统的特征多项式为 $A(z)=4z^4-4z^3+2z-1$，试判定其稳定性。

解 根据特征多项式得

$$A(1)=4-4+2=1>0,\quad (-1)^4A(-1)=4+4-2-1=5>0$$

列 Jury 表如表 5-5 所示(对缺项的系数用零代替)。

表 5-5

行	Jury 表				
1	4	−4	0	2	−1
2	−1	2	0	−4	4
3	15	−14	0	4	
4	4	0	−14	15	
5	209	−210	56		

由上表可知，$a_4=4>|a_0|=|-1|=1$，$b_3=15>|b_0|=4$，$c_2=209>|c_0|=56$，所以该系统是稳定的。

例 5-34 某离散系统的系统函数为 $H(z)=\dfrac{z+1}{z^2+(2+k)z+0.5}$，欲使该系统稳定，$k$ 应取何值？

解 特征多项式

$$A(z)=z^2+(2+k)z+0.5$$

根据朱利准则

$$A(1)=1+(2+k)+0.5>0$$

可得 $k>-3.5$；

$$(-1)^2A(-1)=1-(2+k)+0.5>0$$

可得 $k<-0.5$。

由此可见，当 $-3.5<k<-0.5$ 时系统稳定。

5.6 LTI 离散系统的 z 域模拟框图和信号流图

第 55 讲

5.6.1 z 域基本运算器

类比连续系统模拟，离散系统也可用模拟框图或信号流图来表示。表 5-6 显示了基本运算器的 z 域模拟框图与模拟信流图。

表 5-6　基本运算器的 z 域模型

元件名	模拟框图	模拟信流图
加法器	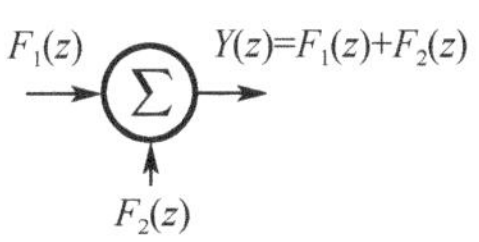	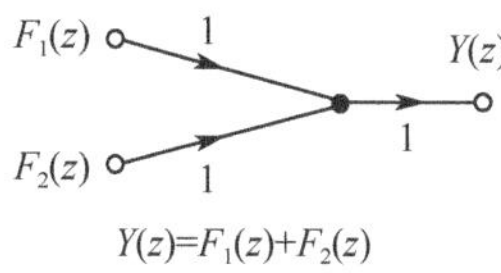
标量乘法器	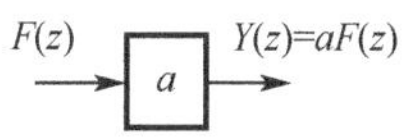	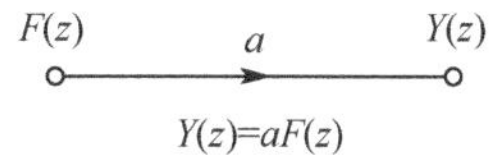
延迟器	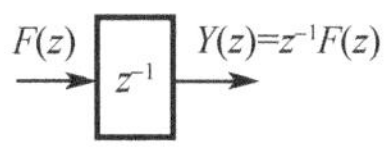	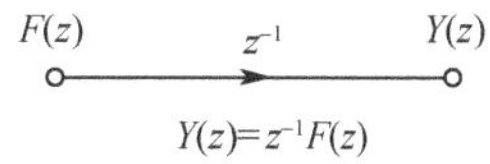

5.6.2　LTI 离散系统的 z 域模拟

以下举例说明。

例 5-35　描述某离散系统的差分方程为

$$y(k+3)+2y(k+2)+3y(k+1)+6y(k)=3f(k+2)+2f(k+1)+f(k)$$

试用直接形式模拟该系统。

解　根据差分方程得其系统函数

$$H(z)=\frac{3z^2+2z+1}{z^3+2z^2+3z+6}=\frac{3z^{-1}+2z^{-2}+z^{-3}}{1-(-2z^{-1}-3z^{-2}-6z^{-3})}$$

由此分别画出该系统直接实现的卡尔曼模拟框图和信号流图如图 5-11(a)、(b)所示。

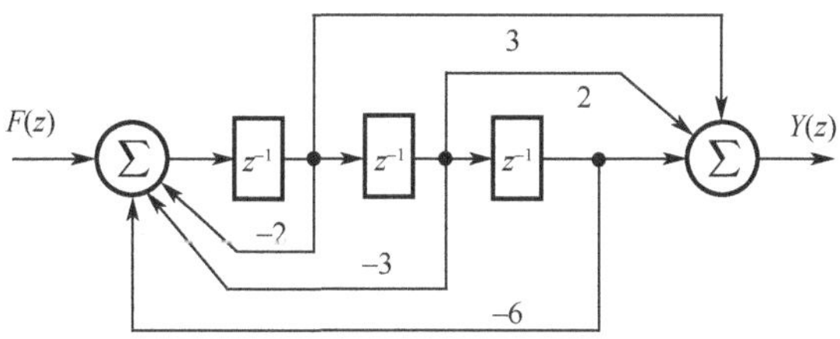

(a)

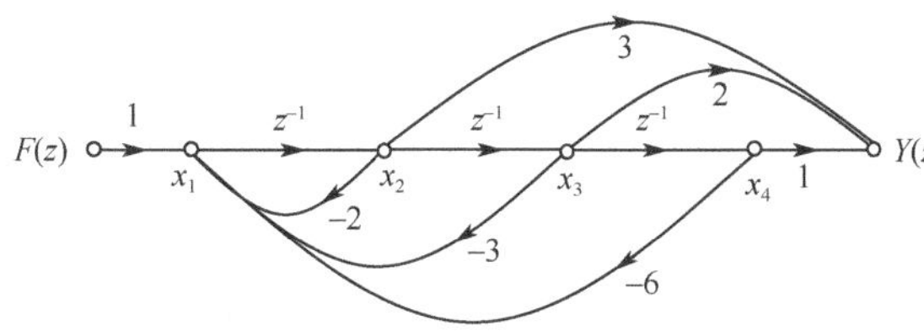

(b)

图 5-11　例 5-35 图

应用梅森公式，与连续系统同样的方法可以对离散系统 z 域框图或信号流图化简，以及实现系统函数的级联和并联模拟，不再赘述。

习　题

5.1　求下列序列的双边 Z 变换，并注明收敛域。

(1) $f(k)=\begin{cases}\left(\dfrac{1}{2}\right)^k, & k<0\\ 0, & k\geqslant 0\end{cases}$　　(2) $f(k)=\begin{cases}2^k, & k<0\\ \left(\dfrac{1}{3}\right)^k, & k\geqslant 0\end{cases}$

(3) $f(k)=\left(\dfrac{1}{2}\right)^{|k|},\quad k=0,\pm1,\pm2,\cdots$　　(4) $f(k)=\begin{cases}0, & k<-4\\ \left(\dfrac{1}{2}\right)^k, & k\geqslant -4\end{cases}$

(5) $f(k)=(-1)^k\varepsilon(-k)$　　(6) $f(k)=2^k\varepsilon(2-k)$

(7) $f(k)=(-2)^k\varepsilon(-k-1)$　　(8) $f(k)=k(k-1)\varepsilon(-k-1)$

(9) $f(k)=|k-2|\varepsilon(-k)$

5.2　利用常用 Z 变换求下列序列的单边 Z 变换。

(1) $f(k)=\delta(k)-\dfrac{1}{8}\delta(k-3)$　　(2) $f(k)=\varepsilon(k)-\varepsilon(k-1)$

(3) $f(k)=\left[\left(\dfrac{1}{2}\right)^k+\left(\dfrac{1}{3}\right)^{-k}\right]\varepsilon(k)$　　(4) $f(k)=\left(-\dfrac{1}{2}\right)^k\varepsilon(k)$

(5) $f(k)=\cos\dfrac{k\pi}{4}\varepsilon(k)$　　(6) $f(k)=a^k\varepsilon(k+3)$

(7) $f(k)=\mathrm{e}^{\mathrm{j}\pi k}\varepsilon(k+1)$　　(8) $f(k)=k[\varepsilon(k)-\varepsilon(k-2)]$

5.3　粗略画出以下因果序列的图形，并求其 Z 变换。

(1) $f(k)=\begin{cases}1, & k\text{ 为偶数}\\ 0, & k\text{ 为奇数}\end{cases}$　　(2) $f(k)=\begin{cases}1, & k=0,4,8,\cdots\\ 0, & \text{其余}\end{cases}$

(3) $f_N(k)=\begin{cases}1, & k=0,1,2,3\\ -1, & k=4,5,6,7\\ 0, & \text{其余}\end{cases}$　　(4) $f(k)=\begin{cases}1, & k\text{ 为偶数}\\ -1, & k\text{ 为奇数}\end{cases}$

5.4　根据下列 $F(z)$ 及注明的收敛域求其 Z 反变换。

(1) $F(z)=1,\quad |z|\leqslant\infty$　　(2) $F(z)=z^3,\quad |z|\leqslant\infty$

(3) $F(z)=z^{-1},\quad |z|\leqslant\infty$　　(4) $F(z)=2z+1-2z^{-2},\quad |z|\leqslant\infty$

(5) $F(z)=\dfrac{z}{z-a},\quad |z|>|a|$　　(6) $F(z)=\dfrac{z}{z-a},\quad |z|<|a|$

5.5　利用移序性质求下列序列的 Z 变换。

(1) $f(k)=\left(\dfrac{1}{2}\right)^{k-1}\varepsilon(k)$　　(2) $f(k)=\left(\dfrac{1}{2}\right)^{k-1}\varepsilon(k-1)$

(3) $f(k)=\left(\dfrac{1}{2}\right)^k\varepsilon(k-1)$　　(4) $f(k)=\left(\dfrac{1}{2}\right)^k[\varepsilon(k)-\varepsilon(k-2)]$

5.6　利用尺度变换性质求下列序列的 Z 变换。

(1) $f(k)=ka^{k-2}\varepsilon(k)$　　(2) $f(k)=(-1)^k k\varepsilon(k)$

(3) $f(k)=\left(\dfrac{1}{2}\right)^k\cos\dfrac{k\pi}{2}\varepsilon(k)$　　(4) $f(k)=\left(\dfrac{1}{2}\right)^k\cos\left(\dfrac{k\pi}{2}-\dfrac{\pi}{4}\right)\varepsilon(k)$

5.7　因果序列的 Z 变换如下，试求 $f(0)$，$f(1)$，$f(2)$。

(1) $F(z)=\dfrac{z^2}{(z-1)(z-2)}$　　(2) $F(z)=\dfrac{z^2+z+1}{(z-1)\left(z+\dfrac{1}{2}\right)}$

(3) $F(z)=\dfrac{z^2-z}{(z-1)^3}$　　(4) $F(z)=\dfrac{z^3+2z^2-z+1}{z^3+z^2+0.5z}$

5.8　因果序列的 Z 变换如下，试判定能否确定终值；如果能，求出 $\lim\limits_{k\to\infty}f(k)$。

(1) $F(z)=\dfrac{z^2+1}{\left(z+\dfrac{1}{3}\right)\left(z-\dfrac{1}{2}\right)}$　　(2) $F(z)=\dfrac{z^2+z+1}{(z-1)\left(z+\dfrac{1}{2}\right)}$

(3) $F(z)=\dfrac{z^2}{(z-1)(z-2)}$　　(4) $F(z)=\dfrac{z^2+z}{(z-1)^2\left(z-\dfrac{1}{3}\right)}$

5.9　若 $f_1(k)\leftrightarrow F_1(z)$，$f_2(k)\leftrightarrow F_2(z)$，试证明：

(1) $[a^k f_1(k)]*[a^k f_2(k)]=a^k[f_1(k)*f_2(k)]$

(2) $k[f_1(k)*f_2(k)]=[kf_1(k)]*f_2(k)+f_1(k)*[kf_2(k)]$

5.10　已知 $f(k)=f_1(k)*f_2(k)$，试用卷积和定理求下列情况的 $f(k)$。

(1) $f_1(k)=a^k\varepsilon(k)$，　$f_2(k)=\delta(k-1)$

(2) $f_1(k)=2^k\varepsilon(k)$，　$f_2(k)=\varepsilon(k)-\varepsilon(k-1)$

(3) $f_1(k)=\left(\dfrac{1}{2}\right)^k\varepsilon(k)$，　$f_2(k)=k\varepsilon(k)$

5.11　利用 Z 变换性质求下列序列的 Z 变换。

(1) $f(k)=\sum\limits_{n=0}^{k}(-1)^n$　　(2) $f(k)=(k-1)\sum\limits_{n=0}^{k}a^{n-1}$

(3) $f(k)=\sum\limits_{n=0}^{k}n^2$　　(4) $f(k)=a^k\sum\limits_{n=0}^{k}b^n$

(5) $f(k)=\sum\limits_{n=0}^{k}\dfrac{a^n}{n!}$

5.12　若 $f(k)\leftrightarrow F(z)$，试求下列序列的 Z 变换。

(1) $y(k)=\sum\limits_{n=0}^{k}a^n f(n)$　　(2) $y(k)=a^k\sum\limits_{n=0}^{k}f(n)$

5.13　利用 Z 域微积分性质求下列序列的 Z 变换。

(1) $f(k)=(k-1)\varepsilon(k-1)$　　(2) $f(k)=(k-1)^2\varepsilon(k-1)$

(3) $f(k)=k(k-1)\varepsilon(k-1)$　　(4) $f(k)=k\sin\dfrac{k\pi}{2}\varepsilon(k)$

(5) $f(k)=\dfrac{a^k-b^k}{k}\varepsilon(k-1)$　　(6) $f(k)=\dfrac{a^k}{k+1}\varepsilon(k)$

5.14　求下列 $F(z)$ 的双边 Z 反变换。

(1) $F(z)=\dfrac{1}{1-0.5z^{-1}}$，　$|z|>0.5$　　(2) $F(z)=\dfrac{3z+1}{z+0.5}$，　$|z|>0.5$

(3) $F(z)=\dfrac{z^2+z}{(z-1)^3}$，　$|z|>1$　　(4) $F(z)=\dfrac{z^2}{z^2+3z+2}$，　$|z|>2$

(5) $F(z)=\dfrac{z^2}{(z-0.5)(z-0.25)}$，　$|z|>0.5$

(6) $F(z)=\dfrac{z^2}{\left(z-\dfrac{1}{2}\right)\left(z-\dfrac{1}{3}\right)}$，　$|z|>\dfrac{1}{2}$

(7) $F(z)=\dfrac{z^2}{\left(z-\dfrac{1}{2}\right)\left(z-\dfrac{1}{3}\right)}$，　$|z|<\dfrac{1}{3}$

(8) $F(z)=\dfrac{z^3}{\left(z-\dfrac{1}{2}\right)^2(z-1)}$，　$\dfrac{1}{2}<|z|<1$

5.15 求下列 $F(z)$ 的单边 Z 反变换。

(1) $F(z)=\dfrac{1}{z^3(z^2+1)(z+1)}$　　(2) $F(z)=\dfrac{z}{z^2-\sqrt{3}z+1}$

(3) $F(z)=\dfrac{1}{z^2+1}$　　(4) $F(z)=\dfrac{z^2+z}{(z-1)(z^2-z+1)}$

(5) $F(z)=\dfrac{z^2}{z^2+\sqrt{2}z+1}$

5.16 利用公式 $F(z)=\sum_k \mathrm{Res}\left[\dfrac{zF(s)}{z-e^{sT}}\right]\Bigg|_{s=s_k}$ 求下列序列的 Z 变换。

(1) $f(k)=e^{aTk}\varepsilon(k)$　　(2) $f(k)=\sin(\omega Tk)\varepsilon(k)$

(3) $f(k)=e^{aTk}\sin(\omega kT)\varepsilon(k)$

5.17 用 Z 变换分析法求解下列齐次差分方程。

(1) $y(k)-0.9y(k-1)=0$，　$y(-1)=1$

(2) $y(k)-y(k-1)-2y(k-2)=0$，　$y(-1)=0$，　$y(-2)=3$

(3) $y(k+2)-y(k+1)-2y(k)=0$，　$y(0)=0$，　$y(1)=3$

(4) $y(k)-y(k-1)-2y(k-2)=0$，　$y(0)=0$，　$y(1)=3$

5.18 求下列差分方程的系统函数 $H(z)$ 和单位序列响应 $h(k)$。

(1) $y(k)-5y(k-1)+6y(k-2)=f(k)-3f(k-2)$

(2) $8y(k+2)-2y(k+1)-3y(k)=f(k+1)+2f(k)$

5.19 用 Z 变换分析法求解下列差分方程。

(1) $y(k)-0.9y(k-1)=0.1\varepsilon(k)$，　$y(-1)=2$

(2) $y(k)+3y(k-1)+2y(k-2)=\varepsilon(k)$，　$y(-1)=0$　，$y(-2)=0.5$

(3) $y(k+2)-y(k+1)-2y(k)=\varepsilon(k)$，　$y(0)=1$，　$y(1)=1$

(4) $y(k+2)+3y(k+1)+2y(k)=3^k\varepsilon(k)$，　$y(0)=0$，　$y(1)=0$

5.20 描述某 LTI 离散系统的差分方程为 $y(k)-y(k-1)-2y(k-2)=f(k)$，已知 $f(k)=\varepsilon(k)$，$y(-1)=-1$，$y(-2)=\dfrac{1}{4}$，试求该系统的零输入响应 $y_{ZI}(k)$、零状态响应 $y_{ZS}(k)$ 和全响应 $y(k)$。

5.21 描述离散系统的差分方程为

$$y(k+2)-0.7y(k+1)+0.1y(k)=7f(k+1)-2f(k)$$

已知 $f(k)=(0.4)^k\varepsilon(k)$，$y(-1)=-4$，$y(-2)=-38$，试求该系统的零输入响应 $y_{ZI}(k)$，零状态响应 $y_{ZS}(k)$ 和全响应 $y(k)$。

5.22 某 LTI 离散系统的模拟框图如题 5.22 图所示（D 为单位延迟器），试求该系统在下列激励作用下的零状态响应。

(1) $f(k)=\delta(k)$　　(2) $f(k)=\varepsilon(k)$

(3) $f(k)=k\varepsilon(k)$　　(4) $f(k)=\sin\left(\dfrac{k\pi}{3}\right)\varepsilon(k)$

(5) $f(k)=(\sqrt{2})^k\sin\left(\dfrac{k\pi}{2}\right)\varepsilon(k)$

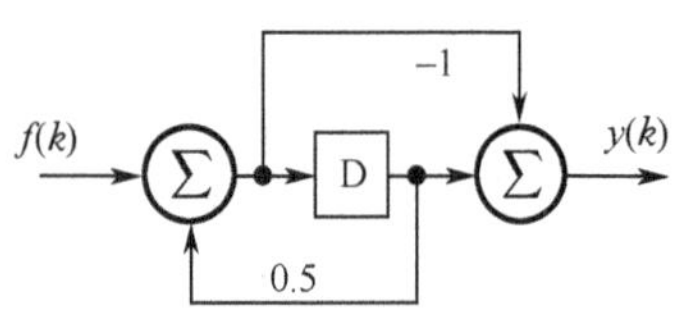

题 5.22 图

5.23 某 LTI 离散系统的系统函数为 $H(z)=\dfrac{z+3}{z^2+3z+2}$，试求该系统单位序列响应 $h(k)$ 和描述该系统的差分方程。

5.24 已知某 LTI 离散系统在输入 $f(k)=\left(\dfrac{1}{2}\right)^k\varepsilon(k)$ 时的零状态响应为

$$y_{ZS}(k)=\left[3\left(\frac{1}{2}\right)^k+2\left(\frac{1}{3}\right)^k\right]\varepsilon(k)$$

试求该系统的系统函数并绘出模拟框图。

5.25　用横向滤波器实现的时域均衡器如题 5.25 图所示，当激励为

$$f(k)=\frac{1}{4}\delta(k)+\delta(k-1)+\frac{1}{2}\delta(k-2)$$

时，其零状态响应 $y_{zs}(k)$ 中 $y_{zs}(0)=1$，$y_{zs}(1)=y_{zs}(3)=0$，试确定系数 a、b、c 的值。

5.26　某 LTI 离散系统的模拟框图如题 5.26 图所示。

(1) 试求该系统的系统函数 $H(z)$；

(2) a 为何值时该系统稳定；

(3) 若 $a=1$，激励 $f(k)=\delta(k)-\left(\frac{1}{4}\right)^k\varepsilon(k)$，试求响应 $y(k)$。

5.27　某 LTI 离散系统的模拟框图如题 5.27 图所示。

(1) 试求该系统的单位序列响应 $h(k)$；

(2) 若激励为 $f(k)=\left(\frac{1}{2}\right)^k\varepsilon(k)$，求零状态响应 $y_{zs}(k)$。

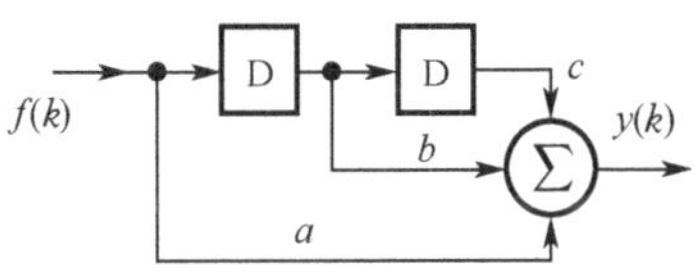

题 5.25 图

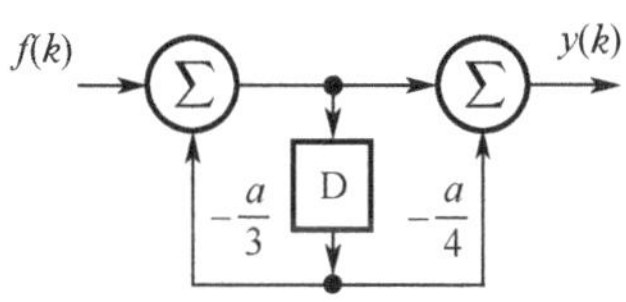

题 5.26 图

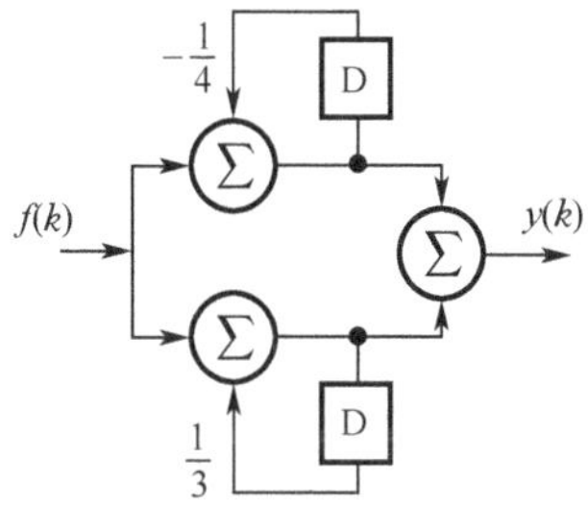

题 5.27 图

5.28　某 LTI 离散系统的模拟框图如题 5.28 图所示。

(1) 试求该系统的单位序列响应 $h(k)$；

(2) 若激励为 $f(k)=\varepsilon(k)$，求零状态响应 $y_{zs}(k)$。

5.29　已知某 LTI 离散系统在输入 $f(k)=\varepsilon(k)$ 时的零状态响应为

$$y_{zs}(k)=2\varepsilon(k)-(0.5)^k\varepsilon(k)+(-1.5)^k\varepsilon(k)$$

试求其系统函数和描述该系统的差分方程。

5.30　已知某 LTI 离散系统在输入 $f(k)=\varepsilon(k)$ 时的零状态响应为

$$y_{zs}(k)=2[1-(0.5)^k]\varepsilon(k)$$

(1) 求该系统的系统函数和描述该系统的差分方程；

(2) 求在输入 $f(k)=(0.5)^k\varepsilon(k)$ 时的零状态响应。

5.31　已知某 LTI 离散系统初始状态 $y(-1)=1$，输入 $f_1(k)=\varepsilon(k)$ 时，其全响应为 $y_1(k)=2\varepsilon(k)$；初始状态 $y(-1)=-1$，输入 $f_2(k)=\frac{1}{2}k\varepsilon(k)$ 时，其全响应为 $y_2(k)=(k-1)\varepsilon(k)$。求输入 $f_3(k)=\varepsilon(k)-\varepsilon(k-2)$ 时的零状态响应。

5.32　复合系统如题 5.32 图所示，已知各子系统的单位序列响应或系统函数分别为 $h_1(k)=\varepsilon(k)$，$H_2(z)=\frac{z}{z+1}$，$H_3(z)=\frac{1}{z}$。试求输入 $f(k)=\varepsilon(k)-\varepsilon(k-2)$ 时的零状态响应 $y_{zs}(k)$。

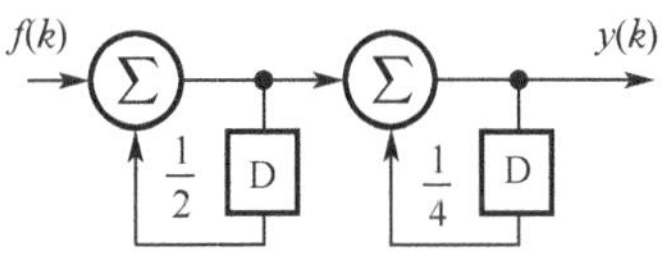

题 5.28 图

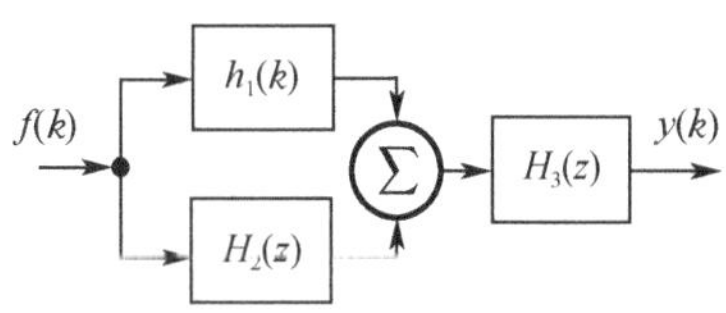

题 5.32 图

5.33 复合系统如题5.33图所示，已知子系统2的单位序列响应 $h_2(k)=(-1)^k\varepsilon(k)$，子系统3的系统函数为 $H_3(z)=\dfrac{z}{z+1}$，当输入 $f(k)=\varepsilon(k)$ 时的零状态响应 $y_{ZS}(k)=3(k+1)\varepsilon(k)$。试求子系统1的单位序列响应 $h_1(k)$。

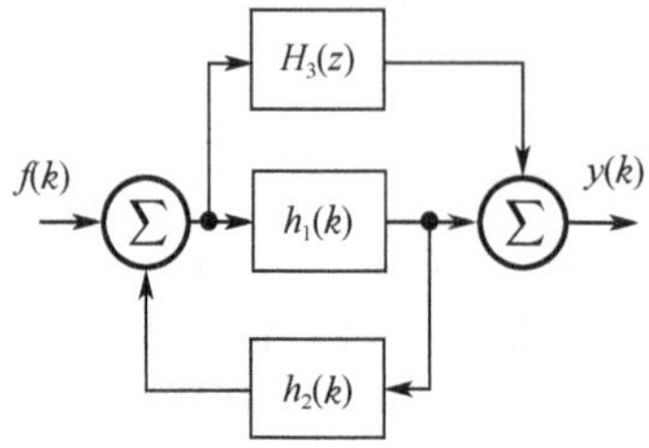

题5.33图

5.34 某LTI离散系统的单位阶跃响应为 $g(k)$，已知当激励为因果序列 $f(k)$ 时其零状态响应为 $y_{ZS}(k)=\sum\limits_{n=0}^{k}g(n)$，试求激励 $f(k)$。

5.35 因果序列 $f(k)$ 满足方程 $f(k)=k\varepsilon(k)+\sum\limits_{n=0}^{k}f(n)$，试求 $f(k)$。

5.36 因果序列 $f(k)$ 满足方程 $\sum\limits_{n=0}^{k}f(n)=k\varepsilon(k)*\left(-\dfrac{1}{2}\right)^k\varepsilon(k)$，试求 $f(k)$。

5.37 试求下列差分方程所描述离散系统的系统函数 $H(z)$ 和频率响应 $H(\mathrm{e}^{\mathrm{j}\Omega})$。

(1) $y(k)-\dfrac{1}{3}y(k-1)=f(k)$

(2) $y(k)-\dfrac{3}{4}y(k-1)+\dfrac{1}{8}y(k-2)=f(k)+\dfrac{1}{3}f(k-1)$

(3) $y(k+2)-\dfrac{3}{5}y(k+1)-\dfrac{4}{25}y(k)=2f(k+2)+f(k+1)$

5.38 梳状滤波器如题5.38图所示，试求其幅频响应和相频响应，并粗略地绘出 $N=6$ 时的幅频和相频特性曲线。

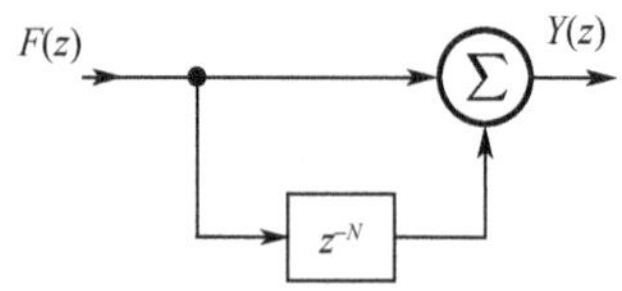

题5.38图

5.39 某LTI离散系统的模拟框图如题5.39图所示，若输入 $f(k)=5\cos\left(\dfrac{\pi}{2}k\right)$，试求其稳态响应 $y_s(k)$。

5.40 描述某LTI离散系统的差分方程为 $y(k)+\dfrac{1}{4}y(k-1)-\dfrac{1}{8}y(k-2)=f(k)-2f(k-1)$，试求当输入取样序列 $f(k)=1+2\sin\left(\dfrac{\pi}{6}k\right)$ 时，该系统的稳态响应 $y_s(k)$。

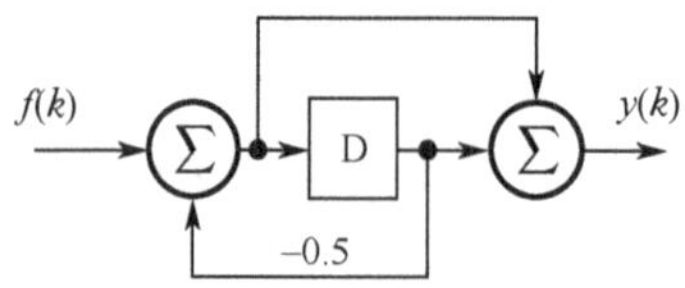

题5.39图

5.41 某LTI离散系统的系统函数为 $H(z)=\dfrac{0.2}{1-0.8z^{-1}}$，若输入 $f(k)=1+\cos\left(\dfrac{\pi}{3}k\right)+\cos(\pi k)$，试求该系统的稳态响应 $y_s(k)$。

5.42 利用 z 平面零极点几何作图法定性地绘出以下系统函数所对应的幅频特性曲线和相频特性曲线。

(1) $H(z)=\dfrac{1}{z-0.5}$　　　　(2) $H(z)=\dfrac{z+0.5}{z}$

5.43 某LTI离散系统的系统函数为 $H(z)=\dfrac{z^2-(2a\cos\omega_0 T)z+a^2}{z^2-(2a^{-1}\cos\omega_0 T)z+a^{-2}}$ $(a>1)$，试利用离散系统函数 $H(z)$ 的零极点分布和 s-z 平面的映射关系，证明该系统是全通的。

5.44 某LTI离散系统的系统函数为 $H(z)=\dfrac{(z-1)^2}{z-0.5}$，试确定其收敛域，并说明该系统是否为因果系统。

5.45 已知因果离散系统的系统函数为

(1) $H(z)=\dfrac{z^2+3z+2}{2z^2-(K-1)z+1}$　　　　(2) $H(z)=\dfrac{2z+3}{z^2+z+K}$

为使系统稳定，求常数 K 的取值范围。

5.46 试判定下列系统是否稳定。

(1) $H(z)=\dfrac{z+1}{z\left(z^2+2z+\dfrac{3}{4}\right)}$ (2) $H(z)=\dfrac{(z+1.5)^2}{(z-0.5)^2\left(z^2+z+\dfrac{1}{2}\right)}$

(3) $H(z)=\dfrac{2z-4}{2z^2+z-1}$ (4) $H(z)=\dfrac{8z^2-8z-8}{2z^2+5z+2}$

5.47 离散系统的特征多项式如下，试判定该系统是否稳定。

(1) $A(z)=2z^3-1$ (2) $A(z)=z^3+2z^2+2z+1$

(3) $A(z)=3z^4+3z^3-z^2+3z+1$ (4) $A(z)=3z^4+2z^3+3z^2+2z+1$

(5) $A(z)=z^5+2z^4+3z^3+3z^2+2z+1$

(6) $A(z)=12z^6+16z^5+20z^4+14z^3+9z^2+3z+1$

5.48 离散系统框图如题 5.48 图(a)、(b)所示，试画出其信号流图并求其系统函数 $H(z)$。

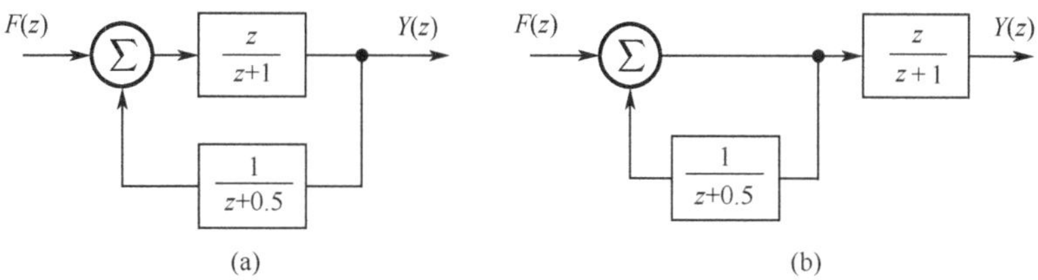

题 5.48 图

5.49 离散系统模拟信号流图如题 5.49 图所示，试利用梅森公式求其系统函数 $H(z)$。

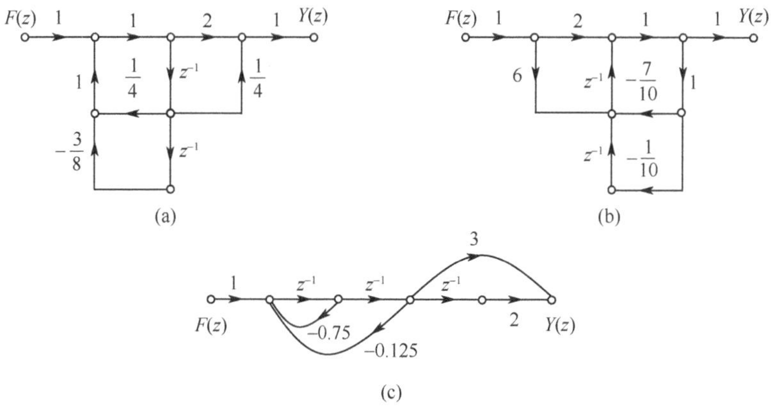

题 5.49 图

5.50 LTI 离散系统的系统函数如下，试分别用直接形式、级联形式和并联形式模拟这些系统并绘出其信号流图。

(1) $H(z)=\dfrac{z^3}{(z-0.5)(z^2-0.6z+0.25)}$

(2) $H(z)=\dfrac{z^2+2z}{(z-0.8)(z-0.6)(z-0.4)}$

第 56 讲

第 6 章　状态变量分析法

本章导读

在本书的序言里曾经说过，电路分析从微观的角度研究电路系统内部各支路的电压和电流；信号与系统分析则从宏观的角度研究电路系统外部输出和输入的关系。系统分析强调一旦系统的模型建立以后，就不再关心系统内部的状态变化，而只考虑系统的时间特性和频率特性对系统输出信号的影响，这种从输入和输出关系的角度研究系统的分析方法又叫做端口分析法。随着研究的深入，所接触的系统会更加多样化，多输入–多输出的系统以及复杂内部结构系统都将成为讨论对象，关注系统的内部状态和外部激励对系统输出的影响变得越来越重要。有没有一种方法既研究系统内部状态特点又研究系统外部激励与输出响应的关系呢？有，这就是状态变量分析法。

状态变量分析法用状态变量代替系统的内部变量特性，并通过状态变量将系统的输入和输出联系起来，从而描述出系统的内部和外部特性。因此，状态变量分析法又叫做内外法。与端口分析法相比，该分析方法具有以下优点：

(1) 提供了系统的内部特征，为研究和设计系统带来方便。

(2) 便于分析具有多个输入、多个输出的系统。

(3) 只有一阶微分(或差分)方程组和代数方程组，便于计算机进行数值计算。

(4) 容易推广应用于时变系统或非线性系统。

本章介绍 LTI 系统动态方程的建立、求解以及系统的可控制性与可观测性。

6.1　状态、状态变量和动态方程

6.1.1　连续系统的动态方程

任何一个动态系统在特定时刻都有一组特定的**状态**，状态实际上反映了系统在该时刻的储能特性。对于电路系统，系统的状态就是指系统的储能状况。系统的状态可以用最少个数的一组(一个或多个)独立的变量来描述，能够表示系统状态的那些变量的集合称为**状态变量**，对 n 阶 LTI 连续系统而言，可用符号 $x_1(t)$，$x_2(t)$，…，$x_n(t)$代表的 n 个变量集合来表示其状态变量。只要知道 $t=t_0$ 时的状态和 $t\geqslant t_0$ 时的输入激励，就能完全确定系统在 $t\geqslant t_0$ 时的输出。

设系统有 n 个随时间变化的状态变量 $x_1(t)$，$x_2(t)$，…，$x_n(t)$，以这些状态变量为轴构成一个 n 维**状态空间**，系统在任意时刻的状态可用该状态空间上的一点表示，写成矢量列阵形式为

$$\boldsymbol{x}(t)=\begin{bmatrix}x_1(t)\\x_2(t)\\\vdots\\x_n(t)\end{bmatrix}\tag{6-1-1}$$

或写成矢量形式

$$\boldsymbol{x}(t)=[x_1(t),x_2(t),\cdots,x_n(t)]^{\mathrm{T}} \tag{6-1-2}$$

$\boldsymbol{x}(t)$称作系统的**状态矢量**,状态矢量所包含的状态变量的个数就是状态空间的维数,也称为系统的复杂度,简称系统的阶数。状态矢量的端点随时间变化而描述的路径,称为**状态轨迹。**

设系统的 m 个控制输入 $f_1(t),f_2(t),\cdots,f_m(t)$也是时间 t 的函数。输入矢量记作:

$$\boldsymbol{f}(t)=\begin{bmatrix} f_1(t)\\ f_2(t)\\ \vdots\\ f_m(t)\end{bmatrix} \tag{6-1-3}$$

或

$$\boldsymbol{f}(t)=[f_1(t),f_2(t),\cdots,f_m(t)]^{\mathrm{T}} \tag{6-1-4}$$

表示 LTI 连续系统状态矢量的一阶导数 $\dot{\boldsymbol{x}}(t)$矢量随系统状态矢量 $\boldsymbol{x}(t)$、输入矢量 $\boldsymbol{f}(t)$变化规律的方程就是系统的**状态方程**,即

$$\dot{\boldsymbol{x}}(t)=\boldsymbol{u}[\boldsymbol{x}(t),\boldsymbol{f}(t)] \tag{6-1-5}$$

设系统的 r 个输出变量为 $y_1(t),y_2(t),\cdots,y_r(t)$,则 $\boldsymbol{y}(t)=[y_1(t),\ y_2(t),\cdots,\ y_r(t)]^{\mathrm{T}}$ 称为系统的输出矢量。表示输出矢量 $\boldsymbol{y}(t)$与系统状态矢量 $\boldsymbol{x}(t)$、系统输入矢量 $\boldsymbol{f}(t)$变化规律的关系方程称作系统的**输出方程**,即

$$\boldsymbol{y}(t)=v[\boldsymbol{x}(t),\boldsymbol{f}(t)] \tag{6-1-6}$$

这里,$\boldsymbol{u}=[u_1,u_2,\cdots,u_n]^{\mathrm{T}}$ 和 $v=[v_1,\ v_2,\cdots,\ v_r]^{\mathrm{T}}$ 是两种关于矢量的运算符。

通常用系统的状态方程和输出方程来描述系统的动态行为,状态方程(一阶微分方程组)和输出方程(代数方程组)合起来称作系统的**状态空间表达式**或称**动态方程。**

LTI 连续系统的动态方程可以表示如下:

状态方程

$$\begin{cases}\dot{x}_1=a_{11}x_1+a_{12}x_2+\cdots+a_{1n}x_n+b_{11}f_1+b_{12}f_2+\cdots+b_{1m}f_m\\ \dot{x}_2=a_{21}x_1+a_{22}x_2+\cdots+a_{2n}x_n+b_{21}f_1+b_{22}f_2+\cdots+b_{2m}f_m\\ \qquad\vdots\\ \dot{x}_n=a_{n1}x_1+a_{n2}x_2+\cdots+a_{nn}x_n+b_{n1}f_1+b_{n2}f_2+\cdots+b_{nm}f_m\end{cases} \tag{6-1-7}$$

输出方程

$$\begin{cases}y_1=c_{11}x_1+c_{12}x_2+\cdots+c_{1n}x_n+d_{11}f_1+d_{12}f_2+\cdots+d_{1m}f_m\\ y_2=c_{21}x_1+c_{22}x_2+\cdots+c_{2n}x_n+d_{21}f_1+d_{22}f_2+\cdots+d_{2m}f_m\\ \qquad\vdots\\ y_r=c_{r1}x_1+c_{r2}x_2+\cdots+c_{rn}x_n+d_{r1}f_1+d_{r2}f_2+\cdots+d_{rm}f_m\end{cases} \tag{6-1-8}$$

写成矩阵形式

$$\begin{cases}\begin{bmatrix}\dot{x}_1\\ \dot{x}_2\\ \vdots\\ \dot{x}_n\end{bmatrix}=\begin{bmatrix}a_{11}&a_{12}&\cdots&a_{1n}\\ a_{21}&a_{22}&\cdots&a_{2n}\\ \vdots&\vdots&&\vdots\\ a_{n1}&a_{n2}&\cdots&a_{nn}\end{bmatrix}\begin{bmatrix}x_1(t)\\ x_2(t)\\ \vdots\\ x_n(t)\end{bmatrix}+\begin{bmatrix}b_{11}&b_{12}&\cdots&b_{1m}\\ b_{21}&b_{22}&\cdots&b_{2m}\\ \vdots&\vdots&&\vdots\\ b_{n1}&b_{n2}&\cdots&b_{nm}\end{bmatrix}\begin{bmatrix}f_1(t)\\ f_2(t)\\ \vdots\\ f_m(t)\end{bmatrix}\\ \begin{bmatrix}y_1(t)\\ y_2(t)\\ \vdots\\ y_r(t)\end{bmatrix}=\begin{bmatrix}c_{11}&c_{12}&\cdots&c_{1n}\\ c_{21}&c_{22}&\cdots&c_{2n}\\ \vdots&\vdots&&\vdots\\ c_{r1}&c_{r2}&\cdots&c_{rn}\end{bmatrix}\begin{bmatrix}x_1(t)\\ x_2(t)\\ \vdots\\ x_n(t)\end{bmatrix}+\begin{bmatrix}d_{11}&d_{12}&\cdots&d_{1m}\\ d_{21}&d_{22}&\cdots&d_{2m}\\ \vdots&\vdots&&\vdots\\ d_{r1}&d_{r2}&\cdots&d_{rm}\end{bmatrix}\begin{bmatrix}f_1(t)\\ f_2(t)\\ \vdots\\ f_m(t)\end{bmatrix}\end{cases} \tag{6-1-9}$$

写成矢量形式

$$\begin{cases}\dot{\boldsymbol{x}}=\boldsymbol{A}\boldsymbol{x}+\boldsymbol{B}\boldsymbol{f}\\ \boldsymbol{y}=\boldsymbol{C}\boldsymbol{x}+\boldsymbol{D}\boldsymbol{f}\end{cases} \tag{6-1-10}$$

其中，系数矩阵

$$\boldsymbol{A}=\begin{bmatrix}a_{11} & a_{12} & \cdots & a_{1n}\\ a_{21} & a_{22} & \cdots & a_{2n}\\ \vdots & \vdots & & \vdots\\ a_{n1} & a_{n2} & \cdots & a_{nn}\end{bmatrix},\quad \boldsymbol{B}=\begin{bmatrix}b_{11} & b_{12} & \cdots & b_{1m}\\ b_{21} & b_{22} & \cdots & b_{2m}\\ \vdots & \vdots & & \vdots\\ b_{n1} & b_{n2} & \cdots & b_{nm}\end{bmatrix}$$

$$\boldsymbol{C}=\begin{bmatrix}c_{11} & c_{12} & \cdots & c_{1n}\\ c_{21} & c_{22} & \cdots & c_{2n}\\ \vdots & \vdots & & \vdots\\ c_{r1} & c_{r2} & \cdots & c_{rn}\end{bmatrix},\quad \boldsymbol{D}=\begin{bmatrix}d_{11} & d_{12} & \cdots & d_{1m}\\ d_{21} & d_{22} & \cdots & d_{2m}\\ \vdots & \vdots & & \vdots\\ d_{r1} & d_{r2} & \cdots & d_{rm}\end{bmatrix}$$

式中，$\boldsymbol{A}$ 是 $n\times n$ 阶矩阵，称为系统矩阵，由系统内部结构及其参数决定，体现了系统内部的特性；$\boldsymbol{B}$ 是 $n\times m$ 阶矩阵，称为输入(或控制)矩阵，体现了系统输入的施加情况；$\boldsymbol{C}$ 是 $r\times n$ 阶矩阵，称为输出矩阵，它表达了输出矢量与状态矢量之间的关系；$\boldsymbol{D}$ 是 $r\times m$ 阶矩阵，称为直接转移矩阵，表示了控制矢量 $\boldsymbol{f}$ 直接转移到输出矢量 $\boldsymbol{y}$ 的转移关系。根据式(6-1-10)所描述的系统动态方程可绘出系统的方框图，如图 6-1 所示。

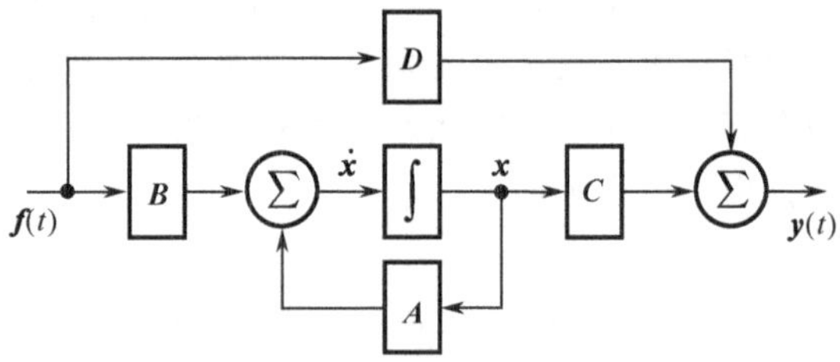

图 6-1　系统动态方程的框图

由框图可知，系统有两个前向通道和一个状态反馈回路，$\boldsymbol{D}$ 通道表明了系统输入 $\boldsymbol{f}(t)$ 到系统输出 $\boldsymbol{y}(t)$ 的直接转移。

6.1.2　离散系统的动态方程

离散时间系统的动态方程与连续系统平行相似，是状态变量的一阶差分方程和代数方程构成的联立方程组。设 $x_1(k),x_2(k),\cdots,x_n(k)$ 为系统的 n 个状态变量；$f_1(k),f_2(k),\cdots,f_m(k)$ 为系统的 m 个激励信号；$y_1(k),y_2(k),\cdots,y_r(k)$ 为系统的 r 个输出信号。则动态方程的一般形式

$$\begin{cases}x_1(k+1)=a_{11}x_1(k)+a_{12}x_2(k)+\cdots+a_{1n}x_n(k)+b_{11}f_1(k)+b_{12}f_2(k)+\cdots+b_{1m}f_m(k)\\ x_2(k+1)=a_{21}x_1(k)+a_{22}x_2(k)+\cdots+a_{2n}x_n(k)+b_{21}f_1(k)+b_{22}f_2(k)+\cdots+b_{2m}f_m(k)\\ \qquad\vdots\\ x_n(k+1)=a_{n1}x_1(k)+a_{n2}x_2(k)+\cdots+a_{nn}x_n(k)+b_{n1}f_1(k)+b_{n2}f_2(k)+\cdots+b_{nm}f_m(k)\end{cases} \tag{6-1-11}$$

$$\begin{cases}y_1(k)=c_{11}x_1(k)+c_{12}x_2(k)+\cdots+c_{1n}x_n(k)+d_{11}f_1(k)+d_{12}f_2(k)+\cdots+d_{1m}f_m(k)\\ y_2(k)=c_{21}x_1(k)+c_{22}x_2(k)+\cdots+c_{2n}x_n(k)+d_{21}f_1(k)+d_{22}f_2(k)+\cdots+d_{2m}f_m(k)\\ \qquad\vdots\\ y_r(k)=c_{r1}x_1(k)+c_{r2}x_2(k)+\cdots+c_{rn}x_n(k)+d_{r1}f_1(k)+d_{r2}f_2(k)+\cdots+d_{rm}f_m(k)\end{cases} \tag{6-1-12}$$

写成矩阵形式

$$\begin{cases}\begin{bmatrix}x_1(k+1)\\x_2(k+1)\\\vdots\\x_n(k+1)\end{bmatrix}=\begin{bmatrix}a_{11}&a_{12}&\cdots&a_{1n}\\a_{21}&a_{22}&\cdots&a_{2n}\\\vdots&\vdots&&\vdots\\a_{n1}&a_{n2}&\cdots&a_{nn}\end{bmatrix}\begin{bmatrix}x_1(k)\\x_2(k)\\\vdots\\x_n(k)\end{bmatrix}+\begin{bmatrix}b_{11}&b_{12}&\cdots&b_{1m}\\b_{21}&b_{22}&\cdots&b_{2m}\\\vdots&\vdots&&\vdots\\b_{n1}&b_{n2}&\cdots&b_{nm}\end{bmatrix}\begin{bmatrix}f_1(k)\\f_2(k)\\\vdots\\f_m(k)\end{bmatrix}\\\begin{bmatrix}y_1(k)\\y_2(k)\\\vdots\\y_r(k)\end{bmatrix}=\begin{bmatrix}c_{11}&c_{12}&\cdots&c_{1n}\\c_{21}&c_{22}&\cdots&c_{2n}\\\vdots&\vdots&&\vdots\\c_{r1}&c_{r2}&\cdots&c_{rn}\end{bmatrix}\begin{bmatrix}x_1(k)\\x_2(k)\\\vdots\\x_n(k)\end{bmatrix}+\begin{bmatrix}d_{11}&d_{12}&\cdots&d_{1m}\\d_{21}&d_{22}&\cdots&d_{2m}\\\vdots&\vdots&&\vdots\\d_{r1}&d_{r2}&\cdots&d_{rm}\end{bmatrix}\begin{bmatrix}f_1(k)\\f_2(k)\\\vdots\\f_m(k)\end{bmatrix}\end{cases}$$

(6-1-13)

写成矢量形式

$$\begin{cases}\boldsymbol{x}(k+1)=\boldsymbol{A}\boldsymbol{x}(k)+\boldsymbol{B}\boldsymbol{f}(k)\\\boldsymbol{y}(k)=\boldsymbol{C}\boldsymbol{x}(k)+\boldsymbol{D}\boldsymbol{f}(k)\end{cases}\tag{6-1-14}$$

其中

$$\boldsymbol{x}(k+1)=[x_1(k+1),x_2(k+1),\cdots,x_n(k+1)]^{\mathrm{T}}$$

$$\boldsymbol{x}(k)=[x_1(k),\ x_2(k),\cdots,\ x_n(k)]^{\mathrm{T}}\tag{6-1-15}$$

$$\boldsymbol{f}(k)=[f_1(k),\ f_2(k),\cdots,\ f_m(k)]^{\mathrm{T}}\tag{6-1-16}$$

$$\boldsymbol{y}(k)=[y_1(k),\ y_2(k),\cdots,\ y_r(k)]^{\mathrm{T}}\tag{6-1-17}$$

分别是状态左移序矢量、状态矢量、输入矢量和输出矢量。系统矩阵 $\boldsymbol{A}$ 是 $n\times n$ 阶矩阵；控制矩阵 $\boldsymbol{B}$ 是 $n\times m$ 阶矩阵；输出矩阵 $\boldsymbol{C}$ 是 $r\times n$ 阶矩阵；直接转移矩阵 $\boldsymbol{D}$ 是 $r\times m$ 阶矩阵。对于 LTI 离散系统，$\boldsymbol{A}$、$\boldsymbol{B}$、$\boldsymbol{C}$、$\boldsymbol{D}$ 都是系数矩阵，在形式上与连续系统的系数矩阵相同。

6.2 动态方程的建立

无论研究连续系统还是离散系统，一般都要建立动态的数学模型(微分方程组或差分方程组)。状态变量分析法是根据具体系统结构及其研究目的，先选择一定的物理量作为系统的状态变量和输出变量，然后利用各种物理定律(如电路系统的 KVL 和 KCL 定律、能量守恒定律等)建立系统的动态方程模型。

6.2.1 LTI 连续系统动态方程的建立

连续系统动态方程的建立有多种方法，大体上可以将这些方法分为直接编写法和间接编写法两大类。其中，直接编写法包括状态方程和输出方程的直观列写、网络拓扑分析编写和借助计算机系统编写，该方法多用于电路分析、电路网络的计算机辅助分析和设计。间接编写法包括由输入输出方程编写、由系统框图或信号流图编写以及由系统函数编写，该方法常见于控制系统分析。动态方程的编写大概有这几个步骤：状态变量的选取；一阶微分方程组的建立(含中间变量的消除)；输出代数方程组的建立。

1. 根据电路直接建立动态方程

建立状态方程的第一步是选取状态变量，根据电路理论，动态电路的状态变量一般就是电容电压 $u_C(t)$ 和电感电流 $i_L(t)$，有时也可选取电容电荷和电感磁链。编写方法举例说明。

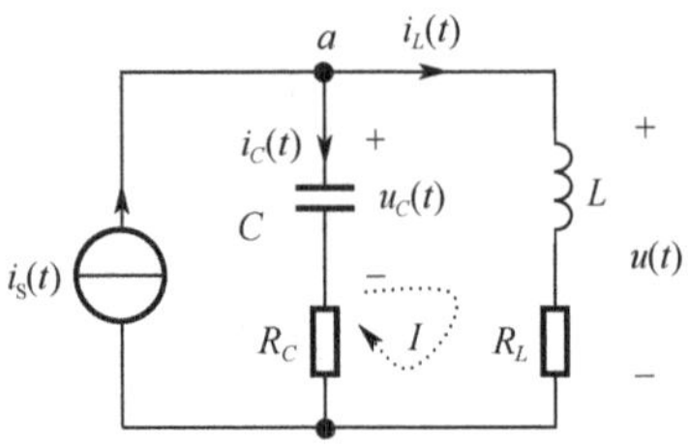

图 6-2　二阶电路

例 6-1　写出图 6-2 所示电路的状态方程，若以$i_C(t)$和$u(t)$为响应，试写出其动态方程。

解　选电感电流和电容电压为状态变量，由伏安关系有

$$i_C(t)=C\frac{\mathrm{d}u_C(t)}{\mathrm{d}t},\quad u_L(t)=L\frac{\mathrm{d}i_L(t)}{\mathrm{d}t}$$

由节点 a 的 KCL 和回路 I 的 KVL 得

$$i_s(t)=i_C(t)+i_L(t)=C\frac{\mathrm{d}u_C(t)}{\mathrm{d}t}+i_L(t) \tag{6-2-1}$$

$$u_C(t)+R_C[i_s(t)-i_L(t)]=L\frac{\mathrm{d}i_L(t)}{\mathrm{d}t}+R_Li_L(t) \tag{6-2-2}$$

式(6-2-1)和式(6-2-2)合并得状态方程组

$$\begin{cases}\dfrac{\mathrm{d}u_C(t)}{\mathrm{d}t}=-\dfrac{1}{C}i_L(t)+\dfrac{1}{C}i_s(t)\\[2mm]\dfrac{\mathrm{d}i_L(t)}{\mathrm{d}t}=\dfrac{1}{L}u_C(t)-\dfrac{R_C+R_L}{L}i_L(t)+\dfrac{R_C}{L}i_s(t)\end{cases} \tag{6-2-3}$$

这种建立状态方程组的方法又称作电容节点-电感回路法。

若以 $u(t)$和 $i_C(t)$为输出响应，则

$$\begin{cases}u(t)=u_C(t)-R_Ci_L(t)+R_Ci_s(t)\\ i_C(t)=-i_L(t)+i_s(t)\end{cases} \tag{6-2-4}$$

令 $x_1(t)=u_C(t)$，$x_2(t)=i_L(t)$，其一阶导数为 $\dot{x}_1(t)=u'_C(t)$，$\dot{x}_2(t)=i'_L(t)$，$f(t)=i_s(t)$，$y_1(t)=u(t)$，$y_2(t)=i_C(t)$，则式(6-2-3)和式(6-2-4)可写为

$$\begin{cases}\dot{x}_1(t)=-\dfrac{1}{C}x_2(t)+\dfrac{1}{C}f(t)\\[2mm]\dot{x}_2(t)=\dfrac{1}{L}x_1(t)-\dfrac{R_C+R_L}{L}x_2(t)+\dfrac{R_C}{L}f(t)\end{cases}$$

$$\begin{cases}y_1(t)=x_1(t)-R_Cx_2(t)+R_Cf(t)\\ y_2(t)=-x_2(t)+f(t)\end{cases}$$

写成矩阵形式

$$\begin{bmatrix}\dot{x}_1(t)\\ \dot{x}_2(t)\end{bmatrix}=\begin{bmatrix}0 & -\dfrac{1}{C}\\ \dfrac{1}{L} & -\dfrac{R_C+R_L}{L}\end{bmatrix}\begin{bmatrix}x_1(t)\\ x_2(t)\end{bmatrix}+\begin{bmatrix}\dfrac{1}{C}\\ \dfrac{R_C}{L}\end{bmatrix}f(t)$$

$$\begin{bmatrix}y_1(t)\\ y_2(t)\end{bmatrix}=\begin{bmatrix}1 & -R_C\\ 0 & -1\end{bmatrix}\begin{bmatrix}x_1(t)\\ x_2(t)\end{bmatrix}+\begin{bmatrix}R_C\\ 1\end{bmatrix}f(t)$$

写成矢量形式为

$$\begin{cases}\dot{\boldsymbol{x}}=\boldsymbol{A}\boldsymbol{x}+\boldsymbol{B}\boldsymbol{f}\\ \boldsymbol{y}=\boldsymbol{C}\boldsymbol{x}+\boldsymbol{D}\boldsymbol{f}\end{cases}$$

其中

$$\boldsymbol{A}=\begin{bmatrix}0 & -\dfrac{1}{C}\\ \dfrac{1}{L} & -\dfrac{R_C+R_L}{L}\end{bmatrix},\quad \boldsymbol{B}=\begin{bmatrix}\dfrac{1}{C}\\ \dfrac{R_C}{L}\end{bmatrix},\quad \boldsymbol{C}=\begin{bmatrix}1 & -R_C\\ 0 & -1\end{bmatrix},\quad \boldsymbol{D}=\begin{bmatrix}R_C\\ 1\end{bmatrix}$$

可见，电路的状态方程是一组一阶微分方程，其列写过程较为繁杂，尤其当电路结构较为复杂、动态元件数目较多时更是如此；而输出方程是一组代数方程，它的列写较为简单。实际上，这些方程均可利用有关软件由计算机完成。

根据微分方程经典求解理论，状态方程和输出方程建立以后，若已知电容初始电压 $u_C(0)$ 和电感初始电流 $i_L(0)$（设初始时刻为 $t=0$），则由 $t\geqslant0$ 时的给定输入 $i_s(t)$ 就可唯一地确定输出方程在 $t\geqslant0$ 的解 $u(t)$ 和 $i_C(t)$。可见，$t\geqslant0$ 时，任意时刻 t 电路的输出 $u(t)$ 和 $i_C(t)$ 可由该时刻电路的状态变量 $u_C(t)$ 和 $i_L(t)$ 以及输入激励 $i_s(t)$ 唯一地确定。

$u_C(t)$ 和 $i_L(t)$ 所有可能值的集合构成了二维状态空间，任意时刻的 $u_C(t)$ 和 $i_L(t)$ 可用该二维空间的一点来表示，当 t 变动时，点亦随之变动，变动的轨迹就是状态轨迹。如例 6-1 所示的电路，设 $L=0.5\text{H}$，$C=0.5\text{F}$，$R_L=0$；$R_C=0$ 各初始状态 $u_C(0)=0$，$i_L(0)=0$；激励 $i_s(t)=\varepsilon(t)$，则状态变量的解为

$$\begin{cases} u_C(t) = \sin(2t) \\ i_L(t) = 1-\cos(2t) \end{cases}$$

第 57 讲

若以 $i_L(t)$ 为横坐标，以 $u_C(t)$ 为纵坐标，则其状态轨迹如图 6-3 所示。状态轨迹形象地表明了系统的状态变量 $u_C(t)$ 和 $i_L(t)$ 随时间的变化规律。对于三维以上的状态矢量，虽然不能直观地作出其状态轨迹的几何图形，但状态空间和状态轨迹的概念仍然是普遍适用的。

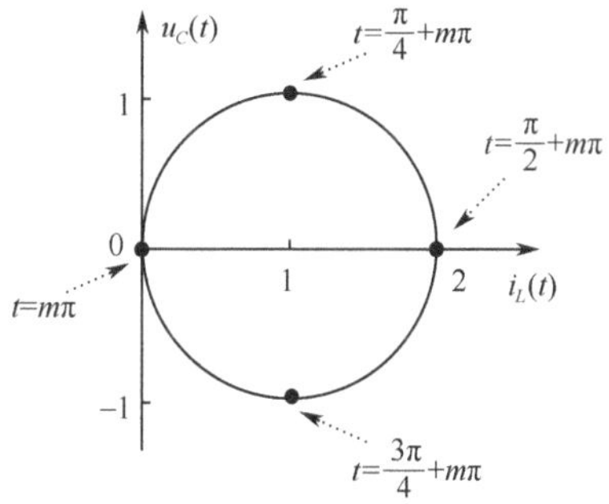

图 6-3 状态轨迹

需要指出，建立状态方程所选的状态变量，其个数应等于系统阶数，并且必须是互相独立的（即线性最大无关的）。图 6-4(a)所示电路是只含纯电容的一个回路，显然，根据 KVL，图 6-4(a)中任一电容电压都能由其余两个电容电压来表示，因而它们之中只有两个是独立状态变量。图 6-4(b)含有一个恒压源和两个电容的回路，因而只有一个电容电压是独立状态变量。图6-4(c) 所示电路是只含纯电感的一个割集(或节点)，根据 KCL，任一电感电流都能由其余两个电感电流来表示，它们之中也只有两个是独立状态变量。图 6-4(d)只有一个电感电流是独立状态变量。选取哪些变量为独立状态变量应根据需求确定。

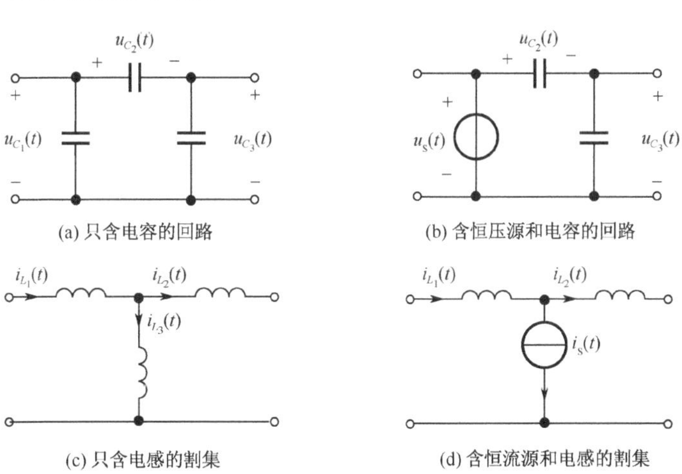

图 6-4 全电容回路和全电感

通常用 n 来表示网络系统的复杂度(阶数),若用 b_{LC} 表示电路所含储能元件 L 和 C 的总个数,n_C 表示电路中仅有电容(也包含恒压源)组成的独立回路(常称为全电容回路)总数,用 n_L 表示电路中仅有电感(也包含恒流源)组成的独立割集(常称为全电感割集)总数,则电路阶数

$$n = b_{LC} - n_C - n_L \tag{6-2-5}$$

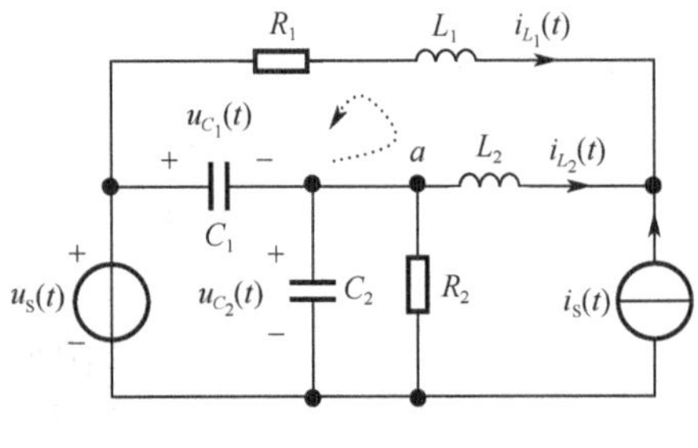

图 6-5 例 6-2 图

例 6-2 写出图 6-5 所示电路的状态方程。

解 由于恒压源 $u_s(t)$ 与电容 C_1 和 C_2 组成一个回路,所以电容电压 $u_{C_1}(t)$ 和 $u_{C_2}(t)$ 中只能选取一个作为独立状态变量;恒流源 $i_s(t)$ 与电感 L_1 和 L_2 组成一个割集,所以电感电流 $i_{L_1}(t)$ 和 $i_{L_2}(t)$ 中也只能选取一个作为独立状态变量,因而图 6-5 所示电路只有两个独立状态变量,是一个二阶电路系统。

选 $u_{C_1}(t)$ 和 $i_{L_2}(t)$ 为独立状态变量,并令 $x_1(t)=u_{C_1}(t)$,$x_2(t)=i_{L_2}(t)$,则

$$\dot{x}_1(t) = u'_{C_1}(t), \quad \dot{x}_2(t) = i'_{L_2}(t), \quad f_1(t) = u_S(t), \quad f_2(t) = i_S(t)$$

根据电容回路的 KVL,有

$$u_{C_2}(t) = u_s(t) - u_{C_1}(t) = f_1(t) - x_1(t) \tag{1}$$

根据电感割集的 KCL,有

$$i_{L_1}(t) = -i_s(t) - i_{L_2}(t) = -f_2(t) - x_2(t) \tag{2}$$

根据 C_1 所在的节点 a 的 KCL,有

$$C_1 x_1'(t) = C_2[f_1'(t) - x_1'(t)] + \frac{1}{R_2}[f_1(t) - x_1(t)] + x_2(t)$$

整理得

$$x_1'(t) = -\frac{1}{R_2(C_1+C_2)}x_1(t) + \frac{1}{C_1+C_2}x_2(t) + \frac{1}{R_2(C_1+C_2)}f_1(t) + \frac{C_2}{C_1+C_2}f_1'(t) \tag{3}$$

根据 C_1,L_2,L_1,R_1 所组成回路的 KVL 并用式(2),有

$$L_2 x_2'(t) = -x_1(t) + R_1[-f_2(t) - x_2(t)] + L_1[-f_2'(t) - x_2'(t)]$$

整理得

$$x_2'(t) = -\frac{1}{L_1+L_2}x_1(t) - \frac{R_1}{L_1+L_2}x_2(t) - \frac{R_1}{L_1+L_2}f_2(t) - \frac{L_1}{L_1+L_2}f_2'(t) \tag{4}$$

式(3)和式(4)中,$f_1'(t)$ 和 $f_2'(t)$ 为非激励变量,应当消去,为此,设新状态变量为

$$g_1(t) = x_1(t) - \frac{C_2}{C_1+C_2}f_1(t), \quad g_2(t) = x_2(t) + \frac{L_1}{L_1+L_2}f_2(t)$$

于是,式(3)和式(4)分别变为

$$\dot{g}_1(t) = -\frac{1}{R_2(C_1+C_2)}g_1(t) + \frac{1}{C_1+C_2}g_2(t) + \frac{C_1}{R_2(C_1+C_2)^2}f_1(t) - \frac{L_1}{(L_1+L_2)(C_1+C_2)}f_2(t)$$

$$\dot{g}_2(t) = -\frac{1}{L_1+L_2}g_1(t) - \frac{R_1}{L_1+L_2}g_2(t) - \frac{C_2}{(L_1+L_2)(C_1+C_2)}f_1(t) - \frac{R_1 L_2}{(L_1+L_2)^2}f_2(t)$$

即

$$\begin{bmatrix}\dot{g}_1(t)\\ \dot{g}_2(t)\end{bmatrix}=\begin{bmatrix}\frac{-1}{R_2(C_1+C_2)} & \frac{1}{C_1+C_2}\\ \frac{-1}{L_1+L_2} & \frac{-R_1}{L_1+L_2}\end{bmatrix}\begin{bmatrix}g_1(t)\\ g_2(t)\end{bmatrix}$$

$$+\begin{bmatrix}\frac{C_1}{R_2(C_1+C_2)^2} & \frac{-L_1}{(L_1+L_2)(C_1+C_2)}\\ -\frac{C_2}{(L_1+L_2)(C_1+C_2)} & -\frac{R_1L_2}{(L_1+L_2)^2}\end{bmatrix}\begin{bmatrix}f_1(t)\\ f_2(t)\end{bmatrix}$$

通过以上例子可以体会到，由给定电路直接列写状态方程的步骤一般如下：

(1) 选所有独立的电容电压和电感电流作为状态变量。

(2) 对每个独立电容列写独立的节点电流方程，对每个独立电感列写独立的回路电压方程。

(3) 消除非状态变量和非激励变量。

(4) 将所列写方程整理成状态方程的标准(矩阵)形式。

2. 根据微分方程建立动态方程

如果系统给定的是代表输入输出关系的微分方程，在微分方程的右端比较简单，即方程右端只有激励信号，而没有激励的各阶导数项的时候，可以直接列写系统的状态方程。

例 6-3 已知某系统的输入输出关系为下列三阶的微分方程：

$$y'''(t)+12y''(t)+7y'(t)+3y(t)=f(t)$$

试导出其动态方程。

解 选取状态变量

$$\begin{cases}x_1=y\\ x_2=y'\\ x_3=y''\end{cases}$$

则

$$\begin{cases}\dot{x}_1=y'=x_2\\ \dot{x}_2=y''=x_3\\ \dot{x}_3=y'''=f-12y''(t)-7y'(t)-3y(t)\\ \quad=-3x_1-7x_2-12x_3+f\end{cases}$$

$$y=x_1$$

得标准的状态方程和输出方程为

$$\begin{bmatrix}\dot{x}_1\\ \dot{x}_2\\ \dot{x}_3\end{bmatrix}=\begin{bmatrix}0 & 1 & 0\\ 0 & 0 & 1\\ -3 & -7 & -12\end{bmatrix}\begin{bmatrix}x_1\\ x_2\\ x_3\end{bmatrix}+\begin{bmatrix}0\\ 0\\ 1\end{bmatrix}[f]$$

$$y=[1\quad 0\quad 0]\begin{bmatrix}x_1\\ x_2\\ x_3\end{bmatrix}+[0][f]$$

如果微分方程的右端还具有激励的各阶导数项，则应设法消除这些项。方法是引入中间变量(实质就是状态变量)，先将原微分方程变成中间变量表示的两个微分方程，然后中间变量用状态变量替代，即得状态方程和输出方程。

例 6-4 已知某系统的输入输出关系为下列二阶的微分方程：

$$y''(t)+3y'(t)+2y(t)=f'(t)+3f(t)$$

试导出其动态方程。

解 引入中间变量 $q(t)$，有

$$q''(t)+3q'(t)+2q(t)=f(t)$$

$$y(t)=q'(t)+3q(t)$$

选取状态变量

$$\begin{cases}x_1=q\\x_2=q'\end{cases}$$

则

$$\begin{cases}\dot{x}_1=x_2\\\dot{x}_2=-2x_1-3x_2+f\end{cases}$$

$$y=3x_1+x_2$$

写成标准的状态方程和输出方程

$$\begin{bmatrix}\dot{x}_1\\\dot{x}_2\end{bmatrix}=\begin{bmatrix}0&1\\-2&-3\end{bmatrix}\begin{bmatrix}x_1\\x_2\end{bmatrix}+\begin{bmatrix}0\\1\end{bmatrix}[f]$$

$$y=[3\quad 1]\begin{bmatrix}x_1\\x_2\end{bmatrix}$$

3. 根据系统函数建立动态方程

如果系统给定的是系统函数，可先画出系统的模拟框图或模拟信号流图，然后列写动态方程，其一般步骤如下：

(1) 由系统函数画出只包含有积分器、加法器和标量乘法器组成的模拟信号流图可以有不同的形式，所以最后列写的动态方程也是不同的。一般地说，对于给定系统函数，可以有三种模拟信号流图结构实现系统，即直接形式、级联形式和并联形式。

(2) 依次(由右向左或由上到下)选取积分器的输出为状态变量。

(3) 围绕加法器列写状态方程和输出方程。

例 6-5 已知某系统的系统函数为

$$H(s)=\frac{4s+10}{s^3+8s^2+19s+12}$$

列写该系统的动态方程。

解 下面分别用直接形式、级联形式和并联形式实现该系统，并列写对应的动态方程。

(1) 直接形式。将系统函数直接表示为

$$H(s)=\frac{4s^{-2}+10s^{-3}}{1+8s^{-1}+19s^{-2}+12s^{-3}} \tag{1}$$

直接实现式(1)的信号流图如图 6-6 所示。

从右向左依次选取积分器的输出为状态变量，得到状态方程为

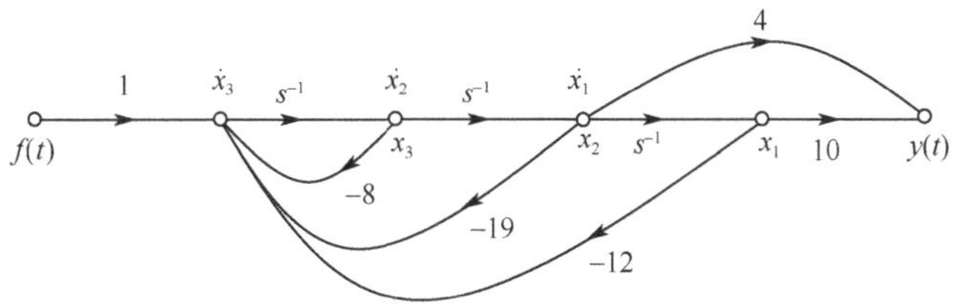

图 6-6 直接实现系统函数的信号流图

$$\begin{cases} \dot{x}_1 = x_2 \\ \dot{x}_2 = x_3 \\ \dot{x}_3 = -12x_1 - 19x_2 - 8x_3 + f \end{cases}$$

输出方程为

$$y = 10x_1 + 4x_2$$

矩阵形式为

$$\begin{bmatrix} \dot{x}_1 \\ \dot{x}_2 \\ \dot{x}_3 \end{bmatrix} = \begin{bmatrix} 0 & 1 & 0 \\ 0 & 0 & 1 \\ -12 & -19 & -8 \end{bmatrix} \begin{bmatrix} x_1 \\ x_2 \\ x_3 \end{bmatrix} + \begin{bmatrix} 0 \\ 0 \\ 1 \end{bmatrix} [f]$$

$$y = [10 \quad 4 \quad 0] \begin{bmatrix} x_1 \\ x_2 \\ x_3 \end{bmatrix} + [0][f]$$

$m<n$ 时，系数矩阵 $\boldsymbol{A}_{n\times n}$ 的最后一行是 $H(s)$ 的分母多项式颠倒过来前 n 项系数的负值，其余各行除对角线右边那个元素为 1 外，余均为零；$\boldsymbol{B}_{n\times 1}$ 为列阵，除最后一个元素为 1 外，余均为零；$\boldsymbol{C}_{1\times n}$ 为行阵，前 $m+1$ 个元素为 $H(s)$ 的分子多项式颠倒过来的系数，余均为零；$\boldsymbol{D}$ 为零矩阵。

按上述规律，不画模拟图也能写出状态方程和输出方程的标准形式。

(2) $H(s)$ 写为三个子系统的级联形式

$$\begin{aligned} H(s) &= \frac{2(2s+5)}{(s+1)(s+3)(s+4)} \\ &= \frac{2}{(s+1)} \times \frac{2s+5}{(s+3)} \times \frac{1}{(s+4)} \\ &= \frac{2s^{-1}}{1+s^{-1}} \times \frac{2+5s^{-1}}{1+3s^{-1}} \times \frac{s^{-1}}{1+4s^{-1}} \end{aligned} \tag{2}$$

注意 三个子系统的组成可以是多种形式的，其对应的模拟信号流图也是多种形式的。与式(2)对应的级联形式信号流图如图 6-7 所示。

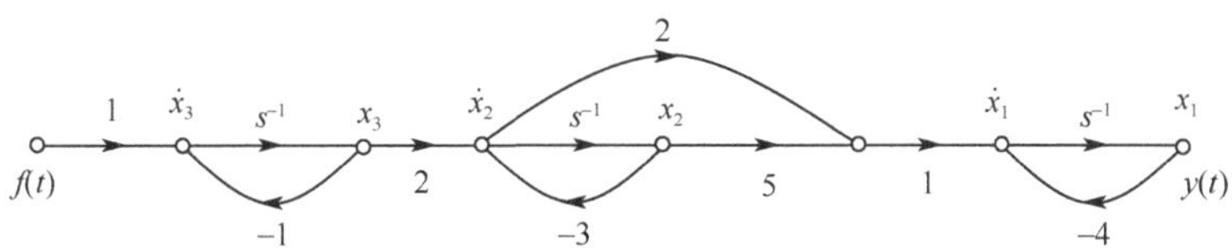

图 6-7 级联实现系统函数的信号流图

从右向左依次选取积分器的输出为状态变量，得状态方程为

$$\begin{cases}\dot{x}_1 = -4x_1 + 5x_2 + 2(2x_3 - 3x_2) = -4x_1 - x_2 + 4x_3 \\ \dot{x}_2 = -3x_2 + 2x_3 \\ \dot{x}_3 = -x_3 + f\end{cases}$$

输出方程为

$$y = x_1$$

矩阵形式为

$$\begin{bmatrix}\dot{x}_1 \\ \dot{x}_2 \\ \dot{x}_3\end{bmatrix} = \begin{bmatrix}-4 & -1 & 4 \\ 0 & -3 & 2 \\ 0 & 0 & -1\end{bmatrix}\begin{bmatrix}x_1 \\ x_2 \\ x_3\end{bmatrix} + \begin{bmatrix}0 \\ 0 \\ 1\end{bmatrix}[f]$$

$$y = [1 \quad 0 \quad 0]\begin{bmatrix}x_1 \\ x_2 \\ x_3\end{bmatrix}$$

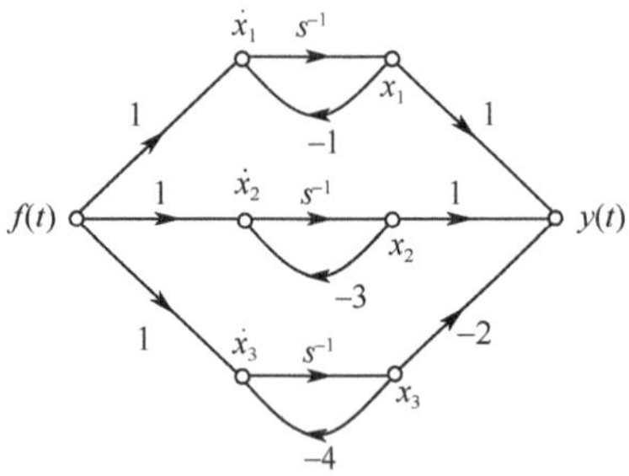

图 6-8　并联实现系统函数的信号流图

(3) 并联形式(见图 6-8)。$H(s)$展开为部分分式

$$H(s) = \frac{2(2s+5)}{(s+1)(s+3)(s+4)} = \frac{1}{s+1} + \frac{1}{s+3} + \frac{-2}{s+4}$$

$$= \frac{s^{-1}}{1+s^{-1}} + \frac{s^{-1}}{1+3s^{-1}} + \frac{-2s^{-1}}{1+4s^{-1}} \tag{3}$$

自上而下依次选取积分器的输出为状态变量,得状态方程

$$\begin{cases}\dot{x}_1 = -x_1 + f \\ \dot{x}_2 = -3x_2 + f \\ \dot{x}_3 = -4x_3 + f\end{cases}$$

输出方程

$$y = x_1 + x_2 - 2x_3$$

第 58 讲

矩阵形式

$$\begin{bmatrix}\dot{x}_1 \\ \dot{x}_2 \\ \dot{x}_3\end{bmatrix} = \begin{bmatrix}-1 & 0 & 0 \\ 0 & -3 & 0 \\ 0 & 0 & -4\end{bmatrix}\begin{bmatrix}x_1 \\ x_2 \\ x_3\end{bmatrix} + \begin{bmatrix}1 \\ 1 \\ 1\end{bmatrix}[f]$$

$$y = [1 \quad 1 \quad -2]\begin{bmatrix}x_1 \\ x_2 \\ x_3\end{bmatrix}$$

系数矩阵 $\boldsymbol{A}$ 是一个对角矩阵,对角线上元素依次为系统函数的极点; $\boldsymbol{B}$ 为单位列阵;$\boldsymbol{C}$ 为行阵,依次元素为部分分式系数;$\boldsymbol{D}=0$。

从上面的讨论可知,状态变量是可以在系统内部选取的,也可以人为地虚拟。对于同一个系统,状态变量的选取不同,系统的状态方程和输出方程也将不同,但它们所描述系统的输入输出关系没有改变。

上述三种通过信号流图列写动态方程的方法均可以推广到 n 阶系统。

当系统的输入和输出都不止一个时,情况稍微复杂一些,但只要分别画出其相应的模拟框图或模拟信号流图,按照上述方法仍然能方便地列写出状态方程和输出方程。

例 6-6　设某 LTI 系统有两个输入和两个输出,描述该系统的微分方程组为

$$\begin{cases} y_1'(t)+2y_1(t)-3y_2(t)=f_1(t) \\ y_2''(t)+3y_2'(t)+y_2(t)-2y_1'(t)=3f_2(t) \end{cases}$$

试列写该系统的动态方程。

解　将原方程组改写成

$$\begin{cases} y_1'(t)=-2y_1(t)+3y_2(t)+f_1(t) \\ y_2''(t)=-3y_2'(t)-y_2(t)+2y_1'(t)+3f_2(t) \end{cases}$$

为兼顾流图中状态变量的选取，先令各积分器输出为状态变量 $x_1=y_1, x_2=y_2, y_2'=x_3$，不难画出其信号流图如图 6-9 所示。

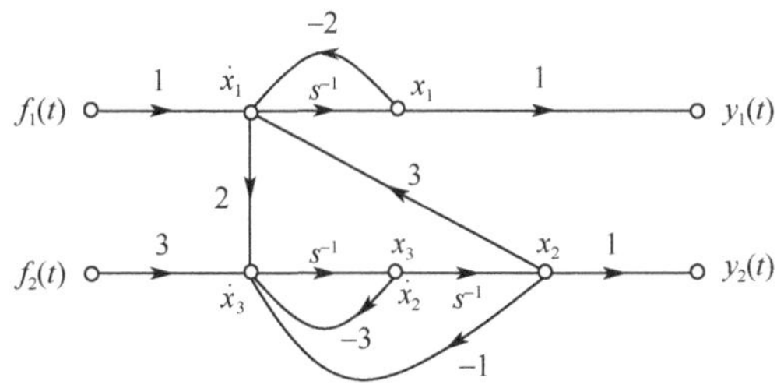

图 6-9　双输入-双输出系统的信号流图

于是，得状态方程为

$$\begin{cases} \dot{x}_1=-2x_1+3x_2+f_1 & (1) \\ \dot{x}_2=x_3 & (2) \\ \dot{x}_3=-3x_3-x_2+2\dot{x}_1+3f_2 & (3) \end{cases}$$

输出方程为

$$\begin{cases} y_1=x_1 \\ y_2=x_2 \end{cases}$$

将式(1)代入式(3)消去其中的 $\dot{x}_1$，得

$$\dot{x}_3=-4x_1+5x_2-3x_3+2f_1+3f_2 \tag{3$'$}$$

其矩阵形式的动态方程为

$$\begin{bmatrix} \dot{x}_1 \\ \dot{x}_2 \\ \dot{x}_3 \end{bmatrix}=\begin{bmatrix} -2 & 3 & 0 \\ 0 & 0 & 1 \\ -4 & 5 & -3 \end{bmatrix}\begin{bmatrix} x_1 \\ x_2 \\ x_3 \end{bmatrix}+\begin{bmatrix} 1 & 0 \\ 0 & 0 \\ 2 & 3 \end{bmatrix}\begin{bmatrix} f_1 \\ f_2 \end{bmatrix}$$

$$\begin{bmatrix} y_1 \\ y_2 \end{bmatrix}=\begin{bmatrix} 1 & 0 & 0 \\ 0 & 1 & 0 \end{bmatrix}\begin{bmatrix} x_1 \\ x_2 \\ x_3 \end{bmatrix}$$

若信号流图中含有系统函数为 $H_i(s)=\dfrac{1}{s+a}$ 的反馈子系统时，如图 6-10 所示，应选积分器(相当于复频域 s^{-1})的输出为状态变量 $x_i(t)$，则积分器输入为

$$\dot{x}_i(t)=-ax_i(t)+f(t) \tag{6-2-6}$$

图 6-10　反馈系统的信号流图

4. 连续可控标准型和可观测标准型系统

若连续系统的响应和激励的导数阶数相同，即 $m=n$，则 n 阶系统的微分方程为

$$\sum_{i=0}^{n} a_i y^{(i)}(t) = \sum_{j=0}^{n} b_j f^{(j)}(t), \quad a_n = 1, \quad n = m \tag{6-2-7}$$

其系统函数为

$$H(s) = \frac{b_n + b_{n-1}s^{-1} + \cdots + b_1 s^{-(n-1)} + b_0 s^{-n}}{1 + a_{n-1}s^{-1} + \cdots + a_1 s^{-(n-1)} + a_0 s^{-n}} \tag{6-2-8}$$

其直接模拟信号流图如图 6-11 所示。

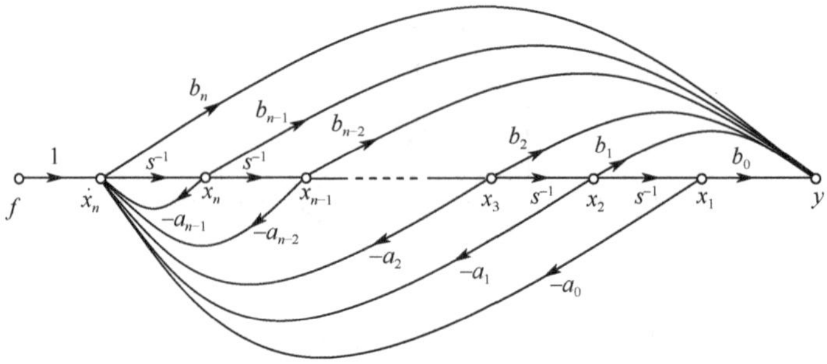

图 6-11　动态方程为可控标准型系统的信号流图

选各积分器(s^{-1})输出为状态变量，则可列出状态方程和输出方程为

$$\begin{aligned}
\dot{x}_1 &= x_2 \\
\dot{x}_2 &= x_3 \\
&\vdots \\
\dot{x}_{n-1} &= x_n \\
\dot{x}_n &= -a_0x_1 - a_1x_2 - a_2x_3 - \cdots - a_{n-2}x_{n-1} - a_{n-1}x_n + f \\
y &= b_0x_1 + b_1x_2 + \cdots + b_{n-2}x_{n-1} + b_{n-1}x_n + b_n\dot{x}_n \\
&= (b_0 - a_0b_n)x_1 + (b_1 - a_1b_n)x_2 + \cdots \\
&\quad + (b_{n-2} - a_{n-2}b_n)x_{n-1} + (b_{n-1} - a_{n-1}b_n)x_n + b_nf
\end{aligned} \tag{6-2-9}$$

矩阵形式为

$$\underbrace{\begin{bmatrix} \dot{x}_1 \\ \dot{x}_2 \\ \vdots \\ \dot{x}_n \end{bmatrix}}_{\dot{\boldsymbol{x}}} = \underbrace{\begin{bmatrix} 0 & 1 & 0 & \cdots & 0 \\ 0 & 0 & 1 & \cdots & 0 \\ \vdots & \vdots & \vdots & & \vdots \\ 0 & 0 & 0 & \cdots & 1 \\ -a_0 & -a_1 & -a_2 & \cdots & -a_{n-1} \end{bmatrix}}_{\boldsymbol{A}_{n\times n}} \underbrace{\begin{bmatrix} x_1 \\ x_2 \\ \vdots \\ x_{n-1} \\ x_n \end{bmatrix}}_{\boldsymbol{x}} + \underbrace{\begin{bmatrix} 0 \\ 0 \\ \vdots \\ 0 \\ 1 \end{bmatrix}}_{\boldsymbol{B}_{n\times 1}} \underbrace{[f]}_{\boldsymbol{f}} \tag{6-2-10}$$

$$y = \underbrace{[(b_0 - a_0b_n) \quad (b_1 - a_1b_n) \quad \cdots \quad (b_{n-1} - a_{n-1}b_n)]}_{\boldsymbol{C}_{1\times n}} \underbrace{\begin{bmatrix} x_1(t) \\ x_2(t) \\ \vdots \\ x_n(t) \end{bmatrix}}_{\boldsymbol{x}} + \underbrace{[b_n]}_{\boldsymbol{D}_{1\times 1}} \underbrace{[f]}_{\boldsymbol{f}} \tag{6-2-11}$$

这种形式的动态方程称为可控标准型或能控标准型。在可控标准型方程中,无论原微分方程是否含有激励 $f(t)$的各阶导数,其系统矩阵 **A** 和控制矩阵 **B** 并不改变,但输出矩阵 **C** 将不同。

如果将图 6-11 的信号流图倒置,就得到对应于相同微分方程式的另一种信号流图,如图 6-12 所示。

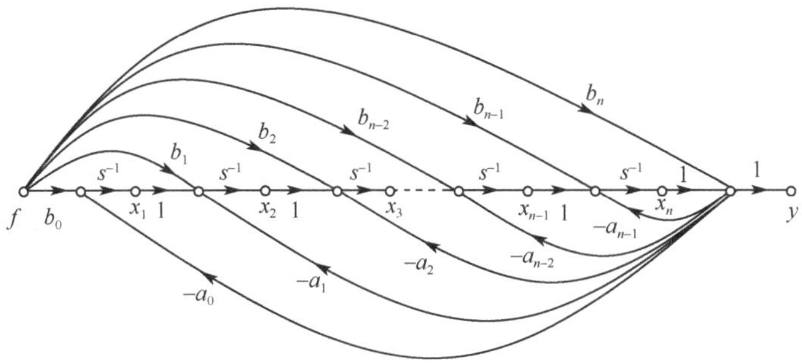

图 6-12　动态方程为可观测标准型系统的信号流图

选各积分器(s^{-1})输出为状态变量,则可列出状态方程和输出方程为

$$
\begin{aligned}
\dot{x}_1 &= b_0 f - a_0(x_n + b_n f) = -a_0 x_n + (b_0 - a_0 b_n) f \\
\dot{x}_2 &= x_1 + b_1 f - a_1(x_n + b_n f) = x_1 - a_1 x_n + (b_1 - a_1 b_n) f \\
\dot{x}_3 &= x_2 + b_2 f - a_2(x_n + b_n f) = x_2 - a_2 x_n + (b_2 - a_2 b_n) f \\
&\ \ \vdots \\
\dot{x}_{n-1} &= x_{n-2} + b_{n-2} f - a_{n-2}(x_n + b_n f) = x_{n-2} - a_{n-2} x_n + (b_{n-2} - a_{n-2} b_n) f \\
\dot{x}_n &= x_{n-1} + b_{n-1} f - a_{n-1}(x_n + b_n f) = x_{n-1} - a_{n-1} x_n + (b_{n-1} - a_{n-1} b_n) f \\
y &= x_n + b_n f
\end{aligned}
\tag{6-2-12}
$$

矩阵形式为

$$
\underbrace{\begin{bmatrix} \dot{x}_1 \\ \dot{x}_2 \\ \vdots \\ \dot{x}_n \end{bmatrix}}_{\dot{\boldsymbol{x}}} = \underbrace{\begin{bmatrix} 0 & 0 & \cdots & 0 & -a_0 \\ 1 & 0 & \cdots & 0 & -a_1 \\ 0 & 1 & \cdots & 0 & -a_2 \\ \vdots & \vdots & & \vdots & \vdots \\ 0 & 0 & \cdots & 1 & -a_{n-1} \end{bmatrix}}_{\boldsymbol{A}_{n\times n}} \underbrace{\begin{bmatrix} x_1 \\ x_2 \\ \vdots \\ x_{n-1} \\ x_n \end{bmatrix}}_{\boldsymbol{x}} + \underbrace{\begin{bmatrix} (b_0 - a_0 b_n) \\ (b_1 - a_1 b_n) \\ (b_2 - a_2 b_n) \\ \vdots \\ (b_{n-1} - a_{n-1} b_n) \end{bmatrix}}_{\boldsymbol{B}_{n\times 1}} \underbrace{[f]}_{f} \tag{6-2-13}
$$

$$
y = \underbrace{[0 \quad 0 \quad 0 \quad \cdots \quad 1]}_{\boldsymbol{C}_{1\times n}} \underbrace{\begin{bmatrix} x_1(t) \\ x_2(t) \\ \vdots \\ x_n(t) \end{bmatrix}}_{\boldsymbol{x}} + \underbrace{[b_n]}_{\boldsymbol{D}_{1\times 1}} \underbrace{[f]}_{f} \tag{6-2-14}
$$

这种形式的动态方程称为可观测标准型或能观测标准型。可观测标准型方程中,无论原微分方程是否含有激励 $f(t)$的各阶导数,其系统矩阵 **A** 和输出矩阵 **C** 都不改变,但控制矩阵 **B** 将不同。

对同一个系统而言,可控制标准型与可观测标准型的系统矩阵 **A** 互为转置;两种标准型的控制矩阵 **B** 与输出矩阵 **C** 互为转置。

6.2.2 LTI 离散系统动态方程的建立

列写离散系统动态方程的方法与连续系统的列写方法平行相似。由于离散系统状态方程是 $x_i(k+1)$ 与各状态变量和输入的关系，因此选各延迟器 z^{-1} 的输出为状态变量 $x_i(k)$，那么其输入就是 $x_i(k+1)$。这样，根据系统的信号流图（或模拟框图）就可列出该系统的动态方程。

例 6-7 描述某离散系统的差分方程为

$$y(k)+2y(k-1)-y(k-2)+6y(k-3)=f(k-1)+2f(k-2)-3f(k-3)$$

写出其动态方程。

解 由上述差分方程可写出该系统的系统函数

$$H(z)=\frac{z^{-1}+2z^{-2}-3z^{-3}}{1+2z^{-1}-z^{-2}+6z^{-3}}$$

根据 $H(z)$ 可画出其 z 域信号流图，如图 6-13 所示。从右到左依次选取延迟器 z^{-1} 的输出为状态变量，可列出动态方程为

$$\begin{cases}x_1(k+1)=x_2(k)\\x_2(k+1)=x_3(k)\\x_3(k+1)=-6x_1(k)+x_2(k)-2x_3(k)+f(k)\end{cases}$$

$$y(k)=-3x_1(k)+2x_2(k)+x_3(k)$$

矩阵形式为

$$\begin{bmatrix}x_1(k+1)\\x_2(k+1)\\x_3(k+1)\end{bmatrix}=\begin{bmatrix}0&1&0\\0&0&1\\-6&1&-2\end{bmatrix}\begin{bmatrix}x_1(k)\\x_2(k)\\x_3(k)\end{bmatrix}+\begin{bmatrix}0\\0\\1\end{bmatrix}[f(k)]$$

$$[y(k)]=[-3\quad 2\quad 1]\begin{bmatrix}x_1(k)\\x_2(k)\\x_3(k)\end{bmatrix}+[0][f(k)]$$

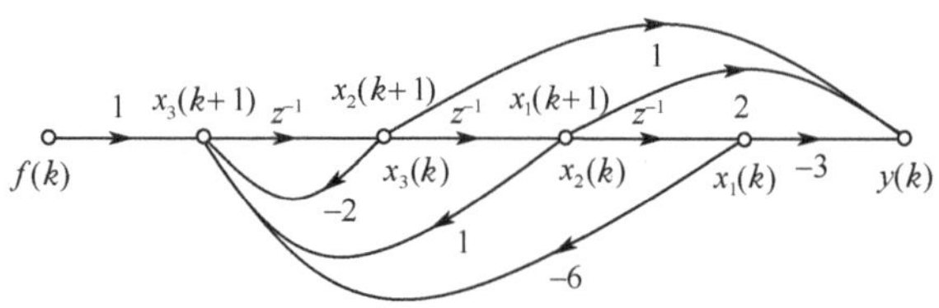

图 6-13　直接实现离散系统函数的信号流图

LTI 离散系统的动态方程也分为可控制标准型与可观测标准型，其形式与连续系统类似，这里不再赘述。

例 6-8 设 LTI 离散系统有两个输入和两个输出，其信号流图如图 6-14 所示，试列写其动态方程。

解 选延迟器或一阶子系统的输出为状态变量 $x_1(k)$，$x_2(k)$，$x_3(k)$，如图6-14所示。可列出状态方程和输出方程为

$$x_1(k+1)=3x_1(k)+2x_2(k)-x_3(k) \tag{1}$$

$$x_2(k+1)=-x_1(k)+f_1(k) \tag{2}$$

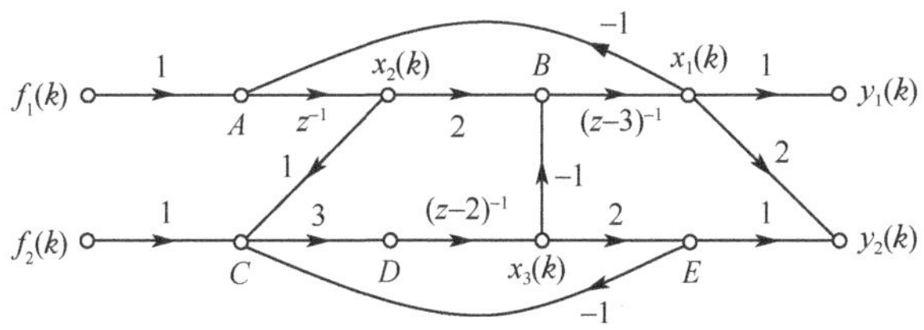

图 6-14　双输入-双输出离散系统的信号流图

$$x_E(k)=2x_3(k)$$

$$x_C(k)=x_2(k)-x_E(k)+f_2(k)=x_2(k)-2x_3(k)+f_2(k)$$

$$x_3(k+1)=2x_3(k)+3x_C(k)=3x_2(k)-4x_3(k)+3f_2(k) \tag{3}$$

$$y_1(k)=x_1(k)$$

$$y_2(k)=2x_1(k)+x_E(k)=2x_1(k)+2x_3(k)$$

式(1)、(2)、(3)所组成状态方程的矩阵形式为

$$\begin{bmatrix}x_1(k+1)\\x_2(k+1)\\x_3(k+1)\end{bmatrix}=\begin{bmatrix}3&2&-1\\-1&0&0\\0&3&-4\end{bmatrix}\begin{bmatrix}x_1(k)\\x_2(k)\\x_3(k)\end{bmatrix}+\begin{bmatrix}0&0\\1&0\\0&3\end{bmatrix}\begin{bmatrix}f_1(k)\\f_2(k)\end{bmatrix}$$

输出方程矩阵形式为

$$\begin{bmatrix}y_1(k)\\y_2(k)\end{bmatrix}=\begin{bmatrix}1&0&0\\2&0&2\end{bmatrix}\begin{bmatrix}x_1(k)\\x_2(k)\\x_3(k)\end{bmatrix}$$

6.3　LTI 连续系统动态方程的求解

LTI 连续系统动态方程的求解有拉普拉斯变换法和时域法，一般地说，人工计算求解用拉普拉斯变换法相对简便，而时域法比较适用于计算机求解。

6.3.1　用拉普拉斯变换法求解动态方程

重新写出系统的状态方程和输出方程。由于状态方程是一阶微分方程组，求解动态方程必须知道初始状态，即在 $t=0_-$ 时刻的状态值，所以系统方程为

$$\begin{cases}\dot{\boldsymbol{x}}=\boldsymbol{A}\boldsymbol{x}+\boldsymbol{B}\boldsymbol{f}\\\boldsymbol{y}=\boldsymbol{C}\boldsymbol{x}+\boldsymbol{D}\boldsymbol{f}\\\boldsymbol{x}(0_-)\end{cases} \tag{6-3-1}$$

对式(6-3-1)第一、二个式子两边取单边拉普拉斯变换得

$$s\boldsymbol{X}(s)-\boldsymbol{x}(0_-)=\boldsymbol{A}\boldsymbol{X}(s)+\boldsymbol{B}\boldsymbol{F}(s) \tag{6-3-2}$$

$$\boldsymbol{Y}(s)=\boldsymbol{C}\boldsymbol{X}(s)+\boldsymbol{D}\boldsymbol{F}(s) \tag{6-3-3}$$

式中

$$\boldsymbol{X}(s)=\mathscr{L}[\boldsymbol{x}(t)],\quad \boldsymbol{F}(s)=\mathscr{L}[\boldsymbol{f}(t)],\quad \boldsymbol{Y}(s)=\mathscr{L}[\boldsymbol{y}(t)]$$

对式(6-3-2) 整理得

$$s\boldsymbol{X}(s)-\boldsymbol{A}\boldsymbol{X}(s)=\boldsymbol{B}\boldsymbol{F}(s)+\boldsymbol{x}(0_-)$$

即

$$(s\boldsymbol{I}-\boldsymbol{A})\boldsymbol{X}(s)=\boldsymbol{BF}(s)+\boldsymbol{x}(0_-) \tag{6-3-4}$$

式中，$\boldsymbol{I}$ 为 $n\times n$ 阶单位对角矩阵，即

$$\boldsymbol{I}=\begin{bmatrix}1 & 0 & \cdots & 0\\ 0 & 1 & \cdots & 0\\ \vdots & \vdots & & 0\\ 0 & 0 & \cdots & 1\end{bmatrix}_{(n\times n)}$$

式(6-3-4)两边同时左乘以$(s\boldsymbol{I}-\boldsymbol{A})^{-1}$得

$$\boldsymbol{X}(s)=\underbrace{(s\boldsymbol{I}-\boldsymbol{A})^{-1}\boldsymbol{BF}(s)}_{\boldsymbol{X}_{ZS}(s)}+\underbrace{(s\boldsymbol{I}-\boldsymbol{A})^{-1}\boldsymbol{x}(0_-)}_{\boldsymbol{X}_{ZI}(s)} \tag{6-3-5}$$

将式(6-3-5)代入式(6-3-3)得

$$\boldsymbol{Y}(s)=\boldsymbol{C}(s\boldsymbol{I}-\boldsymbol{A})^{-1}\boldsymbol{BF}(s)+\boldsymbol{C}(s\boldsymbol{I}-\boldsymbol{A})^{-1}\boldsymbol{x}(0_-)+\boldsymbol{DF}(s)$$

整理得

$$\boldsymbol{Y}(s)=\underbrace{[\boldsymbol{C}(s\boldsymbol{I}-\boldsymbol{A})^{-1}\boldsymbol{B}+\boldsymbol{D}]\boldsymbol{F}(s)}_{\boldsymbol{Y}_{ZS}(s)}+\underbrace{\boldsymbol{C}(s\boldsymbol{I}-\boldsymbol{A})^{-1}\boldsymbol{x}(0_-)}_{\boldsymbol{Y}_{ZI}(s)} \tag{6-3-6}$$

式(6-3-5)和式(6-3-6)分别是状态矢量 $\boldsymbol{x}(t)$和响应矢量 $\boldsymbol{y}(t)$的拉普拉斯变换，式中第一项分别对应系统状态矢量的 s 域零状态解 $\boldsymbol{X}_{ZS}(s)$和系统响应矢量的 s 域零状态解 $\boldsymbol{Y}_{ZS}(s)$，第二项分别对应系统状态矢量的 s 域零输入解 $\boldsymbol{X}_{ZI}(s)$和系统响应矢量的 s 域零输入解 $\boldsymbol{Y}_{ZI}(s)$。由此结果可以看出，在计算过程中最关键的一步是求$(s\boldsymbol{I}-\boldsymbol{A})^{-1}$，并且它是分开零输入分量与零状态分量必不可少的矩阵因子。

定义矩阵

$$\boldsymbol{\Phi}(s)\overset{\text{def}}{=}(s\boldsymbol{I}-\boldsymbol{A})^{-1}=\frac{\operatorname{adj}(s\boldsymbol{I}-\boldsymbol{A})}{\det(s\boldsymbol{I}-\boldsymbol{A})}=\frac{\operatorname{adj}(s\boldsymbol{I}-\boldsymbol{A})}{|s\boldsymbol{I}-\boldsymbol{A}|} \tag{6-3-7}$$

为系统的分解矩阵。其分母称为矩阵行列式；分子称为伴随矩阵，是矩阵行列式的代数余子式组成的矩阵。

求 $\boldsymbol{\Phi}(s)$涉及矩阵求逆，高阶矩阵求逆可参阅有关矩阵的书籍，二阶矩阵求逆为

$$\begin{bmatrix}a & b\\ c & d\end{bmatrix}^{-1}=\frac{\begin{bmatrix}d & -b\\ -c & a\end{bmatrix}}{\begin{vmatrix}a & b\\ c & d\end{vmatrix}}=\frac{\begin{bmatrix}d & -b\\ -c & a\end{bmatrix}}{ad-cb} \tag{6-3-8}$$

于是，式(6-3-5)及式(6-3-6)可写为

$$\begin{cases}\boldsymbol{X}(s)=\boldsymbol{\Phi}(s)\boldsymbol{BF}(s)+\boldsymbol{\Phi}(s)\boldsymbol{x}(0_-)\\ \boldsymbol{Y}(s)=[\boldsymbol{C\Phi}(s)\boldsymbol{B}+\boldsymbol{D}]\boldsymbol{F}(s)+\boldsymbol{C\Phi}(s)\boldsymbol{x}(0_-)\end{cases} \tag{6-3-9}$$

对上式取拉普拉斯反变换得到状态矢量和响应矢量的时域表达式

$$\boldsymbol{x}(t)=\mathscr{L}^{-1}[\boldsymbol{X}(s)]=\mathscr{L}^{-1}[\boldsymbol{\Phi}(s)\boldsymbol{BF}(s)+\boldsymbol{\Phi}(s)\boldsymbol{x}(0_-)] \tag{6-3-10}$$

$$\boldsymbol{y}(t)=\mathscr{L}^{-1}[\boldsymbol{Y}(s)]=\mathscr{L}^{-1}\{[\boldsymbol{C\Phi}(s)\boldsymbol{B}+\boldsymbol{D}]\boldsymbol{F}(s)+\boldsymbol{C\Phi}(s)\boldsymbol{x}(0_-)\} \tag{6-3-11}$$

从式(6-3-9)不难看出，零状态响应的拉普拉斯变换矩阵为

$$\boldsymbol{Y}_{ZS}(s)=[\boldsymbol{C\Phi}(s)\boldsymbol{B}+\boldsymbol{D}]\boldsymbol{F}(s)=\boldsymbol{H}(s)\boldsymbol{F}(s) \tag{6-3-12}$$

定义

$$\boldsymbol{H}(s)\overset{\text{def}}{=}\boldsymbol{C\Phi}(s)\boldsymbol{B}+\boldsymbol{D} \tag{6-3-13}$$

为 LTI 连续系统的系统函数矩阵或转移函数矩阵，它是一个 $r\times m$ 阶矩阵，即

$$\boldsymbol{H}(s)=\begin{bmatrix} H_{11}(s) & H_{12}(s) & \cdots & H_{1m}(s) \\ H_{21}(s) & H_{22}(s) & \cdots & H_{2m}(s) \\ \vdots & \vdots & & \vdots \\ H_{r1}(s) & H_{r2}(s) & \cdots & H_{rm}(s) \end{bmatrix} \tag{6-3-14}$$

转移函数矩阵中第 i 行第 j 列的元素 H_{ij} 是第 i 个输出对于第 j 个输入的转移函数。

若对式(6-3-13)取拉普拉斯反变换，可得冲激响应矩阵

$$\boldsymbol{h}(t)=\mathscr{L}^{-1}[\boldsymbol{H}(s)]=\mathscr{L}^{-1}[\boldsymbol{C\Phi}(s)\boldsymbol{B}+\boldsymbol{D}] \tag{6-3-15}$$

反之，有

$$\boldsymbol{H}(s)=\mathscr{L}[\boldsymbol{h}(t)] \tag{6-3-16}$$

例 6-9 已知状态方程和输出方程为

$$\begin{bmatrix}\dot{x}_1\\ \dot{x}_2\end{bmatrix}=\begin{bmatrix}0 & -2\\ 1 & -2\end{bmatrix}\begin{bmatrix}x_1\\ x_2\end{bmatrix}+\begin{bmatrix}0 & -2\\ 1 & -2\end{bmatrix}\begin{bmatrix}f_1\\ f_2\end{bmatrix}$$

$$\begin{bmatrix}y_1\\ y_2\end{bmatrix}=\begin{bmatrix}0 & -1\\ 0 & 1\end{bmatrix}\begin{bmatrix}x_1\\ x_2\end{bmatrix}+\begin{bmatrix}1 & 0\\ 0 & 0\end{bmatrix}\begin{bmatrix}f_1\\ f_2\end{bmatrix}$$

$f_1=\delta(t)$，$f_2=\varepsilon(t)$，$x_1(0_-)=1$，$x_2(0_-)=0$，试求 $\boldsymbol{x}(t)$、$\boldsymbol{y}(t)$ 和 $\boldsymbol{h}(t)$。

解 (1) 求系统的分解矩阵

$$\boldsymbol{\Phi}(s)=(s\boldsymbol{I}-\boldsymbol{A})^{-1}=\left\{s\begin{bmatrix}1 & 0\\ 0 & 1\end{bmatrix}-\begin{bmatrix}0 & -2\\ 1 & -2\end{bmatrix}\right\}^{-1}=\begin{bmatrix}s & 2\\ -1 & s+2\end{bmatrix}^{-1}$$

$$=\frac{\begin{bmatrix}s+2 & -2\\ 1 & s\end{bmatrix}}{\begin{vmatrix}s & 2\\ -1 & s+2\end{vmatrix}}=\frac{\begin{bmatrix}s+2 & -2\\ 1 & s\end{bmatrix}}{s(s+2)+2}=\frac{1}{(s+1)^2+1}\begin{bmatrix}s+2 & -2\\ 1 & s\end{bmatrix}$$

(2) 求状态方程解 $\boldsymbol{x}(t)$，由已知条件得

$$\begin{bmatrix}x_1(0_-)\\ x_2(0_-)\end{bmatrix}=\begin{bmatrix}1\\ 0\end{bmatrix},\quad \boldsymbol{F}(s)=\mathscr{L}\begin{bmatrix}f_1(t)\\ f_2(t)\end{bmatrix}=\mathscr{L}\begin{bmatrix}\delta(t)\\ \varepsilon(t)\end{bmatrix}=\begin{bmatrix}1\\ s^{-1}\end{bmatrix}$$

代入式(6-3-9)得

$$\boldsymbol{X}(s)=\boldsymbol{\Phi}(s)\boldsymbol{BF}(s)+\boldsymbol{\Phi}(s)\boldsymbol{x}(0_-)$$

$$=\frac{1}{(s+1)^2+1}\begin{bmatrix}s+2 & -2\\ 1 & s\end{bmatrix}\begin{bmatrix}0 & -2\\ 1 & -2\end{bmatrix}\begin{bmatrix}1\\ s^{-1}\end{bmatrix}+\frac{1}{(s+1)^2+1}\begin{bmatrix}s+2 & -2\\ 1 & s\end{bmatrix}\begin{bmatrix}1\\ 0\end{bmatrix}$$

$$=\begin{bmatrix}\dfrac{-4}{(s+1)^2+1}\\ \dfrac{s^2-2s-2}{s[(s+1)^2+1]}\end{bmatrix}+\begin{bmatrix}\dfrac{s+2}{(s+1)^2+1}\\ \dfrac{1}{(s+1)^2+1}\end{bmatrix}$$

$$=\begin{bmatrix}\dfrac{-4}{(s+1)^2+1}\\ \dfrac{2s}{(s+1)^2+1}-\dfrac{1}{s}\end{bmatrix}+\begin{bmatrix}\dfrac{s+2}{(s+1)^2+1}\\ \dfrac{1}{(s+1)^2+1}\end{bmatrix}$$

取拉普拉斯反变换得

$$\boldsymbol{x}(t)=\begin{bmatrix}x_1\\ x_2\end{bmatrix}=\begin{bmatrix}-4\mathrm{e}^{-t}\sin t\\ 2\mathrm{e}^{-t}(\cos t-\sin t)-1\end{bmatrix}+\begin{bmatrix}\mathrm{e}^{-t}(\cos t+\sin t)\\ \mathrm{e}^{-t}\sin t\end{bmatrix}$$

$$=\begin{bmatrix} e^{-t}(\cos t-3\sin t) \\ e^{-t}(2\cos t-\sin t)-1 \end{bmatrix},\quad t\geqslant 0$$

(3) 求输出方程解 $\boldsymbol{y}(t)$，利用 $\boldsymbol{x}(t)$的结果求解输出方程比较简便。

$$\begin{bmatrix} y_1 \\ y_2 \end{bmatrix}=\begin{bmatrix} 0 & -1 \\ 0 & 1 \end{bmatrix}\begin{bmatrix} x_1 \\ x_2 \end{bmatrix}+\begin{bmatrix} 1 & 0 \\ 0 & 0 \end{bmatrix}\begin{bmatrix} f_1 \\ f_2 \end{bmatrix}=\begin{bmatrix} -x_2 \\ x_2 \end{bmatrix}+\begin{bmatrix} f_1 \\ 0 \end{bmatrix}$$

$$=\begin{bmatrix} -e^{-t}(2\cos t-\sin t)+1 \\ e^{-t}(2\cos t-\sin t)-1 \end{bmatrix}+\begin{bmatrix} \delta(t) \\ 0 \end{bmatrix}$$

$$=\begin{bmatrix} \delta(t)-e^{-t}(2\cos t-\sin t)+1 \\ e^{-t}(2\cos t-\sin t)-1 \end{bmatrix},\quad t\geqslant 0$$

(4) 求冲激响应矩阵 $\boldsymbol{h}(t)$。

$$\boldsymbol{H}(s)=\boldsymbol{C\Phi}(s)\boldsymbol{B}+\boldsymbol{D}$$

$$=\begin{bmatrix} 0 & -1 \\ 0 & 1 \end{bmatrix}\frac{1}{(s+1)^2+1}\begin{bmatrix} s+2 & -2 \\ 1 & s \end{bmatrix}\begin{bmatrix} 0 & -2 \\ 1 & -2 \end{bmatrix}+\begin{bmatrix} 1 & 0 \\ 0 & 0 \end{bmatrix}$$

$$=\frac{1}{(s+1)^2+1}\begin{bmatrix} -1 & -s \\ 1 & s \end{bmatrix}\begin{bmatrix} 0 & -2 \\ 1 & -2 \end{bmatrix}+\begin{bmatrix} 1 & 0 \\ 0 & 0 \end{bmatrix}$$

$$=\frac{1}{(s+1)^2+1}\begin{bmatrix} -s & 2s+2 \\ s & -2s-2 \end{bmatrix}+\begin{bmatrix} 1 & 0 \\ 0 & 0 \end{bmatrix}$$

$$=\begin{bmatrix} \dfrac{-s}{(s+1)^2+1} & \dfrac{2(s+1)}{(s+1)^2+1} \\ \dfrac{s}{(s+1)^2+1} & \dfrac{-2(s+1)}{(s+1)^2+1} \end{bmatrix}+\begin{bmatrix} 1 & 0 \\ 0 & 0 \end{bmatrix}$$

$$=\begin{bmatrix} 1-\dfrac{s+1}{(s+1)^2+1}+\dfrac{1}{(s+1)^2+1} & \dfrac{2(s+1)}{(s+1)^2+1} \\ \dfrac{s+1}{(s+1)^2+1}-\dfrac{1}{(s+1)^2+1} & \dfrac{-2(s+1)}{(s+1)^2+1} \end{bmatrix}$$

故

$$\boldsymbol{h}(t)=\mathscr{L}^{-1}[\boldsymbol{H}(s)]=\begin{bmatrix} \delta(t)-e^{-t}\cos t+e^{-t}\sin t & 2e^{-t}\cos t \\ e^{-t}\cos t-e^{-t}\sin t & -2e^{-t}\cos t \end{bmatrix},\quad t\geqslant 0$$

6.3.2 用时域分析法求解动态方程

在时域法求解动态方程过程中要用到“矩阵指数”函数 e^{At}，这里先给出“矩阵指数”函数 e^{At} 的定义和主要性质。

“矩阵指数”函数 e^{At} 的定义为

$$e^{At}\overset{\text{def}}{=}\boldsymbol{I}+\boldsymbol{A}t+\frac{1}{2!}\boldsymbol{A}^2t^2+\cdots+\frac{1}{k!}\boldsymbol{A}^kt^k+\cdots=\sum_{k=0}^{\infty}\frac{1}{k!}\boldsymbol{A}^kt^k \tag{6-3-17}$$

式中，$\boldsymbol{A}$ 是 $k\times k$ 的方阵；e^{At} 也是一个 $k\times k$ 的方阵。e^{At} 的主要性质如下：

$$e^{At}e^{-At}=\boldsymbol{I} \tag{6-3-18}$$

$$e^{At}=[e^{-At}]^{-1} \tag{6-3-19}$$

$$\frac{d}{dt}e^{At}=\boldsymbol{A}e^{At}=e^{At}\boldsymbol{A} \tag{6-3-20}$$

下面根据“矩阵指数”函数 e^{At} 的上述性质对给定的状态方程进行时域求解。对状态方程

$$\frac{\mathrm{d}}{\mathrm{d}t}\boldsymbol{x}(t)=\boldsymbol{A}\boldsymbol{x}(t)+\boldsymbol{B}\boldsymbol{f}(t) \tag{6-3-21}$$

给定初始条件

$$\boldsymbol{x}(0_-)=\begin{bmatrix} x_1(0_-) \\ x_2(0_-) \\ \vdots \\ x_n(0_-) \end{bmatrix} \tag{6-3-22}$$

式(6-3-21)两边左乘 $\mathrm{e}^{-\boldsymbol{A}t}$ 并移项得

$$\mathrm{e}^{-\boldsymbol{A}t}\frac{\mathrm{d}}{\mathrm{d}t}\boldsymbol{x}(t)-\mathrm{e}^{-\boldsymbol{A}t}\boldsymbol{A}\boldsymbol{x}(t)=\mathrm{e}^{-\boldsymbol{A}t}\boldsymbol{B}\boldsymbol{f}(t)$$

即

$$\frac{\mathrm{d}}{\mathrm{d}t}[\mathrm{e}^{-\boldsymbol{A}t}\boldsymbol{x}(t)]=\mathrm{e}^{-\boldsymbol{A}t}\boldsymbol{B}\boldsymbol{f}(t) \tag{6-3-23}$$

对式(6-3-23)两边取 0_- 到 t 积分，并考虑起始条件 $\boldsymbol{x}(0_-)$，得

$$\mathrm{e}^{-\boldsymbol{A}t}\boldsymbol{x}(t)-\boldsymbol{x}(0_-)=\int_{0_-}^{t}\mathrm{e}^{-\boldsymbol{A}\tau}\boldsymbol{B}\boldsymbol{f}(\tau)\mathrm{d}\tau \tag{6-3-24}$$

对式(6-3-24)两边左乘 $\mathrm{e}^{\boldsymbol{A}t}$，并移项得

$$\begin{aligned}\boldsymbol{x}(t)&=\mathrm{e}^{\boldsymbol{A}t}\int_{0_-}^{t}\mathrm{e}^{-\boldsymbol{A}\tau}\boldsymbol{B}\boldsymbol{f}(\tau)\mathrm{d}\tau+\mathrm{e}^{\boldsymbol{A}t}\boldsymbol{x}(0_-)\\&=\int_{0_-}^{t}\mathrm{e}^{\boldsymbol{A}(t-\tau)}\boldsymbol{B}\boldsymbol{f}(\tau)\mathrm{d}\tau+\mathrm{e}^{\boldsymbol{A}t}\boldsymbol{x}(0_-)\\&=\mathrm{e}^{\boldsymbol{A}t}\boldsymbol{B}*\boldsymbol{f}(t)+\mathrm{e}^{\boldsymbol{A}t}\boldsymbol{x}(0_-)\end{aligned} \tag{6-3-25}$$

这就是系统的状态矢量解，它包含两部分，第一部分 $\mathrm{e}^{\boldsymbol{A}t}\boldsymbol{B}*\boldsymbol{f}(t)$ 是系统状态矢量的零状态解，第二部分 $\mathrm{e}^{\boldsymbol{A}t}\boldsymbol{x}(0_-)$ 是系统状态矢量的零输入解。矩阵卷积的定义类似于矩阵乘法的定义，只是将元素之间的乘法运算换成元素之间的卷积积分运算。例如下面两个矩阵相卷积的运算关系：

$$\begin{bmatrix} h_{11} & h_{12} \\ h_{21} & h_{22} \\ h_{31} & h_{32} \end{bmatrix}*\begin{bmatrix} f_{11} & f_{12} \\ f_{21} & f_{22} \end{bmatrix}=\begin{bmatrix} h_{11}*f_{11}+h_{12}*f_{21} & h_{11}*f_{12}+h_{12}*f_{22} \\ h_{21}*f_{11}+h_{22}*f_{21} & h_{21}*f_{12}+h_{22}*f_{22} \\ h_{31}*f_{11}+h_{32}*f_{21} & h_{31}*f_{12}+h_{32}*f_{22} \end{bmatrix} \tag{6-3-26}$$

将式(6-3-25)代入输出方程得

$$\begin{aligned}\boldsymbol{y}(t)&=\boldsymbol{C}[\mathrm{e}^{\boldsymbol{A}t}\boldsymbol{B}*\boldsymbol{f}(t)+\mathrm{e}^{\boldsymbol{A}t}\boldsymbol{x}(0_-)]+\boldsymbol{D}\boldsymbol{f}(t)\\&=\boldsymbol{C}\mathrm{e}^{\boldsymbol{A}t}\boldsymbol{B}*\boldsymbol{f}(t)+\boldsymbol{D}\boldsymbol{f}(t)+\boldsymbol{C}\mathrm{e}^{\boldsymbol{A}t}\boldsymbol{x}(0_-)\end{aligned} \tag{6-3-27}$$

因为 $\boldsymbol{\delta}(t)*\boldsymbol{f}(t)=\boldsymbol{f}(t)$，其中，$\boldsymbol{\delta}(t)$ 为 $m\times m$ 阶对角冲激矩阵，即

$$\boldsymbol{\delta}(t)=\begin{bmatrix} \delta(t) & 0 & \cdots & 0 \\ 0 & \delta(t) & \cdots & 0 \\ \vdots & \vdots & & \vdots \\ 0 & 0 & \cdots & \delta(t) \end{bmatrix} \tag{6-3-28}$$

所以式(6-3-27)又可写为

$$\begin{aligned}\boldsymbol{y}(t)&=\boldsymbol{C}\mathrm{e}^{\boldsymbol{A}t}\boldsymbol{B}*\boldsymbol{f}(t)+\boldsymbol{D}\boldsymbol{\delta}(t)*\boldsymbol{f}(t)+\boldsymbol{C}\mathrm{e}^{\boldsymbol{A}t}\boldsymbol{x}(0_-)\\&=\underbrace{[\boldsymbol{C}\mathrm{e}^{\boldsymbol{A}t}\boldsymbol{B}+\boldsymbol{D}\boldsymbol{\delta}(t)]*\boldsymbol{f}(t)}_{y_{\mathrm{ZS}}(t)}+\underbrace{\boldsymbol{C}\mathrm{e}^{\boldsymbol{A}t}\boldsymbol{x}(0_-)}_{y_{\mathrm{ZI}}(t)}\end{aligned} \tag{6-3-29}$$

定义

$$\boldsymbol{h}(t) \overset{\text{def}}{=} \boldsymbol{C}\mathrm{e}^{\boldsymbol{A}t}\boldsymbol{B} + \boldsymbol{D}\boldsymbol{\delta}(t) \tag{6-3-30}$$

为系统的单位冲激响应矩阵，它是一个 $r\times m$ 阶矩阵，与系统函数矩阵 $\boldsymbol{H}(s)$ 是一对拉普拉斯变换。

$$\boldsymbol{h}(t) = \begin{bmatrix} h_{11}(t) & h_{12}(t) & \cdots & h_{1m}(t) \\ h_{21}(t) & h_{22}(t) & \cdots & h_{2m}(t) \\ \vdots & \vdots & & \vdots \\ h_{r1}(t) & h_{r2}(t) & \cdots & h_{rm}(t) \end{bmatrix} \tag{6-3-31}$$

式中，$h_{ij}(t)$的物理含义为仅由第 j 个激励 $f_j(t)=\delta(t)$作用下所产生的第 i 个冲激响应。于是，式(6-3-29)又可写为

$$\boldsymbol{y}(t) = \boldsymbol{h}(t) * \boldsymbol{f}(t) + \boldsymbol{C}\mathrm{e}^{\boldsymbol{A}t}\boldsymbol{x}(0_-) \tag{6-3-32}$$

其中，零状态响应矩阵

$$\boldsymbol{y}_{\mathrm{ZS}}(t) = \boldsymbol{h}(t) * \boldsymbol{f}(t) \tag{6-3-33}$$

$$\begin{bmatrix} y_{\mathrm{ZS1}}(t) \\ y_{\mathrm{ZS2}}(t) \\ \vdots \\ y_{\mathrm{ZS}r}(t) \end{bmatrix} = \begin{bmatrix} h_{11}(t) & h_{12}(t) & \cdots & h_{1m}(t) \\ h_{21}(t) & h_{22}(t) & \cdots & h_{2m}(t) \\ \vdots & \vdots & & \vdots \\ h_{r1}(t) & h_{r2}(t) & \cdots & h_{rm}(t) \end{bmatrix} * \begin{bmatrix} f_1(t) \\ f_2(t) \\ \vdots \\ f_m(t) \end{bmatrix} \tag{6-3-34}$$

根据式(6-3-34)，第 i 个零状态响应 $y_{\mathrm{ZS}i}(t)$，为每个输入信号单独作用引起的零状态响应的叠加，即

$$y_{\mathrm{ZS}i}(t) = \sum_{j=1}^{m} h_{ij}(t) * f_j(t) \tag{6-3-35}$$

综上所述，无论状态方程的解或输出方程的解都由两部分相加组成：一部分是零输入解，由 $\boldsymbol{x}(0_-)$引起；另一部分是零状态解，由激励信号 $\boldsymbol{f}(t)$引起。两部分的变化规律都与矩阵$\boldsymbol{\varphi}(t)=\mathrm{e}^{\boldsymbol{A}t}$有关，可以说 $\boldsymbol{\varphi}(t)=\mathrm{e}^{\boldsymbol{A}t}$ 反映了系统状态变化的本质。

定义

$$\boldsymbol{\varphi}(t) \overset{\text{def}}{=} \mathrm{e}^{\boldsymbol{A}t} \tag{6-3-36}$$

为“状态转移矩阵”。它与系统的分解矩阵 $\boldsymbol{\Phi}(s)=(s\boldsymbol{I}-\boldsymbol{A})^{-1}$ 构成一对拉普拉斯变换，而 $\boldsymbol{\Phi}(s)$ 的分母就是系统特征多项式，所以 $\boldsymbol{\Phi}(s)$ 又称为“特征矩阵”。可见，时域求解动态方程的关键是求解“状态转移矩阵”$\boldsymbol{\varphi}(t)$。

“状态转移矩阵”$\boldsymbol{\varphi}(t)=\mathrm{e}^{\boldsymbol{A}t}$ 的计算除了可以利用特征矩阵 $\boldsymbol{\Phi}(s)$求拉普拉斯反变换之外，还可以利用矩阵理论的方法，主要有将矩阵化为有限项之和的方法和矩阵的相似变换法。这两种矩阵理论方法的详细介绍可参见有关矩阵理论的书籍，这里只简要介绍第一种方法，并给出计算实例。

在矩阵代数中，对于 $n\times n$ 阶方阵 $\boldsymbol{A}$，若有非零 n 维列矢量 $\boldsymbol{x}$，标量 λ 满足方程式

$$\boldsymbol{A}\boldsymbol{x} = \lambda\boldsymbol{x} \tag{6-3-37}$$

则称 λ 为矩阵 $\boldsymbol{A}$ 的**特征值**。

因为 $\boldsymbol{x}=\boldsymbol{I}\boldsymbol{x}$，所以式(6-3-37)可写成

$$\lambda\boldsymbol{I}\boldsymbol{x} - \boldsymbol{A}\boldsymbol{x} = (\lambda\boldsymbol{I} - \boldsymbol{A})\boldsymbol{x} = 0$$

由于 $\boldsymbol{x}\neq 0$，故上式中$(\lambda\boldsymbol{I}-\boldsymbol{A})$必为奇异矩阵，其行列式为零，即

$$\det(\lambda\boldsymbol{I} - \boldsymbol{A}) = 0 \tag{6-3-38}$$

令 $f(\lambda)=\det(\lambda\boldsymbol{I}-\boldsymbol{A})$，式(6-3-38)可写成

$$
\begin{aligned}
f(\lambda) &= \det(\lambda\boldsymbol{I}-\boldsymbol{A}) = c_0 + c_1\lambda + c_2\lambda^2 + \cdots + c_{n-1}\lambda^{n-1} + c_n\lambda^n \\
&= (\lambda-\lambda_1)(\lambda-\lambda_2)\cdots(\lambda-\lambda_n) = 0
\end{aligned} \tag{6-3-39}
$$

$f(\lambda)$是 λ 的多项式，称为矩阵 $\boldsymbol{A}$ 的**特征多项式**。$f(\lambda)=0$ 称为 $\boldsymbol{A}$ 的**特征方程**，它的根 $\lambda_i(i=1,2,\cdots,n)$称为 $\boldsymbol{A}$ 的**特征根**，也就是式(6-3-37)中的**特征值**，$c_i(i=0,1,2,\cdots,n)$为特征多项式各项系数。

凯莱-哈密顿(Cayley-Hamilton)定理：设矩阵 $\boldsymbol{A}$ 是一个 $n\times n$ 的方阵，当它的特征根 $\lambda_i(i=1,2,\cdots,n)$满足特征多项式

$$
f(\lambda) = c_0 + c_1\lambda + c_2\lambda^2 + \cdots + c_{n-1}\lambda^{n-1} + c_n\lambda^n \tag{6-3-40}
$$

时，有 $f(\boldsymbol{A})=0$。

根据 Cayley-Hamilton 定理，任一 $n\times n$ 阶方阵 $\boldsymbol{A}$ 的矩阵函数 $f(\boldsymbol{A})$总可表示成一个次数不超过 $n-1$ 的 $\boldsymbol{A}$ 的多项式

$$
f(\boldsymbol{A}) = a_0\boldsymbol{I} + a_1\boldsymbol{A} + a_2\boldsymbol{A}^2 + \cdots + a_{n-2}\boldsymbol{A}^{n-2} + a_{n-1}\boldsymbol{A}^{n-1} \tag{6-3-41}
$$

对于矩阵指数函数，则有

$$
\boldsymbol{\varphi}(t) = \mathrm{e}^{\boldsymbol{A}t} = a_0\boldsymbol{I} + a_1\boldsymbol{A} + a_2\boldsymbol{A}^2 + \cdots + a_{n-2}\boldsymbol{A}^{n-2} + a_{n-1}\boldsymbol{A}^{n-1} \tag{6-3-42}
$$

式(6-3-42)中各系数 $a_i(i=0,1,2,\cdots,n-1)$都是时间 t 的函数。矩阵 $\boldsymbol{A}$ 的特征根也满足方程(6-3-42)，这条性质提供了计算系数 a_i 的方法。根据矩阵 $\boldsymbol{A}$ 的特征根是否有重根，分以下两种情况说明。

第一种情况，矩阵 $\boldsymbol{A}$ 的特征值没有重根，分别为 $\lambda_i(i=1,2,\cdots,n)$。为了方便，设

$$
\mathrm{e}^{\lambda t} = g(\lambda) = a_0 + a_1\lambda + a_2\lambda^2 + \cdots + a_{n-1}\lambda^{n-1} \tag{6-3-43}
$$

将各个特征值代入式(6-3-43)，有

$$
\begin{cases}
\mathrm{e}^{\lambda_1 t} = g(\lambda_1) = a_0 + a_1\lambda_1 + a_2\lambda_1^2 + \cdots + a_{n-1}\lambda_1^{n-1} \\
\mathrm{e}^{\lambda_2 t} = g(\lambda_2) = a_0 + a_1\lambda_2 + a_2\lambda_2^2 + \cdots + a_{n-1}\lambda_2^{n-1} \\
\qquad\vdots \\
\mathrm{e}^{\lambda_n t} = g(\lambda_n) = a_0 + a_1\lambda_n + a_2\lambda_n^2 + \cdots + a_{n-1}\lambda_n^{n-1}
\end{cases} \tag{6-3-44}
$$

求解该联立方程组可以得系数 $a_i(i=0,1,2,\cdots,n-1)$，再代入式(6-3-42)可求得状态转移矩阵 $\boldsymbol{\varphi}(t)=\mathrm{e}^{\boldsymbol{A}t}$。

例 6-10 已知 $\boldsymbol{A}=\begin{bmatrix}0 & 1\\ 0 & -2\end{bmatrix}$，试求状态转移矩阵 $\mathrm{e}^{\boldsymbol{A}t}$。

解 列出 $\boldsymbol{A}$ 的特征方程

$$
|\lambda\boldsymbol{I}-\boldsymbol{A}| = \left|\lambda\begin{bmatrix}1 & 0\\ 0 & 1\end{bmatrix} - \begin{bmatrix}0 & 1\\ 0 & -2\end{bmatrix}\right| = \begin{vmatrix}\lambda & -1\\ 0 & \lambda+2\end{vmatrix} = \lambda(\lambda+2) = 0
$$

其特征根为 $\lambda_1=0,\lambda_2=-2$，代入式(6-3-43)有

$$
\begin{cases}
g(0) = \mathrm{e}^{0t} = 1 = a_0 + a_1\times 0 \\
g(-2) = \mathrm{e}^{-2t} = a_0 - 2a_1
\end{cases}
$$

解之得

$$\begin{cases} a_0 = 1 \\ a_1 = \dfrac{1}{2}(1-\mathrm{e}^{-2t}) \end{cases}$$

所以

$$\boldsymbol{\varphi}(t) = \mathrm{e}^{\boldsymbol{A}t} = a_0\boldsymbol{I} + a_1\boldsymbol{A} = \begin{bmatrix} 1 & 0 \\ 0 & 1 \end{bmatrix} + \frac{1}{2}(1-\mathrm{e}^{-2t})\begin{bmatrix} 0 & 1 \\ 0 & -2 \end{bmatrix}$$

$$= \begin{bmatrix} 1 & \dfrac{1}{2}(1-\mathrm{e}^{-2t}) \\ 0 & \mathrm{e}^{-2t} \end{bmatrix}$$

第二种情况，矩阵 **A** 的特征值有重根。设特征根 λ_1 是 r 重根，则重根部分方程为

$$\begin{cases} \mathrm{e}^{\lambda_1 t} = g(\lambda_1) = a_0 + a_1\lambda_1 + a_2\lambda_1^2 + \cdots + a_{r-1}\lambda_1^{r-1} \\ \dfrac{\mathrm{d}}{\mathrm{d}\lambda}\mathrm{e}^{\lambda t}\Big|_{\lambda=\lambda_1} = t\mathrm{e}^{\lambda_1 t} = \dfrac{\mathrm{d}}{\mathrm{d}\lambda}g(\lambda)\Big|_{\lambda=\lambda_1} \\ \quad\vdots \\ \dfrac{\mathrm{d}^{r-1}}{\mathrm{d}\lambda^{r-1}}\mathrm{e}^{\lambda t}\Big|_{\lambda=\lambda_1} = t^{r-1}\mathrm{e}^{\lambda_1 t} = \dfrac{\mathrm{d}^{r-1}}{\mathrm{d}\lambda^{r-1}}g(\lambda)\Big|_{\lambda=\lambda_1} \end{cases} \tag{6-3-45}$$

其他非重根部分与式(6-3-44)作相同处理，两者联立可解得系数 $a_i(i=0,1,2,\cdots,n-1)$，从而求得状态转移矩阵 $\boldsymbol{\varphi}(t)=\mathrm{e}^{\boldsymbol{A}t}$。

例 6-11 已知

$$\boldsymbol{A} = \begin{bmatrix} 1 & -1 \\ 1 & 3 \end{bmatrix}$$

试求状态转移矩阵 $\mathrm{e}^{\boldsymbol{A}t}$。

解 列出 **A** 的特征方程

$$|\lambda\boldsymbol{I}-\boldsymbol{A}| = \left|\lambda\begin{bmatrix} 1 & 0 \\ 0 & 1 \end{bmatrix} - \begin{bmatrix} 1 & -1 \\ 1 & 3 \end{bmatrix}\right| = \begin{vmatrix} \lambda-1 & 1 \\ -1 & \lambda-3 \end{vmatrix} = (\lambda-2)^2 = 0$$

其特征根为 $\lambda_1=\lambda_2=2$，是二重根，代入式(6-3-45)有

$$\begin{cases} \mathrm{e}^{2t} = a_0 + 2a_1 \\ \dfrac{\mathrm{d}\mathrm{e}^{\lambda t}}{\mathrm{d}\lambda}\Big|_{\lambda=2} = t\mathrm{e}^{2t} = a_1 \end{cases}$$

解之得

$$\begin{cases} a_0 = \mathrm{e}^{2t} - 2t\mathrm{e}^{2t} \\ a_1 = t\mathrm{e}^{2t} \end{cases}$$

故

$$\boldsymbol{\varphi}(t) = \mathrm{e}^{\boldsymbol{A}t} = a_0\boldsymbol{I} + a_1\boldsymbol{A}$$

$$= (\mathrm{e}^{2t} - 2t\mathrm{e}^{2t})\begin{bmatrix} 1 & 0 \\ 0 & 1 \end{bmatrix} + t\mathrm{e}^{2t}\begin{bmatrix} 1 & -1 \\ 1 & 3 \end{bmatrix} = \begin{bmatrix} \mathrm{e}^{2t}-t\mathrm{e}^{2t} & -t\mathrm{e}^{2t} \\ t\mathrm{e}^{2t} & \mathrm{e}^{2t}+t\mathrm{e}^{2t} \end{bmatrix}$$

例 6-12 已知

$$\begin{bmatrix} \dot{x}_1 \\ \dot{x}_2 \end{bmatrix} = \begin{bmatrix} 1 & 2 \\ 0 & -1 \end{bmatrix}\begin{bmatrix} x_1 \\ x_2 \end{bmatrix} + \begin{bmatrix} 0 & 1 \\ 1 & 0 \end{bmatrix}\begin{bmatrix} f_1 \\ f_2 \end{bmatrix}$$

$$\begin{bmatrix} y_1 \\ y_2 \end{bmatrix} = \begin{bmatrix} 1 & 1 \\ 0 & -1 \end{bmatrix}\begin{bmatrix} x_1 \\ x_2 \end{bmatrix} + \begin{bmatrix} 1 & 0 \\ 1 & 0 \end{bmatrix}\begin{bmatrix} f_1 \\ f_2 \end{bmatrix}$$

$$\begin{bmatrix} f_1 \\ f_2 \end{bmatrix}=\begin{bmatrix} \varepsilon(t) \\ \delta(t) \end{bmatrix},\quad \begin{bmatrix} x_1(0_-) \\ x_2(0_-) \end{bmatrix}=\begin{bmatrix} 1 \\ -1 \end{bmatrix}$$

试求 $\boldsymbol{x}(t)$和 $\boldsymbol{y}(t)$。

解　(1) 求状态转移矩阵 $\boldsymbol{\varphi}(t)=\mathrm{e}^{\boldsymbol{A}t}$。

列出 $\boldsymbol{A}$ 的特征方程

$$|\lambda \boldsymbol{I}-\boldsymbol{A}|=\left|\lambda\begin{bmatrix} 1 & 0 \\ 0 & 1 \end{bmatrix}-\begin{bmatrix} 1 & 2 \\ 0 & -1 \end{bmatrix}\right|=\begin{vmatrix} \lambda-1 & -2 \\ 0 & \lambda+1 \end{vmatrix}=(\lambda-1)(\lambda+1)=0$$

其特征根为 $\lambda_1=1$, $\lambda_2=-1$,代入式(6-3-43)有

$$\begin{cases} \mathrm{e}^t=a_0+a_1 \\ \mathrm{e}^{-t}=a_0-a_1 \end{cases}$$

解之得

$$\begin{cases} a_0=\dfrac{1}{2}(\mathrm{e}^t+\mathrm{e}^{-t}) \\ a_1=\dfrac{1}{2}(\mathrm{e}^t-\mathrm{e}^{-t}) \end{cases}$$

故

$$\begin{aligned} \boldsymbol{\varphi}(t)&=\mathrm{e}^{\boldsymbol{A}t}=a_0\boldsymbol{I}+a_1\boldsymbol{A} \\ &=\frac{1}{2}(\mathrm{e}^t+\mathrm{e}^{-t})\begin{bmatrix} 1 & 0 \\ 0 & 1 \end{bmatrix}+\frac{1}{2}(\mathrm{e}^t-\mathrm{e}^{-t})\begin{bmatrix} 1 & 2 \\ 0 & -1 \end{bmatrix}=\begin{bmatrix} \mathrm{e}^t & \mathrm{e}^t-\mathrm{e}^{-t} \\ 0 & \mathrm{e}^{-t} \end{bmatrix} \end{aligned}$$

(2) 求状态方程的解

$$\boldsymbol{x}(t)=\boldsymbol{\varphi}(t)\boldsymbol{B}*\boldsymbol{f}(t)+\boldsymbol{\varphi}(t)\boldsymbol{x}(0_-)$$

$$\begin{aligned} \begin{bmatrix} x_1(t) \\ x_2(t) \end{bmatrix}&=\begin{bmatrix} \mathrm{e}^t & \mathrm{e}^t-\mathrm{e}^{-t} \\ 0 & \mathrm{e}^{-t} \end{bmatrix}\begin{bmatrix} 0 & 1 \\ 1 & 0 \end{bmatrix}*\begin{bmatrix} \varepsilon(t) \\ \delta(t) \end{bmatrix}+\begin{bmatrix} \mathrm{e}^t & \mathrm{e}^t-\mathrm{e}^{-t} \\ 0 & \mathrm{e}^{-t} \end{bmatrix}\begin{bmatrix} 1 \\ -1 \end{bmatrix} \\ &=\begin{bmatrix} \mathrm{e}^t-\mathrm{e}^{-t} & \mathrm{e}^t \\ \mathrm{e}^{-t} & 0 \end{bmatrix}*\begin{bmatrix} \varepsilon(t) \\ \delta(t) \end{bmatrix}+\begin{bmatrix} \mathrm{e}^{-t} \\ -\mathrm{e}^{-t} \end{bmatrix} \\ &=\begin{bmatrix} (\mathrm{e}^t-\mathrm{e}^{-t})*\varepsilon(t)+\mathrm{e}^t*\delta(t) \\ \mathrm{e}^{-t}*\varepsilon(t) \end{bmatrix}+\begin{bmatrix} \mathrm{e}^{-t} \\ -\mathrm{e}^{-t} \end{bmatrix} \\ &=\begin{bmatrix} 2\mathrm{e}^t+\mathrm{e}^{-t}-2 \\ 1-\mathrm{e}^{-t} \end{bmatrix}+\begin{bmatrix} \mathrm{e}^{-t} \\ -\mathrm{e}^{-t} \end{bmatrix}=\begin{bmatrix} 2\mathrm{e}^t+2\mathrm{e}^{-t}-2 \\ 1-2\mathrm{e}^{-t} \end{bmatrix},\quad t\geqslant 0 \end{aligned}$$

(3) 求输出

$$\begin{aligned} \begin{bmatrix} y_1 \\ y_2 \end{bmatrix}&=\begin{bmatrix} 1 & 1 \\ 0 & -1 \end{bmatrix}\begin{bmatrix} x_1 \\ x_2 \end{bmatrix}+\begin{bmatrix} 1 & 0 \\ 1 & 0 \end{bmatrix}\begin{bmatrix} f_1 \\ f_2 \end{bmatrix} \\ &=\begin{bmatrix} 1 & 1 \\ 0 & -1 \end{bmatrix}\begin{bmatrix} 2\mathrm{e}^t+2\mathrm{e}^{-t}-2 \\ 1-2\mathrm{e}^{-t} \end{bmatrix}+\begin{bmatrix} 1 & 0 \\ 1 & 0 \end{bmatrix}\begin{bmatrix} \varepsilon(t) \\ \delta(t) \end{bmatrix}=\begin{bmatrix} 2\mathrm{e}^t-1 \\ -1+2\mathrm{e}^{-t} \end{bmatrix}+\begin{bmatrix} \varepsilon(t) \\ \varepsilon(t) \end{bmatrix} \\ &=\begin{bmatrix} 2\mathrm{e}^t-1 \\ -1+2\mathrm{e}^{-t} \end{bmatrix}+\begin{bmatrix} 1 \\ 1 \end{bmatrix}=\begin{bmatrix} 2\mathrm{e}^t \\ 2\mathrm{e}^{-t} \end{bmatrix},\quad t\geqslant 0 \end{aligned}$$

6.4　LTI 离散系统动态方程的求解

LTI 离散系统动态方程的求解也有 Z 变换法和时域求解法。

6.4.1 用 Z 变换法求解动态方程

为了同时求得系统的零状态响应和零输入响应，需要对方程

$$\begin{cases}\boldsymbol{x}(k+1)=\boldsymbol{A}\boldsymbol{x}(k)+\boldsymbol{B}\boldsymbol{f}(k)\\ \boldsymbol{y}(k)=\boldsymbol{C}\boldsymbol{x}(k)+\boldsymbol{D}\boldsymbol{f}(k)\end{cases}\tag{6-4-1}$$

取单边 Z 变换，得

$$\begin{cases}z\boldsymbol{X}(z)-z\boldsymbol{x}(0)=\boldsymbol{A}\boldsymbol{X}(z)+\boldsymbol{B}\boldsymbol{F}(z)\\ \boldsymbol{Y}(z)=\boldsymbol{C}\boldsymbol{X}(z)+\boldsymbol{D}\boldsymbol{F}(z)\end{cases}\tag{6-4-2}$$

式中，$\boldsymbol{X}(z)$、$\boldsymbol{F}(z)$和$\boldsymbol{Y}(z)$分别表示状态矢量 $\boldsymbol{x}(k)$、输入矢量 $\boldsymbol{f}(k)$和输出矢量 $\boldsymbol{y}(k)$的单边 Z 变换，$\boldsymbol{x}(0)$表示状态矢量的初始状态。矢量函数的 Z 变换仍然是矢量函数，其各元素是原矢量函数相应元素的 Z 变换。

式(6-4-2)中的第一个方程经整理得

$$(z\boldsymbol{I}-\boldsymbol{A})\boldsymbol{X}(z)=\boldsymbol{B}\boldsymbol{F}(z)+z\boldsymbol{x}(0)\tag{6-4-3}$$

式中，$\boldsymbol{I}$ 为 $n\times n$ 阶单位对角矩阵。式(6-4-3)等号两端同时左乘$(z\boldsymbol{I}-\boldsymbol{A})^{-1}$，得

$$\boldsymbol{X}(z)=(z\boldsymbol{I}-\boldsymbol{A})^{-1}\boldsymbol{B}\boldsymbol{F}(z)+(z\boldsymbol{I}-\boldsymbol{A})^{-1}z\boldsymbol{x}(0)\tag{6-4-4}$$

为了方便起见，定义

$$\boldsymbol{\Phi}(z)\overset{\text{def}}{=}(z\boldsymbol{I}-\boldsymbol{A})^{-1}z=(\boldsymbol{I}-z^{-1}\boldsymbol{A})^{-1}=\frac{\operatorname{adj}(z\boldsymbol{I}-\boldsymbol{A})}{|z\boldsymbol{I}-\boldsymbol{A}|}z\tag{6-4-5}$$

为系统的分解矩阵，由系统矩阵 $\boldsymbol{A}$ 决定。

于是，式(6-4-4)写成

$$\boldsymbol{X}(z)=\boldsymbol{\Phi}(z)z^{-1}\boldsymbol{B}\boldsymbol{F}(z)+\boldsymbol{\Phi}(z)\boldsymbol{x}(0)\tag{6-4-6}$$

求 Z 反变换，有

$$\boldsymbol{x}(k)=\underbrace{\mathscr{Z}^{-1}[\boldsymbol{\Phi}(z)z^{-1}\boldsymbol{B}\boldsymbol{F}(z)]}_{\boldsymbol{x}_{\text{ZS}}(k)}+\underbrace{\mathscr{Z}^{-1}[\boldsymbol{\Phi}(z)\boldsymbol{x}(0)]}_{\boldsymbol{x}_{\text{ZI}}(k)}\tag{6-4-7}$$

为状态矢量解，第一项为状态矢量的零状态分量；第二项为状态矢量的零输入分量。将式(6-4-6)代入式(6-4-2)的第二个方程中，整理后可得输出矢量的 Z 变换

$$\boldsymbol{Y}(z)=[\boldsymbol{C}z^{-1}\boldsymbol{\Phi}(z)\boldsymbol{B}+\boldsymbol{D}]\boldsymbol{F}(z)+\boldsymbol{C}\boldsymbol{\Phi}(z)\boldsymbol{x}(0)\tag{6-4-8}$$

对式(6-4-8)取 Z 反变换，即可得到时域响应

$$\boldsymbol{y}(k)=\underbrace{\mathscr{Z}^{-1}\{[\boldsymbol{C}z^{-1}\boldsymbol{\Phi}(z)\boldsymbol{B}+\boldsymbol{D}]\boldsymbol{F}(z)\}}_{\boldsymbol{y}_{\text{ZS}}(k)}+\underbrace{\mathscr{Z}^{-1}[\boldsymbol{C}\boldsymbol{\Phi}(z)\boldsymbol{x}(0)]}_{\boldsymbol{y}_{\text{ZI}}(k)}\tag{6-4-9}$$

在零状态条件下，系统输出矩阵的 Z 变换与输入矩阵的 Z 变换之比定义为离散系统函数矩阵 $\boldsymbol{H}(z)$，有

$$\boldsymbol{H}(z)\overset{\text{def}}{=}\frac{\boldsymbol{Y}_{\text{ZS}}(z)}{\boldsymbol{F}(z)}=\frac{[\boldsymbol{C}(z\boldsymbol{I}-\boldsymbol{A})^{-1}+\boldsymbol{D}]\boldsymbol{F}(z)}{\boldsymbol{F}(z)}=\boldsymbol{C}z^{-1}\boldsymbol{\Phi}(z)\boldsymbol{B}+\boldsymbol{D}\tag{6-4-10}$$

可见，系统函数矩阵 $\boldsymbol{H}(z)$仅由系统的 $\boldsymbol{A}$、$\boldsymbol{B}$、$\boldsymbol{C}$、$\boldsymbol{D}$ 矩阵确定，它是 $r\times m$ 阶矩阵(r 为输出的数目，m 为输入的数目)。系统函数矩阵元素 H_{ij} 建立了状态方程中第 i 个输出 $y_i(k)$与第 j 个输入 $f_j(k)$之间的联系。$\boldsymbol{H}(z)$与 $\boldsymbol{\Phi}(z)$具有相同的分母，即矩阵行列式 $\det(z\boldsymbol{I}-\boldsymbol{A})=|z\boldsymbol{I}-\boldsymbol{A}|$，是一个 z 的 n 次多项式。令其为零，便得到$\boldsymbol{H}(z)$的特征方程

$$|zI - A| = 0 \tag{6-4-11}$$

特征根是 $\boldsymbol{H}(z)$的极点，也是矩阵 $\boldsymbol{A}$ 的特征根，又叫做系统的固有频率。判定离散系统是否稳定，就是判定特征根是否位于单位圆内，当然，也可以用第 5 章的朱利准则。

LTI 离散系统的单位序列响应矩阵为

$$\boldsymbol{h}(k) = \mathscr{Z}^{-1}[\boldsymbol{H}(z)] = \mathscr{Z}^{-1}[\boldsymbol{C}z^{-1}\boldsymbol{\Phi}(z)\boldsymbol{B} + \boldsymbol{D}] \tag{6-4-12}$$

例 6-13　已知

$$\begin{bmatrix} x_1(k+1) \\ x_2(k+1) \end{bmatrix} = \begin{bmatrix} 0 & 1 \\ -2 & 3 \end{bmatrix}\begin{bmatrix} x_1(k) \\ x_2(k) \end{bmatrix} + \begin{bmatrix} 0 \\ 1 \end{bmatrix} f(k)$$

$$[y(k)] = \begin{bmatrix} 1 & 1 \\ 2 & -1 \end{bmatrix}\begin{bmatrix} x_1(k) \\ x_2(k) \end{bmatrix}$$

初始状态及输入为

$$\begin{bmatrix} x_1(0) \\ x_2(0) \end{bmatrix} = \begin{bmatrix} 1 \\ -1 \end{bmatrix},\quad f(k) = \varepsilon(k)$$

试求系统的输出。

解　(1) 求分解矩阵

$$\boldsymbol{\Phi}(z) = (z\boldsymbol{I} - \boldsymbol{A})^{-1}z = \frac{\operatorname{adj}\left(z\begin{bmatrix} 1 & 0 \\ 0 & 1 \end{bmatrix} - \begin{bmatrix} 0 & 1 \\ -2 & 3 \end{bmatrix}\right)}{\begin{vmatrix} z & -1 \\ 2 & z-3 \end{vmatrix}} z$$

$$= \frac{\begin{bmatrix} z-3 & 1 \\ -2 & z \end{bmatrix} z}{\begin{vmatrix} z & -1 \\ 2 & z-3 \end{vmatrix}} = \frac{1}{z^2 - 3z + 2}\begin{bmatrix} z-3 & 1 \\ -2 & z \end{bmatrix} z$$

(2) 求输出矢量的 Z 变换

$$\begin{aligned}
\boldsymbol{Y}(z) &= [\boldsymbol{C}z^{-1}\boldsymbol{\Phi}(z)\boldsymbol{B} + \boldsymbol{D}]\boldsymbol{F}(z) + \boldsymbol{C}\boldsymbol{\Phi}(z)\boldsymbol{x}(0) \qquad (\boldsymbol{D} = 0) \\
&= \begin{bmatrix} 1 & 1 \\ 2 & -1 \end{bmatrix} z^{-1} \frac{1}{z^2 - 3z + 2}\begin{bmatrix} z-3 & 1 \\ -2 & z \end{bmatrix} z \begin{bmatrix} 0 \\ 1 \end{bmatrix} \frac{z}{z-1} \\
&\quad + \begin{bmatrix} 1 & 1 \\ 2 & -1 \end{bmatrix} \frac{1}{z^2 - 3z + 2}\begin{bmatrix} z-3 & 1 \\ -2 & z \end{bmatrix} z \begin{bmatrix} 1 \\ -1 \end{bmatrix} \\
&= \frac{z}{(z-1)^2(z-2)}\begin{bmatrix} 1 & 1 \\ 2 & -1 \end{bmatrix}\begin{bmatrix} z-3 & 1 \\ -2 & z \end{bmatrix}\begin{bmatrix} 0 \\ 1 \end{bmatrix} \\
&\quad + \frac{z}{(z-1)(z-2)}\begin{bmatrix} 1 & 1 \\ 2 & -1 \end{bmatrix}\begin{bmatrix} z-3 & 1 \\ -2 & z \end{bmatrix}\begin{bmatrix} 1 \\ -1 \end{bmatrix} \\
&= \frac{z}{(z-1)^2(z-2)}\begin{bmatrix} z-5 & 1+z \\ 2z-4 & 2-z \end{bmatrix}\begin{bmatrix} 0 \\ 1 \end{bmatrix} \\
&\quad + \frac{z}{(z-1)(z-2)}\begin{bmatrix} z-5 & 1+z \\ 2z-4 & 2-z \end{bmatrix}\begin{bmatrix} 1 \\ -1 \end{bmatrix} \\
&= \frac{z}{(z-1)^2(z-2)}\begin{bmatrix} 1+z \\ 2-z \end{bmatrix} + \frac{z}{(z-1)(z-2)}\begin{bmatrix} -6 \\ 3z-6 \end{bmatrix}
\end{aligned}$$

$$=\underbrace{\begin{bmatrix}\dfrac{z+z^2}{(z-1)^2(z-2)}\\\dfrac{2z-z^2}{(z-1)^2(z-2)}\end{bmatrix}}_{Y_{ZS}(z)}+\underbrace{\begin{bmatrix}\dfrac{-6z}{(z-1)(z-2)}\\\dfrac{3z^2-6z}{(z-1)(z-2)}\end{bmatrix}}_{Y_{ZI}(z)}$$

系统的全响应为

$$y(k)=\mathscr{Z}^{-1}[Y(z)]=\mathscr{Z}^{-1}\left\{\underbrace{\begin{bmatrix}\dfrac{z+z^2}{(z-1)^2(z-2)}\\\dfrac{2z-z^2}{(z-1)^2(z-2)}\end{bmatrix}}_{Y_{ZS}(z)}+\underbrace{\begin{bmatrix}\dfrac{-6z}{(z-1)(z-2)}\\\dfrac{3z^2-6z}{(z-1)(z-2)}\end{bmatrix}}_{Y_{ZI}(z)}\right\}$$

$$=\mathscr{Z}^{-1}\left\{\begin{bmatrix}\dfrac{3z}{z-2}-\dfrac{3z}{z-1}-\dfrac{2z}{(z-1)^2}\\-\dfrac{z}{(z-1)^2}\end{bmatrix}+\begin{bmatrix}\dfrac{6z}{z-1}-\dfrac{6z}{z-2}\\\dfrac{3z}{z-1}\end{bmatrix}\right\}$$

$$=\underbrace{\begin{bmatrix}3\times 2^k-3-2k\\-k\end{bmatrix}\varepsilon(k)}_{y_{ZS}(k)}+\underbrace{\begin{bmatrix}(6-6\times 2^k)\\3\end{bmatrix}}_{y_{ZI}(k)}$$

$$=\begin{bmatrix}3-3\times 2^k-2k\\3-k\end{bmatrix},\quad k\geqslant 0$$

6.4.2 用时域分析法求解动态方程

离散时间系统的动态方程及给定的初始条件为

$$\begin{cases}\boldsymbol{x}(k+1)=\boldsymbol{A}\boldsymbol{x}(k)+\boldsymbol{B}\boldsymbol{f}(k)\\\boldsymbol{y}(k)=\boldsymbol{C}\boldsymbol{x}(k)+\boldsymbol{D}\boldsymbol{f}(k)\\\boldsymbol{x}(0)\end{cases}\tag{6-4-13}$$

用迭代法求解状态方程：

若 $k=0$ 则 $\quad\boldsymbol{x}(1)=\boldsymbol{A}\boldsymbol{x}(0)+\boldsymbol{B}\boldsymbol{f}(0)$

若 $k=1$ 则 $\quad\boldsymbol{x}(2)=\boldsymbol{A}\boldsymbol{x}(1)+\boldsymbol{B}\boldsymbol{f}(1)$

$$=\boldsymbol{A}[\boldsymbol{A}\boldsymbol{x}(0)+\boldsymbol{B}\boldsymbol{f}(0)]+\boldsymbol{B}\boldsymbol{f}(1)$$

$$=\boldsymbol{A}^2\boldsymbol{x}(0)+\boldsymbol{A}\boldsymbol{B}\boldsymbol{f}(0)+\boldsymbol{B}\boldsymbol{f}(1)$$

若 $k=2$ 则 $\quad\boldsymbol{x}(3)=\boldsymbol{A}\boldsymbol{x}(2)+\boldsymbol{B}\boldsymbol{f}(2)$

$$=\boldsymbol{A}[\boldsymbol{A}^2\boldsymbol{x}(0)+\boldsymbol{A}\boldsymbol{B}\boldsymbol{f}(0)+\boldsymbol{B}\boldsymbol{f}(1)]+\boldsymbol{B}\boldsymbol{f}(2)$$

$$=\boldsymbol{A}^3\boldsymbol{x}(0)+\boldsymbol{A}^2\boldsymbol{B}\boldsymbol{f}(0)+\boldsymbol{A}\boldsymbol{B}\boldsymbol{f}(1)+\boldsymbol{B}\boldsymbol{f}(2)$$

……

若 $k=k-1$ 则 $\quad\boldsymbol{x}(k)=\boldsymbol{A}\boldsymbol{x}(k-1)+\boldsymbol{B}\boldsymbol{f}(k-1)$

$$=\underbrace{\boldsymbol{A}^k\boldsymbol{x}(0)}_{x_{ZI}(k)}+\underbrace{\sum_{i=0}^{k-1}\boldsymbol{A}^{k-1-i}\boldsymbol{B}\boldsymbol{f}(i)}_{x_{ZS}(k)}$$

因为

$$\sum_{i=0}^{k-1}\boldsymbol{A}^{k-1-i}\boldsymbol{B}\boldsymbol{f}(i)=\boldsymbol{A}^{k-1}\boldsymbol{\varepsilon}(k-1)\boldsymbol{B}*\boldsymbol{f}(k)$$

所以

$$\boldsymbol{x}(k)=\boldsymbol{A}^{k}\boldsymbol{x}(0)+\boldsymbol{A}^{k-1}\boldsymbol{\varepsilon}(k-1)\boldsymbol{B}*\boldsymbol{f}(k) \tag{6-4-14}$$

定义

$$\boldsymbol{\varphi}(k)\overset{\text{def}}{=}\boldsymbol{A}^{k}\boldsymbol{\varepsilon}(k) \tag{6-4-15}$$

为状态转移矩阵，则

$$\boldsymbol{x}(k)=\boldsymbol{\varphi}(k)\boldsymbol{x}(0)+\boldsymbol{\varphi}(k-1)\boldsymbol{B}*\boldsymbol{f}(k),\quad k\geqslant 0 \tag{6-4-16}$$

如果 $\boldsymbol{A}$ 是非奇异的，容易证明状态转移矩阵具有如下性质：

(1) $\boldsymbol{\varphi}(0)=\boldsymbol{I}$ (6-4-17)

(2) $\boldsymbol{\varphi}(k-k_0)=\boldsymbol{\varphi}(k-k_1)\boldsymbol{\varphi}(k_1-k_0)$

(3) $\boldsymbol{\varphi}^{-1}(k-k_0)=\boldsymbol{\varphi}(k_0-k)$

比较式(6-4-5)和式(6-4-15)，可知 $\boldsymbol{\varphi}(k)=\boldsymbol{A}^{k}\boldsymbol{\varepsilon}(k)$ 与 $\boldsymbol{\Phi}(z)=(z\boldsymbol{I}-\boldsymbol{A})^{-1}z$ 是一对 Z 变换，即

$$\boldsymbol{\varphi}(k)=\boldsymbol{A}^{k}\boldsymbol{\varepsilon}(k)\leftrightarrow\boldsymbol{\Phi}(z)=(z\boldsymbol{I}-\boldsymbol{A})^{-1}z$$

有了状态方程的状态解，可以根据输出方程求得输出序列为

$$\boldsymbol{y}(k)=\boldsymbol{C}\boldsymbol{\varphi}(k)\boldsymbol{x}(0)+\boldsymbol{C}\boldsymbol{\varphi}(k-1)\boldsymbol{B}*\boldsymbol{f}(k)+\boldsymbol{D}\boldsymbol{f}(k) \tag{6-4-18}$$

$\delta(k)$矢量为 $m\times m$ 阶对角阵

$$\boldsymbol{\delta}(k)=\begin{bmatrix}\delta(k) & 0 & \cdots & 0\\ 0 & \delta(k) & \cdots & 0\\ \vdots & \vdots & & \vdots\\ 0 & 0 & \cdots & \delta(k)\end{bmatrix} \tag{6-4-19}$$

则

$$\boldsymbol{D}\boldsymbol{f}(k)=\boldsymbol{D}\boldsymbol{\delta}(k)*\boldsymbol{f}(k) \tag{6-4-20}$$

将式(6-4-20)代入式(6-4-18)，则输出序列矢量(矩阵)为

$$\begin{aligned}y(k)&=\boldsymbol{C}\boldsymbol{\varphi}(k)\boldsymbol{x}(0)+\boldsymbol{C}\boldsymbol{\varphi}(k-1)\boldsymbol{B}*\boldsymbol{f}(k)+\boldsymbol{D}\boldsymbol{\delta}(k)*\boldsymbol{f}(k)\\&=\underbrace{\boldsymbol{C}\boldsymbol{\varphi}(k)\boldsymbol{x}(0)}_{y_{ZI}(k)}+\underbrace{[\boldsymbol{C}\boldsymbol{\varphi}(k-1)\boldsymbol{B}+\boldsymbol{D}\boldsymbol{\delta}(k)]*\boldsymbol{f}(k)}_{y_{ZS}(k)}\\&=\boldsymbol{C}\boldsymbol{\varphi}(k)\boldsymbol{x}(0)+\boldsymbol{h}(k)*\boldsymbol{f}(k)\end{aligned} \tag{6-4-21}$$

定义

$$\boldsymbol{h}(k)\overset{\text{def}}{=}\boldsymbol{C}\boldsymbol{\varphi}(k-1)\boldsymbol{B}+\boldsymbol{D}\boldsymbol{\delta}(k) \tag{6-4-22}$$

为单位序列响应矢量(矩阵)。

显然，$\boldsymbol{\varphi}(k)=\boldsymbol{A}^{k}\boldsymbol{\varepsilon}(k)$的计算是系统状态分析的关键。与连续系统 $\boldsymbol{\varphi}(t)=\mathrm{e}^{\boldsymbol{A}t}$ 的计算一样，利用 Cayley-Hamilton 定理，可以将矩阵指数函数的无穷项之和的表达式化为有限项之和的形式，即

$$\boldsymbol{\varphi}(k)=\boldsymbol{A}^{k}=a_0\boldsymbol{I}+a_1\boldsymbol{A}+a_2\boldsymbol{A}^{2}+\cdots+a_{n-2}\boldsymbol{A}^{n-2}+a_{n-1}\boldsymbol{A}^{n-1} \tag{6-4-23}$$

分别用 $\boldsymbol{A}$ 的特征根代入式(6-4-23)，解联立方程组可求出系数 $a_i(i=1,2,\cdots,n-1)$。

例 6-14 描述某离散系统的状态方程是

$$\begin{bmatrix} x_1(k+1) \\ x_2(k+1) \end{bmatrix} = \begin{bmatrix} 0 & 1 \\ -\frac{1}{6} & \frac{5}{6} \end{bmatrix} \begin{bmatrix} x_1(k) \\ x_2(k) \end{bmatrix} + \begin{bmatrix} 0 \\ 1 \end{bmatrix} [f(k)]$$

$$[y(k)] = [-1 \quad 5] \begin{bmatrix} x_1(k) \\ x_2(k) \end{bmatrix}$$

初始状态及输入为

$$\begin{bmatrix} x_1(0) \\ x_2(0) \end{bmatrix} = \begin{bmatrix} 2 \\ 3 \end{bmatrix}, \quad f(k) = \varepsilon(k)$$

试求系统的输出。

解 求状态转移矩阵 $\boldsymbol{\varphi}(k)$，其特征方程为

$$|\lambda \boldsymbol{I} - \boldsymbol{A}| = \left| \lambda \begin{bmatrix} 1 & 0 \\ 0 & 1 \end{bmatrix} - \begin{bmatrix} 0 & 1 \\ -\frac{1}{6} & \frac{5}{6} \end{bmatrix} \right| = \begin{vmatrix} \lambda & -1 \\ \frac{1}{6} & \lambda - \frac{5}{6} \end{vmatrix} = \left(\lambda - \frac{1}{3}\right)\left(\lambda - \frac{1}{2}\right) = 0$$

特征根 $\lambda_1 = \frac{1}{2}, \lambda_2 = \frac{1}{3}$，所以有

$$\boldsymbol{\varphi}(k) = \boldsymbol{A}^k = a_0 \boldsymbol{I} + a_1 \boldsymbol{A}$$

即

$$\begin{cases} \left(\frac{1}{2}\right)^k = a_0 + a_1 \cdot \frac{1}{2} \\ \left(\frac{1}{3}\right)^k = a_0 + a_1 \cdot \frac{1}{3} \end{cases}$$

解之得

$$\begin{cases} a_0 = -2\left(\frac{1}{2}\right)^k + 3\left(\frac{1}{3}\right)^k \\ a_1 = 6\left(\frac{1}{2}\right)^k - 6\left(\frac{1}{3}\right)^k \end{cases}$$

$$\boldsymbol{\varphi}(k) = \boldsymbol{A}^k = a_0 \boldsymbol{I} + a_1 \boldsymbol{A} = \begin{bmatrix} 3\left(\frac{1}{3}\right)^k - 2\left(\frac{1}{2}\right)^k & -6\left(\frac{1}{3}\right)^k + 6\left(\frac{1}{2}\right)^k \\ \left(\frac{1}{3}\right)^k - \left(\frac{1}{2}\right)^k & -2\left(\frac{1}{3}\right)^k + 3\left(\frac{1}{2}\right)^k \end{bmatrix}$$

$$\boldsymbol{C\varphi}(k) = \left[2\left(\frac{1}{3}\right)^k - 3\left(\frac{1}{2}\right)^k \quad -4\left(\frac{1}{3}\right)^k + 9\left(\frac{1}{2}\right)^k \right]$$

$$\boldsymbol{C\varphi}(k-1) = \left[2\left(\frac{1}{3}\right)^{k-1} - 3\left(\frac{1}{2}\right)^{k-1} \quad -4\left(\frac{1}{3}\right)^{k-1} + 9\left(\frac{1}{2}\right)^{k-1} \right]$$

$$\begin{aligned} \boldsymbol{C\varphi}(k-1)\boldsymbol{B} * \boldsymbol{f}(k) &= \left[2\left(\frac{1}{3}\right)^{k-1} - 3\left(\frac{1}{2}\right)^{k-1} \quad -4\left(\frac{1}{3}\right)^{k-1} + 9\left(\frac{1}{2}\right)^{k-1} \right] \begin{bmatrix} 0 \\ 1 \end{bmatrix} * \varepsilon(k) \\ &= \left[-4\left(\frac{1}{3}\right)^{k-1} + 9\left(\frac{1}{2}\right)^{k-1} \right] \varepsilon(k-1) * \varepsilon(k) \\ &= \left[12 + 6\left(\frac{1}{3}\right)^k - 18\left(\frac{1}{2}\right)^k \right] \varepsilon(k-1) \\ &= \left[12 + 6\left(\frac{1}{3}\right)^k - 18\left(\frac{1}{2}\right)^k \right] \varepsilon(k) \end{aligned}$$

$$\boldsymbol{C\varphi}(k)\boldsymbol{x}(0)=\left[2\left(\frac{1}{3}\right)^k-3\left(\frac{1}{2}\right)^k\quad -4\left(\frac{1}{3}\right)^k+9\left(\frac{1}{2}\right)^k\right]\begin{bmatrix}2\\3\end{bmatrix}$$

$$=\left[-8\left(\frac{1}{3}\right)^k+21\left(\frac{1}{2}\right)^k\right],\quad k\geqslant 0$$

故

$$\begin{aligned}\boldsymbol{y}(k)&=\boldsymbol{C\varphi}(k)\boldsymbol{x}(0)+\boldsymbol{C\varphi}(k-1)\boldsymbol{B}*\boldsymbol{f}(k)\\&=\left[-8\left(\frac{1}{3}\right)^k+21\left(\frac{1}{2}\right)^k\right]+\left[12+6\left(\frac{1}{3}\right)^k-18\left(\frac{1}{2}\right)^k\right]\varepsilon(k)\\&=12-2\left(\frac{1}{3}\right)^k+3\left(\frac{1}{2}\right)^k,\quad k\geqslant 0\end{aligned}$$

6.5　系统的可控制性和可观测性

系统的可控制性与可观测性是系统状态矢量线性变换的应用问题。系统的可控制性与可观测性从两个不同侧面反映 LTI 系统的基本特性。系统的可控制性反映了输入对于系统状态的控制能力;系统的可观测性反映了系统的状态对于输出的影响能力。从概念上说,对于一个 LTI 系统,如果其输入能够激发出它的所有固有频率(即在其输出中存在着与所有固有频率所对应的项),就称该系统是可控制的;如果输入为零,其全部固有频率项都可以在输出的零输入响应中观察到,则称该系统是可观测的。

用状态变量描述系统时,可控制性说明了状态变量与输入量之间的联系;可观测性则说明了状态变量与输出量之间的联系。

6.5.1　状态矢量的线性变换

在状态方程建立过程中,同一个系统可以选择不同的状态矢量,列出不同的状态方程。这些状态方程既然描述的是同一系统,那么相关的状态矢量之间就应该有一定的关系。实际上,对同一系统而言,不同状态矢量之间存在着线性变换关系。而下述线性变换对于简化系统分析是很有用的。

对于 LTI 连续系统的动态方程

$$\dot{\boldsymbol{x}}(t)=\boldsymbol{Ax}(t)+\boldsymbol{Bf}(t)\tag{6-5-1}$$

$$\boldsymbol{y}(t)=\boldsymbol{Cx}(t)+\boldsymbol{Df}(t)\tag{6-5-2}$$

若有非奇异矩阵 $\boldsymbol{P}$,使状态矢量 $\boldsymbol{x}(t)$经线性变换成为新状态矢量

$$\boldsymbol{g}(t)=\boldsymbol{P}^{-1}\boldsymbol{x}(t)\tag{6-5-3}$$

即

$$\boldsymbol{x}(t)=\boldsymbol{Pg}(t)\tag{6-5-4}$$

对式(6-5-3)求导,并将式(6-5-1)的状态方程代入,得

$$\dot{\boldsymbol{g}}(t)=\boldsymbol{P}^{-1}\dot{\boldsymbol{x}}(t)=\boldsymbol{P}^{-1}\boldsymbol{Ax}(t)+\boldsymbol{P}^{-1}\boldsymbol{Bf}(t)\tag{6-5-5}$$

将式(6-5-4)代入式(6-5-5)的状态方程及式(6-5-2)的输出方程,可得新状态矢量 $\boldsymbol{g}(t)$描述的状态方程和输出方程

$$\dot{\boldsymbol{g}}(t)=\boldsymbol{P}^{-1}\boldsymbol{APg}(t)+\boldsymbol{P}^{-1}\boldsymbol{Bf}(t)=\boldsymbol{A}_g\boldsymbol{g}(t)+\boldsymbol{B}_g\boldsymbol{f}(t)\tag{6-5-6}$$

$$\boldsymbol{y}(t)=\boldsymbol{CPg}(t)+\boldsymbol{Df}(t)=\boldsymbol{C}_g\boldsymbol{g}(t)+\boldsymbol{D}_g\boldsymbol{f}(t)\tag{6-5-7}$$

两种不同的状态矢量之间各系数矩阵的关系为

$$\begin{cases}\boldsymbol{A}_g=\boldsymbol{P}^{-1}\boldsymbol{AP}\\ \boldsymbol{B}_g=\boldsymbol{P}^{-1}\boldsymbol{B}\\ \boldsymbol{C}_g=\boldsymbol{CP}\\ \boldsymbol{D}_g=\boldsymbol{D}\end{cases}\quad 或\quad \boldsymbol{PA}_g\boldsymbol{P}^{-1}=\boldsymbol{A}\tag{6-5-8}$$

由式(6-5-8)可见，在新状态矢量下的系数矩阵 $\boldsymbol{A}_g$ 与原系数矩阵 $\boldsymbol{A}$ 是互为相似矩阵，因此，它们具有相同的特征方程和特征根。

如果用系统的转移函数矩阵 $\boldsymbol{H}_g(s)$ 来表示新状态矢量 $\boldsymbol{g}(t)$ 下的系统函数矩阵，显然

$$\boldsymbol{H}_g(s)=\boldsymbol{C}_g(s\boldsymbol{I}-\boldsymbol{A}_g)^{-1}\boldsymbol{B}_g+\boldsymbol{D}_g\tag{6-5-9}$$

因为表示的是同一个系统，可以证明，虽然状态方程的形式不同，但所表示的系统函数矩阵并未改变。将式(6-5-8)的关系代入到式(6-5-9)，有

$$\begin{aligned}\boldsymbol{H}_g(s)&=\boldsymbol{C}_g(s\boldsymbol{I}-\boldsymbol{A}_g)^{-1}\boldsymbol{B}_g+\boldsymbol{D}_g=\boldsymbol{CP}(s\boldsymbol{I}-\boldsymbol{P}^{-1}\boldsymbol{AP})^{-1}\boldsymbol{P}^{-1}\boldsymbol{B}+\boldsymbol{D}\\ &=\boldsymbol{C}(\boldsymbol{P}^{-1})^{-1}(s\boldsymbol{I}-\boldsymbol{P}^{-1}\boldsymbol{AP})^{-1}(\boldsymbol{P})^{-1}\boldsymbol{B}+\boldsymbol{D}\\ &=\boldsymbol{C}[\boldsymbol{P}(s\boldsymbol{I}-\boldsymbol{P}^{-1}\boldsymbol{AP})\boldsymbol{P}^{-1}]^{-1}\boldsymbol{B}+\boldsymbol{D}\\ &=\boldsymbol{C}[s\boldsymbol{PIP}^{-1}-\boldsymbol{PP}^{-1}\boldsymbol{APP}^{-1}]^{-1}\boldsymbol{B}+\boldsymbol{D}\\ &=\boldsymbol{C}(s\boldsymbol{I}-\boldsymbol{A})^{-1}\boldsymbol{B}+\boldsymbol{D}=\boldsymbol{H}(s)\end{aligned}$$

$$注：\begin{cases}(\boldsymbol{AB})^{-1}=\boldsymbol{B}^{-1}\boldsymbol{A}^{-1}\\ \boldsymbol{PP}^{-1}=\boldsymbol{P}^{-1}\boldsymbol{P}=\boldsymbol{I}\\ \boldsymbol{IAI}^{-1}=\boldsymbol{A}\end{cases}$$

当系统的特征根全部是单根时，常用的线性变换是将矩阵 $\boldsymbol{A}$ 变换成对角阵 $\boldsymbol{A}_g$。

上述连续系统状态矢量线性变换的方法和结论同样适用于离散系统。

例 6-15 已知状态方程和输出方程为

$$\begin{bmatrix}\dot{x}_1\\ \dot{x}_2\end{bmatrix}=\begin{bmatrix}5 & 6\\ -2 & -2\end{bmatrix}\begin{bmatrix}x_1\\ x_2\end{bmatrix}+\begin{bmatrix}2\\ -1\end{bmatrix}[f]\tag{6-5-10}$$

$$[y]=[-1\quad -2]\begin{bmatrix}x_1\\ x_2\end{bmatrix}+[f]\tag{6-5-11}$$

(1) 若输入输出不变，另选一组状态变量 $g_1(t)$ 和 $g_2(t)$，其中 $g_1(t)=-x_2(t)$，$g_2(t)=x_1(t)+x_2(t)$，试求用 $g_1(t)$ 和 $g_2(t)$ 表示的动态方程。

(2) 若将矩阵 $\boldsymbol{A}$ 变换成对角阵，并写相应的动态方程。

解 (1)状态矢量 $\boldsymbol{x}(t)=[x_1(t)\quad x_2(t)]^{\mathrm{T}}$ 与新状态矢量 $\boldsymbol{g}(t)=[g_1(t)\quad g_2(t)]^{\mathrm{T}}$ 之间的关系可写为

$$\begin{bmatrix}g_1\\ g_2\end{bmatrix}=\begin{bmatrix}0 & -1\\ 1 & 1\end{bmatrix}\begin{bmatrix}x_1\\ x_2\end{bmatrix}\tag{6-5-12}$$

显然有

$$\begin{bmatrix}x_1\\ x_2\end{bmatrix}=\begin{bmatrix}0 & -1\\ 1 & 1\end{bmatrix}^{-1}\begin{bmatrix}g_1\\ g_2\end{bmatrix}=\begin{bmatrix}1 & 1\\ -1 & 0\end{bmatrix}\begin{bmatrix}g_1\\ g_2\end{bmatrix}\tag{6-5-13}$$

对式(6-5-12)求导，并将式(6-5-10)代入得

$$\begin{aligned}\begin{bmatrix}\dot{g}_1\\ \dot{g}_2\end{bmatrix}&=\begin{bmatrix}0 & -1\\ 1 & 1\end{bmatrix}\begin{bmatrix}\dot{x}_1\\ \dot{x}_2\end{bmatrix}=\begin{bmatrix}0 & -1\\ 1 & 1\end{bmatrix}\begin{bmatrix}5 & 6\\ -2 & -2\end{bmatrix}\begin{bmatrix}x_1\\ x_2\end{bmatrix}+\begin{bmatrix}0 & -1\\ 1 & 1\end{bmatrix}\begin{bmatrix}2\\ -1\end{bmatrix}[f]\\ &=\begin{bmatrix}2 & 2\\ 3 & 4\end{bmatrix}\begin{bmatrix}x_1\\ x_2\end{bmatrix}+\begin{bmatrix}1\\ 1\end{bmatrix}[f]\end{aligned}$$

将式(6-5-13)代入上式及式(6-5-11)得

$$\begin{bmatrix}\dot{g}_1\\\dot{g}_2\end{bmatrix}=\begin{bmatrix}2&2\\3&4\end{bmatrix}\begin{bmatrix}1&1\\-1&0\end{bmatrix}\begin{bmatrix}g_1\\g_2\end{bmatrix}+\begin{bmatrix}1\\1\end{bmatrix}[f]=\begin{bmatrix}0&2\\-1&3\end{bmatrix}\begin{bmatrix}g_1\\g_2\end{bmatrix}+\begin{bmatrix}1\\1\end{bmatrix}[f]$$

$$[y]=[-1\quad -2]\begin{bmatrix}1&1\\-1&0\end{bmatrix}\begin{bmatrix}g_1\\g_2\end{bmatrix}+[f]=[1\quad -1]\begin{bmatrix}g_1\\g_2\end{bmatrix}+[f]$$

本例仅是以新状态矢量表示的动态方程，它没能将矩阵 $\boldsymbol{A}$ 变换成对角阵。显然，状态矢量的线性变换不是唯一的。

(2) 将 $\boldsymbol{A}$ 化为对角阵，该系统的特征方程为

$$|\lambda \boldsymbol{I}-\boldsymbol{A}|=\begin{vmatrix}\lambda-5&-6\\2&\lambda+2\end{vmatrix}=(\lambda-1)(\lambda-2)=0$$

得 $\boldsymbol{A}$ 的特征单根为 $\lambda_1=1$ 及 $\lambda_2=2$。分别计算相应的特征矢量（注：满足方程 $[\lambda_1\boldsymbol{I}-\boldsymbol{A}]\begin{bmatrix}\xi_{11}\\\xi_{21}\end{bmatrix}=0$ 及 $[\lambda_2\boldsymbol{I}-\boldsymbol{A}]\begin{bmatrix}\xi_{12}\\\xi_{22}\end{bmatrix}=0$）为

$$\begin{bmatrix}\xi_{11}\\\xi_{21}\end{bmatrix}=\begin{bmatrix}3\\-2\end{bmatrix},\quad \begin{bmatrix}\xi_{12}\\\xi_{22}\end{bmatrix}=\begin{bmatrix}2\\-1\end{bmatrix}$$

得非奇异矩阵

$$\boldsymbol{P}=\begin{bmatrix}\xi_{11}&\xi_{12}\\\xi_{21}&\xi_{22}\end{bmatrix}=\begin{bmatrix}3&2\\-2&-1\end{bmatrix}\quad 和\quad \boldsymbol{P}^{-1}=\begin{bmatrix}-1&-2\\2&3\end{bmatrix}$$

因此有

$$\boldsymbol{A}_g=\boldsymbol{P}^{-1}\boldsymbol{A}\boldsymbol{P}=\begin{bmatrix}-1&-2\\2&3\end{bmatrix}\begin{bmatrix}5&6\\-2&-2\end{bmatrix}\begin{bmatrix}3&2\\-2&-1\end{bmatrix}=\begin{bmatrix}1&0\\0&2\end{bmatrix}$$

$$\boldsymbol{B}_g=\boldsymbol{P}^{-1}\boldsymbol{B}=\begin{bmatrix}-1&-2\\2&3\end{bmatrix}\begin{bmatrix}2\\-1\end{bmatrix}=\begin{bmatrix}0\\1\end{bmatrix}$$

$$\boldsymbol{C}_g=\boldsymbol{C}\boldsymbol{P}=[-1\quad -2]\begin{bmatrix}3&2\\-2&-1\end{bmatrix}=[1\quad 0]$$

得新的动态方程为

$$\begin{bmatrix}\dot{g}_1\\\dot{g}_2\end{bmatrix}=\begin{bmatrix}1&0\\0&2\end{bmatrix}\begin{bmatrix}g_1\\g_2\end{bmatrix}+\begin{bmatrix}0\\1\end{bmatrix}[f]$$

$$[y]=[1\quad 0]\begin{bmatrix}g_1\\g_2\end{bmatrix}+[f]$$

6.5.2 系统的可控制性及一般判定方法

可控制性也称为能控制性，简称可控性或能控性。其定义为：当系统用状态方程描述时，如果**可以找到**一个输入矢量（控制矢量）$\boldsymbol{f}(\cdot)$，在有限时间内（如连续时间 $0<t<t_1$ 内或离散序号 $k=0,1,\cdots,k_1$ 内）把系统的全部状态从初始状态 $\boldsymbol{x}(0)$ 引向状态空间的原点（即零状态 $\boldsymbol{x}(\cdot)=\boldsymbol{0}$），那么就称系统是完全可控的，简称为系统可控。如果只对部分状态变量能做到这一点，则称系统不完全可控。

在上述定义中，将"**可以找到**"改成"**存在**"，即当系统用状态方程描述时，如果**存在**一个输入矢量 $\boldsymbol{f}(\cdot)$，在有限时间之内把系统从状态空间的原点引向任意的预先指定的状态，这样的问题称为系统的可达性问题。对于线性时不变系统，可控性与可达性是等同的。

那么,如何判断一个系统是否可控呢?

对于单输入系统,当系统矩阵 $\boldsymbol{A}$ 为对角阵时,如其控制矩阵 $\boldsymbol{B}$ 中没有零元素,则该系统是可控的;反之,如其控制矩阵 $\boldsymbol{B}$ 中有零元素,则该系统是不可控的。比如

$$\begin{bmatrix}\dot{x}_1\\\dot{x}_2\end{bmatrix}=\begin{bmatrix}12 & 0\\0 & 33\end{bmatrix}\begin{bmatrix}x_1\\x_2\end{bmatrix}+\begin{bmatrix}0\\25\end{bmatrix}[f]$$

其中,$\boldsymbol{A}=\begin{bmatrix}12 & 0\\0 & 33\end{bmatrix}$,两个状态变量之间没有联系,而控制矩阵 $\boldsymbol{B}=\begin{bmatrix}0\\25\end{bmatrix}$有一个元素为零。状态方程的第一个方程为

$$\dot{x}_1(t)=12x_1(t)$$

显然,它与输入无关,而且也与其他状态变量无关,因而它不受输入控制。

如果状态方程中的系统矩阵 $\boldsymbol{A}$ 不是对角阵,则可通过非奇异矩阵 $\boldsymbol{P}$(又称为模态矩阵)将它化为对角阵 $\boldsymbol{A}_g=\boldsymbol{P}^{-1}\boldsymbol{AP}$,控制矩阵 $\boldsymbol{B}$ 随之化为 $\boldsymbol{B}_g=\boldsymbol{P}^{-1}\boldsymbol{B}$。这时,系统可控的充要条件是 $\boldsymbol{B}_g$ 中没有零元素。比如,例 6-15(2)中,$\boldsymbol{A}=\begin{bmatrix}5 & 6\\-2 & -2\end{bmatrix}$转化为 $\boldsymbol{A}_g=\boldsymbol{P}^{-1}\boldsymbol{AP}=\begin{bmatrix}1 & 0\\0 & 2\end{bmatrix}$,同时有 $\boldsymbol{B}_g=\boldsymbol{P}^{-1}\boldsymbol{B}=\begin{bmatrix}0\\1\end{bmatrix}$,从而得以判定该系统是不可控的。

一般而言,若给定系统的状态方程,系数矩阵 $\boldsymbol{A}$ 为对角阵,或者能通过非奇异矩阵 $\boldsymbol{P}$ 将它化为对角阵 $\boldsymbol{A}_g$ 时,如果这时控制矩阵 $\boldsymbol{B}_g$ 中没有任何一行元素全部为零,则该系统是可控制的。

例 6-16 两个连续系统的状态方程分别为

$$\dot{\boldsymbol{x}}_a=\begin{bmatrix}2 & 1\\0 & 3\end{bmatrix}\begin{bmatrix}x_1\\x_2\end{bmatrix}+\begin{bmatrix}1 & 1\\1 & 1\end{bmatrix}\begin{bmatrix}f_1\\f_2\end{bmatrix},\quad \dot{x}_b=\begin{bmatrix}2 & 1\\0 & 3\end{bmatrix}\begin{bmatrix}x_1\\x_2\end{bmatrix}+\begin{bmatrix}1 & 0\\0 & 1\end{bmatrix}\begin{bmatrix}f_1\\f_2\end{bmatrix}$$

试判定其是否可控。

解 求非奇异矩阵 $\boldsymbol{P}$,系统矩阵 $\boldsymbol{A}$ 的特征方程为

$$|\lambda\boldsymbol{I}-\boldsymbol{A}|=\begin{vmatrix}\lambda-2 & -1\\0 & \lambda-3\end{vmatrix}=(\lambda-2)(\lambda-3)=0$$

得 $\boldsymbol{A}$ 的特征根为 $\lambda_1=2,\lambda_2=3$。

对于 $\lambda_1=2$,特征矢量$[\xi_{11}\quad \xi_{21}]^{\mathrm{T}}$ 满足方程

$$[\lambda_1\boldsymbol{I}-\boldsymbol{A}]\begin{bmatrix}\xi_{11}\\\xi_{21}\end{bmatrix}=0$$

即

$$\begin{bmatrix}2-2 & -1\\0 & 2-3\end{bmatrix}\begin{bmatrix}\xi_{11}\\\xi_{21}\end{bmatrix}=0$$

所以有 $\xi_{21}=0$,ξ_{11} 可以任选,选 $\xi_{11}=1$。

对于 $\lambda_2=3$,特征矢量$[\xi_{12}\quad \xi_{22}]^{\mathrm{T}}$ 满足方程

$$[\lambda_2\boldsymbol{I}-\boldsymbol{A}]\begin{bmatrix}\xi_{12}\\\xi_{22}\end{bmatrix}=0$$

即

$$\begin{bmatrix}3-2 & -1\\0 & 3-3\end{bmatrix}\begin{bmatrix}\xi_{12}\\\xi_{22}\end{bmatrix}=0$$

得 $\xi_{12}-\xi_{22}=0$，选 $\xi_{12}=1,\xi_{22}=1$。得 $\boldsymbol{P}$ 矩阵为

$$\boldsymbol{P}=\begin{bmatrix}\xi_{11} & \xi_{12}\\ \xi_{21} & \xi_{22}\end{bmatrix}=\begin{bmatrix}1 & 1\\ 0 & 1\end{bmatrix} \quad 和 \quad \boldsymbol{P}^{-1}=\begin{bmatrix}1 & -1\\ 0 & 1\end{bmatrix}$$

故

$$\boldsymbol{A}_{ga}=\boldsymbol{A}_{gb}=\boldsymbol{P}^{-1}\boldsymbol{AP}=\begin{bmatrix}1 & -1\\ 0 & 1\end{bmatrix}\begin{bmatrix}2 & 1\\ 0 & 3\end{bmatrix}\begin{bmatrix}1 & 1\\ 0 & 1\end{bmatrix}=\begin{bmatrix}2 & 0\\ 0 & 3\end{bmatrix}$$

对于系统 a，有

$$\boldsymbol{B}_{ga}=\boldsymbol{P}^{-1}\boldsymbol{B}=\begin{bmatrix}1 & -1\\ 0 & 1\end{bmatrix}\begin{bmatrix}1 & 1\\ 1 & 1\end{bmatrix}=\begin{bmatrix}0 & 0\\ 1 & 1\end{bmatrix}$$

系统 a 的 $\boldsymbol{B}_{ga}$ 第一行全为零，故是不可控制的。

对于系统 b，有

$$\boldsymbol{B}_{gb}=\boldsymbol{P}^{-1}\boldsymbol{B}=\begin{bmatrix}1 & -1\\ 0 & 1\end{bmatrix}\begin{bmatrix}1 & 0\\ 0 & 1\end{bmatrix}=\begin{bmatrix}1 & -1\\ 0 & 1\end{bmatrix}$$

它没有全为零的行，系统 b 是可控制的。

还有一种判定方法：对于 n 阶系统，判断其是否可控，可将矩阵 $\boldsymbol{A}$、$\boldsymbol{B}$ 组成可控性矩阵

$$\boldsymbol{M}_{\mathrm{c}}=[\boldsymbol{B}\quad \boldsymbol{AB}\quad \boldsymbol{A}^2\boldsymbol{B}\quad \cdots\quad \boldsymbol{A}^{n-1}\boldsymbol{B}] \tag{6-5-14}$$

系统可控的充要条件是 $\boldsymbol{M}_{\mathrm{c}}$ 满秩，即

$$\operatorname{rank}\boldsymbol{M}_{\mathrm{c}}=\operatorname{rank}[\boldsymbol{B}\quad \boldsymbol{AB}\quad \boldsymbol{A}^2\boldsymbol{B}\quad \cdots\quad \boldsymbol{A}^{n-1}\boldsymbol{B}]=n \tag{6-5-15}$$

证明如下：

若有 n 阶连续系统，其状态方程为

$$\dot{\boldsymbol{x}}=\boldsymbol{A}x+\boldsymbol{B}f$$

由式(6-3-25)，状态矢量的解为

$$\boldsymbol{x}(t)=\mathrm{e}^{\boldsymbol{A}t}\int_{0_-}^{t}\mathrm{e}^{-\boldsymbol{A}\tau}\boldsymbol{Bf}(\tau)\mathrm{d}\tau+\mathrm{e}^{\boldsymbol{A}t}\boldsymbol{x}(0_-)$$

若通过输入 $\boldsymbol{f}(t)$ 控制，在有限长的时间 $(0_-,t_1)$ 内，使状态矢量 $\boldsymbol{x}(t)=0$（即零状态），则上式变为

$$\boldsymbol{x}(0_-)=-\int_{0_-}^{t_1}\mathrm{e}^{-\boldsymbol{A}\tau}\boldsymbol{B}f(\tau)\mathrm{d}\tau \tag{①}$$

根据 Cayley-Hamilton 定理，矩阵指数函数 $\mathrm{e}^{-\boldsymbol{A}\tau}$ 可表示为

$$\mathrm{e}^{-\boldsymbol{A}\tau}=\sum_{i=0}^{n-1}\boldsymbol{a}_i(\tau)\boldsymbol{A}^i \tag{②}$$

将式②代入式①中，可得

$$\boldsymbol{x}(0_-)=-\int_{0_-}^{t_1}\left(\sum_{i=0}^{n-1}\boldsymbol{a}_i(\tau)\boldsymbol{A}^i\right)\boldsymbol{Bf}(\tau)\mathrm{d}\tau=-\sum_{i=0}^{n-1}\boldsymbol{A}^i\boldsymbol{B}\int_{0_-}^{t_1}\boldsymbol{a}_i(\tau)\boldsymbol{f}(\tau)\mathrm{d}\tau$$

令

$$\boldsymbol{w}_i(t_1)=\int_{0_-}^{t_1}\boldsymbol{a}_i(\tau)\boldsymbol{f}(\tau)\mathrm{d}\tau$$

则

$$\boldsymbol{x}(0_-)=-\sum_{i=0}^{n-1}\boldsymbol{A}^i\boldsymbol{B}w_i(t_1)$$

将上式改写成矩阵形式为

$$\boldsymbol{x}(0_-)=-\begin{bmatrix}\boldsymbol{B} & \boldsymbol{AB} & \boldsymbol{A}^2\boldsymbol{B}\cdots\boldsymbol{A}^{n-1}\boldsymbol{B}\end{bmatrix}\begin{bmatrix}w_0(t_1)\\ w_1(t_1)\\ \vdots \\ w_{n-1}(t_1)\end{bmatrix} \quad ③$$

式③是一个 n 元一次代数方程的矩阵形式。欲使此方程组存在 n 个唯一的确定解，则由 $\boldsymbol{A}$、$\boldsymbol{B}$ 组成的系数矩阵 $[\boldsymbol{B}\quad \boldsymbol{AB}\quad \boldsymbol{A}^2\boldsymbol{B}\cdots\boldsymbol{A}^{n-1}\boldsymbol{B}]$ 中的 n 个列矢量必须线性无关，即其秩为 n 才能满足式③。换句话说，当式(6-5-14)的 $\boldsymbol{M}_c=n$ 时，对于给定的一组 $\boldsymbol{x}(0_-)$，总能找到一组控制矢量 $\boldsymbol{f}(t)$ 满足式③。因此，连续系统可控的充要条件是 $\boldsymbol{M}_c$满秩。

下面举例说明。

例 6-17 两个连续系统的状态方程分别为

$$\dot{\boldsymbol{x}}_a=\begin{bmatrix}1 & 1\\ 0 & -1\end{bmatrix}\begin{bmatrix}x_1\\ x_2\end{bmatrix}+\begin{bmatrix}1\\ 0\end{bmatrix}[f],\quad \dot{\boldsymbol{x}}_b=\begin{bmatrix}1 & 1\\ 2 & -1\end{bmatrix}\begin{bmatrix}x_1\\ x_2\end{bmatrix}+\begin{bmatrix}0\\ 1\end{bmatrix}[f]$$

试判定其是否可控。

解 对于系统 a，有

$$\boldsymbol{M}_c=[\boldsymbol{B}\quad \boldsymbol{AB}]=\left(\begin{bmatrix}1\\ 0\end{bmatrix}\quad \begin{bmatrix}1 & 1\\ 0 & -1\end{bmatrix}\begin{bmatrix}1\\ 0\end{bmatrix}\right)=\begin{bmatrix}1 & 1\\ 0 & 0\end{bmatrix}$$

矩阵内第二列与第一列完全相同，数据线性相关，所以 $\text{rank}\ \boldsymbol{M}_c=\text{rank}[\boldsymbol{B}\quad \boldsymbol{AB}]=1\neq 2$，系统 a 是不完全可控的。

对于系统 b，有

$$\boldsymbol{M}_c=[\boldsymbol{B}\quad \boldsymbol{AB}]=\left(\begin{bmatrix}0\\ 1\end{bmatrix}\quad \begin{bmatrix}1 & 1\\ 2 & -1\end{bmatrix}\begin{bmatrix}0\\ 1\end{bmatrix}\right)=\begin{bmatrix}0 & 1\\ 1 & -1\end{bmatrix}$$

由于矩阵内数据完全线性无关，$\text{rank}\ \boldsymbol{M}_c=\text{rank}[\boldsymbol{B}\quad \boldsymbol{AB}]=2$，故系统 b 是完全可控的。

对于离散系统的可控制性，上述两种判定方法仍然成立。

6.5.3 系统的可观测性及一般判定方法

可观测性也叫能观测性，其定义为：在系统用状态方程描述时，在给定输入(控制)后，若在有限时间间隔内(如 $0<t<t_1$ 或 $k=0,1,2,\cdots,k_1$)能根据系统的输出唯一地确定系统的所有初始状态，则称系统是完全可观测的，简称可观测的；若只能确定部分初始状态，则称系统是不完全可观测的。

也就是说，对于单一输出系统，若状态方程中的系统矩阵 $\boldsymbol{A}$ 为对角阵(这时各状态变量间没有联系)，且当输出矩阵 $\boldsymbol{C}$ 没有零元素时，系统才是可观测的。当系统矩阵 $\boldsymbol{A}$ 不是对角阵时，可通过模态矩阵 $\boldsymbol{P}$ 转化为对角阵 $\boldsymbol{A}_g=\boldsymbol{P}^{-1}\boldsymbol{AP}$，这时输出矩阵 $\boldsymbol{C}$ 转化为 $\boldsymbol{C}_g=\boldsymbol{CP}$。因此，可得出结论：对于单一输出系统，如果系统矩阵 $\boldsymbol{A}$ 的特征值都互不相同，则系统可观测的充要条件是矩阵 $\boldsymbol{CP}$ 中没有零元素。

对于多输出系统，有以下结论：若系统矩阵 $\boldsymbol{A}$ 的特征值都互不相同，则系统可观测的充要条件是，矩阵 $\boldsymbol{CP}$ 中没有任何一列元素全部为零。其中矩阵 $\boldsymbol{P}$ 是模态矩阵。

更一般地，为判断 n 阶系统是否可观测，将矩阵 $\boldsymbol{A}$、$\boldsymbol{C}$ 组成可观性矩阵

$$\boldsymbol{M}_o=\begin{bmatrix}\boldsymbol{C}\\ \boldsymbol{CA}\\ \boldsymbol{CA}^2\\ \vdots\\ \boldsymbol{CA}^{n-1}\end{bmatrix} \tag{6-5-16}$$

系统可观测的充要条件是 $\boldsymbol{M}_{\mathrm{o}}$ 满秩，即

$$\operatorname{rank} \boldsymbol{M}_{\mathrm{o}} = n \tag{6-5-17}$$

例 6-18 两个连续系统的状态方程相同

$$\begin{bmatrix} \dot{x}_1 \\ \dot{x}_2 \end{bmatrix} = \begin{bmatrix} 2 & 1 \\ 0 & 3 \end{bmatrix} \begin{bmatrix} x_1 \\ x_2 \end{bmatrix} + \begin{bmatrix} 1 & 0 \\ 0 & 1 \end{bmatrix} \begin{bmatrix} f_1 \\ f_2 \end{bmatrix}$$

其输出方程分别为

$$\boldsymbol{y}_a = [1 \quad -1] \begin{bmatrix} x_1 \\ x_2 \end{bmatrix} + [1 \quad 0] \begin{bmatrix} f_1 \\ f_2 \end{bmatrix}, \quad \boldsymbol{y}_b = [1 \quad 0] \begin{bmatrix} x_1 \\ x_2 \end{bmatrix} + [1 \quad 1] \begin{bmatrix} f_1 \\ f_2 \end{bmatrix}$$

试判定其是否可观测。

解 由于系统矩阵 $\boldsymbol{A}$ 与例 6-16 相同，非奇异矩阵 $\boldsymbol{P}$ 也应相同，故

$$\boldsymbol{P} = \begin{bmatrix} 1 & 1 \\ 0 & 1 \end{bmatrix}, \quad \boldsymbol{A}_{ga} = \boldsymbol{A}_{gb} = \begin{bmatrix} 2 & 0 \\ 0 & 3 \end{bmatrix}$$

对于系统 a

$$\boldsymbol{C}_{ga} = \boldsymbol{CP} = [1 \quad -1] \begin{bmatrix} 1 & 1 \\ 0 & 1 \end{bmatrix} = [0 \quad 1]$$

矩阵 $\boldsymbol{CP}$ 中有零元素，所以系统 a 是不可观测的。

对于系统 b

$$\boldsymbol{C}_{gb} = \boldsymbol{CP} = [1 \quad 0] \begin{bmatrix} 1 & 1 \\ 0 & 1 \end{bmatrix} = [1 \quad 1]$$

矩阵 $\boldsymbol{CP}$ 中没有零元素，所以系统 b 是可观测的。

例 6-19 给定离散系统

$$\begin{bmatrix} x_1(k+1) \\ x_2(k+1) \end{bmatrix} = \begin{bmatrix} 0 & 1 \\ -1 & 0 \end{bmatrix} \begin{bmatrix} x_1(k) \\ x_2(k) \end{bmatrix} + \begin{bmatrix} 1 \\ 3 \end{bmatrix} [f(k)],$$

$$[y(k)] = [1 \quad 0] \begin{bmatrix} x_1(k) \\ x_2(k) \end{bmatrix}$$

试判定其是否可观测。

解 在本例中

$$\boldsymbol{M}_{\mathrm{o}} = \begin{bmatrix} \boldsymbol{C} \\ \boldsymbol{CA} \end{bmatrix} = \begin{bmatrix} (1 \quad 0) \\ (1 \quad 0) \begin{pmatrix} 0 & 1 \\ -1 & 0 \end{pmatrix} \end{bmatrix} = \begin{bmatrix} 1 & 0 \\ 0 & 1 \end{bmatrix}$$

所以

$$\operatorname{rank} \boldsymbol{M}_{\mathrm{o}} = 2$$

$\boldsymbol{M}_{\mathrm{o}}$ 满秩，该系统完全可观测。

6.5.4 可控制性和可观测性与系统函数

过去人们一直认为用系统函数 $H(s)$ 来描述系统和使用动态方程来描述系统本质上是一样的。直到 1960 年，卡尔曼(R. K. Kalman)才第一个证实了这种等价是有条件的。这里通过一个例题来说明。

例 6-20 已知线性状态方程和输出方程为

$$\begin{bmatrix}\dot{x}_1(t)\\ \dot{x}_2(t)\\ \dot{x}_3(t)\end{bmatrix}=\begin{bmatrix}-1 & -2 & -1\\ 0 & 3 & 0\\ 0 & 0 & -2\end{bmatrix}\begin{bmatrix}x_1(t)\\ x_2(t)\\ x_3(t)\end{bmatrix}+\begin{bmatrix}2\\ -2\\ 1\end{bmatrix}[f(t)]$$

$$[y(t)]=[2 \quad 1 \quad -1]\begin{bmatrix}x_1(t)\\ x_2(t)\\ x_3(t)\end{bmatrix}+[0][f(t)]$$

(1) 检查系统的可控性和可观性；

(2) 求系统函数 $H(s)$。

解 (1) 按系统的可控性判据，为此需求

$$\boldsymbol{M}_{\mathrm{c}}=[\boldsymbol{B} \quad \boldsymbol{AB} \quad \boldsymbol{A}^2\boldsymbol{B}]$$

其中

$$\boldsymbol{AB}=\begin{bmatrix}-1 & -2 & -1\\ 0 & 3 & 0\\ 0 & 0 & -2\end{bmatrix}\begin{bmatrix}2\\ -2\\ 1\end{bmatrix}=\begin{bmatrix}1\\ -6\\ -2\end{bmatrix}$$

$$\boldsymbol{A}^2\boldsymbol{B}=\begin{bmatrix}-1 & -2 & -1\\ 0 & 3 & 0\\ 0 & 0 & -2\end{bmatrix}\begin{bmatrix}-1 & -2 & -1\\ 0 & 3 & 0\\ 0 & 0 & -2\end{bmatrix}\begin{bmatrix}2\\ -2\\ 1\end{bmatrix}=\begin{bmatrix}13\\ -18\\ 4\end{bmatrix}$$

所以

$$\boldsymbol{M}_{\mathrm{c}}=[\boldsymbol{B} \quad \boldsymbol{AB} \quad \boldsymbol{A}^2\boldsymbol{B}]=\begin{bmatrix}2 & 1 & 13\\ -2 & -6 & -18\\ 1 & -2 & 4\end{bmatrix}$$

由于 $\boldsymbol{M}_{\mathrm{c}}$ 中第一列乘以 6 与第二列相加等于第三列，只有两列线性无关，故

$$\operatorname{rank}\boldsymbol{M}_{\mathrm{c}}=2\neq 3$$

$\boldsymbol{M}_{\mathrm{c}}$ 不满秩，该系统不完全可控。

按可观测判据，先求模态矩阵 $\boldsymbol{P}$。$\boldsymbol{A}$ 的特征方程为

$$|\lambda\boldsymbol{I}-\boldsymbol{A}|=\begin{vmatrix}\lambda+1 & 2 & 1\\ 0 & \lambda-3 & 0\\ 0 & 0 & \lambda+2\end{vmatrix}=(\lambda+1)(\lambda+2)(\lambda-3)=0$$

其特征根为 $\lambda_1=-1, \lambda_2=-2, \lambda_3=3$。

对于各特征根 $\lambda_i(i=1,2,3)$，有特征矢量 $\boldsymbol{\xi}_i$ 满足方程

$$[\lambda_i\boldsymbol{I}-\boldsymbol{A}]\begin{bmatrix}\xi_{1i}\\ \xi_{2i}\\ \xi_{3i}\end{bmatrix}=0$$

对于 $\lambda_1=-1$，有

$$\begin{bmatrix}0 & 2 & 1\\ 0 & -4 & 0\\ 0 & 0 & 1\end{bmatrix}\begin{bmatrix}\xi_{11}\\ \xi_{21}\\ \xi_{31}\end{bmatrix}=\begin{bmatrix}0\\ 0\\ 0\end{bmatrix}$$

所以有 $\xi_{21}=\xi_{31}=0$，ξ_{11} 可以任选，选 $\xi_{11}=1$。

对于 $\lambda_2=-2$，有

$$\begin{bmatrix}-1 & 2 & 1\\0 & -5 & 0\\0 & 0 & 0\end{bmatrix}\begin{bmatrix}\xi_{12}\\\xi_{22}\\\xi_{32}\end{bmatrix}=\begin{bmatrix}0\\0\\0\end{bmatrix}$$

所以有 $\xi_{22}=0$ 和 $-\xi_{12}+\xi_{32}=0$，选 $\xi_{12}=\xi_{32}=1$。

对于 $\lambda_3=3$，有

$$\begin{bmatrix}4 & 2 & 1\\0 & 0 & 0\\0 & 0 & 5\end{bmatrix}\begin{bmatrix}\xi_{13}\\\xi_{23}\\\xi_{33}\end{bmatrix}=\begin{bmatrix}0\\0\\0\end{bmatrix}$$

所以有 $\xi_{33}=0$ 和 $4\xi_{13}+2\xi_{23}=0$，选 $\xi_{13}=1$，则 $\xi_{23}=-2$。得 $\boldsymbol{P}$ 矩阵为

$$\boldsymbol{P}=\begin{bmatrix}\xi_{11} & \xi_{12} & \xi_{13}\\\xi_{21} & \xi_{22} & \xi_{23}\\\xi_{31} & \xi_{32} & \xi_{33}\end{bmatrix}=\begin{bmatrix}1 & 1 & 1\\0 & 0 & -2\\0 & 1 & 0\end{bmatrix}$$

逆矩阵

$$\boldsymbol{P}^{-1}=\begin{bmatrix}1 & 0.5 & -1\\0 & 0 & 1\\0 & -0.5 & 0\end{bmatrix}$$

系统矩阵

$$\boldsymbol{A}_g=\boldsymbol{P}^{-1}\boldsymbol{A}\boldsymbol{P}=\begin{bmatrix}1 & 0.5 & -1\\0 & 0 & 1\\0 & -0.5 & 0\end{bmatrix}\begin{bmatrix}-1 & -2 & -1\\0 & 3 & 0\\0 & 0 & -2\end{bmatrix}\begin{bmatrix}1 & 1 & 1\\0 & 0 & -2\\0 & 1 & 0\end{bmatrix}$$

$$=\begin{bmatrix}-1 & 0 & 0\\0 & -2 & 0\\0 & 0 & 3\end{bmatrix}$$

控制矩阵

$$\boldsymbol{B}_g=\boldsymbol{P}^{-1}\boldsymbol{B}=\begin{bmatrix}1 & 0.5 & -1\\0 & 0 & 1\\0 & -0.5 & 0\end{bmatrix}\begin{bmatrix}2\\-2\\1\end{bmatrix}=\begin{bmatrix}0\\1\\1\end{bmatrix}$$

从 $\boldsymbol{B}_g$ 中含有零元素也可以作出该系统不完全可控的判定。

输出矩阵

$$\boldsymbol{C}_g=\boldsymbol{C}\boldsymbol{P}=\begin{bmatrix}2 & 1 & -1\end{bmatrix}\begin{bmatrix}1 & 1 & 1\\0 & 0 & -2\\0 & 1 & 0\end{bmatrix}=\begin{bmatrix}2 & 1 & 0\end{bmatrix}$$

因为输出矩阵 $\boldsymbol{C}_g$ 中含有零元素，该系统不完全可观。

系统对角化方程表示为

$$\dot{\boldsymbol{g}}(t)=\boldsymbol{A}_g\boldsymbol{g}(t)+\boldsymbol{B}_g\boldsymbol{f}(t)=\begin{bmatrix}-1 & 0 & 0\\0 & -2 & 0\\0 & 0 & 3\end{bmatrix}\boldsymbol{g}(t)+\begin{bmatrix}0\\1\\1\end{bmatrix}[f(t)]$$

$$\boldsymbol{y}(t)=\boldsymbol{C}_g\boldsymbol{g}(t)+\boldsymbol{D}_g\boldsymbol{f}(t)=\begin{bmatrix}2 & 1 & 0\end{bmatrix}\boldsymbol{g}(t)$$

根据该动态方程 $\boldsymbol{A}$ 为对角矩阵，容易绘出系统的并联形式的模拟信号流图如图 6-15 所示。

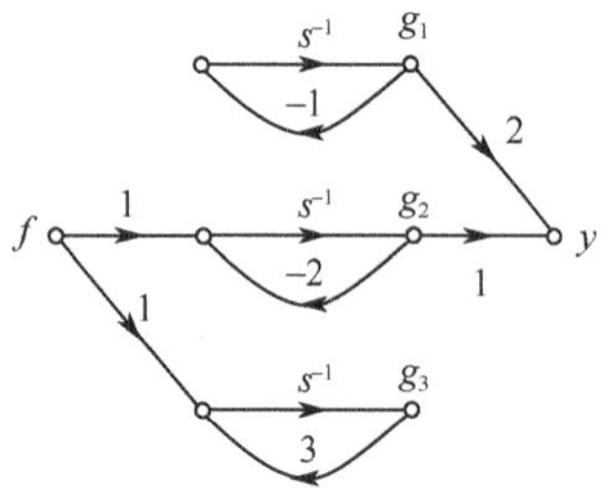

图 6-15　例 6-20 系统信号流图

可见，状态变量为 g_2 的子系统直接受 f 控制，而且可从 y 观测到它的变化情况；状态变量为 g_1 的子系统不受 f 作用影响，但可从 y 了解到它的输出变化；状态变量为 g_3 的子系统的情况则与 g_1 子系统相反，它受 f 的控制，但不能从 y 观测到它。于是可以认为在此系统中 g_1 是可观的，但不可控；而 g_3 是可控的，但不可观；只有 g_2 是既可控又可观的。

一般而言，构成系统的子系统可分为四类：

① 既可控又可观的子系统(如图 6-15 中状态变量为 g_2 的子系统)。

② 可观而不可控的子系统(如图 6-15 中状态变量为 g_1 的子系统)。

③ 可控而不可观的子系统(如图 6-15 中状态变量为 g_3 的子系统)。

④ 既不可控又不可观的子系统。

(2) 求系统的转移函数 $H(s)$，根据式(6-5-9)，并考虑到本例 $\boldsymbol{D}=\boldsymbol{D}_g=0$，有

$$
\begin{aligned}
\boldsymbol{H}(s) &= \boldsymbol{H}_g(s) = \boldsymbol{C}_g(s\boldsymbol{I}-\boldsymbol{A}_g)^{-1}\boldsymbol{B}_g \\
&= [2 \quad 1 \quad 0]\begin{bmatrix} s+1 & 0 & 0 \\ 0 & s+2 & 0 \\ 0 & 0 & s-3 \end{bmatrix}^{-1}\begin{bmatrix} 0 \\ 1 \\ 1 \end{bmatrix} \\
&= \frac{[2 \quad 1 \quad 0]\begin{bmatrix} (s+2)(s-3) & 0 & 0 \\ 0 & (s+1)(s-3) & 0 \\ 0 & 0 & (s+1)(s+2) \end{bmatrix}\begin{bmatrix} 0 \\ 1 \\ 1 \end{bmatrix}}{(s+1)(s+2)(s-3)} \\
&= \frac{(s+1)(s-3)}{(s+1)(s+2)(s-3)} = \frac{1}{s+2}
\end{aligned}
$$

通过上述计算及其结果可见，由于出现零极点 $s=-1$ 和零极点 $s=3$ 自相抵消，故系统仅有唯一的极点 $s=-2$。显然，本系统是稳定的。但实际上，在系统内部“隐藏”着不稳定因素，只是从系统的输出观测不到而已。因此，系统函数不一定能全面地把系统的状态表示出来。卡尔曼-吉伯特定理指出：系统函数所表示的是系统中既可控又可观的那一部分子系统。

由此可得出结论：当且仅当 LTI 系统的系统函数能全面地把系统的状态表现出来，也就是系统的全部子系统既可控又可观测时，系统用系统函数描述和用动态方程描述才是一致的；反之，如果系统函数有极点、零点互消情况，系统将是不可控制的或是不可观测的，视状态变量的选择而定。因此，用系统函数来描述系统是不全面的，而用状态变量描述系统更能反映系统的全貌及其内部的运动规律。

习　　题

6.1　电路如题 6.1 图所示，试列写其状态方程(以 u_C 和 i_L 为状态变量)。

6.2　电路如题 6.2 图所示，试列写其状态方程(以 u_C 和 i_L 为状态变量)与输出方程(以 y 为输出)。

6.3　电路如题 6.3 图所示，试选择独立的状态变量，并列写其状态方程。

6.4　电路如题 6.4 图所示，试列写其状态方程。

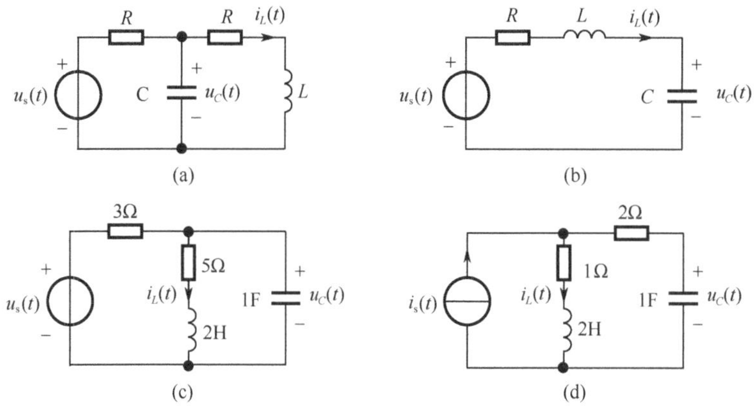

题 6.1 图

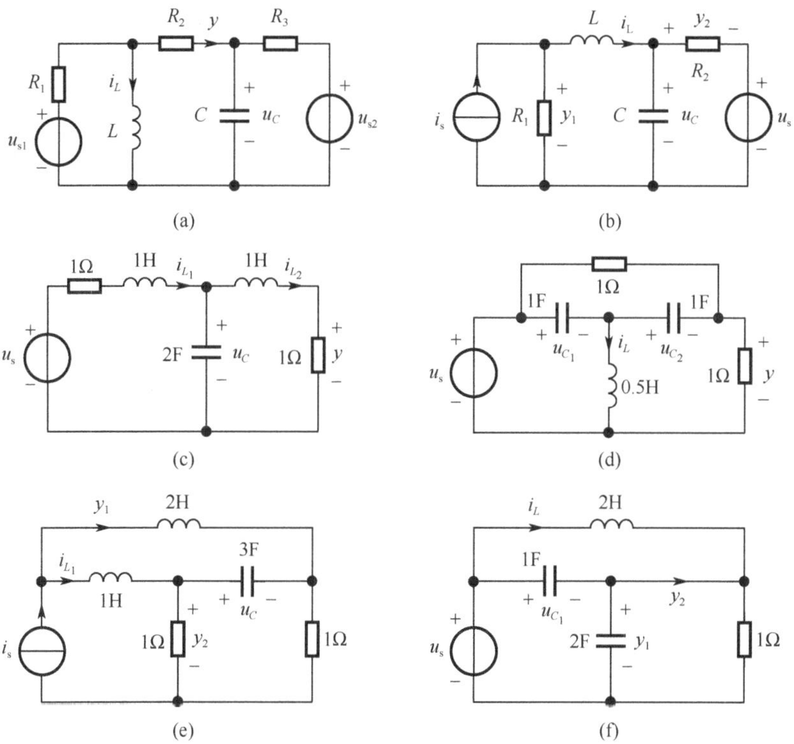

题 6.2 图

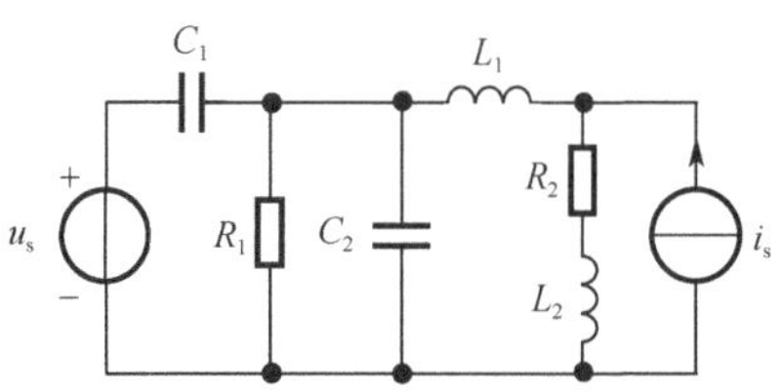

题 6.3 图

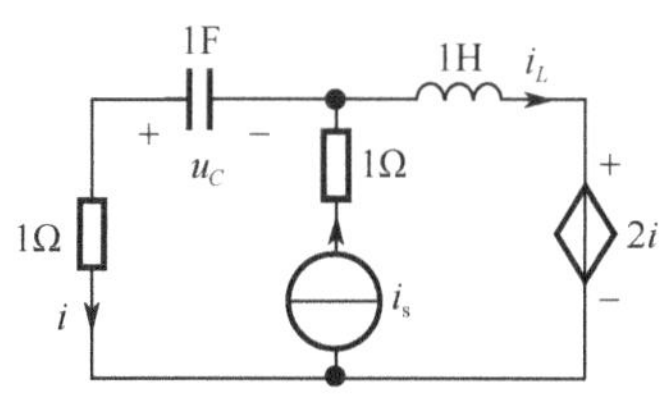

题 6.4 图

6.5　描述 LTI 连续系统的微分方程如下，试列写各系统的动态方程。

(1) $y''(t)+3y'(t)+4y(t)=5f(t)$

(2) $y''(t)+5y'(t)+2y(t)=f'(t)+2f(t)$

(3) $y'''(t)+4y''(t)+y'(t)+3y(t)=f''(t)+2f'(t)+5f(t)$

(4) $y''(t)+4y'(t)+y(t)=3f''(t)+2f'(t)+5f(t)$

6.6 描述 LTI 连续系统的微分方程组如下，试建立系统的动态方程。

(1) $\begin{cases} y_1'(t)+y_2(t)=f_1(t) \\ y_2''(t)+y_1'(t)+y_2'(t)+y_1(t)=f_2(t) \end{cases}$

(2) $\begin{cases} y_1''(t)+2y_1'(t)+3y_1(t)=f_1(t)+2f_2(t) \\ y_2''(t)+4y_2'(t)+5y_2(t)=3f_1(t)-f_2(t) \end{cases}$

6.7 已知 LTI 连续系统的系统函数如下，试建立系统的动态方程。

(1) $H(s)=\dfrac{3s+5}{s^2+3s+6}$ (2) $H(s)=\dfrac{2s^2+9s}{s^2+4s+29}$

(3) $H(s)=\dfrac{s^2+3s}{(s+1)^2(s+2)}$ (4) $H(s)=\dfrac{s^2+2}{s^3+2s^2+2s+1}$

6.8 LTI 连续系统的模拟框图如题 6.8 图所示，试建立系统的动态方程。

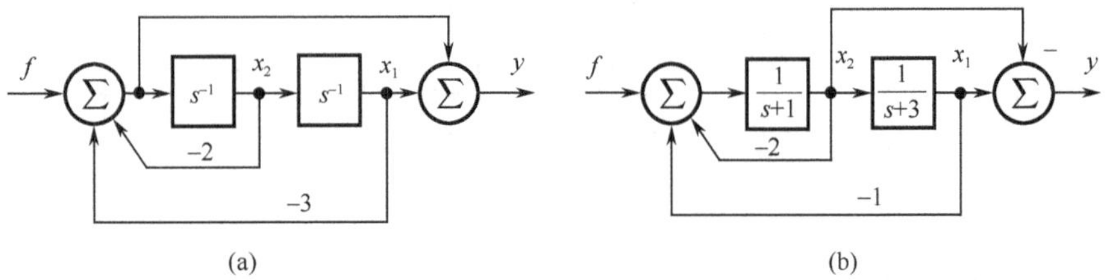

题 6.8 图

6.9 LTI 连续系统的模拟框图如题 6.9 图所示，试建立系统的动态方程。

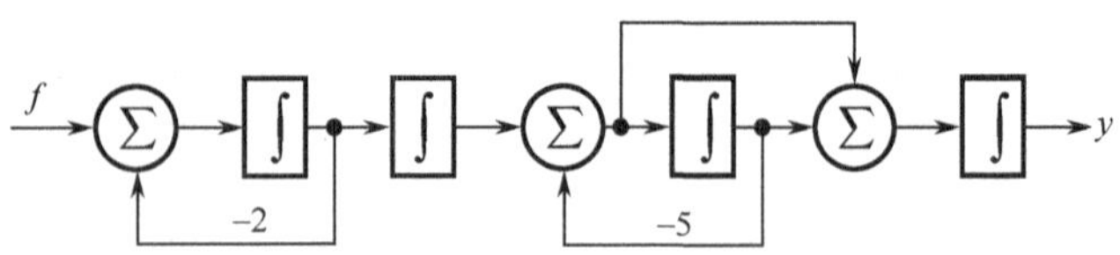

题 6.9 图

6.10 LTI 连续系统的信号流图如题 6.10 图所示，试建立系统的动态方程。

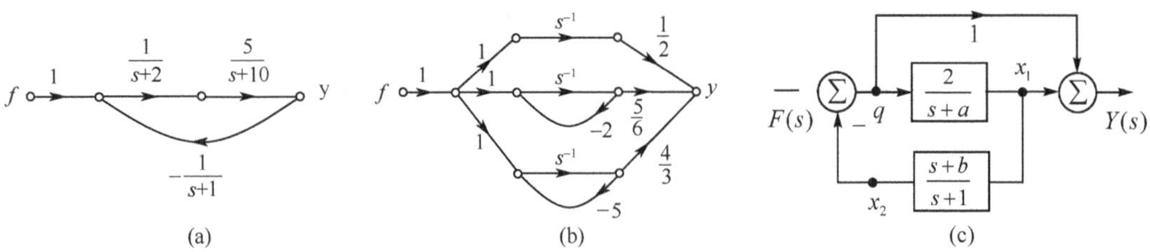

题 6.10 图

6.11 LTI 连续系统的信号流图如题 6.11 图所示，试建立系统的动态方程。

6.12 描述 LTI 连续系统的动态方程为

$$\dot{\boldsymbol{x}}(t)=\begin{bmatrix}-1 & 2\\ -1 & 1\end{bmatrix}\boldsymbol{x}(t)+\begin{bmatrix}0\\1\end{bmatrix}\boldsymbol{f}(t)$$

$$\boldsymbol{y}(t)=[2\quad 1]\boldsymbol{x}(t)+[1]\boldsymbol{f}(t)$$

试写出描述该系统的微分方程。

6.13 描述 LTI 离散系统的差分方程组如下，试建立系统的动态方程。

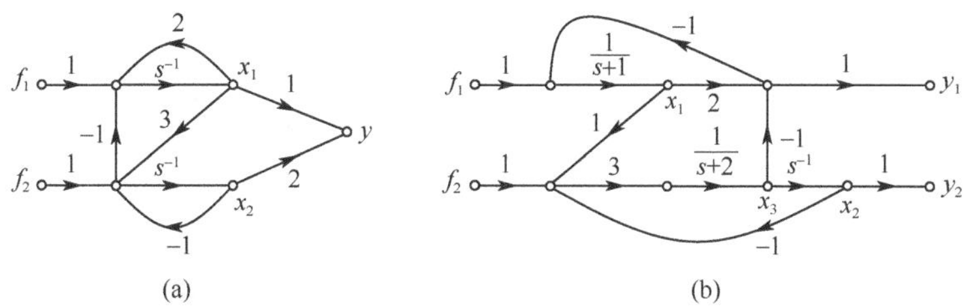

题 6.11 图

(1) $y(k+2)+3y(k+1)+2y(k)=f(k+1)+f(k)$

(2) $y(k+4)+4y(k+3)+2y(k+2)+7y(k+1)+3y(k)=f(k+1)+f(k)$

(3) $y(k)+2y(k-1)+5y(k-2)+6y(k-3)=f(k-3)$

(4) $y(k)+3y(k-1)+2y(k-2)+y(k-3)=f(k-1)+2f(k-2)+3f(k-3)$

6.14　已知 LTI 离散系统的系统函数如下,试建立系统的动态方程。

(1) $H(z)=\dfrac{z+2}{z^2+z+0.16}$　　(2) $H(z)=\dfrac{2z}{(z+1)(z-2)}$

(3) $H(z)=\dfrac{z^2-2}{z(z+1)^2}$　　(4) $H(z)=\dfrac{z^2+2}{z^2+4}$

6.15　LTI 离散系统的信号流图如题 6.15 图所示,试建立系统的动态方程。

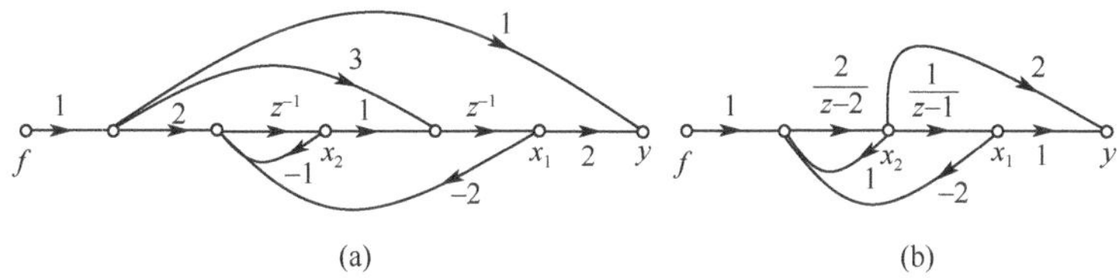

题 6.15 图

6.16　描述 LTI 离散系统的动态方程为

$$\begin{bmatrix}x_1(k+1)\\x_2(k+1)\end{bmatrix}=\begin{bmatrix}1&1\\0&-1\end{bmatrix}\begin{bmatrix}x_1(k)\\x_2(k)\end{bmatrix}+\begin{bmatrix}1\\1\end{bmatrix}[f(k)]$$

$$\boldsymbol{y}(k)=[1\quad 1]\begin{bmatrix}x_1(k)\\x_2(k)\end{bmatrix}+[1][f(k)]$$

试写出描述该系统的差分方程。

6.17　LTI 离散系统的模拟框图如题 6.17 图所示,试建立系统的动态方程。

6.18　LTI 离散系统的信号流图如题 6.18 图所示,试建立系统的动态方程。

6.19　已知矩阵 $\boldsymbol{A}$ 如下,试求分解矩阵 $\boldsymbol{\Phi}(s)$ 和矩阵指数函数 $\boldsymbol{\varphi}(t)=\mathrm{e}^{\boldsymbol{A}t}$。

(1) $\boldsymbol{A}=\begin{bmatrix}-1&2\\-3&4\end{bmatrix}$　　(2) $\boldsymbol{A}=\begin{bmatrix}0&-2\\1&-2\end{bmatrix}$　　(3) $\boldsymbol{A}=\begin{bmatrix}1&-2\\1&4\end{bmatrix}$

(4) $\boldsymbol{A}=\begin{bmatrix}3&0&0\\0&2&0\\0&0&4\end{bmatrix}$　　(5) $\boldsymbol{A}=\begin{bmatrix}5&4&0\\0&1&0\\-4&4&1\end{bmatrix}$　　(6) $\boldsymbol{A}=\begin{bmatrix}0&1&0\\0&0&1\\0&1&0\end{bmatrix}$

6.20　已知状态方程 $\dot{\boldsymbol{x}}=\boldsymbol{A}\boldsymbol{x}+\boldsymbol{B}\boldsymbol{f}$,其中

(1) $\boldsymbol{A}=\begin{bmatrix}-1&2\\-1&-3\end{bmatrix}$,　$\boldsymbol{B}=\begin{bmatrix}0\\1\end{bmatrix}$,　$\boldsymbol{x}(0_-)=\begin{bmatrix}2\\1\end{bmatrix}$,　$f=\varepsilon(t)$

(2) $\boldsymbol{A}=\begin{bmatrix}-5&-6\\-1&0\end{bmatrix}$,　$\boldsymbol{B}=\begin{bmatrix}1\\0\end{bmatrix}$,　$\boldsymbol{x}(0_-)=\begin{bmatrix}5\\4\end{bmatrix}$,　$f=\sin t\varepsilon(t)$

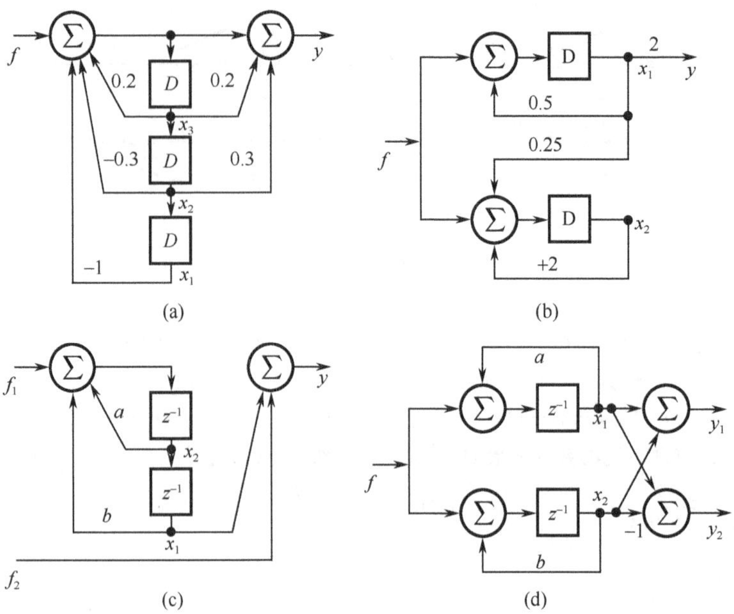

题 6.17 图

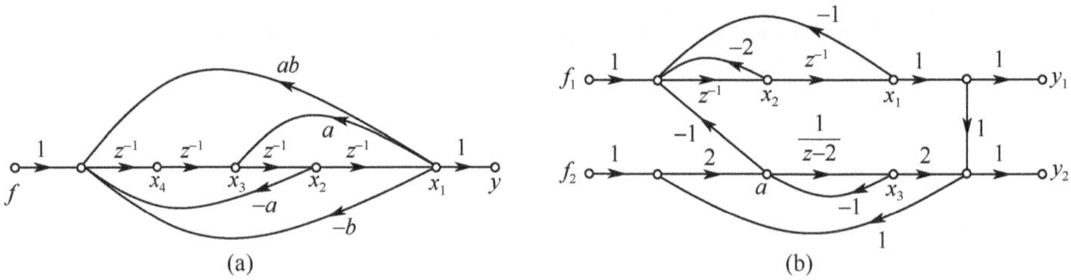

题 6.18 图

(3) $\boldsymbol{A}=\begin{bmatrix}-1 & 1\\ 0 & -2\end{bmatrix}$, $\boldsymbol{B}=\begin{bmatrix}1\\1\end{bmatrix}$, $\boldsymbol{x}(0_-)=\begin{bmatrix}1\\2\end{bmatrix}$, $f=\varepsilon(t)$

试用复频域分析法求状态变量 $\boldsymbol{x}(t)$,并标出零输入分量和零状态分量。

6.21 求下列状态方程的解。

$$\begin{bmatrix}\dot{x}_1\\ \dot{x}_2\end{bmatrix}=\begin{bmatrix}-3 & -2\\ 2 & 2\end{bmatrix}\begin{bmatrix}x_1\\ x_2\end{bmatrix}+\begin{bmatrix}3\\0\end{bmatrix}\boldsymbol{f}$$

(1) 初始状态 $x_1(0_-)=x_2(0_-)=1$,输入 $f(t)=0$;

(2) 初始状态 $x_1(0_-)=2$, $x_2(0_-)=-1$,输入 $f(t)=\varepsilon(t)$。

6.22 已知 LTI 连续系统状态方程和输出方程为

$$\begin{cases}\dot{\boldsymbol{x}}=\boldsymbol{Ax}+\boldsymbol{Bf}\\ \boldsymbol{y}=\boldsymbol{Cx}\end{cases}$$

其中,$\boldsymbol{A}=\begin{bmatrix}-2 & 2 & -1\\ 0 & -2 & 0\\ 1 & -4 & 0\end{bmatrix}$,$\boldsymbol{B}=\begin{bmatrix}0\\1\\1\end{bmatrix}$,$\boldsymbol{C}=[1\quad 0\quad 0]$,试求系统函数矩阵$\boldsymbol{H}(s)$。

6.23 描述 LTI 连续系统的动态方程为

$$\begin{bmatrix}\dot{x}_1\\ \dot{x}_2\end{bmatrix}=\begin{bmatrix}-1 & 2\\ -1 & -4\end{bmatrix}\begin{bmatrix}x_1\\ x_2\end{bmatrix}+\begin{bmatrix}1\\1\end{bmatrix}[f]$$

$$\boldsymbol{y}=[1\quad -1]\begin{bmatrix}x_1\\x_2\end{bmatrix}+[1]\boldsymbol{f}$$

(1) 求该系统的系统函数矩阵 $\boldsymbol{H}(s)$ 和冲激响应矩阵 $\boldsymbol{h}(t)$；

(2) 若初始状态 $x_1(0_-)=1$，$x_2(0_-)=-1$，输入 $f(t)=\varepsilon(t)$，求动态方程的解。

6.24　求下述系统的系统函数矩阵 $\boldsymbol{H}(s)$ 和冲激响应矩阵 $\boldsymbol{h}(t)$。

$$\dot{\boldsymbol{x}}(t)=\begin{bmatrix}0 & 3\\-1 & -4\end{bmatrix}\boldsymbol{x}(t)+\begin{bmatrix}0 & 1\\1 & 0\end{bmatrix}\boldsymbol{f}(t)$$

$$\boldsymbol{y}(t)=\begin{bmatrix}1 & 2\\-1 & 1\\1 & 1\end{bmatrix}\boldsymbol{x}(t)+\begin{bmatrix}0 & 0\\0 & 0\\1 & 1\end{bmatrix}\boldsymbol{f}(t)$$

6.25　已知 LTI 连续系统的状态转移矩阵为

(1) $\boldsymbol{\varphi}(t)=\begin{bmatrix}2\mathrm{e}^{-t}-\mathrm{e}^{-2t} & 2(\mathrm{e}^{-2t}-\mathrm{e}^{-t})\\ \mathrm{e}^{-t}-\mathrm{e}^{-2t} & 2\mathrm{e}^{-2t}-\mathrm{e}^{-t}\end{bmatrix}$　　(2) $\boldsymbol{\varphi}(t)=\begin{bmatrix}\mathrm{e}^{-t}-2t\mathrm{e}^{-t} & 4t\mathrm{e}^{-t}\\ -t\mathrm{e}^{-t} & \mathrm{e}^{-t}+2t\mathrm{e}^{-t}\end{bmatrix}$

分别求相应的系统矩阵 $\boldsymbol{A}$。

6.26　已知 LTI 离散系统的系统矩阵 $\boldsymbol{A}$ 如下，试分别求其状态转移矩阵 $\boldsymbol{\varphi}(k)=\boldsymbol{A}^k$。

(1) $\boldsymbol{A}=\begin{bmatrix}\frac{1}{2} & 0\\ 0 & \frac{1}{3}\end{bmatrix}$　　(2) $\boldsymbol{A}=\begin{bmatrix}\frac{3}{4} & 0\\ \frac{1}{2} & \frac{1}{2}\end{bmatrix}$

(3) $\boldsymbol{A}=\begin{bmatrix}\frac{1}{2} & \frac{1}{4}\\ 1 & \frac{1}{2}\end{bmatrix}$　　(4) $\boldsymbol{A}=\begin{bmatrix}\frac{1}{2} & 0\\ \frac{1}{2} & \frac{1}{2}\end{bmatrix}$

6.27　求下列离散系统的状态方程的解。

$$\begin{bmatrix}x_1(k+1)\\x_2(k+1)\end{bmatrix}=\begin{bmatrix}\frac{1}{2} & \frac{1}{6}\\ 0 & \frac{1}{3}\end{bmatrix}\begin{bmatrix}x_1(k)\\x_2(k)\end{bmatrix}+\begin{bmatrix}0\\1\end{bmatrix}[f(k)]$$

(1) 初始状态 $x_1(0)=x_2(0)=1$，输入 $f(k)=0$；

(2) 初始状态 $x_1(0)=1$，$x_2(0)=-1$，输入 $f(k)=\varepsilon(k)$。

6.28　描述 LTI 离散系统的动态方程为

$$\begin{bmatrix}x_1(k+1)\\x_2(k+1)\end{bmatrix}=\begin{bmatrix}0 & \frac{1}{4}\\ -\frac{1}{2} & \frac{3}{4}\end{bmatrix}\begin{bmatrix}x_1(k)\\x_2(k)\end{bmatrix}+\begin{bmatrix}0\\1\end{bmatrix}[f(k)],\quad y(k)=[0\quad 1]\begin{bmatrix}x_1(k)\\x_2(k)\end{bmatrix}$$

(1) 求该系统的系统函数矩阵 $\boldsymbol{H}(z)$ 和单位序列响应矩阵 $\boldsymbol{h}(k)$；

(2) 若初始状态 $x_1(0)=1$，$x_2(0)=1$，输入 $f(k)=\varepsilon(k)$，求动态方程的解。

6.29　已知 LTI 离散系统动态方程为

$$\begin{bmatrix}x_1(k+1)\\x_2(k+1)\end{bmatrix}=\begin{bmatrix}0 & -\frac{1}{2}\\ \frac{1}{2} & 0\end{bmatrix}\begin{bmatrix}x_1(k)\\x_2(k)\end{bmatrix}+\begin{bmatrix}1 & 0\\0 & -1\end{bmatrix}\begin{bmatrix}f_1(k)\\f_2(k)\end{bmatrix}$$

$$\begin{bmatrix}y_1(k)\\y_2(k)\\y_3(k)\end{bmatrix}=\begin{bmatrix}1 & 0\\1 & -1\\2 & -1\end{bmatrix}\begin{bmatrix}x_1(k)\\x_2(k)\end{bmatrix}$$

试求该系统的系统函数矩阵 $\boldsymbol{H}(z)$。

6.30　描述 LTI 离散系统的动态方程为

$$\begin{bmatrix} x_1(k+1) \\ x_2(k+1) \end{bmatrix} = \begin{bmatrix} 0 & 1 \\ -6 & 5 \end{bmatrix} \begin{bmatrix} x_1(k) \\ x_2(k) \end{bmatrix} + \begin{bmatrix} 0 \\ 1 \end{bmatrix} [f(k)]$$

$$y(k) = \begin{bmatrix} 1 & 1 \\ 2 & -1 \end{bmatrix} \begin{bmatrix} x_1(k) \\ x_2(k) \end{bmatrix} + \begin{bmatrix} 0 \\ 0 \end{bmatrix} [f(k)]$$

试求该系统的状态转移矩阵 $\boldsymbol{\varphi}(k)$ 和单位序列响应矩阵 $\boldsymbol{h}(k)$。

6.31 已知 LTI 离散系统的状态转移矩阵为

(1) $\varphi(k) = \begin{bmatrix} (2)^{k+1} - (3)^k & (2)^k - (3)^k \\ -(2)^{k+1} + 2(3)^k & -(2)^k + 2(3)^k \end{bmatrix}$

(2) $\varphi(k) = \begin{bmatrix} (1-k)(-1)^k & -k(-1)^k \\ k(-1)^k & (1+k)(-1)^k \end{bmatrix}$

分别求与其相对应的系统矩阵 $\boldsymbol{A}$。

6.32 已知描述 LTI 连续系统的动态方程为

$$\begin{cases} \dot{\boldsymbol{x}} = \boldsymbol{A}\boldsymbol{x} + \boldsymbol{B}\boldsymbol{f} \\ \boldsymbol{y} = \boldsymbol{C}\boldsymbol{x} \end{cases}$$

式中

$$\boldsymbol{A} = \begin{bmatrix} 1 & 0 \\ -1 & 2 \end{bmatrix}$$

请检验下列系统的可控制性和可观测性：

(1) 若 $\boldsymbol{B} = \begin{bmatrix} 1 \\ 0 \end{bmatrix}$，$\boldsymbol{C} = [0 \quad 1]$　　(2) 若 $\boldsymbol{B} = \begin{bmatrix} 1 \\ 0 \end{bmatrix}$，$\boldsymbol{C} = [1 \quad 0]$

(3) 若 $\boldsymbol{B} = \begin{bmatrix} 0 \\ 1 \end{bmatrix}$，$\boldsymbol{C} = [0 \quad 1]$

6.33 已知描述 LTI 连续系统的动态方程为

$$\dot{\boldsymbol{x}}(t) = \begin{bmatrix} 2 & 2 \\ 2 & -1 \end{bmatrix} \boldsymbol{x}(t) + \begin{bmatrix} 2 \\ 0 \end{bmatrix} \boldsymbol{f}(t)$$

$$\boldsymbol{y}(t) = [1 \quad -2] \boldsymbol{x}(t) + [0] \boldsymbol{f}(t)$$

(1) 检验系统的可控制性和可观测性；

(2) 计算系统的系统函数。

第7章　信号与系统的MATLAB辅助分析

本章导读

MATLAB是一套功能强大的工程技术人员必备的高端数学类科技应用软件。MATLAB语言是由美国的Clever Moler博士于1980年开发的，设计者的初衷是为解决“线性代数”课程的矩阵运算问题。MATLAB由MATrix和LABoratory两个词的前三个字母缩写而成，即矩阵实验室。1984年，Clever Moler博士与其合作者成立了mathwork公司，推出了MATLAB第1版(DOS版)。此后，MATLAB版本不断更新，从1992年的4.0版发展到2016年的9.0版，MATLAB已发展成为由MATLAB语言、MATLAB工作环境、MATLAB图形处理系统、MATLAB数学函数库和MATLAB应用程序接口五大部分组成的集数值计算、图形处理、程序开发为一体的功能强大的系统。

本章介绍MATLAB在信号与系统分析中的主要应用。

7.1　MATLAB简介

7.1.1　MATLAB中的数值计算

这里只介绍MATLAB数值计算中的几个相关概念，更详细的内容，请参阅MATLAB的专业书籍和文献。

1) 变量

与其他高级语言一样，MATLAB中也是使用变量来保存信息的。变量由变量名来表示，在变量命名中应遵循的规则有：

(1) 变量名必须以字母开头。

(2) 变量名可以由字母、数字和下划线组成。

(3) 变量名区分字母的大小写。

(4) 变量名的长度不要过长，即不要超过31个字节。

另外，在MATLAB中还有一些默认的固定变量名，常用的如表7-1所示。

表7-1　MATLAB的固定变量

t	连续时间	n	离散序号
w	角频率 ω	tao	脉冲宽度 τ
ans	计算结果的变量名	i, j, sqrt(−1)	虚数单位
pi	圆周率 π	Inf	无穷大
abs	复变函数的模(幅度)	angle	复变函数的相角(相位)
NaN	非数0/0	inputname	输入参数名
eps	浮点相对精度	nargin	输入参数个数
nargout	输出参数的数目	nargoutchk	有效的输出参数数目
realmax	最大正浮点数	realmin	最小正浮点数
varargin	实际输入的参量	varargout	实际返回的参量

2）数值

MATLAB 的数值采用十进制数表示法，可以带小数点或符号，也可识别复数。例如：

实数： 23； −33； 0.003

复数： 6j； 2+6i； 2+6sqrt(−1)

科学计数法：1.28e003（表示 1.28×10^3）

在 MATLAB 内部，每一个数据元素都是用双精度来表示和存储的，有效数字约为 16 位，数值的有效范围为 $10^{-308}\sim10^{+308}$。但是 MATLAB 在输入、输出数值的时候却可以有不同的格式。MATLAB 默认的格式为 short 类型，但是用户可以通过 format 命令来改变输出格式，以得到更加精确的结果。

3）矩阵

矩阵是 MATLAB 进行数据处理和运算的基本元素，MATLAB 利用矩阵运算执行大部分运算或命令。数量（标量）在 MATLAB 系统内是作为 1×1 的矩阵来处理的。

4）数组

在 MATLAB 中，数组也是一个非常重要的概念，矩阵在某些情况下可以看作二维的数值型数组。数组和矩阵运算规则却有较大的区别，如两个矩阵相乘和两个数组相乘所遵从的运算规则就是完全不同的。

5）函数

MATLAB 为用户提供了丰富的内置函数，用户可以直接调用这些函数来进行数据处理。

调用格式为：函数名（参数）。

例如，正弦函数 a=sin(t)表示计算 t 的正弦值，并且把它赋值给变量 a。

6）表达式与运算符

MATLAB 的基本运算包括算术运算、关系运算、逻辑运算和特殊运算。表7-2和表 7-3 列出了 MATLAB 的一些运算符。

表 7-2 MATLAB 表达式的算术运算

名 称	数学表达式	MATLAB 运算符	MATLAB 表达式	说 明
加	A+B	+	A+B	矩阵加
减	A−B	−	A−B	矩阵减
乘	A×B	*	A * B	矩阵乘
		.*	A. * B	数组乘
除	A÷B	/ 或 \	A/B 或 A\B	矩阵除
		./ 或.\	A./B 或 A.\B	数组除
幂	A^B	^	A ^ B	矩阵幂
		.^	A. ^ B	数组幂
转置	A′	′	A′	矩阵 **A** 的共轭转置

表 7-3 关系运算与逻辑运算

运 算 符	名 称	运 算 符	名 称
>	大于	~=	不等于
<	小于	&	（逻辑运算）与
==	等于	|	（逻辑运算）或
>=	大于等于	~	（逻辑运算）非
<=	小于等于		

MATLAB用左斜杠和右斜杠分别表示“左除”与“右除”运算。对标量来说，两者没有区别，但对矩阵而言，两种运算的结果不同。

7）注释与标点

MATLAB用“%”实现注释功能。

多条命令放在同一行时，可以用逗号“,”或分号“;”将其隔开。逗号告诉MATLAB显示结果；分号说明除了这条命令以外还有下一条命令等待输入，所以这时不显示结果。需要注意的是，MATLAB只识别英文模式下的标点符号，中文模式不识别。

8）矩阵的创建、保存和矩阵下标

矩阵有三种创建方法。

(1) 直接输入法。对简单且维数小的矩阵，可按矩阵行的顺序从键盘直接输入。输入时需遵循的规则如下：

① 矩阵所有元素必须放在方括号“[ ]”内。

② 矩阵元素之间用逗号“,”或空格隔开。

③ 矩阵行与行之间用分号“;”或回车符隔开。

④ 矩阵元素可以是任何不含未定义变量的表达式。

例如：

```
>>a=[3,2,1;6 5 4;9,8,7]        %a为3×3阶矩阵
```

显示结果：

```
a=   3   2   1
     6   5   4
     9   8   7
```

(2) 利用内部函数。常用矩阵如下：

① ones(m, n)　　　　% m(行)×n(列)阶全1矩阵

例如：

```
>>ones(3,3)               % 3×3阶全1矩阵
```

显示结果：

```
ans =   1   1   1
        1   1   1
        1   1   1
```

② zeros(m,n)　　　　% m×n阶全0矩阵

例如：

```
>> zeros (2,3)            % 2×3阶全0矩阵
```

显示结果：

```
ans  =  0  0  0
        0  0  0
```

(3) 利用外部文件(*.mat)装载并创建矩阵。当数据较长而且需要长期保留时，可以使用MAT文件来保存。MAT文件以mat为扩展名，是一种标准格式的二进制文件。

保存方法：save 路径\文件名 变量名

装载方法：load 路径\文件名

矩阵的元素通过其行、列的标号来表示，矩阵元素所在的行号与列号称为下标。矩阵元素

可通过其下标来引用。表示方法为 $A(m, n)$，表示矩阵 **A** 第 m 行第 n 列的元素，例如：

```
≫A=[1,2, 3;4,5,6;7,8,9 ]     % A是一个3×3阶矩阵
```

显示结果：

```
A  =  1  2  3
      4  5  6
      7  8  9
≫B=A(2,2)                   % 取A的第2行第2列赋值给B
  B = 5
≫C=A(3,:)                   % 取A的第3行所有元素赋值给C
  C=7  8  9
```

9) 向量的生成

在 MATLAB 中，仅有一行或一列的矩阵称为向量。除了前面的有关矩阵的创建和保存方法适用于向量的生成外，还有以下一些方法：

(1) $a=m:n$ 生成步长为 1 的均匀等分向量，m 和 n 分别代表起始值和终值。

例如：a=[1,2, 3,4,5,6,7,8,9,10]

```
≫a=1 : 10
  a=  1  2  3  4  5  6  7  8  9  10
```

(2) $a=m:p:n$ 生成步长为 p 的均匀等分向量，m 和 n 分别代表起始值和终值。

```
≫a=0 : 0.5 : 3
    0    0.5000   1.0000   1.5000   2.0000   2.5000   3.0000
```

(3) linspace(m,n) 生成从 m 到 n 之间的线性 100 等分的向量。

(4) linspace(m,n,p) 生成从 m 到 n 之间的线性 p 等分的向量。

10) 矩阵与数组的初等运算举例

例 7-1 (1)

```
≫a=[1 : 10],b=[-1 : -1: -10], c=a+b
c=0  0  0  0  0  0  0  0  0  0
```

(2) 当两个矩阵中有一个是标量时，MATLAB 自动把该标量扩展成同阶矩阵，再相加。

```
≫a=ones(3,3); b=1; c=a-b
  c=   0  0  0
       0  0  0
       0  0  0
```

若无需看到赋值或计算结果，则在赋值后在表达式后加“;”，正如本例中没有显示 a 和 b 的值。

例 7-2 (1)

```
≫A=[1,1,1;2,2,2];B=[1,1; 1,1; 1,1];C=A*B
  C=   3  3
       6  6
```

$m\times p$ 阶矩阵 **A** 与 $p\times n$ 阶矩阵 **B** 相乘，结果是 $m\times n$ 阶矩阵，若 **A** 的列数与 **B** 的行数不等，就会显示“出错信息”：

```
??? Error using = => *
```

若要检查矩阵的阶数，可用如下命令：size ( )。

例如：

```
A =[1,1,1;2,2,2];size(A)
  ans = 2 3
```

(2)

```
A =[1,1,1];B=[2,2, 2]; C=A. *B
  C=2    2    2
```

数组对应元素相乘，要求 ***A***、***B*** 必须为同维数组。检查数组的长度，也可用 size 命令，或用 length()亦可，该命令用于计算矩阵的长度(列数)。若要计算上述矩阵 ***C*** 的列数，命令为：

```
≫length(C)
    ans =   3
```

若用矩阵相乘，此运算无法进行，因为 ***A*** 的列数和 ***B*** 的行数不相等。若修改为 ***B*** 的转置矩阵，则结果如下：

```
≫A=[1 1 1]; B=[2,2, 2]'; C = A*B
  C=6
```

7.1.2 MATLAB 中的语言与基本语法

MATLAB 语言是一种以矩阵运算为基础的交互式程序语言，能够满足科学分析、工程计算和绘图的需要。MATLAB 的语言比较好学，因为它只有矩阵一种数据类型，一种标准的输入输出语句，不需要编译。这里只是简单地介绍 MATLAB 中一些常用语言和相关知识，更加详细的知识请参阅 MATLAB 的专业书籍。

1. M 文件的建立、编辑、执行和命名

MATLAB 命令可以写在 MATLAB 的工作环境界面中，但是这样不利于保存和以后重复使用，因此，MATLAB 中通常都是编制 M 脚本文件。

1)M 文件的建立

(1)菜单操作。从 MATLAB 命令窗口的 File 菜单中选择 New 菜单项，再选择 M-file 命令。屏幕将出现 MATLAB Editor/Debugger 窗口。该窗口是一个集编辑与调试两种功能于一体的工具环境。利用它不仅可以完成基本的文本编辑操作，还可以对 M 文件进行调试。MATLAB 文本编辑器的操作界面与使用方法和其他 Windows 编辑器相似，这里不做详细介绍。

(2)命令操作。在 MATLAB 命令窗口输入命令 edit，启动 MATLAB 文本编辑器后，输入 M 文件的内容并存盘。

(3)命令操作按钮。单击 MATLAB 命令窗口工具栏上的新建命令按钮，启动 MATLAB 文本编辑器，输入 M 文件的内容并存盘。

2)M 文件的编辑

(1)菜单操作。从 MATLAB 命令窗口的 File 菜单中选择 Open M-file 命令，则屏幕出现 Open 对话框，在 Open 对话框中选中所需打开的 M 文件。在文档窗口可以对打开的 M 文件进行编辑修改。编辑完成后，将 M 文件存盘。

(2)命令操作。在 MATLAB 命令窗口输入命令：edit 文件名，则打开指定的 M 文件。

(3)命令按钮操作。单击 MATLAB 命令窗口工具栏上的打开命令按钮,再从弹出的对话框中选择所需打开的 M 文件。

3)M 文件的执行

(1)用户在命令窗口中,输入 M 文件的文件名按回车后,系统将搜索该文件并逐条执行该文件中的命令。

(2)保存 m 文件,点击 Debug 菜单下的 run 执行。

(3)点击菜单栏中的图标。

4)M 文件的命名

保存 M 脚本文件时,文件名可以是字母、数字、下划线的组合,但是必须以字母开头,不允许使用中文命名,长度不超过 32 个字符,区分大小写,扩展名是. m。

2. 流程控制

一般地说,计算机程序都是从前向后逐条命令依次执行的,但是在实际应用中往往要根据需要中途改变命令的执行次序,即需要流程控制。在 MATLAB 中设有三种流程控制的语言结构,即 if 语句、while 语句和 for 语句,较高版本的 MATLAB 还增加了 switch 语句。

1)if 语句

if 用来检查逻辑运算、逻辑函数、逻辑变量等逻辑表达式的真假,若为真则执行接下来的运算或指令。if 语句有三种结构形式:

elseif 的基本语法为:

```
if          逻辑表达式 1
            执行语句 1
elseif      逻辑表达式 2
            执行语句 2
elseif      逻辑表达式 3
            执行语句 3
else        执行语句 4
end
```

if else 的基本语法为:

```
if          逻辑表达式
            执行语句 1
else        执行语句 2
end
```

if 的基本语法为:

```
if          逻辑表达式
            执行语句
end
```

2) while 语句

while 语句是常用的循环语句,其语法为

```
while 表达式
循环体
end
```

其执行方式为:若表达式为真,则执行循环体内容,执行完成后再判断表达式是否为真,如果不是就跳出循环体,向下继续执行。

3) for 语句

for 循环语句的语法为

```
for   k (变量) = 初值:增量:终值
   运算指令
end
```

增量值默认取值为 1;也可以自定义,可取小于零也可以取大于零。当增量值大于零时,程序将在变量大于终止值时终止;当增量值小于零时,程序将在变量小于终止值时结束运行。

这个语句把运算指令反复执行，在每次执行中 k 值是不同的，都是等于上一次执行时候的 k 值加上增量。当 k 值超出从初值到终值的范围以后，就跳出这个循环，执行下边的程序。

3. 基本绘图知识

MATLAB可以根据给出的数据用绘图命令在屏幕上画出图形，通过图形对计算结果进行描述。根据所绘制的图形类型不同，MATLAB有不同的绘图函数，在这里我们只是简要地介绍其中的几个。

plot命令用来绘制直角坐标系中的曲线。它是一个功能很强的命令，输入变量的类型不同可以产生不同的效果。

plot(y)——输入一个变量的情况

如果 y 是一个数组，函数 plot(y)给出线性直角坐标的二维图。在这个二维图中，以 y 中元素的下标作为横坐标，y 中元素的值作为纵坐标，并且把这些点按照横坐标的先后以线连接，形成一条曲线。

1）绘制二维曲线

plot(x,y)　　% 以 x 向量为横轴，y 向量为纵轴绘制曲线。数组 y 往往是数组 x 的函数。而数组 y 的赋值也往往是通过数组 x 运用函数得到的，这样 y 就可以通过 x 的函数来进行赋值。

plot(x1, y1,'option', x2, y2, 'option',…)　　% 以 x1 向量为横轴，y1 向量为纵轴绘图，'option'表示图形的属性如曲线；同时，也绘制 x2，y2 数组构成的图，……，即在一个二维图上绘制多条曲线。亦可在画完一条曲线后用"hold"命令保持住，再画下一条曲线

2）绘制离散序列图

stem(k,y);stem(k,y,'filled');stem(k,y,'.')　　% 以 k 向量为横坐标，y 向量为纵坐标，画空心圆圈或实心圆圈，并用线段连接到横轴；'filled'与'.'表示画实心圆，只是实心圆圈的大小有区别

3）二维图形的修饰

MATLAB画出二维曲线以后，我们需要知道这个二维图形中横坐标和纵坐标究竟是什么变量，以及这些坐标的单位是什么。因此我们需要对二维坐标系的横坐标轴和纵坐标轴进行修饰。对坐标系的横坐标轴和纵坐标轴进行标注的命令为：

(1) 调整坐标轴。若对 MATLAB 自动生成的坐标轴不满意，可用 axis 命令进行修改，如下所示：

axis([xmin xmax ymin ymax])　　% 将 x 轴限制在 xmin 和 xmax 之间，将 y 轴限制在 ymin 和 ymax 之间

axis off (on)　　% 关闭(恢复)轴的注释、记号和背景

(2) 标识坐标轴名称。

xlabel('string')　　% 给 x 轴加上标注

ylabel('string')　　% 给 y 轴加上标注

title('string')　　% 给图形加上标题

grid on (off)　　% 添加(去掉)网格线

(3) 在图形中加文本标注。

```
text(x,y,'string','option')    % 在图形的坐标(x,y)处添加 string 给出的字符串
gtext('string')                % 用鼠标在图形的任意位置添加由(-)string 给出的字符串
```

另外,有些命令可由图形窗口工具栏中的"Insert"中的选项来完成,常用命令有:

```
clear                          %  清除工作空间变量
help                           %  函数名或主题名帮助命令
```

4. Simulink 仿真环境

Simulink 是 MATLAB 的一种提供实现动态系统建模和仿真的一个软件包,其突出特点是支持图形界面(GUI),模型由模块组成的框图来表示。Simulink 通过自带的模块库提供多种基本的功能模块,用户在建立模型的时候,只需通过简单的点击和拖动鼠标的动作就能完成。它具有相对独立的功能和使用方法,支持线性和非线性系统、连续时间系统、离散时间系统、连续和离散混合系统建模,并且系统可以是多进程的。Simulink 是信号处理辅助分析的重要工具之一。由于篇幅关系,这里不再详细介绍 Simulink 的相关知识。

5. 常见操作系统命令

除了菜单操作之外,MATLAB 还提供了许多直接在命令窗口执行的操作命令,以实施有关的操作。

表 7-4 常用的操作系统命令

命　令	功　能	命　令	功　能
dir	显示文件目录清单	more	使其后的显示内容分屏进行
cd	改变当前工作目录	copyfile	复制文件
mkdir	建立目录	what	显示当前目录下的 M 文件和 MAT 文件
delete	删除文件	clc	清除命令窗口显示的内容
type	显示文本文件内容	web	打开网络浏览器
clear	清除变量空间的内容	pause	运行中暂停按任意键继续

7.2 信号与系统时域分析的 MATLAB 实现

严格地说,在计算机中并没有连续的函数形式,MATLAB 中的运算是基于矩阵进行的,因此没有连续信号的形式。但是当离散信号的时间间隔非常小的情况下,可以近似地认为这是一个连续信号,就是在这种思想下实现连续信号与系统的 MATLAB 辅助分析。

7.2.1 连续信号的 MATLAB 表示

1. 单位斜坡信号

单位斜坡信号 $f(t)=R(t)$ 用 MATLAB 实现如下:

```
t = -1:0.1:5;                 % 取定 t 的范围与时间步长
f = (t>0).*t;                 % t 与阶跃信号的乘积
plot(t,f);                    % 画出可视化二维图
```

```
grid on;                            % 显示坐标网格
axis([-1,5,-0.2,6]);                % 规定二维图的显示范围
title('R(t)')
```

运行结果如图 7-1 所示。

2. 单位阶跃信号

单位阶跃信号 $f(t)=\varepsilon(t)$用 MATLAB 实现如下：

```
t0 = -2;tf = 5;dt = 0.05;t1 = 0;     % 对几个基本的量进行赋值
t = [t0:dt:tf];                      % t 的取值从 t0 到 tf,取值的间隔为 dt
st = length(t);                      % 把 t 的长度取出,并把这个长度赋值给 st
n1 = floor((t1-t0)/dt)               % 求 t1 对应的样本序列。(floor:向负无穷取整)
x1 = [zeros(1,n1),ones(1,st-n1)];    % 产生阶跃信号
stairs(t,x1);                        % 以 t 为横坐标,x1 为纵坐标画出阶梯图形
line([0,0],[-0.2,1.1]);              % 绘制纵坐标轴线
line([-2,5], [0,0]);                 % 绘制横坐标轴线
axis([-2,5,-0.2,1.1]);               % 设定图形显示的坐标范围,使函数的顶部避开图形框
grid on; title('单位阶跃信号')
```

运行结果如图 7-2 所示。

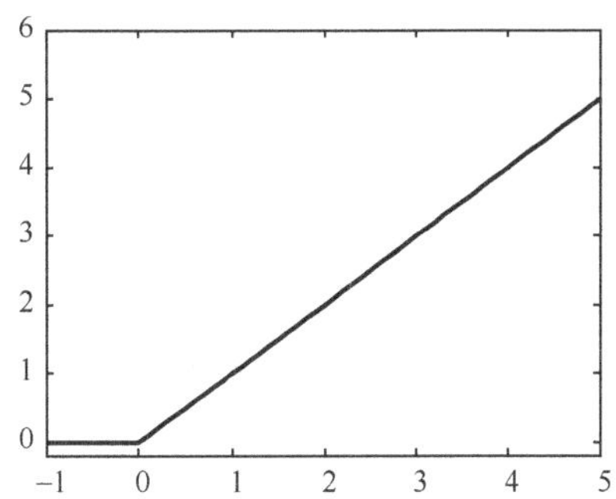

图 7-1 单位斜坡信号

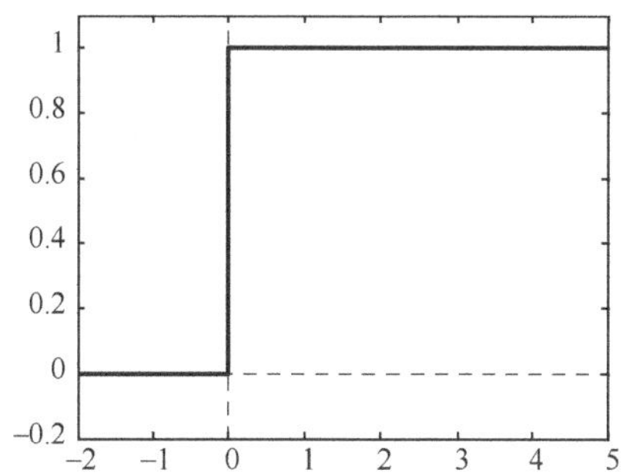

图 7-2 单位阶跃信号的运行结果图

另外，在 MATLAB 工具箱里，$\varepsilon(t)$可以用 Heaviside(t)函数表示。

3. 符号函数

符号函数 $f(t)=\mathrm{sgn}(t)$的 MATLAB 实现程序为

```
t = -10:0.01:10;
f = sign(t);
plot(t,f);line([0,0],[-1.1,1.1]);line([-10,10], [0,0]); axis([-10,10,-1.1,1.1]);
grid on
```

运行结果如图 7-3 所示。

4. 矩形脉冲信号

在 MATLAB 中，矩形脉冲信号可用 rectpuls 函数实现，其调用的格式为

```
f = rectpuls(t,width)
```

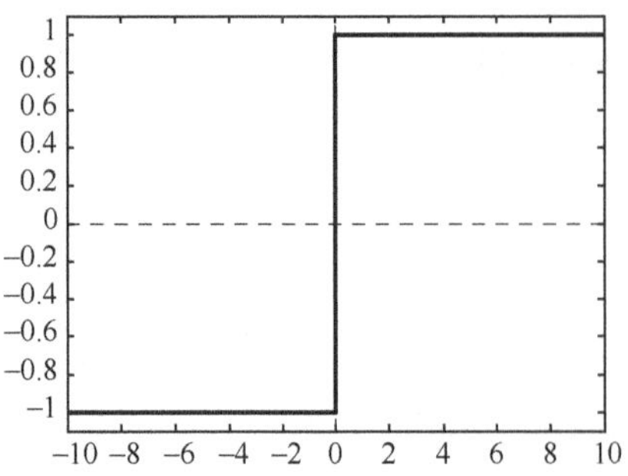

图 7-3　符号函数的运行结果

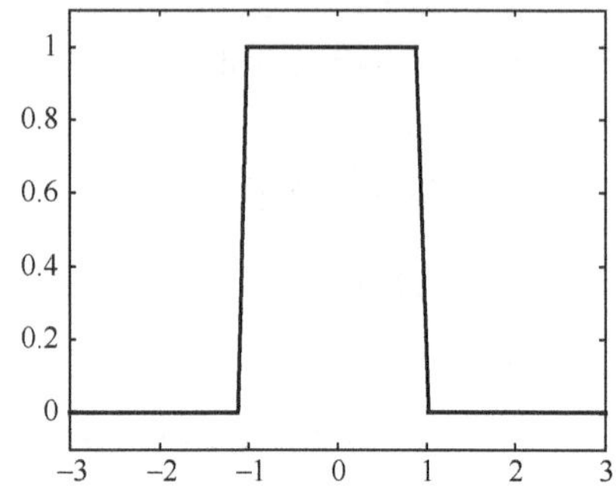

图 7-4　矩形脉冲信号图

该函数可产生一个宽度为 width，以 $t=0$ 为对称轴的矩形脉冲。例如，$f(t)=g_2(t)$的 MATLAB 实现程序为

```
t = - 3:0.1:3;                      % 定义 t 的取值范围以及步长
f = rectpuls(t,2);                  % 产生矩形脉冲信号
plot(t,f);                          % 画出可视化二维图
axis([ - 3,3, - 0.1,1.1]);          % 规定图的显示范围
line([ - 3,3], [0,0]),grid on       % 显示坐标网格
```

运行结果如图 7-4 所示。

5. 正三角脉冲

正三角脉冲信号 $f(t)=\Delta_{2\tau}(t)$在MATLAB中可用 tripuls 函数表示，调用格式为

$$f=\text{tripuls}(t,\text{width},\text{skew})$$

例如，$f(t)=\Delta_4(t)$的 MATLAB 实现如下：

```
t = - 3:0.001:3;ft = tripuls(t,4,0);
plot(t,ft);axis([ - 3,3, - 0.1,1.1]);grid on
```

运行结果如图 7-5 所示。

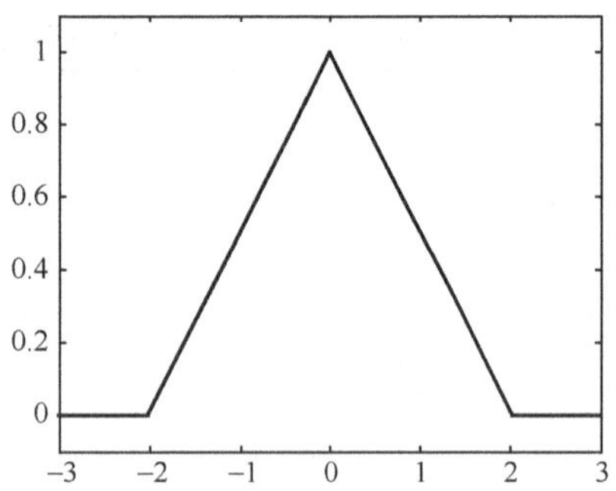

图 7-5　正三角脉冲信号

6. 单位冲激信号

严格地说，MATLAB 是不能表示冲激信号的，但是可以用时间宽度 dt，高度 1/dt 的矩形脉冲来近似的表示冲激信号。在 dt 趋近于零过程中，矩形信号越来越接近冲激信号，当 dt 小到符合要求时，我们就说这个矩形信号较好的近似冲激信号的波形。具体程序如下：

```
t0 = - 2;tf = 4;dt = 0.05;t1 = 0;   % 对几个基本的量进行赋值
t = [t0:dt:tf];                     % t 的取值从 t0 到 tf,取值的间隔为 dt
st = length(t);                     % 把 t 的长度取出,并把这个长度赋值给 st
n1 = floor((t1 - t0)/dt);           % 求 t1 对应的样本序列值(floor:向负无穷取整)
x1 = zeros(1,st);                   % 把全部信号先初始化为零
x1(n1) = 1/dt;                      % 给出 t1 处的冲激信号
stairs(t,x1);                       % 以 t 为横坐标,x1 为纵坐标画出阶梯图形
axis([ - 2,2, - 5,25]);             % 设定图形显示的坐标范围,使函数的顶部避开图形框
```

```
grid on;                          % 显示坐标网格
```

运行结果如图 7-6 所示。

此外,在 MATLAB 工具箱里,$\delta(t)$用 Dirac(t)函数表示。

7. 实指数信号

指数信号 $f(t)=Ae^{\alpha t}$在 MATLAB 中可以用 exp 函数表示,调用格式为:A * exp(α * t)。例如,指数信号 $e^{\pm t}$的 MATLAB 实现程序:

```
t = [-2:0.01:2];                          % t 的取值从 t0 到 tf,取值的间隔为 dt
y1 = exp(t);                              % 产生指数信号 y1
y2 = exp(-t);                             % 产生指数信号 y2
plot(t,y1,t,y2,':');                      % 画出两个信号
line([0,0],[-0.1,8]); line([-2,2],[0,0]);
axis([-2,2,-0.1,8]);                      % 设定图形显示的坐标范围,使函数的顶部避开图形框
gtext('e^{(t)}'); gtext('e^{(-t)}');      % 鼠标定位标注 e^t 和 e^-t
grid on
```

运行结果如图 7-7 所示。

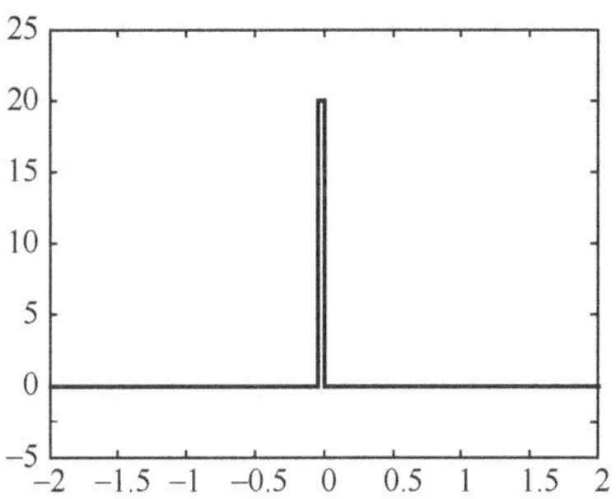

图 7-6 冲激信号运行结果图

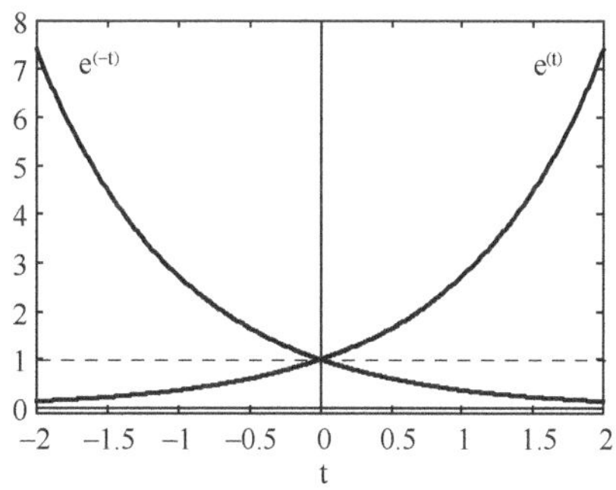

图 7-7 指数信号的运行结果图

8. 正弦信号

$f(t)=A\cos(\omega t+\varphi)$和 $f(t)=A\sin(\omega t+\varphi)$分别用 MATLAB 的内部函数 cos 和 sin 表示。其调用格式为:$A*\sin(w*t+\text{pha})$和 $A*\cos(w*t+\text{pha})$。例如,正弦信号 $f_1(t)=2\sin\left(\frac{\pi}{2}t+\frac{\pi}{3}\right)$和 $f_2(t)=3\cos\left(\frac{\pi}{4}t+\frac{\pi}{6}\right)$的 MATLAB 实现如下:

```
w1 = pi/2;                          % MATLAB 识别 ω 为 w
w2 = pi/4; t0 = -5;tf = 5;dt = 0.05;
pha1 = pi/3;                        % MATLAB 识别 π 为 pi
pha2 = pi/6;                        % 以上是对几个基本的量进行赋值
t = [t0:dt:tf];                     % t 的取值从 t0 到 tf,取值的间隔为 dt
f1 = 2 * sin(w1 * t + pha1);        % 产生正弦信号
f2 = 3 * cos(w2 * t + pha2);        % 产生余弦信号
plot(t,f1,'-+',t,f2,'-*');          % 画出两个信号:用"+"线画 f1、用"-"线画 f2
axis([-5,5,-3.2,3.2]);              % 设定图形显示的坐标范围,使函数的顶部避开图形框
```

```
h1 = legend('sin','cos',1);          % 在图上显示图例
grid on                              % 显示坐标网格
```

将该文件进行保存并运行，运行结果如图 7-8 所示。

9. 取样信号

取样信号 $f(t)=A\text{Sa}(\omega t)$可以用 MATLAB 中的 sinc 函数来表示，$A\text{sinc}(\varpi t)=A\text{Sa}(\omega t)$，调用格式为

```
f = A * sinc(w * t)
```

例如，Sa(t)在 MATLAB 中的实现为：

```
A = 1; w = 1;                  % 以上是对几个基本的量进行赋值
t = [ - 5:0.01:5];             % t 从 - 5 取值到 5,取值的间隔为 0.01
f = A * sinc(w * t);           % 产生指数信号
plot(t,f);                     % 画出取样信号
axis([ - 5,5, - 0.5,1.1]);     % 设定图形显示的坐标范围,使函数的顶部避开图形框
h1 = legend('取样信号',1);     % 在图上显示"取样信号"
grid on
```

运行结果如图 7-9 所示。

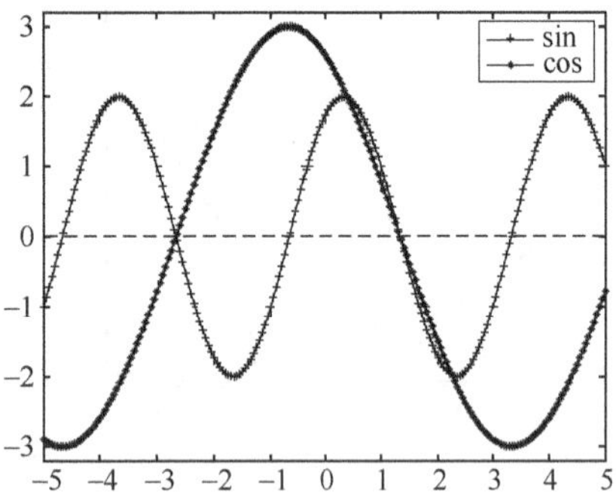

图 7-8　正弦信号与余弦信号图

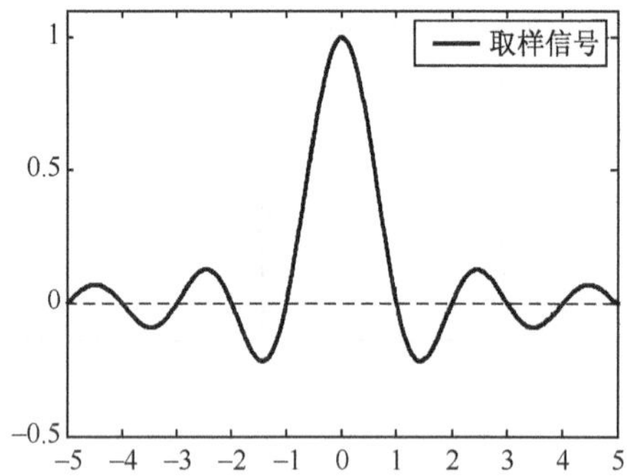

图 7-9　取样函数的运行结果

10. 复指数信号

MATLAB 可以分别实现复指数信号 $f(t)=A\mathrm{e}^{(\alpha+\mathrm{j}\beta)t}$的实部、虚部、模和相位的波形。例如，$f(t)=\mathrm{e}^{-(1-\mathrm{j}5)t}$的程序为

```
t = 0:0.01:5; f = exp(( - 1 + 5 * i) * t);
subplot(2,2,1);plot(t,real(f));title('实部');axis([ - 0.1,5, - 0.7,1.2]); grid
subplot(2,2,2);plot(t,imag(f)); title('虚部'); axis([ - 0.1,5, - 0.52,0.9]); grid
subplot(2,2,3);plot(t,abs(f)); title('振幅'); axis([ - 0.1,5, - 0.1,1.1]); grid
subplot(2,2,4);plot(t,angle(f)); title('相位'); axis([ - 0.1,5, - 4,4]);grid
```

运行结果如图 7-10 所示。

11. 周期信号

MATLAB 提供了生成周期性矩形脉冲信号和三角脉冲信号的内部函数。

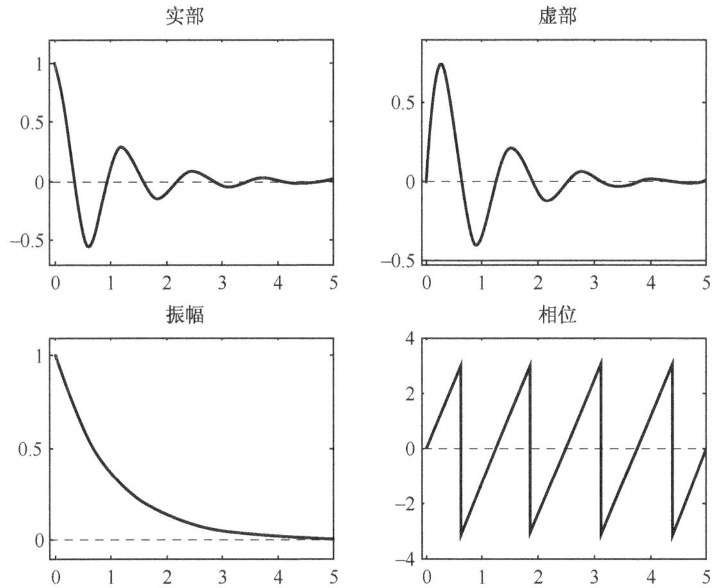

图 7-10 复指数信号的运行结果

1) square 函数

有两种格式的 square 函数用于产生矩形脉冲信号：

(1) f=square(a*t)

(2) f=square(a*t,duty)

其中，调用格式(1)产生周期可调，峰值固定为±1 的周期性矩形脉冲波，常数 a 是时域尺度因子，用于调整信号周期。例如，当 a=1 时，产生周期为 2π，峰值为±1 的周期性矩形脉冲波形信号，如图 7-11(a)所示。调用格式(2)产生周期可变，峰值固定为±1 的周期性方波，duty 是一个周期内幅度为正值所占的比例，称为占空比，由此可得脉冲宽度 τ。例如，当 T=2，duty=25 时，正值所占时间为 τ=0.5 如图 7-11(c)所示。

```
%绘制周期性矩形脉冲信号
t = 0:0.01:12;
subplot(3,1,1)
f1 = square(2 * pi * t);        %产生 ω = 2π,周期为 1,占空比为 50 % 的矩形脉冲
plot(t,f1),
title('(a) A = ±1, tao = 0.5,T = 1');
xlabel('t (s)', 'Fontsize',8); ylabel('f(t)1', 'Fontsize',8); axis([0,12, - 1.2,1.2]), grid
set(gcf,'color','w')
subplot(3,1,2)
f2 = square(t);                 %产生 ω = 1,周期为 1,占空比为 50 % 的矩形脉冲
plot(t,f2),
title('(b) A = ±1, tao = π,T = 2π');
xlabel('t (s)', 'Fontsize',8); ylabel('f(t)2', 'Fontsize',8);axis([0,12, - 1.2,1.2]), grid
set(gcf,'color','w')
subplot(3,1,3)
f1 = square(pi * t,25);         %产生 ω = π,周期为 2,占空比为 25 % 的矩形脉冲
```

```
plot(t,f1),
title('(c) A = ±1,tao = 0.5,T = 2');
xlabel('t (s)', 'Fontsize',8); ylabel('f(t)3', 'Fontsize',8); axis([0,12, - 1.2,1.2]), grid
set(gcf,'color','w')
```

实现结果如图 7-11 所示。

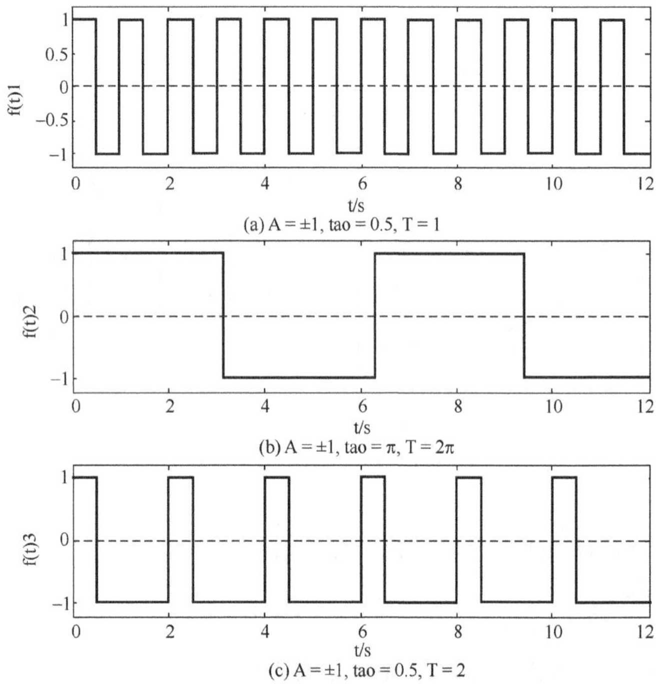

图 7-11　周期性矩形脉冲信号的运行结果

2) sawtooth 函数

sawtooth 函数可用于产生周期性锯齿脉冲信号和周期性正三角脉冲信号。其应用格式有两种：

(1) f＝sawtooth (a ∗ t)

(2) f＝sawtooth (a ∗ t,width)

其中，调用格式(1)产生周期可调，峰值固定为±1 的周期性锯齿脉冲信号，常数 a 是时域尺度因子，用于调整信号周期。例如，当 a＝2 时，产生周期为 π，峰值为±1 的周期性矩形脉冲波形信号，如图 7-12(a)所示。调用格式(2)产生周期可变，峰值固定为±1 的周期性正三角脉冲波形，width 的值是 0 到周期间的常数，通常是第一个周期内，三角波的最大值所对应的自变量的值。当 width＝0.5 时，其产生的波形是一个对称的周期性三角波，如图 7-12(c)所示。

```
% 绘制周期锯齿脉冲信号和正三角波脉冲信号
t = 0:0.01:20;
subplot(4,1,1)
f1 = sawtooth(2 * t);                    % 产生周期 T = π 的锯齿脉冲信号
plot(t,f1)
title('(a)   A = ±1, T = π');xlabel('t (s)', 'Fontsize',8);ylabel('f(t)1', 'Fontsize',8);
axis([0,20, - 1.2,1.2])
set(gcf,'color','w')
```

```
subplot(4,1,2)
f2 = sawtooth(pi * t);                    % 产生周期 T = 2 的锯齿脉冲信号
plot(t,f2)
title('(b)   A = ±1, T = 2');xlabel('t (s)', 'Fontsize',8);ylabel('f(t)2', 'Fontsize',8);
axis([0,20, - 1.2,1.2])
subplot(4,1,3)
f3 = sawtooth(pi * t,0.5);                % 产生周期 T = 2 的正三角脉冲信号
plot(t,f3)
title('(c)   A = ±1, T = 2');xlabel('t (s)', 'Fontsize',8);ylabel('f(t)3', 'Fontsize',8);
axis([0,20, - 1.2,1.2])
subplot(4,1,4)
f4 = sawtooth(0.5 * pi * t,0.5);          % 产生周期 T = 4 的正三角脉冲信号
plot(t,f4)
title('(d)   A = ±1, T = 4');xlabel('t (s)', 'Fontsize',8);ylabel('f(t)4', 'Fontsize',8);
axis([0,20, - 1.2,1.2])
```

实现结果如图 7-12 所示。

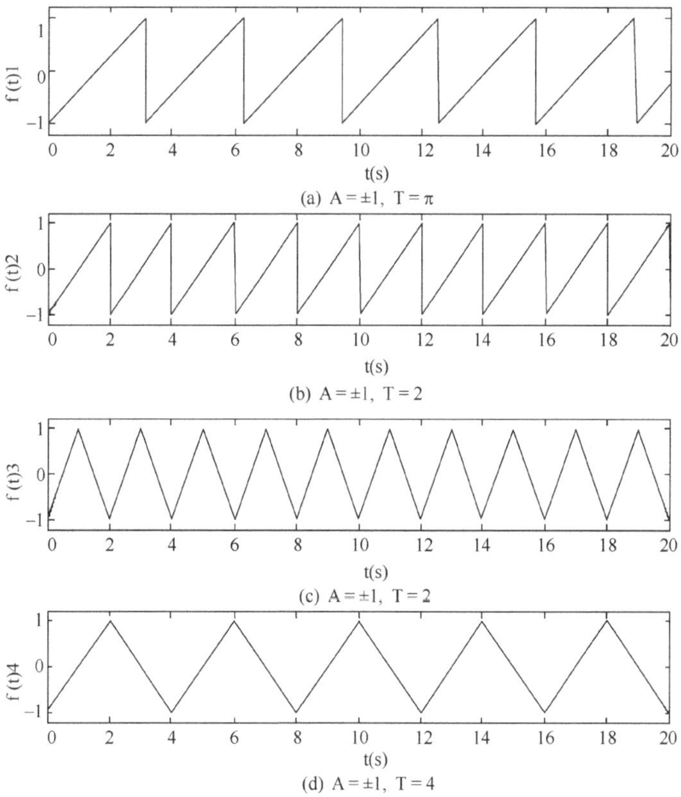

图 7-12　周期性三角脉冲信号的运行结果

7.2.2　离散信号的 MATLAB 表示

1. 单位序列

MATLAB 中实现 $f(k)=\delta(k-k_0)$ 的程序可以写为

```
k = [k1:k2];
fk = [(k - k0) = = 0];              % 如果 k 等于 k0,则 fk 等于 1;否则 fk 等于 0
stem(k,fk)                          % 画出离散信号图形
```

程序中关系运算“$(k-k_0)==0$”的结果是一个仅由 0 和 1 两个数字组成的矩阵，即当“$k=k_0$”时返回“真”值 1，其他则返回“非真”值 0。这样，这个矩阵中只有一个值是 1，其他的全部为 0。例如，在 $-5\leqslant k\leqslant 5$ 区间 $\delta(k)$的波形实现的程序为

```
k = [ - 5:5];
fk = [(k) = = 0];
stem(k,fk, 'filled')
axis([ - 5,5,0,1.2])
title('单位序列');
grid on
```

运行结果如图 7-13 所示。

此外，在 MATLAB 工具箱里，$\delta(k)$可以用 charfcn[0](n)函数表示。

2. 单位阶跃序列

在 MATLAB 中实现 $f(k)=\varepsilon(k-k_0)$的程序为

```
k = [k1:k2];
fk = [(k - k0)> = 0];          % 如果 k 大于等于 k0,则 fk 等于 1;否则 fk 等于 0
stem(k,fk)
```

例如，在 $-5\leqslant k\leqslant 5$ 内 $\varepsilon(k)$可写为

```
k = [ - 5:5]; fk = [(k)> = 0];
stem(k,fk, 'filled');
title('单位阶跃序列');
grid on
```

运算结果如图 7-14 所示。

此外，在 MATLAB 中 $\varepsilon(k)$也可以用 Heasivide($n+1$)函数表示。

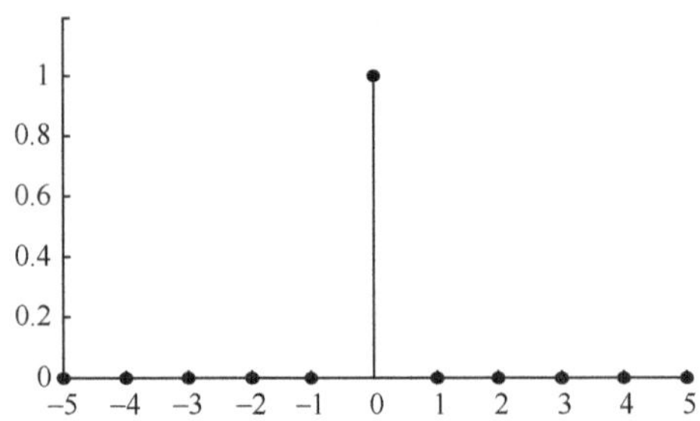

图 7-13　单位序列

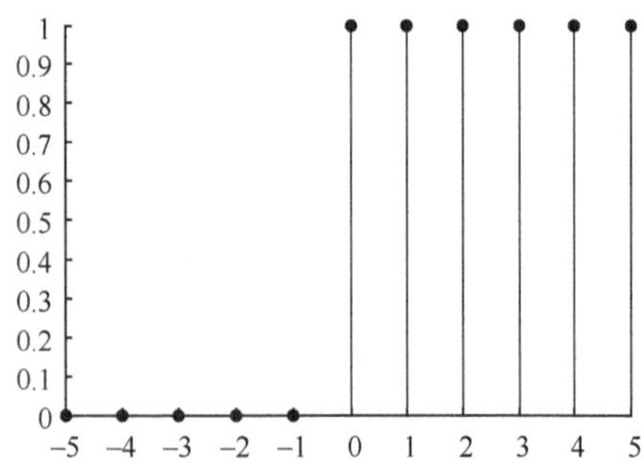

图 7-14　阶跃序列

3. 指数序列

MATLAB 中实现指数序列 $f(k)=a^k$ 的程序如下：

```
k = [k1:k2]; fk = (a). ^k; stem(k,fk)
```

例如，$f(k)=(-0.5)^k(0\leqslant k\leqslant 8)$的实现程序为

```
k = [0:8]; fk = ( - 0.5). ^ k;
stem(k,fk, 'filled');axis([0,8, - 0.8,1.1]),title('指数序列');grid on
```

运算结果如图 7-15 所示。

4. 正弦序列

正弦序列 $f(k)=\cos(\Omega k)$ 的 MATLAB 表示与连续信号相同，只适用 stem(k,f) 画出序列的波形。例如在(0,40)区间内的实现 $f(k)=\cos(\Omega k)$，其中，$\Omega=\frac{\pi}{6},\frac{2\pi}{25},2$ 的程序为

```
k = 0:1:40;
y1 = sin(2 * pi/12 * k); y2 = sin(2 * pi/25 * k); y3 = sin(2 * pi/pi * k);
subplot(3,1,1);stem(k,y1, 'filled');ylabel('sin(k\pi/6)');axis([0,40, - 1.2,1.2]);
subplot(3,1,2);stem(k,y2, 'filled'); ylabel('sin(2k\pi/25)');axis([0,40, - 1.2,1.2]);
subplot(3,1,3);stem(k,y3,'filled'); ylabel('sin(2k)');axis([0,40, - 1.2,1.2])
```

运行结果如图 7-16 所示。

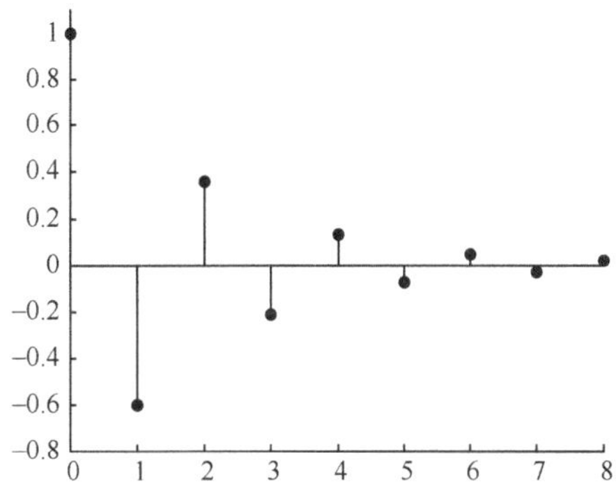

图 7-15 指数序列图

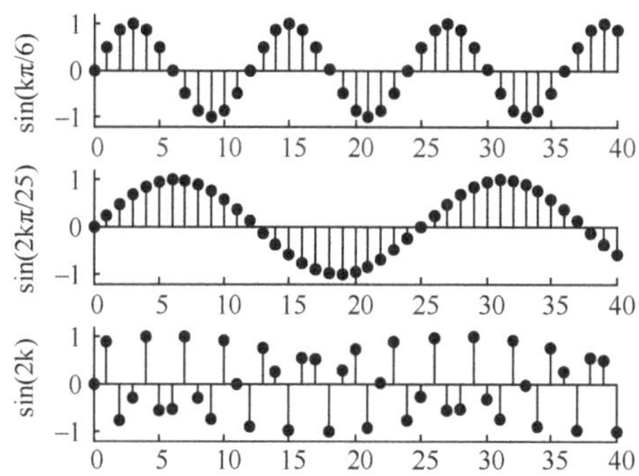

图 7-16 正弦序列

5. 变幅震荡正弦序列

在 MATLAB 中，实现变幅震荡正弦序列的程序如下：

例如，$f(k)=(-1.1)^k\sin(0.05\pi k)(0\leqslant k\leqslant 60)$ 的实现程序为：

```
k = 0:60;
fk = 1.1.^k3 . * sin(0.05 * pi * k);
stem(k3,x4,'fill'); xlabel ('k'); ylabel
('f(k)');
title('变幅震荡正弦序列');grid on;
```

运行结果如图 7-17 所示。

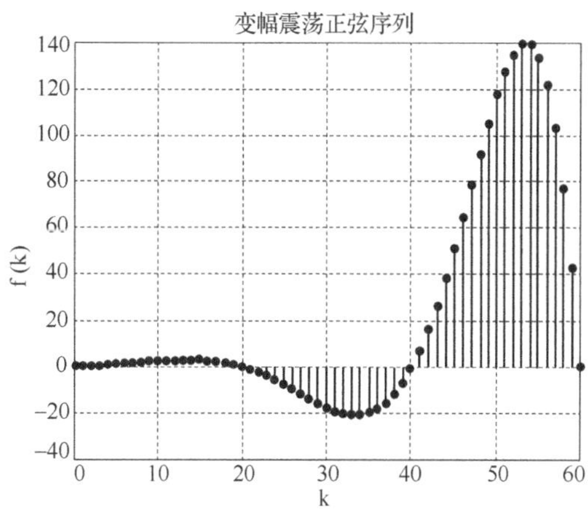

图 7-17 变幅震荡正弦序列

7.2.3 用 MATLAB 实现信号的基本运算

MATLAB 有两种方法来表示连续信号，即一般表示和符号表示。运用符号运算较为方便，程序更简洁，因此可采用该方法进行信号的各种运算。

若已知信号 $f(t)$，应用 MATLAB 可进行下列运算：

1）相加

$$f(t)=f_1(t)+f_2(t)$$

命令：
```
f = symadd(f1,f2)
ezplot(f)                              % 绘制出结果波形图
```
或
```
f1(t) + f2(t);        f1(k) + f2(k)
```

2）相乘

$$f(t)=f_1(t)\times f_2(t)$$

命令：
```
f = symmul(f1,f2)
ezplot(f)
```
或
```
f1(t). * f2(t);        f1. *f2
```

例 7-3 已知 $f_1(t)=g_2(t)$，$f_2(t)=\sin(\pi t)g_2(t)$，试利用 MATLAB 实现 $y_1(t)=f_1(t)+f_2(t)$ 和 $y_2(t)=f_1(t)\times f_2(t)$ 的波形。

解 实现程序

```
t = -2:0.01:2;f1 = rectpuls(t,2);
subplot(4,1,1);stairs(t,f1); axis([-2,2,-0.1,1.1]); ylabel('f1(t)'), grid,
f2 = sin(pi * t). * (Heaviside(t + 1) - Heaviside(t - 1));
subplot(4,1,2);plot(t,f2);axis([-2,2,-1.1,1.1]); ylabel('f2(t)'),grid,
y1 = f1 + f2;
subplot(4,1,3),plot(t,y1);h = get(gca, 'position');
h(3) = 2.37 * h(3); ylabel('f1 + f2'),axis([-2,2,-0.1,2.1]), grid,
y2 = f1. * f2;
subplot(4,1,4),plot(t,y2); h(3) = 2.37 * h(3), ylabel('f1 × f2'),
axis([-2,2,-1.1,1.1]),grid
```

运行结果如图 7-18 所示。

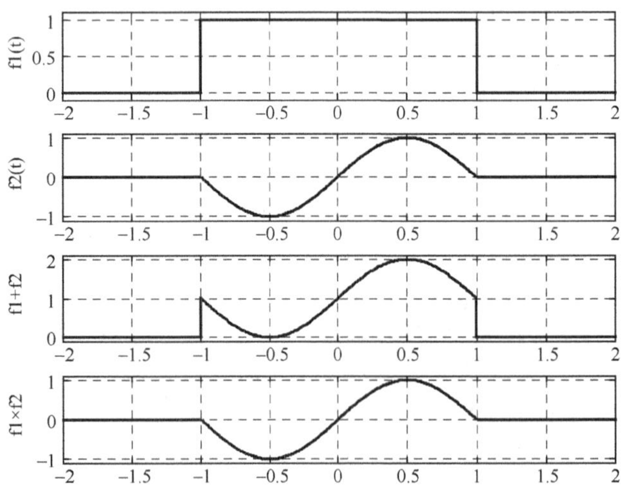

图 7-18 例 7-3 的运行结果

3）时移

$$f(t-t_0)$$

命令：y = subs(f(t),t,t0)　　　　　% 将函数 f 中的变量 t 换成 t - t0

　　ezplot(y)

4) 尺度变换

$$f(at)$$

命令：y = subs(f(t),t,a * t);　　　　% 将函数 f 中的变量 t 换成 a * t

　　ezplot(y)

5) 反折

$$f(-t)$$

命令：y = subs(f(t),t, - t);　　　　% 将函数 f 中的变量 t 换成 - t

　　ezplot(y)

或　　fliplr(f)

例 7-4　已知 $f(t)=(t+1)[\varepsilon(t+1)-\varepsilon(t)]+g_2(t-1)$，试利用 MATLAB 实现 $f(-2t+2)$ 的波形。

解　实现程序

```
syms t
f1 = sym('((t + 1) * (Heaviside(t + 1) - Heaviside(t))) + Heaviside(t) - Heaviside(t - 2)');
subplot(2,2,1);                         % 将窗口分为上下左右四部分的第一部分
ezplot(f1,[ - 4,4]);                    % f1 二维函数作图
line([0,0],[ - 0.1,1.1]);               % 画纵坐标实线
line([ - 4,4], [0,0]);                  % 画横坐标实线
axis([ - 4,4, - 0.1,1.1]);title('f1(t)');grid on
f2 = subs(f1,t, - t);                   % 将函数 f1 中的变量 t 换成 - t
subplot(2,2,2); ezplot(f2,[ - 4,4]); line([0,0],[ - 0.1,1.1]);line([ - 4,4], [0,0]);
axis([ - 4,4, - 0.1,1.1]);title('f2(t)');grid on
f3 = subs(f2,t,2 * t);
subplot(2,2,3); ezplot(f3,[ - 4,4]);line([0,0],[ - 0.1,1.1]); line([ - 4,4], [0,0]);
axis([ - 4,4, - 0.1,1.1]);title('f3(t)');grid on
f4 = subs(f3,t,t - 1);subplot(2,2,4);
ezplot(f4,[ - 4,4]); line([0,0],[ - 0.1,1.1]);line([ - 4,4], [0,0]);
axis([ - 4,4, - 0.1,1.1]);title('f4(t)');grid on
```

运行结果如图 7-19 所示。

例 7-5　已知 $f(k)=\delta(k)-\delta(k-1)+2\delta(k-2)$，利用 MATLAB 画出 $f(k-2)$ 和 $f(-k)$ 的波形。

解　实现程序

```
f = [1 - 1 2];
k = 0:2;
subplot(311);stem(k,f,'fill','k');axis([ - 2,5, - 2,3]);xlabel('k');ylabel('f(k)');
k1 = k + 2;
subplot(312);stem(k1,f,'fill','k');axis([ - 2,5, - 2,3]);xlabel('k');ylabel('f(k - 2)');
k2 = - k;
subplot(313);stem(k2,f,'fill','k');axis([ - 2,5, - 2,3]);xlabel('k');ylabel('f( - k)');
```

运行结果如图 7-20 所示。

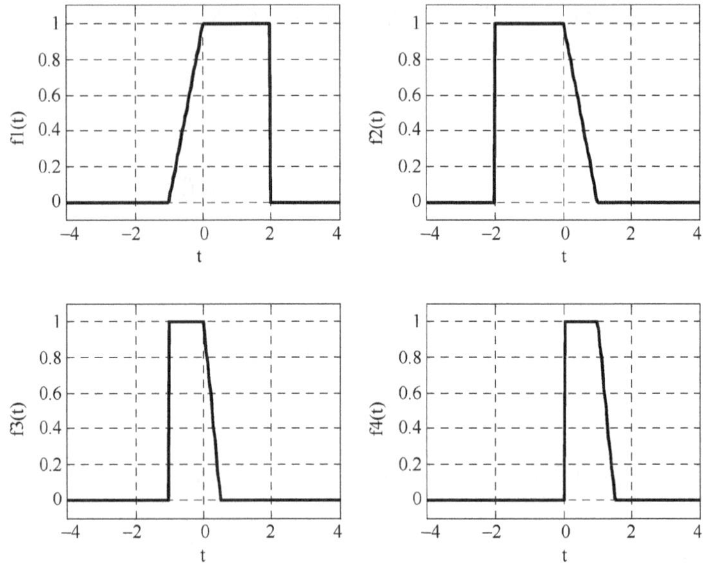

图 7-19　例 7-4 的运行结果

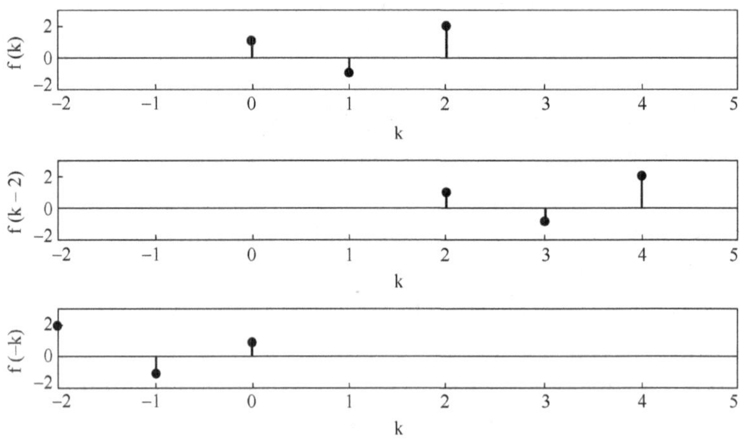

图 7-20　例 7-5 的运行结果

6）离散序列的差分

$$\nabla f(k)$$

命令：diff(f)

7）离散序列的求和

$$\sum_{k=k_1}^{k_2}[f(k)]$$

命令：sum(f(k1,k2))

例如，离散信号能量

$$E=\lim_{N\to\infty}\sum_{k=-N}^{N}|f(k)|^2$$

例 7-6　求信号 $f(k)=(-0.8)^k\varepsilon(k)$ 的能量。

解　实现程序

```
k = 0 : 10;
```

```
fk = 1 * ( - 0.8).^k;
E = sum(abs(fk.^2))
```

程序运行结果为

```
E = 2.7573
```

8）连续信号的微分

$$y(t) = f'(t)$$

连续信号的微分也可以用 diff 函数近似计算，实现命令为

```
y = diff(f)/h
```

9）连续信号的积分

$$y(t) = \int_{t_1}^{t_2} f(t)\mathrm{d}t$$

命令：quad('f',t1,t2)　或　quad1('f',t1,t2)

例 7-7　三角波 $f(t)$ 如图 7-21 所示，试利用 MATLAB 实现 $f'(t)$ 和 $\int_{-\infty}^{t} f(\tau)\mathrm{d}\tau$ 的波形。

解　实现程序

```
t = - 3:0.001:3;
f = tripuls(t,4,0.5);
subplot(3,1,1);plot(t,f); ylabel('f'),axis([ - 3,3, - 0.1,1.1]);grid
y1 = diff(f) * 1/0.001;
subplot(3, 1, 2); plot (t (1: length (t) - 1), y1); ylabel ('df/dt'), axis ([ - 3, 3, - 1.2,
0.6]);grid
t = - 3:0.1:3;
F = 'tripuls(t,4,0.5)';
for x = 1:length(t)
    y2(x) = quad(F, - 3, t(x))
end
subplot(3,1,3); plot(t,y2); ylabel('∫fdt'),axis([ - 3,3, - 0.2,2.2]);grid
```

运行结果如图 7-21 所示。

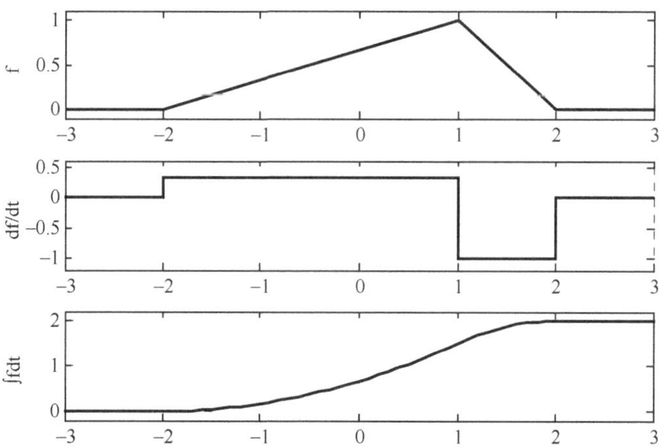

图 7-21　例 7-7 的运行结果

10）卷积积分

$$y(t) = f_1(t) * f_2(t)$$

命令：y(t) = conv(f1,f2)

连续信号的卷积可以用 $f_1(t)$和 $f_2(t)$取样后的离散信号 $f_1(kT)$和 $f_2(kT)$的卷积和再乘上取样间隔 T 来近似，T 越小，误差越小。即

$$f(t)= \text{conv}(f_1,f_2) = f_1(t) * f_2(t) = \int_{-\infty}^{\infty} f_1(\tau) * f_2(t-\tau)\mathrm{d}\tau$$

$$f(t)\approx f(kT) = \sum_{m=-\infty}^{\infty} f_1(mT)f_2(kT-mT) = T[f_1(k) * f_1(k)]$$

例 7-8 已知 $f_1(t)=g_2(t)$，$f_2(t)=g_2(t)$，试利用 MATLAB 实现 $y(t)=f_1(t) * f_2(t)$。

解 实现程序

```
fs = 1000,t = - 2:1/fs:2;
f1 = rectpuls(t,2);f2 = f1;
y = conv(f1,f2)/fs;
n = length(y);                  %  检查 y 的长度
tt = (0:n - 1)/fs - 4;          %  卷积的时间坐标,1/fs 为增量
subplot(2,2,1),plot(t,f1), axis([ - 2,2, - 0.1,1.1]),title('f1'),grid
subplot(2,2,2), plot(t,f2), axis([ - 2,2, - 0.1,1.1]), title('f2'),grid
subplot(2,1,2),plot(tt,y), axis([ - 3,3, - 0.1,2.1]), title('y = f1 * f2'),grid
```

运行结果如图 7-22 所示。

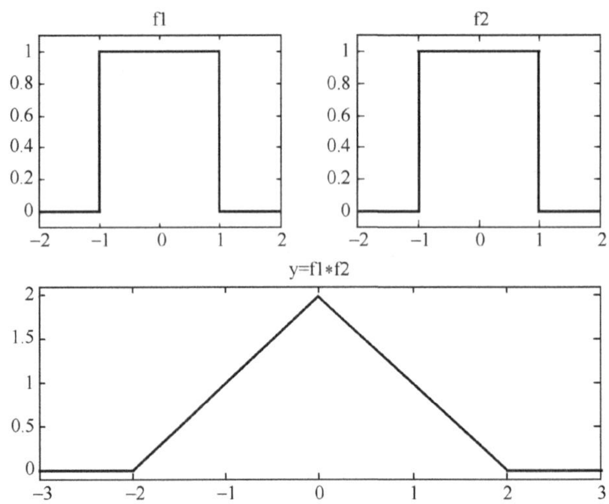

图 7-22 例 7-8 的运行结果

11）卷积和

$$y(k) = f_1(k) * f_2(k)$$

命令：y = conv(f1,f2)

式中，待卷积和序列 **f**1 和 **f**2 用向量表示，向量 **y** 的长度满足下列关系：

$$\text{length(y)} = \text{length(f1)} + \text{length(f2)} - 1$$

例 7-9 已知 $f_1(k)=\varepsilon(k+2)-\varepsilon(k-4)$，$f_2(k)=\mathrm{e}^{-k}[\varepsilon(k+5)-\varepsilon(k-6)]$，试利用 MATLAB 实现

(1) $y_1(k)=f_1(k)+f_2(k)$　　(2) $y_2(k)=f_1(k)\times f_2(k)$

(3) $y_3(k)=f_1(k)*f_2(k)$

解　实现程序

```
k = -5:1:5;
f1 = (k>= -2 & k<= 3);subplot(3,2,1);grid on;ylabel('f1(k)');stem(k,f1,'filled');  % f1
f2 = exp(-k);subplot(3,2,2); grid on;ylabel('f2(k)');stem(k,f2, 'filled');          % f2
y1 = f1 + f2;subplot(3,2,3),stem(k,y1, 'filled');                                     % f1 + f2
y2 = f1.* f2;subplot(3,2,4),stem(k,y2, 'filled');                                     % f1 × f2
y3 = conv(f1,f2);subplot(3,2,5);                                                      % f1 * f2
h = get(gca, 'position');h(3) = 2.36 * h(3);set(gca, 'position',h);
k3 = 2 * min(k):2 * max(k);stem(k3,y3, 'filled')
```

运行结果如图 7-23 所示。

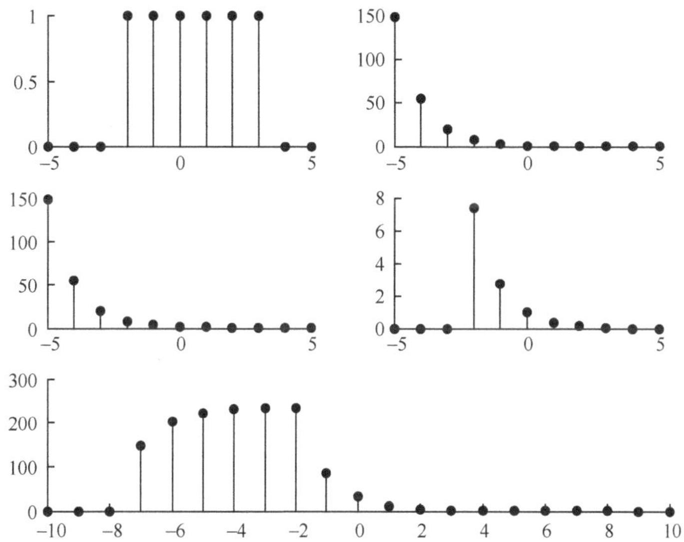

图 7-23　例 7-9 的运行结果

7.2.4　LTI 系统时域分析的 MATLAB 实现

1. LTI 连续系统时域分析的 MATLAB 实现

微分方程的求解可借助 MATLAB 中的 dsolve 函数计算卷积来实现，而卷积积分主要是采用数值求解方法。

用 dsolve 函数求解微分方程包括：

(1) dsolve 函数的调用格式

```
dsolve('eqn1','eqn2',…)          % 每个参数都是一个字符串,代表一个方程
```

(2) 分别用 Dy,D2y,D3y 等表示对函数 $y(t)$ 求一阶、二阶、三阶导数，以此类推。

(3) 把零输入响应和零状态响应分开求解。

(4) 求解零状态响应时，因为在 MATLAB 中无法定义 0_+ 时刻和 0_- 时刻，所以零状态条件不能用时间 $t=0$，而应选择一个靠近 $t=0$，且 $t<0$ 的时刻，例如，取时刻 $t=-0.001$ 等。而求解零输入响应则可以用 $t=0$ 时刻。

(5) 如果是多个方程多个未知函数的情况,还必须用取结构元素的方法取出输出结果中所需要的函数。最后,可以用 simplify 函数对结果进行化简。

例 7-10 试利用 MATLAB 实现例 2-6,求零输入响应。

解 由该例得知

$$y''(t)+3y'(t)+2y(t)=0,\quad y(0_-)=1,\quad y'(0_-)=2 \tag{1}$$

$$y''(t)+4y'(t)+4y(t)=0,\quad y(0_-)=2,\quad y'(0_-)=3 \tag{2}$$

实现程序

```
eq1 = 'D2y + 3 * Dy + 2 * y = 0'; ic1 = 'y(0) = 1,Dy(0) = 2';          % 设定方程(1)及其初始条件
eq2 = 'D2y + 4 * Dy + 4 * y = 0'; ic2 = 'y(0) = 2,Dy(0) = 3';          % 设定方程(2)及其初始条件
ans1 = dsolve(eq1,ic1);yZI1 = simplify(ans1)
ans2 = dsolve(eq2,ic2); yZI2 = simplify(ans2)
```

运行结果

```
yZI1  = - 3 * exp( - 2 * t) + 4 * exp( - t);      yZI2  = exp( - 2 * t) * (2 + 7 * t)
```

例 7-11 已知某系统的微分方程为 $y''(t)-5y'(t)+6y(t)=f(t)$,激励信号为 $f(t)=e^{-2t}\varepsilon(t)$,求系统的零状态响应 $y_{ZS}(t)$。

解 实现程序

```
eq = 'D2y - 5 * Dy + 6 * y = exp( - 2 * t) * Heaviside(t)';
ic = 'y( - 0.01) = 0,Dy( - 0.01) = 0';
ans = dsolve(eq,ic); yZS = simplify(ans)
```

运行结果

```
yZS  =  - 1/20 * heaviside(t) * ( - exp( - 2 * t) + 5 * exp(2 * t) - 4 * exp(3 * t))
```

例 7-12 描述系统的微分方程同例 2-15,为 $y''(t)+3y'(t)+2y(t)=f'(t)+3f(t)$,已知激励信号为 $f(t)=e^{-3t}\varepsilon(t)$,初始状态 $y(0_-)=1, y'(0_-)=2$,试用 MATLAB 求该系统的全响应 $y(t)$。

解 实现程序

```
eq = 'D2y + 3 * Dy + 2 * y = Df + 3 * f';
in = 'f = exp( - 3 * t) * Heaviside(t)';
ic = 'y( - 0.0001) = 1, Dy( - 0.0001) = 2';
ans = dsolve(eq,in,ic); y = simplify(ans.y)
```

运行结果

```
y  = - exp( - 2 * t) * heaviside(t) + exp( - t) * heaviside(t) - 3 * exp( - 2 * t - 1/5000) + 4 *
exp( - t - 1/10000)
```

例 7-13 已知微分方程为 $y''(t)+4y'(t)+3y(t)=f'(t)+2f(t)$,求冲激响应 $h(t)$ 和阶跃响应 $g(t)$。

解 实现程序

```
eq = 'D2y + 4 * Dy + 3 * y = Df + 2 * f'; in1 = 'f = dirac(t)'; in2 = 'f = Heaviside(t)';
ic = 'y( - 0.0001) = 0, Dy( - 0.0001) = 0';
ans1 = dsolve(eq,in1,ic); h = simplify(ans1.y)
ans2 = dsolve(eq,in2,ic); g = simplify(ans2.y)
```

运行结果

```
h = 1/2 * heaviside(t) * (exp( - 3 * t) + exp( - t))
```

```
g = -1/6 * heaviside(t) * ( - 4 + exp( - 3 * t) + 3 * exp( - t))
```

此外，也可用 MATLAB 工具箱求解，以及绘制 $h(t)$ 和 $g(t)$ 的波形图。

```
a = [1,4,3]; b = [1,2];
subplot(2,1,1), impulse(b,a), xlabel('time(sec)'),ylabel('h(t)');
subplot(2,1,2), step(b,a), xlabel('time(sec)'),ylabel('g(t) ');
```

运行结果如图 7-24 所示。

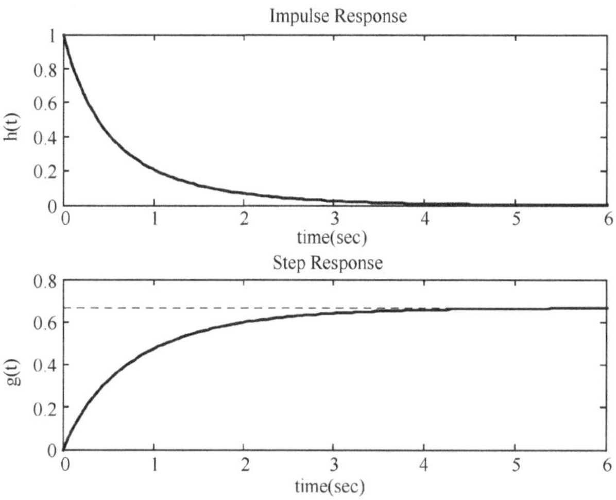

图 7-24　例 7-13 的运行结果

在对系统的响应进行分析中，也可以利用 MATLAB 工具箱里的其他函数求零状态响应数值解，包括：

(1) 调用 tf 函数

```
sys = tf(b, a)
```

式中，a(den)和 b(num)分别表示微分方程左边和右边各项的系数向量。例如，

$$a_3y'''(t)+a_2y''(t)+a_1y'(t)+a_0y(t)=b_3f'''(t)+b_2f''(t)+b_1f'(t)+b_0f(t)$$

可用下列语句得到该微分方程的 LTI 系统模型：

```
a = [a3,a2,a1,a0];            % 即便 a2 = 0 也要写入向量中
b = [b3,b2,b1,b0];
sys = tf(b, a)                % 系统采用传递函数(tf)模型描述。
```

(2) 调用 lsim 函数求零状态响应为

```
y = lsim(sys,f,t)
```

式中，t 表示计算系统响应的抽样点向量；f 是系统输入信号向量；sys 是 LTI 系统模型，可用来表示微分方程、差分方程或状态方程。

(3) 调用 impuls 函数求冲激响应为

```
y = impulse(sys,t)
```

(4) 调用 step 函数求阶跃响应为

```
y = step(sys,t)
```

例 7-14　已知某系统的微分方程为 $y''(t)+2y'(t)+3y(t)=f'(t)+2f(t)$，激励信号为 $f(t)=5\sin2\pi t$，求系统的零状态响应 $y_{ZS}(t)$。

解 实现程序

```
sys = tf([1,2], [1,2,3]);
t = 0:0.01:5;f = 5 * sin(2 * pi * t);y = lsim(sys,f,t);
plot(t,y);xlabel('t');ylabel('y(t)');grid on
```

运行结果如图 7-25 所示。

例 7-15 连续系统的数学模型为 $y''(t)+3y'(t)+2y(t)=f(t)$，若输入激励信号为 $f(t)=\mathrm{e}^{-2t}\varepsilon(t)$，求系统的零状态响应。

解 实现程序

```
t = 0:0.01:5;                    % 进行分析的时间范围
a = [1,3,2];     b = [1];        % 对线性系统进行描述
f = exp( - 2 * t);               % 激励信号
lsim(b,a,f,t)                    % 画出 f(t)和 yf(t)的波形图
grid on
```

运行程序，所得到的结果如图 7-26 所示。应用上述程序不仅可以解决二阶系统问题，只要改变程序中向量 $\boldsymbol{a}$ 和 $\boldsymbol{b}$ 就可以实现对任意阶系统的响应进行分析的功能。

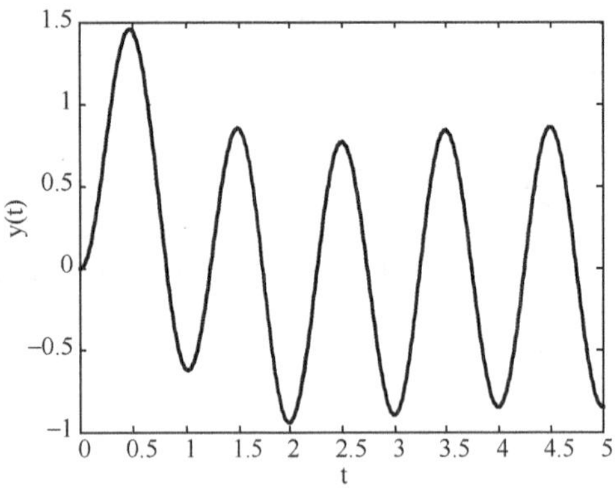

图 7-25 例 7-14 的运行结果

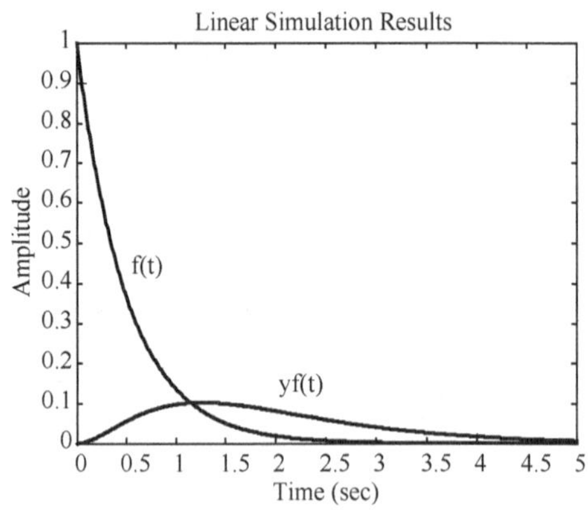

图 7-26 例 7-15 的运行结果

例 7-16 描述二阶连续系统的数学模型为 $y''(t)+2y'(t)+2y(t)=f'(t)+f(t)$，求冲激响应 $h(t)$和阶跃响应 $g(t)$。

解 实现程序

```
sys = tf([1,1],[1,2,2]);              % 定义 LTI 系统的系统模型
t1 = 0; t2 = 6; dt = 0.01; t = t1:dt:t2;
h = impulse(sys,t)                    % 求解系统的冲激响应
subplot(2,1,1);plot(t,h); line([ - 0.1,6],[0,0]);
xlabel('time(sec)'),ylabel('h(t)'); title('Impulse Response');axis([0,6, - 0.3,1.1]);
g = step(sys,t)                       % 求解系统的阶跃响应
subplot(2,1,2),plot(t,g); line([ - 0.1,6],[0.5,0.5]);
xlabel('time(sec)'),ylabel('g(t) '); title('Step Response'); axis([0,6, - 0.1,0.8]);
```

程序运行得到的系统冲激响应和阶跃响应曲线如图 7-27 所示。

还可以利用 conv 函数通过卷积求解零状态响应。

例 7-17 试用 MATLAB 实现例 2-20，求图 2-16 所示 $f(t)$和 $h(t)$的卷积 $y_{zs}(t)=f(t)*h(t)$。

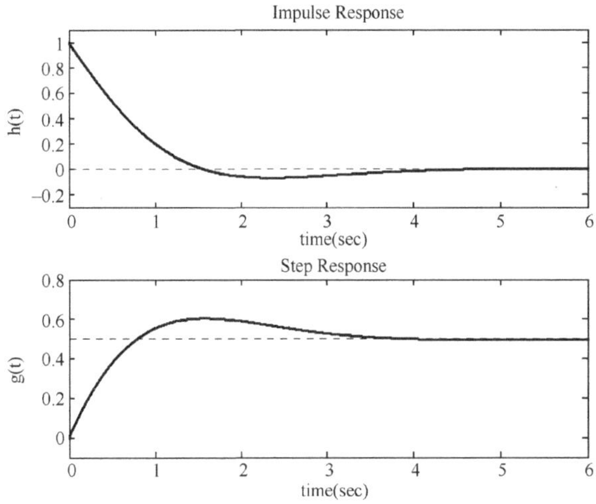

图 7-27 例 7-16 的运行结果

解 实现程序

```
t11 = 0;  t12 = 1;                          %f1(t)的起始和终止时间
t21 = 0;  t22 = 2;                          % f2(t)的起始和终止时间
t1 = t11:0.001:t12;                         % f1(t)的时间起止以及步长
ft1 = 2 * rectpuls(t1 - 0.5,1);             % f1(t)矩形脉冲
t2 = t21:0.001:t22;                         % f2(t)的时间起止以及步长
ht = t2;                                    % f2(t)三角脉冲
t3 = t11 + t21:0.001:t12 + t22;             % 卷积后的时间以及步长
yZS = conv(ft1,ht);                         % 计算离散序列的卷积
yZS = yf * 0.001;                           % 近似为连续信号的卷积
subplot(2,2,1),plot(t1,ft1), axis([ - 0.1,1.1, - 0.1,2.1]),title('f'),grid
subplot(2,2,2),plot(t2,ht), axis([0,2, - 0.1,2.1]), title('h'),grid
subplot(2,1,2), plot(t3,yZS); axis([0,3,0,3.5]),title('yZS'), grid
```

运行结果如图 7-28 所示。

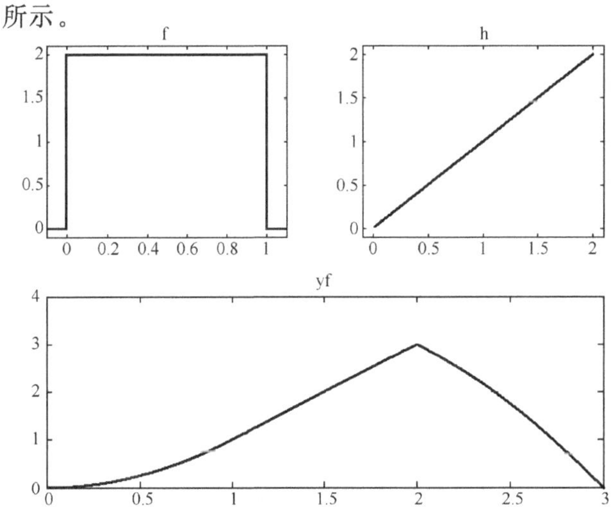

图 7-28 例 7-17 的运行结果

2. LTI 离散系统时域分析的 MATLAB 实现

MATLAB 提供了许多仿真函数来进行离散系统的时域分析。包括：

(1) 调用 filter 函数作数字滤波，求解系统的响应序列

```
y = filter(b,a,fk)
```

(2) 调用 dinitial 函数求零输入响应

```
yZI = dinitial(b,a)
```

(3) 调用 lsim 函数求零状态响应和全响应

```
y = lsim(b,a,fk)
```

(4) 调用 impz 函数求单位序列响应

```
hk = impz(b,a,k)
```

(5) 调用 step 函数求单位阶跃响应

```
y = step(b,a,fk)
```

(6) 调用 conv 函数求零状态响应

```
yZS = conv(fk,hk)
```

此外，还可以用 MATLAB 数值计算方法递推求解。

例 7-18 已知描述某离散系统的差分方程为

$$640y(k+7)+1440y(k+6)+1552y(k+5)+1140\,y(k+4)+728y(k+3)+287y(k+2)+51y(k+1)+4.5y(k)=2f(k+2)+2f(k)$$

试求系统的单位序列响应。

解 实现程序

```
a = [640,1440,1552,1140,728,287,51,4.5];     % 给出系统的分母多项式系数
b = [2,0,2];                                 % 给出系统的分子多项式系数
h = impz(b,a);                               % 求系统的序列响应
stem(h, 'filled')                            % 画出序列响应的图形
title('单位序列响应 h(k)')
```

运行结果如图 7-29 所示。

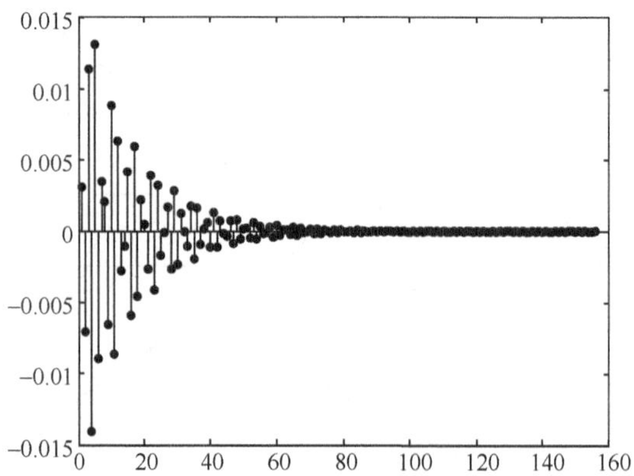

图 7-29 例 7-18 的运行结果

例 7-19 已知描述离散系统的差分方程为

$$y(k+2)-0.5y(k+1)=f(k+1)+0.5f(k)$$

(1) 求系统的单位序列响应 $h(k)$；

(2) 如果系统输入的激励序列为 $f(k)=\cos\left(\frac{\pi}{10}k+\frac{\pi}{4}\right)\varepsilon(k)$，求系统的零状态响应 $y_{ZS}(k)$。

解 实现程序

```
b=[1,0.5]; a=[1,-0.5,0]; k=[0:30]; d=[(k)==0]; k1=0:30;
h=filter(b,a,d);
subplot(2,1,1); stem(k1,h,'filled'); axis([0 30 0 1.1]), xlabel('k'); title('h(k)'); grid
k2=0:30
f=cos(0.1*pi*k2+pi/4);y=filter(b,a,f)
subplot(2,1,2); stem(k2,y, 'filled'), xlabel('k');title('yZS(k)'); grid
```

运行结果如图 7-30 所示。

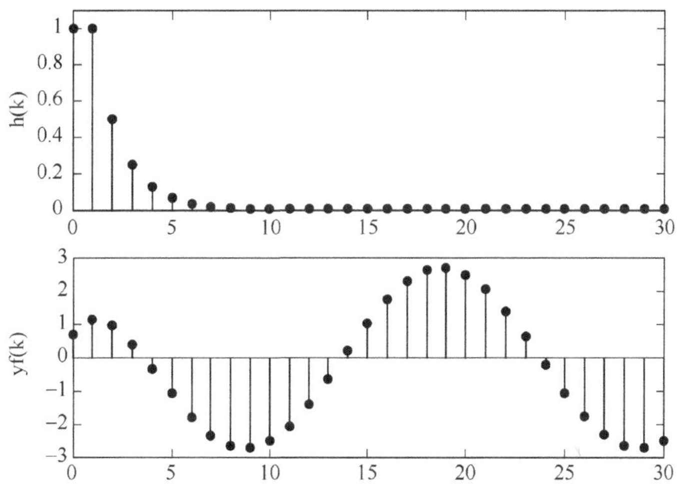

图 7-30 例 7-19 的运行结果

例 7-20 描述离散系统的差分方程为 $6y(k)-5y(k-1)+y(k-2)=f(k)$，已知 $y(1)=0, y(2)=1, f(k)=\cos\left(\frac{k\pi}{2}\right)\varepsilon(k)$，试用 MATLAB 绘出单位序列响应 $h(k)$、单位阶跃响应 $g(k)$、零状态响应 $y_f(k)$ 和全响应 $y(k)$ 的波形。

解 实现程序

```
%求 h(k)和 g(k)
k=-10:20; a=[6,-5,1]; b=[1];
figure(1);
subplot(2,1,1),hk=impz(b,a,k),stem(k,hk,'filled'), title('h(k)'), grid
n=0:30
Uk=Heaviside(n+1);gk=filter(b,a,Uk);
subplot(2,1,2), stem(n,gk, 'filled'), title('g(k)') , axis([0,30,-0.1,0.6]),grid
%求零状态响应 yf(k)
```

```
fk = cos(n * pi/2);
figure(2);
subplot(2,1,1), stem(n,fk, 'filled'), title('f(k) = cos(k\pi/2)'), grid
yZS = filter(b,a,fk);
subplot(2,1,2), stem(n,yf, 'filled'), title('yf(k)'), axis([0,30, - 0.15,0.25]),grid
% 求全响应 y(k)
y(1) = 0; y(2) = 1;
for m = 3:length(n) - 1;
    y(m) = (1/6) * (5 * y(m - 1) - y(m - 2) + fk(m));
end
figure(3),
stem(n,y, 'filled'),title('y(k)'), xlabel('k'), axis([0,30, - 0.2,1.2]),grid
```

程序运行结果如图 7-31～图 7-33 所示。

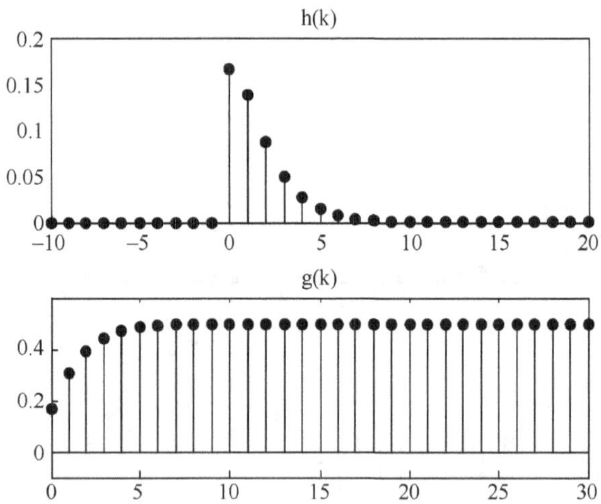

图 7-31　$h(k)$和 $g(k)$波形图

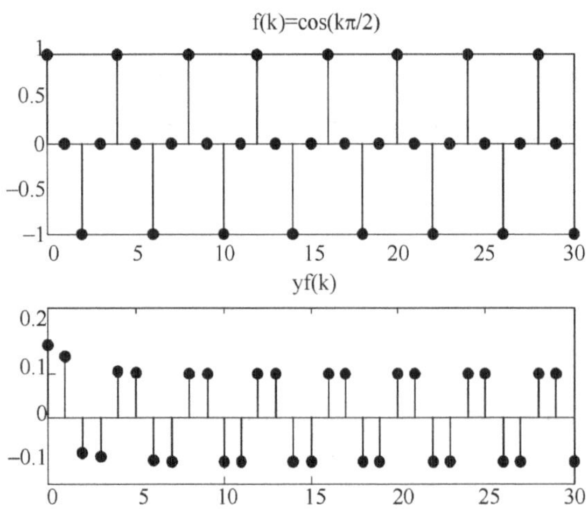

图 7-32　$y_{ZS}(k)$波形图

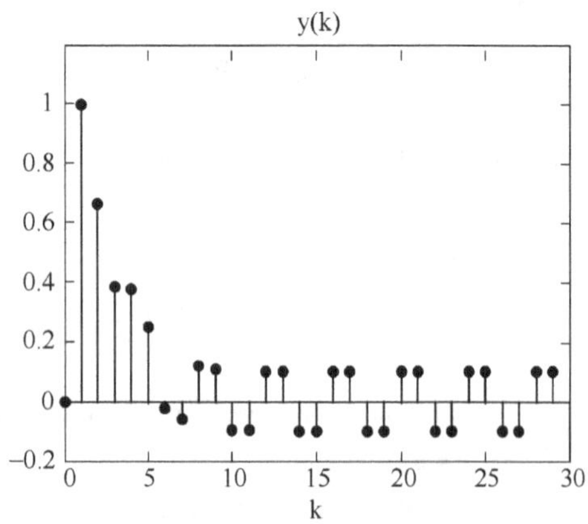

图 7-33　全响应 $y(k)$波形图

7.3 信号与系统变换域分析的 MATLAB 实现

对信号进行分析可以在时域中进行，也可以在变换域中进行，时域分析方法和变换域分析方法各有优点。傅里叶变换是把信号从时域变换到频域，因此在信号的频域分析中傅里叶变换起着非常重要的作用。在 MATLAB 中提供了多类数值计算工具，以进行信号的频域分析。

7.3.1 连续信号与系统频域分析的 MATLAB 实现

通常情况下，系统函数 $H(\mathrm{j}\omega)$是两个关于虚变量“$\mathrm{j}\omega$”的有理多项式之比，即

$$H(\mathrm{j}\omega)=\frac{B(\mathrm{j}\omega)}{A(\mathrm{j}\omega)}=\frac{b_m(\mathrm{j}\omega)^m+\cdots+b_1(\mathrm{j}\omega)+b_0}{a_n(\mathrm{j}\omega)^n+\cdots+a_1(\mathrm{j}\omega)+a_0},\quad n>m$$

可以用向量 $\boldsymbol{a}$(den)和 $\boldsymbol{b}$(num)分别表示分子多项式与分母多项式的系数向量

$$\boldsymbol{a}=[a_n,\ a_{n-1},\cdots,\ a_1,\ a_0],\quad \boldsymbol{b}=[b_m,\ b_{m-1},\cdots,\ b_1,\ b_0]$$

需要注意的是，向量 $\boldsymbol{a}$ 和 $\boldsymbol{b}$ 中如果有缺项，一定要用 0 补齐。

连续信号与系统频域分析的 MATLAB 的实现有两条途径：

1)利用工具箱中的函数求解

MATLAB 工具箱提供了一系列与实现 LTI 系统频域分析相关的函数，常用的有：

(1)调用 FS 函数求傅氏级数部分和

```
FS(F,τ,T)          % 连续周期信号,周期门函数脉宽τ,周期 T。
FS(F,M,N)          % 离散周期序列,周期矩形序列脉宽 M,周期 N。
```

(2)调用 Fourier 函数求傅里叶变换

```
F = fourier(f)      % F = ℱ[f ],默认的独立变量为 x,默认返回是关于 w 的函数。
```

(3)调用 ifourier 函数求傅里叶反变换

```
f = ifouier(F)      % f = ℱ⁻¹[F ],默认的独立变量为 w,默认返回是关于 x 的函数。
```

在调用 fourier()和 ifourier()之前，要用 syms 命令对所用到的变量(如 t,v 等)说明成符号变量。若 f 或 F 是 Matlab 中的通用函数表达式，则不必用 syms 加以说明。

(4)调用 modulate 函数实现调制

```
y = modulate(f, fc, fs, method, opt)
```

(5)调用 freqs 函数求频率响应

```
H = freqs(b,a,w)   % 取 H 的模和相位可得幅频特性和相频特性。
```

(6)调用 fft 函数求取样信号频谱或 DFT

```
Fsw = fft(fst,n)    % fst 为取样信号 fs(t),n 为与取样频率相配的样点数。
```

2)利用积分函数求解

在 MATLAB 中用 quad 函数来计算数值积分，对于连续信号，可以用这个函数来实现傅氏变换。常用的调用格式为：

```
y = quad('F',a,b)
y = quad('F',[ ],[ ],a,b,tol,trace,p1,p2,…)
```

其中，F 是被积函数表达式字符串或函数文件名。a，b 分别表示定积分的下限和上限。第二种调用方式中，tol 用来控制积分精度，默认情况下，tol＝0.001。trace 取 1，表示用图形展现积分过程，取 0 则无图形。$p1$，$p2$，…表示向函数传递的参数，可采用默认值。

1. 连续信号傅里叶变换的 MATLAB 实现

例 7-21 周期性矩形脉冲序列 $f(t)=\sum_{n=-\infty}^{\infty}Ag_{\tau}(t-nT)$，已知(1)$A=1$，$\tau=0.5$，$T$ 从 2 变到 8；(2)$A=1$，$T=4$，τ 从 0.8 变到 0.2。试绘出其频谱，观察周期变化和脉冲宽度变化对频谱的影响。

解 实现程序

```
% 周期矩形脉冲序列的频谱随周期 T 的变化，其他参数不变
A = 1; tao = 0.5; m = 0;
for T = 2:2:8
    Fn = 0; n = - 25:25; m = m + 1; w0 = 2 * pi/T;
    Fn = A * tao/T * sinc(n * w0 * tao/(2 * pi));
    subplot(2,2,m);stem(n * w0,Fn,'.');xlabel('n\omega0');
    title(strcat('T = ',num2str(T), ', tao = ', num2str(tao))); ylabel('Fn'); grid on; axis
    ([ - 25,25, - 0.1,0.3]);
end
% 周期矩形脉冲序列的频谱随脉宽τ的变化，其他参数不变
A = 1; T = 4; m = 0;
w0 = 2 * pi/T;
for tao = 0.8: - 0.2:0.2
    Fn = 0; m = m + 1; n = - 40:40;
    Fn = A * tao/T * sinc(n * w0 * tao/(2 * pi));
    subplot(2,2,m); stem(n * w0,Fn,'fill','k'); xlabel('n\omega0');
    title(strcat('tao = ',num2str(tao),', T = ',num2str(T)));ylabel('Fn');grid on;
    axis([ - 40,40, - 0.1,0.42]);
end
```

程序运行结果如图 7-34 所示。从图中可以看出，周期越大，谱线之间的间隔越小；脉冲宽度 τ 越小，信号频谱带宽越大。

例 7-22 试用 MATLAB 验证例 3-1 所示方波信号周期化后的傅里叶级数的收敛性。

解 该信号的傅里叶级数为

$$f(t)=\frac{4A}{\pi}\left[\sin(\omega_0 t)+\frac{1}{3}\sin(3\omega_0 t)+\frac{1}{5}\sin(5\omega_0 t)+\frac{1}{7}\sin(7\omega_0 t)+\cdots\right]$$

实现程序

```
figure
t = - 0.8:0.001:0.8;
y = Heaviside(t + 1) - 2 * Heaviside(t + 0.5) + 2 * Heaviside(t) - 2 * Heaviside(t - 0.5)
omega = 2 * pi;
n_max = [1,3,5];
N = length(n_max);
```

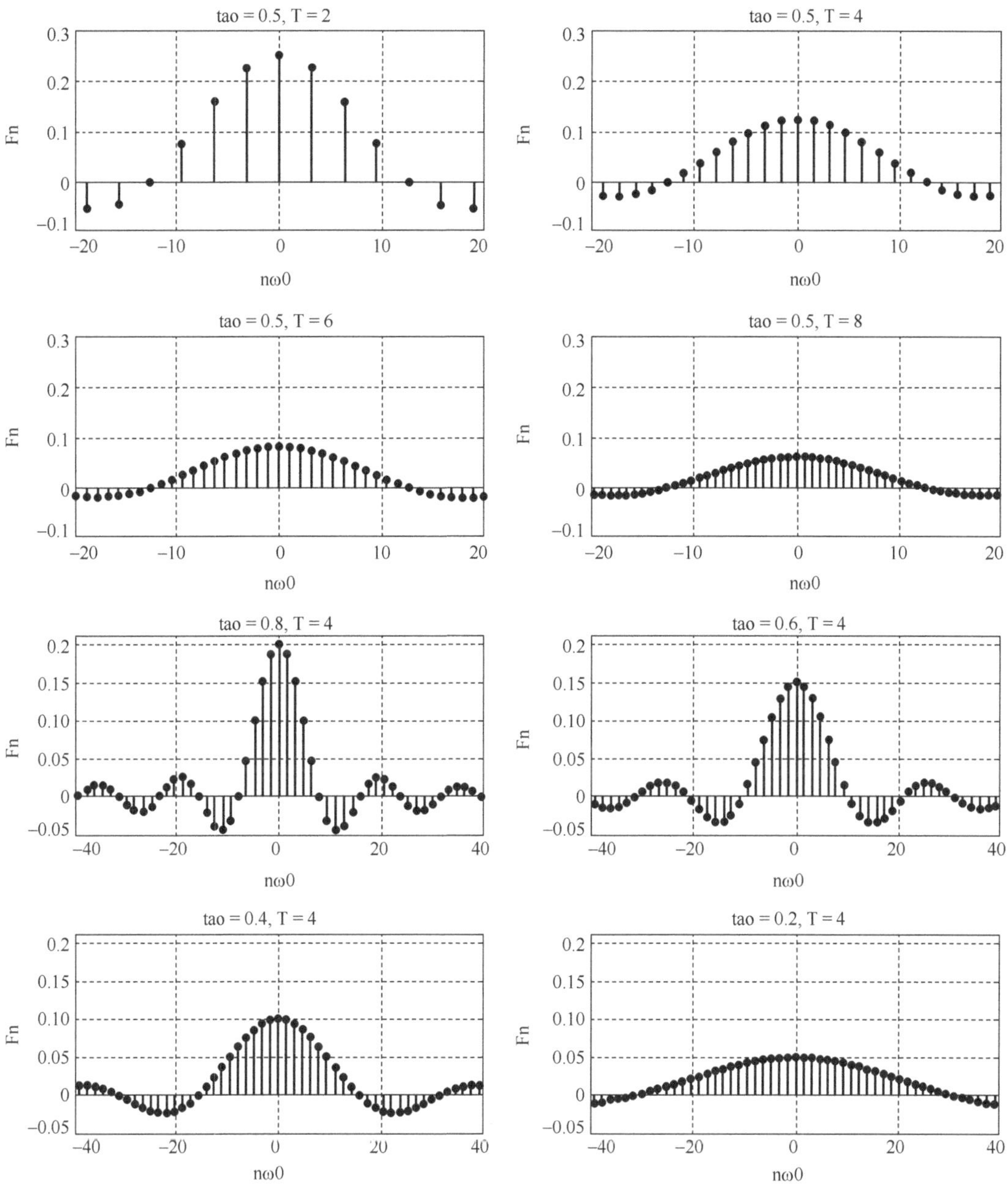

图 7-34　周期矩形脉冲信号的傅氏复系数

```
for k = 1:N
    n = 1:2:n_max(k);
    b = 4./(pi * n);
    x = b * sin(omega * n' * t);
    subplot(N,1,k), plot(t,y);hold on;plot(t,x);xlabel('t'), axis([ - 0.8,0.6, - 1.5,
    1.5]),title(['N = ', num2str(n_max(k))]) ;grid,
end
```

运行结果如图 7-35 所示。

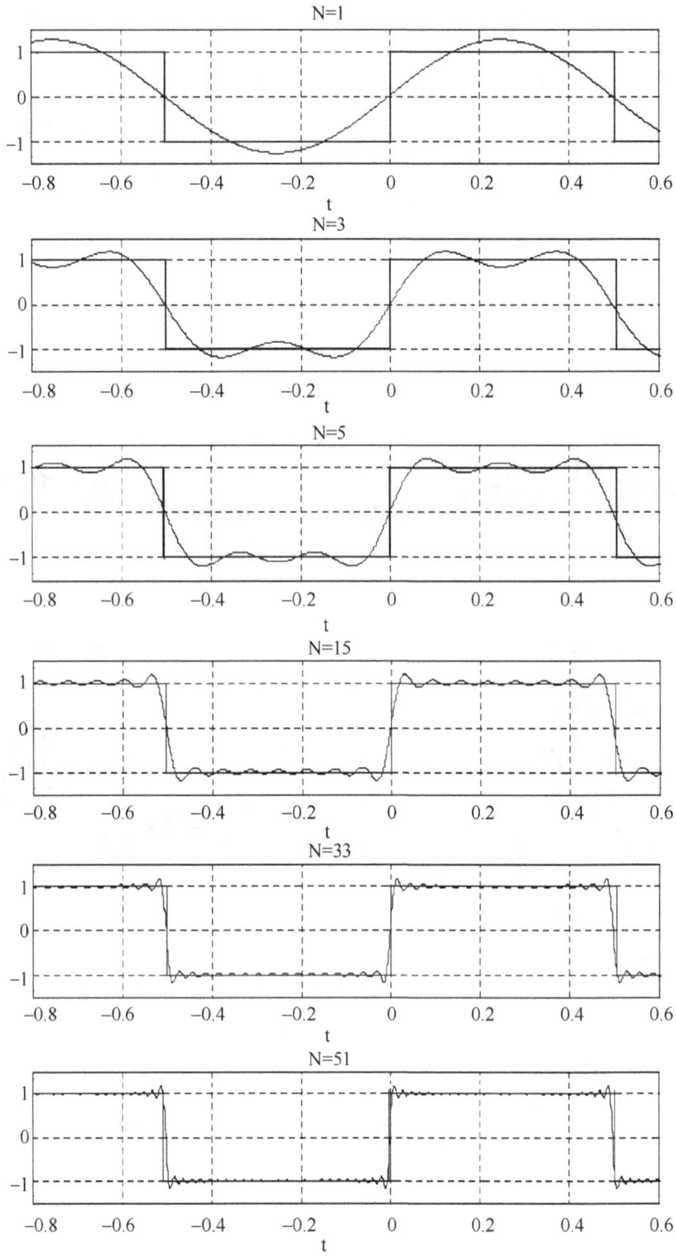

图 7-35　例 7-22 的运行结果

从图中可看出，随着傅里叶级数项数 N 的增多，级数和波形与方波信号波形的误差越来越小。在 $N=51$ 项时，两种波形已经很接近了，但是在信号的跳变点附近，却总是有一个过冲，这就是所谓的吉布斯(Gibbs)现象。

例 7-23　试用 MATLAB 求三角波信号 $f(t)=\Delta_2(t)$ 的频谱。

解　实现程序

```
syms t w f F;
f = sym('(t+1) * (Heaviside(t+1) - Heaviside(t)) + (-t+1) * (Heaviside(t) - Heaviside
   (t-1))');
```

```
F = fourier(f),
subplot(1,2,1), ezplot(f, [-1.2,1.2]),title('f(t)'), axis([-1.2,1.2,-0.1,1.2]); grid
subplot(1,2,2); ezplot(F,[-20,20]), title('F(ω) '),xlabel('ω' ), axis([-20,20,-0.1,
1.1]); grid
```

运行结果：

```
F = 4/w^2 * sin(1/2 * w)^2
```

频谱 $F(j\omega)$ 如图 7-36 所示。

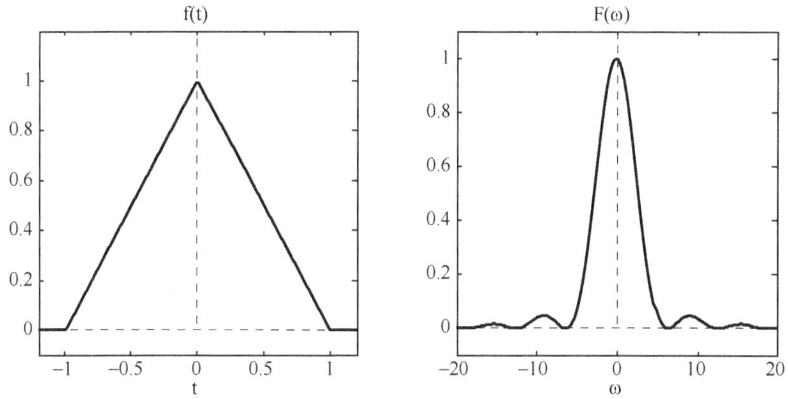

图 7-36　例 7-23 的运行结果

例 7-24　MATLAB 实现矩形脉冲 $f(t)=g_2(t)$的傅里叶变换。

解　实现程序

```
syms t F w f Y
f = sym('Heaviside(t + 1) - Heaviside(t - 1)');
F = fourier(f),
subplot(2,2,1); ezplot(f, [-2,2]),title('f(t)'), xlabel('t'), grid
subplot(2,2,2); ezplot(abs(F), [-10,10]), title('|F(\omega)|'), xlabel('\omega'),
axis([-9.43,9.43,-0.1,2.2]), grid
subplot(2,2,3); ezplot(F, [-10,10]), title('F(\omega)'), xlabel('\omega'),
axis([-9.43,9.43,-0.5,2.2]), grid
%相频特性
w = -10:0.01:10
phase = 3.142 * rectpuls(w - 4.713,3.142) - 3.142 * rectpuls(w + 4.713,3.142);
subplot(2,2,4);plot(w,phase ), axis([-9.43,9.43,-4,4]),
title('φ(\omega)'), xlabel('\omega'), grid,
```

运行结果

```
F = 2 * sin(w)/w
```

频谱如图 7-37 所示。

例 7-25　试用 MATLAB 验证例 3-12,令 $A=1,\tau=2$。

解　实现程序

```
syms t f F w
f = sym('(Heaviside(t + 5) - Heaviside(t + 3) + Heaviside(t + 1) - Heaviside(t - 1) + Heavi-
```

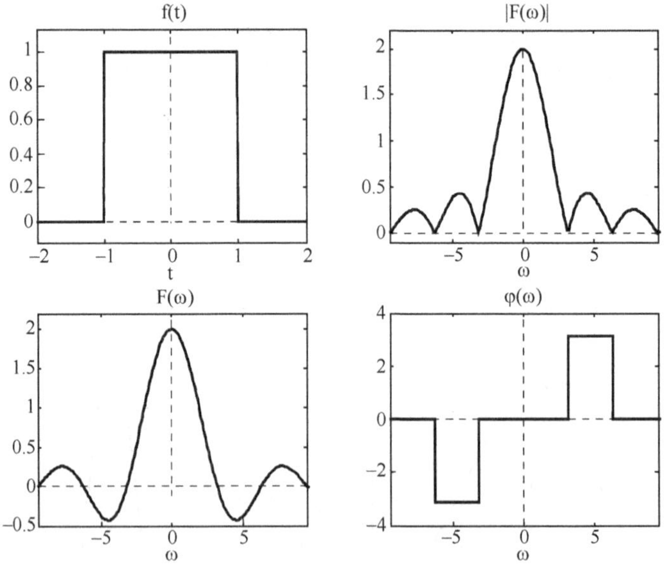

图 7-37 例 7-24 的运行结果

```
side(t-3)-Heaviside(t-5))'),
F=fourier(f),
subplot(2,1,1); ezplot(f,[-5.5,5.5]),title('f(t)'), xlabel('t'), grid
subplot(2,1,2); ezplot( F,[-6.5,6.5]), title('F(\omega)'), xlabel('\omega'),
axis([-6.5,6.5,-2.2,6.5]),grid
```

运行结果

```
F =2*sin(w)/w*(-2*sin(w)+1)*(2*sin(w)+1)*(2*cos(2*w)+1)
```

频谱如图 7-38 所示。

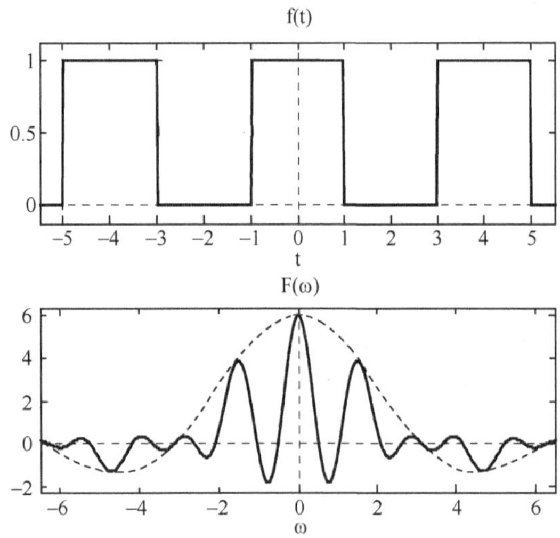

图 7-38 例 7-25 的运行结果

例 7-26 求 $F(\mathrm{j}\omega)=\dfrac{1}{1+\omega^2}$的傅里叶反变换。

解 实现程序

```
syms t w ;
f = ifourier(1/(1 + w^ 2),t)
```

运行结果

```
f  = 1/2 * exp( - t) * heaviside(t) + 1/2 * exp(t) * heaviside( - t)
```

例 7-27 矩形脉冲 $f(t)=g_1(t)$试求其在有效频带宽度内的帕塞瓦尔能量谱。

解 因为

$$f(t) = g_1(t) \leftrightarrow F(\omega) = \mathrm{Sa}\left(\frac{\omega}{2}\right)$$

所以信号在有效频带宽度内所包含的能量为

$$E(f_m) = \frac{1}{2\pi}\int_{-\omega_m}^{\omega_m} \mathrm{Sa}^2\left(\frac{\omega}{2}\right)\mathrm{d}\omega = 2\int_0^{f_m} \mathrm{Sa}^2(\pi f)\mathrm{d}f$$

在 MATLAB 中用来实现的程序为

```
function y = sf(t)              % 定义函数
y = 2 * sinc(t). * sinc(t);     % 定义被积函数。把这个函数保存在文件名为 sf2.m
                                  的文件中,以备调用
f = linspace(0,5,256);          % 程序从这里开始
N = length(f); w = zeros(1,N);
for k = 1:N
      w(k) = quad8('sf',0,f(k));
end
subplot(1,2,1);plot(t,y); axis([0,5, - 0.1,2.2]);title('Sa^ 2(π f)'), xlabel('f'),grid
subplot(1,2,2);plot(f,w); xlabel('f'); title('E(fm)'); axis([0,5,0,1]),grid on
```

运行结果如图 7-39 所示。

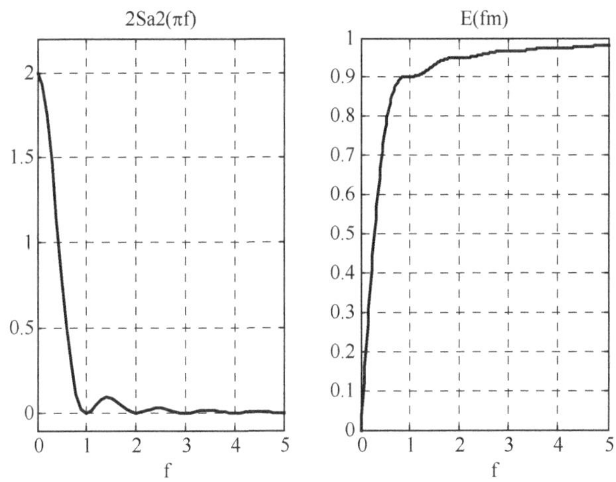

图 7-39 例 7-27 的运行结果

2. LTI 连续系统频域分析的 MATLAB 实现

例 7-28 RC 电路如图 7-40 所示,若输入信号 $f(t)=g_1(t)$,求当 $1/RC$ 分别为 1、10 和 100 时,该系统频响特性和系统输出信号的幅度频域波形。

解　该系统的频率响应为 $H(j\omega)=\dfrac{1/RC}{j\omega+1/RC}$。

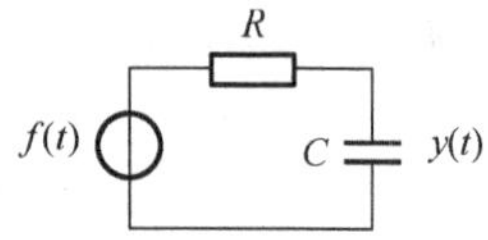

图 7-40　例 7-28 电路图

实现程序：

```
RC_n = [1 0.1 0.01]; N = length(RC_n);
for k = 1:N
    a = [1 1/RC_n(k)]; b = [0 1/RC_n(k)];
    [h,w] = freqs(b,a, - 100 * pi:0.1:100 * pi); h1 = abs(h); h2 = angle(h);
    subplot(N,2,2 * k - 1),plot(w/pi,h1);grid;xlabel('\omega/pi');ylabel('|H(j\omega)|');
    text(0.73,0.55,'RC = ','sc');text(0.8,0.55,num2str(RC_n(k)),'sc');title('系统的幅频特性曲线');
    subplot(N,2,2 * k),plot(w/pi,h2 * 180/pi);grid;xlabel('\omega/pi');text(0.73,0.55,'RC = ','sc');
    text(0.8,0.55,num2str(RC_n(k)),'sc'); ylabel('\phi(j\omega)|');title('系统的相频特性曲线');
end
figure
w = - 10 * pi:0.01:10 * pi; F = sinc(w/(2 * pi));
for k = 1:N
    a = [1 1/RC_n(k)]; b = [0 1/RC_n(k)]; H = freqs(b,a, - 10 * pi:0.01:10 * pi); Y = F. * H;
    subplot(N,1,k),plot(w/pi,abs(Y)); xlabel('\omega/pi');ylabel('|F(j\omega)|');
    text(0.73,0.55,'RC = ','sc');text(0.8,0.55,num2str(RC_n(k)),'sc');
end
```

所得结果如图 7-41 所示。

例 7-29　已知某 LTI 连续系统的系统函数为 $H(j\omega)=\dfrac{2j\omega}{j\omega+0.8}$，输入信号为 $f(t)=\cos t$，求系统在 $t=[0,\ 20]$期间的响应。

解　在 MATLAB 中实现的程序为

```
t = 0:0.01:20;                    % 进行分析的时间范围
f = cos(t);                       % 激励信号
a = [1,0.8]; b = [2, 0];          % 对系统进行描述
lsim(b,a,f,t); grid on            % 画出时域响应函数
```

运行结果如图 7-42 所示。

例 7-30　求调制信号 $f_s(t)=g_1(t)\cos(12\pi t)$的频谱。

解　实现程序

```
ft = sym('cos(2 * pi * 6 * t) * (Heaviside(t + 1/2) - Heaviside(t - 1/2))') ;
Fw = fourier(ft),;Fw = simplify(Fw);
Fw_conj = conj(Fw);
Gw = sqrt(Fw * Fw_conj);
subplot(2,1,1),ezplot(ft, [ - 0.8,0.8]),
title('f(t)'),grid
subplot(2,1,2), ezplot(Gw, [ - 80,80]); axis([ - 80,80, - 0.1,0.55]),
title('|F(ω)|'), xlabel('ω'),grid
```

运行结果为

```
Fw  = 2 * w/(w + 12 * pi)/(w - 12 * pi) * sin(1/2 * w)
```

如图 7-43 所示。

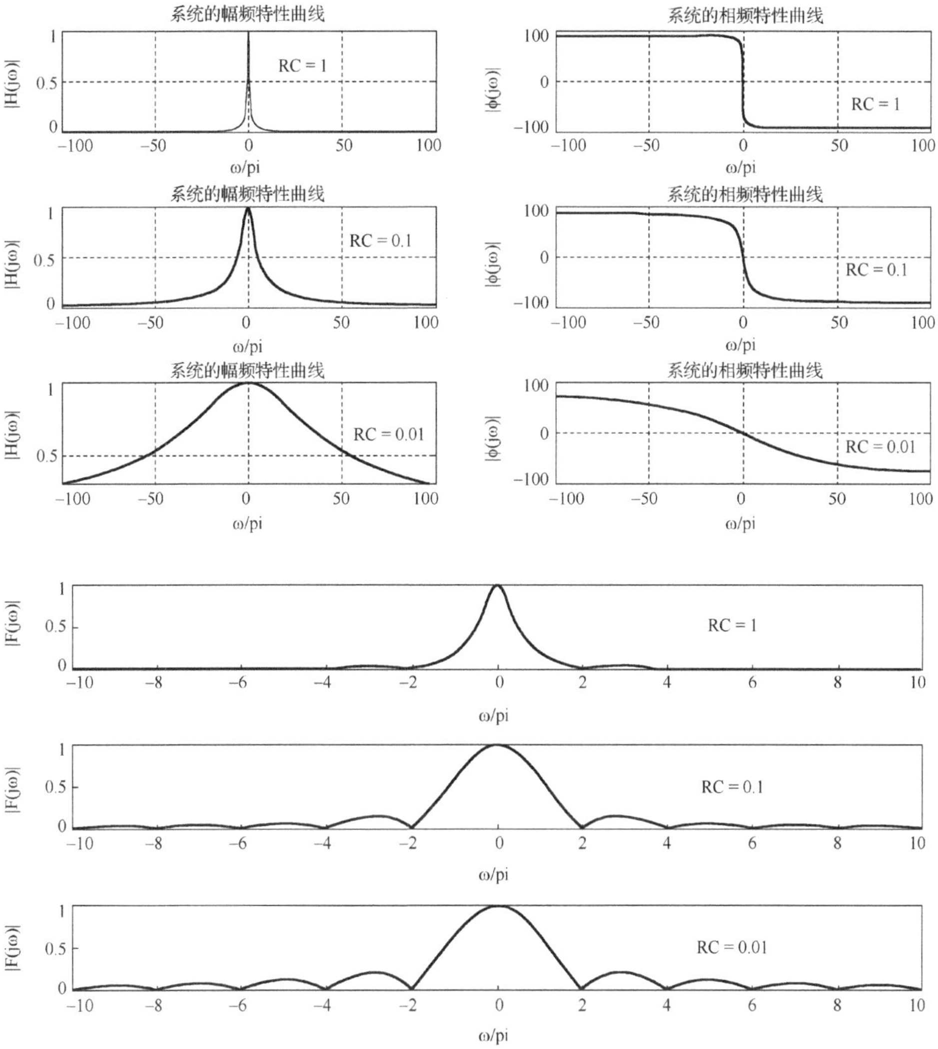

图 7-41 例 7-28 的运行结果

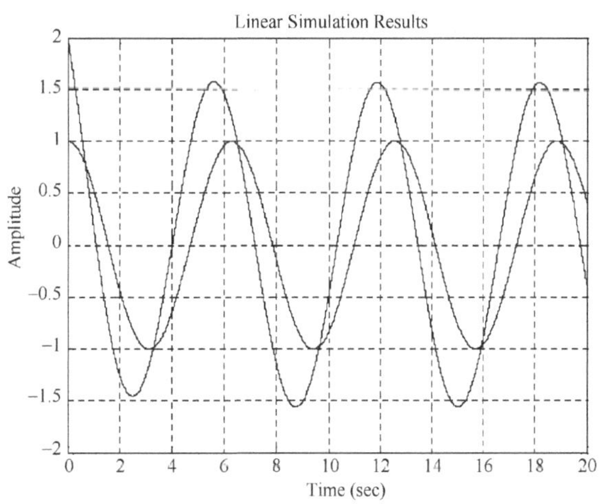

图 7-42 例 7-29 的运行结果

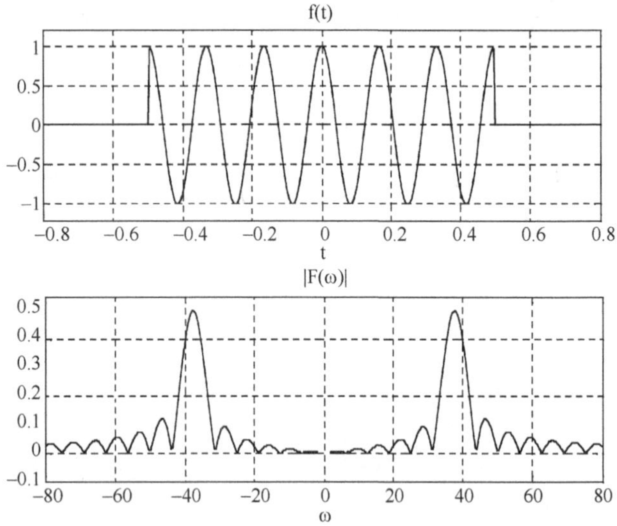

图 7-43　例 7-30 的运行结果

例 7-31　用 MATLAB 实现巴特沃思(Butterworth)低通滤波器并比较 1 阶、4 阶、8 阶及 12 阶滤波器的频谱。

解　实现程序

```
w = 0:0.1:300;
wc = 100;
for n = 1:3:12
    hw = 1./sqrt(1 + (w/wc).^(2*n));
    hold on
    plot(w,hw)
end
title('Butterworth filter');
xlabel('Frequency(ω) ');ylabel('H(jω) ');
grid on
```

运行结果如图 7-44 所示。

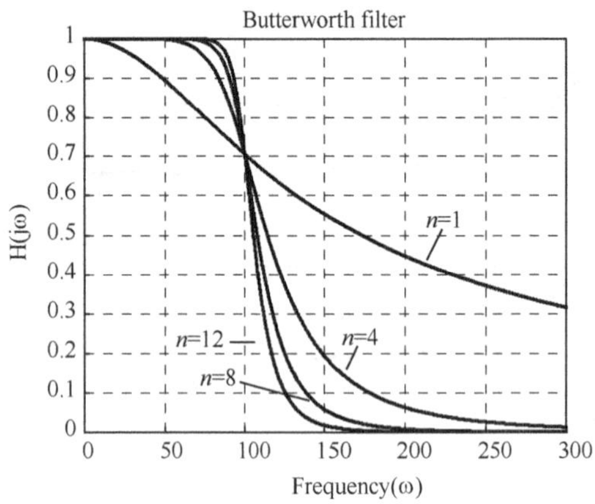

图 7-44　例 7-31 的运行结果

例 7-32　低通滤波器的频率响应为 $H(\mathrm{j}\omega)=\dfrac{1}{(\mathrm{j}\omega)^2+3\mathrm{j}\omega+2}$，试用 MATLAB 求其幅频特性和相频特性。

解　实现程序

```
b = [1]; a = [1,3,2]; w = -15:0.05:15;
H = freqs(b,a,w);mag = abs(H);phase = angle(H);
subplot(2,1,1),plot(w,mag);set(gca, 'xtick', [-15,-10,-5,0,5,10,15]);
axis([-15,15,-0.02,0.52]); xlabel('\omega(rad/s)');ylabel('|H(j\omega)|');grid
subplot(2,1,2), plot(w,phase); set(gca, 'xtick', [-15,-10,-5,0,5,10,15]);
set(gca, 'ytick', [-4,-2,0,2,4]);
axis([-15,15,-4,4]); xlabel('\omega(rad/s)');ylabel(' \phi(\omega)');grid
```

运行结果如图 7-45 所示。

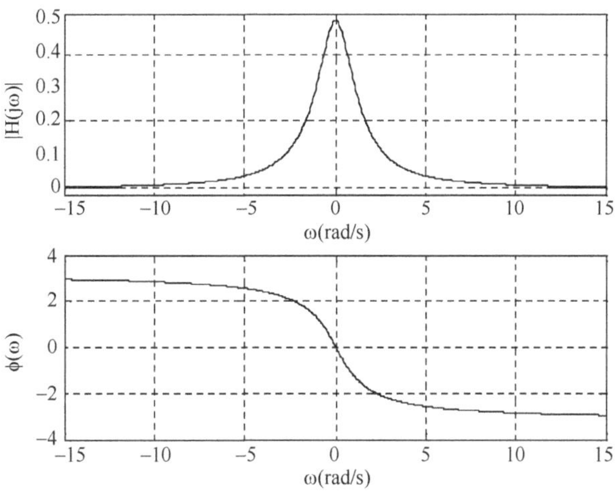

图 7-45 例 7-32 的运行结果

例 7-33 理想低通滤波器的频率特性为 $H(\mathrm{j}\omega)=g_{2\pi}(\omega)\mathrm{e}^{-\mathrm{j}2\omega}$，试用 MATLAB 实现其单位冲激响应 $h(t)$ 和单位阶跃响应 $g(t)$。

解 实现程序

```
%绘冲激响应 h(t)
syms t h H w
H = sym('exp( - 2 * i * w) * (Heaviside(w + pi) - Heaviside(w - pi))')
h = ifourier(H),
subplot(2,1,1); ezplot(h, [ - 2,6]),title('h(t)'), xlabel('t'), grid
%绘阶跃响应 g(t)
t = - 2:0.1:6; F = 'sinc(t - 2)';
for x = 1:length(t)
y2(x) = quad(F, - 1,t(x))
end
subplot(2,1,2); plot(t,y2),
axis([ - 2,6, - 0.1,1.2]), title('g(t)'), xlabel('t'), grid
```

运行结果如图 7-46 所示。

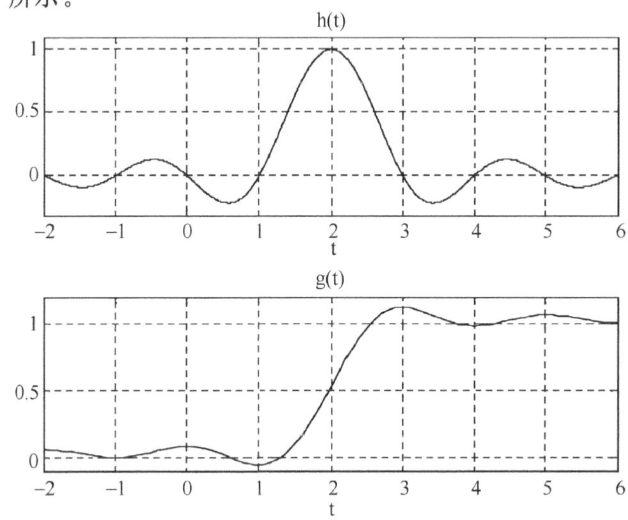

图 7-46 例 7-33 的运行结果

例 7-34 设正弦信号频率为 $f=10\text{Hz}$，用两个取样频率分别是 $f_{s1}=9.5\text{Hz}$，$f_{s2}=500\text{Hz}$ 对其进行取样，试用 MATLAB 编程说明“欠取样”效果。

解 实现程序

```
%绘取样信号
f = 10; fs1 = 9.5; fs2 = 500;
t1 = 0:1/fs1:2; x1 = sin(2 * pi * f * t1); t2 = 0:1/fs2:2; x2 = sin(2 * pi * f * t2);
plot(t1,x1, 'O'), hold on, plot(t2,x2), xlabel('t'), ylabel('f1,2'),
```

运行结果如图 7-47 所示。由于频率为 $f_{s1}=9.5\text{Hz}$ 的“欠取样”信号 $f_{s1}(t)$ 取样太慢，人类的视觉就如同绘图规则一样，将其看成沿着失真信号(虚线)的点。

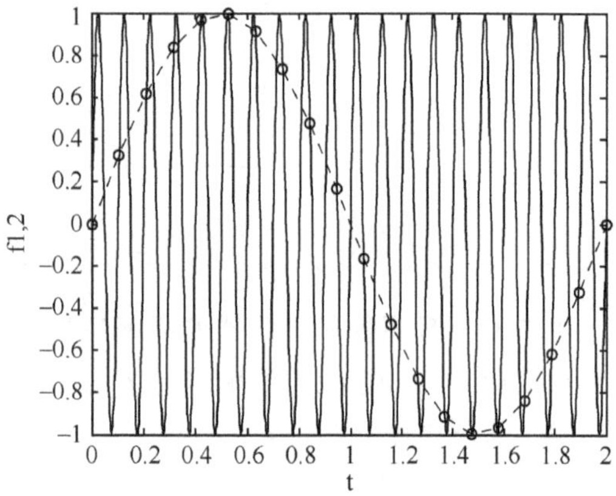

图 7-47　例 7-34 的运行结果

例 7-35 试用 MATLAB 编程演示时域取样定理和混频失真现象。

解 分别用 $T_{s1}=0.25\text{s}$、$T_{s1}=0.21\text{s}$ 和 $T_{s2}=0.29\text{s}$ 的取样时间，对限频信号 $f(t)=\text{Sa}^2(2t)$ 进行取样。显然，$T_{s1}=0.25\text{s}$ 是临界取样，$T_{s1}=0.21\text{s}$ 是过取样，两者都不会出现频谱的混叠失真。但是，$T_{s2}=0.29\text{s}$ 是欠取样，取样信号的频谱 $F_{s3}(\text{j}\omega)$ 出现混频失真。

实现程序

```
display('奈奎斯特周期 Ts = 0.25s,Ts<0.25,过采样,Ts>0.25,欠采样');
Ts  = 0.25;
%绘制信号 y = sinc(2 * t)^2 = Sa²(2πt)波形
t  = -2:0.01:40;y  = (sinc(2 * t)).^2;
subplot(221);plot(t,y);axis([-2 2  -0.3 1.2]);xlabel('t ','Fontsize',8);title('f(t)');
line([-2 2],[-0 0],'color',[0 0 0]); grid on
%数值求解 Sa(2t)^2 信号的频谱
N  = 300;W  = 2 * pi * 5;k  =  -N:N;w  =  k * W/N;
Y  =  0.01 * y * exp(-j * t' * w);                          %求 f(t)的傅里叶变换 F(jω)
Y  =  abs(Y);
subplot(222);plot(w/pi,Y)
axis([-10,10, -0.1,0.7]); title('F (j\omega) ');xlabel('\omega');grid on
%采样后信号 y2 = fs1(t)
subplot(223);plot(t,y,'b:');                               %绘制包络线
hold on
t2 = -2:Ts:40;y2 = (sinc(2 * t2)).^2;stem(t2,y2);
axis([-2 2  -0.3 1.2]);xlabel('t','Fontsize',8);title('fs1(t)'); grid on
%采样后信号的频谱 Fs1
Y2  = Ts * y2 * exp(-j * t2' * w);Y2  = abs(Y2);
subplot(224);plot(w/pi,Y,'b')                              %蓝色绘制原信号频谱
title('Fs1(j\omega) ');xlabel('\omega');hold on
plot(w/pi,Y2,'r');                                         %红色绘制采样信号频谱
```

```
axis([-10,10,-0.1,0.6]); grid on
%过采样信号 y3=fs2(t)
figure
Ts2=0.21
subplot(221);plot(t,y,'b:'); hold on
t3=-2:Ts2:40;y3=(sinc(2*t3)).^2;
stem(t3,y3);axis([-2 2 -0.3 1.2]);xlabel('t','Fontsize',8);title('fs2(t)'); grid on
%过采样信号的频谱 Y3=Fs2
Y3=Ts2*y3*exp(-j*t3'*w);Y3=abs(Y3);
subplot(222);plot(w/pi,Y,'b');title('Fs2(j\omega) ');xlabel('\omega');hold on
plot(w/pi,Y3,'r');axis([-10,10,-0.1,0.6]); grid on
%欠采样信号 y3=fs3
Ts3=0.29
subplot(223);plot(t,y,'b:'); hold on,
t3=-2:Ts3:40;y3=(sinc(2*t3)).^2;stem(t3,y3);
axis([-2 2 -0.3 1.2]);xlabel('t','Fontsize',8);title('fs3(t)'); grid on
%欠采样信号的频谱 Y3=Fs3
Y3=Ts3*y3*exp(-j*t3'*w);Y3=abs(Y3);
subplot(224);plot(w/pi,Y,'b');title('Fs3(j\omega) ');xlabel('\omega');hold on
plot(w/pi,Y3,'r'); axis([-10,10,-0.1,0.6]); grid on
```

运行结果如图 7-48 所示。由图可见，欠取样 $f_{s3}(t)$的频谱 $F_{s3}(j\omega)$出现混频失真。

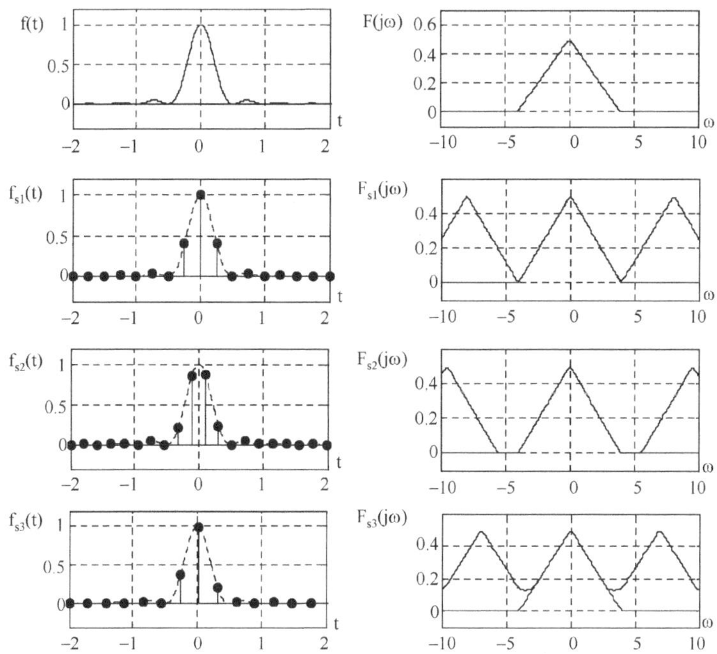

图 7-48　例 7-35 的运行结果

7.3.2　连续信号与系统 s 域分析的 MATLAB 实现

MATLAB 中提供了计算拉普拉斯变换和拉普拉斯反变换的函数 laplace 和 ilaplace，其调用格式为

```
F = laplace(f)
f = ilaplace(F)
```

也可以利用 MATLAB 进行数值计算求解 LTI 连续系统的响应。此外，MATLAB 还提供了一系列与实现 LTI 连续系统复频域分析相关的函数。

(1) 调用 residue 函数实现部分分式展开。

```
[r,p,k] = residue(b, a)
```
% $H(s)=\sum_{j=1}^{m}k_j(s)+\sum_{i=1}^{n}\frac{r_i}{s-p_i}$，r 为部分分式系数，p 为极点；k 为多项式系数

(2) 调用 roots 函数求解极零点。

```
poles = roots(den)          % 求解极点
zeros = roots(num)          % 求解零点
```

(3) 调用 pzmap 函数画零极图。

```
pzmap(b,a)                  % 连续系统零极图
```

或

```
pzmap(sys)
```

(4) 调用 bode 函数求波特图。

```
H = bode (b,a,w)            % 取 H 的模和相位的波特图
```

(5) 调用 initial 函数求零输入响应。

(6) 调用 tf2zp 函数实现将 $H(s)$ 由传递函数型转换为零极点型。

```
[z, p, k] = tf2zp(b, a)     % 转换为零极点型；反之亦然
```

(7) 调用 tf2ss 函数实现将 $H(s)$ 由传递函数型转换为状态变量型。

```
[A, B, C, D] = tf2ss(b, a)  % 转换为状态变量型；反之亦然
```

1. 连续信号拉普拉斯变换的 MATLAB 实现

例 7-36 在 MATLAB 中求信号 $f(t)=te^{-2t}$ 的拉普拉斯变换。

解 实现程序

```
f = sym('t * exp( - 2 * t)');
F = laplace(f)
```

运行结果

```
F = 1/(s + 2)^2
```

例 7-37 在 MATLAB 中求信号 $F(s)=\frac{s+2}{(s+1)^2(s+3)}$ 的拉普拉斯反变换。

解 实现程序

```
F = sym('(s + 2)/((s + 1)^2 * (s + 3))');
f = ilaplace(F)
```

运行结果

```
f = 1/2 * t * exp( - t) + 1/4 * exp( - t) - 1/4 * exp( - 3 * t)
```

2. LTI 连续系统复频域分析的 MATLAB 实现

例 7-38 某系统的系统函数为 $H(s)=\frac{s+3}{s^4+5s^3+9s^2+7s+2}$，试用 MATLAB 实现用部分分式展开法求该系统的单位冲激响应。

解 实现程序

```
b=[1, 3]; a=[1,5,9,7, 2]; [r,p,k]=residue(b,a)
```

运行结果

```
r= -1, 1, -1, 2; p= -2, -1, -1 -1; k=[ ]
```

故系统函数展开为

$$H(s)=\frac{-1}{s+2}+\frac{1}{s+1}+\frac{-1}{(s+1)^2}+\frac{2}{(s+1)^3}$$

单位冲激响应为

$$h(t)=[-\mathrm{e}^{-2t}+(1-t+t^2)\mathrm{e}^{-t}]\varepsilon(t)$$

例 7-39 已知描述系统的系统函数为 $H(s)=\frac{2s+1}{s^3+2s^2+2s+1}$，试用 MATLAB 实现：(1)画出该系统的零极图；(2)求解该系统的单位冲激响应 $h(t)$、单位阶跃响应 $g(t)$、频率响应$H(\mathrm{j}\omega)$和波特图；(3)判断该系统是否稳定；(4)将 $H(s)$的形式转换为零极点型和状态变量型。

解 实现程序

```
figure(1)                              %绘零极图、h(t)和 g(t)
a=[1,2,2,1]; b=[2,1]; poles=roots(a),
subplot(2,1,1),pzmap(b,a), axis([-1.4,0,-1,1]), grid
t=0:0.02:10;
subplot(2,2,3),h=impulse(b,a,t), plot(t,h); title('h(t)'); grid
g=step(b,a,t);
subplot(2,2,4), plot(t,g); title('g(t)'); grid
figure(2)                              %绘频率特性和波特图
[H,w]=freqs(b,a);
subplot(2,1,1),plot(w,abs(H)); xlabel('\omega'); ylabel('Magnitude Respone'); grid
subplot(2,1,2),bode(b,a), grid
[z, p, k]=tf2zp(b, a); [a, b, c, d]=tf2ss(b, a)
```

运行结果

```
poles= -1.000 -0.5000+0.8660i -0.5000-0.8660i
z = -0.5000;p =[-1.0000;-0.5000 + 0.8660i;-0.5000 - 0.8660i ];k =2
A=[-2,-2,-1;1,0,0; 0,1,0 ]; B=[1]; C=[0,2 ,1 ]; D =0
```

可见，系统函数的极点均位于 s 平面的左半开平面，所以该系统稳定。零极图、单位冲激响应 $h(t)$、单位阶跃响应 $g(t)$和频率响应 $H(\mathrm{j}\omega)$如图 7-49 所示。

例 7-40 试求例 4-23 的 MATLAB 解。

解
$$Y(s)=Y_{\mathrm{ZS}}(s)+Y_{\mathrm{ZI}}(s)=\frac{3s^2+22s+25}{s^3+6s^2+11s+6}$$

实现程序

```
Syms s t
F=sym('((3*s^2+22*s+25)/(s^3+6*s^2+11*s+6))');
f=ilaplace(F),
end,
```

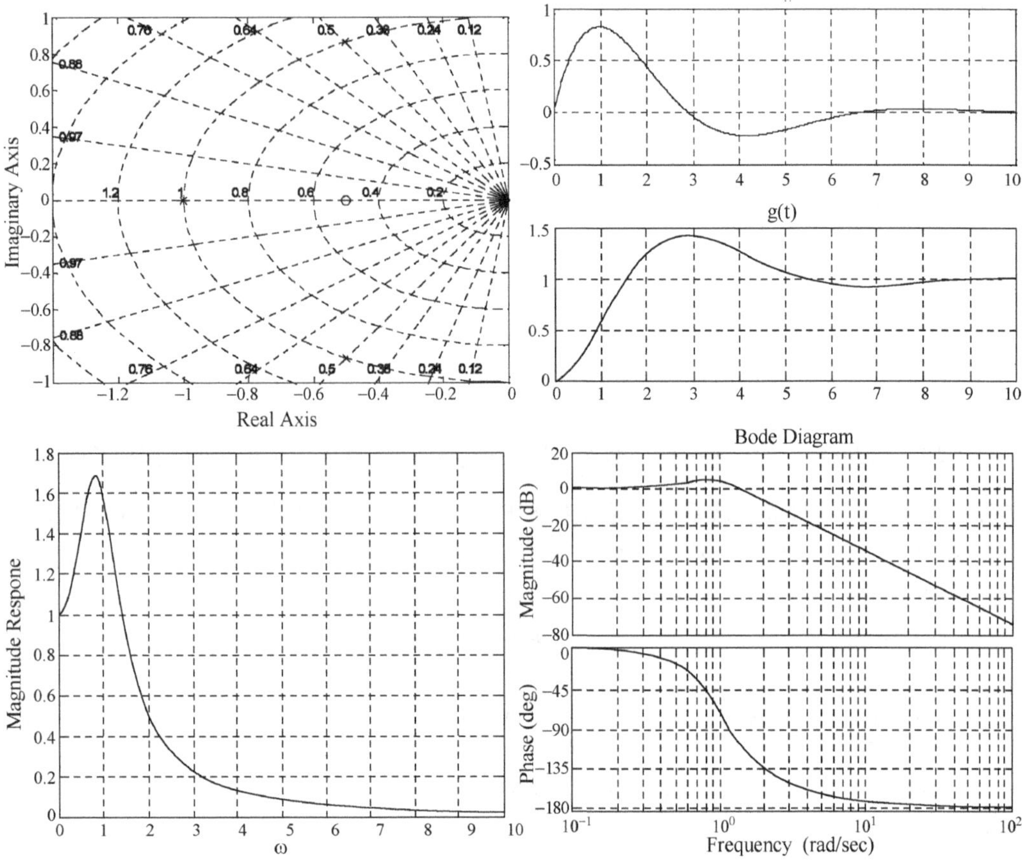

图 7-49　例 7-39 的运行结果

运行结果

```
f = -7*exp(-3*t)+7*exp(-2*t)+3*exp(-t)
```

7.3.3　离散信号与系统 z 域分析的 MATLAB 实现

MATLAB 提供了实现周期序列和非周期序列变换域分析的调用函数：

(1) 调用 fft 函数求 DTFS 频谱。

```
fft(f)                    % 离散周期矩形序列 f,脉宽 M,周期 N。
```

(2) 调用 freqz 函数求 DTFT 频谱

freqz(b,a,w)　　% $F(\Omega)=\dfrac{b_0+b_1e^{-j\Omega}+b_2e^{-j2\Omega}+\cdots+b_me^{-jm\Omega}}{a_0+a_1e^{-j\Omega}+a_2e^{-j2\Omega}+\cdots+a_ne^{-jn\Omega}}$,a,b 为其系数矩阵

$$F(z)=\frac{B(z)}{A(z)}=\frac{b_0+b_1z^{-1}+b_2z^{-2}+\cdots+b_mz^{-m}}{a_0+a_1z^{-1}+a_2z^{-2}+\cdots+a_nz^{-n}}$$,a,b 为其系数矩阵

(3) 调用 dbode 函数求波特图。

```
dbode(b,a)
```

(4) Z 变换和 Z 反变换的函数 ztrans 和 iztrans，这两个函数的调用格式为

```
F = ztrans(f)
f = iztrans(F)
```

(5) 调用 residuez 函数实现部分分式展开。

```
[r,p,k] = residuez(b, a)      % r 为部分分式系数,p 为极点;k 为多项式系数
```

信号的 z 域多项式通常表示展开为部分分式

$$\frac{B(z)}{A(z)}=\frac{r(1)}{1-p(1)z^{-1}}+\cdots+\frac{r(n)}{1-p(n)z^{-1}}+k(1)+k(2)z^{-1}+\cdots+k(m-n+1)z^{-(m-n)}$$

(6) 调用 roots 函数求解极零点。

```
poles=roots(a)
zeros=roots(b)
```

(7) 调用 zplane 函数画零极图。

```
zplane (b,a)  或  zplane (sys)
sys = tf(b,a)  或  [z,p,k] = tf2zp(b,a)
```

(8) 调用 dinitial 函数求零输入响应。

```
dinitial(b,a)
```

(9) 调用 dimpuse 函数求单位序列响应。

(10) 调用 dstep 函数求单位阶跃响应。

1. 离散信号 z 域分析的 MATLAB 实现

例 7-41　试求离散周期矩形脉冲序列 $f_N(k)=\sum_{m=-\infty}^{\infty}Ag_{2M+1}(k-mN)$ 的 DTFS 频谱,其中 $A=1,N=30,M=2$。

解　实现程序

```
N = 30; M = 2;                 % 其他周期矩形序列改 N、M 的值即可
f = [ones(1,M + 1),zeros(1,N - 2 * M - 1),ones(1,M)];
F = fft(f);
m = 0:N - 1;
figure(1)
subplot(3,2,3),stem(m,real(F), '.'),grid,
subplot(3,2,4),stem(m,imag(F),'.'); grid,
subplot(3,2,5),stem(m,abs(F),'.'); grid,
subplot(3,2,6),stem(m,angle(F),'.'); grid,
fr = ifft(F);
subplot(3,1,1),stem(m,real(fr), 'filled),grid,
```

运行结果如图 7-50 所示。

例 7-42　用 MATLAB 实现矩形脉冲序列 $f(k)=g_5(k)$的频谱。

解

$$F(\Omega)=\frac{\sin(N+1/2)\Omega}{\sin(\Omega/2)}=\frac{1-e^{-j5\Omega}}{e^{-j2\Omega}-e^{-j3\Omega}}$$

$$\boldsymbol{a}=[0,0,1,-1],\quad \boldsymbol{b}=[1,0,0,0,0,-1]$$

实现程序

```
%绘 f(k)
n = - 3:3
f = Heaviside(n + 3) - Heaviside(n - 3)
subplot(2,1,1),stem(n,f, 'filled'),grid
```

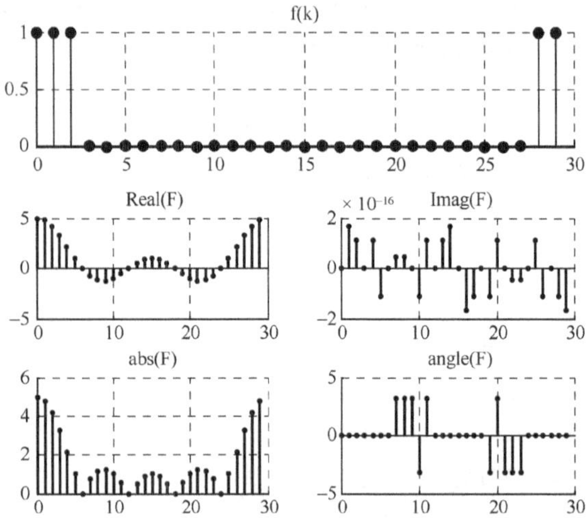

图 7-50　例 7-41 的运行结果

```
%绘 F(Ω)
b=[1,0,0,0,0,-1];a=[0,0,1,-1];
w=linspace(-2*pi,2*pi,512);
H=freqz(b,a,w);
subplot(2,1,2),plot(w/pi,H), grid
```

运行结果如图 7-51 所示。

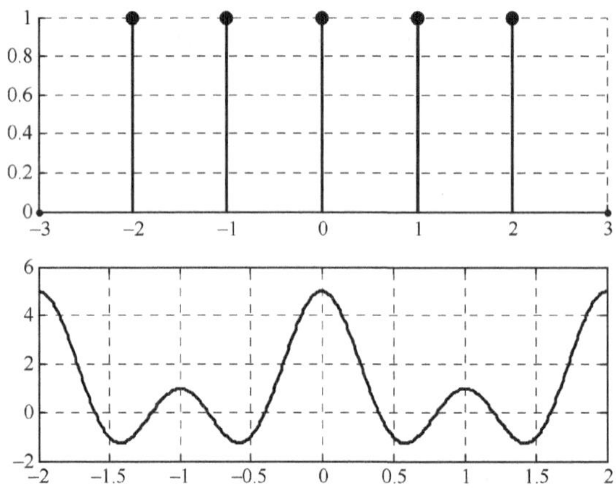

图 7-51　例 7-42 的运行结果

例 7-43　用 MATLAB 计算 $f(k)=\cos(2k)\varepsilon(k)$的 Z 变换。

解　实现程序

```
f = sym('cos(2*k)')
F = ztrans(f)
```

运行结果

```
F = (2*cos(1)^2-z-1)*z/(-1-2*z+4*z*cos(1)^2-z^2)
```

例 7-44　求下列离散时间序列的 Z 变换。(1) $f_1(k)=2a^k\varepsilon(k)$；(2) $f_2(k)=a^k\varepsilon(k-1)$；

(3) $f_3(k)=a^k\cos\left(\frac{k\pi}{2}\right)\varepsilon(k)$。

解　实现程序

```
fk1 = sym('2 * a^ k * Heaviside(k)');
Fz1 = ztrans(fk1),F1 = simplify(Fz1)
fk2 = sym('a^ k * Heaviside(k - 1)');
Fz2 = ztrans(fk2),F2 = simplify(Fz2)
fk3 = sym('a^ k * cos(k * pi/2)');
Fz3 = ztrans(fk3),F3 = simplify(Fz3)
```

运行结果

```
Fz1 = 2z/a/(z/a - 1); Fz2 = - a/( - z + a); Fz3 = z^ 2/(z^ 2 + a^ 2)
```

例 7-45　用 MATLAB 计算 $F(z)=\frac{z^3+z^2}{(z-1)^4}(|z|>1)$的 Z 反变换。

解　实现程序

```
F = sym('(z^ 3 + z^ 2)/(z - 1)^ 4')
f = iztrans(F)
```

运行结果

```
f = 1/6 * n + 1/2 * n^ 2 + 1/3 * n^ 3
```

2. LTI 离散系统的 z 域分析的 MATLAB 实现

例 7-46　已知 $H(z)=\frac{z^3+z^2}{(z-1)^4}$,试用 MATLAB 实现:(1)将 $H(z)$部分分式展开;(2)求其 Z 反变换 $h(k)$。

解　实现程序

```
%将 H(z)部分分式展开
b = [0,1,1,0]; a1 = [1, - 1,1]; a2 = [1, - 1,1];
a = conv(a1,a2);g = residuez(b,a),
%求 Z 反变换
syms z
H = sym('(z^ 3 + z^ 2)/(z - 1)^ 4');h = iztrans(H),
```

运行结果

```
g = [ 0.5000 - 0.2887i; - 0.5000 - 0.2887i;0.5000 + 0.2887i; - 0.5000 + 0.2887i ]
h = 1/6 * n + 1/2 * n^ 2 + 1/3 * n^ 3
```

例 7-47　已知某系统的系统函数为$H(z)=\frac{2z^2+2}{2z^3+3z^2+5z+1}$,求出系统的零点和极点,并且画出系统的零极图。

解　实现程序

```
a = [2,3,5,1];b = [2,0,2]
[r,p,k] = tf2zp(b,a)    %求出零点和极点。
zplane(b,a),grid        %画出零极图。
```

运行结果

```
r = 0 + 1.0000i,0 - 1.0000i
p = - 0.6370 + 1.3440i, - 0.6370 - 1.3440i, - 0.2260
```

零极图如图 7-52 所示。

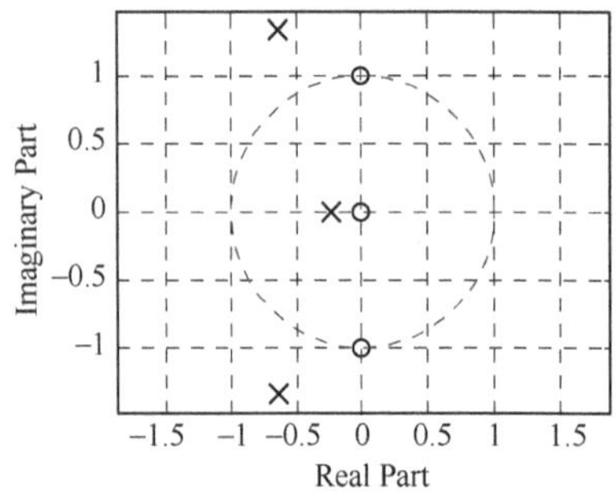

图 7-52 例 7-47 离散系统的零极图

例 7-48 绘制系统 $y(k)-0.9y(k-8)=f(k)-f(k-8)$ 的零极点图,并求它单位序列响应和系统的频率响应。

解 实现程序

```
b=[1 0 0 0 0 0 0 0 -1]; a=[1 0 0 0 0 0 0 0 -0.9];
[H,w]=freqz(b,a,1600,'whole'); Hm=abs(H);Hp=angle(H);
subplot(221);zplane(b1,a1);title('系统的零极图');
subplot(222);impz(b,a,30);title('系统的单位序列响应 h(n) ');grid on;
subplot(223);plot(w/pi,Hm); grid on; xlabel('\omega(rad/s)'); ylabel('|H(j\omega)|'); title('系统的幅频特性曲线');
subplot(224);plot(w/pi,Hp);grid on; xlabel('\omega(rad/s)');ylabel('\phi(j\omega)|');title('系统的相频特性曲线');
```

运行结果如图 7-53 所示,该系统为一梳妆滤波器。

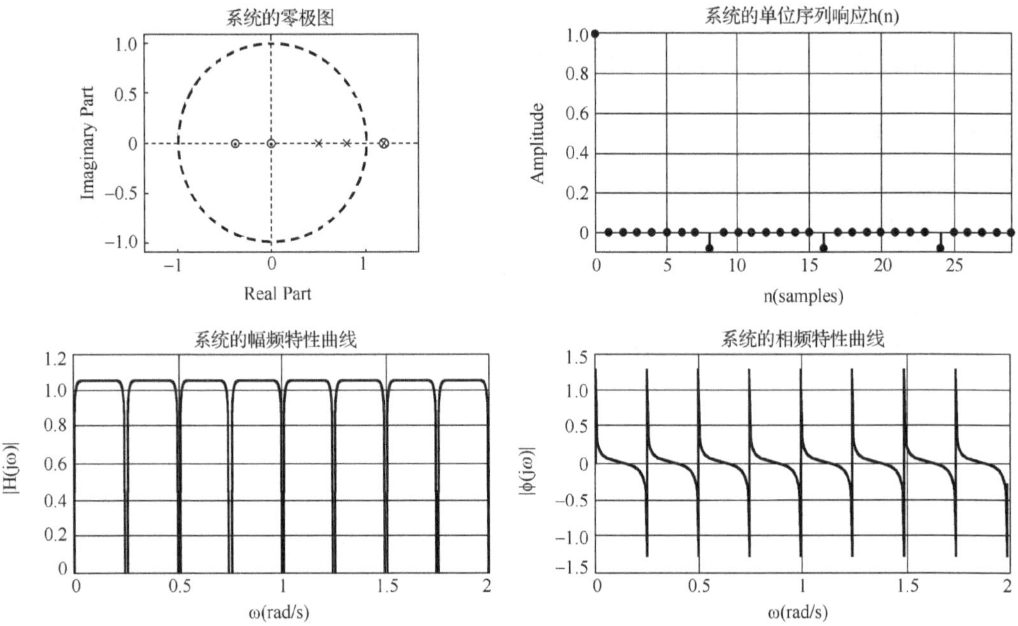

图 7-53 例 7-48 的运行结果图

例 7-49 试求例 5-26 的 MATLAB 解。

解 $$Y(z)=\frac{2z^3-11z^2+10z}{(z-1)(z-2)(z-3)}=\frac{2z^3-11z^2+10z}{z^3-6z^2+9z-6}$$

实现程序

```
syms z
Y=sym(' ((2*z^3-11*z^2+10*z)/(z^3-6*z^2+11*z-6))');
y=iztrans(Y)
```

运行结果

```
f =4*2^n+1/2-5/2*3^n
```

即

$$y(k)=\frac{1}{2}+4(2)^k-\frac{5}{2}(3)^k,\quad k\geqslant 0$$

7.4　状态变量分析法的 MATLAB 实现

MATLAB 的工具箱提供了一系列与实现状态变量分析相关的函数：

(1) 调用 tf2ss 函数实现将系统由传递函数模型转换为状态变量模型。

```
[A, B, C, D]= tf2ss(b, a)        %转换为状态变量型;反之亦然
```

(2) 调用 impuse(A,B,C,D);dimpuse(A,B,C,D)函数求单位冲激(序列)响应。

(3) 调用 step(A,B,C,D);dstep(A,B,C,D)函数求单位阶跃响应。

(4) 调用 freqs(A,B,C,D);freqz(A,B,C,D)函数求频率响应。

(5) 调用 bode(A,B,C,D);dbode(A,B,C,D)函数绘波特图。

(6) 调用 lsim 函数求状态方程的数值解。

```
sys=ss(A,B,C,D)
[y, t0, x]=lsim(sys, f, t, x0)            %求连续系统的数值解
[y, n, x]=lsim(sys, f, [ ], x0)           %求离散系统的数值解
```

(7) 调用 initial 函数求零输入响应。

```
sys=ss(A,B,C,D,1)
yzir=initial (sys, x0, t)                 % x0=ramda0 为初始条件矩阵
```

(8) 调用 ctrb(A,B)函数判断可控性。

(9) 调用 obsv(C,D)函数判断可观测性。

此外，MATLAB 提供 expm 函数用于求 e^{At}，满足用数值计算方法实现状态方程的求解。

值得注意的是，MATLAB 软件默认状态变量 x_1，x_2，…由小到大依次在信号流图上从左至右的排序，如图 7-54 所示，这个排序规定和第 6 章经典理论所说的排序相反。

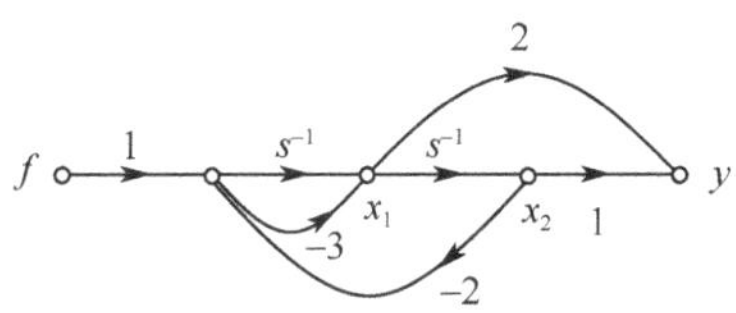

图 7-54　例 7-51 信号流图

7.4.1　动态方程的 MATLAB 实现

例 7-50　已知描述系统的微分方程为 $y''(t)+5y'(t)+10y(t)=f'(t)+f(t)$，利用 MATLAB 求系统的状态方程和输出方程。

解　根据题意可知，描述系统的系统函数为 $H(s)=\dfrac{s+1}{s^2+5s+10}$，故 MATLAB 命令为

```
[A,B,C,D]=tf2ss([1 1],[1,5,10])
```

运行结果

```
A=[-5,-10;1,0],B=[1;0],C=[1,1],D=[0]
```

对于离散系统的动态方程的表示与连续系统的表示是完全相同的，这里就不再介绍。

7.4.2 LTI 连续系统状态变量分析的 MATLAB 实现

例 7-51 已知描述系统状态方程的系数矩阵为

$$\boldsymbol{A}=\begin{bmatrix}-3 & -2\\ 1 & 0\end{bmatrix},\quad \boldsymbol{B}=\begin{bmatrix}1\\ 0\end{bmatrix},\quad \boldsymbol{C}=\begin{bmatrix}2 & 1\end{bmatrix},\quad \boldsymbol{D}=\begin{bmatrix}0\end{bmatrix}$$

对应的系统信号流图如图 7-54 所示，求系统输入 $f(t)=\mathrm{e}^{-t}\varepsilon(t)$得到的响应在 0～3 的图形。

解 实现程序

```
A = [-3,-2;1,0]; B = [1;0];
C = [2,1]; D = [0];
sys = ss(A,B,C,D);        % 得到系统模型
t = 0:0.1:3;
f = exp(-t);
y = lsim(sys,f,t);        % 得到系统响应
plot(t,y);
xlabel('t');
ylabel('y(t)');
grid on;
```

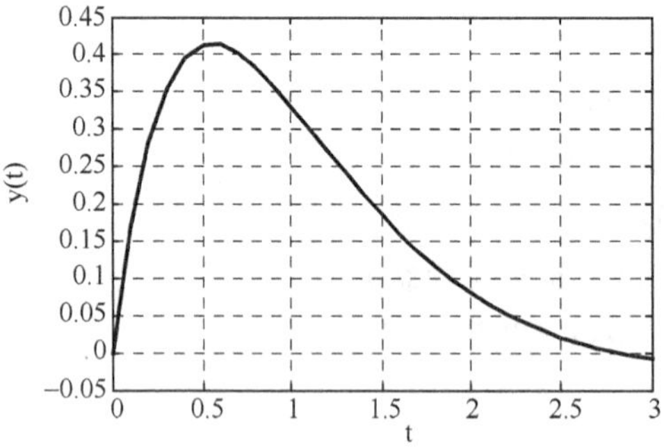

图 7-55 例 7-51 的运行结果

运行结果如图 7-55 所示。

例 7-52 已知

$$\begin{bmatrix}\dot{x}_1\\ \dot{x}_2\end{bmatrix}=\begin{bmatrix}1 & 2\\ 0 & -1\end{bmatrix}\begin{bmatrix}x_1\\ x_2\end{bmatrix}+\begin{bmatrix}0 & 1\\ 1 & 0\end{bmatrix}\begin{bmatrix}f_1\\ f_2\end{bmatrix}$$

$$\begin{bmatrix}y_1\\ y_2\end{bmatrix}=\begin{bmatrix}1 & 1\\ 0 & -1\end{bmatrix}\begin{bmatrix}x_1\\ x_2\end{bmatrix}+\begin{bmatrix}1 & 0\\ 1 & 0\end{bmatrix}\begin{bmatrix}f_1\\ f_2\end{bmatrix}$$

$$\begin{bmatrix}f_1\\ f_2\end{bmatrix}=\begin{bmatrix}\varepsilon(t)\\ \delta(t)\end{bmatrix},\quad \begin{bmatrix}x_1(0_-)\\ x_2(0_-)\end{bmatrix}=\begin{bmatrix}1\\ -1\end{bmatrix}$$

试求状态转移矩阵 e^{At}、系统函数矩阵$\boldsymbol{H}(s)$、单位冲激响应矩阵 $\boldsymbol{h}(t)$。

解 实现程序

```
syms t;
A = [1,2;0,-1]; B = [0,1;1,0]; C = [1,1;0,-1]; D = [1,0;1,0]; ramda0 = [1;-1];
expm(t*A)
ht = C*expm(t*A)*B+D*sym('Dirac(t)'),
hs = laplace(ht)
yZI =  C*expm(t*A)*ramda0,
yZS = ilaplace(laplace(C*expm(t*A)*B+ D*sym('Heaviside(t)'))*laplace(sym('Dirac
(t)')))
```

运行结果

```
ans = [ exp(t),-exp(-t)+exp(t);0,exp(-t)];
ht = [ exp(t)+dirac(t),exp(t);-exp(-t)+dirac(t),0];
hs = [ 1/(s-1)+1,1/(s-1);-1/(1+s)+1,0];
yZI = [ 0;exp(-t) ];
yZS = [ exp(t)+1,exp(t);-exp(-t)+1,0]。
```

7.4.3 LTI 离散系统状态变量分析的 MATLAB 实现

例 7-53　一离散时间系统的动态方程为

$$\begin{bmatrix} x_1(k+1) \\ x_2(k+1) \end{bmatrix} = \begin{bmatrix} 0 & 1 \\ -2 & 3 \end{bmatrix} \begin{bmatrix} x_1(k) \\ x_2(k) \end{bmatrix} + \begin{bmatrix} 0 \\ 1 \end{bmatrix} f(k)$$

$$\begin{bmatrix} y_1(k) \\ y_2(k) \end{bmatrix} = \begin{bmatrix} 1 & 1 \\ 2 & -1 \end{bmatrix} \begin{bmatrix} x_1(k) \\ x_2(k) \end{bmatrix}$$

已知 $x_1(0)=1, x_2(0)=-1, f(k)=\varepsilon(k)$，试用 MATLAB 求系统响应波形图。

解　实现程序

```
A=[0 1; -2 3]; B=[0;1]; C=[1 1;2 -1]; D=zeros(2,1)
                              %给出状态方程和输出方程
sys=ss(A,B,C,D,[ ])  %构造系统的模型
x0=[1;-1]             %给出初始条件
N=10
f=ones(1,N)           %给出激励信号
y=lsim(sys,f,[ ],x0) %得到响应
subplot(2,1,1)
y1=y(:,1)';
stem((0:N-1),y1,'filled')
xlabel('k'); ylabel('y1')
subplot(2,1,2)
y2=y(:,2)';
stem((0:N-1),y2,'filled')
xlabel('k'); ylabel('y2')
```

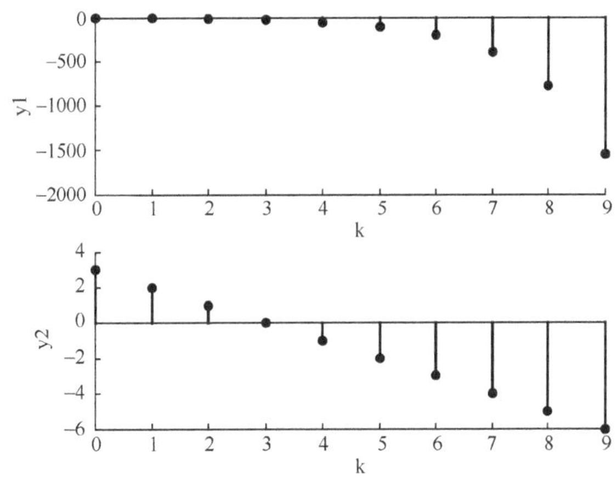

图 7-56　例 7-53 的运行结果

运行结果如图 7-56 所示。

例 7-54　一离散时间系统的动态方程为

$$\begin{bmatrix} x_1(k+1) \\ x_2(k+1) \end{bmatrix} = \begin{bmatrix} 0 & 1 \\ -2 & 3 \end{bmatrix} \begin{bmatrix} x_1(k) \\ x_2(k) \end{bmatrix} + \begin{bmatrix} 0 \\ 1 \end{bmatrix} f(k)$$

$$[y(k)] = \begin{bmatrix} 1 & 1 \\ 2 & -1 \end{bmatrix} \begin{bmatrix} x_1(k) \\ x_2(k) \end{bmatrix}$$

已知

$$\begin{bmatrix} x_1(0) \\ x_2(0) \end{bmatrix} = \begin{bmatrix} 1 \\ -1 \end{bmatrix}, \quad f(k)=\varepsilon(k)$$

试用 MATLAB 求系统响应的数值解。

解　实现程序

```
un=sym('Heaviside(n)');
A=sym([0,1;-2,3]); B=sym([0;1]);
C=sym([1,1;2,-1]); D=sym([0]); x0=[1;-1];
syms z
```

```
fn = [sym('Heaviside(n)')]; Fz = ztrans(fn); Az = inv(eye(2) - A/z);
Ak = simplify(iztrans(Az))
Hz = simplify(C * inv(z * eye(2) - A) * B + D), Yz = Hz * Fz;
yzir = simplify(iztrans(C * inv(eye(2) - A/z) * x0)),
yzsr = simplify(iztrans(Yz)),
yn = simplify(yzir + yzsr),
end
```

运行结果

```
Ak = [ - 2^n + 2,2^n - 1; - 2^(1 + n) + 2,2^(1 + n) - 1]
Hz = [(1 + z)/(z^2 - 3 * z + 2); - 1/(z - 1) ]
yzir = [ - 6 * 2^n + 6;3]
yzsr = [ - 3 - 2 * n + 3 * 2^n; - n]
yn  = [ - 3 * 2^n + 3 - 2 * n;3 - n]
```

7.4.4 系统可观测性和可控制性的 MATLAB 实现

例 7-55 已知系统的方程为

$$\begin{bmatrix}\dot{x}_1\\\dot{x}_2\end{bmatrix}=\begin{bmatrix}1 & 1\\2 & -1\end{bmatrix}\begin{bmatrix}x_1\\x_2\end{bmatrix}+\begin{bmatrix}0\\1\end{bmatrix}f$$

试判定该系统的可控制性。

解 实现程序

```
A = [1,1;2, - 1]; B = [0;1];
r = rank(ctrb(A,B))
End
```

运行结果

```
r = 2
```

由于可控性矩阵的秩与 **A** 矩阵的维数相等,故该系统可控制。

例 7-56 已知系统的方程为

$$\begin{bmatrix}\dot{x}_1(t)\\\dot{x}_2(t)\\\dot{x}_3(t)\end{bmatrix}=\begin{bmatrix}-1 & -2 & -1\\0 & 3 & 0\\0 & 0 & -2\end{bmatrix}\begin{bmatrix}x_1(t)\\x_2(t)\\x_3(t)\end{bmatrix}+\begin{bmatrix}2\\-2\\1\end{bmatrix}[f(t)]$$

$$[y(t)]=[2\quad 1\quad -1]\begin{bmatrix}x_1(t)\\x_2(t)\\x_3(t)\end{bmatrix}+[0][f(t)]$$

试判定该系统的可观测性。

解 实现程序

```
A = [ - 1, - 2, - 1;0,3,0;0,0, - 2]; C = [2,1, - 1];
r = rank(obsv(A,C))
end
```

运行结果

```
r = 2
```

由于可观性矩阵的秩小于 **A** 矩阵的维数,故该系统不可观测。

习　题

7.1　用 MATLAB 画出下列信号：

(1) $f_1(t)=(t-3)[\varepsilon(t)-\varepsilon(t-2)]$　　(2) $f_2(t)=\cos(10t)+\sin(5t)$

(3) $f_3(t)=3e^{-t}[\varepsilon(t)-\varepsilon(t-5)]$　　(4) $f_4(t)=3e^{-t}\sin(\pi t)$，取 $t=0\sim3$

7.2　利用 MATLAB 实现下列离散时间信号：

(1) $f_1(k)=3\delta(k-1)$　　(2) $f_2(k)=k\varepsilon(k)$

(3) $f_3(k)=k[\varepsilon(k+1)-\varepsilon(k-5)]$　　(4) $f_4(k)=(0.8)^k\varepsilon(k)$

7.3　已知信号 $f(t)=(2t+1)[\varepsilon(t+4)-\varepsilon(t)]$，用 MATLAB 绘出 $f(t+2)$、$f(-t+2)$ 和 $f(-2t+2)$ 的时域波形。

7.4　已知两个连续信号的时域波形如题 7.4 图所示，试用 MATLAB 求 $y(t)=f_1(t)*f_2(t)$ 的时域波形。

7.5　已知两个连续信号的时域波形如题 7.5 图所示，试用 MATLAB 求 $y(t)=f_1(t)*f_2(t)$ 的时域波形。

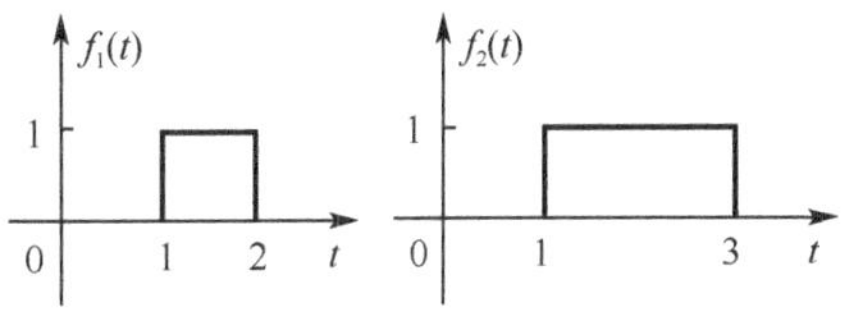

题 7.4 图

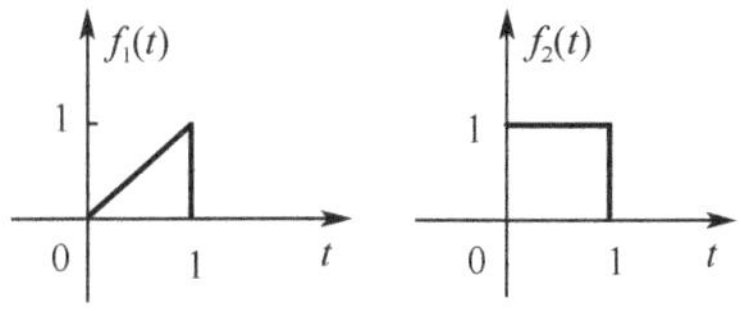

题 7.5 图

7.6　已知 $f_1(k)=3\varepsilon(k)$，$f_2(k)=(0.8)^k\varepsilon(k)$，利用 MATLAB 求 $y(k)=f_1(k)*f_2(k)$ 在 0～10 的结果。

7.7　已知描述某连续系统的微分方程 $y''(t)+5y'(t)+6y(t)=2f'(t)+f(t)$，求该系统的冲激响应。

7.8　已知描述连续系统的微分方程是 $y''(t)+3y'(t)+2y(t)=f'(t)+f(t)$，若输入的激励信号是 $f(t)=e^{-2t}\varepsilon(t)$，用 MATLAB 计算出系统的零状态响应 $y_{ZS}(t)$。

7.9　如题 7.9 图所示的电路中，电源上所加的激励为 $u_s(t)=e^{-t}\varepsilon(t)$，用 MATLAB 求电容器上的电压响应。

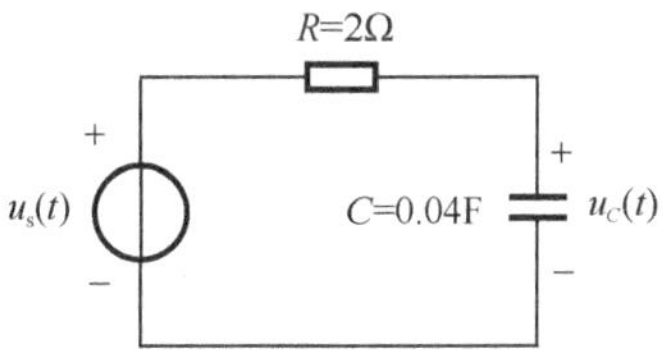

题 7.9 图

7.10　描述离散系统的差分方程

$$2y(k+2)-3y(k+1)+1.5y(k)=2f(k+1)+f(k)$$

(1) 利用 MATLAB 求系统的单位序列响应 $h(k)$；

(2) 如果系统输入的激励序列为 $f_4(k)=(0.6)^k\varepsilon(k)$，利用 MATLAB 求系统的零状态响应 $y_{ZS}(k)$。

7.11　利用 MATLAB 求题 7.11 图所示信号的傅里叶变换。

7.12　电路如题 7.12 图所示，已知 $R_1=1\text{k}\Omega$，$R_2=2\text{k}\Omega$，$C=0.2\mu\text{F}$，试用 MATLAB 求其频率特性。

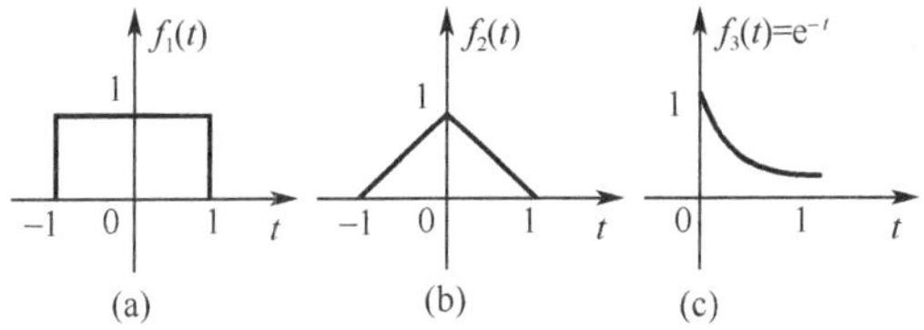

题 7.11 图

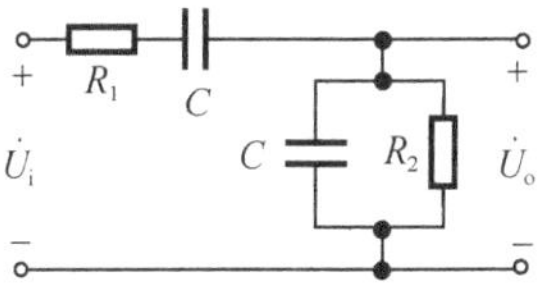

题 7.12 图

7.13　用 MATLAB 求下列函数的拉普拉斯变换：

(1) $f_1(t)=\sin(t)\sin(2t)\varepsilon(t)$　　(2) $f_2(t)=te^{-2t}\varepsilon(t)$

7.14　用 MATLAB 求下列函数的拉普拉斯反变换：

(1) $F_1(s)=\dfrac{s}{(s+1)(s+4)}$　　(2) $F_2(s)=\dfrac{s+2}{s^2+2s+5}$

7.15　描述连续系统的系统函数如下，试利用 MATLAB 绘出系统的极零图。

(1) $H_1(s)=\dfrac{s}{s^2+5s+4}$　　　　(2) $H_2(s)=\dfrac{s+2}{s^2+2s+5}$

7.16　设系统函数如下，试利用 MATLAB 绘出幅频响应曲线与相频响应曲线。

(1) $H_1(s)=\dfrac{1}{s}$　　　　(2) $H_2(s)=\dfrac{s}{s^2+3s+2}$

(3) $H_3(s)=\dfrac{s^2+1}{s^2+2}$　　　　(4) $H_4(s)=\dfrac{3(s-1)(s-3)}{(s+1)(s+3)}$

7.17　利用 MATLAB 求下列信号的 Z 反变换：

(1) $F_1(z)=\dfrac{2z}{z^2+2z+3}$　　　　(2) $F_2(z)=\dfrac{z+1}{z+3}$

7.18　已知某系统的系统函数为 $H(z)=\dfrac{z^2+1}{2z^3+3z^2+1}$，利用 MATLAB 求系统的零点和极点，并且画出系统的零极点图。

7.19　描述系统的微分方程为 $y''(t)+3y'(t)+4y(t)=2f'(t)+f(t)$，试用 MATLAB 求系统动态方程。

7.20　已知描述某离散时间系统的差分方程为

$$y(k+2)-5y(k+1)+6y(k)=f(k+1)+0.5f(k)$$

试用 MATLAB 求系统的动态方程的系数矩阵。

7.21　已知某连续时间系统的动态方程（对应的信号流图如题 7.21 图所示）为

$$\begin{bmatrix}\dot{x}_1(t)\\ \dot{x}_2(t)\end{bmatrix}=\begin{bmatrix}0 & 1\\ -2 & -3\end{bmatrix}\begin{bmatrix}x_1(t)\\ x_2(t)\end{bmatrix}+\begin{bmatrix}0\\ 1\end{bmatrix}f(t)$$

$$y(t)=\begin{bmatrix}1 & -2\end{bmatrix}\begin{bmatrix}x_1(t)\\ x_2(t)\end{bmatrix}$$

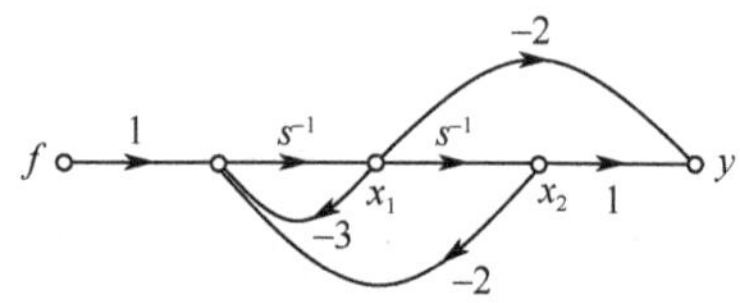

题 7.21 图

(1) 利用 MATLAB 求系统函数 $H(s)$；

(2) 若已知 $f(t)=e^{-t}\sin(t)\varepsilon(t)$，试用 MATLAB 求 t 在 0～3 范围内系统响应的数值解。

7.22　已知某离散系统的动态方程为

$$\begin{bmatrix}x_1(k+1)\\ x_2(k+1)\end{bmatrix}=\begin{bmatrix}0 & 1\\ -2 & 3\end{bmatrix}\begin{bmatrix}x_1(k)\\ x_2(k)\end{bmatrix}+\begin{bmatrix}0\\ 1\end{bmatrix}f(k)$$

$$y(k)=[2,-1]\begin{bmatrix}x_1(k)\\ x_2(k)\end{bmatrix}$$

(1) 已知 $f(k)=(0.5)^k\varepsilon(k)$，$y[0]=2$，试用 MATLAB 求系统响应的数值解；

(2) 判定该系统的可控制性和可观测性。

部分习题答案

第 1 章

1.1 (1) $E_{总}\to\infty, P=0.5\text{W}$, 非周期功率信号　(2) $E_{总}=1\text{J}, P=0$ 脉冲能量信号

(3) $E_{总}\to\infty, P\to\infty$ 非功非能信号　(4) $E_{总}\to\infty, P=25\text{W}$, 周期功率信号

(5) $E=\frac{1}{5}\text{J}, P=0$ 脉冲能量信号　(6) $E_{总}=1\text{J}, P=0$ 脉冲能量信号

1.2 (1) 非周期信号　(2) 周期信号, $T=\frac{\pi}{2}\text{s}$　(3) 周期信号, $T=\pi\text{s}$

(4) 周期信号, $T=60\text{s}$　(5) 周期信号, $T=\pi\text{s}$　(6) 周期信号, $N=m\frac{2\pi}{\Omega}=7$

1.3 (1) $6\cos\pi=-6$　(2) $2\cos 2t$　(3) $3e^{-t}\cos\left(3t+\frac{\pi}{2}\right)$　(4) $e^{-2}\cos\left(100t+\frac{\pi}{2}\right)$

1.4

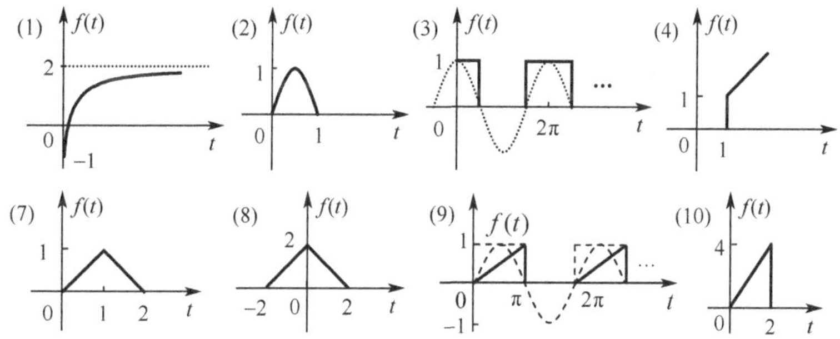

1.5 (1) $t>-2$　(2) $t>-1$　(3) $t<\frac{3}{2}$　(4) $t>-2$　(5) $t<6$

1.6 (a) $2\varepsilon(t+1)-\varepsilon(t-1)-\varepsilon(t-2)$　(b) $2\Delta_4(t-1)$　(c) $5\sin\pi t[\varepsilon(t)-\varepsilon(t-1)]$

(d) $2\varepsilon(-t-2)+2(t+2)\varepsilon(t+2)-2(t+1)\varepsilon(t+1)-2\varepsilon(t)+4t^2[\varepsilon(t)-\varepsilon(t-1)]-4(t-2)[\varepsilon(t-1)-\varepsilon(t-2)]+2[\varepsilon(t-2)-\varepsilon(t-3)]-2(t-4)[\varepsilon(t-3)-\varepsilon(t-4)]$

1.8 (1) $-\sin\varphi\delta(t)$　(2) $\sin\left(-\frac{\pi}{4}\right)\delta\left(t+\frac{1}{4}\right)$　(3) $-\sin\varphi\delta'(t)-\omega\cos\varphi\delta(t)$

(4) $\sin\left(-\frac{\pi}{4}\right)\delta'\left(t+\frac{1}{4}\right)-\pi\cos\left(-\frac{\pi}{4}\right)\delta\left(t+\frac{1}{4}\right)$

1.9 (1) $\sin\frac{\pi}{4}$　(2) 5　(3) 3　(4) 2　(5) 0　(6) 27

(7) $\sin 5\varepsilon(t-5)$　(8) $2\varepsilon(t)$　(9) 0　(10) $\delta(t)+\varepsilon(t)$

1.11 (a) $\varepsilon(k+2)$　(b) $\varepsilon(k-1)-\varepsilon(k-6)$　(c) $R(2-k)$　(d) $(-1)^k\varepsilon(k)$

1.13 (1) $k\varepsilon(k)+2^{k-1}\varepsilon(k-1)$　(2) $k\varepsilon(k)-2^{k-1}\varepsilon(k-1)$　(3) $2^{k-1}k\varepsilon(k-1)$

(4) $(k-1)\varepsilon(k-1)+2^k\varepsilon(k)$　(5) $(k-1)2^k\varepsilon(k-1)$

1.19 (a)(1) $2i'''(t)+5i''(t)+5i'(t)+3i(t)=2u_s''(t)+u_s'(t)+u_s(t)$,

(2) $2u'''(t)+5u''(t)+5u'(t)+3u(t)=2u_s'(t)$

(b)(1) $i''(t)+3i'(t)+i(t)=u_s''(t)+u_s'(t)$

(2) $u''(t)+3u'(t)+u(t)=u_s''(t)+2u_s'(t)+u_s(t)$

1.20 $y(k)-(1+\alpha-\beta)y(k-1)=f(k)$

1.21 $y(k)-(1+\beta)y(k-1)=f(k)$

1.22 $y(k+1)=\frac{2}{3}y(k)$

1.23 (1) 线性 (2) 非线性 (3) 非线性 (4) 非线性
(5) 非线性 (6) 非线性 (7) 非线性 (8) 线性

1.24 (1) 线性非时变 (2) 线性时变 (3) 非线性非时变 (4) 非线性非时变
(5) 线性非时变 (6) 线性时变 (7) 非线性非时变 (8) 线性时变
(9) 线性时变 (10) 非线性非时变 (11)线性非时变 (12)线性时变
(13)线性时变

1.25 (1) $\delta(t)-2e^{-2t}\varepsilon(t)$ (2) $\frac{1}{2}(1-e^{-2t})\varepsilon(t)$

1.26 $6+27e^{-t}+2e^{-3t}$, $t\geqslant0$

1.27 (1) $5e^{-2t}-4e^{-3t}$, $t\geqslant0$ (2) $2e^{-2t}-2e^{-3t}$, $t\geqslant0$

1.28 $y_{ZS}(k)=\left[1-\left(\frac{1}{2}\right)^k\right]\varepsilon(k)$; $y_{ZI}(k)=\left(\frac{1}{2}\right)^k$, $k\geqslant0$; $y(k)=4-2\left(\frac{1}{2}\right)^k$, $k\geqslant0$

1.29 (1) 非线性时不变因果系统 (2) 非线性时变非因果系统
(3) 非线性时不变因果系统 (4) 线性时变因果系统
(5) 线性时变非因果系统 (6) 线性时变因果系统
(7) 线性时变因果系统 (8) 线性时变非因果系统

1.31 (1) $y'''(t)+3y''(t)-y'(t)=2f''(t)+f'(t)+3f(t)$
(2) $y(k+2)-2y(k+1)+3y(k)=4f(k+2)-5f(k+1)+6f(k)$
(3) $y(k+2)-2y(k+1)+4y(k)=2f(k+1)+f(k)$

1.32 $a_1=-\alpha_1$, $a_0=-\alpha_0$, $b_1=+\beta_1$, $b_0=\beta_0-\alpha_1\beta_1$

第 2 章

2.1 (1) $2e^{-2t}-e^{-3t}$ (2) $2\cos t$

2.2 (1) $y(0_+)=0, y'(0_+)=1$ (2) $y(0_+)=0, y'(0_+)=2$
(3) $y(0_+)=0, y'(0_+)=2$ (4) $y(0_+)=1, y'(0_+)=3$

2.3 (1) $y_{ZI}(t)=2e^{-t}-e^{-3t}$, $y_{ZS}(t)=\left(\frac{1}{3}-\frac{1}{2}e^{-t}+\frac{1}{6}e^{-3t}\right)\varepsilon(t)$

$y(t)=\frac{1}{3}+\frac{3}{2}e^{-t}-\frac{5}{6}e^{-3t}$, $t>0$

(2) $y_{ZI}(t)=(4t+1)e^{-2t}$, $y_{ZS}(t)=[-(t+2)e^{-2t}+2e^{-t}]\varepsilon(t)$
$y(t)=(3t-1)e^{-2t}+2e^{-t}$, $t>0$

(3) $y_{ZI}(t)=e^{-t}\sin t$ $y_{ZS}(t)=e^{-t}\sin t\varepsilon(t)$ $y(t)=2e^{-t}\sin t$, $t>0$

2.4 (1) $y(k)=5(-1)^k-3(-2)^k$, $k\geqslant0$ (2) $y(k)=(\sqrt{2})^k\sin\frac{3\pi}{4}k$, $k\geqslant0$
(3) $y(k)=(1-2k)(-1)^k$, $k\geqslant0$ (4) $y(k)=2(2)^k$, $k\geqslant0$
(5) $y(k)=\frac{2\sqrt{3}}{3}2^k\sin\left(\frac{2\pi}{3}k\right)$, $k\geqslant0$ (6) $y(k)=3^k-(k+1)2^k$, $k\geqslant0$

2.5 (1) $y_{ZI}(k)=2(-1)^k-4(-2)^k$, $k\geqslant0$ (2) $y_{ZI}(k)=(2k+1)(-1)^k$, $k\geqslant0$
(3) $y_{ZI}(k)=-\cos\left(\frac{\pi k}{2}\right)+2\sin\left(\frac{\pi k}{2}\right)=\sqrt{5}\cos\left(\frac{\pi k}{2}-63.4°\right)$

2.6 (1) $y_{ZI}(k)=-2(2)^k$; $y_{ZS}(k)=[4(2)^k-2]\varepsilon(k)$; $y(k)=2(2)^k-2$, $k\geqslant0$
(2) $y_{ZI}(k)=(-1)^k-4(-2)^k$, $k\geqslant0$; $y_{ZS}(k)=\left[-\frac{1}{2}(-1)^k+\frac{4}{3}(-2)^k+\frac{1}{6}\right]\varepsilon(k)$;

$y(k)=\frac{1}{6}+\frac{1}{2}(-1)^k-\frac{8}{3}(-2)^k$, $k\geqslant0$

2.7 (a) $h_i(t)=\frac{5}{9}e^{-5t}\varepsilon(t)$， $h_u(t)=\frac{10}{3}e^{-5t}\varepsilon(t)$

(b) $h_i(t)=\frac{5}{2}e^{-t}\sin 2t\varepsilon(t)$， $h_u(t)=e^{-t}\cos 2t\varepsilon(t)-\frac{1}{2}e^{-t}\sin 2t\varepsilon(t)$

2.8 (1) $h(t)=\delta(t)-3e^{-2t}\varepsilon(t)$， $g(t)=\left(-\frac{1}{2}+\frac{3}{2}e^{-2t}\right)\varepsilon(t)$

(2) $h(t)=\delta'(t)-2\delta(t)+4e^{-2t}\varepsilon(t)$， $g(t)=\delta(t)-2e^{-2t}\varepsilon(t)$

2.9 (1) $h(t)=\frac{1}{4}\sin 2t\varepsilon(t)$ (2) $h(t)=\frac{2}{\sqrt{3}}e^{-\frac{t}{2}}\cos\left(\frac{\sqrt{3}}{2}t-30^\circ\right)\varepsilon(t)$

(3) $h(t)=(1+t)e^{-t}\varepsilon(t)$ (4) $h(t)=\left(\frac{1}{2}e^{-t}-\frac{1}{2}e^{-3t}\right)\varepsilon(t)$

2.10 (1) $h(k)=(-2)^{k-1}\varepsilon(k-1)$ (2) $h(k)=(-2)^{k-1}\varepsilon(k-1)$

(3) $h(k)=(k+1)\left(-\frac{1}{2}\right)^k\varepsilon(k)$ (4) $h(k)=\sqrt{2}(2\sqrt{2})^k\cos\left(\frac{\pi k}{4}-\frac{\pi}{4}\right)\varepsilon(k)$

(5) $h(k)=-(\sqrt{2})^k\cos\left(\frac{3\pi k}{4}\right)\varepsilon(k-1)$

2.11 (a) $h(k)=2\delta(k-1)-(-1)^k\varepsilon(k-2)$ (b) $h(k)=\frac{1}{2}[(0.6)^k+(0.4)^k]\varepsilon(k)$

2.12 (1) $h(k)=(3^k-2^k)\varepsilon(k)$ (2) $h(k)=\frac{10}{3}[(0.5)^k-(0.2)^k]\varepsilon(k)$

2.13 (a) $f(t)=\begin{cases}0, & t<0 \text{ 及 } t>4\\ \frac{1}{4}t^2, & 0\leqslant t<2\\ 1-\frac{(t-2)^2}{4}, & 2\leqslant t<4\end{cases}$ (b) $f(t)=1+(1-e^{-t})\varepsilon(t)$

(c) $f(t)=2[(1-\cos t)\varepsilon(t)-(1-\cos t)\varepsilon(t-1)]-2\{[1-\cos(t-1)]\varepsilon(t-1)-[1-\cos(t-1)]\varepsilon(t-\pi-1)\}$

(d) $f(t)=\Delta_4(t+2)+\Delta_4(t-2)$

2.14 $y_{ZS}(t)=f^{(-1)}(t)*h'(t)=2R(t-1)+2R(t-3)-4R(t-5)$， $y_{ZS}(4)=8$

2.16 (1) $t\varepsilon(t)$ (2) $0.5(1-e^{-2t})\varepsilon(t)$ (3) $(e^{-t}-e^{-2t})\varepsilon(t)$

(4) $\frac{1}{4}(2t-1+e^{-2t})\varepsilon(t)$ (5) $\frac{1}{2}(\cos t+\sin t-e^{-t})\varepsilon(t)$

(6) $\frac{1}{2}[t^2\varepsilon(t)-(t-2)^2\varepsilon(t-2)]$ (7) $\frac{1}{2}e^2[1-e^{-2(t-2)}]\varepsilon(t-2)$

(8) e^{-t} (9) $\begin{cases}e^{t-1}, & t<3\\ e^2, & t\geqslant 3\end{cases}$

(10) $\frac{1}{2}e^{2(t-2)}\varepsilon(-t+2)+\frac{1}{2}\varepsilon(t-2)+\left[1-\frac{1}{2}e^{-2(t-2)}\right]\varepsilon(t-2)$

(11) $\frac{1}{\pi}|\cos(\pi t)|[\varepsilon(t)-\varepsilon(t-4)]$

(12) $[e^{(t-2)}-e^t]\varepsilon(-t)+(1-e^{-t})\varepsilon(t)-[1-e^{-(t-2)}]\varepsilon(t-2)+[e^{(t-2)}-1][\varepsilon(t)-\varepsilon(t-2)]$

2.17 (1) $\Delta_4(t+2)+\Delta_4(t-2)$ (2) $\Delta_4(t+1)+\Delta_4(t-1)$

(3) $\Delta_4(t-2)-\Delta_4(t-3)+\Delta_4(t-4)$ (4) $\Delta_4(t+4)+2\Delta_4(t)+\Delta_4(t-4)$

(5) $\Delta_4(t-2)-2\Delta_4(t-3)+\Delta_4(t-4)$

2.18 $y_1(t)=[f(t)\cdot\delta_T(t)]*g_\tau(t)$， $y_2(t)=f(t)\cdot[g_\tau(t)*\delta_T(t)]$

2.19 (1) t^2 (2) $\frac{1}{3}e^{-2\left(t-\frac{2}{3}\right)}\varepsilon\left(t-\frac{2}{3}\right)$

(3) $\sin\pi t[\varepsilon(t)-2\varepsilon(t-1)+\varepsilon(t-2)]$

(4) $e^{-t}\varepsilon(t)$　　(5) $e^{-2t}\varepsilon(t)$

2.20　(1) $h(t)=e^{-(t-2)}\varepsilon(t-2)$

(2) $y_{zs}(t)=[1-e^{-(t-1)}]\varepsilon(t-1)-[1-e^{-(t-4)}]\varepsilon(t-4)$

2.21　$h(t)=2\delta(t)+2\delta(t-1)$，　$y_{zs}(t)=2[\varepsilon(t)-\varepsilon(t-2)]$

2.22　(1) $h(t)=t\varepsilon(t)-2(t-1)\varepsilon(t-1)+(t-2)\varepsilon(t-2)$

2.23　(1) $y_{zs}(t)=(-2e^{-t}+0.5e^{-2t}+1.5)\varepsilon(t)$　　(2) $y_{zs}(t)=(e^{-t}-e^{-2t})\varepsilon(t)$

2.24　$y_{zs}(t)=(0.5+e^{-t}-1.5e^{-2t})\varepsilon(t)$

2.25　$h(t)=\varepsilon(t)-\varepsilon(t-1)$

2.26　$h(t)=\varepsilon(t)+\varepsilon(t-1)+\varepsilon(t-2)-\varepsilon(t-3)-\varepsilon(t-4)-\varepsilon(t-5)$

2.27　(1) $y_{zs}(t)=\dfrac{A}{T}[t\varepsilon(t)-3(t-T)\varepsilon(t-T)+3(t-2T)\varepsilon(t-2T)-(t-3T)\varepsilon(t-3T)]$

(2) $y_{zs}(t)=f''(t)*g^{(-1)}(t)=\dfrac{A}{2T}[t^2\varepsilon(t)-3(t-T)^2\varepsilon(t-T)+3(t-2T)^2\varepsilon(t-2T)$

$-(t-3T)^2\varepsilon(t-3T)]-A[(t-T)\varepsilon(t-T)-2(t-2T)\varepsilon(t-2T)$

$+(t-3T)\varepsilon(t-3T)]$

2.28　(a) $h(t)=0.5\delta'(t)+0.25\delta(t)-0.125e^{-0.5t}\varepsilon(t)$

$g(t)=0.5\delta(t)+0.25e^{-0.5t}\varepsilon(t)$

(b) $h(t)=0.5\delta'(t)-0.5\delta(t)+0.5e^{-t}\varepsilon(t)$

$g(t)=0.5\delta(t)-0.5e^{-t}\varepsilon(t)$

2.29　(1) $\{\cdots, 0, 1, 3, 4, \underset{\uparrow}{4}, 4, 3, 1, 0, \cdots\}$

(2) $\{\cdots, 0, 3, 5, \underset{\uparrow}{6}, 6, 6, 3, 1, 0, \cdots\}$

(3) $\{\cdots, 0, \underset{\uparrow}{3}, -1, 2, -2, -1, -1, 0, \cdots\}$

(4) $\{\cdots, 0, 3, 2, \underset{\uparrow}{-2}, -2, 2, 2, 1, 0, \cdots\}$

2.30　(1) $\{\underset{\uparrow}{0}, 0, 1, 3, 5, 3\}$　　(2) $\{\underset{\uparrow}{1}, 2, 2, 1, -2\}$

2.31　(1) $(k+1)\varepsilon(k)$　　(2) $\dfrac{k}{6}(k+1)(k-1)\varepsilon(k)$　　(3) $(k+1)a^k\varepsilon(k)$

(4) $\dfrac{a^{k+1}-b^{k+1}}{a-b}\varepsilon(k)$　　(5) $[2-(0.5)^k]\varepsilon(k)-[2-(0.5)^{k-5}]\varepsilon(k-5)$

2.32　(1) $y_{zi}(k)=\cos\dfrac{2\pi k}{3}+\dfrac{5}{\sqrt{3}}\sin\dfrac{2\pi k}{3}$；　$y_{zs}(k)=\left(\dfrac{1}{3}-\dfrac{1}{3}\cos\dfrac{2\pi k}{3}-\dfrac{1}{\sqrt{3}}\sin\dfrac{2\pi k}{3}\right)\varepsilon(k)$

$y(k)=\dfrac{1}{3}+\dfrac{2}{3}\cos\dfrac{2\pi k}{3}+\dfrac{4\sqrt{3}}{3}\sin\dfrac{2\pi k}{3}$，　$k\geqslant 0$

(2) $y_{zi}(k)=(2k-1)(-1)^k$；　$y_{zs}(k)=\left[\left(2k+\dfrac{8}{3}\right)(-1)^k+\dfrac{1}{3}\left(\dfrac{1}{2}\right)^k\right]\varepsilon(k)$

$y(k)=\left(4k+\dfrac{5}{3}\right)(-1)^k+\dfrac{1}{3}\left(\dfrac{1}{2}\right)^k$　$k\geqslant 0$

2.33　$h(k)=\delta(k)-(0.5)^k\varepsilon(k-1)=2\delta(k)-(0.5)^k\varepsilon(k)$

2.34　(a) $y_{zs}(k)=\left[\dfrac{4}{5}(2)^k+\dfrac{1}{5}\left(-\dfrac{1}{2}\right)^k\right]\varepsilon(k)$

(b) $y_{zs}(k)=\left[-2+\dfrac{8}{3}(2)^k+\dfrac{1}{3}\left(\dfrac{1}{2}\right)^k\right]\varepsilon(k)$

2.35　(1) $y(k)-(1+\beta)y(k-1)=f(k)$

(2) $y(k)=\left(20+\dfrac{10}{\beta}\right)(1+\beta)^k-\dfrac{10}{\beta}=3353.3(1.003)^K-3333.3$，　$y(k)=142.732$ 元

2.36　$1+\dfrac{k(k+1)}{2}$　$k\geqslant 0$

2.37 $h(k)=\varepsilon(k)-\varepsilon(k-N)$

2.38 $h(k)=-5[1-(0.8)^{k+1}]\varepsilon(k)+5[1-(0.8)^{k-2}]\varepsilon(k-3)$

第 3 章

3.1 (1) 正交不完备　　(2) 非正交

3.2 $\frac{a_0}{2}=1,\quad a_n=\frac{8}{n2\pi}\sin\left(\frac{n2\pi}{4}\right)=\frac{4}{n\pi}\sin\left(\frac{n\pi}{2}\right),\quad n=1,2,\cdots\quad \omega_0=\frac{\pi}{2}$

$F_n=\mathrm{Sa}\left(\frac{n\pi}{2}\right),\quad n=0,\pm1,\pm2,\cdots$

3.3 (a) $f_1(t)$ 为偶函数、奇谐函数；$f_1(t)=f(t)-1=\sum\limits_{n=-\infty}^{\infty}\frac{2}{n\pi}\sin\left(\frac{n\pi}{2}\right)e^{jn\omega_0 t}$　n 为奇数

(b) $f_2(t)$ 为奇函数、奇谐函数；$f_2(t)=f_1(t-1)=\sum\limits_{n=-\infty}^{\infty}\frac{1}{jn\pi}(1-\cos n\pi)e^{jn\omega_0 t}$　n 为奇数

3.4 $F_0=1$

3.5 (a) 余弦，奇谐分量　　(b) 正弦分量

(c) 余弦，偶谐分量　　(d) 正、余弦奇谐分量

3.8 (a) $F_{1n}=\frac{A\omega_0}{[\omega_0^2-(n\omega_0)^2]T}(1+2e^{-j\frac{n\omega_0T}{2}}+e^{-jn\omega_0T})=\frac{2A}{(1-n^2)\pi}$，$n$ 为偶数，$n\neq1$，$F_{\parallel}=0$

(b) $F_{1n}=\frac{1}{j2n\omega_0}\left[\mathrm{Sa}\left(\frac{n\omega_0}{2}\right)e^{-j\frac{n\omega_0}{2}}-e^{-jn\omega_0}\right]$，$n\neq0$，$F_0=\frac{1}{4}$

3.9 (1) $F_{1n}=F_n e^{-jn\omega_0 t}$　(2) $F_{2n}=F_{-n}$　(3) $F_{3n}=jn\omega_0 F_n$

3.10 (1) $f(t)=2+2e^{j\left(\omega_0t+\frac{2\pi}{3}\right)}+2e^{-j\left(\omega_0t+\frac{2\pi}{3}\right)}+e^{j\left(2\omega_0t+\frac{\pi}{3}\right)}+e^{-j\left(2\omega_0t+\frac{\pi}{3}\right)}$

(3) $f(t)=2+4\cos\left(\omega_0t+\frac{2\pi}{3}\right)+2\cos\left(2\omega_0t+\frac{\pi}{3}\right)$

3.11 $f_T(t)=\sum\limits_{n=1}^{\infty}\cos n\omega_0t-\sum\limits_{n=1}^{\infty}\cos n\omega_0(t-1)$ 或 $f_T(t)=\sum\limits_{n=-\infty}^{\infty}\frac{1}{2}(1-e^{-jn\omega_0})e^{jn\omega_0t}$

3.12 (1) 常数项

(2) 偶函数 a_0、a_n；奇函数 b_n；偶谐函数 n 为偶数；奇谐函数 n 为奇数

(3) $f(2t)\to2B_\omega$，$f\left(\frac{t}{2}\right)\to\frac{B_\omega}{2}$，$f(t-2)\to B_\omega$

(4) 信号的有效带宽 B_ω 与脉冲宽度 τ 之间成反比

3.13 (a) $\mathrm{Sa}\left(\frac{\omega}{2}\right)e^{-j0.5\omega}+2\mathrm{Sa}(\omega)e^{-j\omega}$　(b) $j\frac{2}{\omega}\left[\cos\left(\frac{\omega T}{2}\right)-\mathrm{Sa}\left(\frac{\omega T}{2}\right)\right]$，$F(0)=0$

(c) $\frac{T}{2j}\left[\mathrm{Sa}\frac{(\omega-\omega_0)T}{2}-\mathrm{Sa}\frac{(\omega+\omega_0)T}{2}\right]$　或　$\frac{\omega_0}{\omega^2-\omega_0^2}(e^{j\frac{\omega T}{2}}-e^{-j\frac{\omega T}{2}})$

3.14 (1) $\int_{-\infty}^{\infty}\left[\frac{\sin(t)}{t}\right]^2dt=\pi$　(2) $\int_{-\infty}^{\infty}\frac{dt}{(1+t^2)^2}=\frac{\pi}{2}$

3.16 (1) $\varphi(\omega)=\begin{cases}-\omega, & \mathscr{F}[f(t)]\geqslant0\\ -\omega+\pi, & \mathscr{F}[f(t)]<0\end{cases}$　(2) $F(0)=7$

(3) $\int_{-\infty}^{\infty}F(j\omega)d\omega=4\pi$　(4) $\int_{-\infty}^{\infty}F(j\omega)\mathrm{Sa}(\omega)e^{j2\omega}d\omega=3.5\pi$

(5) $\int_{-\infty}^{\infty}|F(j\omega)|^2d\omega=\frac{76\pi}{3}$

3.17 (1) $30\mathrm{Sa}(3\omega)$　(2) $\frac{1}{j\omega+5}$　(3) $\frac{4}{\omega^2+4}$

(4) $4\mathrm{Sa}^2(\omega)$　(5) $\frac{1}{2-j\omega}$　(6) $e^{-j2\omega}$

3.18 (1) $te^{-6t}\varepsilon(t)$ (2) $2g_6(t)$ (3) $2e^{-2|t|}$ (4) $t\mathrm{sgn}(t)$

(5) $g_4(t)+3\mathrm{sgn}(t)$ (6) $e^{-2t}(\cos 5t+\sin 5t)\varepsilon(t)$

3.19 (1) $\frac{\pi}{5}g_{10}(\omega)$ (2) $2\pi e^{-|\omega|}$ (3) $2\pi e^{2\omega}\varepsilon(-\omega)$ (4) $\Delta_{4\pi}(\omega)$

3.20 (1) $\frac{\mathrm{j}}{\pi t}$ (2) $\frac{1}{2}[\delta(t+2)+\delta(t-2)]$ (3) $\frac{1}{\pi}\mathrm{Sa}^2(t)$

3.22 (a) $f(t)=\frac{A\omega_0}{\pi}\mathrm{Sa}[\omega_0(t+t_0)]$ (b) $f(t)=-\frac{2A}{\pi t}\sin^2\left(\frac{\omega_0 t}{2}\right)=-\frac{At\omega_0^2}{2\pi}\mathrm{Sa}^2\left(\frac{\omega_0 t}{2}\right)$

3.23 (1) $3\mathrm{Sa}\left(-\frac{\omega}{2}\right)e^{-\mathrm{j}2\omega}$ (2) $\frac{1}{\mathrm{j}\omega+1}(e-e^{-\mathrm{j}\omega})$

(3) $g_{4\pi}(\omega)e^{-\mathrm{j}\omega}$ (4) $2\tau\mathrm{Sa}\left(\frac{\omega\tau}{2}\right)\cos t_0\omega$

(5) $(3+\mathrm{j}\omega)e^{-\mathrm{j}\omega}$ (6) $2\pi\delta(\omega)-\frac{4\sin(3\omega)}{\omega}$

(7) $\pi\delta(\omega+2)+\frac{1}{\mathrm{j}(\omega+2)}$ (8) $\frac{1}{\mathrm{j}(\omega+2)+3}$

3.24 (1) $F(\mathrm{j}\omega)=\frac{1}{\mathrm{j}\omega}\left[\mathrm{Sa}\left(\frac{\omega}{2}\right)e^{-\mathrm{j}\frac{\omega}{2}}-e^{-\mathrm{j}2\omega}\right]$

(2) $F_1(\omega)=2F(2\omega)e^{-\mathrm{j}2\omega}=\frac{1}{\mathrm{j}\omega}[\mathrm{Sa}(\omega)e^{-\mathrm{j}3\omega}-e^{-\mathrm{j}6\omega}]$

$F_2(\omega)=\frac{1}{2}F\left(\frac{\omega}{2}\right)e^{-\mathrm{j}\frac{\omega}{2}}=\frac{1}{\mathrm{j}\omega}\left[\mathrm{Sa}\left(\frac{\omega}{4}\right)e^{-\mathrm{j}\frac{3\omega}{4}}-e^{-\mathrm{j}\frac{3\omega}{2}}\right]$

3.25 (1) $\frac{1}{2}\left[\frac{1}{\mathrm{j}(\omega+\pi)+1}+\frac{1}{\mathrm{j}(\omega-\pi)+1}\right]$

(2) $\mathrm{Sa}(\omega)+\frac{1}{2}[\mathrm{Sa}(\omega+\pi)+\mathrm{Sa}(\omega-\pi)]=\frac{\pi^2\sin\omega}{\omega(\pi^2-\omega^2)}$

(3) $\pi[\delta(\omega+\pi)+\delta(\omega-\pi)]+\frac{1}{(\omega+\pi)^2+1}+\frac{1}{(\omega-\pi)^2+1}$

(4) $\pi[\delta(\omega+\omega_0)+\delta(\omega-\omega_0)]+\pi[\delta(\omega+\omega_m-\omega_0)+\delta(\omega-\omega_m-\omega_0)]$

$+\pi[\delta(\omega-\omega_m+\omega_0)+\delta(\omega+\omega_m+\omega_0)]$

3.26 (a) $\frac{\mathrm{j}4}{\omega}\sin^2\left(\frac{\omega\tau}{2}\right)$ (b) $16\mathrm{Sa}(4\omega)-2\mathrm{Sa}^2(\omega)$

(c) $\frac{1}{\alpha+\mathrm{j}\omega}[1-e^{-(\alpha+\mathrm{j}\omega)T}]$

(d) $A\tau\left\{\mathrm{Sa}\left[\tau\left(\omega+\frac{\pi}{2\tau}\right)\right]+\mathrm{Sa}\left[\tau\left(\omega-\frac{\pi}{2\tau}\right)\right]\right\}-A\tau_0\left\{\mathrm{Sa}\left[\tau_0\left(\omega+\frac{\pi}{2\tau}\right)\right]+\mathrm{Sa}\left[\tau_0\left(\omega-\frac{\pi}{2\tau}\right)\right]\right\}$

$+2A\tau_0\cos\frac{\pi\tau_0}{2\tau}\mathrm{Sa}(\tau_0\omega)$

(e) $\frac{\pi}{5}\mathrm{Sa}\left[\frac{\pi}{5}(\omega+20)\right]+\frac{\pi}{5}\mathrm{Sa}\left[\frac{\pi}{5}(\omega-20)\right]$

(f) $\frac{1}{2}\mathrm{Sa}^2\left[\frac{1}{2}(\omega+10\pi)\right]+\frac{1}{2}\mathrm{Sa}^2\left[\frac{1}{2}(\omega-10\pi)\right]$

3.27 $Y_{ZS}(\mathrm{j}\omega)=4\mathrm{Sa}^2(\omega)\cos(2\omega)$

3.28 (1) $\frac{\pi}{4}[g_4(\omega+3)+g_4(\omega-3)]$ (2) $\mathrm{Sa}(\omega+3)+\mathrm{Sa}(\omega-3)$

3.29

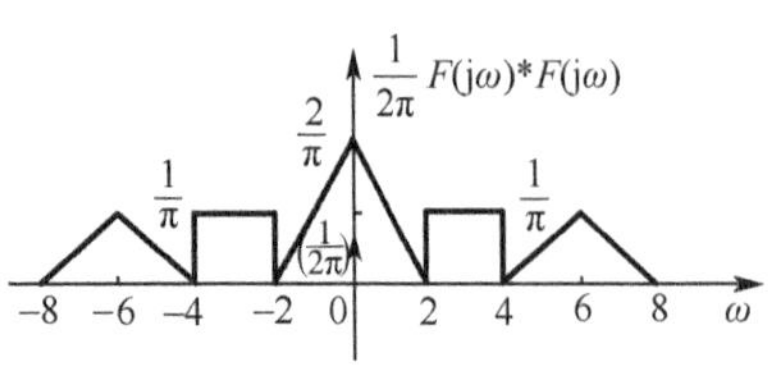

3.30 (a) $F_1(j\omega)=\frac{2}{j\omega}[\mathrm{Sa}(\tau\omega)-\cos(\tau\omega)]$ (b) $F_2(j\omega)=\frac{2}{\omega}\mathrm{Sa}\left(\frac{\tau\omega}{8}\right)\sin\left(\frac{3\tau\omega}{8}\right)$

3.31 (a) $F_1(j\omega)=\frac{1}{j\omega}\left[\mathrm{Sa}\left(\frac{\omega}{2}\right)e^{-j\frac{\omega}{2}}-e^{-j\omega}\right]$

(b) $F_2(j\omega)=F_1(-j\omega)-F_1(j\omega)=\frac{2}{\omega}\left[\mathrm{Sa}\left(\frac{\omega}{2}\right)\sin\left(\frac{\omega}{2}\right)+\sin\omega\right]$

(c) $F_3(j\omega)=\mathrm{Sa}^2\left(\frac{\omega}{2}\right)$ (d) $F_4(j\omega)=\frac{1.5}{j\omega}[1-\mathrm{Sa}(\omega)e^{-j\omega}]$

3.32 (a) $\pi\delta(\omega)+\frac{2\mathrm{Sa}(\omega)-e^{j\omega}}{j\omega}$ (b) $\frac{2\mathrm{Sa}(\omega)}{j\omega}$ (c) $4\pi\delta(\omega)+\frac{2\mathrm{Sa}(\omega)}{j\omega}$

3.33 (1) $\frac{j}{2}\frac{d}{d\omega}F\left(j\frac{\omega}{2}\right)-F\left(j\frac{\omega}{2}\right)$ (2) $\frac{1}{2}F\left(-j\frac{\omega}{2}\right)e^{-j2\omega}$

(3) $j\pi F'(0)\delta(\omega)+\frac{F'(j\omega)}{\omega}$ (4) $-j\frac{dF(-j\omega)}{d\omega}e^{-j2\omega}$

(5) $-\frac{j}{2}\frac{dF\left(-j\frac{\omega}{2}\right)}{d\omega}+F\left(-j\frac{\omega}{2}\right)$ (6) $-2j\frac{dF(j2\omega)}{d\omega}+4F(j2\omega)$

(7) $-\omega\frac{dF(j\omega)}{d\omega}-F(j\omega)$ (8) $j(\omega+\omega_0)F[j(\omega+\omega_0)]$

(9) $|\omega|F(j\omega)$ (10) $\pi F(0)\delta(\omega)+\frac{1}{j\omega}F(j2\omega)e^{j2\omega}$

(11) $j\left[\frac{d}{d\omega}F\left(j\frac{\omega}{a}\right)\right]e^{j\frac{b}{a}\omega}$ (12) $\frac{\pi}{a}F(0)\delta(\omega)+\frac{1}{|a|j\omega}F\left(j\frac{\omega}{a}\right)e^{j\frac{b}{a}\omega}$

3.34 (1) $F(j\omega)=\frac{\omega_0}{2}\sum_{n=-\infty}^{\infty}\left\{\mathrm{Sa}\left[\frac{1}{2}(-\omega_1-n\omega_0)\right]\delta(\omega+\omega_1)+\mathrm{Sa}\left[\frac{1}{2}(\omega_1-n\omega_0)\right]\delta(\omega-\omega_1)\right\}$

(2) $F(j\omega)=\frac{\omega_0}{2}\sum_{n=-\infty}^{\infty}\left\{\mathrm{Sa}\left[\frac{1}{2}(n\omega_0+\omega_1)\right]+\mathrm{Sa}\left[\frac{1}{2}(n\omega_0-\omega_1)\right]\right\}\delta(\omega-n\omega_0)$

(3) $F(j\omega)=\frac{\omega_0}{2}\sum_{n=-\infty}^{\infty}\mathrm{Sa}\left(\frac{n\omega_0}{2}\right)[\delta(\omega-n\omega_0+\omega_1)+\delta(\omega-n\omega_0-\omega_1)]$

(4) $F(j\omega)=\frac{\omega_0}{2}\mathrm{Sa}\left(\frac{\omega_1}{2}\right)\sum_{n=-\infty}^{\infty}[\delta(\omega-n\omega_0+\omega_1)+\delta(\omega-n\omega_0-\omega_1)]$

3.35 (a) $2\pi\sum_{n=-\infty}^{\infty}\mathrm{Sa}^2(n\omega_0)\delta(\omega-n\omega_0)$ (b) $\frac{\pi}{2}[\delta(\omega+\pi)+2\delta(\omega)+\delta(\omega-\pi)]$

3.36 (1) $H(j\omega)=\frac{j\omega}{(j\omega)^2+3j\omega+2}$ (2) $H(j\omega)=\frac{j\omega+2}{(j\omega)^2+5j\omega+6}=\frac{1}{j\omega+3}$

3.37 (a) $\frac{U_2(j\omega)}{U_1(j\omega)}=\frac{1}{1+j\omega RC}$ (b) $\frac{I(j\omega)}{U_1(j\omega)}=\frac{R}{R+j\omega L}$

(c) $\frac{U_2(j\omega)}{U_1(j\omega)}=\frac{j\omega RC}{(j\omega RC)^2+3j\omega RC+1}$ (d) $\frac{U_2(j\omega)}{U_1(j\omega)}=\frac{1}{(j\omega RC)^2+3j\omega RC+1}$

3.38 $H(j\omega)=S(-ja\omega)e^{-j2\omega}$

3.39 (1) $H(j\omega)=\mathrm{Sa}\left(\frac{\omega\tau}{2}\right)e^{-j\frac{\omega}{2}\tau}$

(2) $y(t)=\frac{\alpha_1}{\tau}g_\tau\left(t-\frac{\tau}{2}\right)+\frac{\alpha_2}{\tau}g_\tau\left(t-\frac{3\tau}{2}\right)+\frac{\alpha_3}{\tau}g_\tau\left(t-\frac{5\tau}{2}\right)$

3.40 (1) $y_s(t)=0.8\cos(2t+36.87°)$

(2) $y_s(t)=2+0.69\cos(2t-149.3°)+0.22\cos(5t+136.25°)$

3.41 $2+\cos(t-2)$

3.42 $2\mathrm{Sa}(2t)\sin(4t)$

3.43 $1+0.079\cos(2\pi t-80.95°)+0.079\cos(4\pi t-85.45°)+0.035\cos(6\pi t-86.96°)$

3.44 (1) $y(t)=-2je^{jt}$ (2) $y(t)=-2\omega_0\cos(\omega_0 t)\varepsilon(t)$ (3) $y(t)=-2e^{-6t}\varepsilon(t)$

3.45 (1) $\left(\frac{3}{2}-2e^{-t}+\frac{1}{2}e^{-2t}\right)\varepsilon(t)$ (2) $\left(e^{-t}-\frac{1}{3}e^{-2t}\right)\varepsilon(t)+\frac{2}{3}e^{t}\varepsilon(-t)$

(3) $(2e^{-t}-2e^{-2t}-te^{-2t})\varepsilon(t)$ (4) $(e^{-t}-e^{-2t})\varepsilon(t)$

3.46 $R_1=R_2=1\Omega$

3.47 $R_1C_1=R_2C_2$

3.48 $KWe^{-W(t-t_0)}\varepsilon(t-t_0)$

3.49 (1) $y_1(t)=\mathrm{Sa}(\pi t)$， $Y_1(j\omega)=g_{2\pi}(\omega)$

(2) $y_2(t)=\frac{1}{\pi}S_i[\pi(t+1)]-\frac{1}{\pi}S_i[\pi(t-1)]$

3.50 (1) $y_1(t)=1-\frac{1}{\pi}\sin 2\pi t$ (2) $y_2(t)=4\mathrm{Sa}^2(2\pi t)$

3.51 $y(t)=\frac{2}{\pi}\mathrm{Sa}(t)\cos 5t$

3.52 (1) $y(t)=\frac{1}{\pi}\mathrm{Sa}(t)\cos 1000t$ (2) $y(t)=2\cos 11t+\cos 9t$

3.53 $Y(j\omega)=\frac{Ak^2}{4}\Delta_{2\omega_1}(\omega)$

$y(t)=\frac{Ak^2\omega_1}{8\pi}\mathrm{Sa}^2\left(\frac{\omega_1 t}{2}\right)$

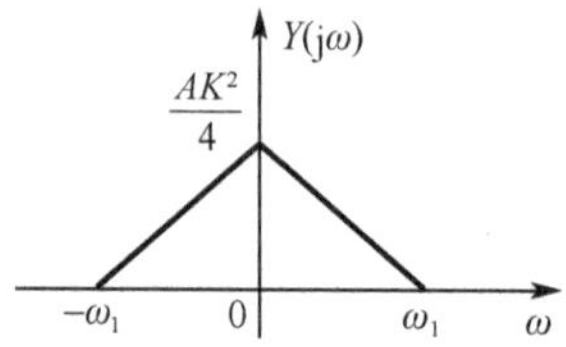

3.54 $Y(j\omega)=\frac{1}{4}g_{4\omega_0}(\omega)-\frac{1}{4}\Delta_{4\omega_0}(\omega)$

$y(t)=\frac{\omega_0}{2\pi}\mathrm{Sa}(2\omega_0 t)-\frac{\omega_0}{4\pi}\mathrm{Sa}^2(\omega_0 t)$

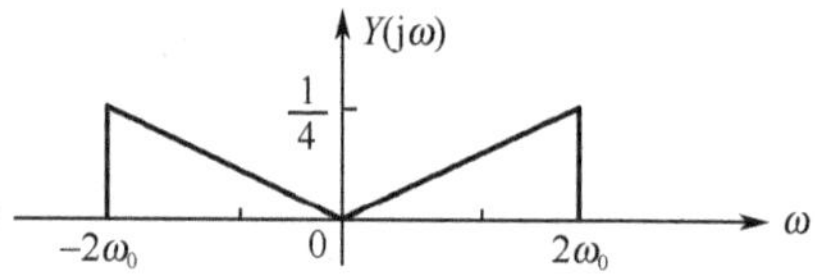

3.55 (1) 400Hz (2) 400Hz (3) 200Hz (4) 400Hz

3.56 200kHz，300kHz，600kHz，500kHz

3.57 (1) $\frac{100}{\pi}$ (2) $\frac{200}{\pi}$ (3) $\frac{100}{\pi}$ (4) $\frac{120}{\pi}$ (5) $\frac{600}{\pi}$ (6) $\frac{500}{\pi}$

3.58 (2) $2\text{kHz}<f_c<3\text{kHz}$

3.59 (2) $y(t)=5+2\cos(2\pi f_2 t)$， $f_2=200\text{Hz}$

3.60 (4) 20kHz、10kHz、20kHz

3.61 (a) $\frac{\tau}{T_s}\sum_{n=-\infty}^{\infty}\mathrm{Sa}^2\left[\frac{\tau}{2}(\omega-n\omega_s)\right]$

(b) $\frac{\tau}{T_s}\sum_{n=-\infty}^{\infty}\left\{2\mathrm{Sa}[\tau(\omega-n\omega_s)+\mathrm{Sa}\left[\tau(\omega-n\omega_s)+\frac{\pi}{\tau}\right]+\mathrm{Sa}\left[\tau(\omega-n\omega_s)-\frac{\pi}{\tau}\right]\right]\right\}$

第 4 章

4.1 (1) $\frac{1}{s(s+1)}$， $\mathrm{Re}[s]>0$ (2) $\frac{1}{s-2}-\frac{1}{s+1}$， $\mathrm{Re}[s]>2$

(3) $\frac{1}{s}(1-e^{-s})$， $\mathrm{Re}[s]>0$ (4) $\frac{1}{(s+1)^2}$， $\mathrm{Re}[s]>-1$

(5) $\frac{2s+3}{s^2+1}$， $\mathrm{Re}[s]>0$ (6) $\frac{s^2-1}{(s^2+1)^2}$， $\mathrm{Re}[s]>0$

(7) $\frac{1}{2}\left[\frac{s}{s^2+(\omega_1+\omega_2)^2}+\frac{s}{s^2+(\omega_1-\omega_2)^2}\right]$， $\mathrm{Re}[s]>0$

(8) $\frac{s}{s^2-\beta^2}$， $\mathrm{Re}[s]>\beta$ (9) $\frac{(s+2)\cos\theta-5\sin\theta}{s^2+4s+29}$， $\mathrm{Re}[s]>-2$

4.2 (a) $\frac{(1-e^{-2s})(1+e^{-s})}{s}$ (b) $\frac{(1-e^{-s})^2}{s}$ (c) $\frac{1-e^{-Ts}-Tse^{-Ts}}{Ts^2}$

(d) $\frac{2(1-e^{-\frac{T}{2}s})^2}{Ts^2}$ (e) $\frac{1-e^{-s}-se^{-s}}{es^2}+\frac{e^{-(s+1)}}{s+1}$ (f) $\frac{\pi(1+s^{-s})}{s^2+\pi^2}$

4.3 (1) $\frac{e^{-s}}{s}$ (2) $\frac{1-e^{-2(s+1)}}{s+1}$ (3) $\frac{e^2-e^{-2s}}{s+1}$ (4) $\frac{1+e^{-s\pi}}{s^2+1}$

(5) $\frac{\pi(1-e^{-s})}{s^2+\pi^2}$ (6) $\frac{1}{4}e^{-\frac{1}{2}s}$ (7) $\frac{s+3}{\sqrt{2}(s^2+9)}$ (8) $\frac{s}{s^2+9}e^{-\frac{2}{3}s}$

4.4 $\frac{\omega_0}{s^2+\omega_0^2}$，$\frac{2\omega_0}{4s^2+\omega_0^2}e^{-2s}$，$\frac{2\omega_0}{s^2+4\omega_0^2}e^{-\frac{s}{2}}$，$\omega_0=\frac{2\pi}{T}$

4.5 (a) $\frac{\frac{\pi}{2}}{\left[s^2+\left(\frac{\pi}{2}\right)^2\right](1-e^{-2s})}$ (b) $\frac{1-(s+1)e^{-s}}{s^2(1-e^{-s})}$ (c) $\frac{1-e^{-\frac{T}{2}s}}{s(1+e^{-\frac{T}{2}s})}$ (d) $\frac{1}{1+e^{-\frac{T}{2}s}}$

4.6 (1) $T=2s$，$f_1(t)=\delta(t)-\delta(t-1)$

(2) $T=4s$，$f_1(t)=\varepsilon(t)-\varepsilon(t-2)$

(3) $T=2s$，$f_1(t)=\sin\pi t[\varepsilon(t)-\varepsilon(t-1)]$

(4) $T=1s$，$f_1(t)=\sin\pi t[\varepsilon(t)-\varepsilon(t-1)]$

4.7 (1) $aF(as+1)$ (2) $aF(as+a^2)$ (3) $\frac{1}{a}F\left(\frac{as+1}{a^2}\right)$

(4) $\frac{1}{a}F\left(\frac{s+a}{a}\right)$ (5) $\frac{1}{a}F\left(\frac{s}{a}\right)e^{-\frac{b}{a}s}$ (6) $F(as+b)$

4.8 (1) $\frac{(s+1)}{(s+1)^2+1}e^{-2(s+1)}$ (2) $\frac{\pi}{s(s^2+\pi^2)}$ (3) $\frac{\pi}{s^2(s^2+\pi^2)}$

(4) $\frac{s(s+1)}{(s+1)^2+9}$ (5) $\frac{s^2\pi}{s^2+\pi^2}$ (6) $\frac{-\pi^3}{s^2+\pi^2}$

(7) $\frac{s+2}{(s+1)^2}e^{-(s-2)}$ (8) $\frac{2}{(s+1)^3}$ (9) $\frac{-\omega_0^2+(s+\alpha)^2}{[(s+\alpha)^2+\omega_0^2]^2}$

(10) $\frac{2\beta(s+\alpha)}{[(s+\alpha)^2-\beta^2]^2}-\frac{\beta}{(s+\alpha)^2-\beta^2}$

4.9 (1) $\frac{2}{4s^2+6s+3}$ (2) $\frac{2e^{-\frac{s+3}{2}}}{s^2+4s+7}$ (3) $\frac{6s+3}{(s^2+s+7)^2}$ (4) $\frac{s(s+2)e^{-\frac{s}{2}}}{(s^2-2s+4)^2}$

4.10 (1) $t\cos(at)\varepsilon(t)$ (2) $(t-T)e^{-(t-T)}\varepsilon(t-T)$

(3) $\frac{t}{2a}\mathrm{sh}(at)\varepsilon(t)$ (4) $t^2e^{-at}\varepsilon(t)$

4.11 (1) $\left(\frac{t}{2}+\frac{1}{4}e^{-2t}-\frac{1}{4}\right)\varepsilon(t)$ (2) $(2e^{-t}-2\cos 2t+\sin 2t)\varepsilon(t)$

4.12 (1) 1 (2) 3 (3) $\frac{1}{9}$ (4) -4 (5) 1 (6) 1 (7) $\frac{A}{K(\infty)}$，$K(\infty)\neq 0$

4.13 (1) 0 (2) 0 (3)不存在 (4)不存在

(5) 0 (6) 0 (7) 不存在 (8) $\frac{A}{K(0)}$，$K(0)\neq 0$

4.14 (1) $\frac{j\omega}{(j\omega+4)^2}$ (2) $\frac{2}{1-\omega^2}+j\pi[\delta(\omega+1)-\delta(\omega-1)]$

(3) $\frac{9-\omega^2}{j\omega(3-\omega^2+4j\omega)}+3\pi\delta(\omega)$ (4) $\frac{1}{j\omega(9-\omega^2)}+\frac{\pi}{9}\delta(\omega)-\frac{\pi}{18}[\delta(\omega+3)+\delta(\omega-3)]$

4.15 (1) $\frac{1}{2}(e^{-2t}-e^{-4t})\varepsilon(t)$ (2) $(2e^{-4t}-e^{-2t})\varepsilon(t)$

(3) $\delta(t)+(2e^{-t}-e^{-2t})\varepsilon(t)$ (4) $(4t-2+2e^{-t})\varepsilon(t)$

(5) $\frac{1}{4}[1-\cos(t-1)]\varepsilon(t-1)$　　(6) $e^{-t}(2\cos 3t+\frac{1}{3}\sin 3t)\varepsilon(t)$

(7) $\left[e^{-t}-\frac{2}{\sqrt{3}}e^{-\frac{t}{2}}\cos\left(\frac{\sqrt{3}}{2}t+\frac{\pi}{6}\right)\right]\varepsilon(t)$　　(8) $\left[e^{-t}-\frac{\sqrt{5}}{2}\cos(2t+26.6°)\right]\varepsilon(t)$

(9) $\left[-\frac{\alpha}{\beta^2}e^{-\alpha t}+\frac{\alpha}{\beta^2}e^{-\alpha t}\cos(\beta t)+\frac{1}{\beta}e^{-\alpha t}\sin(\beta t)\right]\varepsilon(t)$

(10) $\frac{100}{199}(49e^{-t}+150e^{-200t})\varepsilon(t)$

4.16 (1) $[e^{-2(t-2)}+e^{-3(t-2)}]\varepsilon(t-2)$　　(2) $\frac{1}{2}t^2e^{-3t}\varepsilon(t)$

(3) $(2e^{-t}+2t-2)\varepsilon(t)$　　(4) $\frac{e}{2}e^{+(t-1)}\sin 2(t-1)\varepsilon(t-1)+\frac{3}{2}e^t\sin 2t\varepsilon(t)$

4.17 (1) $y_{ZS}(t)=(e^{-t}-e^{-2t})\varepsilon(t)$

4.18 $h(t)=2\delta(t)+2e^{-2t}\varepsilon(t)-6e^{-3t}\varepsilon(t)$，　$g(t)=(1-e^{-2t}+2e^{-3t})\varepsilon(t)$

4.19 $y_{ZS}(t)=\left(\frac{1}{3}-\frac{1}{3}e^{-3t}\right)\varepsilon(t)$

4.20 (1) e^t　　(2) $3e^{-t}$　　(3) $\frac{3}{2+j3}e^{j3t}$　　(4) 不存在

4.21 (1) $y_{ZI}(t)=e^{-2t}-e^{-3t}$，$y_{ZS}(t)=\left(\frac{3}{2}e^{-t}-3e^{-2t}+\frac{3}{2}e^{-3t}\right)\varepsilon(t)$，

$y(t)=\frac{3}{2}e^{-t}-2e^{-2t}+\frac{1}{2}e^{-3t}$，$t\geqslant 0$

(2) $y(t)=\frac{1}{4}[e^{-2t}-\cos(2t)+\sin(2t)]\varepsilon(t)$

(3) $y(t)=(2+6t)e^{-2t}$，　$t\geqslant 0$

(4) $y(t)=2-e^{-3t}\cos(4t)+5.75e^{-3t}\sin(4t), t\geqslant 0$

4.22 $y_{ZI}(t)=te^{-t}$，$y_{ZS}(t)=(15e^{-t}-7te^{-t}-15e^{-2t})\varepsilon(t)$

$y(t)=(15e^{-t}-6te^{-t}-15e^{-2t})$，　$t\geqslant 0$，

4.23 $u_C(t)=-e^{-0.5t}\left(\cos\frac{\sqrt{3}}{2}t+\sqrt{3}\sin\frac{\sqrt{3}}{2}t\right)\mathrm{V}$，　$t\geqslant 0$

4.24 $i(t)=2\left[2\delta(t)+\frac{1}{3}e^{-\frac{t}{3}}\right]\mathrm{A}, t\geqslant 0$　　$u_R(t)=2e^{-\frac{t}{3}}\mathrm{V}, t\geqslant 0$

4.25 (1) $i(t)=\delta(t)A$　　(2) $i(t)=2\varepsilon(t)A$

4.26 $i(t)=e^{-t}(2\cos 2t+\sin 2t)\mathrm{A}$，　$t\geqslant 0$

4.27 $h(t)=\frac{4}{\sqrt{3}}e^{-\frac{t}{2}}\sin\frac{\sqrt{3}}{2}t\varepsilon(t)$

4.28 (1) $h(t)=(4-8t)e^{-2t}\varepsilon(t)$，　$g(t)=4te^{-2t}\varepsilon(t)$

(2) $h(t)=\frac{4}{\sqrt{3}}e^{-t}\cos(\sqrt{3}t+30°)\varepsilon(t)$，　$g(t)=\frac{2}{\sqrt{3}}e^{-t}\sin\sqrt{3}t\varepsilon(t)$

4.29 $h(t)=2\delta'(t)-2\delta(t)+2e^{-t}\varepsilon(t)$，　$g(t)=2\delta(t)-2e^{-t}\varepsilon(t)$

4.30 (1) $h(t)=\frac{1}{2}\delta(t)-\frac{1}{24}e^{-\frac{t}{4}}\varepsilon(t)$，　$g(t)=\frac{1}{6}(2+e^{-\frac{t}{4}})\varepsilon(t)$

(2) $h(t)=\frac{R_2}{R_1+R_2}\delta(t)$，　$g(t)=\frac{R_2}{R_1+R_2}\varepsilon(t)$

4.31 (1) $H(s)=\frac{U_2(s)}{U_1(s)}=\frac{s-2}{s+2}$

(2) $h(t)=\delta(t)-4e^{-2t}\varepsilon(t)$，　$g(t)=(-1+2e^{-2t})\varepsilon(t)$

(3) $u_2(t)=(1-t-e^{-2t})\varepsilon(t)+[t-1-e^{-2(t-1)}]\varepsilon(t-1)$

4.32 (1) $\frac{s+2}{s^2+5s+4}$ (2) $\frac{s}{s^2+2s+2}$

4.33 $\frac{U_2(s)}{U_1(s)}=\frac{s^2-1}{(s+2)(s+0.5)}$

4.34 $\frac{U_2(s)}{U_1(s)}=\frac{1}{2s^2+s+1}$

4.35 (a) $\frac{s}{\left(s+\frac{1}{2}\right)^2+\frac{3}{4}}$ (b) $\frac{s+\frac{1}{2}}{\left(s+\frac{1}{2}\right)^2+\frac{3}{4}}$

(c) $\frac{s+1}{\left(s+\frac{1}{2}\right)^2+\frac{3}{4}}$ (d) $\frac{s-1}{(s+1)(s+2)}$

4.36 $R=\frac{1}{2}\Omega$, $L=\frac{1}{4}\text{H}$, $C=1\text{F}$

4.37 (1) $H(s)=\frac{s-2}{s+2}$ (2) $H(s)=\frac{s-1}{(s+1)(s+2)}$

4.38 (1) $\frac{5s(s^2+4s+5)}{s^3+5s^2+16s+30}$ (2) $\frac{3s(s^2+9)}{s^4+20s^2+64}$ (3) $\frac{1}{s^3+2s^2+2s+1}$

4.39 (1) 自然响应 $y(t)=10(e^{-t}-e^{-2t})\varepsilon(t)$，强制响应为零

(2) $y(t)=(\underbrace{4e^{-2t}-5e^{-t}}_{\text{自然响应}}+\underbrace{\cos t+3\sin t}_{\text{强制响应}})\varepsilon(t)$

4.40 $u_2(t)=(\underbrace{32e^{-2t}-40e^{-t}}_{\text{自由、暂态}}-\underbrace{8\cos t+24\sin t}_{\text{强制、稳态}})\varepsilon(t)$

4.41 $LC=\frac{1}{4}$

4.42 (a) $H(s)=\frac{2}{s+2}$, $H(j\omega)=\frac{2}{j\omega+2}$，低通

(b) $H(s)=\frac{6(1-s)}{(s+3)(s+2)}$, $H(j\omega)=\frac{6(1-j\omega)}{(j\omega+3)(j\omega+2)}$

4.43 (a) $H(s)=\frac{s}{s+2}$, $H(j\omega)=\frac{j\omega}{j\omega+2}$，高通

(b) $H(s)=\frac{s-2}{s+2}$, $H(j\omega)=\frac{j\omega-2}{j\omega+2}$，全通

4.44 (a) $H(s)=\frac{H_0}{s^2+2s+5}$, $|H(j\omega)|=\frac{H_0}{\sqrt{\omega^4-6\omega^2+25}}$，低通

(b) $H(s)=\frac{H_0 s}{s^2+2s+5}$, $\omega_0=\sqrt{5}$，带通

(c) $H(s)=\frac{s^2 H_0}{s^2+2s+5}$，高通

(d) $H(s)=\frac{(s^2+1)H_0}{s^2+4}$，带阻-带通

(e) $H(s)=\frac{(s^2+4)H_0}{s^2+1}$，带通-带阻

4.46 $0<K<1+\frac{C_2}{C_1}+\frac{R_2C_2}{R_1C_1}$

4.47 $0<a<\infty$, $0<b<\infty$

4.48 (a) $K<4$ (b) $H(s)=\frac{10(K+1)}{s^3+s^2+10(K+1)s+10}$, $K>0$

4.49 (1) $0<K<16$ (2) $-6<K$ (3) $0<K$

4.50 (1) 否 (2) 是 (3) 是 (4) 是 (5) 否(临界) (6) 否

4.51 (1) 稳定 (2) 不稳定 (3) 不稳定 (4) 不稳定 (5) 不稳定 (6) 不稳定

4.53 (a) $\dfrac{s(s+2)}{s^3+6s^2+10s+6}$ (b) $\dfrac{s(s+2)}{s^3+6s^2+10s+3}$ (c) $\dfrac{3s^2+2s+1}{s^3+5s^2+6s+7}$

4.54 $H(s)=\dfrac{H_1H_2H_3H_4}{1+H_3H_4H_5+H_2H_3H_6+H_1H_2H_3H_7+H_1H_2H_3H_4H_8}$

4.55 $H(s)=\dfrac{H_1H_2H_3H_4H_5}{1+H_2G_1+H_3H_4G_2+H_2H_3H_4G_3+H_4G_4+G_5+H_2H_4G_1G_4+H_2G_1G_5}$

4.56 (a) $G=\dfrac{Y}{F}=-2$ (b) $G=\dfrac{Y}{F}=4$

4.57 (a) $\dfrac{2s^2-1}{s^3+4s^2+5s+6}$ (b) $\dfrac{3s+2}{s^3+3s^2+2s}$

第 5 章

5.1 (1) $\dfrac{-2z}{2z-1}$, $|z|<\dfrac{1}{2}$ (2) $\dfrac{-5z}{(z-2)(3z-1)}$, $\dfrac{1}{3}<|z|<2$

(3) $\dfrac{-3z}{(z-2)(2z-1)}$, $\dfrac{1}{2}<|z|<2$ (4) $\dfrac{32z^5}{2z-1}$, $\dfrac{1}{2}<|z|<\infty$

(5) $\dfrac{1}{z+1}$, $|z|<1$ (6) $\dfrac{8}{z^2(2-z)}$, $0<|z|<2$

(7) $\dfrac{-z}{z+2}$, $|z|<2$ (8) $\dfrac{2z}{(1-z)^3}$, $|z|<1$

(9) $\dfrac{2-z}{(z-1)^2}$, $|z|<1$

5.2 (1) $1-\dfrac{1}{8}z^{-3}$, $|z|>0$ (2) 1, $|z|\geqslant 0$

(3) $\dfrac{z}{z-\frac{1}{2}}+\dfrac{z}{z-3}$, $|z|>3$ (4) $\dfrac{z}{z+\frac{1}{2}}$, $|z|>\dfrac{1}{2}$

(5) $\dfrac{z^2-\frac{1}{\sqrt{2}}z}{z^2-\sqrt{2}z+1}$, $|z|>1$ (6) $\dfrac{z}{z-a}$, $|z|>|a|$

(7) $\dfrac{z}{z-e^{j\pi}}$, $|z|>1$ (8) z^{-1}, $|z|>0$

5.3 (1) $\dfrac{z^2}{z^2-1}$ (2) $\dfrac{z^4}{z^4-1}$ (3) $\dfrac{z}{z-1}\left(\dfrac{z^4-1}{z^4}\right)^2$ (4) $\dfrac{z}{z+1}$

5.4 (1) $\delta(k)$ (2) $\delta(k+3)$ (3) $\delta(k-1)$

(4) $2\delta(k+1)+\delta(k)-2\delta(k-1)$ (5) $a^k\varepsilon(k)$ (6) $-a^k\varepsilon(-k-1)$

5.5 (1) $\dfrac{2z}{z-\frac{1}{2}}$ (2) $\dfrac{1}{z-\frac{1}{2}}$ (3) $\dfrac{1}{2}\dfrac{1}{z-\frac{1}{2}}$ (4) $\dfrac{z+\frac{1}{2}}{z}$

5.6 (1) $\dfrac{1}{a}\dfrac{z}{(z-a)^2}$ (2) $\dfrac{-z}{(z+1)^2}$ (3) $\dfrac{4z^2}{4z^2+1}$ (4) $\dfrac{\sqrt{2}z(2z+1)}{4z^2+1}$

5.7 (1) $f(0)=1$, $f(1)=3$, $f(2)=7$ (2) $f(0)=1$, $f(1)=1.5$, $f(2)=2.25$

(3) $f(0)=0$, $f(1)=1$, $f(2)=2$ (4) $f(0)=1$, $f(1)=1$, $f(2)=-2.5$

5.8 (1) $f(\infty)=0$ (2) $f(\infty)=2$ (3) 不存在 (4) 不存在

5.10 (1) $a^{k-1}\varepsilon(k-1)$ (2) $2^k\varepsilon(k)$ (3) $\left[2(k-1)+2\left(\dfrac{1}{2}\right)^k\right]\varepsilon(k)$

5.11 (1) $\dfrac{z^2}{z^2-1}$ (2) $\dfrac{-z^4+2(1+a)z^3-3az^2}{a[z^2-(1+a)z+a]^2}$ (3) $\dfrac{z^2(z+1)}{(z-1)^4}$

(4) $\frac{z^2}{z^2-a(1+b)z+a^2b}$　　(5) $\frac{z}{z-1}e^{\frac{a}{z}}$

5.12 (1) $\frac{z}{z-1}F\left(\frac{z}{a}\right)$　　(2) $\frac{z}{z-a}F\left(\frac{z}{a}\right)$

5.13 (1) $\frac{1}{(z-1)^2}$, $|z|>1$　　(2) $\frac{z+1}{(z-1)^3}$, $|z|>1$　　(3) $\frac{2z}{(z-1)^3}$, $|z|>1$

(4) $\frac{z^3-z}{(z^2+1)^2}$, $|z|>1$　　(5) $\ln\left(\frac{z-b}{z-a}\right)$　　(6) $\frac{z}{a}\ln\left(\frac{z}{z-a}\right)$

5.14 (1) $(0.5)^k\varepsilon(k)$　　(2) $2\delta(k)+\left(-\frac{1}{2}\right)^k\varepsilon(k)$

(3) $k^2\varepsilon(k)$　　(4) $[2(-2)^k-(-1)^k]\varepsilon(k)$

(5) $\left[2\left(\frac{1}{2}\right)^k-\left(\frac{1}{4}\right)^k\right]\varepsilon(k)$　　(6) $\left[3\left(\frac{1}{2}\right)^k-2\left(\frac{1}{3}\right)^k\right]\varepsilon(k)$

(7) $\left[-3\left(\frac{1}{2}\right)^k+2\left(\frac{1}{3}\right)^k\right]\varepsilon(-k-1)$　　(8) $-4\varepsilon(-k-1)-(k+3)\left(\frac{1}{2}\right)^k\varepsilon(k)$

5.15 (1) $\left[\frac{1}{2}(-1)^k-\frac{1}{2}\cos\left(\frac{\pi k}{2}\right)+\frac{1}{2}\sin\left(\frac{\pi k}{2}\right)\right]\varepsilon(k-4)$

(2) $2\sin\left(\frac{\pi k}{6}\right)\varepsilon(k)$　　(3) $\delta(k)-\cos\left(\frac{\pi k}{2}\right)\varepsilon(k)$

(4) $\left[2-2\cos\left(\frac{\pi k}{3}\right)\right]\varepsilon(k)$　　(5) $\sqrt{2}\cos\left(\frac{3\pi k}{4}+45°\right)\varepsilon(k)$

5.16 (1) $\frac{z}{z-e^{\alpha T}}$　　(2) $\frac{z\sin\omega T}{z^2-2z\cos\omega T+1}$　　(3) $\frac{ze^{\alpha T}\sin\omega T}{z^2-2ze^{\alpha T}\cos\omega T+e^{2\alpha T}}$

5.17 (1) $(0.9)^{k+1}$, $k\geqslant0$　　(2) $2(-1)^k+4(2)^k$, $k\geqslant0$

(3) $(2)^k-(-1)^k$, $k\geqslant0$　　(4) 同(3)

5.18 (1) $H(z)=\frac{z^2-3}{z^2-5z+6}$, $h(k)=-\frac{1}{2}\delta(k)-\left[\frac{1}{2}(2)^k-2(3)^k\right]\varepsilon(k)$

(2) $H(z)=\frac{z+2}{8z^2-2z-3}$, $h(k)=-\frac{2}{3}\delta(k)+\left[\frac{3}{10}\left(-\frac{1}{2}\right)^k+\frac{11}{30}\left(\frac{3}{4}\right)^k\right]\varepsilon(k)$

5.19 (1) $y(k)=1+0.9(0.9)^k$, $k\geqslant0$

(2) $y(k)=\frac{1}{6}+\frac{1}{2}(-1)^k-\frac{2}{3}(-2)^k$, $k\geqslant0$

(3) $y(k)=-\frac{1}{2}+\frac{1}{2}(-1)^k+2^k$, $k\geqslant0$

(4) $y(k)=0.05(3)^k-0.25(-1)^k+0.2(-2)^k$, $k\geqslant0$

5.20 $y_{ZI}(k)=\frac{1}{2}(-1)^k-(2)^k$, $k\geqslant0$　　$y_{ZS}(k)-\left[\frac{1}{2}+\frac{1}{6}(-1)^k+\frac{4}{3}(2)^k\right]\varepsilon(k)$

$y(k)=-\frac{1}{2}+\frac{2}{3}(-1)^k+\frac{1}{3}(2)^k$, $k\geqslant0$

5.21 $y_{ZI}(k)=-2(0.2)^k+3(0.5)^k$, $k\geqslant0$

$y_{ZS}(k)=[-40(0.4)^k-10(0.2)^k+50(0.5)^k]\varepsilon(k)$,

$y(k)=y_{ZI}(k)+y_{ZS}(k)=-40(0.4)^k-12(0.2)^k+53(0.5)^k$, $k\geqslant0$

5.22 (1) $-2\delta(k)+\left(\frac{1}{2}\right)^k\varepsilon(k)$　　(2) $-\left(\frac{1}{2}\right)^k\varepsilon(k)$

(3) $2\left[\left(\frac{1}{2}\right)^k-1\right]\varepsilon(k)$　　(4) $\left[\frac{1}{\sqrt{3}}\left(\frac{1}{2}\right)^k-\frac{2}{\sqrt{3}}\cos\left(\frac{\pi k}{3}-60°\right)\right]\varepsilon(k)$

(5) $\left[\frac{2\sqrt{2}}{9}\left(\frac{1}{2}\right)^k-\frac{2}{\sqrt{3}}(\sqrt{2})^k\cos\left(\frac{\pi k}{2}-74.2°\right)\right]\varepsilon(k)$

5.23 $h(k)=\frac{3}{2}\delta(k)-\left[2(-1)^k-\frac{1}{2}(-2)^k\right]\varepsilon(k)$

$y(k+2)+3y(k+1)+2y(k)= f(k+1)+3f(k)$

5.24 $H(z)=\dfrac{15z-6}{3z-1}$

5.25 $a=4$, $b=-16$, $c=8$

5.26 (1) $H(z)=\dfrac{z-\dfrac{a}{4}}{z+\dfrac{a}{3}}$ (2) $-3<a<3$ (3) $y_{ZS}(k)=-\dfrac{1}{4}\left(-\dfrac{1}{3}\right)^{k-1}\varepsilon(k-1)$

5.27 (1) $h(k)=\left[\left(-\dfrac{1}{4}\right)^k+\left(\dfrac{1}{3}\right)^k\right]\varepsilon(k)$

(2) $y_{ZS}(k)=\left[\dfrac{1}{3}\left(-\dfrac{1}{4}\right)^k-2\left(\dfrac{1}{3}\right)^k+\dfrac{11}{3}\left(\dfrac{1}{2}\right)^k\right]\varepsilon(k)$

5.28 (1) $h(k)=\left[2\left(\dfrac{1}{2}\right)^k-\left(\dfrac{1}{4}\right)^k\right]\varepsilon(k)$

(2) $y_{ZS}(k)=\left[\dfrac{8}{3}-2\left(\dfrac{1}{2}\right)^k+\dfrac{1}{3}\left(\dfrac{1}{4}\right)^k\right]\varepsilon(k)$

5.29 $H(z)=\dfrac{2z^2+0.5}{z^2+z-0.75}$

$y(k+2)+y(k+1)-0.75y(k)= 2f(k+2)+0.5f(k)$

5.30 (1) $H(z)=\dfrac{1}{z-0.5}$, $y(k+1)-0.5y(k)=f(k)$ (2) $y_{ZS}(k)=2k(0.5)^k\varepsilon(k)$

5.31 $y_{ZS3}(k)=(0.5)^k\varepsilon(k)+(0.5)^{k-1}\varepsilon(k-1)$

5.32 $y_{ZS}(k)=2\varepsilon(k-1)$

5.33 $h_1(k)=\dfrac{1}{4}[5(0.5)^k-3(-0.5)^k]\varepsilon(k)$

5.34 $f(k)=(k+1)\varepsilon(k)$

5.35 $f(k)=-\varepsilon(k)$

5.36 $f(k)=\left[\dfrac{2}{3}-\dfrac{2}{3}\left(-\dfrac{1}{2}\right)^k\right]\varepsilon(k)$

5.37 (1) $\dfrac{e^{j\Omega}}{e^{j\Omega}-\dfrac{1}{3}}$ (2) $\dfrac{1}{3}\dfrac{3e^{j2\Omega}+e^{j\Omega}}{e^{j2\Omega}-\dfrac{3}{4}e^{j\Omega}+\dfrac{1}{8}}$ (3) $\dfrac{2e^{j2\Omega}+e^{j\Omega}}{e^{j2\Omega}-\dfrac{3}{5}e^{j\Omega}-\dfrac{4}{25}}$

5.38 $H(e^{j\Omega})=\sqrt{2[1+\cos(N\Omega)]}$, $\theta(\Omega)=\arctan\left[\dfrac{-\sin(N\Omega)}{1+\cos(N\Omega)}\right]$

5.39 $y_s(k)=6.325\cos\left(\dfrac{\pi k}{2}-18.43^\circ\right)$

5.40 $y_s(k)=-0.89+2.15\cos\left(\dfrac{\pi k}{6}+37^\circ\right)$

5.41 $y_s(k)=1+0.22\cos\left(\dfrac{\pi k}{3}-49.1^\circ\right)+0.11\cos(\pi k)$

5.44 $|z|<0.5$,为非因果系统

5.45 (1) $-2<K<4$ (2) $0<K<1$

5.46 (1) 不稳定 (2) 稳定 (3) 临界稳定 (4) 不稳定

5.47 (1) 稳定 (2) 不稳定 (3) 不稳定 (4) 稳定 (5) 不稳定 (6) 稳定

5.48 (a) $H(z)=\dfrac{z^2+0.5z}{z^2+0.5z+0.5}$ (b) $H(z)=\dfrac{8z^2+6z}{z^2+0.7z+0.1}$

5.49 (a) $\dfrac{2z^2+0.25z}{z^2-0.25z+0.375}$ (b) 同(a) (c) $\dfrac{3z+2}{z^3+0.75z^2+0.125z}$

第 6 章

6.1 (a) $\begin{bmatrix} \dot{u}_C \\ \dot{i}_L \end{bmatrix}=\begin{bmatrix} -\frac{1}{RC} & -\frac{1}{C} \\ \frac{1}{L} & -\frac{R}{L} \end{bmatrix}\begin{bmatrix} u_C \\ i_L \end{bmatrix}+\begin{bmatrix} \frac{1}{RC} \\ 0 \end{bmatrix}[u_s]$

(b) $\begin{bmatrix} \dot{i}_L \\ \dot{u}_C \end{bmatrix}=\begin{bmatrix} -\frac{R}{L} & -\frac{1}{L} \\ \frac{1}{C} & 0 \end{bmatrix}\begin{bmatrix} i_L \\ u_C \end{bmatrix}+\begin{bmatrix} \frac{1}{L} \\ 0 \end{bmatrix}[u_s]$

(c) $\begin{bmatrix} \dot{i}_L \\ \dot{u}_C \end{bmatrix}=\begin{bmatrix} -\frac{5}{2} & \frac{1}{2} \\ -1 & -\frac{1}{3} \end{bmatrix}\begin{bmatrix} i_L \\ u_C \end{bmatrix}+\begin{bmatrix} 0 \\ \frac{1}{3} \end{bmatrix}[u_s]$

(d) $\begin{bmatrix} \dot{i}_L \\ \dot{u}_C \end{bmatrix}=\begin{bmatrix} -\frac{3}{2} & \frac{1}{2} \\ -1 & 0 \end{bmatrix}\begin{bmatrix} i_L \\ u_C \end{bmatrix}+\begin{bmatrix} 1 \\ 1 \end{bmatrix}[i_s]$

6.2 (a) $\begin{bmatrix} \dot{u}_C \\ \dot{i}_L \end{bmatrix}=\begin{bmatrix} -\frac{1}{R_3C}-\frac{1}{(R_1+R_2)C} & -\frac{R_1}{(R_1+R_2)C} \\ \frac{R_1}{(R_1+R_2)L} & -\frac{R_1R_2}{(R_1+R_2)L} \end{bmatrix}\begin{bmatrix} u_C \\ i_L \end{bmatrix}+\begin{bmatrix} \frac{1}{(R_1+R_2)C} & \frac{1}{R_3C} \\ \frac{R_2}{(R_1+R_2)L} & 0 \end{bmatrix}\begin{bmatrix} u_{s1} \\ u_{s2} \end{bmatrix}$

$[y]=\begin{bmatrix} -\frac{1}{R_1+R_2} & -\frac{R_1}{R_1+R_2} \end{bmatrix}\begin{bmatrix} u_C \\ i_L \end{bmatrix}+\begin{bmatrix} \frac{1}{R_1+R_2} & 0 \end{bmatrix}\begin{bmatrix} u_{s1} \\ u_{s2} \end{bmatrix}$

(b) $\begin{bmatrix} \dot{i}_L \\ \dot{u}_C \end{bmatrix}=\begin{bmatrix} -\frac{R_1}{L} & -\frac{1}{L} \\ \frac{1}{C} & -\frac{1}{R_2C} \end{bmatrix}\begin{bmatrix} i_L \\ u_C \end{bmatrix}+\begin{bmatrix} \frac{R_1}{L} & 0 \\ 0 & \frac{1}{R_2C} \end{bmatrix}\begin{bmatrix} i_s \\ u_s \end{bmatrix}$

$\begin{bmatrix} y_1 \\ y_2 \end{bmatrix}=\begin{bmatrix} -R_1 & 0 \\ 0 & 1 \end{bmatrix}\begin{bmatrix} i_L \\ u_C \end{bmatrix}+\begin{bmatrix} R_1 & 0 \\ 0 & -1 \end{bmatrix}\begin{bmatrix} i_s \\ u_s \end{bmatrix}$

(c) $\begin{bmatrix} \dot{i}_{L_1} \\ \dot{i}_{L_2} \\ \dot{u}_C \end{bmatrix}=\begin{bmatrix} -1 & -1 & 0 \\ 0 & -1 & 1 \\ 0.5 & -0.5 & 0 \end{bmatrix}\begin{bmatrix} i_{L_1} \\ i_{L_2} \\ u_C \end{bmatrix}+\begin{bmatrix} 1 \\ 0 \\ 0 \end{bmatrix}[u_s]$， $[y]=[0 \quad 1 \quad 0]\begin{bmatrix} i_{L_1} \\ i_{L_2} \\ u_C \end{bmatrix}$

(d) $\begin{bmatrix} \dot{u}_{C_1} \\ \dot{i}_L \\ \dot{u}_{C_2} \end{bmatrix}=\begin{bmatrix} -2 & 1 & -2 \\ -2 & 0 & 0 \\ -2 & 0 & -2 \end{bmatrix}\begin{bmatrix} u_{C_1} \\ i_L \\ u_{C_2} \end{bmatrix}+\begin{bmatrix} 1 \\ 2 \\ 1 \end{bmatrix}[u_s]$， $[y]=[-1 \quad 0 \quad -1]\begin{bmatrix} u_{C_1} \\ i_L \\ u_{C_2} \end{bmatrix}+[1]u_s$

(e) $\begin{bmatrix} \dot{x}_1 \\ \dot{x}_2 \end{bmatrix}=\begin{bmatrix} 0 & -\frac{1}{3} \\ \frac{1}{3} & -\frac{1}{6} \end{bmatrix}\begin{bmatrix} x_1 \\ x_2 \end{bmatrix}+\begin{bmatrix} 0 \\ \frac{1}{18} \end{bmatrix}i_s$；$\begin{bmatrix} y_1 \\ y_2 \end{bmatrix}=\begin{bmatrix} -1 & 0 \\ 0 & \frac{1}{2} \end{bmatrix}\begin{bmatrix} x_1 \\ x_2 \end{bmatrix}+\begin{bmatrix} \frac{1}{3} \\ \frac{1}{2} \end{bmatrix}[i_s]$。初列状态方程为

$\begin{bmatrix} \dot{i}_{L_1} \\ \dot{u}_C \end{bmatrix}=\begin{bmatrix} 0 & -\frac{1}{3} \\ \frac{1}{3} & -\frac{1}{6} \end{bmatrix}\begin{bmatrix} i_{L_1} \\ u_C \end{bmatrix}+\begin{bmatrix} 0 \\ -\frac{1}{6} \end{bmatrix}i_s+\begin{bmatrix} \frac{2}{3} \\ 0 \end{bmatrix}i'_s$，$i'_s$ 为非激励变量应消去。设新状态变量 $x_1=i_{L_1}-\frac{2}{3}i_s$，$x_2=u_C$。

(f) $\begin{bmatrix}\dot{x}_1\\ \dot{x}_2\end{bmatrix}=\begin{bmatrix}0 & \frac{1}{2}\\ -\frac{1}{3} & -\frac{1}{3}\end{bmatrix}\begin{bmatrix}x_1\\ x_2\end{bmatrix}+\begin{bmatrix}\frac{1}{3}\\ \frac{1}{9}\end{bmatrix}u_s$；$\begin{bmatrix}y_1\\ y_2\end{bmatrix}=\begin{bmatrix}0 & -1\\ -1 & -1\end{bmatrix}\begin{bmatrix}x_1\\ x_2\end{bmatrix}+\begin{bmatrix}\frac{1}{3}\\ \frac{1}{3}\end{bmatrix}[u_s]$。初列状态方程为 $\begin{bmatrix}\dot{i}_{L_1}\\ \dot{u}_{C_1}\end{bmatrix}=\begin{bmatrix}0 & \frac{1}{2}\\ -\frac{1}{3} & -\frac{1}{3}\end{bmatrix}\begin{bmatrix}i_L\\ u_{C_1}\end{bmatrix}+\begin{bmatrix}0\\ \frac{1}{3}\end{bmatrix}u_s+\begin{bmatrix}0\\ \frac{2}{3}\end{bmatrix}u'_s$，$u'_s$为非激励变量应消去。设新状态变量 $x_1=i_L$，$x_2=u_{C_1}-\frac{2}{3}u_s$。

6.3 选 $x_1=u_{C_1}-\frac{C_2}{C_1+C_2}u_s$，$x_2=i_{L_1}+\frac{L_2}{L_1+L_2}i_s$ 为状态变量

$$\begin{bmatrix}\dot{x}_1\\ \dot{x}_2\end{bmatrix}=\begin{bmatrix}-\frac{1}{R_1(C_1+C_2)} & \frac{1}{C_1+C_2}\\ -\frac{1}{L_1+L_2} & -\frac{R_2}{L_1+L_2}\end{bmatrix}\begin{bmatrix}x_1\\ x_2\end{bmatrix}+\begin{bmatrix}\frac{C_1}{R_1(C_1+C_2)^2} & \frac{-L_2}{(C_1+C_2)(L_1+L_2)}\\ \frac{C_1}{(C_1+C_2)(L_1+L_2)} & -\frac{R_2L_1}{(L_1+L_2)^2}\end{bmatrix}\begin{bmatrix}u_s\\ i_s\end{bmatrix}$$

6.4 $\begin{bmatrix}\dot{i}_L\\ \dot{u}_C\end{bmatrix}=\begin{bmatrix}1 & -1\\ 1 & 0\end{bmatrix}\begin{bmatrix}i_L\\ u_C\end{bmatrix}+\begin{bmatrix}-1\\ -1\end{bmatrix}[i_s]$

6.5 (1) $\begin{bmatrix}\dot{x}_1\\ \dot{x}_2\end{bmatrix}=\begin{bmatrix}0 & 1\\ -4 & -3\end{bmatrix}\begin{bmatrix}x_1\\ x_2\end{bmatrix}+\begin{bmatrix}0\\ 5\end{bmatrix}[f]$，　$[y]=[1\quad 0]\begin{bmatrix}x_1\\ x_2\end{bmatrix}$

(2) $\begin{bmatrix}\dot{x}_1\\ \dot{x}_2\end{bmatrix}=\begin{bmatrix}0 & 1\\ -2 & -5\end{bmatrix}\begin{bmatrix}x_1\\ x_2\end{bmatrix}+\begin{bmatrix}0\\ 1\end{bmatrix}f$，　$[y]=[2\quad 1]\begin{bmatrix}x_1\\ x_2\end{bmatrix}$

(3) $\begin{bmatrix}\dot{x}_1\\ \dot{x}_2\\ \dot{x}_3\end{bmatrix}=\begin{bmatrix}0 & 1 & 0\\ 0 & 0 & 1\\ -3 & -1 & -4\end{bmatrix}\begin{bmatrix}x_1\\ x_2\\ x_3\end{bmatrix}+\begin{bmatrix}0\\ 0\\ 1\end{bmatrix}[f]$，　$[y]=[5\quad 2\quad 1]\begin{bmatrix}x_1\\ x_2\\ x_3\end{bmatrix}$

(4) $\begin{bmatrix}\dot{x}_1\\ \dot{x}_2\end{bmatrix}=\begin{bmatrix}0 & 1\\ -1 & -4\end{bmatrix}\begin{bmatrix}x_1\\ x_2\end{bmatrix}+\begin{bmatrix}0\\ 1\end{bmatrix}[f]$，　$[y]=[2\quad -10]\begin{bmatrix}x_1\\ x_2\end{bmatrix}+[3]f$

6.6 (1) $\dot{\boldsymbol{x}}=\begin{bmatrix}0 & -1 & 0\\ -1 & -1 & 1\\ -1 & 0 & 0\end{bmatrix}\boldsymbol{x}+\begin{bmatrix}1 & 0\\ 0 & 0\\ 0 & 1\end{bmatrix}\boldsymbol{f}$，　$\boldsymbol{y}=\begin{bmatrix}1 & 0 & 0\\ 0 & 1 & 0\end{bmatrix}\boldsymbol{x}$

(2) $\begin{bmatrix}\dot{x}_1\\ \dot{x}_2\\ \dot{x}_3\\ \dot{x}_4\end{bmatrix}=\begin{bmatrix}0 & 1 & 0 & 0\\ -3 & -2 & 0 & 0\\ 0 & 0 & 0 & 1\\ 0 & 0 & -5 & -4\end{bmatrix}\begin{bmatrix}x_1\\ x_2\\ x_3\\ x_4\end{bmatrix}+\begin{bmatrix}0 & 0\\ 1 & 2\\ 0 & 0\\ 3 & -1\end{bmatrix}\begin{bmatrix}f_1\\ f_2\end{bmatrix}$

$\begin{bmatrix}y_1\\ y_2\end{bmatrix}=\begin{bmatrix}1 & 0 & 0 & 0\\ 0 & 0 & 1 & 0\end{bmatrix}\begin{bmatrix}x_1\\ x_2\\ x_3\\ x_4\end{bmatrix}$

6.7 (1) $\dot{\boldsymbol{x}}=\begin{bmatrix}0 & 1\\ -6 & -2\end{bmatrix}\boldsymbol{x}+\begin{bmatrix}0\\ 1\end{bmatrix}\boldsymbol{f}$；　$\boldsymbol{y}=[5\quad 3]\boldsymbol{x}$

(2) $\dot{\boldsymbol{x}}=\begin{bmatrix}0 & 1\\ -29 & -4\end{bmatrix}\boldsymbol{x}+\begin{bmatrix}0\\ 1\end{bmatrix}\boldsymbol{f}$；　$\boldsymbol{y}=[-58\quad 1]\boldsymbol{x}+[2]\boldsymbol{f}$

(3) $\dot{\boldsymbol{x}}=\begin{bmatrix}0 & 1 & 0\\ 0 & 0 & 1\\ -2 & -5 & -4\end{bmatrix}\boldsymbol{x}+\begin{bmatrix}0\\ 0\\ 1\end{bmatrix}\boldsymbol{f}$；　$\boldsymbol{y}=[0\quad 3\quad 1]\boldsymbol{x}$

(4) $\dot{\boldsymbol{x}}=\begin{bmatrix}0 & 1 & 0\\ 0 & 0 & 1\\ -1 & -2 & -2\end{bmatrix}\boldsymbol{x}+\begin{bmatrix}0\\0\\1\end{bmatrix}\boldsymbol{f}$； $\boldsymbol{y}=\begin{bmatrix}2 & 0 & 1\end{bmatrix}\boldsymbol{x}$

6.8 (a) $\dot{\boldsymbol{x}}=\begin{bmatrix}0 & 1\\ -3 & -2\end{bmatrix}\boldsymbol{x}+\begin{bmatrix}0\\1\end{bmatrix}[f]$； $\boldsymbol{y}=\begin{bmatrix}-2 & -2\end{bmatrix}\boldsymbol{x}+f$

(b) $\dot{\boldsymbol{x}}=\begin{bmatrix}-3 & 1\\ -1 & -3\end{bmatrix}\boldsymbol{x}+\begin{bmatrix}0\\1\end{bmatrix}[f]$； $\boldsymbol{y}=\begin{bmatrix}1 & -1\end{bmatrix}\boldsymbol{x}$

6.9 $\dot{\boldsymbol{x}}=\begin{bmatrix}0 & -4 & 1 & 0\\ 0 & -5 & 1 & 0\\ 0 & 0 & 0 & 1\\ 0 & 0 & 0 & -2\end{bmatrix}\boldsymbol{x}+\begin{bmatrix}0\\0\\0\\1\end{bmatrix}[f]$， $\boldsymbol{y}=\begin{bmatrix}1 & 0 & 0 & 0\end{bmatrix}\boldsymbol{x}$

6.10 (a) $\dot{\boldsymbol{x}}=\begin{bmatrix}0 & 1 & 0\\ 0 & 0 & 1\\ -25 & -32 & -13\end{bmatrix}\boldsymbol{x}+\begin{bmatrix}0\\0\\1\end{bmatrix}[f]$， $\boldsymbol{y}=\begin{bmatrix}5 & 5 & 0\end{bmatrix}\boldsymbol{x}$

(b) $\dot{\boldsymbol{x}}=\begin{bmatrix}0 & 0 & 0\\ 0 & -2 & 0\\ 0 & 0 & -5\end{bmatrix}\boldsymbol{x}+\begin{bmatrix}1\\1\\1\end{bmatrix}[f]$， $\boldsymbol{y}=\begin{bmatrix}\frac{1}{2} & \frac{5}{6} & \frac{4}{3}\end{bmatrix}\boldsymbol{x}$

(c) $\begin{bmatrix}\dot{x}_1\\ \dot{x}_2\end{bmatrix}=\begin{bmatrix}-a & -2\\ b-a & -2\end{bmatrix}\begin{bmatrix}x_1\\ x_2\end{bmatrix}+\begin{bmatrix}2\\2\end{bmatrix}f$， $[y]=\begin{bmatrix}1 & -2\end{bmatrix}\begin{bmatrix}x_1\\ x_2\end{bmatrix}+[1]f$

6.11 (a) $\dot{\boldsymbol{x}}=\begin{bmatrix}-1 & 1\\ 3 & -1\end{bmatrix}\boldsymbol{x}+\begin{bmatrix}1 & -1\\ 0 & 1\end{bmatrix}\boldsymbol{f}$， $\boldsymbol{y}=\begin{bmatrix}1 & 2\end{bmatrix}\boldsymbol{x}$

(b) $\dot{\boldsymbol{x}}=\begin{bmatrix}-3 & 0 & 1\\ 0 & 0 & 1\\ 3 & -3 & -2\end{bmatrix}\boldsymbol{x}+\begin{bmatrix}1 & 0\\ 0 & 0\\ 0 & 3\end{bmatrix}\boldsymbol{f}$， $\boldsymbol{y}=\begin{bmatrix}2 & 0 & -1\\ 0 & 1 & 0\end{bmatrix}\boldsymbol{x}$

6.12 $y''+y=f''+f'+6f$

6.13 (1) $\boldsymbol{x}(k+1)=\begin{bmatrix}0 & 1\\ -2 & -3\end{bmatrix}\boldsymbol{x}(k)+\begin{bmatrix}0\\1\end{bmatrix}\boldsymbol{f}(k)$， $\boldsymbol{y}(k)=\begin{bmatrix}1 & 1\end{bmatrix}\boldsymbol{x}(k)$

(2) $\boldsymbol{x}(k+1)=\begin{bmatrix}0 & 1 & 0 & 0\\ 0 & 0 & 1 & 0\\ 0 & 0 & 0 & 1\\ -3 & -7 & -2 & -4\end{bmatrix}\boldsymbol{x}(k)+\begin{bmatrix}0\\0\\0\\1\end{bmatrix}\boldsymbol{f}(k)$

$\boldsymbol{y}(k)=\begin{bmatrix}1 & 1 & 0 & 0\end{bmatrix}\boldsymbol{x}(k)$

(3) $\boldsymbol{x}(k+1)=\begin{bmatrix}0 & 1 & 0\\ 0 & 0 & 1\\ -6 & -5 & -2\end{bmatrix}\boldsymbol{x}(k)+\begin{bmatrix}0\\0\\1\end{bmatrix}\boldsymbol{f}(k)$

$\boldsymbol{y}(k)=\begin{bmatrix}1 & 0 & 0\end{bmatrix}\boldsymbol{x}(k)$

(4) $\boldsymbol{x}(k+1)=\begin{bmatrix}0 & 1 & 0\\ 0 & 0 & 1\\ -1 & -2 & -3\end{bmatrix}\boldsymbol{x}(k)+\begin{bmatrix}0\\0\\1\end{bmatrix}\boldsymbol{f}(k)$

$\boldsymbol{y}(k)=\begin{bmatrix}3 & 2 & 1\end{bmatrix}\boldsymbol{x}(k)$

6.14 (1) $\boldsymbol{x}(k+1)=\begin{bmatrix}0 & 1\\ -0.16 & -1\end{bmatrix}\boldsymbol{x}(k)+\begin{bmatrix}0\\1\end{bmatrix}\boldsymbol{f}(k)$

$\boldsymbol{y}(k)=\begin{bmatrix}2 & 1\end{bmatrix}\boldsymbol{x}(k)$

(2) $\boldsymbol{x}(k+1)=\begin{bmatrix}0 & 1\\ 2 & 1\end{bmatrix}\boldsymbol{x}(k)+\begin{bmatrix}0\\ 1\end{bmatrix}\boldsymbol{f}(k)$， $\boldsymbol{y}(k)=\begin{bmatrix}0 & 2\end{bmatrix}\boldsymbol{x}(k)$

(3) $\boldsymbol{x}(k+1)=\begin{bmatrix}0 & 1 & 0\\ 0 & 0 & 1\\ 0 & -1 & -2\end{bmatrix}\boldsymbol{x}(k)+\begin{bmatrix}0\\ 0\\ 1\end{bmatrix}\boldsymbol{f}(k)$

$\boldsymbol{y}(k)=\begin{bmatrix}-2 & 0 & 1\end{bmatrix}\boldsymbol{x}(k)$

(4) $\boldsymbol{x}(k+1)=\begin{bmatrix}0 & 1\\ -4 & 0\end{bmatrix}\boldsymbol{x}(k)+\begin{bmatrix}0\\ 1\end{bmatrix}\boldsymbol{f}(k)$

$\boldsymbol{y}(k)=\begin{bmatrix}-2 & 0\end{bmatrix}\boldsymbol{x}(k)+\begin{bmatrix}1\end{bmatrix}\boldsymbol{f}(k)$

6.15 (a) $\boldsymbol{x}(k+1)=\begin{bmatrix}0 & 1\\ -2 & -1\end{bmatrix}\boldsymbol{x}(k)+\begin{bmatrix}3\\ 2\end{bmatrix}\boldsymbol{f}(k)$

$\boldsymbol{y}(k)=\begin{bmatrix}2 & 0\end{bmatrix}\boldsymbol{x}(k)+\begin{bmatrix}1\end{bmatrix}\boldsymbol{f}(k)$

(b) $\boldsymbol{x}(k+1)=\begin{bmatrix}1 & 1\\ -4 & 4\end{bmatrix}\boldsymbol{x}(k)+\begin{bmatrix}0\\ 2\end{bmatrix}\boldsymbol{f}(k)$， $\boldsymbol{y}(k)=\begin{bmatrix}1 & 2\end{bmatrix}\boldsymbol{x}(k)$

6.16 $\boldsymbol{y}(k)-\boldsymbol{y}(k-2)=\boldsymbol{f}(k)+2\boldsymbol{f}(k-1)$

6.17 (a) $\boldsymbol{x}(k+1)=\begin{bmatrix}0 & 1 & 0\\ 0 & 0 & 1\\ -1 & -0.3 & 0.2\end{bmatrix}\boldsymbol{x}(k)+\begin{bmatrix}0\\ 0\\ 1\end{bmatrix}\boldsymbol{f}(k)$

$\boldsymbol{y}(k)=\begin{bmatrix}-1 & 0 & 0.4\end{bmatrix}\boldsymbol{x}(k)+\begin{bmatrix}1\end{bmatrix}\boldsymbol{f}(k)$

(b) $\boldsymbol{x}(k+1)=\begin{bmatrix}0.5 & 0\\ 0.25 & 2\end{bmatrix}\boldsymbol{x}(k)+\begin{bmatrix}1\\ 1\end{bmatrix}\boldsymbol{f}(k)$， $\boldsymbol{y}(k)=\begin{bmatrix}2 & 0\end{bmatrix}\boldsymbol{x}(k)$

(c) $\boldsymbol{x}(k+1)=\begin{bmatrix}0 & 1\\ b & a\end{bmatrix}\boldsymbol{x}(k)+\begin{bmatrix}0 & 0\\ 1 & 0\end{bmatrix}\boldsymbol{f}(k)$

$\boldsymbol{y}(k)=\begin{bmatrix}1 & 0\end{bmatrix}\boldsymbol{x}(k)+\begin{bmatrix}0 & 1\end{bmatrix}\boldsymbol{f}(k)$

(d) $\boldsymbol{x}(k+1)=\begin{bmatrix}a & 0\\ 0 & b\end{bmatrix}\boldsymbol{x}(k)+\begin{bmatrix}1\\ 1\end{bmatrix}\boldsymbol{f}(k)$， $\boldsymbol{y}(k)=\begin{bmatrix}1 & 1\\ 1 & -1\end{bmatrix}\boldsymbol{x}(k)$

6.18 (a) $\boldsymbol{x}(k+1)=\begin{bmatrix}0 & 1 & 0 & 0\\ a & 0 & 1 & 0\\ 0 & 0 & 0 & 1\\ b(a-1) & -a & 0 & 0\end{bmatrix}\boldsymbol{x}(k)+\begin{bmatrix}0\\ 0\\ 0\\ 1\end{bmatrix}\boldsymbol{f}(k)$

$\boldsymbol{y}(k)=\begin{bmatrix}1 & 0 & 0 & 0\end{bmatrix}\boldsymbol{x}(k)$

(b) $\boldsymbol{x}(k+1)=\begin{bmatrix}0 & 1 & 0\\ -3 & -2 & -3\\ 2 & 0 & 5\end{bmatrix}\boldsymbol{x}(k)+\begin{bmatrix}0 & 0\\ 1 & -2\\ 0 & 2\end{bmatrix}\boldsymbol{f}(k)$

$\boldsymbol{y}(k)=\begin{bmatrix}1 & 0 & 0\\ 1 & 0 & 2\end{bmatrix}\boldsymbol{x}(k)$

6.19 (1) $\mathrm{e}^{\boldsymbol{A}t}=\begin{bmatrix}3\mathrm{e}^{t}-2\mathrm{e}^{2t} & 2\mathrm{e}^{2t}-2\mathrm{e}^{t}\\ -3\mathrm{e}^{2t}+3\mathrm{e}^{t} & 3\mathrm{e}^{2t}-2\mathrm{e}^{t}\end{bmatrix}$

(2) $\mathrm{e}^{\boldsymbol{A}t}=\begin{bmatrix}\mathrm{e}^{-t}(\cos t+\sin t) & -2\mathrm{e}^{-t}\sin t\\ \mathrm{e}^{-t}\sin t & \mathrm{e}^{-t}(\cos t-\sin t)\end{bmatrix}$ (3) $\mathrm{e}^{\boldsymbol{A}t}=\begin{bmatrix}2\mathrm{e}^{2t}-\mathrm{e}^{3t} & 2\mathrm{e}^{2t}-2\mathrm{e}^{3t}\\ \mathrm{e}^{3t}-\mathrm{e}^{2t} & 2\mathrm{e}^{3t}-\mathrm{e}^{2t}\end{bmatrix}$

(4) $\mathrm{e}^{\boldsymbol{A}t}=\begin{bmatrix}\mathrm{e}^{3t} & 0 & 0\\ 0 & \mathrm{e}^{2t} & 0\\ 0 & 0 & \mathrm{e}^{4t}\end{bmatrix}$ (5) $\mathrm{e}^{\boldsymbol{A}t}=\begin{bmatrix}\mathrm{e}^{5t} & -\mathrm{e}^{t}+\mathrm{e}^{5t} & 0\\ 0 & \mathrm{e}^{t} & 0\\ \mathrm{e}^{t}-\mathrm{e}^{5t} & (1+8t)\mathrm{e}^{t}-\mathrm{e}^{5t} & \mathrm{e}^{t}\end{bmatrix}$

(6) $e^{\boldsymbol{A}t}=\begin{bmatrix}1 & \frac{1}{2}(e^{t}-e^{-t}) & \frac{1}{2}(e^{t}+e^{-t})-1\\ 0 & \frac{1}{2}(e^{t}+e^{-t}) & \frac{1}{2}(e^{t}-e^{-t})\\ 0 & \frac{1}{2}(e^{t}-e^{-t}) & \frac{1}{2}(e^{t}+e^{-t})\end{bmatrix}$

6.20 (1) $\boldsymbol{x}(t)=\underbrace{\begin{bmatrix}2e^{-2t}(\cos t+2\sin t)\\ e^{-2t}(\cos t-3\sin t)\end{bmatrix}}_{\text{零输入分量}}+\underbrace{\begin{bmatrix}\frac{2}{5}[1-e^{-2t}(\cos t+2\sin t)]\\ \frac{1}{5}[1-e^{-2t}(\cos t-3\sin t)]\end{bmatrix}}_{\text{零状态分量}}\varepsilon(t)$， $t\geqslant 0$

(2) $\boldsymbol{x}(t)=\underbrace{\begin{bmatrix}\frac{1}{7}(54e^{-6t}-19e^{t})\\ \frac{1}{7}(9e^{-6t}+19e^{t})\end{bmatrix}}_{\text{零输入分量}}+\underbrace{\begin{bmatrix}\frac{1}{14}e^{t}+\frac{6}{259}e^{-6t}-\frac{7}{74}\cos t+\frac{5}{74}\sin t\\ -\frac{1}{14}e^{t}+\frac{1}{259}e^{-6t}+\frac{5}{74}\cos t+\frac{7}{74}\sin t\end{bmatrix}}_{\text{零状态分量}}\varepsilon(t)$， $t\geqslant 0$

(3) $\boldsymbol{x}(t)=\underbrace{\begin{bmatrix}3e^{-t}-2e^{-2t}\\ 2e^{-2t}\end{bmatrix}}_{\text{零输入分量}}+\underbrace{\begin{bmatrix}\frac{3}{2}-2e^{-t}+\frac{1}{2}e^{-2t}\\ \frac{1}{2}-\frac{1}{2}e^{-2t}\end{bmatrix}}_{\text{零状态分量}}\varepsilon(t)$， $t\geqslant 0$

6.21 (1) $\boldsymbol{x}(t)=\begin{bmatrix}-e^{t}+2e^{-2t}\\ 2e^{t}-e^{-2t}\end{bmatrix}$， $t\geqslant 0$ (2) $\boldsymbol{x}(t)=\begin{bmatrix}3-e^{t}\\ -3+2e^{t}\end{bmatrix}$， $t\geqslant 0$

6.22 $\frac{1}{(s+1)^2}$

6.23 (1) $\boldsymbol{H}(s)=\frac{s^2+5s+12}{s^2+5s+6}$， $\boldsymbol{h}(t)=\delta(t)+6(e^{-2t}-e^{-3t})\varepsilon(t)$

(2) $\boldsymbol{x}(t)=\begin{bmatrix}1-2e^{-2t}+2e^{-3t}\\ e^{-2t}-2e^{-3t}\end{bmatrix}, t\geqslant 0$ $y(t)=[2-3e^{-2t}+4e^{-3t}], t\geqslant 0$

6.24 $\boldsymbol{H}(s)=\begin{bmatrix}\frac{2s+3}{(s+1)(s+3)} & \frac{s+2}{(s+1)(s+3)}\\ \frac{s-3}{(s+1)(s+3)} & \frac{-(s+5)}{(s+1)(s+3)}\\ \frac{s+2}{s+1} & \frac{s+2}{s+1}\end{bmatrix}$

$\boldsymbol{h}(t)=\begin{bmatrix}\frac{1}{2}e^{-t}+\frac{3}{2}e^{-3t} & \frac{1}{2}e^{-t}+\frac{1}{2}e^{-3t}\\ -2e^{-t}+3e^{-3t} & -2e^{-t}+e^{-3t}\\ \delta(t)+e^{-t} & \delta(t)+e^{-t}\end{bmatrix}\varepsilon(t)$

6.25 (1) $\boldsymbol{A}=\begin{bmatrix}0 & -2\\ 1 & -3\end{bmatrix}$ (2) $\boldsymbol{A}=\begin{bmatrix}-3 & 4\\ -1 & 1\end{bmatrix}$

6.26 (1) $\boldsymbol{\varphi}(k)=\begin{bmatrix}\left(\frac{1}{2}\right)^k & 0\\ 0 & \left(\frac{1}{3}\right)^k\end{bmatrix}$， $k\geqslant 0$

(2) $\boldsymbol{\varphi}(k)=\begin{bmatrix}\left(\frac{3}{4}\right)^k & 0\\ 2\left(\frac{3}{4}\right)^k-2\left(\frac{1}{2}\right)^k & \left(\frac{1}{2}\right)^k\end{bmatrix}$， $k\geqslant 0$

(3) $\boldsymbol{\varphi}(k)=\begin{bmatrix}\frac{1}{2}\delta(k)+\frac{1}{2} & -\frac{1}{4}\delta(k)+\frac{1}{4}\\ -\delta(k)+1 & \frac{1}{2}\delta(k)+\frac{1}{2}\end{bmatrix}$, $k\geqslant0$

(4) $\boldsymbol{\varphi}(k)=\begin{bmatrix}\left(\frac{1}{2}\right)^k & 0\\ k\left(\frac{1}{2}\right)^k & \left(\frac{1}{2}\right)^k\end{bmatrix}$, $k\geqslant0$

6.27 (1) $\boldsymbol{x}(k)=\begin{bmatrix}2\left(\frac{1}{2}\right)^k-\left(\frac{1}{3}\right)^k\\ \left(\frac{1}{3}\right)^k\end{bmatrix}, k\geqslant0$

(2) $\boldsymbol{x}(k)=\begin{bmatrix}\frac{1}{2}-2\left(\frac{1}{2}\right)^k+\frac{5}{2}\left(\frac{1}{3}\right)^k\\ \frac{3}{2}-\frac{5}{2}\left(\frac{1}{3}\right)^k\end{bmatrix}, k\geqslant0$

6.28 (1) $\boldsymbol{H}(z)=\dfrac{z}{\left(z-\frac{1}{2}\right)\left(z-\frac{1}{4}\right)}$, $\boldsymbol{h}(k)=4\left[\left(\frac{1}{2}\right)^k-\left(\frac{1}{4}\right)^k\right]\varepsilon(k)$

(2) $\boldsymbol{x}(k)=\begin{bmatrix}\frac{2}{3}-2\left(\frac{1}{2}\right)^k+\frac{7}{3}\left(\frac{1}{4}\right)^k\\ \frac{8}{3}-4\left(\frac{1}{2}\right)^k+\frac{7}{3}\left(\frac{1}{4}\right)^k\end{bmatrix}, k\geqslant0$; $y(k)=\frac{8}{3}-4\left(\frac{1}{2}\right)^k+\frac{7}{3}\left(\frac{1}{4}\right)^k, k\geqslant0$

6.29 $\boldsymbol{H}(z)=\dfrac{1}{z^2+\frac{1}{4}}\begin{bmatrix}z & \frac{1}{2}\\ z-\frac{1}{2} & z+\frac{1}{2}\\ 2z-\frac{1}{2} & z+1\end{bmatrix}$

6.30 $\boldsymbol{\varphi}(k)=\begin{bmatrix}3(2)^k-2(3)^k & -(2)^k+(3)^k\\ 6(2)^k-6(3)^k & -(2)^{k+1}+(3)^{k+1}\end{bmatrix}$, $k\geqslant0$

$\boldsymbol{h}(k)=\begin{bmatrix}-3(2)^{k-1}+4(3)^{k-1}\\ -(3)^{k-1}\end{bmatrix}\varepsilon(k-1)$

6.31 (1) $\mathbf{A}=\begin{bmatrix}1 & -1\\ 2 & 4\end{bmatrix}$ (2) $\mathbf{A}=\begin{bmatrix}0 & 1\\ -1 & -2\end{bmatrix}$

6.32 (1) 既可控制又可观测 (2) 可控制,不可观测 (3) 可观测,不可控制

6.33 (1) 可控制,可观测 (2) $H(s)=\dfrac{2}{s+2}$

参 考 文 献

ASHOK A，2001. 信号、系统与信号处理. 冯博琴等，译. 北京：机械工业出版社

陈后金，胡健，薛健，2003. 信号与系统. 北京：清华大学出版社

管致中，夏恭恪，1998. 信号与线性系统. 3版. 北京：高等教育出版社

胡光锐，1995. 信号与系统. 上海：上海交通大学出版社

姜建国，曹建中，高玉明，1994. 信号与系统分析基础. 北京：清华大学出版社

江泽佳，1979. 网络分析的状态变量分析法. 北京：人民教育出版社

刘永建，1994. 信号与线性系统(修订本). 北京：人民邮电出版社

刘继承，陈雪松，张秀艳，2005. 信号与系统知识要点与习题解析. 哈尔滨：哈尔滨工程大学出版社

OPPENHEIM A V，1998. 信号与系统. 刘树棠，译. 西安：西安交通大学出版社

沈元隆，周井泉，2003. 信号与系统. 北京：人民邮电出版社

吴大正，1998. 信号与线性系统分析. 3版. 北京：高等教育出版社

吴湘淇，1996. 信号、系统与信号处理. 北京：电子工业出版社

王里生，罗永光，1989. 信号与系统分析. 长沙：国防科技大学出版社

王继森，1999. 信号与系统学习指导. 重庆：重庆大学出版社

徐守时，1999. 信号与系统：理论、方法及应用. 合肥：中国科技大学出版社

许庆山，张志文，刘荣济，1998. 信号与系统. 北京：航空工业出版社

徐天成，钱冬宁，张胜付，2000. 信号与系统. 哈尔滨：哈尔滨工程大学出版社

杨林耀，王松林，2002. 信号与系统习题精解. 北京：科学出版社

张有正，1985. 信号与系统. 成都：四川科学技术出版社

张永瑞，2001. 电路、信号与系统辅导. 西安：西安电子科技大学出版社

郑君里，应启珩，杨为理，2000. 信号与系统. 北京：高等教育出版社

朱钟霖，1993. 信号与线性系统分析. 北京：中国铁道出版社

GABEL R A，ROBERTS R A，1980. Signals and linear systems. 2nd ed. New Jersey：John Wiley and Sons，Inc

KAMEN E W. 1989. Introduction to signals and systems. London：Macmillan Publishing Company

KAMEN E W，HECK B S，1997. Fundamentals of signals and systems using MATLAB. New Jersey：Prentice-Hall International，Inc

LATHI B P. 2004. Linear systems and signals. Oxford：Oxford University Press，USA

LIU C L，LIU JANE W S，1975. Linear systems analysis. New York：McGraw-Hill，Inc

LYNN P A，1986. Electronic signals and systems. London：Macmillan Education LTD

MCGILLEM C D，COOPER G R，1984. Continuous and discrete signal and system analysis. New York：Holt，Rinehart and Winston，Inc

POULARIKAS A D，SEELY S，1985. Signals and systems. Boston：PWS Publisher

SIMON H，VEEN B V，2003. Signals and systems. 2nd ed. 北京：电子工业出版社